BIOQUÍMICA
CLÍNICA

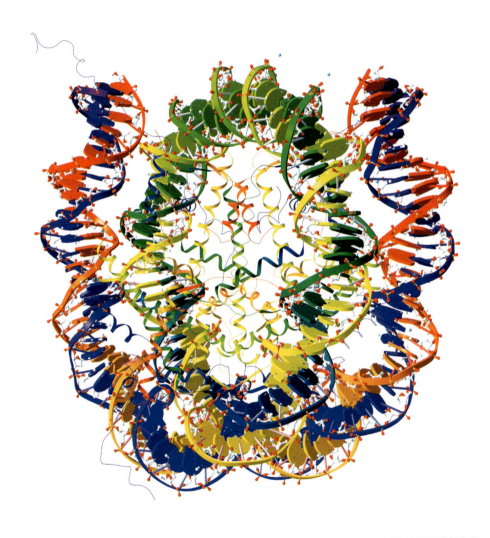

O GEN | Grupo Editorial Nacional – maior plataforma editorial brasileira no segmento científico, técnico e profissional – publica conteúdos nas áreas de ciências da saúde, exatas, humanas, jurídicas e sociais aplicadas, além de prover serviços direcionados à educação continuada e à preparação para concursos.

As editoras que integram o GEN, das mais respeitadas no mercado editorial, construíram catálogos inigualáveis, com obras decisivas para a formação acadêmica e o aperfeiçoamento de várias gerações de profissionais e estudantes, tendo se tornado sinônimo de qualidade e seriedade.

A missão do GEN e dos núcleos de conteúdo que o compõem é prover a melhor informação científica e distribuí-la de maneira flexível e conveniente, a preços justos, gerando benefícios e servindo a autores, docentes, livreiros, funcionários, colaboradores e acionistas.

Nosso comportamento ético incondicional e nossa responsabilidade social e ambiental são reforçados pela natureza educacional de nossa atividade e dão sustentabilidade ao crescimento contínuo e à rentabilidade do grupo.

BIOQUÍMICA
CLÍNICA

Wagner de Jesus Pinto

Mestre e Doutor pelo Departamento de Biologia Funcional e Molecular
da Universidade Estadual de Campinas (Unicamp).
Professor-associado e Diretor do Centro de Ciências da Saúde e Desporto
da Universidade Federal do Acre (UFAC).
Leciona Fisiologia Animal e Bioquímica para diversos cursos da saúde,
com destaque para Enfermagem, Nutrição e Medicina.
Conduz pesquisas no campo da Bioquímica Metabólica e Fisiologia Animal,
atuando principalmente em temas relacionados à Topologia
de Proteínas e Fisiologia Endócrina.

- O autor deste livro e a Editora Guanabara Koogan Ltda. empenharam seus melhores esforços para assegurar que as informações e os procedimentos apresentados no texto estejam em acordo com os padrões aceitos à época da publicação, *e todos os dados foram atualizados pelo autor até a data da entrega dos originais à editora.* Entretanto, tendo em conta a evolução das ciências da saúde, as mudanças regulamentares governamentais e o constante fluxo de novas informações sobre terapêutica medicamentosa e reações adversas a fármacos, recomendamos enfaticamente que os leitores consultem sempre outras fontes fidedignas, de modo a se certificarem de que as informações contidas neste livro estão corretas e de que não houve alterações nas dosagens recomendadas ou na legislação regulamentadora.

- O autor e a editora se empenharam para citar adequadamente e dar o devido crédito a todos os detentores de direitos autorais de qualquer material utilizado neste livro, dispondo-se a possíveis acertos posteriores caso, inadvertida e involuntariamente, a identificação de algum deles tenha sido omitida.

- Direitos exclusivos para a língua portuguesa
  Copyright © 2017 pela **EDITORA GUANABARA KOOGAN LTDA.**
  Uma editora integrante do GEN | Grupo Editorial Nacional
  Travessa do Ouvidor, 11
  Rio de Janeiro – RJ – CEP 20040-040
  Tels.: (21) 3543-0770/(11) 5080-0770 | Fax: (21) 3543-0896
  www.editoraguanabara.com.br | www.grupogen.com.br | editorial.saude@grupogen.com.br

- Reservados todos os direitos. É proibida a duplicação ou reprodução deste volume, no todo ou em parte, em quaisquer formas ou por quaisquer meios (eletrônico, mecânico, gravação, fotocópia, distribuição pela Internet ou outros), sem permissão, por escrito, da EDITORA GUANABARA KOOGAN LTDA.

- Capa: Bruno Sales

- Editoração eletrônica: Edel

P726b
    Pinto, Wagner de Jesus
    Bioquímica clínica / Wagner de Jesus Pinto. – 1. ed. – Rio de Janeiro : Guanabara Koogan, 2017.
    628 p. : il. ; 28 cm.

    Inclui bibliografia e índice
    ISBN: 978-85-277-3092-1

    1. Bioquímica. I. Título.

17-39088   CDD: 574.192
                                    CDU: 577

*Aos meus filhos Lucas e Gabriel.
Vocês são a maior realização da minha vida.*

*Somos todos visitantes deste tempo, deste lugar. Estamos só de passagem.
O nosso objetivo é observar, crescer, amar... E depois, vamos para casa.*
Provérbio aborígene

Agradecimentos

Agradeço a Deus, pela oportunidade de entender uma pequena fração da natureza.

Agradeço aos meus pais, por serem sempre exemplos, educando a mim e aos meus irmãos com carinho e atenção.

Agradeço a todos os docentes do Departamento de Biologia Estrutural e Funcional da Universidade Estadual de Campinas (Unicamp) e, em especial, ao Prof. Dr. Miguel Arcanjo Areas, que, com seu exemplo, inspirou a mim e a muitos outros a seguir o caminho da pesquisa e da docência.

Agradeço a toda a equipe do Grupo GEN, mas sobretudo ao Sr. Aluísio Affonso, que primeiramente acreditou nesta proposta, e a Tamiris Prystaj, Denise Moriama e Janicéia Pereira, cuja capacidade, competência e dedicação tornaram esta obra possível.

Wagner de Jesus Pinto

Apresentação

Este livro foi planejado e estruturado para atender aos estudantes das áreas da saúde, uma vez que os temas buscam conexões clínicas, permitindo que a percepção do elo entre a entre a bioquímica, a fisiologia animal, a farmacologia e fisiopatologia. O objetivo foi construir um texto que evoluísse da bioquímica básica à bioquímica clínica e, nesse sentido, além das muitas conexões clínicas presentes em cada capítulo, foram inseridos dois capítulos exclusivos intitulados "Bioquímica Clínica Básica" e "Bioquímica Clínica | Provas e Marcadores Específicos". Além disso, o conteúdo desta obra é robusto no tocante ao aspecto da bioquímica estrutural, pois apresenta a topologia de muitas proteínas juntamente com ilustrações que auxiliam no entendimento da função exercida por essas moléculas.

Optou-se por não tratar dos assuntos referentes à biologia molecular visto se tratar de uma ciência à parte da bioquímica, que exige uma abordagem distinta. Em contrapartida, esta obra comporta assuntos extremamente relevantes em bioquímica, que nem sempre são abordados de forma plena em outros textos, como os erros inatos do metabolismo e o metabolismo dos xenobióticos.

Cada capítulo conta com um resumo objetivo, ágil e de fácil consulta. E há, ainda, questões de estudo pertinentes ao conteúdo de cada texto, a fim de estimular o leitor à reflexão e ao aprofundamento dos assuntos tratados.

Esperamos que esta obra seja útil e que auxilie na compreensão dos processos biológicos mais íntimos, que, em sua essência, são a origem dos estados de saúde e doença, e desejamos que os textos proporcionem conhecimento e habilidades não apenas no sentido da formação profissional de cada leitor, mas também no de ser humano.

Wagner de Jesus Pinto

Sumário

Capítulos

1 Água e Sistemas-tampão, 1
2 Membrana Plasmática, 15
3 Aminoácidos, 25
4 Peptídeos e Proteínas, 45
5 Carboidratos, 73
6 Lipídios, 93
7 Lipoproteínas, 113
8 Matriz Extracelular, 127
9 Imunoglobulinas, 145
10 Enzimologia | Cinética, Inibição e Controle da Função Enzimática, 155
11 Bioenergética, 175
12 Metabolismo, 189
13 Glicólise, 205
14 Ciclo do Ácido Cítrico, 233
15 Fosforilação Oxidativa, 255
16 Catabolismo Oxidativo dos Ácidos Graxos, 283
17 Metabolismo do Nitrogênio dos Aminoácidos | Ciclo da Ureia, 297
18 Glicogenólise e Glicogênese, 307
19 Gliconeogênese, 321
20 Via das Pentoses Fosfato, 331
21 Metabolismo das Purinas e Pirimidinas, 339
22 Metabolismo dos Eicosanoides, 349
23 Transportes pela Membrana Plasmática, 359
24 Bioquímica do Transporte de Gases, 385
25 Erros Inatos do Metabolismo, 397
26 Aspectos Bioquímicos da Digestão e Absorção dos Nutrientes da Dieta, 417
27 Aspectos Bioquímicos do Sistema Endócrino, 439
28 Eixo Hipotálamo-hipófise, 463
29 Vitaminas, 477
30 Metabolismo das Porfirinas, 499
31 Biotransformação de Xenobióticos, 513
32 Fotossíntese, 527
33 Bioquímica Clínica Básica, 541
34 Bioquímica Clínica | Provas e Marcadores Específicos, 571

Índice Alfabético, 609

Água e Sistemas-tampão

Introdução

A água é abundante no universo, inclusive na Terra, onde cobre grande parte de sua superfície e é o maior constituinte dos fluidos dos seres vivos. De fato, cerca de 60% da composição corpórea de um adulto normolíneo de 70 kg é formada por água. A própria vida na Terra surgiu na água, a qual apresenta características peculiares, como sua dilatação anômala, o alto calor específico e a capacidade de dissolver um grande número de substâncias, propriedades favoráveis para o surgimento da vida e sua evolução nos oceanos primitivos. Todos os seres vivos precisam da água para sobreviver. Ela fornece o meio para que ocorram as reações químicas nas células, provendo um ambiente propício para a solubilização e o transporte de íons, além de atuar como agente dispersante do calor produzido no organismo.

Em virtude dessa grande relevância, a concentração de água no organismo é mantida de maneira bastante precisa por meio do hormônio antidiurético (ADH). Aproximadamente 40% dela está no meio intracelular, e o restante representa a água presente no ambiente extracelular, formado por linfa, plasma e líquidos intersticiais. A estabilidade do meio interno depende ainda da baixa concentração de íons hidrogênio, já que o metabolismo produz predominantemente ácidos.

O íon hidrogênio (H^+) é uma espécie química extremamente reativa e pode agir sobretudo com porções proteicas negativamente carregadas. A concentração de H^+ é mantida em 0,00004 mEq/ℓ, ou seja, cerca de um milionésimo da concentração de outros íons, como sódio, cloreto e potássio (Na^+, Cl^- e K^+). O primeiro mecanismo de defesa contra variações de pH são os tampões, que agem instantaneamente; depois, os pulmões atuam eliminando gás carbônico (CO_2) e agem em intervalos de minutos ou horas, dependendo do grau de concentração de H^+; e, finalmente, o terceiro e último mecanismo de ação no controle do pH do organismo são os rins, que atuam na eliminação de espécies químicas ácidas e básicas – a eficácia absoluta do sistema renal é alcançada em 24 a 48 h após o início do desajuste plasmático de pH.

Aspectos físico-químicos da água

A água é uma molécula formada por dois átomos de hidrogênio ligados covalentemente a um átomo de oxigênio. As ligações O-H apresentam 0,0958 nm e o ângulo formado pela interação H-O-H é de 104°27'. A molécula de água apresenta natureza dipolar, o que ocorre porque os elétrons compartilhados na ligação covalente entre os átomos que compõem a água sofrem deslocamento para o lado dos dois oxigênios.

Todas as características e propriedades físicas da água resultam de sua geometria molecular. A carga elétrica parcial negativa (nos átomos de oxigênio) e a positiva (nos átomos de hidrogênio) possibilitam que os átomos positivos de hidrogênio de uma molécula interajam com os átomos negativos de oxigênio de outra molécula vizinha, formando ligações de hidrogênio cuja energia é de 1 a 10 kJ/mol, capazes de ser rompidas somente com o aumento da temperatura. Essas interações criam uma cadeia que pode se rearranjar muitas vezes, atribuindo a propriedade de tensão superficial à água em sua forma líquida (Figura 1.1).

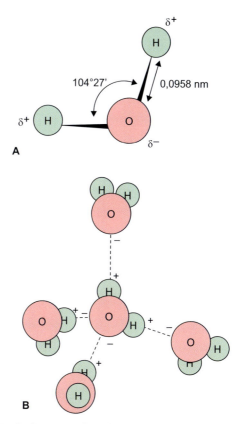

Figura 1.1 A. Geometria da molécula de água. A água forma um tetraedro com ângulo de abertura de 104°27'. O oxigênio alberga cargas parciais negativas, enquanto os dois átomos de hidrogênio apresentam cargas positivas, formando um dipolo elétrico. **B.** Interação de moléculas de água entre si. O dipolo formado pela água a torna capaz de interagir com outras moléculas de água, formando ligações de hidrogênio. Observa-se que cada molécula de água fica circundada espacialmente por outras quatro moléculas de água.

2 Bioquímica Clínica

A tensão superficial da água acontece porque as moléculas que estão na superfície do líquido se atraem pelas ligações de hidrogênio somente com as moléculas ao seu lado e abaixo, pois não existem moléculas acima. Já as moléculas que estão abaixo da superfície realizam esse tipo de ligação com moléculas em todas as direções, o que resulta na formação de uma espécie de película ou fina camada que envolve a superfície da água. Isso explica o fato de insetos poderem permanecer sobre ela e também o fenômeno da forma esférica das gotas de água.

Os átomos de hidrogênio e oxigênio podem interagir com muitos tipos de moléculas diferentes, razão pela qual a água é considerada o solvente mais poderoso. As ligações de hidrogênio diferem das pontes de hidrogênio, uma vez que estas são formadas por três centros e dois elétrons (3c-2e), como as que estão presentes na molécula de diborano, na qual os dois átomos centrais de hidrogênio estão simultaneamente ligados a ambos os átomos de boro em ligações 3c-2e.

Gelo | Água em forma de cristal

Cada molécula de água é capaz de formar no máximo quatro ligações de hidrogênio com outras moléculas de água. A energia de cada ligação de hidrogênio é pequena, de cerca de 20 kJ•mol^{-1}, ao passo que a energia presente na ligação covalente é de aproximadamente 460 kJ•mol^{-1}. Todavia, o conjunto de muitas ligações de hidrogênio pode promover organizações moleculares estáveis e eficientes, assim como ocorre no gelo. As moléculas de água na forma de gelo apresentam cerca de 85% mais ligações de hidrogênio do que a água em sua forma líquida, e essas ligações se organizam formando uma estrutura em rede tridimensional extremamente aberta (Figura 1.2).

Nesse arranjo, uma molécula de água situa-se no centro de um tetraedro, ligada por interações de hidrogênio a mais quatro moléculas de água. Essa organização aberta explica por que a água se expande quando na forma de gelo – de fato, a densidade da água líquida é de 1,0 g•mol^{-1}, enquanto a densidade do gelo é de 0,9178 g•mol^{-1}. Quando as ligações de hidrogênio do gelo começam a se desfazer, o gelo derrete.

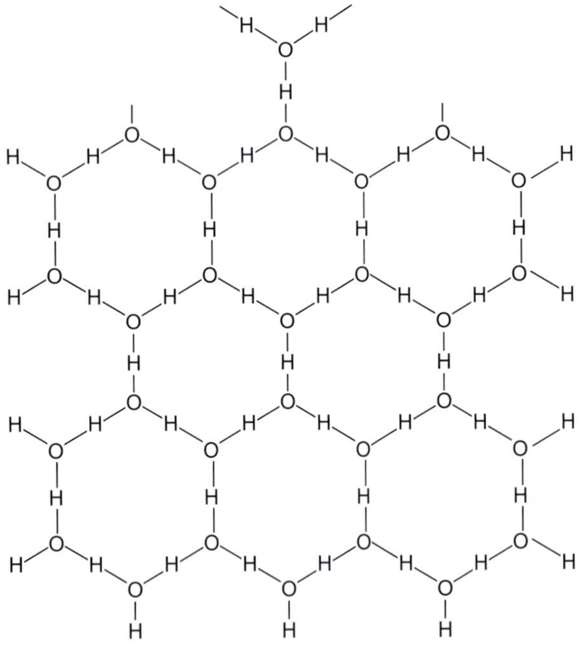

A água em sua forma líquida também apresenta uma rede formada por ligações de hidrogênio, mas, ao contrário do gelo, essa rede é instável, rompendo-se e refazendo-se o tempo todo, além de ser um arranjo irregular.

Solvente universal

Solvente, dissolvente ou dispersante é toda substância que possibilita a dispersão de outra substância em seu meio, como é o caso da água. Por ser possível dissolver uma grande gama de substâncias em água, ela é designada "solvente universal".

Os solventes podem ser classificados, quanto à sua polaridade, em polares ou hidrofílicos e apolares ou hidrofóbicos. Os solventes polares dissolvem substâncias polares (p. ex., etanol) e os apolares, substâncias apolares (p. ex., lipídios), ou seja, semelhante dissolve semelhante. A polaridade de um solvente pode ser determinada por sua constante dielétrica, definida como a capacidade que ele tem de reduzir a intensidade do campo elétrico existente em torno de uma partícula carregada que esteja imersa nele. A água a 0°C apresenta constante dielétrica igual a 80, e solventes com uma constante dielétrica menor que 15 são geralmente considerados apolares.

Muitas substâncias biológicas são polares, como carboidratos e proteínas, e de fato essas substâncias apresentam grupos químicos capazes de interagir com a água, formando ligações de hidrogênio, como carboxila (COOH), amina (NH$_2$) e hidroxila (OH). Já substâncias apolares, como ésteres de colesterol, triacilgliceróis e ácidos graxos, apresentam fases quando na presença de água, uma vez que não são capazes de formar ligações de hidrogênio com a água e, portanto, solubilizam-se somente quando há solventes orgânicos apolares, como hexano, clorofórmio e éter.

Ionização

A água é capaz de ionizar-se, processo conhecido como autoionização ou autodissociação. Trata-se de um processo em que duas moléculas de água reagem para produzir um íon hidrônio (H$_3$O$^+$) e um íon hidróxido (OH$^-$). Essa reação pode ser representada como: 2 H$_2$O ↔ H$_3$O$^+$ (aq) + OH$^-$ (aq). Entretanto, a formação de prótons livres em solução não existe; em vez disso, o próton está associado a outra molécula de água, formando o íon hidrônio.

O próton de determinado íon hidrônio também pode se dissociar, associando-se a outra molécula de água – essa operação ocorre de maneira extremamente rápida e pode ser entendida como um processo em que os prótons do íon hidrônio saltam de uma molécula de água para outra (Figura 1.3).

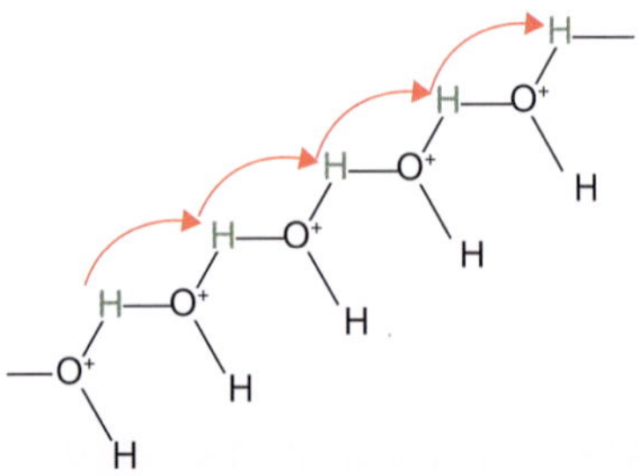

Figura 1.2 O arranjo molecular do gelo em rede aberta possibilita que ele seja menos denso que a água e, por essa razão, é capaz de flutuar nela. A água se expande na forma de gelo, de maneira que determinado volume de gelo ocupa maior espaço em um recipiente do que o mesmo volume de água líquida. É por essa razão que uma garrafa de água congelada pode estourar.

Figura 1.3 Ionização da água. A formação e a dissociação do íon hidrônio ocorrem de maneira dinâmica. Os prótons saltam de uma molécula de água para outra.

Controle do volume de líquido corporal

O volume de líquido corporal é controlado de modo bastante eficiente pelo ADH (Figura 1.4). No hipotálamo, células especializadas chamadas osmoceptores detectam continuamente a relação entre soluto e solvente no organismo (osmolaridade), por meio de murchamento ou intumescimento. No organismo, a água está dividida em dois compartimentos: o líquido intracelular (LIC) e o líquido extracelular (LEC). O LIC é o maior compartimento e apresenta cerca de dois terços do total da água corporal; o restante está contido no LEC. Pode-se calcular a água corpórea conforme a relação a seguir:

Água total do corpo = 0,6 × (peso corpóreo)

Uma vez que: LIC = 0,4 × peso corpóreo; LEC = 0,2 × peso corpóreo.

Quando os osmoceptores detectam aumento da osmolaridade plasmática, enviam potenciais de ação para o núcleo supraóptico e o núcleo paraventricular do hipotálamo, sendo estimulada a secreção de ADH. O efeito inverso ocorre quando a osmolaridade plasmática diminui. Em adultos saudáveis, a osmolaridade plasmática varia de 280 a 290 mOsm/kg H_2O.

O ADH no plasma reage com receptores situados na membrana das células principais no ducto coletor renal. Chamados de receptores V_2, são diferentes dos receptores V_1 da vasopressina encontrados no músculo liso vascular. Quando ocorre a fixação, o complexo hormônio-receptor causa a ativação da adenilato ciclase, resultando na produção de adenosina de monofosfato cíclico (AMPc).

A AMPc causa fosforilação de proteínas nas células tubulares, o que resulta na inserção, pelo citoesqueleto, de canais de água na membrana luminal. Em contraste com a maioria das membranas celulares, as membranas luminais são bastante impermeáveis à água. No entanto, sua permeabilidade pode ser aumentada se canais de água chamados de aquaporinos estiverem presentes na membrana. Quando os níveis de ADH diminuem, os aquaporinos são removidos da membrana luminal por endocitose.

Ácidos

Em 1887, o químico sueco Svante Arrhenius (1859-1927) definiu como ácido toda substância que, em solução aquosa, é capaz de produzir como único cátion o íon H^+, como é o caso, por exemplo, do ácido clorídrico (HCl). Em 1923, o físico-químico dinamarquês Johannes Nicolaus Brönsted e o também físico-químico inglês Thomas Martin Lowry propuseram, de modo independente, a ideia de que o ácido é uma substância que pode ceder prótons (íons H^+). De acordo com a definição de Brønsted-Lowry, a água pode comportar-se como ácido ou como base, dependendo do par em apreciação. Como exemplo, na reação entre ácido acético e água, o ácido acético atua como ácido por doar um hidrogênio à água, que atua como base (em relação ao ácido em consideração). A equação para essa reação pode ser descrita da seguinte maneira:

$$CH_3COOH + H_2O \rightarrow H_3O^+ + CH_3COO^-$$

Contudo, na presença da amônia (NH_3), a água atua como um ácido. A equação para essa reação (que, na verdade, é uma reação de hidratação da amônia) é:

$$NH_3 + H_2O \rightarrow NH_4^+ + OH^-$$

As reações que envolvem a dissociação de ácidos e bases seguem a lei da ação das massas, que estabelece que a velocidade de uma dada reação química é proporcional à concentração

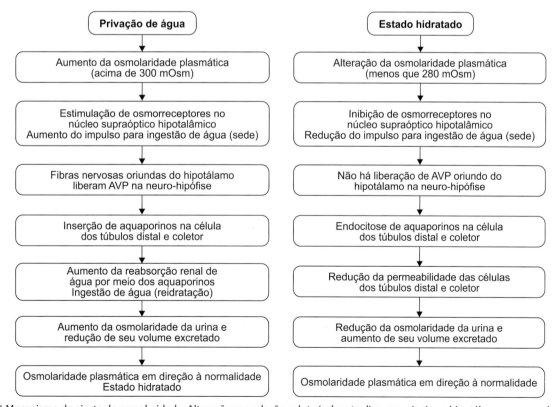

Figura 1.4 Mecanismo de ajuste da osmolaridade. Alterações na relação soluto/solvente disparam sinais no hipotálamo, que conduzem à liberação ou não de ADH. Esse hormônio controla a diurese e, portanto, regula a perda de água por parte do organismo.

dos reagentes. Assim, o deslocamento da reação para a direita ou para a esquerda depende da concentração dos substratos. A dissociação de um ácido HA → H⁺ + A⁻ pode ser representada pela seguinte equação:

$$Ka = \frac{[H^+][A^-]}{[HA]}$$

Nesse caso, Ka é a constante de dissociação para o ácido. Cada ácido ou base apresenta um valor de Ka. Valores elevados de Ka indicam ácidos fortes, uma vez que estes apresentam maior tendência a perder seu próton. Ácido forte é aquele que se ioniza completamente na água, isto é, libera íons H⁺, mas não os recebe. Um ácido fraco também libera íons H⁺, porém parcialmente, estabelecendo um equilíbrio químico. A maioria dos ácidos orgânicos é desse tipo.

Bases

Uma base ou álcali é qualquer substância que libera exclusivamente o ânion OH⁻ (íons hidroxila ou oxidrila) em solução aquosa. Soluções com essas propriedades são chamadas de básicas ou alcalinas. As bases têm baixas concentrações de íons H⁺ e apresentam pH acima de 7,0 a 25°C de temperatura.

A definição de base como uma substância que, em solução aquosa, origina como ânions os íons hidroxila foi proposta por Arrhenius, em 1887. Contudo, essa teoria limita-se a substâncias que reagem em meio aquoso e não explica o comportamento básico de algumas substâncias, como a amônia, que não dispõe de hidroxila e é gasosa nas condições ambientes.

Posteriormente, em 1923, Brönsted e Lowry, em estudos desvinculados entre si, propuseram a definição de base como "espécie química capaz de receber prótons". Esse conceito inclui, além do OH⁻, outros ânions, como o Cl⁻ e até mesmo moléculas, como a água (H₂O) e a amônia, indo além das substâncias contidas na definição de Arrhenius, ampliando, assim, o conceito de base.

Ainda em 1923, Gilbert Lewis sugeriu um novo conceito, definindo como base qualquer substância que doa pares de elétrons não ligantes em uma reação química – doador do par eletrônico formando ligações dativas. A definição de Lewis é mais geral e completa, por se aplicar também a sistemas não aquosos e a casos não previstos na teoria anterior. As bases são capazes de neutralizar os ácidos, dando origem a um sal e água:

$$HCl + NaOH \rightarrow H_2O + NaCl$$

pH

O termo pH, que significa potencial hidrogeniônico, ou potencial de hidrogênio, foi introduzido em 1909 pelo bioquímico dinamarquês Søren Peter Lauritz Sørensen (1868-1939), que desejava facilitar seus trabalhos no controle de qualidade de cervejas. A letra "p" origina-se do alemão *Potenz*, que significa poder de concentração, e o "H" é para íon de hidrogênio (H⁺).

O pH designa a acidez, a neutralidade ou a alcalinidade de uma solução. A escala de pH varia de 0 a 14,0, valores que correspondem às concentrações de íons H⁺ entre 1 e 10⁻¹⁴ M. Abaixo de 7,0, o pH é ácido; acima, básico ou alcalino; e, no valor de exatamente 7,0, neutro (Figura 1.5). O valor de pH relaciona-se com a concentração de H⁺ ou de OH⁻ na solução. Assim, quanto maior a concentração de íons H⁺, menor será o pH; ao passo que, quanto maior a concentração de íons OH⁻, maior será o valor de pH. O pH de uma solução é expresso como cologarítmo decimal de base dez, conforme mostrado a seguir:

$$colog\,[H^+] = -\log\,[H^+]$$
$$pH = -\log\,[H^+]$$
$$[H^+] = 10\text{-pH, em mol}/\ell$$

O mesmo se aplica ao potencial hidroxiliônico (pOH), que se refere à concentração dos íons OH⁻ na solução:

$$pOH = -\log\,[OH^-]$$
$$[OH^-] = 10\text{-pOH, em mol}/\ell$$

A água pura é uma solução que, a 25°C, apresenta as concentrações de ambos os íons iguais a 1×10^{-7} mol/ℓ. Assim, considerando que $[H^+] = [OH^-] = 1 \times 10^{-7}$ mol/ℓ, o valor de pH e pOH da água é:

$$pH = -\log\,[10^{-7}]$$
$$pH = -(-7)$$
$$pH = 7$$
$$pOH = -\log\,[10^{-7}]$$
$$pOH = -(-7)$$
$$pOH = 7$$

O valor de pH de uma solução é determinado por meio de um aparelho chamado pHmetro, que é, na verdade, um eletrodo. A leitura do aparelho é feita a partir da tensão (geralmente em milivolts) que o eletrodo produz quando submerso na amostra. A intensidade da tensão medida é convertida para uma escala de pH. O aparelho faz essa conversão em uma escala usual de 0 a 14,0 pH.

Outro modo menos preciso, embora mais prático, de determinar o pH de uma solução é a utilização de indicadores ácido-base, isto é, de compostos que, em virtude de suas propriedades físico-químicas, apresentam a capacidade de mudar

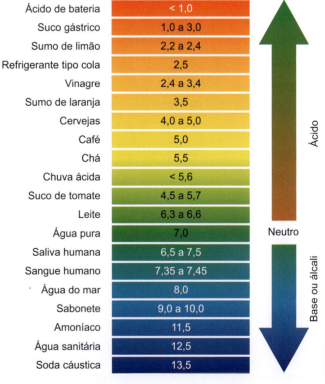

Figura 1.5 Valores de pH de algumas substâncias.

sua coloração na presença de um ácido ou de uma base. Um exemplo de indicador ácido-base é a fenolftaleína, que não adquire coloração em soluções ácidas, mas torna-se vermelha na presença de bases (Figura 1.6).

Os diversos compartimentos do organismo apresentam valores de pH diferentes também em razão de suas especialidades. Por exemplo, o pH arterial é 7,4, e o do sangue venoso 7,35, um pouco menor que o do sangue arterial, em virtude da maior concentração de CO_2 no sangue venoso. No interior do estômago, a síntese de HCl reduz o pH a valores que podem chegar a 0,8, enquanto a urina apresenta ampla variação de pH de 4,5 até 8,0. Finalmente, os limites de pH sanguíneo compatíveis com a vida são 6,8 (mínimo) e 8,0 (máximo). Variações de pH acima ou abaixo desses limites implicam alcalose e acidose, respectivamente, e podem colocar a vida em risco.

Solução-tampão

É capaz de manter constante o valor de pH, ainda que a ela sejam adicionadas pequenas quantidades de ácidos ou bases (Figura 1.7). Essas soluções são formadas por um ácido fraco e sua base conjugada, como: H_2PO_4 (ácido) e $H_2PO^-_4$ (base conjugada); H_2CO_3 (ácido) e HCO^-_3 (base conjugada). A eficiência máxima de uma solução-tampão ocorre no valor de pH correspondente ao seu pKa, ou seja, quando as concentrações das espécies ácida e básica são iguais. A região de pH útil de um tampão é geralmente considerada pH = pKa ± 1,0.

A eficiência do sistema-tampão pode ser verificada por meio de um experimento simples e prático. Ao gotejar uma solução de HCl 50% em determinado volume de água por 90 min, o pH da água cairá rapidamente, saindo de seu valor de 7,0 para 1,8. Entretanto, se o mesmo experimento for realizado com plasma, o pH variará de 7,4 para 7,1, o que reflete a atuação dos sistemas-tampão presentes no plasma.

A presença de tampões no organismo é essencial, uma vez que as reações metabólicas produzem H^+ com frequência, o que poderia conduzir a uma acidose metabólica importante. O bicarbonato é o principal tampão, compondo cerca de 64% do total de tampões plasmáticos – os demais são hemoglobina (28%), proteínas (7%) e tampão fosfato (1%).

Figura 1.6 Maneiras de mensurar o pH de uma solução. **A.** pHmetro de bancada. **B.** Indicador fenolftaleína. Esta substância adquire coloração vermelha na presença de bases e fica incolor na presença de ácidos. **C.** Papel tornassol. Ele muda de cor quando imerso em determinadas soluções. A coloração que o papel assume é comparada a uma escala de cores que indica o valor aproximado do pH.

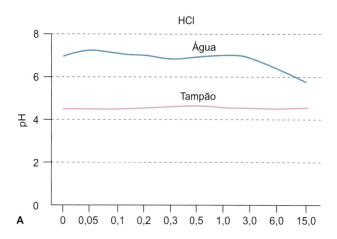

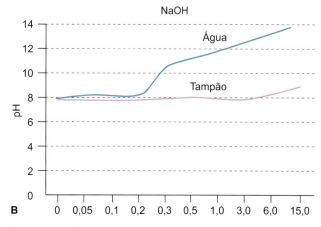

Figura 1.7 Eficiência de uma solução-tampão em manter o valor do pH tanto na adição de ácido quanto na adição de bases à solução. Ambos os gráficos comparam a variação do pH da água e de uma solução-tampão quando se adiciona HCl (um ácido; **A**) e, em outra situação, quando se adiciona NaOH (uma base; **B**).

O organismo utiliza três mecanismos para controlar o equilíbrio ácido-base, sendo o primeiro deles o excesso de ácido excretado pelos rins, sobretudo em forma de amônia; o CO_2, que é eliminado via pulmões; e, finalmente, os tampões plasmáticos. Cerca de 60% dos ácidos são tamponados no interior das células e no tecido ósseo por meio da troca de H^+ por Na^+ ou K^+, e os 40% restantes sofrem tamponamento no líquido extracelular pelos diferentes tampões plasmáticos. Já para as bases, aproximadamente 70% são tamponadas no líquido extracelular e os 30% restantes no meio intracelular.

O tampão bicarbonato/ácido carbônico está presente no plasma e é o mais eficiente para evitar variações de pH. O excesso de íons H^+ combina-se com o HCO^-_3, dando origem ao H_2CO_3, um ácido fraco que se dissocia em H_2O e CO_2. O CO_2 pode ser eliminado pelos pulmões, enquanto o HCO^-_3 formado pode ser excretado pelos rins.

O segundo componente que atua no controle do pH plasmático são as proteínas, que, por serem constituídas por aminoácidos, os quais têm caráter anfótero (ácido ou base), são capazes de promover tamponamento tanto no meio intracelular quanto no extracelular. De fato, os grupos carboxila (COOH) e amina (HN_2) dos aminoácidos que formam as proteínas são capazes de doar ou receber prótons de acordo com o pH, atuando, assim, como ácidos ou bases. Em pH ácido, os grupos NH_2 tendem a aceitar um próton H^+ e, em valores de pH alcalinos, os grupos COOH doam seu H^+, ionizando-se. Já em pH neutro (7,0), os resíduos de aminoácidos adquirem carga elétrica igual a zero e são chamados de formas zwitteriônicas (Figura 1.8).

A alteração da carga elétrica dos resíduos de aminoácidos reflete-se em toda a proteína, de modo que a carga elétrica desta também varia com o valor de pH. O valor de pH em que a proteína apresenta carga elétrica igual a zero é denominado ponto isoelétrico. Já o sistema-tampão composto pela hemoglobina é extremamente importante para evitar a ação dos ácidos voláteis. A hemoglobina existe no eritrócito em elevadas concentrações e, por dispor de porções COOH e NH_2 terminais, é capaz de aceitar e doar prótons H^+.

Finalmente, o tampão fosfato atua sobretudo em nível celular e é constituído por dois sais, mono-hidrogênio fosfato de sódio (fosfato de sódio dibásico) e di-hidrogênio fosfato de sódio (fosfato de sódio monobásico) – este último funciona como ácido e tampona as bases.

Função tamponante do tecido ósseo

Entre as funções do tecido ósseo, inclui-se a capacidade de tamponamento, uma vez que cerca de 60% do CO_2 do organismo está presente na massa óssea na forma de carbonato de cálcio, carbonato de sódio e bicarbonato associado a cristais de hidroxiapatita. Evidências mostram que, em condições de acidose crônica, como a que se instala na insuficiência renal crônica, ocorre reabsorção óssea com liberação de tampão fosfato e bicarbonato. Esse processo pode ser mediado pelo paratormônio.

Papel dos pulmões

O metabolismo promove grande quantidade de CO_2, aproximadamente 20.000 mEq/dia. Ao reagir com a água também abundante nas células e nos espaços extracelulares, o CO_2 tende a formar ácido carbônico segundo a reação $CO_2 + H_2O \rightarrow H_2CO_3$. O ácido carbônico é fraco e tende a dissociar-se facilmente, produzindo bicarbonato e H^+. O CO_2 é considerado um ácido volátil, porque é capaz de ser eliminado dos pulmões em contraposição aos ácidos fixos, produzidos no organismo e que não podem ser eliminados pelos pulmões, mas sim pelos rins. A formação de grandes quantidades de ácido carbônico pode causar acidose, o que é evitado pela hemoglobina, uma vez que ela sequestra o próton de hidrogênio gerado pelos tecidos, reduzindo a formação de ácido carbônico. O sinal para que a hemoglobina aceite o próton do meio é a liberação de oxigênio para os tecidos. A afinidade dos gases (O_2/CO_2) pela hemoglobina está relacionada com o pH dos tecidos periféricos, de modo que, em ambientes com pH ácido e alta concentração de CO_2, tal como ocorre nos tecidos periféricos, a afinidade da hemoglobina pelo oxigênio diminui à medida que ela aceita H^+ e CO_2. Inversamente, nos capilares pulmonares, à medida que o CO_2 é excretado e o pH do sangue tende a se alcalinizar, a afinidade da hemoglobina pelo oxigênio também cresce.

Esse efeito que relaciona o pH e a concentração de CO_2 sobre a captação e a liberação do oxigênio pela hemoglobina é chamado de efeito Bohr, resultado do equilíbrio entre oxigênio e dois outros ligantes que podem ser captados pela hemoglobina CO_2 e H^+. No ambiente alveolar, a hemoglobina ganha afinidade pelo O_2 e perde afinidade pelo CO_2. Quando isso acontece, a molécula de mioglobina altera sua conformação espacial, liberando os íons H^+ – esse processo é conhecido como efeito Haldane (Figura 1.9).

Quando a concentração de oxigênio é baixa, como ocorre nos tecidos, os íons H^+ são ligados e o O_2 é liberado. Entretanto, o oxigênio e o H^+ não estão ligados aos mesmos locais na molécula de hemoglobina. O oxigênio é ligado aos átomos de ferro dos grupos heme, enquanto o H^+ se liga ao grupo R dos resíduos de lisina presentes na molécula de hemoglobina. A quantidade de CO_2 eliminada pelos pulmões é regulada pela frequência e profundidade da ventilação pulmonar. Os sinais para resposta ventilatória são oriundos do centro respiratório, que é, por sua vez, influenciado pela concentração de H^+ do líquido intersticial do tronco cerebral e por quimiorreceptores carotídeos.

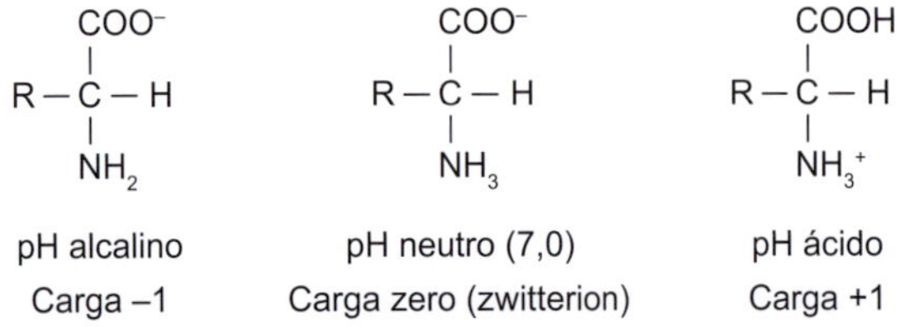

$$\begin{array}{ccc}
\text{COO}^- & \text{COO}^- & \text{COOH} \\
| & | & | \\
\text{R—C—H} & \text{R—C—H} & \text{R—C—H} \\
| & | & | \\
\text{NH}_2 & \text{NH}_3 & \text{NH}_3^+ \\
\text{pH alcalino} & \text{pH neutro (7,0)} & \text{pH ácido} \\
\text{Carga −1} & \text{Carga zero (zwitterion)} & \text{Carga +1}
\end{array}$$

Figura 1.8 Titulação de um aminoácido e suas diferentes formas ionizadas assumidas em razão da concentração de H^+ no meio (pH).

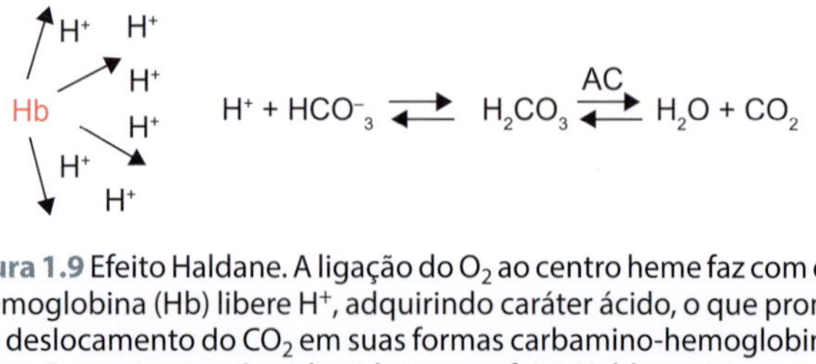

$$Hb \xrightarrow{H^+, H^+, H^+, H^+, H^+} \quad H^+ + HCO^-_3 \rightleftharpoons H_2CO_3 \xrightleftharpoons{AC} H_2O + CO_2$$

Figura 1.9 Efeito Haldane. A ligação do O_2 ao centro heme faz com que a hemoglobina (Hb) libere H^+, adquirindo caráter ácido, o que promove o deslocamento do CO_2 em suas formas carbamino-hemoglobina e HCO^-_3. Esse processo é conhecido como efeito Haldane. AC: anidrase carbônica – enzima que catalisa a cisão de H_2CO_3 em HCO^- e H^+.

Os quimioceptores do centro ventilatório são sensíveis a mudanças de pressão parcial de CO_2 (PCO_2), pressão parcial de O_2 (PO_2) e pH. De fato, o aumento da PCO_2 desencadeia redução do pH plasmático (acidose respiratória), estimulando a ventilação, enquanto a redução da PCO_2 conduz ao aumento do pH plasmático (alcalose respiratória), o que leva à inibição da ventilação, pulmonar. A PO_2 é pouco eficiente em ativar sinais ventilatórios – de fato, somente uma grande diminuição na PO_2 pode estimular a ventilação pulmonar.

Papel dos rins no equilíbrio acidobásico

Enquanto os pulmões eliminam ácidos voláteis, os rins são eficientes na eliminação de ácidos e bases fixas. Os ácidos correspondem à maioria dos produtos do metabolismo, como ácido fosfórico ou sulfúrico, oriundos do metabolismo de tioaminoácidos ou mesmo de lipídios que têm grupos fosfato. Além disso, o catabolismo de ácidos graxos e carboidratos gera ácidos fracos, como ácido beta-hidroxibutírico e ácido lático.

Os rins são capazes de eliminar ácidos fixos (p. ex., ácidos não voláteis, como o CO_2) e, em conjunto com os pulmões, regulam o equilíbrio ácido-base. A quantidade de ácidos fixos produzida por dia é de cerca de 1 mEq/kg, podendo ser maior em algumas situações patológicas, como no diabetes melito descompensado, em que há aumento clinicamente importante da concentração de cetoácidos, o que pode levar à cetoacidose metabólica e ao coma diabético. Outras condições também podem gerar ácidos fixos, como o jejum prolongado e o alcoolismo.

Alguns mecanismos podem gerar acúmulo de ácidos fixos. Por exemplo, o músculo esquelético produz grandes quantidades de ácido lático, que é convertido no fígado em glicose, em um processo conhecido como ciclo de Cori. A interrupção desse ciclo geraria grande acúmulo de ácido láctico, o que poderia rapidamente levar a uma acidose láctica.

A eliminação renal de ácidos fixos reduz o pH urinário para um valor de até 4,5. Além disso, a reabsorção de bicarbonato também colabora para a redução do pH urinário. Os túbulos renais são capazes de absorver cerca de 99,9% do bicarbonato decorrente do filtrado glomerular, de modo que apenas 2 mEq/dia de bicarbonato são eliminados pela urina.

Reabsorção de HCO^-_3 por meio da combinação com H^+

Os ácidos que chegam à urina o fazem por meio do processo de secreção tubular, e não por filtração glomerular; assim, o H^+ é secretado para a luz tubular por meio de dois mecanismos. O primeiro envolve um cotransporte de H^+/Na^+ realizado pela proteína trocadora de Na^+/H^+. A energia necessária para a excreção de H^+ contra o seu gradiente de concentração é oriunda do gradiente de Na^+ dissipado decorrente do influxo de Na^+ seguindo seu gradiente de concentração – proporcionado pela bomba Na^+/K^+-ATP sintase presente na membrana basolateral. Já o segundo mecanismo de excreção de H^+ ocorre por meio de transporte ativo mediado por bomba H^+-ATPase dependente. Esses mecanismos estão presentes de maneira variada nas diferentes porções dos túbulos renais; os ductos coletores ainda apresentam um terceiro mecanismo de secreção de H^+, mediado por H^+/K^+-ATPase dependente.

O túbulo proximal é a porção tubular que apresenta maior capacidade de secreção de H^+ – cerca de 80 a 90% –, enquanto a alça de Henle e o túbulo contorcido distal são responsáveis por cerca de 10 a 20%. O HCO^-_3 não é reabsorvido diretamente pelas células tubulares, de modo que, uma vez na luz tubular, o H^+ combina-se com o HCO^-_3, dando origem ao H_2CO_3, que se dissocia facilmente, originando CO_2 e H_2O. No túbulo proximal e no ramo ascendente espesso da alça de Henle, essa reação é catalisada pela anidrase carbônica presente na membrana luminal dessas células, mas não existe no fluido tubular.

O CO_2 é um gás bastante permeável pelas membranas biológicas e se difunde para o interior da célula tubular, onde reage com o OH^- decorrente da dissociação da água e mais uma vez há formação de HCO^-_3 catalisado pela anidrase carbônica intracelular. O HCO^-_3 formado se difunde passivamente para o fluido peritubular e, subsequentemente, para o sangue (Figura 1.10).

Em muitos segmentos do néfron, o HCO^-_3 atravessa a membrana basolateral por difusão facilitada por meio de um cotransportador HCO^-_3/Na^+ ou, ainda, em troca por Cl^-. Finalmente, para cada próton H^+ formado nas células tubulares, forma-se um HCO^-_3 que retorna ao plasma. Em suma, a reabsorção de HCO^-_3 não resulta em eliminação de H^+, uma vez que este reage com o HCO^-_3 e é, portanto, "tamponado".

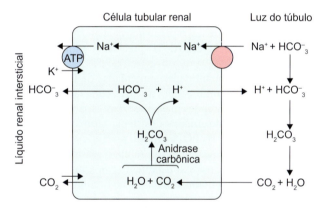

Figura 1.10 Mecanismo de reabsorção de bicarbonato e excreção ativa de H^+. A maior parte da reabsorção de bicarbonato (70 a 85%) ocorre em segmentos iniciais do túbulo proximal e em proporções variáveis na alça de Henle, no túbulo distal e no ducto coletor.

Excreção ativa de H^+ pelas células tubulares

A secreção ativa de H^+ é feita por células presentes na porção final do túbulo distal até o fim do sistema tubular. Essas células são chamadas de células intercaladas, interpõem-se entre as células principais e caracterizam-se pela alta concentração de anidrase carbônica em seu citosol.

Existem dois tipos de células intercaladas, A e B. Em condições de acidose, as células do tipo A excretam H^+ e reabsorvem HCO^-_3, enquanto, em situações de alcalose, as células do tipo B excretam HCO^-_3 e reabsorvem H^+. Os transportadores presentes na membrana dessas células não são antiportadores Na^+/H^+, como no túbulo proximal; diferentemente, são transportes ativos dependentes de ATP, H^+-ATPase e H^+/K^+-ATPase (Figura 1.11). Não raro, as acidoses estão presentes na hiperpotassemia, o que ocorre em razão de a excreção de H^+ se dar em troca com o K^+. Efeito inverso ocorre nas alcaloses, em que a reabsorção de H^+ causa simultaneamente a excreção de K^+, culminando em hipopotassemia.

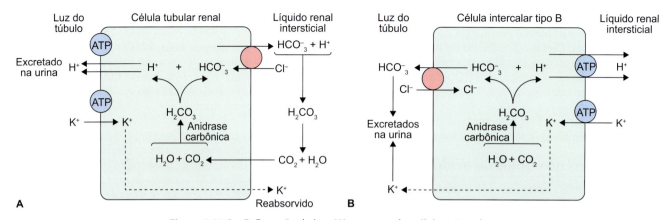

Figura 1.11 A e B. Excreção de íons H⁺ por parte das células intercalares.

Excesso de H⁺ nos túbulos gera íons bicarbonato

Normalmente, o H⁺ presente no líquido tubular combina-se com o HCO_3^-, de modo que, para cada próton H⁺ excretado, um ânion HCO_3^- é reabsorvido. Contudo, em situações de acidose, a quantidade de H⁺ que precisa ser secretada é maior do que a quantidade de HCO_3^- que pode ser reabsorvida. Nessas circunstâncias, o pH urinário já alcançou seu valor mínimo de 4,5, e a excreção de H⁺ precisa ser aumentada para corrigir a acidose.

A excreção de quantidades aumentadas de H⁺ na urina é feita basicamente combinando-se o H⁺ com tampões no líquido tubular. Os tampões mais importantes são o tampão de fosfato e o tampão de amônia. O sistema-tampão fosfato, formado por HPO_4^{2-} e $H_2PO_4^-$, é muito mais eficiente como um tampão tubular do que como um tampão plasmático. Isso se deve ao seu pKa, de aproximadamente 6,8, mais próximo do pH urinário, e à sua maior concentração tubular, em razão de sua reabsorção pouco eficiente.

A reação $HPO_4^{2-} + H^+$ gera $H_2PO_4^-$, que é excretado na forma do sal $NaH_2PO_4^-$. Nessa situação, ocorre ganho líquido de HCO_3^-, já que este não é recuperado, mas sintetizado "de novo".

O sal ácido $NaH_2PO_4^-$ forma-se da seguinte maneira: no interior das células dos túbulos, proximal, distal e coletores, a água sofre cisão, dando origem ao H⁺ e ao ânion OH⁻. O próton H⁺ é então exportado para a luz tubular por meio de uma bomba dependente de ATP; na luz tubular, o H⁺ reage com o $Na_2HPO_4^-$ para formar o sal ácido $NaH_2PO_4^-$, que é excretado na urina. O OH⁻ presente no meio intracelular combina-se com o CO_2, dando origem ao HCO_3^- – essa reação é catalisada pela anidrase carbônica.

O HCO_3^- formado segue então para o plasma, de modo a recompor o HCO_3^- extracelular utilizado para tamponar ácidos fixos, como o ácido fosfórico extensamente formado nas reações metabólicas (Figura 1.12). Entretanto, a excreção de $NaH_2PO_4^-$ não é suficiente para eliminar íons H⁺; assim, a eliminação de NH_4 na forma de sais neutros, como NH_4Cl, constitui um mecanismo adicional para complementar a excreção de H⁺.

O tampão composto por NH_3 (amônia) e NH_4^+ (amônio) é quantitativamente mais importante que o tampão fosfato. A glutamina é o aminoácido precursor do íon NH_4^+. O aumento da concentração de H⁺ no líquido extracelular estimula o metabolismo renal da glutamina; assim, as células epiteliais presentes na porção proximal do segmento ascendente espesso da alça de Henle transportam a glutamina. O fígado é capaz de sintetizar glutamina a partir de NH_4^+ e HCO_3^-. No interior dessas células renais, a glutamina segue a via metabólica, que a converte novamente aos elementos que lhe deram origem no fígado: duas moléculas de NH_4^+ e duas de HCO_3^-.

O HCO_3^- é transportado para o sangue pela membrana basolateral das células em um mecanismo de cotransporte dependente de Na⁺. Desse modo, a metabolização da glutamina gera dois HCO_3^- líquidos, ou seja, um HCO_3^- que não é recuperado, mas é "novo". O NH_4^+ é transportado para o lúmen tubular em troca com o Na⁺.

No lúmen tubular, o NH_4^+ reage com Cl⁻ para formar NH_4Cl (Figura 1.13). Nos túbulos coletores, o processo de formação de NH_4^+ é distinto daquele discutido para as células tubulares proximais do segmento ascendente da alça de Henle. Nesse caso, a amônia deixa a célula tubular coletora, uma vez que, ao contrário do NH_4^+, a amônia é permeável às membranas biológicas. No interior dessas células, a H_2O reage com o CO_2, resultando em H_2CO_3, o qual sofre cisão em HCO_3^- e H⁺ pela anidrase carbônica. O H⁺ é transportado para o lúmen tubular por meio de uma bomba H⁺ ATPase dependente. No lúmen tubular, o H⁺ reage com a amônia, dando origem ao NH_4^+, que, em seguida, é excretado.

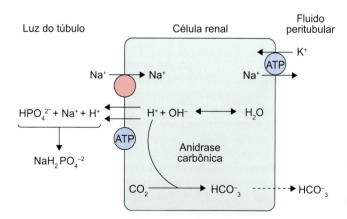

Figura 1.12 Mecanismo de tamponamento do próton H⁺ liberado na luz tubular.

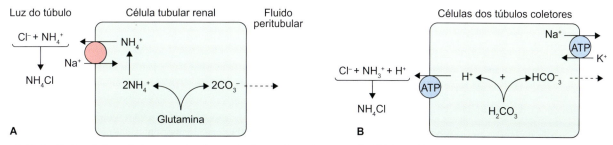

Figura 1.13 A e B. As células tubulares proximais metabolizam glutamina gerando NH_4^+ e HCO_3^-. O NH_4^+ é eliminado no lúmen tubular por meio de uma bomba Na^+/NH_4^+. Cada molécula de glutamina origina dois NH_4^+, que são excretados, e dois HCO_3^-, que são absorvidos. Nas células dos túbulos coletores, a amônia difunde-se da célula até o lúmen tubular, indo tamponar prótons H^+, que são eliminados na forma de NH_4Cl. Nota-se que, para cada molécula de NH_4Cl excretada, uma molécula de "novo" HCO_3^- é formada e segue para o plasma.

Assim, para cada NH_4^+ formado no lúmen tubular, a célula tubular coletora gera um HCO_3^- que segue para o plasma. Novamente, esse HCO_3^- não é oriundo de recuperação, e sim "novo".

Na acidose crônica, a principal forma de eliminação de H^+ é NH_4^+; trata-se de uma via importante, porque concomitantemente à eliminação de H^+ ocorre a produção líquida de HCO_3^-. Já na alcalose, a excreção de H^+ deve ser mínima, o que também leva à reabsorção mínima de HCO_3^-, paralelamente ao aumento de sua excreção. Nessas condições, não existe formação de NH_4^+, porque a quantidade de H^+ excretada não é suficiente para reagir com tampões não bicarbonato.

Regulação da excreção renal de H^+

Os estímulos mais importantes para desencadear a excreção de íons H^+ por parte das células tubulares são a PCO_2 do líquido extracelular e o aumento da concentração de H^+ do líquido extracelular. O aumento da PCO_2 gera H^+ no interior das células tubulares por meio da reação $H_2O + CO_2 \rightarrow H_2CO_3$. Subsequentemente, o H_2CO_3 se dissocia em HCO_3^- e H^+, e as células tubulares excretam o H^+ formado. A perda de H^+ pelas células tubulares intercaladas pode aumentar na síndrome de Conn (hiperaldosteronismo).

A aldosterona é um hormônio esteroide com propriedades mineralocorticoides liberado pela zona glomerulosa das glândulas suprarrenais, cuja principal função é a reabsorção intestinal e tubular de Na^+. Ela estimula a absorção de Na^+ por meio do trocador Na^+/H^+ no túbulo proximal e no ramo ascendente espesso da alça de Henle. A angiotensina II age diretamente no trocador Na^+/H^+, aumentando sua atividade. Assim, os estímulos para a reabsorção de Na^+ (p. ex., redução da volemia) podem conduzir ao aumento da excreção de H^+.

A queda na PCO_2 ou mesmo a redução de H^+ plasmática *per se*, como ocorre na alcalose respiratória ou metabólica, gera efeito contrário, ou seja, as células tendem a preservar o H^+. Outra condição que interfere no equilíbrio tubular de H^+ é a hipopotassemia. A redução da concentração plasmática de K^+, como ocorre no diabetes descompensado, gera elevação na concentração de H^+ nas células tubulares por meio do trocador H^+/K^+, levando ao aumento de sua excreção com consequente reabsorção de HCO_3^-. O efeito final é que a hipopotassemia pode resultar em alcalose, enquanto a hiperpotassemia gera acidose porque diminui a excreção de H^+ e a reabsorção de HCO_3^-.

Bioclínica

Distúrbios do equilíbrio ácido-base

Os distúrbios ácido-base são alterações no pH plasmático, o qual se desloca para um grau de acidez ou alcalinidade que compromete as funções bioquímicas no organismo, podendo levar à morte. A gasometria é a prova bioquímica capaz de avaliar o estado acidobásico com precisão, uma vez que amostras coletadas do sangue arterial fornecem dados sobre o pH e a concentração de HCO_3^-, enquanto amostras oriundas do sangue venoso possibilitam a avaliação apenas de dois parâmetros, HCO_3^- e pH.

Acidose metabólica

Decorre do aumento de espécies químicas de caráter ácido ou redução de álcalis com impacto direto no pH plasmático. Uma vez que o pH é deslocado para valores ácidos, os níveis de HCO_3^- caem porque passam a ser consumidos no processo de tamponamento. Há diversas causas de acidose metabólica, incluindo:

- Utilização de medicamentos sem orientação adequada (p. ex., salicilatos – a ingestão de grandes doses de salicilatos interfere no metabolismo oxidativo; em contrapartida, pequenas doses levam à alcalose respiratória por estimular diretamente a área respiratória quimiossensível localizada no bulbo)
- Cetoacidose diabética, decorrente do diabetes melito descompensado (nessa circunstância, o metabolismo de obtenção de energia é deslocado para a oxidação de ácidos graxos no ciclo da beta-oxidação. A oxidação desses ácidos graxos produz acetil-CoA, que alimenta o ciclo de Krebs; contudo, o subproduto dessa operação bioquímica é a síntese de corpos cetônicos, como os ácidos beta-hidroxibutírico e acetoacético. Essas substâncias com caráter ácido reduzem o pH plasmático, levando, em casos mais graves, ao coma diabético)
- Acúmulo de ácido lático (o ácido lático é produzido por reações metabólicas e quase integralmente convertido em glicose no fígado por meio da via da gliconeogênese. A causa mais importante de acidose lática é a deficiente oxigenação celular no choque hipovolêmico, cardiogênico ou séptico)
- Insuficiências renais (quando a taxa de filtração glomerular cai para menos que 20% dos valores de referência, progressivamente ocorre retenção de carga ácida, aumentando a retenção de ácidos fixos)
- Perdas excessivas de HCO_3^-, como ocorre nas diarreias profusas.

A condição de acidose metabólica tenta ser compensada pelos pulmões com a eliminação de CO_2.

Alcalose metabólica

Instala-se quando se elevam os níveis plasmáticos de HCO_3^- ou quando há perdas significativas de H^+, como ocorre em situações de vômito. Trata-se de um distúrbio ácido-base relativamente comum, cuja relevância clínica está diretamente relacionada com o valor de pH. De fato, em valores de pH que variam de 7,54 a 7,56, a taxa de mortalidade é de cerca de 34%, enquanto em valores de pH que oscilam entre 7,65 e 7,7 a taxa de mortalidade alcança 80%.

Além da perda de íons hidrogênio pelo trato gastrintestinal, podem ocorrer perdas pelos rins, como no hiperaldosteronismo ou na redução abrupta da PCO_2, uma vez que nessa circunstância não há tempo suficiente para os rins eliminarem o excesso de bicarbonato. É por essa razão que pacientes sob ventilação mecânica devem sofrer redução gradual da PCO_2.

Outro mecanismo envolvido na alcalose metabólica ocorre na hipocalemia. Nessa situação, os baixos níveis extracelulares de potássio conduzem ao efluxo de potássio do meio intracelular para o meio extracelular com o propósito de manter o equilíbrio desse íon. A saída intracelular de potássio conduz à entrada de íons hidrogênio nas células, aumentando o pH.

Acidose respiratória

É um distúrbio clínico causado pela hipoventilação, levando a uma concentração aumentada da pressão de dióxido de carbono arterial (hipercapnia). A hipercapnia e a acidose respiratória ocorrem quando a disfunção na ventilação se instala e a remoção de CO_2 pelos pulmões é menor que a produção de CO_2 nos tecidos. Existem dois tipos de acidose respiratória: aguda ou crônica. Em ambas, a PCO_2 está acima do limite superior de seus valores de referência, porém, na aguda, o pH encontra-se abaixo de 7,35, enquanto na crônica o pH plasmático está na faixa da normalidade (7,35 a 7,45) – neste último caso, porém, os níveis plasmáticos de HCO_3^- encontram-se elevados, mostrando o mecanismo de compensação renal.

As causas da acidose respiratória aguda podem ser:

- Depressão súbita da ventilação pulmonar decorrente de lesões do centro respiratório no bulbo
- Doenças do sistema nervoso central
- Doenças neuromusculares que acometem a capacidade ventilatória (p. ex., miastenia *gravis*, esclerose lateral amiotrófica, síndrome de Guillain-Barré e distrofia muscular)
- Obstrução das vias aéreas
- Doença pulmonar obstrutiva crônica (DPOC).

As causas mais comuns da acidose respiratória crônica são disfunções diafragmáticas, anormalidades neuromusculares, DPOC e cifoescoliose.

Alcalose respiratória

Ocorre quando há ventilação alveolar aumentada (hiperventilação), o que leva à eliminação elevada de CO_2, reduzindo a PCO_2. A alcalose respiratória pode ser classificada em duas formas: aguda e crônica. Na aguda, grandes quantidades de CO_2 são eliminadas em curto período, caracterizando hiperventilação. Na crônica, a resposta compensatória renal promove aumento da fração de excreção de bicarbonato, e para cada 10 mM baixados na PCO_2 no plasma, existe uma queda correspondente de 5 mM de íon bicarbonato. A redução dos níveis plasmáticos de bicarbonato é uma resposta compensatória renal que reduz o efeito da alcalose causado pela queda da PCO_2 no sangue – esse mecanismo é denominado compensação metabólica.

Alguns fatores causais para a alcalose respiratória incluem:

- Ansiedade e estresse
- Mudança para áreas de grande altitude, onde a pressão atmosférica do oxigênio estimula a hiperventilação
- Hipertermia
- Medicamentos (p. ex., cloridrato de doxapram, que atua estimulando quimioceptores aórticos e carotídeos)
- Hipóxia em doenças pulmonares, como na pneumonia e na asma
- Insuficiência cardíaca congestiva
- Iatrogenia (p. ex., ventilação artificial excessiva).

Resumo

Introdução

Cerca de 60% da composição corpórea de um adulto normolíneo de 70 kg é formada por água. Ela fornece o meio para que ocorram as reações químicas nas células, provendo um ambiente propício para a solubilização e o transporte de íons, além de atuar como agentes dispersantes do calor produzido no organismo.

A estabilidade do meio interno depende ainda da baixa concentração de íons de hidrogênio, cerca de um milionésimo da concentração de outros íons, como Na^+, Cl^- e K^+.

O primeiro mecanismo de defesa contra variações de pH são os tampões, que agem instantaneamente; em seguida, os pulmões atuam eliminando CO_2 e agem em intervalos de minutos ou horas em virtude do grau de concentração de H^+. Por fim, o terceiro e último mecanismo de ação no controle do pH do organismo são os rins, que atuam na eliminação de espécies químicas ácidas e básicas.

Aspectos físico-químicos da água

A molécula de água apresenta natureza dipolar, porque os elétrons compartilhados na ligação covalente entre os átomos que compõem a água sofrem deslocamento para o lado dos dois oxigênios. Todas as características e propriedades físicas da água resultam de sua geometria molecular (Figura R1.1). Os átomos de hidrogênio e oxigênio podem interagir com muitos tipos de moléculas diferentes, razão pela qual a água é considerada o solvente mais poderoso conhecido.

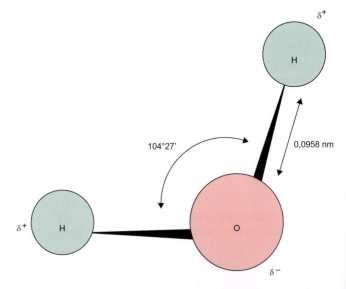

Figura R1.1 Geometria da molécula de água. A água forma um tetraedro com ângulo de abertura de 104°27'. O oxigênio alberga cargas parciais negativas, enquanto os dois átomos de hidrogênio apresentam cargas positivas, formando um dipolo elétrico.

Gelo | Água em forma de cristal

Cada molécula de água é capaz de formar no máximo quatro ligações hidrogênio com outras moléculas de água. Na forma de gelo, a água apresenta 85% mais ligações hidrogênio do que em sua forma líquida. Essas ligações organizam-se formando uma estrutura em rede tridimensional extremamente aberta (Figura R1.2).

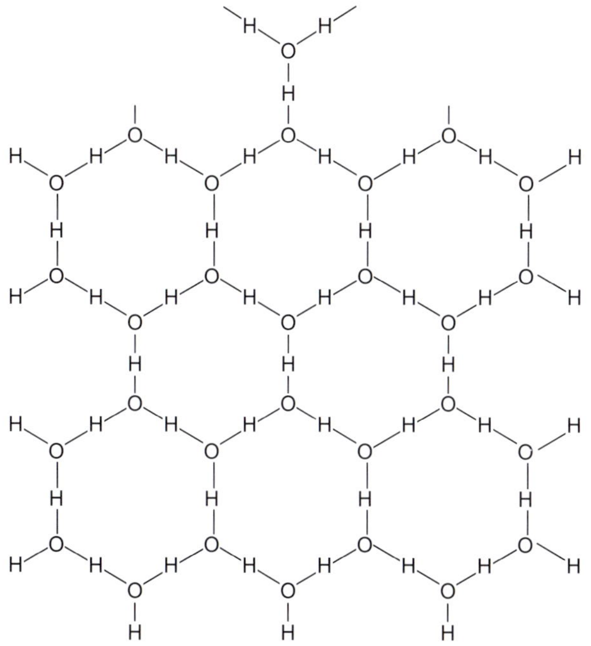

Figura R1.2 O arranjo molecular do gelo em rede aberta possibilita que ele seja menos denso que a água, por isso o gelo é capaz de flutuar nela. A água se expande na forma de gelo, ocupando maior espaço em um recipiente do que o mesmo volume em forma líquida.

Água como solvente universal

Em virtude de sua capacidade de dissolver grande gama de substâncias, a água é considerada um "solvente universal". É um solvente polar, já que sua constante dielétrica é 80. Solventes com constantes dielétricas abaixo de 15 são considerados apolares.

Ionização da água

Produz um íon hidrônio (H_3O^+) e um hidróxido (OH^-), reação que pode ser representada por: $2H_2O \leftrightarrow H_3O^+(aq) + OH^-(aq)$. O próton de determinado íon hidrônio pode também se dissociar, associando-se a outra molécula de água. Essa operação ocorre de maneira extremamente rápida e pode ser entendida como um processo em que os prótons do íon hidrônio saltam de uma molécula de água para outra (Figura R1.3).

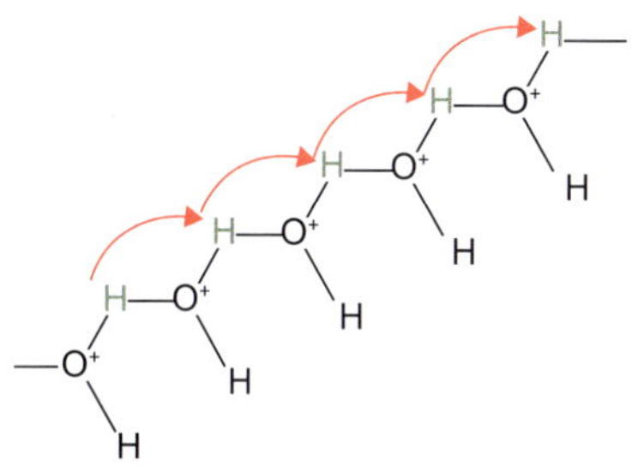

Figura R1.3 Ionização da água. A formação e a dissociação do íon hidrônio ocorrem de maneira dinâmica. Os prótons "saltam" de uma molécula de água para outra.

Controle do volume de líquido corporal

No hipotálamo, células especializadas chamadas osmoceptores detectam continuamente a relação entre soluto e solvente no organismo (osmolaridade), por meio de murchamento ou intumescimento. Quando os osmoceptores detectam aumento da osmolaridade plasmática, enviam potenciais de ação para os núcleos supraóptico e paraventricular do hipotálamo, sendo estimulada a secreção de ADH. O efeito inverso ocorre quando a osmolaridade plasmática diminui.

O ADH medeia a inserção de aquaporinos nas células dos túbulos renais, o que faz com que a água que seria perdida na forma de urina retorne para o organismo. Por sua vez, baixos níveis plasmáticos de ADH aumentam a formação de urina, porque os aquaporinos são removidos das células tubulares.

Ácidos, bases e pH

De acordo com a definição de Brönsted-Lowry, ácido é uma substância que pode ceder prótons (íons H^+). Assim, a água pode comportar-se como ácido ou como base, dependendo do par em apreciação. Base ou álcali é qualquer substância que doa pares de elétrons não ligantes em uma reação química – doador do par eletrônico, formando ligações dativas. As reações que envolvem a dissociação de ácidos e bases seguem a lei da ação das massas, que estabelece que a velocidade de uma dada reação química é proporcional à concentração dos reagentes.

O pH designa acidez, neutralidade ou alcalinidade de uma dada solução. A escala de pH varia de 0 a 14,0, que correspondem às concentrações de íons H^+ entre 1 e 10^{-14} M:

- Abaixo de 7,0: pH ácido
- Acima de 7,0: pH básico ou alcalino
- Exatamente 7,0: pH neutro.

Solução-tampão

Uma solução-tampão é capaz de manter constante o valor de pH, ainda que a ela sejam adicionadas pequenas quantidades de ácidos ou bases. Essas soluções são formadas por um ácido fraco e sua base conjugada. A eficiência máxima de uma solução-tampão ocorre no valor de pH correspondente ao seu PKa, ou seja, quando as concentrações das espécies ácida e básica são iguais. A região de pH útil de um tampão é usualmente considerada pH = pKa ± 1,0.

Tampões plasmáticos

O bicarbonato é o principal tampão, compondo cerca de 64% do total de tampões plasmáticos e sendo o mais eficiente para evitar variações de pH.

O excesso de íons H^+ combina-se com o HCO_3^-, dando origem ao H_2CO_3, um ácido fraco que se dissocia em H_2O e CO_2. O CO_2 pode ser eliminado pelos pulmões, enquanto o HCO_3^- formado pode ser excretado pelos rins. Os demais tampões plasmáticos são hemoglobina (28%), proteínas (7%) e tampão fosfato (1%). Cerca de 60% dos ácidos são tamponados no interior das células e no tecido ósseo por meio da troca de H^+ por Na^+ ou K^+; os 40% restantes sofrem tamponamento no líquido extracelular pelos diferentes tampões plasmáticos. Já para as bases, aproximadamente 70% são tamponados no líquido extracelular e os 30% restantes no meio intracelular.

Os pulmões eliminam "ácidos voláteis"

O CO_2 é considerado um ácido volátil porque é capaz de ser eliminado dos pulmões, em contraposição aos ácidos fixos, que são produzidos no organismo e não podem ser eliminados pelos pulmões, mas sim pelos rins. A formação de grandes quantidades de ácido carbônico pode causar acidose, o que é evitado pela hemoglobina, uma vez que ela sequestra o próton de hidrogênio produzido pelos tecidos, reduzindo a formação de ácido carbônico.

Em ambientes com pH ácido e alta concentração de CO_2, como nos tecidos periféricos, a afinidade da hemoglobina pelo oxigênio diminui à medida que ela aceita H^+ e CO_2. Inversamente, nos capilares pulmonares, à medida que o CO_2 é excretado e o pH do sangue tende a alcalinizar, a afinidade da hemoglobina pelo oxigênio também cresce. Esse efeito, que relaciona o pH e a concentração de CO_2 sobre a captação e liberação do oxigênio pela hemoglobina, é chamado de efeito Bohr.

No ambiente alveolar, a concentração de oxigênio é alta e é captada pela hemoglobina, em razão da diferença de pressão entre os alvéolos e o interior dos eritrócitos. Quando isso acontece, a molécula de mioglobina altera sua conformação espacial, liberando os íons H^+. Esse processo é conhecido como efeito Haldane (Figura R1.4).

$H^+ + HCO_3^- \rightleftharpoons H_2CO_3 \xrightleftharpoons{AC} H_2O + CO_2$

Figura R1.4 A ligação do O_2 ao centro heme faz com que a hemoglobina libere H^+, adquirindo um caráter ácido, o que promove o deslocamento do CO_2 em suas formas carbamino-hemoglobina e HCO_3^-. Esse processo é conhecido como efeito Haldane. AC: anidrase carbônica – enzima que catalisa a cisão de H_2CO_3 em HCO_3^- e H^+.

Papel dos rins no equilíbrio acidobásico

Os rins são capazes de eliminar ácidos fixos (ácidos não voláteis, como o CO_2) e, em conjunto com os pulmões, regulam o equilíbrio ácido-base. A eliminação renal de ácidos fixos reduz o pH urinário para um valor de até 4,5. Além disso, a reabsorção de bicarbonato colabora para a redução do pH urinário.

Reabsorção de HCO_3^- através da combinação com H^+

O túbulo proximal é a porção tubular que apresenta maior capacidade de secreção de H^+, cerca de 80 a 90%. O HCO_3^- não é absorvido diretamente pelas células tubulares, de modo que, uma vez na luz tubular, o H^+ combina-se com o HCO_3^-, dando origem ao H_2CO_3, que se dissocia facilmente, originando CO_2 e H_2O. No túbulo proximal e no ramo ascendente espesso da alça de Henle, essa reação é catalisada pela anidrase carbônica, que está presente na membrana luminal dessas células, mas não existe no fluido tubular. O CO_2 se difunde para o interior da célula tubular, onde reage com o OH^- decorrente da dissociação da água, e mais uma vez há formação de HCO_3^-, catalisada pela anidrase carbônica intracelular. O HCO_3^- formado se difunde passivamente para o fluido peritubular e, subsequentemente, para o sangue.

Excreção ativa de H^+ pelas células tubulares

A secreção ativa de H^+ é feita por células do final do túbulo distal até o fim do sistema tubular. Essas células são chamadas de células intercaladas e caracterizam-se pela alta concentração de anidrase carbônica em seu citosol. Existem dois tipos de células intercaladas: "A" e "B". Em condições de acidose, as células do tipo A excretam H^+ e reabsorvem HCO_3^-, enquanto, em situações de alcalose, as células do tipo B excretam HCO_3^- e reabsorvem H^+. Os transportadores presentes na membrana dessas células não são antiportadores Na^+/H^+, como no túbulo proximal; diferentemente, são transportes ativos dependentes de ATP, H^+-ATPase e H^+/K^+-ATPase.

Excesso de H^+ nos túbulos | Íons de bicarbonato

A reação $HPO_4^- + H^+$ produz $H_2PO_4^-$, que é excretado na forma do sal $NaH_2PO_4^-$. Nessa situação, ocorre ganho líquido de HCO_3^-, já que este não é recuperado, mas sintetizado "de novo". O sal ácido $NaH_2PO_4^-$ forma-se da seguinte maneira: no interior das células dos túbulos proximal, distal e túbulos coletores, a água sofre cisão, dando origem ao H^+ e ao ânion OH^-. O próton H^+ é, então, exportado para a luz tubular, por meio de uma bomba dependente de ATP; lá, o H^+ reage com o $Na_2HPO_4^-$ para formar o sal ácido $NaH_2PO_4^-$, que é excretado na urina. O OH^- presente no meio intracelular combina-se com o CO_2, dando origem ao HCO_3^-. Essa reação é catalisada pela anidrase carbônica. O HCO_3^- formado segue então para o plasma, de modo a recompor o HCO_3^- extracelular utilizado para tamponar ácidos fixos.

Exercícios

1. Observe a figura e explique as depressões que se formam na água, na região das patas da aranha.

2. Explique por que uma garrafa de água esquecida em um congelador estoura.
3. A porcentagem de água no organismo humano varia com a idade e também entre os sexos. Contudo, pode-se considerar que, estatisticamente, um adulto apresenta cerca de 70% de água. Explique como ocorre o controle do volume de líquido corporal.
4. Explique o que são ácidos voláteis e ácidos fixos.
5. Explique como ocorre a excreção ativa de H^+ pelas células tubulares.
6. Explique como a eliminação de NH_4 na forma de sais neutros (p. ex., NH_4Cl) constitui um mecanismo adicional para complementar a excreção de H^+.
7. Explique a origem da acidose presente no diabético descompensado.
8. Cite os principais tampões plasmáticos.
9. Explique de que maneira o tecido ósseo exerce função tamponante.
10. Explique como a hemoglobina pode exercer função ácida ou básica.

Respostas

1. Os insetos são capazes de ficar sobre a água em razão da tensão superficial desta, porque as moléculas que estão na superfície do líquido se atraem pelas ligações de hidrogênio somente com as moléculas ao seu lado e abaixo, uma vez que não existem moléculas acima. Já as moléculas que estão abaixo da superfície realizam esse tipo de ligação com moléculas em todas as direções, e o resultado é a formação de uma espécie de película ou fina camada na superfície da água.
2. Isso ocorre porque, na forma de gelo, as moléculas de água se organizam formando uma estrutura em rede tridimensional extremamente aberta. Nesse arranjo, uma molécula de água situa-se no centro de um tetraedro ligado por interações de hidrogênio a mais quatro moléculas de água. O resultado final é que, na forma de gelo, a água se expande a ponto de determinado volume de gelo ocupar maior espaço em um recipiente do que o mesmo volume de água líquida.
3. O volume de líquido corporal é controlado pelo ADH. Trata-se de um nonapeptídeo com a seguinte sequência de aminoácidos: Cis-Tir-Fen-Glu-Asp-Cis-Pro-Arg-Gli. É sintetizado pelos núcleos hipotalâmicos supraópticos e paraventriculares hipotalâmicos e liberado pela neuro-hipófise em situações de privação de água. O ADH no plasma reage com receptores V_2 situados na membrana das células principais no ducto coletor renal, disparando a cascata da adenilato ciclase e levando à fosforilação de proteínas nas células tubulares, o que resulta na inserção de canais de água (aquaporinos) na membrana luminal, aumentando a permeabilidade desses túbulos à água. Já em situações de grande ingestão de líquidos, a concentração de solvente é aumentada na relação soluto/solvente do organismo, fazendo com que os níveis de ADH diminuam. Nessa situação, os aquaporinos são removidos da membrana luminal por endocitose, reduzindo a permeabilidade dos túbulos renais à água e aumentando a diurese.
4. Ácidos voláteis podem ser eliminados pelos pulmões, como o CO_2, enquanto os ácidos fixos não podem sê-lo – embora sejam eliminados pelos rins.
5. A secreção ativa de H^+ é feita por células presentes na porção final do túbulo distal até o fim do sistema tubular. Essas células são chamadas de células intercaladas, interpõem-se entre as células principais e são caracterizadas pela alta concentração de anidrase carbônica em seu citosol. Existem dois tipos de células intercaladas, "A" e "B". Em condições de acidose, as células do tipo A excretam H^+ e reabsorvem HCO_3^-, enquanto, em situações de alcalose, as células do tipo B excretam HCO_3^- e reabsorvem H^+. Os transportadores presentes na membrana dessas células não são antiportadores Na^+/H^+, como no túbulo proximal; diferentemente, são transportes ativos dependentes de ATP, H^+-ATPase e H^+/K^+-ATPase.

6. As células tubulares proximais metabolizam glutamina gerando NH_4^+ e HCO_3^-. O NH_4^+ é eliminado no lúmen tubular por meio de uma bomba Na^+/NH_4^+. Cada molécula de glutamina origina dois NH_4^+, excretados, e dois HCO_3^-, absorvidos. Nas células dos túbulos coletores, a amônia difunde-se da célula até o lúmen tubular, tamponando prótons H^+, que são eliminados na forma de NH_4Cl. Assim, para cada molécula de NH_4Cl excretada, uma molécula de "novo" HCO_3^- é formada e segue para o plasma.
7. No diabetes melito descompensado, o metabolismo de obtenção de energia é deslocado para a oxidação de ácidos graxos no ciclo da betaoxidação. A oxidação desses ácidos graxos gera acetil CoA, que alimenta o ciclo de Krebs. Contudo, o subproduto dessa operação bioquímica é a síntese de corpos cetônicos, como os ácidos beta-hidroxibutírico e acetoacético. Essas substâncias com caráter ácido reduzem o pH plasmático, levando, em casos mais graves, ao coma diabético.
8. O bicarbonato é o principal tampão, compondo cerca de 64% do total de tampões plasmáticos. É o tampão mais eficiente para evitar variações de pH. O excesso de íons H^+ combina-se com o HCO_3^-, dando origem ao H_2CO_3, um ácido fraco que se dissocia em H_2O e CO_2, este último sendo passível de eliminação pelos pulmões, enquanto o HCO_3^- formado pode ser excretado pelos rins. Os demais tampões plasmáticos são hemoglobina (28%), proteínas (7%) e tampão fosfato (1%). Cerca de 60% dos ácidos são tamponados no interior das células e no tecido ósseo por meio da troca de H^+ por Na^+ ou K^+; os 40% restantes sofrem tamponamento no líquido extracelular pelos diferentes tampões plasmáticos. Já para as bases, aproximadamente 70% são tamponados no líquido extracelular e os 30% restantes no meio intracelular.
9. Entre as funções do tecido ósseo, inclui-se a capacidade de tamponamento, uma vez que cerca de 60% do CO_2 do organismo está presente na massa óssea na forma de carbonato de cálcio, carbonato de sódio e bicarbonato associado a cristais de hidroxiapatita. Evidências mostram que, em condições de acidose crônica, como a que se instala na insuficiência renal crônica, ocorre reabsorção óssea com liberação de tampão fosfato e bicarbonato. Esse processo pode ser mediado pelo paratormônio.
10. A hemoglobina exerce função básica no ambiente tecidual. Nessa condição, o baixo pH tecidual faz com a que a hemoglobina perca afinidade pelo O_2 ao mesmo tempo que ganha afinidade pelo CO_2. Além do CO_2, a hemoglobina é capaz de aceitar íons H^+ por intermédio de seus resíduos de aminoácidos. Já no ambiente alveolar, a captação de tração de oxigênio pela hemoglobina altera sua conformação espacial, liberando íons H^+. Esse processo é conhecido como efeito Haldane e, nesse momento, a hemoglobina atua de forma ácida, pois libera prótons de H^+ que se combinam com HCO_3^- para formar H_2CO_3 e, posteriormente, $H_2O + CO_2$, sendo este último liberado pelos pulmões.

Bibliografia

Adrogué HE, Adrogué HJ. Acid-base physiology. Respir Care. 2001; 46(4):328-41.

Berend K. Acid-base pathophysiology after 130 years: confusing, irrational and controversial. J Nephrol. 2013;26(2):254-65.

Carlström M, Wilcox CS, Arendshorst WJ. Renal autoregulation in health and disease. Physiol Rev. 2015;95(2):405-511.

Cowley AW Jr, Roman RJ. Control of blood and extracellular volume. Baillieres Clin Endocrinol Metab. 1989;3(2):331-69.

Dussol B. Acid-base homeostasis: metabolic acidosis and metabolic alkalosis. Nephrol Ther. 2014;10(4):246-57.

Hill LL. Body composition, normal electrolyte concentrations, and the maintenance of normal volume, tonicity, and acid-base metabolism. Pediatr Clin North Am. 1990;37(2):241-56.

Leal VO, Júnior ML, Denise D. Acidose metabólica na doença renal crônica: abordagem nutricional. Rev Nutr Campinas. 2008;21:1.

Menéndez BS. Alteraciones del equilibrio acido básico. Rev Cubana Cir. 2006;45(1).

Mountcastle, VB. Fisiologia médica. Rio de Janeiro: Guanabara Koogan; 1998.

Schauf CL. Fisiologia humana. Rio de Janeiro: Guanabara Koogan; 1990.

Siggaard-Andersen O, Fogh-Andersen N. Base excess or buffer base (strong ion difference) as measure of a non-respiratory acid-base disturbance. Acta Anaesthesiol Scand Suppl. 1995;107:123-8.

Velásquez-Jones L. Water-electrolyte and acid-base disorders. V. Acid-base balance. Bol Med Hosp Infant Mex. 1990;47(2):108-15.

Weitzman RE, Kleeman CR. The clinical physiology of water metabolism. Part I: The physiologic regulation of arginine vasopressina secretion and thirst. West J Med. 1979;131(5):373-400.

Wilson RF, Gibson D, Percinel AK, Ali MA, Baker G, LeBlanc LP, et al. Severe alkalosis in critically ill surgical patients. Arch Surg. 1972;105:197.

Yucha C, Keen M. Renal regulation of extracellular fluid volume and osmolality. ANNA J. 1996;23(5):487-95.

Membrana Plasmática

Introdução

A membrana plasmática, ou membrana celular, define os limites da célula e mantém a assimetria entre as concentrações de íons presentes no citosol e no meio externo, uma vez que é seletivamente permeável. Além disso, exerce função de reconhecimento molecular, por meio do qual a célula é capaz de identificar células similares, e constitui a interface entre o meio externo e o citosol – função exercida por receptores de membrana capazes de interagir com hormônios, por exemplo. Diversos autores dedicaram-se a elucidar o arranjo molecular da membrana celular no século 19. Overton, por meio de experimentos com solventes, propôs que o transporte de substâncias por meio das membranas estava relacionado com a solubilidade de lipídios, de modo que as membranas biológicas deveriam ser compostas, pelo menos em parte, por esse tipo de substância.

Em 1926, Gorter e Grendel observaram que fosfolipídios extraídos da membrana plasmática de eritrócitos formavam uma dupla camada, de modo que as cadeias de hidrocarbonetos dos fosfolipídios estavam orientadas umas contra as outras de cada monocamada. Em 1935, Danielli e Davison inseriram, no modelo de Gorter e Grendel, proteínas que deveriam ser globulares e estavam situadas na periferia da membrana, interagindo com as cabeças polares dos fosfolipídios.

Em 1961, os estudos de microscopia eletrônica se sofisticaram e Robertson propôs o modelo de unidade de membrana, considerando o fato de as membranas celulares exibirem ao microscópio eletrônico duas bandas elétron-densas e uma elétron-lúcida. Todavia, embora explicasse muitas propriedades observadas, o modelo de Danielli-Davison-Robertson era sujeito a críticas em razão da limitação da permeabilidade que as camadas compactas de proteínas apresentavam.

Assim, em 1972, Singer e Nicholson propuseram o modelo de mosaico fluido, que pressupõe que as proteínas estariam embebidas em uma bicamada lipídica, de maneira que as cadeias hidrofóbicas das proteínas estariam também no interior hidrofóbico da bicamada, ambos protegidos da interação com a água. Isso indicava que as proteínas presentes na membrana plasmática apresentavam três domínios: dois hidrofílicos, voltados para o meio intra e extracelular, e um hidrofóbico, que transpassa a dupla camada de fosfolipídios. O modelo propunha também que algumas proteínas estavam semi-inseridas na bicamada lipídica e em constante movimento pela própria bicamada lipídica, dada a grande fluidez dessa matriz de fosfolipídios. Esse modelo permanece válido, ainda que atualmente se considere que nem todas as proteínas apresentam livre trânsito pela bicamada lipídica (Figura 2.1).

Todas as membranas biológicas têm uma estrutura geral comum: apresentam um filme muito fino de lipídios e de proteínas mantidas unidas, principalmente por interações não covalentes. As membranas celulares são estruturas dinâmicas, fluidas e a maior parte de suas moléculas é capaz de se mover no plano da membrana. As moléculas individuais de lipídios são capazes de difundir-se rapidamente dentro de sua própria monocamada e raramente se deslocam de uma monocamada para outra. As moléculas lipídicas são arranjadas como uma dupla camada contínua com cerca de 5 nm de espessura. Essa bicamada lipídica fornece a estrutura básica da membrana e atua como uma barreira relativamente impermeável à passagem da maioria das moléculas hidrossolúveis.

Composição química da membrana plasmática

A membrana plasmática é composta de lipídios e proteínas; cada uma dessas substâncias exerce efeitos diferentes sobre a membrana, na qual a proporção de lipídios/proteínas é de 50:1. A molécula de lipídio tem uma característica bioquímica essencial para formar uma bicamada estável, ainda que fluida. Ela apresenta uma região hidrofílica e caudas hidrofóbicas. Enquanto a região hidrofílica interage bem com a água, altamente abundante nos meios intra e extracelular, a região hidrofóbica busca isolar-se dela. A tendência natural desta molécula anfipática (composta por uma porção polar e uma apolar), de alcançar um estado energeticamente estável e termodinamicamente favorável, faz com que elas se arranjem na forma de uma bicamada (Figura 2.1). A estabilidade é, então, dada pela necessidade termodinâmica do próprio lipídio em manter suas regiões hidrofílica e hidrofóbica em posições adequadas em relação à água. Desse modo, se a bicamada lipídica sofre um dano, situação em que algumas moléculas são removidas, sua tendência natural é de se reorganizar buscando regenerar-se.

Lipídios

Na membrana plasmática, três tipos de lipídios predominam: os fosfolipídios, os glicolipídios e os esteroidais (colesterol), sendo os fosfolipídios os mais abundantes, e o colesterol e os glicolipídios em menor quantidade. Os lipídios distribuem-se assimetricamente nas duas monocamadas lipídicas e estão em constante movimentação. Eles se movem ao longo de seu próprio eixo, em um movimento rotacional, e lateralmente, ao longo da extensão da camada. Esses dois movimentos não representam qualquer alteração à termodinâmica natural da

16 Bioquímica Clínica

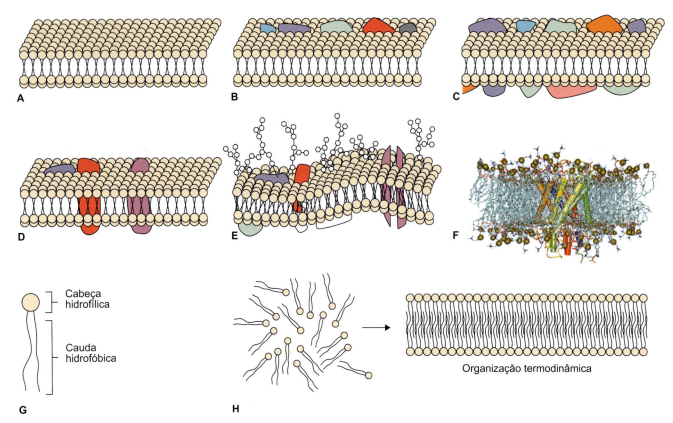

Figura 2.1 A a D. A evolução dos modelos de membrana plasmática e seus respectivos autores. **E.** Apresenta o atual modelo de membrana plasmática, mostrando a presença do glicocálice. **F e G.** Modelos da membrana celular gerados por computador mostrando as porções transmembrânicas de uma proteína integral representadas na forma de bastões **H.** Os fosfolipídios são mostrados na forma de "arame".

membrana e, portanto, ocorrem constantemente. Outro movimento chamado *flip-flop*, que consiste em mudar de uma monocamada a outra, é menos frequente, pois envolve a passagem da cabeça polar (hidrofílica) dentro da região apolar (hidrofóbica) da bicamada. Essa operação requer grande variação de energia livre e positiva. No entanto, em bactérias, o *flip-flop* ocorre com maior frequência, pois, nesses organismos, os fosfolipídios são sintetizados na superfície interna da membrana e, necessariamente, precisam ser transpostos para a monocamada externa da bicamada. Nesse caso, o processo de *flip-flop* é facilitado por uma família de proteínas denominadas flipases, que tornam a transposição de fosfolipídios entre as monocamadas energeticamente favorável (Figura 2.2).

Os fosfolipídios apresentam uma cabeça polar (hidrofílica) e uma grande cauda hidrocarbonada de natureza apolar. A cabeça polar é composta por uma molécula de glicerol, um grupamento fosfato e um álcool, que normalmente é a serina, a etanolamina, o inositol ou a colina (Figura 2.3). As caudas hidrofóbicas dos fosfolipídios são compostas por cadeias hidrocarbonadas de ácidos graxos. Os ácidos graxos mais comuns nas biomembranas são os que apresentam entre 16 e

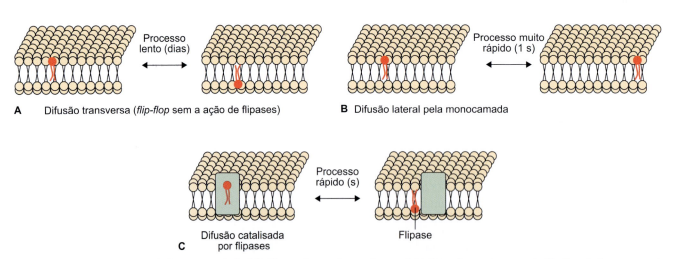

Figura 2.2 A a C. Dinâmica do deslocamento de fosfolipídios ao longo da membrana plasmática. Os movimentos de *flip-flop* são lentos quando não catalisados por flipases, enquanto o deslocamento de fosfolipídios, ao longo da monocamada, é rápido e ocorre com frequência.

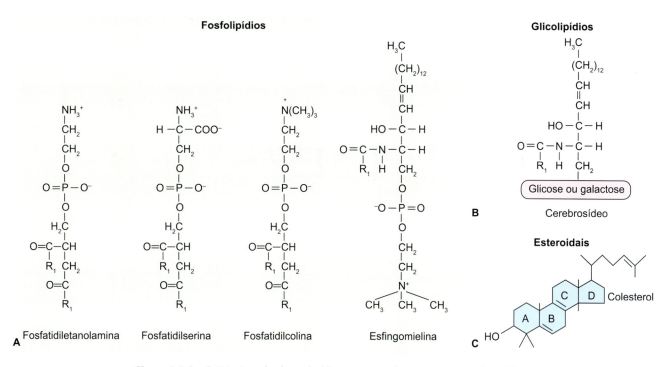

Figura 2.3 A a C. Estrutura de alguns lipídios que compõem a membrana plasmática.

18 carbonos na cadeia (Tabela 2.1) e podem ser saturados ou insaturados. Normalmente, os fosfolipídios apresentam pelo menos uma cadeia insaturada em sua composição. As insaturações presentes nas cadeias hidrocarbonadas de ácidos graxos têm repercussão direta na fluidez da membrana, uma vez que influenciam a aproximação e a movimentação dos fosfolipídios. A nomenclatura dos fosfolipídios é dada de acordo com o tipo de álcool que está presente na cabeça polar.

Tabela 2.1 Principais ácidos graxos presentes na membrana plasmática.

	Nome sistemático (IUPAC)	Esqueleto carbônico
Saturados		
Ácido láurico	Ácido n-dodecanoico	12:0
Ácido mirístico	Ácido n-tetradecanoico	14:0
Ácido palmítico	Ácido n-hexadecanoico	16:0
Ácido esteárico	Ácido n-octadecanoico	18:0
Ácido araquidônico	Ácido n-eicosanoico	20:0
Ácido beênico	Ácido n-docosanoico	22:0
Ácido lignocérico	Ácido n-tetracosanoico	24:0
Ácido palmitoleico	Ácido cis-9-hexadecenoico	16:1 (ω 7)
Insaturados		
Ácido oleico	Ácido cis-9-octadecenoico	18:1 (ω 9)
Ácido linoleico	Ácido cis-cis-9,12-octadecadienoico	18:2 (ω 6)
Ácido linolênico	Ácido cis-cis-cis-9,12,15-octadecatrienoico	18:3 (ω 3)
Ácido araquidônico	Ácido cis-cis-cis-5,8,11,14-eicosatetraenoico	20:4 (ω 6)
Ácido nervônico	Ácido cis-15-tetracosenoico	24:1(ω 9)

IUPAC: International Union of Pure and Applied Chemistry.

Glicolipídios

São derivados da esfingosina, um aminoálcool que apresenta uma longa cadeia hidrocarbonada insaturada. Encontram-se na metade não citoplasmática da bicamada lipídica, apresentam cadeias de oligossacarídeos e se projetam para o meio extracelular, acentuando ainda mais a assimetria da membrana plasmática. O glicolipídio mais simples é o cerebrosídeo, pois apresenta somente uma unidade de ose (glicose ou galactose). Já os gangliosídeos são os glicolipídios mais complexos, apresentando até sete oses. Tem-se sugerido que essas cadeias osídicas desempenham algum papel nas interações da célula com a sua vizinhança.

Colesterol

As membranas plasmáticas de eucariotos contêm quantidades particularmente grandes de colesterol. As moléculas de colesterol aumentam as propriedades de barreira da bicamada lipídica e, em virtude de seus rígidos anéis planos de esteroide, diminuem a mobilidade e tornam a bicamada lipídica menos fluida. De fato, diversos estudos mostram que o aumento da proporção de colesterol na membrana plasmática reduz significativamente a atividade de complexos proteicos, como adenilato ciclase, receptores de membrana e seus agonistas e também a bomba Na$^+$/K$^+$ ATPase. Embora os mecanismos que levam à depressão da sensibilidade por parte desses receptores e complexos proteicos não estejam completamente elucidados, evidências indicam que a interposição de moléculas de colesterol não esterificado entre os fosfolipídios da bicamada lipídica na membrana celular modificam dramaticamente a fluidez da membrana, uma vez que a molécula do colesterol altera o grau de compactação normal dos ácidos graxos, quebrando sua estrutura altamente organizada e dificultando o deslocamento de fosfolipídios ao longo do plano da bicamada.

Fluidez da membrana plasmática

É uma propriedade inerente dos lipídios presentes na membrana e refere-se à capacidade de seus componentes (lipídios e algumas proteínas) em se deslocar na matriz da bicamada lipídica. Diversos elementos podem interferir na fluidez da membrana plasmática, e o colesterol tende a reduzir a fluidez da membrana em razão da rigidez de seus anéis. Os ácidos graxos saturados podem reduzir a fluidez da membrana por promoverem maior compactação dos fosfolipídios, enquanto os ácidos graxos insaturados tendem a aumentar a fluidez da membrana, já que os locais de insaturação são regiões rígidas da molécula e não possibilitam rotações no carbono saturado. Além disso, as insaturações promovem uma angulação de 30° na cadeia carbônica, forçando um maior espaçamento entre os fosfolipídios que compõem a membrana (Figura 2.4). A insaturação, portanto, reduz a possibilidade de interações do tipo Wan-der-Walls entre as cadeias adjacentes de ácidos graxos, impedindo assim o empacotamento da membrana plasmática. Outros fatores físico-químicos podem modular a fluidez da membrana plasmática, como temperatura, íons Mg^{+2} e Ca^{+2}.

A temperatura atua no nível dos ácidos graxos, já que a presença de insaturações nas cadeias conduz a valores de pontos de fusão em temperaturas mais baixas. Já os íons Mg^{+2} e Ca^{+2} promovem repulsão elétrica nos grupos eletricamente carregados, presentes nos fosfolipídios. A manutenção da fluidez da membrana plasmática é de extrema importância para o cumprimento de suas funções fisiológicas, como a manutenção dos valores de potenciais elétricos, interações entre agonistas e receptores, e para a transdução de sinais do meio externo para o meio interno. Alterações da fluidez da membrana plasmática estão presentes em estados patológicos, como na síndrome de Duchenne, no câncer e na distrofia miotônica; nesta última condição, as alterações na viscosidade da membrana plasmática refletem-se na menor condutância de Cl^- por seus respectivos canais, de modo que, na vigência de estímulo, as fibras respondem a uma sequência repetida de grande quantidade de potenciais de ação, dificultando o relaxamento muscular.

Assimetria da membrana plasmática

Em razão da diferença da distribuição lipídica de suas duas faces, pode-se designar a membrana plasmática como assimétrica. A face externa apresenta fosfatidilcolina e esfingomielina, enquanto a interna fosfatidilserina e fosfatidiletanolamina. A fosfatidilserina tem carga elétrica negativa, fato que colabora para o estabelecimento de uma diferença de potencial elétrico entre as duas faces da membrana celular. Evidências sugerem que a assimetria dos lipídios na membrana celular é dependente de trifosfato de adenosina (ATP), pois, em células depletadas de ATP, a assimetria tende a desaparecer e é restabelecida quando os estoques de ATP são restaurados.

Glicocálix, glicocálice ou cobertura celular

O termo cobertura celular ou glicocálice é frequentemente utilizado para descrever a região rica em carboidratos na superfície celular. Esses carboidratos ocorrem tanto como cadeias de oligossacarídeos ligadas covalentemente a proteínas da membrana (glicoproteínas) e lipídios (glicolipídios) quanto na forma de proteoglicanos, os quais consistem de longas cadeias de polissacarídeos ligados covalentemente a um núcleo proteico. As cadeias laterais de oligossacarídeos são extremamente diversificadas no arranjo de seus açúcares. Essa cobertura de carboidratos atua na proteção da superfície celular de lesões mecânicas e químicas, sendo os carboidratos relacionados também como intermediários em diversos processos transitórios de adesão célula-célula, inclusive aqueles que ocorrem em interações espermatozoide-óvulo, coagulação sanguínea e recirculação de linfócitos em respostas inflamatórias (Figura 2.5).

O glicocálice apresenta uma espessura de cerca de 10 a 20 nm e também colabora para a manutenção do potencial elétrico da membrana plasmática, já que os carboidratos apresentam cargas negativas. De fato, as funções do glicocálice incluem também a interação de moléculas hormonais, o direcionamento das reações de reconhecimento imunológico e a união de célula a célula, em alguns casos. Enquanto os aminoácidos presentes nas proteínas ou nos ácidos nucleicos são capazes de formar somente um tipo de ligação, dois carboidratos podem formar 11 tipos de dissacarídeos diferentes. Esse grande potencial de diversidade estrutural faz com que os carboidratos apresentem uma elevada capacidade informacional.

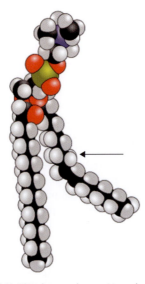

Figura 2.4 Um fosfolipídio de membrana. Uma das cadeias de ácido graxo que o compõem apresenta uma insaturação, que, por sua vez, é responsável pela angulação de 30° na cadeia (seta).

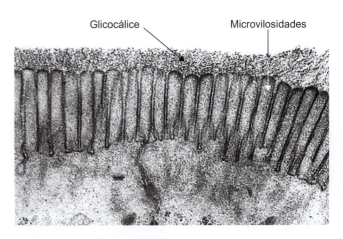

Figura 2.5 Microvilosidades intestinais. A estrutura mais externa à membrana plasmática é o glicocálice, uma região rica em carboidratos na superfície celular, com função de adesão celular.

Contudo, para que esses carboidratos exerçam a função de comunicação intercelular, é necessário que exista um componente presente na membrana celular capaz de reconhecê-los. Essa função é exercida pelas lectinas, que são proteínas capazes de reconhecer e se ligar de maneira rápida aos carboidratos. Existem diferentes tipos de lectinas para os diferentes tipos de carboidratos. O grande número identificado de lectinas e a grande variabilidade em sua estrutura, propriedades e distribuição refletem uma ampla gama de adaptações das lectinas aos mais diferentes fenômenos biológicos. Alguns tipos interagem preferencialmente com células tumorais, o que indica que essas células diferem das células normais correspondentes quanto ao padrão de glicosilação da superfície celular. As células tumorais ainda carregam em sua membrana lectinas que não são encontradas em células normais e que estão envolvidas nos eventos metastáticos.

Proteínas extrínsecas ou periféricas e proteínas intrínsecas ou integrais

As proteínas representam um componente fundamental na membrana plasmática e não só estão relacionadas com a manutenção estrutural celular, como também atuam como translocadoras de substâncias e canais iônicos, bem como na transdução de sinais do meio extracelular para o meio intracelular. As proteínas de membrana são sítios hidrofílicos na bicamada lipídica da membrana plasmática, sendo a interface de trocas entre o citosol e o líquido extracelular. As proteínas periféricas situam-se no ambiente hidrofílico da bicamada lipídica, seja na face citosólica, seja na extracelular da membrana. Relacionam-se fortemente com as cabeças hidrofílicas dos lipídios de membrana, por meio de pontes de hidrogênio ou mesmo interações eletrostáticas, de maneira discreta com as cadeias carbônicas. As proteínas extrínsecas são solúveis em solução aquosa e, em geral, não têm lipídios associados, podendo ser isoladas por meio de tratamentos suaves, como por alterações no pH. Em contrapartida, as proteínas integrais prendem-se fortemente à bicamada lipídica, pois interagem não somente com as cabeças hidrofílicas dos lipídios de membrana, mas também com a cadeia carbônica dos lipídios da bicamada, por apresentarem aminoácidos hidrofóbicos. Essas proteínas atravessam a membrana plasmática (proteínas transmembrânicas) e apresentam, portanto, um caráter anfipático, uma vez que exibem porções hidrofílicas e hidrofóbicas. No ambiente da bicamada lipídica, as proteínas transmembrânicas adquirem a estrutura em alfa-hélice ou em betabarril, que é a conformação espacial termodinamicamente mais adequada para a proteína cumprir suas funções (Figura 2.6). As mesmas forças moleculares que atuam na manutenção estrutural das α-hélices estão presentes na estrutura β-barril.

Assim, a relação entre proteínas e lipídios da membrana celular depende da função que a célula cumpre. Por exemplo, o teor de proteínas presentes na bainha de mielina é de 25% do peso total, enquanto na membrana interna mitocondrial essa quantidade chega a 75%. No primeiro caso, é evidente que os lipídios estão em maior quantidade, em virtude de a célula exercer a função de condução elétrica, o que não ocorre na mitocôndria, a qual está mais relacionada com a síntese de ATP. As proteínas que estão na membrana plasmática podem associar-se aos lipídios de diversas maneiras. As proteínas intrínsecas, por exemplo, interagem fortemente com as porções hidrofóbicas dos lipídios, atravessam a bicamada lipídica e

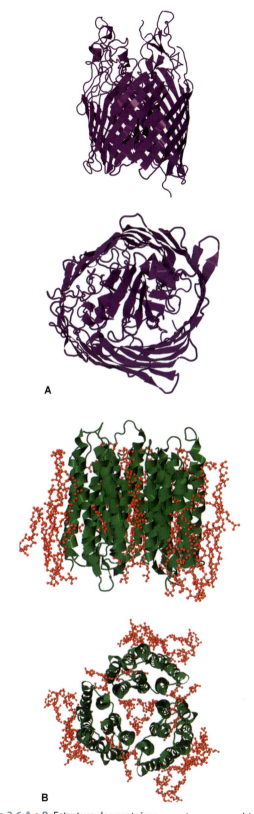

Figura 2.6 A a B. Estrutura das proteínas que atravessam a bicamada lipídica da membrana plasmática. **A.** Estrutura em betabarril presente na membrana plasmática de *Escherichia coli*, uma proteína integral formada por folhas beta, que se organizam para assumir a forma de um barril. **B.** Estrutura do adrenorreceptor β-1 com suas sete alças transmembrânicas em alfa-hélice, que é, neste caso, uma proteína multipasso. Ambas as estruturas são termodinamicamente favoráveis para se situar no ambiente hidrofóbico da membrana plasmática. Códigos *Protein DataBank* (PDB): 1FEP e 2AT9.

apresentam porções intra e extracelulares. Os domínios que atravessam a bicamada lipídica assumem a configuração em alfa-hélice, pois essa forma expõe os resíduos de aminoácidos hidrofóbicos para a face lipídica, preservando os resíduos e impedindo que os resíduos hidrofílicos entrem em contato com os lipídios. Uma vez que as ligações peptídicas que formam as proteínas são polares e a água é ausente no interior da fase lipídica das membranas, todas as ligações peptídicas formam pontes de hidrogênio umas com as outras, que são maximizadas quando a proteína adquire a configuração de alfa-hélice ao atravessar a membrana, o que de fato ocorre na grande maioria das proteínas intrínsecas. A forte tendência à formação de pontes de hidrogênio na ausência de água também faz com que a cadeia polipeptídica que passa pelo interior da bicamada lipídica a atravesse completamente, antes que ocorra qualquer alteração no seu direcionamento, como no caso de dobras na cadeia proteica. A existência dessas dobras requer a perda da regularidade das interações obtidas pelas pontes de hidrogênio, o que, por sua vez, levaria à exposição dos radicais polares no ambiente hidrofóbico no interior das membranas. Assim, é possível dizer que não existem proteínas semi-inseridas nas membranas biológicas. As proteínas integrais podem apresentar uma ou mais regiões que transpassam a membrana plasmática, mas, quando a proteína tem somente uma região que atravessa a membrana, denomina-se unipasso, e, quando há mais que uma região que atravessa a membrana, é designada como multipasso (Figura 2.7).

Ancoramento das proteínas na membrana plasmática

As proteínas integrais ligam-se firmemente à membrana plasmática por meio de interações entre seus resíduos de aminoácidos hidrofóbicos e lipídios de membrana. As proteínas inseridas na membrana podem apresentar interações covalentes com diversos tipos de lipídios, como ácidos graxos de cadeia longa, isoprenoides, esteroides ou derivados glicados do fosfatidilinositol. Esses lipídios atuam como suportes hidrofóbicos, que se inserem na membrana plasmática com o objetivo de manter as proteínas fixas na membrana celular.

Embora a força de interação hidrofóbica entre a membrana plasmática e uma única cadeia hidrocarbonada seja suficiente para manter a proteína firmemente inserida na bicamada, muitas proteínas dispõem de outras interações com outras cadeias lipídicas. Além das interações lipídicas, a ancoragem das proteínas é mantida por meio de atrações iônicas entre cargas positivas de resíduos de lisina, presentes nas proteínas, bem como cargas negativas de grupos carboxila de lipídios. Além de fixar proteínas na membrana celular, os lipídios de ancoragem têm outra função, pois podem atuar como moléculas de endereçamento, direcionando a proteína para sua fixação em local correto, como em derivados glicados de fosfatidilinositol, que fixam a proteína exclusivamente na face externa da membrana plasmática, enquanto proteínas ligadas a grupos farnesil ou geramil se fixam somente na face interna da membrana (Figura 2.7).

Especializações da membrana plasmática

Nos organismos multicelulares, as células se diferenciam e se agrupam para formar tecidos e órgãos com funções específicas. Assim, há diversas especializações da membrana plasmática relacionadas com essas funções (Figura 2.8).

Microvilosidades ou microvilos. São desdobramentos regulares da membrana plasmática que assumem a forma de interdigitações, com ocorrência predominantemente apical, sendo estáveis ou permanentes da superfície celular. A sustentação mecânica dessas projeções é dada por microfilamentos de F-actina, que se aprofundam no citoplasma celular interagindo com os demais elementos do citoesqueleto, como a miosina, dando origem a uma estrutura chamada trama terminal. A interação entre os microfilamentos de actina e miosina na trama terminal possibilita às microvilosidades movimentos como balançar, retrair e distender, aumentando sua eficiência em trocas com o meio extracelular. Microvilosidades com formato e tamanho regulares são observadas no epitélio do intestino delgado, formando a "borda em escova", e nas superfícies das células que revestem o túbulo contorcido proximal do néfron nos rins.

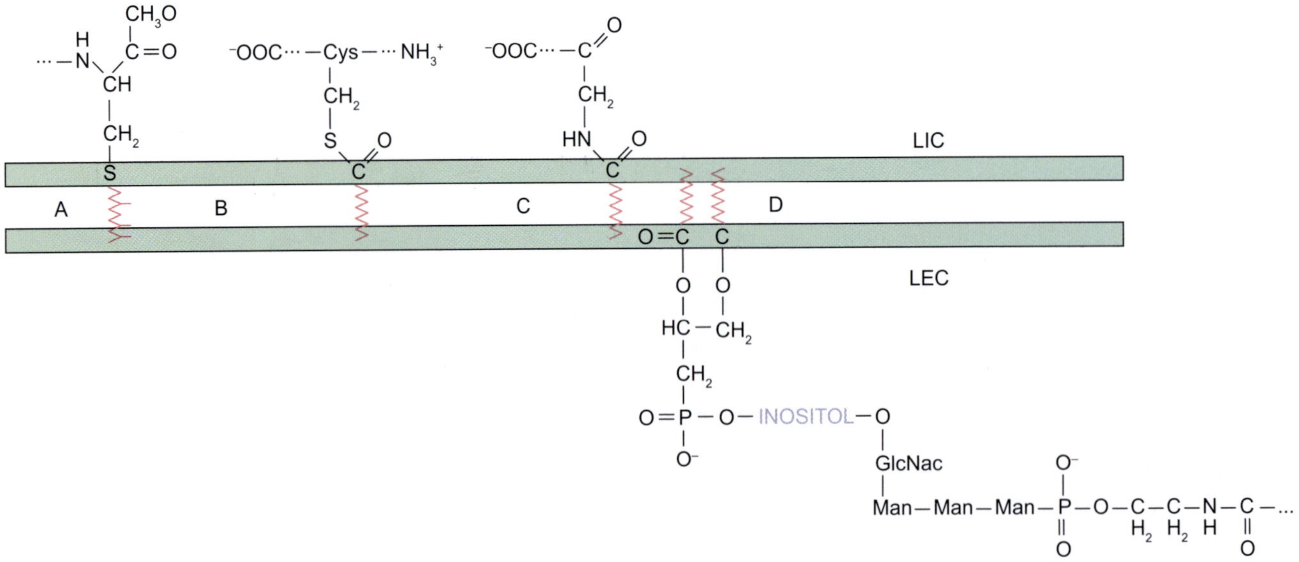

Figura 2.7 Inositol.

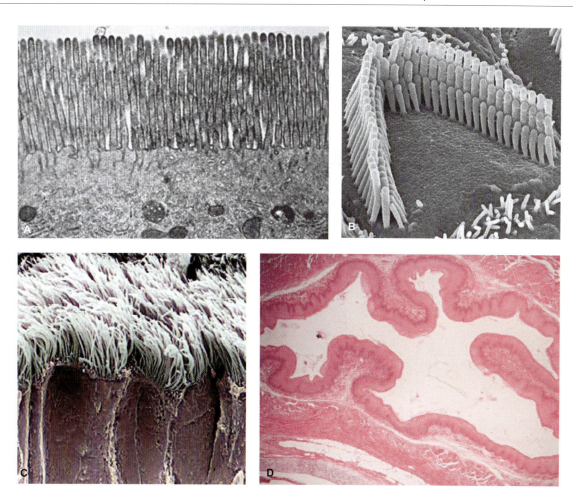

Figura 2.8 Especializações da membrana plasmática. **A.** Microvilosidades intestinais. **B.** Estereocílios (quinocílios) – adaptação da membrana com função sensorial presente na orelha interna. **C.** Cílios presentes no epitélio do trato respiratório. **D.** Microcristas do epitélio esofágico.

Estereocílios. São assim denominados em virtude de suas similaridades com os cílios, sem, contudo, conseguirem realizar os mesmos movimentos ritmados deles. São estruturalmente similares às microvilosidades, inclusive em sua forma de ancoramento, embora mostrem aspectos distintos, como comprimento e calibre, que podem se assemelhar aos cílios móveis ou apresentar ramificações. Os estereocílios estão presentes em epitélios absortivos e secretores, como é o caso do epidídimo e o canal deferente no trato reprodutor masculino, mas podem assumir função sensorial, como acontece nas células pilosas do epitélio dos canais semicirculares e da cóclea na orelha interna, onde podem associar-se aos cílios sensoriais (quinocílios).

Cílios. Quando comparados com as microvilosidades, os cílios são projeções mais longas e de maior calibre. A sustentação ciliar ocorre por meio de um complexo arranjo de microtúbulos e de várias proteínas associadas, constituindo uma estrutura denominada axonema, composta por nove pares de microtúbulos formando um cilindro periférico, aderido à membrana plasmática que reveste o cílio, acrescido de um par de microtúbulos no centro desse cilindro. Na base do cílio, contínuo aos microtúbulos do cilindro externo do axonema, encontra-se um centríolo, denominado corpúsculo basal ou quinetossomo, cuja função é promover a polimerização e a estabilidade dos microtúbulos do axonema. O quinetossomo também é responsável pela ancoragem e pela coordenação dos movimentos dos cílios. A torção ou flexão do cílio decorre da interação entre os pares de microtúbulos do cilindro externo e o par central em presença de ATP. Os cílios batem em duas fases distintas: o primeiro momento é denominado batimento efetivo, no qual o cílio realiza um movimento de 180°, perpendicular à superfície da célula, deslocando partículas ou substâncias; e o segundo é chamado de batimento de recuperação, quando o cílio se desloca paralelamente à superfície celular, causando pouco ou nenhum efeito de deslocamento em relação aos elementos do meio extracelular, e assim recuperando a posição inicial para um próximo batimento efetivo. Em alguns tecidos, os cílios podem ter função sensorial e até mesmo sofrer modificações em sua estrutura. Esses cílios sensoriais são denominados quinocílios, ocorrem no epitélio sensorial da mucosa olfatória e no epitélio da retina, e estão associados a funções de equilíbrio e audição na orelha interna, máculas e órgão de Corti, respectivamente.

Microcristas. São projeções apicais das células epiteliais pavimentosas, como é o caso do estrato superior dos epitélios que revestem a córnea, a vagina, o esôfago, a laringe e a faringe. A função dessas estruturas especializadas é reter, nas depressões por entre as cristas de membrana evaginada, fluidos umectantes em passagem eventual sobre sua superfície, evitando o dessecamento e a morte celular. Sua disposição é variada, frequentemente labiríntica. Esses epitélios não produzem substâncias lubrificantes para sua superfície e necessitam capturar esses fluidos secretados por tecidos ou glândulas em segmentos vizinhos.

Resumo

Introdução

A membrana celular define os limites da célula, bem como mantém a assimetria entre as concentrações de íons presentes no citosol e no meio externo, uma vez que é seletivamente permeável. É formada por uma bicamada lipídica, na qual estão inseridas as proteínas denominadas integrais.

Modelo de mosaico fluido

Em 1972, Singer e Nicolson propuseram o modelo de mosaico fluido, em que as proteínas estariam embebidas em uma bicamada lipídica. Na membrana plasmática, as proteínas apresentam três domínios: dois hidrofílicos, voltados para o meio intra e extracelular; e um hidrofóbico, que transpassa a dupla camada de fosfolipídios. O modelo propõe também que algumas proteínas se encontram semi-inseridas na bicamada lipídica e em constante movimento pela bicamada. Atualmente, o modelo de Singer e Nicholson permanece válido (Figura R2.1).

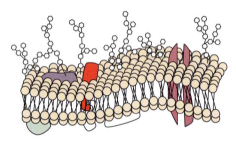

Figura R2.1 Modelo de mosaico fluido da membrana plasmática, formada por uma bicamada lipídica, na qual estão inseridas as proteínas integrais. As projeções mais externas da membrana são cadeias de carboidratos que formam o glicocálix.

Lipídios da membrana plasmática

Na membrana plasmática, três tipos de lipídios predominam: os fosfolipídios, os glicolipídios e os esteroidais (colesterol), sendo os fosfolipídios os mais abundantes. Os lipídios distribuem-se assimetricamente nas duas monocamadas lipídicas e estão em constante movimentação. Eles movem-se ao longo do seu próprio eixo, em um movimento rotacional, e também lateralmente, ao longo da extensão da camada. Os fosfolipídios apresentam uma cabeça polar e uma grande cauda hidrocarbonada de natureza apolar. A cabeça polar é composta por uma molécula de glicerol, um grupamento fosfato e um álcool, que, normalmente, é a serina, a etanolamina, o inositol ou a colina (Figura R2.2). As caudas hidrofóbicas dos fosfolipídios são compostas por cadeias hidrocarbonadas de ácidos graxos, sendo os mais comuns, nas biomembranas, aqueles que apresentam entre 16 e 18 carbonos na cadeia, que podem ser saturados ou insaturados. O grau de insaturação desses ácidos graxos tem implicações diretas na fluidez da membrana plasmática.

Fluidez da membrana plasmática

Propriedade inerente dos lipídios presentes na membrana, refere-se à capacidade que seus componentes (lipídios e algumas proteínas) apresentam em deslocar-se na matriz da bicamada lipídica. O colesterol, como discutido anteriormente, tende a reduzir a fluidez da membrana, em virtude da rigidez de seus anéis; por sua vez, os ácidos graxos saturados podem reduzir a fluidez da membrana, por promoverem maior compactação dos fosfolipídios, enquanto os ácidos graxos insaturados tendem a aumentar a fluidez da membrana, já que os locais de insaturação são regiões rígidas da molécula e não possibilitam rotações no carbono saturado. Além disso, as insaturações promovem uma angulação de 30° na cadeia carbônica, forçando um maior espaçamento entre os fosfolipídios que compõem a membrana. Diversos fatores físico-químicos podem modular a fluidez da membrana plasmática, como temperatura, íons Mg^{+2} e Ca^{+2}.

Assimetria da membrana plasmática

É dada pela diferença de distribuição lipídica de cada uma das monocamadas. A face externa apresenta fosfatidilcolina e esfingomielina, enquanto a interna a fosfatidilserina e a fosfatidiletanolamina. Acredita-se que a assimetria dos lipídios na membrana celular é dependente de trifosfato de adenosina (ATP), uma vez que, em células depletadas de ATP, a assimetria tende a desaparecer.

Glicocálix ou glicocálice

É a porção mais externa da membrana plasmática. Formado por carboidratos, ocorre tanto como cadeias de oligossacarídeos ligadas covalentemente a proteínas da membrana (glicoproteínas) quanto como lipídios (glicolipídios). Atua na proteção da superfície celular de lesões mecânicas e químicas, funcionando também como intermediário em diversos processos transitórios de adesão célula-célula, inclusive aqueles que ocorrem em interações espermatozoide-óvulo, coagulação sanguínea e recirculação de linfócitos em respostas inflamatórias.

Proteínas intrínsecas ou integrais

As proteínas de membrana são sítios hidrofílicos na bicamada lipídica da membrana plasmática. Constituem a interface de trocas entre o citosol e o líquido extracelular. As proteínas periféricas situam-se no ambiente hidrofílico da bicamada lipídica, seja na face citosólica, seja na extracelular da membrana. Estão relacionadas não só com a manutenção estrutural celular, mas atuam também como translocadoras de substâncias, canais iônicos e na transdução de sinais do meio extracelular para o meio intracelular. No ambiente da bicamada lipídica, as proteínas transmembrânicas adquirem a estrutura em alfa-hélice ou em betabarril, que são conformações espaciais termodinamicamente mais adequadas para a proteína cumprir suas funções. Quando a proteína apresenta somente uma região que atravessa a membrana, ela é denominada *unipasso*, e, quando há mais de uma região que atravessa a membrana, é designada *multipasso* (Figura R2.3).

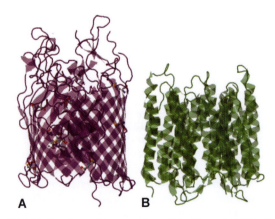

Figura R2.3 Estrutura das proteínas que atravessam a bicamada lipídica da membrana plasmática. **A.** Estrutura em betabarril. **B.** Estrutura do adrenorreceptor β-1 com suas sete alças transmembranares em alfa-hélice, que é, neste caso, uma proteína multipasso. Códigos PDB: 1FEP e 2AT9.

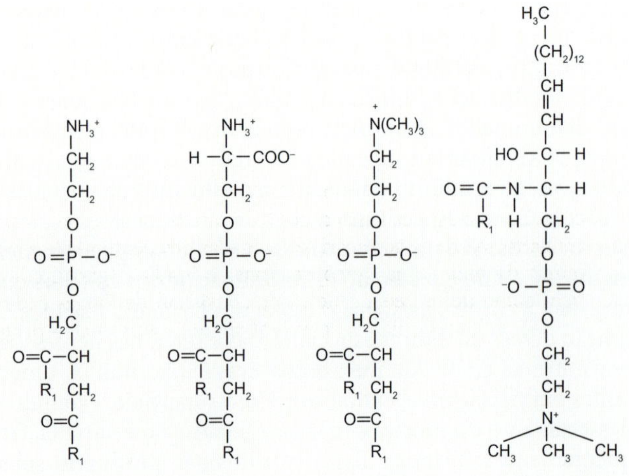

Figura R2.2 Estrutura de alguns lipídios que compõem a membrana plasmática. Nota-se que todos apresentam grupos fosfato, daí o termo fosfolipídios.

Especializações da membrana plasmática

Há diversas especializações da membrana plasmática relacionadas com determinadas funções celulares:

- Microvilosidades ou microvilos – são desdobramentos regulares da membrana plasmática que assumem a forma de interdigitações de ocorrência predominantemente apical e estáveis, ou permanentes na superfície celular. São observadas no epitélio do intestino delgado, formando a "borda em escova", e nas superfícies das células que revestem o túbulo contorcido proximal do néfron nos rins
- Estereocílios – são assim denominados em virtude de suas similaridades com os cílios, sem, contudo, conseguirem realizar os mesmos movimentos ritmados deles. São estruturalmente similares às microvilosidades, inclusive em sua forma de ancoramento, embora mostrem aspectos distintos, como comprimento e calibre, que podem se assemelhar aos cílios móveis ou apresentar ramificações. Os estereocílios estão presentes em epitélios absortivos e secretores, como é o caso do epidídimo e do canal deferente no trato reprodutor masculino, mas podem assumir função sensorial, como nas células pilosas presentes no epitélio dos canais semicirculares e da cóclea na orelha interna, onde podem associar-se aos cílios sensoriais (quinocílios)
- Cílios – quando comparados com as microvilosidades, os cílios são projeções mais longas e de maior calibre. Os cílios batem em duas fases distintas: o primeiro momento é denominado batimento efetivo, processo em que o cílio realiza um movimento de 180°, perpendicular à superfície da célula, deslocando partículas ou substâncias; e o segundo é chamado de batimento de recuperação, caso em que o cílio desloca-se paralelamente à superfície celular, causando pouco ou nenhum efeito de deslocamento em relação aos elementos do meio extracelular e, assim, recuperando a posição inicial para um próximo batimento efetivo. Em alguns tecidos, os cílios podem ter função sensorial e até mesmo sofrer modificações em sua estrutura. Esses cílios sensoriais são denominados quinocílios e ocorrem no epitélio sensorial da mucosa olfatória, no epitélio da retina e estão associados às funções de equilíbrio e audição na orelha interna, máculas e órgão de Corti, respectivamente
- Microcristas – são projeções apicais das células epiteliais pavimentosas, como é o caso do estrato superior dos epitélios que revestem a córnea, a vagina, o esôfago, a laringe e a faringe. A função dessas estruturas especializadas é reter, nas depressões por entre as cristas de membrana evaginada, fluidos umectantes em passagem eventual sobre sua superfície, evitando o dessecamento e a morte celular. Sua disposição é variada, frequentemente labiríntica, e esses epitélios não produzem substâncias lubrificantes para sua superfície, necessitando capturar esses fluidos secretados por tecidos ou glândulas em segmentos vizinhos.

Exercícios

1. Explique o modelo de membrana plasmática de Singer e Nicholson.
2. Na técnica de fertilização *in vitro*, como mostrado na figura, uma agulha perfura a membrana do oócito com o propósito de inserir o espermatozoide e, assim, processar a fertilização. Explique por que a agulha não causa danos à membrana celular, mesmo após ela ser perfurada.

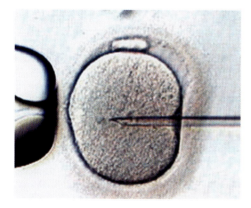

3. Quais os principais lipídios presentes na membrana plasmática?
4. Explique como a constituição de lipídios da membrana plasmática pode alterar sua fluidez.
5. Explique o que é o glicocálice e cite as suas funções.
6. Explique como as proteínas se organizam na membrana plasmática.
7. Explique a assimetria lipídica que existe entre as duas monocamadas que compõem a membrana plasmática.
8. Explique as especializações da membrana plasmática e as suas funções.
9. Os fosfolipídios da membrana podem apresentar um tipo de movimento de deslocamento chamado *flip-flop*. Explique como ele ocorre.
10. Explique como ocorre o ancoramento das proteínas na membrana plasmática.

Respostas

1. O modelo de Singer e Nicholson é denominado modelo de mosaico fluido e pressupõe que a membrana plasmática seja formada por uma bicamada lipídica, na qual proteínas se encontram inseridas. A bicamada lipídica é formada por fosfolipídios cujas caudas apolares de ácidos graxos se encontram orientadas umas contra as outras. Os resíduos apolares dos aminoácidos que formam essas proteínas da membrana estão orientados para o ambiente hidrofóbico da membrana. O modelo propõe também que algumas proteínas estão semi-inseridas na bicamada lipídica e em constante movimento pela bicamada, dada a grande fluidez dessa matriz de fosfolipídios. O modelo de Singer e Nicholson permanece válido, embora hoje se admita que nem todas as proteínas apresentam livre trânsito pela bicamada lipídica.
2. A membrana plasmática é formada por moléculas anfipáticas, que buscam alcançar um estado energeticamente estável e termodinamicamente favorável. A estabilidade da membrana plasmática é dada pela necessidade termodinâmica do próprio lipídio em manter suas regiões hidrofílica e hidrofóbica em posições adequadas em relação à água. Desse modo, se a bicamada lipídica sofre um dano no qual algumas moléculas são removidas, sua tendência natural é se rearranjar, buscando regenerar-se de maneira termodinamicamente mais favorável em relação à água. Assim, ao retirar a água, a membrana se coalesce novamente.
3. Na membrana plasmática, três tipos de lipídios predominam: os fosfolipídios, os glicolipídios e os esteroidais (colesterol), sendo os primeiros os mais abundantes.
4. A interposição de moléculas de colesterol não esterificado entre os fosfolipídios da bicamada lipídica na membrana celular modifica dramaticamente a fluidez membranar, pois a molécula do colesterol altera o grau de compactação normal dos ácidos graxos, quebrando sua estrutura altamente organizada e dificultando o deslocamento de fosfolipídios ao longo do plano da bicamada. Do mesmo modo, ácidos graxos saturados também causam compactação das caudas dos fosfolipídios, de modo que a membrana tende à rigidez. Em contrapartida, ácidos graxos insaturados que compõem as caudas dos fosfolipídios aumentam o espaçamento entre essas moléculas em razão das angulações nos pontos de insaturação. Assim, a presença de ácidos graxos insaturados aumenta a fluidez da membrana plasmática.
5. O glicocálice é formado por cadeias osídicas e localiza-se na porção mais externa da membrana plasmática e tem espessura de cerca de 10 a 20 nm. Essas cadeias de carboidratos estão presentes na forma de oligossacarídeos, ligadas covalentemente a proteínas da membrana (glicoproteínas) e lipídios (glicolipídios), bem como de proteoglicanos, que consistem de longas cadeias de polissacarídeos ligados covalentemente a um núcleo proteico. As cadeias laterais de oligossacarídeos são extremamente diversificadas no arranjo de seus açúcares. Essa cobertura de carboidratos atua na proteção da superfície celular contra lesões mecânicas e químicas. Além disso, as cadeias de oligossacarídeos cumprem função como intermediárias em diversos processos transitórios de adesão células-célula, inclusive aqueles que ocorrem em interações espermatozoide-óvulo, coagulação sanguínea e recirculação de linfócitos em respostas inflamatórias. Além

disso, o glicocálice atua na manutenção do potencial elétrico da membrana plasmática, já que os carboidratos apresentam cargas negativas.
6. As proteínas periféricas situam-se no ambiente hidrofílico da bicamada lipídica, seja na face citosólica, seja na extracelular da membrana. No ambiente da bicamada lipídica, as proteínas transmembrânicas adquirem a estrutura em alfa-hélice ou em betabarril, que é a conformação espacial termodinamicamente mais adequada para a proteína cumprir suas funções. Quando a proteína apresenta somente uma região que atravessa a membrana, ela é denominada unipasso, e, quando há mais que uma região que atravessa a membrana, designa-se como multipasso.
7. A assimetria da membrana plasmática é dada pela diferença de distribuição lipídica de cada uma das monocamadas. A face externa apresenta fosfatidilcolina e esfingomielina, enquanto a interna a fosfatidilserina e a fosfatidiletanolamina. Acredita-se que a assimetria dos lipídios na membrana celular é dependente de ATP, pois, em células depletadas de ATP, a assimetria tende a desaparecer.
8. Há diversas especializações da membrana plasmática relacionadas com determinadas funções celulares:
    - Microvilosidades ou microvilos – são desdobramentos regulares da membrana plasmática que assumem a forma de interdigitações de ocorrência predominantemente apical, sendo estáveis ou permanentes da superfície celular. São observadas no epitélio do intestino delgado, formando a "borda em escova", e nas superfícies das células que revestem o túbulo contorcido proximal do néfron nos rins
    - Estereocílios – são estruturalmente similares às microvilosidades, embora distintos no comprimento e no calibre, quando podem assemelhar-se aos cílios móveis ou apresentarem ramificações. Os estereocílios estão presentes em epitélios absortivos e secretores, como é o caso do epidídimo e do canal deferente no trato reprodutor masculino, mas podem assumir função sensorial, como acontece nas células pilosas presentes no epitélio dos canais semicirculares e da cóclea na orelha interna, onde podem associar-se aos cílios sensoriais (quinocílios)
    - Cílios – comparados com as microvilosidades, são projeções mais longas e de maior calibre. Os cílios batem em duas fases distintas: batimento efetivo e batimento de recuperação. Estão presentes, por exemplo, no epitélio do trato respiratório
    - Microcristas – são projeções apicais das células epiteliais pavimentosas, como é o caso do estrato superior dos epitélios que revestem a córnea, a vagina, o esôfago, a laringe e a faringe. A função dessas estruturas especializadas é reter, nas depressões por entre as cristas de membrana evaginada, fluidos umectantes em passagem eventual sobre sua superfície, evitando o dessecamento e a morte celular. Sua disposição é variada, frequentemente labiríntica. Esses epitélios não produzem substâncias lubrificantes para sua superfície e necessitam capturar esses fluidos secretados por tecidos ou glândulas em segmentos vizinhos.
9. O *flip-flop* consiste na transposição dos fosfolipídios de uma monocamada para a outra. É menos frequente, pois envolve a passagem da cabeça polar (hidrofílica) dentro da região apolar (hidrofóbica) da bicamada. Essa operação requer grande variação de energia livre e positiva. No entanto, em bactérias, o *flip-flop* ocorre com maior frequência, pois, nesses organismos, os fosfolipídios são sintetizados na superfície interna da membrana e, necessariamente, precisam ser transpostos para a monocamada externa da bicamada. Nesse caso, o processo de *flip-flop* é facilitado por uma família de proteínas denominada flipases, que tornam o processo de transposição de fosfolipídios entre as monocamadas energeticamente favorável.
10. As proteínas integrais ligam-se firmemente à membrana plasmática por meio de interações entre seus resíduos de aminoácidos hidrofóbicos e lipídios de membrana. As proteínas inseridas na membrana podem apresentar interações covalentes com diversos tipos de lipídios, como ácidos graxos de cadeia longa, isoprenoides, esteroides ou derivados glicados do fosfatidilinositol. Esses lipídios atuam como suportes hidrofóbicos, que se inserem na membrana plasmática com o objetivo de manter as proteínas fixas na membrana celular. Embora a força de interação hidrofóbica entre a membrana plasmática e uma única cadeia hidrocarbonada seja suficiente para manter a proteína firmemente inserida na bicamada, muitas proteínas dispõem de outras interações com outras cadeias lipídicas. Além das interações lipídicas, a ancoragem das proteínas é mantida por meio de atrações iônicas entre cargas positivas de resíduos de lisina, presentes nas proteínas, bem como cargas negativas de grupos carboxila de lipídios. O fosfatidilinositol fixa a proteína exclusivamente na face externa da membrana plasmática, enquanto as proteínas ligadas a grupos farnesil ou geramil se fixam somente na face interna da membrana.

Bibliografia

Alberts B, Johnson A, Lewis J, Raff M, Roberts K, Walter P. Biologia molecular da célula. 5. ed. Porto Alegre: Artmed; 2010.
Budin I, Devaraj NK. Membrane assembly driven by a biomimetic coupling reaction. J Am Chem Soc. 2012;134(2):751-3.
Cymer F, Veerappan A, Schneider D. Transmembrane helix-helix interactions are modulated by the sequence context and by lipid bilayer properties. Biochim Biophys Acta. 2012;1818(4):963-73.
Danielli JF, Davson H. A contribution to the theory of permeability of thin films. Journal of Cellular and Comparative Physiology. 1935; 5:495-508.
Elola MT, Blidner AG, Ferragut F, Bracalente C, Rabinovich GA. Assembly, organization and regulation of cell-surface receptors by lectin-glycan complexes. Biochem J. 2015;469(1):1-16.
Gorter E, Grendel F. On bimolecular layers of lipids on the chromocytes of the blood. Journal of Experimental Medicine. 1925;41:439-43.
Gray J, Groeschler S, Le T, Gonzalez Z. Membrane structure (SWF). Davidson College; 2002. Retrieved 2007 Jan. 11.
Griffié J, Burn G, Owen DM. The nanoscale organization of signaling domains at the plasma membrane. Curr Top Membr. 2015;75:125-65.
Hong M. Structure, topology, and dynamics of membrane peptides and proteins from solid-state NMR spectroscopy. J Phys Chem B. 2007;111(35):10340-51.
Lahiri S, Toulmay A, Prinz WA. Membrane contact sites, gateways for lipid homeostasis. Curr Opin Cell Biol. 2015;33C:82-7.
Larijani B, Hamati F, Kundu A, Chung GC, Domart MC, Collinson L et al. Principle of duality in phospholipids: regulators of membrane morphology and dynamics. Biochem Soc Trans. 2014;42(5):1335-42.
Lee AG. Lipid-protein interactions in biological membranes: a structural perspective. Biochim Biophys Acta. 2003;1612(1):1-40.
Lodish H, Berk A, Zipursky SL, Matsudaira P, Baltimore D, Darnell J. Molecular cell biology. 4. ed. New York: W. H. Freeman; 2000.
Matsumoto K, Hara H, Fishov I, Mileykovskaya E, Norris V. The membrane: transertion as an organizing principle in membrane heterogeneity. Front Microbiol. 2015;6:572.
Opella SJ. Structure determination of membrane proteins by nuclear magnetic resonance spectroscopy. Annu Rev Anal Chem (Palo Alto Calif). 2013;6:305-28.
Overton E. Charles Ernest Overton [farmacologista radicado na Alemanha, mas nascido na Inglaterra (1865-1933)]. Z Phys Chem. 1897; 22:1891
Page RC, Li C, Hu J, Gao FP, Cross TA. Lipid bilayers: an essential environment for the understanding of membrane proteins. Magn Reson Chem. 2007;45(Suppl 1):S2-11.
Robertson JD. The molecular structure and contact relationships of cell membranes. Progress Biophysics and Biophysical Chemistry 1960;10:343-418.
Qingxia H, Ang G, Weijia Z, Yanxin W, Jintang D, Zhengmao Z. Structure and biological functions of mammalian LEM-Domain proteins. Yi Chuan. 2015;37(2):128-39.
Radoicic J, Lu GJ, Opella SJ. NMR structures of membrane proteins in phospholipid bilayers. Q Rev Biophys. 2014;47(3):249-83.
Singer SJ, Nicolson GL. The fluid mosaic model of the structure of cell membranes. Science. 1972;175:720-31.

Aminoácidos

Introdução

Os aminoácidos são as unidades fundamentais formadoras das proteínas. Embora existam na natureza mais de 300 aminoácidos, somente 20 deles são utilizados na composição dos peptídeos, das proteínas e das enzimas humanas – são os chamados aminoácidos proteinogênicos. Isso ocorre porque o organismo humano dispõe de códons para essa quantidade restrita de aminoácidos somente. Contudo, alguns aminoácidos podem surgir no organismo como resultado de reações bioquímicas em diferentes rotas metabólicas, como é o caso da homocisteína, um aminoácido sulfurado (tioaminoácido) com peso (massa molar) 135,18 g/mol formado durante o metabolismo da metionina, aminoácido essencial presente nas proteínas da dieta. Outro aminoácido não proteogênico é a ornitina, que surge como intermediário no ciclo da ureia, evento que ocorre no fígado, cujo propósito é a conversão da amônia (NH_3) em ureia e sua posterior excreção renal na urina (Tabela 3.1).

Estrutura e propriedades gerais

Os aminoácidos encontrados em proteínas são α-aminoácidos, ou seja, pertencem à fórmula geral dos aminoácidos (Figura 3.1).

O átomo de carbono apresenta quatro substituintes diferentes, sendo um grupamento amina (NH_2), um grupamento carboxila (COOH), um hidrogênio e um radical R, que

Tabela 3.1 Exemplos de aminoácidos não proteogênicos envolvidos em vias metabólicas essenciais.

Ornitina (ácido 2,5 bisaminopentanoico)	$CH_2-CH_2-CH_2-CH-COOH$ 　｜　　　　　　　　｜ 　NH_2　　　　　　　NH_2	Intermediário na biossíntese da ureia
Citrulina (ácido 2 amino-5-ureidopentanoico)	$CH_2-CH_2-CH_2-CH-COOH$ 　｜　　　　　　　　｜ 　NH　　　　　　　　NH_2 　｜ 　C=O 　｜ 　NH_2	Intermediário na biossíntese da ureia
Homocisteína (ácido 2-amino-4-mercaptobutanoico)	$CH_2-CH_2-CH_2-CH-COOH$ 　｜　　　　　　　　｜ 　SH　　　　　　　　NH_2	Produto da transmetilação da metionina. Diversos estudos indicam que a hiper-homocisteinemia está relacionada com risco cardiovascular, independentemente de outros fatores de risco
Homosserina (ácido 2-amino-4-hidroxibutanoico)	$CH_2-CH_2-CH_2-CH-COOH$ 　｜　　　　　　　　｜ 　OH　　　　　　　　NH_2	Intermediário no metabolismo da treonina, do aspartato e da metionina
Ácido cisteinossulfínico (ácido 2-amino-3-sulfinopropanoico)	$CH_2-CH-COOH$ 　｜　　｜ 　SO_2H　NH_2	Intermediário no metabolismo da cisteína
Ácido arginino succínico	COOH 　　　　　　　　｜ $CH_2-NH-CH$ 　｜　　　　　｜ 　CH_2　　　CH_2 　｜　　　　　｜ 　CH_2　　　COOH 　｜ $H-C-NH_2$ 　｜ 　COOH	Intermediário na biossíntese da ureia

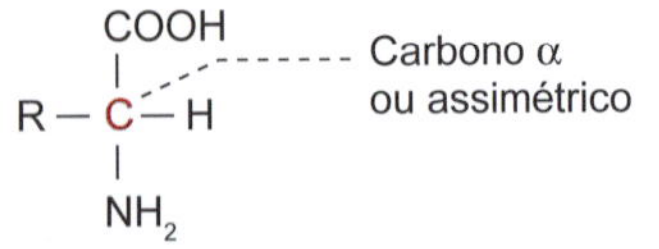

26 Bioquímica Clínica

Figura 3.1 Fórmula geral de um α-aminoácido, termo que significa que a amina está na posição α ou 2, o carbono vizinho é a carboxila. COOH: grupamento carboxila; NH₂: grupamento amina; R → cadeia lateral.

confere a cada aminoácido propriedades bioquímicas diferentes, como polaridade e grau de ionização em solução aquosa. As exceções a essa regra são a glicina e a prolina. No caso da glicina, seu grupamento R restringe-se a um átomo de hidrogênio, o que faz com que esse aminoácido não apresente carbono α ou assimétrico; consequentemente, não haverá formas D e L para a glicina (Figura 3.2).

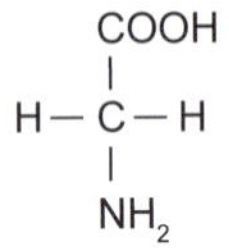

Figura 3.2 Glicina, um aminoácido cujo radical R é representado pelo hidrogênio.

Já a prolina tem grupamento imino (amina cíclica) em vez de amino, o que a caracteriza como um iminoácido (ver Tabela 3.1). Os aminoácidos encontrados em proteínas têm a configuração L (a forma absoluta corresponde ao L-gliceraldeído), como ilustrado na Figura 3.3. Os carbonos presentes na molécula de um aminoácido do grupo carboxila (COOH) são indicados por letras do alfabeto grego. Os aminoácidos são classificados como α, β, γ e assim sucessivamente, conforme o carbono no qual estiver inserido o grupo amina (NH₂; Figura 3.3).

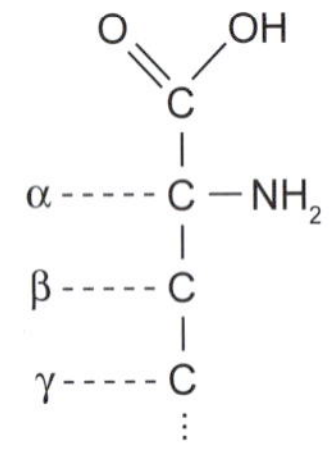

Figura 3.3 Os alfa-aminoácidos são assim denominados em função da localização do grupo amina no carbono α, o primeiro carbono do grupo carboxila.

Somente os α-aminoácidos compõem as proteínas presentes na natureza. Com exceção da glicina, cujo radical R é representado pelo hidrogênio, todos os aminoácidos obtidos da hidrólise de proteínas em condições suficientemente suaves apresentam atividade óptica. Esses aminoácidos apresentam quatro grupos diferentes ligados ao carbono central, ou seja, esse carbono é assimétrico, ou centro quiral. A existência de um carbono assimétrico possibilita que esses aminoácidos formem estereoisômeros em consequência dos diferentes arranjos espaciais opticamente ativos. Entre os estereoisômeros, existem aqueles que se apresentam como imagens especulares um do outro, os chamados enantiômeros.

Os enantiômeros são física e quimicamente indistinguíveis um do outro pela maioria das técnicas empregadas, contudo algumas enzimas são capazes de reconhecer uma forma da outra pelo seu elevado grau de especificidade. As moléculas enantioméricas podem ser do tipo D (dextrorrotatórios) ou L (levorrotatórios), classificação proposta pelo químico Emil Fischer (1852-1919) para a molécula do gliceraldeído, quando esta foi submetida ao polarímetro, um instrumento óptico que possibilita determinar o grau de rotação de determinada molécula. De fato, o grau de rotação molecular pode alterar completamente as propriedades e as características de uma substância, por exemplo, a talidomida, fármaco utilizado para aliviar sensações de náuseas em gestantes durante a década de 1960, provocou malformação embrionária em consequência de o produto comercial ser composto de dois isômeros da mesma substância. Assim, a notação D e L referente à semelhança com a estrutura da molécula do gliceraldeído, como proposta por Fischer, ainda que muito utilizada, em certas circunstâncias pode ser ambígua e até mesmo imprecisa para moléculas com mais de um centro assimétrico. Isso ocorre porque cada centro assimétrico pode apresentar duas configurações possíveis, de modo que moléculas com n centros assimétricos podem apresentar dois distintos estereoisômeros possíveis. Dois aminoácidos apresentam mais que um centro assimétrico, a treonina e a isoleucina, de modo que cada um apresenta quatro possíveis estereoisômeros (Figura 3.4). Embora os aminoácidos do tipo D e L existam na natureza, somente os L-aminoácidos são constituintes das proteínas (Figura 3.5). A treonina e a isoleucina são sólidos solúveis em água, mas pouco solúveis em solventes orgânicos apolares, como éter, clorofórmio e acetona.

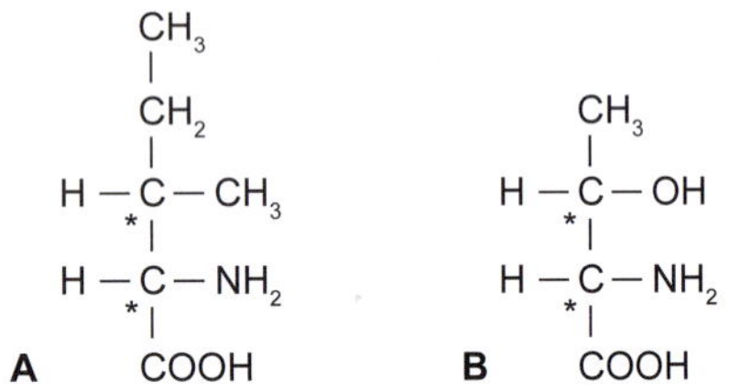

Figura 3.4 Isoleucina (**A**) e treonina (**B**), dois aminoácidos que apresentam mais de um centro assimétrico indicado pelos asteriscos.

Figura 3.5 Formas D e L dos aminoácidos. Somente os L-aminoácidos estão presentes nas proteínas.

Mistura racêmica

Uma mistura racêmica não desvia a luz de plano polarizada nem para a direita nem para a esquerda. A racemização é um processo que converte um dado enantiômero no par DL que contém quantidades iguais do isômero quiral e seu enantiômero. O equilíbrio final na racemização é sempre a mistura equimolecular dos dois enantiômeros, e o processo completa-se quando a atividade óptica medida alcança o valor zero. Um isômero óptico racemiza espontaneamente, como o caso da dentina, que é o L-aspártico e se transforma em D-aspártico em uma velocidade de 0,10% ao ano, até chegar a uma quantidade de 50% de cada.

Titulação de aminoácidos

Os aminoácidos apresentam-se na forma sólida à temperatura ambiente, contudo, quando em solução aquosa, adquirem cargas elétricas e podem assumir a forma de íons dipolares (do alemão, *zwitterion*) dependendo do pH do meio. De fato, o pH pode fazer com que os aminoácidos comportem-se como ácidos ou bases. Em soluções alcalinas, o grupo carboxila se ioniza doando íons H^+ para o meio (comportando-se como um ácido $COOH \rightarrow COO^-$), enquanto, em pH ácido, o grupo amina se ioniza, uma vez que aceita prótons de H^+ (comportando-se como uma base $NH_2 \rightarrow NH_3^+$) (Figura 3.6). Em pH neutro, a soma das cargas elétricas é igual a zero e o aminoácido, portanto, encontra-se em seu ponto isoelétrico, ou seja, o valor de pH em que há anulação das cargas elétricas. Assim, a forma estrutural do aminoácido é determinada pelo pH do meio, de modo que em um meio fortemente ácido será aniônica, porém, em meio fortemente básico, será catiônica. Em valores de pH intermediários, duas formas estruturais estarão em equilíbrio com suas concentrações inversamente proporcionais entre si.

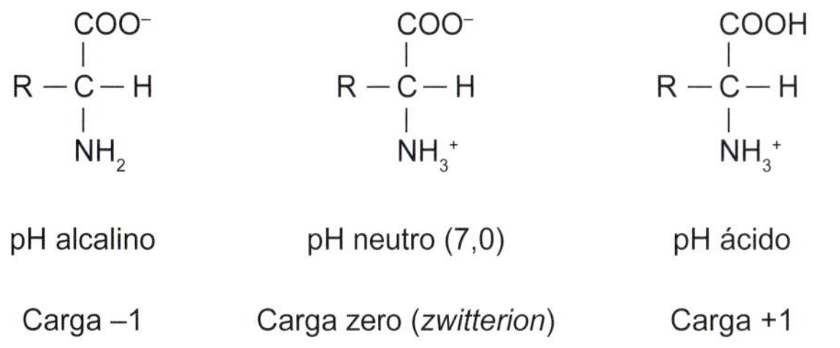

Por meio da curva de titulação para a alanina (Figura 3.7), pode-se observar que, quando o pH se igualar ao valor de pK_a* do ácido, as concentrações da forma catiônica e do íon dipolar serão iguais, ou seja, cada uma com 50% das moléculas do aminoácido, e, acima do valor de pK_a, a concentração do íon dipolar será superior à da forma catiônica. O pK_a é uma grandeza que possibilita saber a força de um dado ácido: quanto menor o valor de pK_a, maior será a tendência de o ácido ionizar-se e, consequentemente, mais forte será esse ácido. A elevação progressiva do pH alcançará determinado valor no qual todas as moléculas do aminoácido serão convertidas à forma dipolar e, nesse instante, tem-se o valor do ponto isoelétrico. Continuando a elevação do pH, o íon dipolar é o próximo ácido a ser neutralizado, com o grupo amônio-NH_3^+ (ácido) sendo convertido no grupo amino-NH_2 (neutro). A carga positiva é eliminada e a molécula passa a ter carga elétrica líquida negativa, forma aniônica. Elevando-se o pH a valores superiores ao pK_a, a concentração do íon dipolar decresce e a forma aniônica, que inexistia abaixo do pK_a, torna-se crescente. Quando o pH igualar-se ao valor de pK_a do grupo amônio, as concentrações do íon dipolar e da forma aniônicas se igualam (50%); elevando-se o pH a valores superiores ao pK_a do amônio, a concentração da forma aniônica, superior à do íon dipolar, é crescente até a conversão total.

Simbologia e nomenclatura

Os nomes dos aminoácidos podem ser dados com base em abreviaturas de três letras ou mesmo de uma só letra. A escolha de uma só letra, em substituição às três usuais, deu-se pela

Figura 3.6 Titulação de um aminoácido: as diferentes formas ionizadas assumidas pelos aminoácidos em razão da concentração de H^+ no meio (pH).

*O pK_a é uma grandeza que possibilita conhecer a força de um ácido. De fato, quanto mais fortemente um ácido se dissocia, menor é seu valor de pK_a, de modo que, quanto maior o valor de pK_a, mais fraco é o ácido.

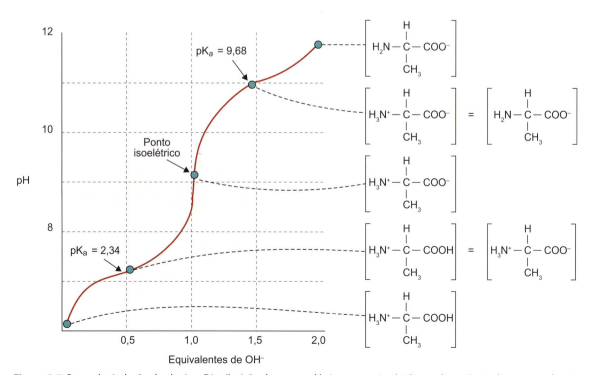

Figura 3.7 Curva de titulação da alanina. Distribuição de cargas elétricas no aminoácido em decorrência da variação do pH.

necessidade de representar de modo mais sucinto e simples estruturas com sequências extensas de aminoácidos (Figura 3.8). As abreviaturas de uma só letra são determinadas pelas seguintes regras: se somente um aminoácido inicia com determinada letra, ela será usada como seu símbolo, por exemplo, isoleucina (I).

Contudo, se mais de um aminoácido inicia com a mesma letra, o aminoácido de ocorrência mais comum tem prioridade. Assim, a letra G indica glicina, uma vez que esta é mais comum que o glutamato (a forma ionizada do ácido glutâmico). Alguns símbolos de uma só letra foram adotados pela semelhança existente entre os aminoácidos, levando-se em conta a pronúncia do aminoácido na língua inglesa ou mesmo outros aspectos relacionados com a palavra, como é o caso da arginina-R (do inglês *aRginine*), da glutamina-Q (do inglês *Qtamine*) e do aspartato-D (do inglês *asparDic*). A última regra para nominar aminoácidos com uma só letra refere-se à letra mais próxima daquela que inicia o nome do aminoácido, como é o caso da lisina-K (a letra mais próxima de L é K). Os nomes sistemáticos dos aminoácidos encontram-se na Tabela 3.2; já os símbolos de três e uma só letra e outros dados referentes a cada aminoácido estão na Tabela 3.3.

Classificação e propriedades físico-químicas

Como mostra a Tabela 3.3, todas as cadeias laterais, exceto a da alanina, são ramificadas. No caso da Val e da Ile, a bifurcação é próxima à cadeia principal e pode, portanto, restringir a conformação da cadeia peptídica por impedimento estérico. As cadeias aromáticas estão presentes em três aminoácidos Fen, Tir e Trp, sendo apenas a fenilalanina inteiramente não polar. O grupamento fenólico da cadeia lateral da tirosina contém uma hidroxila substituinte e o triptofano, um átomo de nitrogênio no anel indol. Esses resíduos são quase sempre encontrados mergulhados no interior hidrofóbico das proteínas, pelo fato de serem de natureza predominantemente apolar. Contudo, os átomos polares da tirosina e do triptofano possibilitam a formação de pontes de hidrogênio com outros resíduos ou mesmo com moléculas de solventes. Os aminoácidos com cadeias laterais polares não carregadas são aqueles que contêm uma cadeia alifática pequena com grupos polares que não podem se ionizar prontamente. Serina e treonina apresentam grupamentos hidroxila em suas cadeias laterais e, como estes grupamentos polares estão próximos à cadeia principal, podem formar ponte de hidrogênio com

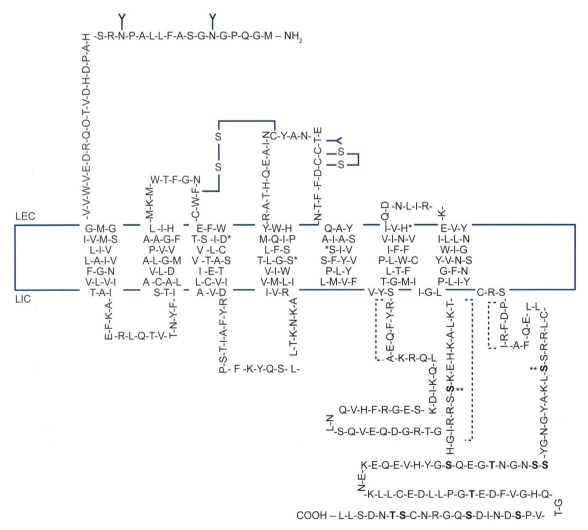

Figura 3.8 Topologia do adrenorreceptor β₂. A notação de uma só letra dos aminoácidos, em substituição às três usuais, possibilita a representação da sequência de resíduos de aminoácidos de estruturas complexas de modo sucinto e claro, como receptores e outras proteínas e peptídeos. Fonte: Pinto *et al.*, 2005.[1]

Capítulo 3 • Aminoácidos

Tabela 3.2 Nomenclatura sistemática dos aminoácidos.

Aminoácido	Nome sistemático
Glicina	Ácido 2-aminoacético ou ácido 2-amino-etanoico
Alanina	Ácido 2-aminopropiônico ou ácido 2-amino-propanoico
Leucina	Ácido 2-aminoisocaproico ou ácido 2-amino-4-metil-pentanoico
Valina	Ácido 2-aminovalérico ou ácido 2-amino-3-metil-butanoico
Isoleucina	Ácido 2-amino-3-metil-n-valérico ou ácido 2-amino-3-metil-pentanoico
Prolina	Ácido pirrolidino-2-carboxílico
Fenilalanina	Ácido 2-amino-3-fenil-propiônico ou ácido 2-amino-3-fenil-propanoico
Serina	Ácido 2-amino-3-hidroxipropiônico ou ácido 2-amino-3-hidroxipropanoico
Treonina	Ácido 2-amino-3-hidroxin-butírico
Cisteína	Ácido 2-bis-(2-amino-propiônico)-3-dissulfeto ou ácido 3-tiol-2-amino-propanoico
Tirosina	Ácido 2-amino-3-(p-hidroxifenil) propiônico ou paraidroxifenilalanina
Asparagina	Ácido 2-aminossuccionâmico
Glutamina	Ácido 2-aminoglutarâmico
Ácido aspártico	Ácido 2-aminossuccínico ou ácido 2-amino-butanodioico
Ácido glutâmico	Ácido 2-aminoglutárico
Arginina	Ácido 2-amino-4-guanidina-n-valérico
Lisina	Ácido 2,6-diaminocaproico ou ácido 2,6-diaminoexanoico
Histidina	Ácido 2-amino-3-imidazolpropiônico
Triptofano	Ácido 2-amino-3-indolpropiônico
Metionina	Ácido 2-amino-3-metiltio-n-butírico

Observação: A numeração dos carbonos da cadeia principal pode ser substituída por letras gregas a partir do carbono 2 (α). Exemplo: ácido 2-amino-3-metil-pentanoico = ácido α-amino-β-pentanoico.

ela, influenciando na conformação local do polipeptídeo. De fato, resíduos de asparagina são capazes de adotar conformações que a maioria dos outros aminoácidos não pode.

Os aminoácidos asparagina e glutamina apresentam grupamentos amida em suas cadeias laterais, em geral ligadas por pontes de hidrogênio em qualquer lugar que elas ocorram no interior de uma proteína. Nessa classe, existem dois aminoácidos que contêm enxofre: os tioaminoácidos, a cisteína e a metionina, que são, em grande parte, de característica não polar. A metionina, com efeito, poderia ser razoavelmente classificada como um resíduo hidrofóbico, pois ela está sempre associada ao centro hidrofóbico de proteínas. A cisteína tem a propriedade única de ser capaz de formar uma ligação cruzada covalente com outros resíduos de cisteína presentes nas proteínas. Essa ponte dissulfeto consiste em ligações -S-S-, sendo formada entre resíduos de cisteína espacialmente adjacentes, como no caso da molécula de insulina (Figura 3.9).

A grande força coesiva de certas proteínas, como a queratina, pode ser atribuída a um grande número de ligações dissulfeto. Pontes dissulfeto são sensíveis a agentes redutores, que convertem os dois átomos de enxofre de volta à sua forma -S-H original. Cisteínas frequentemente ocorrem em sítios ligadores de metal, em decorrência do fato de seus átomos de enxofre poderem formar ligações covalentes dativas com certos íons metálicos. Serina e cisteína frequentemente desempenham um papel catalítico em centros ativos de enzimas. A histidina, a lisina e a arginina são consideradas aminoácidos com cadeias laterais polares carregadas básicas.

A histidina apresenta o mais baixo pK_a (por volta de 6) e é, portanto, neutro no pH fisiológico. Esse aminoácido ocorre muito frequentemente em centros ativos de enzimas, em decorrência do fato de poder funcionar eficientemente em catálise ácido-base. A histidina também pode atuar como ligadora de metal em numerosas famílias de proteínas. Lisina e arginina são mais fortemente básicas e positivamente carregadas em torno do pH fisiológico. Normalmente, elas são solvatadas, mas ocasionalmente podem ser encontradas no interior de proteínas, onde estão, em geral, envolvidas em

Tabela 3.3 Aminoácidos: abreviações de uma e três letras, dados químicos, fórmulas moleculares e estruturais.

Aminoácido	*PI/MR/pK_a	Cadeia lateral	Estrutura tridimensional	**Cristal
Aminoácidos alifáticos				
Glicina (Gli ou G) $C_2H_5NO_3$	PI: 6,07 MR: 57,0 pK_a αCOOH: 2,35 pK_a αNH_3: 9,78 IH: –0,4	—H		
Alanina (Ala ou A) $C_3H_7NO_2$	PI: 6,02 MR: 71,1 pK_a αCOOH: 2,35 pK_a αNH_3: 9,69 IH: 1,8	—CH_3		
Valina (Val ou V) $C_5H_{11}NO_2$	PI: 6,05 MR: 99,1 pK_a αCOOH: 2,39 pK_a αNH_3: 9,72 IH: 4,2	—CH(CH_3)(CH_3)		

(continua)

Tabela 3.3 (*Continuação*) Abreviações de uma e três letras de cada aminoácido, dados químicos, fórmulas moleculares e estruturais.

Aminoácido	*PI/MR/pK_a	Cadeia lateral	Estrutura tridimensional	**Cristal
Aminoácidos alifáticos				
Leucina (Leu ou L) $C_6H_{13}NO_2$	PI: 6,04 MR: 113,2 pK_a αCOOH: 2,35 pK_a αNH₃: 9,74 IH: 3,8	—CH₂—CH(CH₃)CH₃		
Isoleucina (Ile ou I) $C_6H_{13}NO_2$	PI: 6,04 MR: 113,2 pK_a αCOOH: 2,32 pK_a αNH₃: 9,76 IH: 4,5	CH₃—CH—CH₂—CH₂		
Iminoácidos				
Prolina (Pro ou P) $C_5H_9NO_2$	PI: 6,48 MR: 97,0 αCOOH: 1,95 αNH₃: 10,64 IH: −1,6	—CH₂—CH₂—S—CH₃		
Aminoácidos aromáticos				
Fenilalanina (Fen ou F) $C_9H_{11}NO_2$	PI: 5,48 MR: 147,2 pK_a αCOOH: 1,83 pK_a αNH₃: 9,13 IH: 2,8	—CH₂—(C₆H₅)		
Tirosina (Tir ou Y) $C_9H_{11}NO_3$	PI: 5,66 MR: 163,2 pK_a αCOOH: 2,20 pK_a αNH₃: 9,11 IH: −1,3	—CH₂—(C₆H₄)—OH		
Triptofano (Trp ou W) $C_{11}H_{12}N_2O_2$	PI: 5,89 MR: 186,2 pK_a αCOOH: 2,38 pK_a αNH₃: 9,39 IH: −0,9	—CH₂—(indol)		
Aminoácidos acídicos				
Ácido aspártico (Asp ou D) $C_4H_7NO_4$	PI: 2,98 MR: 115,1 pK_a αCOOH: 2,10 pK_a αNH3: 9,82 IH: 3,5	—CH₂—COOH		
Ácido glutâmico (Glu ou E) $C_5H_9NO_4$	PI: 3,22 MR: 129,1 pK_a αCOOH: 2,19 pK_a αNH3: 9,67 IH: −3,5	—CH₂—CH₂—COOH		
Aminoácidos neutros				
Serina (Ser ou S) $C_7H_7NO_3$	PI: 5,68 MR: 105,093 pK_a αCOOH: 2,21 pK_a αNH₃: 9,15 IH: −0,8	—CH₂—OH		

(*continua*)

Capítulo 3 • Aminoácidos 31

Tabela 3.3 (*Continuação*) Abreviações de uma e três letras de cada aminoácido, dados químicos, fórmulas moleculares e estruturais.

Aminoácido	*PI/MR/pK$_a$	Cadeia lateral	Estrutura tridimensional	**Cristal
Aminoácidos alifáticos				

Treonina (Tre ou T) C$_4$H$_9$NO$_3$	PI: 5,60
	MR: 101,1 pK$_a$
	αCOOH: 2,09 pK$_a$
	αNH$_3$: 9,10
	IH: –0,7
		—CH—OH
		    |
		   CH$_3$		

Asparagina (Asn ou N) C$_4$H$_8$N$_2$O$_3$	PI: 5,41 MR: 114,1 pK$_a$ αCOOH: 2,02 pK$_a$ αNH$_3$: 8,8 IH: –3,5	—CH$_2$—CONH$_2$		
Glutamina (Gln ou Q) C$_5$H$_{10}$O$_3$N$_2$	PI: 5,30 MR: 128,2 pK$_a$ αCOOH: 2,17 pK$_a$ αNH$_3$: 9,13 IH: –3,5	—CH$_2$—CH$_2$—CONH$_2$		
Aminoácidos básicos				
Histidina (His ou H) C$_9$H$_9$N$_3$O$_2$	PI: 7,64 MR: 128,2 pK$_a$ αCOOH: 2,18 pK$_a$ αNH3: 9,04 IH: –3,2	—CH$_2$— (imidazol: N=...NH)		
Lisina (Lis ou K) C$_6$H$_{14}$N$_2$O$_2$	PI: 9,74 MR: 128,2 pK$_a$ αCOOH: 2,18 pK$_a$ αNH3: 8,95 IH: –3,9	[CH$_2$]$_3$—NH$_2$		
Arginina (Arg ou R) C$_6$H$_{14}$N$_4$O$_2$	PI: 10,76 MR: 156,1 pK$_a$ αCOOH: 2,01 pK$_a$ αNH3: 9,04 IH: –4,5	[CH$_2$]$_3$—NH		

Aminoácido	*Propriedades	Cadeia lateral	Estrutura tridimensional	**Cristal
Tioaminoácidos				
Cisteína (Cis ou C) C$_7$H$_7$NO$_2$S	PI: 5,11 MR: 103,1 pK$_a$ αCOOH: 1,86 pK$_a$ αNH$_3$: 8,35 IH: 2,5	CH—SH		
Metionina (Met ou M) C$_5$H$_{11}$NO$_2$S	PI: 5,74 MR: 131,2 pK$_a$ αCOOH: 2,28 pK$_a$ αNH$_3$: 9,21 IH: 1,9	—CH$_2$—CH$_2$—S—CH$_3$		

*PI: ponto isoelétrico; peso molecular; pK$_a$: potencial de ionização; MR: massa do resíduo de aminoácido; para obter a massa do aminoácido completo, deve-se somar 18D à massa do resíduo; IH: índice de hidropatia (valores negativos indicam o grau de afinidade do aminoácido por ambientes hidrofílicos, enquanto valores positivos referem-se à sua tendência por ambientes hidrofóbicos).
**As esferas azuis representam átomos de carbono, vermelhas oxigênio, azul-escuro nitrogênio e amarelo enxofre.

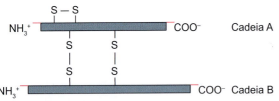

Figura 3.9 Representação da molécula de insulina. Ela apresenta duas pontes dissulfeto formadas por resíduos de cisteína nas posições 7A-7B e 20A-19B. Além disso, outra ponte dissulfeto ocorre unindo os resíduos de cisteína 6 e 11 da cadeia A.

interações eletrostáticas com grupamentos negativamente carregados, como Asp, Glu, Lis, e Arg, e desempenham importantes papéis em proteínas ligadoras de ânions, como as histonas, uma vez que podem interagir eletrostaticamente com moléculas de carga negativa – nesse caso específico, com o DNA. Finalmente, a glicina e a prolina são aminoácidos com propriedades especiais no sentido de que exercem grande influência na conformação da cadeia peptídica.

A glicina tem a cadeia lateral formada por apenas um átomo de hidrogênio e, portanto, pode adotar conformações estericamente proibidas aos outros aminoácidos, conferindo um alto grau de flexibilidade local ao peptídeo. Por isso, resíduos de glicina são frequentemente encontrados em regiões de voltas (*turns*) das proteínas, nas quais o esqueleto peptídico tem que fazer uma curva fechada. Esse aminoácido ocorre abundantemente em certas proteínas fibrosas – sua flexibilidade e seu pequeno tamanho possibilitam que cadeias peptídicas adjacentes se associem intimamente.

Em contraposição, a prolina é o mais rígido dos 20 aminoácidos que se dão naturalmente na estrutura de proteínas, porque sua cadeia lateral é covalentemente ligada ao nitrogênio da cadeia principal. O diagrama de Venn (Figura 3.10) mostra a relação entre os 20 aminoácidos de ocorrência natural em proteínas e suas propriedades físico-químicas, que são relevantes na determinação da estrutura terciária proteica, como será abordado mais adiante.

Bioclínica

Presença de aminoácidos em cometas

Em 7 de fevereiro de 1999, o laboratório de propulsão a jato da NASA (Agência Aeroespacial Norte-americana) lançou a sonda Stardust, cuja finalidade exclusiva era interceptar o cometa Wild 2 e o asteroide Annefrank. Em 2 de janeiro de 2004, a Stardust aproximou-se de Wild 2, coletando a poeira emitida pelo cometa por meio de um material esponjoso à base de silício, chamado de aerogel (Figura 3.11). As análises posteriores das amostras coletadas mostraram a presença de glicina ($C_2H_5NO_2$), o aminoácido mais simples constante nas proteínas. Foi a primeira vez que se encontrou um aminoácido em um cometa e tal descoberta sustenta a hipótese de que algumas substâncias fundamentais para o desenvolvimento da vida na Terra formaram-se há muito tempo no espaço, chegando por meio dos cometas que colidiram com a Terra em formação. Essa constatação também reforça a ideia de que a vida no universo pode ser mais comum do que se imagina, já que os aminoácidos são as unidades formadoras das proteínas e estas são moléculas fundamentais para a vida.

Figura 3.11 Manipulação da grade com aerogel em sala limpa.

O diagrama é dominado pelas propriedades que se relacionam com o tamanho e a hidrofobicidade. Os aminoácidos são divididos em dois conjuntos principais, polares e apolares. Há ainda um grande grupo que busca distinguir aminoácidos pelo seu tamanho, o grupo dos aminoácidos pequenos. No interior desse grupo de aminoácidos pequenos, há os aminoácidos menores, que têm, em sua maioria, dois átomos na cadeia lateral. A posição da cisteína é ambígua e duas posições são indicadas. Outros grupos incluem aminoácidos carregados positivamente que contêm o subconjunto positivo, sendo o conjunto dos aminoácidos carregados negativamente definido por exclusão. Outros conjuntos ainda incluem os aminoácidos aromáticos e alifáticos. Por sua classificação como um iminoácido, a prolina foi excluída do corpo principal do diagrama.

Os aminoácidos apolares ou hidrofóbicos apresentam grupos R constituídos por cadeias orgânicas com caráter de hidrocarboneto, que não interagem com a água. Geralmente,

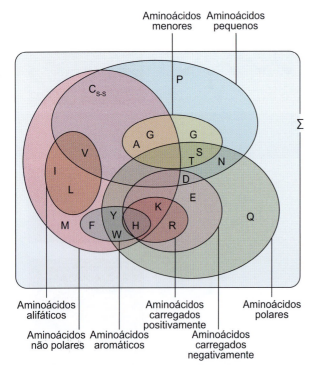

Figura 3.10 Diagrama de Venn. Esquema que mostra a relação entre as propriedades físico-químicas dos aminoácidos. Fonte: adaptada de Taylor, 1986.[2]

têm uma localização interna em proteínas globulares e em proteínas de membrana, como os receptores que ficam mergulhados na bicamada lipídica interagindo com fosfolipídios de membrana. Pertencem a esse grupo: glicina, alanina, valina, leucina, isoleucina, metionina, prolina, fenilalanina e triptofano. Já os aminoácidos classificados como polares são aqueles que têm cadeias laterais, com carga elétrica líquida ou grupos com cargas residuais, que os capacitam a interagir com a água. São geralmente encontrados na superfície da molécula proteica. Esses aminoácidos são subdivididos em três categorias, segundo a carga apresentada pelo grupo R em soluções neutras: aminoácidos básicos, se a carga for positiva; aminoácidos ácidos, se a carga for negativa; e aminoácidos polares sem carga, se a cadeia lateral não apresentar carga líquida.

Os aminoácidos básicos são lisina, arginina e histidina. O valor de pK_a dos grupos ionizáveis presentes na cadeia lateral de lisina e arginina (grupos amino e guanidino, com $pK_a = 10,54$ e $pK_a = 12,48$, respectivamente) mostra que, em pH neutro, esses grupos estão protonados. As cadeias laterais da histidina (grupo imidazólico, com $pK' = 6,04$) estão muito menos ionizadas em pH 7,0; como o valor de seu pK_a está uma unidade abaixo deste pH, apenas 10% de suas moléculas estarão com o grupo R protonado. Os aminoácidos ácidos são os dicarboxílicos: ácido aspártico e ácido glutâmico. O pK_a de suas cadeias laterais é 3,90 e 4,07, respectivamente, e, portanto, em pH neutro, estão desprotonadas (dissociadas). Os aminoácidos polares sem carga são: serina, treonina e tirosina, com um grupo hidroxila na cadeia lateral; asparagina e glutamina, com um grupo amida; e cisteína, com um grupo sulfidrila.

Outra classificação possível para aminoácidos é quanto à sua essencialidade (Figura 3.12); consequentemente, a qualidade das proteínas pode ser determinada pela quantidade de aminoácidos essenciais nelas presente. A frequência com que cada aminoácido ocorre nas proteínas é mostrada na Figura 3.13. Proteínas que apresentam grande quantidade de aminoácidos essenciais são classificadas nutricionalmente como proteínas de alto valor biológico, como as encontradas em alimentos (p. ex., carnes, ovos e leite). Os aminoácidos essenciais são aqueles cuja síntese (quando possível) não satisfaz às necessidades metabólicas ou não são capazes de ser sintetizados pela maquinaria bioquímica humana. São eles: fenilalanina, triptofano, valina, isoleucina, leucina, metionina, treonina e lisina.

Aminoácidos condicionalmente essenciais são aqueles que se tornam essenciais em certas circunstâncias, como em recém-nascidos prematuros. Compõem os aminoácidos condicionalmente essenciais: glicina, prolina, tirosina, serina,

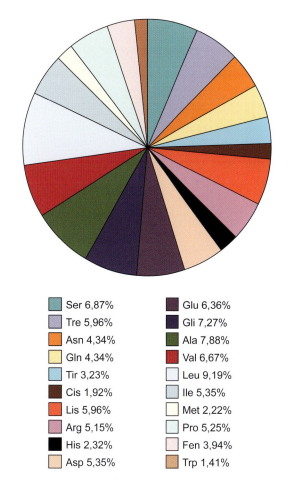

Figura 3.13 Porcentagem de ocorrência média dos aminoácidos em proteínas.

cisteína, taurina, arginina, histidina e glutamina (Tabela 3.4). Finalmente, alanina, ácido aspártico, ácido glutâmico e asparagina fazem parte dos aminoácidos não essenciais, ou seja, aqueles cujo organismo é capaz de sintetizar por meio de outras substâncias.

Aminoácidos não proteicos e aminoácidos raros

Os aminoácidos não proteicos ocorrem de forma livre ou combinada, mas não fazem parte das proteínas. Há diversos aminoácidos não proteicos, como L-ornitina e L-citrulina, presentes no ciclo da ureia, e hidroxialanina, que consta no

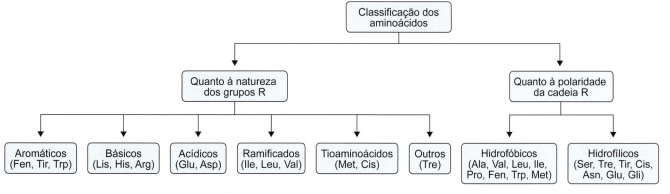

Figura 3.12 Classificação dos aminoácidos pelas propriedades do grupo R.

Tabela 3.4 Classificação dos aminoácidos segundo sua essencialidade.

Essenciais	Condicionalmente essenciais	Não essenciais
Leucina	Prolina	Ácido glutâmico
Isoleucina	Serina	Ácido aspártico
Valina	Arginina	Glutamina
Triptofano	Tirosina	Alanina
Fenilalanina	Cisteína	
Metionina	Glicina	
Lisina	Taurina	
Treonina	Histidina	

ácido pantotênico (uma vitamina). Os aminoácidos raros, por sua vez, são derivados dos aminoácidos proteicos e ocorrem somente em algumas proteínas: 4-hidroxiprolina e 5-hidroxilisina, que ocorrem no colágeno; desmosina e isodesmosina, presentes na elastina.

Aminoácidos precursores de substâncias

Além de sua função como elementos estruturais das proteínas, os aminoácidos podem atuar como precursores de substâncias biologicamente importantes, como os neurotransmissores. É o caso da glicina que, secretada em sinapses medulares, atua como neurotransmissor inibitório, sobretudo na medula. Estímulos de certas fibras sensoriais podem produzir potenciais estimulatórios pré-sinápticos (PEP) em alguns neurônios e potenciais inibitórios pós-sinápticos (PIP) em outros. Em vias inibitórias, um único neurônio está inserido entre a raiz aferente dorsal e o neurônio eferente ventral. Esse neurônio especial, chamado neurônio de Golgi, é curto e apresenta um axônio grosso. Seu transmissor sináptico é a glicina e, quando este aminoácido é secretado pelo terminal pré-sináptico para os dendritos proximais do neurônio pós-sináptico, um PIP é produzido. Assim, o impulso aferente excitatório é transformado em inibitório pelo interneurônio. Outros aminoácidos podem atuar ainda como hormônios, mediadores inflamatórios e servir como precursores de outras substâncias. Esses produtos são formados de modificações sutis na estrutura dos aminoácidos ou mesmo de processos de adição ou remoção de partes do aminoácido. A Tabela 3.5 mostra algumas dessas substâncias e faz um breve comentário em relação às suas funções.

Modificações químicas na estrutura de aminoácidos

Depois de concluída a tradução proteica (processo pelo qual o aparelho ribossomal decodifica o RNAm), diversos resíduos de aminoácidos presentes na proteína recém-sintetizada sofrem modificações químicas, mediadas por enzimas capazes de adicionar grupos químicos específicos ou promover oxidações em resíduos de aminoácidos específicos. Já foram identificadas mais de 100 modificações pós-traducionais (Tabela 3.6), que podem ocorrer em um ou mais resíduos de aminoácido da cadeia polipeptídica, cujos objetivos são criar um sítio de regulação por parte de enzimas, tornar possível o ancoramento em membranas biológicas ou mesmo atuar como sinal marcador para posterior catabolismo. As modificações estruturais presentes em determinados resíduos de aminoácidos são discutidas a seguir.

Tabela 3.5 Aminoácidos como precursores de substâncias biologicamente importantes.

Tirosina		
	Adrenalina (estrutura química)	A adrenalina e a noradrenalina são catecolaminas, compostos que apresentam um núcleo catecol (um anel benzênico com dois grupamentos hidroxilas adjacentes) e uma cadeia lateral contendo um radical amina. Enquanto a noradrenalina é liberada pelas terminações pré-sinápticas do sistema nervoso autônomico simpático, a adrenalina é liberada pela medula das glândulas adrenais. Ambas as substâncias exercem seus efeitos em receptores de sete transmembrânicos de sete alças (adrenorreceptores). A noradrenalina e a adrenalina são liberadas em condições fisiológicas de estresse, nas reações de luta ou fuga e mediam efeitos que conduzem ao catabolismo das reservas energéticas
	Noradrenalina (estrutura química)	
	Tetraiodotironina (T_4) e Triiodotironina (T_3) (estruturas químicas)	O T_3 e o T_4 são sintetizados tireócitos (células da glândula tireoide), processo no qual o iodeto é oxidado e incorporado às moléculas de tirosina, que, por sua vez, não se encontram livres no meio intracelular, mas em ligações peptídicas como componentes de uma grande proteína denominada tireoglobulina. O T_3 é o hormônio biologicamente ativo e, ao chegar às células, o T_4 é prontamente desiodado e convertido em T_3 por meio da enzima 5'-deiodinase. Ambos os hormônios estão estreitamente envolvidos com o consumo metabólico. A carência de hormônios tireoidianos é conhecida como hipotireoidismo; já seu excesso é designado hipertireoidismo

(continua)

Tabela 3.5 (*Continuação*) Aminoácidos como precursores de substâncias biologicamente importantes.

Histidina	Histamina	Atua em receptores H_1 e H_2 centrais e periféricos; no coração; (H_2) aumenta a frequência e o débito cardíaco, com risco de arritmias. Ambos os receptores H_1 e H_2 estão presentes nos vasos sanguíneos, causando vasodilatação generalizada, com diminuição da pressão arterial, rubor cutâneo e cefaleia. A histamina está ainda envolvida na resposta imunológica, sendo liberada maciçamente por mastócitos, condição denominada choque anafilático
Ácido glutâmico	GABA ácido γ-aminobutírico	Produto da descarboxilação do ácido glutâmico, age como neurotransmissor no cérebro ligando-se a receptores $GABA_A$, que atuam aumentando a condutividade ao K^+. Já na medula, interage com receptores $GABA_B$ desencadeando o aumento da condutividade de Cl^-. Ambos os receptores produzem suas ações inibitórias por meio da hiperpolarização celular com consequente diminuição da probabilidade de disparo de potenciais de ação
Ácido aspártico	Uracila, Adenina, Guanina, Citosina, Timina	As bases nitrogenadas dos nucleotídios (as unidades fundamentais formadoras dos ácidos nucleicos) são moléculas planares aromáticas e heterocíclicas derivadas de uma purina ou de uma pirimidina. As bases podem ser púricas ou purinas (adenina e guanina) e pirimídicas ou pirimidinas (citosina, timina e uracila). Tanto o DNA quanto o RNA contêm as mesmas bases púricas, e a citosina como base pirimídica. A timina existe apenas no DNA, sendo, no RNA, substituída pela uracila – que contém um grupo metil a menos. Em alguns tipos de DNA virais e no RNA de transferência, podem aparecer bases incomuns
Triptofano	5-OH-triptamina (serotonina)	Eficaz vasoativo, bastante presente nas plaquetas e, nesse caso, sua função é atuar com um dos elementos que medeiam a hemostasia. É liberado também pelas células enterocromafins no trato gastrintestinal na vigência de compressões mecânicas, presença de hormônios gastrointestinais ou por estimulação da colecistocinina. No cérebro, sua presença tem sido associada às cefaleias de origem vascular e nos pulmões, mediando reações alérgicas

Tabela 3.6 Modificações pós-traducionais* mais comuns.

Aminoácido	Modificações encontradas
Aminoterminal	Acetilação, glicosilação
Carboxiterminal	Metilação, ADP-ribosilação
Arginina	Metilação, ADP-ribosilação
Asparagina	Glicosilação, metilação, desamidação
Aspartato	Metilação, hidroxilação
Cisteína	Glicosilação
Glutamato	Metilação, carboxilação, ADP-ribosilação
Glutamina	Desaminação
Histidina	Metilação, ADP-ribosilação
Lisina	Acetilação, metilação, hidroxilação
Fenilalanina	Hidroxilação, glicosilação
Prolina	Hidroxilação, glicosilação
Serina	Fosforilação, metilação, hidroxilação
Treonina	Fosforilação, metilação, hidroxilação
Triptofano	Hidroxilação
Tirosina	Fosforilação, iodinação, hidroxilação

*Modificações pós-traducionais ocorrem na estrutura de um resíduo de aminoácido, de um peptídeo ou de uma proteína, após sua tradução ribossomal. Essas modificações vão desde alterações no tamanho da molécula até alterações químicas em resíduos de determinados aminoácidos.

Glicação

Reação que ocorre entre um açúcar e uma substância que não tem natureza glicídica, como uma proteína. No caso das proteínas, pequenas cadeias de carboidratos (oligossacarídeos) podem ligar-se a resíduos de aminoácidos presentes nas proteínas de duas formas, N ou O (Figura 3.14). Os oligossacarídeos N-ligados estão presentes na superfície de membranas biológicas compondo o glicocálix e fornecendo às proteínas membranares proteção contra a ação proteolítica, o que poderia ser danoso para a célula, já que a integridade membranar é condição para a manutenção da homeostase celular.

Prenilação ou acilação

Diversas proteínas exercem suas funções biológicas interagindo em ambientes hidrofóbicos, como é o caso das apoproteínas que compõem as lipoproteínas plasmáticas ou das proteínas integrais de membrana. Tais proteínas devem ancorar-se com lipídios, o que se dá por meio de ligações covalentes a isoprenoides, por reações denominadas prenilação, miristilação, palmitoilação e geranilização.

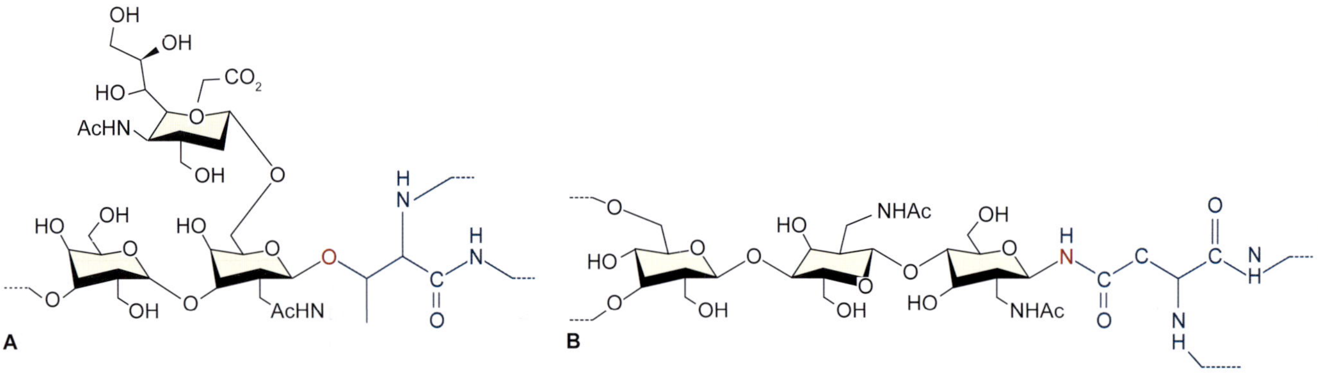

Figura 3.14 A. *O*-glicoproteína, ligação que ocorre frequentemente entre o átomo de oxigênio dos aminoácidos de serina, treonina ou tirosina e a cadeia de oligossacarídeos adjacente. **B.** *N*-glicoproteína, representando uma unidade de açúcar que ocorre frequentemente entre o átomo de nitrogênio do aminoácido de asparagina e a cadeia de oligossacarídeos. As ligações *N* e *O* estão indicadas em vermelho, os resíduos de aminoácidos em ambas as ligações são representados em azul e as cadeias de oligossacarídeos em preto. NHAC: N-acetilglicosamina.

O sítio mais comum de prenilação de proteínas é o tetrapeptídeo C-terminal C-X-X-Y, em que C é uma Cis, X é um resíduo de aminoácido alifático e o aminoácido Y influencia no tipo de prenilação. Dois tipos de ácidos graxos, o ácido mirístico e o ácido palmítico, estão ligados a proteínas de membrana. O ácido mirístico (C_{14} saturado) liga-se por meio de um resíduo de Gli na extremidade N-terminal. Já o ácido palmítico (C_{16} saturado) se liga a um resíduo Cis específico, quase exclusivamente presente na superfície citoplasmática da membrana celular.

A miristilação possibilita que uma proteína modificada interaja com o receptor de membrana ou com a própria dupla camada de lipídios. Já a palmitoilação ocorre entre os grupos SH das cisteínas, caso em que o grupamento tiol de algumas cisteínas presentes em proteínas pode sofrer acetilação pela palmitil-CoA para formar um derivado S-palmitil (C_{16}), que atua como âncora de membrana. Outros tipos de modificação de aminoácidos com o propósito de torná-los mais propensos à interação com substâncias de natureza hidrofóbica são a prenilação e a farnesilação. As proteínas envolvidas na transdução de sinais intracelulares, como é o caso da proteína G, apresentam uma unidade farnesila (C_{15}) ou geranil-geranila (C_{20}) na região carboxiterminal.

Esses grupamentos isoprênicos são ligados às cisteínas carboxiterminais por ligações tioéster. A farnesilação ocorre em sequências CaaX, nas quais a cisteína é seguida de dois aminoácidos alifáticos (a) e um carboxiterminal (X). Após a ligação da unidade em C_{15} a esta proteína, os aminoácidos aaX são removidos por proteólise e o novo carboxiterminal é metilado. Portanto, uma sequência de modificações dá origem a um novo terminal C altamente apolar (Figura 3.15). Contudo, quando a sequência da região carboxiterminal é CC, CXC ou CCXX, uma unidade geranil-geranila (C_{20}), em vez de uma farnesila, se liga a uma ou a ambas as cisteínas dando origem à geranilização da porção carboxiterminal. Essa unidade isoprenílica altamente hidrofóbica é, em alguma proteína, necessária para a ligação à membrana, mas ela sozinha não especifica a membrana-alvo.

Modificações em aminoácidos com funções regulatórias

Em um sistema biológico, as funções das proteínas sofrem diversos níveis de regulação com o propósito de manter a homeostase. Assim sendo, podem sofrer, por exemplo, fosforilação, acetilação ou ribosilação. Esses mecanismos de regulação podem ser reversíveis ou não. Os receptores de membrana são exemplos de proteínas que podem sofrer regulação por meio da alteração de um ou mais aminoácidos. A fosforilação de um grupamento OH de um resíduo de serina, treonina ou tirosina, via cinases específicas (proteínas que transferem grupos fosfato do ATP para outras substâncias, ou seja, promovem fosforilação), conduz a alterações conformacionais no receptor, já que os grupos fosfato são grandes e negativamente carregados (Figura 3.16). Os grupos fosfato modificam o padrão de cargas elétricas na face da proteína, interferindo nas forças que mantêm sua estrutura conformacional, que se altera e consequentemente modifica a função receptora para a ativação ou inativação, dependendo da classe de receptor. O receptor de insulina é um receptor acoplado à tirosinocinase e sofre regulação por meio de autofosforilação (Figura 3.17).

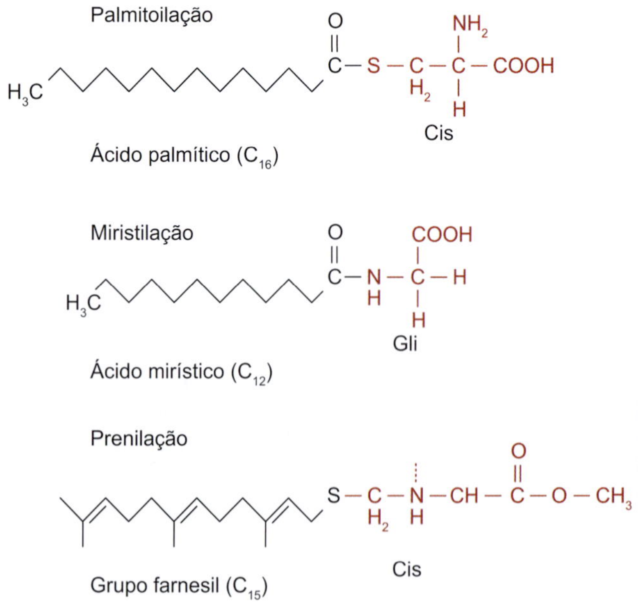

Figura 3.15 Modificações em aminoácidos no sentido de tornar possível o ancoramento de proteínas a lipídios. O aminoácido é representado em vermelho e o lipídio em preto.

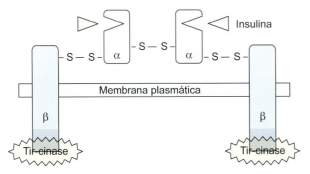

Figura 3.16 Modelo proposto para o receptor de insulina, um tetrâmero formado por duas subunidades α e duas subunidades β. As subunidades β sofrem autofosforilação pela tirosinocinase regulando a ação do receptor.

Reatividade química dos aminoácidos

Os grupos α-carboxil e α-amino de todos os aminoácidos mostram a mesma reatividade química. Já suas cadeias laterais exibem reatividade específica dependendo da natureza do grupo funcional presente. De fato, é a cadeia lateral que toma parte nas interações e reações químicas de aminoácidos incorporados em proteínas, dado que os grupos α-amino e α-carboxila estão envolvidos nas ligações peptídicas. A capacidade dos aminoácidos em reagir quimicamente é relevante para a bioquímica por três motivos:

- Resíduos de aminoácidos podem ser quimicamente modificados em uma proteína, sendo possível sua modulação ou sinalização em determinada via metabólica
- A detecção e a identificação de aminoácidos ou mesmo proteínas dependem, muitas vezes, de reações que são específicas para um ou mais aminoácidos resultando, por exemplo, em colorações ou qualquer outro elemento que possa ser mensurado
- Finalmente, mas não menos importante, as funções biológicas das proteínas dependem do comportamento químico das cadeias laterais dos resíduos de aminoácidos que as compõem. O grupo carboxila dos aminoácidos sofre todos os tipos de reações químicas comuns a esse grupo funcional. Reações com amônia e amina primária produzem amidas. Nas reações que envolvem o grupo carboxila e aldeídos, são produzidos ácido clorídrico e ésteres. Já quando a função carboxila dos aminoácidos reage com alcoóis e ácidos fortes, tem-se a formação de um éster (Figura 3.18). Já a natureza química das cadeias laterais dos aminoácidos possibilita sua identificação por meio de reações químicas colorimétricas simples de serem realizadas, como mostrado na Tabela 3.7. Os aminoácidos podem ser detectados e identificados por diversos testes, desde testes colorimétricos até métodos de separação e identificação cromatográfica, ou mesmo espectrometria de ressonância nuclear magnética. No entanto, serão vistos neste capítulo apenas os testes químicos simples, muitas vezes qualitativos. Todos os aminoácidos podem ser identificados pelo teste de ninidrina (tricetoidrindeno hidratado; Figura 3.19).

O teste de ninidrina pode ser usado de modo qualitativo, em geral para detectar aminoácidos em meios de suporte para cromatografia ou eletroforese, ou de modo quantitativo (p. ex., para dosear aminoácidos após separação cromatográfica de hidrolisados proteicos e na determinação da composição de resíduos de aminoácidos de uma dada proteína). A ninidrina é um poderoso agente oxidante que promove desaminação oxidativa do grupo α-amino de aminoácidos. Os produtos resultantes dessa reação são aldeído, amônia, dióxido de carbono e hidrindantina, um derivado reduzido da ninidrina.

A amônia, por sua vez, pode reagir com a hidrindantina e outra molécula de ninidrina, resultando em uma coloração púrpura (púrpura de Ruhemann), a qual pode ser analisada espectrofotometricamente em comprimento de onda de 570 nm. A prolina e a hidroxiprolina, quando reagem com a ninidrina, produzem um composto de cor amarela, já que o CO_2 produzido na reação de ninidrina é capaz de identificar iminoácidos, como é o caso da prolina e da hidroxiprolina. Os iminoácidos podem ser mensurados em espectrofotômetro em comprimento de onda igual a 440 nm.

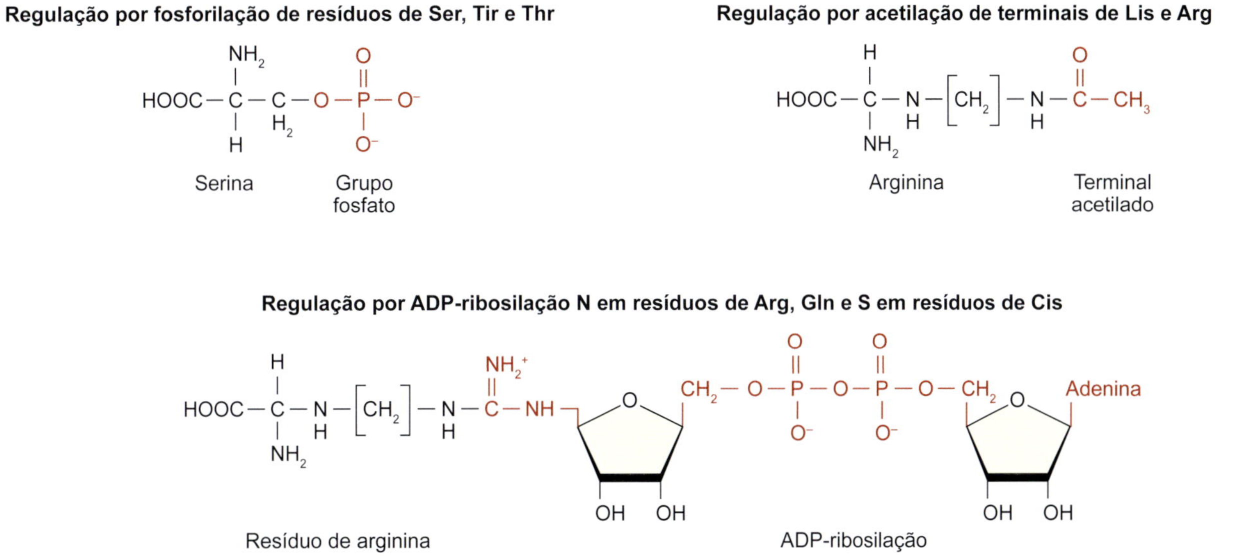

Figura 3.17 Alterações em resíduos de aminoácidos cujo propósito é proporcionar um sítio de regulação da função de proteínas. Alguns meios de regulação são acetilação, fosforilação e ribosilação. Os elementos adicionados aos resíduos de aminoácidos estão destacados em vermelho.

38 Bioquímica Clínica

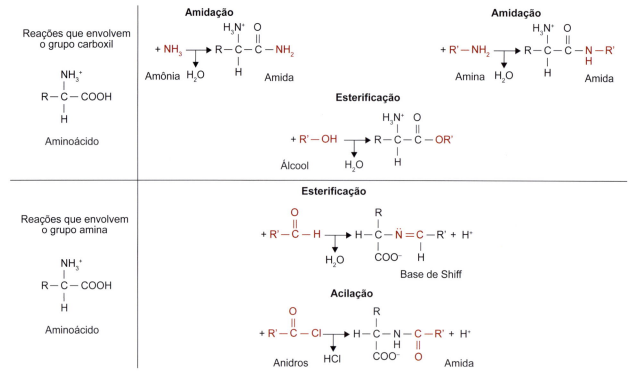

Figura 3.18 Reações comuns aos grupos carboxila e amina de todos os aminoácidos.

Tabela 3.7 Reações de identificação de aminoácidos por meio da natureza química de suas cadeias laterais.

Teste do sulfeto de chumbo
A identificação de tioaminoácidos (aminoácidos que apresentam enxofre em sua cadeia lateral) pode ser realizada por meio do acetato de chumbo em meio ácido e sob aquecimento. Nessas condições, o acetato de chumbo reage com o enxofre presente na amostra, resultando em um precipitado negro decorrente da formação de sulfeto de chumbo. Contudo, reações que envolvem elementos tóxicos como o chumbo devem ser substituídas, quando possível, por outras, uma vez que o chumbo é um material cujo descarte deve obedecer às normas de segurança no sentido de evitar danos ambientais

$$2H_3C-COO^- \cdot Pb^{+2} + S^{-2} \rightarrow PbS\downarrow$$

Reação xantoproteica
Aminoácidos que apresentam grupos fenólicos nas cadeias laterais podem ser identificados por meio da reação xantoproteica, a qual é capaz de identificar a tirosina e o triptofano, ou proteínas que contenham esses aminoácidos, com base na reação de nitração dos anéis aromáticos pelo ácido nítrico concentrado sob aquecimento (reação ao lado). A reação positiva verifica-se pela aquisição de uma coloração amarela por parte da amostra

Teste de Millon
É um teste para compostos contendo mono-hidroxibenzeno (ou seja, com grupos fenólicos, como é o caso da tirosina). O teste é realizado aquecendo-se um composto que contém tirosina, com o reativo de Millon (5 g mercúrio vivo em 10 mℓ de ácido nítrico) na presença de nitrito de sódio. Observa-se a formação de um produto colorido (avermelhado) por conta do aparecimento de fenolato de mercúrio por reação do grupo hidroxifenil da tirosina com o mercúrio do reativo

Teste de Hopkins-Cole
É um teste para compostos contendo o grupo indol, como o triptofano, em que o reagente é o ácido glioxílico (CHOCOOH) em ácido sulfúrico concentrado. A positividade para a reação ocorre quando, ao adicionar-se cautelosa e lentamente uma pequena quantidade de ácido sulfúrico concentrado pelas paredes do tubo de ensaio, há a formação de um anel azulado

Teste de Sakaguchi
É um teste para compostos contendo o grupo guanidina (arginina). À amostra são adicionados uma base (NaOH), α-naftol e bromo. A positividade da reação ocorre com a aquisição de uma coloração vermelha

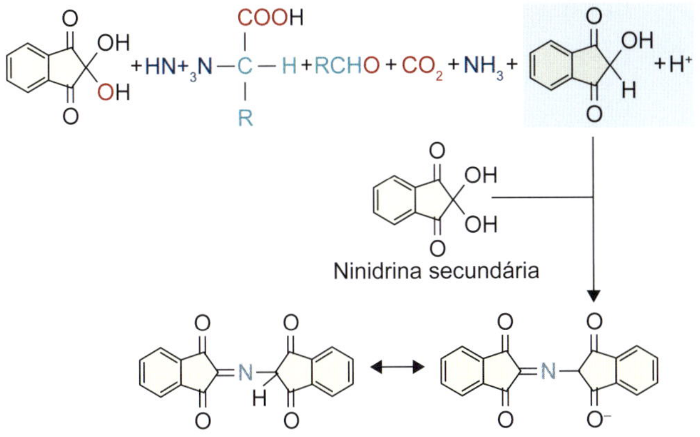

Figura 3.19 Reação de ninidrina, a qual produz um composto púrpuro, chamado púrpuro de Ruhemann, que apresenta absorbância em 570 nm. Repara-se que a reação envolve o consumo de duas moléculas de ninidrina.

Bioclínica

Aspartame

Dipeptídeo formado por L-fenilalanina e L-aspartato, quimicamente denominado N-L-alfa-aspartil-L-fenilalanina-1-metil-éster, estando o radical metil presente no grupo carboxila da fenilalanina formando uma molécula de metanol (Figura 3.20). Apresenta cerca de 180 a 200 vezes o poder adoçante da sacarose (o açúcar de cozinha). Foi aprovado pela agência reguladora de saúde dos Estados Unidos, a Food and Drug Administration (FDA), em 1981, e pelo Ministério da Saúde em 1988. O valor calórico do aspartame é igual ao da sacarose (4 kcal/g), porém a quantidade de aspartame utilizada para adoçar alimentos é menor em virtude de seu poder adoçante muito superior. É digerido pelas peptidases do trato gastrintestinal humano em fenilalanina, aspartato e metanol, que são absorvidos pela mucosa intestinal. Subsequentemente, os aminoácidos podem seguir seus destinos metabólicos; o ácido aspártico pode ser convertido em alanina, a fenilalanina em tirosina e o metanol em formaldeído e, então, em ácido fórmico. Argumenta-se sobre a toxicidade do aspartame pela presença do metanol; contudo, considera-se que seria necessária a ingestão de cerca de 200 a 500 mg/kg de peso de metanol para produzir efeitos tóxicos significativos, isto é, um indivíduo de 70 kg deveria ingerir diariamente cerca de 140 mil envelopes de aspartame em pó ou 350 mil gotas do adoçante em sua forma líquida. Além disso, a quantidade de metanol produzida a partir da ingestão de refrigerantes contendo aspartame é de aproximadamente 55 mg/ℓ, muito menor que a quantidade produzida por meio da ingestão de sucos de frutas naturais ricos em ácido aspártico (cerca de 140 mg/ℓ).[3]

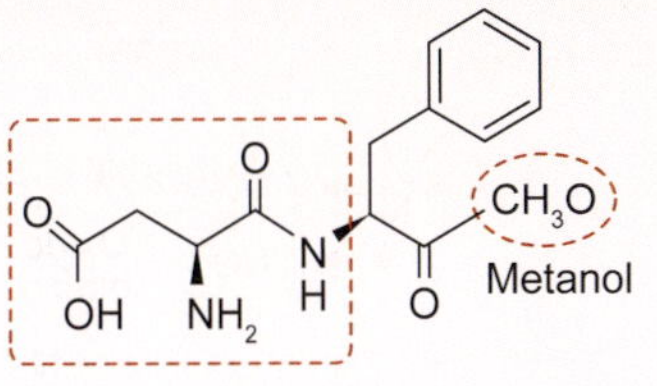

Figura 3.20 O aspartame é um dipeptídeo formado por dois aminoácidos, ácido aspártico e fenilalanina. A metilação da fenilalanina forma uma molécula de metanol (círculo pontilhado). A porção destacada no retângulo com linhas descontínuas refere-se à molécula do ácido aspártico. O restante da molécula é a porção pertencente à fenilalanina.

Aminoácidos incomuns

Diversos aminoácidos são raros em proteínas, como a hidroxilisina e a hidroxiprolina, que ocorrem principalmente no colágeno e também em proteínas gelatinosas. Certas proteínas musculares apresentam aminoácido metilado, como é o caso da metil-histidina, da N-metilisina, e da N-N-N-trimetilisina. Já o ácido γ-carboxiglutâmico é encontrado em diversas proteínas envolvidas na coagulação sanguínea, enquanto o ácido piroglutâmico é encontrado unicamente na bacteriorrodopsina, uma bomba de prótons ativada por luz na membrana da célula bacteriana *Halobacterium salinarum*. Proteínas envolvidas no crescimento e na regulação de funções celulares sofrem fosforilação reversível em grupos – OH de resíduos de serina, treonina e tirosina. Proteínas isoladas do milho apresentam o ácido aminoadípico e, finalmente, as histonas, proteínas que se relacionam intimamente com os ácidos nucleicos, apresentam os aminoácidos N-metilarginina e N-acetil lisina. Existem aminoácidos não proteogênicos, ou seja, que não estão presentes em proteínas, mas sim em determinados ciclos metabólicos, como é o caso da ornitina, da homocisteína e da citrulina. A ornitina ocorre no ciclo da ureia; como resultado da produção da ureia, já a homocisteína está envolvida no ciclo da metionina e, atualmente, tem sido implicada na doença vascular, como será discutido mais adiante. Por sua vez, a citrulina é um dos intermediários na obtenção do óxido nítrico da L-arginina e é também o precursor intermediário da arginina. A Figura 3.21 apresenta a estrutura de diversos aminoácidos raros e também de aminoácidos não proteogênicos.

Óxido nítrico

O óxido nítrico (NO) é um mediador químico gasoso produzido de um aminoácido e uma molécula inorgânica de natureza gasosa inodoro, incolor, hidrofóbico e altamente difusível pelas membranas plasmáticas. É reconhecido como uma das mais potentes substâncias vasodilatadoras, influenciando, portanto, o tônus vascular e, consequentemente, o controle da pressão arterial local. O NO é liberado pelo endotélio vascular em resposta, principalmente, à deformação deste endotélio à pressão mecânica do sangue contra a sua parede, um efeito denominado *shear stress*.

Além de seu efeito vasodilatador, o NO atua como neurotransmissor do sistema nervoso central e periférico e, também, proporcionando defesa imunológica inespecífica do hospedeiro em relação a diversos patógenos e células tumorais, incluindo bactérias, fungos, parasitas, metazoários e protozoários. No cérebro, o NO está presente, sobretudo, em áreas relacionadas com o comportamento e com a memória a longo prazo. Difere de outros neurotransmissores quanto ao mecanismo de síntese e armazenamento: enquanto os outros neurotransmissores são sintetizados e armazenados na forma de vesículas pré-sinápticas, o NO é sintetizado no momento imediato em que é requerido e não sofre armazenamento vesicular. Em seguida, por sua natureza gasosa, difunde-se imediatamente pelas células adjacentes e, distintamente de outros mediadores neurais, o NO não promove alterações do potencial de membrana no neurônio pós-sináptico. Em vez disso, modifica padrões metabólicos dessas células que interferem na excitabilidade neural, por um tempo que pode variar de segundos a minutos.

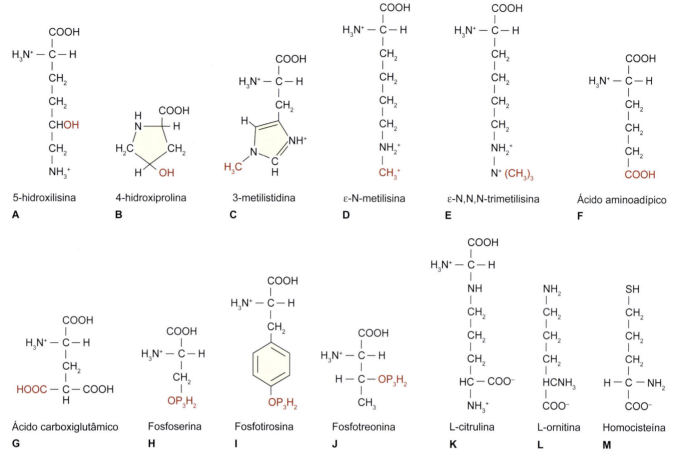

Figura 3.21 A a J. Estrutura de aminoácidos raros em proteínas. K a M. Aminoácidos não proteogênicos.

O NO é produzido por meio da clivagem do terminal nitrogênio-guanidina da L-arginina pela enzima óxido nítrico sintase (NOs), em uma reação que requer flavina mononucleotídeo (FMN), flavina adenina dinucleotídeo (FAD), nicotinamida adenina dinucleotídeo fosfato (NADPH) e tetraidrobiopterina (BH_4) como cofatores e a presença do oxigênio molecular, que atua como substrato na reação (Figura 3.22). As enzimas responsáveis pela síntese de NO foram purificadas e clonadas em 1991, sendo identificadas como NOs; não são designadas sintetases porque não utilizam ATP nas reações químicas para obtenção do NO.

As NOs fazem parte de uma família de isoenzimas que apresentam forte ligação com um centro heme, estando presentes sob as seguintes formas:

- NOs tipo I ou nNOs, constitutivas do sistema nervoso central e periférico
- NOs tipo II ou iNOs, induzidas por certas citocinas em células macrofágicas
- NOs tipo III ou eNOs, constitutivas do endotélio vascular.

Homocisteína | Risco cardiovascular

A homocisteína (Hcy) é um aminoácido não essencial que não está presente na dieta humana nem nas proteínas do organismo, uma vez que não há códons específicos para a sua transcrição. É um aminoácido sulfurado, produto da transmetilação da metionina com peso de 135,1 (Figura 3.23). Quando a metionina encontra-se em excesso, a Hcy é direcionada para a via da transulfuração, onde, por sua vez, é irreversivelmente

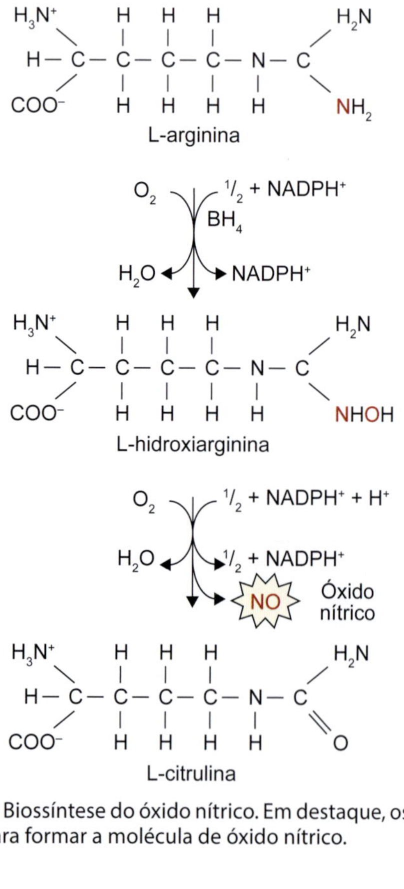

Figura 3.22 Biossíntese do óxido nítrico. Em destaque, os átomos que se unirão para formar a molécula de óxido nítrico.

Capítulo 3 • Aminoácidos 41

```
      CH₃              SH
       |               |
       S               CH₂
       |               |
       CH₂             CH₂             SH₂
       |               |               |
       CH₂             CH₂             CH₂
       |               |               |
   H — C — NH₂     H — C — NH₂     H — C — NH₂
       |               |               |
       COO⁻            COO⁻            COO⁻
    Metionina       Homocisteína      Cistina
```

Figura 3.23 Estruturas dos aminoácidos metionina, homocisteína e cistina.

coronária, cerebrovascular ou vascular periférica apresentam hiper-homocisteinemia. A homocisteína é um tioaminoácido, formado durante o metabolismo da metionina, aminoácido essencial presente nas proteínas da dieta.

Diversas evidências experimentais sugerem que a propensão à aterosclerose está associada à hiper-homocisteinemia, e numerosos mecanismos têm sido propostos, como:

- A hiper-homocisteinemia cria um ambiente oxidativo, favorecendo o aparecimento de radicais livres, como o ânion hidroxila (OH•), um poderoso radical livre. Esses radicais livres, por sua vez, interagem com a lipoproteína LDL-colesterol oxidando-a, o que a torna aterogênica
- Esses muitos radicais livres originados da hiper-homocisteinemia também reagem com o NO, um gás biologicamente ativo produzido pelo endotélio vascular, cuja função nesse tecido é regular a pressão arterial localmente, já que desencadeia vasodilatação. Ao interagir com radicais livres, o NO sofre inativação podendo ainda converter-se em outro radical livre, propagando a cadeia oxidativa
- Estimulação da proliferação das células da musculatura lisa vascular, o que interfere no fluxo de sangue pela luz do vaso; e, finalmente, a hiper-homocisteinemia leva a uma maior propensão à formação de trombos decorrente da redução dos fatores anticoagulantes e do aumento dos fatores agregantes plaquetários.

sulfoconjugada a serina por meio da enzima cistationina β-sintase, em um processo que requer vitamina B₆ como cofator. O ciclo da transulfuração ocorre principalmente no fígado e nos rins e forma, ao final, cisteína (Figura 3.24).

As doenças cardiovasculares ainda são a principal *causa mortis* nos países desenvolvidos e, embora existam muitos fatores de risco envolvidos, não está plenamente esclarecido por que determinada população desenvolve doença cardiovascular e outra não. Em um estudo, 30 a 35% dos indivíduos portadores de doenças cardiovasculares apresentaram normocolesterolemia.[4] Estudos epidemiológicos mostram que concentrações plasmáticas aumentadas de homocisteína (hiper-homocisteinemia) têm sido associadas ao aumento da incidência de aterosclerose e trombose vascular, sendo que mais de 40% dos pacientes com doença primária da artéria

Em geral, os determinantes da hiper-homocisteinemia são aceitos como complexos e incluem fatores variados; como caráter demográfico, genético, decorrente de carências de

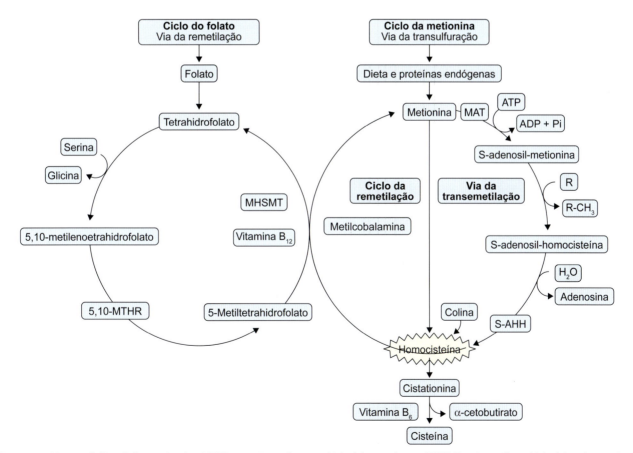

Figura 3.24 Via metabólica da homocisteína. MTHR → 5,10-metilenoetrahidrofolato redutase; MHSMT → 5-metiltetrahidrofolato-homocisteína S-metiltransferase; R → aceptor de metil; R-CH3 → aceptor metilado; MAT → metionina-adenosil-transaferase.

compostos nutricionais e aqueles relacionados com o estilo de vida (ver Tabela 3.6). Diversos fatores congênitos podem desencadear hiper-homocisteinemia, como o distúrbio genético, provocado por deficiência homozigótica de cistationina β-sintase, responsável pelo aparecimento em crianças de aterosclerose difusa, doença coronariana, doença vascular periférica e acidente vascular cerebral com prognóstico negativo. A deficiência heterozigótica de cistationina β-sintase (CBS) ou de metilenotetrahidrofolato redutase (MTHFR), enzima envolvida na remetilação de homocisteína em metionina, conduzem à elevação apenas moderada de níveis de homocisteína, no entanto com risco significativamente aumentado de doença cardiovascular por ausência de uma terapêutica adequada. Embora esses erros genéticos sejam extremamente raros (1 a cada 150 mil nascidos vivos), acabam por compor um modelo humano de lesão vascular desencadeado pela homocisteína.

Resumo

Introdução

Embora existam mais de 300 tipos de aminoácidos na natureza, o organismo só apresenta códons para 20 deles; assim, apenas esses 20 tipos de aminoácidos estão presentes na composição das proteínas, sendo, portanto, denominados aminoácidos proteogênicos. Os aminoácidos apresentam um grupo carboxila (COOH), um grupo amina (NH$_2$), um átomo de hidrogênio e um grupo "R". Todos esses grupos químicos estão ligados a um átomo de carbono que, na maioria dos aminoácidos (exceto a glicina), é o carbono assimétrico anteriormente designado carbono quiral (Figura R3.1). O grupo "R" é responsável pelas características físico-químicas dos aminoácidos e pode ser desde um átomo de hidrogênio, como na glicina, uma cadeia carbônica ramificada, como é o caso da valina, leucina e isoleucina, ou ainda um anel benzênico, como é o caso da fenilalanina.

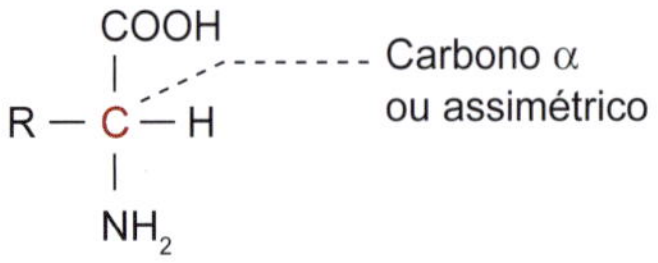

Figura R3.1 Fórmula geral de um α-aminoácido – termo que significa que a amina está na posição α ou 2, e o carbono vizinho é a carboxila. COOH: grupamento carboxila; NH$_2$: grupamento amina; R: cadeia lateral.

Aminoácidos não proteogênicos

Não fazem parte da composição de proteínas, contudo podem aparecer no metabolismo como intermediários de reações químicas, como é o caso da ornitina no ciclo da ureia. É possível ver alguns aminoácidos não proteogênicos e suas vias metabólicas relacionadas na Tabela 3.1.

Aminoácidos precursores de substâncias biologicamente importantes

Além de comporem proteínas e peptídeos, os aminoácidos podem ser precursores de substâncias biologicamente importantes, como neurotransmissores, hormônios e mediadores inflamatórios (Tabela R3.1).

Classificação

Os aminoácidos podem ser classificados segundo diversos critérios, mas a classificação quanto à sua polaridade e quanto à sua essencialidade é a mais utilizada e mais útil (Figura R3.2):

- Aminoácidos com cadeias laterais apolares (hidrofóbicos) – suas cadeias laterais não apresentam propriedade de doar ou receber prótons e, dessa maneira, não são capazes de formar ligações iônicas ou pontes de hidrogênio, mas estão envolvidas em interações hidrofóbicas em proteínas (glicina, alanina, valina, leucina, isoleucina, fenilalanina, triptofano, metionina, prolina)
- Aminoácidos polares (hidrofílicos) neutros – apresentam carga elétrica igual a zero em pH neutro, muito embora as cadeias laterais da cisteína e da tirosina possam perder um próton em pH maior que 7,0 (serina, treonina, tirosina, asparagina, cisteína, glutamina)
- Aminoácidos com cadeias laterais ácidas – aminoácidos cujas cadeias laterais são capazes de doar prótons em pH neutro. Apresentam um grupo carboxila em suas cadeias laterais (ácido aspártico e ácido glutâmico)
- Aminoácidos com cadeias laterais básicas – comportam-se como ácidos em pH fisiológico, o que quer dizer que suas cadeias laterais são capazes de aceitar prótons de hidrogênio (lisina, histidina e arginina)
- Aminoácidos de cadeias ramificadas – aqueles cujos grupos R apresentam cadeias carbônicas ramificadas (isoleucina, valina e leucina)
- Aminoácidos aromáticos – aqueles cujas cadeias laterais apresentam anéis aromáticos (Fen, Tir, Trp)
- Tioaminoácidos – aqueles que apresentam enxofre em sua composição e, por essa razão, estão envolvidos na formação de pontes dissulfeto em proteínas (Met, Cis).

Quanto à sua essencialidade, os aminoácidos podem ser classificados em: essenciais, ou seja, aqueles cuja maquinaria bioquímica humana é incapaz de sintetizar; não essenciais, aqueles cujo organismo é capaz de fabricar; e condicionalmente essenciais, aminoácidos que se tornam essenciais na vigência de alguma circunstância especial, como recém-nascidos prematuros.

Simbologia e nomenclatura

Os nomes dos aminoácidos podem ser dados a partir de abreviaturas de três letras ou mesmo de uma só letra (ver Tabela 3.2). Alguns símbolos de uma só letra foram adotados pela semelhança existente, levando em conta a pronúncia do aminoácido na língua inglesa ou mesmo outros aspectos relacionados com a palavra, como é o caso da arginina-R (do inglês *aRginine*), glutamina-Q (do inglês *Qtamine*) e aspartato-D (do inglês *asparDic*).

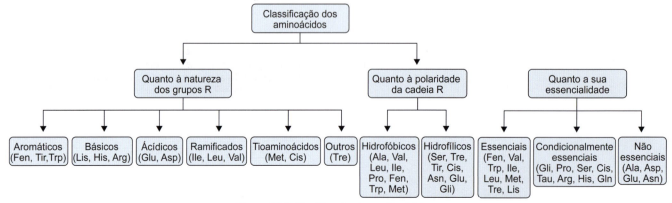

Figura R3.2 Classificação dos aminoácidos.

Tabela R3.1 Algumas substâncias de importância biológica que têm aminoácidos como precursores.

Aminoácido	Substância	Função
Tirosina	Catecolaminas (adrenalina e noradrenalina)	São liberadas em reações simpáticas de "luta ou fuga". Estão relacionadas com a disponibilização de reservas de energia. Produzem potentes efeitos estimulatórios no sistema cardiorrespiratório
	Hormônios tireoidianos	São produzidos pela tireoide e constituem um dos importantes moduladores de vias metabólicas
Histidina	Histamina	Atua em receptores H_1 e H_2 centrais e periféricos, no sistema cardiovascular produzindo taquicardia e vasodilatação. Também está envolvida na resposta imunológica, sendo liberada por mastócitos
Ácido glutâmico	GABA (ácido γ-aminobutírico)	Produz suas ações inibitórias por meio da hiperpolarização celular com consequente diminuição da probabilidade de disparo de potenciais de ação
Ácido aspártico	Bases nitrogenadas púricas e pirimídicas	São as unidades formadoras dos ácidos nucleicos

Modificações químicas na estrutura

Diversos resíduos de aminoácidos presentes na proteína recém-sintetizada sofrem modificações químicas, cujo propósito é criar sítios de regulação ou facilitar a fixação dessas proteínas na membrana plasmática. As principais modificações são: glicação, prenilação ou acilação, acetilação, hidroxilação, desaminação, ribosilação, metilação e fosforilação.

Identificação química

A identificação química de aminoácidos pode ser feita tendo como base a natureza química da cadeia lateral. Os principais testes que identificam aminoácidos são: teste de sulfeto de chumbo (tem como propósito a identificação de tioaminoácidos); reação xantoproteica (capaz de reagir com aminoácidos que apresentam grupos fenólicos); teste de Millon (reage com aminoácidos contendo monohidroxibenzeno, p. ex., a tirosina); teste de Hopkins-Cole (identifica aminoácidos com grupos indo, como é o caso do triptofano); teste de Sakaguchi (reage com aminoácidos contendo grupos guanidino, como é o caso da arginina).

Exercícios

1. Com a fórmula geral de um aminoácido, a seguir, escreva novamente a fórmula nos espaços abaixo considerando os líquidos e seus diferentes valores de pH.

2. Todos os aminoácidos obtidos pela hidrólise de proteínas em condições suficientemente suaves apresentam atividade óptica, com um ou mais centros quirais ou carbonos assimétricos. A existência de um carbono assimétrico possibilita que esses aminoácidos formem estereoisômeros, sendo uma exceção a glicina. Explique por quê.

3. O que é o ponto isoelétrico de um aminoácido? Por que ele é importante?

4. A figura a seguir apresenta um trecho da sequência de aminoácidos que forma a estrutura do adrenorreceptor cardíaco $β_2$. Reescreva essa sequência utilizando o código de três letras para aminoácidos.

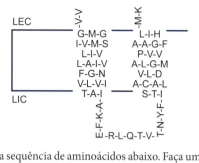

5. Observe a sequência de aminoácidos abaixo. Faça um círculo nos aminoácidos que apresentam grupos R com cadeias aromáticas e faça um quadrado nos tioaminoácidos.

F-L-I-V-Y-D-K-W-C-I-K-H-E-M

6. Observe as afirmações a seguir e calcule a soma apenas das corretas.
   a) (1.000) O aminoácido isoleucina é na verdade um dímero de cistina, apresentando pontes S-S importantes como precursores na síntese de hormônios tireoidianos por parte dos tireócitos.
   b) (4) A glicina é um dos aminoácidos essenciais e está relacionada com a síntese de histamina, importante mediador inflamatório. A liberação maciça de histamina designa a reação aguda da anafilaxia.
   c) (3) O GABA, ácido gama-aminobutírico, atua como neurotransmissor inibitório no cérebro. Ligando-se a seus receptores, ele promove aumento da condutividade ao K^+ e apresenta a asparagina como precursor de sua síntese.
   d) (8) A tirosina é um aminoácido precursor, tanto para as catecolaminas quanto para os hormônios tireoidianos T3 e T4.
   e) (11) A fenilalanina, a glicina e a asparagina são aminoácidos nos quais os grupos R apresentam cadeias aromáticas.
   f) (10) O triptofano é um aminoácido essencial e precursor da 5-OH triptamina, comumente conhecida como serotonina, um eficaz vasoativo, bastante presente nas plaquetas, caso em que sua função é atuar com um dos elementos que mediam a hemostasia.
   g) (500) A fenilalanina é um aminoácido não essencial, cuja presença em vegetais folhosos é maciça.

7. Os aminoácidos histidina, tirosina e triptofano são precursores de substâncias biologicamente importantes. Quais são essas substâncias são e suas funções?

8. A L-arginina é precursora de uma importante substância com propriedades vasoativas. Que substância é essa e quais suas funções biológicas?

9. O que são e quais são os aminoácidos essenciais? O que são aminoácidos não proteogênicos? Dê pelo menos dois exemplos de cada.

10. Considere as amostras abaixo e insira o número 1 para aquelas que reagiriam positivamente ao teste de identificação de aminoácidos, 2 para aquelas que reagiriam positivamente à reação xantoproteica, 1,2 para as substâncias que reagiriam positivamente aos dois testes, e 3 para as substâncias que não reagiriam a nenhum dos dois testes.
    a) (　) Caseína
    b) (　) Triptofano
    c) (　) Amido
    d) (　) Metionina
    e) (　) Tirosina
    f) (　) Lisina
    g) (　) Colágeno
    h) (　) Leite

Respostas

1.

COO⁻	COO⁻	COOH
R—C—H	R—C—H	R—C—H
NH₂	NH₃⁺	NH₃⁺
Duodeno (pH > 7,0)	Sangue (pH = 7,0)	Estômago (pH < 2,0)
Carga –1	Carga zero (*zwitterion*)	Carga +1

2. O grupamento R da glicina restringe-se a um átomo de hidrogênio, o que faz com que esse aminoácido não apresente carbono α ou assimétrico, consequentemente não haverá formas D e L para a glicina.

3. O valor de pH em que a carga líquida total da molécula de aminoácido é nula é o ponto isoelétrico, ou seja, trata-se do valor de pH em que existe equivalência entre as cargas positivas e negativas da molécula. A solubilidade dos aminoácidos e também das proteínas depende de vários fatores, entre eles a presença das cargas elétricas na molécula. Cargas positivas ou negativas têm reflexo direto na interação com o meio, pois estabelecem forças de atração ou repulsão com outras moléculas presentes no meio e também com o próprio meio. No ponto isoelétrico, existe um equilíbrio entre o número de cargas positivas e negativas da molécula, criando uma condição em que as forças de repulsão entre os aminoácidos e as forças de interação com o solvente são mínimas. Essa situação favorece a aglomeração das moléculas e sua precipitação no meio.

4.

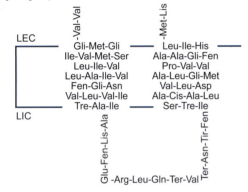

5. (F)-L-I-V-(Y)-D-K-(W)-C-I-K-H-E-[M]
6. Soma: 18.
7. A histidina é precursora da histamina, que, por sua vez, atua em receptores H₁ e H₂ centrais e periféricos; no coração (H₂), aumenta a frequência e o débito cardíaco, com risco de arritmias. Ambos os receptores H₁ e H₂ estão presentes nos vasos sanguíneos, causando vasodilatação generalizada, com diminuição da pressão arterial, rubor cutâneo e cefaleia. A histamina está ainda envolvida na resposta imunológica, sendo liberada maciçamente por mastócitos, condição denominada choque anafilático. A tirosina está relacionada com a síntese dos hormônios tireoidianos T3 e T4 e das catecolaminas adrenalina e noradrenalina. Os hormônios tireoidianos estão intimamente relacionados com a taxa metabólica. Seu aumento no plasma causa o hipertireoidismo e sua redução o hipotireoidismo. Já as catecolaminas são liberadas em condições fisiológicas de estresse, nas reações de luta ou fuga e medeiam efeitos que conduzem ao catabolismo das reservas energéticas.
8. O óxido nítrico é uma molécula inorgânica de natureza gasosa reconhecido como uma das mais potentes substâncias vasodilatadoras, influenciando, portanto, o tônus vascular e, consequentemente, o controle da pressão arterial local. O óxido nítrico é liberado pelo endotélio vascular em resposta, principalmente, à deformação desse endotélio à pressão mecânica do sangue contra a parede do mesmo, um efeito denominado *shear stress*. O óxido nítrico é produzido por meio da clivagem do terminal nitrogênio-guanidina da L-arginina por meio da enzima óxido nítrico sintase.
9. Aminoácidos essenciais são aqueles que o organismo humano é incapaz de sintetizar e, por essa razão, devem ser obtidos da dieta. Os aminoácidos essenciais são: fenilalanina, histidina, isoleucina, lisina, leucina, metionina, treonina, triptofano, valina. Os aminoácidos não proteogênicos são aqueles que não integram proteínas. Exemplos de aminoácidos não proteogênicos: homocisteína (um intermediário metabólico do ciclo da metionina) e ornitina (intermediário no ciclo da ureia).
10.
    a. (1) Caseína
    b. (1,2) Triptofano
    c. (3) Amido
    d. (1) Metionina
    e. (1,2) Tirosina
    f. (1) Lisina
    g. (1,2) Colágeno
    h. (1,2) Leite

Referências bibliográficas

1. Pinto WJ, Guida-Cardoso SM, Areas MA. Revisão: adrenoceptores cardíacos. Rev Ciên Méd. Campinas. 2005;14(1):77-96.
2. Taylor WR. The classification of amino acid conservation. J Theor Biol. 1986;119(2):205-18.
3. Stegink LD. The aspartame story: a model for the clinical testing of a food additive. Am J Clin Nutr. 1987;46:204-15.
4. Vannucchi H, Melo SS. Hiper-homocisteinemia e risco cardiometabólico. Arq Bras Endocrinol Metab. 2009;53-5

Bibliografia

Bryk R, Wolff DJ. Pharmacological modulation of nitric oxide synthesis by mechanism-based inactivators and related inhibitors. Pharmacol Ther. 1999; 84(2):157-78.

Cho HJ, Xie QW, Calaycay J, Munford RA, Swiderek KM et al. Calmodulin as a tightly bound subunit of calcium-calmodulin-independent nitric oxide synthase. J Exp Med. 1992; 176:599-604.

Dickson C. Medicinal Chemistry Laboratory Manual. London: CRC Press; 1999.

Eikelboom JW, Lonn E, Genest J Jr, Hankey G, Yusuf S. Homocyst(e)ine and cardiovascular disease: a critical review of the epidemiologic evidence. Ann Intern Med. 1999; 131(5):363-75.

FitzGerald GA. Cardiovascular pharmacology of nonselective nonsteroidal anti-inflammatory drugs and coxibs: clinical considerations. Am J Cardiol. 2002; 89:26D-32D.

Gordon T, Garcia-Palmieri MR, Kagan A, Kannel WB, Schiffman J. Differences in coronary heart disease in Framingham, Honolulu and Puerto Rico. J Chronic Dis. 1974; 27:329-44.

Kannel WB, Castelli WP, Gordon T. Cholesterol in the prediction of atherosclerotic disease. New perspectives based on the Framingham study. Ann. Intern Med. 1979; 90:85-91.

Li H, Forstermann U. Nitric oxide in the pathogenesis of vascular disease. J. Pathol. 2000; 190(3):244-54.

Melo EB, Carvalho I. Alfa e beta glucosidases como alvos moleculares para desenvolvimento de fármacos. Quím. Nova. 2006;29(4).

Mosher DF. Disorder s of blood coagulation. In: Wyngaarden JB, Smith LH, Bennet JC. Cecil Murray-Rust J, Leiper J, McAlister M et al. Structural insights into the hydrolysis of cellular nitric oxide synthase inhibitors by dimethylarginine imethylaminohydrolase. Nat Struct Biol. 2001; 8:679-83.

Nair KG Askavaid TF, Nair SR, Eglim FF. The genetic basis of hiperhomocysteinemia. IHJ. 2000; 52:S16-7.

Pinto WJ, Areas MA, Reyes FGR. Óxido nítrico e o sistema vascular: uma revisão. Acta Cien-Biol Saúde. 2003; 5(1):47-61.

Reutens S, Sachdev P. Homocysteine in neuropsychiatric disorders of the elderly. Int J Geriatr Psychiatry. 2002; 17:859-64.

Shriner RL, Fuson RC, Curtin DY, Morrill TC. The Systematic Identification of Organic Compounds A Laboratory Manual. 6. ed. New York: John Wiley & Sons; 1980.

Stuehr DJ, Kwon NS, Gross SS, Thiel BA, Levi R, Nathan CF. Synthesis of nitrogen oxides from L-arginine by macrophage cytosol: requirement for inducible and constitutive components. Biochem Biophys Res Commun. 1989; 161(2):420-6.

Woolard DC, Indyk H. The analysis of pantothenic acid in the milk and infant formulas by HPLC. Food Chemistry. 2000; 69:201-8.

Peptídeos e Proteínas

Introdução

O termo "proteína" é derivado da palavra grega *proteios,* que significa "primeiro" – o que demonstra a importância dessa classe de moléculas para a manutenção da vida. As proteínas são classificadas como macromoléculas e sua unidade formadora são os aminoácidos. Durante a síntese proteica, os aminoácidos se unem por meio de ligações do tipo amida, também denominadas ligações peptídicas. A união de dois aminoácidos entre si produz um dipeptídeo; já três aminoácidos unidos por ligações peptídicas criam um tripeptídeo; com mais de quatro aminoácidos na cadeia, a molécula recebe o nome de polipeptídeo.

Embora não haja consenso sobre o número mínimo de aminoácidos em uma cadeia polipeptídica para diferenciar polipeptídeo de proteína, é aceito que uma molécula deve apresentar peso molecular de 8.000 a 10.000 dáltons (aproximadamente 100 resíduos de aminoácidos na cadeia) para que receba a denominação de proteína. Ainda assim, os termos "polipeptídeo" e "proteína" provocam certa confusão.

Os polipeptídeos que contêm centenas de resíduos estão no limite da eficiência dos mecanismos bioquímicos envolvidos na síntese de proteínas e peptídeos. De fato, a quantidade de resíduos de aminoácidos em uma cadeia polipeptídica implica uma grande molécula de ácido ribonucleico (RNA) mensageiro, cuja probabilidade de erros durante a transcrição e tradução aumenta significativamente. Por convenção, as cadeias polipeptídicas são descritas e representadas desde a porção aminoterminal, seguindo na direção da porção carboxiterminal, sendo as porções aminoterminal e carboxiterminal designadas com frequência como N e C terminal, respectivamente (Figura 4.1).

Ligação peptídica

As ligações peptídicas (R-NH-CO-R) ocorrem entre os grupos α-amina (NH_2) e α-carboxila ($COOH$) de dois aminoácidos adjacentes e são acompanhadas da perda de uma molécula de água (Figura 4.2). Assim, os aminoácidos presentes em um peptídeo ou proteína são designados resíduos de aminoácidos. A ligação peptídica não ocorre *in vitro* por ser termodinamicamente desfavorável (DG > 0). No entanto, *in vivo*, a energia de ativação é diminuída pela participação de enzimas envolvidas na síntese de proteínas, incluindo os aminoacil-tRNA sintetases e os ribossomos (com a participação dos RNA mensageiros). A reação se torna termodinamicamente favorável graças ao acoplamento da reação e à hidrólise de trifosfato de adenosina (ATP).

Mecanismo mnemônico da estrutura do peptídeo

A estrutura completa de um polipeptídeo pode ser escrita conforme os passos da Figura 4.3.

Caráter rígido da ligação peptídica

A ligação C-N do grupo peptídico apresenta cerca de 40% do caráter de uma dupla ligação, com o átomo de nitrogênio alcançando uma carga positiva parcial e o oxigênio uma

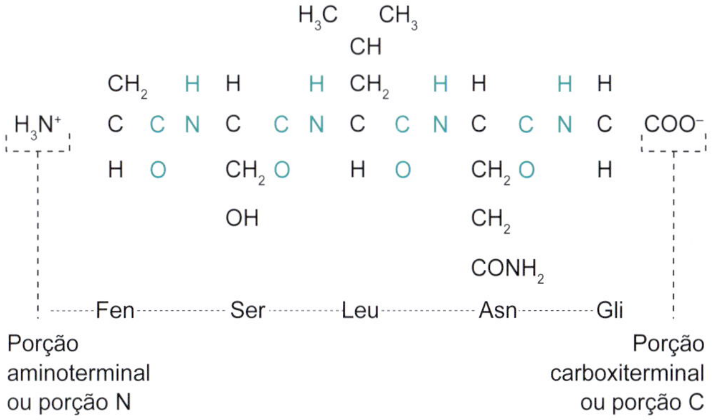

Figura 4.1 Exemplo de tetrapeptídeo. Em azul, estão as ligações peptídicas. Os polipeptídeos podem ser denominados por meio da substituição do sufixo *-ina* do aminoácido por *-il*, a partir do terminal N, embora o último aminoácido presente na porção C terminal ainda permaneça com seu nome como se de fato estivesse livre. Desse modo, o tetrapeptídeo acima é denominado fenilalanil-seril-leucil-asparagil-glicina.

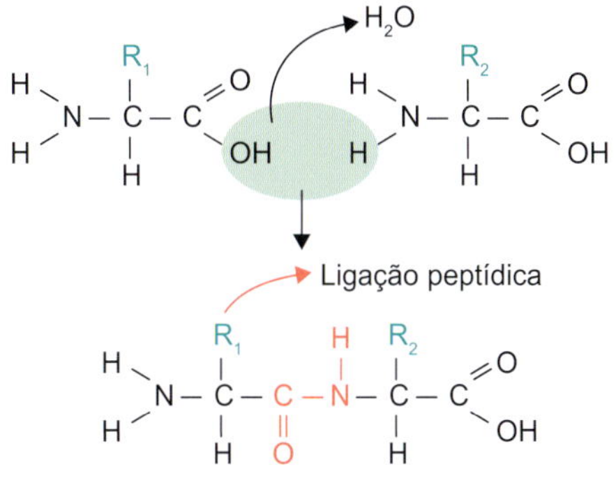

Figura 4.2 Ligação peptídica. Em vermelho, destaque para a ligação peptídica que ocorre entre os grupos amina e carboxila de dois aminoácidos adjacentes, com a perda de uma molécula de água.

carga negativa parcial, dando origem a um dipolo elétrico e não possibilitando que a molécula normalmente gire sobre essa ligação (Figura 4.4). De fato, a ligação C-N do grupo peptídico é 0,13 angstron (Å) mais curta quando comparada com a ligação N-C$_\alpha$, e a ligação C=O é 0,02 Å mais longa que nos grupos aldeídos e cetonas (Figura 4.5). Como resultado, o arranjo inteiro dos quatro átomos (C, O, N, H) da ligação peptídica, assim como os dois carbonos vicinais da ligação, é uma estrutura de configuração planar de natureza rígida. Essa ordenação é o resultado da estabilização por ressonância da ligação peptídica. Por isso, o esqueleto resultante é uma série de planos sucessivos separados por grupos de metilenos substituídos (Figura 4.6). Isso impõe restrições importantes no número de conformações que uma proteína pode adotar. Embora uma ligação peptídica possa ser espontaneamente rompida na presença de água, liberando aproximadamente 10 Kj/mol de energia livre, o processo é extremamente lento, de modo que, em organismos vivos, a cisão é facilitada pela ação de enzimas. Em laboratório, determinou-se que o comprimento de onda de absorção para uma ligação peptídica é de 220 a 280 nm.

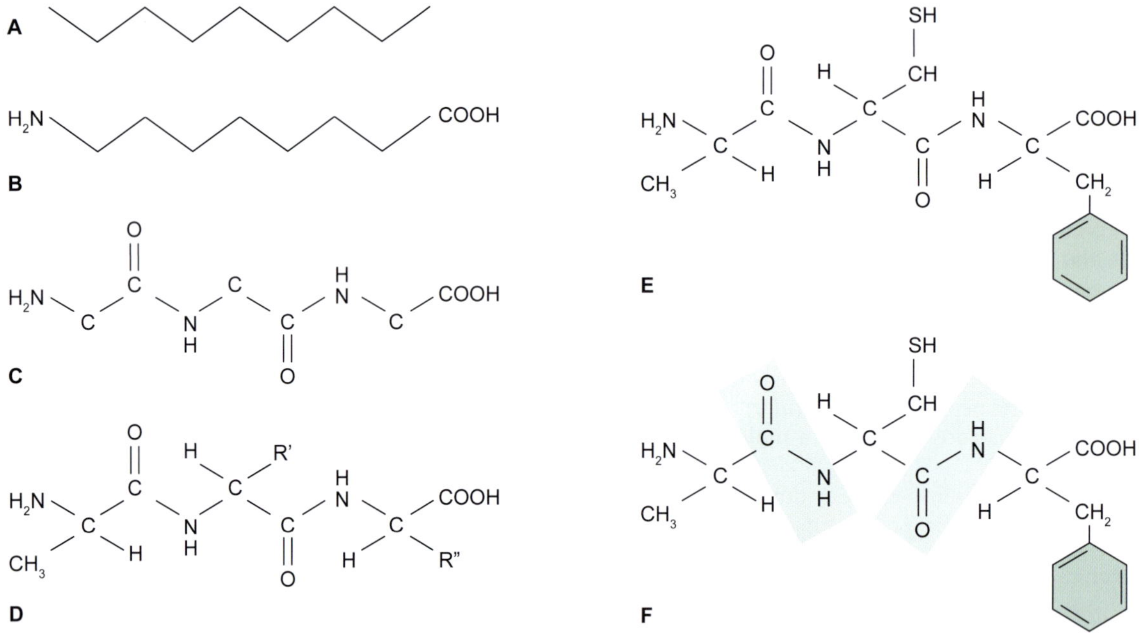

Figura 4.3 Mecanismo mnemônico para elaboração da estrutura de um peptídeo. **A.** Esqueleto carbônico. **B.** Grupos amino e carboxiterminal. **C.** Identificam-se no esqueleto carbônico os carbonos alfa. Observa-se que os carbonos alfa se alternam na cadeia peptídica com as ligações peptídicas. **D.** Inserem-se os hidrogênios ligados ao carbono alfa e os símbolos R, que indicam as cadeias laterais dos resíduos de aminoácidos. **E.** Substituem-se os símbolos R dos resíduos de aminoácidos por suas respectivas cadeias laterais. **F.** Identificação das ligações peptídicas.

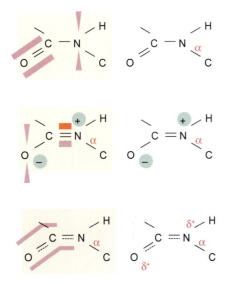

Figura 4.4 Rigidez da ligação peptídica. A ressonância dos átomos que participam da ligação é responsável por sua rigidez. A carbonila apresenta carga parcialmente negativa, enquanto o nitrogênio do grupo amida exibe carga parcialmente positiva, formando um dipolo elétrico. Como consequência, a ligação peptídica assume um caráter de dupla ligação.

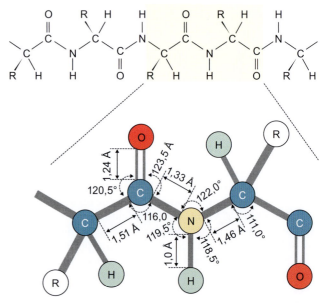

Figura 4.5 Dimensões presentes na ligação peptídica. Distâncias (em ângstrons) e ângulos (em graus) dos átomos envolvidos na ligação peptídica. Essas dimensões são responsáveis pelo caráter rígido da ligação.

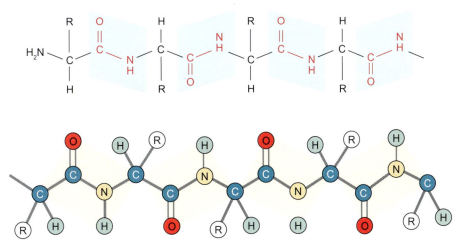

Figura 4.6 O esqueleto, ou cadeia principal de um peptídeo, é indicado pelos átomos que fazem parte das ligações peptídicas, exceto aqueles que compõem as cadeias laterais dos resíduos de aminoácidos. Em razão da rigidez da ligação peptídica, o esqueleto pode ser representado por meio de planos sucessivos que se relacionam entre si.

Preponderância da forma *trans*

As cadeias polipeptídicas podem apresentar ligações peptídicas do tipo *trans* ou *cis*. No caso da conformação do tipo *trans*, os carbonos alfa sucessivos situam-se nos lados opostos da ligação peptídica que os liga, ou seja, o hidrogênio da amina com substituinte é oposto ao oxigênio da carbonila. Em contrapartida, a conformação *cis* apresenta os átomos sucessivos de carbono alfa do mesmo lado da ligação peptídica – nesse caso, o hidrogênio da amina com substituinte encontra-se paralelo ao oxigênio da carbonila (Figura 4.7).

A forma *cis* da ligação peptídica é menos estável em relação à forma *trans* em virtude da interferência estereoquímica das cadeias laterais de aminoácidos vizinhos. No entanto, essa interferência espacial é reduzida em ligações peptídicas nas quais está presente o aminoácido prolina. Para a prolina, as configurações *cis* e *trans* apresentam energias equivalentes, de modo que é mais provável encontrar uma prolina ocupando a posição *cis* em uma estrutura de uma proteína do que qualquer outro aminoácido (Figura 4.8). Cerca de aproximadamente 10% dos resíduos de prolina presentes em proteínas assumem a forma *cis* de ligação peptídica.

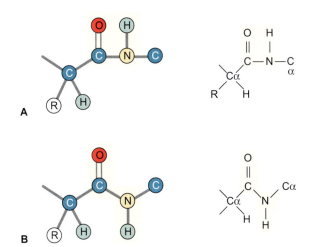

Figura 4.7 A. Ligação peptídica do tipo *cis*. **B.** Ligação do tipo *trans*, forma que predomina em cadeias peptídicas por ser termodinamicamente mais estável.

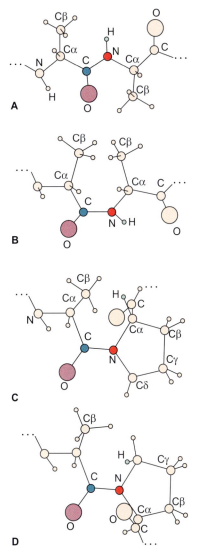

Figura 4.8 Formas *cis* e *trans* da prolina. **A** e **B.** Um peptídeo na forma *trans* e *cis*, respectivamente. **C** e **D.** As formas *cis* e *trans*, respectivamente, da prolina inserida em um peptídeo qualquer. As esferas em roxo, vermelho, azul e verde indicam os átomos que formam a ligação peptídica.

Implicações dos ângulos de rotação na conformação espacial da cadeia polipeptídica

A cadeia peptídica possibilita a rotação em torno das ligações N-Cα e Cα-C, de modo que a rigidez da ligação peptídica limita o leque de conformações que podem ser assumidas por uma cadeia polipeptídica. De fato, a conformação da cadeia principal em espaço pode ser representada pela tabulação de todos os ângulos de rotação das suas ligações covalentes. Na cadeia principal, existem três ligações covalentes para cada aminoácido e, portanto, três ângulos de torção ou ângulos diedros: o ângulo φ (*fi*), presente na ligação N-Cα; o ψ (*psi*), para a ligação Cα-COOH; e o ω (*ômega*), que é quase sempre na conformação *trans* (180°) e, às vezes, na conformação *cis* (0°), nas ligações peptídicas que antecedem prolinas, como visto anteriormente (Figura 4.9). Por convenção, os ângulos φ e ψ também assumem valores de 180°, quando a cadeia polipeptídica está estendida e todas as unidades peptídicas estão no mesmo plano. A princípio, φ e ψ podem assumir valores que variam de –180° a 180°, porém nem todas as combinações φ e ψ são viabilizadas estericamente, ou seja, alguns valores angulares causam colisões desfavoráveis entre o hidrogênio amídico, o oxigênio carboxílico e os substituintes dos Cα de resíduos adjacentes (Figura 4.10).

Conformações termodinamicamente favoráveis para ligações peptídicas

Diagrama de Ramachandran

Os valores de φ e ψ para peptídeos podem ser observados em um diagrama de Ramachandran, que mostra os valores estericamente possíveis, ou seja, conformações espaciais que apresentam pouca ou nenhuma interferência, baseadas em cálculos envolvendo raios de van der Waals e ângulos de

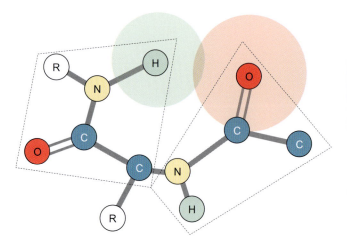

Figura 4.10 Interferência estérica entre grupos peptídicos adjacentes. Nesse caso, os ângulos diedros φ e ψ assumem valores que causam a colisão entre o hidrogênio amídico e o oxigênio carbonílico do resíduo subsequente. Isso ocorre porque esses átomos estão mais próximos do que possibilitam suas distâncias de van der Waals.

ligações já estabelecidos. A maioria das áreas do diagrama, ou seja, das combinações de ângulos φ e ψ, não é estericamente possível para a maior parte dos resíduos de aminoácidos e, portanto, é considerada combinação proibida. A assimetria do diagrama decorre da estereoquímica dos L-aminoácidos. Aminoácidos com cadeias laterais não ramificadas apresentam um diagrama quase semelhante ao da L-alanina (Figura 4.11), enquanto resíduos de aminoácidos com cadeias laterais ramificadas como Val, Ile e Thr mostram um campo muito maior de limitações para ângulos diedros. De fato, a prolina é limitada por sua cadeia lateral cíclica em torno de φ = –35° a –85°, o que faz dela o resíduo de aminoácido mais restrito no plano conformacional. Já a glicina apresenta a menor restrição de todos os 20 aminoácidos proteogênicos e sua variação para ângulos diedros é muito maior do que qualquer outro aminoácido. Isso se deve ao fato de somente um átomo de hidrogênio fazer parte de sua cadeia lateral. A glicina não apresenta carbono beta, enquanto a presença desse resíduo de aminoácido nas cadeias polipeptídicas possibilitam que elas assumam conformações espaciais proibidas para outros aminoácidos.

Arquitetura das proteínas

As funções das proteínas estão intimamente relacionadas com sua estrutura espacial. A estrutura primária de uma proteína refere-se à sequência de resíduos de aminoácidos ligados entre si por ligações do tipo covalente (ligações peptídicas). A partir da estrutura primária, as proteínas evoluem para níveis conformacionais espaciais superiores de organização, seguindo uma hierarquia. As estruturas de organização que sucedem a conformação primária são: secundária, terciária e quaternária (Figura 4.12). A manutenção dessas estruturas envolve forças não covalentes. A conformação espacial final assumida por determinada proteína ocorre de maneira espontânea, seguindo sempre a mais baixa energia de Gibbs, e é determinada por diversos fatores, como:

- Interações com solventes (normalmente água)
- pH e composição iônica do meio
- Sequência de aminoácidos da proteína, ou seja, a estrutura primária.

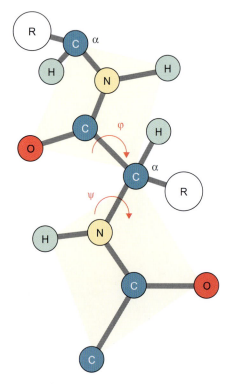

Figura 4.9 Os ângulos diedros φ e ψ presentes na cadeia polipeptídica impõem rigidez à cadeia e estão tabulados no diagrama de Ramachandran.

Capítulo 4 • Peptídeos e Proteínas   49

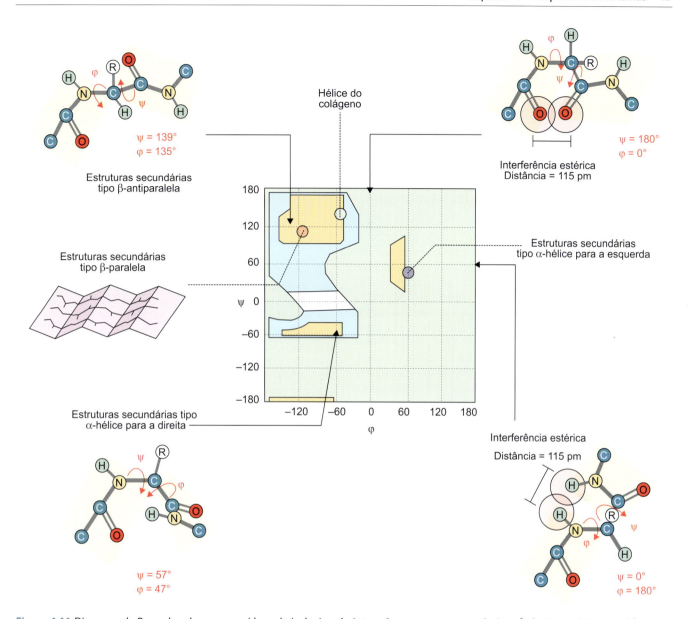

Figura 4.11 Diagrama de Ramachandran para resíduos de L-alanina. As interações apresentam ou não interferências estéricas em diferentes níveis. Com base em cálculos de raios de van der Waals, as áreas sombreadas em amarelo indicam valores de φ e ψ que não oferecem interferência estérica; em azul, representam conformações espaciais possibilitadas nos limites extremos, ou seja, no limiar dos valores de φ e ψ não viabilizados; a área branca reflete configurações possibilitadas se houver certo grau de flexibilidade nos ângulos diedros φ e ψ. As demais regiões do diagrama, ou seja, todo o campo em verde, indicam combinações estéricas não tornadas possíveis. O diagrama mostra, ainda, onde estão localizadas as estruturas secundárias mais relevantes em peptídeos (esferas azul, laranja e verde).

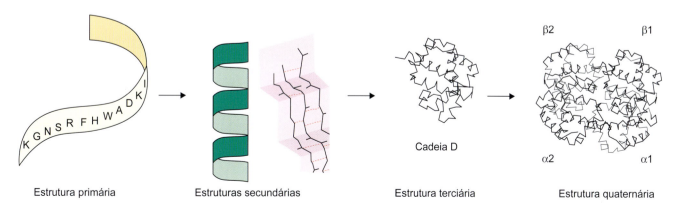

Figura 4.12 Sequência hierárquica dos níveis de complexidade estrutural da hemoglobina. A estrutura quaternária, na verdade, decorre da união de estruturas terciárias que formam um complexo biologicamente funcional.

À medida que as proteínas evoluem da estrutura primária para a estrutura quaternária, os níveis de organização e informação aumentam, ou seja, há redução da entropia e aumento da entalpia. Alguns tipos de estrutura secundária são bastante encontrados, particularmente, em proteínas, em virtude de sua grande estabilidade, como é o caso da α-hélice e das folhas β-pregueadas. Contudo, antes de continuar a discussão da estrutura das proteínas, convém abordar as forças não covalentes presentes nos níveis mais elevados de organização estrutural proteica.

Forças não covalentes envolvidas na estrutura espacial das proteínas

A conformação espacial proteica define a função biológica da proteína. A manutenção das estruturas espaciais proteicas envolve forças não covalentes, que, isoladas, são extremamente frágeis, mas, quando agem em conjunto, proporcionam um balanço fino e sofisticado de interações que capacitam a proteína a adquirir sua forma característica e necessária para o cumprimento de suas funções. Uma proteína, em sua estrutura espacial final, é denominada proteína nativa, entendendo-se como estado nativo o termodinamicamente mais estável, isto é, de mais baixa energia. Toda a informação necessária para encontrar o estado nativo está contida na sequência de aminoácidos que constitui a estrutura primária da proteína. Assim, o estado nativo de cada proteína é único, porque é determinado por uma sequência de aminoácidos específica.

Pontes de hidrogênio

Amplamente presentes nas estruturas proteicas em alfa-hélice e beta pregueada, são as primeiras interações não covalentes a aparecer em proteínas. Contudo, não ocorrem apenas intracadeia, mas também entre cadeia e solvente, e são de caráter eletrostático; além disso, entre espécies químicas neutras (polarizadas), têm distância de 2,8 Å, em média, e energia média de 6 kcal/mol. Em proteínas, as pontes de hidrogênio se estabelecem entre o oxigênio de um grupo carbonílico da ligação peptídica e o átomo de hidrogênio ligado ao nitrogênio da ligação peptídica do quarto resíduo abaixo na cadeia polipeptídica. Quimicamente, as pontes se formam quando um átomo de hidrogênio faz uma ligação do tipo covalente com um elemento bastante eletronegativo (O, N, F, Cl); seu único orbital será confinado em grande parte pela zona de sobreposição; por consequência, a porção do átomo mais distante da zona de sobreposição se comportará como um próton exposto tendendo a atrair outros íons negativos (Figura 4.13).

As pontes de hidrogênio são preferencialmente lineares e relativamente estáveis. Sua estabilidade deve-se à pequena dimensão da porção protônica, que impede a aproximação de outro átomo eletronegativo, o que poderia romper o conjunto, desfazendo o arranjo. As pontes de hidrogênio são forças extremamente fracas, da ordem de 5 kcal · mol^{-1}; em comparação, a ligação iônica exibe energias da ordem de 100 kcal · mol^{-1} e a ligação covalente (a verdadeira ligação molecular) apresenta 120 kcal · mol^{-1}. Todavia, ainda que as pontes de hidrogênio isoladamente sejam fracas, a grande quantidade dessas ligações em proteínas colabora para a manutenção de sua estrutura espacial. De fato, a ruptura das pontes de hidrogênio em uma molécula proteica implica a desnaturação desta.

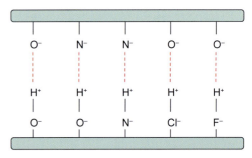

Figura 4.13 Pontes de hidrogênio. A linha tracejada indica a ponte, ao passo que a linha cheia representa a ligação covalente.

Forças de van der Waals

A estabilidade termodinâmica da alfa-hélice é também mantida pelas forças de van der Waals, que aparecem em moléculas com vários átomos unidos entre si, por meio de ligações covalentes, como ocorre nas proteínas. A explicação exata da natureza das forças de van der Waals ocorre em razão de a distribuição média de carga em uma molécula apolar, em um dado espaço de tempo, ser uniforme. Entretanto, em determinado instante, já que os elétrons estão em movimento, as cargas podem não estar uniformemente distribuídas, ou seja, os elétrons podem estar ligeiramente aglomerados em uma porção da molécula, promovendo, consequentemente, a formação de um pequeno dipolo temporário. Esse dipolo temporário em uma molécula pode induzir dipolos opostos (atrativos) em outras moléculas vizinhas. Isso acontece porque a carga negativa (ou positiva) em uma parte da molécula distorcerá a nuvem eletrônica em uma porção adjacente de outra molécula, forçando o desenvolvimento de uma carga oposta ali. Esses dipolos alteram-se constantemente, mas o resultado final de sua existência é produzir forças atrativas entre moléculas apolares, o que é importante também na manutenção de estruturas proteicas hierarquicamente superiores, como estruturas terciárias e quaternárias. Tanto as pontes de hidrogênio quanto as forças de van der Waals são forças fracas isoladamente, porém, atuando em conjunto, tornam-se fortes o suficiente para a manutenção da estrutura secundária em alfa-hélice.

Pontes dissulfeto

Estabelecem-se entre os resíduos de cistinas presentes na cadeia polipeptídica, formando dímeros de cistinas, que atuam na estruturação das proteínas (Figura 4.14).

Interações hidrofóbicas

Quando, em um sistema formado por solvente e soluto, as moléculas do solvente apresentam força de atração entre si maior do que aquela existente entre o solvente e o soluto, há uma tendência termodinâmica de as moléculas do solvente se unirem, excluindo, consequentemente, as moléculas do soluto dissolvido no solvente. Por sua natureza, as ligações hidrofóbicas são também denominadas "falsas ligações"; a energia das interações hidrofóbicas está relacionada com a capacidade de repulsão que o solvente exerce sobre as moléculas do soluto, uma vez que essa propriedade associa-se à constante dielétrica do meio.

Desse modo, se a constante dielétrica diminui ou mesmo tende a ser nula, as moléculas do solvente tendem a não repelir as moléculas do soluto, o que ocorre quando substâncias

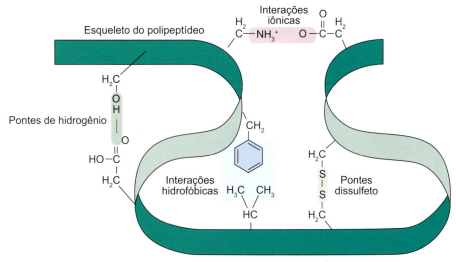

Figura 4.14 Forças que estão presentes na manutenção da estrutura espacial das proteínas. À medida que essas interações sofrem ruptura, tem-se um processo de desnaturação progressiva que implica a perda da função biológica mediada pela proteína.

hidrofóbicas são adicionadas a solventes apolares. Nesse caso, as moléculas do solvente interagem com as moléculas hidrofóbicas do soluto, o que impede a formação das interações hidrofóbicas. Em proteínas, as interações hidrofóbicas são as forças não covalentes mais relevantes na manutenção da estrutura espacial e ocorrem em razão da tendência de as cadeias laterais apolares dos resíduos de alanina, isoleucina, leucina, fenilalanina e valina se agruparem longe da água, ou seja, organizando-se de maneira termodinamicamente estável.

Interações eletrostáticas ou ligações iônicas

As forças de atração eletrostáticas são aquelas resultantes da interação entre dipolos e/ou íons de cargas opostas, cuja magnitude é diretamente dependente da constante dielétrica do meio e da distância entre as cargas. Grupos carregados positivamente, como o NH_3^+ de resíduos de lisina, podem reagir com grupos negativamente carregados, como o COO^- do ácido aspártico, formando pares iônicos ou pontes salinas. Isso ocorre em cerca de 2/3 dos resíduos de aminoácidos carregados com cargas opostas que interagem entre si.

Estrutura secundária das proteínas | Alfa-hélice

O arranjo mais simples e energeticamente estável que uma proteína pode assumir é a α-hélice, que tende a se formar de modo espontâneo em proteínas, uma vez que é a conformação espacial termodinamicamente de menor energia. Nessa configuração, a proteína se retorce ao redor de um eixo imaginário longitudinal, que se localiza no centro da hélice, com ângulos φ e ψ de −57° e −47°, respectivamente. Os planos das ligações peptídicas estão localizados paralelamente ao eixo imaginário citado, enquanto as cadeias laterais dos aminoácidos ficam voltadas para o lado externo da estrutura em espiral criada pela cadeia polipeptídica, mantendo, assim, a estabilidade estérica. Cada aminoácido da estrutura relaciona-se com seu sucessor, seguindo um deslocamento de 1,5 Å ao longo do eixo da α-hélice e por uma rotação de 100°, o que resulta em 3,6 resíduos de aminoácidos por volta da hélice.

Por meio desses dados, pode-se calcular o passo da α-hélice, que é igual ao valor de sua translação, ou seja, 1,5 Å multiplicado pelo número de resíduos de aminoácidos presentes em cada giro da hélice, que resulta em um passo de 5,4 Å. Assim, em virtude da característica de 3,6 resíduos de aminoácidos por volta, aminoácidos que se situavam separados por três ou quatro resíduos de distância na estrutura primária encontram-se agora bem próximos uns dos outros. Essa geometria possibilita que cada peptídeo forme duas pontes de hidrogênio, uma com a ligação peptídica do quarto aminoácido acima e outra com a ligação peptídica do quarto aminoácido abaixo na estrutura primária. As pontes de hidrogênio são formadas envolvendo os grupos NH e CO da cadeia principal, sendo a distância entre o átomo doador de hidrogênio e o aceptor de hidrogênio de 2,9 Å, o que proporciona uma força ótima para a força máxima das pontes de hidrogênio, fornecendo estabilidade à estrutura helicoidal (Figura 4.15). O sentido de rotação da α-hélice pode se dar para a direita (dextrorsa – sentido horário) ou para a esquerda (sinistrorsas – sentido anti-horário), mas α-hélices sinistrorsas não ocorrem na natureza. As alfa-hélices são esquematicamente representadas por cilindros (Figura 4.16) e sua estabilidade se deve às frágeis pontes de hidrogênio e às forças de van der Waals.

Aminoácidos que promovem ruptura da organização em alfa-hélice

Alguns aminoácidos, quando inseridos na arquitetura da alfa-hélice, podem rompê-la, como é o caso da prolina, cujo grupo R não apresenta organização geométrica compatível com a alfa-hélice dextrorsa. A prolina, quando presente em uma alfa-hélice orientada para a direita, insere uma dobra na cadeia. Aminoácidos carregados, como glutamato, aspartato, histidina ou, ainda, arginina, também interferem na organização da alfa-hélice, por interagirem ionicamente ou mesmo por repelirem uns aos outros, em virtude de suas cargas. Por último, os aminoácidos cujas cadeias laterais são grandes, como é o caso do triptofano ou da valina e da isoleucina, que são aminoácidos com cadeias laterais ramificadas a partir do carbono β (o primeiro carbono na cadeia lateral R que sucede o carbono α), podem desestabilizar a estrutura em alfa-hélice se estiverem presentes na cadeia em grande número (Tabela 4.1).

52 Bioquímica Clínica

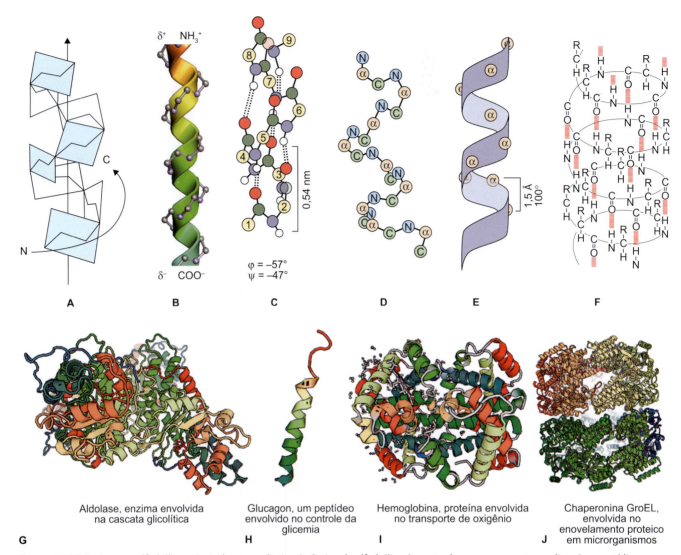

Figura 4.15 Estrutura em alfa-hélice orientada para a direita. **A.** O eixo da alfa-hélice é mostrado como uma seta e as ligações peptídicas como os planos que giram ao redor do eixo. Cada passo da alfa-hélice (a menor distância equivalente entre dois pontos equidistantes) é formado por 3,6 resíduos de aminoácidos. **B.** Estão representados o dipolo elétrico, decorrente das forças de van der Waals que ocorrem na estrutura em alfa-hélice, e as pontes de hidrogênio intracadeia. **C.** Estrutura esférica de uma alfa-hélice. O passo da alfa-hélice é de 0,54 nm, e seus ângulos diedros φ e ψ estão na região permitida do diagrama de Ramachandran. **D.** Modelo do esqueleto da alfa-hélice somente com o carbono alfa (α), o nitrogênio (N) e o carbono carbonílico (C). **E.** Somente os átomos de carbono α são mostrados. Nota-se que a distância de um carbono alfa para outro é de 1,5 ângstron e a rotação é de 100°. **F.** Modelo da alfa-hélice no qual as pontes de hidrogênio são mostradas em tracejado horizontal. **G** a **J.** Algumas proteínas ricas em estruturas em alfa-hélice.

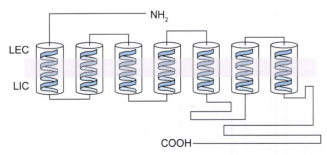

Figura 4.16 Topologia do adrenorreceptor β₂ com suas regiões ou domínios indicados. O receptor adrenérgico-β₂ apresenta sete domínios transmembrânicos em α-hélice (indicados por cilindros) com 24 resíduos hidrofóbicos cada. O motivo da alfa-hélice é termodinamicamente mais adequado para atravessar o ambiente hidrofóbico formado pela bicamada lipídica da membrana plasmática. Nesse caso, os resíduos hidrofóbicos dos aminoácidos orientam-se para as caudas de ácidos graxos da membrana plasmática ancorando a proteína na membrana.

Tabela 4.1 Aminoácidos que interferem ou não na geometria da alfa-hélice.

Estabilizam a α-hélice	Desestabilizam a α-hélice
Alanina	Arginina
Asparagina	Ácido aspártico
Cistina	Glutamina
Lisina	Glicina
Metionina	Lisina
Fenilalanina	Isoleucina
Tirosina	Serina
–	Treonina
–	Histidina
–	Valina
–	Triptofano

Distorção na alfa-hélice

A maioria das α-hélices em proteínas globulares apresenta uma leve curva ou torção. Diferentemente do que mostram os modelos-padrão de Pauling e Corey, essas torções são decorrentes de vários fatores, como:

- O empacotamento das α-hélices com outros elementos da estrutura secundária no cerne da proteína
- Os resíduos de prolina induzem distorções ao redor de 20° na direção do eixo de hélice porque a prolina não pode formar uma hélice regular, em razão da interferência estérica que sua cadeia lateral cíclica oferece, a qual também bloqueia o átomo de nitrogênio da cadeia principal bloqueando-o quimicamente e dando origem a uma ponte de hidrogênio. A prolina forma duas pontes de hidrogênio em α-hélices prestes a sofrer cisão, pois o grupo NH do resíduo de aminoácido subsequente sofre também impedimento de formar uma ponte de hidrogênio "convencional ou adequada". Hélices que contêm prolina em geral são longas, provavelmente porque hélices mais curtas seriam facilmente desestabilizadas pela presença de um único resíduo de prolina. A prolina ocorre com maior frequência em regiões estendidas da cadeia polipeptídica
- Hélices expostas a solventes polares tendem a curvar-se para a região do solvente porque os grupos NH e C=O apontam em direção ao solvente, no sentido de maximizar sua capacidade de formar pontes de H. O efeito dessas interações é uma curva no eixo da hélice.

Folha beta pregueada

Além da alfa-hélice, uma dada proteína pode adquirir a conformação tipo beta-pregueada, na qual, assim como ocorre na alfa-hélice, todos os elementos envolvidos na ligação peptídica fazem pontes de hidrogênio. Nesse caso, estas ocorrem perpendicularmente entre grupos CO e NH, dois esqueletos polipeptídicos, diferentemente da alfa-hélice, em que essa interação ocorre dentro de uma mesma cadeia polipeptídica (pontes intracadeia; Figura 4.17). Assim, ao contrário da alfa-hélice, as folhas β-pregueadas são compostas por mais de uma cadeia polipeptídica, que se apresentam quase plenamente estendidas. Na estrutura β-pregueada, os aminoácidos adjacentes têm uma distância axial de 3,5 Å, enquanto, na alfa-hélice ela é de 1,5 Å.

O arranjo geométrico da estrutura beta pregueada lembra um biombo e, quando vista de perfil, apresenta um zigue-zague em que os grupos R dos aminoácidos se organizam em direções opostas (Figura 4.18).

Assim como ocorre na estrutura em alfa-hélice, aminoácidos que dispõem de cadeias laterais extensas podem interferir estericamente na estrutura beta, de maneira que os aminoácidos com cadeias laterais pequenas, como é o caso da alanina e da glicina, favorecem a estrutura beta pregueada. A aquisição da estrutura secundária em alfa-hélice ou beta pregueada pode ser inferida a partir do conhecimento dos aminoácidos que compõem a proteína (Figura 4.19). Por exemplo, o peptídeo com a sequência de resíduos de aminoácidos Gly-Ala-Gly-Tre

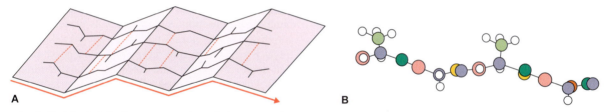

Figura 4.17 A. Modelo da folha beta pregueada. As linhas tracejadas em vermelho indicam pontes de hidrogênio unindo um esqueleto peptídico ao seu adjacente. **B.** Vista do perfil da estrutura.

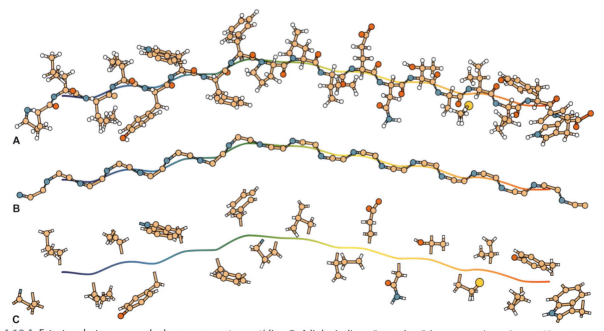

Figura 4.18 A. Estrutura beta-pregueada de um segmento peptídico. **B.** A linha indica o "esqueleto" da estrutura beta do peptídeo. Nota-se que as cadeias laterais dos resíduos de aminoácidos tendem a se dispor de modo a evitar interferências estéricas **(C)**.

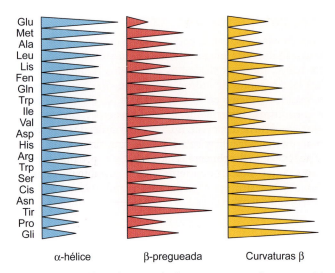

Figura 4.19 Resíduos de aminoácidos e sua propensão para aquisição de estruturas espaciais.

pregueadas, alfa-hélices ou mesmo curvaturas beta, que são porções peptídicas que conectam folhas beta entre si ou alfa-hélices entre si ou ainda folhas beta com alfa-hélices. Essas sequências de resíduos de aminoácidos são denominadas voltas reversas ou curvaturas β, uma vez que frequentemente conectam fitas sucessivas de folhas beta antiparalelas.

Folhas beta paralelas e antiparalelas

As folhas β-pregueadas podem apresentar arranjos paralelos ou antiparalelos. No primeiro caso, as cadeias adjacentes de uma folha β-pregueada podem orientar-se no mesmo sentido, de modo que as porções N-terminais e C-terminais comecem e terminem juntas, ou seja, apontem para a mesma direção (Figura 4.20).

Na conformação β-pregueada antiparalela, as cadeias peptídicas vizinhas seguem direções opostas; as porções N-terminal e C-terminal se alternam e cada cadeia aponta para a direção oposta de sua cadeia adjacente. As folhas β-paralelas são menos estáveis que as folhas β-antiparalelas, provavelmente em razão de as pontes de hidrogênio apresentarem certa torção, o que não ocorre no formato β-antiparalelo. De fato, folhas β-paralelas com menos de cinco fitas são raras. Os resíduos quirais de L-aminoácidos presentes nas cadeias β estendidas promovem uma torção à direita, de maneira que as folhas não são perfeitamente achatadas, como mostram os modelos. Esse deslocamento para a direita enfraquece as pontes de hidrogênio que conectam uma folha com a outra (Figura 4.21). Dessa forma, a integridade estrutural de uma folha β é resultante das forças conformacionais de suas cadeias polipeptídicas e da manutenção de suas pontes hidrogênio. As proteínas apresentam com frequência regiões β-paralelas e antiparalelas, nas quais as folhas β são comumente representadas como setas que apontam da porção amino para a porção carboxiterminal (Figura 4.22). Em proteínas, as estruturas beta pregueadas frequentemente formam o cerne das proteínas globulares.

apresenta aminoácidos com cadeias laterais pequenas. Com exceção da alanina, nenhum dos resíduos favorece a formação da α-hélice, sendo a glicina um resíduo que desestabiliza a organização helicoidal. Dessa forma, esse peptídeo apresenta maior tendência à aquisição da geometria beta pregueada. Em contrapartida, considerando outro peptídeo cuja sequência de resíduos de aminoácidos é Glu-Ala-Leu-His, percebe-se que a tendência dessa cadeia é a aquisição da geometria em α-hélice, já que as cadeias laterais desses aminoácidos são extensas e a maioria promove estabilização da alfa-hélice.

Assim, há aminoácidos que são estrutural e quimicamente mais propensos à aquisição de uma alfa-hélice ou uma forma beta. Na Figura 4.19, são apresentados os resíduos de aminoácidos e suas tendências à participação de formas beta

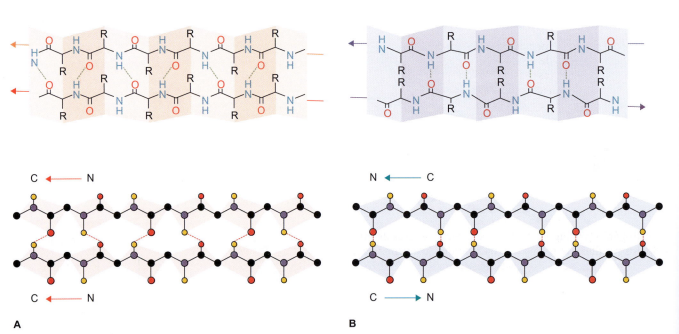

Figura 4.20 Estruturas beta pregueadas. **A.** Folha beta pregueada paralela. Nota-se que as pontes de hidrogênio organizam de modo retilíneo entre os grupos carboxílico e amínico de cada cadeia peptídica. **B.** Folha beta pregueada antiparalela. Nesse caso, as pontes de hidrogênio entre as duas cadeias apresentam certa torção, o que torna essa forma geométrica mais frágil, quando comparada com a folha beta antiparalela.

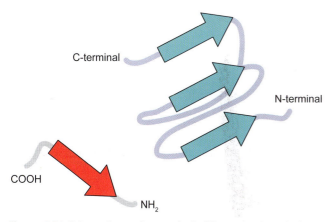

Figura 4.21 Orientações aminoterminais (N) e carboxiterminais nas estruturas beta pregueadas representadas por setas.

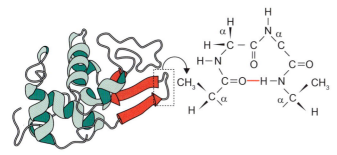

Figura 4.22 Lisozima, peptidase presente na secreção ecbólica pancreática, cuja função é a clivagem de proteínas da dieta. A região indicada pelo quadrado em linhas tracejadas une duas cadeias beta antiparalelas (setas vermelhas) e está representada ao lado. Nota-se que ambas as cadeias peptídicas estão unidas por uma ponte de hidrogênio entre o primeiro e o quarto aminoácidos de um segmento de quatro resíduos de aminoácidos (linha vermelha).

Curvaturas beta | Voltas reversas ou laços

O formato globular compacto de grande parte das proteínas deve-se à propriedade de inversão do sentido de suas cadeias beta polipeptídicas. Essas voltas recebem o nome de curvaturas beta, porque, na maioria das vezes, conectam fitas de cadeias beta antiparalelas; contudo, podem ocorrer também nas estruturas em alfa-hélice.

Essas alças unem duas cadeias peptídicas formando um ângulo de 180° e, para tanto, geralmente são compostas por quatro aminoácidos, dos quais pelo menos um provavelmente seja a prolina (em virtude de sua característica de formar dobras na cadeia, dada a sua cadeia lateral "desestabilizadora") ou glicina (aminoácido que apresenta a menor cadeia lateral, o átomo de H). A alça é estabilizada por uma ponte de hidrogênio (ver Figura 4.22). O laço compõe cerca de metade dos resíduos de uma proteína globular "convencional", sendo a outra metade ocupada por estruturas em alfa-hélice e beta pregueada. Embora esses laços não apresentem um padrão de organização estrutural presente nas alfa-hélices e nas folhas beta, estão relacionados com funções biológicas importantes, como interação entre domínios enzimáticos envolvidos no processo de catálise. A maioria desses laços está presente nas superfícies de proteínas e, por isso, pode exercer a função de sinalização, como o reconhecimento de anticorpos.

Estruturas supersecundárias

São intermediários moleculares entre as estruturas secundárias e terciárias. Em proteínas globulares, são frequentemente encontradas combinações de estruturas α-hélices com β-pregueadas em proporções variáveis que ocupam, sobretudo, o cerne da proteína. As estruturas supersecundárias são em geral criadas pela aglomeração de cadeias laterais de estruturas secundárias próximas umas das outras. Desse modo, as alfa-hélices e as folhas beta adjacentes na sua sequência de aminoácidos provavelmente também estarão próximas umas das outras na estrutura proteica final. A combinação dessas estruturas α e β pode formar motivos moleculares diversos (Figura 4.23), como:

- Sequências estruturais β-α-β, nas quais uma alfa-hélice se interpõe entre duas estruturas beta pregueadas, lembrando a letra N
- Motivo α-α: duas alfa-hélices se dispõem de modo antiparalelo consecutivo, orientadas uma contra a outra e com seus eixos ligeiramente inclinados. Esse arranjo admite interações termodinamicamente favoráveis das cadeias peptídicas que estão em contato. Essa ordenação está presente na α-queratina, uma proteína estrutural que pode ser encontrada na superfície da pele e nos cabelos, por exemplo. Na Figura 4.24B, há um segmento do canal de potássio de *Streptomyces lividans*
- Grampo β: outra estrutura supersecundária, bastante presente em proteínas, consiste em folhas beta antiparalelas conectadas por alças relativamente estáveis. Lembra uma letra S invertida e deitada

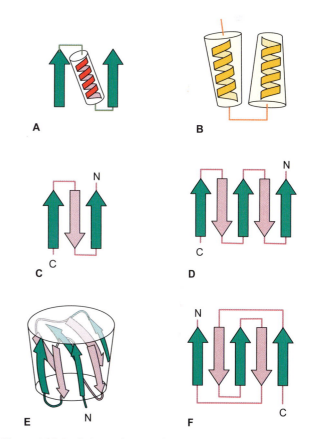

Figura 4.23 A a F. As combinação dessas estruturas α e β podem formar motivos moleculares diversos.

- Motivos em β-barris: a figura geométrica formada é semelhante a um barril. Essa configuração é obtida graças ao enrolamento de unidades estruturais β sobre si mesmas, assumindo a geometria de um cilindro, no qual os grupos amina das unidades β formam a base do cilindro e os grupos carboxila (pontas das setas), o topo do cilindro
- Motivo em chave grega: as folhas beta dobram-se sobre si mesmas formando um desenho geométrico similar ao encontrado nas peças de arte do período clássico grego
- Motivo β-meandro: folhas β-pregueadas antiparalelas estão unidas por aminoácidos polares e glicina, que induzem alteração repentina na direção das cadeias polipeptídicas.

Estrutura terciária

Decorre do enrolamento da hélice ou da folha pregueada e é mantida por pontes de hidrogênio e pontes dissulfeto. Na verdade, a estrutura terciária é a precipitação da estrutura secundária sobre si mesma, criando um complexo de alfa-hélices e motivos beta pregueados em uma mesma estrutura espacial. Assim, enquanto a estrutura secundária é determinada pelo relacionamento estrutural de curta distância, a terciária é caracterizada pelas interações de longa distância entre resíduos de aminoácidos. Essa interação entre resíduos de aminoácidos torna possível a formação de forças não covalentes, por exemplo, interações hidrofóbicas e forças de van der Waals, embora todas as outras forças e interações presentes nas estruturas primária e secundária estejam conservadas na estrutura terciária. Há, portanto, uma sofisticação nas interações entre os resíduos de aminoácidos na estrutura terciária, de modo que todas em conjunto são capazes de atuar na manutenção de sua conformação espacial. A estrutura terciária confere à proteína a atividade biológica, já que ela alcançou seu estado nativo. Para alguns autores, as estruturas secundária e terciária se confundem, de modo que consideram que a classificação é meramente didática.

Estrutura quaternária

Algumas proteínas podem ter duas ou mais cadeias polipeptídicas, como é o caso da hemoglobina, que apresenta duas cadeias α (α1 e α2) e duas cadeias β (β1 e β2). A estrutura quaternária refere-se, portanto, ao modo pelo qual duas ou mais cadeias polipeptídicas interagem. Dessa forma, a estrutura quaternária é formada por subunidades que, em conjunto, desempenham a função biológica formando subunidades proteicas. As subunidades podem atuar de maneira independente ou cooperativamente no desempenho da função bioquímica da proteína. Diversas proteínas apresentam subunidades que compõem a estrutura quaternária, como mostra a Figura 4.24.

À medida que a proteína evolui da estrutura primária para a quaternária, o nível de entropia (nível de desordem de um sistema) tende a diminuir e, como consequência, o nível de entalpia (nível de organização de um sistema) aumenta. Com a redução da entropia e o aumento da entalpia, ocorre aumento dos níveis de informação da proteína. Assim, uma dada proteína, em sua estrutura primária, apresenta seu mais alto nível de entropia e seu mais baixo nível informacional (Figura 4.25). Por exemplo, a hemoglobina apresenta a propriedade de carrear o oxigênio, informação que está presente na estrutura quaternária da molécula. Somente o arranjo quaternário da hemoglobina dispõe dessa informação, embora ela esteja potencialmente contida desde a estrutura primária, quando o nível entrópico é tão alto que não possibilita que tal informação seja expressa.

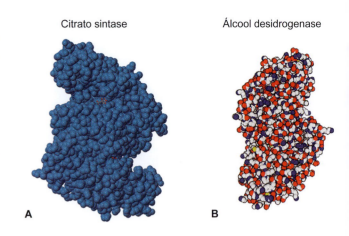

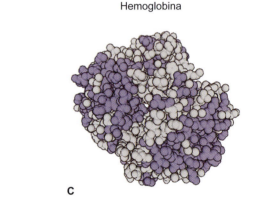

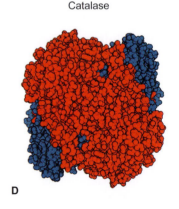

Figura 4.24 Estruturas quaternárias de diversas proteínas. As estruturas quaternárias são formadas pela associação de subunidades proteicas, ou seja, pela união de estruturas terciárias que se unem para formar um complexo funcional. **A.** Citrato sintase de suínos, primeira enzima do ciclo de Krebs e que apresenta duas subunidades, é extremamente similar à enzima humana de mesmo nome. **B.** Álcool desidrogenase, enzima hepática que apresenta duas subunidades e promove a detoxificação do álcool, convertendo-o em ácido acético e aldeído acético. **C.** Hemoglobina, proteína carreadora de oxigênio formada por quatro subunidades, duas subunidades α e duas β. **D.** Catalase, uma enzima antioxidante formada por quatro subunidades. Encontrada nos peroxissomas em animais e plantas, nos glioxissomas (apenas em plantas) e também no citoplasma de procariontes. Catalisa a decomposição do peróxido de hidrogênio de acordo com a seguinte reação: $2H_2O_2 \rightarrow 2H_2O + O_2$.

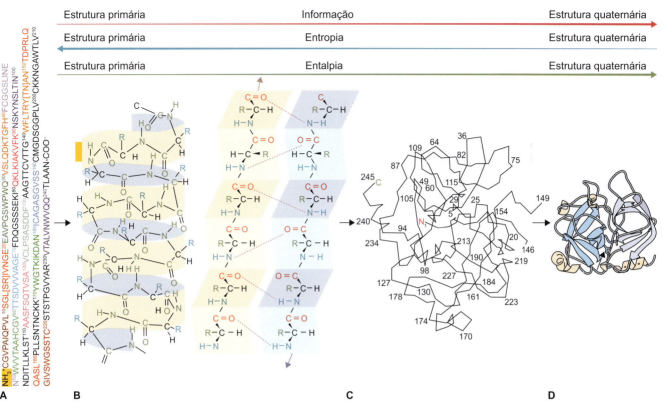

Figura 4.25 Sequência de evolução das estruturas espaciais proteicas. **A.** Estrutura primária da quimiotripsina. Nota-se que os aminoácidos são divididos em grupos de 10 que podem ser localizados na estrutura terciária. **B.** Motivos beta pregueados e estruturas em alfa-hélice da molécula de quimiotripsina. Essas formas são representadas por setas (beta pregueadas) e figuras helicoidais (alfa-hélices) (**D**). As estruturas em alfa-hélice e beta pregueada são bastante presentes nas proteínas globulares, como é o caso da quimiotripsina. **C.** Estrutura terciária da tripsina. Nota-se que os resíduos de aminoácidos que se encontravam distanciados na estrutura primária estão próximos na estrutura terciária, possibilitando a interação entre as cadeias laterais, com consequente aparecimento de forças não covalentes. **D.** Estrutura espacial da quimiotripsina. A seta indica a tríade de aminoácidos que forma o sítio catalítico. As setas em vermelho, azul e verde indicam, respectivamente, aumento da informação da estrutura primária para a quaternária, aumento da entropia da estrutura quaternária para a primária (p. ex., quando ocorre desnaturação proteica) e aumento da entalpia da estrutura primária para a quaternária. Evidentemente, o aumento da entalpia leva a aumento do conteúdo informacional da proteína, com consequente redução da entropia. A desnaturação proteica inverte essas condições.

Dinâmica do enovelamento proteico

O estudo estrutural das proteínas invariavelmente leva ao questionamento de como o enovelamento (*folding*) proteico é orquestrado. Esse processo é, em suma, a busca de um estado termodinamicamente estável por parte das proteínas, denominado estado nativo. As informações que dirigem a aquisição de uma forma tridimensional capaz de cumprir uma função biológica estão presentes na estrutura primária proteica, ou seja, na sequência de aminoácidos. A forma termodinamicamente mais estável de uma proteína varia de acordo com o meio em que ela se encontra. Em um solvente polar, por exemplo, uma forma estável apresentará as cadeias laterais polares dos aminoácidos interagindo com esse meio, enquanto, em meios apolares, a forma termodinamicamente mais favorável é o agrupamento de cadeias polares no cerne da proteína e a exposição das cadeias apolares para interagir com o meio, que também é apolar. O enovelamento é orquestrado por interações hidrofóbicas, forças de van der Waals, contribuições da energia livre de Gibbs, formação de pontes de hidrogênio e pontes dissulfeto. Contudo, a probabilidade de que uma proteína explore aleatoriamente todas as possíveis conformações estruturais até que encontre a forma nativa foi contestada em 1968 por Cyrus Levithal, que, por meio de cálculos, mostrou que as proteínas levariam um tempo absurdamente grande para concluir sua forma nativa. De fato, considerando-se uma proteína formada por 100 resíduos de aminoácidos e imaginando que cada aminoácido só possa estar em dois estados possíveis, embora o número de conformações espaciais a que cada resíduo tem acesso na estrutura nativa seja certamente maior do que dois, este é o número mínimo de conformações por resíduo de aminoácido. Nessas condições, a proteína de 100 resíduos de aminoácidos tem a possibilidade de acesso a um total de $2^{100} \approx 10^{30}$ conformações, que representam todas as combinações possíveis entre os estados a que cada aminoácido tem acesso. Entre essas conformações, está a que corresponde ao estado nativo. Uma vez que a proteína não pode alternar de uma conformação para outra em menos de 1 picossegundo (1 ps = 10^{-12} s), que é o tempo em que as ligações simples são reorientadas, e assumindo que uma mudança conformacional ocorre em 1 ps, então seriam necessários 2^{100} ps, ou seja, $1,3 \times 10^{10}$ anos, no mínimo, para a proteína explorar, de maneira aleatória, todo o repertório de conformações espaciais possíveis até chegar ao estado nativo. No entanto, essa escala de tempo é da ordem de grandeza da idade do Universo, estimada em $1,4 \times 10^{10}$ anos, mas na natureza o que se observa é que a proteína, depois de sintetizada, adquire seu estado nativo em questão de segundos. A diferença entre o tempo estimado para aquisição da forma nativa por meio de tentativas aleatórias e o tempo real de enovelamento proteico é conhecida como paradoxo de Levinthal.

Esse paradoxo é, em parte, resolvido em virtude de as proteínas dobrarem-se segundo rotas precisas e diretas de enovelamento (*folding pathway*), e não por meio de experimentações, como propõe a hipótese termodinâmica. Ao iniciar o processo de enovelamento e adquirir a primeira dobra, a proteína tem sua energia livre reduzida de modo brusco, ao mesmo tempo que sua estabilidade conformacional aumenta. Essa dinâmica torna o processo de enovelamento unidirecional. Diversos ensaios experimentais demonstraram que o processo de enovelamento se inicia com a formação de estruturas secundárias (α-hélices e folhas β-pregueadas) e esse processo é bastante rápido (da ordem de 5 ms). Antes de chegar ao estado nativo, a proteína deve passar por vários estados intermediários, de modo a evitar uma busca aleatória do espaço conformacional. Durante seu enovelamento, a proteína parte de um estado entrópico (de baixo nível de informação) para um estado entálpico (de alto nível de informação) e, ao contrário do que acontece na hipótese termodinâmica, o estado nativo (N) não corresponde necessariamente ao estado termodinâmico mais estável, mas, sim, ao estado de energia mínima, que é o mais acessível do ponto de vista cinético. Essa relação pode ser observada no diagrama de entropia-energia (Figura 4.26).

O diagrama apresenta reentrâncias que representam "armadilhas" conformacionais temporárias a que as proteínas estão sujeitas na rota de enovelamento; subsequentemente, por meio de ativação térmica aleatória, a proteína vence a barreira energética que a aprisiona buscando um menor estado energético e segue o enovelamento rumo ao estado nativo.

Com base em observações experimentais, diversos modelos de enovelamento proteico foram propostos para explicar tal fenômeno, como:

- Modelo estrutural: o enovelamento tem início com a formação de elementos da estrutura secundária dentro de uma ordem hierárquica e de maneira independente da estrutura terciária ou pelo menos antes que a estrutura terciária esteja concluída. Esses elementos tendem a se agrupar na estrutura terciária nativa por meio de mecanismos como difusão e choque ou por propagação passo a passo
- Nucleação-condensação: a nucleação é um processo em que os resíduos de aminoácidos desenvolvem espontaneamente uma série de associações até formar uma massa difusa primária, que se desenvolve orientando a sequência de enovelamento. O núcleo primário apresenta poucas interações relacionadas com a estrutura secundária e só permanece estabilizado quando existem interações corretas da estrutura terciária
- Colapso hidrofóbico: o principal componente envolvido no direcionamento do enovelamento proteico é sem dúvida as cadeias laterais de aminoácidos hidrofóbicos.

Ao orientar-se para o cerne da proteína, fugindo de interações com a água, esses resíduos de aminoácidos formam glóbulos que expulsam moléculas de água, conduzindo o sistema para um estado termodinamicamente favorável, denominado colapso hidrofóbico. A condição de colapso é um estado intermediário entre a estrutura secundária e a estrutura terciária proteica, já que apresenta informações presentes nas duas estruturas. Esses modelos destacam um mecanismo em particular, em razão dos protocolos experimentais dos estudos realizados. Isso enfatiza a complexidade do mecanismo pelo qual as proteínas adquirem sua forma nativa. Embora uma gama de forças não covalentes esteja presente no arranjo espacial das proteínas, descobriu-se que proteínas altamente especializadas também estão envolvidas nesse processo, ou seja, proteínas enovelando proteínas. As chaperonas ou chaperoninas facilitam o enovelamento proteico, catalisando, assim, o processo de aquisição conformacional.

Chaperonas e o paradoxo de Levinthal

Ao longo da evolução, as células incorporaram mecanismos bastante eficientes para evitar que erros na transmissão da informação genética se propagassem na replicação, na transcrição e na tradução. Ainda assim, com todo esse cuidado de assegurar que a sequência de aminoácidos esteja correta, é possível que uma proteína não seja capaz de desempenhar suas funções por erro no enovelamento. Na verdade, uma quantidade significativa de proteínas precisa de ajuda para alcançar a configuração terciária correta. Desse modo, outro fator que deve ser considerado para resolver de maneira plena o paradoxo de Levinthal (conflito entre o tempo estimado para aquisição da forma nativa por meio de tentativas aleatórias e o tempo real de enovelamento proteico) é a existência de proteínas capazes de aperfeiçoar o processo de enovelamento, como é o caso da peptil prolil *cis-trans* isomerase, proteína dissulfeto isomerase e chaperonas. A peptil prolil *cis-trans* isomerase (Figura 4.27), por exemplo, promove a interconversão de ligações peptídicas *cis* e *trans* de resíduos de prolina, aumentando a velocidade do enovelamento, viabilizando a acomodação correta da ligação peptídica para cada resíduo de prolina requerido

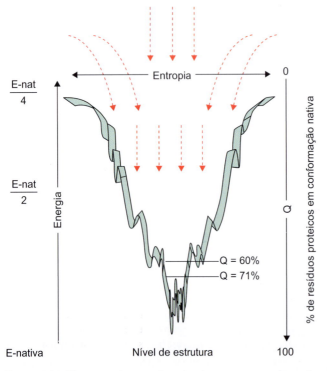

Figura 4.26 Diagrama de energia-entropia para o enovelamento proteico. A paisagem ilustra o percurso de enovelamento de uma pequena proteína até alcançar seu estado nativo. A entropia e a energia tendem a diminuir à medida que o estado nativo vai sendo alcançado. O cone invertido formado pela figura não apresenta uma linha reta, mas sim reentrâncias, demonstrando que as cadeias podem experimentar muitos estados conformacionais durante o processo de enovelamento.

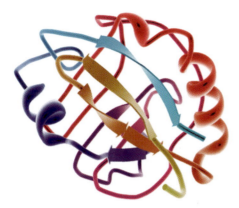

Figura 4.27 Peptil prolil *cis-trans* isomerase de *Escherichia coli*, que catalisa a interconversão *cis-trans* das ligações peptídicas, nas quais estão presentes resíduos de prolina com o objetivo de otimizar o enovelamento proteico.

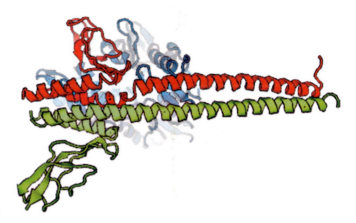

Figura 4.28 Domínio ATPase da chaperona hsp70 humana ligada a dois íons cálcio.

pela estrutura nativa em progressão. As proteínas dissulfeto isomerases catalisam a cisão e a formação de pontes dissulfeto de cistina, de modo que ligações incorretas não sejam estabilizadas e o arranjo correto das ligações de cistina para a forma nativa da proteína seja prontamente alcançado. Assim, embora a aquisição da conformação espacial proteica dependa de sua estrutura primária e seja regida por forças não covalentes, diversas proteínas – incluindo as chaperonas – estão presentes, orquestrando o enovelamento proteico, o que confere ao processo economia de tempo e precisão na aquisição da forma nativa.

É evidente que as chaperonas se destacam na função de orquestrar o correto enovelamento proteico, já que, além de auxiliarem no direcionamento do enovelamento, encaminham a proteína à destruição, caso não seja possível alcançar a configuração correta. O termo chaperona deriva de *chaperons*, meninos que ajudavam os nobres renascentistas a vestirem roupas bem elaboradas e a colocarem suas grandes perucas. As chaperonas consistem em uma família de muitas proteínas diferentes com função semelhante: usam energia da hidrólise de ATP para desenovelar proteínas, possibilitando novo enovelamento, dessa vez na forma correta ou no lugar correto. As chaperonas foram descobertas em experimentos em que células eram submetidas a altas temperaturas, sendo, por essa razão, inicialmente denominadas proteínas de choque térmico ou hsp (do inglês, *heat shock proteins*).

De fato, o calor afeta o dobramento proteico e, portanto, aumenta a chance de formação de proteínas com erros de enovelamento; assim, as chaperonas agem no sentido de reparar o dano potencial causado pela falha de dobramento. Comparando as diferentes proteínas de choque térmico, ou chaperonas, elas podem ser classificadas em dois grupos: hsp70 e hsp60, estas também chamadas de chaperoninas, com mecanismos de ação ligeiramente diferentes.

hsp70 e enovelamento proteico

As hsp70 são proteínas chaperonas menores, que se ligam em sequências hidrofóbicas das proteínas recém-sintetizadas em ribossomos livres (Figura 4.28). Essa ligação a segmentos hidrofóbicos da molécula proteica impede que essas porções interajam com o solvente, o que acarretaria agregação da cadeia peptídica nascente. Assim, a manutenção da cadeia peptídica desenovelada torna possível a aquisição da conformação espacial correta. Já no caso das proteínas sintetizadas no retículo endoplasmático, outro conjunto de chaperonas do grupo hsp70 passa a atuar. Elas situam-se no interior do retículo, sendo a mais conhecida delas a BIP (do inglês, *binding protein*), que é considerada marcadora do retículo endoplasmático. Nem sempre esse tipo de chaperona age em cadeias proteicas que estão sendo sintetizadas. Um bom exemplo é a transferência de proteínas que são sintetizadas no citosol para atuarem nas mitocôndrias. Para entrar na mitocôndria, essa proteína precisa ser desenovelada, transportada e, depois, reenovelada no interior da mitocôndria. As chaperonas auxiliam no direcionamento da cadeia para o interior mitocondrial, o que equivale a tentar inserir um novelo de lã dentro de uma gaveta fechada, passando-o pelo orifício da fechadura.

No meio interno mitocondrial, outras chaperonas ligam-se à cadeia peptídica e auxiliam na translocação da proteína para o meio interno mitocondrial. Dessa forma, além de orquestrar o padrão de enovelamento proteico correto, as chaperonas atuam ainda no transporte de proteínas para o interior de organelas citossólicas. No interior da organela, a proteína se enovela novamente, na sua forma termodinamicamente mais estável (enovelamento espontâneo da proteína seguindo a menor energia de Gibbs). Contudo, esse enovelamento pode não ocorrer de maneira correta, como discutido até então. Assim, outras proteínas, denominadas "unfoldases" (*unfold*), promovem o desenovelamento proteico, dando chance para que outras chaperonas forcem a se enovelar na forma biologicamente ativa.

Chaperoninas ou chaperonas da família hsp60

As chaperonas do grupo hsp60 (Figura 4.29) agem sempre sobre uma proteína já sintetizada que tenha um erro na configuração terciária. O erro aparece sempre como uma sequência de aminoácidos hidrofóbicos que ficam expostos e são reconhecidos pelas chaperonas. De fato, todas as chaperonas reconhecem e se ligam a sequências hidrofóbicas de aminoácidos. Uma vez detectado o erro, as hsp60 se ligam à proteína, aprisionando-a dentro de uma reentrância da própria chaperona, formando um ambiente separado do citosol, propício para que a energia do ATP, que a chaperona hidrolisou, consiga redirecionar o enovelamento da proteína. As chaperonas do grupo das hsp60 apresentam formato cilíndrico.

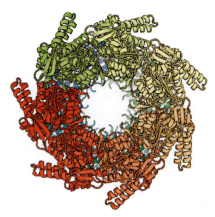

Figura 4.29 Estrutura da proteína chaperonina de *Escherichia coli* (GroEL) obtida por difração de raios X. Chaperoninas são proteínas que assistem o enovelamento de outras proteínas. A GroEL apresenta 46% de sua estrutura na forma de alfa-hélices e 8% de estruturas beta pregueadas. É formada por um complexo de 14 subunidades, cada uma ligada a um ADP. A GroEL proporciona um microambiente protegido, impedindo a agregação com outros peptídeos e, assim, a dobra proteica pode ser reorientada até a conformação nativa.

Proteassomas | Destruidores de proteínas

Em algumas circunstâncias, as chaperonas não conseguem reparar proteínas mal enoveladas, embora tentem várias vezes. Nesse caso, a proteína não será capaz de exercer suas funções biológicas e é encaminhada para a degradação.

No citosol, existem complexos enzimáticos proteolíticos que atuam em pH 7,0, cujo propósito é dar cabo de proteínas envelhecidas ou mesmo aquelas que acumularam erros que não puderam ser reparados durante ou após a sua tradução. Essas enzimas proteolíticas citossólicas não estão dispersas no citosol, o que seria danoso para a integridade celular, mas arranjadas em conjuntos enzimáticos chamados proteassomas.

Proteassomas e chaperonas mantêm íntegro o repertório de proteínas da célula

Além de evitar o acúmulo de proteínas malformadas e, portanto, inúteis, a importância funcional das chaperonas e dos proteassomas torna-se evidente quando se examinam as consequências do acúmulo de proteínas malformadas no interior das células. Comumente as proteínas malformadas apresentam sequências hidrofóbicas indevidamente expostas ao solvente. Essa exposição conduz invariavelmente à agregação.

Os agregados proteicos só se formam se o sistema de degradação não atuar de modo eficaz, mas, uma vez iniciada a agregação, a atividade das proteases torna-se difícil, já que elas não têm acesso aos núcleos densos de agregados proteicos e estes, por aumentarem de tamanho em razão da progressão da agregação, não penetram nos proteassomas (Figura 4.30). Grandes agregados proteicos podem conduzir a célula à morte, ou, se a célula conseguir excretá-lo, causar enorme prejuízo ao tecido, acumulando-se no meio extracelular.

Um tipo particular de agregado proteico é formado quando regiões β-pregueadas anormalmente expostas em várias proteínas provocam o empilhamento dessas proteínas, formando o que se chama de placa β-amiloide (Figura 4.31). As placas β-amiloides são marcantes em algumas doenças neurodegenerativas, como na doença de Alzheimer e na doença de Huntington, embora não se possa atribuir a essas placas a causa essencial dessas morbidades.

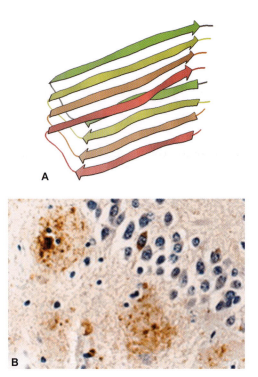

Figura 4.30 A. Proteína beta-amiloide, constituída por um peptídeo com 42 a 43 resíduos de aminoácidos. **B.** Acúmulo de proteína beta-amiloide na doença de Alzheimer, formando as placas amiloides.

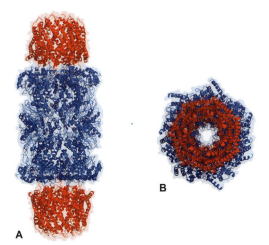

Figura 4.31 A e B. O proteassoma 26S é um complexo de proteínas capaz de degradar praticamente qualquer proteína em oligopeptídeos de sete a nove aminoácidos, com consumo de ATP. O complexo 26S reconhece especificamente proteínas ubiquitinadas (processo de marcação de determinada proteína para identificação por parte do proteassoma). O proteassoma 26S é constituído por um complexo catalítico central chamado 20S, preso nos dois lados a complexos regulatórios 19S. O complexo 20S, por sua vez, é formado por dois anéis alfa e dois beta, na sequência alfa-beta-beta-alfa, cada um formado por sete subunidades distintas, sendo os anéis alfa estruturais e os beta catalíticos. Diferentes subunidades beta realizam diferentes clivagens da proteína a ser destruída. As subunidades alfa estabilizam as unidades beta e ligam o complexo 19S. O proteassoma 26S tem um formato de tubo, com duas entradas nas extremidades 19S; um subcomplexo de 19S ancora a cadeia de poliubiquitina, às vezes com a ajuda de proteínas auxiliadoras, e se anexa à superfície de 20S, usando energia para desdobrar a proteína e preparando o canal que leva à câmara proteolítica de 20S. Proteassomas de diferentes espécies podem variar em arranjos e subunidades. Uma célula humana contém em torno de 30 mil proteassomas.

Bioclínica

Príons | Quebra do dogma da biologia molecular

Um príon é uma proteína com capacidade de modificar a estrutura espacial de outras proteínas, tornando-as cópias de si próprias. Assim, trata-se de um mecanismo de replicação que não envolve ácidos nucleicos (DNA ou RNA) e, por isso, causou controvérsia na comunidade científica, já que não se imaginava que era possível um agente infeccioso se reproduzir na ausência de material genético. São conhecidas 13 espécies de príons, das quais três atacam fungos e 10 afetam mamíferos; entre estas, sete têm por alvo a espécie humana. O termo "príon" deriva da língua inglesa *prion*, que significa *proteinaceous infectious only particle* (partícula infecciosa puramente proteica). As proteínas priônicas existem no organismo humano e são designadas PrPc (para diferenciar de sua forma infecciosa PrPsc), sendo codificadas pelo gene *PrPn*, altamente conservado em termos evolutivos no genoma de mamíferos, indicando a importância da proteína não patogênica para o organismo.

A constituição básica da proteína é de uma região aminoterminal desordenada e uma região globular carboxiterminal. Há predominância das estruturas em alfa-hélice, em contraste com seu tipo infectante PrPsc, cujas formas em alfa-hélice são substituídas por formas beta pregueadas (Figura 4.32). Em condições normais, o gene codifica a proteína não patogênica do príon celular (PrPc). Algumas funções biológicas atribuídas à PrPc são:

- Peça fundamental na emissão de neuritos (neuritogênese), desempenhando, portanto, importante papel na comunicação entre células nervosas
- Manutenção da concentração intracelular adequada de íons Cu^{2+} pela região ligante pertencente à extremidade aminoterminal
- Participação no transporte ou metabolismo de zinco
- Proteção contra o estresse oxidativo
- Participação na excitabilidade celular e transmissão sináptica
- Apoptose celular.

A proteína PrPc pode ser encontrada não apenas no tecido nervoso, mas também em diversos outros tecidos, como no muscular. Em contraste, as células de Purkinje do tecido nervoso não apresentam as proteínas PrPc.

A forma infectante do príon é denominada *scrapie* e indicada por PrPsc. O termo *scrapie* originou-se da observação inicial de que cabras e ovelhas infectadas com príons apresentavam comportamento irritadiço, acompanhado de intenso prurido, o que as fazia esfregar-se contra cercas de contenção com o propósito de se coçar (*scrape* = raspar). Posteriormente, a sintomatologia desses animais evoluía para ataxia e, por fim, morte. Em pouco tempo, percebeu-se que doenças neurodegenerativas que afetavam o homem também tinham características similares às do *scrapie*. Vicent Zigas e Carleton Gajdusek, em 1957, relataram o *kuru*, doença que atingia nativos de Papua-Nova Guiné e que apresentava evolução clínica similar à do *scrapie*, ou seja, os pacientes desenvolviam perda de coordenação motora, seguida de demência e morte, e a incidência era maior entre crianças e mulheres. Mais tarde, percebeu-se que os nativos adquiriram a doença por causa do canibalismo, em um ritual em que mulheres e crianças ingeriam o cérebro e outras vísceras dos mortos, enquanto os homens ingeriam os músculos. De fato, a toxicidade da PrPsc é restrita ao sistema nervoso. Sua proliferação em outros tecidos é possível, mas não é considerada patogênica. A doença foi exterminada pela interrupção da prática canibal. A doença de Creutzfeldt-Jakob (CJD), bastante rara (um afetado em um milhão de indivíduos), tem distribuição mundial, sendo também caracterizada por demência seguida de perda de coordenação motora e atingindo indivíduos geralmente com mais de 60 anos. Sua etiologia é desconhecida nos tipos esporádicos da doença (85 a 90% dos casos).

Entretanto, há alguns relatos da aquisição de CJD por procedimentos médicos, como aplicação de eletrodos cerebrais, transplantes de retina, prótese de dura-máter e uso de hormônio de crescimento purificado a partir de pituitária de cadáveres, todos contaminados com o agente infeccioso de indivíduos portadores da doença. Um aspecto surpreendente é o padrão hereditário encontrado em cerca de 15% dos casos de CJD, mostrando um novo e interessante aspecto dessas patologias. Pela primeira vez, era descrita uma disfunção com padrão simultaneamente infeccioso e hereditário. Posteriormente, outros grupos de patologias foram associados a essa descrição. A doença de Gerstmann-Sträussler-Scheinker (GSS), à semelhança da CJD, leva ao aparecimento de alterações de coordenação motora e à insônia familiar fatal, na qual a demência é seguida de alterações no sono. O componente hereditário destas é muito maior que o infeccioso, sendo responsável por mais de 90% dos casos.

Em 1986, uma epidemia que acometeu o gado bovino da Grã-Bretanha foi relatada por Gerald Wells e Jonh Wilesmith. Seu aparecimento foi associado ao uso de vísceras de ovelhas contaminadas com o *scrapie* no preparo da ração usada para alimentar esses animais. A doença, denominada encefalopatia espongiforme bovina (nome decorrente da grande quantidade de orifícios presentes no cérebro desses animais, que se assemelham a uma esponja) ou

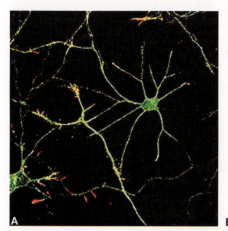
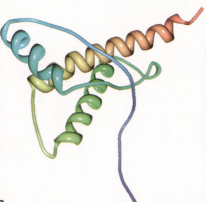
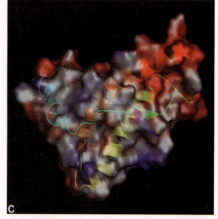

Figura 4.32 A. Células nervosas que apresentam a proteína PrPc depositada (príon celular não infectado), destacadas em vermelho. **B** e **C.** Estrutura da forma não infectante do príon humano. Nota-se a predominância das estruturas secundárias em alfa-hélice.

Fontes: adaptada de *Revista Ciência Hoje* On-line 13/12/2005; Protein Data Bank (PDB); Martin Stumpe, 2003.

"doença da vaca louca", como ficou conhecida no Brasil, atingiu seu ápice em 1994, com 138.359 casos naquele país. Desde então, há uma contínua discussão sobre a possibilidade da transmissão da encefalopatia espongiforme bovina para o homem por meio da ingestão de carne proveniente de animais afetados. Essa sugestão foi dada após o aparecimento recente de alguns casos de CJD, que foram denominados *new variant* e que tinham como principal característica o acometimento de indivíduos muito jovens que ingeriram carne bovina regularmente.

Diferenças estruturais entre príon não infectante (PrPc) e sua forma infectante (PrPsc)

As diferenças entre a forma priônica PrPc e PrPsc são resultantes apenas das diferentes configurações espaciais de ambas as formas. Essa alteração na conformação espacial tem como consequência a não funcionalidade da PrPsc, mas com ativação de seu poder infeccioso. As principais diferenças conformacionais entre PrPc e PrPsc são:

- Na proteína PrPc, há predomínio de alfa-hélices (42%) em relação às folhas-beta (3%). Já na PrPsc, predomina a folha-beta, seguindo a proporção de 43 a 54% e de 17 a 30%, respectivamente
- Apenas a proteína PrPsc é amiloide, ou seja, tem a capacidade de formar naturalmente longos agregados filamentosos insolúveis de proteína, que comprometem as funções celulares. Em contraste, a PrPc é considerada globular e altamente solúvel

- A proteína PrPc é caracterizada como sensível à digestão por proteinase K, enquanto a PrPsc não é. Outra característica estrutural das proteínas priônicas é a presença da sequência repetida de oito resíduos de aminoácidos (P-H-G-G-G-W-G-Q), motivo estrutural que não está presente em nenhuma outra proteína conhecida, além de uma região rica em alanina (A-G-A-A-A-A-G-A) nos resíduos 113 a 120.

Mecanismo de ação das proteínas priônicas PrPsc

A isoforma PrPsc da proteína priônica atua como um molde, reduzindo a barreira cinética entre as isoformas PrPc e PrPsc. Isso significa que a forma infectante converte a forma celular em infectante. De fato, Cohen e Prusiner postularam que a proteína priônica pode existir em duas conformações distintas, uma que prefere um estado monomérico e outra que se multimeriza. A primeira seria a isoforma celular normal e a segunda, a que se multimeriza, seria a proteína alterada a partir da isoforma celular normal. A diferença de estabilidade entre a proteína da isoforma celular normal – portanto, no estado monomérico – e a proteína alterada no estado multimérico é grande, mas a barreira cinética que evita a conversão da forma monomérica em multimérica é anulada nas proteínas mutantes implicadas nas doenças priônicas. Provavelmente, a redução da barreira cinética entre PrPc e PrPsc seja mediada por uma proteína denominada provisoriamente como proteína "X", que se liga com a porção C terminal da proteína priônica; especula-se que essa proteína seja uma chaperona. Sua função é facilitar a conversão dos motivos alfa-hélice em formas beta pregueadas e/ou promover a polimerização das estruturas beta em fibras amiloides (Figura 4.33).

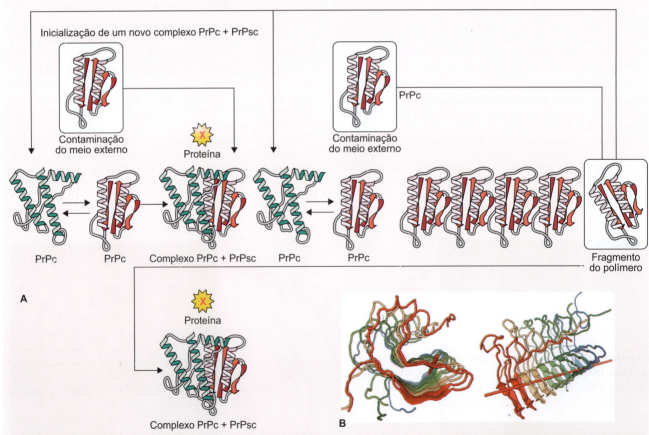

Figura 4.33 A. Proteína príon infecciosa pode iniciar a formação de placas amiloides com sérios prejuízos para a célula. Nesse modelo, a forma PrPc (não infeciosa) está em equilíbrio com a forma PrPsc (infecciosa), de modo que prevalece a forma PrPc e a conversão de PrPc em PrPsc é extremamente lenta e não apresenta importância clínica. Contudo, a aquisição da forma PrPsc, por meio de infecção, aumenta a velocidade de conversão da espécie PrPc em PrPsc. Nesse processo, há a presença da proteína X, que reduz a barreira cinética da forma PrPc para PrPsc. O príon infeccioso age como um espelho, convertendo a forma não infecciosa em infecciosa. As formas PrPsc tendem a agregar-se, formando placas beta-amiloides que podem romper-se gerando fragmentos que iniciam a conversão de mais espécies PrPc em PrPsc. **B.** Polímero priônico. Código PDB: 2 rnm.

Estrutura do colágeno | Alta resistência à tração

Colágeno, elastina e alfaqueratina são exemplos das comuns e bem caracterizadas proteínas fibrosas. Elas têm funções estruturais no corpo, como o colágeno e a elastina, que são encontrados na pele, no tecido conjuntivo, na córnea e nas paredes dos vasos sanguíneos, enquanto a alfaqueratina é observada na pele e nos cabelos. Cada uma das proteínas fibrosas exibe propriedades mecânicas especiais, resultantes de sua estrutura especial, mas relativamente simples, obtidas pela combinação de aminoácidos específicos em elementos estruturais secundários regulares. Isso contrasta com as proteínas globulares, cujas formas resultam de uma interação complexa de elementos estruturais secundários, terciários e, algumas vezes, quaternários.

Colágeno. É a proteína mais abundante no organismo humano. O nome refere-se a uma família intimamente relacionada de proteínas rígidas, insolúveis. Embora essas moléculas sejam encontradas em todo o corpo, os tipos e a organização são ditados pelo papel estrutural que o colágeno desempenha em um órgão particular. Em alguns tecidos, o colágeno pode estar disperso como um gel, que serve para enrijecer a estrutura, como na matriz extracelular ou no humor vítreo do olho. Em outros tecidos, o colágeno pode estar enfeixado em fibras paralelas que fornecem grande força, como nos tendões. Na córnea ou no colar, o colágeno está disposto de modo a transmitir a luz com um mínimo de dispersão. O colágeno dos ossos ocorre em forma de fibras arranjadas em angulação umas às outras, de modo que resistem à tração mecânica de qualquer direção.

Tipos de colágeno. As moléculas de colágeno consistem em três polipeptídeos, denominados cadeias alfa, os quais se enrolam entre si em uma tripla hélice, formando uma estrutura semelhante a uma corda. As três cadeias polipeptídicas são mantidas juntas por pontes de hidrogênio entre as cadeias. As cadeias alfa são combinadas para formar os vários tipos de colágeno encontrados nos tecidos. Por exemplo, o colágeno mais comum, o tipo 1, contém duas cadeias denominadas alfa-1 e uma cadeia chamada alfa.

Sequência de aminoácidos. A estrutura primária do colágeno é incomum, no aspecto em que a glicina, o menor aminoácido, é encontrada a cada três posições na cadeia polipeptídica. Ela encaixa no espaço restrito onde três cadeias da hélice estão juntas. Os resíduos de glicina são parte de uma sequência repetitiva, -GLI-X-Y-, na qual X e Y são, em geral, prolina e hidroxiprolina ou hidroxilisina, respectivamente.

Degradação do colágeno. O colágeno normal é composto de moléculas altamente estáveis, apresentando meias-vidas tão longas que chegam a vários meses. Entretanto, o tecido conjuntivo é dinâmico e está constantemente sendo remodelado, com frequência em resposta ao crescimento ou à lesão do tecido. A degradação do colágeno é obtida por uma família de colagenases, que fragmenta as fibras intactas para serem fagocitadas e subsequentemente degradadas por enzimas lisossômicas até seus aminoácidos constituintes.

Elastina. Em contraste com o colágeno, que forma fibras resistentes e de elevada força tênsil, a elastina é uma proteína de tecido conjuntivo com propriedades elásticas. As fibras de elastina – como aquelas encontradas nos pulmões, nas paredes dos grandes vasos sanguíneos e nos ligamentos elásticos – podem ser distendidas até várias vezes seu comprimento normal, mas retornam à sua forma original quando a força de estiramento é relaxada.

Composição em aminoácidos. A elastina é composta primariamente de resíduos de aminoácidos pequenos e apolares como a glicina, a alanina e a valina. A elastina também é rica em prolina e lisina, mas contém pouca hidroxiprolina e nenhuma hidroxilisina.

Ligações cruzadas intercadeias. As fibras de elastina são formadas como uma rede tridimensional de polipeptídeos com ligações cruzadas, de conformação irregular. Isso resulta em uma rede extensamente interconectada, elástica, que pode estirar-se e dobrar-se em qualquer direção quando forçada, dando elasticidade ao tecido conjuntivo.

Alfaqueratinas. Proteínas que formam fibras resistentes, são encontradas no cabelo, nas unhas e na camada epidérmica externa dos mamíferos. As alfaqueratinas também são constituintes dos filamentos intermediários do citoesqueleto em certas células e ricas em cisteína. A alfaqueratina do cabelo é um exemplo de uma proteína construída quase exclusivamente de alfa-hélices. As protofibrilas – cada uma das quais é composta de dois pares de alfa-hélices – combinam-se para formar microfibrilas, as quais estão embebidas em uma matriz proteica amorfa, responsável pela formação das próprias macrofibrilas. O cabelo é formado de células mortas, estando cada uma envolvida pelas macrofibrilas de queratina.

Proteínas fluorescentes

Em 2008, Osamu Shimomura, membro do Laboratório de Biologia Marinha de Woods Hole, Martin Chalfie, da Universidade de Columbia, em Nova York, e Roger Tsien, da Universidade da Califórnia, em San Diego, foram laureados com o prêmio Nobel de Química em razão de suas pesquisas com a proteína fluorescente verde (GFP, do inglês *green fluorescente protein*). Contudo, as pesquisas com a GFP iniciaram-se na década de 1960, quando Shimomura, então pesquisador na Universidade de Princeton, e Frank Johnson, professor de biologia na mesma instituição, capturaram 10 mil águas-marinhas (*Aequorea victoria*) nas águas próximas a Friday Harbor, em Washington. Os pesquisadores estavam interessados no brilho presente nas extremidades dessas águas-vivas e extraíram delas o *aequorin*, uma proteína bioluminescente que adquire coloração azul quando interage com cálcio. Durante a pesquisa, Johnson e Shimomura descobriram também uma proteína menor, a proteína verde fluorescente, e não luminescente. Proteínas bioluminescentes necessitam que outras moléculas forneçam energia para que elas se tornem luminescentes, enquanto as fluorescentes não precisam de fontes energéticas para se tornarem visíveis. A proteína GFP absorve a energia da luz ultravioleta ou azul e a emite de volta com baixo nível energético, ou seja, como luz verde.

As aplicações da GFP são bastante promissoras, porque células com proteínas baseadas em GFP não necessitam ser tratadas com produtos químicos para que estruturas ou outras proteínas de interesse possam ser visualizadas. De fato, a identificação do gene que expressa a GFP torna possível monitorar a atividade de uma proteína específica. Posteriormente, insere-se o gene da GFP próximo do que expressa a proteína que se deseja estudar. O resultado é que a proteína é produzida com uma pequena modificação, um trecho fluorescente extra. Ao incidir luz ultravioleta sobre as células, as de interesse tornam-se fluorescentes, facilitando sua localização. A GFP apresenta uma sequência específica de três resíduos de aminoácidos: serina-tirosina-glicina (às vezes, a serina pode estar substituída pela treonina). Durante o enovelamento proteico, essa trinca de resíduos de aminoácidos é deslocada para o cerne da proteína (Figura 4.34). A glicina interage quimicamente com a serina, formando um anel fechado que, depois, espontaneamente sofre desidratação. Após o intervalo de 1 h ou menos, o oxigênio do meio externo ataca uma ponte na tirosina, formando uma ligação dupla e dando origem ao cromóforo fluorescente.

Desnaturação não enzimática de proteínas e peptídeos

As alterações que a estrutura espacial proteica sofre, em virtude de agentes físicos químicos ou biológicos, denomina-se desnaturação. Uma proteína em seu estado natural é chamada de proteína nativa; depois da mudança ou transformação por algum agente desnaturante, chama-se proteína desnaturada. Uma importante consequência da desnaturação é que, frequentemente, esse processo torna as proteínas insolúveis e, assim, precipitam em solução. A desnaturação é um processo

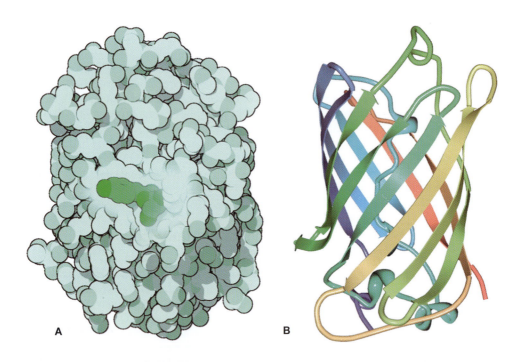

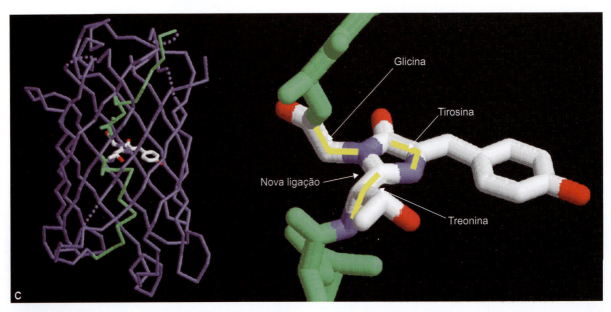

Figura 4.34 Proteína fluorescente verde (GFP). **A.** O centro cromóforo da GFP está localizado no cerne da proteína, circundado por fitas beta pregueadas (código PDB: 1GFL). **B.** A estrutura da GFP é, na verdade, um beta barril código PDB: 1EMA), e o cerne responsável pela fluorescência é mostrado à esquerda (**C**). O centro cromóforo situa-se protegido do meio externo, o que é essencial para o efeito de fluorescência, uma vez que a interação com moléculas de água poderia causar perda de capacidade fluorescente e a água tenderia a roubar fótons do centro energético. Nota-se como a glicina e a treonina formam uma ligação ou ponte, criando um anel bastante incomum.

que ocorre em outras moléculas biológicas, sendo mais evidente nas proteínas, expostas a condições diferentes daquelas em que foram sintetizadas, como variações de temperatura, mudanças de pH, força iônica, ação enzimática e exposição a agentes físicos. A proteína perde a sua estrutura tridimensional e, portanto, as suas propriedades biológicas (Figura 4.35).

A desnaturação proteica não enzimática implica perda da função biológica da proteína ou peptídeo, em virtude de modificações na sua estrutura nativa sem, contudo, romper as ligações peptídicas. A desnaturação não enzimática pode ser classificada em dois grupos: reversível e irreversível. A desnaturação pode ser reversível se o agente desnaturante não desencadear na molécula alterações que a impeçam de restaurar sua forma nativa. Assim, o agente desnaturante é removido e as condições do a um meio em que a proteína atua são restauradas. A desnaturação irreversível ocorre quando o agente desnaturante atua de maneira agressiva sobre a proteína ou quando a proteína é exposta por longo período a uma condição ou a um meio desnaturante. Nessa situação, a proteína torna-se incapaz de restaurar sua forma nativa, ainda que as condições ideais de seu meio sejam restabelecidas. Os agentes desnaturantes podem ser classificados em químicos e físicos. Temperatura, raios X, ultrassom e agitação mecânica são agentes desnaturantes físicos, enquanto ácidos e bases fortes, detergentes, solventes orgânicos, ureia e mercaptoetanol são classificados como de natureza química. Os mecanismos de ação de alguns agentes desnaturantes serão discutidos a seguir.

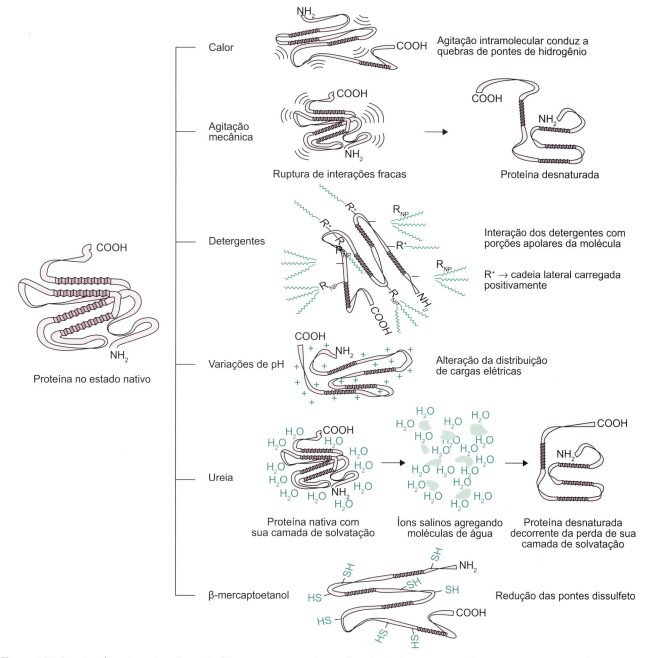

Figura 4.35 Agentes desnaturantes não enzimáticos e seus mecanismos de ação. Todos os agentes desnaturantes apresentados promovem ruptura de interações moleculares fracas, como pontes de hidrogênio e interações de van der Waals, enquanto as ligações peptídicas são mantidas.

Mecanismo de ação dos agentes desnaturantes não enzimáticos

Calor. Promove desnaturação proteica por desencadear a ruptura de interações frágeis que mantêm a estrutura nativa, como pontes de hidrogênio e forças de van der Walls.

Agitação mecânica. Rompe as interações não covalentes, por exemplo, durante o preparo de ovos mexidos. Ao baterem-se os ovos, a ovoalbumina (a clara do ovo) sofre desnaturação por efeito mecânico.

Detergente. São moléculas anfipáticas, ou seja, apresentam uma porção polar e uma porção apolar. As porções apolares do detergente tendem a interagir com os segmentos apolares da proteína, desfazendo essa importante interação molecular que atua na manutenção da estrutura nativa.

Solventes orgânicos. Interferem nas pontes de hidrogênio que se estabelecem entre aminoácidos adjacentes. A adição de solventes orgânicos neutros miscíveis em água, como o etanol ou a acetona, diminui a solubilidade da maior parte das proteínas em água, levando à sua precipitação. De fato, esse princípio é utilizado na rotina laboratorial para separar misturas de proteínas com base na diferença quantitativa do abaixamento de solubilidade com quantidades crescentes de etanol ou acetona. A utilização do álcool etílico a temperaturas inferiores a 5°C leva à precipitação sem provocar desnaturação. Um solvente orgânico que atua sobre as pontes dissulfeto das proteínas é o β-mercaptoetanol ($HO-CH_2-CH_2-SH$). Quando ele está presente, ocorre redução das pontes dissulfeto de uma proteína, de modo que todas as cistinas são completamente reduzidas a cisteínas. Como as pontes dissulfeto compõem uma das forças que mantêm a estrutura espacial proteica, ocorre desnaturação.

pH. Existem proteínas capazes de atuar em diferentes meios com valores de pH variáveis. Por exemplo, a pepsina é uma enzima proteolítica secretada na luz gástrica e atua em pH = 2,0; já a alfa-amilase pancreática atua em valores de pH próximos de 8,0, enquanto as proteínas plasmáticas desempenham suas funções em pH próximo de 7,0. As alterações de pH, em razão da adição de ácidos ou bases ao meio, levam a mudanças nas cargas elétricas da proteína, sobretudo na face externa. A redistribuição das cargas elétricas altera as forças não covalentes envolvidas na integridade estrutural da proteína, conduzindo à desnaturação.

Sais inorgânicos. Os sais, como a ureia, desnaturam proteínas por interferirem nas pontes de hidrogênio. Os íons salinos se hidratam; assim, aumentando-se a concentração do sal, alcança-se um ponto em que os íons salinos sequestram a água, fazendo com que as proteínas se desidratem, perdendo sua camada de solvatação, o que ocasiona diminuição de sua solubilidade. A precipitação que se processa recebe o nome de precipitação salina (em inglês, *salting out*).

Classificação das proteínas

As proteínas podem ser simples (constituídas somente por aminoácidos) ou conjugadas (que contêm grupos prostéticos, i. e., componentes que não são aminoácidos, como carboidratos, íons, pigmentos, vitaminas etc.). A hemoglobina é um exemplo de proteína conjugada: contém quatro grupos prostéticos, cada um consistindo de um íon de ferro coordenado por quatro átomos de nitrogênio de um núcleo porfirínico. São justamente os grupos prostéticos que capacitam a hemoglobina a carregar o oxigênio. As lipoproteínas, como o LDL e o HDL, também são exemplos de proteínas conjugadas – nesse caso, com lipídios. As proteínas podem ser incluídas em outras classificações que levam em conta seus aspectos funcionais e estruturais, entre outros. A seguir, há um tipo de classificação orientada segundo esses aspectos.

Estrutural ou plástica. Outra maneira de classificar as proteínas é baseada em sua função. Sobre esse prisma, elas podem ser divididas em dois grupos: proteínas estruturais e proteínas biologicamente ativas. Entretanto, algumas proteínas podem pertencer aos dois grupos. A maioria das proteínas estruturais é fibrosa – composta por cadeias alongadas, como é o caso do colágeno e da queratina.

Hormonal. Exerce uma função específica sobre algum órgão ou estrutura de um organismo, como a insulina, o hormônio antidiurético (ADH), a ocitocina, o glucagon e o hormônio do crescimento.

Defesa. Os anticorpos são proteínas que realizam a defesa do organismo, especializados no reconhecimento e na neutralização de vírus, bactérias e outras substâncias estranhas. Já o fibrinogênio e a trombina são outras proteínas responsáveis pela coagulação do sangue e prevenção de perda sanguínea em casos de hemorragias.

Energética. A ovoalbumina é um exemplo de proteína que atua como suporte energético para o embrião das aves durante seu desenvolvimento no interior do ovo.

Enzimática. Algumas proteínas apresentam a propriedade de catalisar reações bioquímicas, por meio da redução da energia de ativação das reações químicas. A função enzimática depende diretamente de sua estrutura. As enzimas são fundamentais ao metabolismo e reconhecem seus substratos, convertendo-os em produtos e sendo regeneradas ao final da reação. São exemplos de enzimas a alfa-amilase a saliva, que digere o amido, as lipases responsáveis pela degradação de lipídios, a anidrase carbônica, que dissocia o H_2CO_3 em HCO^- e CO_2, a tripsina e a pepsina, que são enzimas proteolíticas que atuam no trato gastrintestinal, entre outras.

Transportadoras. O transporte de gases (principalmente do oxigênio e um pouco do gás carbônico) é realizado por proteínas como a hemoglobina e a hemocianina. Já a albumina plasmática transporta uma grande gama de substâncias, como ácidos graxos, vitaminas, hormônios, fármacos, bilirrubina etc.

Evolução das moléculas de proteínas

A maioria dos biólogos evolucionistas acredita que toda a vida na Terra descende de um ancestral comum, habitualmente chamado de LUCA (do inglês *last universal common ancestor*, que significa "último antepassado comum universal"). Essa conclusão se baseia no fato de que os organismos vivos apresentam características básicas extremamente semelhantes, como o código genético. Essa ideia foi brilhantemente exposta por Charles Darwin em sua obra de 1859, *A origem das espécies*, na qual introduziu a ideia de evolução a partir de um ancestral comum, por meio de seleção natural. O estudo dos ancestrais das espécies é a filogenia ou filogênese (do grego *phylon* = tribo, raça, e *genetikos* = relativo à gênese, origem). Filogenia é, portanto, o termo comumente utilizado para hipóteses de relações evolutivas (ou seja, relações filogenéticas) de um grupo de organismos, isto é, determinar as relações ancestrais entre espécies conhecidas (vivas e extintas), viabilizando a construção de árvores filogenéticas. Uma árvore filogenética ou cladograma é uma exibição, em forma de uma árvore, das relações evolutivas entre várias espécies ou outras entidades que podem ter um antepassado em comum.

Em uma árvore filogenética, cada nodo com descendentes representa o mais recente antepassado comum, e os comprimentos dos ramos são estimativas do tempo evolutivo. A instância molecular da filogenia possibilita a elaboração de árvores filogenéticas utilizando dados obtidos a partir de técnicas de biologia molecular, sendo capaz de mostrar as relações evolutivas entre os organismos, por meio de similaridades moleculares, como a proteína citocromo c. O citocromo c (Figura 4.36) é uma pequena proteína heme que está associada à membrana interna da mitocôndria. É uma proteína solúvel, diferentemente de outros citocromos, e um componente essencial da cadeia transportadora de elétrons. É capaz de realizar oxidações e reduções, mas não se liga ao oxigênio. Transfere elétrons entre o complexo coenzima Q-citocromo c redutase e o citocromo c oxidase. A árvore filogenética para o citocromo c (Figura 4.37) mostra um panorama dinâmico de desenvolvimento molecular, segundo os padrões de evolução darwinista, de modo que cada ramificação na árvore representa um ancestral comum para os indivíduos que estão imediatamente nos níveis superiores da árvore.

A construção da árvore filogenética para o citocromo c e para qualquer outra molécula leva em conta que as diferenças de determinada molécula em organismos distintos são a medida da diferença de resíduos de aminoácidos entre as espécies, e cada resíduo distinto resulta da substituição de um par de bases decorrente de uma mutação genética. Se cada resíduo diferente é considerado resultado de uma substituição de um par de bases, pode-se então calcular o momento em que as espécies divergiram, realizando a multiplicação dos números de substituição de pares de bases pelo tempo estimado que leva cada par de bases a sofrer mutações. O citocromo c assumiu sua estrutura atual há aproximadamente 1,5 bilhão de anos, quando o oxigênio passou a ser incorporado pelos organismos em seu processo de obtenção de energia. A análise da sequência de resíduos de aminoácidos do citocromo c de diversas espécies, incluindo fungos, plantas, aves, mamíferos e até mesmo o ser humano, mostra grande similaridade, sobretudo quando as moléculas são comparadas dentro da mesma espécie.

Por exemplo, a molécula de citocromo c dos mamíferos apresenta cerca de 8 a 12 diferenças entre os indivíduos dessa espécie, e, quando comparada a molécula de citocromo c de mamíferos com o filo dos insetos, têm-se 26 a 312 diferenças. Diversas posições na molécula são ocupadas por resíduos de aminoácidos, que são quimicamente similares em todas as espécies. Essa similaridade está de acordo com a teoria da evolução de Darwin, que sustenta que as espécies relacionadas entre si evoluíram a partir de um ancestral comum. O darwinismo está presente, portanto, mesmo em níveis moleculares, estágio em que ele de fato tem início, refletindo-se em mudanças macroscópicas e funcionais nos diferentes seres. A sequência de resíduos de aminoácidos da molécula ancestral do citocromo c pode ser inferida a partir da análise dos resíduos de aminoácidos dos citocromos atuais das diferentes espécies, já que é uma proteína evolutivamente conservativa, ou seja, sua sequência de aminoácidos sofreu discretas alterações evolutivas.

Sequência de resíduos de aminoácidos de proteínas homólogas

O estudo comparativo de proteínas homólogas (proteínas evolutivamente relacionadas) torna possível identificar quais resíduos da molécula são essenciais para sua atividade biológica e quais podem ser menos relevantes para o desempenho de suas funções. Assim, a presença de um mesmo resíduo de aminoácido em diversas proteínas homólogas indica que essa porção da molécula deve apresentar importância no desempenho de funções biológicas essenciais, uma vez que foi conservada durante o processo evolutivo nas diferentes espécies. Esses resíduos de aminoácidos são denominados resíduos invariantes.

Em contrapartida, alguns resíduos de aminoácidos na cadeia podem ser substituídos por outros com características físico-químicas similares, indicando que esses segmentos da molécula não estão envolvidos com processos que exijam alta especificidade. Esses resíduos recebem a designação de conservativamente substituídos. Finalmente, têm-se os resíduos hipervariáveis, ou seja, que ocupam uma posição na molécula que pode acomodar qualquer outro resíduo de aminoácido, não necessariamente aquele que está ocupando a posição naquele momento, indicando que essa porção molecular não é relevante para nenhum aspecto da função biológica a que a proteína está destinada.

Os resíduos hipervariáveis estão sujeitos a mutações que conduzem a alterações neutras, ou seja, modificações moleculares decorrentes de processos aleatórios evolutivos que não implicam perda das funções biológicas.

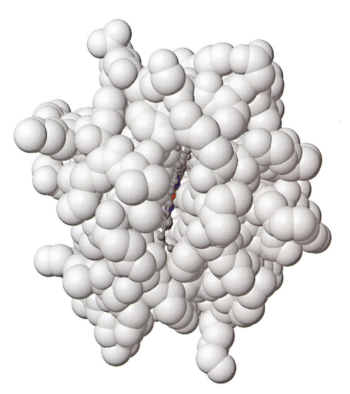

Figura 4.36 O citocromo c dispõe de aproximadamente 13 kDa, 104 a 112 resíduos de aminoácidos (de acordo com a espécie) e é um componente da cadeia respiratória encontrado em praticamente todos os eucariotos.

68 Bioquímica Clínica

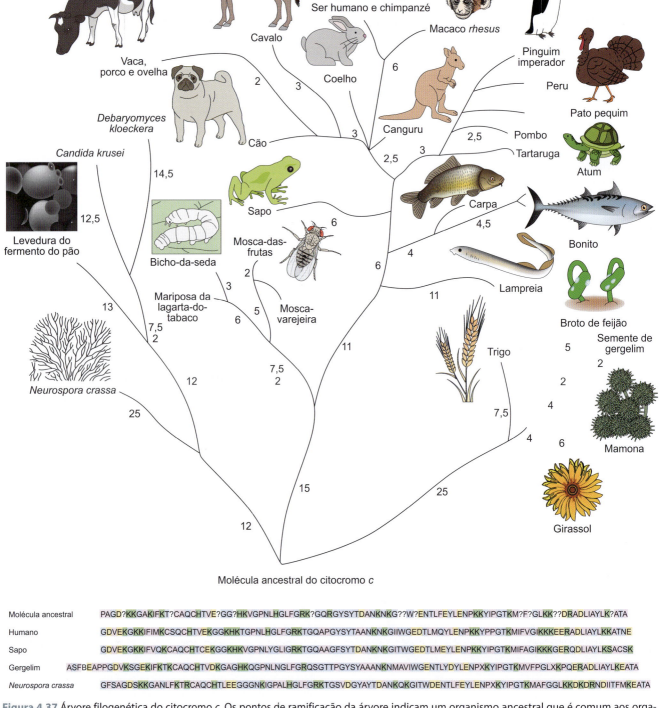

Molécula ancestral do citocromo c

Molécula ancestral	PAGD?KKGAKIFKT?CAQCHTVE?GG?HKVGPNLHGLFGRK?GQRGYSYTDANKNKG??W?ENTLFEYLENPKKYIPGTKM?F?GLKK??DRADLIAYLK?ATA
Humano	GDVEKGKKIFIMKCSQCHTVEKGGKHKTGPNLHGLFGRKTGQAPGYSYTAANKNKGIIWGEDTLMQYLENPKKYPPGTKMIFVGIKKKEERADLIAYLKKATNE
Sapo	GDVEKGKKIFVQKCAQCHTCEKGGKHKVGPNLYGLIGRKTGQAAGFSYTDANKNKGITWGEDTLMEYLENPKKYIPGTKMIFAGIKKKGERQDLIAYLKSACSK
Gergelim	ASFBEAPPGDVKSGEKIFKTKCAQCHTVDKGAGHKQGPNLNGLFGRQSGTTPGYSYAAANKNMAVIWGENTLYDYLENPXKYIPGTKMVFPGLXKPQERADLIAYLKEATA
Neurospora crassa	GFSAGDSKKGANLFKTRCAQCHTLEEGGGNKIGPALHGLFGRKTGSVDGYAYTDANKQKGITWDENTLFEYLENPXKYIPGTKMAFGGLKKDKDRNDIITFMKEATA

Figura 4.37 Árvore filogenética do citocromo *c*. Os pontos de ramificação da árvore indicam um organismo ancestral que é comum aos organismos situados nos ramos superiores. Os números localizados ao lado de cada ramo referem-se à quantidade de diferenças inferidas entre cada espécie e seu ancestral hipotético. Abaixo da árvore, a sequência de resíduos de aminoácidos do citocromo *c* ancestral é comparada com a sequência de moléculas de citocromo *c* de diversas espécies, inclusive do ser humano. Os pontos de interrogação na molécula ancestral indicam que não se tem certeza de qual aminoácido preencheria a lacuna, enquanto os resíduos em destaque na molécula de citocromo *c* humana se referem aos resíduos de aminoácidos, que são diferentes quando comparados com a molécula ancestral.

Resumo

Introdução

As proteínas e os peptídeos são macromoléculas constituídas por sequências de aminoácidos. Embora não haja consenso no que se refere ao número mínimo de aminoácidos em uma cadeia polipeptídica para se diferenciar polipeptídeo de proteína (Figura R4.1), é aceito que uma molécula com cerca de 100 resíduos de aminoácidos na cadeia seja considerada uma proteína.

Funções dos peptídeos e das proteínas:
- Regulação – hormônios como: insulina, Gh, prolactina, glucagon, ADH
- Proteção – venenos de aracnídeos e ofídios
- Transporte – mioglobina, hemoglobina, lipoproteínas
- Estrutural – colágeno, elastina, queratina
- Catálise – enzimas
- Nutrição e reserva energética – Ovoalbumina (em aves), Gliadina (trigo), Caseína (leite)

Figura R4.1 Ligação peptídica.

Ligação peptídica

É uma ligação amida, que se estabelece entre os grupos carboxila (COOH) e amina (NH$_2$) de dois aminoácidos adjacentes, seguindo-se a perda de uma molécula de água (Figura R4.2). A peptídica apresenta cerca de 40% do caráter de uma dupla ligação, com o átomo de nitrogênio alcançando uma carga positiva parcial, e o oxigênio, uma carga negativa parcial, dando origem a um dipolo elétrico, e não permitindo que a molécula normalmente gire sobre essa ligação. Como resultado, o arranjo inteiro dos quatro átomos C,O,N,H da ligação peptídica, assim como os dois carbonos vicinais da ligação, será uma estrutura de configuração planar de natureza rígida. Essa ordenação é o resultado da estabilização por ressonância da ligação peptídica.

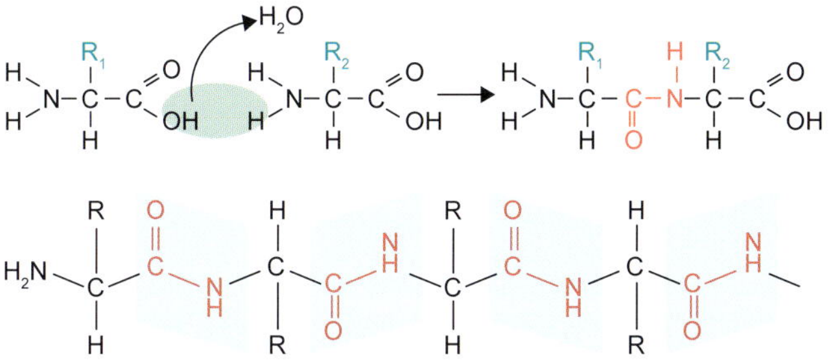

Figura R4.2 A. Ligação peptídica. Em vermelho, a ligação peptídica que ocorre entre o grupo amina e carboxila de dois aminoácidos adjacentes, com a perda de uma molécula de água. **B.** Esqueleto ou cadeia principal de um peptídeo é indicado pelos átomos que fazem parte das ligações peptídicas. Em razão da rigidez da ligação peptídica, o esqueleto pode ser representado por meio de planos sucessivos que se relacionam entre si.

Preponderância da forma *trans* em ligações peptídicas

A forma *cis* da ligação peptídica é menos estável em relação à forma *trans*, em virtude da interferência estereoquímica das cadeias laterais de aminoácidos vizinhos. No entanto, essa interferência espacial é reduzida em ligações peptídicas em que está presente o aminoácido prolina. Para a prolina, as configurações *cis* e *trans* apresentam energias equivalentes, de modo que é mais provável encontrar uma prolina ocupando a posição *cis* em uma estrutura de uma proteína do que qualquer outro aminoácido.

Conformações termodinamicamente favoráveis para ligações peptídicas | Diagrama de Ramachandran

O diagrama de Ramachandran mostra os valores estericamente para peptídeos e proteínas, ou seja, conformações espaciais que apresentam pouca ou nenhuma interferência estérica, com base em cálculos envolvendo raios de van der Waals e ângulos de ligações já estabelecidos (Figura R4.3).

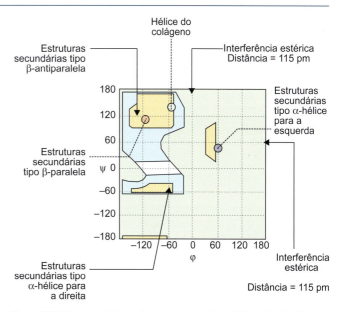

Figura R4.3 Diagrama de Ramachandran para resíduos de L-alanina. O diagrama mostra as interações que apresentam ou não interferências estéricas em diferentes níveis. Com base em cálculos de raios de van der Waals, as áreas sombreadas em amarelo indicam valores de φ e ψ que não oferecem interferência estérica; em azul, as conformações espaciais permitidas nos limites extremos, ou seja, no limiar dos valores de φ e ψ não permitidos; a área branca reflete configurações permitidas se houver certo grau de flexibilidade nos ângulos diedros φ e ψ. As demais regiões do diagrama – ou seja, todo o campo em verde – indicam combinações estéricas não permitidas. O diagrama indica ainda onde estão localizadas as estruturas secundárias mais relevantes em peptídeos (esferas azul, laranja e verde).

Arquitetura das proteínas

As proteínas assumem formas no espaço físico que estão intimamente relacionadas com suas funções biológicas. A sequência sumária de aminoácidos unidos entre si por ligações peptídicas designa a estrutura primária. Subsequentemente à estrutura primária, segue-se a estrutura secundária, que pode ocorrer em duas formas: alfa-hélice e beta pregueada. A estrutura secundária evolui para dar origem à estrutura terciária, na qual estão presentes pontes dissulfeto, além das ligações peptídicas e pontes de hidrogênio. Na estrutura terciária, elementos que não têm natureza proteica podem fazer parte da proteína, como metais, vitaminas e minerais. A associação de estruturas terciárias determina a estrutura quaternária. A Figura R4.4 mostra a evolução progressiva de uma proteína até atingir a estrutura quaternária e toma como exemplo a molécula de hemoglobina. Nota-se que a entropia é mínima na estrutura quaternária, enquanto a informação é máxima.

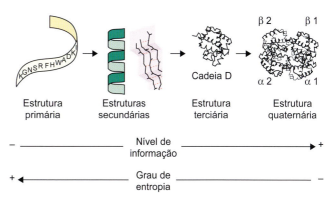

Figura R4.4 Sequência hierárquica dos níveis de complexidade estrutural da hemoglobina. A estrutura quaternária é decorrente da união de estruturas terciárias que formam um complexo biologicamente funcional. A entropia diminui da estrutura primária para a quaternária, enquanto a informação aumenta nesse mesmo sentido.

Dinâmica do enovelamento proteico

O processo de enovelamento proteico é, em suma, a busca de um estado termodinamicamente estável por parte das proteínas, denominado estado nativo. As informações que dirigem a aquisição de uma forma tridimensional residem na sequência de aminoácidos. O enovelamento é orquestrado por interações hidrofóbicas, forças de van der Waals, contribuições da energia livre de Gibbs, formação de pontes de hidrogênio e pontes dissulfeto. Durante seu enovelamento, a proteína parte de um estado entrópico (de baixo nível de informação) para um maior nível organizacional e, ao contrário do que acontece na hipótese termodinâmica, o estado nativo não corresponde necessariamente ao estado termodinâmico mais estável, mas, sim, ao estado de energia mínima, que é o mais acessível do ponto de vista cinético. Contudo, embora a aquisição da conformação espacial proteica dependa de sua estrutura primária e seja regida por forças não covalentes, diversas proteínas, incluindo as chaperonas, estão presentes orquestrando o enovelamento proteico, o que confere ao processo economia de tempo e precisão na aquisição da forma nativa.

Forças envolvidas na manutenção da arquitetura das proteínas

A manutenção das estruturas espaciais proteicas envolve forças não covalentes que, isoladamente, são extremamente frágeis, mas, quando agem em conjunto, proporcionam um bom equilíbrio e sofisticação de interações, que capacitam a proteína a adquirir sua forma característica e necessária para o cumprimento de suas funções. As pontes de hidrogênio estão amplamente presentes nas estruturas proteicas em alfa-hélice e beta pregueada e são as primeiras interações não covalentes a aparecer em proteínas. A estabilidade termodinâmica da alfa-hélice também é mantida pelas forças de van der Waals, que aparecem em moléculas com vários átomos unidos entre si por meio de ligações covalentes, como ocorre em proteínas. Tanto as pontes de hidrogênio quanto as forças de van der Waals são forças fracas isoladamente. Contudo, atuando em conjunto, tornam-se fortes o suficiente para a manutenção da estrutura secundária em alfa-hélice. As pontes dissulfeto aparecem na estrutura terciária das proteínas e se estabelecem entre os resíduos de cistinas presentes na cadeia polipeptídica, formando dímeros de cistinas que atuam na conformação espacial proteica. Em proteínas, as interações hidrofóbicas são as forças não covalentes mais relevantes na manutenção da estrutura espacial. Nesse caso, ocorrem em razão da tendência de as cadeias laterais apolares dos resíduos da alanina, isoleucina, leucina, fenilalanina e valina agruparem-se longe da água, ou seja, organizando-se de maneira termodinamicamente estável. As últimas forças não covalentes envolvidas na manutenção da estrutura espacial das proteínas são as interações eletrostáticas ou ligações iônicas. Essas forças ocorrem entre grupos carregados positivamente como (NH_3^+) de resíduos de lisina, que podem reagir com grupos negativamente carregados, como o COO^- do ácido aspártico, formando pares iônicos ou pontes salinas.

Desnaturação proteica

As alterações que sofrem a estrutura espacial proteica, em decorrência de agentes físico-químicos ou biológicos, denominam-se desnaturação. A desnaturação proteica não enzimática implica perda da função biológica da proteína ou peptídeo em virtude de modificações na sua estrutura nativa sem, contudo, romper as ligações peptídicas. Entre os principais agentes desnaturantes, pode-se citar: calor, detergentes, agitação mecânica, solventes orgânicos, ácidos e bases fortes e ureia.

Exercícios

1. Com base na figura, assinale a alternativa em que o peptídeo adquirirá a estrutura secundária beta pregueada:

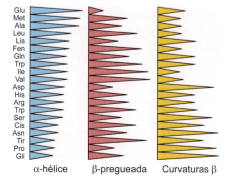

a) ... Met-Leu-His-Ala-Ala-Lis-Glu-Met-Leu...
b) ... Met-Val-Val-Tir-Asp-Gli-Pro-Ser-Fen...
c) ... Met-Cis-Glu-Glu-Met-Ala-Asp-Gln-Ala...
d) ... Met-Met-Glu-Glu-Met-Ala-Ala-Gln...
e) ... Met-Ile-Glu-Val-Val-Ile-Ala-Met-Val...

2. O processo de enovelamento pode ser entendido como a busca de um estado termodinamicamente estável por parte das proteínas, denominado estado nativo. A figura expressa o enovelamento de uma dada proteína. A partir da imagem, responda:

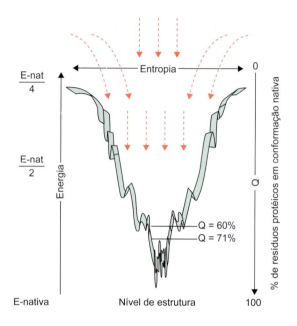

a) A estrutura primária está em I, II ou III?
b) Em que local da curva o grau de informação é maior: I, II ou III? Por quê?
c) O que significam as reentrâncias do gráfico (setas)?

3. Assinale a afirmativa correta:
a) As cadeias polipeptídicas podem apresentar ligações peptídicas do tipo *trans* ou *cis*. No caso da conformação do tipo *trans*, os carbonos alfa sucessivos situam-se em lados opostos, de modo que o grupo amina não pode mais reagir para formar outra ligação peptídica com outro aminoácido adjacente.
b) A conformação *cis* da ligação peptídica apresenta os átomos sucessivos de oxigênio alfa em lados opostos da ligação e, nesse caso, o hidrogênio da amina com substituinte é oposto ao oxigênio da carbonila.
c) Para a prolina, as configurações *cis* e *trans* apresentam energias equivalentes, de modo que é mais provável encontrar uma prolina ocupando a posição *cis* em uma estrutura de uma proteína do que qualquer outro aminoácido.
d) Cerca de aproximadamente 10% dos resíduos de fenilalanina presentes em proteínas assumem a forma *cis* de ligação peptídica.
e) A presença do triptofano nas cadeias polipeptídicas possibilita que assumam conformações espaciais proibidas para outros aminoácidos.

4. Explique por que a ligação peptídica é rígida.
5. Explique o que são folhas beta e antiparalelas.
6. Observe as afirmações a seguir. Considere os valores no interior dos parênteses em cada afirmação e realize a soma das afirmações corretas.
   a. (120) A ligação peptídica é uma ligação iônica, na qual o grupo R de um dado aminoácido reage com o grupo amina de outro aminoácido, com a consequente perda de uma molécula de água.

b. (500) Um peptídeo de 251 resíduos de aminoácidos na cadeia perde 250 moléculas de água durante sua síntese.
c. (600) A ligação peptídica apresenta extrema rigidez, decorrente do fenômeno de ressonância dos átomos envolvidos na ligação. De fato, a ressonância confere à ligação peptídica cerca de 40% do caráter de uma dupla ligação.
d. (50) A ligação peptídica do tipo *cis* prepondera sobre a do tipo *trans*, em razão do fenômeno de ressonância das moléculas.
e. (172) As proteínas adquirem a forma nativa, ou seja, a forma espacial em que cumprem sua função biológica por meio da ação das chaperonas. Elas atuam aumentando o nível entrópico do sistema e reduzindo os níveis informacionais das proteínas.
f. (980) As chaperonas ou chaperoninas reduzem a energia de ativação durante o processo de enovelamento proteico. Essas proteínas atuam no processo de enovelamento proteico, facilitando a aquisição da forma nativa.

7. Explique o mecanismo de ação dos seguintes agentes desnaturantes:
   a) Sais inorgânicos.
   b) Detergentes.
   c) pH.

8. A partir do peptídeo apresentado na figura, extraia os aminoácidos que o formam.

9. Explique o que expressa o diagrama de Ramachandran.

b) Detergentes: são moléculas anfipáticas, ou seja, apresentam uma porção polar e uma porção apolar. As porções apolares do detergente tendem a interagir com os segmentos apolares da proteína, desfazendo essa importante interação molecular que atua na manutenção da estrutura nativa.
c) pH: existem proteínas capazes de atuar em diferentes meios com valores de pH variáveis. Por exemplo, a pepsina é uma enzima proteolítica secretada na luz gástrica e atua em pH = 2,0; já a alfa-amilase pancreática atua em valores de pH próximos de 8,0, enquanto as proteínas plasmáticas desempenham suas funções em pH próximo de 7,0. As alterações de pH, em virtude da adição de ácidos ou bases ao meio, levam a mudanças nas cargas elétricas da proteína, sobretudo na face externa. A redistribuição das cargas elétricas altera as forças não covalentes envolvidas na integridade estrutural da proteína, conduzindo à desnaturação.

8.

9. Expressa as conformações espaciais termodinamicamente favoráveis, ou seja, aquelas que apresentam pouca ou nenhuma interferência, baseadas em cálculos envolvendo raios de van der Waals e ângulos de ligações já estabelecidos.

Respostas

1. Alternativa correta: b.
2. a) A estrutura primária está em I, onde a entropia é maior.
   b) O grau de informação é maior na região indicada por III e, nesse ponto, a entalpia (grau de organização de um sistema) é maior; consequentemente, há maior informação.
   c) As reentrâncias são as estruturas conformacionais que a proteína experimenta durante seu processo de enovelamento (*folding*).
3. Alternativa correta: c.
4. A rigidez ocorre por meio do fenômeno de ressonância presente na ligação peptídica. Nesse caso, uma nuvem de elétrons migra de um polo a outro, o que lhe confere 40% da energia presente em uma dupla ligação covalente.
5. As folhas β-pregueadas podem apresentar arranjos paralelos ou antiparalelos. No primeiro caso, as cadeias adjacentes de uma folha β-pregueada podem orientar-se no mesmo sentido, de modo que as porções N-terminais e C-terminais começam e terminam juntas, ou seja, apontam para a mesma direção. Na conformação β-pregueada antiparalela, as cadeias peptídicas vizinhas seguem direções opostas e, nesse caso, as porções N-terminal e C-terminal se alternam, a fim de que cada cadeia aponte para a direção oposta de sua cadeia adjacente.
6. 1980.
7. a) Sais inorgânicos: os sais, como a ureia, desnaturam proteínas por interferirem nas pontes de hidrogênio. Os íons salinos se hidratam; assim, aumentando-se a concentração do sal, alcança-se um ponto no qual os íons salinos sequestram a água fazendo com que a proteínas se desidratem, perdendo sua camada de solvatação, o que ocasiona diminuição de sua solubilidade. A precipitação que se processa recebe o nome de precipitação salina ou *salting out*.

Bibliografia

AAindex: Amino Acid Index Database. Disponível em: http://www.genome.jp/aaindex. Acesso em: 12 jul. 2016.
Berger G, Stumpe M, Höhne M, Denz C. Reliability of associative recall based on data manipulations in phase encoded volume holographic storage systems. J Opt A Pure Appl Opt. 2005;7:567-75.
CATH Protein Structure Classification. Disponível em: http://www.cathdb.info. Acesso em: 12 jul. 2016.
Fenton WA, Horwich AL. Chaperonin-mediated protein folding: fate of substrate polypeptide. Q Rev Biophys. 2003;36(2):229-56.

Kleywegt GJ, Jones TA. Phi/psi-chology: Ramachandran revisited. Structure. 1996;4(12):1395-400.

Lopes JLS, Garcia AF, Damalio JCP. Estudos estruturais e funcionais de proteínas. Distrito Federal: W. Educacional-Brasília/W Educacional Editora e Cursos Ltda.

Mayer MP, Bukau B. Hsp70 chaperones: cellular functions and molecular mechanism. Cell Mol Life Sci. 2005;62:670-84.

Ormo M, Cubitt AB, Kallio K, Gross LA, Tsien RY, Remington SJ. Crystal structure of the Aequorea victoria green fluorescent protein. Science. 1996; 273:1392-5.

Razeghifard R, Wallace BB, Pace RJ, Wydrzynski T. Creating functional artificial proteins. Curr Protein Pept Sci. 2006;8(1):3-18.

RCSB Protein Data Bank. Disponível em: http://www.rcsb.org/pdb/home/home.do. Acessado em: 12 jul. 2016.

Revista Ciência Hoje On-line 13/12/2005. Disponível em: http://www.cienciahoje.org.br/noticia/v/ler/id/593/n/prions_desvendados>?.

Schneider D, Finger C, Prodöhl A, Volkmer T. From interactions of single transmembrane helices to folding of alpha-helical membrane proteins: analyzing transmembrane helix-helix interactions in bacteria. Curr Protein Pept Sci. 2007;8(1):45-61.

Silva IR. Enovelamento proteico: fatores topológicos [tese]. Ribeirão Preto: Universidade de São Paulo; 2005.

Stumpe M. Inhaltsadressiertes Auslesen in einem volumenholographischen Speichersystem mit Phasencodierung [Diplomarbeit]. Münster: Westfälische Wilhelms-Universität Münster; 2003.

Stumpe MC, Grubmüller H. Aqueous urea solutions: structure, energetics, and urea aggregation. J Phys Chem B. 2007;111(22):6220-8.

Taylor JB, Kennewell PD. Introductory medicinal chemistry. New York: John Wiley & Sons; 1981.

Terasawa K, Minami M, Minami Y. Constantly updated knowledge of Hsp90. J Biochem. 2005;137(4):443-7.

Zaman MH, Berry RS, Sosnick TR. Entropic benefit of a cross-link in protein association. Proteins. 2002;48(2):341-51.

Carboidratos

Introdução

Mais da metade do carbono orgânico disponível está na forma de amido e celulose. Ambos são homopolímeros de glicose. O termo carboidrato designa somente açúcares simples, cuja fórmula geral é $Cn(H_2O)n$, em que *n* deve assumir valor igual ou maior que 3. Esse termo foi cunhado porque, inicialmente, acreditava-se que o carbono se encontrava hidratado, como sugere a fórmula mínima dos carboidratos, CH_2O. Contudo, diversos carboidratos apresentam a estrutura de nitrogênio, fósforo ou enxofre, o que não está em concordância com a fórmula geral. Ainda assim, o termo carboidrato continua sendo empregado em virtude de sua consolidação ao longo do tempo.

Os carboidratos podem ser definidos quimicamente como compostos orgânicos com pelo menos três carbonos na cadeia e nos quais todos os carbonos tenham uma hidroxila, com exceção dos que apresentam um grupo funcional, que pode ser um aldeído, dando origem aos poli-hidroxialdeídos (aldoses), ou uma cetona, originando as poliidroxicetonas (cetoses).

Os carboidratos são também chamados de sacarídeos (do latim *saccharum*), glicídios (do grego, *glýcis*) ou, ainda, oses.

Síntese dos carboidratos

Os vegetais são capazes de sintetizar carboidratos a partir de compostos simples, por exemplo, H_2O e CO_2; unidos pela energia da fotossíntese, formam $C_6H_{12}O_6$, a glicose, uma molécula largamente utilizada nos processos químicos de obtenção de energia. Para a obtenção da glicose, os animais recorrem a um processo denominado neoglicogênese, uma operação bioquímica que ocorre no fígado, na qual é possível a síntese de glicose a partir de compostos não glicídicos, como o esqueleto carbônico de alguns aminoácidos. Outro processo de síntese endógena de glicose ocorre por meio da clivagem da molécula de glicogênio, um homopolímero de glicoses sintetizado e armazenado no fígado e nos músculos. Contudo, esses processos são possíveis apenas a partir de substratos oriundos de um prévio metabolismo, decorrente da ingestão de seus precursores por meio da dieta, o que coloca os animais em condição dependente dos vegetais no que concerne à obtenção de energia.

Funções na natureza

Energética

Os carboidratos, em particular a glicose, são precursores da síntese de trifosfato de adenosina (ATP), um nucleotídio (Figura 5.1) amplamente utilizado na obtenção de energia durante sua clivagem segundo a reação: $ATP + H_2O \leftrightarrow ADP + H_3PO_4$. A energia não está nas ligações fosfato do ATP, como erroneamente se afirma. De fato, a cisão de ligações químicas é um processo endotérmico, o que seria uma contradição. Na verdade, a conversão de ATP em ADP + Pi é uma hidrólise, ou seja, a água é um dos reagentes desse processo. A formação de ligações covalentes no final da transformação libera mais energia do que a absorção na quebra das ligações presentes entre os átomos das moléculas de ATP e água. Dessa forma, a reação global acaba se tornando exotérmica.

Outros fatores contribuem para que esse composto orgânico libere energia ao ser cindido. Os produtos ADP e Pi dispõem de maior entropia do que o reagente ATP, ou seja, os produtos têm maior grau de desorganização do que o reagente. Além disso, o fosfato inorgânico apresenta o fenômeno da ressonância (nuvens de elétrons das ligações π, que se deslocam dentro do próprio composto). Há também, dentro da molécula, átomos de oxigênio com excesso de carga negativa e que estão muito próximos uns dos outros. Isso provoca repulsão eletrostática entre essas cargas, e a decomposição do ATP

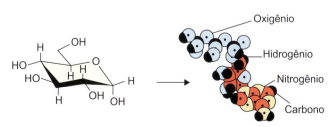

Figura 5.1 A molécula de glicose é o substrato para a síntese de ATP. A síntese de energia na forma de ATP é uma das principais funções dos carboidratos.

diminui essa repulsão, pelo afastamento dessas cargas. Por fim, a hidratação dos compostos ADP e Pi libera considerável quantidade de energia. Tudo isso faz com que o sistema composto por ADP e Pi seja mais estável do que o composto por ATP. Essa estabilidade se dá pelo fato de que ocorre, durante a reação de decomposição do ATP, diminuição da energia livre desse sistema, em outras palavras, liberação de energia.

Estrutural

A parede celular dos vegetais é constituída por um homopolímero insolúvel de carboidratos, a celulose. Já a carapaça dos artrópodes é formada de quitina, outro polímero de carboidratos que proporciona resistência ao corpo do animal (Figura 5.2). A porção mais externa da membrana plasmática das células animais é constituída pelo glicocálix, um complexo de carboidratos relacionado com a especificidade celular.

Reserva energética

Os vegetais são capazes de armazenar energia na forma de um polímero de glicose, o amido, enquanto os animais armazenam carboidratos na forma de glicogênio intramuscular e hepático. O glicogênio é também um polímero de glicose, embora apresente uma estrutura mais compacta e ramificada (Figura 5.3).

Classificação

Os carboidratos podem ser classificados, quanto ao seu grupo funcional, em aldoses e cetoses. Os primeiros são aqueles que apresentam o grupo funcional aldeído (H–C=O), enquanto os segundos apresentam o grupo funcional cetona (C=O). O número de carbonos na molécula da ose também leva a outro tipo de classificação, de modo que as oses que apresentam três carbonos na cadeia são designadas trioses; 4, 5, 6 e 7 carbonos são denominadas tetroses, pentoses, hexoses e heptoses, e assim sucessivamente. Esses açúcares são chamados de monossacarídeos, ou seja, açúcares simples que não podem ser hidrolisados em compostos de menor peso molecular, como glicose, galactose e frutose. A união de duas unidades de monossacarídeos dá origem a um dissacarídeo. Existem dissacarídeos de grande relevância, como é o caso da sacarose (glicose + frutose), da maltose (glicose + glicose) e da lactose (galactose + glicose). Cadeias com 3 a 12 oses unidas são denominadas oligossacarídeos, como a rafinose, encontrada na soja. A denominação polissacarídeo se dá quando a quantidade de oses presentes na cadeia ultrapassa 12, podendo chegar a centenas de unidades, como é o caso do amido, da celulose e do glicogênio. Os polissacarídeos diferem dos oligossacarídeos não só pelo tamanho da molécula, mas também pela maior quantidade de combinações possíveis durante a biossíntese, o que possibilita a formação de ramificações.

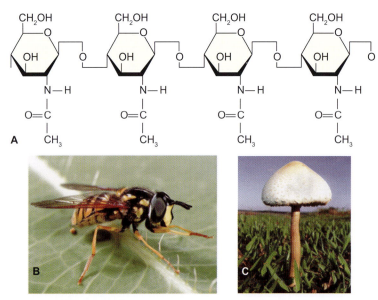

Figura 5.2 A. Estrutura da quitina. β-(1-4) 2-acetamido-2-deoxi-D-glicose (N-acetilglicosamina) é um polissacarídeo, insolúvel e córneo, formado por unidades de N-acetilglicosamina. É o constituinte principal das carapaças (exoesqueleto) dos artrópodes (B) e está presente, com menor importância, em muitas outras espécies animais. É, também, o constituinte principal das paredes celulares nos fungos (C).

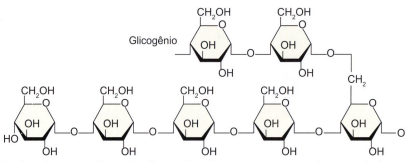

Figura 5.3 Molécula do glicogênio, um polímero de glicoses. O amido apresenta estrutura bastante similar, com menos ramificações.

Família das cetoses e das aldoses

As oses são aldeídos ou cetonas com múltiplas hidroxilas. Os glicídios mais simples são aldeídos ou cetonas que apresentam duas ou mais hidroxilas (Figura 5.4).

O gliceraldeído dá origem a uma gama de monossacarídeos, formando a família das aldoses, uma vez que o grupamento funcional dessas moléculas é o aldeído. O gliceraldeído é uma triose e, à medida que mais um átomo de carbono entra na cadeia do gliceraldeído, vai se alongando e formando açúcares maiores, até chegar a um limite de seis átomos de carbono na cadeia, uma hexose (Figura 5.5). Já os açúcares que apresentam o grupamento cetona como grupo funcional são derivados da diidroxiacetona e dão origem à família das cetoses. A diidroxiacetona apresenta três átomos de carbono na cadeia – portanto, é uma triose. Igualmente, as aldoses, à medida que mais átomos de carbono entram na cadeia, formam açúcares maiores, até um limite de seis átomos de carbono na cadeia, ou seja, uma cetose que é uma hexose (Figura 5.6). As cetoses mais comuns são aquelas com função cetona no carbono 2. A posição do grupo carbonila faz com que as cetoses apresentem um centro assimétrico a menos do que as aldoses isoméricas.

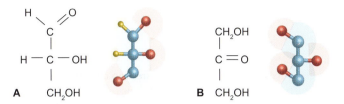

Figura 5.4 As oses derivam do D-gliceraldeído (**A**) ou da diidroxiacetona (**B**). O D-gliceraldeído é uma triose porque apresenta três carbonos, mas também uma aldose, uma vez que apresenta o grupamento aldeído. Já a diidroxiacetona também é uma triose (três carbonos), mas é uma cetose, pois seu grupamento é a cetona.

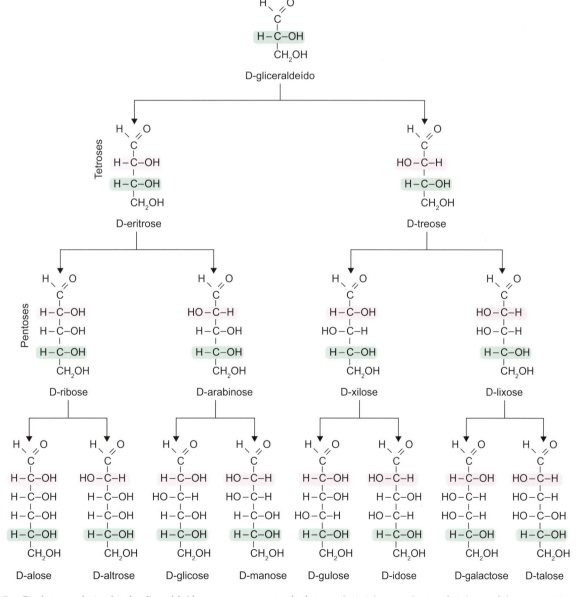

Figura 5.5 Família das oses derivadas do gliceraldeído, com apenas metade dos possíveis isômeros. Para cada isômero, há um enantiômero, da série L, que não é mostrado, de modo que as formas L correspondentes desses açúcares são suas imagens especulares. A configuração em torno do C2 distingue os membros de cada par.

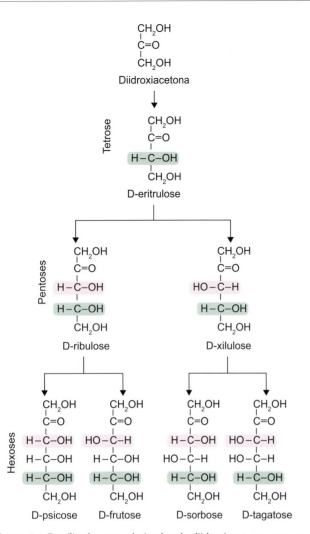

Figura 5.6 Família das oses derivadas da diidroxiacetona, com somente metade dos possíveis isômeros. Para cada isômero, há um enantiômero, da série L, que não é mostrado. A configuração em torno do C3 distingue os membros de cada par.

Estereoquímica dos carboidratos

A molécula de gliceraldeído apresenta um único centro assimétrico, sendo possível, portanto, dois estereoisômeros (enantiômeros) para essa aldotriose, o D-gliceraldeído e o L-gliceraldeído (Figura 5.7). A adição de um grupo HCOH no esqueleto carbônico da molécula de gliceraldeído a torna capaz de gerar quatro estereoisômeros, em função de apresentar agora dois centros assimétricos. Para as oses com mais de um centro assimétrico, como as hexoses (D-glicose), as notações D e L indicam a configuração absoluta do carbono assimétrico mais distante da função aldeídica ou cetônica. Esses açúcares pertencem à série D, uma vez que sua configuração absoluta em C5 é a mesma do gliceraldeído.

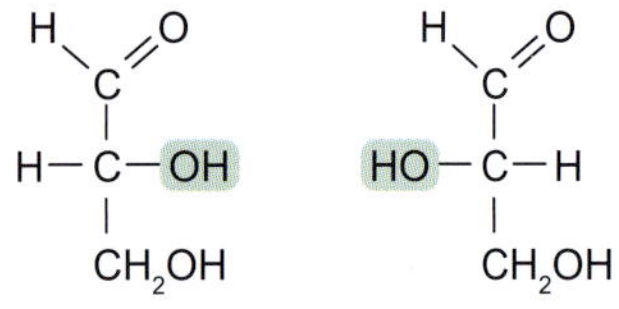

Figura 5.7 Formas isoméricas possíveis para o gliceraldeído.

Epímeros. Quando dois carboidratos diferem em torno de um átomo específico de carbono (com exceção do átomo relacionado com a função cetônica ou aldeídica), são denominados epímeros (Figura 5.8).

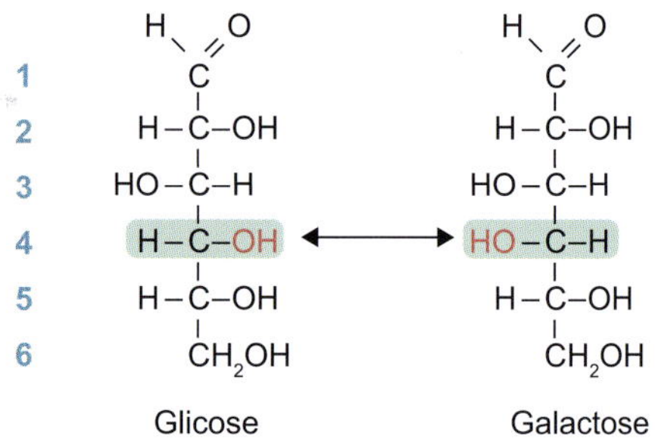

Figura 5.8 A glicose é epímera da galactose, pois o carbono 4 difere de cada molécula entre si.

Isômeros. São compostos que apresentam a mesma fórmula química, como glicose, manose e galactose. No entanto, diferem entre si geométrica ou estruturalmente. A galactose e a manose não são epímeros, pois elas diferem na posição das hidroxilas em dois carbonos, C2 e C4 (Figura 5.9), e, assim, são definidas como isômeros (substâncias com a mesma fórmula molecular, mas que diferem estrutural ou geometricamente).

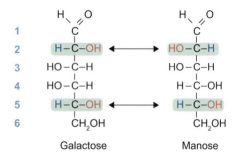

Figura 5.9 A galactose e a manose são açúcares isômeros, pois diferem geometricamente em mais do que um carbono da cadeia.

Enantiômeros. Consistem em um tipo especial de isomeria que aparece em pares de estruturas que são imagens especulares uma da outra. Desse modo, os açúcares da série D são isômeros ópticos dos açúcares da série L (Figura 5.10).

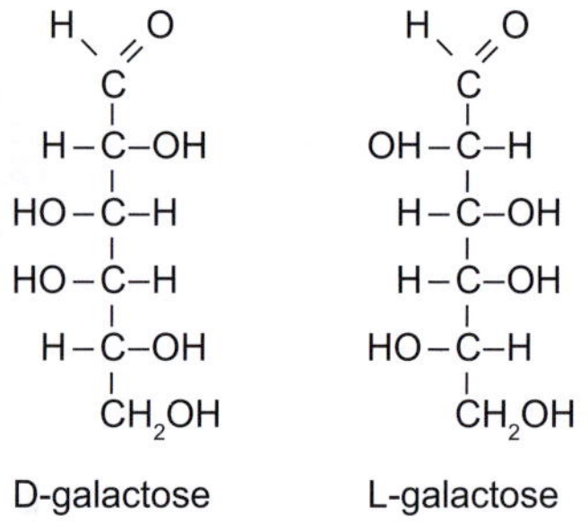

Figura 5.10 Todos os açúcares da série D são isômeros ópticos dos açúcares da série L, isto é, são imagens especulares.

Classificação por átomos de carbonos

Os carboidratos podem ser classificados em quatro grupos: monossacarídeos, dissacarídeos, oligossacarídeos e polissacarídeos (Figura 5.11). Também chamados de açúcares simples, a fórmula geral dos monossacarídeos é $(CH_2O)n$. São açúcares que não podem ser clivados em unidades menores, sob condições químicas brandas ou mesmo por meio de reações enzimáticas. O termo oligossacarídeo deriva do grego *oligos*, que significa poucos, consistindo em 3 a 10 monossacarídeos unidos entre si por ligações glicosídicas. A união de duas oses é chamada de dissacarídeo, e a de três oses, trissacarídeo. Tanto os di quanto os trissacarídeos são bastante comuns na natureza, como é o caso, por exemplo, da sacarose (glicose + frutose), o dissacarídeo conhecido como açúcar refinado. Como exemplo de trissacarídeo, a rafinose (glicose + frutose + galactose) está presente em altas concentrações na soja ou em seus produtos derivados, sendo considerada um fator antinutricional, uma vez que pode interferir na absorção dos nutrientes da dieta, além de ser uma das principais responsáveis pela indução de flatulência em humanos e outros animais. Os polissacarídeos, por sua vez, tal qual seu nome sugere, *poli = muitos*, são homopolímeros de açúcares simples e seus derivados unidos entre si por ligações glicosídicas. Podem, ainda, ser lineares (p. ex., celulose) ou ramificados (p. ex., glicogênio). Os polissacarídeos podem apresentar centenas, ou mesmo milhares, de unidades monoméricas, podendo seu peso molecular ultrapassar um milhão de dáltons.

Formas de representação

Os carboidratos podem ser representados de várias maneiras (Figura 5.12). A representação de Fischer é a mais simples e carece de informações sobre a disposição espacial dos átomos na molécula – observada na representação de Tollens, Haworth e nas projeções em barco e cadeira. A representação de Tollens mostra o anel hemiacetal, que se forma a partir de uma reação intracadeia, na qual participam o grupo funcional e um dos carbonos hidroxilados do restante da molécula. As particularidades químicas relacionadas com a formação do anel hemiacetal serão plenamente discutidas no tópico de ciclização dos carboidratos. A conformação em cadeira e barco adquirida pelas oses decorre da geometria tetraédrica dos átomos de carbono presentes nos açúcares de seis carbonos, que impedem que o anel seja plano. São a forma mais fidedigna de representação dos carboidratos e estão mais próximas da estrutura da molécula na natureza. Todavia, aqui será utilizada a projeção de Haworth, por ser a mais empregada para fins didáticos.

A conformação em cadeira ou barco é adotada pelas piranoses, sendo a forma em cadeira termodinamicamente mais favorável que a conformação em barco, uma vez que apresenta menor impedimento estérico. Os grupos ligados aos átomos de carbono, que fazem parte do anel, podem ser classificados em axiais e equatoriais, de acordo com sua disposição. As ligações axiais são perpendiculares ao plano do anel, enquanto as equatoriais são paralelas ao plano. Assim, os grupos axiais

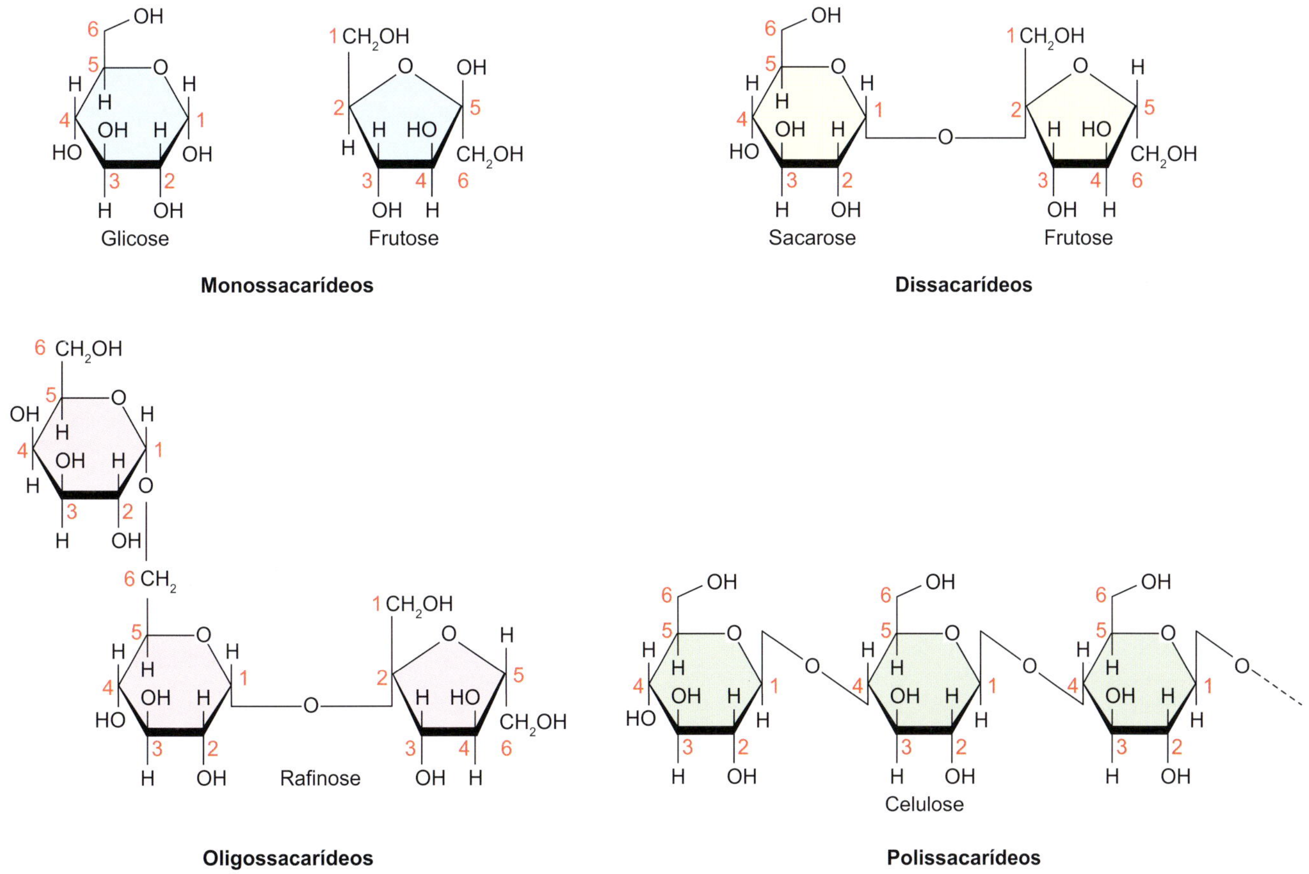

Figura 5.11 Carboidratos que representam os monossacarídeos, dissacarídeos, trissacarídeos e polissacarídeos. A glicose, um monossacarídeo, está presente na forma de amido no pão; já a frutose, outro monossacarídeo, está presente nas frutas. A rafinose é um trissacarídeo e encontra-se na soja. A celulose, por sua vez, é um representante dos polissacarídeos e é encontrada em verduras, por exemplo.

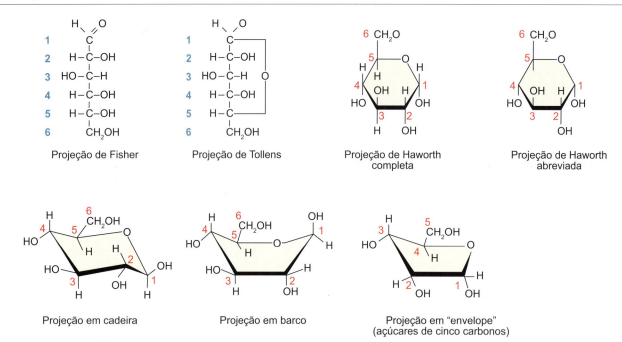

Figura 5.12 Diversas formas de representar carboidratos. A mais simples é a fórmula de Fischer, proposta pelo alemão Emil Fischer (1852-1919), ganhador do prêmio Nobel em química por seus estudos sobre os açúcares derivados de purinas e peptídeos. Os anéis de furanoses assemelham-se a envelopes abertos, porque seus anéis, assim como os de furanose, não são planos. Embora a estrutura em cadeira seja a mais próxima do estado da molécula na natureza, a fórmula de Haworth é a estrutura didaticamente mais adequada para a representação dos açúcares.

emergem acima do plano do anel e os equatoriais, abaixo do plano. Os elementos que não o hidrogênio atuam promovendo interferências estéricas se estiverem situados no mesmo plano do anel, o que ocorre, por exemplo, com os grupos OH. Em contrapartida, os grupos equatoriais dispõem de mais espaço para se situar. Igualmente aos anéis de piranose, os anéis de furanose não são planos, podendo apresentar "dobras", de modo que quatro átomos podem se dispor na forma planar, estando o quinto átomo distante cerca de 0,5 angstrons do plano. Essa conformação espacial é designada pela forma em envelope, uma vez que lembra um envelope aberto (Figura 5.13). Na maioria das moléculas biológicas, a ribose apresenta o C2 ou o C3 fora do plano do anel, no mesmo lado que o C5. É por essa razão que essas conformações espaciais são chamadas de C2 *endo* e C3 *endo*. Os anéis de piranose são mais flexíveis que os anéis de furanose, o que poderia sugerir sua escolha pela natureza para compor os ácidos nucleicos, DNA e RNA.

Ciclização dos carboidratos

Os monossacarídeos de ocorrência natural mais comum, como ribose (5C), glicose (6C), frutose (6C) e manose (6C), existem como hemiacetais de cadeia cíclica (e não na forma linear), quer na forma de furanose (um anel de cinco elementos, menos estável), quer na de piranose (um anel de seis elementos, mais estável). De fato, menos de 1% dos açúcares com cinco ou mais carbonos na cadeia ocorre na natureza na forma aberta (acíclica). A forma cíclica (hemiacetal) resulta da reação intramolecular entre o grupamento funcional (C1 nas aldoses e C2 nas cetoses) e um dos carbonos hidroxilados do restante da molécula (C4 na furanose e C5 na piranose), ocorrendo nas formas isoméricas alfa e beta (*cis* ou *trans*), conforme a posição da hidroxila do C2 em relação à hidroxila do C1.

Na estrutura do anel, o carbono, no qual ocorre a formação do hemiacetal, é denominado carbono anomérico, e sua hidroxila pode assumir as formas α, quando ela fica para baixo do plano do anel, e β, quando fica para cima do plano do anel, que são interconvertidas por meio do fenômeno da mutarrotação. Durante a ciclização, grupos aldeídos das aldoses e grupos cetonas das cetoses podem reagir com álcoois, para dar origem a anéis de hemiacetal (Figura 5.14). Assim, duas estruturas em anel podem se formar: α e β.

Para os açúcares da série D, representados pela projeção de Haworth, a designação α indica que a hidroxila ligada ao C1 está abaixo do plano do anel hemiacetal, enquanto a β que a hidroxila de C1 está acima do plano do anel (Figura 5.14). As outras hidroxilas da molécula, quando representadas na

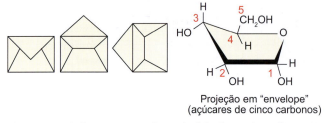

Figura 5.13 A forma em envelope da β-D-ribose. A configuração mostrada é C3 *endo*. Note-se que C3 se encontra fora do plano do anel, do mesmo lado que C5. Essa é a forma em que a ribose está presente na molécula do DNA.

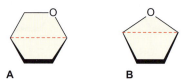

Figura 5.14 Projeções de Haworth para as piranoses (**A**) e furanoses (**B**). O plano do anel de hemiacetal é representado pela linha espessa. Contudo, tridimensionalmente, o plano do anel está situado na linha tracejada, projetando-se da página em direção ao leitor.

forma em anel, seguem a convenção: se estavam para a direita nas projeções de Fischer, devem situar-se abaixo do plano do anel e, se para a esquerda, devem ser inseridas acima do plano do anel.

O plano do anel hemiacetal é didaticamente mais bem demonstrado nas projeções de Haworth, nas quais aparece como uma linha espessa que tridimensionalmente se situa de maneira perpendicular à página, tanto nas piranoses quanto nas furanoses (Figura 5.15). Assim, a ciclização produz um carbono anômero nas aldoses, que é o carbono 1, e, nas cetoses, o carbono 2. Dessa forma, surge mais um centro assimétrico na molécula. O átomo de C1 é chamado de carbono anômero e, por essa razão, as formas α e β são anômeras e reconhecíveis pelas enzimas. As formas anômeras podem dar origem a polissacarídeos diferentes, como a celulose, formada por sequências de β-glicoses, unidas entre si por ligações glicosídicas do tipo β, e o amido, polímero formado por α-glicoses, unidas entre si por ligação do tipo α.

As formas α e β na projeção de Fischer podem ser reconhecidas do seguinte modo: quando o grupo OH do carbono anômero se encontra do mesmo lado do anel hemiacetal, a forma é designada como α, e, quando o grupo OH do carbono anômero está do lado oposto ao anel hemiacetal, a forma é indicada como β (Figura 5.16).

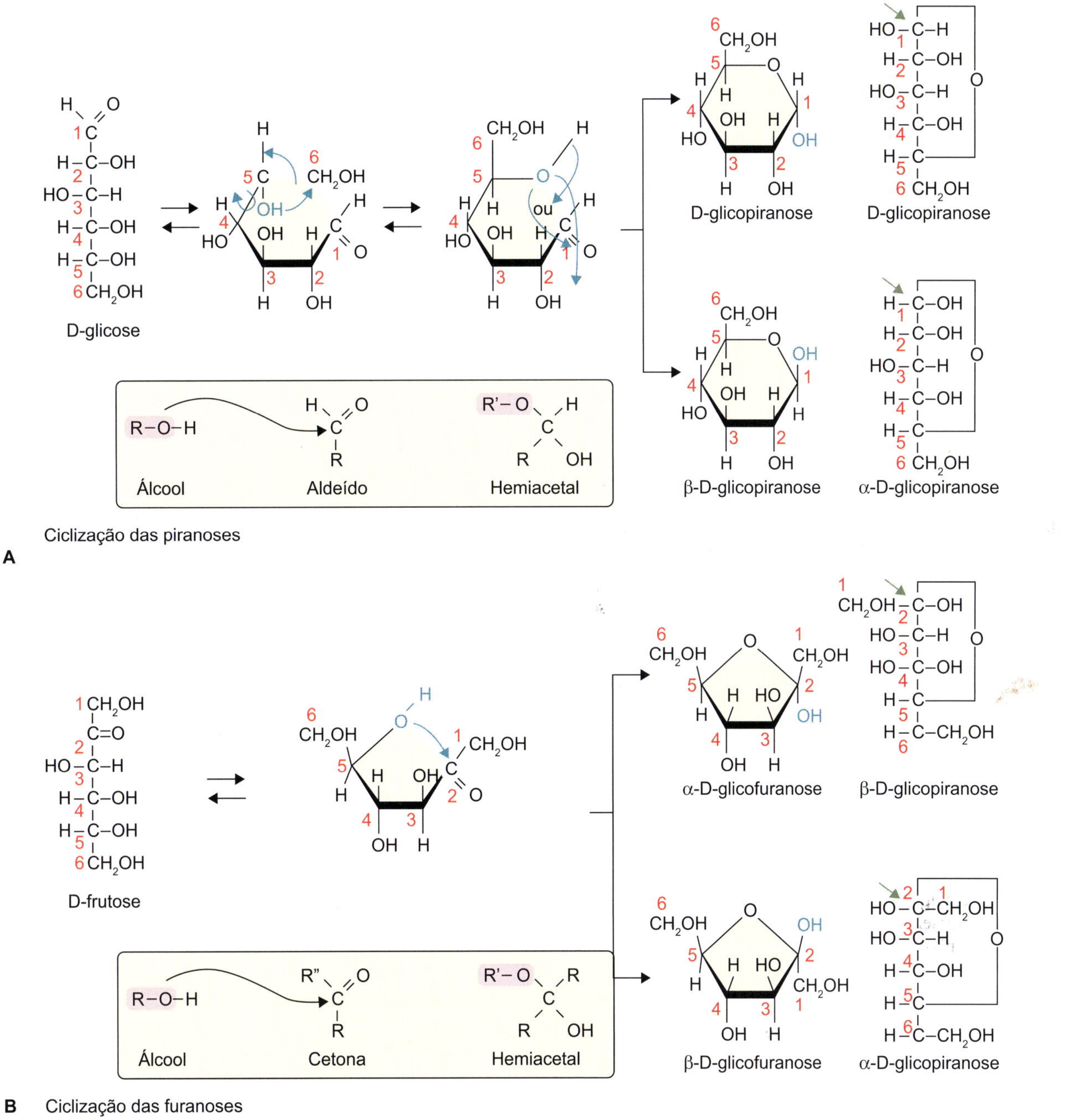

Figura 5.15 Ciclização da glicose com formação de duas estruturas cíclicas de glicopiranose. A projeção de Fischer (A) é rearranjada em uma representação tridimensional (B). A rotação da ligação entre C4 e C5 aproxima o grupo hidroxila em C5 do grupo aldeído em C1 para formar o anel hemiacetal, dando origem a dois estereoisômeros, os anômeros α e β, que diferem na posição da hidroxila no C1 em relação ao anel hemiacetal. No anômero α, o grupo OH em C1 é representado abaixo do anel, enquanto, no anômero β, o grupo OH é acima do anel. As setas verdes indicam o carbono anômérico nas projeções de Tollens.

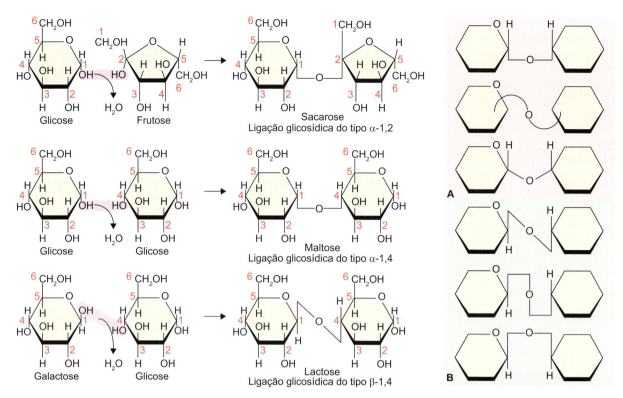

Figura 5.16 Formação de dissacarídeos biologicamente importantes, por meio de ligações glicosídicas entre dois monossacarídeos. Nota-se que as ligações glicosídicas são ligações covalentes em que há perda de uma molécula de água. Os quadros, à direita, indicam formas de representação de ligações glicosídicas dos tipos alfa (**A**) e beta (**B**).

Mutarrotação em açúcares

Quando em solução aquosa, os açúcares α e β sofrem livre interconversão de uma forma na outra, até que o equilíbrio seja alcançado. Essa interconversão é chamada de mutarrotação. De fato, para a molécula de glicose tem-se a seguinte proporção aproximada: β-D-glicopiranose: 62%; α-D-glicopiranose: 38%; α-D-glicofuranose: menos de 0,5%; β-D-glicose: menos de 0,2%; e na forma aberta ou acíclica: menos de 0,02%.

> ### Bioclínica
>
> Em monossacarídeos cíclicos, os átomos de carbono anomérico (C1 nas aldoses e C2 nas cetoses) são capazes de reações de oxidação por diversos agentes oxidantes com íons cúpricos (Cu^{+2}), que são designados açúcares redutores. Assim, açúcares redutores são aqueles cujo átomo de oxigênio do carbono anômero (grupo carbonila) não está ligado a qualquer outra estrutura, como em uma ligação glicosídica com outra ose. Em contrapartida, os açúcares que apresentam o átomo de oxigênio do carbono anômero envolvido em ligações glicosídicas são denominados açúcares não redutores. Somente o oxigênio do carbono anômero define se um açúcar é ou não redutor; os outros oxigênios dos grupos hidroxilas não devem ser levados em consideração.
>
> A propriedade redutora dos açúcares é útil na clínica médica, pois possibilita a identificação de açúcares em fluidos biológicos, como a urina, sendo relevante no diagnóstico, no rastreamento e no acompanhamento do diabetes melito. A identificação da glicose urinária, por exemplo, é realizada por meio do método de Benedict, proposto em 1908. A reação baseia-se na adição de sulfato de cobre, carbonato de sódio e tampão citrato de sódio em uma amostra de urina em pH alcalino. A amostra é aquecida e a seguinte reação se processa: $CuSO_4$ + glicose → CuO_2 + glicose oxidada + coloração. O oxigênio do carbono anomérico reduz o componente reativo, enquanto o carbono anomérico, propriamente, torna-se oxidado.

Ligações glicosídicas

A ligação O-glicosídica é aquela que se estabelece entre o grupo hidroxila de um açúcar (em C4) e o átomo de carbono anomérico de outro açúcar (átomo de hidrogênio em C1), com consequente remoção de uma molécula de água. Há, assim, a formação de acetal a partir de um hemiacetal e de uma função alcoólica (grupo hidroxila da segunda molécula de açúcar). A ligação glicosídica apresenta natureza covalente e possibilita a formação de dissacarídeos, oligossacarídeos e polissacarídeos, também podendo ser do tipo alfa ou beta. As ligações do tipo beta são aquelas que emergem acima do plano do anel hemiacetal, como é o caso da β-D-galactopiranose, que, quando se liga à α-D-glicopiranose, dá origem à lactose – um dissacarídeo com ligação glicosídica β-1,4. Em contrapartida, a ligação glicosídica do tipo alfa ocorre abaixo do plano do anel hemiacetal, como se dá entre a α-D-glicopiranose e a β-D-frutofuranose – hexose e pentose, respectivamente –, que se unem para formar o dissacarídeo sacarose. As representações das ligações glicosídicas podem ser observadas na Figura 5.16.

Açúcares redutores

São definidos como açúcares redutores os carboidratos capazes de reduzir sais de prata e cobre em meio alcalino. Esses açúcares apresentam grupos aldeídos ou cetônicos livres. Desse modo, todos os monossacarídeos são redutores, uma vez que atendem a essa regra. O mecanismo químico da oxirredução está relacionado com a formação de um enediol, uma função química com grande poder redutor em meio alcalino, capaz de interconverter aldoses e cetoses. A glicose em pH alcalino é rapidamente convertida em enediol, conduzindo à formação de frutose e de manose, ambos açúcares redutores que, ao serem oxidados à aldônica, causam redução dos íons cúpricos. Esse mecanismo é semelhante para os demais monossacarídeos, em especial o da frutose e da manose.

Dissacarídeos

Também conhecidos como dissacáridos ou dissacarídios, são cadeias orgânicas constituídas por duas unidades de monossacarídeos unidas por uma ligação glicosídica e pertencem à classe dos oligossacarídeos. A variação entre as unidades de monossacarídeos garante a existência de uma grande variedade de dissacarídeos. Há muitos dissacarídeos biologicamente importantes (Figura 5.17), como: sacarose, dímero de glicopiranose e frutofuranose – comuns em plantas, sendo explorados de maneira comercial, principalmente a partir da cana-de-açúcar (*Saccharum officinarum*); maltose e dímero de glicopiranoses – encontrados de modo notável em todo o reino vegetal; lactose, dímero de glicopiranose e galactopiranose – abundantes no leite; trealose – dímero de glucopiranoses ligadas de maneira não redutora, principal meio de transporte de energia dos insetos – e isomaltose – dissacarídeo de glucose, diferenciando-se da maltose apenas na forma de das duas unidades de glucose. Enquanto a maltose apresenta a chamada ligação alfa *1-4*, a isomaltose apresenta a ligação do tipo alfa *1-6*. Produzida a partir da sacarose de beterraba, apresenta o mesmo aspecto do açúcar de cana.

É utilizada na mesma proporção que a sacarose, dando o mesmo volume e textura. A isomaltose, encontrada em cerveja, urina, sangue, mel de abelha, fígado e outras substâncias naturais, é obtida pelo tratamento de glicose com ácidos fortes, pela ação da maltose sobre a glicose e da dextrana por hidrólise ácida. Ao contrário da maltose, a isomaltose não fermenta. Durante o processo digestivo, os dissacarídeos, assim como os polissacarídeos, têm suas ligações glicosídicas cindidas, por meio enzimático, a fim de se obter monossacarídeos passivos de absorção por parte do trato gastrintestinal. Exceto a sacarose, cada um desses dissacarídeos apresenta função redutora, em virtude de seus átomos de carbono anoméricos. Os dissacarídeos apresentam 50% do poder redutor, quando comparados aos monossacarídeos, já que a ligação glicosídica, ao ser formada, envolve uma função carbonila de um monossacarídeo e um álcool primário de outro monossacarídeo, conhecido como fração aglicona.

Bioclínica

Intolerância à lactose

Os seres humanos podem ser intolerantes a leite e seus derivados por diversas razões. A intolerância ao açúcar envolve a incapacidade de digerir e metabolizar certos açúcares. Essa situação difere da alergia a alimentos, que envolve a resposta imune. Uma reação negativa a açúcares na alimentação normalmente está ligada à intolerância, ao passo que as proteínas, incluindo as do leite, tendem a desencadear alergia. A maioria das intolerâncias a açúcares decorre de enzimas defeituosas ou enzimas que estejam faltando; portanto, esse é um erro inato do metabolismo. A lactose é conhecida como o açúcar do leite, já que está presente nesse alimento. Em alguns adultos, a deficiência da enzima lactase (β-D-galactosidase) nas vilosidades intestinais causa acúmulo de lactose, quando são ingeridos alimentos à base de leite. Isso ocorre porque a enzima é necessária para degradar a ligação glicosídica α1-4 que existe entre a galactose e a glicose, de modo que esses monossacarídeos possam ser absorvidos pelas vilosidades intestinais.

A deficiência de lactase parece ser herdada de um caráter autossômico recessivo e geralmente é expressa na adolescência ou no início da idade adulta. A prevalência varia nas diferentes populações do mundo; por exemplo: 3% dos dinamarqueses apresentam intolerância à lactose em comparação a 97% dos tailandeses (populações adultas). As populações que não têm o hábito de consumir leite na idade adulta apresentam, em geral, maior propensão a desenvolver intolerância à lactose. A capacidade de os seres humanos digerirem a lactose parece ter evoluído desde a domesticação do gado, há cerca de 10 mil anos.

Sem essa enzima, a lactose acumulada no intestino pode sofrer a ação da lactase das bactérias intestinais (diferentemente do que seria desejado, a partir da lactase das vilosidades), produzindo gás hidrogênio, dióxido carbônico e ácidos orgânicos. Os produtos da reação da lactase bacteriana levam a problemas digestivos, que conduzem ao meteorismo e à diarreia, assim como ocorre na presença da lactose não degradada. Além disso, os subprodutos do crescimento bacteriano excessivo ficam retidos no intestino, agravando, portanto, a diarreia. Esse distúrbio afeta 1/10 da população de brancos nos EUA, mas é mais comum entre afro-norte-americanos, asiáticos, índios norte-americanos e hispânicos. Mesmo que a enzima lactase esteja presente de modo a permitir que a degradação da lactose pelo organismo, outros problemas podem ocorrer. Um problema diferente, embora relacionado, pode acontecer no metabolismo posterior da galactose, que deve ser isomerizado à glicose, caso tenha que entrar nas vias metabólicas usuais. Se houver carência da enzima que cataliza essa reação (isomerização) e a galactose se acumular, isso pode causar uma condição chamada galactosemia.

Esse é um problema sério em crianças, pois a galactose não metabolizada pode acumular-se no interior das células e ser convertida no açúcar hidroxilado galactiol, que promove efeitos osmóticos (edema da célula), levando à lise. O tecido mais crítico é o cerebral, uma vez que não está plenamente desenvolvido na época do nascimento. As células edemaciadas comprimem o tecido cerebral, e danos graves e irreversíveis ocorrem. A abordagem nutricional para esses dois problemas é bem diferente. Os indivíduos intolerantes à lactose devem evitar esse carboidrato por toda a vida. Felizmente, existem aditivos à base de lactase (Lactaid®) que podem ser adicionados ao leite comum, bem como formulações de leites infantis com baixos teores de lactose e galactose. Produtos alimentares intensamente fermentados, como iogurtes e queijos (principalmente os mais envelhecidos), têm a lactose degradada durante esse processo.

Entretanto, muitos alimentos derivados do leite não são processados dessa forma, portanto os indivíduos intolerantes à lactose precisam ter cautela em suas escolhas alimentares. No caso do paciente portador de galactosemia, não há aditivos semelhantes ao Lactaid®, de modo que a criança não deverá ser exposta à galactose durante a primeira infância. Felizmente, alimentos livres de galactose podem ser facilmente adquiridos, simplesmente abstendo-se do consumo de leite. Depois da puberdade, outras vias metabólicas para a galactose aliviam o problema na maioria dos casos.[1]

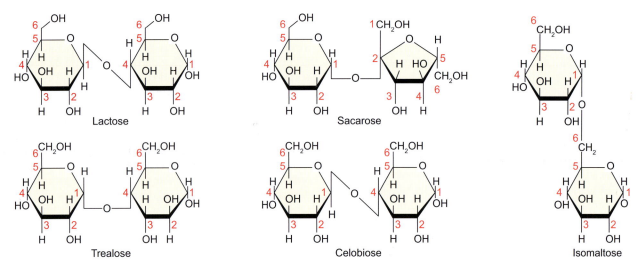

Figura 5.17 Alguns dissacarídeos de importância biológica.

Substâncias derivadas de monossacarídeos

Ácidos urônicos

A oxidação dos grupos terminais CH₂OH de monossacarídeos dá origem a ácidos urônicos. Dois ácidos urônicos importantes no organismo são o ácido D-glicurônico e seu epímero, o ácido L-idurônico (Figura 5.18). Moléculas lipossolúveis, que não podem ser eliminadas na urina ou na bile (soluções aquosas), devem reagir com ácido glicurônico para que a excreção ocorra. Esse processo que ocorre no fígado é conhecido como conjugação com o ácido glicurônico. A difusão da bilirrubina também segue esse processo. Os ácidos D-glicurônico e L-idurônico são encontrados em grande quantidade no tecido conjuntivo.

Aminoaçúcares

São açúcares que mais comumente apresentam um grupo amina, substituindo a hidroxila presente no carbono 2, sendo os mais habitualmente presentes nas células a D-glicosamina e a D-galactosamina (Figura 5.19). Esses açúcares constituem os carboidratos complexos presentes nas proteínas e lipídios celulares. Frequentemente, os aminoaçúcares são encontrados acetilados. O ácido N-acetilmurâmico (a forma mais comum de ácido siálico) é um produto da condensação da N-acetilmanosamina e do ácido purúvico. Os ácidos siálicos são cetoses que apresentam nove átomos de carbono na cadeia, capazes de serem aminados com ácido acético ou glicolítico (ácido hidroxiacético). São componentes das glicoproteínas e dos glicolipídios.

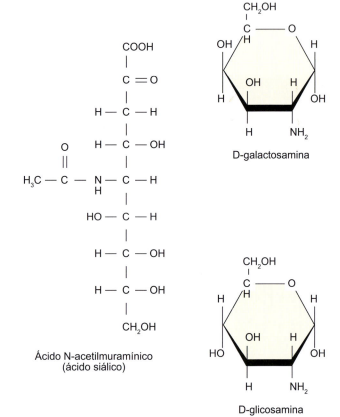

Figura 5.19 Alguns aminoaçúcares de importância biológica.

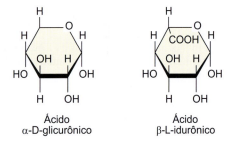

Figura 5.18 Ácido α-D-glicurônico e seu epímero e ácido β-L-idurônico, que atuam no fígado com o propósito de eliminar substâncias apolares.

Desoxiaçúcares

Resultam da substituição de um grupo OH de um monossacarídeo por um átomo de H; assim, carecem de um átomo de oxigênio e recebem o prefixo *desoxi* antecedido pelo algarismo de posição. O desoxiaçúcar mais importante é, sem dúvida, a pentose 2-desoxi-D-ribose, que intervém na estrutura dos nucleotídeos constituintes dos ácidos desoxirribonucleicos (DNA), seguido da L-fucose (formada a partir da D-manose por reações de redução). A fucose está presente em glicoproteínas situadas na superfície de eritrócitos e, por essa razão, faz parte na determinação do sistema ABO de grupos sanguíneos (Figura 5.20).

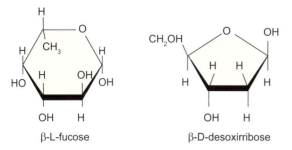

Figura 5.20 Desoxiaçúcares biologicamente importantes. A β-L-fucose está envolvida na determinação do sistema ABO, enquanto a β-D-desoxirribose é um dos componentes da molécula dos ácidos desoxirribonucleicos.

Açúcares alcoóis

Outra classe de substâncias derivadas de açúcares são os açúcares alcoóis, que podem ser obtidos por meio de tratamentos brandos, por exemplo, a adição de $NaBH_4$, que provoca redução dos grupos carbonil das aldoses e cetoses. Açúcares alcoóis ou aldotióis são designados pela adição do sufixo *itol* ao nome do referido açúcar. Os aldotióis são moléculas lineares, ou seja, não podem sofrer ciclização como as aldoses. Contudo, os aldotióis têm gosto doce característico. Exemplos de aldotióis são sorbitol, manitol e xilitol, largamente utilizados pela indústria de alimentos em adoçantes e gomas, por exemplo. O sorbitol tem particular importância na fisiopatologia do diabetes melito, uma vez que nessa condição a glicose é convertida a sorbitol de maneira extensa, por meio da via dos polióis. A conversão de glicose em seu derivado, o álcool sorbitol, ocorre por meio da ação da enzima aldose redutase. O sorbitol, em razão de seu caráter alcoólico, tem a propriedade de atravessar livremente a membrana plasmática das células, onde sofre lenta metabolização, acarretando acúmulo de sorbitol intracelular. Em células nervosas, o sorbitol se acumula na bainha de Schwann do tecido nervoso, acarretando mudanças das propriedades celulares, como alteração na condução nervosa, com consequente perda da sensibilidade periférica, extensamente observada em diabéticos descompensados. Já o glicerol e o mioinositol, um álcool cíclico, são componentes de lipídios. Existem nove diferentes estereoisômeros para o inositol; o que está representado na Figura 5.21 foi o primeiro a ser isolado a partir do músculo cardíaco e, por essa razão, apresenta o prefixo *mio*, que quer dizer "músculo". De fato, o mioinositol é o único dos nove isômeros do inositol que tem importância metabólica. Ele é um composto cíclico de seis carbonos com seis grupos hidroxila e uma estrutura semelhante à da glicose. Além do músculo cardíaco, pode ser encontrado em tecidos animais como um componente dos fosfolipídios, estando concentrado no cérebro e no fluido cerebroespinal, além de outros tecidos.

O papel fisiológico do inositol está relacionado com a sua presença no fosfatidilinositol e, portanto, a função dos fosfolipídios nas membranas celulares. Nesse caso, está envolvido na cascata de segundos mensageiros mediada pela fosfolipase C, uma enzima que cliva o fosfatidilinositol em inositol trifosfato (IP3) e diacilglicerol; o IP3 atua como segundo mensageiro intracelular, desencadeando respostas celulares. Diversos hormônios utilizam o IP3 como segundo mensageiro, por exemplo, a acetilcolina, o hormônio liberador de tireotrofina (TRH) e a vasopressina, que atua em receptores V_1. O glicerol, por sua vez, tem extenso emprego na indústria de alimentos como agente umectante nas embalagens de queijos e carnes, solvente e agregador de consistência em flavorizantes e corantes. Nas áreas hospitalar e farmacêutica, inúmeros produtos empregam glicerol, como cosméticos, pomadas, cremes dentais, anestésicos etc. O glicerol é um precursor para a síntese de triacilgliceróis e de fosfolipídios, no fígado e no tecido adiposo. Em condições de jejum, o organismo lança mão de suas reservas energéticas, hidrolisando triacilgliceróis do tecido adiposo e lançando glicerol e ácidos graxos na corrente sanguínea. O glicerol pode ser convertido em glicose no fígado, provendo assim uma fonte de glicose (energia) para o metabolismo celular em situações críticas, como o jejum. O xilitol é um adoçante natural, encontrado em plantas, frutas como uva e morango e em vegetais como alface, cebola e cenoura. É também produzido em pequena quantidade pelo corpo humano (5 a 15 g/dia). O xilitol é tão doce quanto a sacarose, porém cerca de 40% menos calórico. É produzido industrialmente a partir de fontes celulósicas, como casca de árvores, obtendo-se como resultado um produto idêntico à sacarose e, como é metabolizado independentemente da insulina, pode ser consumido sem restrições por diabéticos. Em razão de suas propriedades antimicrobiológicas, torna-se valioso como parte integrante de um programa de higiene oral. De fato, é o único entre os demais adoçantes substitutos do açúcar que realmente inibe por si só o crescimento de *Streptococcus mutans*, com isso reduzindo a suscetibilidade à cárie. Outro aldotiol é o manitol, que apresenta uma ampla gama de utilizações, como:

- Na fabricação de condensadores eletrolíticos secos, que são usados em aparelhos eletroeletrônicos, o que possibilita que estes possam ser atacados por insetos, em particular formigas
- Em alimentos dietéticos

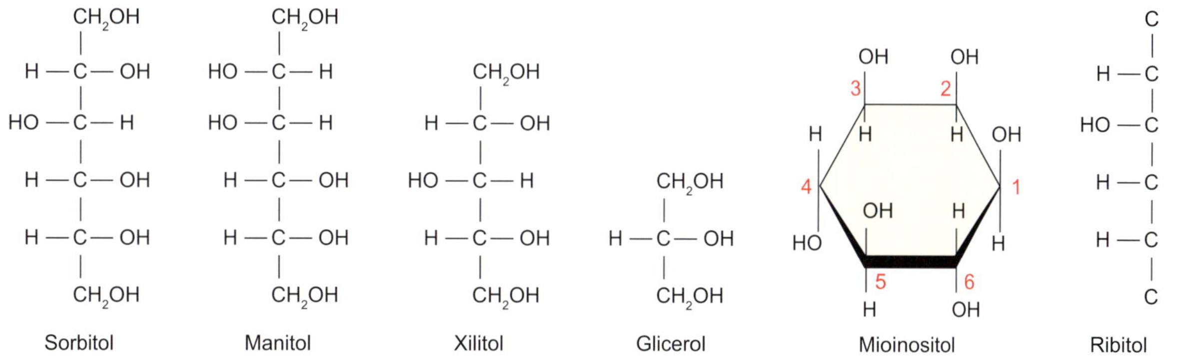

Figura 5.21 Estrutura de alguns açúcares alcoóis.

84 Bioquímica Clínica

- Na fabricação de resinas e plastificantes
- Como diurético e como adoçante.

O manitol é metabolicamente inerte no ser humano e age como diurético, elevando a osmolaridade do filtrado glomerular, impedindo a reabsorção de água; ele aumenta a excreção de sódio e cloreto. Praticamente não sofre biotransformação, e uma pequena fração pode ser convertida em glicogênio no fígado. O ribitol ou adonitol é uma pentose alcoólica cristalina formada a partir da redução da ribose e ocorre naturalmente na planta *Adonis vernalis*.

Carboidratos não digeríveis (fibras alimentares)

Entre os carboidratos não digeríveis, estão as fibras alimentares, definidas como polímeros de carboidratos presentes nas paredes das células vegetais, nos fungos, nas leveduras ou mesmo na composição do exoesqueleto de artrópodes, isentos de valor calórico, que não sofrem digestão pelas enzimas do trato gastrintestinal humano e, por isso, não são absorvidos pela mucosa intestinal. Entretanto, a porção fibrosa dos alimentos pode ser parcialmente hidrolisada pela microbiota colônica. O termo fibra alimentar total (FAT) é atualmente mais utilizado por acrescentar à definição anterior polímeros resultantes da reação de Maillard, amidos resistentes (p. ex., amido retrogradado) e polidextroses. As fibras alimentares não são compostos homogêneos, sendo formadas por uma variedade de substâncias, as quais apresentam grande diversidade química, proporcionando multiplicidade de efeitos no organismo (Figura 5.22). As FAT podem ser classificadas em polissacarídeos estruturais, polissacarídeos não estruturais e constituintes estruturais não carboidratos.

Polissacarídeos estruturais

Estão associados à parede celular e incluem as hemiceluloses, celulose e pectinas.

Hemiceluloses. São polímeros complexos contendo resíduos de vários açúcares (xilose, manose, galactose e glicose, com arabinose, galactose e ácido galacturônico) distribuídos aleatoriamente; pelo polímero, as hemiceluloses são facilmente extraídas com ácidos e bases e sofrem degradação por bactérias colônicas.

Celulose. É um polímero linear de alto peso molecular formado por monômeros de glicose com ligações beta 1 a 4; é uma molécula neutra, sem carga elétrica e insolúvel em água que confere volume aos alimentos, sendo parcialmente degradada pela microbiota colônica.

Pectinas. São polímeros ácidos constituídos de unidades de ácidos D-galacturônicos, ligados por ligações beta 1 a 4 e que contêm 10 a 25% de açúcares neutros (arabinose, galactose, xilose, ramnose e fucose). As pectinas sofrem total degradação pelas bactérias intestinais e formam soluções viscosas no trato gastrintestinal, adsorvendo certos metabólitos, como sais biliares.

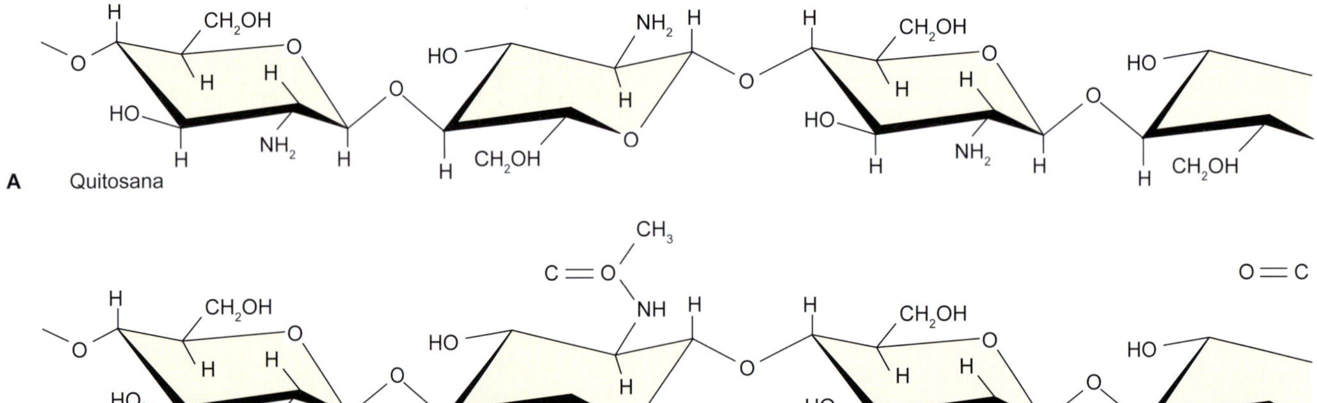

Figura 5.22 Estruturas de algumas fibras alimentares. **A.** Quitosana, um aminopolissacarídeo formado por unidades repetidas de β-(1→4) 2-amino-2-deoxi-D-glucose (ou D-glucosamina), derivado da quitina β-(1→4) 2-acetoamido-2-deoxi-D-glucose (ou N-acetilglucosamina). **B.** Um polímero de ocorrência natural, encontrado nas paredes celulares dos fungos, leveduras, insetos e principalmente nas carapaças dos crustáceos, notadamente camarão, lagosta e caranguejo – constitui cerca de 30% de seu exoesqueleto. Quimicamente, a quitina é formada por unidades repetidas de β-(1→4) 2-acetoamido-2-deoxi-D-glucose (ou N-acetilglucosamina) e essa estrutura é quase idêntica à fibra vegetal denominada celulose (**C**). Esta é bastante semelhante à quitina, com uma única diferença: a substituição de um grupo hidroxila em C-2 presente na celulose por um grupo aminoacetilado na quitina. A quitosana, derivada da quitina somente pela retirada do grupo acetila, tem as mesmas características.

Polissacarídeos não estruturais

Incluem as gomas, as mucilagens, as substâncias pécticas, os polissacarídeos de algas e derivados do endosperma e do espaço intracelular das células vegetais.

Gomas e mucilagens. São polímeros altamente ramificados de ácidos urônicos, sobretudo de ácidos glicurônicos e galacturônicos, contendo também xilose, fucose, ramnose e galactose. Uma goma é geralmente definida como qualquer polissacarídeo que apresenta solubilidade em água, obtido de plantas terrestres, marinhas ou mesmo de metabólitos de microrganismos e que tem capacidade de ser viscoso, quando no interior do trato gastrintestinal. As gomas são polímeros altamente ramificados, capazes de formar matrizes de gel e/ou conferir viscosidade a um sistema aquoso, por meio de absorção de água e interação coloidal. As mucilagens são polímeros neutros que também contêm em seu esqueleto galactose, manose, arabinose e xilose. Tanto as gomas quanto as mucilagens são inteiramente degradadas pelas bactérias do colo.

Constituintes estruturais não carboidratos

Não são polissacarídeos, mas sim polímeros altamente complexos de estrutura tridimensional e de natureza polifenólica. As ligninas são insolúveis em água e podem ser encontradas no lenho da planta, aumentando sua quantidade com a idade do vegetal. Correspondem ao único tipo de fibra alimentar inteiramente indigerível pela microbiota intestinal humana.

Efeitos fisiológicos das fibras alimentares

Estudos comparativos do hábito alimentar entre populações de sociedades primitivas e atuais demonstram que a alimentação humana sofreu intensas modificações em um curto período. O ser humano primitivo consumia pouca gordura, cerca de 20% da energia total da dieta, altas concentrações de fibra, aproximadamente 45 g/dia, e, provavelmente, altos níveis de ácido ascórbico e cálcio. Durante quase a totalidade de sua história, a espécie humana sobreviveu com esse padrão alimentar a que seu organismo estava bem adaptado. No início da década de 1970, diversos estudos epidemiológicos indicaram que a maior incidência de doenças crônico-degenerativas na civilização moderna (p. ex., diabetes, câncer de cólon e aterosclerose) poderia estar relacionada com a diminuição da ingestão de fibras alimentares, em razão de o grande desenvolvimento tecnológico da indústria alimentícia ter proporcionado maior praticidade na aquisição e no preparo de alimentos, expandindo-se o consumo de alimentos refinados. Diversos autores propuseram que as fibras alimentares poderiam ser um importante fator de proteção contra a doença aterosclerótica. Posteriormente, demonstrou-se que dietas ricas em frutas e vegetais apresentavam efeitos hipocolesterolêmicos. Contudo, foi somente a partir da década de 1970 que a comunidade científica despertou interesse em estudar os efeitos das fibras alimentares, uma vez que, até então, a fração fibrosa dos alimentos era considerada material inerte e sem qualquer efeito fisiológico no organismo.

As fibras alimentares podem exercer ações fisiológicas no sistema gastrintestinal, uma vez que suas frações (solúvel e insolúvel) afetam de maneira distinta esse sistema. Enquanto as fibras solúveis produzem seus efeitos na porção superior do tubo digestivo, retardando o esvaziamento gástrico e a assimilação de nutrientes e aumentando o tempo de trânsito intestinal, as insolúveis agem sobretudo no intestino grosso, promovendo o aumento do volume fecal e produzindo fezes mais macias, atuando como agentes preventivos de doenças como a diverticulose, hérnia de hiato, varicoses, úlceras venosas e hemorroidas, as quais estão associadas ao aumento de pressões intraluminais.

Constipação intestinal

Ocorre, sobretudo, em indivíduos que consomem dietas pobres em fibras alimentares. Assim, pelo fato de acelerar o trânsito intestinal e aumentar a frequência de defecação, as fibras, principalmente as insolúveis, podem ser benéficas no tratamento da constipação intestinal.

Diverticulose

Doença que se caracteriza por invaginações da parede do intestino grosso, em razão do aumento gradativo da flacidez do cólon ao longo do processo normal de envelhecimento.

Pode ser evitada por meio da ingestão habitual de fibras.

Síndrome do intestino irritado

Caracterizada por distensão abdominal, dor e distúrbios na defecação, decorrentes muitas vezes do trânsito intestinal excessivamente lento. Dessa forma, a ingestão de fibras – acelerando o trânsito intestinal – pode contribuir para a melhoria desses sintomas.

Câncer de mama

Os estrógenos estão envolvidos nos mecanismos de promoção e proliferação do câncer de mama. Sabe-se que os estrógenos são sintetizados a partir do colesterol e conjugados a ácidos glicurônicos no fígado, sendo excretados no intestino por meio dos ductos biliares. No intestino, a gordura da dieta promove aumento da desconjugação dos estrógenos, favorecendo a reabsorção destes para a corrente sanguínea. Assim, dietas ricas em gorduras constituem importantes fatores de risco para doença coronariana, por exemplo.

Por outro lado, as fibras podem interferir positivamente nesse processo, uma vez que são capazes de aumentar a excreção fecal de colesterol e bile, reduzindo a absorção intestinal de estrógenos, diminuindo assim o risco de câncer de mama.

Doenças crônico-degenerativas

As fibras alimentares podem atuar como agentes preventivos ou como coadjuvantes no tratamento de doenças crônico-degenerativas, como o diabetes melito e a aterosclerose. As fibras solúveis e insolúveis atuam na porção inferior do trato gastrintestinal, reduzindo a assimilação de nutrientes, como lipídios e carboidratos, sendo, portanto, úteis como coadjuvantes na prevenção e no tratamento das dislipidemias e do diabetes melito.

Câncer do colo do intestino grosso

O provável efeito protetor das fibras, na redução do risco de câncer de cólon, pode ser resultado de: diluição dos agentes carcinogênicos, pela maior retenção de água nas fezes; aceleração do trânsito intestinal, reduzindo o tempo para absorção de carcinógenos; fermentação, proporcionando redução do pH, do metabolismo microbiano e dos níveis de amônia; produção de butirato, agente carcinogênico e aumento da excreção de sais biliares.

Diabetes melito

Caracteriza-se pela falta absoluta ou relativa de insulina no organismo. Há duas formas clínicas do diabetes: o diabetes do tipo 1 (insulinodependente) e diabetes do tipo 2 (não insulinodependente). No diabetes tipo 1, as células do pâncreas que produzem insulina (células beta das ilhotas de Langerhans) encontram-se inertes. A carência de insulina desvia o metabolismo de obtenção de energia para vias alternativas, como a beta oxidação de ácidos graxos ou mesmo o catabolismo proteico.

Essas condições anormais desencadeiam prejuízos graves a todo o organismo, por exemplo, a cetoacidose, uma condição decorrente dos corpos cetônicos, formados durante a oxidação de ácidos graxos. A dieta adequada e o tratamento com a insulina ainda são necessários por toda a vida do diabético. Embora não se saiba o que causa o diabetes tipo 2, sabe-se que nesse caso o fator hereditário tem uma importância bem maior do que no diabetes tipo 1. Também existe uma conexão entre a obesidade e o diabetes tipo 2; embora a obesidade não seja condição primordial para o desenvolvimento dessa doença. O diabetes tipo 2 afeta 2 a 10% da população. Todos os diabéticos tipo 2 produzem insulina quando diagnosticados, e a maioria continuará a fazê-lo pelo resto da vida. O principal motivo que faz com que os níveis de glicose no sangue permaneçam altos está na incapacidade das células musculares e adiposas em usar toda a insulina secretada pelo pâncreas. Assim, muito pouco da glicose presente no sangue é aproveitado por essas células. Essa ação reduzida de insulina é chamada de resistência insulínica.

Os sintomas do diabetes tipo 2 são menos pronunciados, razão pela qual pode ser considerado mais "brando" que o tipo 1. O diabetes tipo 2 deve ser levado a sério, embora seus sintomas possam permanecer desapercebidos por muito tempo, pondo em sério risco a saúde do indivíduo. Estudos epidemiológicos demonstram que as fibras podem exercer efeitos benéficos no tratamento do diabetes melito.

As fibras solúveis e insolúveis podem evitar ou atuar como coadjuvantes no tratamento do diabetes melito de formas distintas.

Mecanismo de ação das fibras solúveis no tratamento do diabetes melito

Fibras solúveis podem reduzir a glicemia pós-prandial (depois das refeições) por retardarem o esvaziamento gástrico ou por aumentarem a viscosidade do bolo alimentar presente no intestino delgado (quilo). O aumento da viscosidade se dá pela formação de uma matriz-gel no interior do tubo digestivo, que impede o acesso das enzimas do trato gastrintestinal aos nutrientes, o que promove menor absorção intestinal de glicose, evitando o pico pós-prandial de glicose, um dos grandes problemas do indivíduo portador do diabetes melito. Esse gel formado pelas fibras solúveis também sofre fermentação (não digestão) pelas bactérias presentes no intestino grosso (bactérias colônicas), produzindo ácidos graxos de cadeia curta (AGCC), como acetato, propionato e butirato. Esses AGCC, quando não são utilizados como fonte de energia pelos enterócitos, sofrem absorção intestinal e são capazes de sensibilizar os tecidos periféricos à insulina. Assim, o diabético insulinodependente utilizará insulina com menor frequência e em doses menores. Além desses efeitos sobre a absorção de glicose, a matriz-gel formada na luz do intestino também adsorve açúcares, formando complexos e arrastando-os para as fezes.

Mecanismo de ação das fibras insolúveis no tratamento do diabetes melito

As fibras insolúveis, aumentando o volume fecal e a frequência de defecação, aceleram o trânsito intestinal, reduzindo a biodisponibilidade da glicose presente na dieta porque aumenta o peristaltismo, fazendo com que a glicose permaneça menos tempo disponível para sofrer absorção por parte do intestino delgado.

Hipercolesterolemia

Caracteriza-se pelo excesso de colesterol (LDL-colesterol) plasmático. Essa condição se deve, sobretudo, à dieta inadequada e à baixa taxa de remoção hepática de LDL plasmático.

As dietas inadequadas são talvez as maiores causas da hipercolesterolemia em grande parte da população, que privilegia o *fast-food* em detrimento de alimentos integrais e de baixa concentração lipídica. A baixa taxa de remoção de colesterol por parte do fígado decorre da redução da expressão hepática de receptores de LDL, que ocorre em razão da ingestão elevada de colesterol por parte da dieta. Assim, esses dois fatores estão indiretamente envolvidos.

Normalmente, o fígado capta o LDL-colesterol do plasma para a síntese de ácidos biliares (bile), que são armazenados na vesícula biliar para posterior utilização durante o processo digestivo como agente emulsificador de gorduras. Sem a bile, as gorduras não sofrem absorção intestinal. As fibras alimentares solúveis e insolúveis são capazes de reduzir a colesterolemia plasmática por meio de dois mecanismos, descritos a seguir.

Mecanismo de ação na redução da colesterolemia plasmática

Fibras solúveis

São bastante eficientes na formação de uma matriz-gel no interior do tubo digestivo, a qual é capaz de adsorver ácidos biliares e colesterol, arrastando-os paras as fezes; desse modo, tem-se aumento da excreção fecal de ácidos biliares e de gorduras. Normalmente, cerca de 95% dos ácidos biliares retornam ao fígado após atuarem como agentes emulsificantes na luz do intestino delgado – mecanismo denominado circulação entero-hepática de ácidos biliares. Assim, se a matriz-gel formada pelas fibras solúveis adsorve esses ácidos excretando-os para as fezes, menor quantidade de ácidos biliares retornará via circulação entero-hepática de volta ao fígado.

Desse modo, o fígado aumenta a expressão de receptores de LDL-colesterol no sentido de captar mais LDL-colesterol do plasma para síntese de mais ácidos biliares, já que grande parte está sendo excretada nas fezes pela ação das fibras solúveis. Outra maneira de as fibras solúveis serem capazes de reduzir os níveis plasmáticos de colesterol é por meio dos ácidos graxos de cadeia curta (AGCC), decorrentes do processo fermentativo que essas fibras sofrem no colo do intestino grosso.

Os AGCC atingem a circulação porta hepática, chegando até o fígado, onde reduzem a síntese hepática de colesterol por meio da redução da atividade da enzima-chave na síntese do colesterol, denominada 3-hidroximetilglutaril redutase (HMG-CoA-redutase), que atua sobre seu substrato, o 3-hidroxi-3-metilglutaril-CoA. Essa enzima é o passo-chave na síntese do colesterol, uma vez que, depois de sua ação, a síntese torna-se unidirecional (Figura 5.21). Assim, as fibras solúveis atuam similarmente às vastatinas, substâncias originárias de culturas de fungos com a propriedade comum de inibir a síntese de colesterol endocelular, por competição com a enzima HMG-CoA redutase, impedindo a transformação da HMG-CoA em ácido mevalônico. Ao ocorrer redução intracelular de colesterol, há estímulo à formação de receptores de LDL na membrana do hepatócito. A presença de maior número desses receptores determina maior captação de LDL em circulação, com diminuição de seu nível plasmático. Há também elementos que demonstram que a diminuição da síntese do colesterol leva à menor produção hepática das lipoproteínas de muito baixa densidade (VLDL), pois esse esteroide é usado na formação dessas partículas.

Fibras insolúveis

As fibras insolúveis, como a celulose, são capazes de reduzir a colesterolemia plasmática por meio de seu efeito de aumento do trânsito intestinal. Com o aumento do trânsito intestinal, não há tempo disponível para a absorção intestinal de gorduras.

Resumo

Introdução

Mais da metade do carbono orgânico disponível está na forma de amido e celulose. Ambos são homopolímeros de glicose. O termo carboidrato designa somente açúcares simples, cuja fórmula geral é Cn(H₂O)n, em que *n* deve assumir valor igual ou maior que 3. Esse termo foi cunhado porque, inicialmente, acreditava-se que o carbono se encontrava hidratado, como sugere a fórmula mínima dos carboidratos, CH₂O. Contudo, diversos carboidratos apresentam em sua estrutura nitrogênio, fósforo ou enxofre, o que não está em concordância com a fórmula geral. Ainda assim, o termo carboidrato continua sendo empregado em razão de sua consolidação ao longo do tempo.

Os carboidratos podem ser definidos quimicamente como compostos orgânicos com pelo menos três carbonos na cadeia e nos quais todos os carbonos tenham uma hidroxila – com exceção dos que apresentam um grupo funcional, que pode ser um aldeído, dando origem aos poli-hidroxialdeídos (aldoses), ou uma cetona, originando as poli-hidroxicetonas (cetoses).

As funções dos carboidratos na natureza são demonstrados na Figura R5.1.

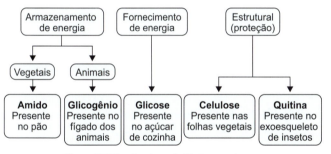

Figura R5.1 Funções dos carboidratos na natureza.

Estereoquímica dos carboidratos

Isômeros são compostos que apresentam a mesma fórmula química, como glicose, manose e galactose. No entanto, diferem entre si geométrica ou estruturalmente. A galactose e a manose não são epímeros, pois diferem na posição das hidroxilas em dois carbonos, C2 e C4, e, assim, são definidas como isômeros (substâncias com a mesma fórmula molecular, mas que diferem estrutural ou geometricamente; Figura R.5.2).

Quando dois carboidratos diferem em torno de um átomo específico de carbono (com exceção do átomo relacionado com a função cetônica ou aldeídica), são denominados epímeros (Figura R5.3).

Enantiômeros são um tipo especial de isomeria que aparece em pares de estruturas, que são imagens especulares uma da outra. Desse modo, os açúcares da série D são isômeros ópticos dos açúcares da série L (Figura R5.4).

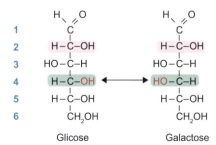

Figura R5.2 Isômeros.

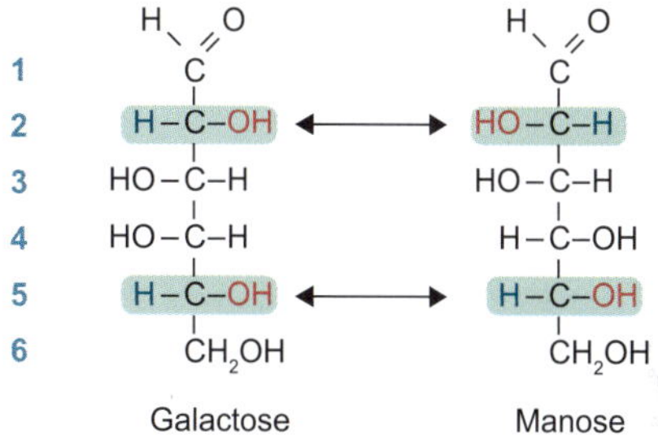

H   O
 \\ //
  C
1
2 H—C—OH   HO—C—H
3 HO—C—H   HO—C—H
4 HO—C—H   H—C—OH
5 H—C—OH   H—C—OH
6 CH₂OH   CH₂OH
   Galactose   Manose

Figura R5.3 Epímeros.

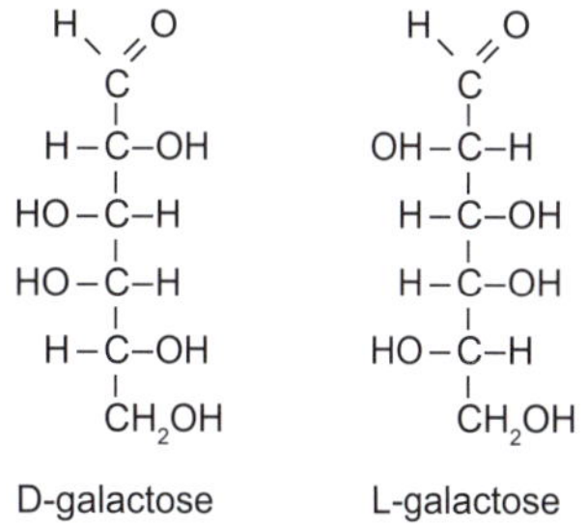

H   O   H   O
 \\ //   \\ //
  C   C
H—C—OH   OH—C—H
HO—C—H   H—C—OH
HO—C—H   H—C—OH
H—C—OH   HO—C—H
CH₂OH   CH₂OH
D-galactose   L-galactose

Figura R5.4 Enantiômeros.

Classificação dos carboidratos por átomos de carbonos

Os carboidratos podem ser classificados em quatro grupos: monossacarídeos, dissacarídeos, oligossacarídeos e polissacarídeos.

Os monossacarídeos são também chamados de açúcares simples, cuja fórmula geral é (CH₂O)n. Trata-se de açúcares que não podem ser clivados em unidades menores, sob condições químicas brandas ou mesmo por meio de reações enzimáticas. Os oligossacarídeos são formados por 3 a 10 monossacarídeos unidos entre si por ligações glicosídicas. A união de duas oses é chamada de dissacarídeo, enquanto a união de três oses de trissacarídeo; tanto os di quanto os trissacarídeos são bastante comuns na natureza, como é o caso da sacarose (glicose + frutose), que é o dissacarídeo conhecido como açúcar refinado.

Como exemplo de trissacarídeo, a rafinose (glicose + frutose + galactose), presente em altas concentrações na soja ou em seus produtos derivados, é considerada um fator antinutricional, uma vez que pode interferir na absorção dos nutrientes da dieta, além de ser um dos principais responsáveis pela indução de flatulência em humanos e outros animais. Os polissacarídeos, por sua vez, tal qual seu nome sugere (*poli* = muitos), são homopolímeros de açúcares simples e seus derivados unidos entre si por ligações glicosídicas. Os polissacarídeos podem ser lineares (p. ex., celulose) ou ramificados (p. ex., glicogênio), apresentar centenas ou mesmo milhares de unidades monoméricas, e seu peso molecular ultrapassar um milhão de dáltons.

Formas de representação dos carboidratos

Há diversas formas de representar carboidratos. A mais simples é a fórmula de Fischer, proposta pelo alemão Emil Fischer (1852-1919), ganhador do prêmio Nobel em química por seus estudos sobre os açúcares derivados de purinas e peptídeos. Os anéis de furanoses assemelham-se a envelopes abertos, uma vez que seus anéis, assim como os de furanose, não são planos. Embora a estrutura em cadeira seja a mais próxima do estado da molécula na natureza, a fórmula de Haworth é a estrutura didaticamente mais adequada para a representação dos açúcares (Figura R5.5).

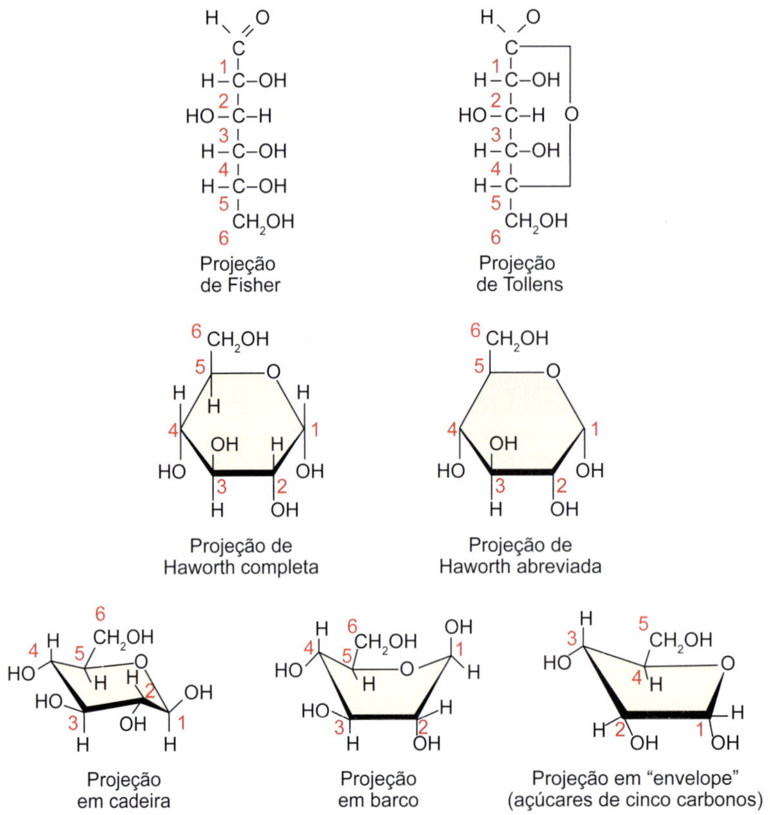

Projeção de Fisher
Projeção de Tollens
Projeção de Haworth completa
Projeção de Haworth abreviada
Projeção em cadeira
Projeção em barco
Projeção em "envelope" (açúcares de cinco carbonos)

Figura R5.5 Representação dos açúcares.

Ligações glicosídicas

A ligação O-glicosídica é aquela que se estabelece entre o grupo hidroxila de um açúcar (em C4) e o átomo de carbono anomérico de outro açúcar (átomo de hidrogênio em C1), com consequente remoção de uma molécula de água. Há, assim, a formação de acetal a partir de um hemiacetal e de uma função alcoólica (grupo hidroxila da segunda molécula de açúcar). A ligação glicosídica apresenta natureza covalente e permite a formação de dissacarídeos, oligossacarídeos e polissacarídeos. As ligações glicosídicas podem ser do tipo alfa ou beta. As ligações do tipo beta são aquelas que emergem acima do plano do anel de hemiacetal, A Figura R5.6 indica as formas de representação de ligações glicosídicas do tipo alfa e beta.

Glicose
Frutose
Sacarose
Ligação glicosídica do tipo 1,2
Galactose
Glicose
Lactose
Ligação glicosídica do tipo 1,4
A
B

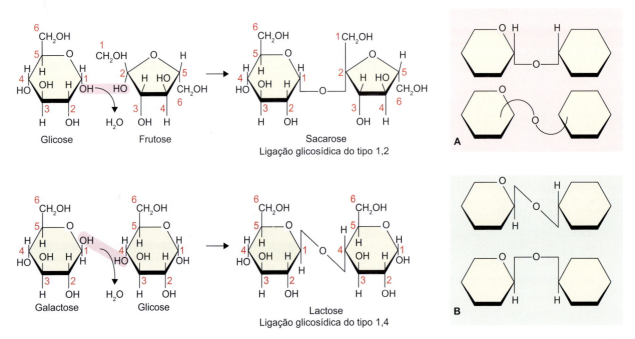

Figura R5.6 Formação de dissacarídeos biologicamente importantes, por meio de ligações glicosídicas entre dois monossacarídeos. Nota-se que as ligações glicosídicas são ligações covalentes nas quais há perda de uma molécula de água. **A** e **B.** Formas de representação de ligações glicosídicas do tipo α e β, respectivamente.

Carboidratos não digeríveis

As fibras alimentares são carboidratos que não sofrem digestão pelas enzimas digestivas e, portanto, não são absorvidas pela mucosa intestinal. Entretanto, a porção fibrosa dos alimentos pode ser parcialmente hidrolisada pela microbiota colônica. Atualmente, o termo fibra alimentar total (FAT) é o mais utilizado para denominar as fibras alimentares, por acrescentar à definição anterior polímeros resultantes da reação de Maillard, amidos resistentes (p. ex., amido retrogradado) e polidextroses. As fibras alimentares não são compostos homogêneos, sendo formadas por uma variedade de substâncias, as quais apresentam grande diversidade química, proporcionando multiplicidade de efeitos no organismo. Dessa forma, as fibras foram classificadas em:

- Polissacarídeos estruturais: estão associados à parede celular e incluem as hemiceluloses, as pectinas e a celulose
  - Celulose: é um polímero linear de alto peso molecular, formado por monômeros de glicose com ligações beta 1 a 4; é uma molécula neutra, sem carga elétrica e insolúvel em água, que confere volume aos alimentos, sendo parcialmente degradada pela microbiota colônica.
  - Hemiceluloses: são polímeros complexos com resíduos de vários açúcares (xilose, manose, galactose e glicose, com arabinose, galactose e ácido galacturônico), distribuídos aleatoriamente pelo polímero; são facilmente extraídas com ácidos e bases e sofrem degradação por bactérias colônicas.
  - Pectinas: são polímeros ácidos, constituídos de unidades de ácidos D-galacturônicos, unidos por ligações beta 1 a 4 e que contêm 10 a 25% de açúcares neutros (arabinose, galactose, xilose, ramnose e fucose). Sofrem total degradação pelas bactérias intestinais e formam soluções viscosas no trato gastrintestinal, adsorvendo certos metabólitos, como os sais biliares
- Polissacarídeos não estruturais: incluem gomas, mucilagens, substâncias pécticas, polissacarídeos de algas e derivados do endosperma e do espaço intracelular das células vegetais
  - Gomas e mucilagens: são polímeros altamente ramificados de ácidos urônicos, sobretudo ácidos glicurônicos e galacturônicos, que contêm também xilose, fucose, ramnose e galactose. Geralmente, uma goma é definida como qualquer polissacarídeo que apresenta solubilidade em água, sendo obtido de plantas terrestres, marinhas ou mesmo de metabólitos de microrganismos e com capacidade de ser viscoso quando no interior do trato gastrintestinal. As gomas são inteiramente degradadas pelas bactérias do colo intestinal

Algumas substâncias de importância biológica derivadas de monossacarídeos são:

- Ácidos urônicos: são importantes no organismo o ácido D-glicurônico e seu epímero, o ácido L-idurônico. Moléculas lipossolúveis, que não podem ser eliminadas na urina ou bile (soluções aquosas), devem reagir com ácido glicurônico, para que a excreção ocorra. Esse processo que ocorre no fígado é conhecido como conjugação com o ácido glicurônico. A difusão da bilirrubina também segue este processo. Os ácidos D-glicurônico e L-idurônico encontram-se em grande quantidade no tecido conjuntivo
- Aminoaçúcares: são açúcares que apresentam um grupo amina mais comumente, substituindo a hidroxila presente no carbono 2, sendo as mais comuns nas células a D-glicosamina e a D-galactosamina. Esses açúcares constituem os carboidratos complexos presentes nas proteínas e nos lipídios celulares
- Desoxiaçúcares: resultam da substituição de um grupo OH de um monossacarídeo por um átomo de H, assim carecendo de um átomo de oxigênio; recebem o prefixo desoxi, antecedido pelo algarismo de posição. Dois desoxiaçúcares biologicamente importantes são a desoxi-D-ribose, presente na estrutura dos nucleotídeos, e a fucose, encontrada em glicoproteínas situadas na membrana plasmática de eritrócitos, sendo componente importante na determinação do sistema ABO dos grupos sanguíneos
- Açúcares alcoóis: são aqueles obtidos por meio da redução dos grupos carbonil das aldoses e cetoses, como sorbitol, manitol e xilitol, largamente utilizados na indústria de alimentos em adoçantes e gomas, por exemplo. O sorbitol tem particular importância na fisiopatologia do diabetes melito, uma vez que, nessa condição, a glicose é convertida a sorbitol de modo extenso por meio da via dos polióis. A conversão de glicose em seu derivado, o álcool sorbitol, ocorre por meio da ação da enzima aldose redutase. O xilitol é um adoçante natural, encontrado em plantas, frutas, como uva e morango, e em vegetais, como alface, cebola e cenoura. Também é produzido em pequena quantidade pelo corpo humano (5 a 15 g/dia). O xilitol é tão doce quanto a sacarose, mas cerca de 40% menos calórico. O manitol é metabolicamente inerte no homem. Age como diurético, elevando a osmolaridade do filtrado glomerular e impedindo a reabsorção de água; aumenta a excreção de sódio e cloreto. Praticamente não sofre biotransformação, podendo uma pequena fração ser convertida em glicogênio no fígado.

Exercícios

1. Construa:
   a) Um segmento da molécula de celulose.
   b) Um segmento da molécula de amido mostrando pelo menos uma ramificação.
   c) Uma molécula de sacarose.
2. Os monossacarídeos de ocorrência natural mais comum, como ribose (5C), glicose (6C), frutose (6C) e manose (6C), existem como hemiacetais de cadeia cíclica (e não na forma linear), quer na forma de furanose (um anel de cinco elementos, menos estável), quer na de piranose (um anel de seis elementos, mais estável). Esta forma cíclica (hemiacetal) resulta da reação intramolecular entre o grupamento funcional (C1 nas aldoses e C2 nas cetoses) e um dos carbonos hidroxilados do restante da molécula (C4 na furanose e C5 na piranose), ocorrendo nas formas isoméricas alfa e beta, conforme a posição da hidroxila do C1. Faça a ciclização do anel de piranose na figura, de modo a gerar as formas α-glicose e betaglicose. Insira as respectivas formas nos espaços reservados.

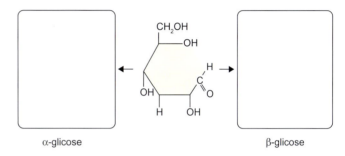

α-glicose .... β-glicose

3. As afirmativas a seguir se referem às fibras alimentares. Considere os valores no interior dos parênteses para inserir na linha indicada a soma das alternativas corretas.
   a) (200) As fibras alimentares solúveis são representadas pela celulose, um homopolímero de glicose cujos monômeros ligam-se entre si por ligações glicosídicas do tipo α-1,4.
   b) (1000) As fibras solúveis são úteis como coadjuvantes no tratamento de dislipidemias.
   c) (970) As fibras solúveis não sofrem digestão pelas enzimas do trato gastrintestinal humano. Contudo, são fermentadas pela microbiota colônica.
   d) (500) As fibras alimentares insolúveis são capazes de promover a redução dos níveis plasmáticos de colesterol, já que o ácido silálico (produto de sua fermentação parcial no colo do intestino grosso) é capaz de adentrar o organismo pelas placas de Peyot do intestino, alcançando a veia porta hepática e inibindo a enzima-chave na biossíntese hepática de colesterol.
   e) As fibras alimentares insolúveis são representadas sobretudo pela celulose e são bastante eficientes em reduzir a absorção de lipídios porque inibem as enzimas responsáveis pela hidrólise de lipídios no duodeno.
   Soma: _____
4. Observe os dois açúcares na figura e assinale a alternativa correta:

Glicose .... Galactose

Os açúcares da figura são:
a) Epímeros.
b) Isômeros, uma vez que são imagens especulares um do outro.
c) São enantiômeros.
d) Anômeros, pois diferem entre si quanto ao grupo funcional.
e) Não apresentam atividade óptica, sendo aldoses que não reagem quando submetida à luz polarizada.

5. A molécula da figura mostra uma ose representada segundo a projeção de Tollens. Nessa representação, é possível ver o anel hemiacetal. Explique como ele se forma.

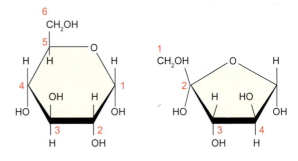

6. Em relação às fibras alimentares, assinale a(s) alternativa(s) correta(s):
   a) A celulose promove suas ações na porção superior do trato digestório, ligando-se de forma extensa aos ácidos biliares.
   b) As fibras solúveis são mais indicadas na redução dos níveis plasmáticos de lipídios, quando comparadas com as fibras insolúveis.
   c) A fermentação das fibras solúveis, por parte da microbiota colônica, produz ácidos graxos de cadeia curta, que podem atuar como substrato energético para as células colônicas.
   d) As fibras alimentares insolúveis são capazes de promover a redução dos níveis plasmáticos de colesterol, já que o ácido siálico (produto de sua fermentação parcial no colo do intestino grosso) é capaz de adentrar o organismo pelas placas de Peyot do intestino, alcançando a veia porta hepática e inibindo a enzima-chave na biossíntese hepática de colesterol.
   e) As fibras alimentares são substâncias presentes em alimentos de origem animal, cuja principal função é a estimulação de enzimas gastrintestinais, que, por sua vez, atuam acelerando a digestão de carboidratos e lipídios.

7. Assinale a alternativa incorreta:
   a) Os carboidratos podem reagir entre si formando ligações glicosídicas, que são ligações que ocorrem entre o grupo amina e o grupo carboxila de cada molécula de açúcar.
   b) As ligações glicosídicas são ligações covalentes e, por essa razão, extremamente fortes.
   c) No momento em que ocorre uma ligação glicosídica, há liberação de uma molécula de água.
   d) Existem dois tipos de ligações glicosídicas: alfa e beta; em ambas, ocorre a liberação de uma molécula de água no momento da reação entre as oses envolvidas.
   e) As moléculas de glicose do tipo alfa são aquelas que apresentam a hidroxila do carbono 1 abaixo do anel hemiacetal.

8. Defina o que é uma ligação glicosídica.
9. Explique o que é a intolerância à lactose e por que essa condição causa diarreias.
10. Utilize as moléculas da figura para construir um dissacarídeo e um polissacarídeo.

Respostas

1. a) Um segmento da molécula de celulose

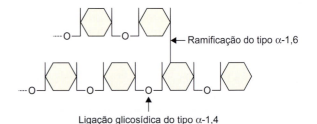

b) Um segmento da molécula de amido

c) Molécula de sacarose

2.

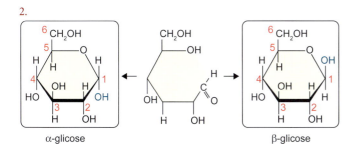

3. Total: 1970.
4. Alternativa correta: *a*.
5. A formação do anel resulta da reação intramolecular entre o grupamento funcional (C1 nas aldoses e C2 nas cetoses) e um dos carbonos hidroxilados do restante da molécula (C4 na furanose e C5 na piranose), ocorrendo nas formas isoméricas alfa e beta (*cis* ou *trans*), conforme a posição da hidroxila do C2 em relação à hidroxila do C1.
6. Alternativas corretas: *b* e *c*.
7. Alternativa correta: *a*.
8. Ligação glicosídica é um tipo de ligação química de natureza covalente que ocorre entre a hidroxila de um carbono anomérico de uma ose (grupo hemiacetal) e a hidroxila alcoólica de outra ose, produzindo água. As valências livres de ambas as moléculas se unem produzindo a ligação glicosídica (-O-).
9. A intolerância à lactose é a incapacidade que o organismo de alguns indivíduos apresenta em não digerir a lactose. Trata-se da ausência completa ou parcial da lactase. A lactose não digerida que segue pelo intestino provoca retenção osmótica de água, sendo responsável por diarreias profusas. Já a fração de lactose que chega ao colo do intestino grosso sofre fermentação pela microbiota aí presente, originando como produto ácidos graxos de cadeia curta (acetato, propionato e butirato), CO_2, H_2 e CH_4. Os ácidos graxos de cadeia curta atuam como substrato energético para os enterócitos ou seguem sendo absorvidos pela veia porta hepática. Já os gases CO_2, H_2 e CH_4 provocam expansão das alças intestinais, sendo responsáveis por cólicas, flatulência e borborigmo (sons intestinais provocados pelo deslocamento de líquidos e gases).
10. a) Um polissacarídeo.

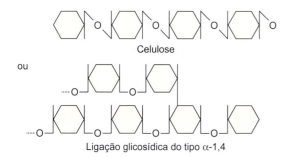

b) Um dissacarídeo.

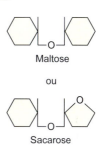

Referência bibliográfica

1. Campbell MK. Bioquímica. 3. ed. Porto Alegre: Artmed; 1999.

Bibliografia

Areas MA. Estudos dos efeitos da polpa de laranja sobre parâmetros fisiológicos em ratos normais e diabéticos [tese]. Campinas: Universidade Estadual de Campinas; 1994.
Crucho CI, Correia-da-Silva P, Petrova KT, Barros MT. Recent progress in the field of glycoconjugates. Carbohydr Res. 2015;402:124-32.
Funderburgh JL. Keratan sulfate: structure, biosynthesis, and function. Glycobiology. 2000;10(10):951-8.
Gallagher JT, Lyon M. Molecular structure of heparan sulfate and interactions with growth factors and morphogens. In: Iozzo MV, editor. Proteoglycans: structure, biology and molecular interactions. New York: Marcel Dekker; 2000. p. 27-59.
Higgins C. The use of heparin in preparing samples for blood-gas analysis. MLO Med Lab Obs. 2007;39(10):16-8.
Hölemann A, Seeberger PH. Carbohydrate diversity: synthesis of glycoconjugates and complex carbohydrates. Curr Opin Biotechnol. 2004;15(6):615-22.
Macmillan D, Daines AM. Recent developments in the synthesis and discovery of oligosaccharides and glycoconjugates for the treatment of disease. Curr Med Chem. 2003;10(24):2733-73.
Medeiros GF, Mendes A, Castro RA, Baú EC, Nader HB, Dietrich CP. Distribution of sulfated glycosaminoglycans in the animal kingdom: widespread occurrence of heparin-like compounds in invertebrates. Biochim Biophys Acta. 2000;1475(3):287-94.
Opdenakker G, Rudd PM, Ponting CP, Dwek RA. Concepts and principles of glycobiology. FASEB J. 1993;7(14):1330-7.
Pinto WJ. Efeito da polpa de laranja/goma-guar sobre aspectos do metabolismo lipídico, pressão arterial e frequência cardíaca em hamsters alimentados com dieta hipercolesterolêmica [dissertação]. Campinas: Universidade Estadual de Campinas; 1999.
Rademacher TW, Parekh RB, Dwek RA. Glycobiology. Annu Rev Biochem. 1988;57:785-838.
Trowbridge JM, Gallo RL. Dermatan sulfate: new functions from an old glycosaminoglycan. Glycobiology. 2002;12(9):117R-25R.
Varki A, Cummings RD, Esko JD, Freeze HH, Stanley P, Bertozzi CR et al. Essentials of glycobiology. 2. ed. Cold Spring Harbor: Cold Spring Harbor Laboratory Press; 2009.

Lipídios

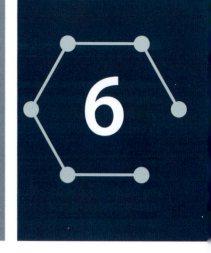

Introdução

Os lipídios, lipídeos ou lípides não são polímeros como outras importantes biomoléculas, como as proteínas, alguns carboidratos e o ácido desoxirribonucleico. Contudo, podem se associar para dar origem a moléculas mais complexas, exercendo funções biológicas estruturais (composição da membrana plasmática), sinalizadoras (fosfatidilinositol – um fosfolipídio de membrana é clivado para produzir inositol trifosfato, que atua mediando respostas intracelulares), de reserva (concentrados com triacilgliceróis no tecido adiposo), entre outras funções. A variedade estrutural dos lipídios suplanta as outras moléculas biológicas. São bioquimicamente tratados como lipídios, entre outros óleos, gorduras, ceras, hormônios esteroides, colesterol, vitaminas A, D, E e K, fosfolipídios. São substâncias de natureza biológica que compartilham a propriedade de se solubilizar em solventes orgânicos, como é o caso do clorofórmio, do xilol, do éter e da acetona. De fato, essas substâncias são utilizadas no isolamento químico de lipídios de outras substâncias.

Funções biológicas dos lipídios

Os lipídios apresentam várias funções na natureza, como:

- Fonte e reserva de energia: 1 g de qualquer gordura produz 9 kcal de energia. Em contraste, a mesma quantidade de carboidratos ou proteínas fornece 4 kcal
- Isolante térmico: forma o tecido adiposo dos mamíferos, útil na proteção contra perda de calor, já que os lipídios são maus condutores de calor
- Proteção contra choques mecânicos: os coxins das palmas das mãos e dos pés são formados pelo tecido adiposo e estão sujeitos a choques mecânicos constantes
- Definição das formas femininas: os hormônios estrógeno e progesterona direcionam o depósito de lipídios para locais específicos, como cintura pélvica e seios
- Síntese de outras substâncias: hormônios esteroides testosterona, estrógenos, progesterona, aldosterona e cortisol têm o colesterol como precursor (embora este seja um álcool, bioquimicamente é tratado como um lipídio, já que comumente se apresenta esterificado por um ácido graxo no carbono 3 do anel A)
- Absorção de vitaminas lipossolúveis A, D, E e K: isso significa que elas só são absorvidas e transportadas em conjunto com os lipídios da dieta

Ácidos graxos

São moléculas constituídas de um grupo funcional carboxila (COOH) ligados a uma cadeia carbônica que pode ser saturada, monoinsaturada ou poli-insaturada. O grupo COOH ioniza-se em solução (COO$^-$) e apresenta caráter hidrofílico, em contraste com a cauda de hidrocarbonetos que é extremamente hidrofóbica. O grupo COOH tem a propriedade de reagir prontamente com grupos hidroxila ou amino de outras moléculas para formar ésteres e amidas. De fato, os triacilgliceróis são formados a partir da reação de esterificação de grupos COOH dos ácidos graxos com radicais OH do glicerol. Contudo, a função mais importante dos ácidos graxos é atuar como constituintes das membranas plasmáticas (Figura 6.1), já que fazem parte dos fosfolipídios de membrana – moléculas que se assemelham aos triglicerídios, porque são compostas por ácidos graxos e glicerol. Contudo, nos fosfolipídios, o glicerol está unido a duas cadeias de ácidos graxos, e não três.

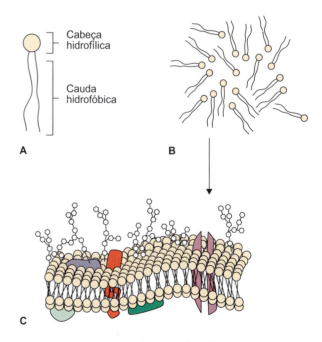

Figura 6.1 A. Modelo espacial de um ácido graxo mostrando porções hidrofílicas e hidrofóbicas. **B** e **C.** Ácidos graxos, quando em solução aquosa, tendem a associar-se com suas caudas hidrofóbicas, interagindo entre si. Isso possibilita a formação de membranas biológicas.

94 Bioquímica Clínica

Os ácidos graxos de ocorrência biológica mais frequente estão relacionados na Tabela 6.1. Tanto em vegetais quanto em animais os ácidos graxos predominantes são os ácidos palmítico, oleico, linoleico e esteárico, cuja cadeia carbônica apresenta de 16 a 18 átomos de carbono. A cadeia hidrocarbonada é quase invariavelmente não ramificada em ácidos graxos de origem animal. A exceção são as glândulas sebáceas, que sintetizam ácidos graxos de cadeia ramificada.

Ácidos graxos com cadeias carbônicas menores que 14 átomos de carbono e maiores que 20 são pouco comuns; os de cadeia ímpar também são raros na natureza, pois, durante a síntese dessas biomoléculas, os carbonos são adicionados à cadeia de dois em dois e, por essa razão, a maioria dos ácidos graxos apresenta número par de carbonos. Ácidos graxos que apresentam estruturas cíclicas (ciclopropano, ciclopropeno, ou ciclopentano) ligadas à cadeia de hidrocarbonetos são raros no ser humano, mas estão presentes na membrana plasmática de bactérias, como é o caso do ácido graxo ciclopropânico.

Nível de saturação

A cadeia carbônica dos ácidos graxos pode ser saturada (apresenta somente ligações simples C–C), insaturada (ligações duplas ou triplas, C=C; C≡C) ou poli-insaturada (mais uma ligação dupla ou tripla entre os carbonos). A Tabela 6.1 mostra as posições em que as insaturações ocorrem nos ácidos graxos mais comuns na natureza. Nota-se que a primeira insaturação ocorre frequentemente entre os carbonos C9 e C10, contando a partir carbono da carboxila. Essa ligação é chamada Δ^9 ou ligação dupla 9. Em ácidos graxos poli-insaturados, as ligações duplas tendem a ocorrer a cada três carbonos (p. ex., –CH=CH–CH$_2$–CH=CH–) e, assim, não são conjugados (como em –CH=CH–CH=CH–).

Os ácidos graxos saturados (que estão completamente reduzidos ou "saturados" com hidrogênio) são moléculas altamente flexíveis, que podem assumir uma ampla variedade de conformações, pois há uma rotação relativamente livre ao redor de cada ligação C-C (Figura 6.2). No entanto, a conformação

Tabela 6.1 Informações estruturais e nomenclatura dos ácidos graxos mais comuns.

Nome comum	Nome sistemático	Estrutura	Simbologia
Ácido fórmico*	Ácido metanoico	CH$_2$O$_2$	1:0
Ácido acético*	Ácido etanoico	CH$_3$COOH	2:0
Ácido propiônico*	Ácido propanoico	C$_3$H$_6$O$_2$	3:0
Ácido butírico	Ácido butanoico	C$_4$H$_8$O$_2$	4:0
Ácido valérico	Ácido pentanoico	C$_5$H$_{10}$O$_2$	5:0
Ácido caproico	Ácido hexanoico	C$_5$H$_{11}$COOH	6:0
Ácido caprílico	Ácido octanoico	CH$_3$(CH$_2$)$_6$COOH	8:0
Ácido cáprico	Ácido decanoico	CH$_3$(CH$_2$)$_8$COOH	10:0
Ácido láurico	Ácido dodecanoico	CH$_3$(CH$_2$)$_{10}$COOH	12:0
Ácido mirístico	Ácido tetradecanoico	CH$_3$(CH$_2$)$_{12}$COOH	14:0
Ácido palmítico	Ácido hexadecanoico	CH$_3$(CH$_2$)$_{14}$COOH	16:0
Ácido palmitoleico	Ácido 9-hexadecenoico	CH$_3$(CH$_2$)$_5$CH=CH(CH$_2$)$_7$COOH	16:1; **9**
Ácido esteárico	Ácido octadecanoico	CH$_3$(CH$_2$)$_{16}$COOH	18:0
Ácido oleico	Ácido 9-octadecenoico	CH$_3$(CH$_2$)$_7$CH=CH(CH$_2$)$_7$COOH	18:1; **9**
Ácido linoleico**	Ácido 9,12-octadecadienoico	CH$_3$(CH$_2$)$_4$CH=CH(CH$_2$)$_2$(CH$_2$)$_6$COOH	18:2; **9,12**
Ácido linolênico**	Ácido 9,12,15-octadecatrienoico	CH$_3$(CH$_2$)$_4$CH=CH(CH$_2$)$_2$(CH$_2$)$_6$COOH	18:3; **9,12,15**
Ácido araquídico	Ácido eicosanoico	CH$_3$(CH$_2$)$_{18}$COOH	20:0
Ácido araquidônico**	Ácido 5,8,11,14-eicosatetraenoico	CH$_3$(CH$_2$)$_4$(CH=CHCH$_2$)$_4$(CH$_2$)$_2$COOH	20:4; **5,8,14**
Ácido beênico	Ácido docosanoico	CH$_3$(CH$_2$)$_{20}$COOH	22:0
Ácido lignocérico	Ácido tetracosanoico	CH$_3$(CH$_2$)$_{22}$COOH	24:0
Ácido nervônico	Ácido 15-tetracosenoico	CH$_3$(CH$_2$)$_7$CH=CH(CH$_2$)$_{13}$COOH	24:1; **15**

20:4 | **5, 8, 14**
Nº de carbonos | Posições das
Nº de duplas ligações | duplas ligações

*Não está presente em lipídios.
**Ácidos graxos essenciais.

Capítulo 6 • Lipídios 95

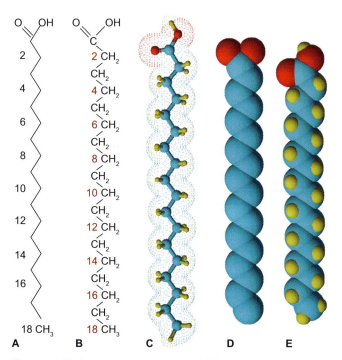

Figura 6.2 Modos de representação dos ácidos graxos – nesse caso, o ácido esteárico, um ácido graxo saturado de 18 carbonos. **A.** Um modelo simplificado com o esqueleto carbônico da molécula, seu grupo funcional e o último carbono. **B.** A estrutura completa com todos os átomos de carbono, representados por letras e ligados a seus respectivos hidrogênios. **C.** Modelo em bastão e esferas com as projeções dos raios de van der Waals. **D** e **E.** Modelos de van der Waals; em esferas amarelas, são mostrados os átomos de hidrogênio.

de energia mais baixa é a completamente estendida, que apresenta a menor quantidade de interferência estérica entre os grupos metilenos vizinhos. A temperatura de fusão (T_f) dos ácidos graxos saturados, assim como da maioria das substâncias, aumenta com sua massa molecular. Geralmente, são sólidos em temperatura ambiente e estão presentes, sobretudo, em gorduras de origem animal. Em contrapartida, os ácidos graxos insaturados, em geral, são líquidos em temperatura ambiente e encontrados principalmente em vegetais.

Quando existe mais de uma insaturação, estas são sempre separadas por pelo menos três carbonos, nunca adjacentes nem conjugadas. As ligações duplas dos ácidos graxos quase sempre apresentam a configuração *cis* (Figura 6.3). Isso coloca uma dobra rígida de 30° na cadeia de hidrocarboneto, impondo à molécula uma rigidez que torna impossível a rotação entre os átomos de carbono.

Consequentemente, ácidos graxos insaturados interagem de maneira menos compacta do que os ácidos graxos saturados. Nos ácidos graxos insaturados, as interações de van der Waals reduzidas fazem com que seus pontos de fusão diminuam conforme o menor grau de insaturação. A fluidez dos lipídios, que contêm resíduos de ácidos graxos, do mesmo modo, aumenta com o grau de insaturação desses ácidos graxos. Esse fenômeno tem consequências importantes para as membranas biológicas e, de fato, a presença de ácidos graxos insaturados as torna mais fluídicas, enquanto a de ácidos graxos saturados e colesterol reduz a fluidez, interferindo em suas funções biológicas. As insaturações em ácidos graxos estão localizadas na cadeia de maneira não conjugada (sistema 1,4-diênico), frequentemente separada por grupos metilênicos

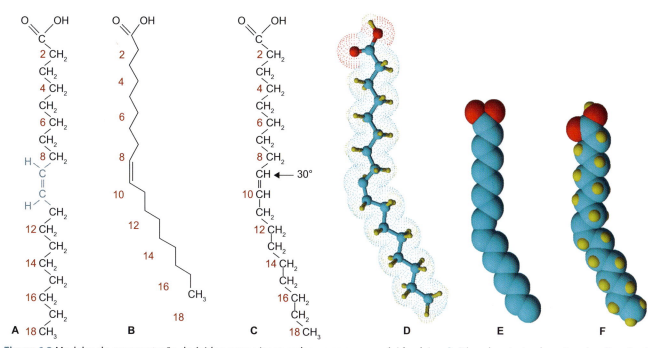

Figura 6.3 Modelos de representação de ácidos graxos insaturados – nesse caso, o ácido oleico. **A.** Fórmula estrutural mostrando a ligação dupla *cis*. **B.** Esqueleto carbônico mostrando o grupo funcional e o último carbono; os demais carbonos e hidrogênios não estão aparentes nessa estrutura. **C.** Dupla ligação promove uma angulação de 30° na cadeia carbônica. O resto da cadeia é livre para mover entre C-C. **D.** Modelo em bastão e esferas, com as projeções dos raios de van der Waals. **E** e **F.** Modelos de van der Waals, com os átomos de hidrogênios mostrados como esferas amarelas. As ligações duplas também são separadas por pelo menos uma ligação de metileno. As propriedades dos ácidos graxos dependem do comprimento de sua cadeia hidrocarbonada e de seu grau de saturação. Os ácidos graxos insaturados apresentam ponto de fusão menor do que os saturados do mesmo comprimento. Assim, o tamanho da cadeia hidrocarbonada de um ácido graxo e o nível de insaturação determinam sua fluidez.

(α-CH$_2$). Desse modo, podem apresentar configuração *cis* (ou *ZI*). No processo de rancidez autoxidativa ou nos processos de hidrogenação envolvendo catálise por níquel ou aquecimento prolongado a temperaturas elevadas, a configuração *cis* pode ser convertida no isômero *trans* = *E*.

Nomenclatura

O nome sistemático para determinado ácido graxo deriva de seu hidrocarboneto de origem, substituindo a terminação final da palavra por "oico" (p. ex., o hidrocarboneto butano recebe a designação oico e dá origem ao ácido graxo butanoico; Figura 6.4). Um ácido graxo saturado com 18 carbonos na cadeia é denominado ácido graxo octadecanoico porque o hidrocarboneto que o originou é o octadecano. Contudo, se esse ácido graxo de 18 carbonos na cadeia apresentasse uma insaturação, ele seria denominado ácido graxo octadecenoico; se o número de insaturações fosse 2, octadedienoico; e, se houvesse três insaturações na cadeia, octadetrienoico. A representação numérica desse ácido graxo de 18 carbonos e nenhuma insaturação é 18:0, sendo o número 18 indicativo da quantidade de carbonos na cadeia e o número 0 nenhuma insaturação.

Para os ácidos graxos octadecacenoico, octadecadienoico e octadetrienoico, a representação é 18:1, 18:2 e 18:3, respectivamente. Nos ácidos graxos, a numeração dos átomos de carbono pode ser feita de duas maneiras: ω ou Δ. No primeiro sistema ω, ou "n", os carbonos são numerados a partir do carbono mais distante da carboxila; no sistema Δ ou D, os carbonos são numerados a partir do carbono mais próximo da carboxila. Esse tipo de numeração é o mais comumente utilizado: por exemplo, quando um dado ácido graxo é referido como ω-3, isso significa que há uma insaturação no terceiro carbono a partir da posição ω. Assim, a posição de uma dupla ligação na cadeia é indicada contando-se os carbonos a partir de ω. Já no sistema D ou Δ, a posição da dupla ligação é representada por Δ acompanhado de um índice: por exemplo, o ácido graxo *cis*-Δ^9 significa uma insaturação do tipo *cis* entre os átomos de carbono 9 e 10 (Figura 6.5). Utilizando-se o ácido palmitoleico como exemplo, seu modo de representação seria o seguinte: 16:1 n7 ou 16:1 ω7, o que indica que a molécula tem 16 átomos de carbonos e uma dupla ligação localizada a 7 átomos de distância do carbono ω.

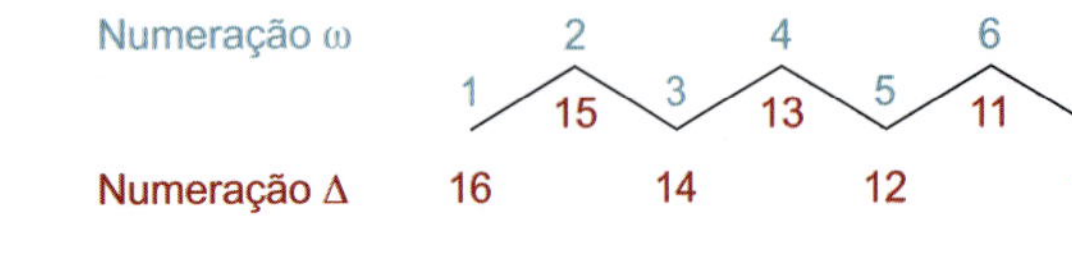

Essencialidade

Os ácidos graxos podem ser classificados em razão da capacidade de sintetização do organismo. Ácidos graxos não essenciais são aqueles cujo organismo humano é capaz de sintetizar, enquanto ácidos graxos essenciais não podem ser sintetizados pelos mecanismos bioquímicos humanos. Pertencem a essa classe os ácidos graxos linoleico (ω-6) e linolênico (ω-3). Os ácidos graxos essenciais devem ser obtidos por meio da dieta, e suas melhores fontes são os peixes, como o salmão, e o azeite de oliva.

Os mamíferos não dispõem de enzimas capazes de introduzir duplas ligações nas posições ω-3 e ω-6, mas somente a partir da posição ω-9 (Figura 6.6). Os ácidos graxos essenciais linolênico e linoleico são precursores para a síntese de vários ácidos graxos insaturados, começando pelo ácido araquidônico (C 20:4), que, por sua vez, é fonte de moléculas essenciais para os hormônios prostaglandinas. A partir dos ácidos graxos linolênico e linoleico, outros ácidos graxos podem ser sintetizados pelo organismo (Figura 6.7).

Ácidos graxos da série ômega e seus efeitos cardioprotetores

Os ácidos graxos da série ômega pertencem à família dos ácidos graxos poli-insaturados (PUFA), com destaque para o alfalinolênico (ômega-3) e o linoleico (ômega-6), conhecidos como essenciais, uma vez que o aparato enzimático humano pode sintetizá-los e, portanto, devem ser obtidos a partir da dieta. Os efeitos cardioprotetores dos ácidos graxos poli-insaturados podem ser atribuídos às suas propriedades de reduzir os níveis de colesterol incorporados no LDL e também em razão de suas propriedades anti-inflamatórias sobre o endotélio vascular. De fato, sabe-se que a aterosclerose é uma resposta imunoinflamatória do endotélio vascular a determinada lesão; além disso, os ácidos graxos poli-insaturados reduzem a expressão de moléculas de adesão e fatores de crescimento

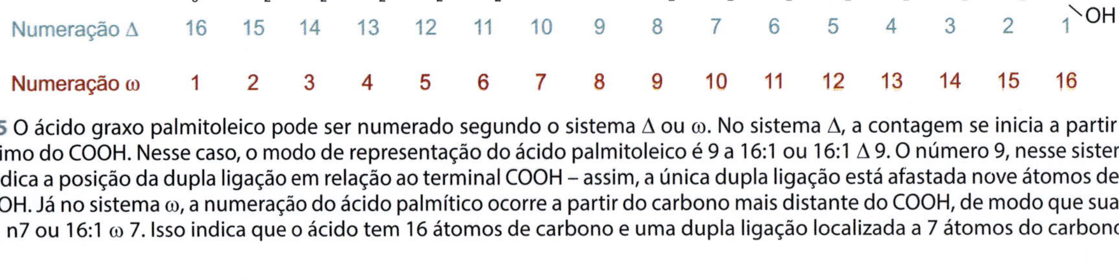

Figura 6.4 A. Estrutura do hidrocarboneto butano (C$_4$H$_{10}$). **B.** Ácido graxo butanoico (C$_4$H$_8$O$_2$).

Figura 6.5 O ácido graxo palmitoleico pode ser numerado segundo o sistema Δ ou ω. No sistema Δ, a contagem se inicia a partir do carbono mais próximo do COOH. Nesse caso, o modo de representação do ácido palmitoleico é 9 a 16:1 ou 16:1 Δ 9. O número 9, nesse sistema de classificação, indica a posição da dupla ligação em relação ao terminal COOH – assim, a única dupla ligação está afastada nove átomos de carbono do grupo COOH. Já no sistema ω, a numeração do ácido palmítico ocorre a partir do carbono mais distante do COOH, de modo que sua representação é 16:1 n7 ou 16:1 ω 7. Isso indica que o ácido tem 16 átomos de carbono e uma dupla ligação localizada a 7 átomos do carbono ω.

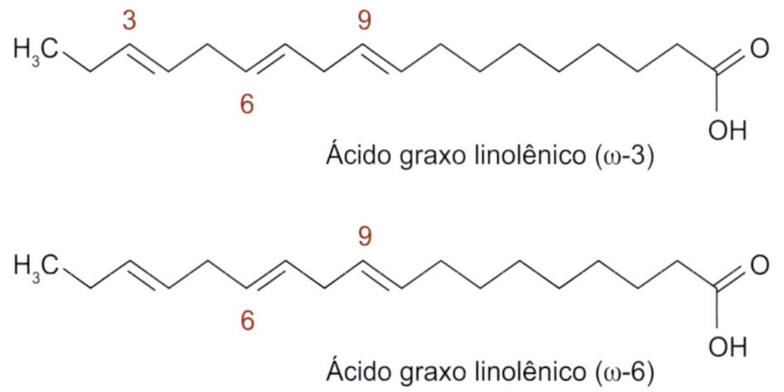

plaquetário, componentes importantes na gênese e progressão da placa de ateroma. Experimentos conduzidos por Lopez-Garcia *et al.* (2004) mostram que a ingestão de ácidos graxos da série ômega-3 em mulheres tem relação inversa com os níveis plasmáticos de marcadores inflamatórios e substâncias de ativação endotelial. Os valores de proteína C reativa (um importante marcador inflamatório) foram 29% menores nos indivíduos que consumiram ácidos graxos ômega-3, quando comparados com aqueles que não consumiram. Também foram observadas redução em outros marcadores bioquímicos inflamatórios e adesão endotelial, que são relevantes na gênese da placa de ateroma.

Nas mulheres que consumiram os ácidos graxos da série ômega-3, houve redução nos níveis plasmáticos de interleucina-6 (IL-6), E-seletina, molécula solúvel de adesão intracelular (sICAM-1) e molécula solúvel de adesão vascular (sVCM-1) na ordem de 23, 10, 7 e 8%, respectivamente. Esses dados foram corroborados por muitos outros autores, sugerindo que esses efeitos são capazes de explicar os efeitos benéficos dos ácidos graxos da série ômega na prevenção de doenças cardiovasculares.

Triacilgliceróis

Triacilglicerol é o nome genérico de qualquer triéster oriundo da combinação do glicerol (um triálcool) com ácidos, especialmente ácidos graxos, no qual as três hidroxilas (do glicerol) sofreram condensação carboxílica com os ácidos (esterificação), que não precisam ser necessariamente iguais. Os triacilgliceróis são prontamente reconhecidos como óleos ou gorduras produzidos e armazenados nos organismos vivos para fins de reserva energética, já que são anidros (Figura 6.8).

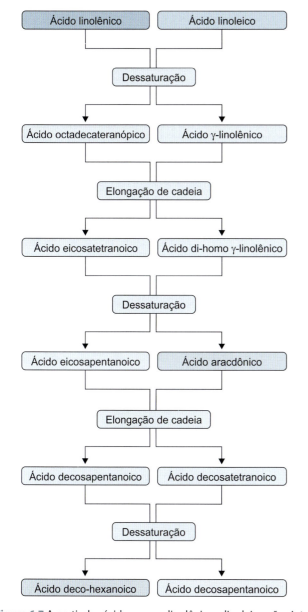

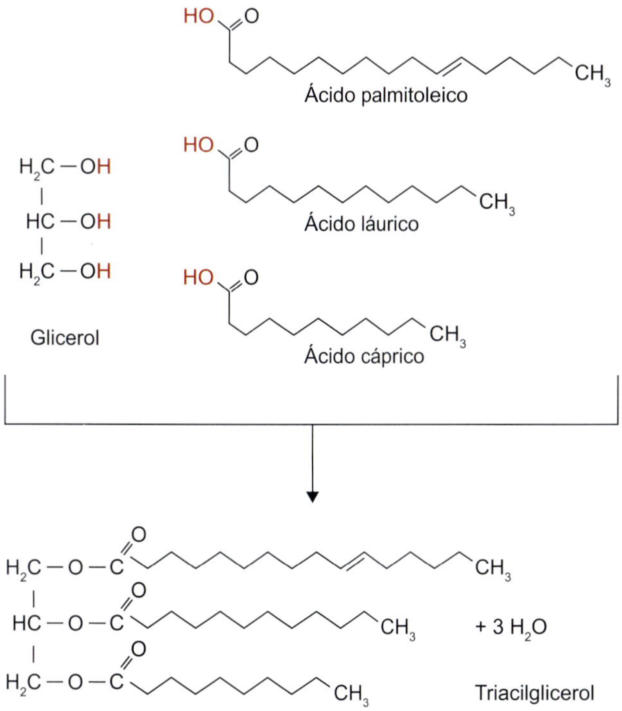

Figura 6.6 Os ácidos graxos essenciais linolênico e linoleico devem ser obtidos por meio da dieta, pois são necessários para a biossíntese de diversos compostos biologicamente importantes, como prostaglandinas – um mediador inflamatório.

Figura 6.7 A partir dos ácidos graxos linolênico e linoleico, são sintetizados ácidos graxos de cadeias muito longas que cumprem papéis importantes no organismo, como é o caso do ácido araquidônico, liberado a partir da membrana fosfolipídica das plaquetas pela ativação da enzima fosfolipase A2, sendo posteriormente convertido pela enzima ciclo-oxigenase (COX-1) em tromboxana A$_2$, um potente agregado plaquetário.

Figura 6.8 Molécula de triacilglicerol. Os triacilgliceróis são formados por meio de reação de esterificação entre a hidroxila alcoólica do glicerol e o grupo carboxila do ácido graxo, com liberação de três moléculas de água. Em vermelho, destaque para os átomos que participam da reação de esterificação.

Os triacilgliceróis são a classe lipídica mais abundante nos animais, embora não integrem as membranas biológicas. Diferem-se de acordo com a identidade e a posição dos seus três resíduos de ácido graxo. A maioria dos triacilgliceróis contém dois ou três tipos diferentes de resíduos de ácido graxo, sendo denominados de acordo com a posição dos resíduos em relação à molécula de glicerol, por exemplo, 1-palmitoleoil-2-laurioleil-3-caprioilglicerol (Figura 6.9). Os três ácidos graxos que compõem a molécula de triacilglicerol frequentemente são de dois tipos diferentes. O ácido graxo presente no carbono 1 da molécula de triacilglicerol é normalmente saturado, o do carbono 2 é geralmente insaturado e, finalmente, o ácido graxo que está presente no carbono 3 pode ser saturado ou insaturado.

Gorduras e óleos (que se diferem somente pelo fato de gorduras serem sólidas e óleos líquidos na temperatura ambiente) são misturas complexas de triacilgliceróis, cujas composições de ácidos graxos variam conforme o organismo que os produz. Os óleos vegetais são geralmente mais ricos em resíduos de ácidos graxos insaturados que as gorduras animais, como o menor ponto de fusão dos óleos implica.

Triacilgliceróis como reservas de energia

O organismo humano apresenta duas grandes fontes de reserva energética, os lipídios (na forma de triacilgliceróis) e os carboidratos (na forma de glicogênio). O glicogênio é um homopolímero armazenado no fígado e no tecido muscular esquelético. Já as gorduras são mais eficientes que o glicogênio no tocante ao armazenamento de energia; além disso, uma vez que são menos oxidadas quando comparadas aos carboidratos ou proteínas, fornecem significativamente mais energia, por unidade de massa, na sua oxidação completa. Em mamíferos, os lipídios são armazenados na forma de triacilgliceróis no tecido adiposo, um tipo especial de tecido conjuntivo que se caracteriza pela presença de adipócitos, células especializadas na função de armazenamento de lipídios (Figura 6.10). Os adipócitos podem ser encontrados isolados ou em pequenos grupos no tecido conjuntivo comum, porém a maioria deles forma grandes aglomerados, constituindo o tecido adiposo. Existem dois tipos que são classificados em virtude da estrutura de suas células, localização, coloração, vascularização e funções: tecido adiposo marrom (TAM) e tecido adiposo branco (TAB). O TAM encontra-se praticamente ausente em indivíduos adultos, mas está presente em fetos e recém-nascidos, e seus adipócitos são menores que os adipócitos do TAB (30 a 40 μm e 60 a 100 μm, respectivamente). O citosol dessas células apresenta várias inclusões lipídicas e seu aspecto marrom se deve à grande presença de citocromo oxidase em suas células.

A principal função do TAM é produzir calor, o que é possível graças a uma proteína denominada proteína desacopladora (UCP) ou termogenina. Essas proteínas compõem uma família de proteínas bombeadoras de prótons, localizadas na membrana mitocondrial interna, e têm como função a translocação dos prótons e elétrons do espaço intermembranar para a matriz mitocondrial, dissipando o gradiente de prótons por meio da membrana interna da mitocôndria e produzindo calor em vez de ATP. O TAB tem como principal função armazenar lipídios na forma de triacilgliceróis.

Quando jovem, o adipócito apresenta múltiplas gotículas lipídicas em seu citosol, condição na qual é classificado histologicamente como tecido adiposo multilocular. Contudo, à

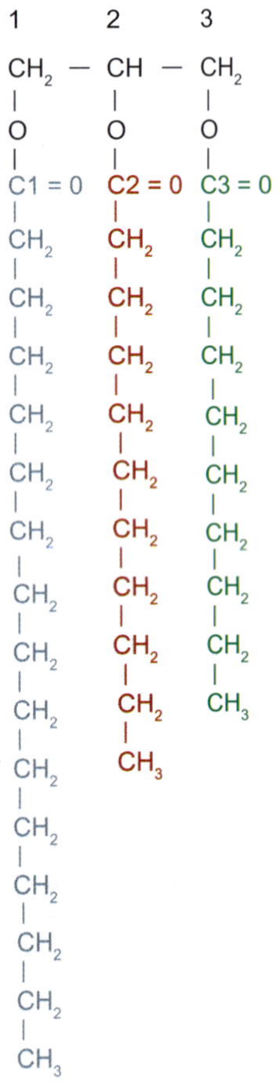

Figura 6.9 Molécula de triacilglicerol. Os ácidos graxos são nomeados de acordo com a posição dos resíduos em relação à molécula de glicerol: (1) palmitoleoil (ácido palmítico); (2) laurioleil (ácido láurico); e (3) caprioilglicerol (ácido cáprico).

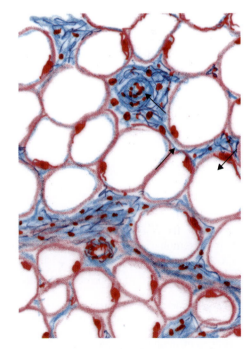

Figura 6.10 Tecido adiposo unilocular. As setas indicam os núcleos dos adipócitos que se encontram deslocados para a periferia em virtude do espaço ocupado pelos lipídios no citosol.

medida que amadurece, as múltiplas gotículas lipídicas se coalescem para formar uma única inclusão citosólica que ocupa todo o citosol da célula, correspondendo a 80 a 95% da massa celular; nessa condição, o tecido adiposo é denominado tecido adiposo unilocular.

A grande inclusão lipídica desloca o núcleo e as organelas celulares para a periferia, de modo que elas têm que se acomodar em uma delgada porção de citosol. Os adipócitos podem alterar seu tamanho em razão da quantidade de triacilgliceróis acumulados em seu citosol, e, quando comparados a eritrócitos e fibroblastos, por exemplo, são centenas e, às vezes, milhares de vezes maiores que essas células.

O TAB tem distribuição generalizada pelo organismo, atua como protetor contra choques mecânicos, envolvendo tecidos e órgãos sem comprometer sua integridade funcional, é excelente isolante térmico e, finalmente, é o maior reservatório energético do organismo, tendo capacidade de armazenar 200.000 a 300.000 kcal em indivíduos adultos não obesos. Isso é possível porque, ao contrário do glicogênio, os triacilgliceróis são armazenados na forma anidra, o que proporciona maior armazenamento energético em pequenos espaços físicos. O TAB pode ser classificado segundo sua distribuição em tecido adiposo subcutâneo (TAS) e tecido adiposo visceral (TAV). O TAS concentra-se no abdome, abaixo da pele e das regiões femoral e glútea, enquanto o TAV se situa junto às vísceras, compondo a gordura visceral. O TAV e o TAS mostram certas diferenças e especificidades no que tange à função e até mesmo ao metabolismo (p. ex., os adipócitos viscerais respondem melhor ao efeito lipolítico induzido pelas catecolaminas e são mais resistentes ao efeito antilipolítico induzido pela insulina). Isso explica por que a remoção de lipídios é mais resistente nas porções femoral e glútea (TAS). Ao que parece, o TAV é mais sensível às catecolaminas por apresentar maior quantidade de beta-adrenorreceptores (β1 e β2).

Leptina Controle da proporção de lipídios armazenados no tecido adiposo

Leptina quer dizer "fino, magro, delgado" (*leptos* = fino), uma proteína composta por 167 resíduos de aminoácidos, pesa 16 kDa (Figura 6.11), seu gene apresenta três éxons e dois íntrons e localiza-se no cromossomo 7q31.3. O tecido adiposo branco é a maior fonte de síntese de leptina, embora ela seja sintetizada em menor escala em outros órgãos também, como estômago, placenta e tecido adiposo marrom. O tecido adiposo subcutâneo sintetiza leptina em maior quantidade quando comparado com o tecido adiposo visceral. A quantidade de tecidos adiposos tem sido relacionada como principal fator determinante da leptinemia, correlacionada em estudos com a massa total de gordura e o índice de massa corporal. Diversos mecanismos fisiológicos têm impacto na síntese aguda de leptina, por exemplo, jejum, exercício físico moderado e baixa temperatura conduzem à diminuição da expressão do gene da leptina e, consequentemente, redução da leptinemia. Em contrapartida, ingestão alimentar após jejum, presença de glicocorticoides e insulina são fatores que aumentam a transcrição do gene da leptina e, portanto, suas concentrações no plasma. O hipotálamo é o principal sítio de ação da leptina, apresentando neurônios sensíveis a ela nos núcleos dorsal e ventromedial, que atuam no controle da saciedade e do equilíbrio energético.

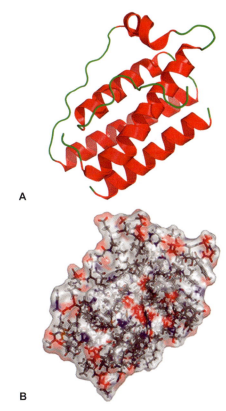

Figura 6.11 A e B. Leptina, um peptídio composto por 4 alfa-hélices. O gene da leptina consiste em três éxons e dois íntrons. O gene é transcrito por RNAm, que codifica um pró-hormônio de 167 aminoácidos. A sequência sinal contém 21 aminoácidos e é removida para a liberação da leptina na corrente sanguínea.

O tecido adiposo também expressa receptores para leptina, sugerindo, assim, uma função autócrina e parácrina da leptina. Nos adipócitos, a leptina é capaz de aumentar a densidade de mitocôndrias no interior das células, tornando-a capaz de oxidar grandes quantidades de lipídios; de fato, adipócitos sob estímulo da leptina são capazes de depletar cerca de 95% de sua massa lipídica. A concentração de leptina está diretamente relacionada com a adiposidade e as alterações do peso corporal; de fato, a condição de hiperleptinemia durante a obesidade está frequentemente associada à resistência tecidual à leptina, uma condição em que a capacidade de armazenamento de gordura é aumentada e a taxa de oxidação reduzida.

Glicerofosfolipídios

Os glicerofosfolipídios (ou fosfoglicerídios) são a classe de lipídios que compõem as membranas biológicas, formados de glicerol 3-fosfato, nos quais as posições C1 e C2 apresentam ácidos graxos esterificados. Em C3, o grupo fosforil está ligado a outro radical, o X (Figura 6.12). Essa estrutura torna os glicerofosfolipídios moléculas anfifílicas com uma porção hidrofóbica (caudas de ácidos graxos) e uma porção hidrofílica (grupos fosforil-X). A molécula mais simples de glicerofosfolipídio se dá quando o X é substituído pelo átomo de H, dando origem aos ácidos fosfatídicos, sendo encontrada em quantidade bastante reduzida nas membranas biológicas. As moléculas de glicerofosfolipídios que ocorrem em membranas plasmáticas apresentam cabeças polares cujos grupos químicos são derivados de alcoóis polares, como é o caso, por exemplo, da fosfatidiletanolamina, da fosfatidilserina e da fosfatidilcolina.

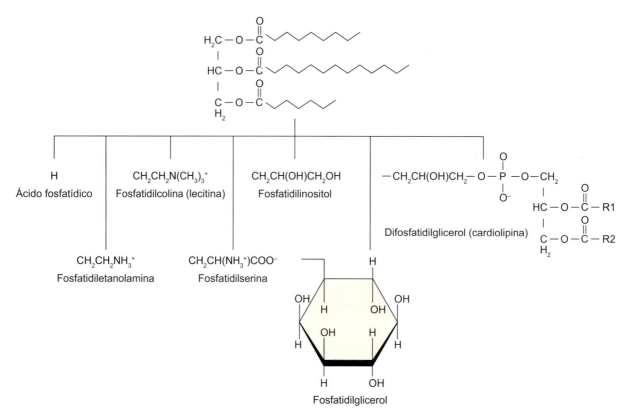

Figura 6.12 Estrutura dos glicerofosfolipídios. A fórmula geral dos glicerofosfolipídios está à esquerda, em destaque. A substituição do X por qualquer das moléculas produz o glicerofosfolipídio correspondente.

Esfingolipídios ou esfingomielinas

Os esfingolipídios, também denominados esfingomielinas, são a classe de lipídios desprovidos de glicerol. Portanto, são os lipídios complexos em que o álcool é a esfingosina. Quando ligada a um único ácido graxo, a esfingosina passa a ser chamada de ceramida; a ligação é do tipo amida. Ocorrem em plantas e animais – nestes, principalmente no sistema nervoso, envolvendo axônios neuronais. Também são componentes das membranas biológicas (Figura 6.13). A esfingosina é um aminoálcool C_{18}, que tem dupla ligação na configuração *trans* de elevado peso molecular. Ésteres de esfingosina podem ocorrer em lipídios simples (cerídeo) ou complexos; nesse caso, podem ter fosfato (fosfolipídio, como a esfingomielina) ou não em sua composição (neste caso, estão os glicolipídios, como cerebrosídeos e gangliosídeos). Há dois tipos fundamentais de esfingolipídios: esfingomielinas e glicolipídios, estes divididos em duas subclasses (cerebrosídeos e gangliosídeos).

Na esfingomielina (Figura 6.14), a ceramida (AG + esfingosina) está ligada à fosforilcolina (mas pode também sê-lo à fosfoetanolamina), que forma uma cabeça polar e torna a molécula anfipática (como o são todos os fosfolipídios). As esfingomielinas estão presentes no tecido nervoso compondo a bainha de mielina e sua hidrólise completa dá origem a:

1 mol de ácido graxo + H_3PO_4 + Colina + Esfingosina

As esfingomielinas diferem entre si pelo tipo de ácido graxo que contém; o mais comum é o ácido lignocérico. O agrupamento álcool primário da esfingosina é esterificado com ácido fosfórico (são, portanto, fosfolipídios), que também é esterificado com outro álcool aminado – a colina. São também anfipáticas, como os demais fosfolipídios (fosfoacilgliceróis),

e, por isso, ocorrem comumente nas membranas celulares. Os ácidos graxos mais comuns nas esfingomielinas são palmítico, esteárico, lignocérico e nervônico. A esfingomielina da bainha de mielina (uma estrutura que isola e protege as fibras neuronais do sistema nervoso central) contém predominantemente ácidos graxos de cadeia longa (lignocérico e nervônico), enquanto a substância cinzenta do cérebro dispõe de esfingomielina, na qual predomina o ácido esteárico.

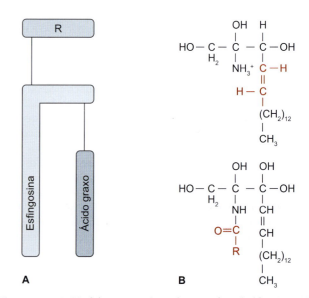

Figura 6.13 A. Modelo esquemático de um esfingolipídio. A porção polar é representada pela letra "R" e é composta pela porção hidrofílica da molécula de esfingosina e um álcool aminado. **B.** Estrutura de uma esfingosina. Nota-se a configuração *cis* das duplas ligações.

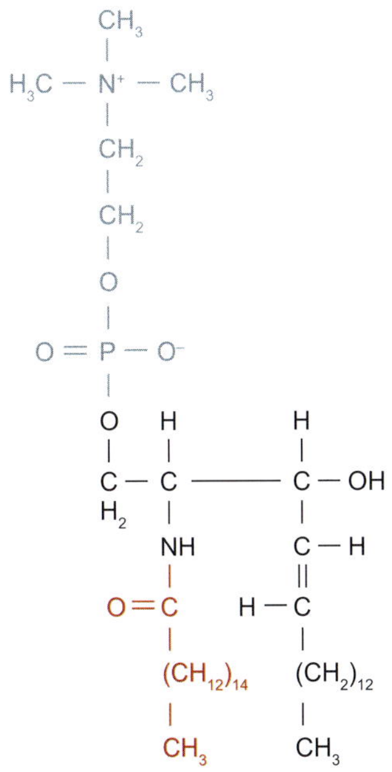

Figura 6.14 A esfingomielina apresenta um grupamento de fosfato (ligado ao grupo fosfocolina, representado em azul) e, por essa razão, dispõe de uma porção polar, uma vez que a ionização desse grupamento a torna eletricamente negativa. Em vermelho, destaque para o resíduo de palmitato na molécula. A esfingomielina está envolvida na composição da bainha de mielina, que envolve os axônios neuronais.

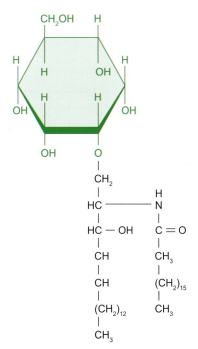

Figura 6.15 Os cerebrosídeos são glicolipídios, pois apresentam uma ou mais moléculas de açúcar ligadas a uma cadeia extensa de hidrocarbonetos. Estão presentes nas camadas externas de algumas biomembranas. O nome da molécula se dá em razão da ose que está ligada à cadeia de hidrocarbonetos – nesse caso, por exemplo, a glicose (em verde), por isso a denominação de glicocerebrosídeo.

Esfingoglicolipídios

A ceramida (AG + esfingosina) está unida a um açúcar por uma ponte osídica de tipo "O". Podem ser cerebrosídeos (sem ácido siálico) ou gangliosídeos (com ácido siálico). Os cerebrosídeos e os gangliosídeos são achados em tecido de cérebro, particularmente na matéria branca.

Cerebrosídeos

Consistem de ceramidas cujas cabeças polares apresentam um único resíduo de açúcar, compondo os glicoesfingolipídios. Não dispõem de grupos fosfato, o que os torna não iônicos (Figura 6.15). Os cerebrosídeos mais comuns são os glicocerebrosídeos e galactocerebrosídeos, embora existam outros, como o cerebrolactosídeo (um cerebrosídeo que apresenta a lactose como açúcar). A hidrólise plena dos cerebrosídeos produz:

Esfingosina + 1 ácido graxo + 1 açúcar (galactose ou glicose)

Gangliosídeos

São oligossacarídeos ligados à ceramida e ao ácido siálico (Figura 6.16). Existem mais de 60 gangliosídeos conhecidos e todos compartilham da característica de não apresentarem apenas uma única molécula de carboidrato, e sim um oligossacarídeo, em geral, com 2 ou 3 oses. Os oligossacarídeos da ceramida são sintetizados, ligando-se monossacarídeos adicionais a um glicocerebrosídeo. Quando têm em sua composição apenas uma molécula de ácido siálico, são "monossialogangliosídeos", mas podem ser dissialogangliosídeos ou trissialogangliosídeos. Apresentam estrutura complexa, com cabeças polares muito grandes, formadas por várias unidades de açúcar que, em geral, incluem o ácido siálico. Gangliosídeos são negativamente carregados pela presença de ácido acetilneuramínico (NANA ou ácido siálico) ou por grupos sulfato nos sulfatídeos. Sulfatídeos (sulfoglicoesfingolipídios) são cerebrosídeos que contêm um resíduo galactosil que foi sulfatado, sendo, portanto, carregado negativamente no pH celular. Os gangliosídeos projetam-se além da membrana celular para o meio extracelular, de modo que suas cabeças osídicas podem atuar como estruturas receptoras para alguns hormônios hipofisários de natureza glicoproteica. São também alvo de interação para a toxina da cólera.

Anormalidades na degradação dos gangliosídeos estão relacionadas com doenças hereditárias de armazenamento de esfingolipídios, como a doença de Tay-Sachs, uma condição fatal em que se observa degeneração neurológica ainda na infância. A doença Tay-Sachs apresenta cinco mutações, pode ser diagnosticada ainda na vida embrionária e é consequência de uma mutação recessiva, mas presente apenas quando se herdam genes mutados tanto da mãe quanto do pai. É uma doença produzida pela alteração de lisossomos; se o organismo tem um gene normal e herda um mutante, a única cópia normal basta para produzir a quantidade de enzimas necessárias (hexosaminidase A) para evitar o acúmulo de gangliosídeos. Mesmo que haja apenas um heterozigoto para a doença Tay-Sachs, este faz com que a doença tenha a sua função enzimática diminuída o suficiente para evitar sua sintomatologia. Indivíduos que apresentam um gene mutante e outro não mutante (heterozigoto) basicamente são saudáveis para essa condição, mas com um heterozigoto com uma mutação recessiva são considerados portadores.

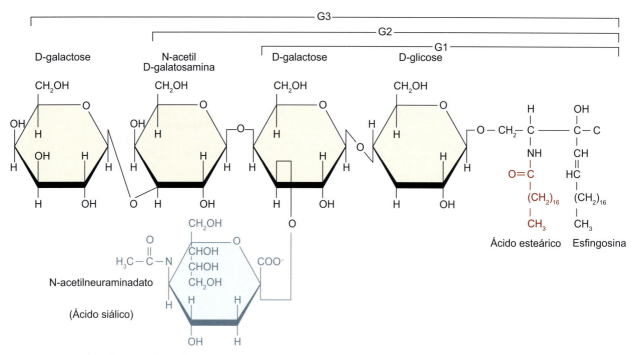

Figura 6.16 Os gangliosídeos são glicoesfingolipídios de um nível de complexidade mais sofisticado. Existem mais de 60 tipos de gangliosídeos. São ceramidas ligadas a oligossacarídeos, nos quais pelo menos um resíduo de ácido siálico deve estar presente. Os gangliosídeos diferem entre si em virtude de porções oligossacarídicas diferentes. Nesse caso, por exemplo, é possível obter três gangliosídeos diferentes sinalizados pelos códigos G1, G2 e G3.

Bioclínica

A doença de Fabry é um distúrbio hereditário raro que acarreta o acúmulo de glicolipídios pela deficiência ou ausência de uma enzima lisossômica, a alfagalactosidase. Como o gene defeituoso está localizado no cromossomo X, a doença completa manifesta-se de forma preponderante nos homens, os quais dispõem de apenas um cromossomo X. Portanto, no sexo feminino, é necessário apresentar a deficiência genética em ambos os cromossomos X para manifestar a doença.

O acúmulo de glicolipídios acarreta a formação de angioceratomas (tumores cutâneos não cancerosos) na porção inferior do tronco. As córneas tornam-se opacas, causando dificuldade visual.

O indivíduo pode apresentar uma sensação de queimação nos membros superiores e inferiores e episódios de febre. Geralmente, a morte é causada pela insuficiência renal, por uma cardiopatia ou por um acidente vascular cerebral, qualquer uma delas podendo decorrer da hipertensão arterial. A doença de Fabry pode ser diagnosticada no feto por meio da coleta de uma amostra do vilo coriônico ou da amniocentese. O tratamento consiste na administração de analgésicos para aliviar a dor e a febre. A doença não tem cura, mas os pesquisadores vêm investigando um tratamento em que é realizada a reposição da enzima em falta por transfusão.

A doença de Tay-Sachs é um distúrbio hereditário no qual os gangliosídeos, produtos do metabolismo das gorduras, acumulam-se nos tecidos. É mais comum em famílias de origem judaica do leste europeu. Em uma idade muito precoce, as crianças com essa doença apresentam um retardamento progressivo, com paralisia, demência, cegueira e manchas vermelho-cereja na retina. Geralmente, morrem em torno dos 3 ou 4 anos de idade. A doença de Tay-Sachs pode ser identificada no feto por meio da coleta de amostras do vilo coriônico ou da amniocentese. Contudo, não há cura ou tratamento.

Esteroides

São moléculas formadas por quatro anéis não planares e rígidos, ligados entre si e identificados por letras de A a D. O colesterol é o esteroide biologicamente mais relevante para a bioquímica, uma vez que ele é precursor dos hormônios esteroides, como testosterona, estrógenos, progestógenos, cortisol, aldosterona, além de compor as moléculas dos ácidos biliares. A molécula do colesterol participa ainda na modulação da fluidez da membrana plasmática e seus anéis rígidos impõem limitações na fluidez da bicamada lipídica. Na sua forma pura, o colesterol é um sólido cristalino, branco, insípido e inodoro (Figura 6.17) e, embora quimicamente seja considerado um álcool, é bioquimicamente tratado como um lipídio, pois é encontrado, em geral, na forma esterificada, ou seja, com um ácido graxo ligado ao carbono 3 do anel A. O colesterol é sintetizado pelo fígado dos animais de acordo com um processo regulado por um sistema compensatório: quanto maior a ingestão dietética de colesterol, menor será a síntese endógena (hepática) de colesterol.

O termo colesterol é de origem grega (*chole* = bile; *stereos* = sólido), com sufixo químico (*-ol*) de álcool, já que os pesquisadores identificaram o colesterol pela primeira vez em sua forma sólida em concreções biliares em 1784. O colesterol é mais abundante nos tecidos que mais sintetizam ou têm membranas densamente agrupadas em maior número, como o fígado, a medula espinal e o cérebro. O colesterol é insolúvel em água e, consequentemente, insolúvel no sangue. Para ser transportado por meio da corrente sanguínea, deve ser incorporado em lipoproteínas, estruturas esféricas capazes de interagir tanto com substâncias hidrofóbicas (colesterol e demais lipídios) quanto com o plasma. A principal lipoproteína carreadora de colesterol é o LDL (*low density lipoprotein*), e níveis plasmáticos elevados de LDL têm sido relacionados com a aterosclerose.

Síntese de colesterol

O colesterol é sintetizado primariamente a partir da acetil-CoA por meio da cascata da HMG-CoA-redutase em diversas células e tecidos. Essa é a enzima-chave na biossíntese hepática de colesterol e, por essa razão, alvo dos medicamentos redutores de colesterol, por exemplo, as estatinas.

O acetil-CoA se converte em mevalonato; este, após reações sucessivas, transforma-se em lanosterol. Posteriormente, o lanosterol se converte em colesterol, depois de uma série de reações adicionais. Após o acetil-CoA ser convertido em mevalonato sob a ação da HMG-CoA-redutase, a síntese não pode mais ser revertida, como indicam as setas unidirecionais da Figura 6.18. Cerca de 20 a 25% da produção total diária (cerca de 1 g/dia) ocorre no fígado; outros locais de maior taxa de síntese incluem os intestinos, as glândulas adrenais e as gônadas. Em um indivíduo de cerca de 68 kg, a quantidade total de colesterol é de 35 g, a produção interna típica diária é de cerca de 1 g e a ingestão dietética é de cerca de 200 a 300 mg. Do colesterol liberado ao intestino com a produção de bile, 92 a 97% é reabsorvido e reciclado via circulação êntero-hepática.

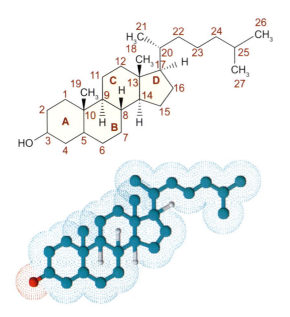

Figura 6.17 Estrutura da molécula do colesterol, com seus 27 carbonos, é composta por quatro anéis, identificados por letras de A a D (em vermelho). Já B e C mostram as projeções espaciais da molécula do colesterol. O colesterol é quimicamente considerado um álcool, uma vez que apresenta o grupo OH no C3 do anel A.

Bioclínica

A doença de Gaucher é um distúrbio hereditário que acarreta o acúmulo de glicocerebrosídeos. A anomalia genética que causa a doença de Gaucher é recessiva. Um indivíduo afetado deve herdar dois genes anormais para apresentar os sintomas. Produz um aumento de tamanho do fígado e do baço e uma pigmentação acastanhada da pele. Os acúmulos de cerebrosídeos nos olhos provocam o surgimento de manchas amarelas, denominadas pinguéculas.

Os acúmulos na medula óssea podem causar dor. A maioria dos indivíduos com doença de Gaucher desenvolve o tipo 1, isto é, a forma crônica adulta, em que há aumento de tamanho do fígado e do baço e anormalidades ósseas. O tipo 2, a forma infantil, ocorre durante o período da lactância. Os lactentes com a doença apresentam baço aumentado e alterações graves do sistema nervoso. O pescoço e as costas podem tornar-se rigidamente arqueados, em razão dos espasmos musculares. Esses lactentes geralmente morrem em 1 ano. O tipo 3, a forma juvenil, pode começar em qualquer momento durante a infância. As crianças com a doença apresentam aumento de tamanho do fígado e do baço, anormalidades ósseas e alterações lentamente progressivas do sistema nervoso. As crianças que sobrevivem até a adolescência podem viver por muitos anos. As alterações ósseas podem causar dor e edema nas articulações. Os indivíduos gravemente afetados também podem apresentar anemia e incapacidade de produzir leucócitos e plaquetas, com consequente palidez, fraqueza, suscetibilidade a infecções e sangramento excessivo. O diagnóstico pré-natal pode ser estabelecido por meio do exame de células obtidas de uma amostra do vilo coriônico ou da amniocentese. Muitas pessoas com doença de Gaucher podem ser tratadas com a terapia de reposição enzimática – um tratamento caro, em que as enzimas são administradas pela via intravenosa, normalmente a cada 2 semanas. A terapia de reposição enzimática é mais eficaz para os indivíduos que não apresentam complicações do sistema nervoso. As transfusões de sangue podem ajudar a aliviar a anemia, mas, para tratar, a baixa contagem leucocitária ou plaquetária ou mesmo para aliviar o desconforto causado pela esplenomegalia (baço aumentado de tamanho), o baço pode ser removido cirurgicamente.

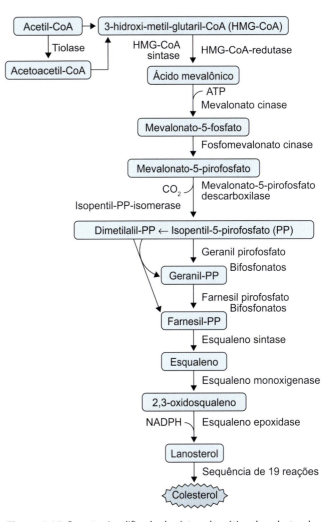

Figura 6.18 Cascata simplificada da síntese hepática de colesterol, e as enzimas envolvidas. Nota-se que a enzima HMG-CoA-redutase é a enzima-chave na biossíntese do colesterol. Após a conversão do HMG-CoA em mevalonato, a síntese é irreversível. Por sua importância na cadeia da síntese de colesterol, a enzima HMG-CoA-redutase é alvo das estatinas, uma classe de fármacos que a inibe e que, portanto, atua como redutora da síntese endógena de colesterol.

Ésteres de colesterol

O colesterol é uma molécula extremamente hidrofóbica, mas pode se tornar mais hidrofóbica ainda quando reage com um ácido graxo. A lecitina colesterol aciltransferase (LCAT) é uma enzima que catalisa a transferência de um ácido graxo da coenzima A para o colesterol, transformando-o em éster de colesterol. A reação ocorre entre o grupo ácido carboxílico do ácido graxo e a hidroxila alcoólica presente no carbono 3 do anel A da molécula do colesterol e é acompanhada da perda de uma molécula de água (Figura 6.19). Os ésteres de colesterol são então armazenados no citoplasma das células na forma de vesículas. A forma éster é aquela que prevalece no organismo humano e, do ponto de vista clínico, os ésteres de colesterol são mais aterogênicos que o colesterol livre. Por sua elevada hidrofobicidade, os ésteres de colesterol evidentemente não são transportados no plasma, mas no interior de lipoproteínas, particularmente pela LDL. Os ésteres de colesterol ocupam o cerne da LDL por serem os lipídios mais hidrofóbicos no interior da lipoproteína.

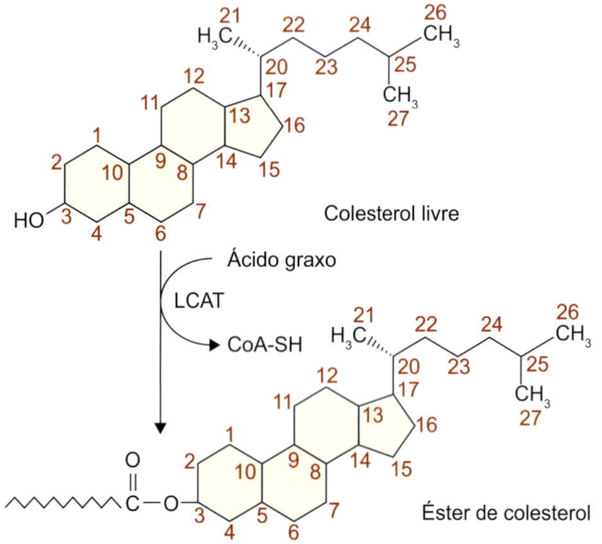

Figura 6.19 Formação do éster de colesterol. A enzima LCAT transfere um ácido graxo da coenzima A para a hidroxila alcoólica do carbono 3, do anel A da molécula do colesterol. Essa reação transforma o colesterol, que já é hidrofóbico, em uma substância mais hidrofóbica ainda: o éster de colesterol. A cadeia carbônica do ácido graxo adiciona mais apolaridade à molécula do colesterol.

Regulação da síntese

A biossíntese do colesterol é regulada diretamente pelos níveis presentes dele, apesar de os mecanismos de homeostase envolvidos ainda serem apenas parcialmente compreendidos. Uma alta ingestão dietética de colesterol conduz à redução global na produção endógena, enquanto uma ingestão reduzida leva ao efeito oposto. O principal mecanismo regulatório é a sensibilidade do colesterol intracelular no retículo endoplasmático pela proteína de ligação ao elemento de resposta ao esterol (SREBP). Na presença do colesterol, a SREBP se liga a outras duas proteínas: SCAP (SREBP – *cleavage activating protein*) e Insig1. Quando os níveis de colesterol caem, a Insig1 se dissocia do complexo SREBP-SCAP, possibilitando que o complexo migre para o aparelho de Golgi, onde a SREBP é clivada pela S1P e S2P (*site* 1/2 protease), duas enzimas que são ativadas pela SCAP, quando os níveis de colesterol estão baixos.

Então, a SREBP clivada migra para o núcleo e age como um fator de transcrição, para se ligar ao elemento regulatório de esterol (SRE) de diversos genes, a fim de estimular sua transcrição. Entre os genes transcritos, estão o receptor LDL e o HMG-CoA-redutase. O primeiro procura por LDL circulante na corrente sanguínea, ao passo que o HMG-CoA-redutase leva a uma produção endógena aumentada de colesterol. Uma grande parte desse mecanismo foi esclarecida pelo Dr. Michael S. Brown e pelo Dr. Joseph L. Goldstein nos anos 1970. Eles receberam o prêmio Nobel de Fisiologia e Medicina por seu trabalho em 1985. A quantidade média de colesterol no sangue varia com a idade, gradualmente aumentando com o avançar da idade. Parece haver variações sazonais nos níveis de colesterol em humanos, aumentando, em geral, no inverno.

Funções

O colesterol tem a função de promover a fluidez da membrana celular. Na temperatura corporal, as longas cadeias de hidrocarbonetos da bicamada fosfolipídica são capazes de deslocamentos consideráveis. O colesterol localiza-se entre essas camadas de hidrocarbonetos, formando uma ligação cruzada frouxa e reduzindo a fluidez. Essa rigidez relativa pode ainda ser potencializada se o colesterol estiver localizado de modo adjacente aos ácidos graxos saturados. O colesterol forma regiões agrupadas na bicamada lipídica; nas áreas em que há esse agrupamento de colesterol, pode haver 1 mol de colesterol por mol de fosfolipídios, enquanto, nas áreas adjacentes, pode haver nenhum colesterol. Desse modo, a membrana celular apresenta placas de impermeabilidade ricas em colesterol e regiões de permeabilidade livre, quase sem colesterol algum.

Bioclínica

Todas as vastatinas são substâncias com a propriedade comum de inibir a síntese endógena de colesterol, por competição com o HMG-CoA pelo sítio ativo da enzima HMG-CoA-redutase (Figura 6.20), impedindo, desse modo, a conversão da HMG-CoA em ácido mevalônico, o que conduz à redução da síntese hepática de colesterol.

Esse efeito conduz à estimulação da síntese de receptores de LDL-colesterol, a principal lipoproteína carreadora de colesterol no plasma. Os receptores de LDL-colesterol são expressos na membrana dos hepatócitos e captam LDL do plasma, levando à redução plasmática de colesterol.

Há também elementos que demonstram que a diminuição da síntese do colesterol leva à menor produção hepática das VLDL (lipoproteínas precursoras da LDL), pois esse esteroide é usado na formação dessas partículas.

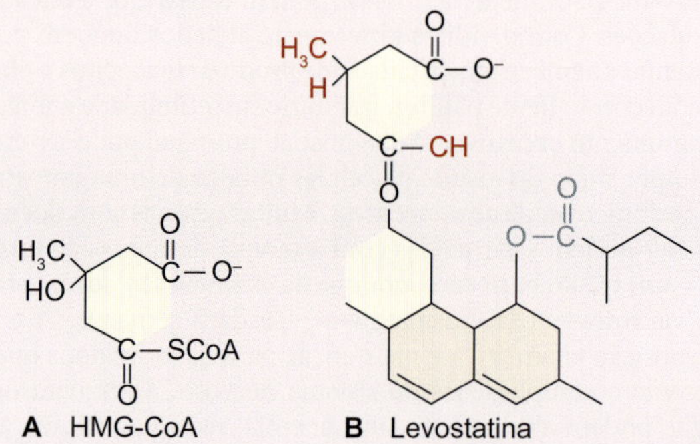

Figura 6.20 A. Estrutura da HMG-CoA, substrato da enzima HMG-CoA redutase. **B.** Estrutura da levostatina, um inibidor da HMG-CoA redutase. Nota-se similaridade do inibidor com o substrato da enzima.

O colesterol pode constituir até 25% da membrana celular, contudo é ausente nas membranas mitocondriais. Outras funções exercidas pelo colesterol é que ele atua como precursor de hormônios esteroides e de ácidos biliares (Figura 6.21). Os ácidos biliares são, quantitativamente, os produtos mais importantes do metabolismo do colesterol. Nos seres humanos, há quatro ácidos biliares importantes: glicocólico, taurocólico, glicoquenodesoxicólico e tauroquenodesoxicólico.

Esses são os ácidos biliares primários, que são sintetizados no fígado e lançados no duodeno sob estímulo da colecistoquinina durante as refeições. Todos apresentam 24 átomos de carbono, com os três átomos terminais da cadeia lateral do colesterol removidos durante a síntese, e dispõem de um núcleo esteroide saturado, diferindo apenas no número e na posição dos grupos hidroxila adicionais (Figura 6.22).

Excreção

O colesterol é excretado do fígado na bile e é reabsorvido nos intestinos. Em certas circunstâncias, quando há um desequilíbrio entre colesterol e os demais componentes da bile, sobretudo lecitina, o colesterol tende a formar pequenos núcleos duros decorrentes de sua precipitação. Chamados de *nidus*, esses núcleos são os precursores das concreções biliares. Uma maneira de reduzir os níveis plasmáticos de colesterol é aumentar a excreção fecal de ácidos biliares, o que pode ser obtido por meio do uso de fármacos, como as resinas sequestrantes de ácidos biliares, ou pela ingestão de fibras alimentares solúveis, que têm a propriedade de adsorver ácidos biliares, arrastando-os para as fezes. Esse mecanismo força o fígado a captar LDL do plasma com o objetivo de sintetizar mais ácidos biliares, o que conduz à redução plasmática do LDL-colesterol.

Gorduras *trans*

Por definição, ácidos graxos *trans* são isômeros geométricos de ácidos graxos mono ou poli-insaturados que apresentam pelo menos uma dupla ligação carbono-carbono com hidrogênios, ocupando posições opostas. Isômeros são compostos que, embora apresentem a mesma fórmula molecular, distinguem-se entre si estruturalmente. As formas *trans* e *cis* são isômeros geométricos, ou seja, apresentam a mesma formula molecular, mas suas estruturas espaciais são distintas entre si.

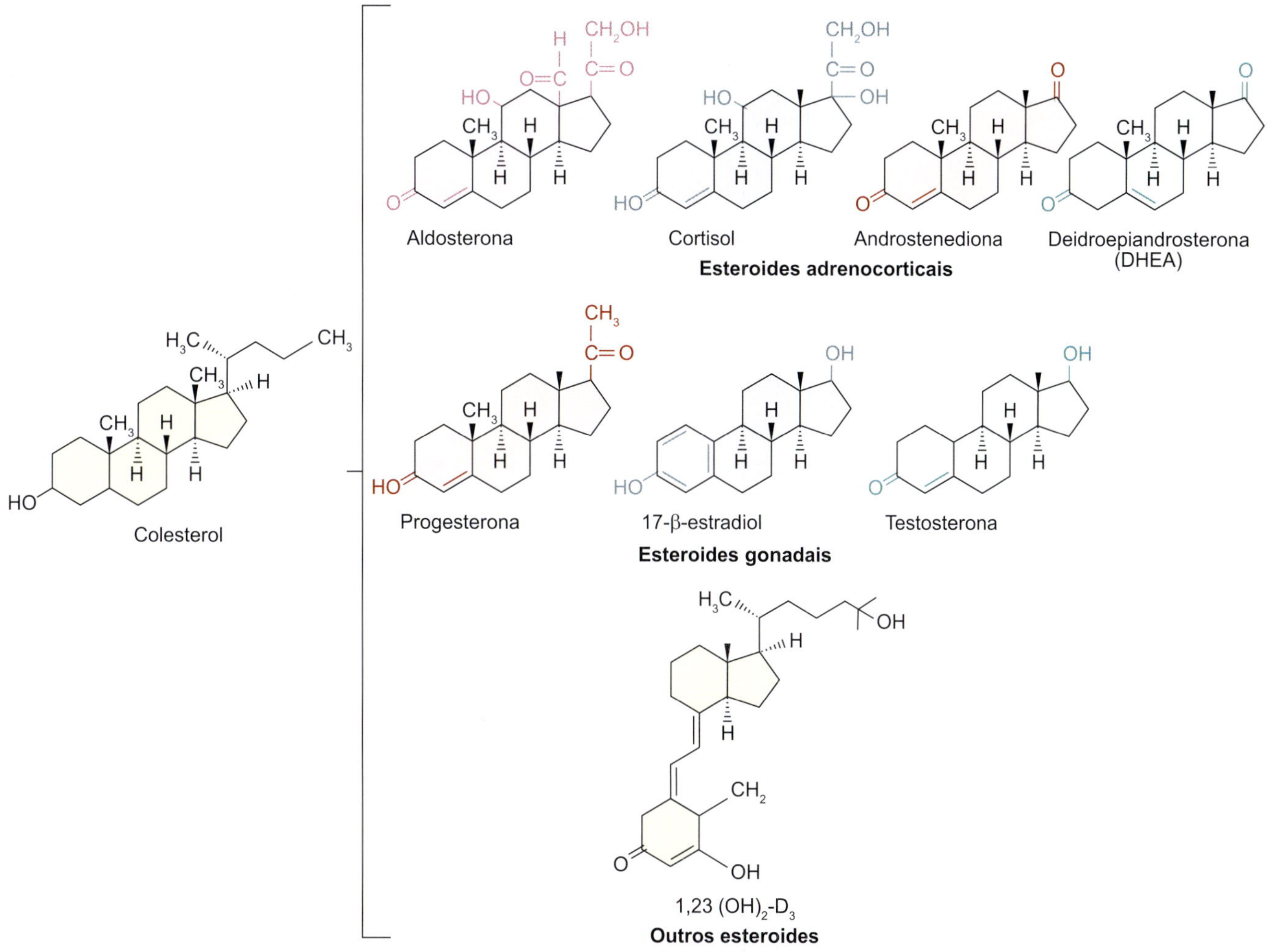

Figura 6.21 Todos os hormônios esteroides são derivados do colesterol. A aldosterona é secretada pela zona glomerular do córtex das adrenais e é um mineralocorticoide; o cortisol é secretado pela zona fascicular do córtex das adrenais e é um importante glicocorticoide; já o DHEA e a androstenediona são androgênios liberados pela zona reticular das adrenais. No ser humano, os hormônios gonadais estrógenos e progestógenos (ovários) e testosterona (testículos) são secretados em resposta aos hormônios LH e FSH adeno-hipofisários. A vitamina D_3 é a forma ativa da vitamina D e é tratada como um hormônio, já que o mecanismo pelo qual a vitamina D atua sobre o DNA para produzir respostas biológicas justifica a sua inclusão nas discussões que envolvem hormônios.

O ângulo das duplas ligações na posição *trans* é menor que em seu isômero *cis*. Além disso, os ácidos graxos *trans* apresentam cadeia linear (semelhante ao ácido graxo saturado), o que lhes confere maior rigidez, enquanto seu isômero *cis* sofre uma angulação de cerca de 30° no ponto de insaturação, flexionando a molécula. Na configuração *cis*, os substituintes (hidrogênios, no caso dos ácidos graxos) estão próximos à ligação dupla e encontram-se no mesmo lado da cadeia; já na configuração *trans*, os hidrogênios estão em lados opostos, tornando as cadeias carbônicas lineares semelhantes aos ácidos graxos saturados (Figura 6.23). As moléculas lineares tendem a se organizar em pacotes com maior facilidade, razão pela qual o ponto de fusão das gorduras saturadas e também das gorduras *trans* é mais alto, quando comparado com ácidos graxos poli-insaturados. Os mecanismos bioquímicos humanos não sintetizam ácidos graxos do tipo *trans*; estes ácidos formam-se por meio de um processo chamado hidrogenação, que se subdivide em dois tipos:

- Bio-hidrogenação: realizada por sistemas enzimáticos presentes na microbiota intestinal de animais ruminantes. De fato, essa é a origem das pequenas quantidades de gorduras hidrogenadas, presentes em alimentos de origem animal, como no leite de vaca ou carneiro
- Hidrogenação industrial: os óleos vegetais poli-insaturados são submetidos a pressões e temperaturas apropriadas na presença de hidrogênio gasoso (H_2), com um elemento catalisador, que normalmente é o níquel.

Sob essas condições, átomos de hidrogênio são inseridos em pontos de insaturação dos ácidos graxos poli-insaturados. No processo de hidrogenação, muitas duplas ligações são eliminadas e outras convertidas na forma *trans*. O resultado final é uma gordura com menor índice de insaturação, que se reflete em maior ponto de fusão e maior estabilidade ao processo oxidativo. A hidrogenação transforma uma gordura vegetal, que é naturalmente líquida à temperatura ambiente, em uma gordura pastosa. Esse é o princípio da elaboração industrial das margarinas; de fato, cerca de 85% dos ácidos graxos *trans* de margarinas são isômeros 18:1. O conteúdo total de ácidos graxos *trans* de margarinas cremosas varia de 10 a 30%. A Figura 6.24 mostra a porcentagem de gorduras *trans* em alguns alimentos.

O impacto da ingestão de gorduras *trans* na saúde humana tem sido bastante documentado. Diversos estudos relatam que a ingestão de gorduras *trans* causa efeitos deletérios ao organismo tanto quanto o colesterol ou as gorduras saturadas. Entre os males desencadeados pela ingestão dietética das gorduras *trans*, estão as doenças cardiovasculares. Assim, os ácidos graxos *trans* agem de maneira similar aos ácidos graxos saturados, ou seja, aumentam os níveis plasmáticos de LDL-colesterol (lipoproteína com propriedades aterogênicas) concomitantemente à redução dos níveis de HDL (lipoproteína com propriedades antiaterogênicas). Essa relação entre as lipoproteínas, extremamente aterogênica, é um dos grandes fatores de risco para a doença coronariana. O mecanismo pelo qual as gorduras *trans* alteram as concentrações plasmáticas de lipoproteínas não está plenamente esclarecido, mas especula-

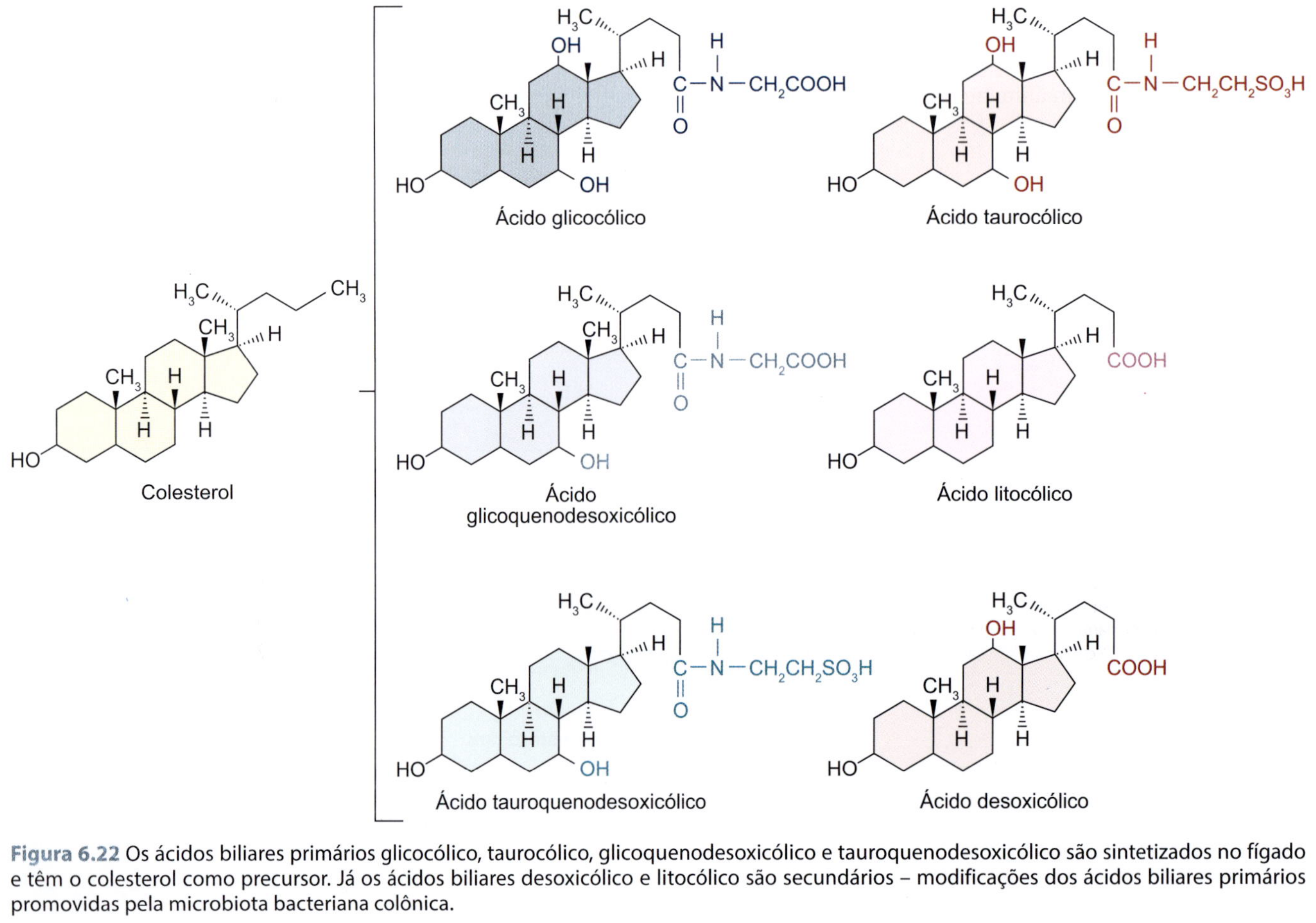

Figura 6.22 Os ácidos biliares primários glicocólico, taurocólico, glicoquenodesoxicólico e tauroquenodesoxicólico são sintetizados no fígado e têm o colesterol como precursor. Já os ácidos biliares desoxicólico e litocólico são secundários – modificações dos ácidos biliares primários promovidas pela microbiota bacteriana colônica.

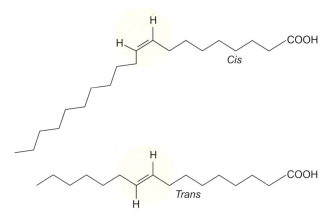

Figura 6.23 Configuração de ácidos graxos em suas formas *cis* e *trans*. Nota-se que a disposição dos hidrogênios modifica a molécula para uma configuração linear semelhante a um ácido graxo saturado.

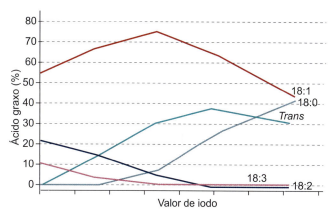

Figura 6.24 Alterações na composição dos ácidos graxos durante a hidrogenação do óleo de canola. Nota-se que os ácidos graxos com duas e três insaturações (18:2 e 18:3) reduzem seu índice de iodo porque sofrem hidrogenação em suas insaturações, convertendo-se em formas *trans* que aumentam significativamente. O índice de iodo mede o grau de insaturação de determinada gordura, uma vez que cada ponto de insaturação dos ácidos graxos pode incorporar dois átomos de halogênio. Por isso, quanto mais insaturado um ácido graxo, maior será a sua capacidade de absorção de iodo e, consequentemente, maior será o índice.

se que a redução dos níveis de LDL se deva ao aumento da atividade da CETP (*cholesteryl ester transfer protein*), enzima que transfere ésteres de colesterol da HDL para o LDL ou para a VLDL (lipoproteína precursora do LDL), ao mesmo tempo que atua em receptores de LDL reduzindo sua ação. O resultado é a elevação dos níveis plasmáticos de LDL. Além disso, diversos estudos mostram que os ácidos graxos *trans* apresentam capacidade pró-inflamatória, desencadeando elevação dos níveis de TNF-α, interleucina-6 (IL-6) e proteína C reativa (PCR), substâncias envolvidas em processos inflamatórios e que podem agravar a formação de placas de ateroma, já que o processo aterosclerótico é uma resposta imunoinflamatória a uma dada lesão endotelial.

Alguns trabalhos científicos buscam quantificar a ingestão de gorduras *trans* por parte de diferentes populações; embora o seu conteúdo varie de um alimento para outro; estima-se que, nos EUA, o consumo de gorduras *trans* responda por cerca de 2 a 3% do percentual energético, enquanto, em alguns países do Oriente Médio e do sul da Ásia, esse percentual chega a 7%. Apesar de não haver dados disponíveis no Brasil em relação ao consumo de gordura *trans*, Mondini e Monteiro (1995) calcularam que, entre os anos de 1962 e 1988, o consumo de margarina – um produto reconhecidamente rico em gorduras *trans* – aumentou de 0,4 para 2,5%. Em 2015, os EUA informaram que sua indústria de alimentos terá que banir esse ingrediente até 2018. A Organização Mundial da Saúde (OMS) estabelece que a ingestão diária máxima de gordura *trans* não deva superar 1% das calorias diárias ingeridas.

Resumo

Introdução

Os lipídios, lipídeos ou lípides não são polímeros, como é o caso de outras importantes biomoléculas, por exemplo, as proteínas, alguns carboidratos e o ácido desoxirribonucleico. Entre suas coesões biológicas, estão a sinalização celular, o armazenamento de energia, o isolante térmico e os precursores de hormônios esteroides.

Ácidos graxos

São moléculas constituídas de um grupo funcional carboxila (COOH), ligado a uma cadeia carbônica. O grupo COOH tem a propriedade de reagir prontamente com grupos hidroxila ou amina de outras moléculas para formar ésteres e amidas. A função mais importante dos ácidos graxos é atuar como constituintes das membranas plasmáticas. A cadeia carbônica dos ácidos graxos pode ser saturada, insaturada ou poli-insaturada (Figura R6.1). Os ácidos graxos saturados são sólidos à temperatura ambiente, enquanto os insaturados geralmente são líquidos à temperatura ambiente. O nome sistemático para determinado ácido graxo é derivado de seu hidrocarboneto de origem, substituindo a terminação final da palavra por "oico", por exemplo, o hidrocarboneto butano recebe a designação "oico" e dá origem ao ácido graxo butanoico. A numeração dos átomos de carbono de um ácido graxo comumente é feita por meio do sistema "n" ou ω, no qual os carbonos são numerados a partir do carbono mais distante da carboxila, e do sistema D ou Δ, no qual os carbonos o são a partir do carbono mais próximo da carboxila.

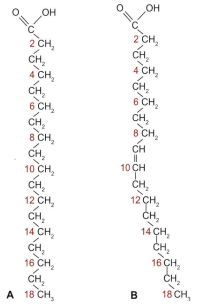

Figura R6.1 A. Ácido graxo saturado. **B.** Ácido graxo insaturado. Nota-se que existe uma angulação de 30° na molécula no ponto de instauração.

Essencialidade dos ácidos graxos

Ácidos graxos não essenciais são aqueles cujo organismo humano é capaz de sintetizar, e os essenciais são aqueles que não podem ser sintetizados pelos mecanismos bioquímicos humanos. Os ácidos graxos essenciais devem ser obtidos por meio da dieta. Os ácidos graxos essenciais linolênico e linoleico são precursores para a síntese de vários ácidos graxos insaturados (Figura R6.2).

Glicerofosfolipídios

Classe de lipídios que compõem as membranas biológicas. São formados de glicerol 3-fosfato, com posições C_1 e C_2 e apresentam ácidos graxos esterificados. As moléculas de glicerofosfolipídios que ocorrem em membranas plasmáticas apresentam cabeças polares, cujos grupos químicos são derivados de alcoóis polares.

Esfingolipídios ou esfingomielinas

São lipídios desprovidos de glicerol, isto é, os lipídios complexos nos quais o álcool é a esfingosina. Ocorrem no sistema nervoso envolvendo axônios. Também são componentes das membranas biológicas. Há dois tipos fundamentais de esfingolipídios: esfingomielinas e glicolipídios, divididos em duas subclasses: cerebrosídeos e gangliosídeos.

Esfingoglicolipídios

Nos esfingoglicolipídios, a ceramida (AG + esfingosina) está unida a um açúcar por uma ponte osídica de tipo "O". Podem ser de dois tipos: cerebrosídeos (sem ácido siálico) ou gangliosídeos (com ácido siálico). Os cerebrosídeos consistem de ceramidas, cujas cabeças polares apresentam um único resíduo de açúcar, e não dispõem de grupos fosfato, o que os torna não iônicos. Os gangliosídeos são oligossacarídeos ligados à ceramida e ao ácido siálico. Apresentam estrutura complexa, com cabeças polares muito grandes, formadas por várias unidades de açúcar que, em geral, incluem o ácido siálico. Gangliosídeos são negativamente carregados em virtude da presença de ácido acetilneuramínico (NANA ou ácido siálico) ou por grupos sulfato nos sulfatídeos. Anormalidades na degradação dos gangliosídeos estão relacionadas com doenças hereditárias de armazenamento de esfingolipídios, como a doença de Tay-Sachs, uma condição fatal em que se observa degeneração neurológica ainda na infância.

Esteroides

São moléculas formadas por quatro anéis não planares e rígidos ligados entre si e identificados por letras de A a D. O colesterol (Figura R6.3) é o esteroide biologicamente mais relevante para a bioquímica, uma vez que é o precursor dos hormônios esteroides, como testosterona, estrógenos, progestógenos, cortisol, aldosterona, além de compor as moléculas dos ácidos biliares. O colesterol é sintetizado pelo fígado dos animais de acordo com um processo regulado por um sistema compensatório.

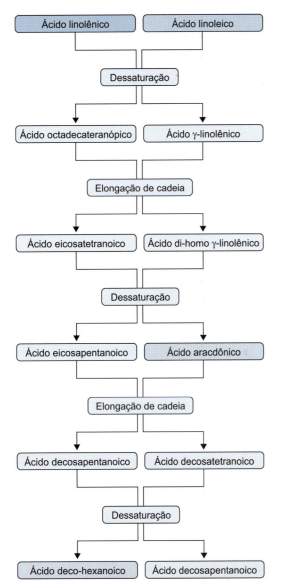

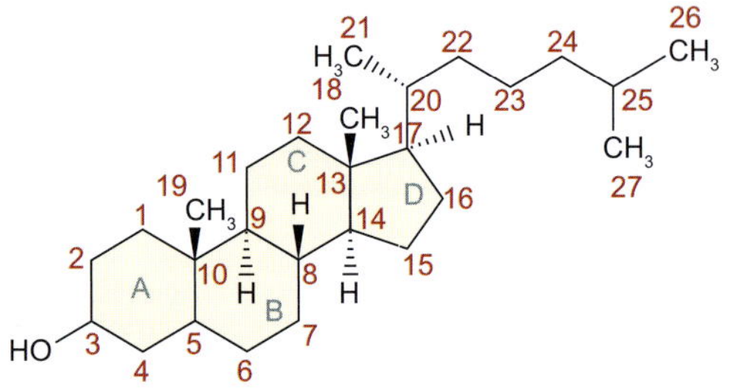

Figura R6.2 A partir dos ácidos graxos linolênico e linoleico, são sintetizados ácidos graxos de cadeias muito longas, que cumprem papéis importantes no organismo, como é o caso do ácido araquidônico liberado a partir da membrana fosfolipídica das plaquetas pela ativação da enzima fosfolipase A2, sendo posteriormente convertido pela enzima ciclo-oxigenase (COX-1) em tromboxana A_2, um potente agregado plaquetário.

Figura R6.3 Molécula do colesterol apresentando seus 27 carbonos; é composta por quatro anéis identificados por letras de A a D.

Triacilgliceróis

Triacilglicerol é o nome genérico de qualquer triéster oriundo da combinação do glicerol com ácidos. As três hidroxilas do glicerol encontram-se esterificadas por ácidos graxos, os quais não precisam ser necessariamente iguais.

Como reservas de energia, as gorduras são um tipo mais eficiente que o glicogênio, no tocante ao armazenamento de energia, já que são armazenadas na forma anidra. Além disso, uma vez que são menos oxidadas quando comparadas aos carboidratos ou às proteínas, fornecem significativamente mais energia, por unidade de massa, na sua oxidação completa. Em mamíferos, os lipídios são armazenados na forma de triacilgliceróis no tecido adiposo.

Síntese do colesterol e sua regulação

O colesterol é sintetizado a partir do acetil-CoA pela cascata da HMG-CoA-redutase em diversas células e tecidos. Após o acetil-CoA ser convertido em mevalonato sob a ação da HMG-CoA-redutase, a síntese não pode mais ser revertida (Figura R6.4). Cerca de 20 a 25% da produção total diária (cerca de 1 g/dia) ocorre no fígado. O principal mecanismo regulatório é a sensibilidade do colesterol intracelular no retículo endoplasmático pela proteína de ligação ao elemento de resposta ao esterol (SREBP). Na presença do colesterol, a SREBP se liga a outras duas proteínas: SCAP (SREBP – *cleavage activating protein*) e Insig1. Quando os níveis de colesterol caem, a Insig1 se dissocia do complexo SREBP-SCAP, possibilitando que o complexo migre para o aparelho de Golgi, onde a SREBP é clivada pela S1P e S2P (*site* 1/2 protease), duas enzimas que são ativadas pela SCAP, quando os níveis de colesterol estão baixos. Então, a SREBP clivada migra para o núcleo e age como um fator de transcrição para se ligar ao elemento regulatório de esterol (SRE) de diversos genes para estimular sua transcrição.

Capítulo 6 • Lipídios   109

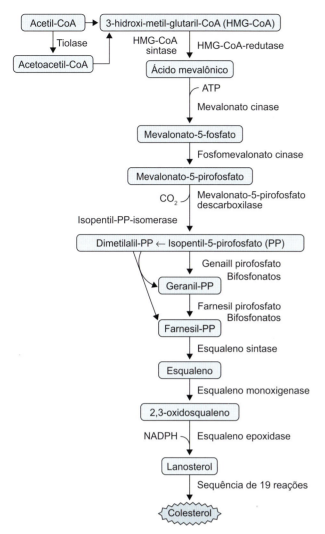

Figura R6.4 Cascata simplificada da síntese hepática de colesterol e as enzimas envolvidas. Nota-se que a enzima HMG-CoA-redutase é a enzima-chave na biossíntese do colesterol. Após a conversão do HMG-CoA em mevalonato, a síntese é irreversível. Por sua importância na cadeia da síntese de colesterol, a enzima HMG-CoA-redutase é o alvo das estatinas, uma classe de fármacos que a inibe e, portanto, atua como redutora da síntese endógena de colesterol.

Excreção do colesterol

O colesterol é excretado pela bile e reabsorvido nos intestinos. Em certas circunstâncias, quando há um desequilíbrio entre colesterol e os demais componentes da bile, sobretudo lecitina, o colesterol tende a formar pequenos núcleos duros decorrentes de sua precipitação. Chamados de *nidus*, esses núcleos são os precursores das concreções biliares. Uma maneira de reduzir os níveis plasmáticos de colesterol é aumentar a excreção fecal de ácidos biliares, o que pode ser obtido por meio do uso de fármacos, como as resinas sequestrantes de ácidos biliares, ou pela ingestão de fibras alimentares solúveis, que têm a propriedade de adsorver ácidos biliares, arrastando-os para as fezes. Esse mecanismo força o fígado a captar LDL do plasma, com o objetivo de sintetizar mais ácidos biliares, o que conduz à redução plasmática do LDL-colesterol.

Exercícios

1. Um ácido graxo saturado com 18 carbonos na cadeia é denominado ácido graxo octadecanoico, porque o hidrocarboneto que o originou é o octadecano. Contudo, se esse ácido graxo de 18 carbonos na cadeia apresentasse uma insaturação, seria denominado ácido graxo octadecenoico; se fossem duas insaturações, octadedienoico; e se houvesse três insaturações na cadeia, seria octadetrienoico. A representação numérica desse ácido graxo de 18 carbonos e nenhuma insaturação será 18:0, o número 18 indica a quantidade de carbonos na cadeia e o número 0 nenhuma insaturação. A partir dessas informações, dê a nomenclatura dos ácidos graxos a seguir ou faça a representação numérica, quando for o caso.
   a) Ácido dodecanoico.
   b) Ácido 9-hexadecenoico.
   c) Ácido docosanoico.
   d) 18:2;9;12.
   e) 20:5;8;14.
2. Nos ácidos graxos, os átomos de carbono podem ser numerados de duas maneiras: ω ou Δ. Utilize a molécula de ácido graxo apresentada na figura a seguir para numerar ω e Δ.
3. Utilize o menu de moléculas apresentado na figura a seguir para construir uma molécula de triacilglicerol e um éster de colesterol.
4. Explique o que são ácidos graxos essenciais e cite quais são eles.
5. Faça o modelo esquemático de um esfingolipídio.
6. Explique o mecanismo de regulação da síntese de colesterol.
7. Explique o que é a leptina e qual sua relação com lipídios no organismo humano.
8. Em relação às gorduras *trans*, assinale a alternativa correta.
   a) Os ácidos graxos *trans* são obtidos a partir de alterações enzimáticas presentes na microbiota do intestino grosso do ser humano.
   b) Ácidos graxos *trans* são aqueles que apresentam mais de uma dupla ligação com grupos metil ocupando posições opostas nos pontos de insaturação.
   c) Os ácidos graxos *trans* são obtidos pelo processo industrial de hidrogenação que, por meio de pressões e temperaturas adequadas, modificam a geometria de ácidos graxos *cis*.

d) Os ácidos graxos *trans* são obtidos quando, por meio de processos industriais, são retirados hidrogênios das cadeias carbônicas de ácidos graxos *cis*.
e) As gorduras *trans* apresentam menor ponto de fusão quando comparadas com seus isômeros *cis*.

9. Leia atentamente as afirmações a seguir:
   I. O elemento precursor da síntese do colesterol são os ácidos graxos insaturados. No fígado, a enzima 3 HMG-CoA-redutase converte esses ácidos graxos em mevalonato.
   II. Os ésteres de colesterol são moléculas que apresentam um ácido graxo ligado ao carbono 3 do anel A da molécula de colesterol. O colesterol esterificado é mais hidrofóbico que o colesterol livre.
   III. O colesterol esterificado é polar, enquanto o colesterol livre é absolutamente apolar. Ambos são sintetizados pela HMG-CoA-redutase, que é estimulada pela presença de ácidos graxos *trans*.
   IV. Os ácidos graxos de cadeia curta podem atuar na enzima HMG-CoA-redutase, estimulando-a a ciclar a molécula do esqualeno, que leva à síntese irreversível de colesterol por parte do fígado.
   V. A enzima 3-OH-metilglutaril-CoA-redutase é uma das principais enzimas envolvidas na síntese de triacilgliceróis. Essa enzima sofre ativação no tecido adiposo, sobretudo no período pós-prandial, quando os níveis de insulina estão elevados. Esse hormônio direciona a captação de carboidratos pelo tecido adiposo e os converte em triacilgliceróis, ao passo que envolve a 3-OH-metilglutaril-CoA-redutase.

   a) As afirmações I e II estão corretas.
   b) As afirmações II e III estão corretas, enquanto as demais estão incorretas.
   c) São incorretas apenas as afirmações II e IV, enquanto as demais estão corretas.
   d) A afirmação III é a única correta e as demais estão todas incorretas.
   e) A afirmação II é a única incorreta.

10. Explique o mecanismo pelo qual os ácidos graxos poli-insaturados podem atuar de maneira cardioprotetora.

Respostas

1. a) 12:0
   b) 16:1;9
   c) 22:0
   d) Ácido 9,12-octadecadienoico
   e) Ácido 5,8,11,14-eicosatetraenoico

2.
Numeração ω 2 4 6 8 10 12 14 16
             1 3 5 7   9 11 13 15 C-OH
Numeração Δ 16 15 14 13 12 11 10 9 8 7 6 5 4 3 2 1

3.
Glicerol   Ácido graxo   Triacilglicerol

Colesterol Ácido graxo   Éster de colesterol
livre

4. Os ácidos graxos essenciais são aqueles cujos mecanismos bioquímicos humanos são incapazes de sintetizar, uma vez que o ser humano não apresenta enzimas para insaturar nas posições ω-3 e ω-6, mas somente a partir da posição ω-9. Sendo assim, esses ácidos graxos devem ser obtidos por meio da dieta. Os ácidos graxos essenciais são: linolênico e linoleico.

5. Modelo esquemático de um esfingolipídio. A porção polar é representada pela letra "R".

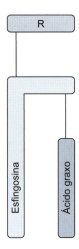

6. O principal mecanismo regulatório é a sensibilidade do colesterol intracelular no retículo endoplasmático pela proteína de ligação ao elemento de resposta ao esterol (SREBP). Na presença do colesterol, a SREBP se liga a outras duas proteínas: SCAP (SREBP – *cleavage activating protein*) e Insig1. Quando os níveis de colesterol caem, a Insig1 se dissocia do complexo SREBP-SCAP, possibilitando que o complexo migre para o aparelho de Golgi, onde a SREBP é clivada pela S1P e S2P (*site 1/2 protease*), duas enzimas que são ativadas pela SCAP, quando os níveis de colesterol estão baixos. Então, a SREBP clivada migra para o núcleo e age como um fator de transcrição para se ligar ao elemento regulatório de esterol (SRE) de diversos genes, a fim de estimular sua transcrição.

7. Trata-se de uma proteína composta por 167 resíduos de aminoácidos e pesa 16 kDa. O principal local de síntese da leptina é o tecido adiposo branco. O hipotálamo é o principal sítio de ação da leptina, apresentando neurônios sensíveis a ela nos núcleos dorsal e ventromedial, de modo que a leptina controla a saciedade e o equilíbrio energético. A concentração de leptina está diretamente relacionada com a adiposidade e as alterações do peso corporal; de fato, a condição de hiperleptinemia durante a obesidade está frequentemente associada à resistência tecidual à leptina, uma condição em que a capacidade de armazenamento de gordura é aumentada e a taxa de oxidação reduzida.

8. Resposta correta: *c*.
9. Resposta correta: *e*.
10. Os ácidos graxos poli-insaturados, particularmente os da série ômega-3, são capazes de reduzir os níveis de colesterol incorporado no LDL, além de diminuir a expressão de diversas moléculas de adesão e fatores de crescimento plaquetário, que têm bastante relevância na gênese e progressão da placa de ateroma.

Bibliografia

Abedi E, Sahari MA. Long-chain polyunsaturated fatty acid sources and evaluation of their nutritional and functional properties. Food Sci Nutr. 2014;2(5):443-63.

Allison DB, Egan SK, Barraj LM, Caughaman C, Infante M, Heimback JT. Estimated intakes of trans fatty and other fatty acids in the US population. J Am Diet Assoc. 1999;99(2):166-74.

Baynes J, Dominickzac MH. Bioquímica médica. Barueri: Manole; 2000.

Calder PC. Functional roles of fatty acids and their effects on human health. JPEN J Parenter Enteral Nutr. 2015; 39(1 Suppl):18S-32S.

Chiang JY. Bile acid metabolism and signaling. Compr Physiol. 2013;3(3):1191-212.

Cortes VA, Busso D, Maiz A, Arteaga A, Nervi F, Rigotti A. Physiological and pathological implications of cholesterol. Front Biosci (Landmark Ed). 2014;19:416-28.

Craig-Schmidt MC. Fatty acid isomers in food. In: Chow CK (ed.). Fatty acids in food and their implications. New York: Marcel Dekker; 1992. p. 365-98.

Curi R, Miyasaka CK, Pompéia C, Procopio J. Entendendo a gordura: os ácidos graxos. Barueri: Manole; 2002.

Eckel RH, Borra S, Lichtenstein AH, Yin-Piazza SY. Understanding the complexity of trans fatty acid reduction in the American diet. Circulation. 2007;115(16):2231-46.

Edidin M. The state of lipid rafts: from model membranes to cells. Annu Rev Biophys Biomol Struct. 2003;32:257-83.

Hissanaga VM, Proença RPC, Block JM. Ácidos graxos trans em produtos alimentícios brasileiros: uma revisão sobre aspectos relacionados à saúde e à rotulagem nutricional. Rev Nutr Campinas. 2012;25(4).

Kaur N, Chugh V, Gupta AK. Essential fatty acids as functional components of foods – a review. J Food Sci Technol. 2014;51(10):2289-303.

Kusaczuk M, Bartoszewicz M, Cechowska-Pasko M. Phenylbutyric acid: simple structure – multiple effects. Curr Pharm Des. 2015;21(16):2147-66.

Lehninger AL, Nelson LD, Cox MM. Princípios de bioquímica. São Paulo: Sarvier; 2008.

Lopez-Garcia E, Schulze MB, Manson JE, Meigs JB, Albert CM, Rifai N et al. Consumption of (n-3) fatty acids is related to plasma biomarkers of inflammation and endothelial activation in women. J Nutr. 2004;134(7):1806-11.

Mondini L, Monteiro CA. Mudanças no padrão de alimentação. In: Monteiro CA (ed.). Velhos e novos males da saúde no Brasil: a evolução do país e de suas doenças. São Paulo: Hucitec/Nupens/USP; 1995.

Murata M, Sugiyama S, Matsuoka S, Matsumori N. Bioactive structure of membrane lipids and natural products elucidated by a chemistry-based approach. Chem Rec. 2015.

Paalvast Y, Kuivenhoven JA, Groen AK. Evaluating computational models of cholesterol metabolism. Biochim Biophys Acta. 2015; 1851(10):1360-76.

Pinto WJ. A função endócrina do tecido adiposo. Rev Fac Ciênc Méd Sorocaba 2014; 16(3):111-20.

Róg T, Vattulainen I. Cholesterol, sphingolipids, and glycolipids: what do we know about their role in raft-like membranes? Chem Phys Lipids. 2014;184:82-104.

Semma M. Trans fatty acids: properties, benefits and risks. J Health Sci. 2002;48(1):7-13.

Simopoulos AP. Human requirement for N-3 polyunsaturated fatty acids. Poult Sci. 2000;79(7):961-70.

Lipoproteínas

Introdução

Os lipídios são moléculas apolares, ou seja, não interagem com a água e o plasma, compostos em sua maior parte por água (cerca de 90%). Uma vez em um ambiente que é praticamente todo formado por água (o organismo humano), surge então o problema de como transportar essa substância altamente hidrofóbica (lipídios). A evolução resolveu esse impasse e encontrou uma saída para solucionar o problema de transporte de substâncias hidrofóbicas no organismo: as lipoproteínas.

Uma lipoproteína é uma estrutura esférica e similar a uma micela, uma partícula de alto peso molecular formada por uma monocamada de fosfolipídios na qual estão inseridas proteínas denominadas apolipoproteínas ou apoproteínas (apo; Figura 7.1). Em seu núcleo, as lipoproteínas transportam diferentes tipos de lipídios, como triacilgliceróis, colesterol e ésteres de colesterol. A monocamada de fosfolipídios possibilita que as lipoproteínas interajam com o plasma por meio das cabeças polares dos fosfolipídios, ao mesmo tempo que suas caudas apolares se relacionam com os lipídios em seu cerne (Figura 7.2). Os lipídios, portanto, estão presentes no plasma por intermédio das lipoproteínas, existindo seis classes principais de lipídios nas lipoproteínas: triacilgliceróis (16%); fosfolipídios (30%); colesterol (14%); ésteres de colesterol (36%); e ácidos graxos livres (4%), a fração de lipídios metabolicamente mais ativa no plasma.

Principais classes de lipoproteínas plasmáticas

As lipoproteínas podem ser classificadas em cinco categorias que levam em conta suas propriedades físico-químicas, funcionais, de tamanho, de densidade e de composição tanto lipídica quanto apoproteica. A nomenclatura das lipoproteínas, com exceção dos quilomícrons, leva em consideração sua densidade – parâmetro que aumenta de acordo com a redução de seu diâmetro, uma vez que as gorduras são menos densas que a água e a densidade das lipoproteínas aumenta quando a proporção de lipídios/proteína se torna maior para o lado das proteínas, ou seja, à medida que as lipoproteínas perdem lipídios. As principais classes de lipoproteínas são:

- Quilomícrons (Qm): transportam principalmente triacilgliceróis exógenos (cuja fonte é a dieta), são sintetizados no intestino delgado pelos enterócitos e dirigem-se para os tecidos conduzindo triacilgliceróis oriundos da dieta e absorvidos pelo intestino. Nos tecidos periféricos, sofrem a ação da lipoproteína lipase (LPL) e, em consequência, causam remanescentes ricos em colesterol captados preferencialmente pelo fígado

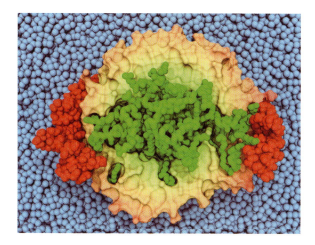

Figura 7.1 Modelo computacional do LDL-colesterol. Em amarelo, a monocamada de fosfolipídios; em laranja mais intenso, a apolipoproteína apo AI; em verde (centro), moléculas de ésteres de colesterol. As esferas azuis ao redor da partícula indicam moléculas de água. Fonte: Theoretical and Computational Biophysics Group.

Figura 7.2 Modelo geral de uma lipoproteína. Nota-se que as apolipoproteínas se inserem na monocamada de fosfolipídios, algumas são integrais e outras podem ser deslocadas para outras lipoproteínas. O núcleo da lipoproteína é ocupado por lipídios altamente hidrofóbicos, como colesterol e ésteres de colesterol; os ácidos graxos livres situam-se mais à periferia.

- Lipoproteínas de muito baixa densidade (*very low density lipoproteins* – VLDL): transportam colesterol e triacilgliceróis endógenos, são sintetizadas no fígado e deslocam-se para os tecidos periféricos
- Lipoproteínas de densidade intermediária (*intermediate density lipoproteins* – IDL): originam-se a partir das VLDL; quando estas perdem triacilgliceróis para os tecidos periféricos, convertem-se em IDL
- Lipoproteínas de baixa densidade (*low density lipoproteins* – LDL): são sintetizadas no fígado e exportadas para os tecidos periféricos, além das maiores transportadoras de colesterol do plasma; derivam das IDL, que, por sua vez, origina-se das VLDL. Estão implicadas na gênese da placa de ateroma e, por essa razão, apresentam grande importância clínica
- Lipoproteínas de alta densidade (*high density lipoproteins* – HDL): são as menores lipoproteínas circulantes. Originam-se no fígado, inicialmente apresentam uma estrutura discoide e tornam-se esféricas à medida que captam colesterol.

As LDL apresentam função de *scavengers* (varredoras), captam colesterol dos tecidos periféricos e os conduzem ao fígado. Por essa razão, são atribuídas a elas propriedades antiaterogênicas. Algumas características das lipoproteínas, como a proporção de cada tipo de lipídios em cada uma, são mostradas na Figura 7.3.

Apoproteínas ou apolipoproteínas (apo)

As lipoproteínas podem apresentar uma ou mais apolipoproteínas – pelo menos nove apolipoproteínas estão presentes nas lipoproteínas humanas, em diferentes quantidades. A maioria das apolipoproteínas é polar e está fracamente ligada às lipoproteínas; por isso, a troca de apolipoproteínas entre as lipoproteínas ocorre facilmente. Alaupovic *et al.*[1] estabeleceram que uma proteína só poderia ser considerada apolipoproteína se preenchesse os seguintes critérios:

- Apresentar propriedades únicas e distintas sob os pontos de vista químico, físico e imunológico
- Ter propriedades distintas nos domínios estrutural e/ou funcional
- Ser componente integral do sistema de transporte de lipídios
- Apresentar a capacidade para formar lipoproteínas.

Assim, com o objetivo de uniformizar a designação das apolipoproteínas, Alaupovic propôs o sistema ABC, no qual as apolipoproteínas se designam por letras maiúsculas: A, B e C. Todas as apolipoproteínas são monômeros, exceto a apo AII, que é um dímero com ligação dissulfeto, e são sintetizadas da mesma maneira que qualquer outra proteína, ou seja, uma molécula de RNAm é traduzida, apresentando um peptídeo terminal de 16 a 25 aminoácidos (peptídeo sinal) que será cindido por uma peptidase da membrana. A síntese ocorre quase exclusivamente no fígado e no intestino delgado (Tabela 7.1); modificações intracelulares podem ocorrer e incluem fosforilação, glicação (no aparelho de Golgi, algumas apolipoproteínas [B, CIII, D, E] podem ser glicosiladas, tendo cadeias glicídicas e ácido siálico terminal). As apolipoproteínas desempenham diversas funções nas lipoproteínas, como:

- Manutenção da estrutura física da lipoproteína
- Atuam na manutenção da solubilidade da lipoproteína em meio aquoso
- Possibilitam o transporte intracelular pelo qual os lipídios sintetizados são carreados para fora das células
- Estão envolvidas no reconhecimento celular, já que interagem com receptores presentes tanto em membranas celulares quanto em membranas de organelas intracelulares
- Atuam sobre enzimas circulantes como se fossem cofatores.

A seguir, são descritas as principais funções e características das apolipoproteínas.

Apo AI

Trata-se de um peptídeo de 243 resíduos de aminoácidos em sua sequência com seis segmentos bastante homólogos. É o principal componente das HDL, estando também presente em quilomícrons, nas VLD e nas partículas resultantes da metabolização dessas lipoproteínas, embora praticamente não se

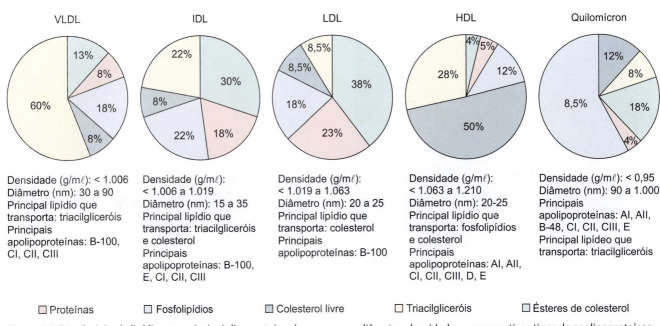

Figura 7.3 Distribuição de lipídios nas principais lipoproteínas humanas, seu diâmetro, densidade e os respectivos tipos de apolipoproteínas.

Capítulo 7 • Lipoproteínas

Tabela 7.1 Propriedades e funções das principais apolipoproteínas humanas.

Apolipoproteína	Local de síntese	Número de resíduos de aminoácidos	Lipoproteínas em que estão presentes	Massa molecular (kD)	Funções
AI	Fígado	243	Quilomícrons e HDL	29	Ativa LCAT
AII	Fígado e intestino	77	Quilomícrons e HDL	17	Inibe LCAT e ativa a lipase hepática
B-100	Fígado e intestino	4.536	VLDL, IDL e LDL	513	Remove colesterol
B-48	Intestino	2.152	Quilomícrons	241	Remove colesterol
CI	Fígado e adrenais	56	Quilomícrons, IDL e HDL	6,6	Ativa LCAT
CII	Fígado	79	Quilomícrons, VLDL, IDL e HDL	8,9	Ativa LPC
CIII	Fígado	79	Quilomícrons, VLDL, IDL e HDL	8,8	Inibe LPL, ativa LCAT
D	Cérebro e testículos	169	–	19	Desconhecida
E	Fígado, cérebro, rins e adrenais	299	Quilomícrons, VLDL, IDL e HDL	34	Remove colesterol

encontre nas LDL. É sintetizada no fígado e no intestino como pró-apo AI e no plasma transforma-se em apo AI. Suas funções principais são captar colesterol das membranas celulares e efetuar o efluxo de colesterol. Isso é possível porque a apo AI é capaz de interagir com receptores específicos de membrana. Essa função é específica da apo AI, já que a lipoproteína AII é captada de maneira muito fraca pelos receptores, diferentemente da AI:AII. Além disso, a AI é um ativadora da lecitina colesterol aciltransferase (LCAT) – enzima responsável pela esterificação do colesterol. Foram descritas pelo menos 10 isoformas genéticas que podem ou não ter relevância clínica, desde a clássica ausência de apo AI – que causa a doença de Tangier, um transtorno raro familiar, autossômico e recessivo do metabolismo do colesterol, caracterizado por níveis extremamente baixos de HDL-colesterol total reduzido e triglicerídeos aumentados –, até outras alterações que envolvem as sequências de aminoácidos e que aparentemente são inócuas.

Apo AII

Apresenta dois polipeptídeos iguais de 77 resíduos de aminoácidos ligados entre si por uma ponte S-S na posição Cis-6. É sintetizada no fígado como uma pré-apolipoproteína de 100 resíduos de aminoácidos. A apo AII é menos abundante que a apo AI, mas está presente nas mesmas lipoproteínas que a apo AI; sua importância fisiológica não está plenamente compreendida, pode se deslocar facilmente entre as lipoproteínas, assim como é facilmente removida, uma vez que suas interações com a monocamada de fosfolipídios não são estáveis.

Apo B

Uma característica marcante dessa apolipoproteína é seu elevado peso molecular, o que pode ser responsável por sua instabilidade em meio aquoso. De fato, as apolipoproteínas B sofrem desnaturação quando removidas do meio lipídico. As apo B não se deslocam entre as lipoproteínas, o que as torna úteis no mapeamento que ocorre na circulação com as lipoproteínas que as contêm. Foram caracterizadas várias apo B com pesos moleculares diferentes, e a apo B com maior peso recebeu a nomeação de apo B-100 (100 = 100%). As outras têm um número que corresponde à fração da 100 (B-74, B-48, B-37 e B-26); as únicas lipoproteínas que são biologicamente relevantes são a apo B-100 e a B-48. No ser humano, a apo B-100 é sintetizada unicamente no fígado, enquanto a apo B-48 o é somente no intestino; em consequência, a apo B-48 está presente nos quilomícrons e em seus remanescentes, enquanto a apo B-100 se encontra nas VLDL, nas IDL e nas LDL, mas é a única apolipoproteína da LDL. A apo B-100 é um polipeptídeo de 4.563 resíduos de aminoácidos (Figura 7.4), com

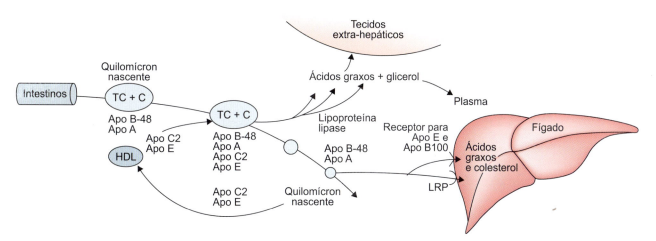

Figura 7.4 Metabolismo dos quilomícrons. São sintetizados pelos enterócitos, nos quais adquirem a apo B-48 e, que a apo A. Em seu trânsito pelo organismo, deixam triacilgliceróis nos tecidos periféricos, tornando-se quilomícrons remanescentes, os quais são captados pelo fígado por meio de endocitose mediada por receptor. TC + C: triacilgliceróis e colesterol; LRP: proteína relacionada com o receptor de LDL.

várias unidades de repetição unidas por ligações covalentes. As apo B-100 e B-48 provêm do mesmo gene, mas o RNAm intestinal é modificado pela formação de uma sequência *stop*. Não se conhece a enzima que opera essa transformação, mas sabe-se que é órgão-específica.

As apo B apresentam alguns carboidratos covalentemente ligados. A apo B-100 tem grande importância bioquímica, pois é reconhecida por receptores do tipo B-E, ou seja, receptores que reconhecem tanto a apo B-100 quanto a apo E.

O metabolismo das LDL pode sofrer alterações drásticas em razão de modificações químicas na apo B-100. De fato, resíduos de lisina da apo B-100 podem sofrer glicação não enzimática no diabetes melito, o que, por sua vez, aumenta o risco de desenvolvimento de aterosclerose, pois essas modificações na apo B-100 impedem o reconhecimento das LDL por parte do receptor hepático B-E e determinam sua elevação no plasma. Nesse caso, as LDL modificadas são captadas por receptores macrofágicos específicos, acelerando ainda mais os eventos que determinam a aterosclerose.

Apo C

Existem três polipeptídeos pertencentes ao complexo das apolipoproteínas C, CI, CII e CIII – componentes presentes na superfície dos quilomícrons, VLD e HDL. São as apolipoproteínas de menor peso molecular, de 6,6 a 8,8 kD. As apo C transitam facilmente entre as lipoproteínas. De fato, nos estados de absorção de lipídios ocorre transferência das apo C das partículas de HDL para os quilomícrons e, com a lipólise dos quilomícrons, as apo C retornam às HDL.

A apo CI está presente nas HDL (60%) e nas partículas de VLDL (40%). Trata-se de um peptídeo de 57 resíduos de aminoácidos rico em resíduos básicos (9 resíduos de lisina e 3 de arginina). A apo CI ativa a lecitina colesterol aciltransferase (LCAT), enzima presente na HDL que participa do transporte de colesterol dos tecidos extra-hepáticos para o fígado, o chamado transporte reverso do colesterol. Ainda não se conhece o local de síntese da apo CI.

A apo CII é um peptídeo de 79 resíduos de aminoácidos, cujo gene se localiza no cromossomo 19; é sintetizada no fígado. Cofator da lipoproteína lipase, é, portanto, um ativador potente dessa enzima.

A apo CIII é a mais abundante da família das apo C e, como a apo CII, apresenta 79 resíduos de aminoácidos em sua sequência, com a presença de uma molécula de galactose e outra de galactosamina. Seu gene encontra-se no cromossomo 11 e, ao que parece, sua função é antagonizar a apo CII na ativação da lipoproteína lipase, inibindo essa enzima com consequente redução da depuração de quilomícrons. Atua ainda na inibição da lipase hepática, impedindo a captação hepática das lipoproteínas remanescentes ricas em triacilgliceróis.

Apo D

Encontra-se isolada ou associada a outras apolipoproteínas nas HDL. Sua estrutura não é conhecida. Contém 18% de carboidratos, sendo a heterogeneidade dessa ação o que explica a existência de seis isoformas.

Apo E

Encontradas em todas as lipoproteínas circulantes, são produzidas em tecidos extra-hepáticos. Trata-se de uma glicoproteína com 299 resíduos de aminoácidos, cujo gene localiza-se no cromossomo 19, em um *cluster* com os genes da CI e da CII. Apresenta quatro isoformas: E1, E2, E3 e E4. As três isoformas mais frequentes são determinadas por *locus* separados (E4, E3 e E2), originando seis fenótipos. As três isoformas mais frequentes são determinadas por *locus* separados (E4, E3 e E2), originando seis fenótipos (Tabela 7.2).

Tabela 7.2 Polimorfismo das apo E.

Homozigóticos	Frequência
E4/4	2,8
E3/3	59,8
E2/2	1,0

Metabolismo

Quilomícrons

São as maiores lipoproteínas e as de menor densidade em razão de seu alto conteúdo de triacilgliceróis (cerca de 90%). São partículas formadas no interior dos enterócitos a partir dos lipídios oriundos da dieta, neste caso, sobretudo triacilgliceróis. Inicialmente, as lipases pancreáticas promovem digestão dos triacilgliceróis, liberando como produto os ácidos graxos e glicerol, que, na presença de ácidos biliares, são absorvidos pelas vilosidades intestinais. No interior dos enterócitos, ocorre a reesterificação dos triacilgliceróis, que são então alocados no interior dos quilomícrons. Existem muitas similaridades entre o mecanismo de síntese de quilomícrons por parte dos enterócitos intestinais e das VLDL pelas células do parênquima hepático. De fato, o epitélio intestinal e o fígado são os únicos tecidos que liberam no plasma lipídios na forma de partículas. Uma das principais apolipoproteínas presentes nos quilomícrons é a apo B-48, uma grande proteína anfipática de 240 kD que é incorporada ao quilomícron por meio da ação da proteína microssomal de transferência (MTP). A apo B-48 é incorporada aos quilomícrons ainda no intestino e envolve toda a face externa da partícula, auxiliando na solubilidade da partícula no plasma; já as apo CII, apo A e apo E são adquiridas no plasma e doadas pelas HDL. Os quilomícrons recém-sintetizados pelos enterócitos (quilomícrons nascentes) são exportados para os ductos quilíferos, vasos linfáticos presentes na zona crítica de absorção do trato gastrintestinal. Após ganharem a linfa, os quilomícrons chegam ao sistema circulatório pela veia subclávia esquerda. Nos tecidos, a apo CII ativa a lipoproteína lipase, uma enzima ancorada na face luminal dos capilares por cadeias de proteoglicanos negativamente carregados e sulfato de heparina.

Ela está presente sobretudo em capilares que irrigam miocárdio, tecido adiposo, baço, pulmões, diafragma, medula renal, aorta e glândulas mamárias em lactação. Uma lipoproteína lipase presente também pode ser encontrada nos sinusoides hepáticos. Contudo, ela não ataca facilmente os quilomícrons e está envolvida no metabolismo dos quilomícrons remanescentes e das HDL. A função da apo CII é atuar como cofator da lipoproteína lipase, estimulando sua ação; em contrapartida, as apo A e apo CIII funcionam como agentes inibidores da lipase lipoproteica. A lipoproteína lipase promove então hidrólise progressiva dos triacilgliceróis presentes no interior dos quilomícrons, gerando diacilgliceróis, monoacilgliceróis e, finalmente, glicerol e ácidos graxos livres. A lipoproteína lipase cardíaca apresenta baixo K_m para triacilgliceróis, quando comparada com a mesma enzima presente no tecido adiposo, que é dez vezes mais eficiente que a cardíaca. Isso possibilita que os ácidos graxos oriundos do tecido adiposo sejam aproveitados pelo coração em períodos de jejum.

Os quilomícrons maiores são degradados mais rapidamente que os menores. As células musculares esqueléticas e cardíacas oxidam os ácidos graxos, utilizando-os como fonte de energia, enquanto os adipócitos e as células acinares da mama esterificam esses ácidos graxos com uma molécula de glicerol, estocando-os como reservas de triacilgliceróis. A mama pode ainda aproveitar esses ácidos graxos para compor a fração lipídica do leite materno. Parte dos ácidos graxos que não são captados pelos tecidos ganha o plasma, ligando-se às porções hidrofóbicas da albumina plasmática. Os quilomícrons, parcialmente hidrolisados e desprovidos de grande parte de seus triacilgliceróis, permanecem no plasma e são agora chamados de quilomícrons remanescentes. Eles ainda retêm suas apolipoproteínas apo E e apo B-48, mas devolvem as apo CII e apo A às HDL (ver Figura 7.4). No fígado, esses quilomícrons remanescentes são captados por um mecanismo denominado endocitose, mediada por receptores que serão abordados a seguir. Os quilomícrons remanescentes reconhecem esses receptores hepáticos por meio de suas apo E.

Papel da lipase lipoproteica

A lipase lipoproteica é uma enzima extracelular ancorada nas paredes por meio de resíduos de heparan sulfato na parede dos capilares que irrigam o tecido cardíaco, os músculos esqueléticos e o tecido adiposo; o fígado não apresenta a lipase lipoproteica, mas sim a lipase hepática presente na luz dos capilares que irrigam o tecido hepático. A lipase hepática não é capaz de hidrolisar triacilgliceróis dos quilomícrons ou das VLDL de modo tão eficiente quanto a lipase lipoproteica presente no tecido adiposo, tendo papel relevante no metabolismo das HDL, como será discutido mais adiante. A lipase lipoproteica é ativada pela apo CII presente em quilomícrons, VLDL e IDL e promove a hidrólise dos triacilgliceróis, com liberação de ácidos graxos e glicerol. Nos músculos esqueléticos, os ácidos graxos são utilizados como fonte de energia, enquanto, nos adipócitos, são esterificados a uma molécula de glicerol, sendo então armazenados como triacilgliceróis. Os ácidos graxos de cadeia longa ligam-se a porções hidrofóbicas da albumina plasmática até que sua captação ocorra, enquanto o glicerol é utilizado pelo fígado na síntese de lipídios, na via glicolítica ou na gliconeogênese.

Regulação da síntese da lipase lipoproteica

A insulina liberada no período pós-prandial estimula a síntese de lipase lipoproteica e seu ancoramento na superfície luminal das células endoteliais dos capilares sanguíneos. Existem diversas isoformas de lipase lipoproteica que, por sua vez, apresentam valores de K_m distintos; por exemplo, a lipase lipoproteica presente no tecido adiposo apresenta K_m elevado, o que viabiliza a remoção dos ácidos graxos das lipoproteínas circulantes e seu armazenamento na forma de triacilgliceróis no interior dos adipócitos apenas quando o nível plasmático de lipoproteínas estiver elevado. Por sua vez, a lipase lipoproteica do músculo cardíaco apresenta baixo K_m, possibilitando que o coração obtenha acesso contínuo às fontes de lipídios circulantes, ainda que a concentração plasmática de lipoproteínas seja baixa. De fato, a concentração mais alta de lipase lipoproteica ocorre no miocárdio, o que mostra que a utilização de ácidos como fonte de energia é extremamente importante para esse tecido.

Lipoproteínas carreadoras de colesterol

Em situações em que a ingestão de ácidos graxos suplanta a necessidade de substrato energético para o fígado, o excedente de ácidos graxos é imediatamente convertido em triacilgliceróis, os quais, com uma grande variedade de lipídios – principalmente fosfolipídios, colesterol e ésteres de colesterol –, são acondicionados em VLDL. Nos hepatócitos, a enzima proteína microssomal de transferência (MTP) incorpora às VLDL a apo B-100. Subsequentemente, as partículas de VLDL são exportadas do fígado para a corrente sanguínea (via endógena), alcançando os capilares que irrigam o tecido muscular esquelético, tecido adiposo, músculo cardíaco e tecido mamário, quando em lactação. No plasma, as VLDL captam ésteres de colesterol das HDL, assim como as apolipoproteínas apo CII, apo CIII e apo E, o que as capacita a ativar a lipase lipoproteica. Nos capilares dos tecidos periféricos (adiposo, musculoesquelético e cardíaco), a apo CII das VLDL interage com a lipase lipoproteica, que, por sua vez, promove hidrólise dos triacilgliceróis presentes no VLDL, liberando ácidos graxos para os tecidos. Os ácidos graxos são prontamente oxidados como substratos energéticos pelas células dos tecidos musculares, enquanto no tecido adiposo são utilizados na síntese de triacilgliceróis; já na mama em lactação, são empregados na síntese de leite. As VLDL pobres em triacilgliceróis convertem-se em IDL. Entretanto, antes de se converterem em IDL, as VLDL transferem sua apo C e apo B para as HDL. As IDL concentram então em seu interior sobretudo colesterol livre, ésteres de colesterol e uma porção remanescentes de triacilgliceróis. As IDL são, então, partículas remanescentes das VLDL e têm meia-vida curta; cerca de dois terços das IDL são captados pelo fígado por meio de endocitose mediada por receptor, sendo degradados em seus componentes básicos. O terço restante liga-se a receptores B-100/E dos sinusoides hepáticos e sofre remoção adicional de mais triacilgliceróis por parte da enzima lipase hepática convertendo-se então em LDL ou LDL-colesterol. Este último é o maior transportador de colesterol do plasma e supre tecidos que necessitam de colesterol para síntese de substâncias biologicamente importantes, como os hormônios esteroides. Esses tecidos e o fígado captam LDL por meio de endocitose mediada por receptor.

Endocitose mediada por receptor

O receptor de LDL reconhece a apo B-100 e a apo E. Por meio da ligação da apo B-100, o receptor de LDL medeia a depuração da LDL no plasma. Ele também medeia a depuração da IDL, mas, nesse caso, o fator de reconhecimento é a apo E. Apesar de as VLDL conterem apo B-100 e apo E, essas lipoproteínas estão protegidas da ligação ao receptor da LDL, possivelmente porque contêm apo CIII. O receptor de LDL está presente no fígado, bem como em numerosos outros tecidos, incluindo fibroblastos e monócitos, mas é o fígado o grande responsável pela remoção da LDL plasmática. O receptor é uma glicoproteína presente na região não denteada da membrana plasmática conhecida como cavidade revestida, apresenta 839 resíduos de aminoácidos, sua porção aminoterminal ocupa 767 desses resíduos de aminoácidos e encontra-se orientada para o meio extracelular. A única alça transmembrânica apresenta 22 resíduos de aminoácidos, seguida de uma alça carboxiterminal de 50 resíduos de aminoácidos que se projeta para o meio intracelular. A porção aminoterminal é rica em cisteínas e é o local de acoplamento para a apo B-100, a principal apolipoproteína do LDL (Figura 7.5).

Sob a superfície da cavidade revestida, há um revestimento da proteína chamada clatrina que facilita a formação de vesículas endocíticas. A clatrina é uma proteína composta por seis subunidades (três cadeias pesadas, de 91 kDa, e três cadeias leves, de 23 a 27 kDa) e que desempenha um importante papel no processo de formação de vesículas membranares no interior das células eucariontes. Essa proteína forma uma rede poliédrica, composta por muitas moléculas, que reveste a vesícula à medida que ela se forma. A expressão do receptor de LDL é regulada pela necessidade de colesterol pela célula. Essa regulagem é controlada pela extensão da reciclagem dos receptores existentes na superfície da célula após a endocitose, ou pela quantidade de novos receptores que são sintetizados.

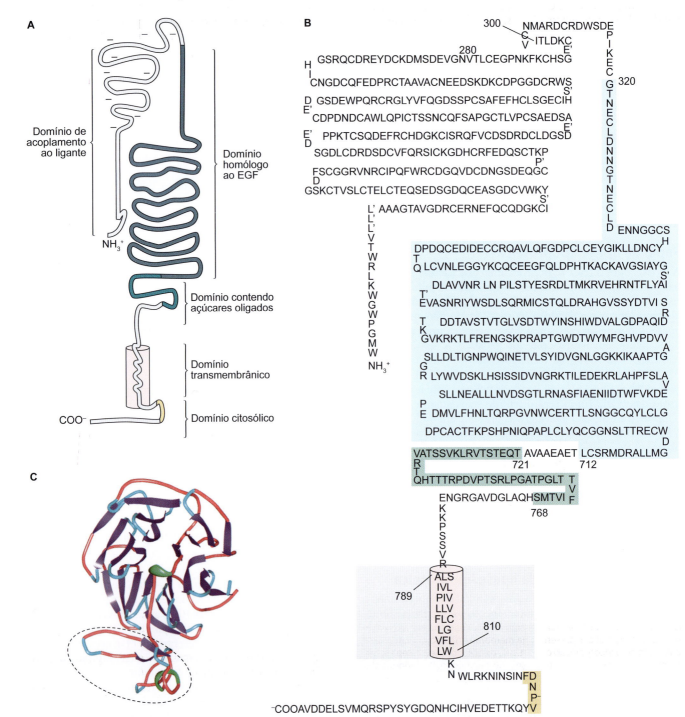

Figura 7.5 A. Modelo esquemático do receptor de LDL-colesterol. **B.** Topologia do receptor de LDL-colesterol. O peptídeo sinal para a endocitose do receptor está destacado em amarelo (823 a 828); em azul, o domínio homólogo ao EGF (*epidermal growth fator* – fator de crescimento epidermal); em verde, domínio rico em oligossacarídeos O-ligados (721 a 768). A porção aminoterminal está orientada para o meio extracelular e faz parte do domínio de interação com a apo B-100. Os resíduos 97, 156, 275, 515 e 657 são N-ligados (GlcNac...). O receptor apresenta 30 pontes dissulfeto, presentes entre os resíduos 27 e 711. **C.** Domínio de ligação ao agonista; estrutura conhecida como domínio em "cata-vento" é formada. A haste do cata-vento é formada por um domínio similar ao EGF, destacado em linhas pontilhadas. Código PDB: 1IJQ.

O acoplamento do LDL a seu respectivo receptor causa engolfamento da complexo LDL-receptor, formando uma vesícula intracelular revestida por clatrina que se funde aos lisossomos (Figura 7.6).

As enzimas lisossomais digerem as apolipoproteínas da LDL, bem como os lipídios em seus componentes básicos, ou seja, os ésteres de colesterol são convertidos em ácidos graxos e colesterol livre, os triacilgliceróis em glicerol e ácidos graxos e assim sucessivamente. Contudo, o receptor de LDL não é digerido pelo aparato enzimático lisossomal; diferentemente, ele sofre reciclagem e retorna à membrana celular, na qual é ancorado novamente para captar mais partículas de LDL. O receptor sofre reciclagem cerca de 250 vezes. Nem toda LDL circulante é absorvida por meio de ligação com o receptor de LDL. Algumas LDL entram no tecido por pinocitose sem ligar-se ao receptor. A proporção exata depende da concentração da LDL circulante.

Dieta pode modular a expressão de receptores hepáticos para a LDL

A expressão de receptores hepáticos de LDL pode ser modulada por hormônio e também pela dieta. A tiroxina e o estrógeno aumentam a expressão de receptores de LDL no fígado; isso explica por que as mulheres apresentam menor incidência de infartos, quando comparadas com os homens da mesma idade. No hipotireoidismo, ocorre hipercolesterolemia, evidenciando a relação entre os hormônios tireoideanos e o metabolismo das lipoproteínas, com destaque para a LDL. Dietas hipercolesterolêmicas podem causar uma sinalização hepática que conduz à redução dos receptores hepáticos para a LDL (*down regulation*). Essa condição mantém os níveis de LDL plasmáticos elevados. Em contrapartida, dietas pobres em colesterol (como ocorre nos indivíduos vegetarianos) levam ao aumento da expressão de receptores hepáticos para a LDL (*up regulation*). Diante desses fatos, a terapia nutricional orientada por nutricionista deve ser adotada de maneira imperativa como principal ferramenta na prevenção e no tratamento das dislipidemias. O indivíduo deve ainda ser orientado quanto à seleção, à quantidade, às técnicas de preparo e às substituições dos alimentos. A Tabela 7.3 sumariza as recomendações dietéticas para o tratamento da hipercolesterolemia.

Tabela 7.3 Recomendações dietéticas para o tratamento da hipercolesterolemia.

Nutrientes	Ingestão recomendada
Gordura total	25 a 35% das calorias totais
Ácidos graxos saturados	≤ 7% das calorias totais
Ácidos graxos poli-insaturados	≤ 10% das calorias totais
Ácidos graxos monoinsaturados	≤ 20% das calorias totais
Carboidratos	50 a 60% das calorias totais
Proteínas	Cerca de 15% das calorias totais
Colesterol	< 200 mg/dia
Fibras	20 a 30 g/dia
Calorias	Ajustar ao peso desejável

Fonte: Sociedade Brasileira de Cardiologia, 2007.[2]

Dislipidemias

São alterações nos níveis plasmáticos de lipídios extremamente comuns na população geral, sendo consideradas fatores de risco altamente modificáveis para doenças cardiovasculares. Podem ser classificadas da seguinte maneira: as dislipidemias primárias ou sem causa aparente podem ser classificadas genotípica ou fenotipicamente por análises bioquímicas. Na classificação genotípica, podem ser decorrentes de mutações em um gene específico, nesse caso, sendo chamadas de monogênicas. Contudo, se a mutação ocorrer em mais de um gene, a dislipidemia genotípica é denominada poligênica. Já a classificação fenotípica tem como referência os níveis plasmáticos de colesterol total e suas frações, sobretudo LDL e HDL e triacilgliceróis. As dislipidemias fenotípicas podem ser divididas em quatro formas principais:

- Hipertrigliceridemia pura: trata-se do aumento isolado dos níveis de triacilgliceróis (≥ 150 mg/dℓ), o que, na verdade, reflete o aumento da concentração de quilomícrons, VLDL e IDSL
- Hipercolesterolemia pura: quando os níveis plasmáticos de LDL se encontram acima de 160 mg/dℓ
- Hiperlipidemia mista: neste caso, existe aumento dos níveis plasmáticos tanto da fração LDL do colesterol (≥ 160 mg/dℓ) quanto de triacilgliceróis (≥ 150 mg/dℓ)
- Redução isolada do HDL-colesterol: quando os níveis plasmáticos de HDL-colesterol encontram-se abaixo de 40 mg/dℓ. Os níveis de HDL podem apresentar-se isoladamente reduzidos ou em associação com aumento de LDL-C e/ou de TG.

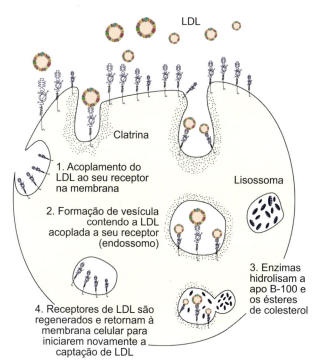

Figura 7.6 Endocitose mediada por receptor. A LDL é captada pelo fígado, por meio da endocitose mediada por receptores. Nesse evento, a apo B-100 (apolipoproteína presente na LDL) liga-se a receptores de membrana específicos presentes na membrana dos hepatócitos. Essa ligação inicia a incorporação da partícula de LDL, com seu receptor, formando um endossomo no citoplasma do hepatócito. Posteriormente, o endossomo se associa a uma vesícula de lisossomo. No interior do lisossomo, há enzimas que hidrolisam os ésteres de colesterol, liberando ácidos graxos e colesterol no citoplasma das células. A apo B-100 da LDL também é degradada, produzindo aminoácidos que também são liberados no citoplasma da célula. Já o receptor de LDL é preservado, ou seja, não sofre degradação, e é reciclado, retornando à membrana plasmática do hepatócito para captar mais LDL. O receptor de LDL sofre reciclagem por aproximadamente 180 vezes. O colesterol que chega às células por esta via pode ser incorporado às membranas ou pode ser reesterificado pela acil-CoA colesterol aciltransferase (ACAT).

Os valores de referência para as concentrações plasmáticas de lipídios podem ser vistos na Tabela 7.4. Periodicamente, esses valores são revistos e reavaliados, e novos parâmetros podem ser adotados de modo que o profissional da área da saúde deve manter-se informado dessas atualizações.

As dislipidemias secundárias são decorrentes de outras doenças, como hipotireoidismo, diabetes melito, síndrome nefrótica, insuficiência renal crônica, obesidade, alcoolismo e icterícia obstrutiva. Medicamentos também podem ser a causa de dislipidemias mistas, como é o caso do uso de doses altas de diuréticos, betabloqueadores, corticosteroides e anabolizantes.

Lipoproteínas e aterosclerose

O endotélio localiza-se de maneira estratégica no vaso sanguíneo, servindo de interface entre o sangue e a musculatura lisa vascular, provê um ambiente não trombótico e age como uma barreira à permeabilidade de células e proteínas do sangue. Desse modo, a integridade vascular é fundamentalmente dependente do bom estado funcional das células endoteliais. Quando a homeostasia endotelial é rompida, formam-se condições para o desenvolvimento da aterosclerose, um processo crônico caracterizado por resposta inflamatória e fibroproliferativa da parede arterial induzida por agressões da superfície arterial. Fatores de risco para a lesão vascular incluem hipertensão arterial, diabetes, tabagismo, características hemorreológicas locais (distúrbios no padrão do fluxo sanguíneo em segmentos tortuosos ou próximos a bifurcações), suscetibilidade genética individual e, sobretudo, hipercolesterolemia. Na condição de hipercolesterolemia, ocorre aumento da taxa de transporte de lipoproteínas de baixa densidade (LDL-colesterol) para a camada subendotelial do vaso nas formas nativa ou oxidada (LDL-ox), uma vez que sofrem peroxidação de seus fosfolipídios e modificação da conformação e fragmentação de sua apolipoproteína B-100 (apo B-100), principal apolipoproteína da LDL-colesterol.

Tabela 7.4 Valores de referência para as concentrações plasmáticas de lipoproteínas de relevância clínica.

Lipídios	Valores (mg/dℓ)	Categoria
Colesterol total	< 200	Desejável
	200 a 239	Limítrofe
	≥ 240	Alto
LDL-colesterol	< 100	Ótimo
	100 a 129	Desejável
	160 a 189	Alto
	≥ 190	Muito alto
HDL-colesterol	> 60	Desejável
	< 40	Baixo
Triacilgliceróis	< 150	Desejável
	150 a 200	Limítrofe
	200 a 499	Alto
	≥ 500	Muito alto
Colesterol total	< 130	Ótimo
	130 a 159	Desejável
	160 a 189	Alto
	≥ 190	Muito alto

Fonte: Sociedade Brasileira de Cardiologia, 2013.[3]

Bioclínica

Hipercolesterolemia familiar

Patologia genética, autossômica dominante, com uma frequência heterozigótica de 1/500 na maioria das populações europeias, o que a torna uma das patologias genéticas mais comuns. A forma homozigótica é rara (1/1.000.000) e a heterozigótica, apesar de comum, é subdiagnosticada. Indivíduos heterozigotos para hipercolesterolemia familiar apresentam receptores de LDL não funcionantes e poucos receptores responsíveis, enquanto, em indivíduos homozigotos, ocorre ausência de receptores. A consequência imediata da hipercolesterolemia familiar, seja a forma homozigótica, seja a heterozigótica, é a hipercolesterolemia que predispõe a eventos cardiovasculares, como principalmente a aterosclerose. De fato, indivíduos portadores da forma heterozigótica e que estão na faixa etária de 20 a 39 anos apresentam risco de morte prematura, em decorrência de coronariopatias superiores a 100 vezes, ao comparar com a população em geral. Crianças portadoras da forma homozigótica da hipercolesterolemia familiar podem desenvolver manifestações de doença aterosclerótica desde os primeiros meses de vida, e a doença cardiovascular pode levar à morte na primeira ou segunda década de vida, particularmente se o tratamento não for iniciado nos primeiros meses/anos de vida. A hipercolesterolemia familiar acomete aproximadamente 15 milhões de homens e mulheres em todo o mundo. No Brasil, deve se situar ao redor de 320 mil casos. Estudos mostram que o defeito genético presente na hipercolesterolemia familiar não se restringe a uma única mutação. Diferentemente, mutações distintas foram encontradas em diferentes regiões do gene que traduz o receptor de LDL.

Diagnóstico da hipercolesterolemia familiar

Geralmente, tem como base um conjunto de critérios clínicos e bioquímicos, história familiar de hipercolesterolemia e de doença cardiovascular prematura. A presença de crianças com hipercolesterolemia na família aumenta a probabilidade de diagnóstico da forma homozigótica. O teste genético para o receptor de LDL é o meio mais eficaz para estabelecer o diagnóstico. A principal característica da patologia é o nível elevado de colesterol total e das LDL, acima do percentil 95% para o sexo e a idade, estando os valores de HDL e triacilgliceróis normalmente dentro dos valores de referência. Na forma heterozigótica da hipercolesterolemia familiar, os níveis plasmáticos de LDL podem alcançar 290 e 500 mg/dℓ; na forma homozigótica, podem ultrapassar 1.000 mg/dℓ. Os níveis elevados de colesterol plasmático resultam em depósitos de colesterol nos tecidos extravasculares, que, por vezes, podem ser facilmente identificados pela presença de xantomas, xantelasmas e arco córneo em indivíduos ainda jovens (abaixo dos 45 anos de idade). A presença de xantomas tendinosos é considerada patognomônica de hipercolesterolemia familiar. Geralmente, são mais reconhecidos no tendão de Aquiles, no qual causam irregularidades e o seu espessamento. Outra localização frequente é nos tendões extensores das mãos e dos pés (Figura 7.7).

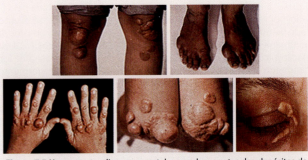

Figura 7.7 Xantomas tendinosos e xantelasmas decorrentes dos depósitos de colesterol em articulações, causando irregularidades e espessamentos de articulações.

A oxidação das LDL pode ser parcial ou total e é promovida por um dos quatro tipos celulares presentes nas lesões ateroscleróticas: macrófagos, células musculares lisas, linfócitos e células endoteliais. Entretanto, os macrófagos parecem ser as células mais ativas nesse processo. Segundo Ramires et al.[4], acredita-se que as LDL-ox tenham efeito citotóxico e que sua presença na camada íntima vascular seja responsável por hiperplasia da lâmina basal e por induzir a produção e a liberação de fatores quimiotáxicos e moléculas de adesão pelas células endoteliais. Essas substâncias orientam a chegada de monócitos à superfície endotelial, transmigrando-se para a camada íntima, na qual sofrem modificações fenotípicas que os transformam em macrófagos e, por ação quimiotática das LDL oxidadas, são impedidos de retornar ao plasma.

Uma vez oxidado na camada íntima vascular, a partícula de LDL é avidamente captada por macrófagos que apresentam diminuição do número de receptores B-E (receptores que controlam o acúmulo de lipídios na célula), passando a expressar receptores *scavenger*, que têm a propriedade de reconhecer lipoproteínas oxidadas, as quais são avidamente incorporadas pelos macrófagos por uma via de captação chamada *scavenger pathway* (via de varredura). Esse receptor não é regulado pelos níveis intracelulares de colesterol e viabiliza a captação maciça da LDL, ainda que a célula (macrófago) tenha quantidade suficiente de lipídios para sua subsistência. Esse mecanismo faz com que os macrófagos se tornem pletóricos de LDL-colesterol, dando origem às células espumosas (*foam cells*) e às estrias gordurosas (*fatty streak*), que são consideradas o primeiro sinal anatômico da doença aterosclerótica.

De fato, Ramires et al.[4] afirmam que a incorporação das LDL pelos macrófagos é diretamente proporcional à sua concentração no interior da parede vascular. Os macrófagos presentes nas lesões iniciais também desempenham um papel importante na evolução fibroproliferativa da lesão aterosclerótica, pois secretam citocinas, como a interleucina 1 (IL-1) e o fator de necrose tumoral (TNF-α), e fatores de crescimento, como o fator de crescimento derivado de plaquetas (PDGF). As citocinas estimulam a secreção de uma proteína quimiotática para monócitos (MCP-1) e regulam a expressão de receptores específicos para a LDL oxidada, ampliando a deposição lipídica na região subendotelial. Por sua vez, a lesão endotelial favorece a agregação plaquetária. As plaquetas aderidas à superfície endotelial também produzem fatores de crescimento, como o PDGF. A interação de plaquetas por si só é lesiva para o endotélio, favorecendo a adesão de monócitos.

Resumo

Introdução

Uma lipoproteína é uma estrutura esférica formada por uma monocamada de fosfolipídios na qual estão inseridas proteínas denominadas apolipoproteínas ou apoproteínas (apo). Em seu cerne, as lipoproteínas transportam diferentes tipos de lipídios, como triacilgliceróis, colesterol e ésteres de colesterol. A monocamada de fosfolipídios possibilita que as lipoproteínas interajam com o plasma por meio das cabeças polares dos fosfolipídios, ao mesmo tempo que suas caudas apolares se relacionam com os lipídios em seu cerne (Figura R7.1). As lipoproteínas são, portanto, a maneira pela qual os lipídios estão presentes no plasma. Existem seis classes principais de lipídios presentes nas lipoproteínas: triacilgliceróis (16%); fosfolipídios (30%); colesterol (14%); ésteres de colesterol (36%) e ácidos graxos livres (4%), a fração de lipídios metabolicamente mais ativa no plasma.

Apoproteínas ou apolipoproteínas (apo)

As lipoproteínas podem apresentar uma ou mais apolipoproteínas e pelo menos nove estão presentes nas lipoproteínas humanas em diferentes quantidades (ver Tabela 7.1). A maioria das apolipoproteínas é polar e está fracamente ligada às lipoproteínas; por essa razão, a troca de apolipoproteínas entre as lipoproteínas ocorre facilmente. As apolipoproteínas desempenham diversas funções nas lipoproteínas, como manter a estrutura física da lipoproteína; atuar na manutenção da solubilidade da lipoproteína em meio aquoso; viabilizar o transporte intracelular pelo qual os lipídios sintetizados são carreados para fora das células; estar envolvidas no reconhecimento celular, já que interagem com receptores presentes tanto em membranas celulares quanto em membranas de organelas intracelulares; e atuar sobre enzimas circulantes como se fossem cofatores.

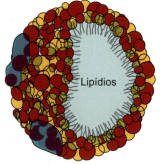

Figura R7.1 Modelo geral de uma lipoproteína. Nota-se que as apolipoproteínas se inserem na monocamada de fosfolipídios, algumas são integrais e outras podem ser deslocadas para outras lipoproteínas. O cerne da lipoproteína é ocupado por lipídios altamente hidrofóbicos, como colesterol e ésteres de colesterol; ácidos graxos livres situam-se mais à periferia.

Apoproteína
VLDL-colesterol – B-100, B-48, E, CII, CIII, CI
HDL-colesterol – AIII, AII, AI, CIII, CI, D
Quilomícrons – B-48, CI, CII, CIII, AI, AII, E
IDL – B-100
LDL – B-100, CIII

Principais lipoproteínas

- Quilomícrons (Qm): transportam principalmente triacilgliceróis exógenos (cuja fonte é a dieta), são sintetizados no intestino delgado pelos enterócitos e dirigem-se para os tecidos conduzindo triacilgliceróis oriundos da dieta e absorvidos pelo intestino. Nos tecidos periféricos, sofrem a ação da lipoproteína lipase (LPL) e, em consequência, produzem remanescentes ricos em colesterol captados preferencialmente pelo fígado
- Lipoproteínas de muito baixa densidade (*very low density lipoproteins* – VLDL): transportam colesterol e triacilgliceróis endógenos, são sintetizadas no fígado e deslocam-se para os tecidos periféricos
- Lipoproteínas de densidade intermediária (*intermediate density lipoproteins* – IDL): originam-se a partir das VLDL, quando estas perdem triacilgliceróis para os tecidos periféricos e convertem-se em IDL
- Lipoproteínas de baixa densidade (*low density lipoproteins* – LDL): sintetizadas no fígado e exportadas para os tecidos periféricos, são as maiores transportadoras de colesterol do plasma e derivadas da IDL, que, por sua vez, tem origem nas VLDL. Estão implicadas na gênese da placa de ateroma e, por essa razão, apresentam grande importância clínica
- Lipoproteínas de alta densidade (*high density lipoproteins* – HDL): menores lipoproteínas circulantes, têm origem no fígado. Inicialmente, apresentam uma estrutura discoide e tornam-se esféricas à medida que captam colesterol. Apresentam função de *scavenger* (varredora), captam colesterol dos tecidos periféricos e os conduzem ao fígado; por essa razão, atribuem-se a eles propriedades antiaterogênicas.

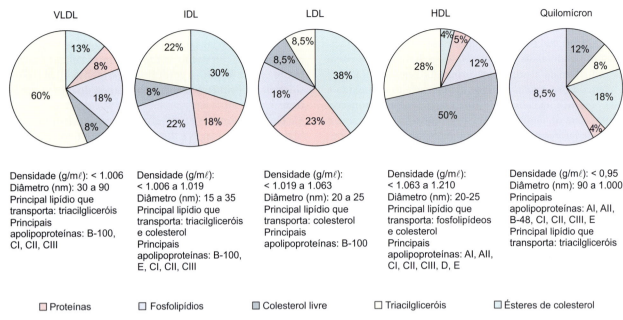

Figura R7.2 Distribuição de lipídios nas principais lipoproteínas humanas, seu diâmetro, densidade e os respectivos tipos de apolipoproteínas.

Metabolismo das lipoproteínas

- **Quilomícrons:** são as maiores lipoproteínas e as de menor densidade, em razão de seu alto conteúdo de triacilgliceróis (cerca de 90%). São partículas formadas no interior dos enterócitos a partir dos lipídios oriundos da dieta, sobretudo triacilgliceróis. Uma das principais apolipoproteínas dos quilomícrons é a apo B-48, uma grande proteína anfipática de 240 kD que é incorporada, ainda no intestino, ao quilomícron por meio da ação da proteína microssomal de transferência (MTP); envolve toda a face externa da partícula, auxiliando na solubilidade da partícula no plasma. Já as apo CII, apo A e apo E são adquiridas no plasma e doadas pelas HDL. Os quilomícrons recém-sintetizados pelos enterócitos (quilomícrons nascentes) são exportados para os ductos quilíferos, vasos linfáticos presentes na zona crítica de absorção do trato gastrintestinal. Após ganharem a linfa, os quilomícrons chegam ao sistema circulatório por meio da veia subclávia esquerda

- **Metabolismo das lipoproteínas carreadoras de colesterol (VLDL, IDL, LDL e HDL):** em situações em que a ingestão de ácidos graxos suplanta a necessidade de substrato energético para o fígado, o excedente de ácidos graxos é imediatamente convertido em triacilgliceróis, que, com uma grande variedade de lipídios, mas principalmente fosfolipídios, colesterol e ésteres de colesterol, são acondicionados em VLDL. Nos capilares dos tecidos periféricos (adiposo, muscular esquelético e cardíaco), a apo CII das VLDL interage com a lipase lipoproteica, que, por sua vez, promove hidrólise dos triacilgliceróis presentes nas VLDL, liberando ácidos graxos para os tecidos. As VLDL, pobres em triacilgliceróis, convertem-se em IDL. As IDL são, então, partículas remanescentes das VLDL e tem meia-vida curta; cerca de dois terços da IDL são captados pelo fígado por meio de endocitose mediada por receptor, sendo degradados em seus componentes básicos. O terço restante liga-se a receptores B-100/E dos sinusoides hepáticos e sofre remoção adicional de mais triacilgliceróis por parte da enzima lipase hepática, convertendo-se em LDL ou LDL-colesterol

- **Endocitose mediada por receptor:** o fígado é o maior responsável pela remoção da LDL plasmática. O acoplamento da LDL a seu respectivo receptor causa engolfamento do complexo LDL-receptor, formando uma vesícula intracelular revestida por clatrina, que se funde aos lisossomos (Figura R7.3). As enzimas lisossomais digerem as apolipoproteínas da LDL, bem como os lipídios em seus componentes básicos, ou seja, os ésteres de colesterol são convertidos em ácidos graxos e colesterol livre, os triacilgliceróis em glicerol e ácidos graxos, e assim sucessivamente. Contudo, o receptor de LDL não é digerido pelo aparato enzimático lisossomal; diferentemente, ele sofre reciclagem e retorna à membrana celular, na qual é ancorado novamente para captar mais partículas de LDL. O receptor sofre reciclagem cerca de 250 vezes.

- **Lipoproteínas e aterosclerose:** a lesão aterosclerótica inicia-se com a oxidação da LDL por radicais livres presentes no plasma. A oxidação da LDL-colesterol é o primeiro passo na gênese da placa de ateroma. Na condição oxidada, a LDL é denominada LDL-ox e passa então a migrar da luz do vaso para a camada íntima da artéria, da qual não saem mais. Nesse momento, os macrófagos (células do sistema imune) penetram também na camada íntima da artéria, com o propósito de fagocitar as LDL que lá estão. Contudo, os macrófagos não "sabem" mais quando parar o processo de fagocitose de LDL, porque a LDL-ox é incapaz de fazer essa sinalização. Desse modo, os macrófagos vão se tornando imensamente grandes e repletos de LDL-colesterol dentro da camada íntima da artéria, sendo denominados células espumosas. A camada íntima da artéria vai sofrendo modificação em razão da lesão promovida pelo metabolismo alterado por parte dos macrófagos (Figura R7.4). A camada íntima lesada passa então a gerar mais radicais livres, oxidando outras LDL vizinhas, o que agrava o quadro de geração da placa de ateroma. Com o decorrer do tempo, fibroblastos e fibras musculares lisas vão se aderindo à placa de ateroma, que pode até mesmo se calcificar e posteriormente se soltar, provocando um trombo. O desenvolvimento da placa de ateroma reduz o diâmetro da luz do vaso, alterando assim o perfil de fluxo sanguíneo nessa região e provocando um fluxo de sangue turbilhonado. Esse padrão alterado de fluxo sanguíneo também passa a lesar o endotélio por um efeito denominado *shear stress* ou cisalhamento, definido como um atrito do sangue contra as paredes do vaso. Embora qualquer artéria possa ser afetada, os principais alvos são a aorta e as artérias coronarianas e cerebrais. A aterosclerose coronariana induz à cardiopatia isquêmica e, quando as lesões arteriais são complicadas por trombose, ao infarto do miocárdio. Os acidentes isquêmicos cerebrais podem ser decorrentes das alterações hemodinâmicas ao fluxo cerebral, causadas pela estenose resultada da placa ateromatosa, ou seja, hipofluxo, ou de episódios embólicos causados pela presença de placa de ateroma no segmento carotídeo. Os principais fatores de risco para o desenvolvimento da doença ateromatosa são: hipertensão arterial, sedentarismo, diabetes melito, tabagismo e dislipidemias.

- **Dieta pode modular a expressão de receptores de LDL:** dietas hipercolesterolêmicas podem causar uma sinalização hepática, que conduz à redução dos receptores hepáticos para a LDL (*down regulation*). Essa condição mantém os níveis plasmáticos de LDL elevados. Em contrapartida, dietas pobres em colesterol (como ocorre em indivíduos vegetarianos) levam ao aumento da expressão de receptores hepáticos para a LDL (*up regulation*)

- **Dislipidemias:** são alterações nos níveis plasmáticos de lipídios, consideradas um fator de risco altamente modificável para doenças cardiovasculares. As dislipidemias podem ter origem genética, no caso de mutações em um ou mais genes, ou fenotípicas, quando decorrem da alta ingestão dietética de lipídios. A manutenção dos níveis plasmáticos de lipídios em seus valores de referência (ver Tabela 7.4) tem extrema relevância na prevenção de doenças cardiovasculares, como aterosclerose, trombose e infarto agudo do miocárdio.

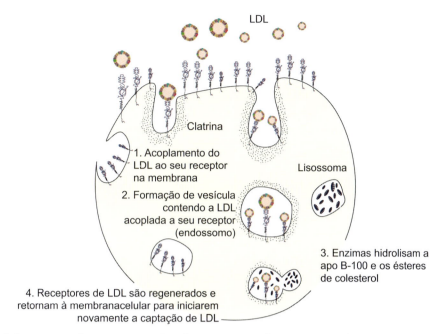

Figura R7.3 Endocitose mediada por receptor. Nesse evento, a apo B-100 liga-se a receptores de membrana específicos, presentes na membrana dos hepatócitos. Essa ligação inicia a incorporação da partícula de LDL, com seu receptor, formando um endossomo no citoplasma do hepatócito. No interior do lisossomo, ocorre a hidrólise dos ésteres de colesterol, liberando ácidos graxos e colesterol no citoplasma das células. A apo B-100 da LDL também é degradada, produzindo aminoácidos que também são liberados no citoplasma da célula. Já o receptor de LDL é preservado, ou seja, não sofre degradação, e é reciclado, retornando à membrana plasmática do hepatócito para captar mais LDL.

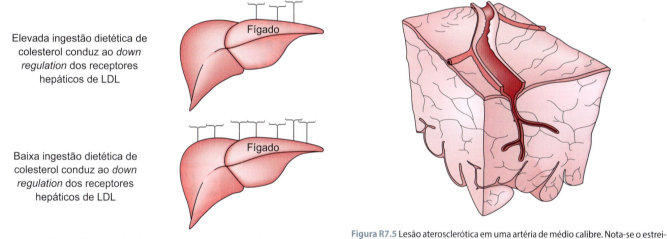

Elevada ingestão dietética de colesterol conduz ao *down regulation* dos receptores hepáticos de LDL

Baixa ingestão dietética de colesterol conduz ao *down regulation* dos receptores hepáticos de LDL

Figura R7.4 Elevada e baixa ingestão energética de colesterol.

Figura R7.5 Lesão aterosclerótica em uma artéria de médio calibre. Nota-se o estreitamento do lume vascular.

Exercícios

1. As apolipoproteínas estão presentes em todas as lipoproteínas. Uma importante apolipoproteína é a apo B-100. Explique sua importância clínica.
2. Explique as funções da lipase lipoproteica.
3. O que é a endocitose mediada por receptor? Explique o processo.
4. A figura mostra a distribuição de lipídios em uma lipoproteína. Essa lipoproteína é:

- 0,86% TG
- 0,07% Fosfolipídios
- 0,03% Proteínas
- 0,02% Colesterol livre
- 0,02% Ésteres de colesterol

   a) LDL-colesterol.
   b) VLDL-colesterol.
   c) Quilomícron.
   d) É improvável que essa lipoproteína de fato exista.
   e) IDL-colesterol.

5. Ísis, 35 anos, apresentou resultados de exames bioquímicos conforme a figura a seguir. O serviço de nutrição que assiste a paciente prescreveu uma dieta ao mesmo tempo que forneceu um texto informativo relacionado com a reeducação alimentar. Uma frase no texto chamou a atenção de Ísis: "a dieta é capaz de modular a expressão hepática de receptores de LDL-colesterol". A partir dessa informação, responda às questões a seguir.
   a) De que maneira a dieta é capaz de exercer essa função?
   b) Por que os níveis plasmáticos de colesterol total representam risco cardiovascular?

124 Bioquímica Clínica

Laboratório de análises clínicas

Paciente: Ísis GB
Plano de Saúde: Vida Livre
Idade: 36 anos
Médico: Dr. Gentil
Cadastro: 11/07/1980
Nº registro: NH 1704477Lkj01
Emissão: 11/07/1980

Triglicerídeos
Material: Soro
Método: Colorimétrico enzimático
Resultado 475 mg/dℓ
Repetido e confirmado

Idade	Valores de referência Desejável (mg/dℓ)	Aceitável (mg/dℓ)
Menor 10 anos	< 100	—
10-19 anos	< 130	—
Adultos	< 150	150-199

Nota: Novos valores segundo III Diretrizes Brasileiras sobre Dislipidemias e I Diretriz de Prevenção da Prevenção da Aterosclerose da SBC 2001.
Atenção: Uso de álcool, falta de jejum antes da coleta e dieta rica em lipídios pode causar grande elevação dos níveis de triglicerídeos, interferindo no resultado.
Triglicerídeos maior que 400 mg/dℓ deverá ser investigado etiologia genética/familiar.

Glicose
Material: sangue
Valor encontrado: 212 mg/dℓ
Método: enzimático
Valor de referência: 70 a 110 mg/dℓ

Nota: Novos valores segundo III Diretrizes Brasileiras sobre Dislipidemias e I Diretriz de Prevenção da Aterosclerose da SBC 2001.

Colesterol total
Material: sangue
Valor encontrado: 405 mg/dℓ
Método: Liebermann-Burchard

Valores de referência
Nível desejável – menor que 200 mg/dℓ
Nível limítrofe – 200 a 240 mg/dℓ
Nível elevado – maior que 240 mg/dℓ

Colesterol – HDL
Material: sangue
Valor encontrado: 35 mg/dℓ
Método: enzimático de Trinder
Valor de referência: prognóstico favorável maior que 40 mg/dℓ

Nota: Novos valores segundo III Diretrizes Brasileiras sobre Dislipidemias e I Diretriz de Prevenção da Aterosclerose da SBC (2001).

---

6. A lipoproteína lipase cardíaca apresenta valor de K_m dez vezes menor quando comparada com a mesma enzima presente no tecido adiposo. Explique as consequências fisiológicas dessa diferença.
7. Explique o metabolismo dos quilomícrons a partir de sua síntese.
8. Explique as rotas metabólicas das lipoproteínas a seguir e cite quais os principais tipos de lipídios transportados por cada uma delas.
    a) Quilomícrons.
    b) VLDL.
    c) IDL.
    d) LDL.
    e) HDL.
9. Explique de que maneira a LDL-colesterol está envolvida na aterosclerose.
10. Faça um modelo esquemático de uma lipoproteína e aponte as funções de cada componente que a forma.

Respostas

1. O metabolismo das LDL pode sofrer alterações drásticas em razão de modificações químicas na apo B-100. De fato, resíduos de lisina da apo B-100 podem sofrer glicação não enzimática no diabetes melito, o que, por sua vez, aumenta o risco do desenvolvimento de aterosclerose, pois essas modificações na apo B-100 impedem o reconhecimento das LDL por parte do receptor hepático B-E e determinam sua elevação no plasma. Nesse caso, as LDL modificadas são captadas por receptores macrofágicos específicos, acelerando ainda mais os eventos que determinam a aterosclerose.
2. A lipase lipoproteica é uma enzima extracelular ancorada nas paredes por meio de resíduos de heparan sulfato na parede dos capilares que irrigam o tecido cardíaco, os músculos esqueléticos e o tecido adiposo. A lipase lipoproteica é ativada pela apo CII, presente em quilomícrons, VLDL, e IDL e promove a hidrólise dos triacilgliceróis com liberação de ácidos graxos e glicerol para o interior das células.
3. A endocitose mediada por receptor é o mecanismo pelo qual os tecidos captam LDL-colesterol para seus processos metabólicos. A sequência de eventos da endocitose mediada por receptor é:
    I. A LDL-colesterol liga-se a seu receptor específico de membrana (endocitose mediada por receptores), forma-se uma depressão na membrana plasmática que engolfa o complexo LDL-receptor.
    II. Ocorre a formação de uma vesícula intracelular contendo o complexo LDL-receptor.
    III. Uma vesícula de lisossomo contendo enzimas digestivas (lipases e proteases) associa-se à vesícula contendo o complexo LDL-receptor.
    IV. Ocorre digestão da apolipoproteína do LDL e de seus lipídios, sendo liberados ácidos graxos, colesterol, ésteres de colesterol e aminoácidos no meio intracelular.
    V. O receptor de LDL não sofre digestão pelas enzimas lisossomais, sendo regenerado e voltando à membrana plasmática para transportar mais colesterol, processo que ocorre pelo menos 180 vezes com cada receptor de LDL.
4. Alternativa correta: d.
5. a) Dietas hipercolesterolêmicas podem causar uma sinalização hepática que conduz à redução dos receptores hepáticos para a LDL, fazendo com que mais LDL permaneça no plasma, potencializando assim a propensão ao desenvolvimento de placas de ateroma. Em contrapartida, dietas pobres em colesterol levam ao aumento da expressão de receptores hepáticos para a LDL (*up regulation*), aumentando a capacidade do fígado de remover o colesterol do plasma, reduzindo assim o risco cardiovascular.
    b) Quando os níveis de colesterol total se encontram acima dos valores de referência, pode-se inferir que os níveis plasmáticos de LDL também estão elevados (a LDL é a maior carreadora de colesterol no organismo humano). Nessa condição, maior quantidade de LDL pode sofrer oxidação, convertendo-se em LDL-ox, que passa a causar danos vasculares, promovendo hiperplasia da lâmina basal e induzindo a produção e liberação de fatores quimiotáxicos e moléculas de adesão por parte das células endoteliais. Esses eventos são eliciadores da formação da placa de ateroma.
6. A lipoproteína lipase cardíaca apresenta baixo K_m para triacilgliceróis, quando comparada com a mesma enzima presente no tecido adiposo. Isso possibilita que os ácidos graxos oriundos do tecido adiposo sejam aproveitados pelo coração em períodos de jejum, fornecendo assim uma importante fonte energética para a função cardíaca.
7. No interior dos enterócitos, ocorre a reesterificação dos triacilgliceróis previamente digeridos na luz intestinal, que são então alocados no interior dos quilomícrons. Os quilomícrons recém-sintetizados pelos enterócitos (quilomícrons nascentes) são

exportados para os vasos linfáticos e chegam ao sistema circulatório pela veia subclávia esquerda. Nos tecidos, a apo CII ativa a lipoproteína lipase, enzima que está presente sobretudo em capilares que irrigam o miocárdio, o tecido adiposo, o baço, os pulmões, o diafragma, a medula renal, a aorta e as glândulas mamárias em lactação.

A lipoproteína lipase promove então hidrólise progressiva dos triacilgliceróis presentes no interior dos quilomícrons, liberando diacilgliceróis, monoacilgliceróis e, finalmente, glicerol e ácidos graxos livres. Parte dos ácidos graxos não captados pelos tecidos segue para o plasma ligando-se às porções hidrofóbicas da albumina plasmática. Os quilomícrons parcialmente hidrolisados e desprovidos de grande parte de seus triacilgliceróis permanecem no plasma, agora chamados de quilomícrons remanescentes. No fígado, esses quilomícrons remanescentes são captados por um mecanismo denominado endocitose mediada por receptores.

8. a) Quilomícrons: transportam principalmente triacilgliceróis exógenos (cuja fonte é a dieta), são sintetizados no intestino delgado pelos enterócitos e dirigem-se para os tecidos conduzindo triacilgliceróis oriundos da dieta e absorvidos pelo intestino. Nos tecidos periféricos, sofrem a ação da lipoproteína lipase (LPL) e, em consequência, liberam remanescentes ricos em colesterol captados preferencialmente pelo fígado.
    b) Lipoproteínas de muito baixa densidade (*very low density lipoproteins* – VLDL): transportam colesterol e triacilgliceróis endógenos, são sintetizadas no fígado e deslocam-se para os tecidos periféricos.
    c) Lipoproteínas de densidade intermediária (*intermediate density lipoproteins* – IDL): originam-se a partir da VLDL, quando estas perdem triacilgliceróis para os tecidos periféricos e convertem-se em IDL.
    d) Lipoproteínas de baixa densidade (*low density lipoproteins* – LDL): são sintetizadas no fígado e exportadas para os tecidos periféricos e são as maiores transportadoras de colesterol do plasma; são derivadas da IDL, que, por sua vez, origina-se das VLDL. Estão implicadas na gênese da placa de ateroma e, por essa razão, apresentam grande importância clínica.
    e) Lipoproteínas de alta densidade (*high density lipoproteins* – HDL): são as menores lipoproteínas circulantes, originam-se no fígado, inicialmente apresentam uma estrutura discoide e tornam-se esféricas à medida que captam colesterol. As HDL apresentam função de *scavenger* (varredora), captam colesterol dos tecidos periféricos e os conduzem ao fígado; por essa razão, lhe são atribuídas propriedades antiaterogênicas.
9. Na condição de hipercolesterolemia, ocorre aumento da taxa de transporte de lipoproteínas de baixa densidade (LDL-colesterol) para a camada subendotelial do vaso nas formas nativa ou oxidada (LDL-ox). Acredita-se que as LDL-ox tenham efeito citotóxico, e sua presença na camada íntima vascular seja responsável por: hiperplasia da lâmina basal; induzir a produção e liberação de fatores quimiotáxicos e moléculas de adesão por parte das células endoteliais. Uma vez oxidada na camada íntima vascular, a partícula de LDL é avidamente captada por macrófagos que apresentam diminuição do número de receptores B-E (controlam o acúmulo de lipídios na célula), passando a expressar receptores *scavenger*, que têm a propriedade de reconhecer lipoproteínas oxidadas, as quais são avidamente incorporadas pelos macrófagos. Essa captação faz com que os macrófagos se tornem pletóricos de LDL-colesterol, dando origem às células espumosas (*foam cells*) e às estrias gordurosas (*fatty streak*), que são consideradas o primeiro sinal anatômico da doença aterosclerótica. Os macrófagos presentes nas lesões iniciais também desempenham um papel importante na evolução fibroproliferativa da lesão aterosclerótica, pois secretam citocinas, como a interleucina 1 (IL-1) e o fator de necrose tumoral (TNF-α), e fatores de crescimento como o fator de crescimento derivado de plaquetas (PDGF). As citocinas estimulam a secreção de uma proteína quimiotática para monócitos (MCP-1), enquanto a lesão endotelial favorece a agregação plaquetária. Essa cadeia de eventos culmina no surgimento e na progressão da placa de ateroma.

10.

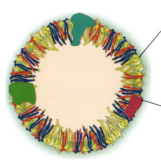

Fosfolipídios – formam uma monocamada, suas cabeças polares interagem com o meio aquoso, enquanto suas caudas hidrofóbicas interagem com os lipídios presentes no cerne da lipoproteína

Apolipoproteínas ou apoproteínas – manutenção da estrutura física da lipoproteína; atuam na manutenção da solubilidade da lipoproteína em meio aquoso; permitem o transporte intracelular pelo qual os lipídios sintetizados são carreados para fora das células; estão envolvidas no reconhecimento celular, já que interagem com receptores presentes tanto em membranas celulares quanto em membranas de organelas intracelulares; atuam sobre enzimas circulantes como se fossem cofatores

Referências bibliográficas

1. Alaupovic P, Arry MD, McConathy WJ. Quantitative determination of human plasma alipoproteins by electroimunoassay. In: Carlson LA *et al.* International conference on atherosclerosis. Nova York: Raven Press; 1978.
2. Sociedade Brasileira de Cardiologia. IV Diretriz Brasileira sobre Dislipidemias e Prevenção da Aterosclerose. Arq Bras Cardiol. 2007; 88(2).
3. Sociedade Brasileira de Cardiologia. V Diretriz Brasileira de Dislipidemias e Prevenção da Aterosclerose. Arq Bras Cardiol. 2013; 101(4Supl1):1-22.
4. Ramires JAF, Caramelli B, Ballas D. Doença coronária e aterosclerose: clínica, terapia intensiva e emergências. São Paulo: Atheneu; 1998.

Bibliografia

Berliner JA, Navab M, Fogelman AM, Frank JS, Demer LL, Edwards PA et al. Atherosclerosis: basic mechanisms. Oxidation, inflammation and genetics. Circulation. 1995;91(9):2488-96.

Dzau VJ. Pathobiology of atherosclerosis and plaque complications. Am Heart J. 1994;128:1300-4.

Fong LG, Parthasarathy S, Witzum JL, Steinberg D. Nonenzymatic oxidative cleavage of peptide bonds in apoprotein B-100. J Lipid Res. 1987;28:1466-77.

Goldstein JL, Hobbs HH, Brown MS. Familial hypercholesterolemia. In: Scriver CR, Beaudet AL, Sly WS, Child B, Valle D, Kinzler KW et al. (eds.). The metabolic and molecular bases of inherited disease. 8. ed. New York: McGraw- Hill; 2001. p.2863-913.

Hardman DA, Protter AA, Chen GC, Schilling JW, Sato KY, Lau K et al. Structural comparison of human apolipoproteins B-48 and B-100. Biochemistry 1987;26:5478-86.

Kumar V, Butcher SJ, Öörni K, Engelhardt P, Heikkonen J, Kaski K et al. Three-dimensional cryoEM reconstruction of native LDL particles to 16Å resolution at physiological body temperature. PLoS One. 2011;6(5):e18841.

Mitchinson MJ. The new face of atherosclerosis. Brit J Cli Pract. 1994;48:149-51.

Norum KR, Berg T, Helgerud P, Drevon CA. Transport of cholesterol. Physiol Rev. 1983;63(4):1343-419.

Numano F, Kishi Y, Ashicaga T. What effect does controlling platelet have on atherosclerosis? Ann NY Acad Sci. 1995;748:383-93.

Ohara Y, Peterson TE, Sayegh HS, Subramanian RR, Wilcox JN, Harrison DG. Dietary correction of hypercholesterolemia in the rabbit normalizes endothelial superoxide anion production. Circulation. 1995;92(4):898-903.

Parthasarathy S, Wieland E, Steinberg D. A role for endothelial cell lipoxygenase in the oxidative modification of low density lipoprotein. Proc Natl Acad Sci USA. 1989;86(3):1046-50.

Quintão ECR, Oliveira HCF, Zerbinatti CV. Apolipoproteínas plasmáticas e aterosclerose. Rev Bras Med. 1989;45(3):66-71.

Ross R. Pathogenesis of atherosclerosis: a perspective for the 1990's. Nature. 1993;362:801-9.

Sacks FM, Brewer HB. Petar Alaupovic. The Father of Lipoprotein Classification Based on Apolipoprotein Composition. Arterioscler Thromb Vasc Biol. 2014;34:1111-3.

Scientific Steering Committee on behalf of the Simon Broome Register Group. Risk of fatal coronary heart disease in familial hypercholesterolemia. BMJ. 1991;303:893-6.

Simionescu M, Simionescu N. Proatherosclerotic events: pathobiochemical changes occurring in the arterial wall before monocyte migration. FASEB J. 1993;7:1359-66.

Steinberg D, Parthasarathy S, Carew TE, Khoo JC, Witztum JL. Beyond cholesterol. Modification of low-density lipoproteins that increase its atherogenicity. N Engl J Med. 1989;320:915-24.

Steinbrecher UP. Oxidation of human low density lipoprotein results in derivatization of lysine residues of apolipoprotein B by lipid peroxide decomposition products. J Biol Chem. 1987; 262:3603-8.

Verri J, Fuster V. Mecanismos das síndromes isquêmicas agudas e da progressão da aterosclerose coronária. Arq Bras Cardiol. 1997;68(6):461-7.

Witztum J. Role of oxidised low density lipoprotein in atherogenesis. Brit Heart J. 1993;69(1 suppl):S12-8.

Matriz Extracelular

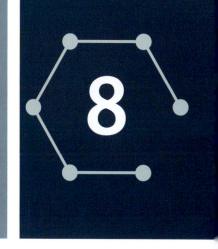

Introdução

A grande maioria das células encontra-se imersa em um ambiente formado por macromoléculas, no qual predominam proteínas, como o colágeno. Esse ambiente é chamado de matriz extracelular (MEC) ou, mais comumente, de tecido conjuntivo. A MEC interage com as células que nela estão imersas de modo que influencia em seus processos de diferenciação, proliferação, migração e interações intercelulares. Ela é formada por três classes principais de macromoléculas:

- Proteínas estruturais, colágenos, elastina e fibrina
- Proteínas especializadas, fibrilina, fibronectina e laminina
- Proteoglicanos.

Os componentes da MEC estão em íntima interação com suas células de origem e formam uma matriz-gel. As proteínas da MEC também estão ligadas à superfície das células que formam esse ambiente, de modo que forças mecânicas de tracionamento e compressão tecidual são transmitidas às células, que, por sua vez, reagem de maneira adequada. Alterações na MEC estão relacionadas com processos fisiológicos e patológicos, e de fato a MEC tem importante participação em estados inflamatórios, em doenças crônicas (p. ex., a artrite) e também em processos que envolvem a disseminação de células tumorais.

Colágeno, a proteína mais abundante na matriz extracelular

O colágeno compõe aproximadamente um quarto de todas as proteínas que constam no organismo humano, forma elementos fibrosos e está presente em estruturas sujeitas à tração, como tendões, ossos e matriz extracelular, sendo responsável por grande parte de suas propriedades físicas. Mas, apesar de sua função crítica no corpo, o colágeno é uma proteína relativamente simples, sendo formado por três cadeias peptídicas em alfa-hélice, organizadas de modo a compor uma hélice tripla (tropocolágeno); cada cadeia polipeptídica pode apresentar de 600 a 3.000 resíduos de aminoácidos. O colágeno é sintetizado intracelularmente em pequenas porções e exportado para o meio extracelular, onde, por meio da atuação de enzimas polimerizantes, é organizado em hélice tripla. Cada uma dessas três hélices é formada quase inteiramente por glicina, prolina e lisina, sendo a glicina predominante entre as três, compondo 33,5% da molécula do colágeno. A glicina repete-se a cada terceira posição da sequência de todas as moléculas de colágeno e é o aminoácido ideal na formação da estrutura do colágeno, já que apresenta somente o átomo de hidrogênio como cadeia lateral, o que a torna um aminoácido "pequeno", possibilitando-lhe inserir-se perfeitamente dentro da hélice.

Já no caso da prolina, não seria de se esperar que compusesse a tripla hélice do colágeno, uma vez que esse resíduo de aminoácido promove uma torção em estruturas alfa-hélice, desestabilizando-as. A prolina é mais comum em proteínas globulares do que em proteínas fibrosas.

Os tipos mais relevantes de colágeno estão elencados na Tabela 8.1. A prolina e a lisina dão origem, respectivamente, à hidroxiprolina e à hidroxilisina, aminoácidos característicos da molécula do colágeno. As enzimas prolil hidroxilase e lisil hidroxilase promovem a hidroxilação dos resíduos de prolina e lisina, respectivamente, e são dependentes de ácido ascórbico (vitamina C) e α-cetoglutarato. Por esse motivo, a deficiência dessa vitamina leva ao escorbuto, uma condição relacionada com prejuízos na síntese do colágeno, causando principalmente hemorragias gengivais, já que leitos vasculares e pele apresentam colágeno em sua constituição. Algumas moléculas de hidroxilisina podem sofrer glicação, por glicose ou galactosil-glicose. Esse processo ocorre após a tradução da molécula do colágeno, na qual esses sítios de glicação são únicos. A estabilização das moléculas do colágeno é potencializada pelas ligações cruzadas covalentes, tanto no interior da molécula quanto entre as unidades em tripla hélice. Tais ligações cruzadas são formadas pela ação da enzima lisil oxidase, uma enzima dependente de cobre que atua promovendo a desaminação oxidativa dos grupos ε-amino de determinados resíduos de lisina e hidroxilisina, dando origem a aldeídos reativos, que, por sua vez, são capazes de formar produtos aldóis de condensação derivados da lisina ou hidroxilisina, ou ainda reagir com grupos ε-amina de lisina ou hidroxilisina não oxidadas, dando origem a bases de Shiff (Figura 8.1). Esses rearranjos estruturais da molécula do colágeno conferem alta resistência à tração. Como a maioria de sua estrutura é composta dos três tipos de aminoácidos já citados, o colágeno não é uma boa "fonte de proteínas", pois não oferece todos os aminoácidos essenciais às necessidades nutricionais.

Tipos de colágeno

Atualmente, existem cerca de 20 tipos de colágeno, identificados por numerais romanos que indicam a ordem em que essas moléculas foram descobertas. Diversos autores têm classificado as moléculas de colágeno, de acordo com suas estruturas moleculares, em dois tipos: os colágenos fibrilares e os colágenos não fibrilares.

Tabela 8.1 Tipos de colágeno, sua composição, estrutura, tecidos representativos e principais funções.

Tipo	Composição da molécula	Estrutura	Tecidos representativos	Principais funções
Colágenos que formam fibrilas				
I	[α1(I)]$_2$[α2(I)]	Moléculas de 30 nm com passo de 67 nm	Maioria dos tecidos conjuntivos, pele, tendão, ossos e dentina	Resistência à tração
II	[α1(II)]$_3$	Molécula de 300 nm com passo de 67 nm	Cartilagem, humor vítreo	Resistência à pressão
III	[α1(III)]$_3$	Passo de 67 nm	Pele, pulmões e vasos sanguíneos	Preserva a estrutura de órgãos expansíveis
V	[α1(V)]$_3$	Apresenta comprimento de 390 nm, sua porção aminoterminal é globular	Está presente em pequena quantidade em tecidos que apresentam o colágeno do tipo I	Atua colaborando nas funções do colágeno do tipo I
XI	[α1(XI)] [α2(XI)] [α3(XI)]	Apresenta 300 nm de comprimento	Cartilagem	Atua nas funções desempenhadas pelo colágeno do tipo II
Colágenos associados a fibrilas				
IX	[α1(IX)] [α2(IX)] [α3(IX)]	Molécula de 200 nm de comprimento	Cartilagem e humor vítreo	Liga-se a glicosaminoglicanos e colágeno do tipo II
XII	[α1(II)]$_3$	Apresenta 300 nm, periodicidade de 67 nm	Pele, tecidos fetais e tendões	Detectado apenas por métodos imunocitoquímicos
XIV	[α1(III)]$_3$	Periodicidade de 67 nm	Pele, tecidos fetais e tendões	Detectado apenas por métodos imunocitoquímicos
Colágeno que forma fibrilas de ancoragem				
VII	[α1(VII)]$_2$	Apresenta domínios globulares e tem 450 nm	Epitélio	Detectado apenas por métodos imunocitoquímicos. Ancora a lâmina basal da epiderme ao estroma subjacente
Colágeno que forma redes				
IV	[α1(IV)]$_2$ [α2(IV)] e outros	Forma uma rede bidimensinonal	Todas as membranas basais	Detectado apenas por métodos imunocitoquímicos. Suporta estruturas delicadas, filtração

Fonte: modificada de Junqueira e Carneiro, 2004.[1]

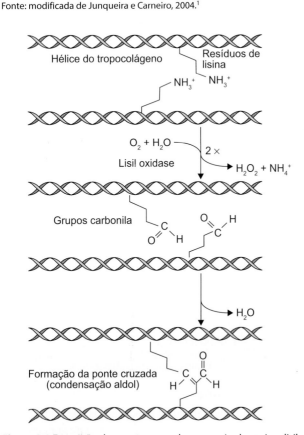

Figura 8.1 Formação das pontes cruzadas por meio da enzima lisil oxidase, que promove a desaminação oxidativa dos grupos ε-amino de determinados resíduos de lisina e hidroxilisina, dando origem a aldeídos reativos, que, por sua vez, são capazes de formar produtos aldóis de condensação. As pontes cruzadas aumentam a resistência do colágeno.

Colágenos fibrilares

Compreendem os tipos I, II, III, V e XI. Esses colágenos formam fibras altamente organizadas envolvidas com funções de suporte em tecidos como ossos, pele, vasos sanguíneos, fibras nervosas e cápsulas de órgãos. As fibras são frequentemente organizadas em feixes, e o tamanho e o arranjo delas influenciam nas propriedades biológicas tecido-específicas.

O colágeno do tipo I é o mais comum, compreendendo 80 a 99% de todo o colágeno presente no organismo. Uma molécula apresenta cerca de 1.000 resíduos de aminoácidos. Nesse tipo de colágeno, cada uma das três cadeias polipeptídicas apresenta rotação à esquerda (sinistrorsa) e organiza-se para uma tríplice hélice rotacionada para a direita (dextrorsa), com cerca de 1,5 nm de diâmetro e comprimento de 280 nm (Figura 8.2).

O colágeno do tipo I é formado por três cadeias, sendo duas delas idênticas, denominadas α-1(I), e uma diferente dessas duas, chamada α-2(I). Presente nos ossos, nos tendões, na pele, nos ligamentos, nas artérias, no útero e na córnea, é extremamente importante. Estudos envolvendo mutações demonstraram que a substituição de um único resíduo de aminoácido na cadeia resulta em graves morbidades, por exemplo, osteogênese imperfeita e síndrome de Ehlers-Danlos, entre outras doenças degenerativas.

O colágeno do tipo II é o que mais se encontra em cartilagens. Também pode estar presente em quantidades significativas em outros tecidos conjuntivos, por exemplo, o núcleo polposo do disco intervertebral e também o humor vítreo. O colágeno do tipo II apresenta três cadeias α idênticas, que mostram propriedades cromatográficas e eletroforéticas similares

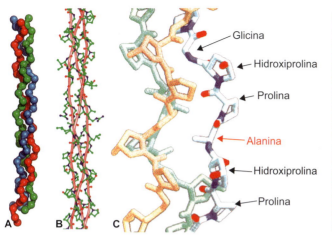 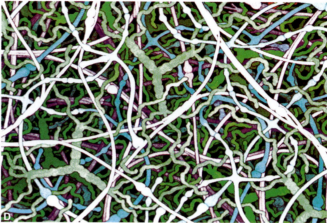

Figura 8.2 Estrutura da molécula de colágeno. Código PDB: 1BKV. **A.** Organização da tripla hélice de colágeno do tipo I (tropocolágeno) mostrada em esferas e bastões. As cadeias peptídicas que formam o tropocolágeno são sinistrorsas (rotacionadas para a esquerda) e estão unidas por pontes de hidrogênio e interações hidrofóbicas. Cada molécula de tropocolágeno apresenta 280 nm de comprimento, 1,5 nm de espessura, com passo de 8,5 nm. O colágeno do tipo I é formado por duas cadeias peptídicas do tipo α-1 e uma do tipo α-2, cada uma com peso de aproximadamente 100 KDa. **B.** Tripla hélice do colágeno destacando a disposição dos resíduos de aminoácidos no eixo de cada uma das três hélices. **C.** Ordenação dos tipos de resíduos de aminoácidos presentes na hélice do colágeno. **D.** Arranjo das moléculas de colágeno formando uma malha resistente que está presente na membrana basal.

às da cadeia α-1 do colágeno do tipo I. Essas cadeias são identificadas como α-1(II). O colágeno do tipo II apresenta alta concentração de hidroxilisina e hidroxilisina glicosilada, é sintetizado durante a etapa condrogênica do desenvolvimento do mesoderma e é formado por três cadeias α-1(III) idênticas. Essa molécula de colágeno apresenta alta concentração de hidroxiprolina e baixos níveis de hidroxilisina. Está presente na pele, constituindo cerca de 10 a 20% de todo o colágeno desse tecido, sendo ainda encontrada em muitos outros tecidos conjuntivos. Está associado ao colágeno do tipo I nos pulmões, nas valvas cardíacas, no miocárdio, nos nervos, no fígado, na placenta, no cordão umbilical, nos vasos sanguíneos, na esclera, nos linfonodos, entre outros tecidos.

O colágeno do tipo III está estreitamente relacionado com a extensibilidade e a elasticidade. O colágeno do tipo V é mais solúvel que os demais colágenos, encontra-se de maneira abundante nos tecidos vasculares e está presente no interior da fibrila.

A composição de aminoácidos do colágeno tipo V é similar àquela presente no colágeno intersticial, exceto pela alta concentração da razão hidroxilisina e pelas baixas concentrações de alanina; a hidroxilisina encontra-se parcialmente glicosilada por grupos galactosil. A composição de aminoácidos presente na cadeia tipo V do colágeno é variável; a estrutura mais comumente encontrada é duas cadeias α-1(V) e uma α-2(V), mas homotrímeros α-1(V) também têm sido detectados, assim como os heterotrímeros α-1(V), α-2(V) e α-3(V).

A estrutura globular do tipo V é significativamente maior, quando comparada a outros tipos de colágeno. O tipo XI do colágeno é encontrado em cartilagens e sua forma predominante é α-1(XI) α-2(XI) α-3(XI). As funções desse tipo de colágeno não estão plenamente elucidadas; contudo, suspeita-se que esteja envolvido na regulação do diâmetro ou crescimento das fibras de colágeno tipo II. Os diferentes tipos de colágeno, sua estrutura e suas funções estão elencados na Tabela 8.1.

Colágenos não fibrilares

As moléculas de colágeno não fibrilar são classificadas de acordo com suas características moleculares, supramoleculares, associadas a membranas basais, que se organizam formando redes e associadas a fibrilas. O colágeno do tipo IV é um componente das membranas basais com lamininas, sulfato de heparano e proteoglicanos. O colágeno do tipo IV consiste em duas cadeias α-1 e uma cadeia α-2; as cadeias α não são proteoliticamente processadas e apresentam altas concentrações de hidroxilisina e hidroxilisina glicada. A molécula apresenta três domínios: uma tríplice hélice central, uma porção carboxiterminal e uma porção aminoterminal. A tríplice hélice central; é aproximadamente 25% mais longa que as moléculas de colágeno fibrilar e sofre interrupções em várias posições por pequenas sequências de aminoácidos não enovelados em forma de tripla hélice; esses intervalos aumentam a flexibilidade da molécula. A porção carboxiterminal é um grande domínio globular que consiste em duas unidades homólogas, unidas entre si por pontes dissulfeto, formando assim um dímero. Já a porção aminoterminal apresenta um peptídeo em tripla hélice, separado da cadeia principal da molécula por uma dobra. Esses domínios aminoterminais podem associar-se a domínios aminoterminais de outras moléculas de colágeno tipo IV, também por meio de pontes dissulfeto, dando origem a um tetrâmero. Todas essas interações presentes na molécula de colágeno do tipo IV são responsáveis pela formação de uma rede altamente flexível. O colágeno do tipo VII é encontrado abaixo do tecido epitelial escamoso, próximo à membrana basal. Esse tipo de colágeno conecta a membrana basal a placas de ancoramento na base da MEC. O colágeno do tipo VII apresenta uma longa tríplice hélice e, em um de seus terminais, encontra-se uma pequena cadeia globular que é removida durante a síntese da molécula. A outra extremidade da molécula consiste em uma porção tridentada. Esse tipo de colágeno também apresenta porções não helicoidais ao longo da molécula. O colágeno do tipo VII atua também no fortalecimento das junções epidermais.

Bioclínica

Síndrome de Ehlers-Danlos

Trata-se de uma doença do tipo autossômico, com incidência global de 1 a cada 5 mil nascidos vivos. É um defeito hereditário de causas distintas podendo envolver mutações que comprometem a estrutura do colágeno. Atualmente, existem dez variações da síndrome, que vão desde os casos mais graves até os mais simples. A variante mais conhecida é a do tipo VI, a forma autossômica recessiva mais comum da síndrome de Ehlers-Danlos (SED) e que decorre de mutações no gene que codifica a enzima lisil hidroxilase, responsável pela hidroxilação dos resíduos de lisina, convertendo-os em hidroxilisina. Os indivíduos portadores da mutação apresentam níveis bastante reduzidos dessa enzima. A hidroxilisina é importante para o entrecruzamento da molécula de colágeno; a deficiência da lisil hidroxilase resulta em síntese de moléculas de colágeno estruturalmente instável. Nesse tipo, somente os colágenos I e III são afetados, e a hidroxilação dos tipos II, IV e V ocorre normalmente. Assim, como seria de se esperar, os tecidos ricos em colágeno, como pele, ligamentos e articulações, são comumente afetados na maioria das variantes da SED.

Um conhecido portador da SED é Gary Turner, presente no livro dos recordes como "o homem mais elástico do mundo". Turner tem a variante tipo VI, cuja pele se apresenta extremamente extensível e as articulações hipermóveis (Figura 8.3; ver mais informações no Capítulo 25 | Erros Inatos do Metabolismo).

Osteogênese imperfeita

Definida como um distúrbio hereditário do tecido conjuntivo, caracterizado por fragilidade óssea com manifestações clínicas variadas, como escleróticas azuis, dentes opalescentes (dentinogênese imperfeita), déficit auditivo (em geral, do tipo condutivo), deformidade progressiva dos ossos longos e hiperextensibilidade articular. Todos os casos de osteogênese imperfeita são decorrentes de um gene autossômico dominante, mutação que conduz a erros na biossíntese do colágeno do tipo I, o mais abundante no organismo. A osteogênese imperfeita pode ser classificada em quatro tipos, de acordo com suas características clínicas e hereditárias:

- Tipo I: trata-se de um defeito quantitativo no colágeno do tipo I que causa escleras azuladas com osteopenia relativamente leve, raras fraturas ósseas e surdez em 30% dos casos. As deformidades ósseas são incomuns, sem comprometimento da estatura final do indivíduo
- Tipo II: é a forma mais grave, com fraturas e deformidades ósseas ainda na vida intrauterina. O recém-nascido é em geral prematuro ou pequeno para a idade gestacional. Esse tipo não apresenta bom prognóstico, e a morte pode ocorrer nos primeiros dias a semanas após o nascimento, em decorrência de complicações respiratórias
- Tipo III: implica deformidades ósseas progressivas por fraturas ósseas recorrentes, baixa estatura (em parte por fragmentação da placa de crescimento) e dentinogênese imperfeita
- Tipo IV: o indivíduo apresenta as escleras de coloração normal, porém estão presentes as deformidades ósseas e a surdez. Esta heterogeneidade clínica está sendo mais bem compreendida à medida que se identificam diversos defeitos moleculares nos genes que codificam as cadeias pro-α1 e pro-α2 do colágeno tipo I. A maioria dos casos resulta de novas mutações genéticas dominantes ou refletem mosaicismo para essas mutações.[2]

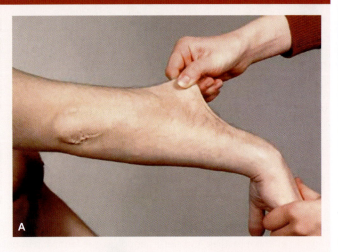

A

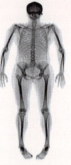
Tipo I
Mulher,
idade 38 anos
altura 1,71 m

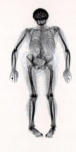
Tipo I
Mulher,
idade 63 anos
altura 1,37 m

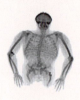
Tipo IV
Homem,
idade 40 anos
altura 90 cm

Tipo IV
Mulher,
idade 35 anos
altura 1,24 m

Tipo III
Mulher,
idade 27 anos
altura 94 cm

Tipo III
Homem,
idade 40 anos
altura 84 cm

B

Figura 8.3 Síndrome de Ehlers-Danlos. **A.** Pele extensível. **B.** Articulações hipermóveis.

Colágenos de cadeia curta

Esse grupo envolve moléculas de colágeno dos tipos VIII e X, que apresentam estruturas similares, mas com distribuição e funções diferentes. Apresenta uma tríplice hélice de 135 nm de comprimento, com uma porção globular na região carboxiterminal e outra região globular menor na porção aminoterminal. O domínio completo da tríplice hélice é codificado por um único éxon. A função biológica do colágeno do tipo VIII ainda não foi plenamente elucidada. O colágeno do tipo X é uma molécula homotrimérica, estando os trímeros ligados entre si por pontes dissulfeto. É o colágeno mais especializado de todos os tipos de colágenos. Sua estrutura molecular é similar à do colágeno do tipo VIII, com porções carboxiterminais globulares. Sua tríplice hélice apresenta oito intervalos e a tríplice hélice completa é codificada por apenas um éxon. O colágeno do tipo X tem importante função na formação de uma rede de suporte durante a substituição da matriz de colágeno por osso e também como guia das células endoteliais durante a angiogênese.

Modificações pós-traducionais da molécula de colágeno

Da mesma maneira que qualquer outra proteína, o colágeno é sintetizado nos ribossomos e sofre grandes modificações pós-traducionais antes de se tornar uma molécula madura de colágeno. Nos ribossomos, a molécula de pré-pró-colágeno é direcionada para o interior do retículo endoplasmático por meio de uma sequência de aminoácidos chamada sequência sinalizadora, que, após cumprir sua função de conduzir a molécula do pré-pró-colágeno para o interior do retículo, sofre remoção enzimática. No espaço vesicular do retículo, ocorrem os processos de hidroxilação dos resíduos de prolina e lisina. A glicação de resíduos de hidroxilisinas ocorre pela ação das enzimas galactosiltransferase e glicosiltransferase. A aquisição da forma em tripla hélice, característica da molécula do colágeno, se dá por intermédio de pequenos peptídeos de extensão de cerca de 20 a 35 kDa, que estão presentes nas porções amino e carboxiterminal da molécula de pró-colágeno. Os peptídeos de extensão apresentam resíduos de cisteína, que, no caso dos peptídeos aminoterminais, formam pontes dissulfeto intracadeias, enquanto os resíduos de cisteína dos peptídeos de extensão carboxiterminais formam pontes dissulfeto intra e intercadeias. A tripla hélice é formada a partir do peptídeo de extensão carboxiterminal; após a conclusão da tripla hélice, não ocorrem mais os processos de hidroxilação de resíduos de prolina lisina, tampouco glicação de hidroxilisinas. Os peptídeos de extensão são removidos por enzimas extracelulares denominadas pró-colágeno aminoproteinases e pró-colágeno carboxiproteinases, que promovem a excisão dos peptídeos amino e carboxiterminais, respectivamente. A remoção dos peptídeos de extensão ocorre após a secreção do colágeno pelo aparelho de Golgi. Imediatamente após a excisão dos peptídios de extensão, a molécula de colágeno, com aproximadamente 1.000 resíduos de aminoácidos, organiza-se espontaneamente em fibras de colágeno. De fato, a automontagem é um princípio fundamental da biossíntese da molécula do colágeno. As fibras de colágeno são subsequentemente estabilizadas pela ação da enzima lisil oxidase, uma enzima que forma ligações cruzadas inter e intracadeias, por meio da desaminação de resíduos de lisina e hidroxilisina localizados nas porções amino e carboxiterminais que não se encontram enoveladas em alfa-hélice (telopeptídeos) e permanecem após a remoção dos peptídeos de extensão. As células secretoras de colágeno (fibroblastos principalmente) sintetizam também fibronectina, uma proteína pertencente a uma família de glicoproteínas de elevado peso molecular, contendo cerca de 5% de carboidratos e que apresenta sequência de aminoácidos RGD (arginina, glicina e asparagina), sendo, portanto, específica para adesão à superfície celular. A fibronectina tem a propriedade de interagir com fibras de pré-colágeno em agregação, modulando a formação das fibras na matriz pericelular.

Sistema elástico

É formado por três tipos de fibras: elastina; fibras oxitalânicas; e fibras elaunínicas. As fibras oxitalânicas são formadas por feixes de microfibrilas de 10 nm de diâmetro, nos quais estão presentes diversas glicoproteínas, por exemplo, a fibrilina. A fibrilina é responsável pela formação da estrutura de sustentação e deposição da elastina. As fibras oxitalânicas estabelecem conexão do sistema elástico com a lâmina basal em algumas estruturas, como em alguns locais da derme e dos olhos. As fibras elaunínicas são, na verdade, formadas pela deposição irregular de elastina sobre as fibras oxitalânicas. As fibras oxitalânicas não têm elasticidade, sua propriedade é a resistência à tração. A elastina é o componente mais abundante do sistema elástico e é sintetizada pelos fibroblastos, células fusiformes responsáveis pela síntese também do colágeno do tipo I, além de proteínas multiadesivas presentes na MEC. A elastina é sintetizada no retículo endoplasmático rugoso de fibroblastos, células endoteliais, células musculares lisas, macrófagos, leucócitos e condroblastos. A pré-pró-elastina é uma molécula constituída de 747 resíduos de aminoácidos convertida em pró-elastina; quando 26 resíduos de aminoácidos são removidos de sua porção aminoterminal, esse peptídeo removido é o peptídeo sinal. A elastina é um monômero globular solúvel de 70 kD formado por segmentos ricos em resíduos de alanina e lisina, que se organizam em uma estrutura em α-hélice, e segmentos ricos em resíduos de glicina, prolina e valina, que dão origem a uma estrutura secundária β-preguada. Posteriormente, esses monômeros polimerizam-se para formar um filamento de elastina. A elastina é transportada para o meio extracelular por intermédio de sua proteína de ligação, que é uma proteína sintetizada nas mesmas células que sintetizam a elastina e apresenta peso molecular de 67 kDa. Igualmente ao colágeno, predominam os resíduos de aminoácidos glicina e prolina; alguns dos resíduos de prolina são hidroxilados pela enzima prolil hidroxilase, dando origem à hidroxiprolina. Além disso, a elastina contém dois resíduos de aminoácidos incomuns, a desmosina e a isodesmosina (Figura 8.4), formados por ligações covalentes entre quatro aldeídos derivados de resíduos de lisina (são, portanto, modificações estruturais de resíduos de lisina), e não apresentam as sequências Gli-X-Y presentes na molécula do colágeno. As moléculas de desmosina formam ligações cruzadas na elastina quando interagem com resíduos de lisina não modificados, atribuindo-se a alta capacidade distensível da elastina a essas ligações cruzadas. Depois que a tropoelastina é secretada pelos fibroblastos, alguns resíduos de lisil da tropoelastina sofrem desaminação oxidativa por parte da enzima lisil oxidase com a participação de íons de cobre, a mesma enzima relacionada com o mesmo processo na molécula do colágeno.

A elastina secretada é insolúvel, resistente a fatores químicos e físicos, como soluções salinas, ácidas alcalinas e temperaturas de até 100°C; trata-se de uma proteína altamente estável com taxa de renovação muito baixa. Morfologicamente, a elastina é uma molécula com várias espirais aleatórias que lhe garantem a propriedade de flexão e torção com alta eficiência (Figura 8.5); de fato, a capacidade distensível da elastina é cerca de 5 vezes maior que a da borracha e outros elastômeros. Essa grande flexibilidade é atribuída à alternância de segmentos hidrofóbicos β-pregueados e segmentos hidrofílicos em α-hélice, além das pontes cruzadas que se formam entre os monômeros envolvendo resíduos de lisina. O sistema elástico utiliza, na verdade, proporções variadas de elastina e microfibrilas em diferentes tecidos, de modo que apresenta características funcionais e variadas, capacitando-o a adaptar-se às diferentes necessidades dos tecidos.

Fibrilina

Grande glicoproteína com 350 kDa, compõe as microfibrilas, proteínas fibrosas presentes em muitos tecidos que medem de 10 a 12 nm de diâmetro; de fato, as microfibrilas são compostas de uma extremidade à outra de polímeros de fibrilina. É sintetizada por fibroblastos e liberada para a MEC após a cisão

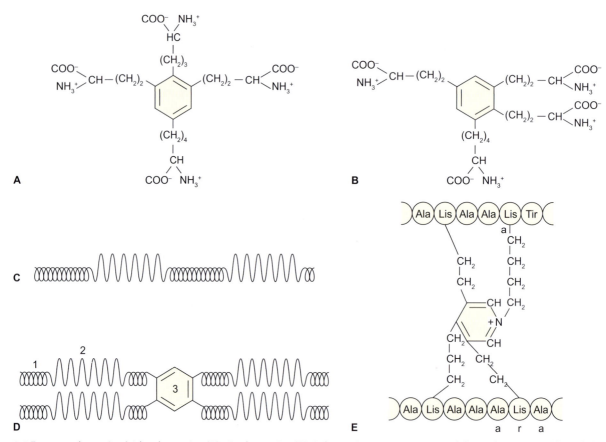

Figura 8.4 Estrutura dos aminoácidos desmosina (**A**) e isodesmosina (**B**). A desmosina apresenta um anel de piridina, com resíduos de lisina nas posições 3, 4 e 5, enquanto a isodesmosina tem os resíduos de lisina nas posições 2, 3 e 5. **C.** Estrutura da tropoelastina. **D.** Modelo estrutural da molécula de elastina, no qual os números 1, 2 e 3 representam a estrutura em alfa-hélice, a estrutura betapregueada e a desmosina, respectivamente. **E.** Formação das pontes cruzadas, em grande parte responsável pela propriedade de distensão da molécula. Fonte: adaptada de Gacko, 2000.[3]

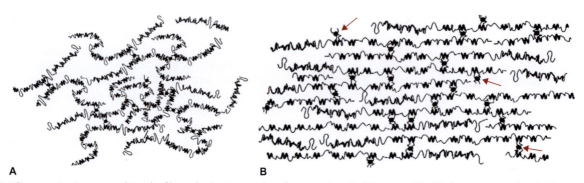

Figura 8.5 Representação esquemática das fibras de elastina em duas formas: relaxada (**A**) e contraída (**B**). As setas vermelhas indicam as pontes cruzadas. Fonte: adaptada de Gacko, 2000.[3]

proteolítica, indo incorporar-se às microfibrilas, que, por sua vez, atuam como matriz para a deposição das fibras de elastina. Atualmente, foram descritos três tipos de fibrilina (1, 2 e 3), sendo a 1 a mais relevante.

A fibrilina-1, isolada por Engvall em 1986, quando os anticorpos monoclonais específicos para fibrilina foram utilizados para identificar as proteínas na MEC da pele, dos pulmões, da cartilagem e do tecido vascular, entre outros principais tecidos (Figura 8.6). Trata-se de uma proteína com 2.871 resíduos de aminoácidos, com cinco regiões distintas, incluindo alguns domínios ricos em cisteína e domínios de ligação ao cálcio; entre esses domínios, estão também repetições de aminoácidos presentes na molécula do EGF (fator de crescimento epidermal – do inglês, *epidermal growth factor*; Figura 8.7).

O gene *FBN1* apresenta 65 éxons de comprimento e localiza-se no cromossomo 15; mutações nesse gene são responsáveis pela síndrome de Marfan (SM), uma doença autossômica dominante do tecido conjuntivo, com impacto em vários sistemas, como esquelético, ocular, cardiovascular, pulmonar, tegumentar e neurológico (Figura 8.8).

Na SM, 30% dos casos não têm história familiar, ou seja, são resultantes de casos isolados em decorrência de novas mutações. A expectativa de vida é em torno de 32 anos, sendo primariamente determinada pela gravidade do envolvimento cardiovascular; contudo, com a otimização do tratamento clínico com betabloqueador e cirurgia eletiva, a sobrevida pode aumentar para 72 anos. As principais manifestações clínicas da doença concentram-se em três sistemas principais: o esquelético, caracterizado por estatura elevada, escoliose, braços e mãos alongados e deformidade torácica; o cardíaco, caracterizado por prolapso de válvula mitral e dilatação da aorta; e o ocular, caracterizado por miopia e luxação do cristalino. Essa propriedade de um único gene afetar múltiplas características fenotípicas, acometendo órgãos tão diferentes, denomina-se pleiotropia, podendo-se citar a fenilcetonúria e a acondroplastia como exemplos. A fibrilina-2 foi isolada em 1994 e parece desempenhar um papel na elastogênese. Mutações no gene que transcreve a fibrilina-2 têm sido associadas à síndrome de Beal, uma doença rara congênita dos tecidos conjuntivos, só recentemente caracterizada como uma síndrome distinta da SM. É causada por uma mutação no gene FBN2 em 5q23. Caracteriza-se por contraturas de diferentes graus no momento do nascimento, envolvendo principalmente as grandes articulações. Essas contrações estão presentes em todas as crianças afetadas; cotovelos, joelhos e dedos são as articulações mais comumente envolvidas.

As contraturas podem ser leves e tendem a reduzir em termos de gravidade, mas a camptodactilia residual permanece sempre presente. A complicação mais grave é a escoliose e, por

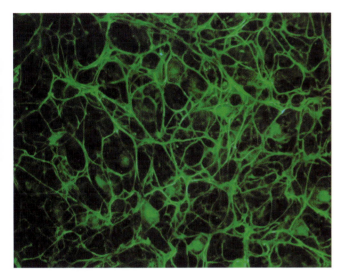

Figura 8.6 Fibrilina presente em células epiteliais marcadas com anticorpo para fibrilina.

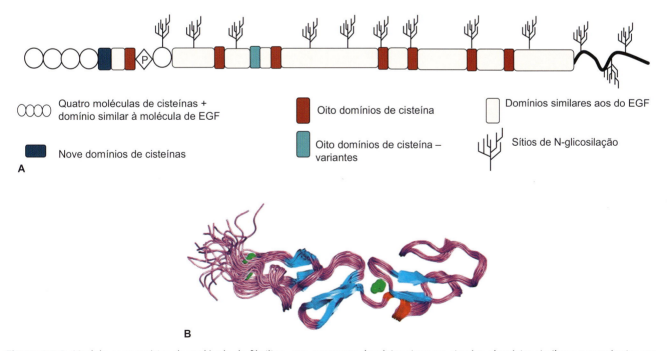

Figura 8.7 A. Modelo esquemático da molécula de fibrilina, que apresenta domínios ricos em cisteína, domínios similares a sequências presentes no EGF, vários sítios de glicosilação e pontes dissulfeto intracadeia (não mostradas no modelo), além de 43 sítios de ligação ao cálcio. **B.** Estrutura da fibrilina. Código PDB: 1EMO. As esferas verdes representam íons cálcio.

Figura 8.8 Indivíduos com síndrome de Marfan. Notar os longos dedos das mãos (aracnodactilia).

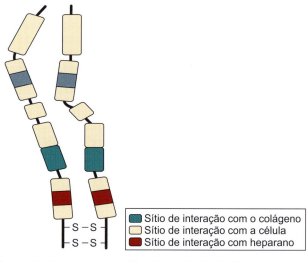

Figura 8.9 Modelo esquemático da molécula de fibronectina. Uma glicoproteína adesiva que se apresenta como um dímero unido entre si por duas pontes dissulfeto (-S-S-). A fibronectina é constituída por uma série de módulos ou domínios capazes de interagir com o colágeno do tipo I, sulfato de heparano e outros proteoglicanos e receptores de membrana. Fonte: modificada de Junqueira e Carneiro, 2004.[1]

vezes, a cirurgia para a correção da cifoescoliose é necessária. Mais recentemente, a fibrilina-3 foi também descrita e acredita-se estar presente principalmente no cérebro e também nas gônadas e nos ovários de ratos do campo. A fibrilina-4 só muito recentemente foi identificada nos peixes-zebras e tem uma sequência similar à da fibrilina-2.

Fibronectina

É uma importante glicoproteína de elevado peso molecular (440 kDa), contendo cerca de 5% de carboidratos e que se liga a receptores proteicos da membrana celular chamados integrinas. É sintetizada a partir de um único gene contendo 50 éxons, mas o *splicing* alternativo de sua pré-mRNA leva à criação de várias isoformas; de fato, cerca de 20 moléculas de RNA mensageiros diferentes foram detectadas em diversos tecidos. Está presente na MEC, mas também no plasma, em sua forma solúvel (anteriormente chamado de "globulina insolúvel a frio", ou CIG), como um componente plasmático (300 mg/mℓ) e é sintetizada por hepatócitos. A fibronectina consiste, na verdade, em um dímero de proteína formado por dois quase idênticos monômeros ligados por um par de pontes dissulfeto situado próximo aos terminais carboxila. Cada monômero tem peso molecular de 230 a 250 kDa e contém três tipos de módulos: os tipos I, II e III.

Todos os três módulos são compostos de dois motivos β-pregueados antiparalelos. No entanto, os tipos I e II são estabilizados por pontes de dissulfeto intracadeia, enquanto os do tipo III não contêm quaisquer pontes dissulfeto (Figura 8.9). A ausência de pontes dissulfeto em módulos do tipo III possibilita-lhes parcialmente se desdobrar quando submetidos à tração. A fibronectina apresenta, ainda, três tipos de motivos de repetição (I, II e III), organizados em domínios (ao menos sete) cujas funções incluem ligação com a molécula de heparan, fibrina, colágeno, DNA e de superfícies celulares. A fibronectina faz parte da classe transmembrana integrina de proteínas. As integrinas são formadas por heterodímeros contendo diversos tipos de cadeias polipeptídicas α e β. A molécula de fibronectina apresenta, ainda, a sequência de resíduos de aminoácidos Arg-Gly-Asp presente também em várias outras moléculas que fazem parte da MEC, cuja função é interagir com integrinas nas superfícies celulares. É uma proteína adesiva que atua na adesão celular à MEC. Está também envolvida com a migração celular, já que proporciona um sítio de ligação para que as células encontrem vias de locomoção pela MEC.

Laminina

Proteína não colagenosa mais presente na lâmina basal. Trata-se de uma família de glicoproteínas heterotriméricas com papel em diversas funções celulares, como adesão, diferenciação, migração e proliferação. As lamininas são compostas por combinações de cadeias alfa, beta e gama, uma vez que essas cadeias combinadas dão origem a moléculas de laminina com 400 a 900 Da de massa molecular e exibem uma configuração espacial em cruz ou em T. Cada cadeia consiste em uma haste, uma região globular e uma porção espiralada. As cadeias são mantidas unidas à porção espiralada por meio de pontes dissulfeto. A maior das três cadeias é a cadeia α, que apresenta um longo braço em sua porção carboxiterminal e um braço menor na porção aminoterminal (Figura 8.10).

A porção C-terminal apresenta domínios envolvidos com interações com outras moléculas, como integrinas e distroglicanos. A porção N-terminal do braço curto também é capaz de se ligar às integrinas, embora esteja mais associada à polimerização da molécula.

As cadeias β e γ das lamininas estão envolvidas por interações com a matriz celular. De fato, a cadeia γ3 da laminina 15 e a γ1 ligam-se à molécula de nidogênio, uma proteína que também faz parte da lâmina basal, enquanto a β3 da laminina 5 interage com a molécula do colágeno VII. Atualmente, cinco cadeias alfa, quatro cadeias beta e três gama foram identificadas, cada qual como produto de um gene, resultando assim em 16 lamininas (Tabela 8.2) conhecidas, embora o número de combinações que possa ser criado com essas três cadeias exceda o número de lamininas atualmente identificadas. Considerando a complexidade das lamininas, um tipo de nomenclatura foi proposto por Robert *et al.*, em 1994, no qual cada

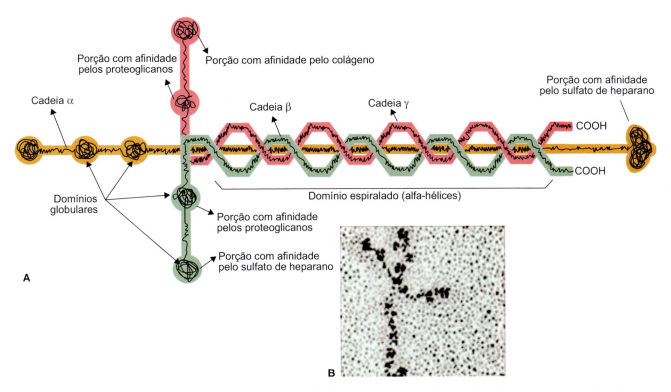

Figura 8.10 Estrutura da laminina. **A.** Modelo esquemático da molécula de laminina, uma glicoproteína adesiva com suas cadeias α, β e γ, que se entrelaçam para formar um motivo em cruz. **B.** Imagem obtida de microscopia eletrônica de transmissão da molécula de laminina. As porções com afinidades por outras moléculas da matriz extracelular são mostradas e indicadas na figura.

Tabela 8.2 Isoformas da molécula de laminina, seus sítios de expressão e funções biológicas.

Isoforma	α	β	γ	Sítios de expressão	Funções
Laminina 1	1	1	1	Epitélio embrionário, órgãos reprodutivos no adulto, rins e fígado	Embriogênese nos estágios iniciais
Laminina 2	2	1	1	Células musculares (extrassinápticas)	Integridade das células musculares
Laminina 3	1	2	1	Placenta	—
Laminina 4	2	2	1	Células musculares (junções neuromusculares)	Integridade estrutural das células musculares
Laminina 5	3A	3	2	Pele, placenta e glândulas mamárias	Formação de hemidesmossomos, migração celular
Laminina 5B	3B	3	2	Pele, útero e pulmões	—
Laminina 6	3A	1	1	Pele e âmnion	Associa-se à laminina 5 para montagem da matriz extracelular
Laminina 7	3A	2	1	Pele e âmnion	Associa-se à laminina 5 para montagem da matriz extracelular
Laminina 8	4	1	1	Endotélio vascular, nervos periféricos, fibras musculares, rins em desenvolvimento, músculo esquelético em desenvolvimento	Migração neutrofílica, desenvolvimento endotelial
Laminina 9	4	2	1	Endotélio vascular, nervos periféricos, fibras musculares, rins em desenvolvimento, músculo esquelético em desenvolvimento	—
Laminina 10	5	1	1	Endotélio vascular, pele, placenta, desenvolvimento embrionário	Embriogênese, desenvolvimento dos cabelos
Laminina 11	5	2	1	Placenta, junções neuromusculares, glomérulos renais	—
Laminina 12	2	1	3	Capilares e arteríolas renais, células de Leydig testiculares	—
Laminina 13	3	2	3	Hipocampo	Organização sináptica no sistema nervoso central
Laminina 14	4	2	3	Retina, sistema nervoso central, hipocampo	Organização sináptica no sistema nervoso central
Laminina 15	5	2	3	Retina, sistema nervoso central	Organização do sistema nervoso central

Fonte: Tzu e Marinkovich, 2008.[5]

cadeia α, β e γ é identificada por números arábicos, de modo que a laminina 1 (LM-1) é formada pelo trímero α1β1 γ1 e, portanto, denominada LM-111; já a laminina 5 é formada de α3β2 γ e sua nomenclatura, portanto, é LM-332. As lamininas são proteínas altamente glicosiladas com resíduos de manose, e essa glicosilação se inicia no retículo endoplasmático e é finalizada no complexo de Golgi; a adição de resíduos de açúcares às moléculas de laminina as estabiliza e protege de possíveis danos e degradação.

Proteoglicanos e glicosaminoglicanos

São glicoproteínas multiadesivas com alta capacidade de hidratação, o que as torna altamente viscosas. Essas moléculas aniônicas estão presentes na substância fundamental intercelular e têm como propósito preencher os espaços entre as células do tecido conjuntivo. Em virtude de sua elevada viscosidade, atuam como barreira à penetração de microrganismos, por exemplo, bactérias. Os glicosaminoglicanos, outrora denominados mucossacarídeos, são cadeias polissacarídicas lineares longas, não ramificadas, compostas por unidades dissacarídicas repetidas que compõem cerca de 80 a 90% do peso dessas macromoléculas. Essas unidades dissacarídicas são formadas por uma N-acetilglicosamina ou N-acetilgalactosamina ligada a um ácido urônico, em geral o ácido glicurônico ou o ácido idurônico. Essas cadeias de polímeros lineares estão ligadas de modo covalente a um eixo proteico central (Figura 8.11); a exceção a essa regra fica por conta do ácido hialurônico, que não apresenta sulfatação, o que não ocorre nos demais glicosaminoglicanos, que necessariamente apresentam graus variáveis de sulfatação.

Os glicosaminoglicanos apresentam várias propriedades: são poliânios (carga negativa: decorrente da presença de grupamentos SO_3^- e grupamento carboxílico [COO^-]); apresentam forte comportamento hidrofílico pela grande presença de grupos carboxila, hidroxila e sulfatos; têm a propriedade de reter íons positivos (p. ex., Na^+) com a água, colaborando na manutenção da arquitetura tecidual. A sulfatação torna as moléculas altamente carregadas de cargas negativas, fato que contribui para sua capacidade de reter íons de Na^+ e água. Os principais glicosaminoglicanos estão organizados na Tabela 8.3 e têm diferentes distribuições teciduais. Com exceção do ácido hialurônico, os diferentes tipos de glicosaminoglicanos (sulfato de dermatano, sulfato de queratano, sulfato de condroitina e sulfato de heparano) podem associar-se a proteínas para constituir os proteoglicanos. Os proteoglicanos podem apresentar diferentes eixos proteicos, dando suporte a um número variado de glicosaminoglicanos de diferentes tamanhos e composição química.

Os proteoglicanos colaboram para a manutenção de um grande espaço de hidratação na MEC porque a sulfatação das moléculas as torna altamente negativas, o que, por sua vez, contribui para sua capacidade de reter íons Na^+, que tem a propriedade de agregar água. Quando presentes em concentrações suficientes, coram-se pelos corantes basófilos, como a hematoxilina; e, quando em quantidades menores, podem ser detectados por corantes catiônicos especiais, como o *alcian blue*, que têm afinidades pelos grupos aniônicos dessas moléculas. Alguns corantes, como o azul de toluidina e o cristal violeta, são catiônicos, que sofrem alterações do seu espectro quando reagem com os grupamentos aniônicos dos proteoglicanos. Essa propriedade é denominada metacromasia. Uma breve abordagem de cada glicosaminoglicano pode ser vista a seguir.

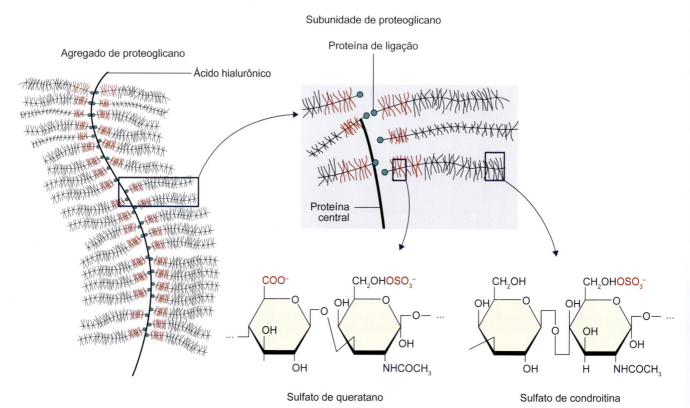

Figura 8.11 Estrutura do agrecam, um dos mais importantes proteoglicanos, já que é o principal proteoglicano das cartilagens. Nela, várias moléculas de proteoglicanos com cadeias de sulfato de condroitina estão associadas por meio de seu eixo proteico, e de modo não covalente, a uma molécula de ácido hialurônico.

Capítulo 8 • Matriz Extracelular   137

Tabela 8.3 Principais glicosaminoglicanos e suas unidades formadoras.

Denominação	Localização	Hexosamina	Ligação entre as unidades predominantes	Estrutura
Sulfato de condroitina	Cartilagens, ossos e valvas cardíacas	GalNAc ou GalNAc(4S) ou GalNAc(6S) ou GalNAc(4S,6S)	-4 GlcUAβ1 a 3 GalNAcβ1-	D-glucoronato / N-acetil-D-galactosamina-4-sulfato
Sulfato de dermatano	Pele, sangue, vasos sanguíneos e valvas cardíacas	GalNAc ou GalNAc(4S) ou GalNAc(6S) ou GalNAc(4S,6S)	-4 IdoUAβ1 a 3 GalNAcβ1-	L-iduronato / N-acetil-D-galactosamina-4-sulfato
Sulfato de queratano	Córnea, ossos, cartilagens; agregado com sulfato de condroitina	GlcNAc ou GlcNAc(6S)	-3 Gal(6S)β1 a 4 GlcNAc(6S)β1-	D-galactose / N-acetil-D-glicosamina-6-sulfato
Heparina	Presente em grânulos de mastócitos e também na matriz extracelular de diversos órgãos, como pulmões e fígado, sempre com função anticoagulante	GlcNAc ou GlcNS ou GlcNAc(6S) ou GlcNS(6S)	-4 IdoUA(2S)α1 a 4 GlcNS(6S)α1-	D-galactose / N-acetil-D-glicosamina-6-sulfato
Sulfato de heparano	Membranas basais, componentes da superfície celular	GlcNAc ou GlcNS ou GlcNAc(6S) ou GlcNS(6S)	-4 GlcUAβ1 a 4 GlcNAcα1-	D-galactose / N-acetil-D-glicosamina-6-sulfato
Hialuronato	Presente no fluido sinovial, no humor vítreo, e nos tecidos conjuntivos	GlcNAc	-4 GlcUAβ1 a 3 GlcNAcβ1-	D-glucoronato / N-acetil-D-glicosamina

GlcUA = ácido β-D-glicurônico; IdoUA = ácido α-L-idurônico; Gal = β-D-galactose; GalNAc = β-D-N-acetilgalactosamina; GalNAc(6S) = β-D-N-acetilgalactosamina-6-O-sulfato; GlcNS = α-D-N-sulfoglicosamina; GalNAc(4S,6S) = β-D-N-acetilgalactosamina-4-O, 6-O-sulfato; GlcNAC(2S) = 2-O-sulfo-β-D-ácido glicurônico; IdoUA(2S) = 2-O-sulfo-α-L-ácido idurônico; Gal(6S) = 6-O-sulfo-β-D-galactose; GalNAc(4S) = β-D-N-acetilgalactosamina-4-O-sulfato; GlcNAc = α-D-N-acetiglucosamina; GlcNS(6S) = α-D-N-sulfoglicosamina-6-O-sulfato.

Sulfato de condroitina

Existe nas formas de 4 e 6-sulfato de condroitina. O dissacarídeo de repetição é similar àquele presente no ácido hialurônico, com a diferença de que o GalNAc é substituído por GlcNAc, que apresenta sulfato na posição 4' ou 6'. Cada unidade de dissacarídeo apresenta um sulfato (ver Figura 8.11). O sulfato de condroitina é o maior constituinte da cartilagem, participando na retenção de água e nutrientes, possibilitando ainda a mobilidade de outras moléculas pela matriz cartilagínea, uma importante função, já que não há suprimento de sangue na cartilagem. O *turnover* do sulfato de condroitina é bastante lento em razão do pobre suprimento de nutrientes, o que torna o reparo da cartilagem algo extremamente complicado. Na ausência de sulfato de condroitina suficiente, a integridade da cartilagem declina seriamente. A produção de sulfato de condroitina declina com a idade, sendo também prejudicada na presença de estresse oxidativo; de fato, radicais livres desencadeiam a liberação de enzimas que degradam a cartilagem e inibem a produção de proteoglicanos e sulfato de condroitina. A síntese de sulfato de condroitina por parte dos condrócitos é também inibida por deficiências nutricionais e, sobretudo, por medicamentos anti-inflamatórios e corticosteroides. Em contrapartida, o amplo suprimento de sulfato de condroitina inibe as enzimas que degradam a cartilagem e outras enzimas que possam bloquear o transporte de nutrientes pela cartilagem. Esse glicosaminoglicano acelera a cicatrização de úlceras e feridas, além de atuar de maneira cardioprotetora, já que ativa lipases na superfície interna dos capilares, evitando o acúmulo de lipídios na luz vascular. A estrutura do sulfato de condroitina é apresentada na Figura 8.12.

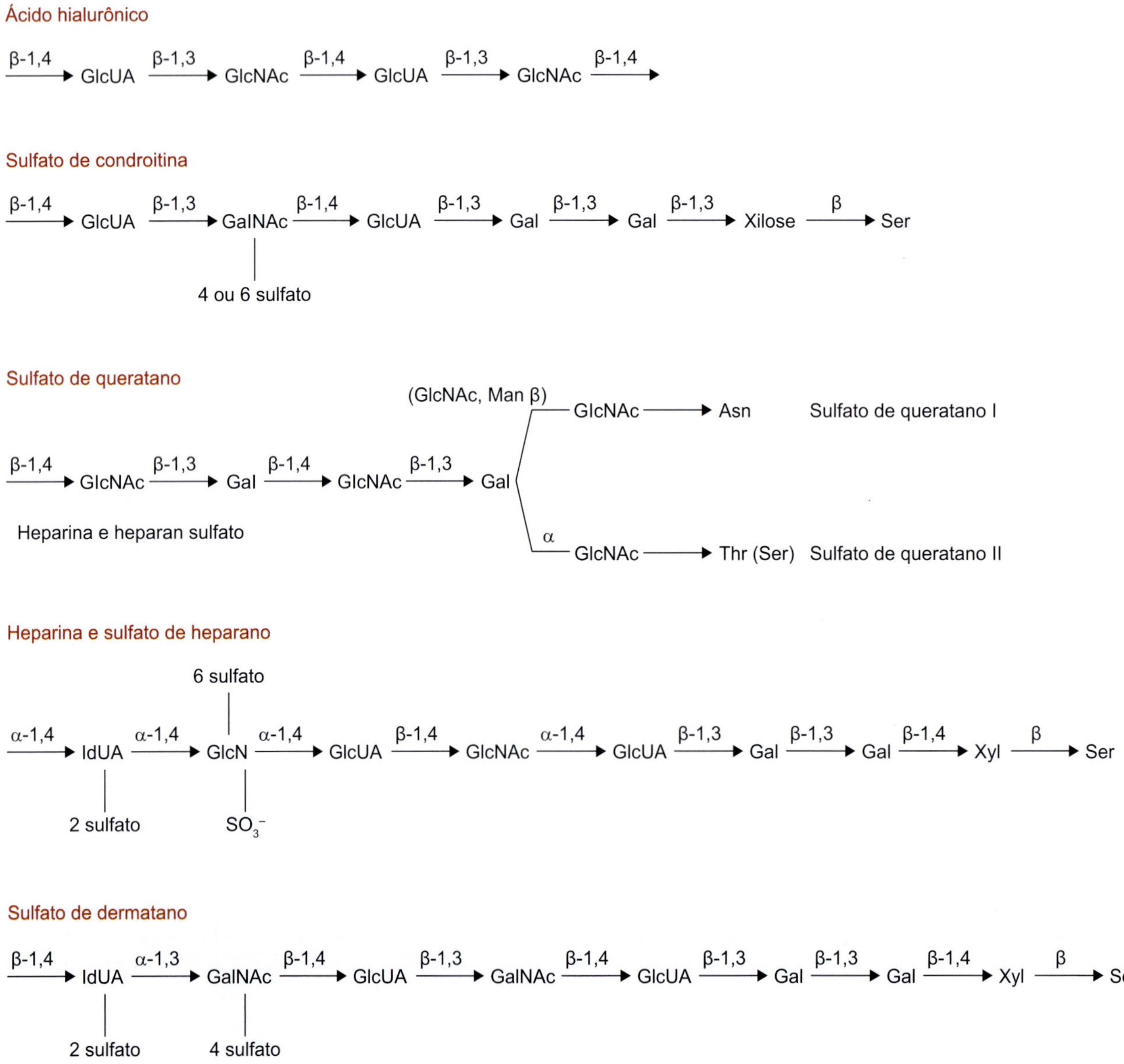

Figura 8.12 Estruturas de glicosaminoglicanos e suas interações com proteínas centrais (GlcUA, ácido glicurônico; IdUA, ácido L-idurônico; GlcN, D-glicosamina; GalN, D-galactosamina; Ac, acetil; Gal, D-galactose; Xyl, D-xilose; Ser, L-serina; Thr, L-treonina; Asn, L-asparagina; Man, D-manose; NeuAc, ácido N-acetilneuramínico). As estruturas são representações qualitativas e não têm o propósito de mostrar a composição em ácido urônico de glicosaminoglicanos híbridos, como a heparina e o sulfato de dermatano, que são formados tanto de ácido L-idurônico quanto de D-glicurônico. Deve-se entender, ainda, que os componentes indicados nem sempre estão presentes. Fonte: Murray et al., 2006.[4]

Sulfato de queratano

Como outros glicosaminoglicanos, o sulfato de queratano é um polímero linear que consiste em uma repetição de unidades de dissacarídeos Gal-GlcNAc. O sulfato pode estar ligado ao carbono 6 de um ou ambos os Gal ou GlcNAc. As moléculas de sulfato de queratano apresentam as seguintes regiões:

- Uma região de ligação, em uma extremidade na qual a cadeia KS está ligada à proteína do núcleo
- Uma região de repetição, composto da -3 Gal β1 a 4 GlcNAc-β1
- Uma região de cadeia *capping*, ocorrendo na extremidade oposta da cadeia KS para a região de ligação da proteína. Existem dois tipos de sulfato de queratano: tipo I (KSI) e tipo II (KSII), sendo o tipo I presente na córnea e o II sempre associado ao sulfato de condroitina, ligado ao ácido hialurônico no tecido conjuntivo frouxo. A quantidade de sulfato de queratano encontrada na córnea é dez vezes mais elevada do que na cartilagem, e duas a quatro vezes maior do que em outros tecidos.

As designações KSI e KSII foram originalmente atribuídas com base no tipo de tecido a partir do qual o sulfato de queratano foi isolado. O KSI foi isolado a partir da córnea, enquanto o KSII o foi do tecido ósseo. Diferenças menores de composição de monossacarídeos podem existir entre KS extraídos a partir de ambas as fontes, e até mesmo da mesma fonte. No entanto, grandes diferenças ocorrem na maneira como cada tipo de sulfato de queratano se une à sua proteína do núcleo; KSI é N-ligado à asparagina por meio da N-acetilglicosamina, enquanto KSII é O-ligado a resíduos de serina ou treonina por meio de N-acetilgalactosamina. É considerado um dos mais heterogêneos glicosaminoglicanos, uma vez que seu conteúdo de sulfatação é variável. O sulfato de queratano interfere na cascata da coagulação por inibir seletivamente a trombina por meio da catálise do cofator II da heparina endógena. Não influencia a antitrombina III e, portanto, não inibe o fator Xa. Ele é efetivo não somente na trombina livre, mas também na trombina ligada à fibrina, que tem um importante papel no desenvolvimento de trombos. O sulfato de queratano não interfere nas plaquetas ou na função plaquetária.

Heparina e sulfato de heparano

A heparina pertence à família dos glicosaminoglicanos e, em contraste com a maioria dos outros glicosaminoglicanos, apresenta ligações α-glicosídicas. A grande maioria dos grupos amino dos resíduos de glicosamina é de N-sulfatados, mas uma pequena parte é de N-acetilados. O carbono 6 da GlcN apresenta ainda uma ligação sulfato éster (ver Figura 8.12). Cerca de 90% dos resíduos de ácido urônico são ácidos idurônicos (IdUA). Após a formação da cadeia de polissacarídeos, a enzima 5'epimerase realiza a conversão de cerca de 90% dos resíduos de GlcUA em IdUA. A molécula de proteína (proteína central) da heparina é formada exclusivamente de resíduos de serina e glicina. A heparina está presente em grânulos de mastócitos, nas células do fígado e da pele e atua como um potente anticoagulante; de fato, ela promove ativação da enzima plasmática antitrombina III, que, por sua vez, leva à inibição de vários fatores de coagulação (II, IX e X), mais significativamente a trombina, que forma o trombo de fibrina. A heparina, ou fragmentos dela, aumentam em aproximadamente mil vezes a atividade intrínseca da antitrombina. Ela não é consumida durante a sua ação. O seu efeito pode apenas ser revertido em emergências com injeção de protamina, um inibidor da heparina, por formar com ela um complexo. Os fragmentos de heparina (heparina de baixo peso molecular) parecem ter a mesma função e são mais seguros como medicamento. O sulfato de heparano, embora seja um proteoglicano extracelular, pode estar presente nas superfícies celulares. Apresenta GlcN com menor grau de sulfatação, quando comparado à heparina, e diferentemente desta, seu ácido urônico predominante é o GlcUA (ver Figura 8.12).

Sulfato de dermatano

Recebe esta designação em razão de sua grande presença na pele. Difere da condroitina-4-sulfato por conta da inversão da configuração do C5 do resíduo β-D-glicuronato, dando origem ao α-L-iduronato (ver Figura 8.11). Isso ocorre por meio da epimerização enzimática desses resíduos após a síntese da condroitina. Contudo, a epimerização não acontece de maneira completa, de modo que o sulfato de dermatano apresenta resíduos de glicuronato.

Ácido hialurônico

Polissacarídeo linear de alta massa molar, está presente nas articulações compondo o líquido sinovial e também nos olhos formando o humor. Na pele, bem como nas cartilagens, sua função é ligar-se à água, mantendo a tonicidade e a elasticidade desses tecidos. No líquido sinovial, sua função básica é manter um suporte protetor e lubrificante para as células das articulações. No olho, funciona como componente natural dos tecidos oculares, como córnea, esclera e corpo vítreo. A unidade que se repete no polímero de hialuronato são unidades dissacarídicas de ácido D-glicurônico, ligadas entre si por ligações β-1,4 e unidades de N-acetil-D-glicosamina unidas por ligações α-1,3 (ver Figura 8.12). O ácido glicurônico apresenta forte caráter aniônico, fazendo com que o ácido hialurônico tenha forte afinidade por cátions, como K^+, Na^+ e Ca^{2+}. Em condições fisiológicas, o ácido hialurônico apresenta-se carregado negativamente. Soluções desse glicosaminoglicano apresentam propriedades viscoelásticas, e a base biofísica de seu comportamento não ideal tem sido fonte de muito estudo. Em soluções concentradas, as rígidas moléculas de hialuronato tendem a se alinhar formando soluções viscoelásticas. A presença de segmentos conectados pode levar à formação de uma rede e, consequentemente, à formação de géis. Dessa maneira, as interações entre as moléculas da água e os grupos carboxila e N-acetila conferem ao polímero a capacidade de retenção de água e certa rigidez conformacional, limitando a sua flexibilidade. O ácido hialurônico exerce funções biológicas ligadas às suas propriedades viscoelásticas. Isso significa que os compartimentos que contêm esses fluidos podem absorver energia envolvida em impactos mecânicos pela elasticidade ou dissipá-la pelo fluxo viscoso.

Resumo

Introdução

A matriz extracelular (MEC) compõe o ambiente em que está imersa a grande maioria das células do organismo. É formada por três classes principais de macromoléculas: proteínas estruturais, colágenos, elastina e fibrina; proteínas especializadas, fibrilina, fibronectina e laminina; e proteoglicanos. Alterações na MEC estão relacionadas com processos fisiológicos e patológicos, e de fato a MEC tem importante participação em estados inflamatórios, em doenças crônicas (p. ex., a artrite) e também em processos que envolvem a disseminação de células tumorais.

Colágeno

O colágeno é a principal e mais abundante proteína da matriz extracelular e está presente em estruturas sujeitas à tração, como tendões e ossos. O colágeno é formado por três cadeias peptídicas em alfa-hélice, organizadas de modo a compor uma hélice tripla (tropocolágeno); cada cadeia polipeptídica pode apresentar de 600 a 3.000 resíduos de aminoácidos (Figura R8.1). Cada uma dessas três hélices é formada quase inteiramente por glicina, prolina e lisina, sendo a glicina predominante, compondo 33,5% da molécula do colágeno. A glicina repete-se a cada terceira posição da sequência de todas as moléculas de colágeno. A glicina é o aminoácido ideal na formação da estrutura do colágeno, já que apresenta somente o átomo de hidrogênio como cadeia lateral, o que a torna um aminoácido "pequeno" e lhe possibilita inserir-se perfeitamente dentro da hélice.

Figura R8.1 Estrutura da tripla hélice do colágeno.

Sistema elástico

É formado por três tipos de fibras: elastina (Figura R8.2); fibras oxitalânicas; e fibras elaunínicas, sendo a elastina o principal componente do sistema. As fibras oxitalânicas são formadas por feixes de microfibrilas de 10 nm de diâmetro, nas quais estão presentes diversas glicoproteínas, como a fibrilina. A fibrilina é responsável pela formação da estrutura de sustentação e deposição da elastina. As fibras oxitalânicas estabelecem conexão do sistema elástico com a lâmina basal em algumas estruturas, como em alguns locais da derme e dos olhos. As fibras elaunínicas são, na verdade, formadas pela deposição irregular de elastina sobre as fibras oxitalânicas. As fibras oxitalânicas não têm elasticidade, uma vez que apresentam como propriedade a resistência à tração.

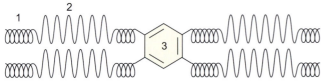

Figura R8.2 Modelo estrutural da molécula de elastina. Os números 1, 2 e 3 representam, respectivamente, estrutura em alfa-hélice, estrutura betapregueada e desmosina.

Tipos de colágeno

Atualmente, existem cerca de 20 tipos de colágeno, identificados por numerais romanos que indicam a ordem em que essas moléculas foram descobertas. Diversos autores têm classificado as moléculas de colágeno, de acordo com suas estruturas moleculares, em dois tipos: os colágenos fibrilares e os colágenos não fibrilares. Os colágenos fibrilares compreendem os tipos I, II, III, V e XI (Tabela R8.1). Esses colágenos formam fibras altamente organizadas, envolvidas com funções de suporte em tecidos como ossos, pele, vasos sanguíneos, fibras nervosas e cápsulas de órgãos. As moléculas de colágeno não fibrilar são classificadas de acordo com suas características moleculares, supramoleculares, associadas a membranas basais, que se organizam formando redes associadas a fibrilas.

Tabela R8.1 Tipos de colágeno, seus tecidos representativos e principais funções.

Tipo	Tecidos representativos	Principais funções
Colágenos que formam fibrilas		
I	Pele, tendão, ossos e dentina	Resistência à tração
II	Cartilagem, humor vítreo	Resistência à pressão
III	Pele, pulmões e vasos sanguíneos	Preserva a estrutura de órgãos expansíveis
V	Está presente em pequena quantidade em tecidos que apresentam o colágeno do tipo I	Atua colaborando nas funções do colágeno do tipo I
XI	Cartilagem	Atua nas funções desempenhadas pelo colágeno do tipo II
Colágenos associados a fibrilas		
IX	Cartilagem e humor vítreo	Liga-se a glicosaminoglicanos e ao colágeno do tipo II
XII	Pele, tecidos fetais e tendões	Detectado apenas por métodos imunocitoquímicos
XIV	Pele, tecidos fetais e tendões	Detectado apenas por métodos imunocitoquímicos
Colágeno que forma fibrilas de ancoragem		
VII	Epitélio	Detectado apenas por métodos imunocitoquímicos. Ancora a lâmina basal da epiderme ao estroma subjacente
Colágeno que forma redes		
IV	Todas as membranas basais	Suporta estruturas delicadas, filtração

Fonte: modificada de Junqueira e Carneiro, 2004.[1]

Fibrilina

Grande glicoproteína com 350 kDa que compõe as microfibrilas, proteínas fibrosas presentes em muitos tecidos, que medem de 10 a 12 nm de diâmetro e são compostas de uma extremidade à outra por polímeros de fibrilina (Figura R8.3). É sintetizada por fibroblastos e extrudida para a matriz extracelular após a cisão proteolítica, indo incorporar-se às microfibrilas, que, por sua vez, atuam como matriz para a deposição das fibras de elastina. Atualmente existem descritos três tipos de fibrilina. A fibrilina-1, transcrita pelo gene *FBN1*, é alvo de mutações que podem causar a síndrome de Marfan, uma doença autossômica dominante do tecido conjuntivo, com impacto em vários sistemas, como esquelético, ocular, cardiovascular, pulmonar, tegumentar e neurológico. A fibrilina-2 foi isolada em 1994 e parece desempenhar papel na elastogênese. Mutações no gene que transcreve a fibrilina-2 têm sido associadas à síndrome de Beal, doença rara congênita dos tecidos conjuntivos, caracterizada por contraturas de diferentes graus no momento do nascimento, envolvendo principalmente as grandes articulações. Mais recentemente, a fibrilina-3 foi também descrita e acredita-se estar presente principalmente no cérebro, bem como nas gônadas e nos ovários de ratos do campo. A fibrilina-4 só muito recentemente foi identificada nos peixes-zebras e tem uma sequência similar à da fibrilina-2.

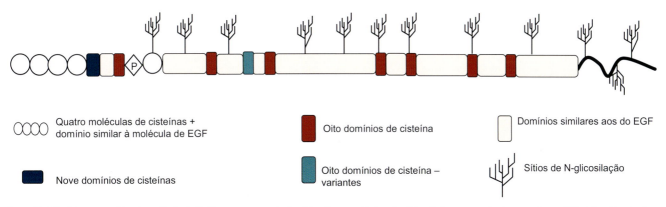

○○○○ Quatro moléculas de cisteínas + domínio similar à molécula de EGF

▬ Nove domínios de cisteínas

▬ Oito domínios de cisteína

▬ Oito domínios de cisteína – variantes

☐ Domínios similares aos do EGF

⚛ Sítios de N-glicosilação

Figura R8.3 Modelo esquemático da molécula de fibrilina, que apresenta domínios ricos em cisteína, domínios similares a sequências presentes no EGF, vários sítios de glicosilação e pontes dissulfeto intracadeia (não mostradas no modelo), além de 43 sítios de ligação ao cálcio.

Fibronectina

Importante glicoproteína de elevado peso molecular (440 kDa), contendo cerca de 5% de carboidratos e que se liga a receptores proteicos da membrana celular chamados integrinas. Está presente na matriz extracelular, mas também no plasma, em sua forma solúvel, como seu componente; nesse caso, é sintetizada por hepatócitos. A fibronectina consiste em um dímero formado por dois peptídeos quase idênticos, ligados entre si por pontes dissulfeto situadas próximo aos terminais carboxila (Figura R8.4). É uma proteína adesiva que atua na adesão celular à matriz extracelular. Está também envolvida com a migração celular, já que proporciona um sítio de ligação que possibilita que as células encontrem vias de locomoção por meio da matriz extracelular.

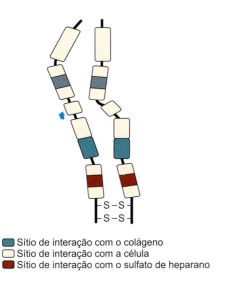

▣ Sítio de interação com o colágeno
☐ Sítio de interação com a célula
▬ Sítio de interação com o sulfato de heparano

Figura R8.4 Modelo esquemático da molécula de fibronectina, uma glicoproteína adesiva que se apresenta como um dímero, unido entre si por duas pontes dissulfeto (-S-S-). A fibronectina é constituída por uma série de módulos ou domínios capazes de interagir com o colágeno do tipo I, sulfato de heparano e outros proteoglicanos e receptores de membrana. Fonte: modificada de Junqueira e Carneiro, 2004.[1]

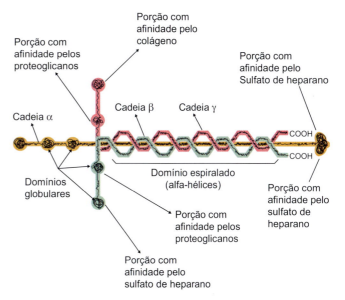

Figura R8.5 Estrutura da laminina, uma glicoproteína adesiva. Suas cadeias α, β e γ se entrelaçam para formar um motivo em cruz. As porções com afinidades por outras moléculas da matriz extracelular são mostradas e indicadas na figura.

Laminina

Proteína não colagenosa mais presente na lâmina basal. Trata-se de uma família de glicoproteínas heterotriméricas com papel em diversas funções celulares, como adesão, diferenciação, migração e proliferação. As lamininas são compostas por combinações de cadeias alfa, beta e gama, uma vez que essas cadeias combinadas dão origem a moléculas de laminina com 400 a 900 Da de massa molecular e exibem uma configuração espacial em cruz ou em T (Figura R8.5). Atualmente, cinco cadeias alfa, quatro cadeias beta e três cadeia gama foram identificadas, cada qual como produto de um gene, resultando assim em 15 lamininas conhecidas, muito embora o número de combinações criadas com essas três cadeias exceda o número de lamininas atualmente identificadas.

Proteoglicanos e glicosaminoglicanos

São glicoproteínas multiadesivas com alta capacidade de hidratação, o que as torna altamente viscosas. Essas moléculas aniônicas estão presentes na substância fundamental intercelular e têm como propósito preencher os espaços entre as células do tecido conjuntivo. Em virtude de sua elevada viscosidade, atuam como barreira à penetração de microrganismos, por exemplo, bactérias. Os glicosaminoglicanos são formados por unidades dissacarídicas compostas de N-acetilglicosamina ou N-acetilgalactosamina ligadas a um ácido urônico (Figura R8.6). Os glicosaminoglicanos apresentam várias propriedades:

- São poliânios [carga negativa: decorrente da presença de grupamentos SO_3^- e grupamento carboxílico (COO^-)]
- Apresentam forte comportamento hidrofílico em razão da grande presença de grupos carboxila, hidroxila e sulfatos
- Têm a propriedade de reter íons positivos (p. ex., Na^+) com a água, colaborando na manutenção da arquitetura tecidual.

A sulfatação torna as moléculas altamente carregadas de cargas negativas, fato este que contribui para sua capacidade de reter íons de Na^+ e água. Com exceção do ácido hialurônico, os diferentes tipos de glicosaminoglicanos (sulfato de dermatano, sulfato de queratano, sulfato de condroitina e sulfato de heparano) podem associar-se a proteínas para constituir os proteoglicanos. Os proteoglicanos podem apresentar diferentes eixos proteicos, dando suporte a um número variado de glicosaminoglicanos de diferentes tamanhos e composição química.

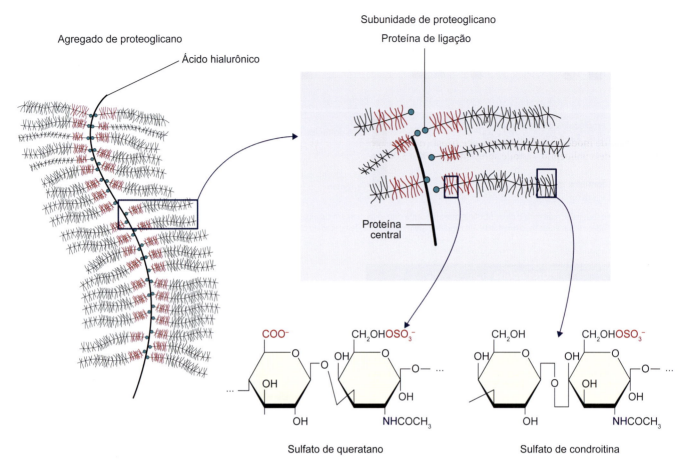

Figura R8.6 Estrutura do agrecam, um dos principais proteoglicanos das cartilagens. No agrecam, várias moléculas de proteoglicanos contendo cadeias de sulfato de condroitina estão associadas por meio de seu eixo proteico, e de maneira não covalente, a uma molécula de ácido hialurônico.

Tipos de glicosaminoglicanos

- **Ácido hialurônico** – é uma molécula linear de textura viscosa formada por unidades repetidas de dissacarídeos, ácido β-D-glicurônico (GlcUA) e α-D-N-acetiglicosamina (GlcNACc). No organismo humano, suas funções incluem o volume da pele e sua atuação como componente do corpo vítreo ocular. Está presente em cartilagens e tecidos conjuntivos frouxos, participando também na lubrificação das articulações
- **Sulfato de queratano** – é um polímero linear que consiste em uma repetição de subunidades de dissacarídeos Gal-GlcNAc. O sulfato pode estar ligado ao carbono 6 de um ou ambos os Gal ou GlcNac. A quantidade de sulfato de queratano encontrada na córnea é dez vezes mais elevada do que na cartilagem, e duas a quatro vezes maior do que é em outros tecidos
- **Sulfato de condroitina** – é um heteropolímero aniônico linear composto por unidades repetidas de [→ 4-ácido-D-glicurônico β1 → 3-N-acetil-D-galactosamina β1]. Em mamíferos, a posição mais comum do radical sulfato é em C4 ou C6 da N-acetil-D-galactosamina, dando origem então à condroitina-4-sulfato e condroitina-6-sulfato. A primeira é chamada de condroitina A, enquanto a segunda é designada condroitina C
- **Heparina** – é um polímero linear formado por unidades de dissacarídeos compostas por glicosamina e ácido D-glucurônico ou ácido L-idurônico, unidas por ligação 1-4. Quase todos os resíduos de glicosamina contêm ligações sulfamida, mas um pequeno número de resíduos de glicosamina é de N-acetilados. A molécula de proteína (proteína central) da heparina é formada exclusivamente de resíduos de serina e glicina. A heparina apresenta forte efeito antitrombogênico, uma vez que desencadeia a inibição de fatores e substâncias envolvidas na coagulação
- **Sulfato de dermatano** – recebe esta designação em razão de sua grande presença na pele. Difere da condroitina-4-sulfato por conta da inversão da configuração do C5 do resíduo β-D-glicuronato, dando origem ao α-L-iduronato. Isso ocorre por meio da epimerização enzimática desses resíduos após a síntese da condroitina. Contudo, a epimerização não acontece de forma completa, de modo que o sulfato de dermatano apresenta resíduos de glicuronato.

Exercícios

1. Defina a matriz extracelular e indique suas principais funções biológicas.
2. A matriz extracelular é formada por elementos fluidos e fibrosos, entre os quais se destaca o colágeno, um importante elemento fibroso. Explique a estrutura do colágeno.
3. A matriz extracelular é formada por um sistema elástico. Explique a composição desse sistema.
4. As lamininas são uma família de glicoproteínas encontradas, em grande parte, nas membranas basais. Explique sua composição, sua estrutura e suas funções.
5. Explique o que são os glicosaminoglicanos, suas propriedades e funções.
6. Cite os tipos de glicosaminoglicanos presentes na matriz extracelular e suas principais funções.
7. Explique a importância do sulfato de condroitina para as articulações.
8. Explique qual a função da ampla glicosilação presente na molécula de laminina.
9. Explique a composição estrutural da laminina.
10. Explique a composição estrutural da fibronectina.

Respostas

1. A matriz extracelular compõe o ambiente em que está imersa a grande maioria das células do organismo. É formada por três classes principais de macromoléculas: proteínas estruturais, colágenos, elastina e fibrina; proteínas especializadas, fibrilina, fibronectina e laminina; e proteoglicanos. Suas funções envolvem:

preenchimento dos espaços extracelulares; confere resistência aos tecidos; provê um ambiente de acesso aos nutrientes e descarte de substâncias não relevantes para as células; promove um ambiente de ancoragem para as células; fornece um ambiente por onde as células podem migrar, quando for o caso; fornece um meio para estabelecer sinais intercelulares.
2. O colágeno é a principal proteína da matriz extracelular e está presente em estruturas sujeitas à tração, como tendões e ossos. O colágeno é formado por três cadeias peptídicas em alfa-hélice, organizadas de modo a compor uma hélice tripla (tropocolágeno); cada cadeia polipeptídica pode apresentar de 600 a 3.000 resíduos de aminoácidos. Cada uma dessas três hélices é formada quase inteiramente por glicina, prolina e lisina, sendo a glicina predominante entre as três, compondo 33,5% da molécula do colágeno. A glicina repete-se a cada terceira posição da sequência de todas as moléculas de colágeno. A glicina é o aminoácido ideal na formação da estrutura do colágeno, já que apresenta somente o átomo de hidrogênio como cadeia lateral, o que a torna um aminoácido "pequeno", possibilitando-lhe inserir-se perfeitamente dentro da hélice.
3. O sistema elástico é formado por três tipos de fibras: elastina, fibras oxitalânicas e fibras elaunínicas, sendo a elastina o principal componente do sistema. As fibras oxitalânicas são formadas por feixes de microfibrilas de 10 nm de diâmetro, nas quais estão presentes diversas glicoproteínas, como a fibrilina. A fibrilina é responsável pela formação da estrutura de sustentação e deposição da eslastina. As fibras oxitalânicas estabelecem a conexão do sistema elástico com a lâmina basal em algumas estruturas, como em alguns locais da derme e dos olhos. As fibras elaunínicas são, na verdade, formadas pela deposição irregular de elastina sobre as fibras oxitalânicas. As fibras oxitalânicas não apresentam elasticidade; sua propriedade é a resistência à tração.
4. A laminina é a proteína não colagenosa mais presente na lâmina basal. Trata-se de uma família de glicoproteínas heterotriméricas com papel em diversas funções celulares, como: adesão, diferenciação, migração e proliferação. As lamininas são compostas por combinações de cadeias alfa, beta e gama, uma vez que essas cadeias, quando combinadas, dão origem a moléculas de laminina com 400 a 900 Da de massa molecular e exibem uma configuração espacial em cruz ou em T. Atualmente, cinco cadeias alfa, quatro cadeias beta e três cadeias gama foram identificadas, cada qual como produto de um gene, resultando assim em 15 lamininas conhecidas, embora o número de combinações que possa ser criado com essas três cadeias exceda o número de lamininas identificadas.
5. Os glicosaminoglicanos e os proteoglicanos são glicoproteínas multiadesivas com alta capacidade de hidratação, o que as torna altamente viscosas. Essas moléculas aniônicas estão presentes na substância fundamental intercelular e têm como propósito preencher os espaços entre as células do tecido conjuntivo. Em virtude de sua elevada viscosidade, atuam como barreira à penetração de microrganismos, por exemplo, bactérias. Os glicosaminoglicanos são formados por unidades dissacarídicas compostas de N-acetilglicosamina ou N-acetilgalactosamina ligada a um ácido urônico. Os glicosaminoglicanos têm várias propriedades: são poliânios (carga negativa: decorrente da presença de grupamentos SO_3^- e grupamento carboxílico [COO^-]); apresentam forte comportamento hidrofílico pela grande presença de grupos carboxila, hidroxila e sulfatos; têm a propriedade de reter íons positivos.
6. a) Ácido hialurônico – é uma molécula linear de textura viscosa formada por unidades repetidas de dissacarídeos ácido β-D-glicurônico (GlcUA) e α-D-N-acetilglicosamina (GlcNACc). No organismo humano, suas funções incluem o volume da pele; atua ainda como componente do corpo vítreo ocular.
b) Sulfato de queratano – é um polímero linear que consiste em uma repetição de subunidades de dissacarídeos Gal-GlcNAc. O sulfato pode estar ligado ao carbono 6 de um ou ambos os Gal ou GlcNac. A quantidade de sulfato de queratano encontrada na córnea é dez vezes mais elevada do que é na cartilagem e 2 a 4 vezes maior do que o é em outros tecidos.
c) Sulfato de condroitina – é uma molécula linear de textura viscosa formada por unidades repetidas de dissacarídeos ácido β-D-glicurônico (GlcUA) e α-D-N-acetiglicosamina (GlcNACc). Atua como componente do corpo vítreo ocular, está presente em cartilagens e tecidos conjuntivos frouxos e participa na lubrificação de articulações.
d) Heparina – é um polímero linear, como os demais glicosaminoglicanos. É composta por unidades dissacarídicas de ácidos urônicos (irudônico ou glicurônico) que se repetem. A heparina apresenta forte efeito antitrombogênico, sendo, portanto, empregada como medicamento em condições patológicas nas quais a formação de trombos esteja presente. A heparina apresenta forte efeito antitrombogênico.
e) Sulfato de dermatano – recebe essa designação em razão de sua grande presença na pele. Difere da condroitina-4-sulfato por conta da inversão da configuração do C5 do resíduo β-D-glicuronato, dando origem ao α-L-iduronato.
7. O sulfato de condroitina é o maior constituinte da cartilagem, participando na retenção de água e nutrientes, possibilitando ainda a mobilidade de outras moléculas pela matriz cartilagínea, uma importante função, já que não há suprimento de sangue na cartilagem. O *turnover* do sulfato de condroitina é bastante lento pelo pobre suprimento de nutrientes, o que torna o reparo da cartilagem algo extremamente complicado. Na ausência de sulfato de condroitina suficiente, a integridade da cartilagem declina seriamente.
8. As lamininas são proteínas altamente glicosiladas com resíduos de manose; essa glicosilação inicia-se no retículo endoplasmático e é finalizada no complexo de Golgi; a adição de resíduos de açúcares às moléculas de laminina as estabiliza e protege de possíveis danos e degradação.
9. A laminina é a proteína não colagenosa mais presente na lâmina basal, sendo composta por combinações de cadeias alfa, beta e gama. Uma vez que essas cadeias são combinadas, dão origem a moléculas de laminina com 400 a 900 Da de massa molecular e exibem uma configuração espacial em cruz ou em T. Cada cadeia consiste em uma haste, uma região globular e uma porção espiralada. As cadeias são mantidas unidas à porção espiralada por meio de pontes dissulfeto. A maior das três cadeias é a cadeia α, que apresenta um longo braço em sua porção carboxiterminal e um braço menor na porção aminoterminal.
10. Modelo esquemático da molécula de fibronectina: uma glicoproteína adesiva que se apresenta como um dímero unido por duas pontes dissulfeto (-S-S-). A fibronectina é constituída por uma série de módulos ou domínios capazes de interagir com o colágeno do tipo I, sulfato de heparano e outros proteoglicanos e receptores de membrana.

Referências bibliográficas

1. Junqueira LC, Carneiro J. Histologia básica: texto e atlas. Rio de Janeiro: Guanabara Koogan; 2004.
2. Donangelo I, Coelho SM, Farias MLF. Osteogenesis imperfecta no adulto e resposta ao alendronato: apresentação de caso. Arq Bras Endocrinol Metab. 2001;45(3).
3. Gacko M. Elastin: structure, properties and methabolism. Cellular and molecular biology letters. 2000;5:327-48.
4. Murray R, Granner DK, Mayes PA, Rodwel VW. Harper: bioquímica ilustrada. 26. ed. São Paulo: Atheneu; 2006.
5. Tzu J, Marinkovich MD. Bridging structure with function: structural, regulatory, and developmental role of laminins. Int J Biochem Cell Biol. 2008;40(2):199-214.

Bibliografia

Buehler MJ. Nature designs tough collagen: explaining the nanostructure of collagen fibrils. PNAS103. 2006;(33):12285-90.

Di Lullo GA, Sweeney SM, Körkkö J, Ala-Kokko L, San Antonio JD. Mapping the ligand-binding sites and disease-associated mutations on the most abundant protein in the human, type I collagen. J Biol Chem. 2002;277(6):4223-31.

Erickson HP. Stretching fibronectina. J Muscle Research and Cell Motility. 2002;23(5-6):575-80.

Burgeson RE, Chiquet M, Deutzmann R, Ekblom P, Engel J, Kleinman H et al. A new nomenclature for the laminins. Matrix Biol. 1994;14:209-11.

Fraser RD, MacRae TP, Suzuki E. Chain conformation in the collagen molecule. J Mol Biol. 1979;129(3):463-81.

Fratzl P, Misof K, Zizak I. Fibrillar structure and mechanical properties of collagen. J Struct Biol. 1997;122:119-122.

Fratzl P. Collagen: Structure and mechanics. New York: Springer; 2008.

Funderburgh JL. Keratan sulfate: structure, biosynthesis, and function. Glycobiology 2000;10(10):951-8.

Keeley FW, Bellingham CM, Woodhouse KA. Elastin as a self-organizing biomaterial: use of recombinantly expressed human elastin polypeptides as a model for investigations of structure and self-assembly of elastin. Philos Trans R Soc Lond Biol Sci. 2002;357(1418):185-9.

Lawrence EJ. The clinical presentation of Ehlers-Danlos syndrome. Adv Neonatal Care. 2005;5(6):301-14.

Neill T, Schaefer L, Iozzo RV. Decoding the matrix: instructive roles of proteoglycan receptors. Biochemistry. 2015.

Okuyama K, Okuyama K, Arnott S, Takayanagi M, Kakudo M. Crystal and molecular structure of a collagen-like polypeptide (Pro-Pro-Gly)$_{10}$. J Mol Biol. 1981;152(2):427-43.

Orgel JP, Irving TC, Miller A, Wess TJ. Microfibrillar structure of type I collagen in situ. Proc Natl Acad Sci USA. 2006;103(24):9001-5.

McKeown-Longo PJ, Mosher DF. Mechanism of formation of disulfide-bonded multimers of plasma fibronectin in cell layers of cultured human fibroblasts. J Biol Chem 1984;259(19):12210-5.

Sherman VR, Yang W, Meyers MA. The materials science of collagen. J Mech Behav Biomed Mater. 2015;52:22-50.

Tintar D, Samouillan V, Dandurand J, Lacabanne C, Pepe A, Bochicchio B et al. Human tropoelastin sequence: dynamics of polypeptide coded by exon 6 in solution. Biopolymers. 2009;91(11):943-52.

Wyckoff R, Corey R, Biscoe J. X-ray reflections of long spacing from tendon. Science. 1935;82(2121):175-6.

Imunoglobulinas

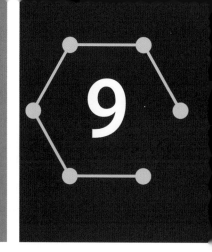

Introdução

O termo "imune" deriva do latim *immunitas*, que se refere às isenções de impostos a que os senadores romanos tinham direito. A função do sistema imune é proporcionar proteção contra infecções provocadas por bactérias, fungos, vírus e parasitas. Para tanto, apresenta alto nível de especificidade e versatilidade, já que possibilita que o organismo reconheça entre o próprio e o não próprio no nível celular e molecular. O sistema imune é formado por dois componentes celulares principais: os linfócitos T (assim chamados porque se originam no timo), que formam o ramo celular do sistema imune (imunidade mediada por células); e os linfócitos B (oriundos da medula óssea – *bone marrow* em inglês, embora alguns autores atribuam a designação B em virtude de sua origem na bolsa de Fabricius, estrutura presente em aves), que formam o ramo molecular do sistema imune (imunidade mediada por anticorpos ou humoral).

A relação entre linfócitos T e B é de 3:1. De fato, as células T constituem cerca de 70% dos linfócitos circulantes, enquanto as células B respondem por cerca de 30%. Os linfócitos T compõem a face celular do sistema imune. Entre suas funções, estão destruição de células infectadas com antígenos, defesa do organismo contra infecções, resposta alérgica, rejeição a aloenxertos e modulação da resposta de anticorpos (auxiliar e supressora). Já as células B estão envolvidas na autoimunidade, nas respostas alérgicas e na opsonização (mecanismo que torna mais fácil e eficiente a fagocitose de bactérias).

Função do sistema imune

Se não fosse pela ação do sistema imune, o organismo humano estaria constantemente exposto a uma série de agentes microbiológicos que se desenvolveriam de modo exponencial no organismo, levando-o à falência. O sistema imune pode ser dividido em: inato, que é geral e age de maneira rápida contra antígenos; e o adaptativo, que é específico para uma dada característica presente nos antígenos. A imunidade adquirida é desenvolvida durante toda a vida de um indivíduo e pode ser ativa ou passiva: a primeira ocorre quando o indivíduo é exposto a microrganismos ou substâncias estranhas e o sistema imune responde; já a imunidade adquirida passiva ocorre quando os anticorpos são transferidos de um indivíduo para outro, durando somente enquanto os anticorpos estão presentes, ou seja, na maioria dos casos, algumas semanas ou meses. Ambas podem ser adquiridas de maneira natural ou artificial (p. ex., vacina). Tanto o sistema imune adquirido quanto o inato atuam de modo a preservar a integridade do organismo mediante os patógenos.

A mais importante premissa do sistema imune é a capacidade de discernir, diante de agentes patógenos, o que é próprio (*self*) do organismo do que não o é (*no self*). Nesse sentido, o sistema deve conseguir produzir uma miríade de proteínas receptoras, capazes de reconhecer potenciais patógenos e distinguir o que é próprio dele do que não o é – propriedade que torna o sistema capaz de não atacar estruturas do próprio organismo. Para cumprir essas condições, o sistema imune inato desenvolveu mecanismos capazes de reconhecer estruturas presentes em patógenos, como glicoproteínas específicas ou formas de ácidos nucleicos que não fazem parte do organismo humano. Assim, o sistema imune adaptativo apresenta a capacidade de sintetizar mais de 10^{12} receptores de células, cada qual com uma configuração espacial diferente, capaz de se ligar a estruturas presentes em microrganismos patógenos. Embora o sistema imune tenha se desenvolvido para combater microrganismos, em algumas circunstâncias, ainda não plenamente entendidas, pode atuar contra estruturas moleculares do próprio organismo, ou seja, a propriedade de discernir o que é próprio do organismo do que não o é. Essa condição é conhecida como doença autoimune, como o diabetes melito tipo 1, lúpus eritematoso sistêmico, síndrome de Sjögren, tireoidite de Hashimoto, doença de Graves e artrite reumatoide. Respostas autoimunes são frequentes, porém transitórias e reguladas. A autoimunidade como causadora de doenças não é frequente, uma vez que existem mecanismos que mantêm um estado de tolerância aos epítopos do próprio organismo. As doenças autoimunes têm etiopatogênese complexa e multifatorial.

Imunoglobulinas ou anticorpos

Os anticorpos são proteínas globulares, também chamadas de imunoglobulinas (IgG; Figura 9.1). São moléculas que circulam perscrutando o organismo todo e, quando encontram entidades desconhecidas, como vírus e bactérias, ligam-se fortemente à sua superfície. São glicoproteínas sintetizadas pelos linfócitos B (células B), sendo elementos de reconhecimento da resposta humoral. Essas proteínas são extremamente abundantes, constituindo cerca de 20% de todas as proteínas plasmáticas. As imunoglobulinas podem ser separadas por meio de eletroforese, sendo identificados três grupos: IgG-α, IgG-β e IgG-γ. Qualquer imunoglobulina dispõe de duas cadeias pesadas e duas cadeias leves, ligadas por pontes dissulfeto. Existem cinco tipos de cadeias pesadas, caracterizados pela sequência de resíduos de aminoácidos presentes na estrutura primária. Para cada tipo de cadeia pesada, há uma classe de imunoglobulina. Existem dois tipos de cadeia leve e em cada molécula de imunoglobulina essas cadeias são idênticas.

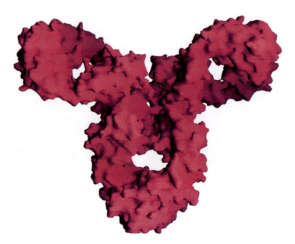

Figura 9.1 Modelo espacial de uma imunoglobulina.

Assim, as imunoglobulinas podem ser organizadas em cinco classes: IgA, IgD, IgE, IgG e IgM. Os diferentes tipos se diferenciam por suas propriedades biológicas, localizações funcionais e habilidade para lidar com diferentes antígenos. As principais ações dos anticorpos são neutralização de toxinas, opsonização (recobrimento) de antígenos, destruição celular e fagocitose auxiliada pelo sistema complemento.

Antígenos

O termo "antígeno" foi cunhado pelos primeiros imunologistas que verificaram a produção de respostas imunes do organismo, quando este era exposto a uma classe de compostos chamados antígenos. Um antígeno pode ser uma bactéria ou um fragmento dela, um vírus ou uma substância qualquer. Em geral, os antígenos são moléculas complexas que, em sua maioria, contêm proteínas, polissacarídeos ou lipossacarídeos (Figura 9.2). Os microrganismos contam com vários componentes antigênicos capazes de provocar uma resposta imune. Por exemplo, paredes das células bacterianas, cápsulas, fímbrias, flagelos e toxinas podem ser identificados como antígenos; igualmente, estruturas virais, como capsídeo, capsômeros envoltórios virais e mesmo os componentes internos da partícula viral, atuam como antígenos. Estudos subsequentes mostraram que as propriedades dos antígenos de disparar a resposta imune, por meio da formação de anticorpos, e ser reconhecidos por esses anticorpos podem ser separadas.

Esses estudos levaram à readequação do termo "antígeno" para "imunogênico", que geralmente deve ter peso molecular de 30.000 a 50.000 Da. Os anticorpos produzidos ligam-se a porções específicas da molécula do antígeno, denominada epítopo, definida como a menor porção de um antígeno capaz de estimular resposta. Normalmente, a grande maioria de moléculas estranhas ao organismo, mas de tamanho pequeno, não é capaz de desencadear a formação de anticorpos. Contudo, se essas moléculas pequenas se associarem a macromoléculas, podem desencadear resposta imune, já que a macromolécula atuará como carreador do grupo químico ligado, denominado determinante haptênico. A pequena molécula estranha recebe a nominação de hapteno, termo proposto por Landestiner, em 1920. Hapteno pode ser então definido como toda espécie molecular não imunogênica ao receptor, que se combina com uma macromolécula imunogênica carreadora (*carrier*), sendo capaz de desencadear uma resposta imune específica no

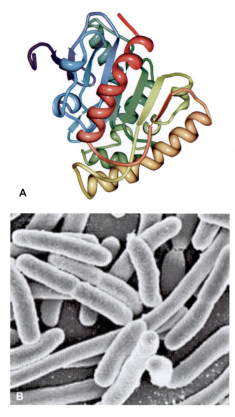

Figura 9.2 A. Estrutura espacial do antígeno 85b de *Mycobacterium tuberculosis* ou bacilo de Koch. Código Protein Data Bank (PDB): 1F0N. B. Bacilo de Koch, causador da tuberculose.

organismo. Esses haptenos são moléculas orgânicas (lipídios, nucleotídeos, entre outras) naturais ou sintéticas de baixa massa molecular (inferior a 1 kDa), que penetram na epiderme, conjugam-se, na maioria das vezes, com proteínas do organismo e, assim, são carreadas. O conjunto hapteno-carreador é chamado conjugado. O conjugado forma uma espécie de antígeno específico novo, que se comporta como um epítopo novo (ou diversos epítopos, conforme a dimensão). O potencial de sensibilização do hapteno não pode ser previsto por sua estrutura química, e os anticorpos induzidos por haptenos ligados reagem também como haptenos não ligados.

Estrutura das imunoglobulinas

As imunoglobulinas são glicoproteínas que apresentam cadeias leves (*light* – L), com peso molecular de 25 kDa, e cadeias pesadas (*heavy* – H), com peso molecular variando entre 50 e 70 kDa, unidas entre si por meio de pontes dissulfeto e forças não covalentes. Um modelo da molécula mais simples de IgG (Figura 9.3) consiste em duas cadeias leves e duas cadeias pesadas, que formam uma estrutura em Y. As moléculas de imunoglobulinas são sempre formadas por duas cadeias L e duas cadeias H idênticas. As cadeias L e H apresentam estrutura em folha beta antiparalela. Cada cadeia leve apresenta um domínio variável (essas sub-regiões são, em geral, chamadas regiões determinadas por complementaridade [*complementarity-determining regions* – CDR]) e um domínio constante (V_L, C_L), enquanto grande parte das cadeias pesadas apresenta somente um domínio variável e três constantes (C_{H1}, C_{H2}, C_{H3}, V_H).

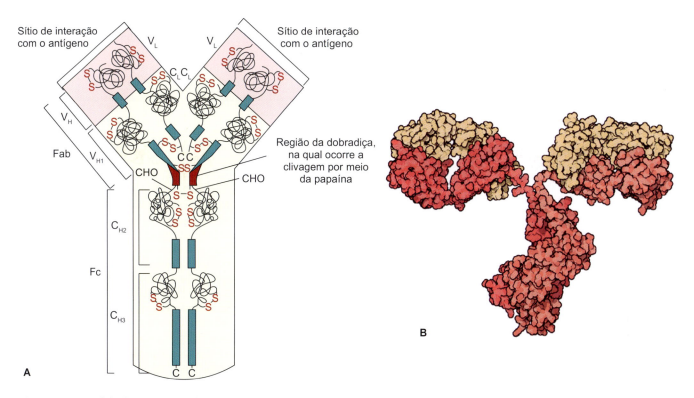

Figura 9.3 A. Modelo de uma imunoglobulina mais simples (IgG). As cadeias leves apresentam uma região variável leve indicada por V_L e uma região constante representada pela designação C_L. As cadeias pesadas apresentam uma região variável indicada por V_H e três cadeias constantes (C_{H1}, C_{H2} e C_{H3}). Nota-se a grande presença de pontes dissulfeto nas regiões variáveis e constantes. A região da dobradiça é mostrada em vermelho e sofre clivagem ao expor a proteína à enzima proteolítica papaína, dando origem a dois fragmentos, Fab e Fc. As porções indicadas por CHO são regiões em que há a presença de cadeias de carboidratos. **B.** Modelo de IgG. Fonte: Harris *et al.*, 1997.[1]

Existem dois tipos gerais de cadeias leves: kappa (κ) e lambda (λ). Assim, determinada imunoglobulina sempre apresentará duas cadeias κ ou duas λ, mas nunca uma mistura de ambas. No organismo humano, há maior frequência das cadeias κ do que λ. Já as cadeias pesadas podem ser de cinco tipos: γ, α, μ, δ ou ε. As cadeias μ e ε apresentam quatro domínios C_H cada, em vez das três habituais. A função efetora da imunoglobulina é determinada pelo tipo de cadeia H. Os domínios variáveis estão envolvidos no acoplamento com o antígeno, enquanto os domínios constantes estão relacionados com outras funções, como de ligação a receptores de superfície celular. Os domínios variáveis de ambas as cadeias (leve e pesada) apresentam três resíduos de aminoácidos situados na porção aminoterminal denominados hipervariáveis porque variam em todas as imunoglobulinas. Essa porção da molécula interage com o antígeno e é formada por não mais que 5 a 10 resíduos de aminoácidos.

Considerando que a imunoglobulina IgG se assemelha a uma letra Y, os braços do Y são as porções que se acoplam aos antígenos e podem ser separados ao submeterem a molécula à ação da enzima proteolítica papaína. Esse processo leva à obtenção de três fragmentos de aproximadamente 50 kD, que compõem os braços do Y, sendo denominados *fragmentos Fab* (*fragments antigen binding* – fragmentos de ligação ao antígeno) e um *fragmento Fc* (*cristalizable fragment* – fragmento cristalizável), que forma a haste do Y. Os fragmentos Fab estão conectados ao fragmento Fc por meio de uma região flexível, chamada "dobradiça", que apresenta ângulos de dobramento variáveis, conferindo à molécula certa assimetria (Figura 9.4). Os fragmentos Fc são responsáveis pelas funções efetoras de anticorpos (fixação de complemento, ligação a membranas celulares e transporte placentário). Embora todas as imunoglobulinas apresentem um modelo estrutural similar, elas devem variar em algum aspecto para que consigam reconhecer a imensa gama de antígenos a que o organismo está exposto. Isso é possível em virtude de as cadeias leves das imunoglobulinas diferirem enormemente entre si, apresentando sequências distintas de resíduos de aminoácidos, sobretudo na região aminoterminal. É por isso que essa porção da molécula é

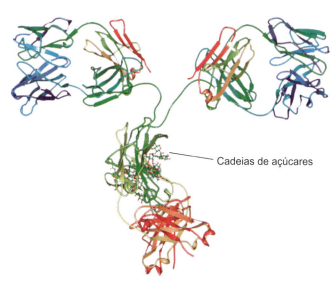

Figura 9.4 Modelo de uma imunoglobulina. Fonte: Harris *et al.*, 1997.[1]

denominada variável. Outra característica das imunoglobulinas é que todas apresentam um conteúdo de carboidratos que varia de 2 a 3% para a IgG e 12 a 14% para IgM, IgD e IgE.

Acoplamento antígeno-anticorpo

Os sítios de interação com o antígeno das imunoglobulinas situam-se na porção aminoterminal de cada cadeia VL e VH e são formados por três ou quatro folhas betapregueadas antiparalelas, que reconhecem uma grande gama de antígenos. As forças de interação envolvidas entre as imunoglobulinas e antígenos são as forças eletrostáticas e de van der Waals, as pontes de hidrogênio e as interações hidrofóbicas. Todas essas forças são fracas, mas são suficientemente capazes de promover a complementaridade entre antígeno e anticorpo, de modo a dar sequência à resposta imune. O local exato de reconhecimento encontra-se em três alças presentes na região variável, denominadas sequências hipervariáveis ou regiões determinantes de complementaridade (Figura 9.5). Grandes moléculas de antígenos podem interagir com todos os sítios hipervariáveis de uma imunoglobulina, enquanto antígenos de tamanho pequeno podem acoplar-se somente com uma ou algumas regiões hipervariáveis.

Classes das imunoglobulinas

Todas as imunoglobulinas são formadas por duas cadeias leves (L) e duas cadeias pesadas (H) conectadas entre si por pontes dissulfeto. Existem quatro classes de imunoglobulinas (IgG1, IgG2, IgG3 e IgG4), que diferem entre si em relação ao número, à localização das pontes dissulfeto e também às diferenças antigênicas da cadeia H.

Algumas imunoglobulinas podem associar-se para formar dímeros ou mesmo pequenos polímeros (Tabela 9.1). As imunoglobulinas IgG, IgD e IgE ocorrem predominantemente na forma monomérica, enquanto a IgM se dá principalmente na forma pentamérica; já a IgA ocorre em ambas as formas, dímeros e monômeros. Assim como a IgA, a IgM é capaz de polimerizar-se, propriedade esta que se deve às suas cadeias pesadas α e μ. Tanto a IgA quanto a IgM diferem de outras imunoglobulinas por apresentarem o peptídeo secretório (um fragmento de 18 resíduos de aminoácido) e um peptídeo J, uma cadeia de 137 resíduos de aminoácidos que orquestra a formação dos polímeros nessas duas classes de imunoglobulinas.

IgG

Imunoglobulina que apresenta maior concentração no plasma, compondo cerca de 65% de todo o *pool* de imunoglobulinas plasmáticas, ocorre predominantemente na forma monomérica (Figura 9.6). A IgG atua de maneira significativa contra bactérias e vírus e também é capaz de fixar complementos (exceto a IgG4, que não o faz com perfeição).

A IgG2 ataca antígenos polissacarídios e, por essa razão, é eficiente na defesa do organismo contra bactérias capsuladas. A IgG é a única imunoglobulina capaz de atravessar a barreira placentária, por meio da interação da porção Fc com receptores de superfície das células placentárias.

Essa transferência de IgG da mãe para a placenta promove aumento da resposta imune por parte do organismo do feto e, ao final da gestação, compõe a imunoglobulina em maior quantidade no recém-nascido. A IgG é capaz de promover opsonização (processo pelo qual as moléculas de antígeno são revestidas por imunoglobulinas, o que facilita sua fagocitose), uma vez que os fagócitos apresentam receptores para cadeias H da IgG.

IgA

Apresenta ampla distribuição em fluidos corporais, como saliva, colostro, lágrima, fluido broncoalveolar, secreções dos tratos digestório e genital. Seu principal papel é proteger o organismo contra invasão viral ou bacteriana pelas mucosas, sendo a segunda imunoglobulina mais comum. A maior parte da IgA (Figura 9.6) encontra-se na forma de dímeros e tetrâmeros.

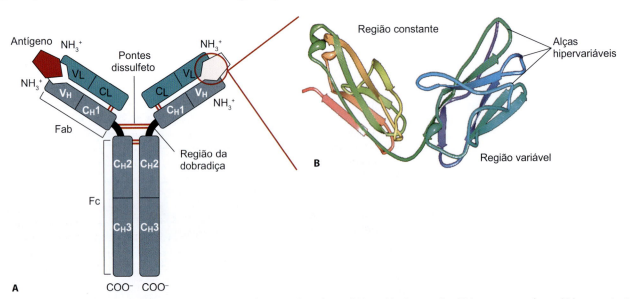

Figura 9.5 A. Modelo geral de uma molécula IgG2. As cadeias variáveis leves (V_L), variáveis pesadas (V_H), constantes leves (C_L) e constantes pesadas (C_{H1}, C_{H2} e C_{H3}) estão indicadas na molécula. A porção aminoterminal das cadeias variáveis leves e variáveis pesadas forma o sítio de acoplamento com o agonista. Essas regiões são designadas como hipervariáveis. **B.** Sítio de ligação ao antígeno de IgG2 constituído de uma rica estrutura em folhas betapregueadas antiparalelas. As cadeias peptídicas adjacentes à região hipervariável são denominadas regiões de arcabouço (não mostradas). Fonte: Harris et al., 1997.[1]

Capítulo 9 • Imunoglobulinas   149

Tabela 9.1 Classes de imunoglobulinas e algumas de suas propriedades e características.

Imunoglobulina e seu peso molecular (PM) e isótipo de cadeia H (H)	Características e principais funções	Estruturas em que pode ocorrer
IgA PM: 170.000 a 720.000 H: α	Encontrada em áreas de mucosas, como intestinos, trato respiratório e trato urogenital; evita-se sua colonização por patógenos. Apresenta-se nas formas monomérica, dimérica e tetramérica, sendo dividida em duas subclasses: IgA1 e IgA2. Não fixa o complemento	Dímeros e monômeros
IgD PM: 160.000 H: δ	Suas funções não são bem esclarecidas como as demais imunoglobulinas. Atua principalmente como receptor de antígeno ancorado na membrana do linfócito B	Monômeros
IgE PM: 190.000 H: ε	Está envolvida na hipersensibilidade imediata (alergia). Promove a liberação de mediadores químicos (principalmente histamina), envolvidos na resposta anafilática por parte dos mastócitos e basófilos. Principal imunoglobulina envolvida no combate a infecções desencadeadas por parasitas	Monômeros
IgG PM: 150.000 H: γ	Principal imunoglobulina presente na resposta secundária. Promove opsonização bacteriana e é capaz de neutralizar toxinas bacterianas e virais. É a única que atravessa a barreira placentária e, por essa razão, promove um grau de imunização no feto	Monômeros
IgM PM: 950.000 H: μ	Expressa-se na superfície do linfócito B e promove fixação do complemento. Apresenta uma estrutura pentamérica. Atua contra agentes patogênicos nos estágios iniciais da imunidade, mediada pelas células B antes que haja IgG suficiente	Pentâmeros

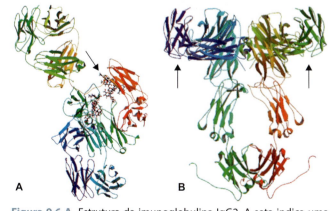

Figura 9.6 A. Estrutura da imunoglobulina IgG2. A seta indica uma cadeia de carboidratos. Código PDB: 1IGT. **B.** Estrutura da imunoglobulina IgA2. As setas indicam as estruturas betapregueadas à direita (em tom verde) e à esquerda (em tom azul-marinho) e referem-se às cadeias L da molécula. Código PDB: 1R70.

As formas diméricas e tetraméricas da IgA são obtidas quando os monômeros de IgA, indicados por mIgA, são unidos entre si por um peptídeo de peso molecular de 15 kDa, denominado cadeia J, o qual está presente também em outras imunoglobulinas que assumem formas poliméricas, como é o caso da IgM. A cadeia J apresenta oito resíduos de cisteína, sendo dois deles (Cis-15 e Cis-69) envolvidos por pontes dissulfeto, com a molécula de imunoglobulina, enquanto os outros seis formam pontes dissulfeto intracadeia. A IgA polimérica (pIgA) conta ainda com um polipeptídeo secretório de 18 resíduos de aminoácidos, que é sintetizado pelas células epiteliais e encontra-se ligado ao fragmento Fc, cumprindo a função de viabilizar o trânsito da IgA para a superfície da mucosa, além de impedir que a molécula sofra degradação pelos sucos digestórios (Figura 9.7). A IgA humana existe em duas subclasses: IgA1 e IgA2, cuja distribuição varia consideravelmente. De fato, em geral, secreções do trato respiratório superior e também do trato digestório apresentam mais IgA1 do

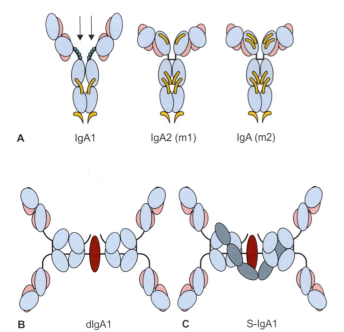

Figura 9.7 A a C. Representações esquemáticas das diferentes formas estruturais da imunoglobulina A (IgA). As cadeias pesadas são mostradas em azul, enquanto as cadeias leves em rosa. A cadeia J aparece em vermelho na forma dimérica da IgA (dIgA) e também na forma polimérica (S-IgA1). O gene que codifica a cadeia J em humanos está localizado no cromossomo 4 braço q21. As estruturas curvilíneas mostradas nos três modelos de IgA (**A**) referem-se a N-glicanos, enquanto as setas em IgA1 indicam cadeias de carboidratos O-ligados. As pontes dissulfeto que conectam as cadeias leves às cadeias pesadas foram omitidas em todos os modelos. A estrutura mostrada em verde em S-IgA1 refere-se ao polipeptídeo secretório. Para maior clareza, as cadeias de carboidratos não foram incluídas nos demais modelos (**B** e **C**). Adaptada (**A**) de Woof e Mestecky, 2005.[2]

que IgA2, enquanto as do intestino grosso e do trato genital feminino contêm ligeiramente mais IgA2 do que IgA1; já no soro, cerca de 84% das imunoglobulinas são IgA1.

IgM

Imunoglobulina filogeneticamente mais antiga, corresponde a 10% do *pool* de imunoglobulinas, sendo a terceira mais comum. Participa do início da resposta imunológica primária, sendo uma classe de anticorpos "precoces" (são produzidas agudamente nas fases agudas iniciais das doenças que desencadeiam resposta humoral). É encontrada principalmente no espaço intravascular e não atravessa a barreira placentária pelo seu grande tamanho. A IgM está amplamente presente em sua forma monomérica em quase toda a população de linfócitos B, nos quais atua como receptor para antígenos, mas também existe no plasma. A inserção da IgM na membrana do linfócito B é possível porque a cadeia pesada da forma celular apresenta caráter hidrofóbico, o que possibilita o ancoramento na membrana. Já a IgM sérica não apresenta a cadeia pesada com essa característica química. No soro, a IgM também ocorre na forma monomérica e apresenta uma estrutura pentamérica conectada covalentemente a uma cadeia J. O pentâmero de IgM apresenta dez sítios de interação com antígenos, suas cadeias pesadas individuais têm peso molecular de aproximadamente 65.000 dáltons e a molécula completa tem peso de 970.000 dáltons.

IgE

Imunoglobulina monomérica que não forma dímeros ou polímeros, como é o caso da IgA. No soro, está presente em baixas concentrações. Essa classe de imunoglobulina não fixa complemento e apresenta um papel importante na imunidade ativa contra parasitas helmintos, atraindo os eosinófilos. Está presente em grande quantidade nas reações alérgicas, mediando a liberação de histamina por parte dos mastócitos e basófilos. De fato, cerca de 50% dos pacientes com doenças alérgicas têm altos níveis de IgE (Figura 9.8). Liga-se ao receptor dos mastócitos (FcεRI) com alta afinidade, cerca de 2 a 5 vezes maiores que a ligação de IgG a seus receptores (FcγRI, FcγRII e FcγRII), o que faz com que a dissociação da IgE dos mastócitos e basófilos seja significativamente mais lenta (na ordem de semanas) que a da IgG (na ordem de minutos), e isso pode explicar a sensibilização persistente dessas células à resposta alérgica. Embora a IgE, assim como a IgG, consista de duas cadeias pesadas e duas cadeias leves idênticas entre si respectivamente, as cadeias pesadas ε da IgE apresentam quatro domínios constantes, um a mais que nas cadeias γ da IgG. Esse par de domínios adicional (Cε2) substitui a cadeia de "dobradiça" presente na IgG, mediando a flexibilidade entre a porção que interage com o antígeno e as cadeias Fab e Fc. Estudos físicos da IgE em solução indicam que essa imunoglobulina é bem menos flexível que a IgG.

Princípio (ou teoria) da seleção (ou expansão) clonal

A teoria da seleção clonal está intimamente relacionada com uma resposta imunológica que busca adaptação mediante um estímulo antigênico. Esse princípio estabelece que apenas um tipo celular é capaz de reconhecer o antígeno, iniciando divisões celulares sucessivas, no sentido de proliferar-se em grandes quantidades. Esse tipo celular foi então selecionado em detrimento de outras células. A síntese de um tipo particular de imunoglobulina é realizada antes mesmo de a célula entrar em contato com o antígeno. A especificidade da molécula de imunoglobulina é determinada pela sequência de resíduos de aminoácidos presente na estrutura primária da molécula. No

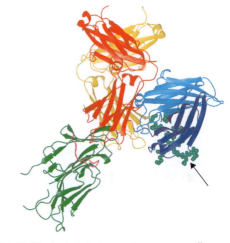

Figura 9.8 Molécula de IgE. As porções em vermelho, amarelo, azul-claro e azul-marinho formam as cadeias de interação com o antígeno e são mostradas no destaque ao lado. A seta indica a cadeia de carboidratos que interage com a porção Fc. Fonte: adaptada de Wan *et al.*, 2002.[3]

início da maturação celular, as imunoglobulinas específicas são sintetizadas e ancoradas à membrana plasmática das células. Uma célula imatura é eliminada se encontrar o antígeno correspondente ao seu anticorpo. Essas células produtoras de anticorpos são eliminadas ainda na vida intraembrionária, de modo que um organismo não sintetiza anticorpos contra suas próprias macromoléculas, sendo, portanto, autotolerante. Em contrapartida, células já maduras sofrem estimulação para sintetizar grandes quantidades de anticorpos quando entram em contato com o antígeno e, concomitantemente, iniciam-se mitoses sucessivas. Essas células-filhas são um clone da célula inicial que entrou em contato com o antígeno e apresentam a mesma constituição genética que a célula que inicialmente reconheceu o antígeno. Assim, todas sintetizarão o mesmo tipo de anticorpo. Os clones tendem a persistir após o desaparecimento do antígeno, mantendo ainda a capacidade de sofrer estimulação por esse mesmo antígeno em outro momento. Esse mecanismo é responsável pela memória imunológica, que possibilita uma resposta imune por parte do organismo, de maneira rápida e eficiente.

Resumo

Introdução

A função do sistema imune é proporcionar proteção contra infecções provocadas por bactérias, fungos, vírus e parasitas. O sistema imune é formado por dois componentes celulares principais: os linfócitos T e os linfócitos B, sendo a relação entre linfócitos T e B de 3:1, isto é, as células T constituem cerca de 75% dos linfócitos circulantes, enquanto as células B aproximadamente 25%. Os linfócitos T compõem a face celular do sistema imune e, entre suas funções, estão a destruição de células infectadas com antígenos, defesa do organismo contra infecções, resposta alérgica, rejeição a aloenxertos e modulação da resposta de anticorpos (auxiliar e supressora). Já as células B estão envolvidas na autoimunidade, nas respostas alérgicas e na opsonização (mecanismo que torna mais fácil e eficiente a fagocitose de bactérias).

Imunoglobulinas ou anticorpos

Os anticorpos são proteínas globulares, também chamadas de imunoglobulinas (IgG), e glicoproteínas sintetizadas pelos linfócitos B, constituindo os elementos de reconhecimento da resposta humoral. Qualquer imunoglobulina apresenta duas cadeias pesadas e duas cadeias leves, unidas pelas pontes dissulfeto. Existem cinco tipos de cadeias pesadas, que são caracterizados pela sequência de resíduos de aminoácidos presentes na estrutura primária. Para cada tipo de cadeia pesada, há uma classe de imunoglobulina. Existem dois tipos de cadeia leve e, em cada molécula de imunoglobulina, essas cadeias são idênticas (Figura R9.1). Assim, as imunoglobulinas podem ser organizadas em cinco classes: IgA, IgD, IgE, IgG e IgM.

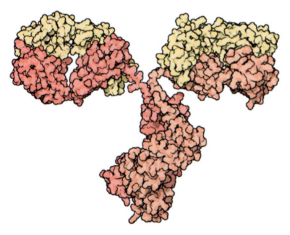

Figura R9.1 Modelo de IgG. Fonte: Harris et al., 1997.[1]

Acoplamento antígeno-anticorpo

Os sítios de interação com o antígeno das imunoglobulinas situam-se na porção aminoterminal de cada cadeia VL e VH. Esses sítios são formados por três ou quatro folhas betapregueadas antiparalelas que reconhecem uma grande gama de antígenos.

As forças de interação envolvidas entre as imunoglobulinas e os antígenos são as forças eletrostáticas, as forças de van der Waals, as pontes de hidrogênio e as interações hidrofóbicas. O local exato de reconhecimento encontra-se em três alças presentes na região variável, denominadas sequências hipervariáveis ou regiões determinantes de complementaridade.

Antígenos

Um antígeno pode ser uma bactéria ou um fragmento dela, um vírus ou uma substância qualquer. Os microrganismos contam com vários componentes antigênicos capazes de provocar uma resposta imune, como paredes das células bacterianas, toxinas e capsídeos virais. Os anticorpos produzidos ligam-se a estruturas chamadas epítopos – a menor porção de um antígeno capaz de eliciar uma resposta imunológica. Normalmente, a grande maioria das moléculas estranhas ao organismo, mas de tamanho pequeno, não é capaz de desencadear a formação de anticorpos. Contudo, se essas moléculas pequenas se associarem a macromoléculas, podem desencadear resposta imune, já que a macromolécula atuará como carreador do grupo químico ligado, denominado determinante haptênico. A pequena molécula estranha recebe a denominação de hapteno, ou seja, toda espécie molecular não imunogênica ao receptor que se combina com uma macromolécula imunogênica carregadora (carrier), sendo capaz de desencadear uma resposta imune específica no organismo. Esses haptenos são moléculas orgânicas (lipídios, nucleotídeos entre outras) naturais ou sintéticas de baixa massa molecular (inferior a 1 kDa), que penetram na epiderme, conjugam-se, na maioria das vezes, com proteínas do organismo e, assim, são carreadas. O conjunto hapteno-carreador é chamado conjugado.

Estrutura das imunoglobulinas

As imunoglobulinas são glicoproteínas que apresentam duas cadeias leves e duas cadeias pesadas, unidas entre si por meio de pontes dissulfeto e forças não covalentes. Na Figura R9.2, apresenta-se a molécula mais simples de IgG, que consiste em duas cadeias leves e duas cadeias pesadas formando uma estrutura em Y. As moléculas de imunoglobulinas são sempre formadas por duas cadeias L e duas cadeias H idênticas. Cada cadeia leve apresenta um domínio variável envolvido com o acoplamento ao antígeno. Considerando que a imunoglobulina se assemelha a uma letra Y, os braços do Y são as porções que se acoplam aos antígenos. Quando submetida à ação da papaína, obtém três fragmentos que compõem os braços do Y, dois fragmentos Fab e um fragmento Fc, que forma a haste do Y. Os fragmentos Fab estão conectados ao fragmento Fc por meio de uma região flexível chamada dobradiça (Figura R9.2). Os fragmentos Fc são responsáveis pelas funções efetoras de anticorpos (fixação de complemento, ligação às membranas celulares e transporte placentário).

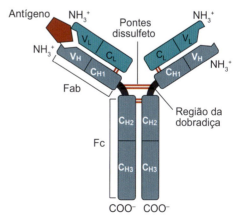

Figura R9.2 Modelo geral de uma molécula IgG2. As cadeias pesadas variáveis leves (V_L), as variáveis pesadas (V_H), as constantes leves (C_L) e as constantes pesadas (C_{H1}, C_{H2} e C_{H3}) estão indicadas na molécula. A porção aminoterminal das cadeias variáveis leves e variáveis pesadas forma o sítio de acoplamento com o agonista. Essas regiões são designadas hipervariáveis.

Classes das imunoglobulinas

- IgG: é a imunoglobulina que apresenta maior concentração no plasma. Atua de modo significativo contra bactérias e vírus e também é capaz de fixar complementos (exceto a IgG4, que não o faz com perfeição)
- IgA: encontrada em áreas de mucosas, como os intestinos, o trato respiratório e o trato urogenital, evitando sua colonização por patógenos. Não fixa o complemento
- IgD: suas funções não estão plenamente esclarecidas. Atua principalmente como um receptor de antígeno ancorado na membrana do linfócito B
- IgE: está envolvida na alergia. Promove a liberação de histamina. Principal imunoglobulina envolvida no combate a infecções desencadeadas por parasitas
- IgM: expressa-se na superfície do linfócito B e promove fixação do complemento. Apresenta uma estrutura pentamérica. Atua contra agentes patogênicos nos estágios iniciais da imunidade mediada pelas células B, antes que haja IgG suficiente.

Exercícios

1. Observe as afirmativas a seguir. Considere os valores numéricos no interior dos parênteses e calcule a soma apenas das afirmativas corretas:
   a. (300) O sistema imune pode ser dividido em: inato e adaptativo. Enquanto o primeiro é geral e age de maneira rápida contra antígenos, o segundo é específico para uma dada característica presente nos antígenos.
   b. (200) A imunidade passiva ocorre quando os agentes de imunidade (anticorpos) são transferidos de um indivíduo para outro.
   c. (17) O sistema imune adaptativo é geral e age de maneira rápida contra antígenos.
   d. (12,5) O sistema imune inato apresenta a propriedade de sintetizar receptores de células, cada qual com uma configuração espacial distinta, capaz de interagir com as estruturas presentes em microrganismos patogênicos.
   e. (24) Autoimunidade é a falha em uma divisão funcional do sistema imune chamada de autotolerância, que resulta em respostas imunes contra as células e os tecidos do próprio organismo.
2. Explique o que são imunoglobulinas ou anticorpos.
3. Explique o que é um antígeno.
4. Assinale (V) verdadeiro e (F) falso.
   a. ( ) Hapteno é toda espécie molecular não imunogênica ao receptor, que se combina com uma macromolécula imunogênica carreadora (*carrier*), sendo capaz de desencadear uma resposta imune específica no organismo.
   b. ( ) Os anticorpos produzidos ligam-se a estruturas chamadas epítopos, a menor porção de um antígeno capaz de eliciar uma resposta imunológica.
   c. ( ) Para que uma partícula viral elicie uma resposta imune, é necessária a presença do capsídeo viral. Fímbrias virais ou capsômeros não são capazes de desencadear a síntese de imunoglobulinas.
   d. ( ) Os sítios de interação com o antígeno das imunoglobulinas situam-se na porção F_C de cada cadeia VL e VH, senso formados por três ou quatro estruturas em alfa-hélice antiparalelas que reconhecem uma grande gama de antígenos.
   e. ( ) Todas as imunoglobulinas apresentam duas cadeias pesadas e duas cadeias leves unidas por pontes dissulfeto, exceto a IgG e a IgE.
5. Descreva a estrutura das imunoglobulinas.
6. Cite quais são as classes de imunoglobulinas e suas principais funções.
7. Explique qual classe de imunoglobulinas é responsável pela imunidade fetal.
8. Explique o que é opsonização.
9. Explique o mecanismo de interação antígeno-anticorpo.
10. Explique o que é a expansão clonal.

Respostas

1. Soma: 524.
2. São proteínas globulares, também chamadas de imunoglobulinas (IgG). São glicoproteínas sintetizadas pelos linfócitos B e constituem os elementos de reconhecimento da resposta humoral. Qualquer imunoglobulina dispõe de duas cadeias pesadas e duas cadeias leves, ligadas por pontes dissulfeto. Existem cinco tipos de cadeias pesadas caracterizados pela sequência de resíduos de aminoácidos presentes na estrutura primária. Para cada tipo de cadeia pesada, há uma classe de imunoglobulina. Existem dois tipos de cadeia leve e, em cada molécula de imunoglobulina, essas cadeias são idênticas. Assim, as imunoglobulinas podem ser organizadas em cinco classes: IgA, IgD, IgE, IgG e IgM.
3. Pode ser uma bactéria ou um fragmento dela, um vírus ou uma substância qualquer. Os microrganismos contam com vários componentes antigênicos capazes de provocar uma resposta imune, como paredes das células bacterianas, toxinas e capsídeos virais.
4. a) V; b) V; c) F; d) F; e) F.
5. As imunoglobulinas são glicoproteínas que apresentam duas cadeias leves e duas cadeias pesadas, unidas entre si por meio de pontes dissulfeto, formando uma estrutura em Y. As imunoglobulinas são sempre formadas por duas cadeias L e duas cadeias H idênticas; os braços do Y são as porções que se acoplam aos antígenos, enquanto a haste do Y se chama fragmento Fc. Suas funções são a fixação de complemento, a ligação a membranas celulares e o transporte placentário.
6. IgG: é a imunoglobulina que apresenta maior concentração no plasma. A IgG atua de modo significativo contra bactérias e vírus e também é capaz de fixar complementos (exceto a IgG4, que não o faz com perfeição).
   IgA: encontrada em áreas de mucosas, como os intestinos, o trato respiratório e o trato urogenital, evitando sua colonização por patógenos. Não fixa o complemento.
   IgD: suas funções não estão plenamente esclarecidas. Atua principalmente como um receptor de antígeno ancorada na membrana do linfócito B.
   IgE: está envolvida na alergia. Promove a liberação de histamina. Principal imunoglobulina envolvida no combate a infecções desencadeadas por parasitas.
   IgM: expressa-se na superfície do linfócito B e promove fixação do complemento. Apresenta uma estrutura pentamérica. Atua contra agentes patogênicos nos estágios iniciais da imunidade mediada pelas células B, antes que haja IgG suficiente.
7. A IgG é a única imunoglobulina capaz de atravessar a barreira placentária por meio da interação de porção Fc com receptores de superfície das células placentárias. Essa transferência de IgG da mãe para a placenta promove aumento da resposta imune por parte do organismo do feto e, ao final da gestação, compõe a imunoglobulina em maior quantidade no recém-nascido.
8. A opsonização compreende o processo pelo qual as moléculas de antígeno são revestidas por imunoglobulinas, o que facilita sua fagocitose.
9. Os sítios de interação com o antígeno das imunoglobulinas situam-se na porção aminoterminal de cada cadeia VL e VH, sendo formados por três ou quatro folhas betapregueadas antiparalelas que reconhecem uma grande gama de antígenos. O local exato de reconhecimento encontra-se em três alças presentes na região variável, denominadas sequências hipervariáveis ou regiões determinantes de complementaridade. Grandes moléculas de antígenos podem interagir com todos os sítios hipervariáveis de uma imunoglobulina, enquanto antígenos de tamanho pequeno podem acoplar-se somente a uma ou algumas regiões hipervariáveis.
10. A expansão ou seleção clonal é uma resposta imunológica que busca adaptação diante de um estímulo antigênico. Esse princípio estabelece que apenas um tipo celular é capaz de reconhecer o antígeno iniciando divisões celulares sucessivas, no sentido de

proliferar-se em grandes quantidades. A síntese de um tipo particular de imunoglobulina é realizada antes mesmo de a célula entrar em contato com o antígeno. A especificidade da molécula de imunoglobulina é determinada pela sequência de resíduos de aminoácidos presente na estrutura primária da molécula. No início da maturação celular, as imunoglobulinas específicas são sintetizadas e ancoradas à membrana plasmática das células. Células já maduras sofrem estimulação para sintetizar grandes quantidades de anticorpos quando entram em contato com o antígeno e, concomitantemente, iniciam-se mitoses sucessivas. Essas células-filhas são um clone da célula inicial que entrou em contato com o antígeno e apresentam a mesma constituição genética que a célula que inicialmente reconheceu o antígeno. Assim, todas sintetizarão o mesmo tipo de anticorpo. Os clones tendem a persistir após o desaparecimento do antígeno, mantendo ainda a capacidade de sofrer estimulação por esse mesmo antígeno em outro momento. Esse mecanismo é responsável pela memória imunológica, que possibilita uma resposta imune por parte do organismo de maneira rápida e eficiente.

Referências bibliográficas

1. Harris LJ, Larson SB, Hasel KW, McPherson A. Refined structure of an intact IgG2a monoclonal antibody. Biochemistry. 1997; 36(7):1581-97.
2. Woof JM, Mestecky J. Mucosal immunoglobulins. Immunol Rev. 2005;206:64-82.
3. Wan T, Beavil RL, Fabiane SM, Beavil AJ, Sohi MK, Keown M et al. The crystal structure of IgE Fc reveals an asymmetrically bent conformation. Nat Immunol. 2002;3:681-6.

Bibliografia

Cohen NR, Garg S, Brenner MB. Antigen presentation by CD1 lipids, T cells, and NKT cells in microbial immunity. Adv Immunol. 2009;102:1-94.

Gadermaier E, Levin M, Flicker S, Ohlin M. The human IgE repertoire. Int Arch Allergy Immunol. 2014;163(2):77-91.

Goldberg AC, Rizzo LV. MHC structure and function – antigen presentation. Part 1. Einstein (Sao Paulo). 2015;13(1):153-6.

Johansen FE, Braathen R, Brandtzaeg P. Role of J chain in secretory immunoglobulin formation. Scand J Immunol. 2000;52:240-8.

Pabst O. New concepts in the generation and functions of IgA. Nat Rev Immunol. 2012;12(12):821-32.

Raju TS, Lang SE. Diversity in structure and functions of antibody sialylation in the Fc. In: Raju TS, Lang SE, Janeway CA, Travers P, Walport M, Capra JD (eds.). Imunobiologia: o sistema imunológico na saúde e na doença. 5. ed. Porto Alegre: Artmed; 2002.

Toskala E. Immunology. Int Forum Allergy Rhinol. 2014;4(Suppl 2):S21-7.

Voet D, Voet JG, Pratt CW. Fundamentos de bioquímica. Porto Alegre: Artmed; 2000.

Enzimologia | Cinética, Inibição e Controle da Função Enzimática

Introdução

Enzimas são proteínas que catalisam, ou seja, aumentam a velocidade das reações químicas. O estudo das enzimas data do século 19, quando Louis Pasteur, ao analisar a fermentação do açúcar até sua conversão em álcool, concluiu que essa reação havia sido catalisada por "uma força vital", chamada *fermenta*, que "estava contida dentro das células de levedura".[1] Pasteur escreveu que "a fermentação alcoólica é um processo correlacionado com a vida e a organização das células, e não com a sua morte ou putrefação".[1] Em 1877, o fisiologista alemão Wilhelm Kühne (1837-1900) foi o primeiro a usar o termo "enzima", que deriva do grego *énzymos* e significa "dentro da levedura", para descrever esse processo. Mais tarde, enzima foi usada para se referir a substâncias não vivas, como a pepsina gástrica, enquanto "fermento" passou a indicar atividades químicas produzidas por organismos vivos. Em 1897, Eduard Buchner (1860-1917), em uma série de experimentos na Universidade de Munique, mostrou que o açúcar sofre fermentação na presença de extratos de levedura, denominando *zymase* a enzima responsável pela fermentação da sacarose.

A grande maioria das enzimas é formada por proteínas, embora existam moléculas de RNA com atividade catalítica, as ribozimas. As enzimas não sofrem alterações e não são consumidas durante a reação de catálise, sendo capazes de aumentar a velocidade das reações em no mínimo 10^6 vezes. A ausência ou redução da atividade de algumas enzimas causa impactos significativos em vias metabólicas; por exemplo, a ausência da enzima fenilalanina hidroxilase (Figura 10.1) acarreta erro inato do metabolismo chamado fenilcetonúria, ou seja, uma condição em que o organismo é incapaz de metabolizar o aminoácido fenilalanina. As moléculas que sofrem a ação enzimática são chamadas de substratos e aquelas produzidas em decorrência da reação são os produtos. Como todo catalisador, as enzimas agem de modo a reduzir a energia de ativação para uma dada reação, e, como resultado disso, os produtos são formados de maneira mais rápida. As enzimas apresentam níveis de especificidade, podendo ser altamente específicas e capazes de distinguir estereoisômeros entre si. De fato, existem enzimas capazes de diferenciar L-aminoácidos de D-aminoácidos, por exemplo, mas, em contrapartida, há aquelas que apresentam níveis de especificidade não tão elevados, catalisando reações de um limitado grupo de substratos relacionados entre si. Por fim, o repertório de enzimas de uma dada célula determina quais vias metabólicas ocorrem naquela célula.

Nomenclatura e classificação enzimática

Grande parte das enzimas foi nomeada adicionando-se o sufixo "ase" a seu substrato ou a alguma característica sua marcante, como um termo que indica sua atividade. Assim, por exemplo, lipases são enzimas que catalisam reações envolvendo lipídios e amilase é a enzima que promove a cisão da molécula de amido e urease, catalisando a hidrólise da ureia. Outras enzimas foram nomeadas antes mesmo que sua reação de catálise fosse plenamente conhecida, como é o caso da tripsina e da pepsina. Em outros casos, dois nomes diferentes foram atribuídos à mesma enzima e há também situações em que duas enzimas diferentes foram nomeadas com o mesmo nome. Com a crescente descoberta de novas enzimas, surgiu a necessidade de padronizar a sua nomeação, utilizando um sistema que fosse consistente, prático e evitasse ambiguidades.

Nesse sentido, a International Union of Biochemistry and Molecular Biology (IUBMB) sugeriu a divisão das enzimas em seis classes, cada uma com diversas subclasses envolvendo o tipo de reação catalisada (Tabela 10.1). A cada enzima são atribuídos quatro números e um nome sistemático que indica a reação que ela catalisa. Por exemplo, a enzima urease recebe o nome de ureia amido-hidrolase e tem a seguinte classificação: EC 3.5.1.5 (em que: EC – classificação enzimática; 3 – classe das hidrolases; 5 – subclasse das hidrolases que quebram ligações C-N; 1 – subclasse das hidrolases que quebram ligações C-N em amido linear; 5 – número de ordem da enzima).

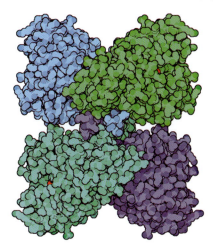

Figura 10.1 Fenilalanina hidroxilase – enzima responsável pela conversão do aminoácido fenilalanina em tirosina. Sua ausência está envolvida em um erro inato do metabolismo, denominado fenilcetonúria.

Tabela 10.1 Classificação internacional das enzimas de acordo com a IUBMB e as reações que elas catalisam.

Classes	Reação catalisada	Exemplo
Oxirredutases	Catalisam reações de oxidação e redução. O substrato oxidado é um hidrogênio ou doador de elétrons. $AH_2 + \leftrightarrow A + BH_2$	Conversão de lactato em piruvato pela lactato desidrogenase (LDH)
Transferases	Catalisam a transferência de grupos entre duas moléculas. O doador pode ser um cofator (coenzima) que carrega o grupo a ser transferido. $A-X + B \leftrightarrow A = B-X$	Fosforilação da glicose no carbono 6 pela glicocinase. O ATP é o doador do grupo fosfato
Hidrolases	Catalisam a reação de hidrólise de várias ligações covalentes, como C-C, C-O, C-P, e P-O, entre outras. $A-B + H_2O \leftrightarrow A-H + B-OH$	As proteases são hidrolases
Liases	Catalisam a formação de ligações duplas por adição ou remoção de grupos químicos. $A = B + X - Y \leftrightarrow A-B$	O piruvato descarboxilase transforma piruvato em acetaldeído + CO_2
Isomerases	Transferem grupos químicos dentro da mesma molécula dando origem a isômeros ópticos. $A-B \leftrightarrow A-B$	As isomerases convertem moléculas em seus isômeros ópticos (L-alanina → D-alanina)
Ligases	Catalisam a união de duas moléculas utilizando a cisão de um nucleosídio de fosfato, como o ATP. $A + B \leftrightarrow A-B$	A piruvato carboxilase é uma ligase porque une a molécula de HCO_3^- ao piruvato

Embora o sistema proposto pela IUBMB não possibilite inconsistências na nomenclatura enzimática, os autores tendem a referir-se à maioria das enzimas pelos seus nomes mais simples, como hexocinase* em vez de ATP-glicose-fosfotransferase (EC 2.7.1.1). A substância que sofre a ação enzimática é denominada substrato, o qual é convertido em produtos após a catálise enzimática.

---

*__Nota do autor__: nesta obra, será adotado o termo *cinase*, em detrimento de *quinase*, uma vez que este tem origem na língua inglesa (*kinase*), porém o prefixo grego *kine* indica movimento, então sua conversão para a língua portuguesa, que deriva do latim, origina o prefixo *cine*. Além disso, o prefixo *quin*, em português, refere-se ao numeral cinco. Portanto, o termo *cinase* é mais adequado à língua portuguesa.

Grupo prostético enzimático

Muitas enzimas são capazes de realizar catálise sem a necessidade de outros grupos químicos além de seus resíduos de aminoácidos que formam seus centros ativos. No entanto, uma grande quantidade de enzimas requer a presença de outras substâncias que não têm caráter proteico para que a reação de catálise possa ocorrer. Essas substâncias são chamadas de grupos prostéticos, que são de natureza não proteica essencial para a atividade bioquímica dessas proteínas. Os grupos prostéticos podem ser orgânicos (como uma vitamina ou um açúcar) ou inorgânicos, normalmente (mas não exclusivamente) íons de metais de transição. Alguns exemplos deste último incluem o ferro presente no grupo heme da enzima citocromo *c* oxidase, o zinco na anidrase carbônica, o magnésio na fosfofrutocinase e o molibdênio na nitrato redutase (Tabela 10.2). Os grupos prostéticos são um subgrupo de cofatores; ao contrário das coenzimas, encontram-se ligados de modo permanente à proteína. Uma proteína despojada do seu grupo prostético é uma apoproteína ou apoenzima, enquanto aquela unida ao seu grupo prostético recebe a nominação de holoproteína. Os grupos prostéticos interagem com o centro ativo para promover a reação de catálise.

Sítio ativo enzimático | Reação de catálise

O sítio ativo enzimático refere-se à porção que interage com o substrato (e ao cofator quando for o caso), também chamado de sítio catalítico ou centro ativo. É formado por poucos resíduos de aminoácidos, que participam diretamente na cisão de ligações químicas, na síntese de ligações transferências de grupos químicos etc. Esses resíduos de aminoácidos são chamados de grupos catalíticos e a interação do substrato com o centro ativo enzimático causa um estado de transição que antecede a formação do produto enzimático. O aumento da velocidade de catálise característica das reações mediadas por enzimas só é possível porque o sítio ativo reduz a variação de energia livre (ΔG) da reação, e, de fato, o sítio ativo é o local da enzima que mais diretamente reduz o valor de ΔG. Embora exista uma diversidade enorme de enzimas que variam entre si em suas estruturas e mecanismos de catálise, algumas considerações pertinentes a seus sítios ativos podem ser generalizadas:

- O sítio ativo é uma porção tridimensional da molécula enzimática, tem o aspecto de uma fenda e é formado por resíduos de aminoácidos oriundos de diferentes partes da sequência de aminoácidos. Isso quer dizer que resíduos de aminoácidos que estavam distantes entre si na sequência primária de uma enzima podem arranjar-se próximos uns dos outros na estrutura quaternária e dar origem a sítio ativo
- O sítio ativo ocupa uma área e um volume relativamente pequeno quando comparados ao tamanho e volume total da enzima. A grande maioria dos resíduos de aminoácidos em uma enzima não realiza contato com o substrato, o que levanta a interrogação do porquê as enzimas são tão grandes. De fato, grande parte das enzimas apresenta bem mais que 100 resíduos de aminoácidos em suas sequências, o que lhes confere uma massa molecular acima de 10 kd e um diâmetro de mais de 25 angstroms. Dessa maneira, a grande quantidade de resíduos de aminoácidos que constituem a enzima tem como função criar o arcabouço necessário para acomodar o sítio ativo; além disso, muitos resíduos de aminoácidos nas enzimas formam sítios de interação com outras proteínas, locais de regulação da própria função enzimática ou mesmo canais que servem para deslocar o substrato até o sítio ativo, como é o caso das enzimas ciclo-oxigenases, envolvidas na síntese de mediadores inflamatórios e que apresentam um canal para acomodar ácidos graxos, seus substratos
- Em todas as enzimas cuja estrutura espacial é conhecida, os sítios ativos apresentam o formato de uma fenda ou fresta originando um ambiente hidrofóbico. A água só estará presente no sítio ativo se for reagente na reação, do contrário, os sítios ativos tendem a ser ambientes apolares, o que possibilita eficiência na interação enzima-substrato e no processo de catálise
- Os substratos interagem com as enzimas de forma fraca e não covalente. As interações covalentes apresentam energias -210 e -240 kJmol^{-1}, enquanto as enzima-substrato apresentam energias em torno de -13 a -50 kJmol^{-1}. As interações enzima-substrato ocorrem por meio de forças de van der Waals, atrações eletrostáticas, pontes de hidrogênio e forças hidrofóbicas. As forças de van der Waals só se tornam relevantes na interação enzima-substrato se uma grande quantidade de átomos da enzima e do substrato se aproximar entre si, daí a necessidade de a enzima apresentar forma complementar a seu substrato. A formação de pontes de hidrogênio entre enzima e substrato aumenta o grau de especificidade enzimática.

Aspectos termodinâmicos da função enzimática

Os princípios da termodinâmica são discutidos no Capítulo 11 | Bioenergética, no qual o conceito de energia livre (G) é tratado de tal modo que possibilita predizer o sentido em que uma reação ocorrerá. Para melhor entender como as enzimas atuam, é necessário compreender duas propriedades termodinâmicas da reação: a diferença de energia livre entre os produtos da reação e os reagentes e a energia necessária para que reagentes convertam-se em produtos. A primeira propriedade determina se a reação ocorrerá de modo espontâneo, enquanto a segunda determina a velocidade da reação. As enzimas interferem apenas na velocidade da reação. A ΔG fornece informações sobre a espontaneidade, mas não sobre a velocidade de uma reação. Nesse sentido, é importante relembrar alguns conceitos de termodinâmica que serão úteis no entendimento da função enzimática. A variação de energia livre de

Tabela 10.2 Substâncias inorgânicas e orgânicas que atuam como grupos prostéticos enzimáticos.

Metais	Enzima
Cu^{2+}	Citocromo oxidase
Fe^{2+} ou Fe^{3+}	Citocromo oxidase, catalase, peroxidase
K^+	Piruvato cinase
Mg^{+2}	Hexocinase, glicose-6-fosfatase, piruvato cinase
Mn^{+2}	Arginase, ribonucleotídio redutase
Mo	Dinitrogenase
Ni^{+2}	Urease
Zn^{2+}	Anidrase carbônica, desidrogenase alcoólica, carboxipeptidase A e B
Coenzima	
Tiamina pirofosfato	Piruvato desidrogenase
Flavina adenina dinucleotídeo (FAD)	Monoamina oxidase
Nicotinamida adenina dinucleotídeo (NAD)	Lactato desidrogenase
Piridoxal fosfato	Glicogênio fosforilase
Coenzima A (CoA)	Acetil-CoA carboxilase
Biotina	Piruvato carboxilase
5'desoxiadenosil cobalamina	Metilmalonil mutase
Tetra-hidrofolato	Timidilato sintase

Fonte: adaptada de Nelson e Cox, 2007[2]; Stryer *et al.*, 2007.[3]

uma reação informa, então, se ela ocorrerá espontaneamente, ou seja, se é termodinamicamente favorável. De fato, uma reação só pode ocorrer de modo espontâneo se o valor de ΔG for negativo, caso em que há uma reação exergônica e termodinamicamente favorável. Contudo, uma reação não pode ocorrer se o valor de ΔG for positivo, nesse caso é necessária a aplicação de energia livre no sistema para que a reação ocorra. E, finalmente, se ΔG for igual a zero, o sistema está em equilíbrio e nenhuma variação global pode ocorrer.

A ΔG de uma reação depende unicamente da energia livre dos produtos menos a energia livre dos reagentes. O mecanismo de uma reação não tem efeito sobre ΔG: de fato, o valor de ΔG para oxidar glicose até H_2O e CO_2 no interior de uma célula é o mesmo que ocorre em uma combustão. Contudo, ΔG não fornece qualquer informação sobre a velocidade de uma reação, o valor de ΔG negativo indica que a reação é termodinamicamente favorável, e não que ela ocorrerá de maneira rápida.

Reação enzimática

Pode ser representada pela seguinte equação:

$$E + S \leftrightarrow ES \leftrightarrow EP \leftrightarrow E + P$$

Em que: E – representa a enzima; S – substrato; ES – complexo transitório enzima-substrato; EP – complexo transitório enzima-produto; P – produto formado.

Reação enzimática altera a velocidade, mas não interfere no equilíbrio das reações

As enzimas são catalisadores e, como todo catalisador, alteram significativamente a velocidade das reações não interferindo em seu equilíbrio. As enzimas podem catalisar até vários milhões de reações por segundo. Por exemplo, a reação catalisada pela orotidina 5'-fosfato descarboxilase (uma enzima envolvida na biossíntese de uma pirimidina) tem meia-vida de 78 milhões de anos na ausência de enzima, diminuindo para apenas 25 ms na presença desta.

As reações enzimáticas podem ser representadas por gráficos de "coordenadas de reação", que exprimem a variação da energia com a progressão da reação (Figura 10.2). Nessa representação, é possível verificar a energia necessária para converter o substrato (S) em produto (P). O ponto inicial da reação é chamado de estado basal e a energia é expressa em termos de energia livre G, como discutido no Capítulo 11 | Bioenergética. O equilíbrio entre S e P reflete a diferença entre as energias livres de seus estados basais.

Quando a energia livre dos produtos (P) é menor que a dos substratos (S), a ΔG para a reação é negativa e a termodinâmica favorece a formação de produtos. A conversão do substrato em produto implica a transposição de uma barreira energética que compreende o alinhamento dos grupos químicos que reagirão entre si, a formação de cargas elétricas transitórias instáveis, rearranjos entre ligações químicas, entre outros. Essa barreira energética é indicada pela elevação (montanha) no gráfico de reação enzimática mostrado na Figura 10.2.

Assim, para sofrer a reação, as moléculas devem vencer essa barreira energética e alcançar um nível energético mais alto. No ápice da curva (indicado pela seta na curva em azul da Figura 10.2), existe um ponto em que a reação pode deslocar-se para o estado S ou P com igual probabilidade, um intervalo denominado estado de transição, definido como um instante do deslocamento molecular em que ocorrem a cisão

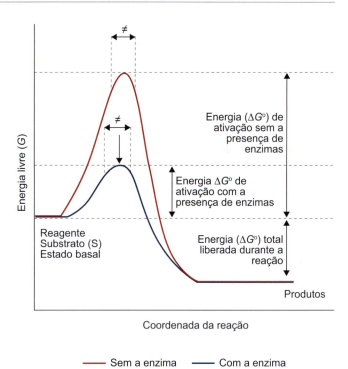

Figura 10.2 Diagrama de coordenada para uma dada reação enzimática na presença e na ausência de enzima, respectivamente. Nota-se que a enzima reduz a energia de ativação para que a reação ocorra. ≠ Indica processo de ativação.

ou a síntese de ligações moleculares, ou ainda alterações de cargas elétricas. O estado de transição existe somente por um período extremamente breve e é o ponto de máxima energia livre, além de ser o momento na reação em que a formação de S ou P é igualmente provável.

A diferença entre os níveis energéticos presentes no estado basal e no estado de transição é a energia livre de ativação ΔG, ou seja, a mínima quantidade de energia para que a colisão entre as partículas dos reagentes resulte em reação. É a energia necessária para levar os reagentes ao estado de complexo ativado (Figura 10.2), isto é, uma estrutura intermediária e instável entre os reagentes e os produtos. A energia de ativação tem relação direta com a velocidade da reação: reações com alta energia de ativação são mais lentas quando comparadas a reações com baixa energia de ativação. A velocidade de uma reação química pode ser aumentada pela elevação da temperatura, uma vez que maior número de moléculas adquire energia suficiente para romper a barreira energética. As enzimas aumentam a velocidade das reações por serem catalisadores, cuja função é reduzir a energia de ativação, tornando possíveis reações que naturalmente não ocorreriam ou que ocorreriam de modo extremamente lento.

Mecanismos de redução da energia de ativação em reações mediadas por enzimas

Como visto, as enzimas são, sem dúvida, catalisadores extremamente eficientes. Um exemplo é a atividade da orotidina monofosfato descarboxilase, uma enzima que catalisa o último passo da reação que culmina na síntese de uma pirimidina, a uridina monofosfato. Essa enzima é capaz de aumentar a velocidade da reação em 10^{17} vezes. Contudo, uma pergunta se faz necessária: qual é o mecanismo que as enzimas utilizam para a enorme redução da energia de ativação e de que modo ocorre o dramático aumento na velocidade das reações por elas catalisadas?

Existem dois mecanismos que podem explicar a redução da energia de ativação por parte das enzimas. Primeiro, as reações catalisadas por enzimas apresentam rearranjos de ligações covalentes. Os grupos catalíticos da enzima (sítio ativo ou sítio catalítico) formados por resíduos de aminoácidos, íons metálicos ou coenzimas são capazes de formar ligações covalentes transitórias com o substrato, ativando-o para a reação ou, ainda, um grupo químico do substrato pode ser temporariamente transferido para a enzima de modo que interações covalentes entre enzima e substrato reduzem a energia de ativação tornando possível a reação, uma vez que oferecem "uma via alternativa" de menor energia para que a reação ocorra. O segundo mecanismo responsável pela redução da energia de ativação promovido pelas enzimas são as interações não covalentes que ocorrem entre enzima e substrato. Grande parte da energia necessária para reduzir a energia de ativação nas reações catalisadas por enzimas é oriunda de forças não covalentes entre substrato e enzima, como pontes de hidrogênio, interações hidrofóbicas e iônicas. As interações fracas entre enzima e substrato liberam pequenas quantidades de energia livre que, ao se somarem, conduzem a reação a um nível energético favorável. A energia derivada da interação entre enzima e substrato é chamada de energia de ligação e é a principal fonte de energia livre utilizada pelas enzimas na redução da energia de ativação.

Enzimas não podem ser inteiramente complementares a seus substratos

A hipótese da "chave-fechadura" oferece uma bela ideia da interação enzima-substrato em um primeiro momento. Contudo, a enzima não pode ser inteiramente complementar ao seu substrato porque essa interação exata, tal qual uma chave-fechadura, estabilizaria de tal maneira o substrato que a reação seria inviável, ou seja, o substrato não se desligaria da enzima. Esse conceito está demonstrado na Figura 10.3, na qual uma enzima imaginária cliva um substrato imaginário. Nota-se que, no primeiro caso (Figura 10.3A), a complementaridade entre enzima e substrato é absoluta de modo que o ajuste entre as duas espécies químicas se torna forte, eliminando muitas interações fracas necessárias ao rompimento da barreira energética para que ocorra a reação. Já na Figura 10.3B, a enzima imaginária interage com seu respectivo substrato em apenas alguns locais específicos, de modo que o substrato sofre aumento da energia livre alcançando, assim, o estado de transição. No estado de transição, outras interações entre enzima e substrato ocorrem, tornando pleno o acoplamento entre as duas moléculas, momento em que a reação ocorre.

Especificidade enzimática

Varia de uma enzima para outra – algumas enzimas apresentam baixa especificidade, enquanto outras mostram especificidade elevada. A baixa especificidade enzimática é atribuída apenas aos tipos de ligação, como ligações peptídicas (peptidases), ligações fosfodiéster (fosfatases) e ligações carboxi-éster (esterases, que promovem a cisão de quase todos os ésteres orgânicos, como a lipase). A baixa especificidade está mais presente em enzimas que promovem hidrólise do que nas envolvidas em biossíntese. Há também a especificidade de grupo, como é o caso das hexocinases, que fosforilam uma grande variedade de açúcares com a condição de que sejam aldoexoses.

Quando a enzima atua somente sobre um composto exclusivo, tem-se a especificidade absoluta, como é o caso da urease, que hidrolisa somente a ureia e nenhum dos seus derivados, ou da tripsina, que atua promovendo a cisão somente em grupos carboxílicos formados por aminoácidos básicos.

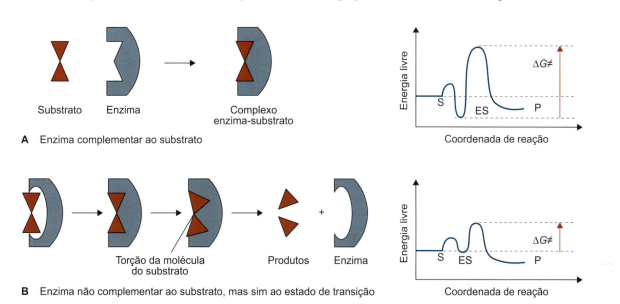

Figura 10.3 Cisão de uma molécula imaginária por uma enzima também imaginária. **A.** Uma enzima exatamente complementar ao seu respectivo substrato. Nesse caso, as interações entre enzima e substrato são tão fortes que a enzima não consegue liberar energia para conduzir o substrato acima da barreira energética necessária à cisão da molécula. **B.** Enzima não se liga ao substrato de modo pleno; apenas alguns sítios de interação ocorrem em um primeiro momento. Essas primeiras interações elevam o substrato ao estado de transição (curvatura do substrato imaginário); posteriormente, outras interações entre enzima e substrato ocorrem, possibilitando a cisão da molécula do substrato. À direita, pode-se observar os respectivos gráficos de coordenadas de reação.

A especificidade enzimática apresenta ainda aspectos estéricos, ou seja, são capazes de diferenciar isômeros ópticos D e L. Finalmente, a especificidade está intimamente relacionada com o arranjo dos átomos dos resíduos de aminoácidos que formam o sítio ativo enzimático e, em última instância, dão origem a uma estrutura tridimensional com a qual o substrato interagirá.

Dois modelos foram propostos para explicar a especificidade enzimática: o modelo chave-fechadura e o modelo de encaixe induzido (Figura 10.4).

Modelo chave-fechadura

Hermann Emil Fischer (1852-1919) propôs, em 1894, a ideia de que a relação estérica entre enzima e substrato era como a de uma chave e sua respectiva fechadura. Nesse modelo, a chave, enzima, deveria encaixar-se perfeitamente ao seu substrato, fechadura, e, assim, cada enzima reagiria com um número limitado de substratos.

O modelo chave-fechadura é útil apenas para explicar o modo pelo qual os substratos devem interagir com os centros ativos das enzimas, porém não descreve de modo pleno a ação da enzima. Não é capaz de explicar, por exemplo, de que maneira um centro ativo que acomoda perfeitamente o substrato é também capaz de acomodar os produtos antes de serem liberados pela enzima. Além disso, o modelo chave-fechadura implica uma ligação extremamente estável entre a enzima e o substrato, o que seria contraproducente, já que a enzima teria de vencer uma barreira energética ainda maior para alcançar o estado de transição.

Modelo de encaixe induzido

Em 1958, Daniel Koshland (1920-2007) propôs uma modificação no modelo idealizado por Fischer, uma vez que o considerava um modelo estático e rígido, sugerindo então que as enzimas apresentam considerável flexibilidade. No modelo de encaixe induzido, o sítio ativo não está permanentemente complementar ao substrato como no modelo chave-fechadura de Fischer. Como resultado, o substrato não se liga simplesmente a um sítio ativo rígido. As cadeias laterais dos aminoácidos que formam o sítio ativo sofrem uma reorientação de maneira que suas posições potencializem a ação catalítica da enzima. Em alguns casos, como nas glicosidases, a molécula de substrato também sofre alterações de conformação à medida que vai se aproximando do sítio ativo. O sítio ativo continua a sofrer modificações até que o substrato esteja completamente ligado, momento em que a conformação final é alcançada e a reação se processa.

Desnaturação enzimática

É um processo que ocorre em moléculas biológicas, sobretudo proteínas, quando expostas a condições ou meios diferentes daqueles em que exercem suas funções. As enzimas, sendo proteínas, estão sujeitas aos mesmos agentes desnaturantes que as proteínas.

Os agentes desnaturantes são, portanto, substâncias ou condições que influenciam a atividade enzimática. Existem diversos agentes desnaturantes, como temperatura, pH, agitação mecânica e sais. A seguir, serão descritos os dois mais importantes, a temperatura e o pH.

Temperatura

Influencia a reação enzimática de maneira diretamente proporcional, ou seja, quanto maior a temperatura, maior será a velocidade da reação. Isso ocorre porque a temperatura fornece às moléculas energia para alcançar o estado de transição mais facilmente.

No entanto, o aumento progressivo da temperatura em uma reação enzimática alcança um ponto chamado "temperatura ótima", no qual a enzima é mais eficiente e a velocidade de catálise é máxima; acima desse valor, a velocidade da reação começa a declinar até cessar, isso porque as enzimas desnaturam.

Assim, pode-se construir um gráfico no qual se relaciona a temperatura e a velocidade de catálise enzimática (Figura 10.5A). O topo do gráfico deve mostrar a temperatura ótima para a catálise enzimática. É preciso ressaltar que cada enzima apresenta um "ponto ótimo" diferente, por exemplo, enzimas de organismos termófilos atuam em temperaturas de 50 a 80°C, assim, uma vez que temperaturas elevadas não desnaturam essas enzimas, elas têm sido usadas em processos de replicação de DNA nos quais altas temperaturas são empregadas.

pH

Interfere na função enzimática de diversas maneiras. Os resíduos de aminoácidos que formam o sítio ativo de muitas enzimas precisam estar ionizados de fato, e algumas enzimas utilizam, para isso, a forma protonada de grupos amina que fazem parte do sítio ativo. Assim, em meios em que o pH é alcalino, o sítio ativo perde o próton para o meio, interferindo na ação enzimática. Além disso, alterações drásticas no pH podem alterar a estrutura terciária das enzimas, de modo a causar desnaturação. A maioria das enzimas é sintetizada para atuar em valores de pH bastante estreitos e específicos. Por exemplo, a pepsina, uma enzima gástrica, atua em pH igual a 2,0, enquanto enzimas pancreáticas, como tripsina, esterases e colagenase, atuam em valores de pH alcalinos acima de 7,5. O valor de pH no qual a enzima exerce sua atividade máxima é chamado de pH ótimo (Figura 10.5B).

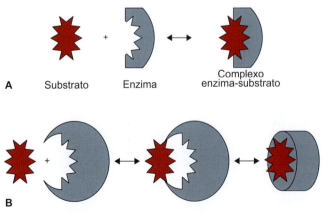

Figura 10.4 Mecanismos propostos para a interação enzima-substrato. **A.** Mecanismo chave-fechadura, no qual a enzima apresenta o sítio ativo previamente complementar aos grupos funcionais do substrato. **B.** Mecanismo de encaixe induzido, no qual os resíduos de aminoácidos do sítio ativo sofrem rearranjo após a ligação inicial do substrato com a enzima.

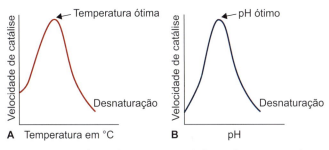

Figura 10.5 A. Efeitos da temperatura sobre a função enzimática. Nota-se que, à medida que a temperatura aumenta, a velocidade de catálise também aumenta até alcançar um ponto ótimo; após esse valor, se a temperatura continuar a aumentar, a enzima desnatura, o que justifica a curva descendente no gráfico. **B.** Efeito do pH sobre a função enzimática. As enzimas atuam em diferentes valores de pH, sendo cada uma delas com um valor de pH ótimo. À medida que os valores de pH distanciam-se desse ponto ótimo, a velocidade de catálise reduz porque a enzima desnatura.

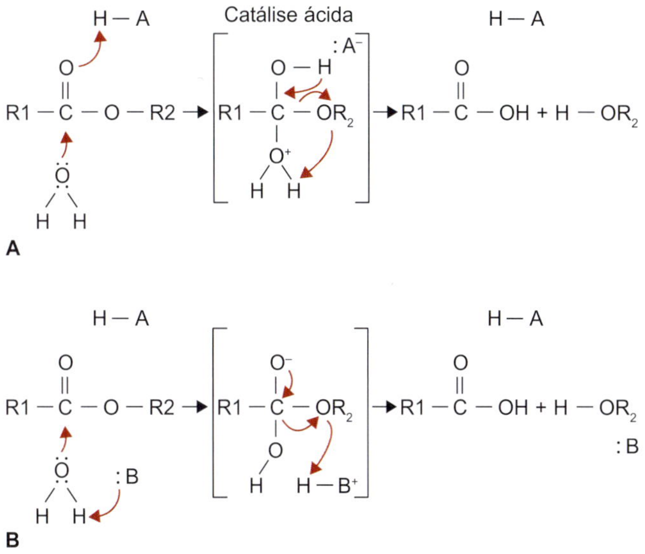

Mecanismos químicos de catálise enzimática

Existem três mecanismos básicos de catálise utilizados pelas enzimas: ácido-base; covalente; e por íon metálico.

Catálise ácido-base

Tipo presente em quase todos os mecanismos de catálise enzimática, compreende a transferência de um próton entre a enzima e o substrato. A função desse mecanismo de catálise é possibilitar que, por transferência de um próton, se origine um estado de transição molecular mais estável, logo, de menor energia do que o estado inicial, o que facilita a formação do produto. No sítio ativo de uma enzima, várias cadeias laterais de aminoácidos podem simultaneamente atuar como doadores e receptores de prótons. O posicionamento preciso delas pode proporcionar ganhos de rendimento da ordem de 10^2 a 10^5. A catálise ácido-base pode ser ainda separada em catálise ácida e básica (Figura 10.6). Na presença de um ácido ou de uma base forte, a espécie catalítica é, respectivamente, H$^+$ ou OH$^-$, sendo esses processos conhecidos por ácida específica e básica específica. No entanto, muitas outras espécies químicas podem ceder ou aceitar prótons, atuando também como catalisadores.

Nesses casos, as catálises são designadas ácidas gerais e básicas gerais. Em qualquer um deles, a função da enzima no processo é possibilitar que, por transferência de um próton, se origine um estado de transição mais estável, logo de menor energia quando comparado ao estado inicial. As enzimas podem apresentar em sua composição resíduos de aminoácidos cujas cadeias laterais protonizáveis são capazes de atuar como ácidos ou bases gerais. É o caso, por exemplo, de ácido aspártico, ácido glutâmico, histidina, serina e arginina, que podem formar o sítio ativo enzimático, mediando processos de catálise ácido-base. Os mecanismos de ácido-base geral estão presentes em reações como cisão de ésteres, de amidas, reações de tautomerização (tautômeros são isômeros interconversíveis que diferem na disposição de um hidrogênio e de uma ligação dupla), ou mesmo de transferência de grupos fosfato, entre outras. A catálise enzimática ácido-base apresenta várias vantagens em relação à catálise por soluções com H$^+$ ou OH$^-$. Com efeito, em condições fisiológicas de pH, as concentrações de H$^+$ e OH$^-$ são muito baixas, tornando pouco viável a sua participação direta na reação.

Figura 10.6 A. Catálise ácida: o catalisador atua como um ácido ao doar um próton de hidrogênio. A forma em colchetes é transitória e é uma espécie química temporária e instável. A doação do próton ao átomo de oxigênio da cetona reduz o caráter químico desfavorável do carbânion (composto no qual o átomo de carbono exibe uma forte carga negativa) no estado de transição, reduzindo assim a barreira de energia de ativação da reação. Nota-se que o catalisador está regenerado ao final da reação. **B.** Reação de catálise básica: catalisador é representado pela letra B e os dois pontos representam elétrons despareados. Nota-se que o catalisador aceita um próton de hidrogênio, caracterizando a catálise básica.

Já nas enzimas, os grupos ácido ou básico podem se dispor estrategicamente no sítio ativo, enquanto H$^+$ e OH$^-$ em solução apresentam elevada mobilidade. Outra vantagem é que grupos protonizáveis presentes em enzimas podem apresentar valores de pK (valor de pH com partes iguais de substâncias dissociadas e acopladas a prótons H$^+$) muito afastados dos correspondentes pK de aminoácidos simples em solução, em virtude de diferentes microambientes. Desse modo, a função ácido ou base geral desses grupos é flexibilizada, podendo ajustar-se convenientemente a cada caso. Assim, enquanto na catálise ácida o catalisador atua como um ácido ao doar um próton, na catálise básica o catalisador aceita um próton.

Igualmente ao catalisador ácido, o catalisador básico reduz a energia do estado de transição e, sendo assim, a reação pode ser acelerada.

Catálise covalente

Envolve o ataque nucleofílico ou eletrofílico de um radical do sítio catalítico sobre o substrato, ligando-o covalentemente à enzima e induzindo a sua transformação em produto. Nesse processo, ocorre com frequência a participação de coenzimas. Para que a catálise covalente ocorra, as seguintes condições devem ser alcançadas: o catalisador deve ter maior reatividade ante o substrato do que o aceptor final, o intermediário formado entre o catalisador e o substrato deve ser mais reativo que o substrato, e o intermediário químico formado deve ser termodinamicamente instável (maior energia livre) em relação ao produto final, de maneira que o intermediário não acumule. A catálise covalente pode ser dividida em duas partes, de modo que o diagrama de coordenada da reação mostre duas barreiras energéticas com os intermediários da reação entre elas (Figura 10.7). Grande parte dos grupos químicos que

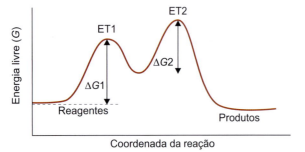

Figura 10.7 Perfil da coordenada de reação para uma reação enzimática acelerada por catálise covalente. Notar as duas barreiras de energia de ativação ($\Delta G1$ e $\Delta G2$). As energias dos estados de transição (ET1 e ET2) variam conforme a reação, ou seja, em dada reação, ET1 pode ser maior que ET2 e vice-versa.

atuam na catálise ácido-base também está presente formando sítios ativos em enzimas que realizam a catálise covalente. Isso porque esses grupos químicos apresentam pares de elétrons desemparelhados.

O termo catálise nucleofílica também é empregado para designar a catálise covalente, porque o catalisador é um nucleófilo: um grupo químico rico em elétrons à procura de um nucleófilo, isto é, um centro químico pobre em elétrons (Figura 10.8).

Catálise por íons metálicos

As enzimas que apresentam íons metálicos ligados fortemente aos seus sítios ativos são denominadas metaloenzimas. Normalmente, os metais que formam as metaloenzimas são de

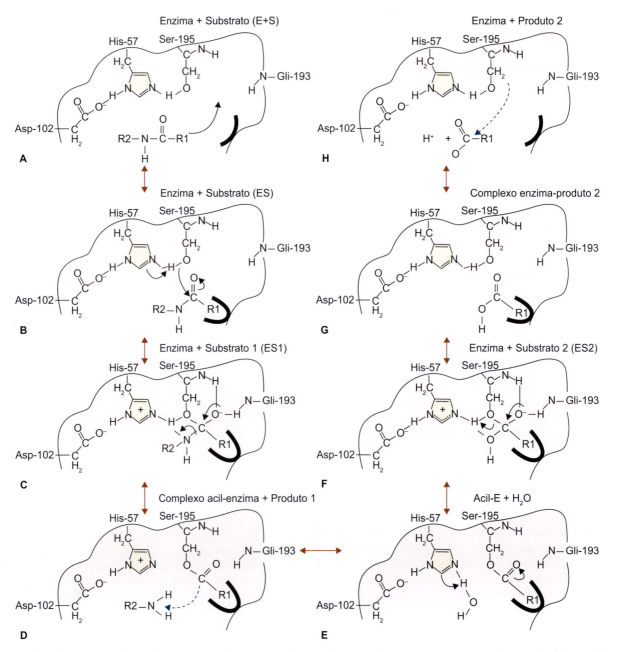

Figura 10.8 A a H. Mecanismo de catálise covalente. O mecanismo de ação de uma serina protease, como a tripsina, quimiotripsina e elastase. Essas enzimas hidrolisam ligações amida das cadeias polipeptídicas. Na interação enzima-substrato, o radical hidroxila do resíduo de serina reage com o carbono carbonílico presente na ligação amida do substrato (**C**). A cisão dá origem a um produto com grupamento amino-terminal (**D**).

transição, como ferro, zinco, cobre e cobalto. Os íons metálicos podem atuar nas reações catalisadas por enzimas, exercendo as seguintes funções:

- Como mediadores de reações de oxirredução, alterando seu estado de oxidação no decorrer da reação catalítica
- Promovendo a reatividade de outros grupos químicos presentes no sítio ativo enzimático por meio de efeitos eletrostáticos
- Fazendo parte do sítio ativo enzimático de maneira efetiva; nesse caso, os íons metálicos normalmente atuam de modo a reduzir ou estabilizar a carga negativa que se desenvolve durante o estado de transição.

Por exemplo, em cinases em que o ATP é doador de grupos fosfato, normalmente há a presença do íon metálico magnésio, um metal que interage com os grupos fosfato do ATP formando um complexo de modo a reduzir sua elevada carga negativa. Os metais são largamente empregados pelas enzimas para mediar reações catalíticas. Cerca de 1/4 de todas as enzimas conhecidas utilizam íons metálicos e há mais de 300 enzimas que usam somente o zinco como cofator, como a anidrase carbônica, cujo mecanismo de ação das metaloenzimas pode ser visto na Figura 10.9.

Cinética, inibição e controle da função enzimática

O entendimento pleno da função enzimática não se restringe apenas ao estudo estrutural dessas moléculas, ao contrário, vai muito além. A enzimologia dispõe de uma instância que aborda a velocidade pela qual uma enzima converte seus respectivos substratos em produtos: a cinética enzimática (do grego *kinetos*, movimento). A cinética enzimática busca, por meio de ferramentas matemáticas, quantificar o grau de eficiência de enzimática. Neste tópico, serão tratados ainda assuntos pertinentes aos mecanismos de inibição enzimática que apresentam extrema relevância clínica, já que muitas funções fisiológicas podem ser ajustadas por meio de medicamentos que são, na verdade, inibidores enzimáticos.

Cinética de Michaelis-Menten

A instância da enzimologia que trata especialmente do estudo da velocidade das reações. A análise da cinética de uma dada enzima possibilita avaliar os pormenores do seu mecanismo catalítico, o seu papel no metabolismo, os mecanismos de controle da sua atividade no ambiente celular e as maneiras pelas quais essa enzima pode ser inibida ou ter sua atividade potencializada. Em 1903, Victor Henri (1872-1940) propôs que a formação do complexo enzima-substrato [ES] constituiria um passo obrigatório para a catálise. Essa ideia foi posteriormente ampliada por Leonor Michaelis (1875-1949) e sua aluna de pós-doutorado Maud Menten (1879-1960), em 1913. Eles propuseram que, inicialmente, a enzima interage reversivelmente com o seu substrato e que esse passo da reação é relativamente rápido. Nesse sentido, foram capazes de expressar matematicamente que a velocidade de catálise enzimática aumenta conforme o aumento da concentração de substrato até que um ponto ótimo seja alcançado. Essa equação matemática é hoje conhecida como equação de Michaelis-Menten.

$$E + S \underset{K_{-1}}{\overset{K_1}{\rightleftharpoons}} ES \quad (1)$$

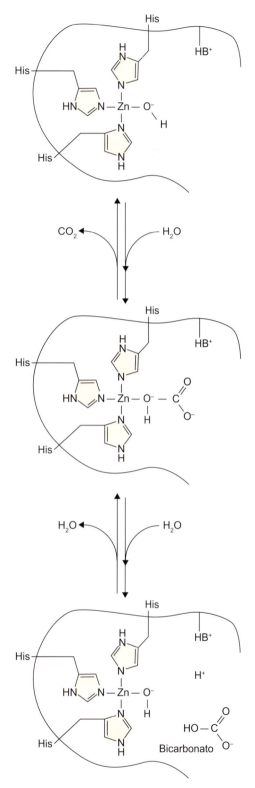

Figura 10.9 O mecanismo de ação da anidrase carbônica ilustra o modo de atuação de uma metaloenzima. A anidrase carbônica catalisa a conversão de ácido carbônico em bicarbonato e um próton de hidrogênio. Essa reação ocorre nas células canaliculares pancreáticas responsáveis pela secreção hidrelática, nos eritrócitos para liberação de CO_2 nos pulmões e em osteoclastos no processo de reabsorção óssea. Notar que o Zn^{+2} está tetracoordenado por três histidinas e um grupo hidroxila, e este resulta de uma molécula de água facilmente dissociada pelo Zn^{+2}. O íon hidroxila é um forte hidrófilo, atacando e transferindo-se para o CO_2; finalmente, uma nova molécula de água liga-se ao íon zinco.

Em que: K_1 representa a constante de velocidade de segunda ordem, enquanto K_{-1} é a constante de velocidade de primeira ordem só que da dissociação de ES de volta a E + S. Subsequentemente, o complexo [ES] se desfaz e ocorre o aparecimento de P, produto, + E, enzima livre. Essa fase é mais lenta quando comparada à primeira, e K_2 representa na equação a constante de velocidade de primeira ordem.

$$[ES] \xrightarrow{K_2} P \quad (2)$$

Em qualquer momento da reação, a enzima existe em duas formas, o estado livre E e o estado ligado ES. Em sistemas com baixas concentrações de substrato, a forma enzimática predominante é E, ou seja, a forma livre. À medida que a concentração de S aumenta, o equilíbrio é deslocado para maior formação de ES e, segundo a equação (1), a velocidade de catálise também aumenta. A velocidade máxima da reação ($V_{máx}$) será alcançada quando não mais houver enzimas livres, mas tão somente ES; nesse caso, ocorreu "saturação enzimática", ou seja, a forma E (enzima livre) é desprezível. Michaelis e Menten mostraram matematicamente que, à medida que as reações catalisadas por enzimas são saturáveis, sua velocidade de catálise não descreve uma resposta linear diante do aumento da concentração de substrato. Quando a relação velocidade da reação/concentração de substrato é lançada em um eixo de ordenada e abscissa, respectivamente, obtém-se uma curva hiperbólica que mostra que a velocidade da reação (V) aumenta concomitantemente à concentração do substrato [S] até alcançar um valor ótimo em que a velocidade da enzima é máxima ($V_{máx}$; Figura 10.10). A reação global, ou seja, a formação do produto P, pode ser assim expressa:

$$E + S \underset{K_{-1}}{\overset{K_1}{\rightleftharpoons}} ES \xrightarrow{K_2} E + P \quad (3)$$
$$\underbrace{}_{\text{Passo catalítico}}$$

O complexo ES pode sofrer reações nos dois sentidos, isto é, pode ocorrer a conversão de S em produto dando origem ao complexo EP ou ES pode se dissociar formando novamente E + S.

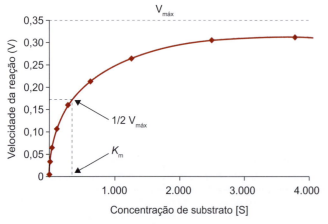

Figura 10.10 Gráfico de Michaelis-Menten. A concentração de substrato aumenta progressivamente sem que a concentração de enzimas sofra mudanças. A curva hiperbólica é uma função matemática que mostra que os valores iniciais aumentam rapidamente até alcançar um platô. O platô da curva indica que, ainda que a concentração de substrato aumente, a velocidade de catálise enzimática permanece a mesma, ou seja, houve saturação enzimática.

A formação de ES com base em E + P, ou seja, a reação reversa em que o produto volta a ser substrato, não foi considerada porque nesse caso assume-se que a conversão de substrato em produto é uma via irreversível, assim não há representação para essa reação bimolecular. Pode-se exprimir a equação que descreve a velocidade de formação do produto da seguinte maneira:

$$V = K_2 [ES] \quad (4)$$

Michaelis e Menten mostraram que, se o valor de K_2 for menor que K_{-1} (chamada aproximação de equilíbrio), pode obter-se a seguinte equação:

$$V = \frac{V_{máx} \cdot [S]}{K_m + [S]} \quad (5)$$

Essa é a equação de Michaelis-Menten, constituindo-se a base da maior parte da cinética enzimática monossubstrato. As variáveis $V_{máx}$ e K_m são específicas para cada enzima em condições adequadas de pH e temperatura. A constante de Michaelis (K_m) é definida como a concentração para a qual a velocidade da reação enzimática é metade de $V_{máx}$, e seu valor indica o grau de eficiência pelo qual uma enzima processa seu substrato convertendo-o em produto (Figura 10.10). Quanto menor for o valor de K_m, maior será a afinidade da enzima por seu substrato. Se o passo de determinação da velocidade for lento, quando comparado à dissociação do substrato ($K_2 \ll K_{-1}$), então a constante de Michaelis K_m é aproximadamente a constante de dissociação do complexo ES, embora tal situação seja relativamente rara. A relevância da K_m de uma enzima por seu substrato é ilustrada pelo exemplo das isoenzimas hexocinase, que catalisam a reação de incorporação de um grupo fosfato no carbono 6 da glicose. A hexocinase eritrocitária chama-se hexocinase-1 e apresenta K_m para a glicose de aproximadamente 0,5 mM, enquanto a hexocinase hepática chama-se glicocinase e tem K_m de 5 a 6 mM. Dessa maneira, a hexocinase-1 é mais eficiente em processar seu substrato quando comparada à sua isoforma glicocinase hepática. Essa diferença ocorre porque os eritrócitos são absolutamente dependentes da metabolização da glicose em seu meio intracelular para obtenção de ATP. Assim, mesmo em condições em que os níveis plasmáticos de glicose estejam reduzidos (p. ex., como ocorre no jejum) os eritrócitos conseguem fosforilar a glicose por causa do baixo K_m da hexocinase-1. De fato, mesmo em baixas concentrações de glicose, a hexocinase-1 apresenta valores de fosforilação próximos a $V_{máx}$. Em contrapartida, o K_m de 5 mM da glicocinase hepática possibilita altas taxas de fosforilação da glicose em condições de hiperglicemia e redução em condições de hipoglicemia. Isso possibilita que o fígado seja capaz de armazenar glicose na forma de glicogênio ou triacilgliceróis.

Constante de catálise

Parâmetro que fornece a eficiência de catálise de uma dada enzima, ou seja, a velocidade com que o complexo ES origina P. Define-se esse valor como a constante de catálise (K_{cat}) ou *turnover*, que exprime o valor máximo de reações enzimáticas catalisadas por segundo e pode ser expressa pela seguinte equação:

$$K_{cat} = \frac{V_{máx}}{[E]t}$$

Eficiência de catálise (relação K_{cat}/K_m)

A enzima e seu substrato são duas moléculas em um meio, sujeitas a colisões que, se ocorrerem de modo produtivo, levam à formação de ES e, posteriormente, E + P. A velocidade máxima com que duas moléculas que se difundem livremente e tendem a se colidir em um meio aquoso é de 10^8 $M^{-1}.S^{-1}$. A relação K_{cat}/K_m relaciona a eficiência de catálise enzimática com sua capacidade de interagir com o substrato e fornece uma grandeza chamada *constante de especificidade*. Em suma, o valor de K_{cat}/K_m exprime a capacidade global de a enzima converter substrato em produto de maneira mais clara que K_{cat} ou K_m isoladamente. Valores elevados da relação K_{cat}/K_m refletem alta afinidade da enzima por seu substrato, por exemplo, a superóxido dismutase, uma enzima antioxidante que catalisa a dismutação do superóxido em oxigênio e peróxido de hidrogênio e apresenta valor de K_{cat}/K_m de 7×10^8 $M^{-1}.S^{-1}$, valor igual ao com que duas moléculas tendem a se colidir livremente em meio aquoso (10^8 $M^{-1}.S^{-1}$). Admite-se que enzimas com esse desempenho tenham alcançado a perfeição catalítica.

Representação da função enzimática | Gráfico de Lineweaver-Burk

A determinação dos valores exatos de K_m e $V_{máx}$ com base no gráfico originado pela equação de Michaelis-Menten é imprecisa porque a curva sigmoide decorrente da equação é pouco prática para a observação rápida desses parâmetros. Desse modo, a equação de Michaelis-Menten pode ser matematicamente arranjada de modo a produzir um gráfico com uma linha reta de expressão y = mx + b. Nessa representação gráfica, o valor de $-1/K_m$ é obtido quando a linha reta intercepta o eixo das abscissas, enquanto $1/V_{máx}$ é alcançado no ponto em que a linha reta atravessa o eixo das ordenadas (Figura 10.11). O gráfico de Lineweaver-Burk é bastante útil quando se deseja demonstrar e distinguir as formas de inibição enzimática. Inibidores competitivos alteram $-1/K_m$, mas não os valores de $1/V_{máx}$. De fato, a representação de um inibidor competitivo sobre a função enzimática em um gráfico de Lineweaver-Burk mostra que a reta intercepta o eixo das abscissas em um ponto diferente quando comparada à reta da enzima na ausência do inibidor.

Regulação da função enzimática

Condição essencial sem a qual o metabolismo não pode ser plenamente entendido. A capacidade de alterar a velocidade de uma dada via metabólica está intimamente relacionada com a habilidade de inibir ou estimular enzimas envolvidas em etapas limitantes dessa via. Os mecanismos de regulação da atividade enzimática podem ser organizados em três classes gerais. A primeira trata do controle da disponibilidade de enzimas, realizado sobre as velocidades de síntese e de degradação de enzimas, que se reflete em sua concentração intracelular. Um segundo mecanismo inclui a regulação feita por meio de substâncias que interagem reversivelmente com o sítio ativo enzimático. Finalmente, a terceira forma de regulação da atividade enzimática envolve modificações na estrutura enzimática que provocam alterações na velocidade catalítica da enzima.

Enzimas alostéricas

Constituídas de múltiplas subunidades e centros ativos, são reguladas por modificações não covalentes. Elas são encontradas em quase todas as vias metabólicas e geralmente catalisando uma reação irreversível localizada no início da via.

Quanto à sua estrutura, são oligoméricas, ou seja, compostas de várias cadeias polipeptídicas, cada uma com um sítio ativo. A ligação do substrato ao sítio ativo de uma das subunidades afeta a conformação espacial das demais, facilitando a ligação dos demais substratos a sítios ativos, ou seja, a ligação dos demais substratos torna-se cooperativa. As enzimas alostéricas são um dos tipos de enzimas que não podem ser explicadas pelo modelo de Michaelis-Menten. Frequentemente, exibem gráficos sigmoides da velocidade da reação V_o *versus* concentração de substrato [S], em vez de gráficos hiperbólicos previstos pela equação de Michaelis-Menten (Figura 10.12). As enzimas alostéricas são sensíveis reguladores do metabolismo, porque, ao se ligarem a determinados metabólitos celulares, sua atividade sofre grandes alterações.

Esses metabólitos também podem ser chamados de efetuadores ou moduladores alostéricos, e ser positivos (aumento da velocidade de reação) ou negativos (redução da velocidade de reação), de acordo com o seu efeito.

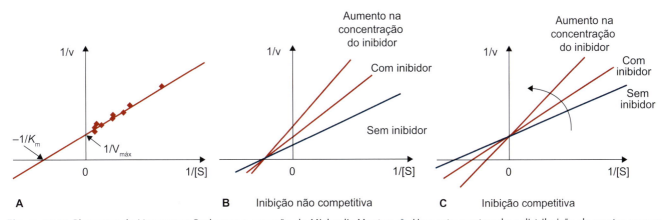

Figura 10.11 Plotagens de Lineweaver-Burk para a equação de Michaelis-Menten. **A.** Uma reta mostrando a distribuição de pontos que se obtém para a construção do gráfico. Os locais de intersecção da linha com os eixos das abscissas e ordenadas dão, respectivamente, os valores de $-1/K_m$ e $1/V_{máx}$. **B.** Presença de um inibidor não competitivo provoca intersecções em pontos diferentes no eixo das abscissas, mas as linhas cruzam o eixo das ordenadas no mesmo ponto. **C.** Gráfico mostrando a inibição competitiva. Nota-se que as retas cruzam o eixo das abscissas no mesmo ponto, embora cruzem o eixo das ordenadas em pontos diferentes.

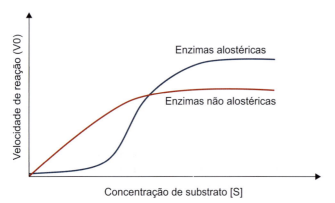

Figura 10.12 Perfil de cinética enzimática de uma enzima alostérica (linha azul) e uma enzima não alostérica (linha vermelha). Nota-se que enzimas alostéricas apresentam uma curva sigmoide da concentração de substrato sobre a velocidade da reação, enquanto as não alostéricas mostram curvas hiperbólicas.

Portanto, os moduladores alostéricos podem atuar tanto como inibidores quanto ativadores da reação enzimática. Na maioria das vias metabólicas, é comum que o produto final atue como modulador alostérico negativo da enzima que catalisa as primeiras reações da via. Assim, quando a concentração desse produto fica aumentada, ele agirá como um inibidor alostérico, diminuindo a velocidade da via e a sua própria produção. Esse mecanismo é denominado inibição por retroalimentação ou *feedback*. Caso o produto final comece a ser consumido e, consequentemente, sua concentração diminua, ele deixará de inibir a via, fazendo assim com que esta tenha a sua velocidade aumentada. Esse sistema fino de ajuste da cinética das enzimas alostéricas as torna entidades eficientes na regulação do metabolismo.

Regulação da atividade enzimática

Modificações covalentes | Fosforilação

As modificações covalentes são formas bastante eficientes de regular a atividade enzimática. A modificação covalente pode resultar no aumento ou na diminuição da atividade enzimática. Um processo muito comum e importante de modificação covalente enzimática é o que envolve a adição ou a remoção de grupos fosfato em determinados resíduos de aminoácidos, como serina ou tirosina, processo esse conhecido por fosforilação ou desfosforilação enzimática. A fosforilação depende de enzimas que transferem grupos fosfato a esses resíduos, ou seja, enzimas cinase, enquanto a remoção dos grupos fosfato fica a cargo das proteínas fosfatases. Um exemplo bastante rico para ilustrar a regulação enzimática pela fosforilação é a enzima glicogênio fosforilase, envolvida com a hidrólise do glicogênio hepático e intramuscular. Nesse caso, a forma ativa da enzima é a fosforilada, enquanto a forma desfosforilada é inativa. As duas formas (fosforilada e desfosforilada) podem ser interconvertidas uma na outra pela ação de cinases fosfatases. Essa regulação da atividade enzimática e, consequentemente, de uma dada via metabólica, pela modificação covalente de uma enzima da via, envolve a ação dos hormônios glucagon e insulina. O primeiro inicia os eventos que conduzem à fosforilação do glicogênio fosforilase, enquanto o segundo leva à desfosforilação da enzima (Figura 10.13).

Alterações na quantidade de enzimas

O ajuste da quantidade de proteínas por parte das células é dinâmico e ocorre a todo o momento com o propósito de atender às demandas metabólicas. A quantidade de enzimas pode ser ajustada pelos tecidos e pelas células por meio de diferentes formas, como pela síntese de enzimas. A síntese enzimática segue os passos pertinentes à síntese de qualquer proteína, ou seja, inicia-se com o processo de transcrição gênica originando uma molécula de RNAm como produto. Esse RNAm é posteriormente traduzido pelo aparelho ribossômico. A velocidade de síntese enzimática nesse caso é determinada pelo aumento da expressão gênica (indução) ou sua redução (repressão). Esse mecanismo de regulação da quantidade de enzimas é demorado e ocorre em intervalos de tempo que compreendem horas ou dias. Outra maneira de regular a concentração intracelular de enzimas é sua degradação, já que nas células as proteínas são continuamente sintetizadas e degradadas, ou seja, renovadas (*turnover*). Existe uma ampla variedade de proteases na célula para realizar essa atividade. Os lisossomos, participam ativamente no processo de degradação intracelular de proteínas, incluindo enzimas. Nesse caso, as enzimas são envolvidas por membrana celular que se funde aos lisossomos, cujo conteúdo é rico em catepsinas, enzimas especializadas na

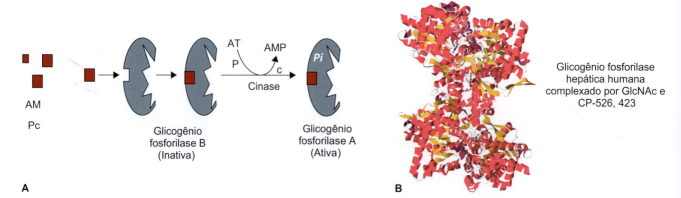

Figura 10.13 A. Ativação da enzima glicogênio fosforilase hepática por meio de AMPc e fosforilação. O AMPc é um modulador alostérico, ligando-se a um sítio próprio que não é o sítio catalítico. A fosforilação pode ocorrer antes do acoplamento do AMPc, mas, independentemente de qual desses eventos aconteça primeiro, um facilita a ação do próximo, ou seja, a interação do AMPc, por exemplo, torna a enzima mais suscetível à fosforilação. O glicogênio fosforilase cliva as ligações α-1,4 da molécula do glicogênio. **B.** Modelo espacial da molécula de glicogênio fosforilase. Código PBD: 1EM6.

degradação de outras proteínas. O resultado é a formação de aminoácidos livres que são novamente incorporados ao *pool* de aminoácidos intracelulares. Outra forma de degradação intracelular de enzimas se dá pela via ubiquitina-proteassoma. O proteassoma é um complexo proteico com forma de um cilindro apresentando na parte interna vários sítios de proteólise. O proteassoma degrada proteínas intracelulares previamente marcadas, cuja marcação é feita pela ubiquitina, uma proteína de 76 resíduos de aminoácidos na cadeia, altamente conservada na cadeia evolutiva. A ubiquitina é ligada covalentemente à proteína a ser degradada e essa operação envolve gasto de ATP. Um sistema de três enzimas participa na união da ubiquitina à proteína: enzima ativadora de ubiquitina, ou enzima E1; enzima de conjugação à ubiquitina ou E2; e enzima ubiquitina proteína ligase ou E3. Inicialmente, o ATP interage com o grupo carboxilato C-terminal da molécula de ubiquitina liberando pirofosfato e a ubiquitina une-se ao grupo sulfidrila de uma cisteína em E1; trata-se, portanto, de uma ligação tioéster. Subsequentemente, a ubiquitina é transferida a um grupo sulfidrila de E2 e, finalmente, E3 catalisa a transferência da ubiquitina de E2 para uma amina ε da proteína-alvo. Muitas vezes, a proteína-alvo é poliubiquitinada, ou seja, várias moléculas de ubiquitina são conectadas umas às outras formando verdadeiras cadeias.

A proteína-alvo ubiquitinada é, então, movida para o interior do proteassoma, uma operação que requer gasto de ATP. As moléculas de ubiquitina não sofrem degradação pelo proteassoma, ao contrário, são recicladas e reutilizadas para marcação de outras proteínas a serem degradadas. A ubiquitinação de uma dada proteína intracelular é determinada por sua meia-vida, que está diretamente relacionada com a presença de determinados aminoácidos em sua porção aminoterminal, uma condição chamada "regra do N-terminal". Por exemplo, a presença de um resíduo de metionina na porção N-terminal faz com que a meia-vida de uma proteína intracelular seja de aproximadamente 20 h, enquanto um resíduo de arginina nessa mesma posição faz com que o tempo de meia-vida caia para 2 min. Assim, a presença de um aminoácido estabilizador como a metionina reduz a probabilidade de ubiquitinição da proteína, aumentando assim seu tempo de meia-vida. Em contrapartida, resíduos desestabilizadores, como a arginina ou a leucina, reduzem a meia-vida da proteína porque aumentam sua chance de sofrer ubiquitinição. A identificação desses resíduos aminoterminais é feita pela enzima E3, que realiza o trabalho de "ler" a sequência aminoterminal.

Inibição enzimática

Designa-se inibidor enzimático qualquer substância capaz de reduzir a atividade enzimática, como medicamentos, conservantes de alimentos ou mesmo venenos. Os mecanismos de inibição enzimática podem ser separados em dois grandes grupos de acordo com a afinidade de interação entre o inibidor e a enzima: inibidores reversíveis e inibidores irreversíveis. Os inibidores reversíveis são aqueles que interagem com a enzima de modo não covalente, e sua dissociação da enzima possibilita que esta retome sua função normalmente (Figura 10.14). Já o inibidor irreversível se caracteriza por promover alterações

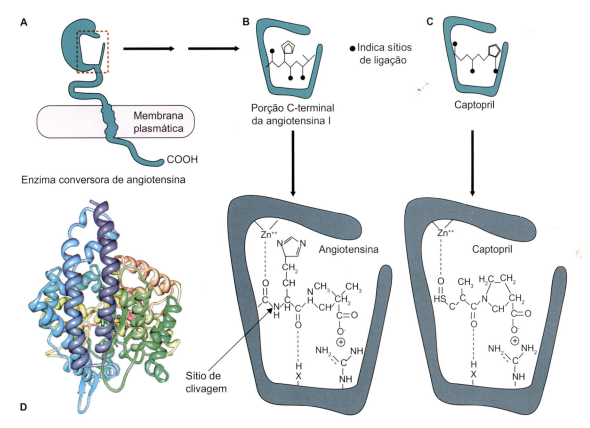

Figura 10.14 A. Sítio ativo da enzima conversora de angiotensina (ECA), que converte a angiotensina I em angiotensina II por meio da clivagem de um dipeptídeo terminal da angiotensina I. **B.** Interação da ECA com a angiotensina I, a seta indica a região da clivagem. **C.** Ligação do inibidor da ECA (captopril), que é um análogo do dipeptídeo terminal da angiotensina I. Nota-se a semelhança estrutural entre o substrato (angiotensina) e o inibidor (captopril). **D.** Modelo espacial da ECA. Código PDB: 1086.

químicas na estrutura da enzima inativando-a permanentemente. Os inibidores reversíveis podem ser classificados em competitivo, não competitivo e incompetitivo. Outra forma de inibição enzimática presente em muitas vias metabólicas é a inibição enzimática pelo produto, caso em que o produto de uma enzima pode inibir a própria enzima ou outra enzima da cadeia metabólica.

Inibição enzimática pelo produto. Em alguns casos, o produto da reação enzimática pode apresentar estrutura similar à do substrato e interagir com o sítio ativo da enzima promovendo inibição. Nesse caso, o grau de inibição enzimática é proporcional à concentração do produto, ou seja, à medida que a concentração do produto aumenta, a reação vai sendo progressivamente inibida. A inibição pelo produto não ocorrerá se o produto capaz de causar a inibição for removido do meio. Por exemplo, em uma via metabólica, normalmente o produto de uma enzima atua como substrato da enzima subsequente, então, se outra enzima metabolizar o "produto inibidor", a inibição não ocorrerá.

Inibição competitiva. É aquela em que o inibidor compete com o substrato pelo sítio ativo enzimático, ligando-se a ele de modo reversível. Nesse caso, o inibidor deve ser estruturalmente similar ao substrato para poder interagir com o sítio ativo (Figura 10.15). A formação do complexo enzima-inibidor é cataliticamente inativa. A probabilidade de o inibidor acoplar-se ao sítio ativo é diretamente proporcional à sua concentração no meio. Como o substrato e o inibidor competem entre si pelo sítio ativo, o aumento da concentração do substrato é capaz de deslocar o inibidor por meio da ação das massas. Um exemplo de inibição competitiva envolve a enzima desidrogenase alcoólica hepática, a qual metaboliza o álcool a acetaldeído e, posteriormente, a acetato (Figura 10.16). A inibição competitiva é a maneira mais comum de inibição enzimática reversível e pode ser representada no gráfico de Michaelis-Menten. A Figura 10.16 mostra uma curva que é resultado de uma reação enzimática na presença de um inibidor em virtude da concentração de substrato. Nota-se que na presença do inibidor o valor de K_m parece aumentar. Isso mostra que a finidade da enzima pelo substrato parece diminuir. O que ocorre é que como o inibidor liga-se e desliga-se do sítio ativo enzimático, em alguns momentos o substrato consegue acoplar-se ao sítio ativo da enzima. Na verdade, o inibidor reversível age como um "interferente" na relação de acoplamento enzima-substrato e, por essa razão, a curva desloca-se para a direita. O aumento na concentração do substrato reverte esse efeito, uma vez que mais substratos têm a probabilidade de interagir com a enzima do que os inibidores, ou seja, o substrato desloca o inibidor. Nota-se que o inibidor reversível não interfere em K_{cat}.

Inibição não competitiva. O inibidor interage com um sítio de ligação presente na enzima que não o sítio ativo. Nesse caso, o inibidor promove alterações espaciais na molécula enzimática que se refletem em modificações da estrutura do sítio ativo impedindo a interação do substrato. Diferentemente da inibição competitiva, o aumento do substrato não reverte a inibição. Nessa situação, formam-se complexos enzima-inibidor e enzima-inibidor-substrato, ambos cataliticamente inativos.

Inibição irreversível. Ocorre quando o inibidor forma um complexo tão estável com a enzima que sua dissociação não é mais possível. Substâncias que promovem alterações covalentes envolvendo resíduos de aminoácidos do sítio ativo podem atuar como inibidores irreversíveis. Nesse caso, formam-se tanto complexos inibidor-enzima quanto inibidor-enzima-substrato, ambos cataliticamente inativos. Na inibição irreversível, o inibidor age como um elemento inativador enzimático, uma vez que sua interação com a enzima é tão estável que bloqueia permanentemente a atividade enzimática.

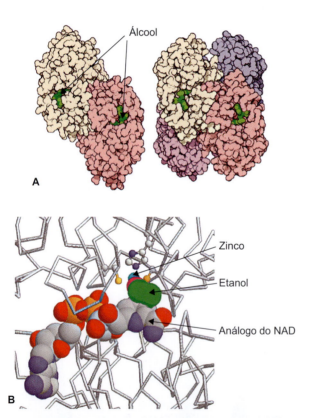

Figura 10.15 Estrutura da enzima álcool desidrogenase, homotetramérica da classe das oxidorredutases, que utiliza zinco para posicionar o grupo alcoólico do etanol e necessita de nicotinamida adenina dinucleotídeo (NAD) como cofator. Observa-se como o átomo de zinco, mostrado em azul, é envolvido por três resíduos de aminoácidos: cisteína 46 à esquerda, cisteína 174 à direita, e histidina 67 acima. O etanol liga-se ao zinco e está posicionado ao lado do cofator NAD, que se estende abaixo da molécula de etanol. Uma versão ligeiramente modificada do NAD foi utilizada na análise da estrutura, possibilitando que a enzima não atacasse de imediato a molécula de etanol. Código PDB: 1HTB.

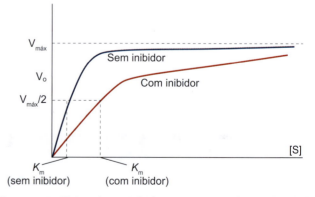

Figura 10.16 Efeitos de um inibidor competitivo sobre a velocidade de ação enzimática. A curva vermelha representa a reação na presença do inibidor. Nota-se que o valor de K_m aumenta porque o inibidor compete com o substrato pelo sítio ativo enzimático. Contudo, o valor de K_{cat} não se modifica. De fato, em altas concentrações de substrato, V_o se aproxima de $V_{máx}$.

Bioclínica

Enzimologia clínica

O ambiente em que as enzimas atuam é o meio intracelular, de modo que sua concentração no plasma tende a ser baixa podendo aumentar em condições em que há lesão celular. Nesse caso, as enzimas inicialmente compartimentalizadas no meio intracelular ganham o plasma em decorrência da lise celular ou mesmo do aumento da permeabilidade celular. Uma segunda causa do aumento plasmático de enzimas é a síntese aumentada por parte das células com consequente exportação do excesso de enzimas para o plasma. O doseamento de enzimas plasmáticas constitui uma importante ferramenta no diagnóstico, prognóstico e acompanhamento terapêutico em diversas morbidades, sobretudo as hepáticas, cardiovasculares, ósseas, pancreáticas e musculares. O doseamento enzimático no plasma possibilita ainda conhecer a extensão e a gravidade de determinados processos patológicos, ou mesmo o diagnóstico diferencial entre duas morbidades, com consequente maior eficácia no tratamento. De fato, cerca de 20 a 25% dos exames laboratoriais realizados são dosagens enzimáticas, por isso conhecer as enzimas clinicamente importantes e suas relações com processos patológicos é condição indispensável para o clínico moderno.

Distribuição órgão-específica de enzimas

Há, para certas enzimas, diferenças marcantes de atividade entre diferentes tecidos e órgãos. Por exemplo:

- Creatinina cinase (CPK): ocorre principalmente no músculo estriado
- Alanina transaminase (AST): ocorre principalmente no fígado
- Lactato desidrogenase (LDH): tem ampla distribuição entre tecidos – baixa especificidade.

Isoenzimas

São enzimas com funções idênticas, mas que têm pequenas diferenças estruturais. São reconhecidas imunologicamente e identificáveis pela sua decomposição em subunidades. São mais específicas para tecidos, órgãos e organelas de uma só espécie de ser vivo. Por exemplo:

- CPK: há 3 isoenzimas:
  - MM específica para musculatura esquelética
  - MB mais específica para coração
  - BB específica para tecido nervoso.

As isoenzimas podem se detectadas isoladamente em alguns casos, o que aumenta muito a sua especificidade e, portanto, utilidade no diagnóstico de certas doenças. As principais enzimas dosadas em laboratórios de diagnóstico clínico, assim como suas siglas, estão apresentadas na Tabela 10.3.

Tabela 10.3 Principais enzimas dosadas em laboratórios de análises clínicas.

Nome	Condições em que há aumento no plasma
Amilase (AMS) Lipase (LP)	Pancreatite aguda
Aldolase (ALD) Creatinina fosfotransferase (CPK) Desidrogenase láctica (LDH)	Doenças musculares
Alanina amino-transferase ou transaminase glutâmico pirúvica (ALT/TGP/GPT) Lactato desidrogenase (LD) γ-glutamiltransferase (GGT) γ-glutamitranspeptidase (GGTP) 5´nucleotidase (5´NT)	Doenças hepáticas
Colinesterase (CHE)	Exposição a inseticidas organofosforados
Creatinina cinase (CK) Desidrogenase láctica (LDH1)	Infarto do miocárdio
Fosfatase ácida (ACP/FAC/PACP)	Câncer da próstata com metástase
Fosfatase alcalina (ALP/FALC)	Doenças hepáticas e ósseas
γ-glutamiltransferase (GGT) γ-glutamiltransferase transpeptidase (GGTP)	Colestase

Resumo

Introdução

Enzimas são catalisadores biológicos, aumentam a velocidade das reações químicas no organismo e, embora sua grande maioria seja composta por proteínas, existe a molécula de RNA com atividade catalítica, a ribozima. As enzimas não sofrem alterações e não são consumidas durante a reação de catálise, sendo capazes de aumentar a velocidade das reações em no mínimo 10^6 vezes. As moléculas que sofrem a ação enzimática são chamadas de substratos e as substâncias produzidas em decorrência da reação são os produtos. Como todo catalisador, as enzimas agem de modo a reduzir a energia de ativação para uma dada reação, e, como resultado disso, os produtos são formados mais rapidamente.

Nomenclatura e classificação

Grande parte das enzimas foi nomeada adicionando-se o sufixo "ase" a seu substrato. Proteases, por exemplo, são enzimas que degradam proteínas. Outras enzimas foram nomeadas antes mesmo que sua reação de catálise fosse plenamente conhecida, como é o caso da tripsina e da pepsina. No entanto, a International Union of Biochemistry and Molecular Biology (IUBMB) sugeriu a divisão das enzimas em seis classes, cada uma com diversas subclasses envolvendo o tipo de reação catalisada (ver Tabela 10.1). Para cada enzima, são atribuídos quatro números e um nome sistemático que indica a reação que ela catalisa. Por exemplo, a enzima urease recebe o nome de ureia amido-hidrolase e tem a seguinte classificação: EC 3.5.1.5 (em que: EC – classificação enzimática; 3 – classe das hidrolases; 5 – subclasse das hidrolases que quebram ligações C-N; 1 – subclasse das hidrolases que quebram ligações C-N em amido linear; 5 – número de ordem da enzima). Na Tabela 10.1, é possível observar a classificação internacional das enzimas, segundo normas preconizadas pela IUBMB e as reações que elas catalisam.

Sítio ativo ou centro ativo

Sítio ativo é formado por poucos resíduos de aminoácidos e é o local da enzima em que de fato ocorre a reação de catálise, no qual a enzima interage com o substrato. Em todas as enzimas cuja estrutura espacial é conhecida, os sítios ativos apresentam o formato de uma fenda ou fresta originando um ambiente hidrofóbico. A água só estará presente no sítio ativo se for reagente na reação, do contrário, os sítios ativos tendem a ser ambientes apolares, o que possibilita eficiência na interação enzima-substrato e no processo de catálise. As interações enzima-substrato ocorrem por meio de forças de van der Waals, atrações eletrostáticas, pontes de hidrogênio e forças hidrofóbicas.

Grupo prostético enzimático

Um grupo prostético é um componente de natureza não proteica essencial para a atividade bioquímica dessas proteínas. Os grupos prostéticos podem ser orgânicos ou inorgânicos (ver Tabela 10.2). Os grupos prostéticos são um subgrupo de cofatores; ao contrário das coenzimas, encontram-se ligados de modo permanente à proteína. Uma proteína despojada do seu grupo prostético é uma apoproteína ou apoenzima, enquanto a proteína unida ao seu grupo prostético recebe a nominação de holoproteína. Os grupos prostéticos interagem com o centro ativo para promover a reação de catálise.

Aspectos termodinâmicos da função enzimática

A reação enzimática altera a velocidade das reações, mas não interfere no equilíbrio das reações. As reações enzimáticas podem ser representadas por gráficos de *coordenadas de reação*, que exprimem a variação da energia com a progressão da reação. Nessa representação, é possível verificar a energia necessária para converter o substrato (S) em produto (P). O equilíbrio entre S e P reflete a diferença entre as energias livres de seus estados basais. Quando a energia livre dos produtos (P) é menor que a dos substratos (S), desse modo, ΔG (variação de energia livre) para a reação é negativa e a termodinâmica favorece a formação de produtos. A conversão do substrato em produto implica a transposição de uma barreira energética (Figura R10.1). As enzimas reduzem a energia de ativação e tornam possível a conversão de substratos em produtos.

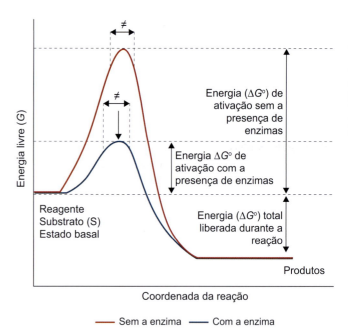

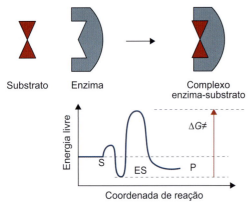

A Enzima complementar ao substrato

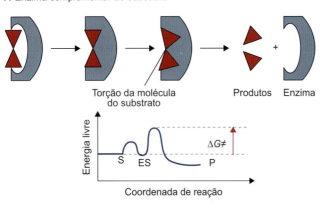

B Enzima não complementar ao substrato, mas sim ao estado de transição

Figura R10.1 Cisão de uma molécula imaginária por uma enzima também imaginária. **A.** Enzima exatamente complementar ao seu respectivo substrato. Nesse caso, as interações entre enzima e substrato são tão fortes que a enzima não consegue liberar energia para conduzir o substrato acima da barreira energética necessária à cisão da molécula. **B.** Enzima não se liga ao substrato de modo pleno e apenas alguns sítios de interação ocorrem em um primeiro momento; essas primeiras interações elevam o substrato ao estado de transição (curvatura do substrato imaginário); posteriormente, outras interações entre enzima e substrato ocorrem possibilitando a cisão da molécula do substrato. Abaixo das figuras, é possível observar os respectivos gráficos de coordenadas de reação.

Figura R10.2 Diagrama de coordenada de reação para uma dada reação enzimática na presença e na ausência de enzima, respectivamente. Notar que a enzima reduz a energia de ativação para que a reação ocorra. Indica processo de ativação.

Desnaturação enzimática

A desnaturação é um processo que ocorre em moléculas biológicas, sobretudo proteínas, quando expostas a condições ou meios diferentes daqueles em que exercem suas funções. As enzimas, sendo proteínas, estão sujeitas aos mesmos agentes desnaturantes que as proteínas (Figura R10.3).

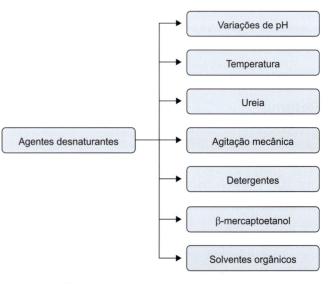

Figura R10.3 Agentes desnaturantes das enzimas.

Interação enzima-substrato

As enzimas não podem ser inteiramente complementares ao seu substrato. A hipótese da "chave-fechadura" oferece uma boa ideia da interação enzima-substrato em um primeiro momento. Contudo, a enzima não pode ser inteiramente complementar ao seu substrato porque essa interação exata, tal qual uma chave-fechadura, estabilizaria de tal modo o substrato que a reação seria inviável, ou seja, o substrato não se desligaria da enzima. A interação entre enzima e substrato deve elevar o substrato ao estado de transição, possibilitando sua conversão em produto e, posteriormente, essas interações químicas devem se desfazer, para que seja possível a enzima se desligar do produto (Figura R10.2). Assim, o modelo de "encaixe induzido" propõe modificações ao modelo chave-fechadura, tornando possível explicar, por exemplo, de que maneira um centro ativo, que acomoda perfeitamente o substrato, também é capaz de acomodar os produtos antes de serem liberados pela enzima.

Regulação da atividade enzimática por modificações covalentes | Fosforilação

A modificação covalente pode resultar no aumento ou na diminuição da atividade enzimática. Um processo bastante comum e importante de modificação covalente enzimática é o que envolve a adição ou remoção de grupos fosfato em determinados resíduos de aminoácidos, como serina ou tirosina, processo esse conhecido por fosforilação ou desfosforilação enzimática. A fosforilação depende de enzimas que transferem grupos fosfato a esses resíduos, ou seja, enzimas cinase, enquanto a remoção dos grupos fosfato fica a cargo das proteínas fosfatases.

Mecanismos químicos de catálise enzimática

Existem três mecanismos básicos de catálise utilizados pelas enzimas: ácido-base, covalente e por íon metálico.

Catálise ácido-base. Está presente em quase todos os mecanismos de catálise enzimática e compreende a transferência de um próton entre a enzima e o substrato, de modo a possibilitar que, por meio da transferência de um próton, se origine um estado de transição molecular mais estável, logo de menor energia do que o estado inicial, o que facilita a formação do produto. Na catálise ácida, o catalisador atua como um ácido ao doar um próton, mas, na catálise básica, o catalisador aceita um próton.

Catálise covalente. A catálise covalente envolve o ataque nucleofílico ou eletrofílico de um radical do sítio catalítico sobre o substrato, ligando-o covalentemente à enzima e induzindo a sua transformação em produto. Nesse processo, ocorre com frequência a participação de coenzimas. Para que haja a catálise covalente, as seguintes condições devem ser alcançadas: o catalisador deve ter maior reatividade ante o substrato do que o aceptor final; o intermediário, formado entre o catalisador e o substrato, deve ser mais reativo que o substrato; e o intermediário químico formado deve ser termodinamicamente instável (maior energia livre) em relação ao produto final, de maneira que o intermediário não acumule.

Catálise por íons metálicos. As enzimas que apresentam íons metálicos ligados fortemente aos seus sítios ativos são denominadas metaloenzimas. Normalmente, os metais que atuam formando as metaloenzimas são de transição, como, ferro, zinco, cobre e cobalto. Os íons metálicos podem atuar nas reações catalisadas por enzimas exercendo suas funções: como mediadores de reações de oxirredução, alterando seu estado de oxidação no decorrer da reação catalítica; promovendo a reatividade de outros grupos químicos presentes no sítio ativo enzimático por meio de efeitos eletrostáticos; fazendo parte do sítio ativo enzimático de modo efetivo. Nesse caso, os íons metálicos normalmente atuam de modo a reduzir ou estabilizar a carga negativa que se desenvolve durante o estado de transição.

Cinética, inibição e controle da função enzimática

Michaelis e Menten mostraram matematicamente que, à medida que as reações catalisadas por enzimas são saturáveis, sua velocidade de catálise não descreve uma resposta linear diante do aumento da concentração de substrato. Quando a relação velocidade da reação/concentração de substrato é lançada em um eixo de ordenada e abcissa, respectivamente, obtém-se uma curva hiperbólica, que mostra que a velocidade da reação (V) aumenta concomitantemente à concentração do substrato [S] até alcançar um valor ótimo em que a velocidade da enzima é máxima (Figura R10.4).

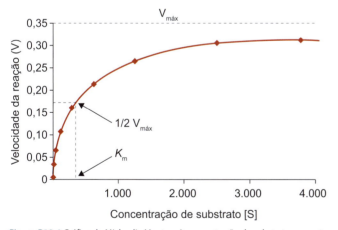

Figura R10.4 Gráfico de Michaelis-Menten. A concentração de substrato aumenta progressivamente sem que a concentração de enzimas sofra mudanças. A curva hiperbólica é uma função matemática que mostra que os valores iniciais aumentam rapidamente até alcançar um platô. O platô do gráfico mostra que, ainda que a concentração de substrato aumente, a velocidade de catálise enzimática permanece a mesma, ou seja, houve saturação enzimática.

Interpretação para o valor de K_m

A constante de Michaelis (K_m) é definida como a concentração para a qual a velocidade da reação enzimática é metade de $V_{máx}$ e seu valor indica o grau de eficiência pelo qual uma enzima processa seu substrato convertendo-o em produto. Quanto menor for o valor de K_m, maior será a afinidade da enzima por seu substrato.

Inibição enzimática

Os mecanismos de inibição enzimática podem ser separados em dois grandes grupos de acordo com a afinidade de interação entre o inibidor e a enzima: inibidores reversíveis e irreversíveis. Os inibidores reversíveis são aqueles que interagem com a enzima de forma não covalente, e sua dissociação da enzima possibilita que esta retome sua função normalmente. Já o inibidor irreversível se caracteriza por promover alterações químicas na estrutura da enzima de forma a inativá-la permanentemente. Os inibidores reversíveis podem ser classificados em competitivo, não competitivo e incompetitivo.

Regulação da função enzimática (enzimas alostéricas)

Enzimas alostéricas são constituídas de múltiplas subunidades e centros ativos e são reguladas por modificações não covalentes. São encontradas em quase todas as vias metabólicas e geralmente catalisando uma reação irreversível localizada no início da via. As enzimas alostéricas são um dos tipos de enzimas que não podem ser explicadas pelo modelo de Michaelis-Menten. A ligação do substrato ao sítio ativo de uma das subunidades afeta a conformação espacial das demais, facilitando a ligação dos demais substratos a sítios ativos, ou seja, a ligação dos demais substratos torna-se cooperativa.

Regulação da função enzimática por alterações na quantidade de enzimas

A quantidade de enzimas pode ser ajustada pelos tecidos e pelas células por meio de diferentes maneiras, como a síntese de enzimas. Esse mecanismo de regulação da quantidade de enzimas é demorado e ocorre em intervalos de tempo que compreendem horas ou dias. Outro modo de regular a concentração intracelular de enzimas é sua degradação. De fato, nas células as proteínas são continuamente sintetizadas e degradadas, ou seja, renovadas (*turnover*).

Exercícios

1. Associe as colunas de modo que cada classe de enzima esteja de acordo com suas respectivas funções:
   a) Oxidorredutases.
   b) Transferases.
   c) Hidrolases.
   d) Liases.
   e) Isomerases.
   f) Ligases.
   ( ) São enzimas que catalisam reações de transferência de elétrons, ou seja: reações de oxirredução. São as desidrogenases e as oxidases.
   ( ) Catalisam reações de hidrólise de ligação covalente. Por exemplo: peptidases.
   ( ) Catalisam reações de formação e novas moléculas com base na ligação entre duas já existentes, sempre à custa de energia (ATP). São as sintetases.
   ( ) Catalisam reações de interconversão entre isômeros ópticos ou geométricos. As epimerases são exemplos.
   ( ) Catalisam a quebra de ligações covalentes e a remoção de moléculas de água, amônia e gás carbônico. As desidratases e as descarboxilases são bons exemplos.
   ( ) Enzimas que catalisam reações de transferência de grupamentos funcionais, como grupos amina, fosfato, acil, carboxil etc. Como exemplo, têm-se as cinases e as transaminases.

2. Michaelis e Menten foram dois pesquisadores que propuseram um modelo para explicar a reação enzimática para apenas um substrato. Com base nesse modelo, as pesquisadoras criaram uma equação que nos possibilita demonstrar como a velocidade de uma reação varia com a variação da concentração do substrato. Faça um modelo do gráfico de Michaelis-Menten e explique-o.

3. Ocorre quando o inibidor liga-se reversivelmente à enzima em um sítio próprio de ligação, podendo estar ligado a ela ao mesmo tempo que o substrato. Esse tipo de inibição depende apenas da concentração do inibidor. O texto refere-se ao seguinte mecanismo de inibição enzimática:
   a) Inibição enzimática irreversível não competitiva.
   b) Inibição enzimática reversível competitiva.
   c) Inibição enzimática competitiva absoluta.
   d) Inibição enzimática reversível não competitiva.
   e) Inibição enzimática covalente.
4. Explique os mecanismos de catálise enzimática ácido-base e por íons metálicos.
5. Explique o significado do valor de K_m para uma dada enzima.
6. Explique o que são e como atuam as enzimas alostéricas.
7. Explique os mecanismos de regulação enzimática.
8. Explique o modelo de interação enzima-substrato chamado encaixe induzido.
9. Explique como se organiza a estrutura do centro ativo enzimático.
10. Explique de que modo a temperatura e o pH podem interferir na atividade enzimática.

Respostas

1. a; c; f; e; d; b.
2. O gráfico de Michaelis-Menten mostra que a concentração de substrato aumenta progressivamente sem que a concentração de enzimas sofra mudanças. A curva hiperbólica é uma função matemática que mostra que os valores iniciais aumentam rapidamente até alcançar um platô. O platô da curva indica que, embora a concentração de substrato aumente, a velocidade de catálise enzimática permanece a mesma, ou seja, houve saturação enzimática.

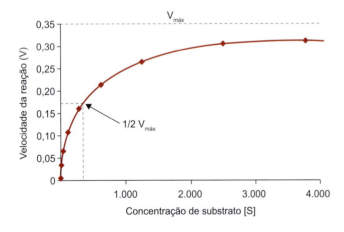

3. Alternativa correta: *d*.
4. A catálise ácido-base compreende a transferência de um próton entre a enzima e o substrato de modo a possibilitar que, por meio da transferência de um próton, se origine um estado de transição molecular mais estável, logo de menor energia do que o estado inicial, o que facilita a formação do produto. Na catálise ácida, o catalisador atua como um ácido ao doar um próton; na catálise básica, o catalisador aceita um próton. Na catálise por íons metálicos, metais como ferro, zinco, cobre e cobalto atuam exercendo funções de mediadores de reações de oxirredução, alterando seu estado de oxidação no decorrer da reação catalítica, promovendo a reatividade de outros grupos químicos presentes no sítio ativo enzimático por meio de efeitos eletrostáticos, fazendo parte do sítio ativo enzimático de forma efetiva; nesse caso, os íons metálicos normalmente atuam de modo a reduzir ou estabilizar a carga negativa que se desenvolve durante o estado de transição.
5. A constante de Michaelis (K_m) é definida como a concentração para a qual a velocidade da reação enzimática é metade de $V_{máx}$ e seu valor indica o grau de eficiência pelo qual uma enzima processa seu substrato, convertendo-o em produto. Quanto menor for o valor de K_m, maior será a afinidade da enzima por seu substrato.
6. Enzimas alostéricas são constituídas de múltiplas subunidades e centros ativos, são reguladas por modificações não covalentes. Elas são encontradas em quase todas as vias metabólicas e geralmente catalisando uma reação irreversível localizada no início da via. A ligação do substrato ao sítio ativo de uma das subunidades afeta a conformação espacial das demais, facilitando a ligação dos demais substratos a sítios ativos, ou seja, a ligação dos demais substratos torna-se cooperativa.
7. A regulação da atividade enzimática por fosforilação envolve a adição ou a remoção de grupos fosfato em determinados resíduos de aminoácidos, como serina ou tirosina, processo este conhecido por fosforilação ou desfosforilação enzimática. A fosforilação depende de enzimas que transferem grupos fosfato a esses resíduos, ou seja, enzimas cinase, enquanto a remoção dos grupos fosfato fica a cargo das proteínas fosfatases. Já na regulação da função enzimática por alterações na quantidade de enzimas, a quantidade de enzimas pode ser ajustada pelos tecidos e células por modos diferentes, como pela síntese de enzimas. Esse mecanismo de regulação da quantidade de enzimas é demorado e ocorre em intervalos de tempo que compreendem horas ou dias. Outro modo de regular a concentração intracelular de enzimas é a sua degradação, já que nas células as proteínas são continuamente sintetizadas e degradadas, ou seja, renovadas (*turnover*).
8. O modelo de "encaixe induzido" propõe modificações no modelo chave-fechadura, tornando possível explicar, por exemplo, de que maneira um centro ativo que acomoda perfeitamente o substrato é também capaz de acomodar os produtos antes de serem liberados pela enzima. Nesse modelo, as enzimas não podem ser inteiramente complementares ao seu substrato. A interação entre enzima e substrato deve elevar o substrato ao estado de transição e possibilitar sua conversão em produto e, posteriormente, essas interações químicas devem se desfazer para que seja possível a enzima se desligar do produto.
9. Sítio ativo é formado por poucos resíduos de aminoácidos e é o local da enzima em que de fato ocorre a reação de catálise, no qual a enzima interage com o substrato. Em todas as enzimas cuja estrutura espacial é conhecida, os sítios ativos apresentam o formato de uma fenda ou fresta originando um ambiente hidrofóbico. A água só estará presente no sítio ativo se for reagente na reação, do contrário, os sítios ativos tendem a ser ambientes apolares, o que possibilita eficiência na interação enzima-substrato e no processo de catálise. As interações enzima-substrato ocorrem por meio de forças de van der Waals, atrações eletrostáticas, pontes de hidrogênio e forças hidrofóbicas.
10. As enzimas atuam em faixas de temperatura específicas. As enzimas do organismo humano atuam em 36,5°C e temperaturas discretamente acima desse valor aumentam a atividade das enzimas. Contudo, se a temperatura continua a aumentar, as enzimas sofrem desnaturação, ou seja, perdem sua estrutura espacial nativa, uma vez que são proteínas. O valor de temperatura no qual a atividade enzimática é máxima sem que a enzima sofra desnaturação chama-se temperatura ótima. As enzimas também atuam em valores de pH específicos; por exemplo, a pepsina tem sua eficiência máxima em valor de pH próximo de 2,0, enquanto a tripsina atua em valores de pH de 7,0 a 8,0. Alterações discretas de pH podem causar dissociação de enzimas oligoméricas, mas modificações drásticas no pH causam desnaturação enzimática, pois causam repulsa de cargas elétricas.

Referências bibliográficas

1. Portocarrero V. Pasteur e a Microbiologia. Revista da SBHC. 1991;5:69-81.
2. Nelson DL, Cox MM. Lehninger princípios de bioquímica. Sarvier; 2007.
3. Stryer L, Tymoczko J, Berg JM. Bioquímica. 6. ed. São Paulo: Guanabara Koogan; 2007.

Bibliografia

Boyer R. Concepts in biochemistry. 2. ed. New York, Chichester, Weinheim, Benkovic SJ, Hammes-Schiffer S. A perspective on enzyme catalysis". Science. 2003;301(5637):1196-202.

Brisbane, Singapore, Toronto: John Wiley & Sons. p. 137-8.

Burtis CA, Ashwood ER. Tietz textbook clinical chemistry. Philadelphia: W.B. Saunders; 1994. p. 830-39.

Chen LH, Kenyon GL, Curtin F, Harayama S, Bembenek ME, Hajipour G, Whitman CP. 4-Oxalocrotonate tautomerase, an enzyme composed of 62 amino acid residues per monomer. J Biol Chem. 1992;267(25):1716-21.

Comitê de Enzimas da Sociedade Escandinava de Clínica Química (SSC). Scand J Clin Lab Invest. 1976;36-119.

Cornish-Bowden A. Fundamentals of enzyme kinetics. 3. ed. London: Portland Press; 2004.

Dunaway-Mariano D. Enzyme function discovery. Structure. 2008; 16(11):1599-600.

Eisenmesser EZ, Millet O, Labeikovsky W, Korzhnev DM, Wolf-Watz M, Bosco DA, Skalicky JJ, Kay LE, Kern D. Intrinsic dynamics of an enzyme underlies catalysis. Nature. 2005;438(7064):117-21.

Fisher Z, Hernandez Prada JA, Tu C, Duda D, Yoshioka C, An H, Govindasamy L, Silverman DN, McKenna R. Structural and kinetic characterization of active-site histidine as a proton shuttle in catalysis by human carbonic anhydrase II. Biochemistry. 2005;44(4): 1097-115.

Fuke H, Yagi H, Takegoshi C, Kondo T. A sensitive automated colorimetric method for the determination of serum gamma glutamyl transpeptidase. Clinica. Chimica Acta. 1976; 69:43-51.

Garcia-Viloca M, Gao J, Karplus M, Truhlar DG. How enzymes work: analysis by modern rate theory and computer simulations. Science. 2004;303(5655):186-95.

Ibba M, Soll D. Aminoacyl-tRNA synthesis. Annu Rev Biochem. 2000;69:617-50.

Jaeger KE, Eggert T. Enantioselective biocatalysis optimized by directed evolution. Curr Opin Biotechnol. 2004;15(4):305-13.

Lopes HJJ. Enzimas no laboratório clínico – Aplicações diagnósticas. Belo Horizonte: Analisa Diagnóstica; 2000.

Masgrau L, Roujeinikova A, Johannissen LO, Hothi P, Basran J, Ranaghan KE et al. Atomic Description of an Enzyme Reaction Dominated by Proton Tunneling. Science. 2006;312(5771):237-41.

Mundim FD. Testes de diagnósticos. Série Incrivelmente Fácil. São Paulo: Guanabara Koogan; 2005.

O'Brien PJ, Herschlag D. Catalytic promiscuity and the evolution of new enzymatic activities. Chemistry & Biology. 1999;6(4):R91-R105.

Olsson MH, Siegbahn PE, Warshel A. Simulations of the large kinetic isotope effect and the temperature dependence of the hydrogen atom transfer in lipoxygenase. J Am Chem Soc. 2004;126(9):2820-8.

Rodnina MV, Wintermeyer W. Fidelity of aminoacyl-tRNA selection on the ribosome: kinetic and structural mechanisms. Annu Rev Biochem. 2001;70:415-35.

Schnell S, Turner TE. Reaction kinetics in intracellular environments with macromolecular crowding: simulations and rate laws. Prog Biophys Mol Biol. 2004;85(2-3):235-60.

Smith S. The animal fatty acid synthase: one gene, one polypeptide, seven enzymes. FASEB J. 1994;8(15):1248-59.

Suzuki H. Active Site Structure. How Enzymes Work: From Structure to Function. Boca Raton, FL: CRC Press; 2015. p. 117-140.

Tousignant A, Pelletier JN. Protein motions promote catalysis. Chem Biol. 2004;11(8):1037-42.

Vasella A, Davies GJ, Bohm M. Glycosidase mechanisms. Curr Opin Chem Biol. 2002;6(5):619-29.

Xu F, Ding H. A new kinetic model for heterogeneous (or spatially confined) enzymatic catalysis: Contributions from the fractal and jamming (overcrowding) effects. Appl Catal A Gen. 2007;317(1):70-81.

Yang LW, Bahar I. Coupling between catalytic site and collective dynamics: A requirement for mechanochemical activity of enzymes. Structure. 2005;13:893-904.

Bioenergética

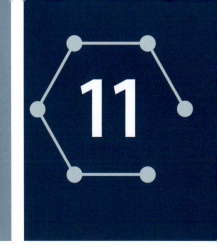

Introdução

A bioenergética é a instância da bioquímica que aborda a transferência, a conversão e a utilização da energia em sistemas biológicos. Para tanto, lança mão de subsídios da Química e, sobretudo, da Física, no sentido de melhor explicar esses eventos no meio biológico. Um conceito fundamental em bioenergética é o de variação de energia livre (ΔG), um conceito pertinente à termodinâmica (do grego *therme*, que significa "calor", e *dunamis*, que significa "potência"). É o segmento da Física que aborda os efeitos da mudança nos valores de temperatura, pressão e volume em sistemas físicos, na escala macroscópica. De modo genérico, calor significa "energia em trânsito" e dinâmica se relaciona com "movimento". Por essa razão, em essência, a termodinâmica estuda o movimento da energia e como a energia cria movimento.

Historicamente, a termodinâmica se desenvolveu em virtude da necessidade de aumentar a eficiência das primeiras máquinas a vapor. Posteriormente, a ciência percebeu que a termodinâmica era muito mais abrangente, de tal maneira que abarca o próprio universo e também é capaz de explicar os mecanismos pelos quais os sistemas biológicos convertem e produzem energia para seus processos fundamentais. As células utilizam para suas funções a energia livre, que pode ser definida como um potencial termodinâmico que mede o trabalho "útil" que se obtém em um sistema isotérmico (com temperatura constante), isobárico (com pressão constante) e/ou isocórico (com volume constante).

Em termodinâmica, conceituam-se duas entidades importantes: sistema e vizinhança. Sistema é a matéria contida em determinada região do espaço, enquanto vizinhança é o que sobra do universo. A primeira lei da termodinâmica enuncia que a energia total de um sistema e de sua vizinhança é constante. A energia tanto do sistema quanto da vizinhança pode ser transformada, mas não destruída nem criada.

Leis da termodinâmica | Conversão, obtenção e dispêndio energético em sistemas biológicos

O ponto inicial para a maioria das considerações termodinâmicas são as leis da termodinâmica, que postulam que a energia pode ser transferida de um sistema físico para outro, como calor ou trabalho. A primeira lei da termodinâmica descreve a conservação da energia. De maneira mais elaborada, na transformação de calor em trabalho, e vice-versa, as quantidades inicial e final de calor e trabalho, a variação de calor e o trabalho, ambos em valores absolutos, são equivalentes, e a soma total do potencial energético de um sistema fechado é a mesma antes e depois de uma transformação. Sistema fechado é definido como aquele que não sofre interferência externa, não perdendo nem ganhando energia para o exterior. Nessa lei, observa-se a equivalência entre trabalho e calor. Esse princípio pode ser enunciado com base no conceito de energia interna (U), que pode ser entendida como a energia associada a átomos e moléculas em seus movimentos e interações internas ao sistema. Para um sistema termodinâmico, a primeira lei é dada por:

$$Q - W = \Delta U$$

Em que: Q é o calor transferido entre o sistema e sua vizinhança em virtude de uma diferença de temperatura entre eles; W é o trabalho realizado sobre ou pelo sistema, por forças que agem por meio da fronteira do sistema; ΔU é a variação na energia interna do sistema que ocorre quando calor e/ou trabalho é transferido para dentro ou para fora do sistema.

Nessa discussão, será adotada a seguinte convenção: $Q > 0$, quando calor é transferido para o sistema, e $W > 0$, quando trabalho é feito pelo sistema.

A primeira lei da termodinâmica leva a uma constatação importante: toda conversão de energia é acompanhada da produção de energia térmica ou calor. Lavoisier sintetizou a primeira lei em sua célebre frase: "Na natureza, nada se perde, nada se cria, tudo se transforma". Enquanto a primeira lei da termodinâmica estabelece a conservação de energia em qualquer transformação, a segunda lei defende condições para que as transformações termodinâmicas possam ocorrer. Em um sentido geral, a segunda lei da termodinâmica afirma que as diferenças entre sistemas em contato tendem a igualar-se. Mais sensivelmente, quando uma parte de um sistema fechado interage com outra, a energia tende a dividir-se por igual, até que o sistema alcance um equilíbrio térmico. De maneira sintética, a segunda lei enuncia que a energia/matéria desloca-se espontaneamente de níveis mais elevados para níveis mais baixos. Assim, um copo de café quente tende a esfriar-se e a luz é mais intensa quanto mais próximo à fonte.

Contudo, por meio de trabalho, é possível deslocar matéria/energia de níveis mais baixos para mais elevados, como é o caso da bomba Na^+/K^+ ATPase dependente, que carreia 3 Na^+ do líquido intracelular (LIC) para o líquido extracelular (LEC) e 2 K^+ do LEC para o LIC. A atividade dessa bomba ocorre contra o gradiente eletroquímico do sódio, que se desloca do LEC para o LIC, e contra o gradiente do potássio, que flui do LIC para o LEC. No entanto, isso é possível porque a bomba consome ATP, ou seja, produz trabalho, gasta energia.

Entropia

A conversão de uma forma de energia em outra ou a conversão de energia em trabalho não ocorre de maneira perfeita, ou seja, não há 100% de aproveitamento, de modo que, nesse processo, a energia que não pode ser convertida em trabalho é chamada de energia entrópica, que pode ser definida para qualquer sistema. De fato, a conversão da glicose para ATP produz calor que se dissipa pela superfície do corpo, colaborando para o valor de temperatura de 36°C presente no ser humano. A entropia (do grego *entropía*) é uma grandeza termodinâmica, geralmente associada ao grau de desordem de um dado sistema. É uma função de estado cujo valor cresce durante um processo natural em um sistema fechado.

Esse fato conduz a um importante corolário da segunda lei da termodinâmica, cujo enunciado é "a entropia no universo tende ao máximo". O entendimento de entropia nos sistemas biológicos pode ser facilitado ao se analisar o diagrama de energia-entropia para o enovelamento proteico (Figura 11.1). As proteínas iniciam seu enovelamento com grau máximo de entropia, que vai reduzindo em seu trajeto até a aquisição da forma nativa. Nesta, a proteína apresenta grau de entropia mínimo e grau máximo de informação, já que a entropia é um parâmetro envolvido com o caos ou a desordem de um sistema. A própria existência dos seres vivos ou de suas estruturas mais simples, as células, pode contradizer a segunda lei da termodinâmica, uma vez que os seres vivos são entidades altamente organizadas e, de acordo com a segunda lei, o universo tende ao caos.

No entanto, a contradição é desfeita quando, por exemplo, para que uma célula consiga manter seu alto nível de organização (e, consequentemente, baixo nível entrópico), a entropia da vizinhança necessita aumentar. Assim, a entropia só pode ser reduzida localmente, como no caso de uma célula ou de seres vivos. A redução da entropia nessas entidades implica aumento da entropia na vizinhança (em alguma parte do universo). Não há possibilidade de redução de toda a entropia do universo.

Entalpia

A entalpia (H) define o conteúdo de energia de cada substância participante de uma dada reação. A variação da entalpia de um sistema é o calor liberado ou absorvido, quando uma transformação ocorre sob pressão constante ($\Delta H = Q$). De fato, qualquer que seja a transformação, a entalpia está envolvida. Sua variação está na diferença entre a entalpia dos produtos e a dos reagentes; assim, o calor de uma reação corresponde ao calor liberado ou absorvido em uma reação, sendo simbolizado por ΔH. Não há como determinar a quantidade de energia em uma substância, mas é possível conhecer e medir sua variação. Para isso, utiliza-se a fórmula: ΔH = H final – H inicial. Em reações exotérmicas ou exergônicas, a entalpia final é menor do que a entalpia inicial, e o sinal de ΔH é negativo ($\Delta H < 0$). Nesse tipo de reação, ocorre a liberação de energia, como na metabolização de glicose por parte das células. Em reações endotérmicas ou endergônicas, a entalpia final é maior que a entalpia inicial e o sinal de ΔH é positivo ($\Delta H > 0$), já que nesse tipo de reação ocorre a absorção de energia, como é o caso do processo de fotossíntese, no qual a luz solar é captada pela molécula de clorofila das plantas, pois ocorre uma reação endotérmica, já que a planta utiliza a energia luminosa na síntese de carboidratos e parte dela é direcionada para a formação de gás carbônico, água e oxigênio.

A variação da entalpia depende da temperatura, da pressão, do estado físico, do número de mol e da variedade alotrópica das substâncias. Foi criado um modo-padrão de realizar essas comparações, chamado de entalpia-padrão, para que uma entalpia seja comparada de acordo com outra da mesma condição, o que leva o nome de estado-padrão. Há reações químicas que não podem ser sintetizadas, o que faz com que sua entalpia seja conhecida pela entalpia de outras reações, utilizando a Lei de Hess, segundo a qual, em uma reação, a variação de entalpia é a mesma, independentemente da etapa em que a reação ocorre.

Energia livre de Gibbs

Em termodinâmica, a energia livre de Gibbs pode ser definida como um potencial termodinâmico que expressa a quantidade de energia capaz de realizar trabalho em um sistema isotérmico e isobárico. Como não é possível medir a energia em termos absolutos, mas apenas as variações de energia que ocorrem em dado processo, tem-se o conceito de variação de energia livre de Gibbs (ΔG). Quando um sistema se desenvolve de um estado bem definido para outro bem definido, a energia livre de Gibbs é igual ao trabalho trocado entre o sistema e a vizinhança *menos* o trabalho das forças de pressão durante uma transformação reversível do mesmo estado inicial para o mesmo estado final. A entalpia e a entropia são grandezas termodinâmicas que, por si só, não são capazes de predizer se uma dada reação química ocorrerá espontaneamente, no sentido em que está escrita. Contudo, quando essas grandezas são matematicamente relacionadas, podem ser úteis na definição de uma terceira grandeza, a energia livre (G), esta sim capaz de predizer o sentido em que uma reação ocorrerá: se de maneira espontânea ou no sentido energeticamente favorável (Figura 11.2). A G pode ser expressa em termos de variação de energia livre (ΔG) e é capaz de predizer o sentido de uma reação química em qualquer

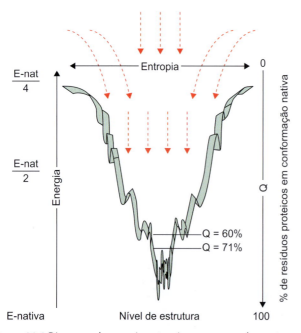

Figura 11.1 Diagrama de energia-entropia para o enovelamento proteico. Percurso de enovelamento de uma pequena proteína até alcançar seu estado nativo (E-nat). A entropia e a energia tendem a diminuir à medida que o estado nativo vai sendo alcançado. O cone invertido formado não apresenta uma linha reta, mas sim reentrâncias, demonstrando que as cadeias podem experimentar muitos estados conformacionais durante o processo de enovelamento.

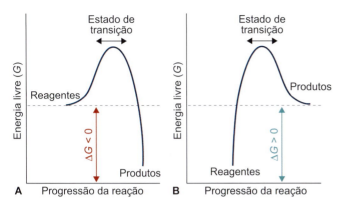

Figura 11.2 Variação da energia livre. **A.** Variação de energia livre negativa; a reação se processa de modo espontâneo, exergônico (exotérmico) e, nesse caso, a energia livre dos produtos é menor que a dos reagentes. **B.** Variação de energia livre positiva; a reação é endergônica (endotérmica) e, nesse caso, a energia livre dos produtos é maior que a dos reagentes.

concentração, enquanto $\Delta G°$ (variação de energia livre padrão) é a variação na energia livre quando reagentes e produtos se encontram em seus estados-padrão e em uma concentração específica chamada unidade de atividade. O estado-padrão definido para sólidos e líquidos puros é a substância pura em si, enquanto para gases equivale à pressão de 1 atm daquele gás. A condição-padrão para solutos é sempre a concentração de 1 mol/ℓ. A equação que descreve a energia livre de Gibbs é:

$$\Delta G = \Delta H - T\Delta S$$

Em que: ΔG = variação de energia de Gibbs; ΔH = variação na entalpia (quantidade de calor liberado ou absorvido em uma dada reação); ΔS = variação na entropia (grau de desordem do sistema); T = temperatura absoluta em Kelvin.

Considera-se a seguinte reação química: A + B → C + D. Assim, ΔG, que é a variação de energia sob "quaisquer condições", e $\Delta G°$, que é a variação de energia em condição-padrão, relacionam-se entre si da seguinte maneira:

$$\Delta G = \Delta G° + RT \ln \frac{[C][D]}{[A][B]}$$

Nessa equação, as concentrações molares de cada elemento estão representadas pelos colchetes, R indica a constante universal dos gases, cujo valor é 8,31 J/mol.K, e T representa a temperatura absoluta em Kelvin. A notação "ln" indica o logaritmo neperiano (na base "e"). Essa equação não requer que a reação esteja em equilíbrio, de modo que se aplica a todas as circunstâncias. O valor de ΔG na equação é dependente do valor de $\Delta G°$ e da concentração dos reagentes e produtos indicados no segundo termo da equação. Em geral, opta-se por utilizar o valor de $\Delta G°$ em detrimento de ΔG, uma vez que independe das concentrações e por existir somente uma $\Delta G°$ para uma reação, em uma dada temperatura. Quando a reação está em equilíbrio, tem-se $\Delta G = 0$. Assim:

$$0 = \Delta G° + RT \ln \frac{[C][D]}{[A][B]}$$

$$\Delta G = -RT \ln \frac{[C][D]}{[A][B]}$$

Quando as concentrações dos quatro reagentes estão em equilíbrio, define-se a constante de equilíbrio, ou seja, o momento de uma reação no qual mudanças químicas não mais

acontecem de modo efetivo. Isso quer dizer que se alcança um momento em que C é convertido em A na mesma velocidade em que A é convertido em C, sendo a mesma relação válida para os reagentes D e B. Nessa condição, a razão entre os reagentes é constante e é possível reescrever a equação levando em consideração esse novo termo.

$$K_{eq} = \frac{[C][D]}{[A][B]}$$

Já quando o sistema não se encontra em equilíbrio, os reagentes buscam o equilíbrio por meio de uma força impulsora, a variação-padrão de energia livre $\Delta G°$. Levando em consideração a constante de equilíbrio dos reagentes, a equação para $\Delta G°$ pode ser reescrita:

$$\Delta G° = -RT \ln K_{eq}$$

Por convenção, os cálculos para a energia livre padrão são válidos em condições-padrão que compreendem a temperatura de 25°C (298 K) e a pressão de 1 atm (o símbolo ° na equação indica que essas condições devem estar presentes). Contudo, em bioquímica, a obtenção de condições-padrão, sobretudo dos reagentes, é impraticável, uma vez que no ambiente celular, por exemplo, não existe concentração de 1 molar (M) para cada reagente. De fato, grande parte das reações bioquímicas ocorre em ambientes com pH próximo de 7,0, em que $[H^+]$ = 10^{-7} M, e não 1 M, e em solução aquosa com $[H_2O]$ = 55,5 M. Por disso, a notação $\Delta G°'$ é adotada, indicando a variação-padrão da energia livre para as concentrações de reagentes e produtos em um "ambiente bioquímico". Assim, a equação da energia livre padrão será reescrita para ser aplicada em bioquímica da seguinte maneira:

$$\Delta G°' = -RT \ln K_{eq}$$

Direção de uma reação química | Valor de ΔG

Os valores de ΔG indicam o sentido da reação. Por exemplo, na reação A ⇌ B, o elemento A será espontaneamente convertido em B se ΔG for negativo ($\Delta G < 0$). Nesse caso, ocorre perda líquida de energia (reação exotérmica) possibilitando que a reação ocorra na direção de A para B. Contudo, se ΔG apresentar valor positivo ($\Delta G > 0$), isso indica que o sistema necessita de energia para que a reação ocorra; nesse caso, a reação absorverá calor (reação endotérmica). Nas condições em que ΔG é igual a zero ($\Delta G = 0$), a reação encontra-se em equilíbrio, ou seja, não ocorre mudança em nenhuma direção, e há o mínimo de energia e o máximo de entropia (Figura 11.3). A Tabela 11.1 expressa essas relações. Ao analisar os valores de ΔG para as reações da glicólise, pode-se predizer quais reações são espontâneas e quais necessitam de energia para que possam ocorrer (Figura 11.4 e Tabela 11.2).

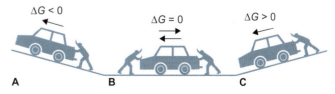

Figura 11.3 Conceito de variação de energia de Gibbs. **A.** Quando ΔG < 0, a reação acontece de modo espontâneo, o que equivale a empurrar um carro em um declive. **B.** Se $\Delta G = 0$, a reação pode ocorrer em ambas as direções, o que equivale a empurrar um carro em um nível plano. **C.** Quando $\Delta G > 0$, energia deve ser adicionada ao sistema para que a reação ocorra, o que equivale a empurrar um carro em um aclive.

Tabela 11.1 Relações entre os valores de ΔG e as propriedades das reações bioquímicas.

Energia livre	Natureza da reação	ΔH	Sentido da reação
$\Delta G < 0$	Exergônica ou exotérmica	Libera energia (calor)	Espontânea

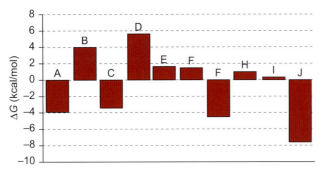

Figura 11.4 Sinopse da variação de energia livre padrão presente nas reações que ocorrem na via glicolítica. As colunas que se projetam para o lado negativo do gráfico descrevem reações que apresentam uma tendência espontânea de ocorrência (são energeticamente favoráveis), enquanto as colunas que se projetam para a porção positiva do gráfico necessitam de energia para ocorrer; são, portanto, energeticamente desfavoráveis (ver Tabela 11.2).

Tabela 11.2 Tipo de reação que acontece em cada coluna indicada pela respectiva letra, de acordo com a Figura 11.4.

Etapa	Reação
A	Glicose + ATP ↓ Glicose-6-Pi + ADP + H$^+$
B	Glicose-6-Pi ↓ Frutose-6-Pi
C	Frutose-6-Pi + ATP ↓ Frutose-1,6-bifosfato + ADP + H$^+$
D	Frutose-1,6-bifosfato ↓ Di-hidroxiacetona-Pi + gliceraldeído-3-Pi
E	Di-hidroxiacetona-Pi ↓ Gliceraldeído-3-Pi
F	Gliceraldeído-3-Pi + Pi + NAD$^+$ ↓ 1,3-bifosfato + NAD + H$^+$
G	1,3-bifosfato + ADP ↓ 3-fosfoglicerato + ATP
H	3-fosfoglicerato ↓ 2-fosfoglicerato
I	2-fosfoglicerato ↓ Fosfoenolpiruvato + H$_2$O
J	Fosfoenolpiruvato + ADP + H$^+$ ↓ Piruvato + ATP

Reações acopladas

Como visto, reações em que a variação de energia livre é maior que zero ($\Delta G > 0$) são energeticamente desfavoráveis. No entanto, tal reação pode perfeitamente ocorrer *in vivo*, quando está acoplada a outra reação cujo valor de ΔG seja fortemente negativo, de tal maneira que a soma das variações de energia livre de ambas as reações combinadas continue a ser menor que zero.

Assim, uma observação importante e bastante relevante em termodinâmica é o fato de que a variação total da energia livre para uma série de reações acopladas é igual à soma das variações de energia livre de cada fase individual. Para um melhor entendimento, consideram-se as seguintes reações:

$$X \rightleftharpoons Y + Z \quad \Delta G^{o\prime} = +25 \text{ kJ/mol}^{-1} (+5{,}97 \text{ kcal/mol}^{-1})$$

$$Y \rightleftharpoons W \quad \Delta G^{o\prime} = -40 \text{ kJ/mol}^{-1} (-9{,}56 \text{ kcal/mol}^{-1})$$

$$X \rightleftharpoons Z + W \quad \Delta G^{o\prime} = -15 \text{ kJ/mol}^{-1} (-3{,}58 \text{ kcal/mol}^{-1})$$

A análise dessas equações mostra que, em condições-padrão, X não pode ser convertido em Y e Z, uma vez que $\Delta G^{o\prime}$ apresenta valor positivo e, por isso, é energeticamente desfavorável. No entanto, a conversão de Y em W, em condições-padrão, é energeticamente favorável, ou seja, termodinamicamente favorável. Como as variações de energia livre podem ser somadas (portanto, aditivas), a conversão de X em Y e W apresenta $\Delta G^{o\prime}$ de -15 kJ/mol^{-1} ($-3{,}58$ kcal/mol^{-1}), indicando que a reação pode ocorrer espontaneamente em condições-padrão. Assim, se uma reação termodinamicamente desfavorável estiver acoplada a uma reação termodinamicamente favorável, esta última atua de modo a impulsionar a primeira, tornando a cadeia de reações possível de se realizar.

No exemplo descrito, o elemento acoplador das reações é o intermediário Y, já que ele é comum a ambas as reações. No ambiente celular, uma grande quantidade de reações é acoplada de modo que uma reação termodinamicamente favorável impulsiona outras termodinamicamente desfavoráveis, tornando possível a harmonia que se observa no metabolismo como um todo.

ATP impulsiona reações termodinamicamente desfavoráveis

O adenosina trifosfato (ATP) consiste em uma molécula formada de uma adenosina, uma ribose e três grupos fosfato (Figura 11.4). O ATP não é o único nucleosídeo a atuar como impulsionador de reações energeticamente desfavoráveis. Existem outros análogos ao ATP, como é o caso do guanosina trifosfato (GTP), uridina trifosfato (UTP) e citidina trifosfato (CTP). As formas difosfato desses nucleosídeos são expressas pelas siglas ADP, GDP, UDP e CDP, respectivamente, enquanto as formas monofosfato recebem a designação de AMP, GMP, UMP e CMP. A Tabela 11.3 apresenta uma lista de "compostos de alta energia" cuja hidrólise é capaz de deslocar o equilíbrio das reações energeticamente desfavoráveis.

Embora todos esses nucleosídeos sejam energeticamente equivalentes, o ATP é o mais utilizado pelo metabolismo celular, provavelmente por ser o precursor de dois elementos metabolicamente importantes, dois carreadores de elétrons nicotinamina adenina dinucleotídeo (NAD$^+$) e flavina adenina dinucleotídeo (FAD$^+$). Por isso, a discussão a respeito dos nucleosídeos será centralizada no ATP, mesmo podendo ser estendida para os demais nucleosídeos. A função dos

Tabela 11.3 Energia livre e produtos decorrentes da cisão de alguns "compostos de alta energia".

Composto	Produtos de hidrólise	$\Delta G^{o\prime}$ (kJ/mol)	$\Delta G^{o\prime}$ (kcal/mol)
Fosfoenolpiruvato	Piruvato + Pi	−62,2	−14,9
Adenosina-3',5' monofosfato cíclico	5'AMP	−50,4	
Bifosfoglicerato	3-fosfoglicerato + Pi	−49,6	−11,8
Creatinina fosfato	Creatina + Pi	−43,3	−10,3
Acetil fosfato		−43,3	−10,3
Adenosina-5'-trifosfato Mg^{+2} (ATP)	ADP + Pi	−50 a −65	−11,9 a −15,5
Adenosina-5'-difosfato	AMP + Pi	−35,7	−8,53
Pirofosfato (em 5 mM de Mg^{+2})	Pi + Pi	−33,6	−8,03

(continua)

Tabela 11.3 (*Continuação*) Energia livre e produtos decorrentes da cisão de alguns "compostos de alta energia".

Composto	Produtos de hidrólise	ΔG°′ (kJ/mol)	ΔG°′ (kcal/mol)
Uridina difosfoglicose (UDP)	UDP + glicose	−31,9	−7,62
Acetil-coenzima A (acetil-CoA)	Acetato + CoA	−31,5	−7,53
S-adenosil metionina	Metionina + adenosina	−25,6	−6,12
Glicose-1-P*i*	Glicose + P*i*	−21,0	−5,02
Frutose-1-P*i*	Frutose + P*i*	−16,0	−3,82
Glicose-6-P*i*	Glicose + P*i*	−13,9	−3,32

(*continua*)

Tabela 11.3 (*Continuação*) Energia livre e produtos decorrentes da cisão de alguns "compostos de alta energia".

Composto	Produtos de hidrólise	$\Delta G^{o'}$ (kJ/mol)	$\Delta G^{o'}$ (kcal/mol)
Glicerol-3-P*i* 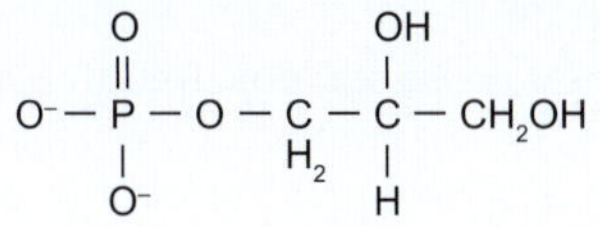	Glicerol + P*i*	–9,2	–2,20
Adenosina-5'-monofosfato 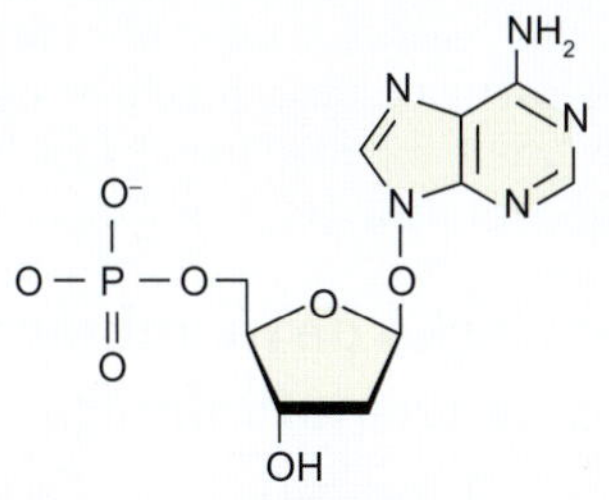	Adenosina + P*i*	–9,2	–2,20

nucleosídeos, sobretudo o ATP, é estabelecer uma conexão ou acoplar reações exergônicas a reações endergônicas. Comumente, atribui-se a denominação "ligações de alta energia" às ligações anidrido fosfórico do ATP, e o símbolo ~ é, por vezes, utilizado para enfatizar essa afirmação (Figura 11.5). No entanto, as ligações entre os anidridos fosfóricos não têm natureza distinta de qualquer outra ligação covalente.

Assim, afirmar que a energia está presente nas ligações químicas do ATP e que essa energia é liberada na clivagem de um grupo fosfato não é plenamente adequado do ponto de vista químico. Em verdade, os produtos da reação apresentam menos energia livre que os reagentes; assim, a energia aparece como a diferença entre o conteúdo de energia dos produtos *menos* a energia dos reagentes. No caso do ATP, a reação de hidrólise é:

ATP + H₂O → ADP + P*i*
Reagentes   Produtos

$\Delta G^{o'}$ = –30,5 kJ/mol⁻¹ (–7,3 kcal/mol⁻¹)

A notação P*i* para fosfato inorgânico é própria do jargão bioquímico e largamente utilizada, de modo que essa simbologia será empregada ao longo deste capítulo.

A hidrólise do ATP é altamente exergônica e, por essa razão, capaz de impulsionar reações endergônicas com grande eficiência, como na fosforilação da glicose no carbono 6 pela hexocinase, cuja reação ocorre durante a glicólise – um passo anaeróbico do catabolismo da glicose nas células. A fosforilação da glicose necessita de $\Delta G^{o'}$ = +13,8 kJ/mol⁻¹. Essa reação é, portanto, termodinamicamente desfavorável. Contudo, por meio da hidrólise do ATP, a reação se processa, já que a hidrólise do ATP libera –30,5 kJ/mol⁻¹. A análise dessa reação é:

Glicose + P*i* → Glicose-6-P*i* + H₂O $\Delta G^{o'}$ = +13,8 kJ/mol⁻¹

ATP + H₂O → ADP + P*i* $\Delta G^{o'}$ = –30,5 kJ/mol⁻¹

Glicose + ATP → Glicose-6-P*i* + ADP $\Delta G^{o'}$ = –16,7 kJ/mol⁻¹

A análise mostra que a fosforilação da glicose pela hexocinase é termodinamicamente favorável na presença de ATP ($\Delta G^{o'}$ = –16,7 kJ/mol⁻¹ = –3,99 kcal/mol). A análise da reação mostra que, na verdade, o ATP não sofre clivagem, mas transfere uma fosforila para uma proteína, e, posteriormente, o grupo fosforila é transferido para a água, de modo que a resultante da reação assemelha-se a uma hidrólise. A hidrólise do ATP é altamente exergônica, quando comparada com a hidrólise de um éster fosfórico comum, como o glicerol-3-fosfato. De fato, enquanto a hidrólise do ATP libera –30,5 kJ/mol⁻¹ ou -7,3 kcal/mol⁻¹, como já demonstrado, a hidrólise do glicerol-3-fosfato libera –9,2 kJ/mol⁻¹ ou –2,2 kcal/mol⁻¹. Esses valores mostram que o ATP tem um potencial de transferência de grupos fosforila 3,3 vezes maior que o glicerol-3-fosfato. O elevado potencial de transferência de grupos fosforila do ATP pode ser explicado em virtude de suas características estruturais, que serão discutidas a seguir.

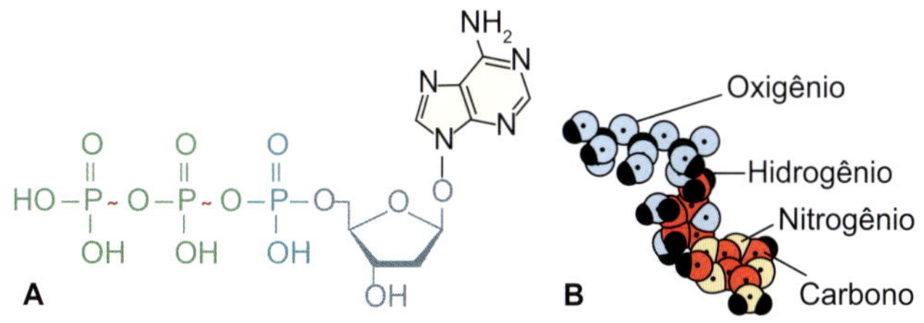

Facilidade de transferência de grupos fosforila por parte do ATP

A variação de energia livre padrão para a hidrólise do ATP apresenta valor negativo e extremamente elevado (–30,5 kJ/mol⁻¹ ou –7,3 kcal/mol⁻¹). A molécula do ATP (ver Figura 11.4) apresenta três anidridos fosfóricos (fosfoanidridos) terminais com quatro cargas negativas, o que promove uma elevada repulsão elétrica na molécula. Essa repulsão eletrostática é, em parte, atenuada pela interação com o Mg⁺² intracelular. Contudo, a cisão enzimática da molécula do ATP para a forma ADP + P*i* possibilita que a molécula experimente um estado de repulsão de cargas menor, e o fosfoanidrido liberado estabiliza-se imediatamente, assumindo vários tipos de ressonância

Figura 11.5 Adenosina trifosfato (ATP), um adenilato constituído de uma ribose (em azul), uma molécula de adenina (em preto) e três grupos fosfato (em verde). O símbolo ~ indica as "ligações fosfato de alta energia". A energia é liberada durante a clivagem dos grupamentos fosfato da molécula. **B.** Exemplo de ATP por cristalografia.

– isto é, o fenômeno pelo qual os elétrons das ligações π se encontram em deslocamento dentro do próprio composto –, no meio que não são possíveis quando este está unido à molécula do ATP (ver Figura 11.5). A hidrólise do ATP é ainda facilitada pela ação das massas, já que a concentração dos produtos decorrentes da hidrólise do ATP é bastante inferior à concentração no equilíbrio.

De fato, a concentração de ATP no eritrócito humano é de 2,25 mM; ADP 0,25 mM; AMP 0,02 mM; e Pi 1,65 mM. Já o ADP remanescente da hidrólise ioniza-se imediatamente, liberando um próton (H$^+$) em um meio no qual a concentração desse elemento é bastante baixa. O último fator a ser considerado que envolve a facilitação da hidrólise do ATP é o maior grau de solvatação do ADP e do Pi, quando comparados ao ATP. Todos esses fatores contribuem para a cisão da molécula de ATP, de modo que o sistema composto por ADP + Pi seja mais estável do que o sistema formado unicamente pelo ATP. Essa estabilidade se dá pelo fato de que, durante a reação de decomposição do ATP, ocorre redução da energia livre desse sistema; em outras palavras, há liberação de energia. No entanto, embora a hidrólise ATP → ADP + Pi seja altamente exergônica (–30,5 kJ/mol^{-1} ou –7,3 kcal/mol^{-1}), sua energia de ativação é relativamente alta, o que indica que a hidrólise do ATP é possível apenas por meio de catálise enzimática.

Liberação de Energia | Cisão do ATP × Condição-padrão

A cisão do ATP no meio intracelular libera maior quantidade de energia, quando comparada a condições-padrão.

Entende-se que, sob condições-padrão, a quantidade de energia liberada na cisão do ATP é –30,5 kJ/mol^{-1} ou –7,3 kcal/mol^{-1}. Contudo, no meio intracelular existem três situações não encontradas nas condições-padrão:

- Os níveis de ATP, ADP e Pi são distintos entre si
- No ambiente intracelular, as concentrações de substâncias, incluindo ATP, ADP e Pi, são muito inferiores a 1 M
- No meio intracelular, os nucleosídeos ATP, ADP e AMP ligam-se ao Mg^{+2}, formando um complexo nucleosídeo-Mg^{+2} (Figura 11.6). Assim, na verdade, nas reações em que ocorre a doação de grupos Pi por parte do ATP, o verdadeiro doador envolvido é o complexo ATP-Mg^{+2}. Desse modo, o valor de $\Delta G^{\circ\prime}$ para a reação de hidrólise do ATP no meio intracelular deixa de ser –30,5 kJ mol^{-1} e passa a ser o da hidrólise do complexo ATP-Mg^{+2}, que oscila entre –50 e –65 kJ/mol. Assim, o valor de $\Delta G^{\circ\prime}$ para a cisão do ATP no ambiente intracelular é muito mais exergônico do que aquele previsto para as condições-padrão, embora, ao longo do capítulo, seja considerado sempre o valor de –30,5 kJ mol^{-1}, uma vez que este possibilita comparação a outras reações. Fica claro, portanto, que a energética do ATP no meio intracelular e de outras reações nesse mesmo ambiente é significativamente distinta daquela obtida em condições-padrão.

Organização da membrana plasmática reflete as leis da termodinâmica

A membrana plasmática é uma entidade essencial para a sobrevivência da célula e do organismo como um todo. Ela delimita a célula e exerce uma gama de funções que envolvem: controle da constância interna; manutenção da assimetria iônica entre o ambiente intracelular e o extracelular; reconhecimento de alterações do meio extracelular por meio dos receptores; elaboração de respostas adaptativas a essas mudanças, entre outras funções. A estrutura da membrana plasmática baseia-se em uma bicamada de fosfolipídios na qual estão imersas proteínas integrais que exercem diversas funções, como atuar como canais iônicos ou como receptores para hormônios, ou ainda ter função relacionada com o reconhecimento de outras estruturas, como neurotransmissores, lipoproteínas etc. A membrana plasmática é formada de fosfolipídios que se dispõem na forma de uma bicamada. Essa disposição tem relação direta com a termodinâmica. Os fosfolipídios são estruturas formadas por uma cabeça hidrofílica e uma ou duas caudas hidrocarbonadas com caráter altamente hidrofóbico. O fosfolipídio mais comum na maioria das membranas plasmáticas é a fosfatidilcolina, formada por uma molécula de colina ligada a um grupo fosfato e duas caudas hidrocarbonadas (Figura 11.7).

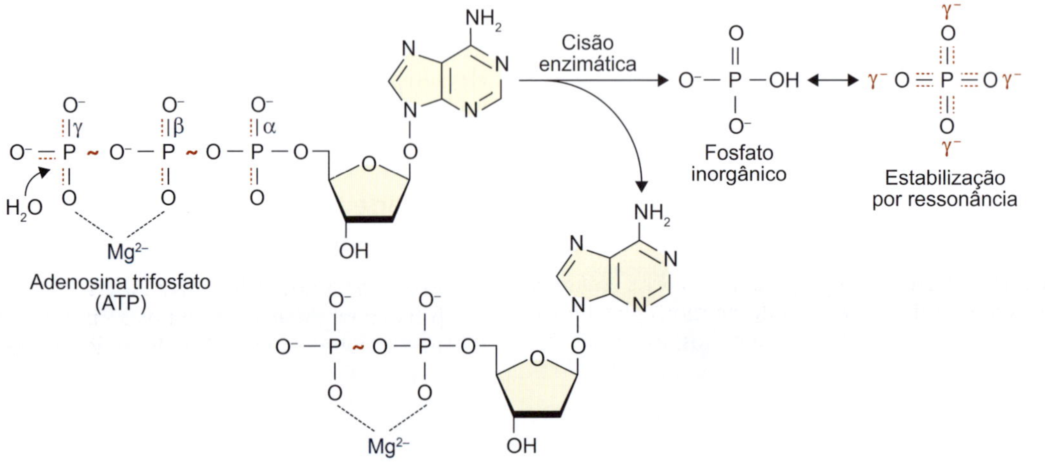

Figura 11.6 Estrutura do ATP. O átomo de fósforo mais próximo da ribose é designado α, β é o intermediário e o átomo de fósforo mais afastado da ribose é indicado por γ. No meio intracelular, o ATP e os nucleosídeos decorrentes da cisão do ATP estão complexados ao Mg^{+2}. A cisão da molécula do ATP produz um fosfato inorgânico (Pi), que se estabiliza por ressonância de *mais* uma molécula de ADP. O sistema ADP + Pi é mais estável que o ATP porque as cargas negativas do fosfato estão afastadas e também porque a energia livre de ADP + Pi é menor que a do ATP.

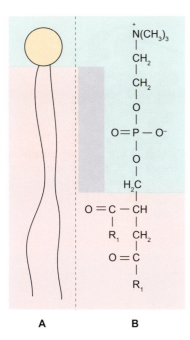

Figura 11.7 Fosfatidilcolina – o fosfolipídio mais abundante na membrana plasmática. **A.** Modelo esquemático. **B.** Estrutura química da molécula. As porções assinaladas em verde representam a cabeça hidrofílica da molécula, enquanto aquelas marcadas em rosa representam as caudas hidrofóbicas.

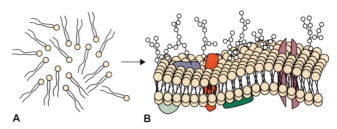

Figura 11.8 A. Modelo espacial de um fosfolipídio mostrando porções hidrofílicas e hidrofóbicas. **B.** Fosfolipídios, quando em solução aquosa, tendem a associar-se às suas caudas hidrofóbicas interagindo entre si. Isso possibilita a formação de membranas biológicas. As projeções são cadeias osídicas formando o glicocálice. A membrana é atravessada por proteínas integrais.

Proteínas de membrana | Organização em alfa-hélice

A membrana plasmática apresenta proteínas embebidas em sua bicamada lipídica exercendo grande quantidade de funções. De fato, em animais, a proporção de proteínas que compõem a membrana chega a ser de 50% do total de sua massa, sendo o restante constituído por lipídios e outras substâncias, como os carboidratos. Algumas proteínas de membrana se dispõem na bicamada, de modo a atravessá-la por completo, sendo denominadas proteínas transmembranares ou proteínas integradas. Em contrapartida, outras proteínas não atravessam a membrana plasmática, mas se dispõem em interação com a face interna ou externa da membrana (Figura 11.8).*

As proteínas que atravessam a membrana plasmática devem resolver o problema de como atravessar um ambiente hidrofóbico. Essa dificuldade é superada pelas proteínas, por sua organização em alfa-hélice. A alfa-hélice possibilita que os aminoácidos hidrofóbicos fiquem voltados para as caudas de ácidos graxos, enquanto os aminoácidos hidrofílicos se situam no cerne da alfa-hélice, longe, portanto, do ambiente hidrofóbico, e atuam na formação de pontes de hidrogênio que colaboram para a manutenção da estrutura em alfa-hélice. O motivo em alfa-hélice parece ser termodinamicamente adequado para transpassar o ambiente hidrofóbico da membrana plasmática. Assim, ocorre em grande parte das proteínas integradas, como é o caso dos adrenorreceptores e do receptor de rodopsina (Figura 11.9).

Embora a conformação em alfa-hélice seja mais comum em proteínas que transpassam a bicamada lipídica, a forma betapregueada também ocorre. Nesse caso, as folhas beta dobram-se formando um cilindro, e a forma adquirida é chamada de β-barril, porque as folhas betapregueadas organizam-se em um arranjo antiparalelo formando pontes de hidrogênio com a folha beta adjacente. O motivo β-barril ocorre, por exemplo, na porina, que forma grandes canais de água na membrana de bactérias e de mitocôndrias (ver Figura 11.8). A conformação em β-barril também apresenta os aminoácidos hidrofóbicos, fazendo contato com a cadeia de ácidos graxos dos fosfolipídios, enquanto seu centro forma um ambiente hidrofílico que possibilita a passagem de água.

Moléculas que apresentam uma porção hidrofílica e outra hidrofóbica são denominadas anfipáticas. Embora os fosfolipídios apresentem uma cabeça hidrofílica, no cômputo geral, eles são hidrofóbicos, uma vez que a cauda de ácidos graxos é grande e altamente apolar, mascarando e tornando insignificante a cabeça hidrofílica. Contudo, é necessário esclarecer que a cabeça hidrofílica interagirá com a água e outras substâncias polares, comportando-se, portanto, de maneira absolutamente distinta daquela observada para as caudas hidrofóbicas de ácidos graxos. A membrana plasmática se dispõe entre dois ambientes hidrofílicos, o meio intracelular e o meio extracelular. Enquanto moléculas hidrofílicas se misturam rapidamente à água, em virtude da carga presente em seus átomos, que tendem a formar pontes de hidrogênio com a água, as moléculas hidrofóbicas, como os fosfolipídios, são insolúveis em água, porque seus átomos (ou a grande maioria deles) não apresentam cargas. Desse modo, são incapazes de interagir com a água e, em consequência, forçam que as moléculas de água adjacentes à substância hidrofóbica se rearranjem em um arcabouço ao redor da molécula ou substância hidrofóbica. Nesse arranjo em arcabouço das moléculas de água circundando a substância hidrofóbica, as moléculas de água apresentam um nível organizacional mais elevado que as moléculas do meio e seu ordenamento requer energia para que ocorra. Assim, o custo energético é minimizado quando as moléculas hidrofóbicas se agrupam; no caso dos fosfolipídios, as caudas hidrofóbicas interagem entre si enquanto as cabeças hidrofílicas interagem com a água.

Essa organização requer menor dispêndio energético e é termodinamicamente a mais estável possível. Portanto, a organização da membrana plasmática é a maneira termodinamicamente mais adequada para compostos hidrofóbicos em ambientes hidrofílicos e o arranjo em bicamada é energeticamente favorável e ocorre naturalmente (Figura 11.8).

---

*Neste livro, não será empregado o termo *proteínas integrais*, comumente utilizado por se entender que uma proteína faz parte da membrana, ou seja, a integra. O termo proteína integral tem origem na forma da língua inglesa, *integral protein*, e sua tradução literal expressa uma proteína íntegra, e não uma estrutura que faz parte da membrana, que a integra.

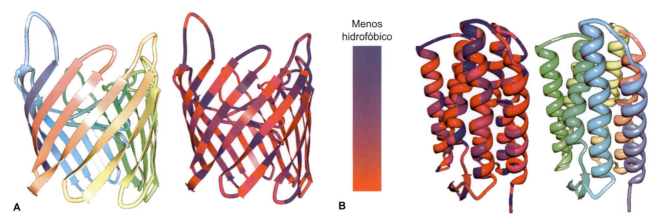

Figura 11.9 Estrutura de duas proteínas integradas e seus respectivos motivos. **A.** Estrutura da porina bacteriana (*Rhodopseudomonas blastica*). As folhas beta são representadas por setas que se organizam para formar um poro com cerne hidrofílico. **B.** Estrutura da rodopsina, um fotoceptor formado por sete alças transmembrânicas produzidas pela alfa-hélice. As duas figuras apresentam um mapa dos aminoácidos hidrofóbicos que compõem as duas proteínas. Códigos PDB: 1PEN e 1BRX.

Resumo

Introdução

A bioenergética é a instância da bioquímica que aborda a transferência, conversão e utilização da energia em sistemas biológicos. Um conceito fundamental em bioenergética é o de energia livre (ΔG). Em termodinâmica, conceituam-se duas entidades importantes: sistema e vizinhança. Sistema é a matéria contida em determinada região do espaço, enquanto vizinhança é o que sobra do universo. A primeira lei da termodinâmica enuncia que a energia total de um sistema e de sua vizinhança é constante. A energia tanto do sistema quanto da vizinhança pode ser transformada, mas não destruída, nem criada.

Leis da termodinâmica | Conversão, obtenção e dispêndio energético em sistemas biológicos

A primeira lei da termodinâmica leva a uma constatação importante: toda conversão de energia é acompanhada da produção de energia térmica ou calor. Em um sentido geral, a segunda lei da termodinâmica afirma que as diferenças entre sistemas em contato tendem a igualar-se. Mais sensivelmente, quando uma parte de um sistema fechado interage com outra, a energia tende a dividir-se por igual, até que o sistema alcance um equilíbrio térmico. De maneira sintética, a segunda lei enuncia que a energia/matéria se desloca espontaneamente de níveis mais elevados para níveis mais baixos. Assim, um copo de café quente tende a esfriar-se e a luz a ser mais intensa quando se está próximo à fonte.

Contudo, por meio de trabalho é possível deslocar matéria/energia de níveis mais baixos para níveis mais elevados, como é o caso da bomba Na$^+$/K$^+$ ATPase dependente, que carreia 3 Na$^+$ do líquido intracelular (LIC) para o líquido extracelular (LEC) e 2 K$^+$ do LEC para o LIC. A atividade dessa bomba ocorre contra o gradiente eletroquímico do sódio, que consiste em deslocar-se do LEC para o LIC, e contra o gradiente do potássio, que consiste em fluir de LIC para o LEC (Figura R11.1). No entanto, isso é possível porque a bomba consome ATP, ou seja, produz trabalho, gasta energia.

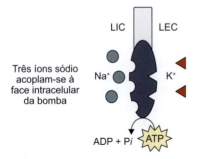

Figura R11.1 Mecanismo de ação da bomba Na$^+$/K$^+$ ATPase dependente, mostrando que a cada ciclo ela transporta do meio intracelular para o extracelular três íons sódio, enquanto transporta do meio extracelular para o meio intracelular dois íons potássio. Essa operação se dá com consumo de energia (ATP), ou seja, com a realização de trabalho.

Entropia

A conversão de um tipo de energia em outro ou a conversão de energia em trabalho não ocorre de maneira perfeita, ou seja, não há 100% de aproveitamento, de modo que nesse processo a energia que não pode ser convertida em trabalho é chamada de energia entrópica, que pode ser definida para qualquer sistema. O entendimento de entropia nos sistemas biológicos pode ser facilitado ao se analisar o enovelamento proteico (Figura R11.2). As proteínas iniciam seu enovelamento com grau máximo de entropia, que vai reduzindo em seu trajeto até a aquisição da forma nativa. Na forma nativa, a proteína apresenta grau de entropia mínimo e grau máximo de informação, já que a entropia é um parâmetro envolvido com o caos ou a desordem de um sistema.

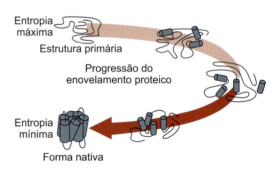

Figura R11.2 Modelo esquemático que mostra a progressão do enovelamento proteico até alcançar a forma nativa. O nível de entropia na estrutura primária é máxima e vai progressivamente diminuindo, à medida que a proteína evolui em busca de sua forma nativa.

Energia livre de Gibbs

Em termodinâmica, a energia livre de Gibbs pode ser definida como um potencial termodinâmico que expressa a quantidade de energia capaz de realizar trabalho em um sistema isotérmico e isobárico. Como não é possível medir a energia em termos absolutos, mas apenas as variações de energia que ocorrem em dado processo, tem-se o conceito de variação de energia livre de Gibbs (ΔG).

Quando um sistema se desenvolve de um estado bem definido para outro estado bem definido, a energia livre de Gibbs (ΔG) é igual ao trabalho trocado entre o sistema e a vizinhança menos o trabalho das forças de pressão durante uma transformação reversível do mesmo estado inicial para o mesmo estado final. A entalpia e a entropia são grandezas termodinâmicas que, por si sós, não são capazes de predizer se uma dada reação química ocorrerá espontaneamente no sentido em que está escrita. Contudo, quando essas grandezas são matematicamente relacionadas, podem ser úteis na definição de uma terceira grandeza, a energia livre (G), esta sim capaz de predizer o sentido em que uma reação ocorrerá de modo espontâneo ou no sentido energeticamente favorável (Figura R11.3).

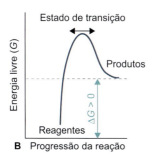

Figura R11.3 Variação da energia livre. **A.** Variação de energia livre negativa: a reação se processa de maneira espontânea, exergônica (exotérmica); nesse caso, a energia livre dos produtos é menor que a dos reagentes. **B.** Variação de energia livre positiva: a reação é endergônica (endotérmica); nesse caso, a energia livre dos produtos é maior que a dos reagentes.

Entalpia

A entalpia (H) define o conteúdo de energia de cada substância participante de uma dada reação. A variação da entalpia de um sistema é o calor liberado ou absorvido, quando uma transformação ocorre sob pressão constante ($\Delta H = Q$). De fato, qualquer que seja a transformação, a entalpia está envolvida. A variação da entalpia está na diferença entre a entalpia dos produtos e a dos reagentes; sendo assim, o calor de uma reação corresponde ao calor liberado ou absorvido em uma reação e é simbolizado por ΔH. Em reações exotérmicas ou exergônicas, a entalpia final é menor do que a entalpia inicial e o sinal de ΔH é negativo ($\Delta H < 0$). Nesse tipo de reação, ocorre a liberação de energia, como na metabolização de glicose por parte das células. Em *reações endotérmicas ou endergônicas*, a entalpia final é maior que a entalpia inicial e o sinal de ΔH é positivo ($\Delta H > 0$), já que nesse tipo de reação ocorre a absorção de energia, como é o caso do processo de fotossíntese, no qual a luz solar é captada pela molécula de clorofila das plantas. Nesse caso, ocorre uma reação endotérmica, já que a planta utiliza a energia luminosa na síntese de carboidratos.

Direção de uma reação química | Valor de ΔG

Os valores de ΔG indicam o sentido da reação; por exemplo, na reação A ⇌ B, o elemento A será espontaneamente convertido em B se ΔG for negativo ($\Delta G < 0$). Nesse caso, ocorre perda líquida de energia (reação exotérmica), possibilitando que a reação ocorra na direção de A para B. Contudo, se ΔG apresentar valor positivo ($\Delta G > 0$), isso indica que o sistema necessita de energia para que a reação ocorra; nesse caso, a reação absorverá calor (reação endotérmica). Nas condições em que ΔG é igual a zero ($\Delta G = 0$), a reação encontra-se em equilíbrio, ou seja, não ocorre mudança em nenhuma direção; nessa condição, há o mínimo de energia e o máximo de entropia (Figura R11.4).

Figura R11.4 Conceito de variação de energia de Gibbs. **A.** $\Delta G = 0$: a reação pode ocorrer em ambas as direções, o que equivale a pedalar em nível plano. **B.** Quando $\Delta G > 0$, deve ser adicionada energia ao sistema para que a reação ocorra, o que equivale a pedalar em uma subida. **C.** Quando $\Delta G < 0$, a reação acontece de maneira espontânea, similar a descer uma ladeira de bicicleta.

Reações acopladas

Reações cuja variação de energia livre seja maior que zero ($\Delta G > 0$) são energeticamente desfavoráveis. No entanto, tal reação pode perfeitamente ocorrer *in vivo* quando está acoplada a outra reação cujo valor de ΔG seja altamente negativo, de tal maneira que a soma das variações de energia livre de ambas as reações combinadas continue a ser menor que zero. Assim, se uma reação termodinamicamente desfavorável estiver acoplada a uma reação termodinamicamente favorável, esta última atua de modo a impulsionar a primeira, tornando a cadeia de reações possível de se realizar. Por exemplo, algumas reações do ciclo do ácido cítrico (ciclo de Krebs) são energeticamente desfavoráveis e ocorrem porque estão acopladas a reações termodinamicamente favoráveis (Figura R11.5).

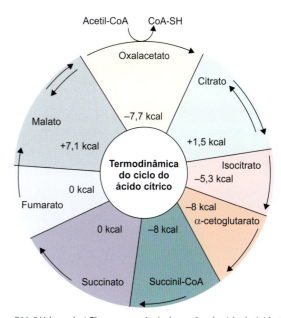

Figura R11.5 Valores de $\Delta G°$ para a sequência de reações do ciclo do ácido tricarboxílico (ciclo de Krebs). Notar que, em sua maioria, as reações são altamente exergônicas (termodinamicamente favoráveis, valores de $\Delta G°'$ negativos), três reações são endergônicas (termodinamicamente desfavoráveis, valores de $\Delta G°'$ positivos), mas estão acopladas às reações exergônicas. Por exemplo, a conversão de citrato em isocitrato é desfavorável, mas ocorre porque é impulsionada pela conversão de oxalacetato em citrato cujo valor de $\Delta G°$ é fortemente negativo ($\Delta G°' = -7{,}7$ kcal).

ATP impulsiona reações termodinamicamente desfavoráveis

A cisão da molécula do ATP é altamente exergônica; de fato, a hidrólise do ATP libera $-30{,}5$ kJ/mol^{-1} ou $-7{,}3$ kcal/mol^{-1}. Essa energia é largamente utilizada no metabolismo para impulsionar reações termodinamicamente desfavoráveis; sendo assim, reações que não ocorreriam tornam-se capazes de acontecer pela presença do ATP. A molécula do ATP apresenta facilidade em transferir grupos fosforila, uma vez que apresenta três anidridos fosfóricos (fosfoanidridos) terminais com quatro cargas negativas, o que promove uma elevada repulsão elétrica na molécula. A cisão enzimática da molécula do ATP para formar ADP + Pi possibilita que a molécula experimente um estado de repulsão de cargas menor, e o fosfoanidrido liberado estabiliza-se imediatamente, assumindo várias formas de ressonância mais estáveis do que a forma ATP (Figura R11.6).

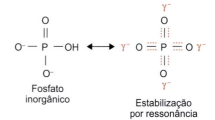

Figura R11.6 A cisão da molécula do ATP produz um fosfato inorgânico (Pi), que se estabiliza por ressonância. O sistema ADP + Pi é mais estável que o ATP porque as cargas negativas do fosfato estão afastadas, e também porque a energia livre de ADP + Pi é menor que a do ATP.

186 Bioquímica Clínica

> **Organização da membrana plasmática reflete as leis da termodinâmica**
>
> Na membrana plasmática, as caudas hidrofóbicas dos fosfolipídios interagem entre si, enquanto as cabeças hidrofílicas se voltam para o ambiente hidrofílico. Esse arranjo busca o menor dispêndio energético e a melhor disposição termodinâmica no ambiente. A organização da membrana plasmática, portanto, é a forma termodinamicamente mais adequada para compostos hidrofóbicos em ambientes hidrofílicos; o arranjo em bicamada é energeticamente favorável e ocorre naturalmente (Figura R11.7).

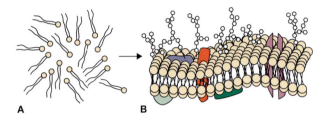

Figura R11.7 A. Modelo espacial de um fosfolipídio mostrando porções hidrofílicas e hidrofóbicas. **B.** Quando em solução aquosa, os fosfolipídios tendem a associar-se às suas caudas hidrofóbicas, interagindo entre si. Isso possibilita a formação de membranas biológicas. As projeções são cadeias osídicas formando o glicocálice. A membrana é atravessada por proteínas integrais.

Exercícios

1. Avalie a figura a seguir e assinale a alternativa correta:

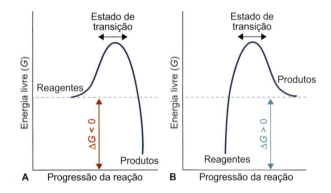

a) O gráfico "A" mostra que a variação de energia livre é negativa e a reação se processa de maneira espontânea, exergônica (exotérmica). Nesse caso, a energia livre dos produtos é menor que a dos reagentes.
b) O gráfico "B" mostra que a variação de energia livre é positiva e a reação ocorrerá de maneira espontânea, porque a energia livre dos produtos é maior que a dos reagentes.
c) A reação só ocorrerá espontaneamente em "B", já que o $\Delta G > 0$.
d) O gráfico "A" mostra que a variação de energia livre é negativa e a reação se processa de modo a exigir gasto de energia (endergônica); nesse caso, a energia livre dos produtos é maior que a dos reagentes.
e) Ambos os gráficos mostram que as reações só ocorrerão por meio de enzimas.

2. Qual a primeira lei de termodinâmica?
3. Explique de que maneira a bomba Na$^+$/K$^+$ ATPase dependente atua de modo a subverter a segunda lei da termodinâmica.
4. Utilize a temperatura corpórea de 36°C para explicar a entropia.
5. Assinale a alternativa correta:
   a) Em reações exotérmicas ou exergônicas, a entalpia final é menor do que a entalpia inicial.
   b) Em reações exotérmicas ou exergônicas, a entalpia inicial é menor do que a entalpia final.
   c) Em reações endotérmicas ou endergônicas, a entalpia inicial é menor do que a entalpia final.
   d) A variação da entalpia está na diferença entre a entropia dos produtos e a dos reagentes.
   e) Em reações exotérmicas ou exergônicas, a entropia inicial é menor do que a entropia final.
6. Defina o conceito de energia livre de Gibbs.
7. A figura a seguir mostra as reações do ciclo do ácido cítrico. Os valores referem-se à energia necessária para a conversão dos intermediários do ciclo em seu composto imediatamente subsequente. As setas indicam o sentido das reações. Assinale a alternativa que é coerente com a figura ($\Delta G^{o'}$ refere-se à energia livre para a conversão de 1 mol de substrato em 1 mol do produto sob condições-padrão):

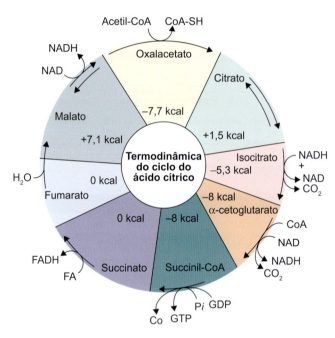

a) A maioria das reações é altamente exergônica, três reações são endergônicas, mas estão acopladas às reações fortemente exergônicas, como é o caso da conversão do malato em oxalacetato.
b) A conversão do citrato em isocitrato é termodinamicamente favorável.
c) O ciclo como um todo não é termodinamicamente favorável e as reações tendem a ser desvantajosas.
d) A conversão do oxalacetato em citrato é menos termodinamicamente favorável do que a conversão do malato em oxalacetato.
e) Todas as reações são termodinamicamente favoráveis; por essa razão, as reações são deslocadas da direita para a esquerda.
8. Explique de que maneira o sentido de uma reação pode ser predito com base nos valores de ΔG.
9. Em sistemas biológicos, existem muitas reações que são termodinamicamente desfavoráveis. Explique de que maneira essas reações se processam se, em alguns casos, seu valor de ΔG é fortemente positivo, por exemplo, na conversão de malato em oxalacetato ($\Delta G + 7,1$).

Respostas

1. Alternativa correta: *a*.
2. A primeira lei da termodinâmica enuncia que a energia total de um sistema e de sua vizinhança é constante. A energia tanto do sistema quanto da vizinhança pode ser transformada, mas não destruída nem criada.

3. De modo sintético, a segunda lei enuncia que a energia/matéria se desloca espontaneamente de níveis mais elevados para níveis mais baixos. Assim, um copo de café quente tende a esfriar-se e a luz tende a ser mais intensa quanto mais próximo à fonte. Contudo, por meio de trabalho, é possível deslocar matéria/energia de níveis mais baixos para níveis mais elevados, como é o caso da bomba Na$^+$/K$^+$ ATPase dependente, que carreia 3 Na$^+$ do líquido intracelular (LIC) para o líquido extracelular (LEC) e 2 K$^+$ do LEC para o LIC. A atividade dessa bomba ocorre contra o gradiente eletroquímico do sódio, que se desloca do LEC para o LIC, e contra o gradiente do potássio, que flui do LIC para o LEC. No entanto, isso é possível porque a bomba consome ATP, ou seja, produz trabalho, gasta energia.
4. O metabolismo consome a energia presente nos alimentos, convertendo-a em outra forma de energia química, o ATP. No entanto, uma vez que nenhum tipo de conversão de energia ocorre com 100% de eficiência, parte da energia presente nos alimentos não é plenamente convertida em ATP produzindo calor, um tipo de energia entrópica em sistemas biológicos. Além disso, a utilização do ATP para os processos bioquímicos também provoca perda de energia na forma de calor. Essas perdas de energia são responsáveis pela temperatura corpórea de 36°C.
5. Alternativa correta: *a*.
6. A energia livre de Gibbs pode ser definida como um potencial termodinâmico que expressa a quantidade de energia capaz de realizar trabalho em um sistema isotérmico e isobárico. Como não é possível medir a energia em termos absolutos, mas apenas as variações de energia que ocorrem em dado processo, tem-se o conceito de variação de energia livre de Gibbs (ΔG). Quando um sistema se desenvolve de um estado bem definido para outro estado bem definido, a energia livre de Gibbs é igual ao trabalho trocado entre o sistema e a vizinhança *menos* o trabalho das forças de pressão durante uma transformação reversível do mesmo estado inicial para o mesmo estado final.
7. Alternativa correta: *a*.
8. Os valores de ΔG indicam o sentido da reação; por exemplo, na reação A $\rightleftharpoons$ B, o elemento A será espontaneamente convertido em B se ΔG for negativo ($\Delta G < 0$). Nesse caso, ocorre perda líquida de energia (reação exotérmica), possibilitando que a reação ocorra na direção de A para B. Contudo, se ΔG apresentar valor positivo ($\Delta G > 0$), indica que o sistema necessita de energia para que a reação ocorra e, nesse caso, a reação absorverá calor (reação endotérmica). Nas condições em que ΔG é igual a zero ($\Delta G = 0$), a reação encontra-se em equilíbrio, ou seja, não ocorre mudança em nenhuma direção, e há o mínimo de energia e o máximo de entropia.
9. Reações cuja variação de energia livre seja maior que zero ($\Delta G > 0$) são energeticamente desfavoráveis. No entanto, tal reação pode perfeitamente ocorrer *in vivo*, quando está acoplada a outra reação cujo valor de ΔG seja fortemente negativo, de tal maneira que a soma das variações de energia livre de ambas as reações combinadas continue a ser menor que zero.

Bibliografia

Alberty RA. Biochemical thermodynamics. Biochim Biophys Acta. 1994;1207(1):1-11.

Alberty RA. Thermodynamics of biochemical reactions. New York: Wiley-Interscience; 2003.

Aledo JC, Jiménez-Rivérez S, Cuesta-Munoz A, Romero JM. The role of metabolic memory in the ATP paradox and energy homeostasis. FEBS J. 2008;275(21):5332-42.

Baldwin RL. Energetics of protein folding. J Mol Biol. 2007;371(2):283-301.

Beard DA, Babson E, Curtis E, Qian H. Thermodynamic constraints for biochemical networks. J Theor Biol. 2004;228(3):327-33.

Dugdale JS. Entropy and its physical meaning. London: Taylor and Francis; 1998.

Haltia T, Freire E. Forces and factors that contribute to the structural stability of membrane proteins. Biochim Biophys Acta. 1995;1241(2):295-322.

Lehninger AL, Cox N. Princípios de bioquímica. 4. ed. São Paulo: Sarvier; 2004.

Lodish H, Berk A, Zipursky LS, Matsudaira P, Baltimore D, Darnell J. Molecular cell biology. 4. ed. 2004. New York: W. H. Freeman; 2000.

Qian H, Beard DA. Thermodynamics of stoichiometric biochemical networks in living systems far from equilibrium. Biophys Chem. 2005;114(2-3):213-20.

Somsen OJ, Hoeben MA, Esgalhado E, Snoep JL, Visser D, van der Heijden RT et al. Glucose and the ATP paradox in yeast. Biochem J. 2000;352(Pt 2):593-9.

Stryer L, Berg JM, Tymoczko JL. Bioquímica. 6. ed. Rio de Janeiro: Guanabara Koogan; 2008.

Voet D, Voet J. Bioquímica. Porto Alegre: Artmed; 2007.

Metabolismo

Introdução

Metabolismo (do grego *metábole*, que significa mudança, troca) é o conjunto de transformações que as substâncias químicas sofrem no interior dos organismos vivos. O termo metabolismo celular é usado para o conjunto de todas as reações químicas que ocorrem nas células, as quais são responsáveis pelos processos de síntese e degradação dos nutrientes na célula e constituem a base da vida, tornando possíveis o crescimento e a reprodução das células, mantendo as suas estruturas e adequando respostas aos seus ambientes. As reações químicas do metabolismo estão organizadas em vias metabólicas, que são sequências de operações bioquímicas em que o produto de uma reação é utilizado como reagente na reação subsequente. Diferentes enzimas catalisam diferentes etapas de vias metabólicas, agindo de forma concentrada, não interrompendo o fluxo nessas vias.

As enzimas são vitais para o metabolismo porque possibilitam a realização de reações desejáveis, mas termodinamicamente desfavoráveis, ao acoplá-las a reações mais favoráveis e ao reduzirem a energia de ativação das substâncias reagentes. As enzimas regulam as vias metabólicas em resposta a mudanças no ambiente celular ou a sinais de outras células.

O metabolismo normalmente é dividido em duas instâncias: anabolismo e catabolismo. Reações anabólicas, ou reações de síntese, são aquelas que produzem nova matéria orgânica nos seres vivos. De moléculas simples (com consumo de ATP) sintetizam-se novos compostos (moléculas mais complexas). Já as reações catabólicas, ou reações de decomposição/degradação, são aquelas que, da decomposição ou degradação de moléculas mais complexas (matéria orgânica), produzem grandes quantidades de energia livre (sob a forma de ATP). Quando o catabolismo supera em atividade o anabolismo, o organismo perde peso, o que acontece em períodos de jejum ou doença; mas, se o anabolismo superar o catabolismo, o organismo cresce ou ganha peso. Se ambos os processos estão equacionados, o organismo encontra-se em equilíbrio dinâmico ou homeostase. Mapas metabólicos são virtualmente úteis em retratar as principais vias bioquímicas, uma vez que fornecem uma visão ampla e integrada do metabolismo.

Representação do mapa metabólico em forma de pontos e linhas

As vias metabólicas e as enzimas que catalisam cada reação podem ser representadas de modo esquemático em um padrão de pontos e linhas. A Figura 12.1 mostra um mapa de pontos e linhas com mais de 520 pontos, que são os intermediários metabólicos. A Tabela 12.1 lista o número de pontos que tem uma ou duas ou mais linhas (enzimas) associados a eles.

A Tabela 12.1, portanto, classifica intermediários pelo número de enzimas que atuam sobre eles. Um ponto conectado a apenas uma única linha pode ser um nutriente, uma forma de armazenamento, um produto final ou um metabólito de excreção do metabolismo. Além disso, uma vez que muitas vias são unidirecionais, ou seja, são reações irreversíveis em condições fisiológicas, um ponto ligado a apenas duas linhas indica muito provavelmente um intermediário em apenas uma via de ida e tem apenas um destino no metabolismo. Contudo, se três linhas estão ligadas a um ponto, quer dizer que o intermediário tem pelo menos dois destinos metabólicos possíveis, quatro linhas indicam três destinos, e assim por diante. É interessante notar que aproximadamente 80% dos intermediários metabólicos conectam-se somente a uma ou duas vias metabólicas e, assim, têm um propósito limitado na célula. Em contrapartida, muitos intermediários estão sujeitos a uma grande variedade de destinos metabólicos e, nesse caso, a via seguida é um importante modo de regulação.

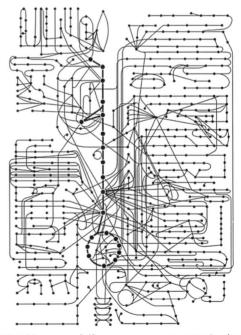

Figura 12.1 Mapa metabólico em uma representação de pontos e linhas. Os traços e pontos mais espessos indicam a via glicolítica e o ciclo do ácido cítrico. Fonte: adaptada de Alberts *et al.*, 1989.[1]

Tabela 12.1 Números de pontos (substâncias intermediárias) e a quantidade de linhas (vias metabólicas) associadas em um mapa metabólico de pontos e linhas (Figura 12.1).

Pontos	Linhas
410	1 ou 2
71	3
20	4
11	5
8	6 ou mais

Organismos com similaridades nas vias metabólicas

Um dos grandes princípios unificadores da biologia moderna é que os organismos mostram grandes semelhanças em suas principais vias metabólicas. Dadas as possibilidades quase ilimitadas da química orgânica, essa generalidade parece quase improvável. No entanto, é real e fornece fortes evidências de que toda a vida descende de uma forma ancestral comum. Todas as formas de nutrição e quase todas as vias metabólicas evoluíram em procariotos iniciais antes do aparecimento dos eucariotos, há cerca de 1 bilhão de anos. Por exemplo, a glicólise é comum a praticamente todas as células. Acredita-se que seja a via metabólica mais antiga, tendo surgido em abundância na atmosfera da Terra antes do oxigênio. Todos os organismos, mesmo aqueles que podem sintetizar a sua própria glicose, são capazes de degradar a glicose por meio da glicólise e, assim, sintetizar ATP. Outras vias importantes também são praticamente ubíquas entre organismos.

Perfil anabólico e catabólico do metabolismo

O metabolismo serve a dois propósitos fundamentalmente diferentes: a produção de energia para conduzir funções vitais; e a síntese de moléculas biologicamente importantes. Para alcançar essas metas, o metabolismo consiste em grande parte de dois processos que se contrapõem ao catabolismo e ao anabolismo. Vias catabólicas rendem energia, enquanto as anabólicas requerem energia. O catabolismo oxidativo envolve a degradação de moléculas complexas de nutrientes (carboidratos, lipídios e proteínas), obtidas do ambiente ou das reservas celulares. A quebra dessas moléculas, via catabólica, conduz à formação de moléculas mais simples, como ácido láctico, etanol, dióxido de carbono, ureia ou amônia. Reações catabólicas geralmente são exergônicas e, muitas vezes, a energia química liberada por elas é capturada na forma de ATP. Uma vez que o metabolismo é oxidativo em sua maior parte, uma fração da energia química liberada pode ser conservada na forma de elétrons de alta energia que são captados por coenzimas, NAD e NADP$^+$. Essas duas coenzimas reduzidas tomam parte em diferentes rotas no metabolismo e, de fato, a redução do NAD$^+$ é um importante aspecto do catabolismo, enquanto a oxidação do NADPH é um importante aspecto do anabolismo. O anabolismo é essencialmente uma instância do metabolismo em que se destacam processos de síntese de moléculas complexas, como proteínas, lipídios e polissacarídeos, originadas de precursores químicos mais simples. Os processos de biossíntese são endergônicos, ou seja, requerem energia para que ocorram.

O ATP produzido por reações catabólicas é a fonte de energia para as reações biossintéticas. Além disso, o NADPH é um excelente doador de elétrons de alta energia para reações redutoras do anabolismo. Nota-se que, apesar de seus papéis divergentes, anabolismo e catabolismo são vias que se inter-relacionam de tal maneira que os produtos de uma via atuam como substratos da outra (Figura 12.2). Desse modo, muitos intermediários metabólicos são compartilhados entre os dois processos, e os precursores necessários para vias anabólicas são encontrados entre os produtos do catabolismo.

Tanto o anabolismo quanto o catabolismo ocorrem mutuamente na célula. As células gerenciam as vias anabólicas e catabólicas de duas maneiras: primeiro, mantendo uma forte regulação de ambas as vias, de modo que as necessidades metabólicas possam ser atendidas imediatamente; segundo, compreendendo a compartimentalização das vias anabólicas e catabólicas em diferentes locais da célula. Por exemplo, as enzimas responsáveis pelo catabolismo de lipídios (oxidação dos ácidos graxos) estão contidas no interior das mitocôndrias. Em contraste, as enzimas relacionadas com a biossíntese de ácidos graxos estão presentes no citosol.

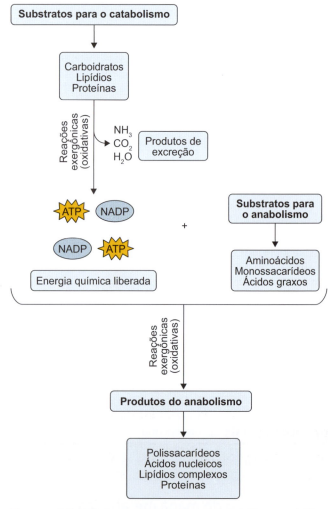

Figura 12.2 Relações energéticas entre as vias anabólica e catabólica. As reações exergônicas (oxidativas) do catabolismo produzem energia que é capturada na forma de ATP e NADPH. Os processos anabólicos dirigidos por reações endergônicas utilizam as moléculas de ATP e NADPH para converter substratos anabólicos, como aminoácidos em moléculas mais elaboradas (p. ex., proteínas).

Modelos de organização enzimática em vias metabólicas

As vias anabólicas e catabólicas consistem em etapas enzimáticas sequenciais. Assim, as enzimas podem se organizar de várias maneiras com a finalidade de aperfeiçoar a sequência de reações. Alguns sistemas multienzimáticos – formados por muitas enzimas que atuam de modo sequencial e nos quais o produto de um é o substrato da enzima subsequente – podem existir na célula como entidades solúveis fisicamente separadas, com os intermediários de difusão. Em outros casos, as enzimas de uma via estão arranjadas para formar um complexo multienzimático, garantindo que o substrato seja sequencialmente modificado, uma vez que é transmitido ao longo deste complexo multienzimático (Figura 12.3). Esse tipo de organização tem a vantagem de não possibilitar a perda ou a diluição dos intermediários ao longo de sua metabolização. Um terceiro padrão de organização enzimática presente em vias metabólicas é a localização das enzimas ancorada à face interna da membrana plasmática da célula, o que possibilita que as enzimas (e talvez seus substratos) se movam em apenas duas direções, para interagirem com enzimas vizinhas. No entanto, a organização enzimática que parece prevalecer é a dos sistemas enzimáticos solúveis, uma vez que eles podem ser unidos para formar complexos multienzimáticos funcionais, criados por sequenciais de uma via metabólica, mantidos juntos por interações não covalentes e elementos estruturais da célula, como proteínas de membrana integrais e proteínas do citoesqueleto.

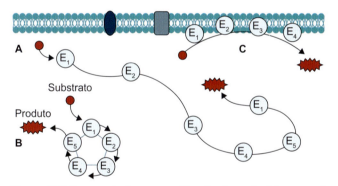

Figura 12.3 Representação esquemática dos tipos de sistemas multienzimáticos presentes em vias metabólicas. **A.** Enzimas fisicamente separadas; nesse caso, os substratos podem se difundir pelo citosol, o que torna o sistema menos eficiente. **B.** Sistema multienzimático, no qual o produto entra no complexo e não se desliga de nenhuma enzima do complexo até que o produto final seja obtido. **C.** Sistema multienzimático ancorado à membrana plasmática.

Vias catabólicas | Formação de poucos produtos finais

Ao examinar as principais vias metabólicas de obtenção de energia no metabolismo aeróbico de uma célula eucariota, as substâncias complexas, como proteínas, lipídios e carboidratos, são convertidas essencialmente em NH_3, CO_2 e H_2O, por meio de uma sucessão de reações enzimáticas controladas de modo eficiente e preciso. O catabolismo aeróbico consiste em três fases:

- Na fase 1, as moléculas são reduzidas a seus respectivos blocos de construção, de modo que proteínas são quebradas em aminoácidos, triacilgliceróis são hidrolisados a ácidos graxos e glicerol e polissacarídeos em suas unidades fundamentais formadoras, como glicose, no caso do amido
- Na fase 2, os elementos que sofreram cisão na fase 1 sofrem outro nível de degradação para produzir produtos ainda mais simples de intermediários metabólicos. Nesse caso, as moléculas de glicose, oriundas dos polissacarídeos, originam moléculas de piruvato, que, posteriormente, são convertidas em acetil-CoA. Os aminoácidos sofrem desaminação no ciclo da ureia para produzir elementos que atuam como intermediários do ciclo do ácido cítrico, inclusive acetil-CoA, como é o caso da isoleucina, da lisina e da fenilalanina
- Finalmente, a oxidação dos ácidos graxos no ciclo da betaoxidação tem como propósito produzir moléculas de acetil-CoA e, assim, suprir o ciclo do ácido cítrico. Note-se que a metabolização de lipídios, proteínas e carboidratos converge para a formação de acetil-CoA (Figura 12.4). Nesse momento, ocorre a terceira e última fase do catabolismo aeróbico.

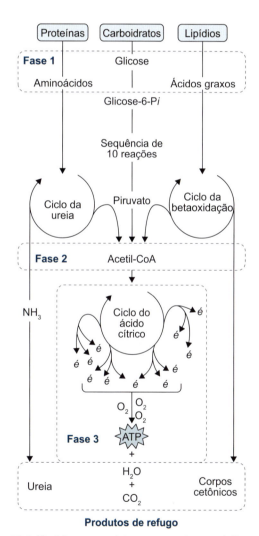

Figura 12.4 Modelo esquemático com as vias catabólicas envolvendo carboidratos, lipídios e proteínas. Na fase 1 do catabolismo, as substâncias são convertidas em seus blocos formadores; na fase 2, os produtos formados na fase 1 convergem para a formação de acetil-CoA. A fase 3 envolve a formação de um potencial energético decorrente da remoção de elétrons por meio de reações sucessivas no ciclo do ácido cítrico; nessa fase, é formada a maior parte do ATP. Nota-se que os produtos de refugo são poucos e simples, do ponto de vista químico.

Os grupos acetil do acetil-CoA são então processados no ciclo do ácido cítrico por meio de sucessivas reações enzimáticas que têm como propósito remover elétrons que são captados por aceptores universais de elétrons (NAD e FAD). Esses elétrons são utilizados para a formação de um potencial energético capaz de produzir ATP em um processo conhecido como fosforilação oxidativa, cujos produtos finais são H_2O e CO_2. A fase 3 do catabolismo produz a maior parte da energia originada pelas células e é, portanto, uma operação bioquímica de extrema importância para os processos celulares.

Intermediários anfibólicos

Algumas das vias centrais do metabolismo intermediário, como o ciclo do ácido cítrico, e muitos outros metabólitos de outras vias têm duplo efeito, pois servem como substrato tanto em reações anabólicas quanto nas catabólicas. De fato, o ciclo do ácido cítrico produz precursores para a biossíntese de aminoácidos e ácidos graxos, por exemplo, mas esses compostos, quando oxidados, podem servir como combustível para o próprio ciclo (Figura 12.5).

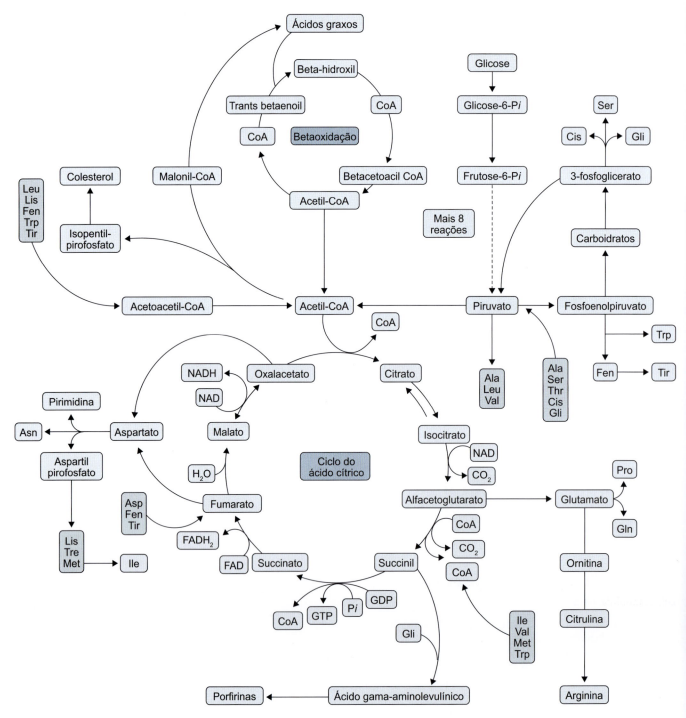

Figura 12.5 Mapa mostrando algumas vias anfibólicas. O ciclo do ácido cítrico, por exemplo, forma intermediários que podem atuar como precursores de outras substâncias em outras vias metabólicas. Uma grande quantidade de aminoácidos pode ser convertida em diversos intermediários do ciclo, servindo de substrato para outras vias de síntese de substâncias. Isso é o que caracteriza as vias anfibólicas do metabolismo.

Essa dupla natureza se reflete na designação mais adequada de uma via como de caráter anabólico ou catabólico, em vez da nomenclatura sumária anabólica ou catabólica. Em todo caso, em contraste com o catabolismo, que converge para o intermediário comum, o acetil-CoA, as vias de caráter anabólico partem de um pequeno grupo de intermediários metabólicos simples para darem origem a uma miríade de constituintes celulares.

Anabolismo e catabolismo | Rotas opostas com o mesmo composto

Em geral, a via anabólica para um dado produto não corresponde precisamente à via utilizada para o catabolismo desse mesmo produto. É verdade que alguns dos intermediários podem ser comuns a ambas as vias, embora difiram entre si sempre em reações enzimáticas específicas ou no surgimento de intermediários únicos e próprios daquela via, seja ela anabólica, seja catabólica.

Um exemplo consistente dessa diferença está presente na via glicolítica, que cataboliza glicose em piruvato, e na gliconeogênese, que sintetiza (anaboliza) piruvato em glicose. O chamado "caminho de ida" (glicólise) implica 10 passos bioquímicos com enzimas próprias, enquanto o "caminho de volta" (gliconeogênese) utiliza somente sete enzimas presentes na glicólise, ainda que, em um primeiro momento, possa parecer que o mais lógico e eficiente para a síntese de glicose, originada de piruvato, fosse uma rota na qual houvesse uma inversão de todos os 10 passos presentes na glicólise. Na gliconeogênese, há quatro enzimas específicas, de modo que a gliconeogênese não é uma simples rota de inversão da glicólise. De maneira semelhante, a degradação oxidativa de ácidos graxos, que produz acetil-CoA, não segue a mesma via da biossíntese de ácidos graxos originada do acetil-CoA.

Rotas metabólicas em direções opostas facilitam mecanismos de regulação

Uma segunda razão existente para justificar rotas metabólicas de catabolismo e anabolismo em direções muitas vezes opostas é que tais vias devem ser reguladas independentemente uma da outra. Se as vias anabólicas e catabólicas fluíssem na mesma direção, o sistema de regulação de uma via necessariamente interferiria na outra, por exemplo, se uma enzima-chave em uma via anabólica fosse inibida, o catabolismo daquela substância sofreria redução ou mesmo inibição. Assim, a regulação independente do anabolismo e do catabolismo implica necessariamente rotas em direções opostas e distintas, de modo que a inibição ou ativação de uma dada enzima-chave causa impacto apenas naquela via, já que ela deve ter um repertório enzimático único para cada rota metabólica, seja anabólica, seja catabólica.

NAD⁺ coleta elétrons liberados no catabolismo

Os substratos para o catabolismo, proteínas, lipídios e carboidratos, são boas fontes de energia química, uma vez que os átomos de carbono nessas moléculas se encontram em um estado relativamente reduzido (Figura 12.6). Nas reações oxidativas presentes em reações catabólicas, equivalentes redutores são liberados desses substratos, geralmente na forma de íons hidreto (um próton de hidrogênio com dois elétrons, H:⁻). Esses íons hidreto são transferidos, por meio de reações enzimáticas mediadas por enzimas desidrogenases dos substratos, às moléculas de NAD⁺, reduzindo-as a NADH (Figura 12.7). Um segundo próton acompanha essas reações aparecendo na equação geral como H⁺. Posteriormente, o NADH é oxidado retornando ao estado de NAD após transferir seus equivalentes redutores aos sistemas de acepção de elétrons pertencentes ao aparato metabólico mitocondrial (cadeia respiratória ou cadeia transportadora de elétrons). No metabolismo, o aceptor final de elétrons é o oxigênio, que é, então, convertido em água. As reações de oxidação são exergônicas e a energia libertada é acoplada à formação de ATP, em um processo denominado fosforilação oxidativa. O sistema NAD-NADH é, portanto, um elemento de interface entre a produção de elétrons por parte de reações catabólicas e a cadeia respiratória.

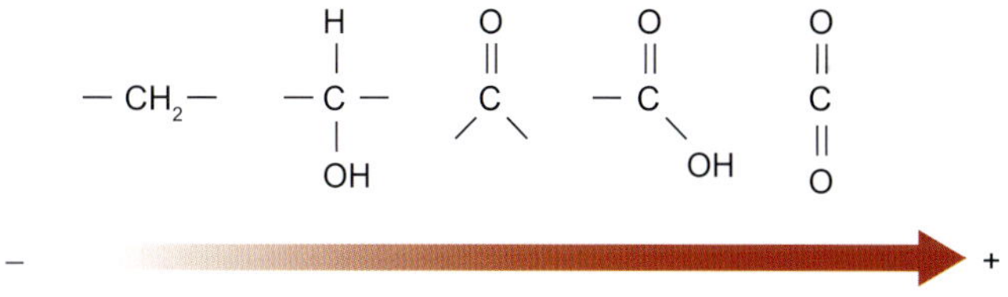

Figura 12.6 Comparação do estado de redução dos átomos de carbono em biomoléculas. A seta indica, da esquerda para a direita, o estado de maior redução. – CH₂– (lipídios); –CHOH- (carboidratos); –C=O (carbonilas); –COOH (carboxilas); CO₂ (dióxido de carbono, um dos produtos finais do metabolismo).

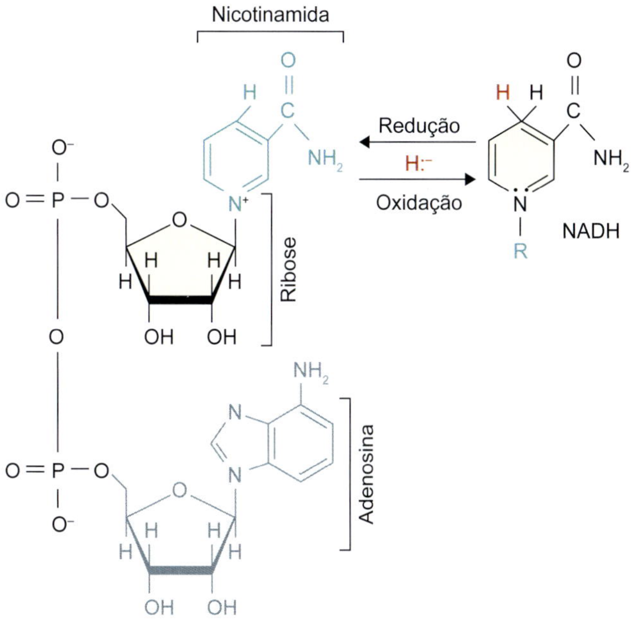

CH₃CH₂OH + NAD⁺ → NADH + CH₃CH + H⁺
Etanol   Acetaldeído

Figura 12.7 Reação de conversão de NAD⁺ em NADH. Nota-se a transferência do íon hidreto ao nucleotídeo de piridina. A reação contida no quadro é catalisada pela enzima desidrogenase alcoólica presente no fígado.

NADPH fornece o poder redutor em processos anabólicos

Enquanto o catabolismo é fundamentalmente um processo oxidativo, o anabolismo é essencialmente um processo redutor. A biossíntese de complexos elementos celulares inicia-se com substâncias oriundas de vias degradativas do catabolismo ou, mais raramente, por meio de substâncias presentes no ambiente, como o dióxido de carbono. De fato, quando as cadeias de hidrocarbonetos são construídas durante a síntese de ácidos graxos, originadas de unidades de acetil-CoA ativados, hidrogênios são necessários para reduzir o carbono do grupo carbonila (C=O) do acetil-CoA em CH_2 e reorganizá-lo ao longo da cadeia.

Controle do metabolismo

O metabolismo como um todo está organizado em vias metabólicas, que são sequências de reações em que o produto de uma reação é utilizado como reagente na reação subsequente. Diferentes enzimas catalisam distintas etapas em vias metabólicas, agindo de modo coordenado para não interromper o fluxo nessas vias. As enzimas são vitais para o metabolismo, porque possibilitam a realização de reações desejáveis, mas termodinamicamente desfavoráveis, ao acoplá-las a reações mais favoráveis. As enzimas são importantes pontos de regulação do metabolismo e sofrem alterações de velocidade e quantidade em resposta a mudanças no ambiente celular ou a sinais de outras células. Os mecanismos de controle do metabolismo são:

- Controle alostérico – enzimas alostéricas são aquelas que sofrem regulação de forma não covalente. Encontradas em quase todas as vias metabólicas, normalmente catalisam reações irreversíveis no início das vias metabólicas. São oligômeros, ou seja, proteínas compostas por diversas cadeias polipeptídicas cada qual contendo seu próprio sítio ativo, de modo que a interação de um substrato com um dado sítio ativo de um peptídeo facilita a interação dos demais substratos com os outros sítios ativos dos peptídeos que compõem o oligômero. As enzimas alostéricas são sensíveis reguladores do metabolismo, porque, ao se ligarem a determinados metabólitos celulares, sua atividade sofre grandes alterações. Os metabólitos que modulam as funções de uma enzima alostérica são chamados de reguladores alostéricos e podem ser positivos (quando estimulam a atividade enzimática) ou negativos (quando reprimem a atividade enzimática). É frequente que produtos finais de vias metabólicas atuem como reguladores alostéricos negativos de enzimas que catalisam reações-chave. Assim, quando a concentração do produto final aumenta, ele age inibindo enzimas alostéricas da via e, desse modo, impedindo seu acúmulo. Caso o produto final tenha sua concentração reduzida, o seu efeito de inibição nas enzimas alostéricas da via vai se extinguindo até que a velocidade da via metabólica como um todo aumente
- Modificação covalente – a modificação covalente enzimática ocorre mais comumente por meio da fosforilação ou desfosforilação e consiste em uma forma rápida de regular o fluxo em uma dada via metabólica. As enzimas passíveis de sofrer modificações covalentes apresentam resíduos de serina, treonina ou tirosina capazes de aceitar grupos fosfato que, posteriormente, podem ser removidos. Esse mecanismo de regulação enzimática está presente em uma importante via metabólica relacionada com a manutenção da glicemia, a glicogenólise. Sob o efeito de catecolaminas (adrenalina e noradrenalina), a enzima glicogênio fosforilase sofre conversão de sua forma inativa para a sua forma ativa. Essa ativação é desencadeada por fosforilação de resíduos de serina presentes na glicogênio fosforilase e sua inativação está condicionada à remoção desse grupo fosfato por meio de enzimas desfosforilases
- Expressão gênica – as demandas metabólicas podem modular a expressão gênica para enzimas-chave em determinadas vias metabólicas modificando, assim, a concentração dessas enzimas na via. Em contraste com a modificação covalente, que ocorre em segundos, o mecanismo de expressão gênica é demorado, dando-se em intervalos de horas ou mesmo dias compondo, assim, um mecanismo regulatório a longo prazo.

Enzimas constitutivas e induzíveis em vias metabólicas

Em uma via metabólica, podem existir dois tipos de enzimas: constitutivas, que existem em concentrações constantes na célula; e induzíveis, que têm sua concentração intracelular aumentada ou diminuída em razão das demandas metabólicas da célula. A enolase, uma enzima da via glicolítica envolvida na conversão de frutose-1,6-bifosfato em di-hidroxiacetonafosfato e gliceraldeído-3-fosfato, é um exemplo de enzima constitutiva, visto que suas concentrações intracelulares permanecem constantes ainda que os níveis de frutose-1,6-bifosfato na célula aumentem ou diminuam. Já a enzima hepática glicocinase tem suas concentrações aumentadas na presença de insulina e diminuídas de forma significativa na ausência desse hormônio. Trata-se, portanto, de uma enzima induzível.

Alterações metabólicas no jejum e no período pós-prandial

O jejum e o período pós-prandial são duas condições em que ocorrem alterações metabólicas profundas e diametralmente opostas no que tange aos suprimentos energéticos. O jejum inicia-se 2 a 4 h após uma refeição, quando os níveis plasmáticos de glicose retornam a valores basais (8 a 100 mg/dℓ), e continua até que esses valores voltem a aumentar, o que ocorre com o início da refeição subsequente. Já o estado pós-prandial é aquele que o organismo experimenta imediatamente após uma refeição. Tanto o jejum quanto o período pós-prandial desencadeiam alterações importantes no direcionamento de substratos energéticos. Tais alterações são mediadas por dois hormônios extremamente relevantes no metabolismo, o glucagon e a insulina. O glucagon é um octapeptídeo liberado pelas células-alfa das ilhotas de Langerhans pancreáticas, apresenta um perfil catabólico e o principal estímulo para a sua liberação é a hipoglicemia. Já a insulina é um peptídeo formado por duas cadeias ligadas entre si por pontes dissulfeto e é secretada pelas células beta das ilhotas de Langerhans, sobretudo na vigência de hiperglicemia. Trata-se de um hormônio com perfil anabólico com efeitos contrários àqueles desencadeados pelo glucagon.

Assim, as rotas metabólicas dos substratos energéticos (carboidratos e lipídios) são reguladas pela razão insulina/glucagon. Esses dois hormônios regulam um repertório enzimático por meio de mecanismos de fosforilação, desfosforilação, indução, repressão, ativação e inibição capazes de mobilizar substratos energéticos de acordo com a demanda dos tecidos (Tabela 12.2).

Tabela 12.2 Mecanismos de regulação das enzimas hepáticas envolvidas no metabolismo do glicogênio e de lipídios.

Enzimas hepáticas reguladas por ativação/inibição		
Enzima	Ativador	Circunstância em que ocorre a ativação
Fosfofrutocinase-1	Frutose-2-bifosfato, AMP	Pós-prandial
Piruvato carboxilase	Acetil-CoA	Jejum e pós-prandial
Acetil-CoA carboxilase	Citrato	Pós-prandial
Carnitina-palmitoil transferase	Perda do inibidor (malonil-CoA)	Jejum

Enzimas hepáticas reguladas por fosforilação e desfosforilação		
Enzima	Forma ativa	Estado no qual está ativada
Glicogênio sintase	Desfosforilada	Pós-prandial
Fosforilase cinase	Fosforilada	Jejum
Glicogênio fosforilase	Fosforilada	Jejum
Fosfofrutocinase-2/F-2,6-bifosfatase (age como cinase, aumentando os níveis de frutose-2,6-bifosfato)	Desfosforilada	Pós-prandial
Fosfofrutocinase-2/F-2,6-bifosfatase (age como fosfatase, diminuindo os níveis de frutose-2,6-bifosfato)	Fosforilada	Jejum
Piruvato cinase	Desfosforilada	Pós-prandial
Piruvato desidrogenase	Desfosforilada	Pós-prandial
Acetil-CoA-carboxilase	Desfosforilada	Pós-prandial

Enzimas hepáticas reguladas por indução/repressão		
Enzima	Condição na qual está induzida	Processo afetado
Glicocinase	Pós-prandial	Glicose → TG
Citrato liase	Pós-prandial	Glicose → TG
Acetil-CoA-carboxilase	Pós-prandial	Glicose → TG
Ácido graxo-sintase	Pós-prandial	Glicose → TG
Enzima málica	Pós-prandial	Síntese de NADPH
Glicose-6-Pi-desidrogenase	Pós-prandial	Síntese de NADPH
Glicose-6-fosfatase	Jejum	Síntese de glicose
Frutose-1,6-bifosfatase	Jejum	Síntese de glicose
Fosfoenolpiruvato-carboxilase	Jejum	Síntese de glicose

Fonte: Marks et al., 2007.[2]

Período pós-prandial

Fígado

No período pós-prandial, os níveis plasmáticos de glicose estão elevados e essa situação é um dos principais estímulos para a secreção de insulina por parte das células beta das ilhotas de Langerhans pancreáticas. No fígado, a insulina aumenta a captação de glicose e a direciona para a síntese de glicogênio ou de triacilgliceróis. Nos dois casos, a glicose é previamente fosforilada no carbono 6 pela glicocinase (a forma hepática da enzima hexocinase), uma enzima que apresenta alto K_m para a glicose. A insulina age ainda em outra enzima hepática, desencadeando, nesse caso, sua ativação por meio da desfosforilação: a glicogênio-sintase, enzima regulatória – chave na síntese do glicogênio. Esses efeitos da insulina sobre essas enzimas hepáticas têm como propósito direcionar a glicose para seu armazenamento na forma de glicogênio. No fígado, a glicose-6-fosfato (G6P) pode também seguir para a síntese de ácidos graxos; nesse caso, a insulina novamente desencadeia a formação de AMPc intracelular, que, por sua vez, ativa uma desfosforilase que remove grupos fosfato das enzimas fosfofrutocinase-2 e piruvato cinase. A remoção desses grupos fosfato ativa essas duas enzimas que fazem parte da via glicolítica conduzindo a glicose até a formação de piruvato. A fosfofrutocinase-2 é uma isoforma da fosfofrutocinase-1; enquanto a primeira fosforila a frutose no carbono 1, a segunda a fosforila no carbono 2. A frutose-2,6-bifosfato não é um intermediário da glicólise, tendo função apenas regulatória. É sintetizada no excesso de frutose-6-P, sendo sua concentração, portanto, um indicador da concentração desse intermediário. Isso explica seu efeito positivo na enzima fosfofrutocinase (que utiliza a frutose-6-P) e inibitório sobre a frutose-1,6-bifosfatase (que a produz). A frutose-2,6-bifosfato não é somente um poderoso regulador alostérico positivo da fosfofrutocinase-1, mas também um inibidor da frutose-1,6-bifosfatase, enzima pertencente à via da gliconeogênese. Em virtude dessa ação antagônica, a frutose-2,6-bifosfato exerce função sinalizadora controlando o equilíbrio entre glicólise e gliconeogênese hepática. Finalmente, a frutose-2,6-bifosfato atua como efetor alostérico positivo da fosfofrutocinase-1, enquanto o ATP e o citrato são reguladores alostéricos negativos dessa enzima. Outra enzima da via glicolítica do hepatócito que sofre regulação alostérica é a piruvato cinase, que também sofre desfosforilação sob o efeito da insulina tornando-se ativa. Nesse caso, o agente alostérico positivo é a frutose-1,6-bifosfato, enquanto seu regulador alostérico negativo é o aminoácido alanina. A insulina atua nesse repertório enzimático com o propósito de direcionar a glicose para ser estocada como reserva de energia no fígado, seja na forma de glicogênio, seja na de lipídios. Embora o fígado não armazene lipídios, ele os sintetiza e os exporta na forma de VLDL (Figura 12.8).

Síntese hepática de lipídios

No período pós-prandial, o fígado é capaz de sintetizar ácidos graxos. Essa ação acontece quando existe grande quantidade de energia disponível na célula, o que ocorre no período pós-prandial, pois nesse momento a relação ATP/ADP é alta e existe grande quantidade de NADPH, o agente redutor necessário às reações. A primeira etapa da síntese de ácidos graxos requer uma substância doadora de carbono, isto é, o acetil-CoA. Contudo, este encontra-se na matriz mitocondrial e deve ser exportado para o citosol, uma vez que é ali que ocorre a síntese de ácidos graxos. No entanto, a porção de coenzima do acetil-CoA é incapaz de atravessar a membrana mitocondrial interna. Assim, dá-se a combinação do acetil-CoA com o oxalacetato, também intramitocondrial, para formar o citrato (Figura 12.8). A membrana mitocondrial dispõe de transportadores de tricarboxilato e, portanto, carreia o citrato da matriz para o citosol. Essa cadeia de eventos sucede quando os níveis intramitocondriais de citrato tornam-se elevados, o que ocorre exatamente no período pós-prandial, pois a razão ATP/ATP está elevada para o lado do ATP e ele passa a atuar como inibidor alostérico da enzima isocitrato desidrogenase pertencente ao ciclo de Krebs, levando a um acúmulo de citrato e isocitrato no interior da mitocôndria. Os níveis intramitocondriais de isocitrato e, sobretudo, de citrato atuam,

196 Bioquímica Clínica

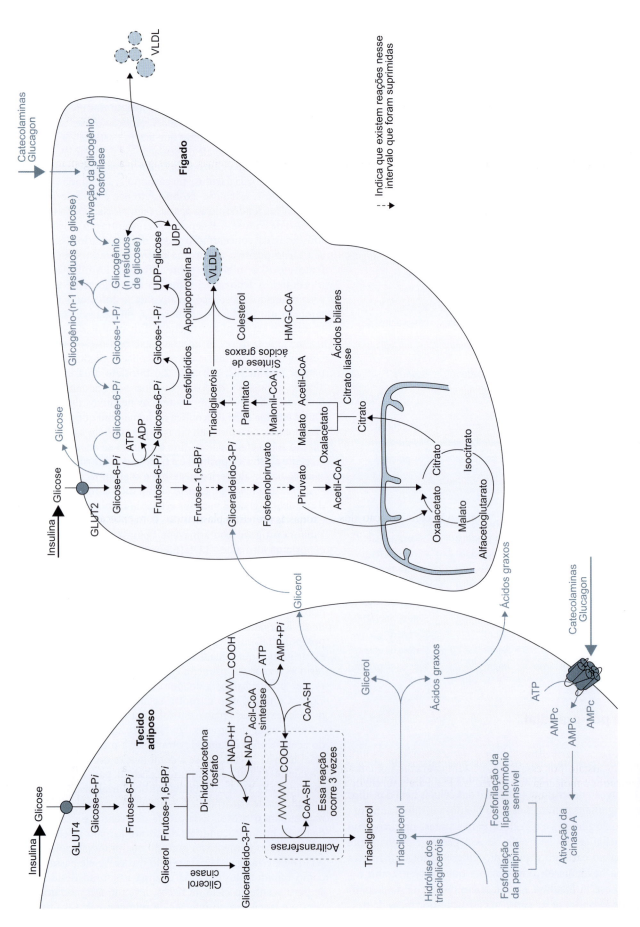

Figura 12.8 Regulação do metabolismo em duas circunstâncias, estado de jejum e período pós-prandial. São mostrados o tecido adiposo e o fígado, dois sítios de grande importância nessas duas situações. A cor azul indica vias metabólicas no estado de jejum e, em preto, as vias metabólicas em estado pós-prandial.

portanto, como sinalizadores da síntese de ácidos graxos. No citosol, a enzima ATP-citrato liase promove a cisão do citrato convertendo-o em acetil-CoA novamente e oxalacetato. Este último pode ser convertido em malato e, posteriormente, em piruvato, internalizando novamente a mitocôndria após ser transformado em acetil-CoA. No citosol, o acetil-CoA é carboxilado para produzir malonil-CoA. Essa reação é intermediada pela enzima acetil-CoA carboxilase, que apresenta biotina como grupo prostético. O próximo passo da síntese de ácidos graxos envolve a adição sucessiva de duas unidades de carbonos à cadeia lipídica crescente. Dois dos três átomos de carbono do grupo malonil da molécula de malonil-CoA são acrescentados à cadeia crescente de ácidos graxos. Essa reação requer um complexo multienzimático localizado no citosol intitulado sintase de ácidos graxos.

Essa enzima apresenta um domínio chamado *acyl carrier protein* (ACP), que contém como grupo prostético a fosfopanteteína cuja função é aceitar os grupos acetila, inclusive do malonil-CoA, possibilitando, assim, a inserção dos carbonos do malonil-CoA na cadeia crescente de ácido graxo. O acetil-CoA carboxilase é a enzima que converte acetil-CoA para a formação de malonil-CoA, elemento-chave na síntese de ácidos graxos. O acetil-CoA carboxilase consiste em um protômero com quatro subunidades. Altas concentrações de citrato promovem a polimerização dos protômeros, enquanto altas concentrações de malonil-CoA (um intermediário na rota de síntese de ácidos graxos) ou mesmo o palmitoil-CoA (o produto final da via) promovem sua despolimerização. Quando o ácido graxo alcança o comprimento de 16 carbonos, o processo de síntese cessa com o palmitoil-S-ACP. Nesse momento, a enzima palmitoil-tioesterase cinde a ligações tioéster, dando origem ao ácido palmítico – a cadeia carbônica tem 16 carbonos e nenhuma dupla ligação, isto é, 16:0, um ácido graxo saturado. Todos os carbonos que formam o ácido palmítico passam pela formação do palmitoil-CoA, com exceção dos dois carbonos doados pelo acetil-CoA original, que formam a extremidade metil do ácido graxo. No período pós-prandial, o fígado é ainda capaz de sintetizar triacilgliceróis; para tanto, é necessário inicialmente sintetizar uma molécula de glicerol-fosfato para que posteriormente os ácidos graxos (p. ex., o ácido palmítico recém-sintetizado) possam ser a ela incorporados. O glicerol-fosfato pode ser sintetizado no tecido adiposo e no fígado, sendo este último o principal sítio de síntese de triacilgliceróis e, portanto, de glicerol-fosfato. A síntese de glicerol-fosfato pode se dar na glicose, que é metabolizada na via glicolítica até a produção de di-hidroxiacetona fosfato que, sob a ação da enzima glicerol-fosfato desidrogenase, é convertida em glicerol-fosfato, uma reação que consome NADH. Outra via para obtenção de glicerol-fosfato no fígado (mas não no tecido adiposo) ocorre por meio da enzima glicerol-cinase, que converte glicerol livre em glicerol-fosfato. Obtido o glicerol-fosfato por essas vias, os ácidos graxos podem ser esterificados à molécula de glicerol-fosfato. Para isso, enzimas aciltransferases incorporam ácidos graxos às posições 1 e 2 da molécula de glicerol-fosfato produzindo ácido fosfatídico; finalmente, o grupo fosfato é removido e o último ácido graxo incorporado, dando origem ao triacilglicerol.

Destino dos lipídios sintetizados no fígado

Os lipídios sintetizados no fígado são incorporados a partículas de lipoproteína de muito baixa densidade (VLDL). As VLDL são compostas predominantemente por triacilgliceróis e liberadas pelo fígado na corrente sanguínea como partículas "nascentes" de VLDL. Seu destino é principalmente o tecido adiposo, no qual interagem com receptores de membrana por meio de sua apolipoproteína CII, ativando a enzima lipase lipoproteica situada nas células endoteliais dos capilares, que perfundem os tecidos adiposo, musculoesquelético e cardíaco. A lipase lipoproteica hidrolisa os triacilgliceróis presentes no VLDL, nos ácidos graxos e no glicerol, liberando para o interior das células. A isoforma da lipase lipoproteica presente no coração e nos músculos esqueléticos apresenta um K_m baixo para essas lipoproteínas, o que significa que agem mesmo com concentrações plasmáticas baixas de VLDL. No coração e nos músculos esqueléticos, os ácidos graxos são utilizados como fonte de energia, enquanto no tecido adiposo são armazenados como fonte de energia. O K_m da lipase lipoproteica do tecido adiposo é extremamente alto quando comparado com a isoforma do tecido muscular e cardíaco, possibilitando ao tecido adiposo captar lipídios apenas quando os níveis de VLDL no plasma estão elevados, o que ocorre no período pós-prandial. A insulina estimula a síntese de lipase lipoproteica nas células endoteliais dos capilares que irrigam o tecido adiposo. Os ácidos graxos liberados no interior dos adipócitos são imediatamente reesterificados e armazenados como triacilgliceróis no citosol dos adipócitos. Já o glicerol liberado pela hidrólise dos triacilgliceróis dos VLDL não é aproveitado pelos adipócitos porque estes não dispõem da enzima glicerol-cinase. Nesse caso, seguem para o fígado (o glicerol é hidrossolúvel) que contém essa enzima e pode, assim, converter o glicerol novamente em glicerol-fosfato, precursor dos triacilgliceróis.

Metabolismo dos aminoácidos no fígado

No período pós-prandial, o aporte de aminoácidos que chega ao fígado pela veia porta é imediatamente utilizado para a síntese de proteínas. De fato, o fígado é responsável pela síntese de todas as proteínas plasmáticas, com exceção das imunoglobulinas, cuja produção é linfocitária em decorrência de resposta imune. A síntese proteica por parte do fígado mantém níveis plasmáticos de referência (aproximadamente 6 a 8 g/dℓ). No entanto, no período pós-prandial, a quantidade de aminoácidos que chega ao fígado suplanta a quantidade necessária para a síntese de proteínas plasmáticas ou outras moléculas derivadas de aminoácidos. Ao contrário do que ocorre com carboidratos e lipídios, o excesso de aminoácidos não pode ser armazenado como estoque energético e, por isso, é lançado na corrente sanguínea para possível utilização por outros tecidos. O excedente de aminoácidos é, então, desaminado e seu esqueleto carbônico segue para o fígado, onde serão degradados até piruvato, acetil-CoA ou, ainda, em um dos intermediários do ciclo de Krebs. Esses metabólitos podem seguir dois destinos: ou são oxidados para a síntese de energia ou atuam como substratos na síntese de ácidos graxos. O fígado apresenta capacidade limitada para degradar os aminoácidos de cadeia ramificada (leucina, isoleucina e valina), desse modo estes seguem para o tecido musculoesquelético, onde são preferencialmente metabolizados.

Metabolismo do tecido adiposo

Histologicamente, distinguem-se na espécie humana dois tipos de tecido adiposo: tecido adiposo marrom, cujas funções se restringem à produção de calor por causa da ação de proteínas desacopladoras (proteínas UCP); e tecido adiposo amarelo, com função de armazenamento de energia na forma de triacilgliceróis. O tecido adiposo marrom está presente apenas em recém-nascidos, já o tecido adiposo amarelo faz parte do organismo humano em todas as fases da vida. No período pós-prandial, os níveis aumentados de insulina estimulam o tecido adiposo a captar glicose do aumento da expressão de GLUT-2. A glicose internalizada no adipócito é convertida em glicerol-3-fosfato pela glicólise, uma vez que o tecido adiposo não contém a enzima glicerol-cinase capaz de fosforilar o glicerol no carbono 3. A insulina estimula também a lipoproteína lipase, que promove a hidrólise dos triacilgliceróis que chegam ao tecido adiposo pelo VLDL sintetizado no fígado. A lipoproteína lipase libera no interior dos adipócitos os ácidos graxos, que formam os triacilgliceróis presentes no VLDL; já o glicerol segue pela corrente sanguínea e retorna ao fígado para ser metabolizado novamente. Assim, a fonte de glicerol-3 fosfato é a glicólise, ao passo que os ácidos graxos necessários para compor o triacilglicerol, que será sintetizado no tecido adiposo, são oriundos da cisão dos triacilgliceróis presentes no VLDL hepático.

Jejum
Metabolismo hepático do glicogênio no jejum

No período pós-prandial, o hormônio predominante é o glucagon. No fígado, o glucagon interage com seus receptores específicos disparando a cascata bioquímica intracelular que conduz à formação de AMPc. Os elevados níveis de AMPc na célula ativam a enzima cinase "A", que, por sua vez, fosforila a enzima glicogênio fosforilase e também a glicogênio sintase. Desse modo, a fosforilação inibe a glicogênese e estimula a glicogenólise, enquanto a desfosforilação dessas duas enzimas produz efeitos exatamente inversos. As enzimas glicogênio fosforilase e glicogênio sintase, responsáveis pela degradação e síntese do glicogênio, respectivamente, estão sob o controle alostérico tanto no fígado quanto no tecido muscular esquelético. A enzima glicogênio fosforilase é um dímero de subunidades de 97 kd, e existe em duas formas interconversíveis: fosforilase "a" (forma fosforilada, forma ativa) e fosforilase "b" (forma desfosforilada, forma inativa). A fosforilase a não responde aos moduladores alostéricos que controlam a atividade da fosforilase b e vice-versa. A glicose é um modulador alostérico negativo da fosforilase a, ao passo que o ATP e a G6P são moduladores alostéricos da fosforilase b. O AMPc é um modulador positivo da fosforilase b. Tais diferenças asseguram que o glicogênio será degradado quando houver necessidade de energia, o que ocorre durante o jejum.

A fosforilase a responde a hormônios que estão relacionados com o metabolismo energético, como adrenalina, noradrenalina, insulina e glucagon. A fosforilase b é transformada em fosforilase a pela fosforilação de um só radical de serina (a serina 14) em cada subunidade. Ela inicia a hidrólise do glicogênio produzindo, assim, glicose-1-fosfato; subsequentemente, a enzima mútase modifica o grupo fosfato do carbono 1 da glicose para o carbono 6 produzindo, assim, glicose-6-fosfato (G6P). Posteriormente, a última enzima da cadeia a glicose-6-fosfatase remove o grupo fosfato da glicose possibilitando que ela possa sair do hepatócito e ganhar a corrente sanguínea, onde manterá a glicemia em valores de referência. Os músculos esqueléticos também armazenam glicogênio e respondem aos mesmos hormônios catabólicos que desencadeiam glicogenólise no fígado, contudo o musculoesquelético não apresenta a enzima glicose-6-fosfatase que remove o grupo fosfato do carbono 6 da glicose. Dessa maneira, a glicose permanece fosforilada no interior da célula muscular esquelética e não consegue deixá-la. Essa situação faz com que o glicogênio muscular esquelético esteja disponível somente para o metabolismo do músculo, de modo que o glicogênio muscular não colabora e não está envolvido na manutenção e no controle da glicemia plasmática no período de jejum – essa função é exclusivamente do fígado.

Gliconeogênese, uma adaptação hepática durante o jejum

Alguns tecidos dependem quase exclusivamente da glicose como fonte de energia metabólica. De fato, para o cérebro, os eritrócitos, os testículos, a medula renal e os tecidos embrionários, a glicose é a única ou principal fonte de energia. Somente o cérebro requer cerca de 120 g de glicose por dia, mais que a metade de toda a glicose armazenada como glicogênio em músculos e fígado. No sentido de suprir essa demanda por glicose por parte dos tecidos, o fígado em situações de jejum é capaz de realizar uma operação bioquímica chamada gliconeogênese, definida como a via metabólica de síntese de glicose originada de compostos não glicídicos. Para a síntese de glicose por meio da gliconeogênese, o fígado utiliza como substratos fontes de carbono oriundas do lactato, glicerol e aminoácidos, particularmente alanina.

O lactato é produzido na glicólise anaeróbica em tecidos, por exemplo, músculo esquelético em exercício ou eritrócitos, assim como pelo tecido adiposo no período pós-prandial, sendo posteriormente convertido em piruvato pela enzima lactato desidrogenase. O glicerol pode advir das da hidrólise de triacilgliceróis presentes no tecido adiposo e entra na rota gliconeogênica como di-hidroxiacetona fosfato (DHAP). Aminoácidos provêm principalmente do tecido muscular, onde podem ser obtidos da degradação de proteína muscular. Todos os aminoácidos, exceto a leucina e a lisina, podem originar glicose ao serem metabolizados em piruvato ou oxalacetato, um dos intermediários do ciclo de Krebs. A alanina, principal aminoácido gliconeogênico, é produzida no músculo por outros aminoácidos e de glicose. A gliconeogênese é, portanto, uma forma de adaptação metabólica do fígado no sentido de suprir o organismo de glicose.

Metabolismo do tecido adiposo no jejum

Um homem de 70 kg apresenta reservas energéticas distribuídas da seguinte maneira: aproximadamente 0,2 kg em glicogênio (aproximadamente 800 kcal); 6,0 kg de proteínas (cerca de 24.000 kcal); e aproximadamente 15 kg de gorduras (equivalente a 135.000 kcal). Assim, o tecido adiposo tem um papel extremamente relevante no jejum, uma vez que é de fato um grande reservatório de energia. No jejum, o glucagon interage com seu receptor de membrana nas células adiposas disparando a cascata geradora de AMPc intracelular. Os elevados níveis de AMPc ativam a enzima cinase "A", que, por sua vez, fosforila a enzima perilipina ativando-a. A perilipina fosforilada induz o deslocamento da lipase hormônio sensível até a inclusão lipídica, onde inicia a clivagem (hidrólise) dos triacilgliceróis liberando ácidos graxos e glicerol na corrente sanguínea. O glicerol é solúvel na corrente sanguínea, já os ácidos graxos, por seu caráter apolar, ligam-se às porções hidrofóbicas da albumina plasmática e são transportados no plasma para as células o utilizarem como fonte de energia em seus processos (Figura 12.8). A cinase "A", além de fosforilar a perilipina, promove fosforilação da lipase-hormônio-sensível.

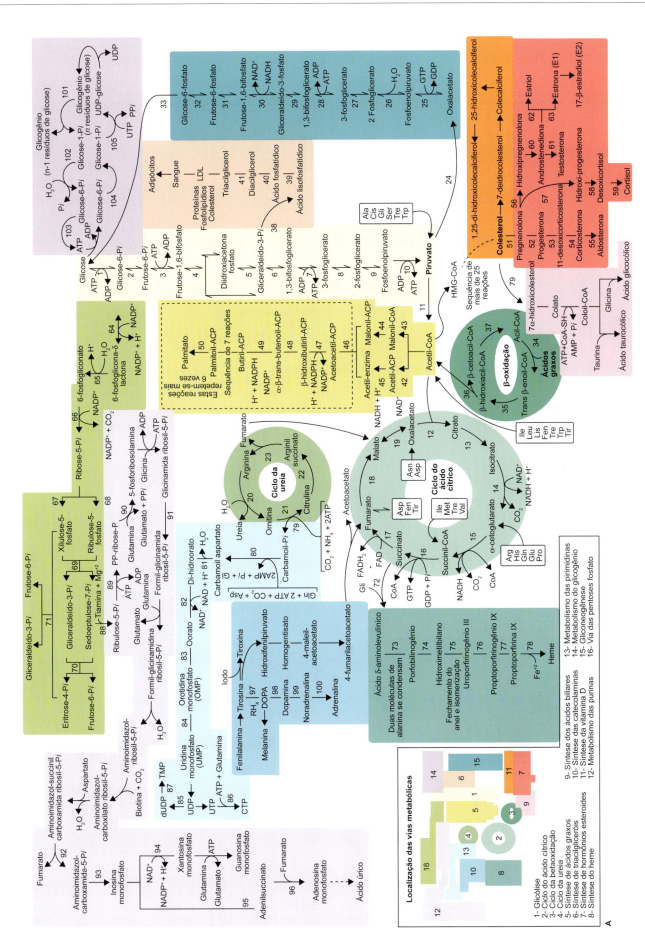

Figura 12.9 A. Mapa metabólico (*continua*).

Ciclo da ureia
20: Arginase
21: Ornitina transcarbamilase
22: Arginil-succinato sintetase
23: Arginilsuccinase

Via das pentoses fosfato
64: Glicose-6-fosfato desidrogenase
65: 6-fosfoglicono lactonase
66: 6-fosfogliconato desidrogenase
67: Fosfopentose isomerase
68: Ribose-5-fosfato epimerase
69: Transcetolase
70: Transaldolase
71: Transaldolase

Metabolismo das pirimidinas
79: Carbamoil-fosfato sintase
80: Aspartato transcarbamilase
81: Di-hidroorotase
82: Di-hidroorato desidrogenase
83: Orotato fosforibosil transferase
84: Ácido orotídico descarboxilase
85: Ribonucleotídeo redutase
86: CTP-sintetase
87: Timidilato sintetase

Síntese das catecolaminas
97: Tirosina-3-monoxigenase (tirosina hidroxilase)
98: Descarboxilase dos ácido L-amino aromáticos
99: Dopamina β-hidroxilase
100: Feniletanolamina N-metiltransferase

Metabolismo das purinas
88: Transcetolase
89: PP-ribose-P sintetase
90: PP-ribose-glutamil aminotransferase
91: Formiltransferase
92: Adenilosuccinase
93: Transformilase
94: Inosina monofosfato desidrogenase

Síntese do heme
72: Alanina sintase + piridoxal fosfato
73: β-aminolevulinato sintase
74: Porfobilinogênio desaminase
75: Uroporfirinogênio sintase III
76: Descarboxilase de uroporfirinogênio
77: Oxidase de protoporfirinogênio
78: Ferro quelatase

Síntese de ácidos graxos (palmitato)
42: ACP-s-acetiltransferase
43: Acetil-CoA-carboxilase
44: Acp-s-maloniltransferase
45: ACP-s-acetiltransferase
46: Betacetoacil-ACP sintase
47: Betacetoacil-ACP redutase
48: Betacetoacil-ACP desidratase
49: Enoil-ACP-redutase
50: Palmitoil-tioesterase

Ciclo de Krebs
12: Citrato sintase
13: Aconitase Fe^{+2}
14: Isocitrato desidrogenase
15: Αcetoglutarato desidrogenase
16: Succinato tiocinase
17: Succinato desidrogenase
18: Fumarase
19: Malato desidrogenase

Glicólise
1: Mg^{+2}-hexocinase
2: Fosfoglicoisomerase
3: Mg^{+2}-fosfofrutocinase-1
4: Frutose-1,6-bifosfato-aldolase
5: Triose fosfato isomerase
6: Gliceraldeído-3-fosfato desidrogenase
7: Fosfoglicerato cinase desidrogenase
8: Fosfoglicerato mutase desidrogenase
9: Enolase
10: Piruvato cinase
11: Piruvato carboxilase

Metabolismo do glicogênio
101: Glicogênio fosforilase
102: Fosfoglicomutase
103: Glicose-6-fosfatase
104: Hexocinase
105: Fosfoglicomutase

Síntese de triacilgliceróis
38: Aciltransferase
39: Aciltransferase
40: Fosfatase
41: Aciltransferase

Gliconeogênese
24: Piruvato carboxilase
25: Fosfoenolpiruvato carboxilase
26: Enolase
27: Fosfoglicerato mutase
28: Fosfoglicerato cinase
29: Gliceraldeído-3-fosfato desidrogenase
30: Frutose-1,6-bifosfato aldolase
31: Frutose-1,6-bifosfatase
32: Fosfoglico-isomerase
33: Glicose-6-fosfatase

Síntese da vitamina D
95: Adenilosuccinato sintetase
96: Adenilosuccinase

Síntese de hormônios esteroides
51: Colesterol desmolase
52: 3α-hidroxiesteroide desidrogenase
53: 21β-hidroxilase (P450)
54: 11 β-hidroxilase
55: 18-hidroxilase e 18-hidroxiesteroide desidrogenase
56: 17β-hidroxilase (P450)
57: 17,20 liase (P450)
58: 21-hidroxilase
59: 18-hidroxilase
60: 17,20 liase (P450) e 3β-hidroxiesteroide desidrogenase
61: 17β-hidroxiesteroide desidrogenase
62: Aromatase
63: 16β-hidroxilase

Ciclo da betaoxidação
34: Acil-CoA desidrogenase
35: Enoil-CoA hidratase
36: 3-hidroxiacil-CoA desidrogenase
37: Tiolase

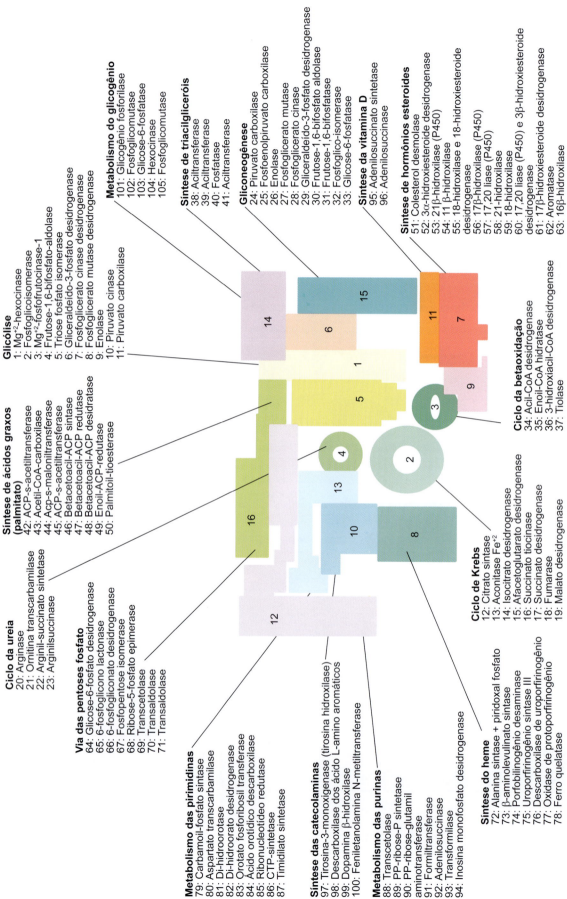

Figura 12.9 B: Mapa metabólico (*continuação*).

Observação: na nomenclatura enzimática empregada neste mapa metabólico, adota-se o termo cinase em detrimento de quinase, uma vez que quinase tem origem na língua inglesa *kinas* e o prefixo grego *kine* indica movimento sendo assim, sua conversão para a língua portuguesa, que, por sua vez, deriva do latim, gera o prefixo *cine*. Dessa maneira, não se concorda aqui com a grafia quinase; já que o prefixo *quin*, em português, refere-se ao numeral cinco. Julga-se, portanto, que o termo *cinase* é mais adequado à língua portuguesa.

No entanto, enquanto a fosforilação da perilipina causa aumento de sua cinética em mais de 50 vezes, a fosforilação da lipase-hormônio-sensível somente triplica sua atividade. Desse modo, a mobilização de lipídios do tecido adiposo deve-se, sobretudo, à fosforilação da perilipina. Outros hormônios catabólicos podem desencadear essa mesma cadeia de eventos, como os hormônios tireoidianos e as catecolaminas. Ao serem oxidados em células-alvo, os ácidos graxos liberam cerca de 95% da energia armazenada na molécula de triacilglicerol, e o glicerol responde pelos 5% restantes. Enquanto os ácidos-graxos são oxidados no ciclo da betaoxidação nas células-alvo para fornecer acetil-CoA ao ciclo de Krebs, o glicerol segue para o fígado, onde será fosforilado pela glicerol cinase, sendo convertido em glicerol-3-fosfato, que sofre oxidação dando origem à di-hidroxiacetona fosfato. Subsequentemente, a enzima glicolítica-triose-fosfato-isomerase transforma esse composto em gliceraldeído-3-fosfato, que segue pela via glicolítica.

Resumo

Introdução

O metabolismo é definido como o conjunto de transformações que as substâncias químicas sofrem no interior dos organismos vivos, as quais são responsáveis pelos processos de síntese e degradação dos nutrientes na célula e constituem a base da vida. As reações químicas do metabolismo estão organizadas em vias metabólicas, que são sequências de operações bioquímicas em que o produto de uma reação é utilizado como reagente na reação subsequente. As enzimas são vitais para o metabolismo porque possibilitam a realização de reações desejáveis, mas termodinamicamente desfavoráveis, ao acoplá-las a reações mais favoráveis e ao reduzirem a energia de ativação das substâncias reagentes.

Perfil anabólico e catabólico do metabolismo

O metabolismo pode ser dividido em anabolismo e catabolismo. Vias catabólicas rendem energia, enquanto as anabólicas requerem energia. Reações catabólicas geralmente são exergônicas e muitas vezes a energia química liberada por elas é capturada na forma de ATP. Uma vez que o metabolismo, em sua maior parte, é oxidativo, uma fração da energia química liberada pode ser conservada na forma de elétrons de alta energia, que são captados por coenzimas, NAD e NADP+. O anabolismo é essencialmente uma instância do metabolismo na qual se destacam processos de síntese de moléculas complexas, como proteínas, lipídios e polissacarídeos, originados de precursores químicos mais simples. Os processos de biossíntese são endergônicos, ou seja, requerem energia para que ocorram.

Modelos de organização enzimática em vias metabólicas

As vias anabólicas e catabólicas consistem em etapas enzimáticas sequenciais. Alguns sistemas multienzimáticos podem existir na célula como entidades solúveis fisicamente separadas, com os intermediários de difusão. Em outros casos, as enzimas de uma via estão arranjadas de modo a formar um complexo multienzimático, o que garante que o substrato seja sequencialmente modificado, uma vez que é transmitido ao longo do complexo multienzimático. Um terceiro padrão de organização enzimática presente em vias metabólicas é a localização das enzimas ancoradas à face interna da membrana plasmática da célula. No entanto, ao que parece, a organização enzimática que prevalece são os sistemas enzimáticos solúveis, já que podem ser unidos para formar complexos multienzimáticos funcionais, os chamados metábolons (Figura R12.1).

Vias catabólicas | Formação de poucos produtos finais

Se forem examinadas as principais vias metabólicas de obtenção de energia no metabolismo aeróbico de uma célula eucariota, vê-se que substâncias complexas, como proteínas, lipídios e carboidratos, são convertidas essencialmente em NH_3, CO_2 e H_2O por meio de uma sucessão de reações enzimáticas controladas de modo eficiente e preciso. O catabolismo aeróbico consiste em oxidar essas substâncias com o propósito de suprir o ciclo do ácido cítrico de acetil-CoA, o qual é processado no ciclo do ácido cítrico e, por meio de sucessivas reações enzimáticas, os elétrons são removidos e são utilizados para formação de um potencial energético capaz de produzir ATP, em um processo conhecido como fosforilação oxidativa, cujos produtos finais são H_2O e CO_2 (Figura R12.2).

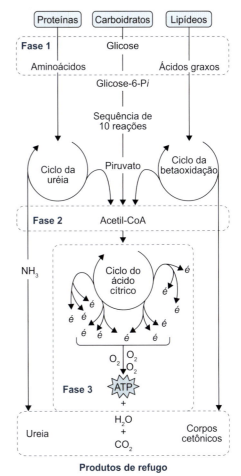

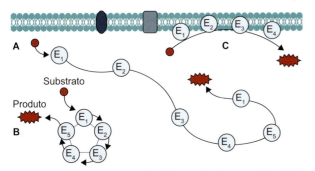

Figura R12.1 Representação esquemática dos tipos de sistemas multienzimáticos presentes em vias metabólicas. **A.** Enzimas fisicamente separadas; nesse caso, os substratos podem se difundir pelo citosol, o que torna o sistema menos eficiente. **B.** Sistema multienzimático no qual o produto entra no complexo e não se desliga de nenhuma enzima do complexo até que o produto final seja obtido. **C.** Sistema multienzimático ancorado à membrana plasmática.

Figura R12.2 Modelo esquemático das vias catabólicas que envolvem carboidratos, lipídios e proteínas. Na fase 1 do catabolismo, as substâncias são convertidas em seus blocos formadores; na fase 2, os produtos formados na fase 1 convergem para a formação de acetil-CoA. A fase 3 envolve a formação de um potencial energético decorrente da remoção de elétrons por meio de reações sucessivas no ciclo do ácido cítrico, e a maior parte do ATP é formada. Nota-se que os produtos de refugo são poucos e simples do ponto de vista químico.

Anabolismo e catabolismo de um dado composto seguem rotas opostas

A via anabólica para um dado produto geralmente não corresponde de modo preciso à via utilizada para o catabolismo desse mesmo produto. É verdade que alguns dos intermediários podem ser comuns a ambas as vias, porém diferem entre si sempre em reações enzimáticas específicas ou pelo surgimento de intermediários únicos e próprios daquela via, seja ela anabólica, seja catabólica. Uma razão existente para justificar rotas metabólicas de catabolismo e anabolismo em direções muitas vezes opostas é que tais vias devem ser reguladas independentemente uma da outra. Se vias anabólicas e catabólicas fluíssem na mesma direção, o sistema de regulação de uma via iria necessariamente interferir na outra.

NAD$^+$ colhe elétrons liberados no catabolismo

Nas reações oxidativas presentes em reações catabólicas, equivalentes redutores são liberados desses substratos, geralmente na forma de íons hidreto, os quais são transferidos, por meio de reações enzimáticas mediadas por enzimas desidrogenases dos substratos, às moléculas de NAD$^+$, reduzindo-as a NADH. Um segundo próton acompanha essas reações, aparecendo na equação geral como H$^+$. Posteriormente, o NADH é oxidado, retornando ao estado de NAD após transferir seus equivalentes redutores aos sistemas de acepção de elétrons pertencentes ao aparato metabólico mitocondrial. No metabolismo, o aceptor final de elétrons é o oxigênio, que é, então, convertido em água. As reações de oxidação são exergônicas, e a energia libertada é acoplada à formação de ATP. O sistema NAD-NADH é, portanto, um elemento de interface entre a geração de elétrons por parte de reações catabólicas e a cadeia respiratória.

Controle do metabolismo

As enzimas são importantes pontos de regulação do metabolismo e sofrem alterações de velocidade e quantidade em resposta a mudanças no ambiente celular ou a sinais de outras células:

- Controle alostérico – enzimas alostéricas são aquelas que sofrem regulação de forma não covalente. As enzimas alostéricas são encontradas em quase todas as vias metabólicas e normalmente catalisam reações irreversíveis no início das vias metabólicas
- Modificação covalente – a modificação covalente enzimática ocorre mais comumente por meio da fosforilação ou desfosforilação e consiste em uma forma rápida de regular o fluxo em uma dada via metabólica. As enzimas passíveis de sofrerem modificações covalentes apresentam resíduos de serina, treonina ou tirosina capazes de aceitar grupos fosfato que posteriormente podem ser removidos
- Expressão gênica – em contraste com a modificação covalente, que ocorre em segundos, o mecanismo de expressão gênica é demorado, ocorrendo em intervalos de horas ou mesmo dias compondo, assim, um mecanismo regulatório a longo prazo.

Alterações metabólicas no jejum e no período pós-prandial

O jejum e o período pós-prandial são duas condições em que ocorrem alterações metabólicas profundas e diametralmente opostas no que tange aos suprimentos energéticos. O jejum inicia-se 2 a 4 h após uma refeição, quando os níveis plasmáticos de glicose retornam a valores basais (8 a 100 mg/dℓ) e continuam até que esses valores voltem a aumentar, o que ocorre com o início da refeição subsequente. O estado pós-prandial é aquele que o organismo experimenta imediatamente após uma refeição. Tanto o jejum quanto o período pós-prandial desencadeiam alterações importantes no direcionamento de substratos energéticos, que são mediadas por dois hormônios extremamente relevantes no metabolismo, o glucagon e a insulina. O glucagon é um octapeptídio liberado pelas células-alfa das ilhotas de Langerhans pancreáticas e apresenta um perfil catabólico, sendo o principal estímulo para a sua liberação a hipoglicemia. Já a insulina é um peptídio formado por duas cadeias ligadas entre si por pontes dissulfeto e é secretada pelas células beta das ilhotas de Langerhans, sobretudo na vigência de hiperglicemia. Trata-se de um hormônio com perfil anabólico com efeitos contrários àqueles desencadeados pelo glucagon. Assim, as rotas metabólicas dos substratos energéticos (carboidratos e lipídios) são reguladas pela razão insulina/glucagon. Esses dois hormônios regulam um repertório enzimático por meio de mecanismos de fosforilação, desfosforilação, indução, repressão, ativação e inibição capazes de mobilizar substratos energéticos de acordo com a demanda dos tecidos (ver Tabela 12.2).

Exercícios

1. Explique qual a relevância das enzimas no metabolismo.
2. Como o metabolismo pode ser usado para argumentar em favor da teoria da evolução?
3. Explique as formas pelas quais as células são capazes de gerenciar vias anabólicas e catabólicas com grande eficiência.
4. As vias anabólicas e catabólicas consistem em etapas enzimáticas sequenciais. Assim, as enzimas podem se organizar de várias maneiras para aperfeiçoar a sequência de reações. Uma dessas formas de organização enzimática é o metábolon. Explique o que significa esse termo.
5. Explique como se processa o controle alostérico de uma dada via metabólica.
6. Explique o que são enzimas constitutivas e induzíveis em vias metabólicas.
7. Explique o perfil metabólico que prevalece no tecido adiposo no período pós-prandial.
8. O fígado é um dos órgãos centrais no metabolismo. Explique a gliconeogênese hepática durante o jejum.
9. Descreva a cadeia de eventos que conduzem à lipólise do tecido adiposo nas condições de jejum.
10. Construa um mapa metabólico resumido que mostra a catabolização da glicose, aminoácidos e ácidos graxos até a formação de seus produtos finais. Inclua nesse mapa a via de síntese de ATP e os produtos de refugo.

Respostas

1. As enzimas são vitais para o metabolismo porque possibilitam a realização de reações desejáveis, mas termodinamicamente desfavoráveis, ao acoplá-las a reações mais favoráveis e ao reduzirem a energia de ativação das substâncias reagentes.
2. Todas as formas de nutrição e quase todas as vias metabólicas evoluíram em procariotos iniciais antes do aparecimento de eucariontes há cerca de 1 bilhão de anos. Por exemplo, a glicólise, que é comum a quase todas as células. Acredita-se que seja via metabólica mais antiga, tendo surgido antes do surgimento do oxigênio em abundância na atmosfera da Terra. Todos os organismos, mesmo aqueles que podem sintetizar a sua própria glicose, são capazes de degradar a glicose por meio da glicólise e, assim, sintetizar ATP. Outras vias importantes são também praticamente ubíquas entre organismos.
3. As células gerenciam as vias anabólicas e catabólicas de duas maneiras. Primeiro, mantêm uma forte regulação de ambas as vias a fim de que as necessidades metabólicas possam ser atendidas de modo imediato. A segunda forma compreende a compartimentalização das vias anabólicas e catabólicas em diferentes locais da célula. Por exemplo, as enzimas responsáveis pelo catabolismo de lipídios (oxidação dos ácidos graxos) estão contidas no interior das mitocôndrias. Em contraposição, as enzimas relacionadas com a biossíntese de ácidos graxos estão presentes no citosol.
4. Um metábolon consiste em um complexo estrutural-funcional temporário formado entre enzimas sequenciais de uma via metabólica, mantidos juntos por interações não covalentes, e elementos estruturais da célula, como proteínas de membrana integrais e proteínas do citoesqueleto.
5. Enzimas alostéricas são aquelas que sofrem regulação de forma não covalente. As enzimas alostéricas são encontradas em quase todas as vias metabólicas e normalmente catalisam reações irreversíveis no início das vias metabólicas. Os metabólitos que modulam as funções de uma enzima alostérica são chamados de reguladores alostéricos e podem ser positivos (quando estimulam a atividade enzimática) ou negativos (quando reprimem a atividade enzimática). É frequente que produtos finais de vias metabólicas atuem como reguladores alostéricos negativos de enzimas que catalisam reações-chave. Assim, quando a concentração do produto final aumenta, ele age inibindo enzimas alostéricas da

via, impedindo, assim, seu acúmulo. Caso o produto final tenha sua concentração reduzida a seu efeito de inibição nas enzimas alostéricas da via, vai se extinguindo até que a velocidade da via metabólica como um todo aumente.

6. Em uma via metabólica, as enzimas podem existir em duas formas, constitutivas ou induzíveis. As enzimas constitutivas existem em concentrações constantes na célula, enquanto as induzíveis têm sua concentração intracelular aumentada ou diminuída em razão das demandas metabólicas da célula. A enolase, uma enzima da via glicolítica envolvida na conversão de frutose-1,6-bifosfato em di-hidroxiacetona-fosfato e gliceraldeído-3-fosfato, é um exemplo de enzima constitutiva, visto que suas concentrações intracelulares permanecem constantes ainda que os níveis de frutose-1,6-bifosfato na célula aumentem ou diminuam. Já a enzima hepática glicocinase tem suas concentrações aumentadas na presença de insulina e diminuídas de forma significativa na ausência desse hormônio. Trata-se, portanto, de uma enzima induzível.

7. No período pós-prandial, os níveis aumentados de insulina estimulam o tecido adiposo a captar glicose. A glicose internalizada no adipócito é convertida em glicerol-3-fosfato pela glicólise. A insulina estimula também a lipoproteína lipase, que promove a hidrólise dos triacilgliceróis que chegam ao tecido adiposo pelo VLDL sintetizado no fígado. A lipoproteína lipase libera no interior dos adipócitos os ácidos graxos que formam os triacilgliceróis presentes no VLDL, já o glicerol segue pela corrente sanguínea e retorna ao fígado para ser metabolizado novamente. Assim, a fonte de glicerol-3-fosfato é a glicólise, enquanto os ácidos graxos necessários para compor o triacilglicerol, que será sintetizado no tecido adiposo, são oriundos da cisão dos triacilgliceróis presentes no VLDL hepático.

8. Em situações de jejum, o fígado é capaz de realizar uma operação bioquímica chamada gliconeogênese, definida como a via metabólica de síntese de glicose a partir de compostos não glicídicos. Para a síntese de glicose por meio da gliconeogênese, o fígado utiliza como substratos fontes de carbono oriundas do lactato, glicerol e aminoácidos, particularmente alanina. O lactato é produzido na glicólise anaeróbica em tecidos, por exemplo, músculo esquelético em exercício ou eritrócitos, assim como pelo tecido adiposo no período pós-prandial, sendo posteriormente convertido em piruvato pela enzima lactato desidrogenase. O glicerol pode advir da hidrólise de triacilgliceróis presentes no tecido adiposo e entra na rota gliconeogênica como di-hidroxiacetona fosfato (DHAP). Aminoácidos provêm principalmente do tecido musculoesquelético, onde podem ser obtidos pela degradação de proteína muscular. Todos os aminoácidos, exceto a leucina e a lisina, podem originar glicose ao serem metabolizados em piruvato ou oxalacetato, um dos intermediários do ciclo de Krebs. A alanina, principal aminoácido gliconeogênico, é produzida no músculo a partir de outros aminoácidos e de glicose. A gliconeogênese é, portanto, uma forma de adaptação metabólica do fígado no sentido de suprir o organismo de glicose.

9. No jejum, o glucagon atua nos adipócitos fazendo com que a enzima cinase "A" fosforile a enzima perilipina ativando-a. A perilipina fosforilada induz o deslocamento da lipase hormônio sensível até a inclusão lipídica, onde inicia a clivagem (hidrólise) dos triacilgliceróis liberando ácidos graxos e glicerol na corrente sanguínea. O glicerol é solúvel na corrente sanguínea, já os ácidos graxos, por seu caráter apolar, ligam-se às porções hidrofóbicas da albumina plasmática e são transportados no plasma para as células o utilizarem como fonte de energia. Os ácidos graxos são oxidados no ciclo da betaoxidação nas células-alvo para fornecer acetil-CoA ao ciclo de Krebs, o glicerol segue para o fígado onde será fosforilado pela glicerol cinase, sendo convertido em glicerol-3-fosfato, que sofre oxidação dando origem à di-hidroxiacetona fosfato. Subsequentemente, a enzima glicolítica triose fosfato isomerase transforma esse composto em gliceraldeído-3-fosfato, que segue pela via glicolítica.

10. Modelo esquemático mostrando vias catabólicas envolvendo carboidratos, lipídios e proteínas. Na fase 1, as substâncias são convertidas em seus blocos formadores. Na fase 2 do catabolismo, os produtos formados na fase 1 convergem para a formação de acetil-CoA. A fase 3 envolve a formação de um potencial energético decorrente da remoção de elétrons por meio de reações sucessivas no ciclo do ácido cítrico; nessa fase, é formada a maior parte do ATP. Nota-se que os produtos de refugo são poucos e simples do ponto de vista químico.

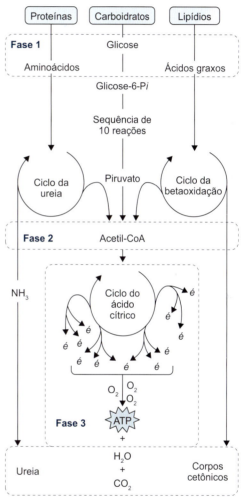

Referências bibliográficas

1. Alberts B et al. Molecular biology of the cell. 2. ed. New York: Garland Publishing Co.; 1989.
2. Marks AD, Lieberman M, Smith C. Bioquímica médica básica de Marks. 2. ed. Porto Alegre: Artmed; 2007.

Bibliografia

Curi R, Lagranha C, Júnior JRG et al. Ciclo de Krebs como fator limitante na utilização de ácidos graxos durante o exercício aeróbico. Arq Bras Endocrinol Metab. 2003; 47(2):35-143.

Davies K. Oxidative stress: the paradox of aerobic life. Biochem Soc Symp. 1995; 61:1-31.

Ebenhöh O, Heinrich R. Evolutionary optimization of metabolic pathways. Theoretical reconstruction of the stoichiometry of ATP and NADH producing systems. Bull Math Biol. 2001; 63(1):21-55.

Fell D. Understanding the control of metabolism. London: Portland Press; 1997.

Finn P, Dice J. Proteolytic and lipolytic responses to starvation. Nutrition. 2006;22(7 a 8):830-44.

Garret HR, Grisham CM. Biochemistry. 2. ed. Saunders College Publishers; 1999.

Grizard J, Dardevet D, Balaje M. Insulin action on skeletal muscle protein metabolism during catabolic states. Reprod Nutr Dev. 1999; 39(1):61-74.

Harvey RA, Ferrier DR. Bioquímica ilustrada. 5. ed. Porto Alegre: Artmed; 2012.

Jeukendrup AE, Saris WH, Wagenmakers AJ. Fat metabolism during exercise: a review. Part I: fatty acid mobilization and muscle metabolism. Int J Sports Med. 1998; 19(4):231-244.

Lane AN. Introduction to metabolomics. In: Fan TW-M, Lane AN, Higashi RM, editores. Handbook of metabolomics. New York: Humana Press; 2012.

Meléndez-Hevia E, Waddell T, Cascante M. The puzzle of the Krebs citric acid cycle: assembling the pieces of chemically feasible reactions, and opportunism in the design of metabolic pathways during evolution. J Mol Evol. 1996; 43(3):293-303.

Murataliev MB, Feyereisen R, Walker FA. Electron transfer by diflavin reductases. Biochim Biophys Acta. 2004; 1698(1):1-26.

Papin JA, Price ND, Wiback SJ, Fell DA, Palsson BO. Metabolic pathways in the post-genome era. Trends Biochem Sci. 2003; 28:250-8.

Poulo JM, Elston T, Lane AN, Macdonald JM, Cascante M. Introduction to metabolic control analysis. In: Fan TW-M, Higashi RM, Lane AN (eds.). Handbook of metabolomics. New York: Humana Press; 2012.

Roach P. Glycogen and its metabolism. Curr Mol Med. 2002; 2(2):101-20.

Romano A, Conway T. Evolution of carbohydrate metabolic pathways. Res Microbiol. 1996; 147(6-7):448-55.

Shulman GI, Landau BR. Pathways of glycogen repletion. Physiol Rev. 1992; 72:1019-35.

Soyer O, Salathé M, Bonhoeffer S. Signal transduction networks: topology, response and biochemical processes. J Theor Biol. 2006; 238(2):416-25.

Thomas S, Fell DA. The role of multiple enzyme activation in metabolic flux control. Adv. Enzyme Reg. 1998; 38:65-85.

Wishart DSEA. HMDB 3.0-The Human Metabolome Database in 2013. Nucleic Acids Res. 2013; 41:D801-D807.

Glicólise

Introdução

A glicólise (do grego, *glykus*, doce + *lysis*, quebra) compreende um conjunto de reações bioquímicas que degradam a glicose em piruvato em células animais. Ocorre na anaerobiose e é, portanto, um processo fermentativo, presente em microrganismos, como as leveduras e bactérias, nas quais o produto final da glicólise não é o piruvato, mas sim o etanol e o lactato, respectivamente. A via glicolítica surgiu em microrganismos da Terra primitiva quando não havia oxigênio, quando o meio para a síntese de energia era a fermentação glicolítica.

Posteriormente, cerca de 1 bilhão de anos atrás, surgiram as primeiras células eucarióticas dotadas de mecanismos bioquímicos capazes de aproveitar o potencial oxidante do oxigênio para sintetizar quantidades de energia com rendimento visivelmente superior ao obtido da fermentação glicolítica. Embora o emprego do oxigênio seja mais eficiente na obtenção de energia por parte das células eucarióticas, estas não abandonaram a etapa glicolítica, apenas incorporaram a fase aeróbia, de modo que a via glicolítica permaneceu como uma fase preparatória para a extração de energia celular.

A forma mais comum e conhecida de glicólise foi inicialmente definida por Gustav Embden (1874-1933) e Otto Meyerhof (1844-1951), sendo por isso denominada rota de Embden-Meyerhof. É nesse sentido que o termo será utilizado aqui, ou seja, para se referir à via glicolítica mais comum. No entanto, o termo glicólise pode indicar também outras rotas metabólicas fermentativas, como a de Entner-Doudoroff, presente apenas em algumas bactérias Gram-negativas, incluindo Rhizobium, Pseudomonas e Agrobacterium (Tabela 13.1).

A glicólise compreende uma sequência de dez reações enzimáticas, na qual uma molécula de glicose (oriunda, sobretudo, da digestão do amido), uma molécula de aminoácido (oriunda do catabolismo de proteínas) ou, ainda, uma molécula de ácido graxo (oriunda do catabolismo de lipídios, sobretudo triacilgliceróis) é convertida em duas moléculas de ácido pirúvico e dois equivalentes reduzidos de NAD$^+$, resultando em 2 ATP como saldo energético final. Durante a glicólise, os carboidratos são convertidos em duas moléculas de piruvato. Sob condições aeróbicas, o piruvato é oxidado até CO_2 e H_2O, por meio do ciclo do ácido cítrico (ciclo de Krebs) acoplado à fosforilação oxidativa (Figura 13.1). A seguir, examinam-se detalhadamente a glicólise e seu repertório enzimático.

Transporte de glicose até as células

Antes de abordar as reações da glicólise e suas particularidades, deve-se entender como a glicose chega até as células para, então, atuar na via glicolítica e, posteriormente, ser oxidada por completo no ciclo de Krebs. O aumento da glicemia é o principal estímulo para a secreção de insulina por parte das células betapancreáticas situadas nas ilhas pancreáticas ou ilhotas de Langerhans. O mecanismo de secreção de insulina é mostrado em detalhes na Figura 13.1.

A glicose é a principal fonte de energia para todos os tipos celulares de mamíferos, nos quais é responsável pelo provimento de ATP tanto em condições aeróbicas quanto anaeróbicas. A glicose é uma molécula polar, insolúvel na membrana plasmática, e o seu transporte é realizado por meio de difusão facilitada, portanto a favor de seu gradiente de concentração, e dependente da presença de proteínas transportadoras (*glucose transporter* – GLUT) na superfície de todas as células. Os GLUT são proteínas transmembrânicas com várias isoformas em diferentes tipos celulares e apresentam 12 hélices transmembranares, formadas de uma única cadeia peptídica com cerca de 500 resíduos de aminoácidos, tendo suas porções

Tabela 13.1 Tipos de fermentações em microrganismos.

Tipo de fermentação	Microrganismo	Via metabólica utilizada	Produto principal	Uso comercial
Alcoólica	*Saccharomyces cerevisiae*; *Sarcina ventriculi*; *Zymomonas mobilis*	Glicólise, Entner-Doudoroff	Etanol + CO_2	Bebidas
Láctica	Lactobacillaceae	Glicólise, via pentose fosfato	Ácido láctico; ácido láctico + etanol + CO_2	Iogurte, Kefir, conservas
Propiônica	Propionibactérias	Glicólise	Ácido propiônico	–
Fórmica	Enterobactérias (Photobacterium)	Glicólise	Ácido acético, fórmico, málico, láctico, etanol, glicerina, CO_2 e H_2	Produtos industriais
Butírica-butanólica	Clostrídios	Glicólise	Ácido butírico, butanol, acetona, isopropanol	Produtos industriais
Acética	Clostrídios	Glicólise	Ácido acético	Produtos industriais

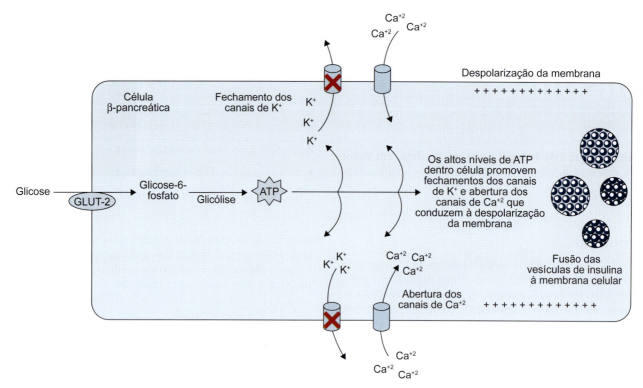

Figura 13.1 Mecanismo de liberação de insulina por parte da célula betapancreática. A célula beta é sensível a níveis plasmáticos de glicose captando esse açúcar, que imediatamente sofre fosforilação, promovendo despolarização da face interna da célula que culmina com a liberação dos grânulos de insulina.

amino e carboxiterminal orientadas para o meio intracelular. Os GLUT podem transportar a glicose em fluxo bidirecional, de modo que é o gradiente de glicose que determina seu transporte para o meio intra ou extracelular. Considerando que a glicose está constantemente sendo consumida pelas células, espera-se que a direção de transporte seja do meio extracelular para o intracelular. As sequências de resíduos de aminoácidos são altamente conservadas nas hélices transmembrânicas, o que indica uma característica comum a todas as isoformas, ou seja, a capacidade de transportar a glicose. A homologia diminui nas porções carboxi e aminoterminal, assim como nas alças de conexão entre os segmentos S1-S2 e S6-S7, sugerindo que esses domínios são regiões de especificidade de cada isoforma, como cinética de transporte e regulação hormonal. A expressão dos transportadores de glicose nos tecidos está ligada ao perfil metabólico de cada tecido em particular, assim, pela demanda energética, a quantidade de transportadores de glicose em cada célula pode variar. A maioria das células expressa um número diferente de GLUT em proporções distintas. Atualmente, é proposta a presença de 12 tipos de transportadores de glicose, embora mais tipos estejam sendo descobertos. A Tabela 13.2 mostra sete isoformas e suas características bioquímicas e estruturais.

Os GLUT-1 e GLUT-3 estão presentes em todos os tecidos humanos e apresentam regulação insulinoindependente. Com K_m de 1 a 5 mM, respectivamente, têm a propriedade de transportar a glicose em velocidade constante, e parecem mediar a captação da glicose basal, já que têm alta afinidade pela glicose e são capazes de transportá-la mesmo em concentrações de glicose menores que as basais. O GLUT-1 apresenta difusão facilitada nos eritrócitos, e sua presença em abundância no interior dessas células acarreta consequências fisiológicas importantes. A glicose difunde-se muito rapidamente pelas membranas dos eritrócitos, e sua utilização glicolítica é cerca de 17 mil vezes menor que a taxa de transporte, o que possibilita manter concentrações glicêmicas bem similares entre

Tabela 13.2 Características de alguns dos principais transportadores de glicose.

Isoforma	Resíduos de aminoácidos	K_m (glicose mM)	Localização cromossômica	Tecidos em que está presente	Observações
GLUT-1	492	1,0 a 5,0	1p35	Todos os tecidos	Transporta glicose em níveis basais
GLUT-2	524	6,0 a 12,0	3q26	Fígado e células betapancreáticas	Seu elevado K_m possibilita transporte de glicose para o fígado em períodos pós-prandiais
GLUT-3	496	1,0 a 2,0	12p13	Todos os tecidos	Transporta glicose em níveis basais
GLUT-4	509	5,0 a 10,0	17p13	Tecidos adiposo branco e musculoesquelético	É ancorado apenas à membrana das células sob estímulo da insulina
GLUT-5	501	Frutose	–	Intestino delgado	Transporta frutose da luz intestinal para o interior do enterócito

Fonte: modificada de Machado, 1998.[1]

o plasma e o citosol do eritrócito. O GLUT-1 tem estrutura similar a todos os outros GLUT, ou seja, apresenta 12 alças transmembrânicas, sendo cinco hélices anfipáticas, que formam um canal hidrofílico hidratado pela membrana plasmática do eritrócito, o que possibilita o trânsito da molécula de glicose. As porções amino e carboxiterminal estão orientadas para o meio intracelular (Figura 13.2).

O GLUT-3, por sua vez, é o maior transportador de glicose da superfície neural e da placenta, cujas utilizações exigem um sistema que seja independente da insulina, em decorrência das suas funções vitais no organismo adulto e fetal, mesmo em condições metabólicas variáveis. Apresenta uma alta afinidade pela glicose e é responsável pela sua transferência do líquido cerebroespinal para as células neuronais. Em contrapartida ao GLUT-1 e ao GLUT-3, o GLUT-2 apresenta K_m elevado para a glicose (6 a 12 mM) e encontra-se presente no fígado e também nas células betapancreáticas. O GLUT-2 só transporta glicose quando sua concentração no plasma está bastante elevada. No caso do pâncreas, isso é interessante porque possibilita que as células beta ajustem sua velocidade de secreção de insulina. No caso do fígado, o alto K_m do GLUT-2 garante que os hepatócitos captem glicose somente nos períodos pós-prandial. Já o GLUT-4 está presente nos dois maiores tecidos-alvo da insulina, o tecido adiposo e o tecido muscular esquelético e tem K_m de 5 a 10 mM. Ele parece permanecer principalmente dentro do compartimento intracelular no interior de vesículas e, sob o estímulo da insulina, estas rapidamente migram para a membrana plasmática, onde se coalescem inserindo, assim, os GLUT-4 na membrana. Finalmente, o GLUT-5 atua como transportador de frutose nas células do intestino delgado, uma vez que os ancestrais humanos apresentavam grande aporte de frutas em sua dieta.

Visão panorâmica da glicólise

A glicólise pode ser dividida em duas etapas:

- Fase I (gasto de ATP) – compreende a conversão da glicose até a obtenção de duas moléculas de gliceraldeído-3-fosfato, processo que requer cinco reações. A glicose é inicialmente fosforilada no carbono 6, o que a impede de deixar o citosol celular para o meio externo, já que o grupo fosfato lhe confere carga negativa, tornando a molécula essencialmente incapaz de se difundir pela membrana plasmática. Subsequentemente, a glicose-6-fosfato sofre isomerização em frutose-6-fosfato, que, por sua vez, sofre fosforilação no carbono 1, sendo convertida em frutose-1,6-bifosfato. A fosforilação desses compostos iniciais se dá pelo gasto de duas moléculas de ATP, que são convertidas em ADP
- Fase II (produção de ATP) – envolve as cinco reações subsequentes àquelas que ocorrem na primeira etapa, ou seja, compreende a conversão de duas moléculas de gliceraldeído-3-fosfato em piruvato. Nessa fase da glicólise, duas moléculas de 1,3-bifosfoglicerato são convertidas em

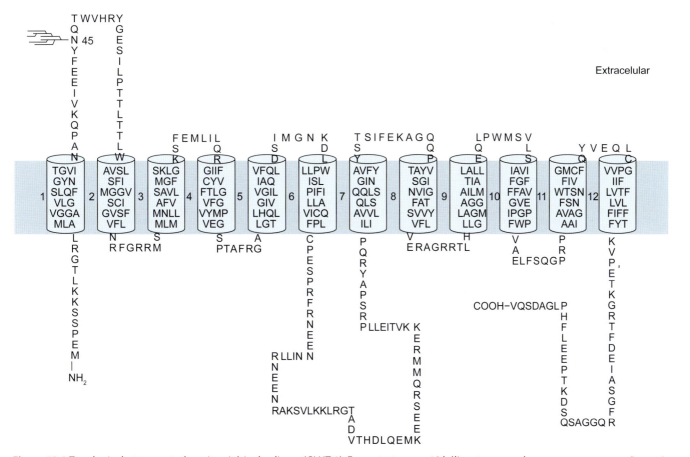

Figura 13.2 Topologia do transportador eritrocitário de glicose (GLUT-1). Essa estrutura em 12 hélices transmembranares com suas porções amino e carboxiterminais orientadas para o meio intracelular está presente em todos os GLUT. Esses domínios transmembrânicos são conectados por segmentos hidrofílicos extra e intracelulares. O resíduo de asparagina 45 é um sítio de glicosilação.

3-fosfoglicerato, produzindo 2 ATP. Posteriormente, duas moléculas de fosfoenolpiruvato são desfosforiladas para produzir piruvato (Figura 13.3). Os grupos fosfato removidos são incorporados por duas moléculas de ADP, sendo convertidos em ATP. Assim, na fase II, tem-se a produção de quatro moléculas de ATP, enquanto, na fase I, ocorre o gasto de duas moléculas de ATP, de modo que o balanço energético líquido da glicólise é 2 ATP (Figura 13.4).

A fermentação alcoólica ocorre sobretudo em leveduras, sendo o caminho mais comum do piruvato no metabolismo anaeróbico sua redução a lactato, chamada glicólise anaeróbica, que se distingue da conversão da glicose em piruvato, simplesmente denominada glicólise. O metabolismo anaeróbico é a única fonte de energia dos eritrócitos dos mamíferos, assim como de muitas espécies de bactérias, como o Lactobacillus do leite ou do *Clostridium botulinum*.

Estudo das etapas da via glicolítica

Neste tópico, serão analisadas detalhadamente as dez etapas da via glicolítica, dando ênfase às particularidades das enzimas envolvidas em cada reação.

Etapa 1 | Hexocinase

As hexocinases são enzimas que catalisam a fosforilação de hexoses, como a D-glicose, a D-manose e a D-frutose. São conhecidas quatro isoformas de hexocinase, sendo o tipo IV denominado glicocinase, que pode ser encontrado nos hepatócitos envolvidos no metabolismo do glicogênio. Ambas as enzimas, hexocinase e glicocinase, catalisam a mesma reação de fosforilação da glicose no carbono 6, contudo o K_m para a hexocinase é significativamente mais baixo quando comparado ao da glicocinase (0,1 mM e 10,0 mM, respectivamente). O alto K_m da glicocinase para a glicose torna a enzima saturável apenas em concentrações extremamente elevadas de glicose, impedindo que os hepatócitos sequestrem altos níveis de glicose plasmática levando à queda da glicemia. Já o baixo K_m para a hexocinase assegura que tecidos não hepáticos (os quais dispõem de hexocinase) captem e aprisionem de maneira eficiente a glicose no citosol de suas células, convertendo-a em glicose-6-fosfato (Figura 13.5). De fato, a glicocinase é uma enzima induzível, de modo que seus níveis hepáticos são controlados pela insulina. Assim, no diabetes melito, ocorre baixa síntese hepática de glicocinase, refletindo-se em baixos estoques de glicogênio hepático e altos níveis glicêmicos.

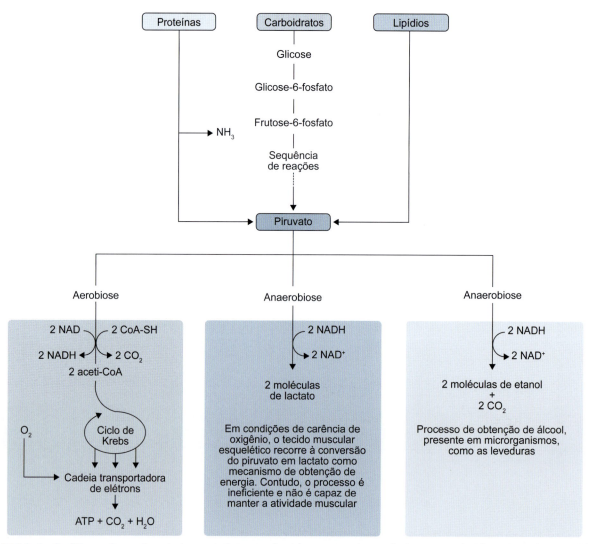

Figura 13.3 A via glicolítica pode ser alimentada por qualquer um dos três macronutrientes. O piruvato produzido pode ter destinos diferentes em razão da presença de oxigênio (aerobiose) ou de sua ausência (anaerobiose).

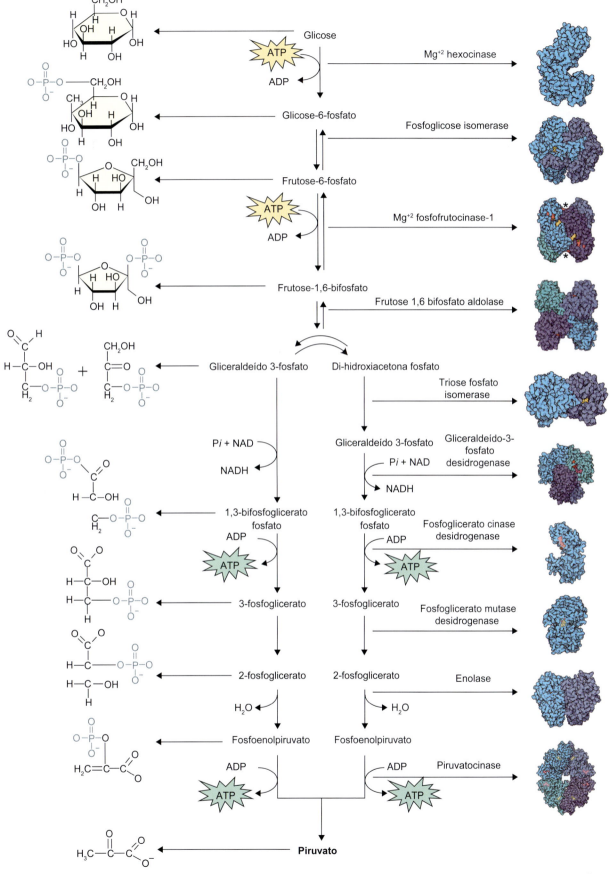

Figura 13.4 Reações da glicólise. Ao centro, está a sequência das reações; à direita, encontram-se as enzimas da via; e à esquerda, as fórmulas estruturais das substâncias presentes na via. Nota-se que na fase I da glicólise 2 ATP são consumidos para a fosforilação dos compostos iniciais, enquanto, na fase II, 4 ATP são produzidos, de modo que o balanço líquido da via é 2 ATP. Códigos PDB: 1BDG; 1HOX; 6PFK; 4ALD; 2YPI; 3GPD; 3PGK; 3PGM; 2ONE; 1A3W.

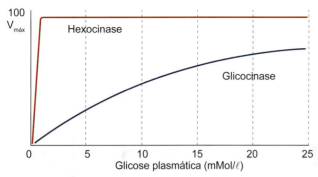

Figura 13.5 Os diferentes K_m observados para a hexocinase e glicocinase refletem as necessidades funcionais dos tecidos extra-hepáticos (onde a hexocinase está presente) e hepáticos (onde a glicocinase está presente).

A hexocinase executa o primeiro passo da glicólise, ou seja, fosforila a glicose no carbono 6 por meio do gasto de uma molécula de ATP, originando glicose-6-fosfato como produto final. Daniel Koshland percebeu, em 1958, que essa reação ocorre fora da presença da água para impedir que o fosfato decorrente da hidrólise do ATP fosse transferido para a água (uma reação termodinamicamente favorável) em vez de ser incorporado à glicose. Assim, Koshland propôs um mecanismo de ajuste induzido para o funcionamento da enzima, de modo que a hexocinase envolveria a glicose e o ATP, afastando-os do meio hidrofílico. Posteriormente, quando as estruturas de diversas hexocinases de levedura foram elucidadas, esse mecanismo mostrou-se verdadeiro. De fato, a hexocinase apresenta o formato de uma braçadeira, com um encaixe grande em uma de suas faces (indicado pela seta na Figura 13.6). Essa fenda na molécula é o local do sítio ativo, portanto a glicose é completamente envolvida pela enzima em um ambiente hidrofóbico. A hexocinase necessita ainda da presença de Mg^{+2} (como a maioria das enzimas da via glicolítica), que atua de modo a neutralizar as cargas negativas dos átomos de oxigênio presentes na molécula do ATP, possibilitando o acesso do grupo C_6OH da glicose ao fosfato γ do ATP (Figura 13.7).

Etapa 2 | Fosfoglicose isomerase ou fosfoglicoisomerase

O segundo passo da glicólise é mediado pela fosfoglicoisomerase (Figura 13.8), que catalisa a isomerização da glicose-6-fosfato, uma aldose, em frutose-6-fosfato, uma cetose. Essa reação pode ocorrer em ambas as direções, ou seja, quando a concentração de glicose-6-fosfato é maior na célula, a enzima

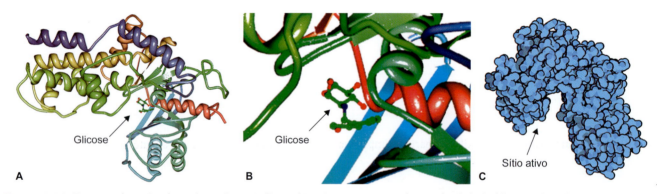

Figura 13.6 A. Estrutura da enzima hexocinase. A seta indica o sítio ativo com aspecto de uma fenda hidrofóbica onde a glicose se insere para ser fosforilada. **B.** Destaque da interação da glicose com o sítio ativo da hexocinase. **C.** Imagem da hexocinase focalizando seu aspecto de "braçadeira". Código PDB: 2YHX.

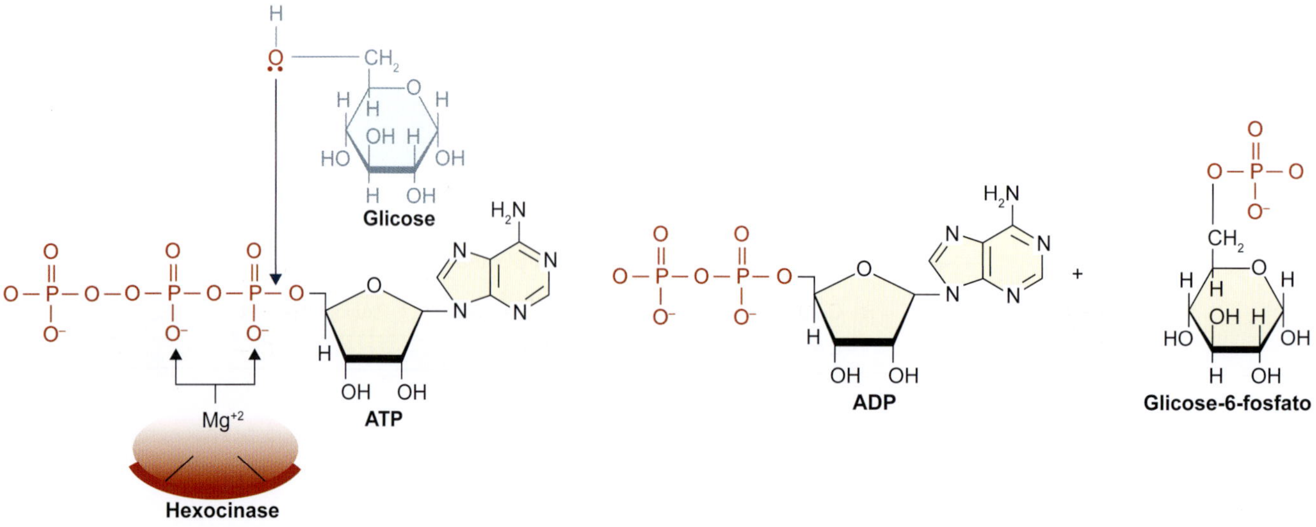

Figura 13.7 Ataque nucleofílico do grupo C_6OH da molécula de glicose. Nota-se que o magnésio pertence à enzima hexocinase. Ele atua na neutralização das cargas eletronegativas dos oxigênios dos grupos fosfato do ATP, facilitando a interação nucleofílica da glicose. A reação se completa com a formação de ADP + glicose-6-fosfato.

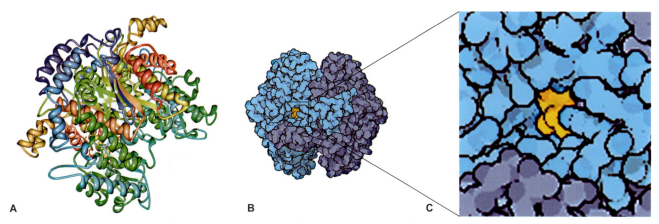

Figura 13.8 A. Estrutura espacial da fosfoglicoisomerase, segunda enzima da cadeia de dez reações da via glicolítica. **B.** Fosfoglicoisomerase e seus dois domínios; a união desses domínios dá origem ao sítio ativo da enzima. **C.** Molécula de frutose (em amarelo) localizada na região do sítio ativo da enzima. Código PDB: 1HOX.

a converte em frutose-6-fosfato e, quando as concentrações de frutose-6-fosfato são maiores no citosol, ela realiza a operação inversa. Como frequentemente os níveis de glicose-6-fosfato são maiores nas células, a isomerização em frutose-6-fosfato é privilegiada.

Recentemente, verificou-se que a foglicoisomerase apresenta também funções extracelulares, atuando não como uma enzima, mas sim como mensageiro molecular secretado por leucócitos. Nesse caso, atua modulando o crescimento de células nervosas, por exemplo, e a locomoção de muitos outros tipos celulares. A reação de isomerização da glicose-6-fosfato a frutose-6-fosfato é importante, uma vez que o passo subsequente da via glicolítica exige a fosforilação do carbono 1 pela enzima fosfofrutocinase, o que seria mais dispendioso de ser feito na hidroxila do anel de hemiacetal da molécula de glicose quando comparado a uma hidroxila primária e simples na molécula de frutose.

Deve-se ressaltar que o carbono 1 da molécula de glicose está envolvido na formação do anel de hemiacetal, reagindo com o carbono 5 (dificultando a fosforilação da hidroxila em C1); já na frutose, o anel de hemiacetal envolve os carbonos 2 e 5 da molécula, fazendo com que a hidroxila do carbono 1 fique livre para ser fosforilada (Figura 13.9).

Uma etapa importante desse segundo passo da via glicolítica é a abertura do anel de hemiacetal da molécula de glicose para que seja possível sua isomerização em frutose-6-fosfato. A Figura 13.10 mostra a sequência de eventos envolvida no processo que compreende a abertura do anel de piranose da molécula de glicose-6-fosfato e o posterior surgimento da forma furanosídica da molécula de frutose-6-fosfato.

Etapa 3 | Fosfofrutocinase-1

A fosfofrutocinase-1 difere da fosfofrutocinase-2 na medida em que a primeira fosforila frutose na posição 1 e a segunda o faz na posição 2. A fosfofrutocinase-2 não é uma enzima da via glicolítica e seu produto, a frutose-2,6-bifosfato, não é intermediário da via glicolítica, mas, como ainda será abordado neste capítulo, atua como inibidor alostérico da fosfofrutocinase-1. De fato, a frutose-2,6-bifosfato é sintetizada no excesso de frutose-6-fosfato, sendo a concentração desta, portanto,

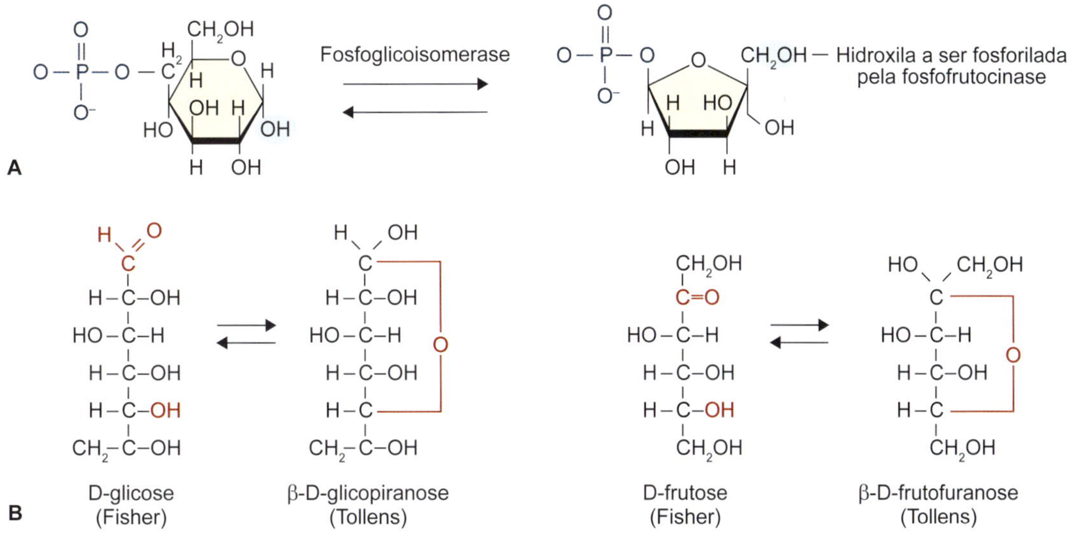

Figura 13.9 Isomerização da glicose-6-fosfato em frutose-6-fosfato. **A.** Em azul, a hidroxila livre da molécula de glicose, mais difícil de ser fosforilada que a hidroxila do carbono 1 da molécula de frutose (em amarelo). **B.** Projeções de Fischer e de Tollens, respectivamente, para as moléculas de glicose e frutose. Os átomos envolvidos na formação de anéis de hemiacetal estão destacados em vermelho, assim como os anéis formados. Nota-se que o carbono 1 da frutose não participa da formação do anel, possibilitando que a hidroxila possa ser mais facilmente fosforilada. Já na molécula de glicose, o carbono 1 está envolvido na formação do anel, o que torna mais difícil a fosforilação da hidroxila ligada a esse carbono.

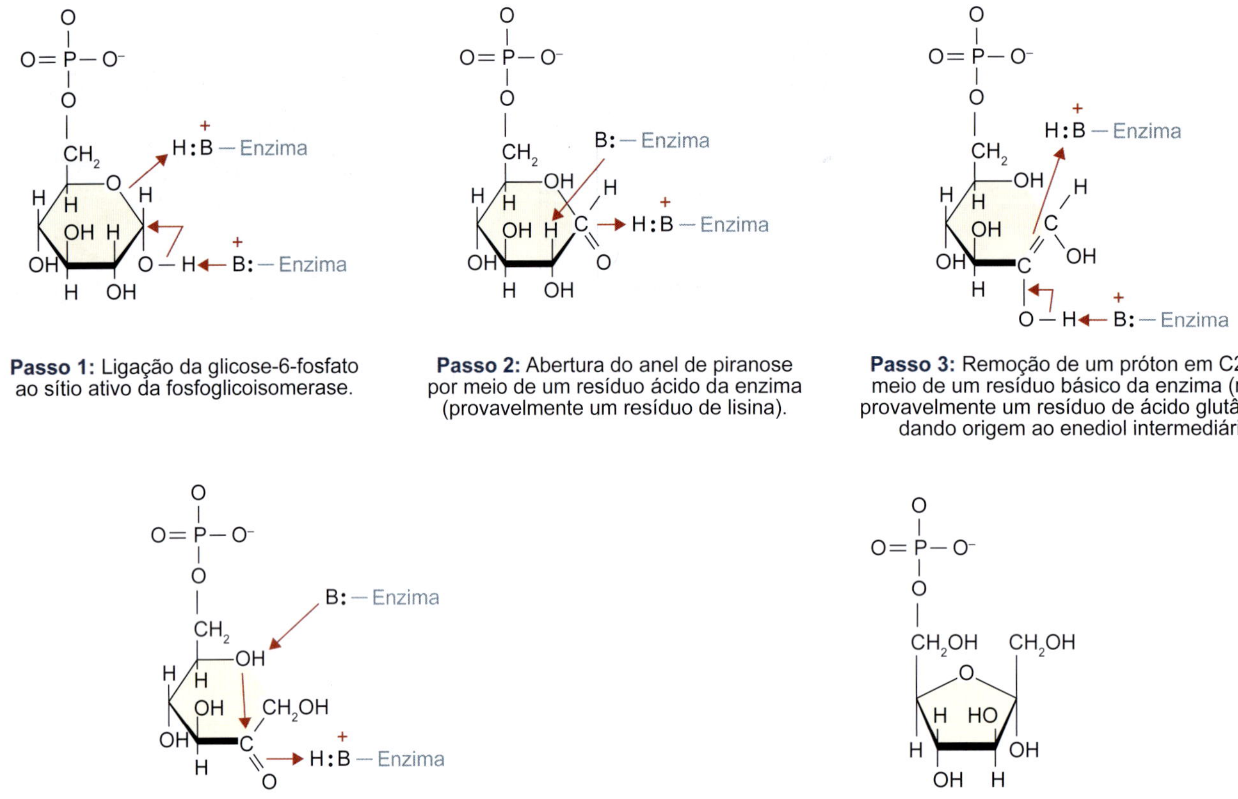

Passo 1: Ligação da glicose-6-fosfato ao sítio ativo da fosfoglicoisomerase.

Passo 2: Abertura do anel de piranose por meio de um resíduo ácido da enzima (provavelmente um resíduo de lisina).

Passo 3: Remoção de um próton em C2 por meio de um resíduo básico da enzima (muito provavelmente um resíduo de ácido glutâmico), dando origem ao enediol intermediário.

Passo 4: Os prótons removidos no passo anterior por resíduos básicos da enzima são substituídos por prótons do meio. Contudo, a interconversão molecular de prótons é possível antes mesmo que haja chance de troca como meio.

Passo 5: As reações do passo 4 criam um grupo carbonila em C2 para completar subsequentemente a formação do anel da furanose. A furanose é formada de maneira usual por meio do ataque da hidroxila em C5 sobre o grupo carbonila.

Figura 13.10 Mecanismo envolvendo a abertura do anel de piranose e subsequente formação de uma furanose (frutose-6-fosfato).

um indicador da concentração da frutose-2,6-bifosfato. Esta não é somente um poderoso regulador alostérico positivo da fosfofrutocinase-1, mas também um inibidor da frutose-1,6-bifosfatase, enzima pertencente à gliconeogênese. Por sua ação antagônica, a frutose-2,6-bifosfato foi caracterizada como uma molécula sinalizadora que controla o equilíbrio entre duas vias metabólicas importantes, a glicólise e a gliconeogênese. A reação da fosfoglicoisomerase desloca o grupo carbonila de C1 para C2, criando assim uma nova hidroxila alcoólica em C1 (Figura 13.11), que será o alvo de fosforilação da fosfofrutocinase (PKF), produzindo frutose-1,6-bifosfato. Nesse caso, a molécula é denominada bifosfato, e não difosfato, em decorrência de seus grupos fosfato não estarem ligados entre si de maneira direta, mas sim à molécula de frutose. Uma vez mais, o provedor do grupo fosforil é o ATP, e essa segunda fosforilação da via consome a segunda molécula de ATP. Essa reação catalisada pela fosfofrutocinase constitui o maior ponto de regulação da via. De fato, tanto a glicose-6-fosfato quanto a frutose-6-fosfato formadas até então podem ser utilizadas pela célula para outros processos que não a produção de ATP por meio da glicólise.

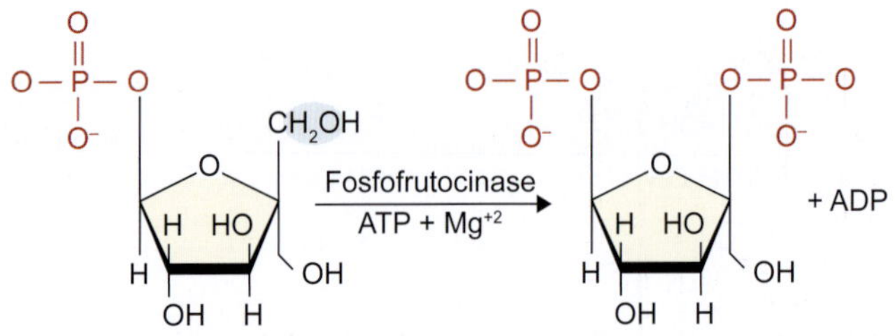

Contudo, quando a PKF catalisa a fosforilação do carbono 1 da frutose, originando frutose-1,6-bifosfato (Figura 13.12), a rota da molécula na via glicolítica torna-se inexorável. A enzima atua como um sensor molecular, de modo que tem sua cinética aumentada sempre que as taxas de ATP tornam-se baixas ou há um excesso dos produtos de hidrólise do ATP, ADP e, sobretudo, AMP. Em contrapartida, sofre inibição sempre que as células apresentam altos níveis de ATP e outros compostos, como citrato e ácidos graxos.

Em bactérias, a fosfofrutocinase é um tetrâmero de subunidades idênticas de 36 kDa. Em mamíferos, as subunidades do tetrâmero contêm 80 kDa, cada uma consistindo de dois domínios homólogos altamente relacionados com as subunidades bacterianas. Em humanos, há três isoformas (isozimas) de PFK tecido-específicas: PKFM (específica do músculo); PFKL (fígado); e PFKP (presente nas plaquetas). Em leveduras, a PFK é um octâmero composto de quatro cadeias-a de 100 kDa cada e quatro cadeias-b também de 100 kDa; como em mamíferos, cada subunidade é composta de dois domínios homólogos. Como assinatura de reconhecimento da enzima, utiliza-se uma região que contém três resíduos básicos envolvidos na ligação à frutose-6-P.

Figura 13.11 Fosforilação da hidroxila alcoólica em C1 da molécula de frutose-6-fosfato (destacada em amarelo) e sua subsequente conversão em frutose-1,6-bifosfato. O grupamento fosfato é oriundo do ATP e a enzima necessita de Mg^{+2}.

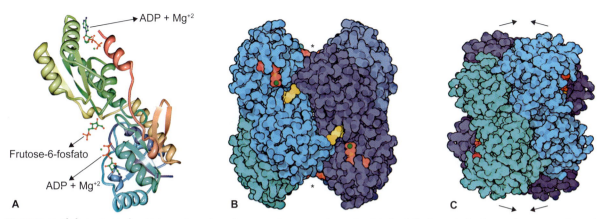

Figura 13.12 A. Fosfofrutocinase bacteriana. A enzima é composta por quatro subunidades idênticas. As isoformas humanas são maiores e mais complexas. **B.** A frutose-6-fosfato (em laranja), com a molécula de ATP (em vermelho) e o íon magnésio (em verde), liga-se ao sítio ativo para sofrer a ação catalítica. A enzima apresenta ainda sítios de regulação indicados pelos asteriscos, os quais se encontram preenchidos por moléculas de ADP (em vermelho). A enzima sofre uma alteração espacial completa quando ADP e outras moléculas regulatórias se ligam aos sítios de regulação, como indicam as setas (**C**). Código PDB: 4PFK.

Etapa 4 | Frutose-1,6-bifosfato aldolase ou aldolase

Nesta etapa, a enzima frutose bifosfato aldolase, ou simplesmente aldolase, catalisa a clivagem da frutose-1,6-bifosfato em duas trioses fosfato diferentes, gliceraldeído-3-fosfato (GAP), uma aldose, e di-hidroxiacetona fosfato (DHAP), uma cetose (Figura 13.13). A aldolase catalisa também a reação inversa, ou seja, realiza uma condensação aldólica pela formação de frutose-1,6-bifosfato da união de gliceraldeído-3-fosfato e di-hidroxiacetona fosfato. Estas duas moléculas (di-hidroxiacetona fosfato e gliceraldeído-3-fosfato) são facilmente interconversíveis por isomerização. Portanto, basta uma via metabólica para degradar as duas. É por essa razão que a glicose-6-fosfato deve sofrer isomerização em frutose-6-fosfato: a clivagem da glicose pela reação inversa da condensação aldólica daria origem a duas moléculas bastante diferentes, de dois e quatro átomos de carbono, respectivamente, que exigiriam duas vias metabólicas diferentes para a sua degradação.

Existem dois tipos de aldolase na natureza. A aldolase dos tecidos animais faz parte da classe I (Figura 13.14), não requer Mg^{2+} e, por esse motivo, não é inibida pelo etilenodiaminotetracético (EDTA), mas sim pelo boroidreto de sódio ($NaBH_4$, um agente redutor). Já a classe II da aldolase é produzida principalmente por bactérias e fungos e não sofre inibição por $NaBH_4$, mas sim por EDTA, já que apresenta um metal em seu sítio ativo (normalmente Zn^{+2} e, eventualmente, Fe^{+2}).

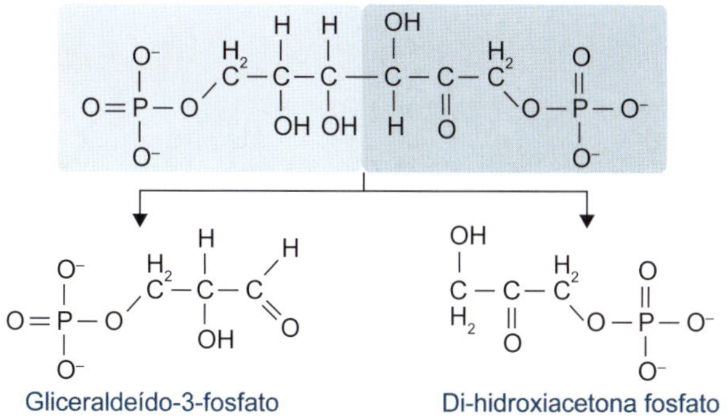

Figura 13.13 A cisão da molécula de frutose-1,6-bifosfato pela aldolase produz duas trioses (di-hidroxiacetona fosfatada e gliceraldeído-3-fosfato).

As cianobactérias e outros microrganismos apresentam ambas as classes de aldolases. Aqui, serão abordados os mecanismos que envolvem a aldolase da classe I, visto que está presente em tecidos humanos. A clivagem da molécula de frutose-1,6-bifosfato é realizada por meio da ligação do grupo carbonila do açúcar a um resíduo de lisina presente no sítio ativo da enzima, formando uma base de Schiff (Figura 13.15).

Etapa 5

Na etapa anterior, foi visto que a ação catalítica da aldolase origina duas trioses, gliceraldeído-3-fosfato e di-hidroxiacetona fosfato, que são os isômeros aldose e cetose, respectivamente. No entanto, a próxima enzima da cadeia é a gliceraldeído-3-fosfato desidrogenase, ou seja, uma enzima que só reconhece o gliceraldeído fosforilado no carbono 3 e não há uma enzima para processamento da di-hidroxiacetona fosfato. Assim, a di-hidroxiacetona fosfato deve ser convertida em gliceraldeído-3-fosfato para que continue na via glicolítica, a fim de manter o seu rendimento. Essa conversão é realizada pela enzima triose-fosfato-isomerase, um dímero composto de duas subunidades idênticas, cada uma com cerca de 250 aminoácidos. A estrutura tridimensional de cada subunidade é formada por oito alfa-hélices do lado exterior e oito folhas beta paralelas no interior (Figura 13.16). Esse motivo estrutural é denominado barril-αβ. O sítio ativo da enzima localiza-se no centro do barril e é formado por resíduos dos seguintes aminoácidos: ácido glutâmico (Glu-165); histidina (His-95); e lisina (Lis-12).

A sequência de aminoácidos em volta do sítio ativo encontra-se preservada em todas as triose-fosfato-isomerases conhecidas. O mecanismo de catálise envolve a fixação do substrato no sítio ativo enzimático pela Lis-12, que forma uma ponte salina, abstração de um próton de C1 para C2 da di-hidroxiacetona fosfato pelo resíduo de ácido glutâmico e doação de um próton à carbonila de C2 por parte do resíduo de His-95, dado que um grupo carboxilato isoladamente não apresenta caráter básico suficiente para remover um próton de um átomo de carbono adjacente para um grupamento carbonila. Essa isomerização de uma cetose (di-hidroxiacetona) em uma aldose (gliceraldeído-3-fosfato) ocorre por meio de um intermediário enediol, um composto orgânico caracterizado pelos grupamentos C(OH)-C(OH), que contém dois grupos hidroxilas adjacentes à dupla ligação (Figura 13.17).

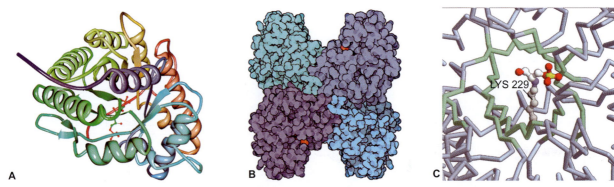

Figura 13.14 Aldolase de células musculares. **A.** Modelo mostrando a riqueza das alfa-hélices presentes na estrutura da aldolase; a frutose-1,6-bifosfato está indicada pela seta, os grupos fosfato estão apresentados em vermelho. **B.** Enzima apresenta quatro subunidades idênticas, cada qual com seu próprio sítio ativo (mostrados em vermelho em duas subunidades). **C.** O sítio ativo utiliza um resíduo de lisina (indicado pelo número 229) para atacar quimicamente a molécula de açúcar. Esse resíduo de lisina forma uma ligação covalente com a frutose-1,6-bifosfato para promover a clivagem. O açúcar está ligado à lisina, e seus átomos de oxigênios estão indicados em vermelho, os carbonos em branco e um grupo fosfato em amarelo. Código PDB: 4ALD.

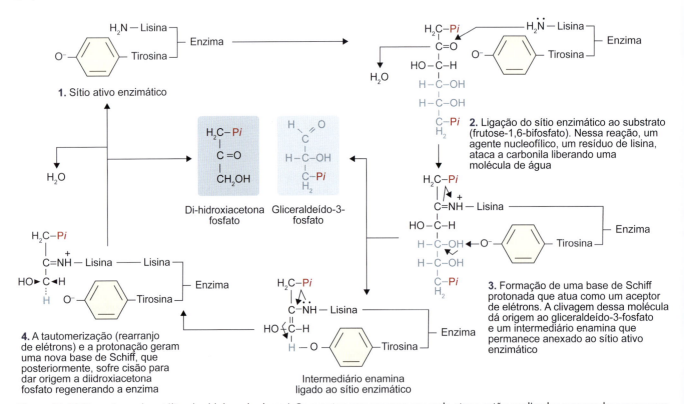

Figura 13.15 Mecanismo de catálise da aldolase da classe I. Os eventos que ocorrem em cada etapa estão explicados nos quadros que acompanham as reações.

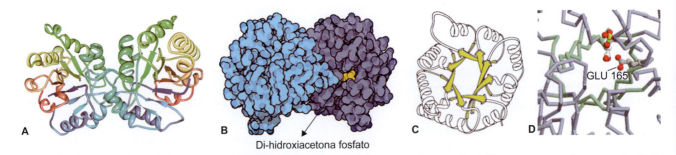

Figura 13.16 Triose fosfato isomerase. **A.** Modelo espacial da enzima com a disposição de suas alfas-hélices e estruturas β-pregueadas. **B.** Estrutura da triose fosfato isomerase mostrando suas duas subunidades que se unem para formar um dímero; inserida na estrutura em amarelo está a di-hidroxiacetona fosfato. **C.** Motivo barril-αβ da triose-fosfato-isomerase, bastante presente em outras enzimas da via glicolítica, como a enolase, a aldolase e a piruvato-cinase. O sítio ativo encontra-se no centro do barril, mais precisamente nas extremidades C-terminais das estruturas betapregueadas. **D.** Detalhe do sítio ativo da triose-fosfato-isomerase indicando o resíduo de ácido glutâmico (Glu-165) como principal agente da catálise. Código PDB: 2YPI.

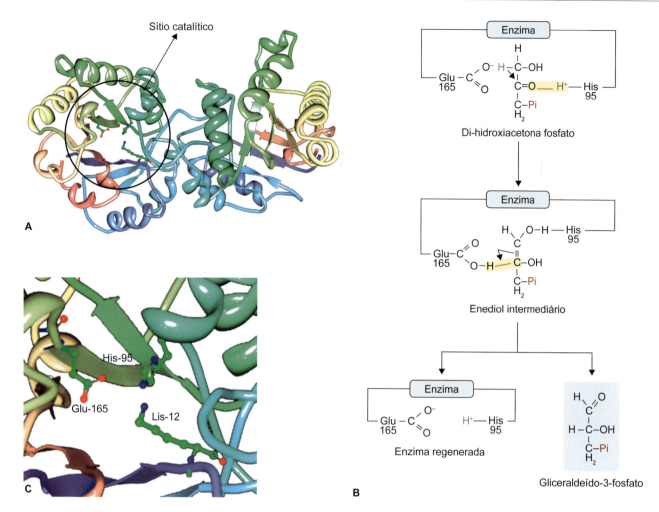

Figura 13.17 Mecanismo de catálise da enzima triose-fosfato-isomerase. **A.** Local do sítio ativo em uma das subunidades da enzima. **B.** O sítio ativo é formado por três resíduos de aminoácidos, Glu-165, Lis-12 e His-95. **C.** a mecanística de catálise envolvendo a fixação do substrato pelo resíduo de Lis-12 (não mostrado), abstração de um próton de C1 para C2 da di-hidroxiacetona-fosfato resíduo de Glu-165 e a doação de um próton pela His-95. Código PDB: 2YPI.

Etapa 6 | Gliceraldeído-3-fosfato-desidrogenase

Nessa etapa, a enzima gliceraldeído-3-fosfato-desidrogenase (GPDH) catalisa a oxidação e a fosforilação do gliceraldeído-3-fosfato, convertendo-o em 1,3-bifosfoglicerato (1,3-BPG). A GPDH extrai um íon hidreto (um átomo de hidrogênio com dois elétrons) da molécula de 1,3-BPG e utiliza a molécula de NAD para aceitar esse hidreto. A remoção do hidreto da função carbonila não é quimicamente fácil, visto que o átomo de carbono dessa função já apresenta uma carga positiva parcial. Assim, essa barreira eletropositiva deve ser vencida para que o hidreto possa ser removido, o que é conseguido pela ação da sulfidrila presente em um resíduo de cisteína que compõe o sítio ativo enzimático. Nessa situação, o íon hidreto deixa de imediato a carbonila, uma vez que o átomo de carbono tem sua carga eletropositiva diminuída (Figura 13.18). O NAD fortemente ligado ao sítio ativo enzimático é convertido em NADH na reação e, nessa condição, sua energia de ligação om o sítio ativo diminui, de modo que outra molécula de NAD força seu deslocamento, tomando seu lugar no sítio ativo. Nesse momento, há a primeira formação de um composto intermediário de alta energia, o NADH, ao mesmo tempo que se origina o 1,3-bifosfoglicerato. A enzima gliceraldeído-3-fosfato-desidrogenase é NAD-dependente e consiste em quatro subunidades idênticas, que se agrupam para formar um tetrâmero funcional (Figura 13.19).

Etapa 7

Ocorre a primeira síntese de ATP e a enzima responsável é a fosfogliceratocinase, cuja função é transferir o grupo fosfato do carbono 1 da molécula de 1,3-bifosfoglicerato para o ADP (fosforilação no nível do substrato – o outro tipo de fosforilação, denominado fosforilação oxidativa, que envolve o oxigênio e a transferência de elétrons, por meio de coenzimas, será abordado adiante), produzindo, como produtos, ATP e 3-fosfoglicerato (Figura 13.20).

A enzima fosfogliceratocinase necessita também de Mg^{+2}, reafirmando a relação forte das enzimas glicolíticas com esse íon. Seu modelo estrutural é similar ao da hexocinase, ou seja, assemelha-se a uma dobradiça que se fecha protegendo o substrato da interação hidrofílica. É composta por duas subunidades ligadas entre si por um elo flexível, sendo que a subunidade superior interage com o ADP, enquanto a subunidade inferior com o 1,3-bifosfoglicerato e, posteriormente, a "dobradiça" se fecha para realizar a transferência do grupo fosfato ao ADP (Figura 13.21).

216 Bioquímica Clínica

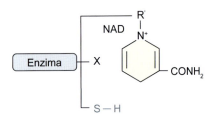

Etapa 1: A enzima livre apresenta em seu sítio ativo um resíduo de cisteína que dispõe de um grupo sulfidrila e uma molécula de NAD. O elemento X atua como aceptor de H do grupo sulfidrila.

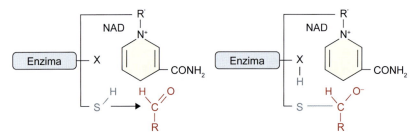

Etapa 2: O grupo sulfidril do resíduo de cisteína reage com o carbono do aldeído dando origem a um tioemiacetal. Os hidrogênios produzidos nessa reação são captados pelo NAD que sofre conversão a NADH.

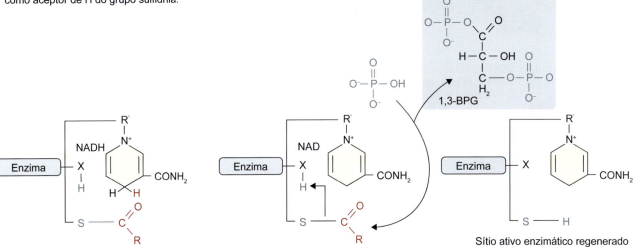

Etapa 4: Transferência do íon hidreto à molécula de NAD com consequente formação de NADH e um tioéster rico em energia em suas ligações químicas.

Etapa 5: O NADH recém-formado não está tão fortemente ligado ao sítio enzimático quanto o NAD, de modo que é facilmente deslocado por outra molécula de NAD regenerando a enzima e produzindo o gliceraldeído-1,3-bifosfato.

Figura 13.18 Mecanística da enzima gliceraldeído-3-fosfato-desidrogenase. Nessa etapa, é produzido o primeiro intermediário de alta energia, o NADH.

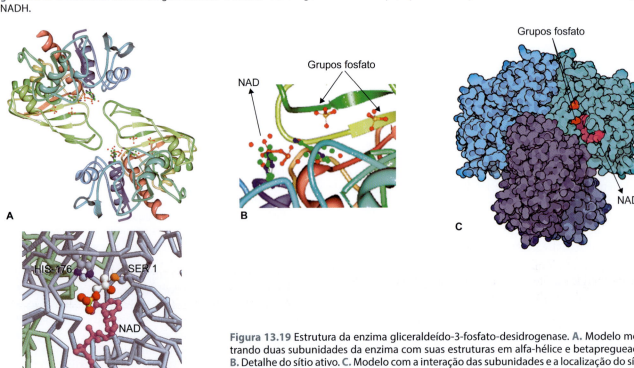

Figura 13.19 Estrutura da enzima gliceraldeído-3-fosfato-desidrogenase. **A.** Modelo mostrando duas subunidades da enzima com suas estruturas em alfa-hélice e betapregueada. **B.** Detalhe do sítio ativo. **C.** Modelo com a interação das subunidades e a localização do sítio ativo indicando a posição do NAD e dos grupos fosfato. **D.** Detalhe do sítio ativo mostrando dois resíduos de aminoácido, cuja função é assistir a reação de catálise. Dois outros resíduos de aminoácidos além da cisteína assistem a reação mediada pelo sítio catalítico, a histidina-176 e a serina-149, sendo esta última a mais relevante, já que tem a função de restaurar a carga da cisteína após esta ser oxidada. Código PDB: 3GPD.

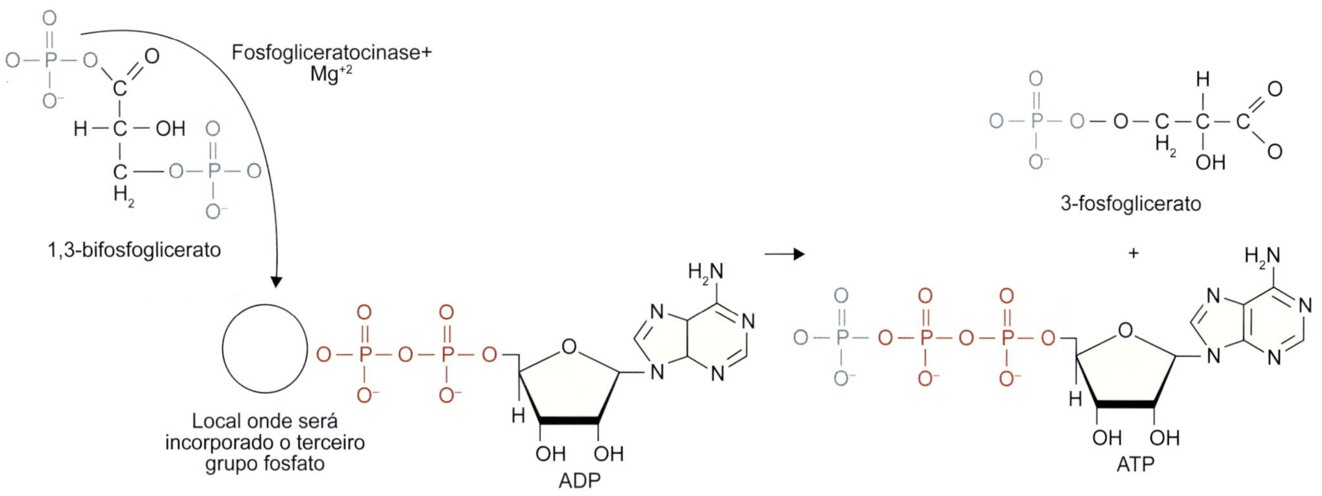

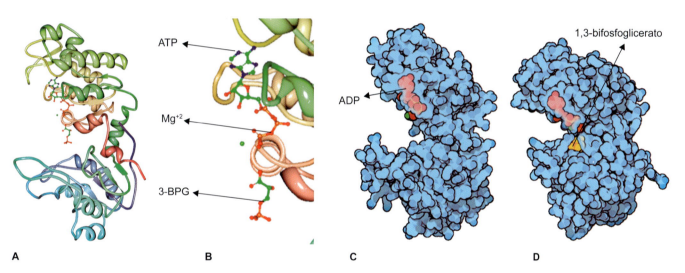

Figura 13.20 Síntese da 3-fosfoglicerato a partir da transferência do grupo fosfato presente na posição da molécula de 1,3-bifosfoglicerato. A reação é catalisada pela fosfogliceratocinase, uma enzima dependente de Mg^{+2} como cofator. Na reação, são produzidos o ATP e o 3-fosfoglicerato. A fosfogliceratocinase medeia a primeira síntese de ATP da via glicolítica.

Figura 13.21 A. Modelo estrutural da enzima fosfogliceratocinase. **B.** Detalhe do sítio ativo da enzima mostrando a disposição das moléculas de ATP, 1,3-bifosfoglicerato e do íon magnésio. **C** e **D.** Destaque do aspecto de "dobradiça" da fosfogliceratocinase, que se assemelha ao da hexocinase. Códigos PDB: 3PGK e 1VPE.

Etapa 8

Na reação 8 da via glicolítica, o grupo fosfato do 3-fosfoglicerato é removido do carbono 3 para o carbono 2 da mesma molécula, dando origem ao 2-fosfoglicerato. Essa reação é mediada pela enzima fosfogliceratomutase. As mutases são enzimas que promovem a mudança de posição de grupos funcionais em uma mesma molécula. Nessa reação, não há consumo de energia e a alteração da posição do grupo fosfato segue a sequência de eventos descrita:

- O sítio ativo da fosfogliceratomutase apresenta um grupo fosfato, que é transferido para o carbono 2 da molécula de 3-fosfoglicerato, dando origem a um composto intermediário bifosforilado
- O grupo fosfato do carbono 3 da molécula é transferido a um resíduo de histidina (His-8) no sítio ativo enzimático, regenerando a enzima (Figura 13.22). A fosfogliceratomutase de leveduras apresenta quatro subunidades (Figura 13.23), enquanto a forma humana da mesma enzima apresenta somente duas subunidades. As formas presentes em plantas e em algumas bactérias são completamente diferentes e utilizam magnésio como cofator.

Etapa 9

Nesse passo da via glicolítica, ocorre a desidratação do 2-fosfoglicerato (2-PG). Essa reação é catalisada pela enzima enolase, que origina como produto um composto com alto potencial de transferência de grupos fosfato, o fosfoenolpiruvato, que apresenta uma dupla ligação "desajeitada" no esqueleto carbônico (Figura 13.24). A enolase é uma enzima com dois sítios ativos idênticos nos quais estão presentes também dois íons metálicos, o magnésio, cuja função é ancorar o substrato no local ideal do sítio ativo, e o lítio, que conduz a catálise. Um resíduo de histidina (His-159) também se posiciona, formando o sítio catalítico (Figura 13.25).

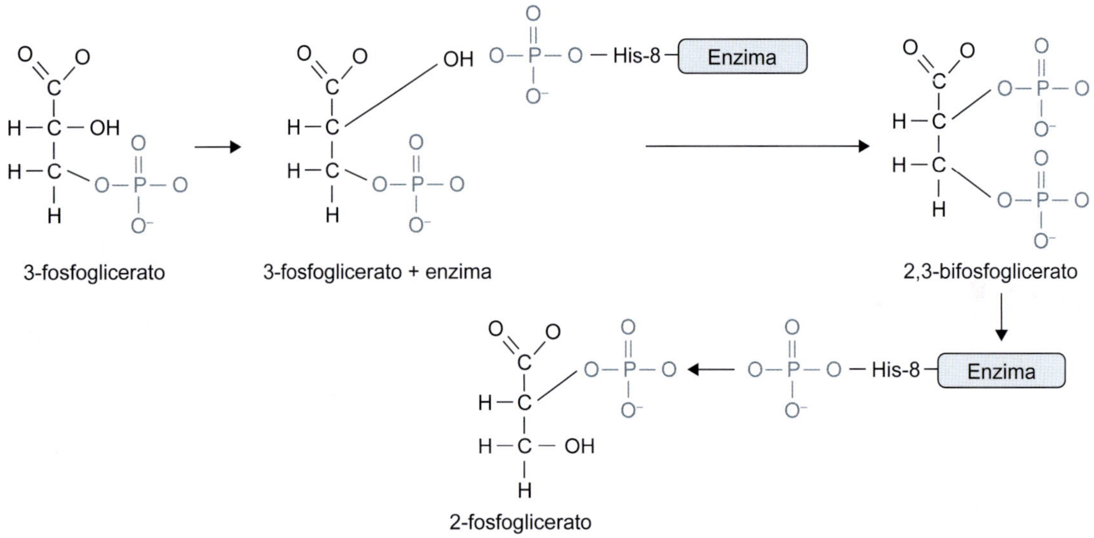

Figura 13.22 Mecanística da fosfogliceratomutase. O sítio ativo enzimático apresenta um grupo fosfato ligado a um resíduo de histidina (His-8). Enzima transfere seu grupo fosfato para a molécula de 3-fosfoglicerato, originando o 2,3-bifosfoglicerato como intermediário. Posteriormente, a His-8 capta o grupo fosfato localizado no carbono 3 da molécula de 2,3-bifosfoglicerato, regenerando a enzima e dando origem ao 2-fosfoglicerato.

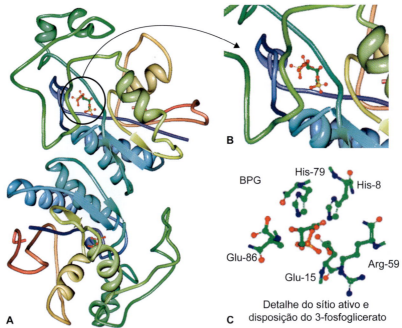

Figura 13.23 A a C. Fosfogliceratomutase de *E. coli* e detalhes do seu sítio ativo. A forma humana é muito similar a essa e é composta por duas subunidades também. O 3-fosfoglicerato doa seu grupo fosfato para a His-8 do sítio ativo, restaurando o grupo fosfato da enzima. Código PDB: 1E58.

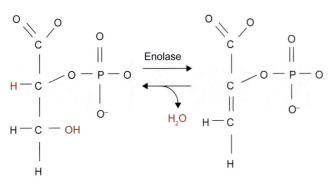

Figura 13.24 Reação mediada pela enolase. Em destaque, os átomos que são removidos da molécula de 2-fosfoglicerato para formar água.

Etapa 10

Na última reação da via glicolítica, a enzima piruvatocinase (PK) transfere o grupo fosfato do fosfoenolpiruvato à molécula de ADP, dando origem à última síntese de duas moléculas de ATP e a duas moléculas de piruvato. A síntese de piruvato conduz à estabilização da molécula de fosfoenolpiruvato, já que a dupla ligação presente no esqueleto carbônico dessa molécula a torna instável. Novamente, o cátion Mg^{+2} é necessário como cofator enzimático, mas, dessa vez, em associação ao K^+. A PK é uma enzima alostérica, isto é, enzimas que contêm uma região separada daquela em que interagem com o substrato na qual pequenas moléculas regulatórias (efetores) podem acoplar-se no sentido de modificar a atividade catalítica dessas enzimas. É formada por quatro subunidades flexíveis, que se arranjam segundo a forma de um diamante (Figura 13.26).

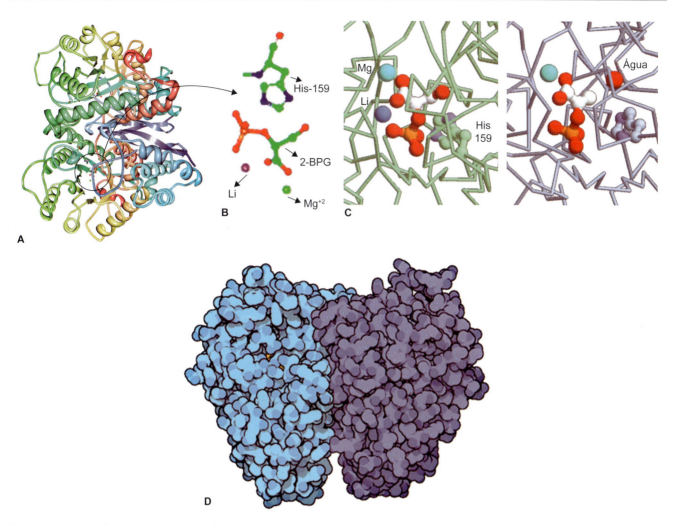

Figura 13.25 A. Modelo da enzima enolase, formada por dois sítios ativos idênticos mostrados em detalhe (**B**). **C.** Detalhe do sítio ativo antes de se processar a reação (à esquerda) e depois da reação de catálise, mostrando a excisão da molécula de água. **D.** Duas subunidades formadoras da enolase mostradas em tons de azul. Código PDB: 2ONE.

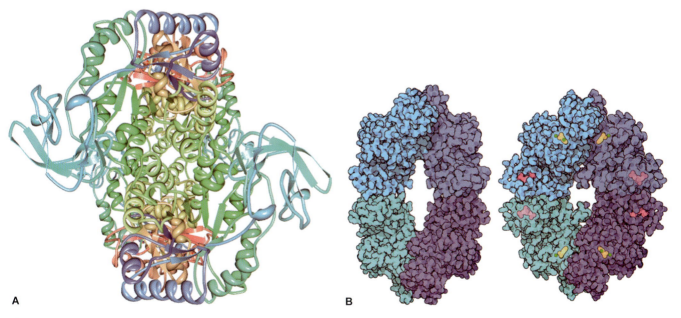

Figura 13.26 A. Modelo da enzima piruvatocinase (PK) de levedura em sua forma inativa. **B.** Modelo da PK em sua forma inativa e os efetores ligados a sítios de regulação alostérica da enzima. A função dos cátions de magnésio e potássio (em verde) é facilitar o ataque nucleofílico do ADP ao grupo fosfato preso à molécula de fosfoenolpiruvato, convertendo o ADP em ATP. Código PDB: 1A3W.

Avaliação do rendimento energético da glicólise

Na fase I da glicólise, que compreende a conversão de glicose em frutose-1,6-bifosfato, há consumo de 2 ATP, uma vez que os elementos iniciais da via glicolítica devem ser ativados por meio de fosforilação, e os grupos fosfatos são extraídos de duas moléculas de ATP, uma para fosforilar a glicose no carbono 6 e outra para fosforilar a frutose no carbono 1 (Figura 13.27). Contudo, esse investimento energético é recuperado em dobro na fase II da glicólise, já que são produzidos 4 ATP, dois na conversão de 1,3-bifosfoglicerato em 3-fosfoglicerato e mais dois na síntese do piruvato originado do fosfoenolpiruvato, de modo que a reação geral para glicólise é:*

$$\text{Glicose} + 2\,NAD^+ + 2\,ADP + 2\,Pi$$
$$2\,\text{piruvatos} + 2\,NAD^+ + 2\,ATP + 2\,H_2O + 4\,H^+$$

Nota-se que, além dos 4 ATP, são produzidos ainda dois NADH por redução de dois FAD+, os quais são moléculas com potencial energético, já que podem transferir elétrons (e assim o fazem por meio de oxidação) para transportadores de elétrons durante a operação que sucede a glicólise – a fosforilação oxidativa. A oxidação do NADH alimenta a força próton motriz que movimenta a bomba de ATP sintase durante a fosforilação oxidativa. Assim, a via glicolítica (que é anaeróbica) acaba por originar uma fração de energia para a fosforilação oxidativa, a fase aeróbica da síntese de ATP (Figura 13.27). O próprio piruvato produzido ao final da via ainda guarda em suas ligações químicas energia que será extraída na fase aeróbica da síntese de ATP. No ciclo de Krebs ou ciclo do ácido tricarboxílico, ocorrerá a oxidação completa do piruvato em CO_2. No metabolismo anaeróbico, o piruvato não segue para o ciclo de Krebs, mas por uma via metabólica que tem como propósito produzir NAD novamente, como será visto a seguir. Assim, à primeira análise, a glicólise pode parecer desvantajosa do ponto de vista energético, mas seu rendimento energético é suficiente para manter atividades metabólicas no eritrócito, por exemplo (Tabela 13.3). Essa célula não dispõe de mitocôndrias, seu principal combustível é a glicose e sua única via de obtenção de energia é a glicólise.

*Em bioquímica, a notação P*i* indica fosfato.

Bioclínica

Deficiência de glicose-6-fosfato desidrogenase causa alterações eritrocitárias

A deficiência de glicose-6-fosfato desidrogenase (G6PD) é uma doença ligada ao cromossomo X frequente (0,5 a 26% da população é afetada), caracterizada por hemólise induzida por medicamentos, sendo prevalente nas regiões tropicais e subtropicais, onde confere proteção contra a malária. A G6PD é expressa em todos os tecidos, mas a sua deficiência manifesta-se essencialmente nos eritrócitos. O *locus* da G6PD localiza-se no braço "q" do cromossomo X (Xq28). Os indivíduos afetados são predominantemente do sexo masculino, já que as mulheres, por terem dois cromossomos X, podem apresentar o gene íntegro, que antagoniza os efeitos da expressão do gene alterado. A G6PD catalisa a primeira reação da via das pentoses fosfato, na qual a glicose-6-fosfato é oxidada em 6-fosfogluconolactona, com a redução concomitante de NADP a NADPH. Portanto, é essencial na proteção do eritrócito contra a ação de oxidantes, por manter a glutationa no estado reduzido.[2] De todas as variantes de G6PD com atividade deficiente, as que mostram maior importância pela sua frequência são: a variante africana (G6PD A), amplamente disseminada na África e entre afrodescendentes de todo o mundo; e a variante mediterrânea (G6PD Mediterrânea), que é mais comumente encontrada em italianos, gregos, judeus orientais, árabes e persas.[2] No Brasil, estudos realizados por diversos autores mostraram que 95 a 99% dos deficientes de G6PD apresentam a variante africana (G6PD A).[2] Os eritrócitos obtêm ATP por meio de uma via fermentativa, que converte a glicose em duas moléculas de piruvato. Essa via denomina-se glicólise ou via de Embden-Meyerhof.

Paralelamente à glicólise, os eritrócitos utilizam outra via para síntese de ATP, a via das pentoses fosfato, que leva à produção de três compostos: ribose-5-fosfato, CO_2 e o NADPH. A ribose-5-fosfato é a pentose constituinte dos nucleotídios, que comporão os ácidos nucleicos, e de muitas coenzimas, como ATP, NADH, $FADH_2$ e coenzima A. A G6PD catalisa o primeiro passo da via das pentoses fosfato, uma via alternativa de oxidação de glicose-6-fosfato. O NADPH que atua como coenzima doadora de hidrogênio em sínteses redutoras e em reações para proteção contra compostos oxidantes, de modo que a via das pentoses fosfato é, na verdade, uma proteção do eritrócito contra oxidações biológicas. A deficiência de G6PD faz com que os eritrócitos percam sua proteção antioxidante, entrando em hemólise e provocando anemia aguda decorrente de alguns medicamentos, como antimaláricos, ácido acetilsalicílico e analgésicos (p. ex., fenacetina). Assim, um aspecto importante no tratamento é evitar os agentes causadores de hemólise, como medicamentos oxidativos e favas. Uma lista de medicamentos oxidativos deve ser disponibilizada ao indivíduo, a fim de prevenir a ingestão deles.

O portador da deficiência de G6PD pode apresentar, além de anemia aguda com presença de corpúsculos de Heinz e, consequentemente, eritrócitos com aspecto de "células mordidas", reticulocitose (aumento no número de reticulócitos), em decorrência da anemia hemolítica. O diagnóstico biológico é feito com a determinação da atividade da G6PD em eritrócitos e a comparação à atividade de outras enzimas eritrocitária, a piruvato cinase ou hexocinase (enzimas envolvidas na via glicolítica). O teste deve ser realizado na ausência de hemólise para evitar interferências em razão das contagens elevadas de reticulócitos. As deficiências moleculares subjacentes incluem, sobretudo, mutações pontuais na sequência codificante, levando a substituições de aminoácidos; não são conhecidas mutações que levem à perda de função do gene. A análise molecular possibilita a identificação das mutações causais e a escolha de uma estratégia terapêutica adequada com base na previsão da gravidade das manifestações clínicas. Existem outros testes para identificação de deficiência de G6PD, como o teste de Brewer, no qual ocorre redução da meta-hemoglobina. Trata-se de um método simples que utiliza reagentes de fácil aquisição. Apesar de ser um método qualitativo, oferece resultados satisfatórios e tem sido utilizado amplamente por diversos autores em triagem populacional, inclusive na detecção da hiperbilirrubinemia neonatal.[2,3]

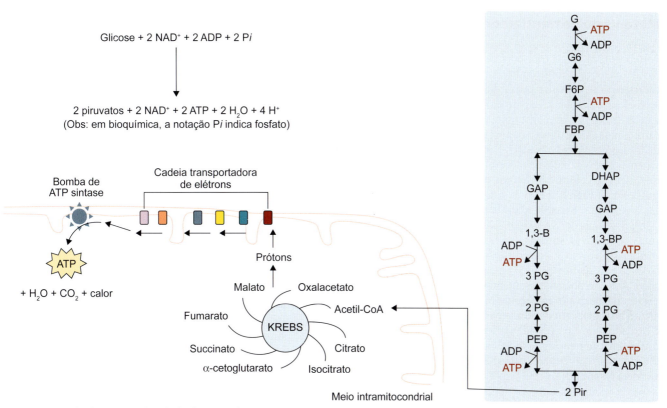

Figura 13.27 Glicólise acoplada à fosforilação oxidativa. Os intermediários de alto potencial energético, como o NADH, doam elétrons para a cadeia transportadora, que, por sua vez, alimenta a fase aeróbica da síntese de ATP.

Tabela 13.3 Sinopse das reações que ocorrem na via glicolítica.

Etapa	Reação	Enzima + cofatores	ΔG° (kcal/mol)	ΔG⁻ (kcal/mol)
1 I	Glicose + ATP ↑↓ Glicose-6-fosfato + ADP + H+	Hexocinase – Mg^{+2}	–4,0	–8,0
2 III	Glicose-6-fosfato ↑↓ Frutose-6-fosfato	Fosfoglicose isomerase	+4,0	–0,6
3 I	Frutose-6-fosfato + ATP ↑↓ Frutose-1,6-bifosfato + ADP + H+	Fosfofrutocinase – Mg^{+2}	–3,4	–5,3
4 IV	Frutose-1,6-bifosfato ↑↓ Di-hidroxiacetona fosfato + gliceraldeído-3-fosfato	*Aldolase – $Zn^{+2}/Fe^{+2}/Mg^{+2}$	+5,7	–0,3
5 III	Di-hidroxiacetona fosfato ↑↓ Gliceraldeído-3-fosfato	Triose fosfato isomerase	+1,8	+0,6
6 VI	Gliceraldeído-3-fosfato + fosfato + NAD+ ↑↓ 1,3-bifosfoglicerato + NAD + H+	Gliceraldeído-3-fosfato desidrogenase	+1,5	–0,4
7 I	1,3-bifosfoglicerato + ADP ↑↓ 3-fosfoglicerato + ATP	Fosfogliceratocinase Mg^{+2}	–4,5	+0,5
8 II	3-fosfoglicerato ↑↓ 2-fosfoglicerato	**Fosfogliceratomutase	+1,1	+0,2
9 IV	2-fosfoglicerato ↑↓ Fosfoenolpiruvato + H_2O	Enolase – Mg^{+2}/Li	+0,4	–0,8
10 I	Fosfoenolpiruvato + ADP + H+ ↓ Piruvato + ATP	Piruvato cinase – Mg^{+2}/K^+	–7,5	–0,4

I: transferência de grupos fosfato; II: deslocamento de grupos fosfato; III: isomerização; IV: desidratação; V: clivagem de aldol; VI: fosforilação acoplada à oxidação.
*A aldolase de tecidos animais não requer Mg^{+2}; já a aldolase de bactérias e fungos necessita de Zn^{+2} e, eventualmente, Fe^{+2}.
**Somente as isoformas presentes em plantas e bactérias necessitam de Mg^{+2} como cofator. Em ΔG° e ΔG⁻ a glicólise ainda pode ocorrer.

Mecanismo de transferência de elétrons

A glicólise ocorre no citosol da célula, enquanto as proteínas pertencentes à cadeia transportadora de elétrons estão ancoradas na membrana mitocondrial interna, a qual apresenta uma característica particular que a difere das demais membranas biológicas: é altamente impermeável ao trânsito de substâncias e de elétrons, por ser constituída de um fosfolipídio chamado cardiolipina. Além disso, a membrana mitocondrial não dispõe de transportadores de NADH. Para resolver esse problema, os sistemas biológicos desenvolveram as lançadeiras, mecanismos que, além de colocarem elétrons para o interior mitocondrial, possibilitam sua utilização na cadeia respiratória e na regeneração do NAD$^+$ e, assim, a continuidade da glicólise.

A oxidação do NADH em NAD$^+$ pode ocorrer por duas rotas alternativas, uma anaeróbica e outra aeróbica. Na primeira, o piruvato é convertido em lactato e, nesse caso, o NADH é oxidado em NAD$^+$ pela enzima lactato desidrogenase. A via aeróbica de regeneração do NAD$^+$ envolve a conversão de piruvato em acetil-CoA por parte do complexo enzimático piruvato desidrogenase. Nesse caso, o acetil-CoA é oxidado no ciclo do ácido cítrico e a regeneração do NAD$^+$ ocorre no momento em que as lançadeiras glicerol-3-fosfato e malato-aspartato oxidam o NADH$^+$, encaminhando elétrons à cadeia respiratória.

Lançadeira de glicerol-fosfato

A mais presente em todos os tecidos, é um mecanismo utilizado para regenerar de modo rápido o NAD$^+$ no cérebro e na musculatura esquelética. A enzima glicerol-fosfato-desidrogenase, que converte di-hidroxiacetona fosfato em glicerol, emprega NADH que é oxidado em NAD$^+$. O glicerol-3-fosfato é capaz de interagir com a membrana mitocondrial, difundindo-se até a face externa da membrana mitocondrial interna, onde está presente outra enzima glicerol-fosfato-desidrogenase que contém FAD, e catalisa a regeneração da di-hidroxiacetona. Nesse processo, o FAD da glicerol-3-fosfato-desidrogenase remove dois elétrons do glicerol-3-fosfato e forma a FADH$_2$, que, por sua vez, conduz esses dois elétrons à coenzima Q, elemento da cadeia respiratória. A di-hidroxiacetona regenerada é, então, retornada ao citosol. Cada NADH oriundo do citosol produz 1,5 ATP na fosforilação oxidativa (Figura 13.28).

Lançadeira de malato-aspartato

Inicialmente, o oxalacetato no lado citoplasmático é reduzido por NADH, originando malato e NAD$^+$. O malato é então transportado para a matriz mitocondrial pela membrana mitocondrial interna, em troca de alfacetoglutarato, por meio de uma translocase específica. Uma vez no interior da mitocôndria, o malato é oxidado novamente em oxalacetato por meio da enzima malato desidrogenase presente no interior da mitocôndria, reação que regenera o NAD$^+$, produzindo NADH. O NADH, então, doa seus elétrons para a cadeia respiratória, levando à formação de 2,5 ATP, um rendimento mais eficiente que a lançadeira de glicerol-fosfato, que produz 1,5 ATP. O oxalacetato formado na matriz mitocondrial, em decorrência da oxidação do malato, deve retornar ao citosol, porém a membrana mitocondrial não dispõe de transportadores de oxalacetato. Assim, ainda na matriz mitocondrial, o oxalacetato é transaminado para formar aspartato. O aspartato então retorna ao citosol em troca com o glutamato, por meio da translocase trocadora de malato/aspartato. Já no citosol, o aspartato sofre nova reação de transaminação para originar novamente oxalacetato (Figura 13.29).

Frutose e galactose na via glicolítica

A frutose e a galactose são açúcares muito presentes na dieta do ser humano com a glicose, mas não dispõem de uma via específica de metabolização. Assim, a estratégia do organismo consiste em transformar essas duas oses em intermediários da via glicolítica.

A frutose, por exemplo, pode entrar na glicólise por duas vias: a da frutose-1-fosfato e a da frutose-6-fosfato. A via da frutose-1-fosfato ocorre no fígado, onde grande parte da frutose ingerida é metabolizada. Inicialmente, a frutose é fosforilada em frutose-1-fosfato pela fosfofrutocinase, e, subsequentemente, a enzima frutose-1-fosfato aldolase cliva a frutose-1-fosfato em gliceraldeído e di-hidroxiacetona-fosfato, este último um intermediário da via glicolítica. O gliceraldeído formado é então fosforilado em gliceraldeído-3-fosfato pela enzima triose cinase e torna-se então outro intermediário da via glicolítica (Figura 13.30). A via da frutose-6-fosfato ocorre em tecidos extra-hepáticos, como o adiposo, caso em que, a frutose é convertida em frutose-6-fosfato pela hexocinase. Já a galactose é convertida em glicose-6-fosfato, processo que compreende quatro passos. Inicialmente, a galactose sofre fosforilação no carbono 1 por meio da enzima galactocinase, dando origem então à galactose-1-fosfato; o grupo fosforil adicionado é oriundo do ATP, sendo que esse primeiro passo consome ATP. Subsequentemente, a galactose adquire um grupamento uridila, oriundo da uridila difosfato glicose (UDP-glicose), uma molécula envolvida nas ligações glicosídicas. Essa reação é catalisada pela enzima

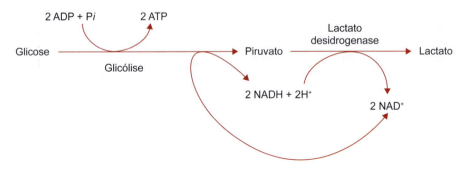

Figura 13.28 Mecanismo anaeróbico de regeneração do NAD$^+$. Nesse caso, o piruvato é convertido em lactato pela enzima lactato desidrogenase, que utiliza 2 NADH + 2 H$^+$ e dá origem a 2 NAD$^+$. A formação de 2 NAD$^+$ possibilita a continuidade da glicólise.

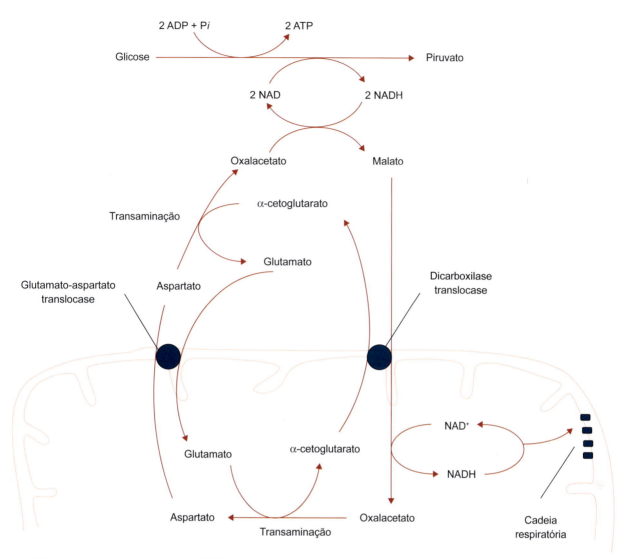

Figura 13.29 Lançadeira de malato-aspartato. O NADH produzido na via glicolítica reduz o oxalacetato a malato, que, por sua vez, internaliza a mitocôndria e é reoxidado em oxalacetato. O NADH mitocondrial doa elétrons para a cadeia respiratória, e cada NADH produz 2,5 ATP. O oxalacetato deve retornar ao citosol, mas não é capaz de ser transportado diretamente por uma translocase e, por essa razão, sofre reação de transaminação, sendo convertido a aspartato, o qual é transportado ao citosol, para novamente sofrer transaminação recompondo o oxalacetato.

galactose-1-fosfato-uridil-transferase e produz como subprodutos UDP-galactose e glicose-1-fosfato. Nesse momento, a UDP-galactose sofre epimerização à UDP-glicose, por meio da enzima UDP-galactose-4-epimerase, que inverte a configuração da hidroxila do carbono 4 da galactose, ou seja, a hidroxila que se encontrava acima do plano do anel de hemiacetal agora é rearranjada para ficar abaixo do plano do anel (Figura 13.30). A UDP-glicose não é consumida no processo de conversão de galactose em glicose, uma vez que é regenerada da UDP-galactose por meio da epimerase. O quarto e último passo é a isomerização da glicose-1-fosfato em glicose-6-fosfato pela enzima fosfoglicomutase, que transfere o grupo fosfato do carbono 1 da glicose para o carbono 6.

Controle da via glicolítica

A via glicolítica tem como objetivo principal suprir a célula de ATP, de modo que a via é regulada para manter a síntese de ATP dentro dos valores necessários compatíveis com cada tipo celular. É de se esperar que os pontos de controle de vias metabólicas estejam no início e no final da via e, de fato, a fosfofrutocinase (catalisa a reação 3) e a piruvatocinase (catalisa a reação 10) são sítios de regulação e sofrem inibição quando níveis de ATP estão elevados (Figura 13.31). O ATP é inibidor alostérico da fosfofrutocinase, a principal enzima regulatória da glicólise, portanto altos níveis de ATP causam inibição da enzima, reduzindo a velocidade da via. Todas as enzimas regulatórias da glicólise existem como isoenzimas tecido-específicas, o que significa que existem variações na regulação da rota para atender às necessidades em cada tipo celular específico, por exemplo: o fígado dispõe de uma forma de piruvatocinase que apresenta um sítio regulatório adicional que a inibe em circunstâncias em que a gliconeogênese ocorre no fígado; assim, durante a gliconeogênese hepática, a glicólise no fígado sofre inibição. Além dos níveis celulares de ATP, outros nucleosídios estão envolvidos na regulação da via glicolítica, como é o caso do AMP e do ADP. Assim, os níveis citosólicos de AMP são melhores indicadores para a velocidade de utilização de ATP do que o ATP *per se*.

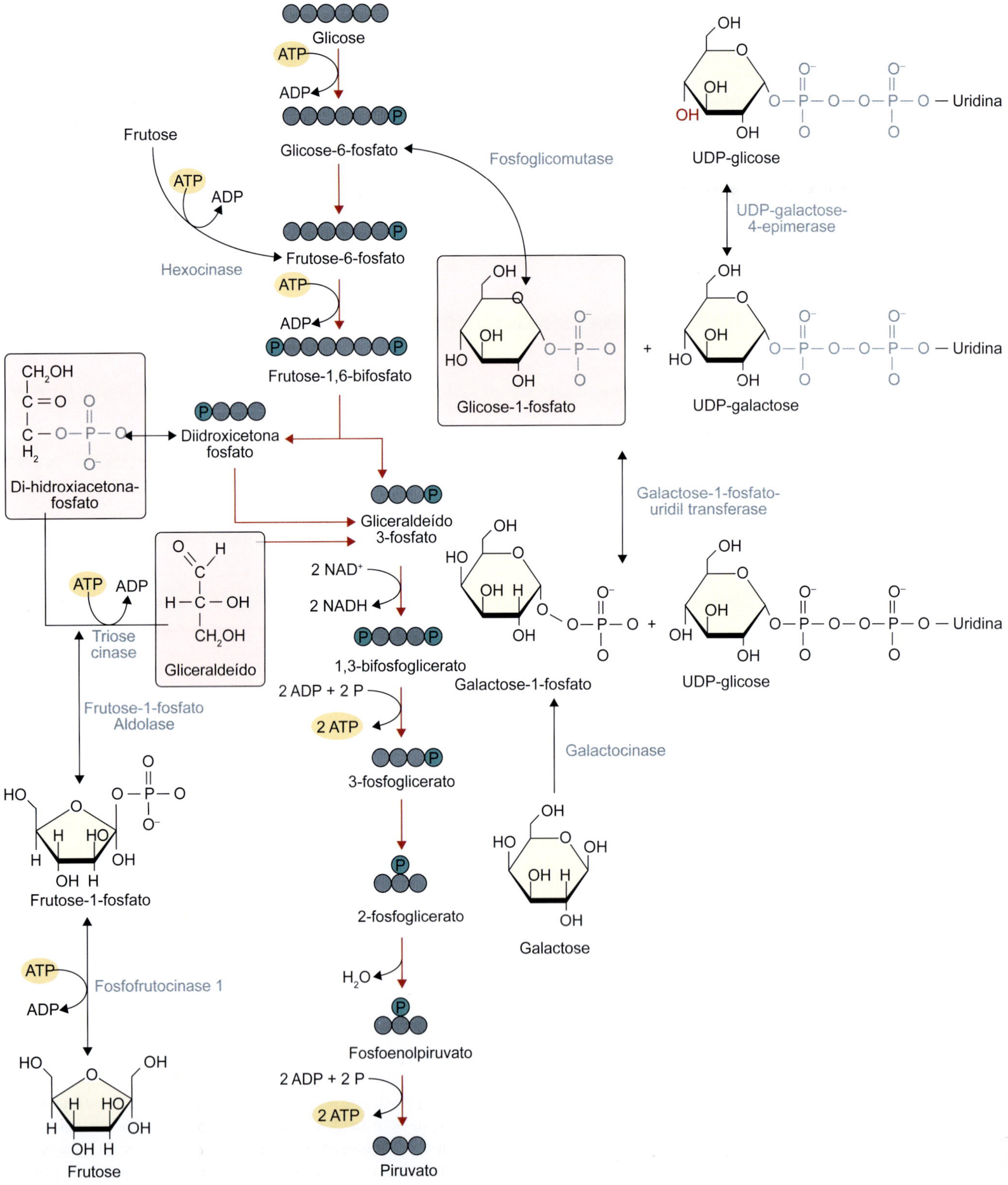

224 Bioquímica Clínica

Figura 13.30 Vias metabólicas de metabolização da frutose e galactose. A frutose adentra a via glicolítica pela via da frutose-1-fosfato. Essa cadeia de reações ocorre no fígado, em tecidos extra-hepáticos (como o tecido adiposo), e a frutose apenas é fosforilada no carbono 6 por meio da hexocinase. A galactose, por sua vez, necessita de passos mais elaborados e compreende a molécula de UDP, envolvida em ligações glicosídicas.

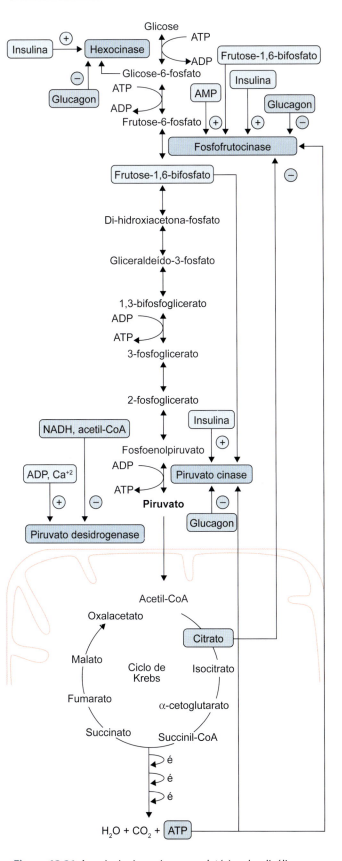

Figura 13.31 As principais enzimas regulatórias da glicólise e suas substâncias estimuladoras e inibidoras. Nota-se que o citrato, que pertence ao ciclo do ácido cítrico, atua regulando a velocidade da via glicolítica por meio da inibição alostérica da fosfofrutocinase. São mostrados ainda locais de regulação por parte dos hormônios glucagon e insulina.

Das três enzimas regulatórias, a principal é a fosfofrutocinase, que catalisa a terceira reação da glicólise. Em um primeiro momento, isso pode parecer um contrassenso, já que seria de se esperar que a primeira enzima da cadeia fosse o ponto de controle mais relevante da via. Contudo, a hexocinase (a primeira enzima da via) é uma enzima comum também a outros processos metabólicos (p. ex., síntese de glicogênio e via das pentoses fosfato) e, por isso, a enzima-chave na regulação da glicólise deve ser outra que não a hexocinase. Os hormônios glucagon e insulina atuam na via glicolítica em pontos específicos (Figura 13.31), aumentando ou diminuindo a síntese das enzimas-chave da via. Enquanto outros mecanismos de regulação influenciam a via a curto prazo, como a fosforilação ou desfosforilação, a influência hormonal leva horas ou mesmo dias para se refletir sobre a via glicolítica. Isso porque os hormônios atuam sobre a síntese de enzimas da via inibindo-a ou estimulando-a. De fato, a insulina, por exemplo, conduz a aumentos de 10 a 20 vezes na quantidade de enzimas-chave da via glicolítica.

Regulação da hexocinase

A hexocinase está presente na maioria dos tecidos, como isoenzimas, e apresenta particularidades tecido-específicas. Na maioria dos tecidos, apresenta K_m menor que 0,1 mM para a glicose plasmática. Ela sofre inibição pelo seu produto, a glicose-6-fosfato.

No fígado, a hexocinase tem sua isoforma com o nome de glicocinase, cujo K_m é elevado e cerca de 100 vezes maior que da hexocinase dos demais tecidos. A glicocinase não sofre inibição por seu produto da reação, mas, sim, por frutose-6-fosfato, enquanto a frutose-1-fosfato a estimula. Por essa razão, em condições de hiperglicemia, o fígado utiliza glicose em velocidades altas, atuando como um dos mecanismos de controle da glicemia; por outro lado, o cérebro e demais tecidos continuam a utilizar a glicose ainda que seus níveis diminuam.

Regulação da fosfofrutocinase-1

É o principal sítio de regulação da glicólise, pois controla a velocidade de entrada da glicose-6-fosfato na grande maioria dos tecidos e apresenta quatro sítios de regulação alostérica. A fosfofrutocinase é inibida por ATP, citrato, e estimulada por AMP, frutose-2,6-bifosfato e outros bifosfatos. A frutose-1,6-bifosfato não é um intermediário da via glicolítica, mas um substrato da fosfofrutocinase-2, uma enzima que também não faz parte da via glicolítica, assim denominada por fosforilar em frutose no carbono 2, e não no 1, como o faz a fosfofrutocinase-1.

O ATP age como inibidor alostérico em altas concentrações e como substrato em concentrações fisiológicas na célula. Em altas concentrações, o sítio ativo da fosfofrutocinase se satura de ATP e o excesso de ATP passa a ligar-se no sítio alostérico, causando a inibição. A inibição alostérica, desencadeada por aumentos dos níveis intracelulares de ATP, é contraposta pelo AMP. A fosfofrutocinase apresenta um sítio alostérico de estimulação para AMP e para frutose-1,6-bifosfato, assim níveis elevados de AMP e frutose-1,6-bifosfato aumentam significativamente a cinética da fosfofrutocinase. Os níveis de citrato formados no ciclo do ácido cítrico também agem de modo alostérico na fosfofrutocinase, e uma substância de outra via metabólica (o ciclo do ácido cítrico) atua regulando a velocidade de outra via, nesse caso, a glicólise (Figura 13.31).

Controle da via glicolítica no fígado e nos músculos esqueléticos

Nas vias metabólicas, é comum que as enzimas que catalisam reações irreversíveis sejam pontos de controle da via, e na glicólise isso também acontece. As enzimas hexocinase, fosfofrutocinase e piruvatocinase são locais de regulação da via. No ser humano, a fosfofrutocinase constitui o ponto de controle mais relevante da glicólise. De fato, a velocidade de catálise dessas enzimas sofre regulação por meio de efetores alostéricos, fosforilação, desfosforilação e, finalmente, por meio da transcrição e tradução de seus respectivos RNA mensageiros. O controle alostérico, por exemplo, ocorre em intervalos de tempo de milissegundos e a fosforilação em segundos, enquanto o controle por transcrição em horas. Os hormônios têm papel extremamente importante no controle e no direcionamento de vias metabólicas; no caso da glicólise, a insulina, por exemplo, aumenta em cerca de 10 a 20 vezes a síntese das enzimas glicolíticas. Em contrapartida, o glucagon inibe a glicocinase, a fosfofrutocinase e a piruvatocinase. O fígado e o músculo esquelético podem ser usados como exemplos dos mecanismos de regulação da via glicolítica, já que neles a glicólise apresenta grande relevância. No fígado e no músculo esquelético, o ATP atua como modulador alostérico da fosfofrutocinase, ou seja, altos níveis de ATP intracelulares se ligam a um local específico na enzima, chamado sítio alostérico. Essa interação causa alterações estruturais na enzima, que reduzem a afinidade do sítio ativo por seu substrato. Nesse caso, a fosfofrutocinase reduz sua afinidade por seu substrato, a frutose-6-fosfato. Em contrapartida, baixos níveis de ATP no fígado aumentam a afinidade da fosfofrutocinase pela frutose-6-fosfato. O pH também atua como regulador da cinética da fosfofrutocinase, porque potencializa o efeito inibidor do ATP. O efeito do pH sobre a fosfofrutocinase é particularmente interessante e relevante no músculo esquelético, já que a atividade muscular anaeróbica leva à formação de ácido láctico, conduzindo à acidose. Esse mecanismo protege o músculo contra uma possível lesão, que resultaria do acúmulo de grande quantidade de ácido láctico.

A existência de mais de um ponto de regulação indica que os intermediários entre esses pontos podem entrar e sair da via glicolítica por outros processos. Por exemplo, no primeiro passo regulado pela hexocinase, a glicose-6-fosfato, em vez de continuar pela via glicolítica, pode ser convertida em moléculas de glicose de armazenamento, como glicogênio (em animais) ou amido (no caso dos vegetais). A reação inversa, a hidrólise do glicogênio, produz glicose-6-fosfato, que pode acessar a via glicolítica após o primeiro ponto de controle, ou seja, já fosforilada no carbono 6. No segundo passo, da regulação da via glicolítica (o terceiro passo da glicólise), a fosfofrutocinase converte a frutose-6-fosfato em frutose-1,6-bifosfato, que é então convertido em gliceraldeído-3-fosfato e di-hidroxiacetona fosfato. A di-hidroxiacetona fosfato pode ser removida da glicólise pela sua conversão em glicerol-3-fosfato, que pode ser usada como substrato na síntese de triacilgliceróis. No processo inverso, ou seja, na hidrólise dos triacilgliceróis, estes podem dar origem a ácidos graxos livres e glicerol, e este último, por sua vez, pode ser transformado em di-hidroxiacetona fosfato, a qual pode entrar para a via glicolítica após o segundo ponto de controle.

Glicólise no músculo esquelético em exercício

No músculo esquelético em exercício extenuante, o piruvato é convertido em lactato, uma operação metabólica anaeróbica comumente chamada de fermentação homoláctica. Isso ocorre porque durante o exercício a velocidade pela qual a glicólise produz piruvato suplanta a capacidade de metabolizá-lo no ciclo do ácido cítrico. O tecido muscular esquelético é histologicamente formado de fibras de contração lenta (tipo I) e rápida (tipo II). As fibras de contração rápida não apresentam mitocôndrias, o que lhes confere um aspecto pálido; por consequência, seu suprimento de ATP é exclusivamente oriundo da glicólise. Em contrapartida, as fibras de contração lenta são ricas em mitocôndrias, motivo de sua coloração avermelhada, que decorre da presença dos grupos heme que constam nos citocromos dos elementos da cadeia respiratória. Durante o exercício, o músculo esquelético lança mão da obtenção de ATP por parte da glicólise em detrimento da fosforilação oxidativa, já que a oferta de oxigênio é limitada e, como mencionado, a produção de piruvato excede a capacidade de sua metabolização pelo ciclo do ácido cítrico. Nessa situação, a enzima lactato desidrogenase (LDH) catalisa a oxidação do NADH pelo piruvato originando, assim, NAD^+ e lactato (Figura 13.32). Alguns autores consideram essa reação o passo 11 da glicólise.

Existem dois tipos diferentes de LDH, o tipo M e o tipo H. A isoforma LDH_H predomina em tecidos aeróbicos, como é o caso do tecido cardíaco, enquanto a isoforma LDH_M encontra-se em maior parte em tecidos nos quais predominam o metabolismo anaeróbico, como o músculo esquelético e o fígado. O lactato é produzido pelo músculo esquelético em exercício e atua como substrato energético para outros tecidos, particularmente o músculo cardíaco, onde o lactato é novamente convertido em piruvato e subsequentemente metabolizado no

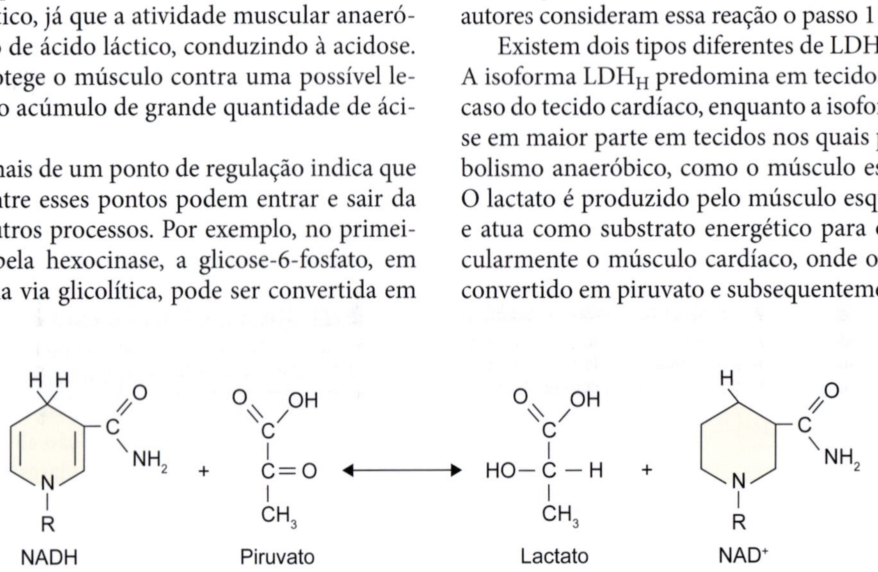

Figura 13.32 Conversão de piruvato em lactato, que ocorre no músculo em anaerobiose. Essa reação, chamada de fermentação homolática, é mediada pela lactato desidrogenase.

ciclo do ácido cítrico. Esse mecanismo possibilita que a glicose plasmática esteja disponível para o músculo esquelético durante o exercício vigoroso. Outra via de metabolização do lactato produzido no tecido muscular em exercício e do piruvato eritrocitário é a via da gliconeogênese hepática, onde o lactato muscular é convertido em piruvato, e, com o piruvato eritrocitário, sofre transformação em glicose por meio da gliconeogênese, a via de conversão de produtos não glicídicos em açúcares. A glicose produzida na gliconeogênese hepática ganha a corrente sanguínea novamente e servirá de fonte energética para todos os tecidos, incluindo os músculos em exercício e os eritrócitos.

Inibidores da glicólise

A glicólise pode ser inibida por fluoreto (a forma iônica do flúor) e reagentes de sulfidrila. Esse processo é particularmente importante nos laboratórios de análises clínicas, pois, de fato, o doseamento de glicose em amostras de sangue coletadas só pode ser realizado inibindo-se a capacidade dos eritrócitos de metabolizar esse açúcar, para tanto os frascos de coleta de sangue apresentam fluoreto como agente inibidor da glicólise eritrocitária. Já os reagentes sulfidrila são potentes inibidores da glicólise porque interagem covalentemente com um resíduo de cisteína presente no sítio ativo da gliceraldeído-3-fosfato-desidrogenase, que catalisa a conversão do gliceraldeído-3-fosfato em 1,3-bifosfoglicerato. Já o fluoreto atua inibindo a enzima enolase que é Mg^{+2} dependente. O fluoreto forma um complexo com o Mg^{+2}, de modo que a enolase não é mais capaz de reconhecer seu substrato, o Mg^{+2}-fosfoglicerato.

Arsenato

Não inibe propriamente a via glicolítica, mas interage com a enzima gliceraldeído-3-fosfato-desidrogenase de modo a formar um complexo com o grupo carboxila do 3-fosfoglicerato. O resultado é a formação de 1-arsenato-3-fosfoglicerato, que, por sua instabilidade, se decompõe espontaneamente em 3-fosfoglicerato e arsenato. Assim, não ocorre a formação de 1,3-bifosfoglicerato e, consequentemente, duas moléculas de ATP não são formadas na etapa catalisada pela piruvatocinase. Desse modo, não há rendimento energético, pois são gastos 2 ATP para fosforilar os compostos iniciais (fase de investimento-estágio 1 da glicólise) e produzidos somente 2 ATP (estágio 2 da glicólise). O balanço líquido de ATP é então zero, o que torna a glicólise ineficiente do ponto de vista energético na presença de arsenato. O arsenato também interfere na formação de ATP na fosforilação oxidativa, onde atua como desacoplador. Esses efeitos mediados pelo arsenato no processo bioquímico de obtenção de energia o tornam um veneno.

Bioclínica

Lactato desidrogenase (LDH) como um marcador importante do infarto agudo do miocárdio (IAM)

A lactato desidrogenase ou desidrogenase láctica é uma enzima amplamente distribuída entre diversos tecidos e órgãos (rins, coração, músculo esquelético, cérebro, fígado e pulmões). Logo, tem baixa especificidade e baixo valor diagnóstico no IAM. Atua nos tecidos, reduzindo o piruvato a lactato no final da glicólise anaeróbica. A LDH apresenta cinco isoformas separáveis por eletroforese, sendo sua distribuição no organismo:

- LDH_1 e LDH_2 – tecido cardíaco e eritrócitos
- LDH_3 – baço, pulmões, placenta e pâncreas
- LDH_4 e LDH_5 – musculatura esquelética e fígado.

Os níveis plasmáticos de LDH total podem sofrer aumento em diversas condições, como mostra a Tabela 13.4. Contudo, a isoforma LDH_1 é a que tem maior especificidade para a confirmação e é utilizada no diagnóstico diferencial do IAM. A inversão da razão $LDH_1 > LDH_2$ é típica do IAM (apesar de ocorrer também em amostras hemolisadas; ver mais informações sobre LDH no Capítulo 10 | Enzimologia).

Tabela 13.4 Isoformas da lactato desidrogenase e as condições patológicas em que sofrem aumento plasmático.

Condição	LDH_1	LDH_2	LDH_3	LDH_4	LDH_5
Anemia hemolítica					
Anemia megaloblástica	X	X			
Distrofia muscular	X	X			
Hepatite tóxica				X	X
Hepatite viral	X	X		X	X
Infarto do miocárdio	X	X			
Infarto pulmonar				X	X
Pancreatite			X	X	

Resumo

Introdução

Nas células eucarióticas, o produto final da glicólise é o piruvato, enquanto em microrganismos, como leveduras e bactérias, é o etanol ou o lactato, respectivamente. A glicólise compreende um conjunto de 10 reações com rendimento energético líquido de duas moléculas de ATP e dois equivalentes reduzidos de $NADH^+$, que serão introduzidos na cadeia respiratória no caso de células eucarióticas. A glicólise é uma das principais rotas para produção de ATP nas células e está presente em todos os tipos de tecidos. A via glicolítica pode ser dividida em fase I, ou de investimento, e fase II, ou de rendimento. Na fase I, processam-se cinco reações bioquímicas e nenhuma energia é armazenada – ao contrário, duas moléculas de ATP são consumidas para fosforilar os compostos iniciais. Na fase II, ocorrem mais cinco passos bioquímicos, nos quais ocorre produção de quatro moléculas de ATP, as duas primeiras quando 1,3-bifosfoglicerato é convertido em 3-fosfoglicerato e na conversão de fosfoenolpiruvato em piruvato.

Transporte de glicose até as células

O aumento da glicemia é o principal estímulo para a secreção de insulina por parte das células-beta situadas nas ilhas pancreáticas ou ilhotas de Langerhans. As células β-pancreáticas captam glicose por meio de um transportador de glicose chamado GLUT-2 e, subsequentemente, essa glicose é transformada em ATP no interior da célula. Os elevados níveis de ATP promovem despolarização da membrana celular por meio do fechamento de canais de potássio e abertura dos canais de cálcio. A despolarização induz a extrusão das vesículas de insulina e, assim, a insulina chega à corrente sanguínea e é capaz de ligar-se a seus receptores nos tecidos sensíveis à insulina, fazendo com que esses possam captar a glicose plasmática por meio de diferentes GLUT (ver Tabela 13.2) e convertê-la em ATP, para atender às suas necessidades metabólicas.

Avaliação do rendimento energético da glicólise

Na fase I da glicólise, que compreende a conversão de glicose em frutose-1,6-bifosfato, há consumo de 2 ATP, uma vez que os elementos iniciais da via glicolítica devem ser ativados por meio de fosforilação, e os grupos fosfatos são extraídos de duas moléculas de ATP, uma para fosforilar a glicose no carbono 6 e outra para fosforilar a frutose no carbono 1. Contudo, esse investimento energético é recuperado em dobro na fase II da glicólise, já que são produzidos 4 ATP, dois na conversão de 1,3-bifosfoglicerato em 3-fosfoglicerato e mais dois na síntese do piruvato, originados do fosfoenolpiruvato, de modo que a reação geral para glicólise é:

$$\text{Glicose} + 2\text{NAD}^+ + 2\text{ADP} + 2\text{ P}i \rightarrow 2 \text{ piruvatos} + 2\text{ NAD}^+ + 2\text{ ATP} + 2\text{ H}_2\text{O} + 4\text{ H}^+$$

Controle da via glicolítica

Três enzimas da via glicolítica são pontos-chave para o controle da via: a hexocinase, que catalisa a reação 1 da glicólise, ou seja, a fosforilação da glicose no carbono 6; a fosfofrutocinase, que catalisa a reação 3, a conversão de frutose-6-fosfato em frutose-1,6-bifosfato; e, finalmente, a piruvato cinase, que catalisa a reação 10, a transformação de fosfoenolpiruvato em piruvato.

Essas enzimas sofrem inibição quando níveis de ATP estão elevados. A fosfofrutocinase, a principal enzima regulatória da glicólise, é inibida por ATP, citrato, e estimulada por AMP, frutose-2,6-bifosfato e outros bifosfatos. Os hormônios glucagon e insulina atuam nas enzimas regulatórias, causando, respectivamente, inibição e estimulação de sua síntese (Figura R13.1).

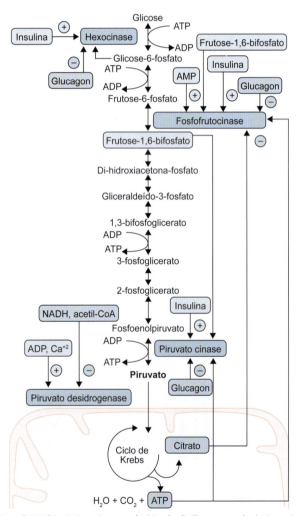

Figura R13.1 Principais enzimas regulatórias da glicólise e suas substâncias estimuladoras e inibidoras. Nota-se que o citrato, que pertence ao ciclo do ácido cítrico, atua regulando a velocidade da via glicolítica pela inibição alostérica da fosfofrutocinase. São mostrados ainda locais de regulação por parte dos hormônios glucagon e insulina.

Mecanismo de transferência de elétrons produzidos na glicólise para a cadeia

As lançadeiras são mecanismos que, além de colocarem elétrons para o interior mitocondrial, possibilitando sua utilização na cadeia respiratória, tornam possíveis a regeneração do NAD$^+$ e a continuidade da glicólise. As duas principais lançadeiras de elétrons são a lançadeira de glicerol-fosfato (Figura R13.2), mais presente em todos os tecidos e um mecanismo utilizado para regenerar de forma rápida o NAD$^+$ no cérebro e na musculatura esquelética, e a lançadeira malato-aspartato (Figura R13.3).

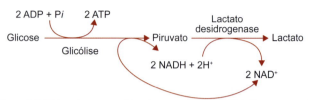

Figura R13.2 Mecanismo anaeróbico de regeneração do NAD$^+$. Nesse caso, o piruvato é convertido em lactato pela enzima lactato desidrogenase, que utiliza 2 NADH$^+$ 2 H$^+$ e dá origem a 2 NAD$^+$. A formação de 2 NAD$^+$ possibilita a continuidade da glicólise.

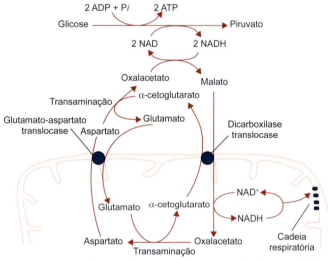

Figura R13.3 Lançadeira de malato-aspartato. O NADH produzido na via glicolítica reduz o oxalacetato a malato, que, por sua vez, internaliza a mitocôndria e é reoxidado a oxalacetato. O NADH mitocondrial doa elétrons para a cadeia respiratória, e cada NADH produz 2,5 ATP. O oxalacetato deve retornar ao citosol, porém não é capaz de ser transportado diretamente por uma translocase e, por essa razão, sofre reação de transaminação, sendo convertido em aspartato, o qual é transportado ao citosol onde, novamente, sofre transaminação, recompondo o oxalacetato.

Utilização da frutose e galactose na via glicolítica

A frutose pode entrar na glicólise por duas vias: a frutose-1-fosfato, no fígado; e a frutose-6-fosfato, em tecidos extra-hepáticos, como o tecido adiposo. Já a galactose é convertida em glicose-6-fosfato, processo que compreende quatro passos e culmina da glicose-1-fosfato em glicose-6-fosfato pela enzima fosfoglicomutase.

Glicólise no músculo esquelético em exercício

Durante o exercício, o músculo esquelético lança mão da obtenção de ATP por parte da glicólise em detrimento da fosforilação oxidativa, já que a oferta de oxigênio é limitada e a produção de piruvato excede a capacidade de sua metabolização pelo ciclo do ácido cítrico. Nessa situação, a enzima lactato desidrogenase (LDH) catalisa a oxidação do NADH pelo piruvato, produzindo assim NAD$^+$ e lactato. Alguns autores consideram essa reação o passo 11 da glicólise (Figura R13.4). O lactato produzido pelo músculo esquelético em exercício atua como substrato energético para outros tecidos, particularmente o músculo cardíaco, onde o lactato é novamente convertido em piruvato e subsequentemente metabolizado no ciclo do ácido cítrico. Outra via de metabolização do lactato produzido no tecido muscular em exercício é a via da gliconeogênese hepática, onde é convertido em piruvato pela gliconeogênese, a via de conversão de produtos não glicídicos em açúcares.

Capítulo 13 • Glicólise 229

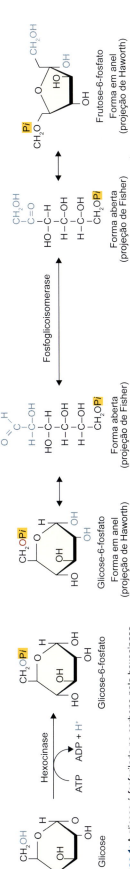

Passo 1: A glicose é fosforilada no carbono pela hexocinase. Essa reação gasta uma molécula de ATP. A carga negativa do fosfato impede que a glicose deixe a célula.

Passo 2: Rearranjo da estrutura, na qual um anel de pirano é convertido em um anel de furano. O oxigênio do grupo carbonila em C1 é movido para o carbono 2 dando origem a uma cetose em um açúcar que anteriormente era uma aldose.

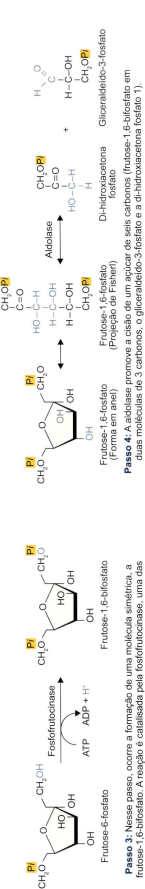

Passo 3: Nesse passo, ocorre a formação de uma molécula simétrica, a frutose-1,6-bifosfato. A reação é catalisada pela fosfofrutocinase, uma das enzimas-chave da via glicolítica. Ela fosforila o carbono 6 da frutose-1-fosfato.

Passo 4: A aldolase promove a cisão de um açúcar de seis carbonos (frutose-1,6-bifosfato em duas moléculas de 3 carbonos, o gliceraldeído-3-fosfato e a di-hidroxiacetona fosfato 1).

Passo 5: Para que a glicólise tenha rendimento líquido de 2 ATP, a molécula de di-hidroxiacetona fosfato deve ser convertida em gliceraldeído-3-fosfato, o que possibilita a continuidade da via.

Passo 6: Ocorre oxidação das duas moléculas de gliceraldeído-3-fosfato. A energia para essa oxidação advém do NADH e um novo anidrido fosfato é adicionado ao oxigênio do carbono 1.

Passo 8: Alteração do grupo fosfato do carbono 3 da molécula do 3-fosfoglicerato para o carbono 2 dando origem ao 2-fosfoglicerato. A alteração é possível pela baixa energia de hidrólise presente na ligação éster entre o grupo fosfato e o carbono 3 da molécula de 3-fosfoglicerato.

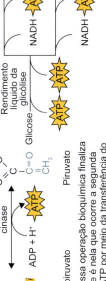

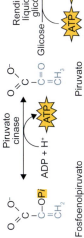

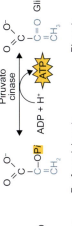

Passo 7: Nesse passo, ocorre a primeira formação de ATP. O grupo fosfato presente no carbono 1 do 1,3-bifosfoglicerato é transferido para a molécula do ADP, transformando-o em ATP.

Passo 9: A enolase promove desidratação do 2-fosfoglicerato, o que gera uma ligação de "alta energia" do grupo fosfato ligado ao oxigênio do carbono 2 do fosfoenolpiruvato.

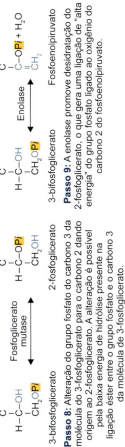

Passo 10: Essa operação bioquímica finaliza a glicólise e é nela que ocorre a segunda geração de ATP por meio da transferência do grupo fosfato do fosfoenolpiruvato para o ADP.

Figura R13.4. Os 10 passos da via glicolítica. As porções das moléculas que sofrem alterações químicas estão destacadas em azul.

Exercícios

1. Para que a glicose possa chegar às células e ser internalizada para, então, entrar na via glicolítica, é necessária a secreção de insulina por parte das células betapancreáticas. Explique os eventos intracelulares que ocorrem na célula beta para que aconteça a secreção de insulina.
2. Observe as afirmativas a seguir. No interior dos parênteses, encontram-se valores numéricos. Faça a soma das alternativas corretas.
   a) (1980) A enzima que converte glicose em glicose-6-fosfato denomina-se hexocinase.
   b) (1970) A glicólise é a única fonte de energia das células eucarióticas.
   c) (11) O elemento final da reação da glicólise é o piruvato, substância que não apresenta mais energia em suas ligações químicas.
   d) (24) A glicólise constitui um elo bioquímico e evolutivo entre microrganismos, como bactérias, e organismos mais complexos, como os seres humanos.
   e) (7) Durante o jejum, a glicólise e o ciclo de Krebs cessam e entra em ação a glicogenólise.
   f) (12) A fase inicial da glicólise produz duas moléculas de ATP, sendo chamada de fase de produção. Já nos passos subsequentes, esses ATP são utilizados para bombear elétrons para o ciclo do ácido cítrico.
3. Leia com atenção as afirmativas relacionadas com a glicólise e assinale a alternativa correta:
   I. A enzima aldolase converte frutose em gliceraldeído-3-fosfato e di-hidroxiacetona fosfato durante a glicólise.
   II. A primeira produção de ATP ocorre na conversão de 1,3-bifosfoglicerato em 3-fosfoglicerato.
   III. A segunda produção de ATP no ciclo glicolítico ocorre quando a frutose-6-fosfato é convertida em frutose-1,6-bifosfato.
   IV. A fosforilação da glicose por parte da hexocinase tem a função de impedir que a glicose deixe a célula, já que a molécula de fosfato impossibilita a extrusão da glicose para o meio extracelular.
   a) A afirmação I é a única incorreta.
   b) As afirmações I e III estão corretas.
   c) A afirmação III está correta, enquanto a IV está incorreta.
   d) Só existe uma afirmação correta.
   e) A afirmação III está incorreta.
4. Explique o que são os GLUT e suas funções.
5. Explique a metabolização da galactose e da frutose na via glicolítica.
6. Explique a mecanística da lançadeira de glicerol-fosfato.
7. Cite três pontos de controle da via glicolítica, bem como seus agentes estimuladores e inibidores.
8. Explique como o arsenato interfere no rendimento energético da glicose.
9. Explique como se processa a glicólise no músculo esquelético em exercício.
10. Faça um modelo esquemático da via glicolítica mostrando os locais de síntese e de consumo de ATP.

Respostas

1. O aumento plasmático de glicose deve ser acompanhado por secreção de insulina por parte das células betapancreáticas. As células têm a propriedade de captar glicose por meio do GLUT-2. No interior das células betapancreáticas, a glicose é transformada em ATP. Os elevados níveis intracelulares de ATP promovem fechamento dos canais de potássio e abertura dos canais de cálcio, possibilitando, assim, que o potássio não deixe a célula e que o cálcio extracelular entre na célula. O que ocorre é uma concentração de cargas positivas no meio intracelular (despolarização) que promovem a extrusão das vesículas que contêm insulina.
2. Soma: 2004.
3. Alternativa correta: *e*.
4. Os GLUT são proteínas transmembrânicas com várias isoformas em diferentes tipos celulares e apresentam 12 hélices transmembranares formadas de uma única cadeia peptídica com cerca de 500 resíduos de aminoácidos, tendo suas porções amino e carboxiterminal orientadas para o meio intracelular. Os GLUT podem transportar a glicose em fluxo bidirecional, de modo que é o gradiente de glicose que determina seu transporte para o meio intra ou extracelular.
5. A frutose pode entrar na glicólise por meio de duas vias: a via da frutose-1-fosfato, no fígado, e a via da frutose-6-fosfato, em tecidos extra-hepáticos, como o tecido adiposo. Já a galactose é convertida em glicose-6-fosfato, processo que compreende quatro passos e culmina na conversão da glicose-1-fosfato em glicose-6-fosfato pela enzima fosfoglicomutase.
6. A lançadeira de glicerol-fosfato, a mais presente em todos os tecidos, é um mecanismo utilizado para regenerar de maneira rápida o NAD^+ no cérebro e na musculatura esquelética. A enzima glicerol-fosfato-desidrogenase, que converte di-hidroxiacetona fosfato em glicerol, emprega NADH que é oxidado em NAD^+. O glicerol-3-fosfato é capaz de interagir com a membrana mitocondrial difundindo-se até a face externa da membrana mitocondrial interna, onde está presente outra enzima glicerol-fosfato-desidrogenase que contém FAD, e catalisa a regeneração da di-hidroxiacetona a partir do glicerol-3-fosfato. Nesse processo, o FAD da glicerol-3-fosfato desidrogenase remove dois elétrons do glicerol-3-fosfato e forma-se $FADH_2$ que, por sua vez, conduz esses dois elétrons à coenzima Q, elemento da cadeia respiratória, e a di-hidroxiacetona regenerada é, então, retornada ao citosol. Cada NADH oriundo do citosol produz 1,5 ATP na fosforilação oxidativa.
7. Os pontos de controle bastante relevantes da via glicolítica encontram-se no início e no final da via. No início da via, um importante ponto de controle é a enzima hexocinase, estimulada pela insulina e inibida por glucagon.
   Outro ponto importante de controle situado no início da via é a enzima fosfofrutocinase, que catalisa a reação de conversão de frutose-6-fosfato em frutose-1,6-bifosfato. Ela é estimulada por AMP, insulina e frutose-1,6-bifosfato. Essa enzima é inibida por glucagon, pelo citrato, um intermediário do ciclo do ácido cítrico, e por ATP e seu inibidor alostérico. No final da via, a enzima piruvatocinase é estimulada pela insulina e inibida por glucagon. Ela é responsável pela conversão de fosfoenolpiruvato em piruvato.
8. O arsenato não inibe propriamente a via glicolítica, interage com a enzima gliceraldeído-3-fosfato-desidrogenase de modo a formar um complexo com o grupo carboxila do 3-fosfoglicerato. O resultado é a formação de 1-arsenato-3-fosfoglicerato que, por sua instabilidade, se decompõe espontaneamente em 3-fosfoglicerato e arsenato. Assim, não ocorre a formação de 1,3-bifosfoglicerato e, consequentemente, duas moléculas de ATP não são formadas na etapa catalisada pela piruvatocinase. Desse modo, não há rendimento energético, pois são gastos 2 ATP para fosforilar os compostos iniciais (fase de investimento-estágio 1 da glicólise) e produzidos somente 2 ATP (estágio 2 da glicólise). O balanço líquido de ATP é, então, zero, o que torna a glicólise ineficiente do ponto de vista energético na presença de arsenato. O arsenato também interfere na formação de ATP na fosforilação oxidativa, onde atua como desacoplador. Esses efeitos mediados pelo arsenato no processo bioquímico de obtenção de energia o tornam um veneno.
9. Durante o exercício, o músculo esquelético lança mão da obtenção de ATP por parte da glicólise em detrimento da fosforilação oxidativa, já que a oferta de oxigênio é limitada e a produção de piruvato excede a capacidade de sua metabolização pelo ciclo do ácido cítrico. Nessa situação, a enzima lactato desidrogenase (LDH) catalisa a oxidação do NADH pelo piruvato originando,

assim, NAD⁺ e lactato. Alguns autores consideram essa reação o passo 11 da glicólise. O lactato é produzido pelo músculo esquelético em exercício e atua como substrato energético para outros tecidos, particularmente o músculo cardíaco, onde é novamente convertido em piruvato e subsequentemente metabolizado no ciclo do ácido cítrico. Outra via de metabolização do lactato produzido no tecido muscular em exercício é a via da gliconeogênese hepática, onde é convertido em piruvato por meio da gliconeogênese, a via de conversão de produtos não glicídicos em açúcares.

10.
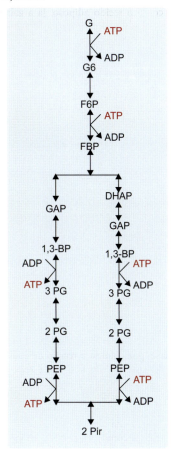

Referências bibliográficas

1. Machado UF. Transportadores de glicose. Arq Bras Endocrinol Metabol. 1998;42(6):413-21.
2. Maurício CRF, Mais RD, Queiroz SMV, Araújo MGM, Miranda RGC, Medeiros TMD. Deficiência de glicose-6-fosfato desidrogenase: dados de prevalência em pacientes atendidos no Hospital Universitário Onofre Lopes, Natal – RN. RBAC. 2006;38(1):57-9.
3. Sanpavat S, Kittikalayawong A, Nuchprayoon I, Ungbumnet W. The value of methemoglobin reduction test as a screening test for neonatal glucose-6-phosphate dehydrogenase deficiency. J Med Assoc Thai. 2001;84(suppl.1):S91-S98.

Bibliografia

Allaman I, Bélanger M, Magistretti PJ. Methylglyoxal, the dark side of glycolysis. Front Neurosci. 2015; 9:23.
Bar-Even A, Flamholz A, Noor E, Milo R. Rethinking glycolysis: on the biochemical logic of metabolic pathways. Nat Chem Biol. 2012; 8(6):509-17.
Dashty M. A quick look at biochemistry: carbohydrate metabolism. Clin Biochem. 2013; 46(15):1339-52.
Figueira CR, Maurício L, Maia RD, Queiroz SMV, Araújo MGM, Miranda RGC, Medeiros TMD. Deficiência de glicose-6-fosfato desidrogenase: dados de prevalência em pacientes atendidos no Hospital Universitário Onofre Lopes, Natal, RN. RBAC. 2006;38(1):57-9.
Heinrich R, Montero F, Klipp E, Waddell TG, Meléndez-Hevia E. Theoretical approaches to the evolutionary optimization of glycolysis: thermodynamic and kinetic constraints. Eur J Biochem. 1997;243(1-2):191-201.
Kasanick MA, Pilch PF. Regulation of glucose-transporter function. Diabetes Care. 1990;13:219-27.
Lenzen S. A fresh view of glycolysis and glucokinase regulation: history and current status. J Biol Chem. 2014;289(18):12189-94.
Lunt SY, Vander Heiden MG. Aerobic glycolysis: meeting the metabolic requirements of cell proliferation. Annu Rev Cell Dev Biol. 2011; 27:441-64.
Mueckler M, Caruso C, Baldwin AS, Panico M, Blench I, Morris HR et al. Sequence and structure of a human glucose transporter. Science. 1985;229:941-5.
TeSlaa T, Teitell MA. Techniques to monitor glycolysis. Methods Enzymol. 2014;542:91-114.
Thorens B, Sarkar HK, Kaback HR, Lodish HF. Cloningand functional expression in bacteria of a novel glucose transporter present in liver, intestine, kidney, and B-pancreatic islet cells. Cell. 1988; 55:281-90.
William J, Katiuscia B. Aerobic glycolysis: beyond proliferation. Front Immunol. 2015;15(6):227.

Ciclo do Ácido Cítrico

Introdução

O ciclo do ácido cítrico (CAC) ou ciclo do ácido tricarboxílico (CAT) é comumente conhecido como ciclo de Krebs em homenagem ao seu descobridor, Sir Hans Adolf Krebs (1900-1981), que, em 1953, foi laureado com o prêmio Nobel de Fisiologia ou Medicina. A nominação ciclo do ácido cítrico decorre do fato de que o ácido cítrico é o primeiro produto imediatamente originado na primeira reação. Já a denominação ciclo do ácido tricarboxílico foi proposta em razão das muitas moléculas envolvidas no ciclo, uma vez que são, na verdade, ácidos que apresentam três grupos carboxila, como no caso do próprio ácido cítrico. O CAT constitui um importante estágio no metabolismo das células aeróbicas e é o ponto comum no qual convergem o metabolismo oxidativo de carboidratos, aminoácidos e ácidos graxos para originar o acetilcoenzima A (acetil-CoA), molécula que adentra o CAT. O CAT apresenta oito estágios nos quais o composto oxalacetato sofre regeneração a cada volta no ciclo. O ciclo é anfibólico, ou seja, apresenta perfil anabólico e catabólico. De fato, o CAT produz precursores para a biossíntese de aminoácidos e ácidos graxos, por exemplo, mas esses compostos quando oxidados podem servir como combustível para o CAT. Todas as reações do CAT ocorrem na matriz mitocondrial; desse modo, todas as enzimas envolvidas em cada operação devem estar contidas nessa organela e todos os produtos do CAT ser consumidos na mitocôndria ou translocados para o citosol. O CAT dá sequência à glicólise, já que o piruvato produto final dessa via é conduzido para o meio intramitocondrial por meio de um translocador específico para ele. Uma vez na matriz mitocondrial, o piruvato é convertido em acetil-CoA pelo complexo multienzimático denominado piruvato desidrogenase.

O piruvato ainda "apresenta energia" em suas ligações químicas, e o propósito do CAT é extrair na forma de elétrons o potencial energético que a glicólise não foi capaz de fazê-lo. Assim, o CAT complementa o catabolismo da glicose que foi iniciado na glicólise.

Visão panorâmica do ciclo do ácido cítrico

O CAC (Figura 14.1) normalmente aceita átomos de carbono derivados de aminoácidos, ácidos graxos e carboidratos, formando acetilas que são lançadas na via por meio do acetil-CoA. Normalmente, essas acetilas são oriundas da conversão do piruvato (produto final da glicólise) em acetil-CoA, que inicia o ciclo transferindo seu grupo acetil para um componente com quatro átomos de carbono, o oxalacetato. A condensação de acetil-CoA e oxalacetato dá origem ao citrato (6C). Posteriormente, o citrato origina o isocitrato (5C). A desidrogenação do isocitrato libera a primeira molécula de gás carbônico (CO_2) do ciclo e origina o α-cetoglutarato (5C) que, subsequentemente, sofre descarboxilação oxidativa liberando a segunda e última molécula de CO_2 do ciclo. Os passos seguintes levam à formação do oxalacetato que iniciou o ciclo e, assim, o ciclo do ácido cítrico regenera a cada volta o oxalacetato de modo que ele possa teoricamente ser utilizado infinitas vezes para aceitar o grupo acetil da molécula do acetil-CoA. De fato, no meio intracelular a concentração dessa substância é baixa, indicando que ele deve reagir muitas vezes no ciclo.

O propósito da conversão de uma substância em outra no CAT é remover energia delas, retirada na forma de elétrons à medida que os elementos do ciclo sofrem oxidações sucessivas. Os elétrons removidos são depositados em reservatórios temporários, as moléculas de nicotinamida adenina dinucleotídeo (NAD^+) e flavina adenina dinucleotídeo (FAD). Essas moléculas são coenzimas que se convertem em sua forma reduzida (NADH e $FADH_2$) ao aceitarem esses elétrons. Posteriormente, as coenzimas reduzidas transferem esses elétrons à cadeia transportadora de elétrons, uma sequência de proteínas ancoradas à membrana mitocondrial interna. Esse potencial energético na forma de elétrons será utilizado para produzir ATP em uma operação intimamente relacionada com o CAT, a fosforilação oxidativa (Figura 14.2).

Origem do acetil-CoA

A molécula de coenzima A é capaz de aceitar grupos acetila dando origem ao acetil-CoA, que, posteriormente, lança os grupos acetila no CAC para condensar-se com o oxalacetato originando o citrato. A molécula de acetil-CoA pode ser produzida da metabolização dos três macronutrientes, carboidratos, lipídios e proteínas (Figura 14.1), além de poder ser originado acetato, oriundo da dieta ou mesmo do etanol. A glicose e outras oses, como a frutose, entram na via glicolítica e produzem piruvato que, em seu curso, é convertido em acetil-CoA por meio do complexo piruvato desidrogenase. Os aminoácidos alanina e serina também podem ser convertidos em piruvato, mas a grande maioria dos aminoácidos produz acetil-CoA no ciclo da ureia, que também ocorre na mitocôndria. A interação do ciclo da ureia com o CAC é comumente chamada de bicicleta de Krebs e será mais bem abordada no Capítulo 17 | Metabolismo do Nitrogênio dos Aminoácidos | Ciclo da Ureia. Os ácidos graxos podem produzir acetil-CoA quando participam do ciclo da betaoxidação (que também ocorre na matriz mitocondrial), via metabólica que inicia a

234 Bioquímica Clínica

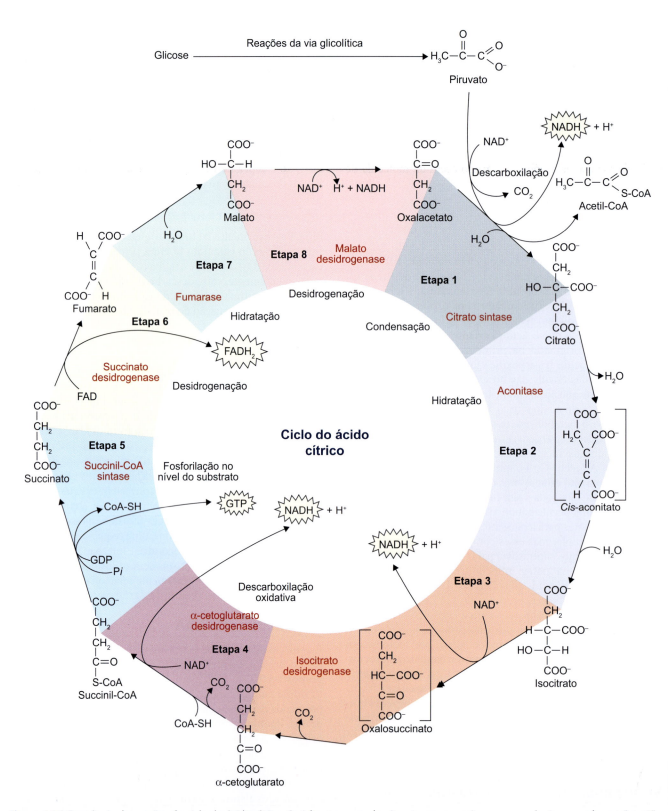

Figura 14.1 Sequência de reações do ciclo do ácido cítrico. O ciclo compreende oito etapas, as enzimas responsáveis por cada reação estão assinaladas em vermelho e a natureza da reação catalisada indicada próximo da enzima. As caixas com formas de estrelas indicam locais de armazenamento de energia. O NAH$_2$ e o FADH$_2$ transferirão essa energia na forma de elétrons para a cadeia transportadora de elétrons. O trifosfato de guanosina (GTP) formado ocorre em razão da fosforilação no nível do substrato e é energeticamente equivalente ao ATP; em alguns casos, pode-se formar ATP em vez do GTP, o que depende de qual das isoenzimas da succinil-CoA sintetase atuará na reação. Os átomos marcados em azul nas fórmulas estruturais são oriundos do acetato do acetil-CoA na primeira volta do ciclo. Esses carbonos não são liberados como CO$_2$ na primeira volta do ciclo. Esses átomos de carbono não podem mais ser identificados no succinato e no fumarato, visto que essas substâncias apresentam moléculas simétricas de modo que C1 é indistinguível de C3 e C4.

oxidação de ácidos graxos do carbono beta, daí seu nome. A cada volta no ciclo da betaoxidação, dois átomos de carbono deixam o ciclo na forma de acetil-CoA e podem ser utilizados pelo CAC. Assim, o organismo busca conduzir a oxidação dos substratos energéticos para que estes possam suprir o CAC, o que demonstra sua relevância no metabolismo celular.

Conversão do piruvato em acetil-CoA

Trata-se de uma conversão que une a glicólise ao CAC, ou seja, estabelece um elo entre a via anaeróbica do processamento da glicose e a via aeróbica. O grupo acetil da molécula de acetil-CoA é a forma pela qual a maior parte dos combustíveis oriundos das oxidações de ácidos graxos, aminoácidos e carboidratos tem acesso ao CAT. Para a reação de formação do acetil-CoA, o piruvato é inicialmente transportado do citosol (onde é produzido ao final da glicólise) para o interior da mitocôndria. Esse deslocamento do piruvato do citosol para a matriz mitocondrial ocorre em duas fases: inicialmente, o piruvato atravessa a membrana mitocondrial externa por meio de canais existentes na membrana mitocondrial externa, chamados porinas. As porinas estão relacionadas com o transporte de água por meio de membranas biológicas e o piruvato é capaz de interagir com elas se deslocando para o espaço intermembranar mitocondrial. Contudo, do espaço

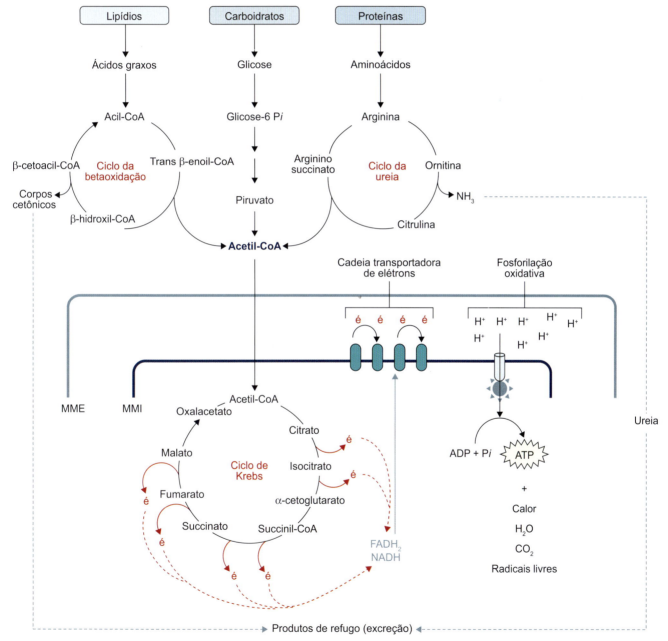

Figura 14.2 Origem do acetil-CoA. A molécula de acetil-CoA pode advir da oxidação de lipídios e proteínas, contudo a via mais comum é aquela em que a glicose é transformada em piruvato durante a glicólise e, posteriormente, o piruvato convertido em acetil-CoA por meio do complexo piruvato desidrogenase. O esquema mostra ainda o ciclo do ácido cítrico (ciclo de Krebs) como um eficiente modo de remover elétrons das substâncias que dele participam em oxidações sucessivas. Tais elétrons são utilizados na fosforilação oxidativa para produzir ATP. Nota-se que, além de ATP, a mitocôndria origina radicais livres decorrentes de falha na acepção de elétrons por parte do O_2. MMI: membrana mitocondrial interna; MME: membrana mitocondrial externa.

intermembranar para a matriz mitocondrial, o transporte do piruvato é realizado pela piruvato translocase, uma proteína situada na membrana mitocondrial interna capaz de translocar o piruvato para o meio intramitocondrial por meio de um transporte do tipo simporte. Nesse processo, o piruvato ganha a matriz mitocondrial em troca do H^+, que é transportado do espaço intermembranar para a matriz (Figura 14.3).

Já na matriz mitocondrial, o piruvato, produto final da glicólise, sofre descarboxilação oxidativa por parte de um complexo multienzimático chamado complexo da piruvato desidrogenase (CPD). Trata-se de uma reação irreversível e altamente exergônica ($\Delta G^{o\prime}$ $-8,0$ kcal mol^{-1}) na qual o grupo carboxila é removido dando origem ao CO_2 e os dois carbonos restantes dão origem ao grupo acetil que se liga ao grupo SH da molécula de acetil-CoA, sendo, então, designada CoA-SH (Figura 14.4). Nessa reação, o NADH formado doa seus elétrons à cadeia transportadora de elétrons. Esses são o primeiro par de elétrons obtido no ciclo de Krebs.

Particularidades do complexo piruvato desidrogenase

A piruvato desidrogenase é um complexo enzimático, ou seja, uma unidade formada por mais de uma enzima capaz de executar uma sequência de reações que envolvem várias etapas de forma precisa e eficiente. No complexo multienzimático, isso é possível porque o produto de uma enzima é o substrato da enzima subsequente. Nesse processo, o substrato não se difunde para longe do agregado enzimático e também não reage com outras substâncias. No caso do CPD, esse mecanismo de agregados enzimáticos que formam o complexo da piruvato desidrogenase impede o grupo acetil ativado de se desviar para outras rotas metabólicas que também utilizam esse grupo como substrato. O complexo piruvato desidrogenase é formado por três enzimas distintas, denominadas E1 (piruvato desidrogenase), E2 (diidrolipoil transacetilase) e E3 (diidrolipoil desidrogenase). Essas enzimas associam-se de forma não covalente a cinco diferentes coenzimas essenciais para a plena atividade do complexo. A Tabela 14.1 apresenta algumas propriedades de cada enzima e indica seus cofatores específicos.

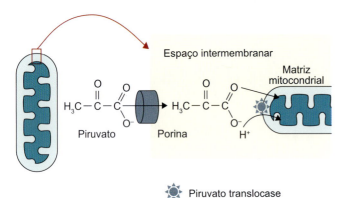

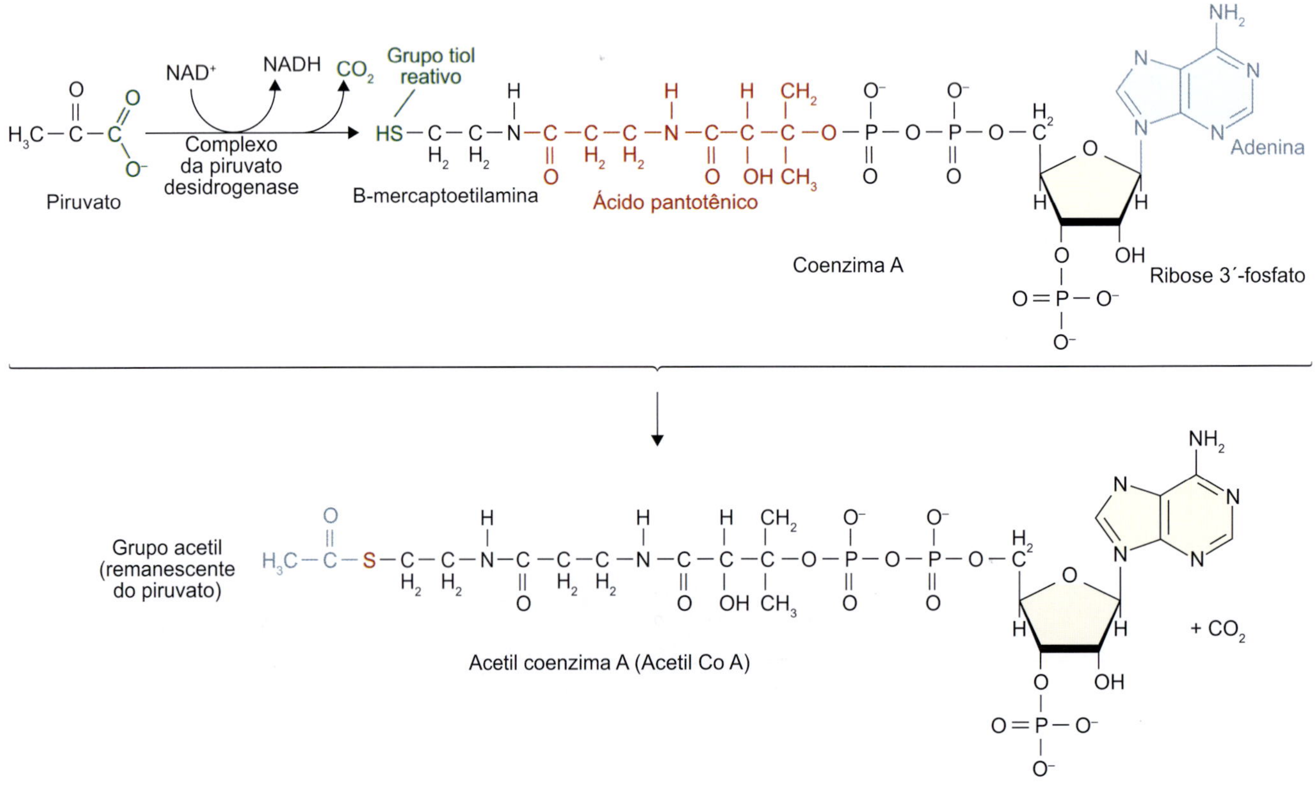

Figura 14.3 Transporte do piruvato do citosol para a matriz mitocondrial. Inicialmente, o piruvato atravessa a membrana mitocondrial externa por meio de porinas, situando-se no espaço intermembranar. Do espaço intermembranar para a matriz, uma proteína denominada piruvato translocase exerce o transporte do piruvato.

Figura 14.4 Formação do acetil-CoA a partir da descarboxilação do piruvato por meio do complexo piruvato desidrogenase. O grupo carboxila do piruvato, marcado em verde, reage com o grupo tiol da coenzima A. Na reação, o grupo carboxila do piruvato é removido na forma de CO_2. Os carbonos remanescentes do piruvato ligam-se ao grupo -SH da coenzima A formando uma ligação tioéster. O NADH formado nessa reação encaminha um par de elétrons para a cadeia transportadora de elétrons.

Capítulo 14 • Ciclo do Ácido Cítrico

Tabela 14.1 Enzimas pertencentes ao complexo da piruvato desidrogenase.

Enzima do complexo	Cofator(es)	Nº de cadeias	Reação catalisada
Pirofosfatodesidrogenase (E1)	Tiamina pirofosfato/Mg^{+2}	24	Descarboxilação oxidativa do piruvato
Diidrolipoil transacetilase (E2)	Lipoamida	24	Transferência do grupo acetil para a molécula de coenzima A
Diidrolipoil desidrogenase (E3)	FAD	12	Restauração da forma oxidada da lipoamida

Passo 1. A enzima E1, primeiro componente do complexo piruvato desidrogenase, é um heterotetrâmero com dois sítios ativos formado por duas subunidades α e duas subunidades β com massa molecular de 154 kDa (Figura 14.5), apresentando tiamina pirofosfato e magnésio como cofatores. Sua função no complexo é catalisar a reação de descarboxilação do piruvato; para tanto, dispõe da tiamina pirofosfato (TPP) como cofator. A tiamina pirofosfato é utilizada para clivar a ligação Cα-C (=O) da molécula do piruvato produzindo o CO_2 (em azul). Assim, o grupo carboxila da molécula do piruvato é removido na forma de CO_2, o segundo carbono da molécula do piruvato interage com a tiamina pirofosfato (TPP), formando o hidroxietil pirofosfato. Este passo é o mais lento de todo o processo catalisado pelo CPD.

Passo 2. A enzima E2 do complexo piruvato desidrogenase apresenta a lipoamida como cofator. A lipoamida é formada por uma molécula de ácido lipoico em ligação amida com um resíduo de lisina do centro catalítico de E2. Na reação, ocorre transferência do grupo hidroxietil da molécula de hodroxietil tiamina pirofosfato para a E2. A molécula que aceita o grupo hidroxietil é a lipoamida e, no processo, a tiamina pirofosfato, cofator de E1, sofre regeneração ao mesmo tempo que o grupo hidroxietil sofre oxidação, passando, então, a um grupo acetil. A reação de oxidação libera dois elétrons que reduzem a ligação –S–S– da lipoamida –SH (Figura 14.6).

Passo 3. Ocorre a transferência do grupo acetil para a coenzima A, convertendo-a em acetil-CoA, e a enzima envolvida nessa reação é a E2 (Figura 14.7).

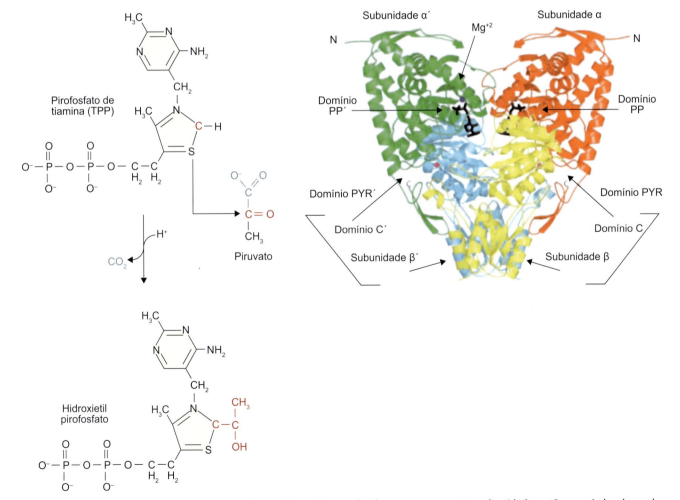

Figura 14.5 Estrutura da enzima E1 componente do complexo piruvato desidrogenase – as quatro subunidades estão arranjadas de modo a formar um tetrâmero indicado pelas cores vermelho, verde, amarelo e azul. A molécula apresenta duas fendas em um eixo simétrico que relaciona as subunidades α com α' e β com β'. Duas moléculas de tiamina pirofosfato (cofator) são mostradas em preto e um dos dois íons Mg^{+2} que fazem parte da enzima é mostrado como uma esfera azul, o segundo íon não pode ser visto na figura. As esferas em magenta representam dois íons potássio. As localizações dos seis domínios que formam a E1, PP, PP', PYR, PYR', C e C', distribuídos ao longo das subunidades alfa e beta, estão indicadas por setas.

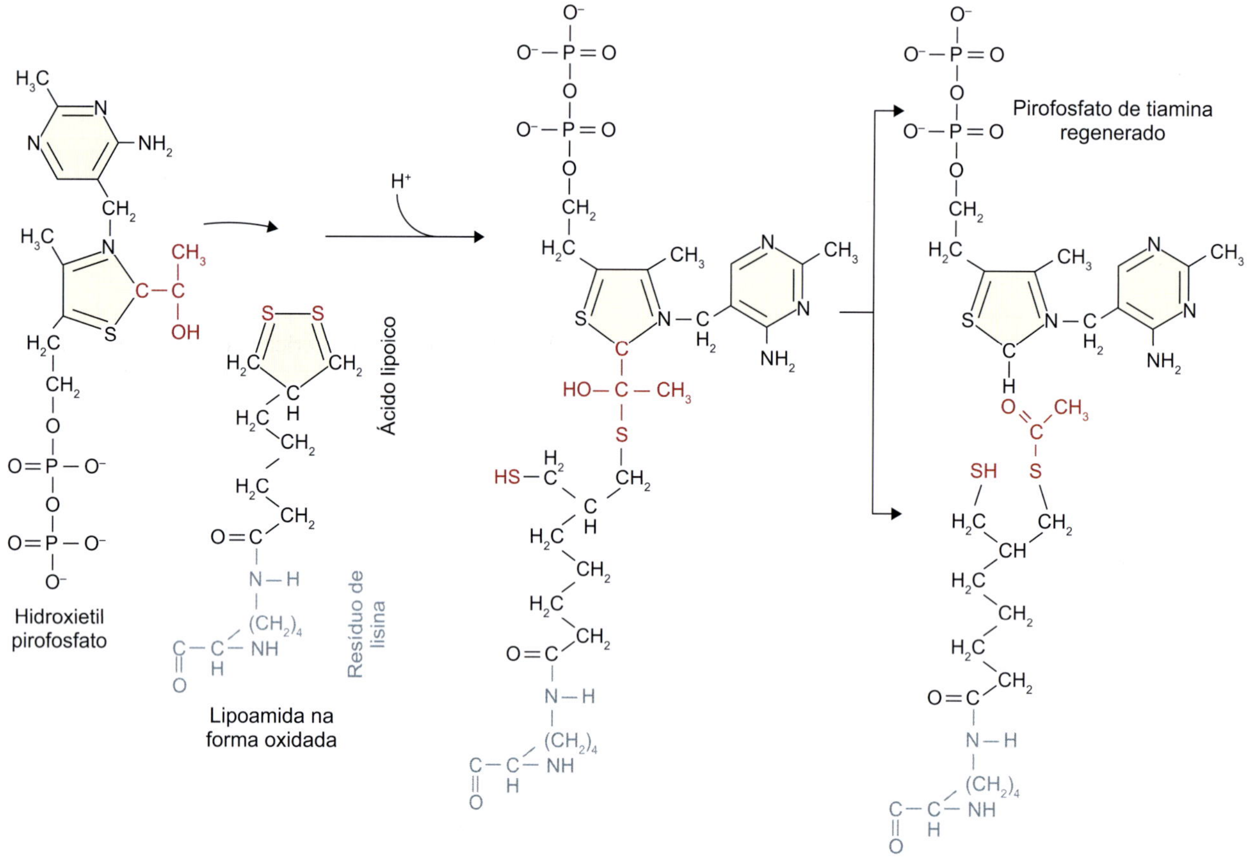

Figura 14.6 Passo 2.

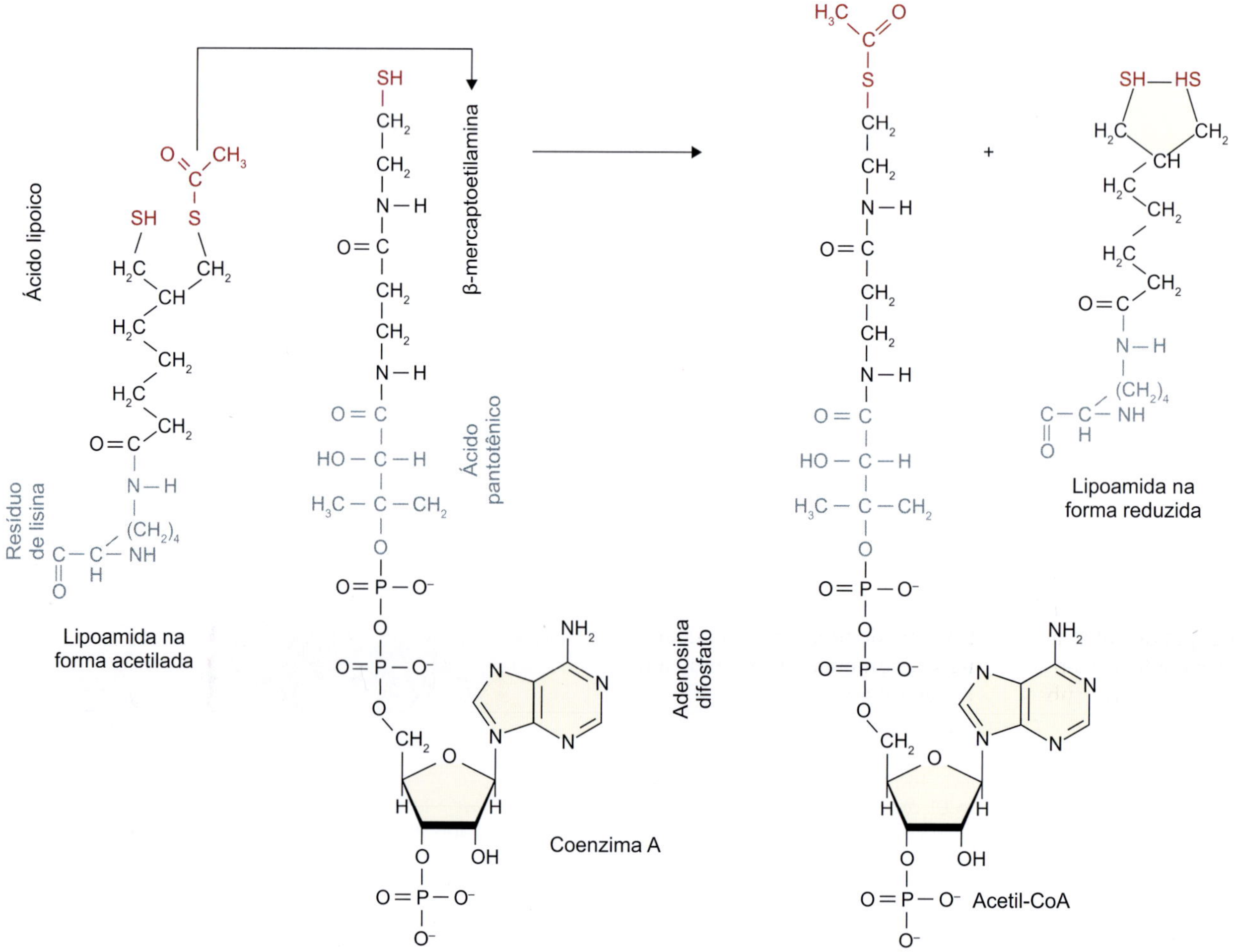

Figura 14.7 Passo 3.

Passo 4. E3 transfere dois átomos de hidrogênio dos grupos lipoil de E2 que sofreram redução para o FAD, cofator de E3, restaurando a forma oxidada da lipoamida e convertendo FAD em FADH$_2$ (Figura 14.8).

Passo 5. O FADH$_2$ em E3 transfere um íon hidreto para o NAD$^+$, dando origem ao NADH, que, por sua vez, encaminha esses elétrons para a cadeia transportadora de elétrons. A conversão de piruvato em acetil-CoA é altamente exergônica ($\Delta G^{o\prime}$ –8,01 kcal mol^{-1}; Figura 14.9).

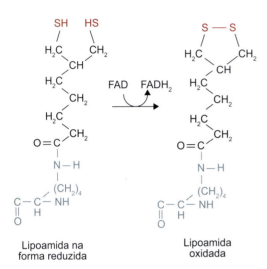

Figura 14.8 Passo 4.

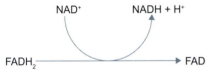

Figura 14.9 Passo 5.

Regulação da atividade da piruvato desidrogenase

O complexo da piruvato desidrogenase é um importante ponto de regulação do CAC. O complexo é alostericamente regulado, o que significa que a regulação ocorre por modificações não covalentes. Esse tipo de regulação pode ser encontrado em quase todas as vias metabólicas geralmente catalisando uma reação irreversível localizada no início da via; de fato, a conversão de piruvato em acetil-CoA inicia a via do ácido cítrico. As enzimas alostéricas são oligoméricas, ou seja, compostas de várias cadeias polipeptídicas, cada uma com um sítio ativo. A ligação do substrato ao sítio ativo de uma das subunidades afeta a conformação das demais subunidades, facilitando a ligação dos outros substratos a sítios ativos.

Enzimas alostéricas são reguladas por metabólitos produzidos pelas células, que, nesse caso, recebem a denominação de reguladores alostéricos, podendo atuar estimulando a atividade dessas enzimas (reguladores alostéricos positivos) ou reduzi-las (reguladores alostéricos negativos). Por meio desse mecanismo, as enzimas alostéricas participam da regulação precisa do metabolismo. Os principais moduladores alostéricos da piruvato desidrogenase estão elencados na Tabela 14.2.

Tabela 14.2 Principais reguladores alostéricos do complexo piruvato desidrogenase.

Ativadores alostéricos	Inibidores alostéricos
Coenzima A	ATP
NAD$^+$	NADH
AMP	Acetil-CoA
Ca^{+2}	Piruvato

Além da regulação alostérica, o complexo sofre regulação por fosforilação, que é modulada via hormonal. A enzima piruvato desidrogenase cinase (PDC) apresenta quatro isoformas, situa-se na mitocôndria e inibe a atividade do CPD por inserir um grupo fosfato oriundo do ATP em uma hidroxila de um resíduo específico de serina situado em E1, essa fosforilação é suficiente para inibir mais de 99% da atividade de E1. A PDC é inibida por aumento dos níveis de difosfato de adenosina (ADP) e piruvato, o que ocorre, por exemplo, em condições de alta taxa metabólica por parte da célula. O processo inverso, ou seja, a ativação da enzima, dá-se por meio de uma fosforilase, CPD-fosforilase, que remove o grupo fosfato de E1 possibilitando que o complexo possa exercer a conversão do piruvato em acetil-CoA.

Etapas do ciclo do ácido cítrico

O piruvato produzido na glicólise ainda contém bastante poder redutor, o que pode ser constatado verificando-se o estado de oxidação de cada um dos seus carbonos e comparando-o ao estado de oxidação do carbono no CO$_2$. A mitocôndria atua, portanto, como uma máquina capaz de extrair essa energia da molécula do piruvato, e, para tanto, segue-se uma sequência de oito reações oxidativas nas quais a energia é retirada do piruvato na forma de elétrons. Essas oito reações compõem as etapas do CAC.

Etapa 1 | Condensação do grupo acetila do acetil-CoA como oxalacetato

A primeira reação do CAC é a condensação do acetil-CoA com a molécula de oxalacetato (4C) para originar citrato (6C) e CoA livre. Essa reação é mediada pela citrato sintase (Figura 14.10), uma enzima dimérica, sendo irreversível e altamente

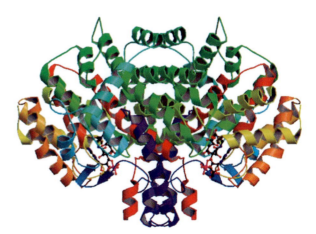

Figura 14.10 Estrutura espacial da citrato sintase. Enzima que catalisa a condensação do grupo acetila do acetil-CoA com a molécula de oxalacetato para formar citrato. Código PDB: 5CTS.

exergônica ($\Delta G^{o\prime}$ –7,8 kcal mol^{-1}). Essa energia é decorrente da cisão do acetil-CoA que, por ser um tioéster, libera grande quantidade de energia, visto que os tioésteres são considerados "compostos de alta energia". No CAC, a reação fortemente exergônica da clivagem de acetil-CoA por parte da citrato sintase atua no impulsionamento do ciclo para a direita. Um segundo momento do ciclo no qual ocorre cisão de uma molécula de tioéster se dá na quebra de succinil-CoA por parte da succinatotiocinase, momento em que a energia liberada é utilizada para a formação de outro composto de alta energia ATP ou GTP.

A grande quantidade de energia presente nas ligações tioésteres, como no caso do acetil-CoA, decorre de uma característica específica dessas ligações. A ligação tioéster se distingue de uma ligação éster típica porque o átomo de enxofre não compartilha elétrons, como faz o oxigênio, em vez disso, produz formas ressonantes. As consequências desse perfil eletrônico dos tioésteres é que o carbono carbonílico, o carbono α, e o carbono β do grupo acila em uma molécula de tioéster podem formar diferentes tipos de reações, como ocorre na reação mediada pela citrato sintase. Nessa etapa, o grupo metil do carbono α sofre ativação por meio da condensação com o oxalacetato (Figura 14.11).

Etapa 2 | Isomerização do citrato em isocitrato

A enzima aconitase (Figura 14.12) realiza a isomerização reversível de citrato (um composto aquiral) em isocitrato (um composto quiral). Na reação, ocorre a formação de um intermediário chamado cis-aconitato, um ácido tricarboxílico que não se dissocia do sítio ativo enzimático até que a reação se complete (Figura 14.13). A aconitase é uma hidratase capaz de adicionar água à reação, ou removê-la, daí a reação citrato-isocitrato ser reversível. A aconitase apresenta um centro ferro-enxofre (Figura 14.14) que participa tanto na interação do substrato no sítio ativo quanto na remoção de água durante a reação.

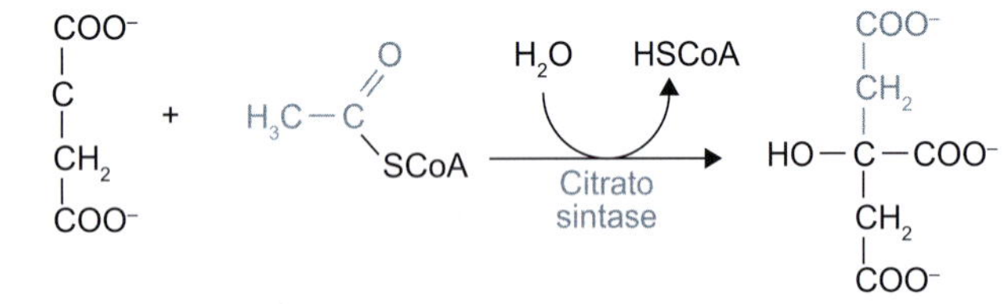

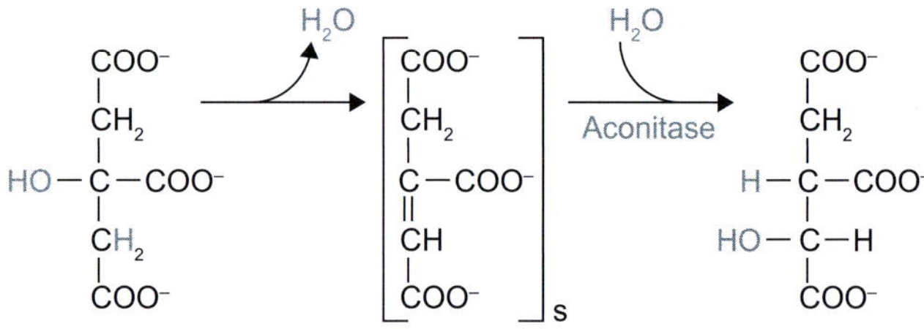

Figura 14.13 Isomerização do citrato a isocitrato. Durante a reação, há a formação de um composto intermediário, o cis aconitato, que permanece unido ao sítio ativo da aconitase até o fim da reação.

Bioclínica

O fluoracetato de sódio (FCH$_2$–COO–Na) pode atuar como poderoso inibidor da aconitase. Trata-se de um sal quimicamente estável em razão de sua ligação forte entre os átomos de carbono e flúor. É também conhecido como composto 1080, tendo sido primeiro sintetizado nos EUA na década de 1940, cujo principal objetivo era combater os ataques de roedores nas instalações do exército. Por ser hidrossolúvel, insípido e inodoro, pode ser misturado a qualquer isca. Essas mesmas propriedades, associadas ao fato de que o composto 1080 é altamente tóxico para outras espécies de animais além do rato e, sobretudo, por ser um agente de difícil detecção química, tornaram-no proibido em muitos países desde 1972 e no Brasil desde 1982.

O fluoracetato pode ainda ser encontrado em várias plantas venenosas, como na *Palicourea marcgravii*, na *Arrabidaea bilabiata* e na *Mascagnia rigida,* todas pertencentes à flora brasileira, na *Dichapetalum cymosum* (Sul da África), na *Acacia georginae*, na *Oxylobium parviflorume* na *Gastrolobium grandiflorum* (Austrália). O mecanismo de ação do fluoracetato envolve sua reação com a coenzima A, formando o fluoracetil-CoA na presença de ATP. Posteriormente, ao condensar-se com o oxalacetato, dá origem ao fluorocitrato, que atua como inibidor da aconitase, responsável pela reação de conversão de citrato em isocitrato. Consequentemente, ocorre o bloqueio do ciclo do ácido cítrico, com séria queda na síntese de ATP, acúmulo de citrato e lactato, resultando em acidose metabólica. O bloqueio do ciclo do ácido cítrico pelo fluoracetato interfere ainda na síntese hepática de acetoacetato, conduzindo redução de acetoacetato por parte dos tecidos extra-hepáticos. O resultado é que ceto-compostos acumulam-se no plasma e são excretados por via urinária. De modo geral, a intoxicação por fluoracetato desencadeia fibrilação cardíaca, além de interferir na função gastrintestinal e respiratória.

Figura 14.11 Ativação do grupo metil do carbono.

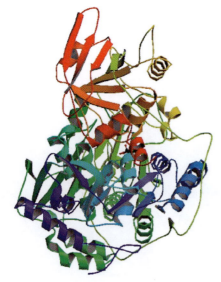

Figura 14.12 Estrutura da aconitase, a segunda enzima ciclo do ácido cítrico, que catalisa a conversão de citrato em isocitrato e é dependente de Fe^{+2}. Código PDB: 1ami.

Etapa 3 | Descarboxilação oxidativa do isocitrato para formar α-cetoglutarato

A enzima isocitrato desidrogenase catalisa a reação de descarboxilação do isocitrato, formando CO$_2$ e α-cetoglutarato. A isocitrato desidrogenase necessita de Mn^{+2} como cofator (Figura 14.15), cuja função é estabilizar o intermediário oxalosuccinato formado temporariamente na reação. A reação

Capítulo 14 • Ciclo do Ácido Cítrico 241

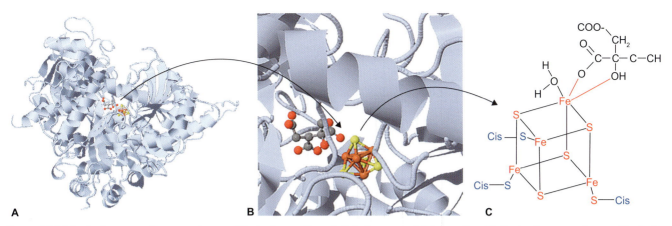

Figura 14.14 Centro ferro-enxofre presente na molécula de aconitase. **A.** Estrutura espacial da aconitase. **B.** Centro ferro-enxofre e molécula do citrato no sítio ativo da aconitase. **C.** Representação da interação química entre o centro ferro-enxofre e o citrato. O centro ferro-enxofre está representado em vermelho, os resíduos de cisteína em azul e representam a porção enzimática. Os resíduos de cistina ocupam três átomos de ferro deixando o quarto átomo de ferro para interagir com um grupo carboxila da molécula de citrato e, ao mesmo tempo e de forma não covalente, com um grupo hidroxila.

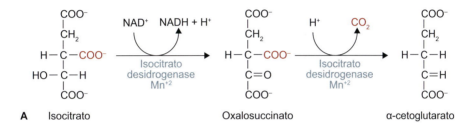

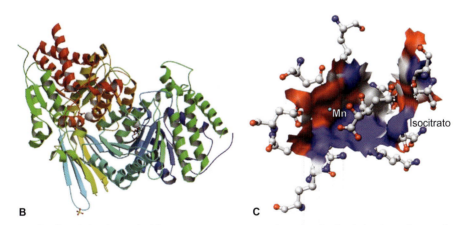

Figura 14.15 A. Reação catalisada pela isocitrato desidrogenase, que promove descarboxilação do isocitrato formando α-cetoglutarato. O oxalosuccinato é intermediário na reação. **B.** Estrutura espacial da isocitrato desidrogenase de mitocôndrias cardíacas de suínos. A esfera ao centro representa o Mn+2. Código PDB: 1IWD. **C.** Sítio ativo da enzima mostrando o manganês (pequena esfera azul) e o isocitrato (ao centro).

de catálise de isocitrato em α-cetoglutarato é um importante ponto de controle do ciclo, pois a isocitrato desidrogenase é uma enzima alostérica e sofre inibição por ATP e NADH e ativação por ADP e NAD+. Durante a reação, o oxalosuccinato não abandona o sítio enzimático; na verdade, a catálise pode ser dividida em dois passos: primeiro ocorre a oxidação do isocitrato em oxalosuccinato que, como referido, não deixa o sítio enzimático; e, posteriormente, se processa a descarboxilação do oxalosuccinato produzindo finalmente α-cetoglutarato e CO$_2$. Nessa etapa do ciclo, ocorre a formação de NADH: o par de elétrons perdido na oxidação do isocitrato é imediatamente aceito pelo NAD+ formando, então, NADH.

Etapa 4 | Oxidação do α-cetoglutarato em succinil-CoA

Ocorre a segunda descarboxilação oxidativa. Nesse processo, o α-cetoglutarato é convertido em succinil-CoA com a formação de CO$_2$. Nessa fase, a energia decorrente da oxidação do α-cetoglutarato é conservada pela formação de uma ligação tioéster do succinil-CoA. Como visto anteriormente, as ligações tioéster são "de alta energia". A reação é catalisada por um sistema multienzimático denominado complexo α-cetoglutarato desidrogenase (Figura 14.16), que compreende três enzimas, de modo similar ao complexo da piruvato

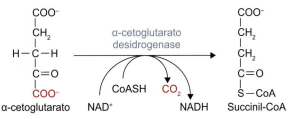

Figura 14.16 Reação catalisada pelo complexo enzimático α-cetoglutarato desidrogenase, que converte α-cetoglutarato em succinil-CoA. Essa operação libera a segunda molécula de CO_2 do ciclo.

desidrogenase, compartilhando ainda os mesmos cofatores enzimáticos, tiamina pirofosfato (TPP), FAD, ácido lipoico e Mg^{+2}. Por esse motivo, especula-se que o complexo da piruvato desidrogenase e o complexo do α-cetoglutarato desidrogenase originaram-se de uma molécula ancestral comum. Nota-se que é a segunda molécula de CO_2 que o ciclo libera. Esse CO_2 não é oriundo do acetil-CoA, mas sim do oxalacetato ao qual o acetil-CoA foi condensado. Por sua vez, os carbonos do grupo acetil serão incorporados à molécula do oxalacetato fazendo parte dela, lembrando que o ciclo é uma regeneração do oxalacetato e o acetil, de maneira bastante indireta, está presente nas moléculas de CO_2 do ciclo (Figura 14.17). Assim como a piruvato desidrogenase, o complexo do α-cetoglutarato desidrogenase é também um ponto de regulação do ciclo. A remoção do CO_2 e o perfil altamente exergônico da reação ($\Delta G°'$ –8,0 kcal mol^{-1}) a tornam irreversível *in vivo*.

Etapa 5 | Síntese do succinato

Refere-se à clivagem do succinil-CoA produzindo succinato e CoA-SH. A formação do succinato quebra o padrão de síntese de compostos quirais que vinha ocorrendo até então no ciclo; o succinato é, portanto, um composto aquiral. De fato, a introdução de uma dupla ligação na molécula do succinato

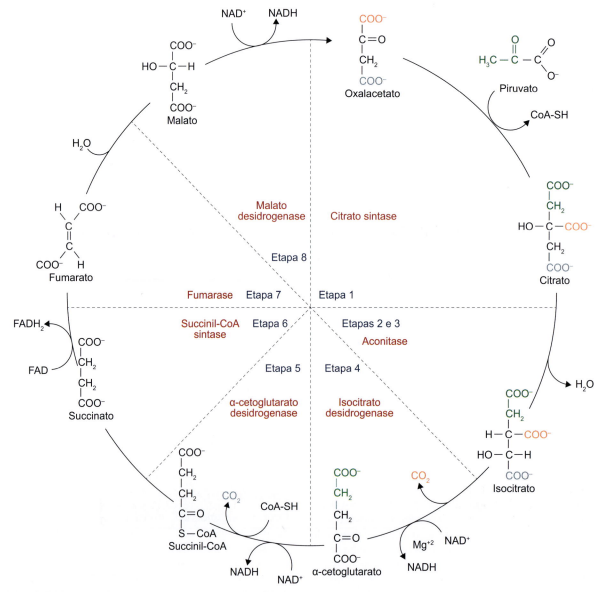

Figura 14.17 Destinos dos átomos de carbono no ciclo do ácido cítrico. Os átomos de carbono perdidos na forma de CO_2 no ciclo não são os mesmos que adentram o ciclo na forma de grupos acetil oriundos do acetil-CoA. Nota-se que os átomos oriundos do acetil se conservam (verde). O CO_2 liberado decorre de átomos oriundos do oxalacetato (laranja e azul). A etapa 2 compreende a formação de um intermediário, o *cis*-aconitato, dando origem à etapa 3 (ver Figura 14.2), suprimida nesse esquema.

cria a possibilidade de formação de distintos isômeros. A enzima que realiza essa operação é a succinil-CoA sintetase ou succinato tiocinase (Figura 14.18). O succinil-CoA, assim como o acetil-CoA, é um tioéster, e a cisão de tioésteres libera uma grande quantidade de energia livre padrão, que, no caso do succinil-CoA, é $\Delta G^{o\prime}$ –8,0 kcal mol^{-1}. Nessa etapa do ciclo, ocorre ainda a formação de uma molécula de GTP ou de ATP (dependendo da isoforma da succinil-CoA sintetase). De fato, as células animais dispõem de duas isoformas de succinil-CoA sintetase, uma específica para ADP e outra para difosfato de guanosina (GDP). A formação do ATP pode também ocorrer do GTP já formado. Esse processo é realizado pela enzima nucleosídeo difosfato cinase, que transfere um grupo fosfato da molécula de GTP para o ADP, resultando em ATP+GDP. A fosforilação desses nucleosídeos difosfatos ocorre porque o sítio ativo da succinil-CoA sintetase é capaz de sofrer fosforilação e, posteriormente, transferir esse grupo fosfato do resíduo ao nucleosídeo difosfato. A formação de um nucleosídeo trifosfato (ATP ou GTP) denomina-se fosforilação no nível do substrato. Essa designação é utilizada para tornar esse processo distinto daquele que envolve a produção de ATP na fosforilação oxidativa. A produção dessa molécula de ATP ou GTP é o único momento em que o ciclo do ácido cítrico produz um nucleosídeo trifosfato, porque o local de produção dessas moléculas é a fosforilação oxidativa. A produção de ATP ou GTP indica que a energia da cisão do succinil-CoA foi conservada, visto que ATP e GTP são energeticamente equivalentes.

Etapa 6 | Síntese do fumarato

As reações 6, 7 e 8 têm como propósito chegar à formação do composto que deu início ao ciclo, o oxalacetato. Na etapa 6, especificamente o succinato originado na etapa 5 sofre conversão em fumarato (Figura 14.19) por meio da enzima succinato desidrogenase (Figura 14.20). A succinato desidrogenase é a única enzima do CAC que se encontra ancorada na membrana mitocondrial interna e catalisa a reação reversível de desidrogenação do succinato. A reação requer o grupo prostético FAD (em vez do NAD), que atua como aceptor de elétrons sendo transformado em FADH. Em decorrência da presença desse grupo prostético fortemente unido de forma covalente à enzima succinato desidrogenase, ela é chamada de flavoproteína (por causa da flavina presente na molécula do FAD). A análise global da reação mostra que o FAD sofre redução a FADH$_2$, enquanto o succinato é oxidado em fumarato. Posteriormente, o FADH$_2$, tal como o NADH$^+$, transfere seus elétrons para a cadeia transportadora de elétrons, colaborando para a formação do gradiente eletrônico no espaço intermembranar, que

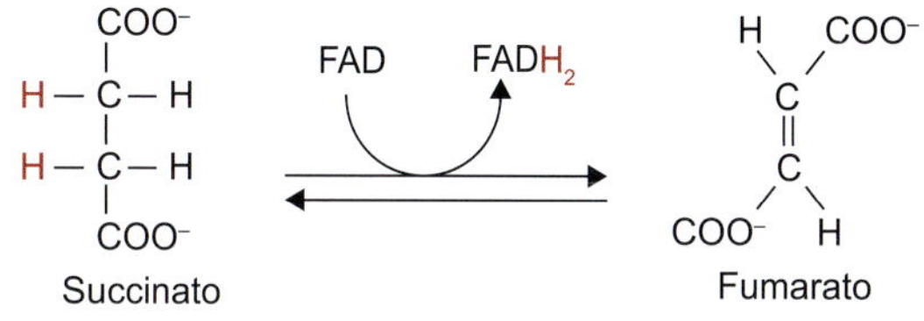

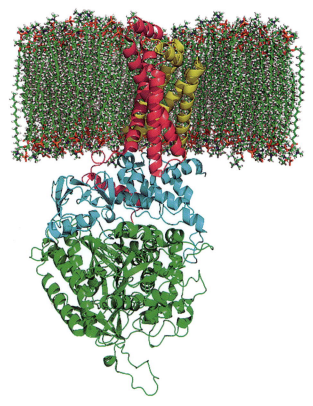

Figura 14.19 Etapa 6 do ciclo do ácido cítrico. A enzima succinato desidrogenase é a única enzima do ciclo do ácido cítrico que está fixada à membrana mitocondrial interna e catalisa a reação que converte succinato em fumarato.

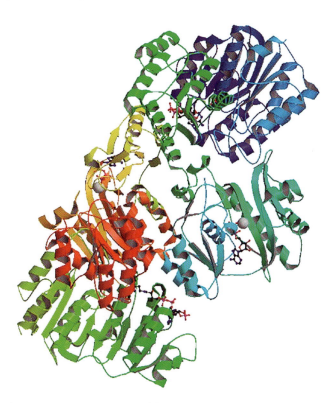

Figura 14.18 Estrutura espacial da enzima succinil-CoA sintetase de *E. coli*. O succinil-CoA liga-se ao sítio ativo da enzima e sofre cisão na presença de um grupo fosfato, originando um intermediário succinilfosfato e CoA-SH. Subsequentemente, o succinil fosfato transfere o grupo fosfato para um resíduo de histidina presente no sítio ativo enzimático e, posteriormente, a enzima desloca esse grupo fosfato do resíduo de histidina para uma molécula de GDP ou ADP, produzindo GTP ou ATP.

Figura 14.20 Estrutura da enzima succinato desidrogenase, a única enzima do ciclo do ácido cítrico que se situa ancorada à membrana mitocondrial interna. Código PDB: 1YQ3.

depois será utilizado na síntese da molécula do ATP. Os elétrons oriundos do FADH$_2$ dão origem a 1,5 ATP, em vez de 2,5 ATP, como é o caso do NADH$^+$. A succinato desidrogenase apresenta ainda outra particularidade: contém um átomo de ferro, mas não faz parte de um grupo ferro-enxofre, como é o caso da aconitase. Essa classe de proteínas é conhecida como ferro-proteínas não hemínicas. Após catalisar a reação, a succinato desidrogenase deve ser reoxidada, no entanto, por estar ancorada à membrana mitocondrial interna, em um ambiente lipídico, portanto, a reoxidação se faz por meio da ubiquinona, um carreador de elétrons lipossolúvel, sobre a qual se discute mais amplamente em capítulos subsequentes desta obra.

Etapa 7 | Hidratação do fumarato para produzir malato

A sétima etapa do ciclo trata de uma hidratação reversível. Nesse processo, uma molécula de água incorpora-se à dupla ligação trans da molécula do fumarato, transformando-o em malato (Figura 14.21). A enzima que catalisa a reação é a fumarase (Figura 14.22), que apresenta estereoespecificidade. Embora o malato apresente duas formas isoméricas, L e D-malato, somente o isômero L-malato é produzido.

Etapa 8 | Regeneração do oxalacetato

Conclui o CAC, uma vez que o oxalacetato que deu início à via é regenerado para que possa novamente unir-se a um acetato oriundo da molécula do acetil-CoA, sendo convertido em citrato. A etapa 8 é uma reação de oxidação mediada pela enzima malato desidrogenase (Figuras 14.23 e 14.24). A reação é dependente de NAD$^+$ que, posteriormente, é convertido em

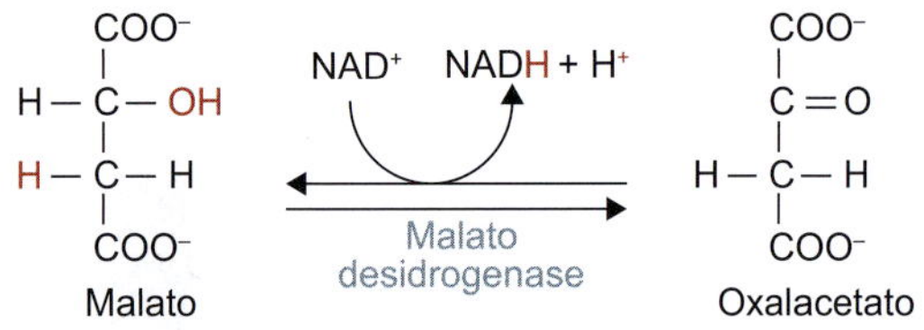

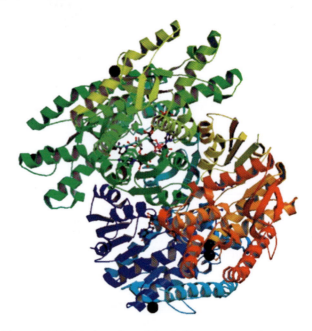

Figura 14.23 Reação catalisada pela enzima malato desidrogenase, que conclui o ciclo do ácido cítrico, pois regenera o oxalacetato que deu início ao ciclo. A reação é dependente de NAD$^+$, que, posteriormente, é convertido em NADH.

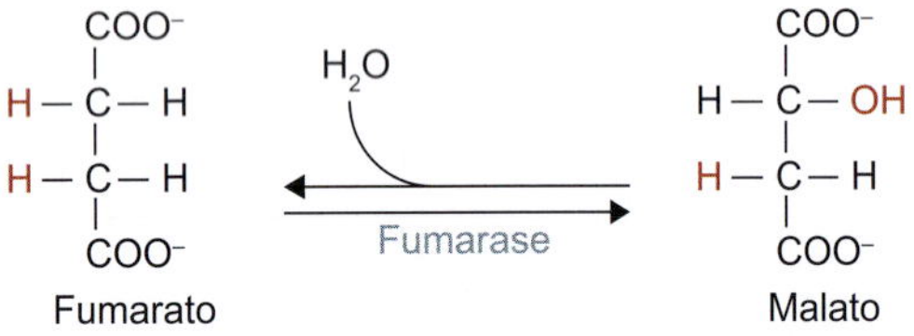

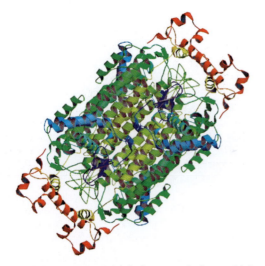

Figura 14.21 Hidratação do fumarato para produzir malato.

Figura 14.24 Estrutura da malato desidrogenase, enzima presente em todos os organismos aeróbicos, já que é fundamental à interconversão de malato em oxalacetato no ciclo do ácido cítrico. Código PDB: 1DFD.

NADH. A variação-padrão de energia livre para essa reação é de +6,67 kcal mol^{-1}, indicando claramente que a formação de oxalacetato a partir do malato não é energeticamente favorável. No entanto, a imediata condensação do oxalacetato similar ao que ocorre com o acetil-CoA pela citrato sintase desloca o equilíbrio da reação, tornando-a favorável. De fato, a síntese de citrato é altamente exergônica (–7,7 kcal mol^{-1}) de modo que a conversão de malato em oxalacetato é uma reação acoplada.

Balanço do ciclo do ácido cítrico

Ao final do CAC, tem-se a formação de três moléculas de CO$_2$ decorrentes da oxidação do piruvato por parte do complexo da piruvato desidrogenase e também do ciclo do ácido cítrico (etapas 3 e 4). As sucessivas reações de oxidação do ciclo possibilitam a fosforilação no nível do substrato de uma molécula de GDP ou ADP em GTP ou ATP (etapa 5). A Tabela 14.3 apresenta um apanhado geral das reações, enzimas e coenzimas, reagentes e produtos do ciclo. São produzidas ainda uma molécula de FADH$_2$ por meio da redução de FAD e quatro moléculas de NADH pela redução de NAD$^+$. Das quatro moléculas de NADH, uma é oriunda da reação mediada pelo complexo da piruvato desidrogenase e três do próprio ciclo do ácido cítrico.

Figura 14.22 Estrutura espacial da fumarase de fungo. Código PDB: 1YFM.

Tabela 14.3 Panorama das reações, enzimas, coenzimas, reagentes e produtos do ciclo do ácido cítrico.

Etapa	Substrato	Enzima	Tipo de reação	Reagentes/coenzimas	Produtos/coenzimas
1	Oxalacetato	Citrato sintase	Condensação	Acetil-CoA + H_2O	CoA-SH
2	Citrato	Aconitase	Desidratação/hidratação	H_2O	H_2O
3.a	Isocitrato	Isocitrato desidrogenase	Oxidação	NAD^+	NADH + H^+
3.b	Oxalalo succinato	Isocitrato desidrogenase	Descaboxilação	H^+	CO_2
4	α-cetoglutarato	α-cetoglutarato desidrogenase	Descarboxilação oxidativa	NAD + CoA-SH	NAD + H^+ + CO_2
5	Succinil-CoA	Succinil-CoA sintetase	Fosforilação no nível do substrato	GDP/ATP + Pi	GTP/ATP + CoA-SH
6	Succinato	Succinato desidrogenase	Oxidação	FAD	$FADH_2$
7	Fumarato	Fumarase	Hidratação	H_2O	Malato
8	Malato	Malato desidrogenase	Oxidação	NAD	NAD + H^+

A energia das oxidações de um substrato do ciclo em outro é conservada nas moléculas de GTP/ATP, $FADH_2$ e NADH. De fato, para cada NADH que transfere seus elétrons para a cadeia transportadora, 2,5 ATP são originados da ADP + Pi. Já a transferência de elétrons de cada $FADH_2$ dá origem a 1,5 ATP, de modo que a completa metabolização do piruvato resulta em 12,5 ATP (Tabela 14.4). A análise do rendimento energético de cada fase do CAC, incluindo o momento em que atua o complexo da piruvato desidrogenase, pode ser apresentada conforme mostrado nos tópicos seguintes.

Complexo da piruvato desidrogenase

Piruvato + CoA-SH + NAD → Acetil-CoA + NADH + CO_2 + H^+

Ciclo do ácido cítrico

Acetil-CoA + 3NAD^+ + FAD + GTP/ADP + Pi + 2H_2O →
2CO_2 + CoA-SH + 3NADH + 3H^+ + $FADH_2$ + GTP/ATP

Reação geral

Piruvato + 4NAD^+ + FAD + GDP/ATP + Pi + 2H_2O →
3CO_2 + 4NADH + $FADH_2$ + GTP/ATP + 4H^+

FAD e NAD no ciclo do ácido cítrico

A flavina adenina dinucleotídeo (FAD) e a nicotinamida adenina dinucleotídeo (NAD^+) são coenzimas aceptoras de elétrons, cuja função no CAC é servir como reservatórios temporários da energia na forma de elétrons retirada nas sucessivas oxidações que sofrem os elementos que fazem parte desse ciclo. A FAD é uma das mais versáteis coenzimas redox conhecidas, sendo um oxidante mais poderoso que a NAD, o que é uma propriedade necessária para o transporte de elétrons no ambiente mitocondrial. Os elétrons captados por essas coenzimas são prontamente encaminhados à cadeia transportadora de elétrons, um complexo de proteínas ancoradas na membrana mitocondrial interna cuja função é conduzir elétrons para serem posteriormente utilizados na síntese de ATP. A FAD é capaz de aceitar elétrons *single*, formando, assim, um intermediário semirreduzido (Figura 14.25), sendo posteriormente capaz de transferir esses elétrons *single* de modo independente a partir de dois átomos distintos, tal qual ocorre na conversão de succinato em fumarato.

Por sua vez, o NAD recebe um par de elétrons na forma de íons hidreto (H^-), o qual sofre atração imediata para o carbono oposto ao anel da pirimidina, já que este apresenta carga positiva (Figura 14.26). Esse padrão de reação é observado, por exemplo, na conversão de isocitrato em α-cetoglutarato. Nesse caso, com a acepção do íon hidreto, ocorre liberação de um próton de hidrogênio no meio, decorrente da hidroxila alcoólica do isocitrato. Em síntese, o NAD apresenta dois estados de oxidação: NAD^+ (oxidado) e NADH (reduzido). A forma NADH é obtida da redução do NAD^+ com dois elétrons e aceitação de um próton (H^+).

Análise termodinâmica do ciclo do ácido tricarboxílico (CAT)

O CAT é uma via metabólica na qual a conversão de substratos em produtos é termodinamicamente favorável, ou seja, a maior parte das reações apresenta $\Delta G^{o\prime}$ negativo, sendo, portanto, reações exergônicas. De fato, o CAT como um todo também é exergônico porque a somatória dos $\Delta G^{o\prime}$ das reações é igual a –10,6 kcal mol^{-1} (Figura 14.27). Três reações do CAT apresentam valores altamente exergônicos:

- A conversão de oxalacetato em citrato ($\Delta G^{o\prime}$ –7,7 kcal mol^{-1})
- A conversão do isocitrato em α-cetoglutarato ($\Delta G^{o\prime}$ –1,7 kcal mol^{-1})
- A conversão de α-cetoglutarato em succinil-CoA ($\Delta G^{o\prime}$ –8,0 kcal mol^{-1}).

Essas três reações são as que mais contribuem para o valor fortemente negativo de $\Delta G^{o\prime}$ presente no CAT como um todo, e, por serem reações de sentido único, irreversíveis, são responsáveis por impulsionar o CAT para a direita. Isso ocorre por duas razões: a primeira porque, em condições fisiológicas, os produtos não aumentam a concentrações elevadas o suficiente para se sobreporem aos fortes valores negativos de $\Delta G^{o\prime}$; e a segunda, porque as enzimas envolvidas nessa três reações catalisam as reações inversas de forma extremamente lenta. Esses fatores fazem com que essas reações sejam globalmente tratadas como irreversíveis. Em contraste a essas reações exergônicas e termodinamicamente irreversíveis, o ciclo apresenta duas reações endergônicas catalisadas pela aconitase e pela malato desidrogenase, que convertem citrato em isocitrato e

Tabela 14.4 Rendimento em ATP por molécula de piruvato.

4 NADH	10 ATP	2,5 ATP para cada NADH
1 $FADH_2$	1,5 ATP	1,5 ATP para cada FAH_2
1 GTP ou ATP	1 GTP ou ATP	

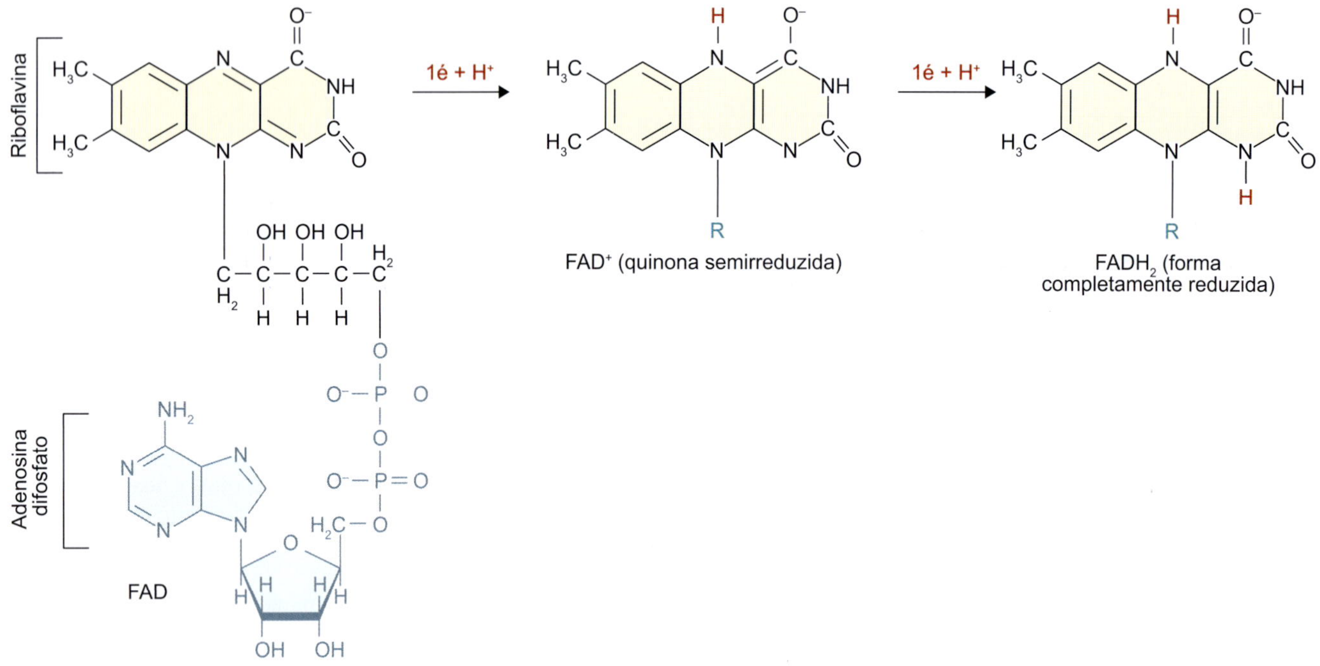

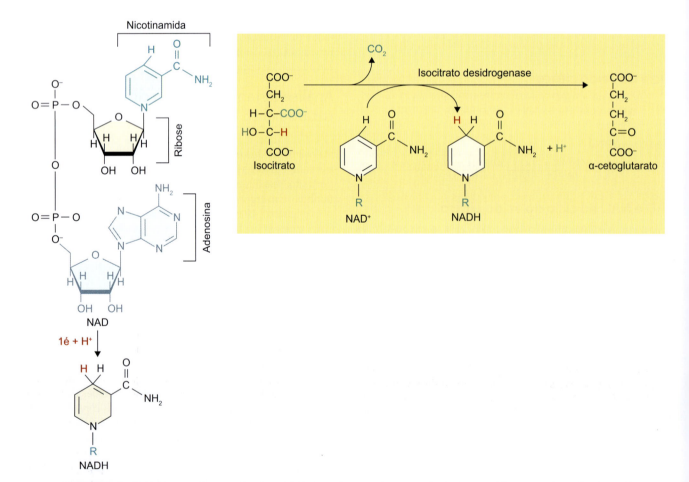

Figura 14.25 Molécula do FAD. Quando o FAD recebe um elétron, ele se converte em uma quinona semirreduzida; ao receber um segundo elétron, ele completa sua redução e converte-se em FADH$_2$.

Figura 14.26 Molécula do NAD e sua forma reduzida, NADH. A reação contida no quadro indica a oxidação e a descarboxilação do citrato convertendo-o em α-cetoglutarato. Nesse passo do ciclo do ácido cítrico, o NAD é empregado como aceptor de um par de íons hidretos (em vermelho). Na reação, o grupo álcool (C-OH) é oxidado a uma cetona (em verde) e o par de hidretos liberados, captado pelo NAD, reduzindo-o a NADH. O H do grupo OH (em azul) é liberado no meio na forma de um próton de H$^+$.

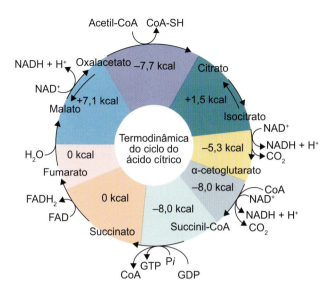

Figura 14.27 Valores de ΔG°' para a sequência de reações do ciclo do ácido tricarboxílico. Nota-se que a maioria das reações é altamente exergônica; apenas três são endergônicas, mas estão acopladas às reações exergônicas. ΔG°' refere-se à energia livre para a conversão de 1 mol de substrato em 1 mol do produto sob condições-padrão (para maiores esclarecimentos, consultar o Capítulo 11 | Bioenergética).

malato em oxalacetato, respectivamente. Essas etapas apresentam ΔG°' positivo para a direita e são termodinamicamente reversíveis. Embora ΔG°' para essas duas reações seja energeticamente desfavorável, o ciclo segue sendo termodinamicamente favorável porque essas reações com ΔG°' positivo estão acopladas a reações com ΔG°' negativo. De fato, a oxidação do malato em oxalacetato (ΔG°' +7,1 kcal mol^{-1}) está acoplada a uma das reações mais exergônicas do ciclo, a condensação do acetil-CoA e do oxalacetato, produzindo citrato e coenzima A cujo ΔG°' é −7,7 kcal mol^{-1}. A conversão de citrato em isocitrato também apresenta valor de ΔG°' positivo (ΔG°' +1,5 kcal mol^{-1}), mas também está acoplada a uma reação do ciclo fortemente exergônica, a conversão de isocitrato em α-cetoglutarato (ΔG°' −5,3 kcal mol^{-1}).

Reações anapleróticas

Os intermediários do CAC podem deixá-lo para participar de outras vias metabólicas atuando como precursores de outras moléculas. Por exemplo, o succinil-CoA pode deixar o ciclo e atuar como precursor na síntese do grupo heme, o α-cetoglutarato pode dar origem ao aminoácido glutamato por meio de reações de aminação, o citrato por atuar na síntese de lipídios, e assim sucessivamente.

Esses componentes que deixam o ciclo para atuarem em outras vias metabólicas são repostos por meio de reações anapleróticas (do grego *ana*, para o alto + *pleirotikos*, preencher). As reações anapleróticas são, portanto, reações de preenchimento de compostos para o ciclo, ou seja, buscam restaurar a concentração de um dado intermediário do CAC. Uma das reações anapleróticas mais importantes ocorre no fígado e nos rins, envolvendo a síntese de oxalacetato originada do piruvato, passo catalisado pela enzima piruvato carboxilase na seguinte reação:

Piruvato + CO_2 + ATP + H_2O → Oxalacetato + ADP + Pi

A enzima piruvato carboxilase é ativada por altos níveis de acetil-CoA, levando ao acúmulo de oxalacetato que eleva a velocidade das reações do próprio ciclo, uma vez que o aumento das concentrações de seus componentes eleva imediatamente a velocidade das reações no ciclo. Outra forma de suprir o CAC de reagentes se dá por meio da oxidação de ácidos graxos de cadeia ímpar no ciclo da betaoxidação. Nesse processo, são produzidos acetil-CoA e, por último, succinil-CoA. O acetil-CoA entra imediatamente na via, enquanto o succinil-CoA entra no intervalo do ciclo, onde sofre metabolização. Os aminoácidos também participam de reações anapleróticas, uma vez que podem dar origem ao α-cetoglutarato, succinil-CoA, fumarato e oxalacetato (Figura 14.28).

Perfil anfibólico do ciclo do ácido cítrico

O termo anfibólico é utilizado em bioquímica para referir-se às vias metabólicas que envolvem reações que conduzem ao catabolismo e ao anabolismo, e o CAC apresenta esse caráter.

De fato, os elementos do ciclo são intermediários no catabolismo dos nutrientes, mas também podem atuar como precursores de outras substâncias em processos anabólicos, como a síntese de ácidos graxos a partir de glicose e a síntese de porfirinas, pirimidinas ou aminoácidos por meio de elementos intermediários do ciclo (Figura 14.28). Por sua vez, diversas substâncias oriundas ou não de outras rotas metabólicas podem suprir os intermediários do ciclo de forma a dar sequência a seu conjunto de reações. Essa função é particularmente bem desempenhada pelos aminoácidos cetogênicos, isto é, aqueles que imediatamente originam acetil-CoA por reação de desaminação oxidativa ou dão origem ao aceto acetil-CoA, o qual, por meio da cisão tiolítica, produz acetil-CoA (Figura 14.29).

Regulação do ciclo do ácido cítrico

As enzimas do CAC são reguladas principalmente pela disponibilidade de substratos e inibidas pela concentração de produtos. São enzimas que sofrem regulação alostérica, ou seja, mudam a sua estrutura espacial ao se ligarem a seus substratos específicos. Como já mencionado antes, as enzimas alostéricas interagem com determinados metabólitos celulares e, por isso, sua atividade sofre modulação, sendo assim sensíveis reguladores do metabolismo. Esses metabólitos, ou moduladores alostéricos, podem tanto aumentar quanto reduzir a velocidade de reação (sendo positivos ou negativos, respectivamente). Portanto, os moduladores alostéricos podem atuar tanto como inibidores quanto ativadores da reação enzimática. Na maioria das vias metabólicas, é comum que o produto final atue como modulador alostérico negativo da enzima que catalisa as primeiras reações da via.

Desse modo, quando a concentração desse produto aumenta, ele age como um inibidor alostérico; é o caso, por exemplo, da citrato sintase, que sofre inibição em razão das altas concentrações de succinil-CoA. Em contrapartida, caso o produto final comece a ser consumido e consequentemente sua concentração diminua, ele deixará de inibir a enzima, fazendo, assim, com que a via tenha sua velocidade aumentada. Esse modelo de regulação ocorre em quase todas as etapas do CAC, contudo três pontos desempenham papel-chave no controle do ciclo – trata-se das reações catalisadas pelas enzimas citrato sintase, isocitrato desidrogenase e pelo complexo

248 Bioquímica Clínica

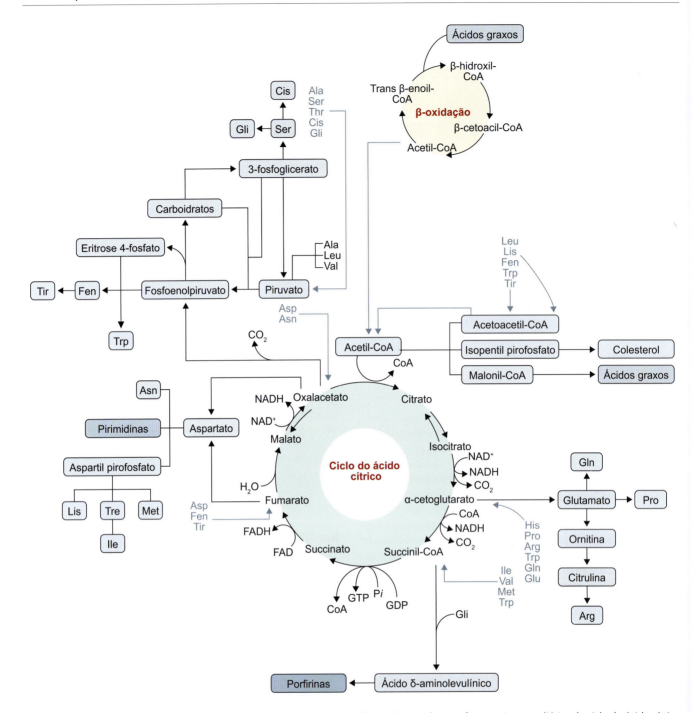

Figura 14.28 Perfil anfibólico do ciclo do ácido cítrico. As reações anaplerúticas são aquelas que formam intermediários do ciclo do ácido cítrico (setas azuis). O esquema mostra ainda que os intermediários do ciclo podem atuar como precursores de outras substâncias em outras vias metabólicas (linhas pretas retas). Uma grande quantidade de aminoácidos pode ser convertida em diversos intermediários do ciclo. Nota-se então que o ciclo apresenta um perfil catabólico e um perfil anabólico. Esse padrão é chamado de perfil anfibólico do ciclo do ácido cítrico.

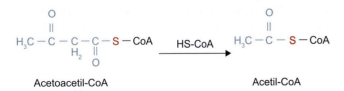

Figura 14.29 Conversão de aceto acetil-CoA em acetil-CoA. Os aminoácidos que originam aceto acetil-CoA são Leu, Lis, Fen, Trp e Tir. Já os aminoácidos que originam diretamente acetil-CoA são Ile, Leu, Ter, Trp.

α-cetoglutarato desidrogenase (Figura 14.30). De fato, essas reações são as mais exergônicas da via, o que torna necessário um mecanismo de controle mais eficaz nesses pontos, já que, por sua natureza altamente exergônica, essas reações são as mais propensas a ocorrer de forma espontânea.

As enzimas envolvidas nessas três reações são também reguladas de forma alostérica por ação de vários compostos; por exemplo, a citrato sintase é inibida por ATP, por NADH e por altas concentrações de succinil-CoA, além de sofrer inibição pelo seu próprio produto, o citrato. A isocitrato desidrogenase

Capítulo 14 • Ciclo do Ácido Cítrico   249

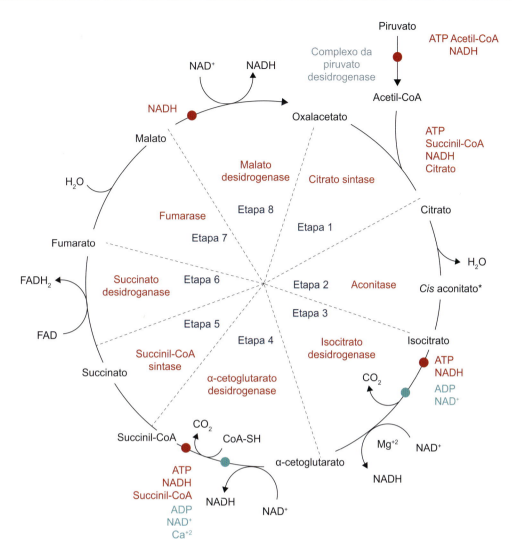

Figura 14.30 Pontos de controle do ciclo do ácido cítrico. Embora a conversão de piruvato em acetil-CoA não seja uma reação que faça parte do ciclo do ácido cítrico, foi ilustrada em virtude de sua relevância na regulação da via.

marca o segundo ponto importante de regulação do ciclo e é ativada alostericamente por ADP. O último sítio importante de regulação do ciclo é representado pela α-cetoglutarato desidrogenase e sofre inibição alostérica por altos níveis de ATP e NADH, enquanto ADP e NAD+ atuam ativando-a. Esse padrão de regulação mediado por ATP/ADP e NADH/NAD+ está em consonância com o mecanismo pelo qual determinada célula pode ajustar seu estado metabólico, ou seja, repouso ou atividade. Células ativas aumentam sua taxa metabólica consumindo ATP e NADH com maior velocidade e produzindo, portanto, ADP e NAD+ na mesma proporção. Nessa condição, as enzimas do ciclo sofrem ativação no sentido de prover maior aporte energético às necessidades celulares. Contudo, altos níveis de ATP e NADH indicam baixa taxa metabólica, que funciona como um sinal (*feedback* negativo) reduzindo a cinética das enzimas diciclo.

Além dos produtos e substratos do ciclo que atuam na regulação da atividade das enzimas, deve-se destacar o papel da regulação da conversão do piruvato em acetil-CoA que, embora não faça parte do ciclo, influencia o funcionamento deste por meio do controle da quantidade de acetil-CoA, que reage com o oxalacetato. A regulação dessa conversão é feita de forma alostérica e covalente. É importante referir à regulação covalente do complexo piruvato desidrogenase, visto que é semelhante à do complexo α-cetoglutarato desidrogenase (os dois são estruturalmente semelhantes). Na presença de uma grande concentração de ATP, a enzima E_1 do complexo sofre fosforilação em um resíduo específico de serotonina, fazendo com que a proteína altere a sua conformação espacial e, consequentemente, a sua função. Não é surpresa que o complexo da piruvato desidrogenase seja um importante ponto de controle do ciclo, já que constitui a primeira reação do ciclo e, como em qualquer outra via metabólica, a primeira reação figura sempre como ponto de regulação da via.

Ciclo do glioxilato | Uma sofisticação vegetal do ciclo do ácido cítrico

O ciclo do glioxilato é uma via alternativa de metabolismo de acetil-CoA, encontrada nos vegetais e em algumas bactérias, que possibilita a síntese de glicose a partir de acetil-CoA. Por essa razão, essa via apresenta um repertório de enzimas presentes no CAC (citrato sintase e aconitase), além de duas enzimas ausentes nessa via, a isocitrato liase e a malato sintase. Os animais não têm essas enzimas e, por causa disso, são incapazes de sintetizar glicose de elementos precursores de dois carbonos, como é o caso do acetil-CoA. O ciclo do glioxilato ocorre parte nas mitocôndrias e parte em organelas vegetais denominadas glioxissomos, que se assemelham aos peroxissomos das células animais. No ciclo de Krebs, o isocitrato é convertido em succinato, enquanto, no ciclo do glioxilato, origina o succinato e o glioxilato (Figura 14.31).

O succinato regenera o oxalacetato e o glioxilato se condensa com acetil-CoA formando o malato. O malato é deslocado para o citosol, onde é oxidado até formar oxalacetato, que pode ser transformado em glicose por meio da gliconeogênese. Se porventura o oxalacetato se condensar com outra molécula de acetil-CoA, o ciclo se reinicia. Em síntese, o ciclo do glioxilato traça um atalho no ciclo do ácido, contornando as duas etapas produtoras de CO_2 catalisadas pelas enzimas isocitrato desidrogenase e α-cetoglutarato desidrogenase, e incorpora um segundo grupamento acetila na etapa da malato sintase. O ciclo do glioxilato é bastante ativo em sementes vegetais na fase de germinação, em que os óleos vegetais são oxidados para produzir acetil-CoA, possibilitando que a célula vegetal sintetize carboidratos de ácidos graxos, passo bioquímico que as células animais são incapazes de realizar. De fato, a via do glioxilato não está presente em animais em virtude da importância da via convencional para o sistema nervoso. O ciclo do glioxilato não produz alfaceto glutarato, um precursor do glutamato que atua como neurotransmissor excitatório e serve como precursor do ácido gama amino butírico (GABA), um importante neurotransmissor de função inibitória.

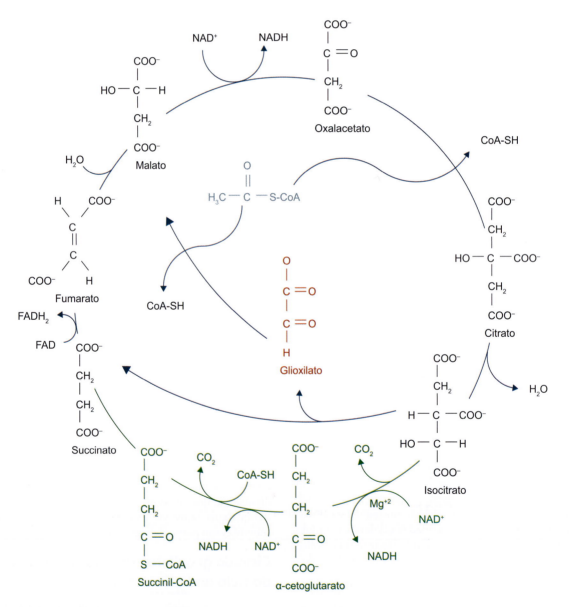

Figura 14.31 Ciclo do glioxilato; ocorre em células vegetais, sobretudo em sementes. Trata-se de uma rota bioquímica presente em células vegetais e algumas bactérias na qual é possível sintetizar glicose a partir de ácidos graxos. Essa via não é possível em animais, pois estes não contam com as enzimas isocitrato liase e malatosintase. As reações em verde são pertinentes ao ciclo do ácido cítrico. Nota-se que o ciclo do glioxilato exclui as duas reações produtoras de CO_2 do ciclo de Krebs.

Resumo

Introdução

O ciclo do ácido cítrico (CAC) constitui um importante estágio no metabolismo das células aeróbicas e é o ponto comum no qual convergem o metabolismo oxidativo de carboidratos, aminoácidos e ácidos graxos para originar a acetilcoenzima A (acetil-CoA). O CAC dá sequência à glicólise, já que o piruvato, produto final dessa via, é conduzido para o meio intramitocondrial, por meio de um translocador específico para ele. Uma vez na matriz mitocondrial, o piruvato é convertido em acetil-CoA pelo complexo multienzimático, denominado piruvato desidrogenase. O ciclo apresenta oito estágios, nos quais o composto oxalacetato sofre regeneração a cada volta no ciclo. Todas as reações do CAC ocorrem na matriz mitocondrial e, dessa maneira, todas as enzimas envolvidas em cada operação devem estar contidas nessa organela e todos os produtos do CAC ser consumidos na mitocôndria ou translocados para o citosol.

Origem do acetil-CoA

A molécula de acetil-CoA pode ser produzida da metabolização dos três macronutrientes, carboidratos, lipídios e proteínas, bem como do acetato, que pode ser oriundo da dieta ou mesmo do etanol. A glicose e outras oses, como a frutose, entram na via glicolítica e produzem piruvato, que, durante o seu curso, é convertido em acetil-CoA, por meio do complexo piruvatodesidrogenase. Os aminoácidos alanina e serina também podem ser convertidos em piruvato, mas a grande maioria dos aminoácidos produz acetil-CoA no ciclo da ureia. Os ácidos graxos podem produzir acetil-CoA quando participam do ciclo da betaoxidação: a cada volta, dois átomos de carbono deixam o ciclo na forma de acetil-CoA, que pode ser utilizada pelo ciclo do ácido cítrico. Assim, o organismo busca conduzir a oxidação dos substratos energéticos, de modo que possa suprir de acetil-CoA o ciclo do ácido cítrico.

Visão panorâmica do ciclo do ácido cítrico

Normalmente, o CAC aceita átomos de carbono derivados de aminoácidos, ácidos graxos e carboidratos, formando acetilas lançadas na via por meio do acetil-CoA. O ciclo inicia-se com a transferência do grupo acetil para o oxalacetato formando citrato. Posteriormente, o citrato origina o isocitrato. A desidrogenação do isocitrato libera a primeira molécula de CO₂ do ciclo e origina o α-cetoglutarato, que, subsequentemente, sofre descarboxilação oxidativa, liberando a segunda e última molécula de CO₂ do ciclo. Os passos seguintes levam à formação do oxalacetato que iniciou o ciclo, de modo que o CAC regenera o oxalacetato a cada volta. O propósito da conversão de uma substância em outra no CAC é remover energia, retirada na forma de elétrons à medida que os elementos do ciclo sofrem oxidações sucessivas. Os elétrons removidos são depositados em reservatórios temporários, as moléculas de nicotinamida adenina dinucleotídio (NAD) e flavina adenina dinucleotídio (FAD). Essas moléculas são coenzimas que se convertem em sua forma reduzida (NADH e FADH₂) ao aceitar esses elétrons. Posteriormente, as coenzimas reduzidas transferem esses elétrons à cadeia transportadora de elétrons, uma sequência de proteínas ancoradas à membrana mitocondrial interna. Esse potencial energético na forma de elétrons será utilizado para produzir ATP em uma operação intimamente relacionada com o CAC, a fosforilação oxidativa (Figura R14.1).

Conversão do piruvato em acetil-CoA

Une a glicólise com o ciclo do ácido cítrico, ou seja, estabelece um elo entre a via anaeróbica do processamento da glicose e a via aeróbica. O piruvato é, inicialmente, transportado do citosol para o interior da mitocôndria, atravessando a membrana mitocondrial externa por meio de canais chamados porinas (Figura R14.2). Do espaço intermembranar para a matriz mitocondrial, o transporte do piruvato é realizado pela piruvato translocase, uma proteína situada na membrana mitocondrial interna capaz de translocar o piruvato para o meio intramitocondrial por meio de um transporte do tipo simporte.

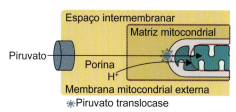

Figura R14.2 Transporte do piruvato do citosol para a matriz mitocondrial. Inicialmente, o piruvato atravessa a membrana mitocondrial externa por meio de porinas, situando-se no espaço intermembranar. Do espaço intermembranar para a matriz, uma proteína denominada piruvato translocase exerce o transporte do piruvato.

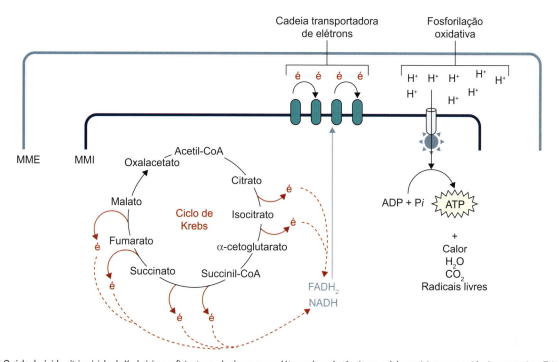

Figura R14.1 O ciclo do ácido cítrico (ciclo de Krebs) é um eficiente modo de remover elétrons das substâncias que dele participam em oxidações sucessivas. Tais elétrons são utilizados na fosforilação oxidativa para produzir ATP. Nota-se que, além de ATP, a mitocôndria produz radicais livres decorrentes de falha na acepção de elétrons por parte do O₂. MMI: membrana mitocondrial interna; MME: membrana mitocondrial externa.

Regulação da atividade da piruvatodesidrogenase

O complexo da piruvato desidrogenase é alostericamente regulado. A ligação do substrato ao sítio ativo de uma das subunidades afeta a conformação das demais, facilitando a ligação dos demais substratos a sítios ativos. Os principais moduladores alostéricos da piruvato desidrogenase são NAD^+, AMP, Ca^{+2} e coenzima A.

Etapas do ciclo do ácido cítrico

O piruvato produzido na glicólise ainda contém bastante poder redutor, o que pode ser constatado verificando-se o estado de oxidação de cada um dos seus carbonos e comparando-o com o estado de oxidação do carbono no CO_2. A mitocôndria atua, portanto, como uma máquina capaz de extrair essa energia da molécula do piruvato e, assim, segue-se uma sequência de oito reações oxidativas, nas quais a energia é retirada do piruvato em forma de elétrons. Essas oito reações compõem as etapas do ciclo do ácido cítrico.

- Etapa 1 – condensação do grupo acetila do acetil-CoA como oxalacetato: é a condensação do acetil-CoA com a molécula de oxalacetato (4C) para originar citrato (6C) e-CoA livre. Essa reação é mediada pela citrato sintase
- Etapa 2 – isomerização do citrato a isocitrato: a enzima aconitase realiza a isomerização reversível de citrato a isocitrato
- Etapa 3 – descarboxilação oxidativa do isocitrato para formar α-cetoglutarato: a enzima isocitrato desidrogenase catalisa a reação de descarboxilação do isocitrato, formando CO_2 e α-cetoglutarato. A reação de catálise de isocitrato a α-cetoglutarato é um importante ponto de controle do ciclo, no qual a isocitrato desidrogenase é uma enzima alostérica e sofre inibição por ATP e NADH e ativação por ADP e NAD^+. Ocorre a formação de NADH: o par de elétrons perdido na oxidação do isocitrato é imediatamente aceptado pelo NAD^+, formando então NADH
- Etapa 4 – oxidação do α-cetoglutarato a succinil-CoA: ocorre a segunda descarboxilação oxidativa. Nesse processo, o α-cetoglutarato é convertido em succinil-CoA, com a produção de CO_2. A reação é catalisada por um sistema multienzimático, denominado complexo α-cetoglutarato desidrogenase, e ocorre a liberação da segunda molécula de CO_2

- Etapa 5 – síntese do succinato: acontece a clivagem do succinil-CoA, produzindo succinato e CoA-SH. A formação do succinato quebra o padrão de síntese de compostos quirais que ocorria até então no ciclo. O succinato é, portanto, um composto aquiral. Ocorre ainda a formação de uma molécula de GTP ou de ATP (dependendo da isoforma da succinil-CoA sintetase). A produção dessa molécula de ATP ou GTP é o único momento em que o ciclo do ácido cítrico produz um nucleosídeo trifosfato, porque o local de produção dessas moléculas é a fosforilação oxidativa
- Etapa 6 – síntese do fumarato: as reações 6, 7 e 8 têm como propósito chegar à formação do composto que deu início ao ciclo, o oxalacetato. Na etapa 6, especificamente, o succinato produzido na etapa 5 sofre conversão em fumarato, por meio da enzima succinato desidrogenase. A succinato desidrogenase apresenta um átomo de ferro, mas não faz parte de um grupo ferro-enxofre, como é o caso da aconitase. Essa classe de proteínas é conhecida como ferro-proteínas não hemínicas
- Etapa 7 – a hidratação do fumarato para produzir malato: uma molécula de água incorpora-se à dupla ligação trans da molécula do fumarato, transformando-o em malato. A enzima que catalisa a reação é a fumarase
- Etapa 8 – a regeneração do oxalacetato: conclui o ciclo do ácido cítrico, uma vez que o oxalacetato que deu início à via é novamente regenerado para que possa novamente unir-se a um acetato oriundo da molécula do acetil-CoA, sendo convertido em citrato. A etapa 8 é uma reação de oxidação mediada pela enzima malato desidrogenase (Figura R14.3).

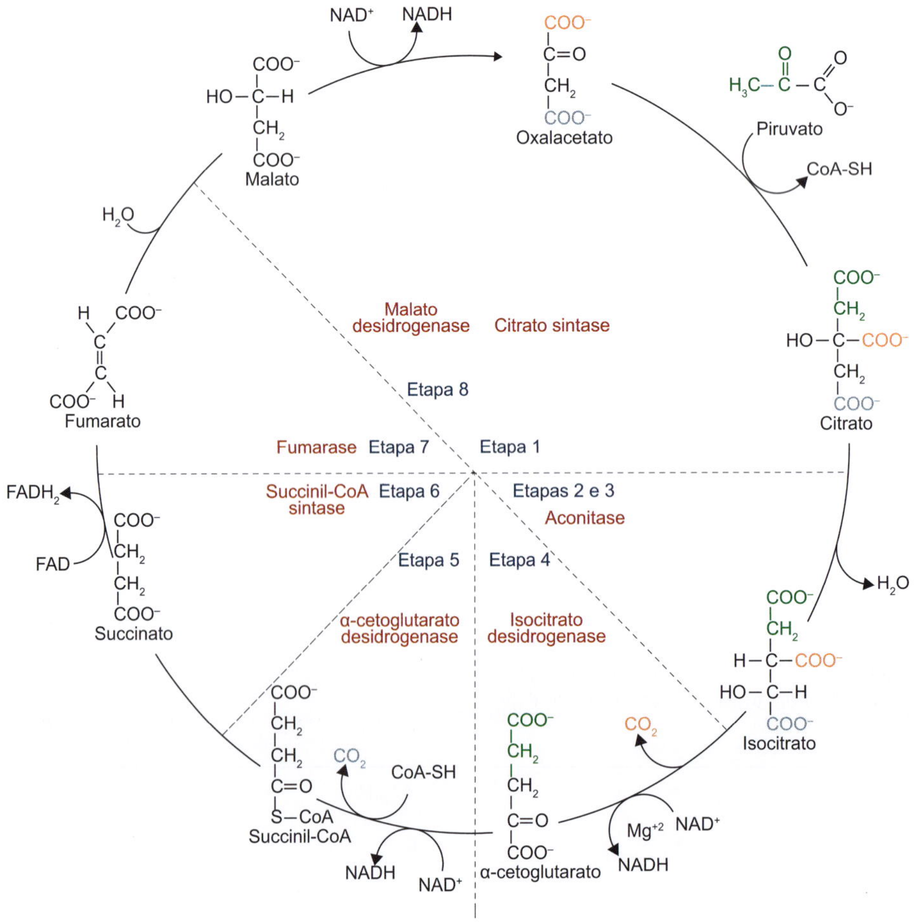

Figura R14.3 Etapas do ciclo do ácido cítrico. Os átomos de carbono perdidos na forma de CO_2 no ciclo não são os mesmos que adentram o ciclo na forma de grupos acetil, oriundos do acetil-CoA. Nota-se que os átomos oriundos do acetil se conservam (verde). O CO_2 liberado é decorrente de átomos oriundos do oxalacetato (laranja e azul). A etapa 2 compreende a formação de um intermediário, o cis-aconitato, dando origem à etapa 3 (embora suprimida desse esquema).

Balanço do ciclo do ácido cítrico

Ao final do ciclo de ácido cítrico, ocorre a formação de três moléculas de CO_2 decorrentes da oxidação do piruvato por parte do complexo da piruvato desidrogenase e também do ciclo do ácido cítrico (etapas 3 e 4). As sucessivas reações de oxidação do ciclo possibilitam a fosforilação no nível do substrato de uma molécula de GDP ou ADP a GTP ou ATP (etapa 5). São produzidas ainda uma molécula de $FADH_2$, por meio da redução de FAD, e quatro moléculas de NADH, por meio da redução de NAD^+. Das quatro moléculas de NADH, uma é oriunda da reação mediada pelo complexo da piruvato desidrogenase e três são oriundas do próprio ciclo do ácido cítrico. A energia das oxidações de um substrato do ciclo em outro é conservada nas moléculas de GTP/ATP, $FADH_2$ e NADH; de fato, para cada NADH que transfere seus elétrons para a cadeia transportadora, 2,5 ATP são produzidos de ADP + Pi. Já a transferência de elétrons de cada $FADH_2$ dá origem a 1,5 ATP, de modo que a completa metabolização do piruvato resulta em 12,5 ATP.

FAD e NAD no ciclo do ácido cítrico

A flavina adenina dinucleotídeo (FAD) e a nicotinamida adenina dinucleotídeo (NAD) são coenzimas aceptoras de elétrons, cuja função no ciclo do ácido cítrico é servir como reservatórios temporários da energia na forma de elétrons retirada nas sucessivas oxidações do ciclo do ácido cítrico. Os elétrons captados por essas coenzimas são prontamente encaminhados à cadeia transportadora de elétrons, um complexo de proteínas ancoradas na membrana mitocondrial interna cuja função é conduzir elétrons para serem posteriormente utilizados na síntese de ATP. O FAD pode aceitar elétrons *single*, formando assim um intermediário semirreduzido, sendo posteriormente capaz de transferir esses elétrons *single* de modo independente a partir de dois átomos distintos, tal qual ocorre na conversão de succinato em fumarato.

Análise termodinâmica do ciclo do ácido cítrico

O ciclo é uma via metabólica na qual a conversão de substratos em produtos é termodinamicamente favorável, ou seja, a maior parte das reações apresenta $\Delta G^{o'}$ negativo, sendo, portanto, reações exergônicas. Duas reações endergônicas catalisadas pela aconitase e malato desidrogenase, que convertem citrato em isocitrato e malato em oxalacetato, respectivamente. Embora $\Delta G^{o'}$ para essas duas reações seja energeticamente desfavorável (valores positivos para $\Delta G^{o'}$), o ciclo permanece termodinamicamente favorável, porque essas reações estão acopladas a reações com $\Delta G^{o'}$ negativo (Figura R14.4).

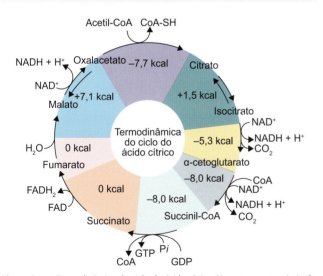

Figura R14.4 Termodinâmica do ciclo do ácido cítrico. Nota-se que a maioria das reações é altamente exergônica, apenas três são endergônicas, mas estão acopladas às reações exergônicas. $\Delta G^{o'}$ refere-se à energia livre para a conversão de 1 mol de substrato em 1 mol do produto sob condições-padrão.

Reações anapleróticas

Os intermediários do ciclo do ácido cítrico podem deixá-lo para participar de outras vias metabólicas, atuando como precursores de outras moléculas. Esses componentes do ciclo que o deixam para atuarem em outras vias metabólicas são repostos por meio de reações anapleróticas (do grego *ana*, para o alto + *pleirotikos*, preencher). As reações anapleróticas são, portanto, reações de preenchimento de compostos para o ciclo, ou seja, buscam restaurar a concentração de um dado intermediário do CAC.

Perfil anfibólico do ciclo do ácido cítrico

O termo anfibólico é utilizado em bioquímica para se referir a vias metabólicas que envolvem reações que conduzem ao catabolismo e ao anabolismo e o CAC apresenta esse caráter.

De fato, os elementos do ciclo são intermediários no catabolismo dos nutrientes, mas também podem atuar como precursores de outras substâncias em processos anabólicos, como a síntese de ácidos graxos a partir de glicose, a síntese de porfirinas, pirimidinas ou aminoácidos por meio de elementos intermediários do ciclo. Por sua vez, diversas substâncias oriundas ou não de outras rotas metabólicas podem suprir os intermediários do ciclo, de forma a dar sequência a seu conjunto de reações. Essa função é particularmente bem desempenhada pelos aminoácidos cetogênicos, isto é, aqueles que imediatamente originam acetil-CoA por reação de desaminação oxidativa ou dão origem ao acetoacetil-CoA, o qual, por meio da cisão tiolítica, produz acetil-CoA.

Exercícios

1. Observe as afirmativas abaixo e assinale (V) verdadeiro e (F) falso:
   a) ( ) O ciclo de Krebs apresenta um perfil anaplerótico, o que significa que ele mostra um caráter anabólico e catabólico.
   b) ( ) A enzima citrato desidrogenase atua de modo a converter o O_2 em radicais livres.
   c) ( ) A membrana interna das células mitocondriais é permeável ao fluxo de elétrons, enquanto a membrana mitocondrial externa é absolutamente impermeável. Isso explica o fluxo de elétrons para a produção de ATP.
   d) ( ) Em uma célula eucariótica, a transferência de elétrons oriundos do ciclo de Krebs e da glicólise, ao longo da cadeia de transportes de elétrons, ocorre na membrana interna da mitocôndria, na qual todas as moléculas carreadoras de elétrons são encaixadas.
   e) ( ) No ciclo de Krebs, a cisão da molécula de água é responsável pela grande produção de prótons de H^+ por meio da seguinte reação: $H_2O \rightarrow O_2 + 4 H^+$. Posteriormente, o O_2 atua como aceptor final de elétrons.
2. Explique qual o propósito do ciclo do ácido cítrico (ciclo de Krebs).
3. Observe a figura a seguir e descreva os nomes dos compostos intermediários que ocupam os lugares nas letras B, D e A. Insira as respectivas enzimas em I, II, III e IV.

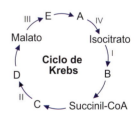

4. Para a reação de formação do acetil-CoA, o piruvato deve ser transportado do citosol, onde é produzido ao final da glicólise. Explique como ocorre o deslocamento do piruvato até o interior mitocondrial.
5. O ciclo de Krebs tem perfil anaplerótico. Explique o significado dessa afirmação.
6. Na matriz mitocondrial, o piruvato, produto final da glicólise, sofre descarboxilação oxidativa por parte de um complexo multienzimático chamado complexo da piruvato desidrogenase. Explique como esse complexo enzimático é regulado.
7. Faça uma análise das reações do ciclo do ácido cítrico sob uma perspectiva termodinâmica.
8. Explique como as enzimas do ciclo do ácido cítrico têm sua velocidade regulada.
9. Explique o papel do FAD e do NAD no ciclo do ácido cítrico.
10. O ciclo do ácido cítrico pode ser dividido em oito etapas. Descreva o que ocorre em cada uma dessas etapas.

Respostas

1. V, F, F, V, F.
2. O ciclo de Krebs é uma conversão sucessiva de uma substância em outra. Esse processo remove delas energia na forma de elétrons, que são depositados em reservatórios temporários, as moléculas de nicotinamida adenina dinucleotídeo (NAD) e flavina adenina dinucleotídeo (FAD). Essas moléculas são coenzimas que se convertem em sua forma reduzida (NADH e FADH$_2$) ao aceitar esses elétrons. Posteriormente, as coenzimas reduzidas transferem esses elétrons à cadeia transportadora de elétrons, uma sequência de proteínas ancoradas à membrana mitocondrial interna. Esse potencial energético na forma de elétrons será utilizado para produzir ATP em uma operação intimamente relacionada com o CAT, a fosforilação oxidativa.
3. B: alfacetoglutarato; D: fumarato; A: citrato; I: isocitrato desidrogenase; II: succinato desidrogenase; III: malato desidrogenase; IV: aconitase.
4. O deslocamento do piruvato do citosol para a matriz mitocondrial ocorre em duas fases: inicialmente, o piruvato atravessa a membrana mitocondrial externa por meio de canais existentes na membrana mitocondrial externa, chamados porinas. As porinas estão relacionadas com o transporte de água pelas membranas biológicas e o piruvato é capaz de interagir com elas se deslocando para o espaço intermembranar mitocondrial. Contudo, do espaço intermembranar para a matriz mitocondrial, o transporte do piruvato é realizado pela piruvato translocase, uma proteína situada na membrana mitocondrial interna capaz de translocar o piruvato para o meio intramitocondrial pode meio de um transporte do tipo simporte. Nesse processo, o piruvato ganha a matriz mitocondrial em troca do H$^+$, que é transportado do espaço intermembranar para a matriz.
5. Os intermediários do ciclo do ácido cítrico podem deixar o ciclo para participar de outras vias metabólicas atuando como precursores de outras moléculas. Por exemplo, o succinil-CoA pode deixar o ciclo e atuar como precursor na síntese do grupo heme, o α-cetoglutarato pode dar origem ao aminoácido glutamato por meio de reações de aminação, o citrato pode atuar na síntese de lipídios, e assim sucessivamente. Esses componentes que deixam o ciclo para atuarem em outras vias metabólicas são repostos por meio de reações anapleróticas.
6. O complexo da piruvato desidrogenase é alostericamente regulado. A ligação do substrato ao sítio ativo de uma das subunidades afeta a conformação das demais subunidades, facilitando a ligação dos demais substratos a sítios ativos. Os principais moduladores alostéricos da piruvato desidrogenase são NAD$^+$, AMP, Ca^{+2} e coenzima A.
7. O ciclo é uma via metabólica na qual a conversão de substratos em produtos é termodinamicamente favorável, ou seja, a maior parte das reações apresenta ΔG$^{o'}$ negativo, sendo, portanto, reações exergônicas. Ocorrem também duas reações endergônicas, catalisadas pela aconitase e pela malato desidrogenase, que convertem citrato em isocitrato e malato em oxalacetato, respectivamente. Embora ΔG$^{o'}$ para essas duas reações seja energeticamente desfavorável (valores positivos para ΔG$^{o'}$), o ciclo permanece termodinamicamente favorável, porque essas reações estão acopladas a reações com ΔG$^{o'}$ negativo.
8. As enzimas do ciclo do ácido cítrico são reguladas principalmente de forma alostérica, ou seja, mudam a sua estrutura espacial ao se ligarem a seus substratos específicos. As enzimas alostéricas são sensíveis reguladores do metabolismo porque, ao interagirem com determinados metabólitos celulares, sua atividade sofre modulação. Esses metabólitos também podem ser chamados de efetuadores ou moduladores alostéricos, e ser positivos (aumento da velocidade de reação) ou negativos (redução da velocidade de reação).
9. A flavina adenina dinucleotídeo (FAD) e a nicotinamida adenina dinucleotídeo (NAD$^+$) são coenzimas aceptoras de elétrons, cuja função no ciclo do ácido cítrico é servir como reservatórios temporários da energia na forma de elétrons retirada nas sucessivas oxidações do ciclo do ácido cítrico. Os elétrons captados por essas coenzimas são prontamente encaminhados à cadeia transportadora de elétrons, um complexo de proteínas ancoradas na membrana mitocondrial interna cuja função é conduzir elétrons para serem posteriormente utilizados na síntese de ATP. O FAD é capaz de aceitar elétrons *single*, formando assim um intermediário semirreduzido, sendo posteriormente capaz de transferir esses elétrons *single* de forma independente a partir de dois átomos distintos, tal qual ocorre na conversão de succinato em fumarato.
10. Etapa 1: condensação do grupo acetila do acetil-CoA como oxalacetato – condensação do acetil-CoA originando citrato; etapa 2: isomerização do citrato a isocitrato – isomerização reversível de citrato a isocitrato; etapa 3: descarboxilação oxidativa do isocitrato para formar α-cetoglutarato – descarboxilação do isocitrato formando CO$_2$ e α-cetoglutarato; etapa 4: oxidação do α-cetoglutarato em succinil-CoA – segunda descarboxilação oxidativa, acontece a liberação da segunda molécula de CO$_2$; etapa 5: síntese do succinato – clivagem do succinil-CoA e também a formação de uma molécula de GTP ou de ATP; etapa 6: síntese do fumarato – o succinato produzido na etapa 5 sofre conversão em fumarato; etapa 7: hidratação do fumarato para produzir malato – o fumarato é convertido em malato; etapa 8: regeneração do oxalacetato – conclui o ciclo do ácido cítrico, uma vez que o oxalacetato que deu início à via é novamente regenerado.

Bibliografia

Akram M. Citric acid cycle and role of its intermediates in metabolism. Cell Biochem Biophys. 2014;68(3):475-8.

Baughn AD, Garforth SJ, Vilchèze C, Jacobs WR. An anaerobic-type alpha-ketoglutarate ferredoxin oxidoreductase completes the oxidative tricarboxylic acid cycle of Mycobacterium tuberculosis. PLoS Pathog. 2009;5(11):e1000662.

Ebenhöh O, Heinrich R. Evolutionary optimization of metabolic pathways. Theoretical reconstruction of the stoichiometry of ATP and NADH producing systems. Bull Math Biol. 2001;63(1):21-55.

Gibala MJ, Young ME, Taegtmeyer H. Anaplerosis of the citric acid cycle: role in energy metabolism of heart and skeletal muscle. Acta Physiol Scand. 2000;168(4):657-65.

Iacobazzi V, Infantino V. Citrate-new functions for an old metabolite. Biol Chem. 2014;395(4):387-99.

Lambeth DO, Tews KN, Adkins S, Frohlich D, Milavetz BI. Expression of two succinyl-CoA synthetases with different nucleotide specificities in mammalian tissues. J Biol Chem. 2004;279(35):36621-4.

Lushchak OV, Piroddi M, Galli F, Lushchak VI. Aconitase post-translational modification as a key in linkage between Krebs cycle, iron homeostasis, redox signaling, and metabolism of reactive oxygen species. Redox Rep. 2014;19(1):8-15.

Meléndez-Hevia E, Waddell TG, Cascante M. The puzzle of the Krebs citric acid cycle: assembling the pieces of chemically feasible reactions, and opportunism in the design of metabolic pathways during evolution. J Mol Evol. 1996;43(3):293-303.

Nunes-Nesi A, Araújo WL, Obata T, Fernie AR. Regulation of the mitochondrial tricarboxylic acid cycle. Curr Opin Plant Biol. 2013;16(3):335-43.

Pinto WJ, Fernandes CC, Santos FGA, Lacerda RF, Treto RRR. O paradoxo da vida aeróbica. Journal of Amazon Health Science. 2015;1:11-35.

Srere PA, Sumegi B, Sherry AD. Organizational aspects of the citric acid cycle. Biochem Soc Symp. 1987;54:173-8.

Voet D, Voet JG. Biochemistry. 3. ed. New York: John Wiley & Sons, Inc.; 2004.p. 615.

Williamson JR, Cooper RH. Regulation of the citric acid cycle in mammalian systems. FEBS Lett. 1980;17(Suppl):K73-85.

Zhang S, Bryant DA. The tricarboxylic acid cycle in cyanobacteria. Science 2011; 334(6062):1551-3.

Fosforilação Oxidativa

Introdução

A fosforilação oxidativa é a via final do metabolismo originador de energia em células aeróbias. A oxidação de unidades de carbono (carboidratos, lipídios e aminoácidos) converge para a fosforilação oxidativa. Esses três macronutrientes são convertidos em acetil-CoA ou em um dos intermediários do ciclo do ácido cítrico, em que a energia presente em suas ligações químicas é removida na forma de elétrons durante as sucessivas etapas do ciclo. Esses elétrons com alto potencial de transferência são captados por nucleotídeos de nicotinamida (NAD$^+$ ou NADP$^+$) ou nucleotídeos de flavina (FMN ou FAD) e encaminhados para a cadeia transportadora de elétrons formada por quatro complexos proteicos.

Assim, à medida que os elétrons deslocam-se pelos elementos da cadeia respiratória, prótons são bombeados da matriz mitocondrial para o espaço intermembranar (formado pela membrana mitocondrial externa e interna), dando origem à força próton motriz, que, finalmente, criará um potencial de transferência de grupos fosforila. Assim, do momento em que o núcleo ventromedial do hipotálamo originou o impulso da fome, induzindo a busca de unidades de carbono, o organismo organiza uma sequência de operações e etapas bioquímicas, que, ao final, convertem substâncias químicas nos elétrons que serão utilizados para incorporar grupos fosforila na molécula de ADP, convertendo-a em ATP. De fato, a fosforilação oxidativa é responsável por 26 das cerca de 30 moléculas de ATP formadas da completa oxidação da molécula de glicose.

Mitocôndria | Sítio da fosforilação oxidativa

As mitocôndrias são organelas muitas vezes representadas de forma elipsoide, sendo, na maioria das vezes, redondas. Apresentam uma membrana mitocondrial externa e uma interna a qual se projeta para a matriz mitocondrial dando origem às cristas mitocondriais, ou seja, os sítios onde se situam os complexos enzimáticos envolvidos no transporte de elétrons (Figura 15.1). Os transportadores de elétrons estão organizados sequencialmente em quatro complexos supramoleculares inseridos na membrana:

- Complexo I: NADH – ubiquinona (Q) oxidorredutase
- Complexo II: succinato desidrogenase
- Complexo III: ubiquinona – citocromo *c* oxidorredutase
- Complexo IV: citocromo *c* oxidase.

A cadeia respiratória (Tabela 15.1) pode ser mais abundante em mitocôndrias cujo metabolismo energético é maior; por exemplo, uma mitocôndria de um hepatócito típico pode apresentar cerca de 10 mil sistemas de transporte de elétrons (cadeia respiratória); já uma mitocôndria de um cardiomiócito pode dispor de mais de 30 mil sistemas transportadores de elétrons e, consequentemente, maior superfície formada por cristas internas. A membrana mitocondrial externa é bastante permeável a moléculas pequenas e a íons, uma vez que apresenta grande quantidade de uma pequena proteína de 30 a 35 kDa chamada porina. As porinas mitocondriais respondem a alterações de voltagem da membrana mitocondrial e são, por esse motivo, chamadas de *voltage dependente anion*

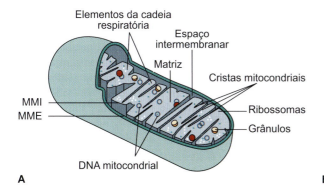
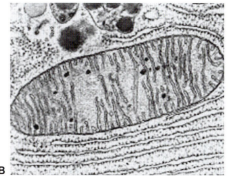

Figura 15.1 A. Anatomia de uma mitocôndria, uma das organelas celulares mais importantes. Em sua matriz, estão enzimas responsáveis pela oxidação de ácidos graxos, aminoácidos e carboidratos. Em suas cristas, encontram-se as proteínas envolvidas no transporte de elétrons. **B.** Microscopia eletrônica de transmissão de uma mitocôndria. As cristas são nitidamente visíveis como projeções para o interior da organela. MMI: membrana mitocondrial externa.

Tabela 15.1 Complexos enzimáticos que compõem a cadeia respiratória, seus respectivos dados estruturais e funcionais.

Complexos enzimáticos presentes na cadeira respiratória	Massa (kDa)	Grupos prostéticos	Nº de cadeias de polipeptídeos
Complexo I – NADH desidrogenase ou NADHcoenzima Q redutase	850	FMN, Fe-S	43 a 46*
Complexo II – succinatodesidrogenase ou succinatocoenzima Q redutase	140	FAD, Fe-S	4
Complexo III – citocromo c, coenzima Q oxidorredutase	250	Hemes, Fe-S	9 a 11*
Citocromo c	13	Heme	1
Complexo IV – citocromo oxidase	170	Hemes, Cu_A, Cu_B	13
Complexo V – ATP sintase	380		12 a 14*

*Não há consenso na literatura sobre o número exato de polipeptídeos que compõem esses complexos.

channel (VDAC). Por meio das VDAC, ocorre o trânsito, sobretudo de íons. A membrana mitocondrial interna, ao contrário da externa, é extremamente impermeável a substâncias, inclusive íons e moléculas polares, sendo o local onde estão embebidas as proteínas envolvidas no transporte de elétrons (proteínas da cadeia respiratória). Essa elevada impermeabilidade é dada por um tipo específico de fosfolipídio que compõe a membrana interna, a cardiolipina, assim denominada porque foi inicialmente descoberta em mitocôndrias de células cardíacas. O trânsito de substâncias para fora ou para dentro da mitocôndria (p. ex., ATP, citrato e piruvato) é realizado por transportadores específicos. Atualmente, diversos autores defendem que as mitocôndrias vivem em relação endossimbiótica com a célula hospedeira. De fato, as mitocôndrias apresentam DNA próprio capaz de codificar várias proteínas e moléculas de RNA.

O DNA mitocondrial humano apresenta 16.569 pares de bases e codifica 13 proteínas da cadeia respiratória. A hipótese endossimbiótica criada por Lynn Margulis (1938-2011) considera que no início da vida um organismo capaz de realizar a fosforilação oxidativa sofreu englobamento por parte de uma célula, tornando possível o aproveitamento do oxigênio (que aumentava progressivamente na Terra primitiva) para dar continuidade à oxidação do piruvato. Com a incorporação da mitocôndria, as células passaram então a aproveitar o poderoso potencial oxidante do oxigênio para a obtenção de energia, e surgia, assim, a fosforilação oxidativa. Contudo, as células não abandonaram a glicólise, embora sua eficiência de produção de energia fosse muito inferior à obtida por meio da fosforilação oxidativa.

A glicólise permanece então como um elo metabólico na evolução de organismos eucariontes e procariontes. De fato, as estruturas das enzimas presentes na glicólise e na fosforilação oxidativa apresentam grande homologia em muitos animais. A fosforilação oxidativa é um processo no qual tem lugar um amplo aparato de complexos proteicos (localizados na membrana interna das mitocôndrias), denominados complexos I, II, III e IV (Figura 15.2), apresentando 42, 4, 11 e 13 subunidades, sendo que somente as bombas de prótons (complexos I,

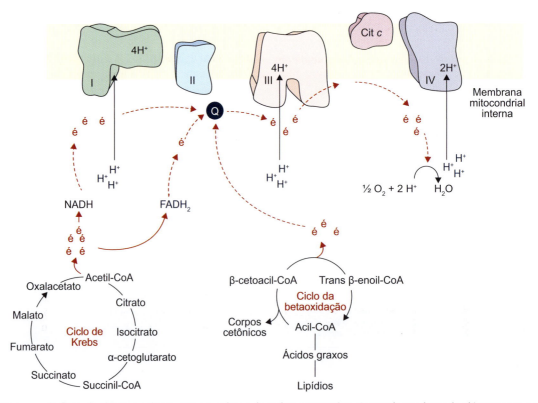

Figura 15.2 Panorama do fluxo de elétrons pelos quatro complexos da cadeia respiratória. O grande produtor de elétrons para a cadeia respiratória é o ciclo do ácido cítrico (ciclo de Krebs), embora outras vias, como a betaoxidação, possam alimentar diretamente a ubiquinona (Q). Os elétrons fluem pelos complexos I e II para Q, que, por sua vez, atua como um transportador móvel de elétrons pela membrana em razão de seu caráter lipossolúvel. Q transfere elétrons para o complexo III, que os encaminha para outro elemento móvel na cadeia, também lipossolúvel, o citocromo c. Finalmente, o complexo IV transfere os elétrons ao oxigênio, o captador final de elétrons, que, por seu turno, é convertido em água.

III e IV) apresentam subunidades adicionais nos organismos eucariotas (19, 8 e 9, respectivamente). Assim, a capacidade dos organismos em aproveitar o oxigênio para continuar a oxidação do piruvato produzido na glicólise proporcionou um imenso rendimento energético, possibilitando o desenvolvimento de organismos mais complexos.

Fosforilação oxidativa depende de um potencial de oxidação/redução

O potencial de oxirredução (ou potencial redox) é um conceito eletroquímico. Se for considerada uma substância que possa existir em uma forma oxidada, Y, e em uma forma reduzida, Y⁻, em um dado meio, essas formas oxidadas e reduzidas podem ser chamadas de *par redox*. Assim, o potencial redox indica a tendência de determinada espécie química em adquirir elétrons e, desse modo, ser reduzida. A medida do potencial de transferência de elétrons pode ser dada pela notação E_0'. Um valor de potencial de redução negativo indica que a forma oxidada de uma dada substância tem menor afinidade por aceitar elétrons, enquanto um valor positivo significa que a forma oxidada apresenta maior afinidade por elétrons. De fato, o valor positivo e elevado do potencial redox-padrão do par O_2/H_2O (E_0' = +0,815) significa que o O_2 é um potente oxidante e tende a aceitar elétrons de outros compostos, reduzindo-se a H_2O. No outro extremo da escala, está o par $NAD^+/NADH$, cujo baixo potencial redox-padrão (muito negativo; E_0' = –0,315) significa que o NADH tem uma grande tendência a ceder elétrons, oxidando-se em NAD^+. Os potenciais de redução de pares redox biologicamente importantes estão listados na Tabela 15.2.

Como já discutido, a fosforilação oxidativa implica transferência de elétrons por entre os complexos proteicos da cadeia respiratória. O impulsionamento desse transporte de elétrons pelos elementos da cadeia respiratória se dá em razão da diferença de 1,14 V entre o NADH e o O_2, o captador final de elétrons da cadeia. De fato, a força que impulsiona a fosforilação oxidativa é o potencial de transferência de elétrons dos captadores de elétrons (NADH ou $FADH_2$) em relação ao potencial do oxigênio. O valor de $\Delta G^{o'}$ para a redução de O_2 pelo NADH é de –52,6 kcal mol⁻¹, que é extremamente elevado quando comparado ao valor de $\Delta G^{o'}$ para a hidrólise do ATP, –7,3 kcal mol⁻¹. Essa grande quantidade de energia produzida e liberada durante o trânsito de elétrons pelos complexos da cadeia respiratória é utilizada para criar um gradiente de prótons posteriormente utilizado para a síntese de ATP.

Tabela 15.2 Potenciais-padrão de redução para algumas reações químicas biologicamente importantes.

Forma oxidante	Forma redutora	Nº de elétrons transferidos	E_0' (V)
Succinato + CO_2	α-cetoglutarato	2	–0,67
NAD^+	NADH + H^+	2	–32
$NADP^+$	NADPH + H^+	2	–32
Piruvato	Lactato	2	–19
Citocromo *b* (+3)	Citocromo *b* (+2)	1	+0,07
Citocromo *c* (+3)	Citocromo *c* (+2)	1	+0,22

Captadores de elétrons NAD⁺ e FAD

O início da fosforilação oxidativa é marcado pelo ingresso de elétrons na cadeia respiratória. Tais elétrons são captados por desidrogenases que atuam em vias catabólicas, sendo, então, conduzidos aos captadores de elétrons, os nucleotídeos de nicotinamida (NAD^+ ou $NADP^+$) e nucleotídeos de flavina (FMN ou FAD). O dinucleotídeo de flavina e adenina (FAD), também conhecido como flavina-adenina dinucleotídeo ou dinucleotídeo de flavina-adenina, é um cofator capaz de sofrer ação redox presente em diversas reações importantes no metabolismo. O FAD pode existir em dois estados de oxidação, e o seu papel bioquímico envolve frequentemente alternância entre esses dois estados. O FAD é capaz de sofrer redução a $FADH_2$, estado em que aceita dois átomos de hidrogênio, contudo, quando aceita apenas um elétron, configura-se uma forma quinona semirreduzida (Figura 15.3).

Diversas oxidorredutases, designadas flavoenzimas ou flavoproteínas, requerem FAD como grupo prostético, utilizado em reações de transferência eletrônica. O $FADH_2$ é uma molécula transportadora de energia metabólica, sendo utilizada como substrato na fosforilação oxidativa mitocondrial. O $FADH_2$ é reoxidado em FAD, resultando, subsequentemente, na síntese de duas moléculas de ATP por cada $FADH_2$. As principais fontes de $FADH_2$ no metabolismo eucariótico são o ciclo do ácido cítrico (ciclo de Krebs) e a betaoxidação, processo pelo qual os ácidos graxos são oxidados para originar acetil-CoA e alimentar o ciclo do ácido cítrico. No ciclo do ácido cítrico, o FAD é um grupo prostético da enzima succinato desidrogenase, que oxida succinato em fumarato, enquanto, na betaoxidação, serve como coenzima na reação da acetil-CoA desidrogenase. Outro captador universal de elétrons é anicotinamida adenina dinucleotídeo, ou ainda dinucleotídeo de nicotinamida-adenina (NAD, acrônimo do inglês *nicotinamide adenine dinucleotide*), uma coenzima que apresenta dois estados de oxidação: NAD^+ (oxidado); e NADH (reduzido). A forma NADH é obtida da redução do NAD^+, que aceita um átomo de hidrogênio na forma de um íon hidreto (:H⁻), sendo o outro átomo de hidrogênio liberado no meio na forma protônica (H^+; Figura 15.4). Quimicamente, é um composto orgânico (a forma ativa da coenzima B_3) encontrado nas células de todos os seres vivos, usado como transportador de elétrons nas reações metabólicas de oxirredução, tendo um papel preponderante na produção de energia para a célula. Em sua forma reduzida, NADH, faz a transferência de elétrons durante a fosforilação oxidativa. Tanto o NADH quanto o nicotinamida adenina dinucleotídeo fosfato (NADPH) apresentam caráter hidrossolúvel e interagem de forma reversível com as enzimas desidrogenases. Os elétrons de NADH adentram a cadeia respiratória pelo complexo I (NADH desidrogenase).

Proteínas ferro-enxofre e proteínas de Rieske

As proteínas ferro-enxofre formam uma classe de proteínas composta por aglomerados ferro-enxofre (Fe-S), ou seja, estruturas nas quais o átomo de ferro não está presente no grupo heme, mas interagindo com átomos de enxofre de resíduos de cisteína. Por essa razão, são também denominadas ferro-proteínas não hemínicas. Os Fe-S variam de estruturas simples, como Fe(S-Cis)₄, no qual um átomo de ferro está coordenado por quatro grupos SH de cisteínas, até estruturas mais complexas, como [Fe₄S₄](S-Cis₃)N-His, com estrutura cuboide, em que, além dos resíduos SH de cisteínas, existe a interação de um átomo de ferro com um grupo N-histidina (Figura 15.5). Na cadeia respiratória, há ainda proteínas cujo

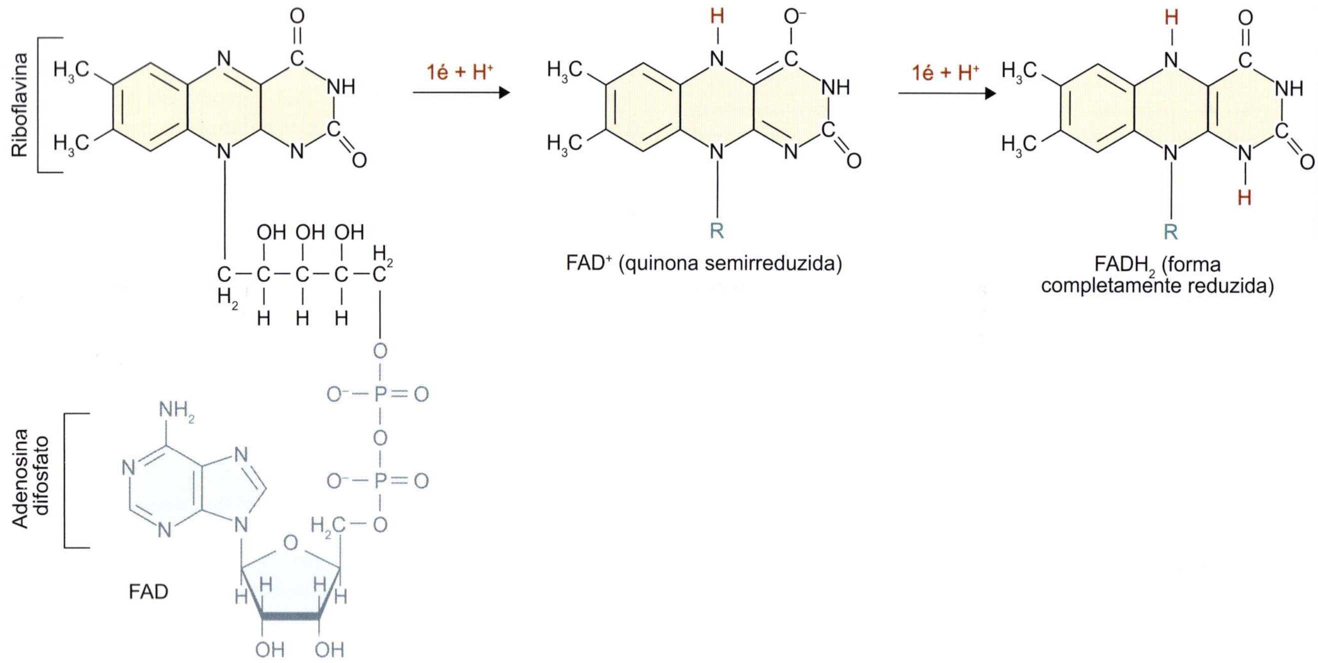

258 Bioquímica Clínica

Figura 15.3 Molécula do FAD. O FAD pode existir em dois estados de oxidação; de fato, quando o FAD recebe um elétron, ele se converte em uma quinona semirreduzida. Ao receber um segundo elétron, o FAD completa sua redução e converte-se em FADH$_2$. Sua função bioquímica envolve a alternância entre essas duas formas de oxidação.

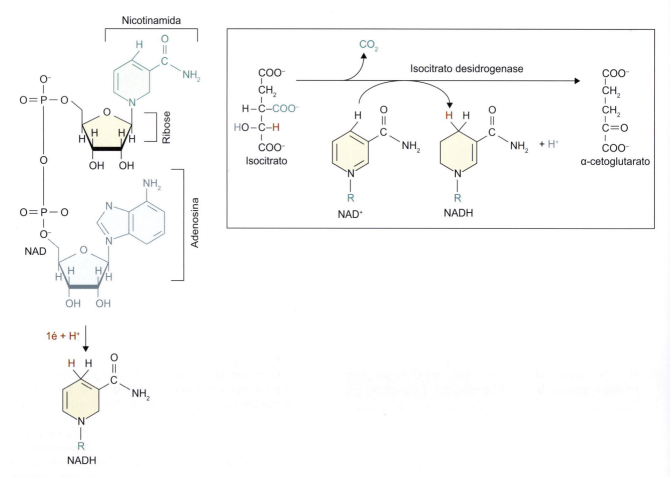

Figura 15.4 Molécula do NAD e sua forma reduzida, NADH. A reação contida no quadro indica a oxidação e a descarboxilação do citrato convertendo-o em α-cetoglutarato. Nesse passo do ciclo do ácido cítrico, o NAD é empregado como captador de um par de íons hidretos (em vermelho). Na reação, o grupo álcool (R-OH) é oxidado em uma cetona (em verde) e o par de hidretos liberados, captado pelo NAD, reduzindo-o à NADH. O H do grupo OH (em azul) é liberado no meio na forma de um próton de H$^+$.

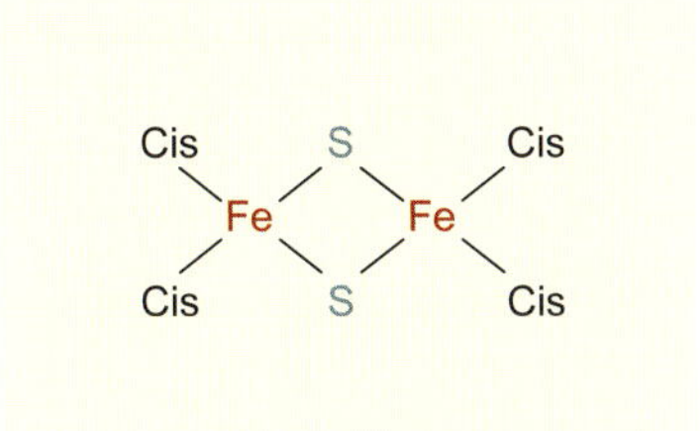

$[Fe_2S_2](S\text{-}Cis_4)$

Presente, por exemplo, na família das xantinas oxidases e encontrado no complexo I da cadeia respiratória. Estados de oxidação: $[Fe_2S_2]^+$; $[Fe_2S_2]^{2+}$

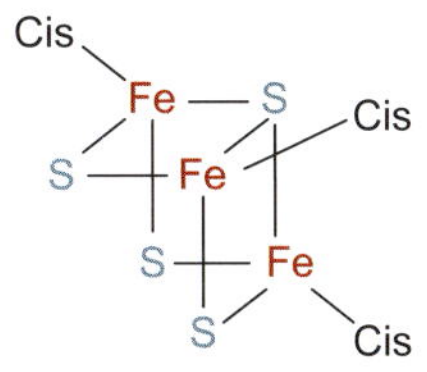

$[Fe_34S_4](S\text{-}Cis)_3$

Presente por exemplo, na aconitase. Estados de oxidação: $[Fe_3S_4]^{2-}$; $[Fe_3S_4]^0$; $[Fe_3S_4]^+$

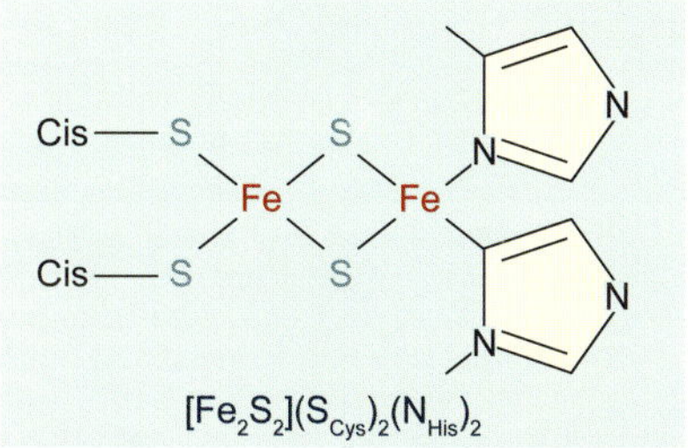

$[Fe_2S_2](S_{Cys})_2(N_{His})_2$

Presente nos citocromos bc_1 mitocondriais e b_6f de cloroplastos. Em ambas as organelas, atua no transporte de elétrons. Estado de oxidação: $[Fe_2S_2]+$ (S=1/2); $[Fe_2S_2]^{2+}$ (S=0)

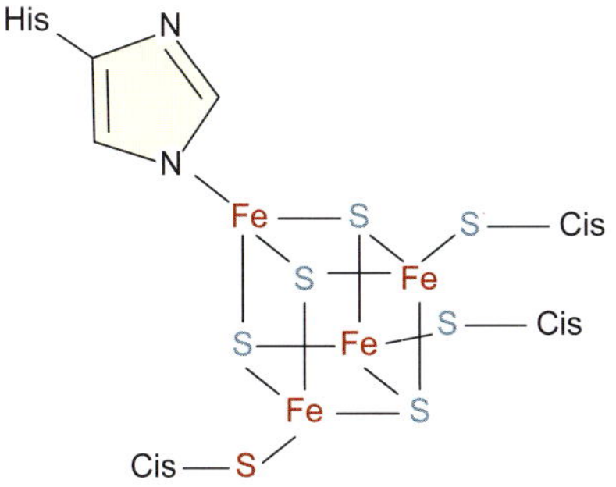

$[Fe_4S_4](S\text{-}Cis_3)N\text{-}His$

Presente, por exemplo, nas proteínas ferro hidrogenases. Estados de oxidação: $[Fe_4S_4]^+$ (S=1/2, S=3/2); $[Fe_4S_4]^{2+}$ (S=0)

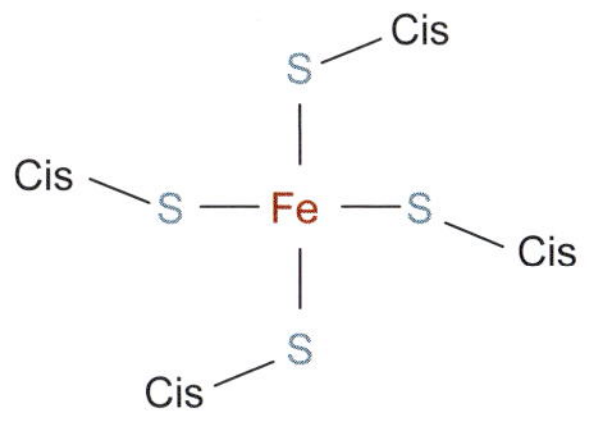

Fe(S-Cis)

Presente, por exemplo, nas desulfoferridoxinas e rubreritrina. Estados de oxidação: $[Fe(Cys)_4]^{1-}$; $[Fe(Cys)_4]^{2-}$

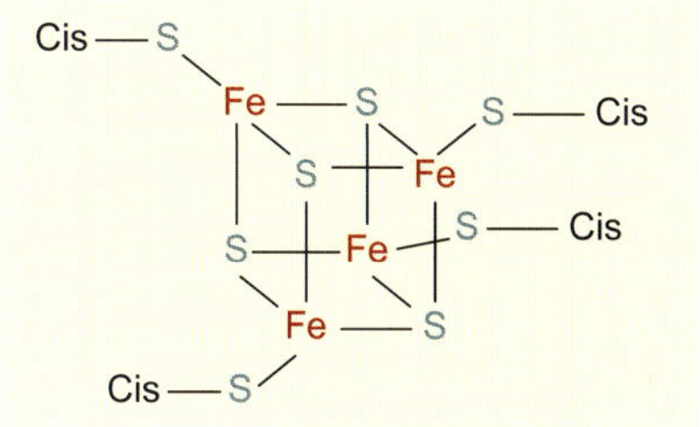

$[Fe_4S_4](S_{Cys})_4$

Presente na aldeído ferridoxina redutase, na ferro hidrogenase, na endonuclease III e no complexo I da cadeia respiratória. Estados de oxidação: $[Fe_4S_4]^+$; $[Fe_4S_4]^{2+}$; $[Fe_4S_4]^{3+}$

Figura 15.5 Alguns aglomerados ferro-enxofre conhecidos. Os elementos destacados em amarelo são aqueles que fazem parte do complexo I. O arranjo de Rieske está destacado em verde.

átomo de ferro é coordenado por dois resíduos de histidina, em vez de dois resíduos de cisteína. Essas proteínas são denominadas proteínas ferro-enxofre de Rieske (em homenagem ao seu descobridor, o pesquisador John S. Rieske). Sua função ferro-enxofre na cadeia respiratória é a transferência de elétrons, que é possível porque o átomo de ferro oscila entre os estados Fe^{+2} (reduzido) e Fe^{+3} (oxidado).

Análise da estrutura e função de cada complexo da cadeia respiratória

Complexo I

Também denominado NADH ubiquinona oxidorredutase ou NADH desidrogenase, trata-se de uma grande enzima localizada na membrana mitocondrial interna que catalisa a transferência de elétrons do NADH para a coenzima Q. O complexo I, a primeira enzima da cadeia respiratória, é composto por 42 a 46 cadeias polipeptídicas distintas, sendo sete codificadas pelo genoma mitocondrial.

O complexo I pesa cerca de 900 kDa e apresenta a forma de "L", encontrando-se a haste menor do L (com cerca de 60 hélices transmembranares) embebida na membrana mitocondrial interna, enquanto a haste maior com caráter hidrofílico projeta-se para a matriz mitocondrial, com o propósito de receber elétrons oriundos do NADH formado no ciclo do ácido cítrico (Figura 15.6).

O complexo I está envolvido em dois processos simultâneos: a transferência exergônica, tipo de reação na qual ocorre a liberação de energia ($\Delta H < 0$) de um íon hidreto do NADH para Q e de um próton da matriz mitocondrial para Q; e a transferência endergônica, tipo de reação, na qual há consumo de energia ($\Delta H > 0$) de quatro prótons da matriz mitocondrial para o espaço intermembranar. O panorama geral dessas reações pode ser assim expresso:

$$NADH + 5\,H^+_{Matriz} + Q \rightarrow NAD^+ + QH_2 + 4\,H^+_{\text{Espaço intermembranar}}$$

O complexo I é uma das três bombas de prótons (as outras duas são os complexos III e IV) movidas pela energia decorrente do fluxo de elétrons (Tabela 15.3).

O complexo I compreende o ponto inicial da cadeia respiratória e recebe dois elétrons de alto potencial, oriundos do NADH produzido no ciclo do ácido cítrico. Esse par de elétrons é captado por um dos grupos prostéticos do complexo I, o FMN, que se oxida dando origem a $FMNH_2$. A porção do FMN que aceita elétrons é o anel de isoaloxazina, estruturalmente igual ao do FAD (Figura 15.7).

Subsequentemente, os elétrons do $FMNH_2$ são então transferidos a uma série de aglomerados ferro-enxofre (Fe-S) presentes em proteínas ferro-enxofre. O complexo I apresenta 7 aglomerados Fe-S e, entre os diversos tipos de aglomerados Fe-S existentes, os que estão presentes no complexo I

260 Bioquímica Clínica

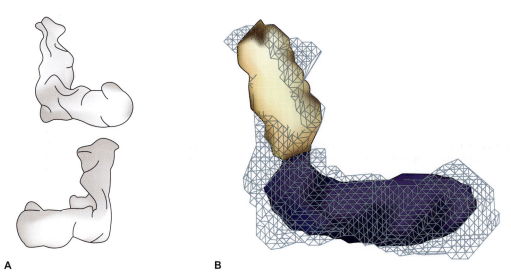

Figura 15.6 Estrutura do complexo I. **A.** Duas projeções do complexo I. **B.** Complexo I de bactérias, que apresenta menor tamanho que o complexo I mitocondrial (em bege e azul). A forma de "arame" mostra a projeção do complexo I mitocondrial.

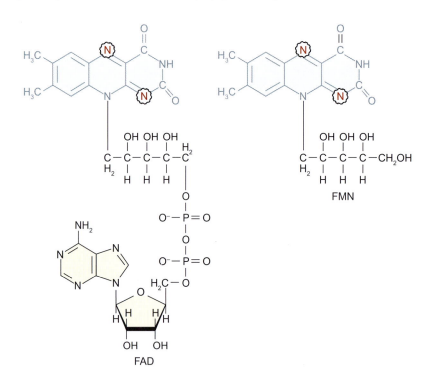

Figura 15.7 Estrutura do FAD e do FMN. Regiões de ambas as moléculas responsáveis pela captação de elétrons (em azul). Os "N" em vermelho indicam os locais de acepção de elétrons tanto na molécula do NAD quanto na do FMN.

Tabela 15.3 Complexos enzimáticos que compõem a cadeia respiratória.

Complexo enzimático	Massa (kDa)	Nº de subunidades polipeptídicas	Grupos prostéticos	Prótons**
Complexo I – NADH desidrogenase ou NADH coenzima Q redutase	850	43	1 FMN, 7 aglomerados Fe-S	4
Complexo II – Succinato desidrogenase ou Succinatoco enzima Q redutase	140	4	1 FAD, 3 aglomerados Fe-S, heme b	Nenhum
Complexo III – citocromo c – coenzima Q oxidorredutase	250	11	Hemes, Fe-S	4
Citocromo c*	13	1	Heme	Nenhum
Complexo IV – citocromo oxidase	170	13	Hemes, Cu_A, Cu_B	2
Complexo V – ATP sintase	380	12 a 14	–	Nenhum

*O citocromo c não é um complexo enzimático; por seu caráter lipofílico, tem a propriedade de se mover livremente pela camada de fosfolipídios da membrana mitocondrial interna. Sua função é carrear elétrons do complexo II para o complexo IV.
**Referem-se à quantidade de prótons que cada complexo carreia para o espaço intermembranar.

(Figura 15.8) são os aglomerados [Fe$_2$S$_2$](S-Cis$_4$), no qual dois átomos de ferro e dois sulfatos inorgânicos estão coordenados por quatro resíduos de cisteínas, e Fe$_4$S$_4$, no qual quatro átomos de ferro e quatro sulfetos inorgânicos são coordenados por quatro cisteínas (ver Figura 15.5). Dos aglomerados Fe-S, os elétrons fluem para Q. O fluxo de elétrons pelo complexo I produz energia para o bombeamento de quatro prótons de hidrogênio (H$^+$) da matriz mitocondrial para o espaço intermembranar. Todas as reações redox presentes no complexo I ocorrem fora do ambiente da membrana mitocondrial interna evitando, assim, reações de peroxidação com os lipídios da membrana.

Complexo II

Também denominado succinato-Q oxidorredutase, tem a característica de ser a única enzima que participa tanto no ciclo dos ácidos tricarboxílicos quanto na cadeia de transporte de elétrons. Apresenta massa de 140 kDa, sendo, portanto, muito menor que o complexo I. De fato, o complexo II tem quatro subunidades proteicas distintas, enquanto o complexo I é formado por 43 subunidades. No complexo II, duas dessas subunidades proteicas encontram-se ancoradas à membrana mitocondrial interna, enquanto as outras duas se projetam para a matriz mitocondrial (Figura 15.9). Apresenta um cofator FAD, três centros de ferro-enxofre e um grupo heme

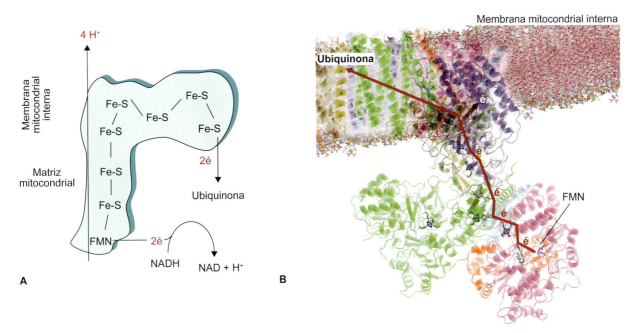

Figura 15.8 Fluxo de elétrons pelo complexo I. **A.** Forma em "L" do complexo I e circuito percorrido pelos elétrons pelos aglomerados Fe-S para finalmente serem captados pela ubiquinona. **B.** Estrutura do complexo I e localização dos aglomerados ferro-enxofre, locais onde os elétrons são translocados.

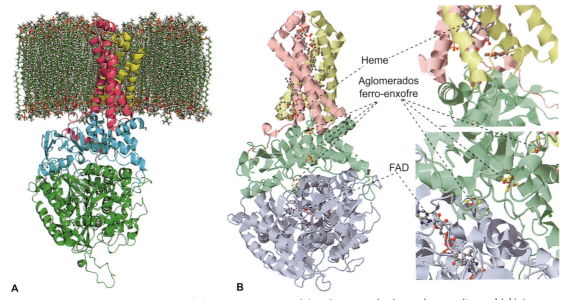

Figura 15.9 A. Estrutura do complexo II. As subunidades (em rosa e amarelo) estão ancoradas à membrana mitocondrial interna, enquanto as subunidades (em verde e azul) se projetam para a matriz mitocondrial. Código PDB: 1YQ3. **B.** Complexo II e a localização de seus cofatores ampliados à direita para melhor visualização. Código PDB: 1NEK.

que não atua diretamente na transferência de elétrons, mas aparenta ser necessário para diminuir o índice de "perdas" de elétrons da cadeia respiratória, prevenindo, portanto, a gênese de peróxido de hidrogênio (H_2O_2) e ânions superóxido ($\cdot O_2^-$), espécies reativas de oxigênio decorrentes da oxidação parcial do oxigênio molecular.

A molécula de FAD situa-se no sítio de acoplamento para a molécula do succinato. O complexo II constitui o segundo ponto de afluxo de elétrons da cadeia respiratória. A reação catalisada pelo complexo II compreende a oxidação do succinato em fumarato com consequente redução da ubiquinona (Q).

$$Succinato + Q \rightarrow Fumarato + Q_2$$

Como essa reação libera menos energia que a oxidação do NADH, o complexo II não transporta prótons pela membrana e, por isso, não contribui para o gradiente de prótons no espaço intermembranar; consequentemente, a oxidação $FADH_2$ produz menos ATP do que a oxidação do NADH. Os elétrons oriundos do complexo I não são captados pelo complexo II, mas sim pela ubiquinona; da mesma maneira, Q recebe elétrons do complexo II. O $FADH_2$ oriundo do ciclo do ácido cítrico doa seus elétrons para o FMN do complexo II e, a partir daí, os elétrons seguem pelos aglomerados Fe-S até a ubiquinona, o elemento captador final dos elétrons que fluem pelo complexo II (Figura 15.10).

Bioclínica

Em alguns eucariontes, como o verme parasita *Ascaris suum*, existe uma enzima similar ao complexo II, a fumarato redutase (menaquinona fumarato oxidorredutase, ou QFR), que opera de forma reversa, oxidando ubiquinol e reduzindo fumarato. Esse processo possibilita ao parasita sobreviver no ambiente anaeróbio do intestino grosso, realizando fosforilação oxidativa anaeróbia e usando fumarato como aceptor final de elétrons. Outra função pouco convencional do complexo II é encontrada no parasita que causa a malária, o *Plasmodium falciparum*, em que a ação reversa do complexo II é importante na regeneração de ubiquinol, utilizado pelo parasita, em um tipo raro de biossíntese de pirimidina (Figura 15.11).

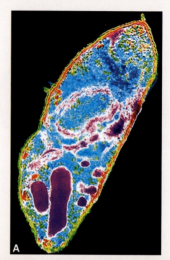

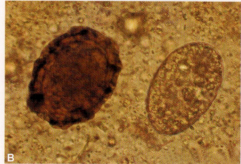

Figura 15.11 A. *Plasmodium falciparum*. B. *Ascaris suum*.

A ubiquinona (também chamada coenzima Q_{10}, coenzima Q e abreviada como CoQ_{10}, CoQ, Q10 ou simplesmente Q) é uma benzoquinona* (Figura 15.12) presente em praticamente todas as células do organismo. Por serem essenciais ao processo de síntese de ATP, tecidos com maior demanda energética, como coração, cérebro, rins e fígado, apresentam maiores concentrações de Q. Parte da molécula de Q é sintetizada da tirosina, enquanto outra porção da molécula é sintetizada de acetil-CoA pela via do mevalonato – mesma via utilizada nos primeiros passos da biossíntese do colesterol. Por apresentarem passos da síntese em comum com a molécula do colesterol, alguns medicamentos hipocolesterolêmicos podem causar inibição da produção de Q.

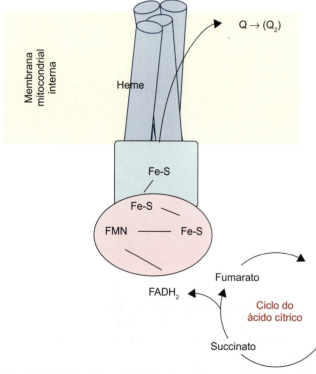

Figura 15.10 Modelo esquemático dos elétrons oriundos da oxidação do succinato em fumarato no ciclo do ácido cítrico captados pelo FAD convertendo-se em $FADH_2$. Essa molécula transfere seus elétrons para o FMN, primeiro cofator do complexo II. Posteriormente, os elétrons são transferidos para uma sequência de aglomerados Fe-S até o grupo heme, que, finalmente, conduz esses elétrons até a ubiquinona, que é convertida de sua forma Q para Q_2.

*Quinona (ou benzoquinona) é um dos dois isômeros de posição da ciclo-hexanodiona. Sua fórmula química é $C_6H_4O_2$. Os dois isômeros da ciclo-hexanodiona, então classificados como quinonas, são a orto-benzoquinona (benzoquin-1,2-ona) e a parabenzoquinona (benzoquin-1,4-ona).

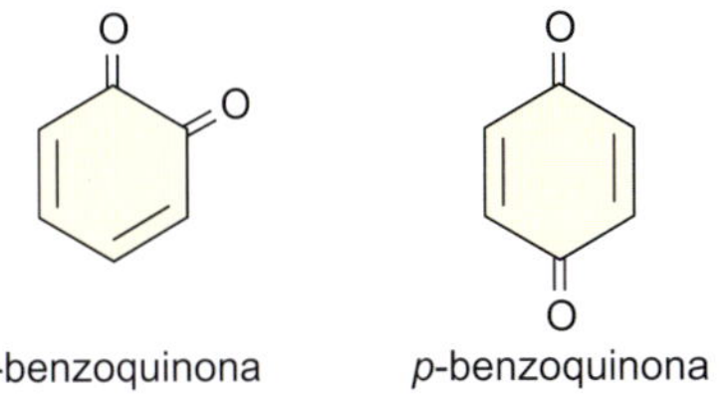

Figura 15.12 Estruturas dos dois isômeros da benzoquinona, uma diacetona cíclica cuja fórmula química é $C_6H_4O_2$.

Por sua propriedade de aceitar elétrons, Q também é utilizada como antioxidante na forma de suplementos nutricionais. A produção de Q diminui com a idade, o que aumenta a necessidade de sua suplementação, já que a sua carência pode causar danos em tecidos com altas demandas de ATP, como no cérebro. Na cadeia respiratória, a ubiquinona é capaz de aceitar um elétron, dando origem ao radical semiquinona (Q•⁻), ou aceitar dois elétrons, convertendo-se em ubiquinol (QH₂) (Figura 15.13). De fato, a ubiquinona recebe os pares de elétrons oriundos do NADH (complexo I) e do FADH₂ (complexo II). O transporte de elétrons ocorre concomitantemente ao bombeamento de prótons para o espaço intermembranar. A ubiquinona é uma molécula de caráter hidrofóbico e, por essa razão, transita livremente pela bicamada de fosfolipídios da membrana mitocondrial interna.

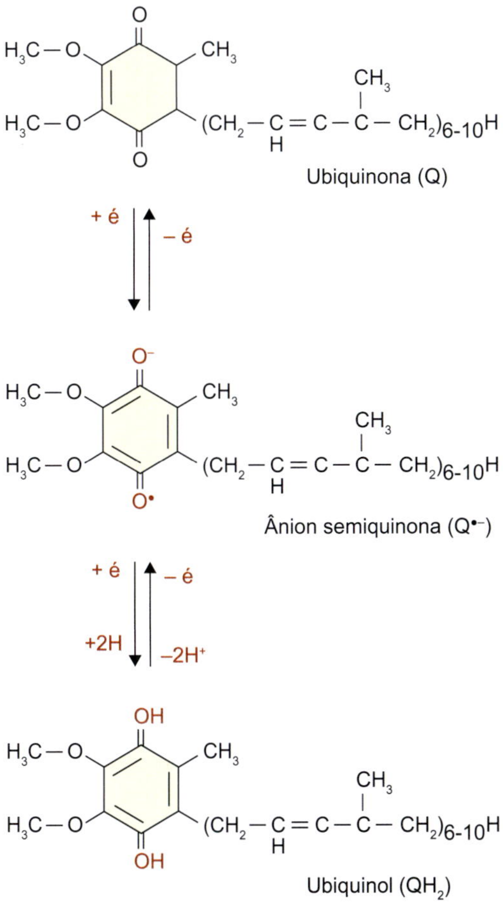

Figura 15.13 Molécula da ubiquinona (Q) e seus estados de oxidação e redução. Nota-se que a redução completa implica a acepção de dois elétrons (é) e dois prótons (H⁺). O ânion semiquinona é uma condição de redução parcial da molécula.

Complexo III

Dinâmica do fluxo de elétrons translocados pela ubiquinona

Os dois elétrons oriundos do último aglomerado Fe-S do complexo I são transferidos para a ubiquinona Q (Figura 15.14, setas em azul). A ubiquinona converte-se então em QH₂ e, subsequentemente, libera no espaço intermembranar dois prótons de hidrogênio (Figura 15.14, seta verde) ao mesmo tempo que transfere um de seus elétrons ao aglomerado Fe-S do complexo III (Figura 15.14, linha vermelha). Do aglomerado Fe-S, esse elétron segue para o citocromo *c*1 e, posteriormente, é captado pelo citocromo *c*. O segundo elétron segue seu fluxo pelo complexo III, sendo transferido para o citocromo *b*L (L = *low*, que indica citocromo de baixo potencial de acepção de elétrons) e segue posteriormente para o citocromo *b*H (H = *high*, que indica citocromo de alto potencial de acepção de elétrons). Esse elétron é, então, finalmente captado por outra molécula de Q, convertendo-se prontamente em Q⁻, que segue participando da segunda etapa do ciclo da ubiquinona (círculo descontínuo na Figura 15.14). Na segunda etapa do ciclo da ubiquinona, o elétron que segue pelos dois citocromos (Cit *b*L e Cit *b*H) é captado por outra molécula de Q, dando origem a Q⁻, que, por sua vez, capta dois íons H⁺ da matriz mitocondrial, transformando-se em um QH₂. A molécula de QH₂ volta ao *pool* de ubiquinona, reiniciando o ciclo. Esses dois prótons de H⁺ são, então, translocados para o espaço intermembranar (Figura 15.14).

Assim, a cada ciclo de Q, quatro prótons são bombeados para o espaço transmembranar, dois na primeira etapa e dois na segunda etapa, sendo os prótons da primeira etapa oriundos do complexo I, enquanto os prótons da segunda etapa, captados da matriz mitocondrial. Em um ciclo de Q, duas moléculas de QH₂ são oxidadas dando origem a duas moléculas de Q e, em seguida, uma molécula de Q é reduzida a QH₂. Nota-se que, enquanto Q é capaz de carrear dois elétrons, o citocromo *c* é capaz de aceitar um elétron de cada vez; por esse motivo o segundo elétron segue via cadeia de citocromos *b*L e *b*H.

O fluxo do segundo elétron por esses dois citocromos torna possível a utilização eficiente dos dois elétrons de QH₂. Assim, o complexo III atua como um elo no processo de transferência de elétrons de QH₂ para o citocromo *c*. A estrutura do complexo III e de seus respectivos cofatores está representada na Figura 15.15.

Citocromos

As mitocôndrias apresentam três classes de citocromos, *a*, *b* e *c*, e um citocromo é um tipo de proteína de transferência eletrônica que contém pelo menos um grupo heme. Os átomos de ferro dos grupos hemínicos alternam entre o estado ferroso (reduzido, Fe^{+2}) e férrico (oxidado, Fe^{+3}), à medida que os elétrons são transferidos por meio da proteína. Por isso, os citocromos são capazes de carrear um elétron de cada vez e não dois, por exemplo, como faz a ubiquinona. Os grupos heme dos citocromos os tornam capazes de absorver de forma eficiente a luz visível. De fato, os citocromos mitocondriais podem ser distinguidos em razão do comprimento de onda que absorvem: o citocromo *a* comprimentos de onda próximos de 600 nm; os citocromos do tipo *b*, comprimentos de onda de aproximadamente 560 nm; enquanto o citocromo *c*

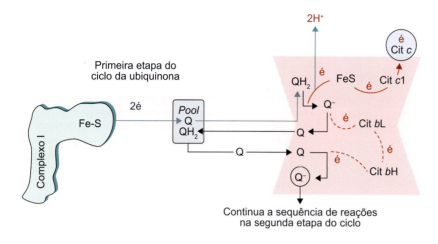

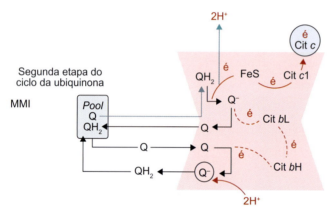

Figura 15.14 Modelo esquemático do "ciclo Q", processo pelo qual os elétrons são transferidos para o citocromo *c* por meio da ubiquinona e do complexo III. O ciclo ocorre em duas etapas, uma vez que o citocromo *c* é capaz de aceitar um elétron de cada vez. A cada etapa, dois H⁺ são carreados para o espaço intermembranar. Os citocromos *b*L e *b*H atuam como elementos recicladores do segundo elétron.

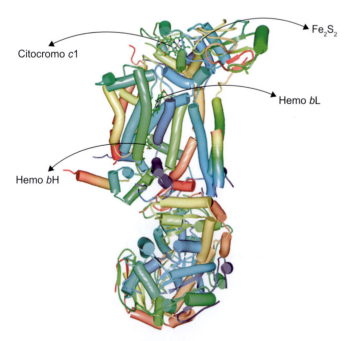

Figura 15.15 O complexo III é também conhecido como Q-citocromo *c* oxidorredutase, citocromo *c* redutase ou complexo citocromo bc_1. Em mamíferos, essa enzima é um dímero, em que cada subunidade é ela própria um complexo de 11 proteínas, um centro Fe_2S_2 e três citocromos (um citocromo c_1 e dois citocromos *b*). Código PDB: 1BE3.

comprimentos de onda na faixa de 550 nm. É por isso que, muitas vezes, o citocromo é citado acompanhado do comprimento de onda que respectivamente absorve, por exemplo, citocromo b_{562}. Os citocromos do tipo *a* e *b* e alguns do tipo *c* são proteínas integrais de membranas situados ancorados à membrana mitocondrial interna, com exceção do citocromo *c* da cadeia respiratória, o qual apresenta a propriedade de se difundir livremente pela bicamada lipídica da membrana mitocondrial interna. Por isso, faz a ponte de comunicação entre os complexos III e IV no que se refere ao transporte de elétrons (Figura 15.16).

Complexo IV

Também conhecido como citocromo *c* oxidase, o último dos elementos da cadeia respiratória que bombeiam prótons para o espaço intermembranar. Constitui-se de 13 subunidades, sendo três codificadas pelo genoma mitocondrial. O complexo citocromo *c* oxidase apresenta dois grupos heme *a*, denominados heme *a* e heme *a*3, unidos à proteína de forma não covalente, e dois centros de cobre designados *CuA/CuA* e *CuB*. O centro *CuA/CuA* apresenta dois íons de cobre coordenados por duas cisteínas, enquanto o centro *CuB* é coordenado por três histidinas, uma delas encontrando-se modificada por ligação covalente a uma tirosina (Figura 15.17). As moléculas de heme *a* e heme *a*3 apresentam potenciais redox distintos, uma vez que se encontram em diferentes ambientes no cerne

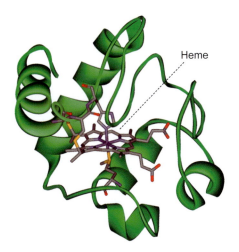

Figura 15.16 O citocromo *c* é uma pequena proteína heme associada à membrana interna da mitocôndria. Trata-se uma proteína solúvel, ao contrário de outros citocromos, sendo um componente essencial da cadeia transportadora de elétrons. É capaz de realizar oxidações e reduções, mas não se liga a oxigênio. Transfere elétrons entre o complexo coenzima Q-citocromo *c* redutase e o complexo enzimático citocromo *c* oxidase. Código PDB: 1HRC.

da enzima citocromo *c* oxidase. A reação mediada pela citocromo *c* oxidase é a conversão do oxigênio molecular em água, conforme a reação:

$$4\ Fe^{2+} - \text{citocromo } c + 8\ H^+_{dentro} + O_2 \rightarrow 4\ Fe^{3+} - \text{citocromo } c + 2\ H_2O + 4\ H^+_{fora}$$

A necessidade do oxigênio como captador final de elétrons para a cadeia respiratória é que torna essa reação aeróbia; por isso, os animais aeróbios desenvolvem diferentes mecanismos para retirar o oxigênio do ar inspirado. A citocromo *c* oxidase recebe um elétron de cada uma das moléculas de citocromo *c* e transfere-os para o oxigênio, convertendo-o em duas moléculas de água.

Nesse processo, dá-se a translocação de quatro prótons, que atuam na composição do potencial quimiosmótico, usado pela ATP sintase para a formação de ATP. O oxigênio é um forte captador de elétrons, contudo sua tendência química é "oxidar-se de forma gradual", ou seja, aceitar um elétron por vez. Contudo, quando isso acontece, aparecem as espécies reativas de oxigênio, os radicais livres. Assim, ao "obrigar" o oxigênio a aceitar quatro elétrons, a citocromo *c* oxidase supera a tendência monoeletrônica do oxigênio, convertendo-o imediatamente em água. O fluxo de elétrons pela citocromo *c* oxidase é termodinamicamente favorável ($\Delta G°' -55,4$ kcal/mol^{-1}) e segue a sequência: do citocromo *c* para o centro *CuA* do heme *a*, posteriormente para o centro binuclear *CuB* heme *a3* e, finalmente, para o oxigênio.

A cada quatro elétrons que seguem esse circuito, quatro prótons de hidrogênio, oriundos da matriz mitocondrial, são consumidos (Figura 15.16), operação que requer 20,8 kcal/mol^{-1}, uma quantidade de energia menor do que a energia livre disponível para a reação de redução do oxigênio a água (-55,4 kcal/mol^{-1}). O que ocorre, então, com a quantidade de energia excedente dessa reação de fluxo de elétrons? É aproveitada pela própria citocromo *c* oxidase para bombear mais quatro prótons da matriz mitocondrial para o espaço intermembranar, compondo um total de oito prótons extrudidos da matriz a cada ciclo de fluxo de elétrons por meio do complexo da citocromo *c* oxidase (Figura 15.18).

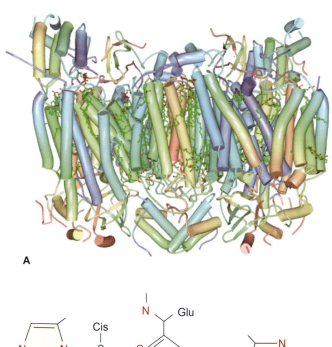

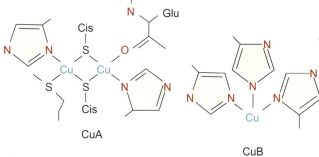

Figura 15.17 A. Estrutura da citocromo *c* oxidase (complexo IV) de um coração bovino em estado completamente oxidado. Código PDB: 2EIK. **B** e **C.** As demais estruturas químicas referem-se aos cofatores responsáveis pela transferência de elétrons da citocromo *c* oxidase.

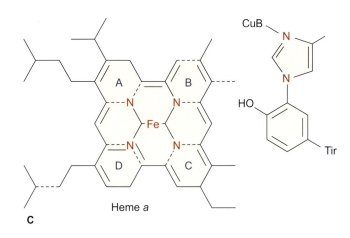

Figura 15.18 A. Modelo esquemático que mostra o circuito percorrido pelos elétrons nos cofatores da citocromo *c* oxidase. **B.** Resumo das reações mediadas pela enzima citocromo *c* oxidase.

Elétrons produzidos na glicólise somam-se aos do ciclo de Krebs

Os elétrons produzidos durante a glicólise são captados pelo NAD, dando origem ao NADH. A membrana mitocondrial interna é impermeável ao NADH de modo que somente os elétrons devem ser transportados para a matriz mitocondrial, o que se dá por meio de sistemas de lançadeiras, como de glicerol-fosfato e de malato-aspartato. O sistema de lançadeira de glicerol-fosfato está presente nos músculos esqueléticos e no cérebro, ocorrendo da seguinte maneira: o NADH formado na glicólise durante a oxidação do gliceraldeído-3-fosfato doa elétrons para o glicerol-3-fosfato formando di-hidroxiacetona fosfato e regenerando o NAD, reação essa catalisada pela enzima glicerol-3-fosfato desidrogenase; outra isoforma desta enzima encontra-se ancorada à face interna da membrana mitocondrial interna e realiza a reação inversa, ou seja, transforma a di-hidroxiacetona fosfato em glicerol-3-fosfato, então um par de elétrons do glicerol-3-fosfato é transferido para o FAD, formando $FADH_2$; por fim, a flavina reduzida transporta os seus elétrons até a coenzima Q, originando QH_2, que segue na cadeia respiratória. Essa lançadeira, ao contrário da lançadeira de malato-aspartato, necessita de ATP e seu saldo é, portanto, menor, pois o FADH produz 1,5 mol de ATP, e não 2,5 mols como o NADH (Figura 15.19).

Já a lançadeira de malato-aspartato está presente em células do fígado, rins e coração. No citosol, o NADH promove redução do oxalacetato a malato, por meio da enzima malato desidrogenase que se situa no citosol (enzima extramitocondrial). O NADH citosólico reduz o oxalacetato a malato por meio da enzima extramitocondrial malato desidrogenase, que utiliza NAD^+ como coenzima. Por meio da reoxidação do malato na matriz mitocondrial, ocorre a transferência de elétrons produzidos no citosol. O oxalacetato formado é convertido em aspartato, capaz de atravessar a membrana mitocondrial de volta ao citosol. No citosol, o aspartato regenera o oxalacetato, e o NADH produzido na mitocôndria finalmente transfere elétrons à cadeia respiratória (Figura 15.20).

Considerações adicionais sobre a fosforilação oxidativa

Até aqui, foram abordados todos os processos pelos quais os elétrons são carreados, desde os captadores universais (FAD/NAD) até o último elemento da cadeia transportadora de elétrons, bem como suas estruturas. Mas por que a fosforilação oxidativa é necessária? Por que ela acontece?

A fosforilação oxidativa só existe por causa do oxigênio e, no caso dos seres humanos, os pulmões só existem para suprir a cadeia respiratória de oxigênio, já que o oxigênio é o

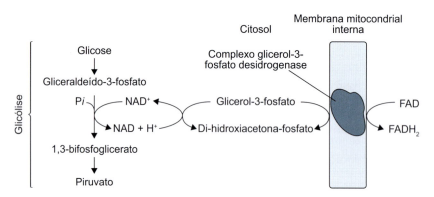

Figura 15.19 Lançadeira de glicerol-fosfato, um mecanismo capaz de transferir para a cadeia transportadora de elétrons os elétrons produzidos na glicólise durante a oxidação do gliceraldeído-3-fosfato. O NADH citosólico reduz a di-hidroxiacetona fosfato a glicerol-3-fosfato, em uma reação catalisada pela enzima citosólica glicerol-3-fosfato-desidrogenase. A reação reversa utiliza FAD ancorada à membrana mitocondrial interna e transfere elétrons à coenzima Q.

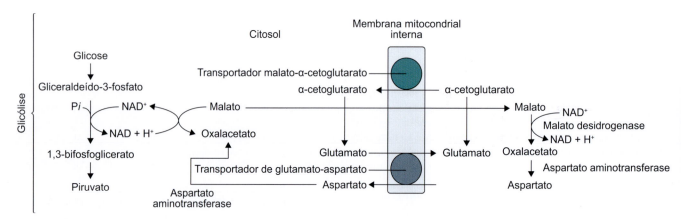

Figura 15.20 Lançadeira de malato-aspartato. O NADH citosólico reduz o oxalacetato a malato, que, por sua vez, é transportado pela membrana mitocondrial interna até alcançar a matriz mitocondrial. A reoxidação do malato dá origem ao NADH, que, então, transfere elétrons para a cadeia transportadora.

captador final de elétrons da cadeia respiratória. A fosforilação oxidativa é a forma pela qual as células transformam a energia química contida na dieta em um potencial energético (prótons no espaço intermembranar) necessário à síntese de mais energia química, só que já capaz de mediar os processos químicos celulares, o ATP. A transferência de elétrons, provenientes da oxidação de um substrato em oxigênio, ocorre por meio dos complexos constituintes da cadeia transportadora de elétrons – também denominada cadeia respiratória – e está acoplada ao bombeamento de H$^+$ para o espaço intermembranar.

Esse processo origina a força próton motriz (Dp), resultante da assimetria de prótons entre o espaço intermembranar e a matriz mitocondrial e o DΨ decorrente da diferença do potencial elétrico entre os dois compartimentos (espaço intermembranar e matriz mitocondrial). Nas mitocôndrias, a Dp direciona a síntese de ATP, a partir de ADP e fosfato inorgânico, pela ATP sintase. Assim, com a utilização do substrato, o oxigênio é consumido na medida em que é reduzido a H$_2$O

e, de forma acoplada, o ATP é sintetizado. A Figura 15.21 tem o propósito de resumir todas as operações que ocorrem na cadeia respiratória.

Estequiometria da fosforilação oxidativa

Conclui-se, então, que são formados 2,5 ATP por cada NADH+H$^+$ oxidado e 1,5 ATP por cada FADH$_2$ oxidado na cadeia respiratória.

Complexo I: 1 ATP

Complexo III: 0,5 ATP

Complexo IV: 1 ATP

Cada par de elétrons reduz ½ O$_2$, produzindo H$_2$O. No entanto, não existe ½ O$_2$, e sim O$_2$. Assim, são necessários quatro pares de elétrons (2 NADH+H$^+$ ou 2 FADH$_2$) para que a citocromo c oxidase (complexo IV) consiga reduzir o O$_2$ até H$_2$O.

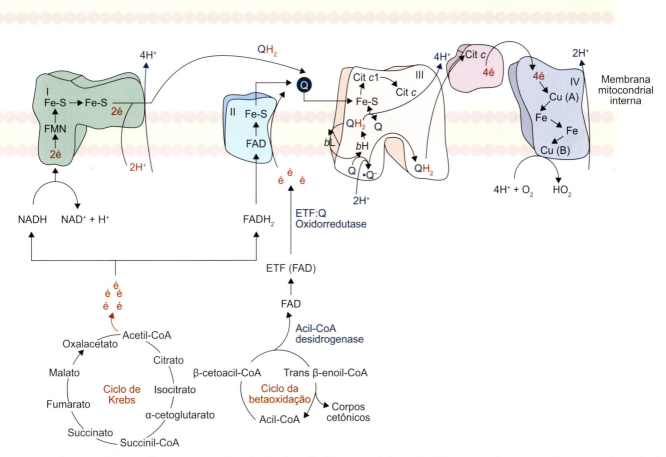

Figura 15.21 Fluxo de elétrons pela cadeia respiratória. O ciclo de Krebs é uma grande fonte de elétrons que adentram a cadeia respiratória pelo complexo I por meio do NADH e pelo complexo II por meio do FADH$_2$. O complexo I catalisa a transferência de um íon hidreto do NADH para o FMN; subsequentemente, dois elétrons fluem por uma sequência de proteínas ferro-enxofre para a ubiquinona (Q). A transferência de elétrons para Q dá origem a QH$_2$ (ubiquinol). Nota-se que Q aceita elétrons oriundos do ciclo da betaoxidação. Nesse caso, os elétrons são transferidos para Q por meio da acil-CoA desidrogenase, a primeira enzima do ciclo da betaoxidação que transfere elétrons para a flavoproteína transferidora de elétrons (ETF). Em seguida, os elétrons fluem para Q via ETF: ubiquinona oxidorredutase. No complexo III, nota-se que duas moléculas de QH$_2$ são oxidadas formando duas moléculas de Q e, posteriormente, uma molécula de Q é reduzida a QH$_2$. Isso ocorre porque os citocromos do complexo III são capazes de canalizar um elétron por vez. O citocromo c atua de forma semelhante ao elemento Q, já que apresenta caráter lipossolúvel, fazendo a conexão entre os complexos III e IV. O passo final da cadeia respiratória ocorre no complexo IV. Nesta fase, dois elétrons do citocromo c são captados pelo oxigênio molecular que sofre redução a H$_2$O.

Inibidores da fosforilação oxidativa (desacopladores)

Muitos detalhes dos mecanismos de transporte de elétrons e da fosforilação oxidativa foram obtidos com base em estudos dos efeitos de inibidores da cadeia respiratória. Existem diversos compostos químicos que inibem a fosforilação oxidativa e, embora normalmente qualquer um deles iniba apenas uma enzima da cadeia de transporte eletrônico, a inibição de apenas um dos passos é suficiente para frenar toda a cadeia. Por exemplo, a presença de oligomicina inibe a subunidade *Fo* da ATP sintase, impedindo o fluxo de prótons do espaço intermembranar de volta para a matriz mitocondrial, resultando na inoperância das bombas de prótons, já que o gradiente de concentração protônica se torna demasiado forte para ser superado. O NADH deixa, então, de ser oxidado, parando o funcionamento do ciclo dos ácidos tricarboxílicos, pois a concentração de NAD^+ cai para níveis inferiores aos necessários para o funcionamento das enzimas dessa via metabólica. Enquanto a oligomicina atua na subunidade *Fo* da ATP sintase, a aurovertina inibe a subunidade F1. A inibição da cadeia pode se dar em qualquer de seus complexos enzimáticos, por exemplo, a rotenona (um agente inseticida) e o amital (um barbitúrico) são fortes inibidores do complexo I, enquanto o complexo II sofre inibição por elementos do ciclo do ácido cítrico, fumarato e succinato, além de fármacos como a 2-tenoiltrifluoroacetona (um agente orgânico complexante) e carboxina (um fungicida) e seus derivados (Figura 15.22). Já o complexo III pode ser inibido por um tipo de antibiótico produzido de espécies de bactérias *Streptomyces* chamado antimicina A, cuja propriedade é bloquear o fluxo de elétrons do citocromo *b* para o citocromo *c*; o mixotiazol, por sua vez, inibe o mesmo complexo atuando no sítio Q_p. Além desses compostos, outras substâncias utilizadas farmacologicamente no cotidiano podem afetar a bioenergética celular atuando de modo a provocar alterações na permeabilidade da membrana mitocondrial interna e/ou na velocidade do transporte de elétrons pela cadeia respiratória. Entre eles, estão presentes alguns anti-inflamatórios com grupos ionizáveis, incluindo os agentes não esteroidais, como diclofenaco, piroxicam, meloxicam, ácido acetilsalicílico, indometacina e nimesulide. A ação desacopladora desses compostos foi observada em mitocôndrias isoladas e em fígado de rato perfundido, em concentrações que correspondem às doses utilizadas na terapêutica.

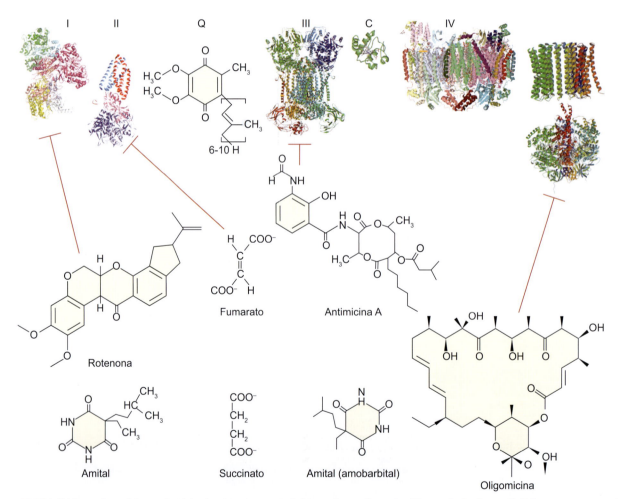

Figura 15.22 Inibidores da cadeia respiratória. A rotenona e o amital impedem o fluxo de elétrons de Fe-S para Q. O fumarato e o succinato são intermediários do ciclo do ácido cítrico e agem como controladores da velocidade da cadeia, atuando como inibidores do complexo II. A antimicina A e o amital bloqueiam o transporte de elétrons também de Fe-S para Q, mas atuando no complexo II. A oligomicina age diretamente na bomba de ATP sintase, impedindo a síntese de ATP e, consequentemente, parando a cadeia respiratória. A oligomicina inibe a subunidade *Fo* da ATP sintase. (I) Complexo I de *Thermus thermophilus* (Código PDB: 2FUG). (II) Complexo II de *Escherichia coli* (Código PDB: 1NEK). (Q) Ubiquinona. (III) Complexo III de fungo(Código PDB: 1KYO). (C) Citocromo oxidase de coração de cavalo (Código PDB:1HRC). (IV) Citocromo oxidase de coração bovino (Código PDB: 2EIK).

Outros compostos que também tiveram seu efeito desacoplador demonstrado foram alguns antipsicóticos, antidepressivos, fármacos antitumorais, antimicóticos e anti-helmínticos.

> **Bioclínica**
>
> A mandioca-brava (*Maniho tutilissima* Pohl/*Manihot esculenta* ranz) pertence à família Euphorbiaceae. Todas as mandiocas contêm maior ou menor concentração de um glicosídeo cianogenético chamado mani-hotoxina, que é quimicamente idêntico à linimarina, que ocorre na semente do linho (*Linum usitatissimum*), e à phaseolunatina, encontrada em *Phaseoluslunatus*.
>
> Essa substância tóxica está disseminada por todas as partes da planta, principalmente nas folhas e na raiz, sendo mais concentrada no látex. Os glicosídeos cianogênicos são compostos orgânicos formados por um açúcar (mais comumente glicose) e uma porção não açúcar, denominada porção aglicona. Uma propriedade marcante dos glicosídeos cianogênicos é a facilidade com que sofrem hidrólise em meio ácido. Assim, no ambiente gástrico, onde o pH é menor que 2,0, encontram o espaço ideal para hidrolisar e liberar o ácido cianídrico, responsável pela toxidade. Além do pH, a hidrólise se dá ação das enzimas β-glicosidases produzidas pela microbiota do trato gastrintestinal.
>
> A toxicidade do ácido cianídrico reside em sua grande capacidade de interagir com o ferro em seu estado férrico (Fe^{+3}) e, assim, reagir fortemente com o ferro trivalente da citocromo *c* oxidase, bloqueando o transporte de elétrons para o oxigênio molecular, desencadeando inibição da fosforilação oxidativa e, consequentemente, hipoxia citotóxica. A ingestão da mandioca-brava causa um quadro clínico semelhante ao da intoxicação pelo ácido cianídrico, mas não com as características superagudas, pois a quantidade liberada desse ácido, em geral, é gradual e pequena, embora seja capaz de levar a óbito, dependendo das condições fisiológicas e da quantidade ingerida. A sintomatologia compreende hiperpneia decorrente da estimulação direta dos quimioceptores presentes nas carótidas e na crossa da aorta, e também por causa da queda nos níveis de oxigênio. Outros sintomas incluem irritação da boca, faringe acompanhada de sialorreia, náuseas, vômitos, cólica abdominal, manifestações neurológicas, com destaque para tontura, incoordenação das ideias, perturbação visual, midríase e sonolência. Finalmente, ocorrem convulsões com contração dos maxilares (trismo) e repuxos tetaniformes, forçando o pescoço e o dorso para trás (em opistótono), seguidos de morte. As formas de preparo da mandioca, como por cozimento, fritura e aquecimento, tendem a minimizar os riscos de intoxicações agudas. De fato, os índios utilizam a mandioca-brava em sua dieta no preparo do beiju, iguaria tipicamente brasileira, feita com a fécula extraída da mandioca que, ao ser espalhada em uma chapa aquecida, coagula-se e transforma-se em um tipo de panqueca. Em razão do aquecimento durante o preparo, os glicosídeos cianogênicos se desprendem, tornando possível o consumo do beiju sem risco para a saúde. O tratamento da intoxicação por mandioca-brava deve ser rápido e ocorre no sentido de deslocar a interação do ácido cianídrico com a citocromo *c* oxidase; para tanto, utiliza-se, por exemplo, a administração de nitrito de sódio, que transforma a hemoglobina em metemoglobina. Nesse estado, o ferro do grupo heme da hemoglobina adquire a forma férrica e sua afinidade pelo cianeto torna-se maior que a do ferro da citocromo oxidase, fazendo o cianeto deslocar-se da citocromo para a metemoglobina e dando origem à cianometemoglobina.
>
> Subsequentemente, deve-se proceder à remoção do cianeto do organismo, o que pode ser feito pela administração intravenosa de tiossulfato de sódio, que tem a função de acelerar a conversão do cianeto em tiocianato pela enzima rodanase presente em todos os tecidos, sobretudo no fígado, o que possibilita sua excreção via urinária, uma vez que a toxicidade do tiocianato é muito menor que a do cianeto.

Proteínas desacopladoras, o freio da fosforilação oxidativa

Outra importante classe de reagentes que afetam a síntese de ATP, mas de uma maneira que não envolve ligação direta com nenhuma das proteínas da cadeia transportadora de elétrons ou com F_1F_o ATPase, são as proteínas desacopladoras. Esses agentes são conhecidos como desacopladores porque corrompem o fino acoplamento que existe entre o transporte de elétrons e a ATP sintase. Desacopladores agem na dissipação do gradiente de prótons pela membrana mitocondrial interna criado pelo sistema de transporte de elétrons de modo que diminuem a eficiência na síntese mitocondrial de ATP. Exemplos típicos incluem 2,4-dinitrofenol, dicumarol e carbonil cianeto p-trifluorometoxifenil hidrazona (mais conhecido como fluorocarbonil-cianeto fenil-hidrazona ou FCCP).

As proteínas desacopladoras (UCP) compõem uma família de proteínas bombeadoras de prótons localizada na membrana mitocondrial interna e têm função de translocação dos prótons e elétrons do espaço intermembranar para a matriz mitocondrial, dissipando o gradiente de prótons pela membrana interna da mitocôndria. No processo de síntese de ATP, a cadeia respiratória transporta prótons e elétrons por meio da membrana interna da mitocôndria para o espaço intermembranar, criando um gradiente de prótons. No retorno dos prótons para a matriz mitocondrial, as proteínas ATP sintase, em uma reação acoplada, utilizam a energia para fosforilar o ADP (+ P*i*) e sintetizar o ATP. Assim, tal como as ATP sintase, as UCP se localizam na membrana interna e servem como um canal alternativo para que os prótons atravessem de volta para a matriz.

Quando a UCP é estimulada, a energia não é aproveitada para a fosforilação do ADP, produzindo apenas calor. Assim, a produção de espécies reativas de oxigênio por parte da mitocôndria sofre um controle fisiológico pelas proteínas desacopladoras. Cinco moléculas têm sido identificadas como membros da família de proteínas desacopladoras: UCP1 é a forma clássica das UCP e encontra-se presente no tecido adiposo marrom; UCP2 distribui-se mais largamente em muitos tecidos, incluindo o sistema nervoso central e músculos esqueléticos; e UCP3 está relacionada com o consumo de substratos energéticos, sendo regulada pela disponibilidade e pelo metabolismo desses substratos. A UCP1 presente no tecido adiposo marrom está relacionada com a termogênese, enquanto as UCP2 e UCP3 estão envolvidas na prevenção da produção de ânions superóxidos e na regulação do ciclo de ácidos graxos no interior das mitocôndrias. As funções da UCP4 e UCP5 não foram plenamente elucidadas ainda, mas estão presentes no tecido neural provavelmente para protegê-lo da ação deletéria de O_2^- por causa da alta taxa metabólica desse tecido.

Toxicidade do oxigênio

A vida na Terra surgiu na ausência de oxigênio, condição na qual os primeiros organismos criaram mecanismos para produzir energia. Um deles é a glicólise, fase anaeróbia de produção de ATP presente nas células eucariontes e procariontes que antecede o ciclo do ácido cítrico. Posteriormente, na Terra primitiva os níveis de oxigênio começaram a aumentar e, nesse período, possivelmente, as mitocôndrias passaram a integrar as células eucariotas, tornando possível o aproveitamento do oxigênio para a continuação da oxidação do piruvato. A capacidade dos organismos em aproveitar o oxigênio para continuar a oxidação do piruvato originado na glicólise proporcionou um imenso rendimento energético, mas também propiciou o aparecimento de substâncias extremamente deletérias à homeostasia celular, os radicais livres. Quimicamente, os radicais livres têm um elétron livre ou elétron ímpar na última camada de valência e, por sua natureza instável, promovem danos moleculares que se propagam em cadeia. Como consequência da presença desse elétron ímpar, essa espécie química pode doar elétrons – atividade redutora – ou retirar elétrons de outras substâncias para se estabilizar – atividade oxidante. Vários elementos químicos podem originar radicais livres (Tabela 15.4); porém, por motivos de natureza eletrônica, a molécula de oxigênio apresenta forte tendência a formar esses radicais. Os principais radicais livres de importância biológica, formados do oxigênio molecular, são o radical superóxido (O_2^-) e o radical hidroxila ($OH^\bullet$), sendo, no homem, o O_2^- o mais comumente formado. O oxigênio pode ainda combinar-se para formar o peróxido de hidrogênio (H_2O_2) e, embora essa molécula não seja considerada um radical livre propriamente dito, pode originar o ânion $OH^\bullet$, considerado o radical livre mais reativo existente, sendo o responsável pela maior parte dos danos oxidativos nas células.

Observando com maior atenção a cadeia transportadora de elétrons, nota-se que os dois maiores sítios de produção de radicais livres são os complexos I e II, uma vez que são locais onde ocorrem as maiores mudanças na energia potencial dos elétrons relacionados com a redução e a oxidação. Em manipulações experimentais, quando se aumentou o potencial redox do complexo I ou II, observou-se concomitante aumento de espécies reativas de oxigênio, sustentando a hipótese de que o potencial redox desses sítios é relevante na formação de radicais livres. O potencial de oxirredução padrão de determinado par oxidante/redutor é uma medida da estabilidade termodinâmica relativa das duas formas oxidada/reduzida: quanto maior o seu valor, maior a estabilidade da forma reduzida relativamente à forma oxidada desse par. Entre os compostos envolvidos na cadeia respiratória, merecem especial destaque o O_2 e o NADH. O valor positivo e elevado do potencial redox-padrão do par O_2/H_2O ($E^{o'}+0,815$) indica que o O_2 é um potente oxidante e tende a aceitar elétrons de outros compostos reduzindo-se a H_2O. No outro extremo da escala, está o par $NAD^+/NADH$, cujo baixo (muito negativo: $E^{o'}-0,315$) potencial redox-padrão significa que o NADH tem uma grande tendência a ceder elétrons, oxidando-se em NAD^+.

A velocidade com que o processo ocorre depende de catalisadores: os complexos proteicos I, III e IV da cadeia respiratória. Para compreender mais sobre a dinâmica de formação de espécies reativas no interior da mitocôndria, pode-se construir um modelo teórico.

Para tanto, define-se que a energia líquida necessária à redução do oxigênio será denominada E_{ox}, que pode ser estimada como a diferença entre o potencial redox para a cessão de um único elétron ao oxigênio (E^o-160 mV) e o potencial redox de um doador de elétron qualquer em determinado local de reação.

É importante ainda considerar a tensão parcial de oxigênio P_{O_2}, assim, tem-se a seguinte equação para o total de espécies reativas de oxigênio (ERO) originadas na matriz mitocondrial (Figura 15.23). Na equação, "sítio" representa todas as ERO originadas na mitocôndria de determinada célula. Uma vez que a concentração de oxigênio é muito maior que a de O_2^- ou de H_2O_2, a reversão da reação na equação pode ser desconsiderada. Com base nessa abordagem, qualquer alteração na fosforilação oxidativa que modifique algum dos termos presentes na equação, incluindo o número de mitocôndrias ou mesmo os próprios citocromos, poderia aumentar a gênese de radicais livres. Por exemplo, mantendo-se a mitocôndria em estado reduzido, ou seja, sem aporte de ADP nem de P*i* para a fosforilação oxidativa, ou ainda administrando-se inibidores do transporte de elétrons, ocorre aumento de E_{OX} no sítio I ou III, conduzindo a um aumento de Q_{ERO}.

Experimentalmente, pode-se produzir uma quantidade grande de radicais livres revertendo-se o fluxo de elétrons na cadeia respiratória. Essa condição é alcançada quando há succinato na presença de um inibidor do sítio III, produzindo, assim, um fluxo reverso de elétrons do sítio II para o sítio I. A reversão do fluxo de elétrons pode ser responsável pelo aumento dos níveis de radicais livres durante a betaoxidação, que também produz elétrons para o sítio II via FAD. Outro exemplo de aumento endógeno de E_{OX} e ERO se dá durante a

$$Q_{EROS's} \approx \sum_{\text{sítio}+n}^{\text{sítio}} (K_{OXsitio}\ E_{OXsitio}\ [\text{sítio}] \times PO_2$$

Figura 15.23 Equação que possibilita calcular a quantidade de espécies reativas de oxigênio formadas durante os processos aeróbios de obtenção de energia. Fonte: Balaban *et al.*, 2005.[1]

Tabela 15.4 Substâncias que originam radicais livres.

Elemento	Radical	Propriedades	Elemento	Radical
Oxigênio	Superóxido O_2^-	Provável mediador de sinais em vasos. Relativamente pouco reativo, atravessa membranas celulares pelos canais iônicos	Oxigênio	Superóxido O_2^-
Oxigênio	H_2O_2	Relativamente inerte por si só, pode, contudo, originar radicais citotóxicos. Atravessa com facilidade a bicamada lipídica das membranas biológicas	Oxigênio	H_2O_2
Oxigênio	Hidroxila OH	O mais potente oxidante conhecido	Oxigênio	Hidroxila OH
Nitrogênio	NO	Radical livre gasoso. Pouco reativo *per se*, lipossolúvel, também atravessa com facilidade membranas biológicas	Nitrogênio	NO
Nitrogênio	ONNO⁻	Dá origem a um potente oxidante, o íon nitrônio (NO_2^+)	Nitrogênio	ONNO⁻
Carbono	Metil	Possível envolvimento em danos ao DNA	Carbono	Metil
Enxofre	Tiol	Intermediário da oxidação e interconversão de tióis. Significado biológico incerto	Enxofre	Tiol

apoptose; nesse caso, ocorre a liberação da citocromo *c* resultando em um bloqueio no fluxo de elétrons que aumenta no sítio I. Todas as evidências indicam, portanto, que os radicais livres são um subproduto inevitável do eficiente processo de respiração celular aeróbia, mas cuja gênese pode ser reduzida por meio de substâncias denominadas desacopladoras.

Embora existam outras fontes celulares de produção de ERO, como as ciclo-oxigenases e os peroxissomos, a maior parte dos radicais livres (cerca de 90%) é produzida na mitocôndria durante a fosforilação oxidativa. Em vários pontos ao longo da cadeia de citocromos, elétrons derivados do NADH ou do FADH podem reagir diretamente com o oxigênio dando origem a espécies reativas de oxigênio. Isso é possível por causa da configuração eletrônica da molécula de oxigênio, que apresenta a propriedade de aceitar um elétron de cada vez (tendência monoeletrônica do oxigênio). É por essa razão que os radicais livres mitocondriais são necessariamente espécies oriundas do oxigênio, principalmente O_2^- (Figura 15.24). Nessa sequência de eventos, a citocromo *c* oxidase tem a função de impedir a formação de espécies intermediárias de oxigênio, uma vez que força a reação a ocorrer em uma única etapa, formando ao final H_2O, ou seja, vencendo a tendência monoeletrônica do oxigênio. Contudo, uma pequena fração de radicais livres "escapa" da eficiência da citocromo *c* oxidase. Para essa fração, a célula conta ainda com a proteção do sistema enzimático antioxidante.

Aparato enzimático antioxidante

Uma definição possível de antioxidante é que são substâncias capazes de inibir a oxidação de outras substâncias, ou, ainda, uma dada substância que, em concentrações baixas, quando comparadas às concentrações do substrato oxidante, apresenta a propriedade de impedir a oxidação de substâncias suscetíveis. Os antioxidantes podem ser classificados, quanto a sua localização, em endógenos e exógenos, estando os primeiros presentes naturalmente no interior das células, enquanto os exógenos devem ser obtidos da dieta, por exemplo. Outra forma de classificação dos antioxidantes é quanto a sua polaridade, uma vez que as espécies químicas reativas podem surgir tanto em meio hidrofílico quanto hidrofóbico (Tabela 15.5). Os antioxidantes endógenos mais eficientes são as enzimas, como no caso da enzima superóxido dismutase (SOD), cuja função é promover a dismutação do ânion superóxido originando peróxido de hidrogênio e oxigênio ao final da reação.

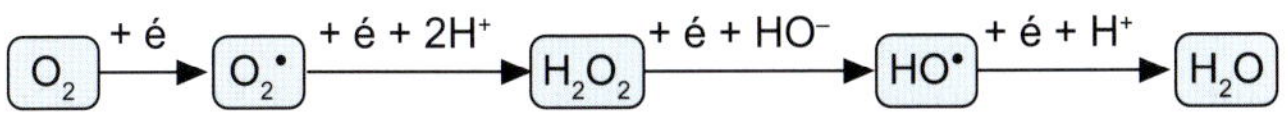

A SOD é uma enzima tetramérica manganês-dependente por apresentar um átomo desse mineral por subunidade. A SOD citosólica é uma enzima com duas subunidades, cada uma contendo um átomo de cobre e um átomo de zinco. A ação da SOD não promove uma dismutação completa do radical superóxido, uma vez que surge, ao final da reação, o peróxido de hidrogênio que, embora não seja um radical livre *per se*, pode reagir com metais de transição, como o ferro ou cobre para formar um radical poderoso, o radical hidroxila (OH•). Essa reação é conhecida como reação de Fenton. A reação iniciada pela SOD é completada pela catalase, uma hemeproteína que contém quatro grupos heme, dependentes de ferro, encontrada predominantemente nos peroxissomos. A catalase converte o peróxido de hidrogênio (inorgânico) em água e oxigênio, apresenta o ferro como seu principal cofator. Ela é mais importante onde há uma grande concentração de formação H_2O_2, como os peroxissomos, o fígado e os eritrócitos. Entretanto, o ânion superóxido pode reagir diretamente com o peróxido de hidrogênio, dando origem ao íon hidróxido e ao radical hidroxila, outra ERO, em um processo denominado reação de Haber-Weiss. Esta se processa em uma única etapa e não requer ferro para ocorrer (Tabela 15.6). Nesse caso, o ânion superóxido cede um elétron ao peróxido de hidrogênio, voltando, assim, a ser um elemento estável (oxigênio molecular). Ao receber esse elétron, o H_2O_2 descompartilha o par

$$O_2 \xrightarrow{+ \text{é}} O_2^{\bullet} \xrightarrow{+ \text{é} + 2H^+} H_2O_2 \xrightarrow{+ \text{é} + HO^-} HO^{\bullet} \xrightarrow{+ \text{é} + H^+} H_2O$$

Figura 15.24 Espécies intermediárias de oxigênio que podem surgir na fosforilação oxidativa pela tendência monoeletrônica do oxigênio.

Tabela 15.5 Classificação dos antioxidantes endógenos e exógenos quanto à polaridade.

Antioxidante	Caráter	Mecanismo de ação	Antioxidante	Caráter
Superóxido dismutase (SOD)	Hidrofílico	Dismutação do O_2^- em H_2O_2 e O_2	Superóxido dismutase (SOD)	Hidrofílico
Catalase	Hidrofílico	Dismutação da H_2O_2 em H_2O e O_2	Catalase	Hidrofílico
Glutationa peroxidase (GPX)	Hidrofílico ou lipofílico	Redução do R-OOH a R-OH	Glutationaperoxidase (GPX)	Hidrofílico ou lipofílico
Metalotioneínas	Hidrofílico	Liga-se a metais de transição, promovendo sua neutralização	Metalotioneínas	Hidrofílico
Tiorredoxinas	Hidrofílico	Redução do R-S-S-R a R-SH	Tiorredoxinas	Hidrofílico
Glutationa	Hidrofílico	Redução do R-S-S-R a R-SH *scavenger* de radicais livres, cofator da GPX	Glutationa	Hidrofílico
Ubiquinol	Lipofílica	*Scavenger* de radicais livres, previne a lipoperoxidação	Ubiquinol	Lipofílica
Ácido lipoico	Anfifílico	*Scavenger* de ERO	Ácido lipoico	Anfifílico
Ácido ascórbico (vitamina C)	Hidrofílico	*Scavenger* de radicais livres, regenera os tocoferóis (vitamina E), mantém enzimas em estado reduzido	Ácido ascórbico (vitamina C)	Hidrofílico
Retinóis e carotenoides	Lipofílico	*Scavenger* de radicais livres	Retinóis e carotenoides	Lipofílico
Tocoferóis (vitamina E)	Lipofílico	Previne lipoperoxidação e aumenta a absorção do selênio	Tocoferóis (vitamina E)	Lipofílico
Selênio	Anfifílico	Constituinte da GPX e da tiorredoxina	Selênio	Anfifílico

Tabela 15.6 Reações envolvendo dismutação de radicais livres e enzimas relacionadas.

Reação	Observações
$O_2 + 2H^+ \xrightarrow{SOD} O_2 + H_2O_2$	Dismutação do ânion superóxido por meio da enzima superóxido dismutase (SOD), uma enzima extremamente abundante no organismo humano
$Fe^{+2} + H_2O_2 \rightarrow Fe^{+3} OH^- + OH^\bullet$	A reação de Fenton dá origem ao radical hidroxila (OH$^\bullet$), quando o peróxido de hidrogênio reage com o íon ferro bivalente. Isso ocorre em razão da incapacidade da SOD de promover uma completa dismutação do radical superóxido, surgindo, ao final da reação, o peróxido de hidrogênio
$OH^- + H_2O_2 \xrightarrow{Fe^{+3}/Cu^{+2}} OH^- + OH^\bullet$	A dismutação do ânion peroxil é realizada pela catalase. Dessa maneira, a catalase conclui a reação inicializada pela SOD, convertendo o peróxido de hidrogênio (inorgânico) em água e oxigênio
$H_2O_2 + O_2 \rightarrow O_2 + OH^- + OH^\bullet$	O ânion superóxido pode reagir diretamente com o peróxido de hidrogênio, dando origem ao íon hidróxido e ao radical hidroxila. Esse evento é denominado reação de Haber-Weiss e ocorre em uma única etapa, sem requerer ferro

de elétrons da união covalente. Um átomo de oxigênio fica com oito elétrons na última camada, formando o íon hidroxila (OH$^-$), e o outro permanece com sete elétrons, dando formação ao radical hidroxila (OH$^\bullet$). Outra enzima antioxidante extremamente importante é a glutationa peroxidase (GPX), que promove uma dismutação mais completa do peróxido de hidrogênio em decorrência de produzir apenas água e também é capaz de reduzir peróxidos orgânicos (R-OOH). A GPX é uma enzima tetramérica com um átomo de selênio por subunidade e existe em diversas isoformas, as quais são específicas para atuar em meios hidrofílicos ou hidrofóbicos. Na reação, a glutationa peroxidase torna-se oxidada (GSSG), sua recuperação é realizada pela glutationa redutase (GSR), enzima presente nas mitocôndrias, a qual utilizará a via de Warburg-Lipmann-Horecker para originar poder redutor, ou seja, NADPH + H$^+$. O magnésio também participa da regeneração da glutationa reduzida, pois é um cofator de enzimas do ciclo das pentoses (NADPH). A razão [GSR]/[GSSG] é 10:1 (Figura 15.25).

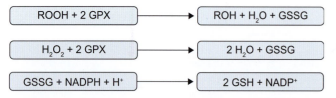

Figura 15.25 Reações mediadas pela glutationa peroxidase (GPX), uma enzima tetramérica dependente de selênio. Catalisa a redução de hidroperóxidos orgânicos e inorgânicos (H$_2$O$_2$) pela glutationa reduzida (GSH) para formar glutationa oxidada e água (ou álcoois). Para a GPX continuar a catalisar essa reação, a glutationa oxidada necessita ser novamente reduzida (pela glutationa redutase) para, novamente, servir de substrato, utilizando, para essa redução a NADPH formada pela via das pentoses.

Antioxidantes exógenos

Compreendem substâncias não enzimáticas. Os antioxidantes não enzimáticos podem ter origem endógena ou dietética e atuam de modo a complementar a função do aparato antioxidante enzimático. De fato, o consumo de frutas e vegetais está associado à redução do risco de desenvolvimento de doenças relacionadas com radicais livres. Esses antioxidantes podem agir diretamente, neutralizando a ação das espécies radicalares, ou de forma indireta, atuando em sistemas enzimáticos com propriedade antioxidante. Entre os antioxidantes de origem dietética, destacam-se o ácido ascórbico (vitamina C), o α-tocoferol (vitamina E) e os carotenoides (precursores da vitamina A).

Outros carotenoides não precursores da vitamina A, como luteína, licopeno e zeaxantina, também têm função antioxidante. Os minerais podem, ainda, exercer função antioxidante, com destaque para zinco, cobre, selênio e magnésio. Diversos autores defendem que os compostos antioxidantes da dieta são mais efetivos quando atuam em sinergia, de modo que a avaliação de uma propriedade antioxidante de um nutriente isolado não mostra sua plena capacidade de proteção contra danos oxidativos. De fato, as vitaminas C e E atuam de forma cooperativa na inibição da cascata oxidativa que conduz à peroxidação de lipídios e a danos no DNA.

Além disso, a determinação *in vivo* do potencial antioxidante dos compostos não enzimáticos está condicionada a diversas variáveis, como:

- Absorção e biodisponibilidade em situações fisiológicas
- Concentração plasmática ideal da substância antioxidante para que a atividade antioxidante seja exercida
- Tipos de espécies radicalares originadas no processo oxidativo, assim como em quais compartimentos celulares e de que forma essas espécies radicalares foram produzidas.

Alguns antioxidantes podem atuar de maneira inversa ao esperado, ou seja, exercer função oxidativa, como ocorre com a vitamina C quando entra em contato com metais de transição, particularmente o ferro. Nessa circunstância, a vitamina C tende a aumentar a absorção de ferro, tornando-o mais apto para atuar nas reações de Fenton. Os antioxidantes não enzimáticos são mais ou menos efetivos de acordo com a polaridade de cada compartimento celular ou tecido em que atuam, por exemplo, a vitamina C é bastante eficiente em debelar espécies radicalares originadas em ambientes hidrofílicos, mas é ineficiente na prevenção de peroxidação de lipídios que ocorrem em meios hidrofóbicos (Tabela 15.7). Em contrapartida, os flavonoides têm a propriedade de agir em ambos os meios, tanto hidrofílico quanto hidrofóbico.

Síntese de ATP

Viu-se que o propósito da cadeia respiratória é acumular prótons no espaço intermembranar, o que é conseguido à custa do transporte de elétrons por meio dos complexos que compõem a cadeia respiratória. Esses prótons acumulados formam a força próton motriz. O ATP é sintetizado quando esses prótons fluem do espaço intermembranar de volta para a matriz mitocondrial por meio de um poro na ATP sintase, um grande complexo proteico ancorado à membrana mitocondrial interna. Assim, o gradiente de prótons formado no espaço intermembranar acopla o transporte de elétrons à síntese de ATP. Essa ideia foi primeiro proposta por Peter Mitchell (1920-

Tabela 15.7 Mecanismos de ação dos antioxidantes enzimáticos e não enzimáticos.

Antioxidante		Caráter	Mecanismo de ação
Antioxidantes enzimáticos	Superóxido dismutase (SOD)	Polar	Dismutação do O_2^- em H_2O_2 e O_2
	Catalase	Polar	Dismutação da H_2O_2 em H_2O e O_2
	Glutationa peroxidase (GPX)	Polar ou apolar	Redução do R-OOH em R-OH
	Glutationa redutase	Polar	Redução do R-S-S-R a R-SH *scavenger* de radicais livres, cofator da GPX
Antioxidantes oriundos da dieta	Ácido ascórbico (vitamina C)	Polar	*Scavenger* de radicais livres, regenera os tocoferóis (vitamina E), mantêm enzimas em estado reduzido
	Retinóis e carotenoides	Apolar	*Scavenger* de radicais livres
	Tocoferóis (vitamina E)	Apolar	Previne lipoperoxidação e aumenta a absorção do selênio
	Selênio	Anfifílico	Constituinte da GPX e da tiorredoxina
Outros	Metalotioneínas	Polar	Liga-se a metais de transição promovendo sua neutralização
	Tiorredoxinas	Polar	Redução do R-S-S-R a R-SH
	Ubiquinol	Apolar	*Scavenger* de radicais livres, previne a lipoperoxidação
	Ácido lipoico	Anfifílico	*Scavenger* de ERO

1992) com o modelo quimiosmótico que explica a síntese de ATP. No modelo de Mitchell, a transferência de elétrons pela cadeia respiratória conduz ao bombeamento simultâneo de prótons da matriz mitocondrial para o espaço intermembranar e, com o passar do tempo, a matriz tornar-se-ia eletronegativa, enquanto o espaço intermembranar eletropositivo (Figura 15.26). Em dado momento, esses prótons concentrados no espaço intermembranar retornariam para a matriz no sentido de equilibrar as cargas e, nesse retorno, impulsionariam de algum modo a síntese de ATP (Figura 15.27). A concentração protônica no espaço intermembranar pode ser separada em dois componentes: um químico e um elétrico. O componente químico pode ser entendido como um gradiente de pH, enquanto o elétrico pode sê-lo como um gradiente de cargas elétricas (cargas positivas) presentes no hidrogênio (H^+), que cria uma assimetria de cargas elétricas na matriz mitocondrial e no espaço intermembranar.

Estudo da estrutura da ATP sintase

A ATP sintase, ou complexo V, é uma grande enzima responsável pela síntese de ATP a partir de ADP + P*i*, utilizando para tanto o gradiente de prótons originado no espaço intermembranar. Apresenta duas unidades imediatamente identificáveis Fo, que se situam ancoradas à membrana mitocondrial interna; e F1, um arranjo de várias subunidades proteicas que se encontra orientado para a face da matriz mitocondrial, sendo a porção do complexo que apresenta a atividade catalítica de sintase. A subunidade F1 recebe esse nome por ter sido o primeiro elemento identificado como essencial para o processo de fosforilação oxidativa, enquanto a subunidade *Fo* é assim chamada porque apresenta sensibilidade à oligomicina, uma substância sintetizada de uma bactéria do gênero *Streptomyces* – trata-se de um antibiótico do grupo dos macrolídeos, ou seja, compostos que apresentam

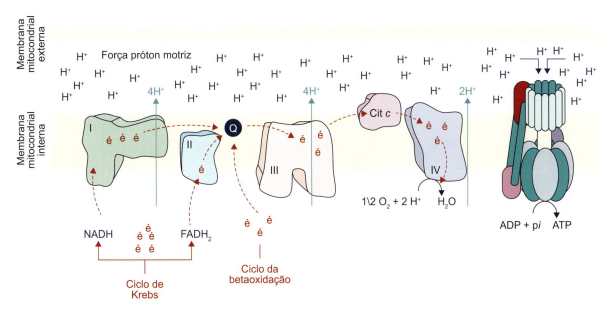

Figura 15.26 Formação da força próton motriz. A grande concentração de prótons no espaço intermembranar tende a retornar para a matriz mitocondrial buscando igualar o gradiente eletroquímico. Esse fluxo de prótons se dá pela subunidade *Fo* da bomba de ATP sintase; quando isso acontece, a bomba sintetiza ATP.

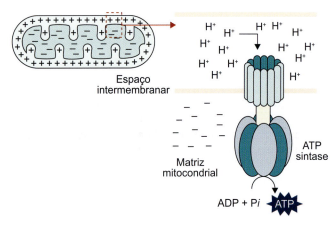

Figura 15.27 O bombeamento de prótons da matriz mitocondrial para o espaço intermembranar cria um ambiente eletronegativo (–180 a –200 mV) e alcalino na matriz, enquanto o espaço intermembranar torna-se eletropositivo e ácido (cerca de 0,4 a 0,6 unidades de pH acima daquele mensurado no espaço intermembranar). A tendência termodinâmica dos prótons concentrados no espaço intermembranar é fluir de volta para a matriz. Essa corrente de prótons pela ATP sintase dirige a síntese de ATP.

um anel de lactona, de vários membros, ao qual se ligam um ou mais desoxiglicóis. A subunidade F1 é formada por cinco cadeias polipeptídicas designadas α_3, β_3, γ e δ. As subunidades α e β são homólogas e compõem quase a totalidade de Fo, organizando-se alternadamente (Figura 15.28) de modo a formar um hexâmero.

Ambas as unidades têm a propriedade de acoplarem-se a nucleotídeos, mas somente a subunidade β, atua de forma direta no processo catalítico que envolve a síntese de ATP. Comunicando a subunidade Fo com F1, encontram-se as subunidades γ e ε. A subunidade γ é longa, apresenta a conformação de uma super-hélice (*supercoil*) α e se projeta para o cerne do hexâmero de subunidades α_3 e β_3. Cada uma das subunidades α_3 e β_3 interage com uma de suas faces com a subunidade γ e, por isso, apresentam certo grau de distinção entre si.

Enquanto a subunidade F1 é hidrofílica e está voltada para a matriz mitocondrial, a subunidade Fo é hidrofóbica, transpassa a membrana mitocondrial interna e é nela que está presente o canal de prótons formado por uma estrutura circular composta de 10 a 14 subunidades designadas pela letra c. O número de subunidades c tem relação direta com a quantidade de ATP a ser sintetizado. Outra subunidade transmembrânica, a subunidade a, interage com as subunidades c de Fo e essa, por sua vez, liga-se a uma subunidade proteica chamada de b ou estator, a qual interage no lado da matriz com a subunidade δ. O arranjo Fo relaciona-se com F1 por meio de duas proteínas: γ e ε. O anel Fo é na verdade organizado na forma de dois círculos concêntricos de modo que cada subunidade c apresenta duas alfa-hélices transmembrânicas perpendiculares entre si, que, quando inseridas na membrana mitocondrial interna, formam o anel Fo (ver Figura 15.28CII). O anel interno é formado por alfa-hélices aminoterminais, enquanto o círculo exterior apresenta as alfa-hélices carboxiterminais.

Síntese de ATP decorre do mecanismo de catálise rotacional da ATP sintase

O mecanismo de catálise rotacional foi proposto por Paul Boyer para explicar a síntese de ATP por parte da ATP sintase e, posteriormente, experimentalmente comprovado. O mecanismo de catálise rotacional ocorre da seguinte maneira: os prótons acumulados no espaço intermembranar tendem a fluir de volta à matriz mitocondrial, e a única forma possível é por meio do poro para prótons (subunidade Fo) presente na ATP sintase. O retorno desses prótons para a matriz mitocondrial é termodinamicamente favorável e busca restaurar o equilíbrio eletroquímico entre os dois compartimentos (matriz mitocondrial e espaço intermembranar). Ao passar pela subunidade Fo da ATP sintase, o fluxo protônico desencadeia rotação da subunidade Fo e, consequentemente, da subunidade γ que está ligada a Fo. A subunidade γ interage com as subunidades α_3/β_3, que são mantidas inertes pelas subunidades b e δ. Com a rotação de F1, a subunidade γ passa a interagir com a subunidade β_3 do arranjo α_3/β_3 forçando sua alteração de conformação espacial nas três subunidades β_3. A rotação

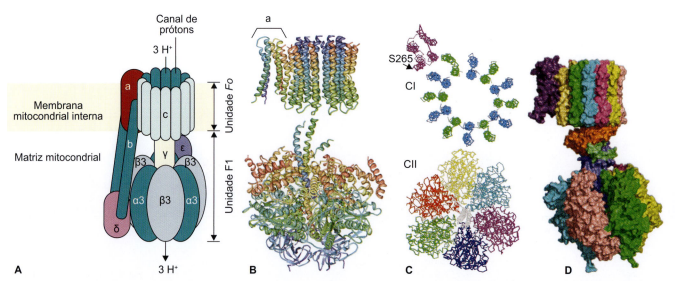

Figura 15.28 A. Modelo esquemático da ATP sintase com suas subunidades devidamente assinaladas. **B.** Estrutura espacial das subunidades Fo e F1 da ATP sintase, suas projeções vistas da perspectiva em topo (**C**). CI. Arranjo em anel de subunidades, c está indicado pelas estruturas em verde e azul, enquanto na subunidade em roxo representa a subunidade a. CII. As subunidades α_3 e β_3 alternam-se entre si e estão representadas em vermelho, verde, amarelo, roxo e azul. A estrutura em branco no cerne do arranjo α_3/β_3 é a subunidade γ. **D.** Modelo tridimensional para a ATP sintase.

de γ não ocorre de forma contínua, mas em etapas de 120°, e, a cada passo de 120°, as subunidades β₃ devem apresentar os seguintes estados:

- Uma subunidade β₃ deve estar "vazia", ou seja, com baixa afinidade por ATP
- A segunda subunidade deve encontrar-se ligando ADP + P*i*
- A terceira e última subunidade β₃ deve estar ligada ao ATP recém-formado no passo anterior.

Assim, as três subunidades interagem de tal maneira que, quando uma assume a conformação β-vazia, suas subunidades adjacentes devem assumir necessariamente as conformações β-ADP+P*i* e β-ATP, de modo que a cada 360° de rotação de F1 tem-se a síntese de três moléculas de ATP (Figura 15.29). As subunidades α do complexo F1 não atuam na síntese de ATP e apresentam uma molécula de ATP ligada em todo o ciclo da síntese de ATP. As subunidades δ e *b* atuam impedindo a rotação do hexâmero α3/β3.

Mecanismo pelo qual os prótons fluem por meio da ATP sintase

Como visto, o fluxo de prótons pela ATP sintase desencadeia rotação da subunidade Fo, que finalmente leva à síntese do ATP. Contudo, de que forma o anel Fo gira? Como esses prótons fluem pela ATP sintase? Qual a base bioquímica desse processo?

Para explicar o mecanismo exato pelo qual os prótons fluem pela ATP sintase, deve-se compreender alguns aspectos estruturais das subunidades *c* que formam o anel Fo e também da subunidade *a* que está em contato com Fo. Embora a estrutura espacial de *a* não tenha sido plenamente elucidada até o presente momento, diversas evidências mostram que ela é formada por dois canais hidrofílicos que não atravessam de maneira completa a membrana mitocondrial interna. Um desses canais origina-se na porção intermembranar e se projeta até o meio da membrana mitocondrial interna, sem atravessá-la completamente. O outro canal origina-se no lado da matriz mitocondrial e, igualmente ao anterior, projeta-se até o meio da membrana mitocondrial interna também sem atravessá-la. Assim, por seu caráter hidrofílico os prótons podem interagir com esses canais, mas não podem atravessar a membrana completamente, uma vez que os canais da subunidade *a* não são transmembrânicos. Nota-se que a subunidade *a* se posiciona nas adjacências de Fo de modo que ela interage com cada subunidade *c* formadora do anel Fo. As subunidades *c* atravessam a membrana mitocondrial interna completamente e apresentam um ácido aspártico protonado na posição 61 (D61), ou seja, na região mediana de ambas as alfa-hélices (Figura 15.30). Assim, quando o D61 de cada subunidade *c* que forma o anel Fo entra em contato com a subunidade *a*, o H⁺ que flui pela subunidade *a* entra em contato com o D61 de uma dada subunidade *c* de Fo tornando D61 neutralizado

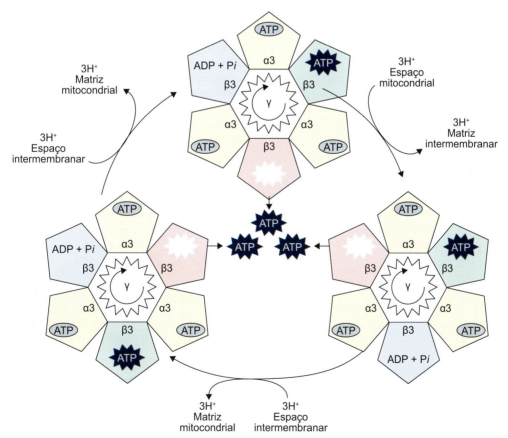

Figura 15.29 Modelo da síntese de ATP. A alternância de estados conformacionais de cada subunidade de F1 causa sua afinidade por AD + P*i*, síntese de ATP e liberação do ATP recém-sintetizado. Essa alteração conformacional de cada subunidade β₃ que compõe F1 é induzida pelo movimento rotacional da subunidade γ, movimento este induzido pela força próton motriz (fluxo de H⁺). Assim, quando uma subunidade β₃ está ligada ao ATP, as outras duas subunidades devem necessariamente estar ligadas a ADP+P*i* e β₃-vazia, sem interação, seja com ATP, seja com ADP+P*i*. O ATP não se desliga de uma subunidade β₃ até que ADP + P*i* estejam ligados a outra subunidade β₃. Nota-se que as subunidades α₃ também apresentam ATP a ela ligados, contudo essas moléculas de ATP não atuam em qualquer passo das reações que envolvem a síntese de ATP por parte da ATP sintase.

(na forma de aspartato carregado). Nessa condição, o anel *Fo* gira buscando a outra hélice da subunidade *a* (a hélice que se projeta da matriz mitocondrial até a metade da membrana mitocondrial interna). Quando a rotação de *Fo* encontra a outra alfa-hélice de *a*, que apresenta um ambiente pobre em prótons, a subunidade *c* de *Fo* cede esse próton que flui para a matriz mitocondrial. Subsequentemente, outras subunidades *c* movem-se em conjunto repetindo os eventos descritos.

A tendência eletroquímica e termodinamicamente favorável de os prótons migrarem do seu ambiente de alta concentração (espaço intermembranar) para um ambiente de baixa concentração (a matriz mitocondrial) é a força impulsionadora da rotação de *Fo*.

Mecanismo pelo qual o ATP formado deixa a matriz mitocondrial

Após a formação de ATP por parte dos mecanismos da fosforilação oxidativa até aqui abordados, é preciso considerar a seguinte pergunta: como o ATP formado na matriz mitocondrial deixa essa organela? É importante lembrar que a membrana mitocondrial externa é bastante impermeável em razão de um topo específico de fosfolipídio, a cardiolipina. O ATP não se difunde livremente pelas membranas mitocondriais, para tanto existe um transportador específico para ele, a ATP/ADP translocase. Trata-se de uma proteína transportadora de 30 kDa que acopla a extrusão de ATP com a importação de ADP, de modo que o problema de importação de ADP para a matriz mitocondrial é resolvido. Nesse caso, o ADP liga-se ao transportador (lado citosólico) que altera sua conformação espacial exportando o ADP para a matriz mitocondrial. Nesse momento, o ATP acopla-se ao transportador, e esse acoplamento favorece o retorno à conformação espacial inicial do transportador, extrudindo o ATP da matriz mitocondrial para o citosol.

A ATP/ADP translocase é uma das proteínas mais abundantes presente na membrana mitocondrial interna. A sua estrutura espacial mostra que o transportador é formado por uma sequência de 100 resíduos de aminoácidos que constituem subunidades que se repetem. A disposição das hélices transmembrânicas lembra um cone, sendo que no cerne do cone o nucleotídeo se acopla (Figura 15.31).

Controle da fosforilação oxidativa

A velocidade da cadeia respiratória é regulada sobretudo pelo ADP. Quando os níveis de ADP aumentam (como ocorre, por exemplo, no exercício físico), a velocidade da cadeia respiratória, e consequentemente do transporte de elétrons, também aumenta. De fato, normalmente não ocorre fluxo de elétrons ao longo da cadeia sem que ocorra a fosforilação do ADP. O forte controle exercido pelos níveis celulares de ADP é chamado de controle respiratório ou controle por captador.

Os níveis de ADP interferem ainda no ciclo do ácido cítrico – o aumento de ADP na célula eleva a velocidade do ciclo originando mais elétrons para alimentar a cadeia respiratória. Essa cadeia de reações pode desencadear aumento da via glicolítica com consequente aumento na concentração de piruvato. A redução dos níveis de ADP em decorrência de sua conversão em ATP (portanto, elevação dos níveis de ATP) promove redução da via glicolítica e também da velocidade do ciclo do ácido cítrico, já que essas duas vias metabólicas são inibidas alostericamente por altos níveis de ATP.

De fato, a enzima fosfofrutocinase (enzima da via glicolítica responsável pela fosforilação da glicose no carbono 6) e o complexo piruvato desidrogenase (complexo enzimático que descarboxila piruvato convertendo-o em acetil-CoA) sofrem inibição por parte dos altos níveis de ATP. Além do ATP, o citrato inibe a fosfofrutocinase, o acúmulo intramitocondrial de citrato desencadeia extrusão deste para o citosol (o excesso de citrato ocorre, por exemplo, no período pós-prandial). O citrato potencializa o efeito inibitório do ATP, assim, ambos somados promovem inibição mais poderosa da fosfofrutocinase do que cada uma dessas substâncias em separado, de modo que a presença de citrato e ATP freia com maior eficiência e mais força a cinética fosfofrutocinase.

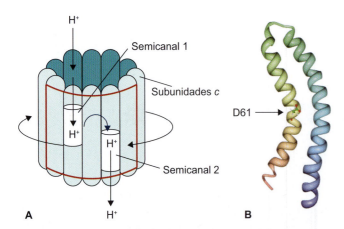

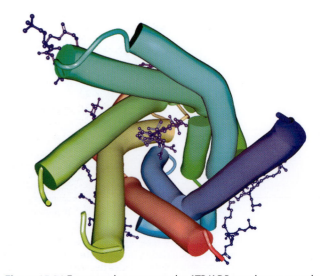

Figura 15.30 A. Subunidade *Fo* da ATP sintase e o mecanismo pelo qual os prótons H⁺ fluem de volta do espaço intermembranar para a matriz mitocondrial. A região delimitada em vermelho indica a subunidade *a* e os dois cilindros brancos correspondem aos canais para prótons. Os prótons entram nos canais seguindo a orientação das setas. No primeiro cilindro (semicanal), o próton liga-se ao ácido aspártico da posição 61 (D61) presente na alfa-hélice de uma subunidade *c* de *Fo*. O próton é transferido para esse D61, que induz uma rotação de *Fo* até encontrar o outro semicanal para prótons (segundo cilindro branco). Nesse momento, o próton é transferido para a matriz mitocondrial fluindo pelo segundo semicanal. **B.** Subunidade *c* de *Fo* de *Escherichia coli*. Nota-se a localização exata do aspartato (desprotonado) indicado por D61 em uma das alfa-hélices. Código PDB: 1C99.

Figura 15.31 Estrutura do transportador ATP/ADP translocase complexado com carboxia tractilosídeo (um glicosídeo triterpenoide). O local de acoplamento é o cerne da estrutura cônica. Código PDB: 1OKC.

Resumo

Introdução

A fosforilação oxidativa é a via final do metabolismo energético em células aeróbias. A energia química presente na molécula de glicose é convertida em elétrons com alto potencial de transferência, captados por aceptores universais de elétrons e encaminhados para a cadeia transportadora de elétrons formada por quatro complexos proteicos, que, ao deslocarem esses elétrons entre si, produzem um potencial de prótons utilizado na síntese de ATP por parte da bomba de ATP sintase.

Mitocôndria | Sítio da fosforilação oxidativa

As mitocôndrias apresentam uma membrana mitocondrial externa e uma interna, a qual se projeta para a matriz mitocondrial, dando origem às cristas mitocondriais, os sítios onde se situam os complexos enzimáticos envolvidos no transporte de elétrons. A membrana externa mitocondrial é bastante permeável a moléculas pequenas e íons. A membrana mitocondrial interna, ao contrário, é extremamente impermeável a substâncias, inclusive íons e moléculas polares, sendo o local onde estão embebidas as proteínas envolvidas no transporte de elétrons. Essa elevada impermeabilidade é dada por um tipo específico de fosfolipídio que compõe a membrana interna, a cardiolipina. O trânsito de substâncias para fora ou para dentro da mitocôndria é realizado por transportadores específicos.

Visão panorâmica da fosforilação oxidativa

O propósito da fosforilação oxidativa (F_O) é originar um potencial próton motriz capaz de ser utilizado para fosforilar ADP em ATP. A fosforilação oxidativa inicia-se com a entrada de elétrons na cadeia respiratória, que é formada por quatro complexos proteicos, situados no ambiente da membrana mitocondrial interna: complexo I (NADH desidrogenase); complexo II (succinato desidrogenase); complexo III (ubiquinona: citocromo c oxidorredutase); e complexo IV (citocromo oxidase). Um quinto elemento atua no transporte de elétrons pela cadeia respiratória, o citocromo c, embora ele não seja considerado um complexo enzimático, já que, em razão de sua natureza lipossolúvel, é capaz de se mover livremente entre os complexos III e IV. O citocromo c transporta apenas elétrons, por meio da oxirredução de um íon de ferro localizado em um grupo heme pertencente à estrutura da proteína. Na membrana mitocondrial interna, a coenzima Q10 (Q) compõe um transportador eletrônico lipossolúvel e transporta não só elétrons, mas também prótons, usando um ciclo redox. Essa pequena molécula de benzoquinona, tal qual o citocromo c, é hidrofóbica, podendo, por isso, difundir-se facilmente pela membrana. A coenzima Q10 pode aceitar elétrons oriundos do ciclo da betaoxidação. Quando QH_2 libera dois prótons e dois elétrons, volta ao estado ubiquinona (Q). A sequência de fluxo dos elétrons pelos elementos da cadeia respiratória é: os complexos I e II transferem elétrons para a ubiquinona a partir do NADH (complexo I) e succinato desidrogenase (complexo II); o complexo III transfere elétrons da ubiquinona até o citocromo c; e o complexo IV é responsável por transferir elétrons do citocromo c para o oxigênio, convertendo-o em água.

Fosforilação oxidativa depende de um potencial de oxidação/redução

O potencial redox de determinado par redox é uma medida da estabilidade termodinâmica relativa das duas formas oxidada/reduzida; quanto maior o seu valor, maior a estabilidade da forma reduzida relativamente à forma oxidada desse par. A medida do potencial de transferência de elétrons pode ser dada pela notação E_0'. Um valor de potencial de redução negativo indica que a forma oxidada de uma dada substância tem menor afinidade por aceitar elétrons, enquanto um valor positivo significa que a forma oxidada apresenta maior afinidade por elétrons. O alto valor positivo do potencial redox-padrão do par O_2/H_2O significa que o O_2 é um potente oxidante e tende a aceitar elétrons de outros compostos, reduzindo-se a H_2O. No outro extremo da escala, está o par $NAD^+/NADH$, cujo baixo potencial redox indica que o NADH tem uma grande tendência a ceder elétrons, oxidando-se em NAD^+.

Aceptores universais de elétrons, NAD^+ e FAD

O início da fosforilação oxidativa é marcado pelo ingresso de elétrons na cadeia respiratória. Esses elétrons são então conduzidos aos aceptores de elétrons, os nucleotídeos de nicotinamida (NAD^+ ou $NADP^+$) e nucleotídeos de flavina (FMN ou FAD). O $FADH_2$ é reoxidado a FAD, resultando subsequentemente na síntese de duas moléculas de ATP por cada $FADH_2$. As principais fontes de $FADH_2$ no metabolismo eucariótico são o ciclo do ácido cítrico (ciclo de Krebs) e a betaoxidação. Outro aceptor de elétrons é o NAD^+, que apresenta dois estados de oxidação: NAD^+ (oxidado); e NADH (reduzido). Em sua forma reduzida, o NADH faz a transferência de elétrons durante a fosforilação oxidativa. Os elétrons de NADH adentram a cadeia respiratória pelo complexo I.

Cadeia respiratória | Análise da estrutura e função de cada complexo

- Complexo I – também denominado NADH ubiquinona oxidorredutase ou NADH desidrogenase. Trata-se de uma grande enzima, localizada na membrana mitocondrial interna, que catalisa a transferência de elétrons do NADH para a coenzima Q. É a primeira enzima da cadeia respiratória (Figura R15.1)
- Complexo II – também denominado succinato-Q oxidorredutase, é a única enzima que participa tanto no ciclo dos ácidos tricarboxílicos quanto na cadeia de transporte de elétrons. Apresenta FAD como cofator e catalisa a oxidação do succinato a fumarato, com consequente redução da ubiquinona (Figura R15.2)
  - Ubiquinona – também chamada de coenzima Q (Figura R15.3). Por ser essencial ao processo de síntese de ATP, tecidos com maior demanda energética, como coração, cérebro, rins e fígado, apresentam maiores concentrações de Q. Na cadeia respiratória, a ubiquinona á capaz de aceitar um elétron, dando origem ao radical semiquinona ($Q^{\cdot-}$), ou aceptar dois elétrons, convertendo-se em ubiquinol (QH_2). De fato, a ubiquinona recebe os pares de elétrons oriundos do complexo I e do II, sendo uma molécula de caráter hidrofóbico e, por essa razão, transitando livremente pela bicamada de fosfolipídios da membrana mitocondrial interna
- Dinâmica do fluxo de elétrons translocados pela ubiquinona pelo complexo III – os dois elétrons oriundos do complexo I são transferidos para a ubiquinona, que, então, converte-se em QH_2 e, subsequentemente, libera no espaço intermembranar dois prótons de hidrogênio, ao mesmo tempo que transfere um de seus elétrons ao complexo III. Na sequência, esse elétron segue para o citocromo c1 e, posteriormente, é captado pelo citocromo c. O segundo elétron segue seu fluxo pelo complexo III, sendo transferido para o citocromo bL. Esse elétron é finalmente captado por outra molécula de Q, convertendo-se prontamente em Q^-, que permanece participando da segunda etapa do ciclo da ubiquinona, na qual o elétron que segue pelos dois citocromos (Cit bL e Cit bH) é captado por outra molécula de Q, dando origem a Q^-, que, por sua vez, capta dois íons H^+ da matriz mitocondrial, transformando-se em um QH_2. A molécula de QH_2 volta ao *pool* de ubiquinona reiniciando o ciclo
- Complexo IV – Conhecido também como citocromo c oxidase, o último dos elementos da cadeia respiratória que bombeiam prótons para o espaço intermembranar. A reação mediada pela citocromo c oxidase é a conversão do oxigênio molecular em água segundo a reação: $4\ Fe^{2+}$ – citocromo $c + 8\ H^+_{dentro} + O_2 \rightarrow 4\ Fe^{3+}$ – citocromo $c + 2\ H_2O + 4\ H^+_{fora}$. A citocromo c oxidase recebe um elétron de cada uma das moléculas de citocromo c e transfere-os para o oxigênio, convertendo-o em duas moléculas de água. Nesse processo, dá-se a translocação de quatro prótons, que atuam na composição do potencial quimiosmótico, o qual é usado pela ATP sintase para a formação de ATP. A necessidade do oxigênio como aceptor final de elétrons para a cadeia respiratória é o que torna essa reação aeróbia (Figura R15.4).

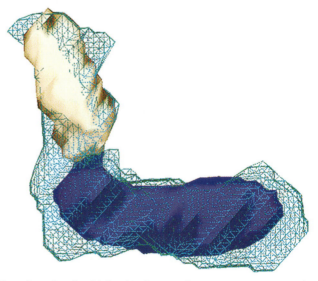

Figura R15.1 Complexo I de bactérias (bege e azul), que apresenta menor tamanho que o complexo I mitocondrial. Em azul-claro, na forma de "arame", a projeção do complexo I mitocondrial.

Bioquímica Clínica

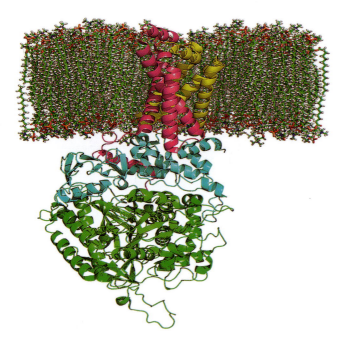

Figura R15.2 Estrutura do complexo II. As subunidades (rosa e amarelo) estão ancoradas à membrana mitocondrial interna, enquanto as subunidades (verde e azul) se projetam para a matriz mitocondrial. Código: PDB 1YQ3.

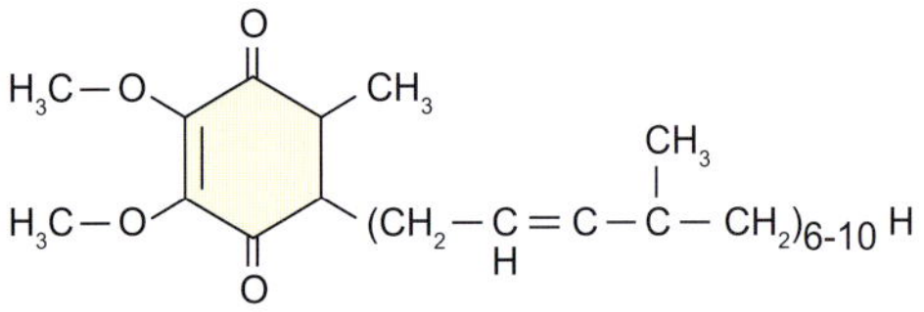

Figura R15.3 Estrutura da ubiquinona.

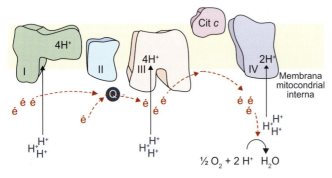

Figura R15.4 Panorama do fluxo de elétrons pelos quatro complexos da cadeia respiratória. O grande produtor de elétrons para a cadeia respiratória é o ciclo do ácido cítrico (ciclo de Krebs), embora outras vias, como a betaoxidação, possam alimentar diretamente a ubiquinona (Q). Os elétrons fluem pelos complexos I e II para Q, que, por sua vez, atua como um transportador móvel de elétrons pela membrana em razão de seu caráter lipossolúvel. Q transfere elétrons para o complexo III, o qual os encaminha para outro elemento móvel na cadeia, também lipossolúvel, o citocromo c. Finalmente, o complexo IV transfere os elétrons ao oxigênio, o aceptor final de elétrons, que, por sua vez, é convertido em água.

Elétrons produzidos na glicólise somam-se aos do ciclo de Krebs

Os elétrons produzidos durante a glicólise são captados pelo NAD, dando origem ao NADH. A membrana mitocondrial interna é impermeável ao NADH, de modo que somente os elétrons devem ser transportados para a matriz mitocondrial. Isso é feito por meio de sistemas de lançadeiras, como de glicerol-fosfato e de malato-aspartato. O sistema de lançadeira glicerol-fosfato está presente nos músculos esqueléticos e no cérebro.

Inibidores da fosforilação oxidativa (desacopladores)

Existem diversos compostos químicos que inibem a fosforilação oxidativa. Por exemplo, a presença de oligomicina inibe a subunidade Fo ATP sintase, impedindo o fluxo de prótons do espaço intermembranar de volta para a matriz mitocondrial, resultando na inoperância das bombas de prótons. Enquanto a oligomicina atua na subunidade Fo da ATP sintase, a aurovertina inibe a subunidade F1. Já a rotenona (um agente inseticida) e o amital (um barbitúrico) são fortes inibidores do complexo I, enquanto o complexo II sofre inibição por elementos do ciclo do ácido cítrico, fumarato e succinato, além de fármacos como a 2-tenoiltrifluoroacetona (agente orgânico complexante), e da carboxina (um fungicida) e seus derivados. O complexo III pode ser inibido por um tipo de antibiótico produzido por espécies de *Streptomyces* chamado antimicina A, cuja propriedade é bloquear o fluxo de elétrons do citocromo *b* para o citocromo *c*; já o mixotiazol inibe o mesmo complexo atuando no sítio Q_p.

Proteínas desacopladoras, o freio da fosforilação oxidativa

As proteínas desacopladoras (UCP) compõem uma família de proteínas bombeadoras de prótons, localizada na membrana mitocondrial interna, e têm função de translocação dos prótons e elétrons do espaço intermembranar para a matriz mitocondrial, dissipando o gradiente de prótons pela membrana interna da mitocôndria. Tal como as ATP sintases, as UCP se localizam na membrana interna e servem como um canal alternativo para que os prótons atravessem de volta para a matriz mitocondrial. Nesse caso, a energia do fluxo de prótons não produz ATP, mas sim calor.

Toxicidade do oxigênio

A capacidade dos organismos de aproveitar o oxigênio para continuar a oxidação do piruvato originado na glicólise proporcionou um imenso rendimento energético, mas também o aparecimento de substâncias extremamente deletérias à homeostasia celular, os radicais livres. Quimicamente, os radicais livres têm um elétron livre ou elétron ímpar na última camada de valência e, por sua natureza instável, promovam danos moleculares que se propagam em cadeia. Como consequência da presença desse elétron ímpar, essa espécie química pode doar elétrons – atividade redutora – ou retirar elétrons de outras substâncias para se estabilizar – atividade oxidante. Por motivos de natureza eletrônica, a molécula de oxigênio apresenta forte tendência a formar esses radicais. Os principais radicais livres de importância biológica, formados a partir do oxigênio molecular, são o radical superóxido (O_2^-) e o radical hidroxila (OH•), sendo o mais comumente formado no homem o O_2^-. O oxigênio pode ainda combinar-se para formar o peróxido de hidrogênio (H_2O_2) e, embora essa molécula não seja considerada um radical livre propriamente dito, pode originar o ânion OH•, tido como o radical livre mais reativo existente, sendo o responsável pela maior parte dos danos oxidativos nas células. Apesar de existirem outras fontes celulares de produção de ERO, como ciclo-oxigenases e peroxissomos, a maior parte dos radicais livres (cerca de 90%) é produzida na mitocôndria, durante a fosforilação oxidativa.

Aparato antioxidante

Os antioxidantes são substâncias capazes de bloquear a cascata oxidante iniciada pelos radicais livres e podem ser classificados, quanto à sua localização, em endógenos e exógenos. Os endógenos estão presentes naturalmente no interior das células e são de natureza enzimática, como a superóxido dismutase, catalase ou glutationa peroxidase. Já os exógenos compreendem substâncias não enzimáticas. Os antioxidantes não enzimáticos podem ter origem endógena ou dietética e atuam de modo a complementar a função do aparato antioxidante enzimático. Entre os antioxidantes de origem dietética, destacam-se ácido ascórbico (vitamina C), α-tocoferol (vitamina E) e carotenoides (precursores da vitamina A).

Síntese de ATP

O propósito da cadeia respiratória é acumular prótons no espaço intermembranar, o que se obtém às custas do transporte de elétrons pelos complexos que compõem a cadeia respiratória. Esses prótons acumulados formam a força próton motriz. O ATP é sintetizado quando esses prótons fluem do espaço intermembranar de volta para a matriz mitocondrial por meio de um poro na ATP sintase, um grande complexo proteico ancorado na membrana mitocondrial interna. Assim, o gradiente de prótons formado no espaço intermembranar acopla o transporte de elétrons à síntese de ATP. A concentração protônica no espaço intermembranar pode ser separada em dois componentes: um químico e outro elétrico. O componente químico pode ser entendido como um gradiente de pH, enquanto o componente elétrico, como um gradiente de cargas elétricas (cargas positivas) presentes no hidrogênio (H^+), que cria uma assimetria de cargas elétricas na matriz mitocondrial e no espaço intermembranar (Figura R15.5).

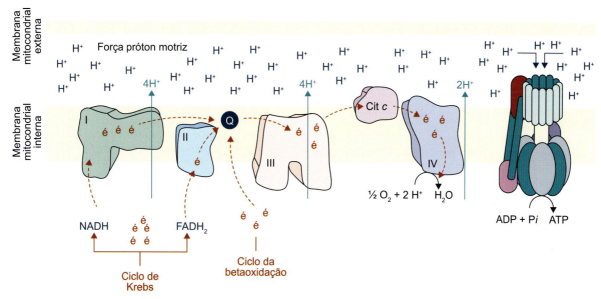

Figura R15.5 Formação da força próton motriz. A grande concentração de prótons no espaço intermembranar tende a retornar para a matriz mitocondrial, buscando igualar o gradiente eletroquímico. Esse fluxo de prótons ocorre por meio da subunidade Fo da bomba de ATP sintase. Quando isso acontece, a bomba sintetiza ATP.

Controle da fosforilação oxidativa

A velocidade da cadeia respiratória é regulada, sobretudo, pelo ADP; quando os níveis de ADP aumentam (p. ex., como ocorre no exercício físico), a velocidade da cadeia respiratória e, consequentemente, a velocidade do transporte de elétrons aumentam também. O forte controle exercido pelos níveis celulares de ADP é chamado de controle respiratório ou controle por aceptor. Os níveis de ADP interferem ainda no ciclo do ácido cítrico, e o aumento de ADP na célula eleva a velocidade do ciclo, produzindo mais elétrons para alimentar a cadeia respiratória. A redução dos níveis de ADP, em decorrência de sua conversão a ATP (portanto, elevação dos níveis de ATP), promove redução da via glicolítica e também da velocidade do ciclo do ácido cítrico, já que essas duas vias metabólicas são inibidas alostericamente por altos níveis de ATP. Além do ATP, o citrato inibe a fosfofrutocinase e o acúmulo intramitocondrial de citrato desencadeia extrusão deste para o citosol (p. ex., o excesso de citrato ocorre no período pós-prandial). O citrato potencializa o efeito inibitório do ATP e ambos somados promovem inibição mais poderosa da fosfofrutocinase do que cada uma dessas substâncias em separado.

Exercícios

1. Considere as afirmativas abaixo e assinale a alternativa correta:
    I. Os radicais livres são espécies reativas capazes de promover sérios danos comprometendo a viabilidade da célula. A maior parte dos radicais livres surge no processo de fosforilação oxidativa pelo fato de o oxigênio às vezes não aceitar quatro elétrons.
    II. A concentração de prótons de hidrogênio no espaço intermembranar mitocondrial produz a força próton motriz capaz de fosforilar o ADP convertendo-o em ATP.
    III. O complexo citocromo c oxidase é uma das enzimas do ciclo de Krebs. Ela é capaz de converter isocitrato em citrato.
    IV. O NAD e o FAD são os elementos catalisadores da formação de radicais livres, uma vez que não conseguem receber quatro elétrons de uma só vez.
    V. A enzima citocromo c oxidase está presente no ciclo de Krebs e na glicólise apresentando a mesma função: incorporar ao oxigênio quatro elétrons, convertendo-o assim em água.
    a) As afirmativas I e V estão corretas, enquanto a IV está incorreta.
    b) As afirmativas II, IV e V estão corretas, enquanto a I está incorreta.
    c) Somente as afirmativas I e II estão corretas.
    d) Somente as afirmativas II e III estão corretas.
    e) Somente a afirmativa II está correta.
    f) As afirmativas I e III estão incorretas e as demais estão corretas.
2. Leia atentamente as afirmativas e calcule a soma dos valores numéricos apenas das alternativas corretas:
    a) (11) Os dois maiores sítios de produção de radicais livres são os complexos I e II, uma vez que são locais onde ocorrem as maiores mudanças na energia potencial dos elétrons relacionados com a redução e a oxidação.
    b) (07) O oxigênio pode ainda combinar-se para formar o peróxido de hidrogênio (H_2O_2) e, embora essa molécula não seja considerada um radical livre propriamente dito, pode originar o ânion $OH^{\bullet}$, tido como o radical livre mais reativo existente, sendo o responsável pela maior parte dos danos oxidativos nas células.
    c) (80) Outra enzima antioxidante extremamente importante é a glutationa peroxidase (GPX), que promove a dismutação do ânion superóxido ($OH^{\bullet}$), dando origem ao peróxido de hidrogênio, que, por sua vez, é convertido novamente em oxigênio pela catalase.
    d) (24) O superóxido dismutase (SOD) é uma enzima tetramérica manganês-dependente por apresentar um átomo deste mineral por subunidade. A SOD citosólica é uma enzima com duas subunidades, cada uma contendo um átomo de cobre e um átomo de zinco. A ação da SOD não promove uma dismutação completa do radical superóxido, uma vez que surge ao final da reação o peróxido de hidrogênio, que, embora não seja um radical livre *per se*, pode reagir com metais de transição, por exemplo, o ferro ou cobre, para formar um radical poderoso, o radical hidroxila ($OH^{\bullet}$).
3. Explique o que são e quais as funções das proteínas de Rieske.
4. Explique:
    a) O que é um citocromo.
    b) A função da citocromo c oxidase.
5. Explique de que maneira os elétrons produzidos na via glicolítica chegam à cadeia respiratória.
6. Explique como se forma a força próton motriz e qual a sua função.
7. A rotenona é uma substância química inodora cuja fórmula molecular é $C_{23}H_{22}O_6$ de massa de 394,41 g/mol. É usada como inseticida, piscicida e pesticida. A rotenona é um desacoplador. O que são desacopladores?
8. A utilização do oxigênio no processo de síntese de energia por parte da vida no planeta Terra implicou na formação de radicais livres. Para evitar os efeitos danosos dos radicais livres, as

células desenvolveram uma classe de substâncias chamadas antioxidantes. Explique o que são radicais livres e de que forma agem os antioxidantes.
9. Explique a hipótese quimiosmótica de Mitchell.
10. Explique como ocorre o controle da fosforilação oxidativa.

Respostas

1. Alternativa correta: *c*.
2. Total da soma: 42.
3. São proteínas presentes na cadeia respiratória nas quais o átomo de ferro está coordenado por dois resíduos de histidina em vez de dois resíduos de cisteína. São denominadas proteínas ferro-enxofre de Rieske, em homenagem ao seu descobridor, o pesquisador John S. Rieske. Sua função é a transferência de elétrons, que é possível uma vez que o átomo de ferro oscila entre os estados Fe^{+2} (reduzido) e Fe^{+3} (oxidado).
4. a) Um citocromo é um tipo de proteína de transferência eletrônica que contém pelo menos um grupo heme. Os átomos de ferro dos grupos hemínicos alternam entre o estado ferroso (reduzido, Fe^{+2}) e férrico (oxidado, Fe^{+3}), à medida que os elétrons são transferidos pela proteína; por essa razão, os citocromos são capazes de carrear um elétron de cada vez. As mitocôndrias apresentam três classes de citocromos: *a*, *b* e *c*.
  b) A citocromo *c* oxidase é o complexo IV da cadeia respiratória, o último dos elementos da cadeia que bombeiam prótons para o espaço intermembranar. A reação mediada pela citocromo *c* oxidase é a conversão do oxigênio molecular em água segundo a reação: $4\ Fe^{2+}$– citocromo *c* + $8\ H^+_{dentro}$ + $O_2 \rightarrow 4\ Fe^{3+}$– citocromo *c* + $2\ H_2O + 4\ H^+_{fora}$. A citocromo *c* oxidase recebe um elétron de cada uma das moléculas de citocromo *c* e transfere-os para o oxigênio, convertendo-o em duas moléculas de água.
5. Os elétrons produzidos durante a glicólise são captados pelo NAD dando origem ao NADH. A membrana mitocondrial interna é impermeável ao NADH de modo que somente os elétrons devem ser transportados para a matriz mitocondrial; isso é feito por meio de sistemas de lançadeiras como glicerol-fosfato e malato aspartato.
6. A transferência de elétrons, provenientes da oxidação de um substrato até o oxigênio, ocorre por meio dos complexos constituintes da cadeia transportadora de elétrons – também denominada cadeia respiratória – e está acoplada ao bombeamento de H^+ para o espaço intermembranar. Esse processo origina a força próton motriz (Dp). A assimetria de prótons entre o espaço intermembranar e a matriz mitocondrial e o $D\Psi$ é decorrente da diferença do potencial elétrico entre esses dois compartimentos. Nas mitocôndrias, a Dp direciona a síntese de ATP.
7. Desacopladores são substâncias que desacoplam (desconectam) o fluxo de elétrons pela cadeia respiratória e a síntese de ATP. Existem diversos desacopladores que atuam em diferentes elementos da cadeia respiratória, por exemplo, a rotenona atua no complexo I, inibindo-o, enquanto o complexo II sofre inibição por elementos do ciclo do ácido cítrico, como fumarato e succinato, além de fármacos como a carboxina (um fungicida) e seus derivados. O complexo III pode ser inibido por um tipo de antibiótico produzido por espécies de *Streptomyces* chamado antimicina A. Além de substâncias químicas, existem proteínas desacopladoras (UCP), que compõem uma família de proteínas bombeadoras de prótons localizada na membrana mitocondrial interna e têm função de translocação dos prótons e elétrons do espaço intermembranar para a matriz mitocondrial, dissipando o gradiente de prótons pela membrana interna da mitocôndria. Tal como as ATP sintase, as UCP se localizam na membrana interna e servem como um canal alternativo para que os prótons atravessem de volta para a matriz mitocondrial. Nesse caso, a energia do fluxo de prótons não produz ATP, mas sim calor.

8. Radicais livres são substâncias ou entidades químicas que apresentam um elétron livre ou elétron ímpar na última camada de valência, e por sua natureza instável promovem danos moleculares que se propagam em cadeia. Como consequência da presença desse elétron ímpar, essa espécie química pode doar elétrons – atividade redutora – ou retirar elétrons de outras substâncias para se estabilizar – atividade oxidante. Antioxidantes são substâncias capazes de inibir a atividade radicalar. Os antioxidantes podem ser classificados, quanto à sua localização, em endógenos e exógenos, estando os primeiros naturalmente no interior das células, enquanto os exógenos devem ser obtidos da dieta, por exemplo. Os antioxidantes impedem a cascata oxidativa produzida pelos radicais livres doando elétrons às espécies radicalares, estabilizando-as eletronicamente.
9. No modelo de Mitchell, a transferência de elétrons pela cadeia respiratória conduz ao bombeamento simultâneo de prótons da matriz mitocondrial para o espaço intermembranar; com o passar do tempo a matriz tornar-se-ia eletronegativa, enquanto o espaço intermembranar eletropositivo. Em dado momento, esses prótons concentrados no espaço intermembranar retornariam para a matriz no sentido de equilibrar as cargas e, nesse retorno, impulsionariam de alguma maneira a síntese de ATP. A concentração protônica no espaço intermembranar pode ser separada em dois componentes: um componente químico, que pode ser entendido como um gradiente de pH; e um componente elétrico, que pode ser entendido como um gradiente de cargas elétricas (cargas positivas) presentes no hidrogênio (H^+), que cria uma assimetria de cargas elétricas na matriz mitocondrial e no espaço intermembranar.
10. A velocidade da cadeia respiratória é regulada, sobretudo, pelo ADP; quando os níveis de ADP aumentam (como ocorre no exercício físico), a velocidade da cadeia respiratória e, consequentemente, a do transporte de elétrons aumentam também. O forte controle exercido pelos níveis celulares de ADP é chamado de controle respiratório ou controle por captador. Os níveis de ADP interferem ainda no ciclo do ácido cítrico, o aumento de ADP na célula eleva a velocidade do ciclo, produzindo mais elétrons para alimentar a cadeia respiratória. A redução dos níveis de ADP em decorrência de sua conversão em ATP (portanto, elevação dos níveis de ATP) promove redução da via glicolítica e também da velocidade do ciclo do ácido cítrico, já que essas duas vias metabólicas são inibidas alostericamente por altos níveis de ATP. Além do ATP, o citrato inibe a fosfofrutocinase, e o acúmulo intramitocondrial de citrato desencadeia extrusão deste para o citosol (o excesso de citrato ocorre, por exemplo, no período pós-prandial). O citrato potencializa o efeito inibitório do ATP, assim, ambos somados promovem inibição mais poderosa da fosfofrutocinase do que cada uma dessas substâncias em separado.

Referência bibliográfica

1. Balaban RS, Nemoto S, Finkel T. Mitochondria, oxidants, and aging. Cell. 2005;120(4):483-95.

Bibliografia

Boschini RP, Garcia Júnior JR. Regulação da expressão gênica das UCP2 e UCP3 pela restrição energética, jejum e exercício físico. Rev Nutr Campinas. 2005;18(6):753-64.

Boxma B, de Graaf RM, van der Staay GW et al. An anaerobic mitochondrion that produces hydrogen. Nature. 2005;434(7029):74-79.

Boyer PD. The ATP synthase – a splendid molecular machine. Annu Rev Biochem.1997;66:717-49.

Brandt U, Kerscher S, Dröse S, Zwicker K, Zickermann V. Proton pumping by NADH: ubiquinone oxidoreductase. A redox driven conformational change mechanism? FEBS Lett. 2003;545(1):9-17.

Cadenas E, Davies KJ. Mitochondrial free radical generation, oxidative stress, and aging. Free Radic Biol Med. 2000;29:222-30.

Cecchini G. Function and structure of complex II of the respiratory chain. Annu Rev Biochem. 2003;72:77-109.

Chen Q, Vazquez EJ, Moghaddas S, Hoppel CL, Lesnefin Sky EJ. Production of reactive oxygen species by mitochondria: central role of complex III. J Biol Chem. 2003;278:36027-31.

Crane FL. Biochemical functions of coenzyme Q10. Journal of the American College of Nutrition. 2001;20(6):591-98.

Crofts AR. The cytochrome bc1 complex: function in the context of structure. Annu Rev Physiol. 2004;66:689-733.

Droge W. Free radical in the physiological control of cell function. Physiol Rev. 2002;82:47-95.

Erlanson-Albertson C. The role of uncoupling proteins in the regulation of metabolism. Acta Physiol Scand. 2003;178:405-12.

Heinemeyer J, Braun HP, Boekema EJ, Kouril R. A structural model of the cytochrome C reductase/oxidase supercomplex from yeast mitochondria. J Biol Chem. 2007;282(16):12240-8.

Hirst J. Energy transduction by respiratory complex I–an evaluation of current knowledge. Biochem Soc Trans. 2005;33(Pt 3):525-9.

Holden HM, Jacobson BL, Hurley JK, Tollin G, Oh BH, Skjeldal L et al. Structure-function studies of [2Fe-2S] ferredoxins. J Bioenerg Biomembr. 1994;26:67-88.

Horsefield R, Iwata S, Byrne B. Complex II from a structural perspective. Curr Protein Pept Sci. 2004;5(2):107-18.

Johnson D, Dean D, Smith A, Johnson M. Structure, function, and formation of biological iron-sulfur clusters. Annu Rev Biochem. 2005;74:247-81.

Lambert AJ, Brand MD. Inhibitors of the quinone-binding site allow rapid superoxide production from mitochondrial NADH:ubiquinone oxidoreductase (complex I). J Biol Chem. 2004;279(38):39414-20.

Lenaz G, Fato R, Genova M, Bergamini C, Bianchi C, Biondi A. Mitochondrial Complex I: structural and functional aspects. Biochim Biophys Acta. 2006;1757(9-10):1406-20.

McDonald A, Vanlerberghe G. Branched mitochondrial electron transport in the Animalia: presence of alternative oxidase in several animal phyla. IUBMB Life. 2004;56(6):333-41.

Noji H, Yoshida M. The rotary machine in the cell, ATP synthase. J Biol Chem. 2001;276(3):1665-8.

Petrescu I, Tarba C. Uncoupling effects of diclofenacand aspirin in the perfused liver and isolated hepatic mitochondria of rat. Biochem Biophys Acta.1997;1318:385-94.

Rich PR. The molecular machinery of Keilin's respiratory chain. Biochem Soc Trans. 2003;31(Pt 6):1095-105.

Sazanov LA, Hinchliffe P. Structure of the hydrophilic domain of respiratory complex I from Thermusthermophilus. Science. 2006;311: 1430-36.

Sies H. Oxidative stress: oxidants and antioxidants. Exp Physiol. 1997;82 (2):291-95.

ST-Pierre J, Buckingham JA, Roebuck SJ, Brand MD. Topology of superoxide production from different sites in the mitochondrial electron transport chain. J Biol Chem. 2002;277:44784-90.

Valko M, Leibfritz D, Moncol J, Cronin MT, Mazur M, Telser J. Free radicals and antioxidants in normal physiological functions and human disease. Int J Biochem Cell Biol. 2007;39(1):44-84.

Vertuani S, Angusti A, Manfredini S. The antioxidants and pro-antioxidants network: an overview. Curr Pharm Des. 2004;10(14):1677-94.

Wallace KB, Starkov AA. Mitochondrial targets of drug. Ann Rev Pharmacol Toxicol. 2000;40:353-88.

Yoshikawa S, Muramoto K, Shinzawa-Itoh K et al. Proton pumping mechanism of bovine heart cytochrome c oxidase. Biochim Biophys Acta. 2006;1757(9-10):1110-6.

Zhang J, Frerman FE, Kim JJ. Structure of electron transfer flavoprotein-ubiquinone oxidoreductase and electron transfer to the mitochondrial ubiquinone pool. Proc Natl Acad Sci U.S.A. 2006;103(44): 16212-7.

Catabolismo Oxidativo dos Ácidos Graxos

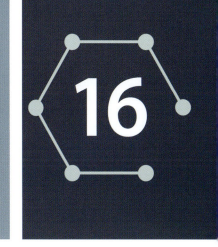

Introdução

Os lipídios armazenados nos adipócitos compõem a mais abundante fonte energética do organismo humano. Em um homem adulto, uma massa de aproximadamente 9.000 g de lipídios é capaz de produzir 81.000 kcal. Essa quantidade de energia estocada na forma de lipídios, sobretudo triacilgliceróis, possibilitaria a um homem adulto caminhar por cerca de 260 h ou correr durante 67 h. Em contrapartida aos lipídios, os estoques de glicogênio intramuscular compreendem 350 g e são capazes de fornecer 14.000 kcal, possibilitando uma caminhada de cerca de 5 h ou uma corrida de 1,2 h.[1] Essa grande reserva de energia estocada na forma de lipídios ocupa um volume pequeno quando comparado aos estoques de glicogênio muscular, e isso é possível porque os lipídios são armazenados na forma anidra. Já o glicogênio é armazenado na forma hidratada, e, para cada grama de glicogênio, são utilizados 3 mℓ de água para compor sua camada de solvatação. Outra vantagem de concentrar a energia na forma de lipídios é a eficiência, já que os ácidos graxos fornecem 9 kcal.g^{-1}, enquanto os carboidratos 4 kcal.g^{-1}. Para extrair a energia dos lipídios (triacilgliceróis), é necessário que sejam oxidados.

A oxidação de ácidos graxos ocorre principalmente na matriz mitocondrial e tem como propósito obter uma importante molécula do metabolismo energético, o acetil-CoA.

A utilização de ácidos graxos como fonte energética varia entre os tecidos e também em razão do estado metabólico do organismo. Por exemplo, no coração e no fígado a oxidação de ácidos graxos é capaz de fornecer cerca de 80% das necessidades energéticas em qualquer estado metabólico. Na matriz mitocondrial, os ácidos graxos sofrem oxidações sucessivas a partir do carbono beta, daí essa operação ser comumente conhecida como betaoxidação, que compreende um ciclo de quatro passos bioquímicos para obter a molécula de acetil-CoA. O acetil-CoA originado durante o ciclo da betaoxidação pode ter vários destinos, sendo um deles o ciclo do ácido cítrico, cujo propósito principal é a conservação da energia na forma de moléculas de ATP. Já no fígado, a molécula de acetil-CoA pode ser convertida em corpos cetônicos, uma alternativa energética importante, sobretudo para tecidos nobres, como o cérebro, em circunstâncias em que a glicose não está disponível.

Tecido adiposo

Função de reserva dos lipídios

A energia na forma de lipídios é armazenada no tecido adiposo, que é um tipo de tecido conjuntivo formado por células especializadas no armazenamento de lipídios, conhecidas como adipócitos. O tecido adiposo origina-se de lipoblastos, que, por sua vez, têm origem nas células mesenquimatosas.

Os adipócitos caracterizam-se por células globosas que contêm em seu citoplasma uma ou mais inclusões lipídicas com núcleo rebatido para a periferia. Portanto, de acordo com o número de vacúolos de gordura presentes em cada célula, o tecido adiposo pode ser classificado como multilocular e unilocular.

O tecido adiposo multilocular é castanho, por sua vascularização abundante e pelas numerosas mitocôndrias, e está localizado em determinadas áreas, sendo encontrado em grande quantidade em animais hibernantes e em recém-nascidos (Figura 16.1). Tem como principal função produzir calor por meio de proteínas desacopladoras.

Já o tecido adiposo unilocular apresenta a chamada gordura amarela, e suas células têm uma única inclusão lipídica, que ocupa quase todo o espaço citoplasmático. Sua cor varia entre o branco e o amarelo-escuro. Forma o panículo adiposo, camada de gordura de espessura uniforme disposta sob a pele no recém-nascido; em adultos, o acúmulo se dá em determinadas posições, sendo a distribuição regulada por hormônios. O principal lipídio presente no tecido adiposo amarelo é o triacilglicerol.

As inclusões lipídicas presentes nos adipócitos apresentam em seu cerne ésteres, esteroides e triacilgliceróis, enquanto a periferia da inclusão lipídica é ocupada por fosfolipídios.

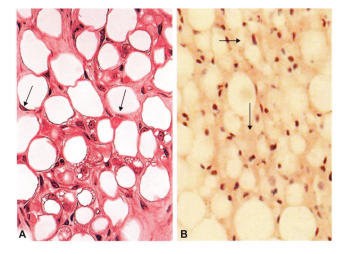

Figura 16.1 Tipos de tecido adiposo. **A.** Tecido adiposo amarelo (unilocular). As setas indicam núcleos de adipócitos rebatidos para a periferia da célula em razão da pressão exercida pelos lipídios. **B.** Tecido adiposo marrom (multilocular). A coloração marrom decorre da grande concentração de mitocôndrias. O campo apresenta células adiposas com vários locos de tamanhos variados e pouco corados, correspondentes às gotas lipídicas. O núcleo é central e arredondado. Ambos os tecidos apresentam células globosas com núcleo rebatido para a periferia (setas). Fonte: Junqueira e Carneiro, 2004.[2]

Esse padrão organizacional segue o grau de hidrofobicidade dos lipídios, sendo os ésteres, esteróis e triacilgliceróis mais hidrofóbicos que os fosfolipídios, tendendo, assim, a fugir de interações químicas com a água com maior eficiência. Os fosfolipídios, por sua vez, apresentam uma cabeça polar (hidrofílica) e uma grande cauda hidrocarbonada de natureza apolar, que interage com os lipídios do cerne da inclusão. A cabeça polar é composta por uma molécula de glicerol, um grupamento fosfato e um álcool, normalmente a serina, a etanolamina, o inositol ou a colina, capazes de interagir com as perilipinas – proteínas pertencentes a uma família que envolve cada inclusão lipídica presente no citosol dos adipócitos, impedindo sua interação com a água presente no citosol.

Mobilização dos lipídios

Os hormônios são os mais relevantes sinalizadores da mobilização lipídica do tecido adiposo. De fato, sob a influência do glucagon e de catecolaminas (noradrenalina e adrenalina), verifica-se hidrólise dos triacilgliceróis no tecido adiposo, liberando ácidos graxos e glicerol na corrente sanguínea. Para descrever melhor a cadeia de eventos que conduz à hidrólise dos triacilgliceróis no interior dos adipócitos, serão utilizadas as catecolaminas. A noradrenalina é liberada pelas terminações nervosas simpáticas, enquanto a adrenalina é sintetizada e liberada pela medula das glândulas adrenais. Ambas desencadeiam seus efeitos interagindo com receptores β-adrenérgicos (receptores pertencentes à família de receptores de sete alças transmembrânicas acoplados à proteína G) ancorados à membrana plasmática dos adipócitos. Ao interagirem com esses receptores, as catecolaminas liberam a subunidade alfa do trímero que forma a proteína G (subunidades α, β e γ). A liberação da subunidade α da proteína G interage com o difosfato de guanosina (GDP), convertendo-o em trifosfato de guanosina (GTP) e formando um complexo α-GTP, que ativa uma enzima ancorada na face interna da membrana plasmática do adipócito, a adenilato ciclase. Essa interação induz à clivagem de moléculas de ATP em ADP por parte da adenilato ciclase; o ADP, nesse caso, é chamado de segundo mensageiro, já que as catecolaminas atuam como primeiro mensageiro. Os altos níveis de AMPc intracelular ativam uma enzima intracelular chamada cinase A que, por sua vez, ativa, a perilipina A por meio de um mecanismo de fosforilação. A perilipina fosforilada induz o deslocamento da lipase hormônio-sensível até a inclusão lipídica, onde inicia a clivagem (hidrólise) dos triacilgliceróis liberando ácidos graxos e glicerol na corrente sanguínea (Figura 16.2). O glicerol é solúvel na corrente sanguínea; já os ácidos graxos, por de seu caráter apolar, ligam-se às porções hidrofóbicas da albumina plasmática e são transportados no plasma para as células (Figura 16.3).

A cinase A, além de fosforilar a perilipina, promove fosforilação da lipase hormônio-sensível. No entanto, enquanto a fosforilação da perilipina causa aumento de sua cinética em mais de 50 vezes, a fosforilação da lipase hormônio-sensível somente triplica sua atividade. Dessa maneira, a mobilização de lipídios do tecido adiposo decorre, sobretudo, da fosforilação da perilipina. Outro importante hormônio capaz de orquestrar essa cadeia de eventos descrita para as catecolaminas é o glucagon, um octapeptídeo liberado pelas células alfa das ilhas pancreáticas (ilhotas de Langerhans) em condições de jejum ou hipoglicemia. À medida que a lipase hormônio-sensível promove hidrólise dos triacilgliceróis do interior dos adipócitos, são lançados ácidos graxos livres (AGL) e glicerol na corrente sanguínea. Os AGL, por sua hidrofobicidade proporcionada pela longa cadeia carbônica, ligam-se às porções hidrofóbicas da albumina plasmática para, então, serem

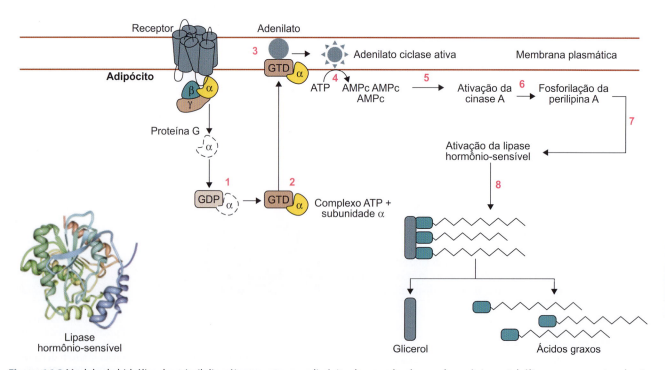

Figura 16.2 Modelo da hidrólise dos triacilgliceróis presentes no adipócito desencadeados por hormônios catabólicos, como as catecolaminas. A interação do agonista com o seu respectivo receptor na membrana do adipócito desencadeia a formação de AMPc intracelular, que, por sua vez, dirige a cascata de eventos que conduz à hidrólise dos triacilgliceróis, resultando em aumento de ácidos graxos e glicerol no plasma. À esquerda, a estrutura da enzima lipase hormônio-sensível (*E. coli*). Código PDB: 3DNM.

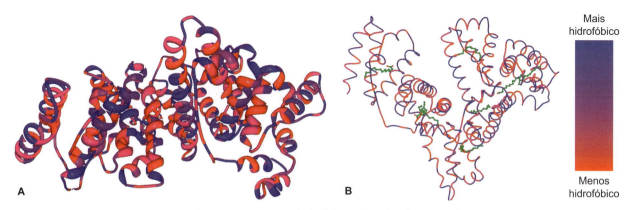

Figura 16.3 Estrutura espacial da albumina plasmática. **A.** Regiões hidrofóbicas da molécula que conferem à proteína a propriedade de carrear substâncias apolares no plasma, como os ácidos graxos. **B.** Locais onde os ácidos graxos (em verde) acoplam-se à molécula de albumina para que sejam transportados no plasma. Código PDB: 1E7G.

transportados aos tecidos, como músculo esquelético, coração e córtex renal. A albumina é uma das mais abundantes proteínas plasmáticas, sendo capaz de ligar 10 moléculas de ácidos graxos por monômero. Tem a função de conduzir esses ácidos graxos para as células-alvo, onde serão oxidados no ciclo da betaoxidação. A oxidação desses ácidos graxos libera aproximadamente 95% da energia biologicamente disponível nos triacilgliceróis, enquanto a molécula do glicerol responde por somente cerca de 5% dessa energia e seu destino é sofrer fosforilação pela enzima glicerol cinase, sendo, portanto, convertida em glicerol-3-fosfato, que sofre oxidação dando origem à di-hidroxiacetona fosfato. Subsequentemente, a enzima glicolítica triose fosfato isomerase transforma esse composto em gliceraldeído-3-fosfato, que segue pela via glicolítica (Figura 16.4).

Destino do glicerol

A molécula de glicerol oriunda da hidrólise dos triacilgliceróis não sofre metabolização no interior dos adipócitos, pois estes não dispõem da enzima glicerol cinase. O glicerol, por seu caráter polar, é transportado pela corrente sanguínea até o fígado, onde pode sofrer fosforilação, dando origem ao glicerol-fosfato. O glicerol-fosfato no fígado pode seguir dois caminhos metabólicos diferentes: ser convertido em di-hidroxiacetona fosfato por meio da ação da enzima glicerol-fosfato desidrogenase, tornando possível sua utilização na glicólise ou na gliconeogênese; ou ser convertido em triacilgliceróis.

Ativação dos ácidos graxos e seu transporte para a matriz mitocondrial

Ao chegarem às células, os ácidos graxos devem ser conduzidos à matriz mitocondrial, onde estão presentes as enzimas responsáveis pela oxidação desses ácidos. Ácidos graxos com até 12 carbonos na cadeia têm capacidade de penetrar na mitocôndria sem o auxílio de transportadores. Contudo, a maioria dos ácidos graxos presentes no organismo humano apresenta 14 ou mais carbonos na cadeia e não é capaz de atravessar as membranas mitocondriais. Nesse caso, é necessário acoplarem-se a um transportador, a carnitina. Os ácidos graxos sofrem uma sequência de três reações enzimáticas, cujo propósito é torná-los aptos para internalizarem a matriz mitocondrial.

Primeira reação | Ativação dos ácidos graxos

Essa reação é mediada pelas enzimas acil-CoA sintetase e pirofosfatase inorgânica e tem como propósito ativar os ácidos graxos. As acil-CoA sintetase fazem parte de uma família de isoenzimas ancoradas na membrana mitocondrial externa, catalisam a reação tioéster entre o grupo carboxila do ácido graxo e a porção tiol do acetil-CoA, produzindo, assim, uma molécula de acil-CoA graxo e um pirofosfato inorgânico (Pi). Para que ocorra a formação de um acil-CoA graxo, é necessária a clivagem de duas ligações de alta energia do ATP, originando AMP + 2 Pi. Subsequentemente, o pirofosfato inorgânico, formado na reação, sofre hidrólise pela enzima pirofosfatase

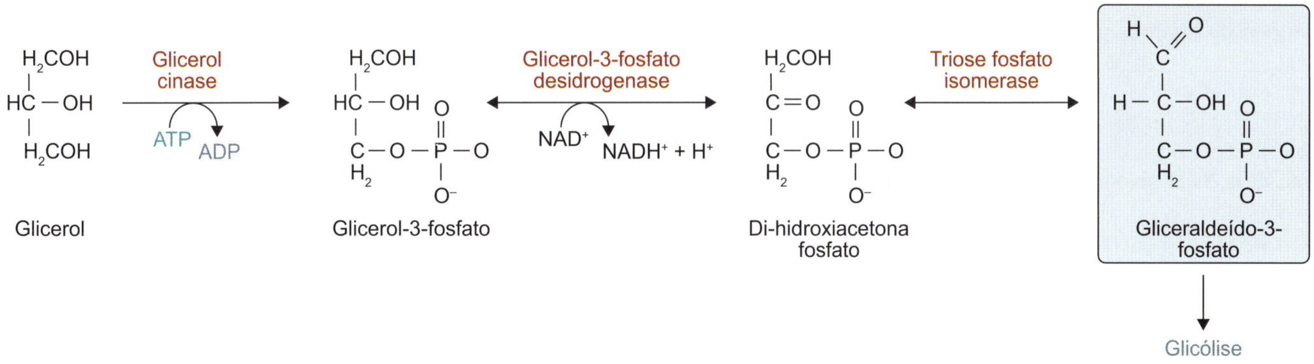

Figura 16.4 Destino do glicerol após a hidrólise dos triacilgliceróis presentes no interior dos adipócitos. O glicerol é convertido em um intermediário da via glicolítica, seguindo sua metabolização nessa via.

inorgânica (Figura 16.5), que dirige a reação no sentido da formação do acil-CoA graxo. O panorama geral do conjunto de reações é o seguinte:

Ácido graxo + CoA + ATP → acil-CoA graxo + AMP + 2 Pi

As moléculas de acil-CoA, semelhantemente ao acetil-CoA, são compostas de alta energia e sua clivagem a ácido graxo + CoA apresenta uma variação de energia livre padrão igual a $\Delta G° = -31$ Kj/mol, ou seja, equivalente à clivagem do acetil-CoA em acetato + CoA ($\Delta G° = -31,5$ Kj/mol).

Segunda reação | Ligação dos ácidos graxos à carnitina

Nesse momento, os ésteres de acil-CoA graxos devem se ligar ao grupo hidroxila da molécula de carnitina aciltransferase I. Essa carnitina situa-se na face citosólica da membrana mitocondrial externa, enquanto a carnitina aciltransferase II, sobre a qual se discute mais adiante, encontra-se na membrana mitocondrial interna em sua face voltada para a matriz. A carnitina é sintetizada tendo como precursor a lisina, um aminoácido essencial. A ligação do ácido graxo à carnitina aciltransferase I dá origem a um composto denominado acilcarnitina graxo, que atravessa a membrana mitocondrial interna por meio de um transportador acilcarnitina (Figura 16.6). A aciltransferase I é inibida alostericamente por malonil-CoA, a primeira substância da via de síntese de ácidos graxos. Essa inibição é lógica, uma vez que previne a síntese dos ácidos graxos no momento em que ocorrerá sua degradação.

Terceira reação | Transferência do acil graxo para o acetil-CoA

Na terceira e última etapa que compreende o processo de internalização do ácido graxo na matriz mitocondrial, o grupo acil graxo é transferido para uma molécula de acetil-CoA presente na matriz mitocondrial, liberando a molécula de carnitina, que retorna ao ambiente da membrana mitocondrial externa do transportador presente na membrana mitocondrial interna. Assim, a carnitina é regenerada para uma nova operação de ativação e transporte de ácidos graxos para a matriz mitocondrial. É importante destacar que as moléculas de acil-CoA graxo presentes no citosol podem ser utilizadas para duas finalidades: síntese de lipídios de membrana ou como parte do processo de oxidação dos ácidos graxos na matriz mitocondrial, cujo propósito é a produção de ATP. A ligação dos acil-CoA graxos com a molécula de carnitina originando ésteres de carnitina é o evento marcante que sela o destino dos acil-CoA graxos para serem oxidados, e não utilizados na síntese de lipídios membranares. A carnitina regula a velocidade de acesso das moléculas de acil-CoA graxo na matriz mitocondrial, sendo também um passo limitante da velocidade de oxidação dos ácidos graxos na matriz mitocondrial. Desse modo, a carnitina constitui um ponto de controle dessa via metabólica, o que será mais detalhadamente discutido adiante.

Ciclo da betaoxidação

Após o ácido graxo internalizar a matriz mitocondrial, ele participará em um ciclo de reação que compreende quatro passos, cujo principal propósito é convertê-lo totalmente em acetil-CoA. Essa cadeia de reações chama-se betaoxidação, já que a cisão da molécula de ácido graxo ocorre na posição beta do grupo acila esterificado a-CoA. Dessa maneira, o carbono β do ácido graxo transforma-se no carbono carboxílico na próxima volta no ciclo de reações, e assim sucessivamente até que seja plenamente convertido em moléculas de acetil-CoA. Todo o ciclo da betaoxidação requer, como já mencionado, quatro passos, conforme será descrito a seguir.

Primeiro passo

Inicialmente, o acil-CoA é oxidado na posição 2,3 originando um acil-CoA insaturada que recebe o nome de β-enoil-CoA e apresenta um arranjo *trans* na ligação dupla. Essa reação á catalisada pelo acil-CoA desidrogenase dependente de FAD. A função do FAD é aceitar os elétrons que sofrem remoção do grupo acila, que posteriormente são transferidos para a ubiquinona.

Segundo passo

A segunda etapa do ciclo da betaoxidação é uma hidratação. A enzima enoil-CoA hidratase tem a propriedade de hidratar a dupla ligação *trans* inserida na cadeia carbônica no passo anterior.

Terceiro passo

Ocorre uma segunda reação de oxidação que é catalisada pela β-hidroxiacil-CoA-desidrogenase, uma enzima que apresenta NADH como cofator originando β-cetoacil-CoA como produto.

Quarto passo

O último passo do ciclo envolve a produção de acetil-CoA da clivagem do β-cetoacil-CoA pela enzima tiolase ou acil-CoA aceitransferase, sendo necessária uma molécula de acil-CoA para que essa reação se processe. O acil-CoA resultante apresenta agora dois carbonos a menos do que quando iniciou o ciclo. Essa molécula reiniciará o ciclo até ser completamente oxidada em moléculas de acetil-CoA.

São necessárias sete voltas no ciclo para que o ácido mirístico (14 carbonos) seja completamente oxidado em acetil-CoA. Isso porque, a cada volta no ciclo, o acil-CoA perde dois carbonos na forma de acetil-CoA (Figura 16.7). O acetil-CoA é a molécula mais comumente formada no ciclo da betaoxidação, uma vez que os ácidos graxos de número par de carbonos são mais comuns no organismo humano. As moléculas de acetil-CoA, decorrentes da betaoxidação, podem ser completamente oxidadas no ciclo do ácido cítrico, o ciclo de Krebs (Figura 16.8).

A oxidação de ácidos graxos insaturados necessita de duas etapas adicionais: a conversão do isômero *cis* em *trans* e a saturação da dupla ligação pela adição de água. Assim, os ácidos graxos saturados são continuamente processados no ciclo da betaoxidação (Figura 16.8), produzindo como produto resultante final apenas acetil-CoA. Contudo, o organismo humano obtém da dieta e também por meio de síntese interna uma grande quantidade de ácidos graxos com ligações duplas com configuração *cis*. No caso dos ácidos graxos poli-insaturados, as ligações duplas estão presentes em intervalos de três carbonos. Esses ácidos graxos também estão presentes na composição dos triacilgliceróis, e tais moléculas são problemáticas para o ciclo da betaoxidação, uma vez que as insaturações encontram-se na configuração *cis* e, por essa razão, não são reconhecidas pela enzima enoil-CoA-hidratase, cuja função é hidratar a dupla ligação *trans* do enoil-CoA, um dos intermediários do ciclo da betaoxidação.

Capítulo 16 • Catabolismo Oxidativo dos Ácidos Graxos 287

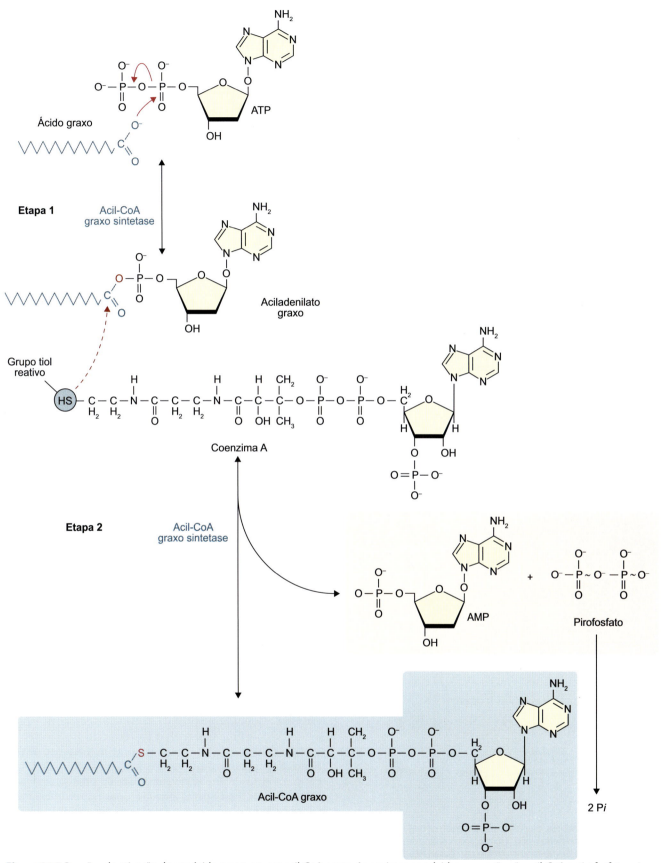

Figura 16.5 Reações de ativação de um ácido graxo em um acil-CoA graxo. As enzimas envolvidas na reação são acil-CoA e pirofosfatase inorgânica. A reação se processa em duas etapas: na primeira, o grupo carboxila ionizado desloca os dois grupos fosfatos distais da molécula do ATP (fosfatos β e γ) e, consequentemente, surge o pirofosfato, que, de imediato, é clivado pela enzima pirofosfatase inorgânica. Essa última reação fornece energia para o deslocamento da reação no sentido da formação do acil-CoA graxo. A segunda etapa da reação é destacada pelo ataque nucleofílico promovido pelo grupo tiol da coenzima A sobre o aciladenilato graxo, deslocando o AMP e dando origem ao acil-CoA graxo.

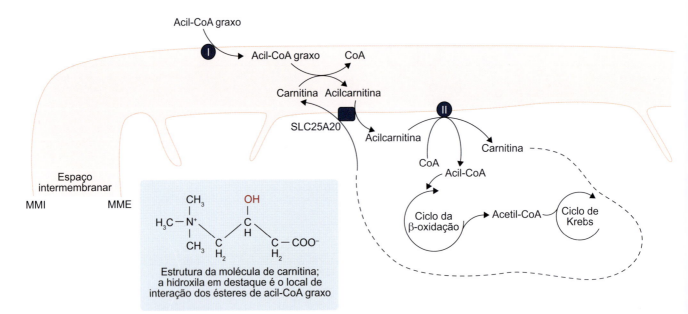

Figura 16.6 Mecanismo em que os ácidos graxos já ativados ganham a matriz mitocondrial. A molécula de acil-CoA graxo liga-se à carnitina aciltransferase I, situada na membrana mitocondrial externa. Subsequentemente, a acilcarnitina atravessa a membrana mitocondrial interna, por meio de um transportador ancorado na membrana mitocondrial interna (SLC25A20-translocase de carnitina/acilcarnitina). Já no ambiente da matriz mitocondrial, o grupo acila da molécula de acilcarnitina é transferido para a molécula de acetil-CoA intramitocondrial por meio da carnitina aciltransferase II, liberando a carnitina. A carnitina retorna ao espaço intermembranar pela mesma translocase de carnitina/acilcarnitina. MMI: membrana mitocondrial interna; MME: membrana mitocondrial externa.

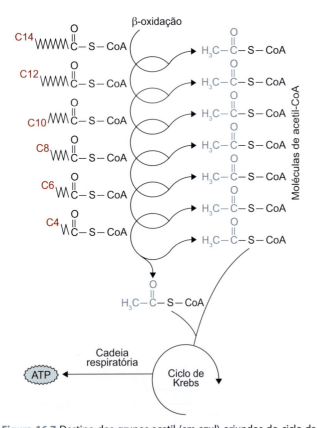

Figura 16.7 Destino dos grupos acetil (em azul) oriundos do ciclo da betaoxidação. No primeiro plano, a oxidação completa de um ácido graxo de 14 carbonos (ácido mirístico, ácido tetradecanoico, 14:0). Nota-se que são necessários sete ciclos de betaoxidação para o ácido mirístico sofrer completa oxidação em acetil-CoA. O destino dos grupos acetil, na forma de acetil-CoA, é entrar no ciclo de Krebs para sofrer metabolização. Os elétrons decorrentes dessa oxidação no ciclo Krebs são destinados à cadeia transportadora de elétrons para posterior síntese de ATP.

O problema da oxidação dos ácidos graxos insaturados e poli-insaturados é resolvido por três enzimas adicionais, enoil-CoA isomerase, 2,4-dienoil-CoA-redutase dependente de NADPH e uma redutase. A enoil-CoA isomerase é capaz de transformar a dupla ligação *cis* em *trans*. A redutase é necessária apenas durante a oxidação de ácidos graxos poli-insaturados, sua função restringe-se a desfazer as duplas ligações presentes nos ácidos graxos poli-insaturados de modo a possibilitar que somente uma dupla ligação permaneça na molécula. Posteriormente, essa dupla é isomerizada de sua configuração *cis* para *trans* (Figura 16.9). A enzima 2,4-dienoil-CoA-redutase tem a propriedade de transformar duas ligações duplas de configuração *trans* em uma única ligação também de configuração *trans*.

Oxidação dos ácidos graxos

A betaoxidação de um ácido graxo saturado com número ímpar de átomos de carbonos segue os mesmos passos metabólicos descritos para os ácidos graxos de número par de carbonos. Contudo, ao final da sequência de reações, tem-se a formação de propionil-CoA, e não de acetil-CoA, como no caso da oxidação de um ácido graxo de número par de carbonos. O propionil-CoA é convertido em succinil-CoA, que entra no ciclo de Krebs em um intervalo diferente daquele do acetil-CoA. Essa operação requer duas etapas: inicialmente, o propionil-CoA sofre carboxilação por meio da enzima propionil-CoA-carboxilase transformando-se, em seguida, em metilmalonil-CoA. O passo seguinte envolve a ação da enzima metilmalonil-CoA mutase, enzima dependente de vitamina B_{12}, cuja função é promover alterações na disposição dos átomos de carbono da molécula de metilmalonil-CoA, dando origem ao succinil-CoA, um dos intermediários do ciclo de Krebs (Figura 16.10).

Capítulo 16 • Catabolismo Oxidativo dos Ácidos Graxos   289

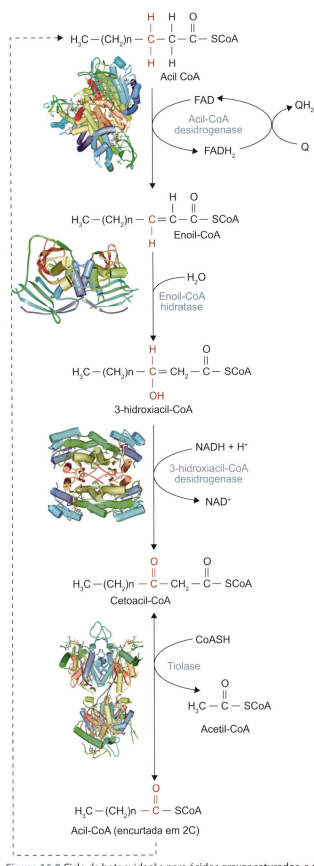

Figura 16.8 Ciclo da betaoxidação para ácidos graxos saturados e de cadeias carbônicas pares. As estruturas espaciais das enzimas estão representadas à esquerda. A cada volta no ciclo, a molécula de acil-CoA perde dois carbonos na forma de acetil-CoA até ser completamente oxidada. Códigos PDB: 1EGC; 1S9C, 1E3S, 2F2S.

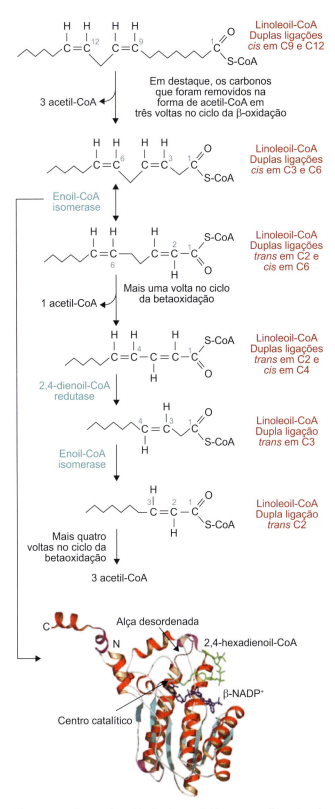

Figura 16.9 Etapas da oxidação de um ácido graxo poli-insaturado. Ácido linoleico (18:2) com suas insaturações nas configurações cis nas posições 9 e 12. Essas insaturações constituem um obstáculo às enzimas da betaoxidação, embora essa barreira seja vencida pela ação combinada das enzimas enoil-CoA isomerase e 2,4 e 2,4-dienoil-CoA redutase. A primeira enzima converte ligações cis em trans, enquanto a segunda utiliza NADPH para converter duas ligações duplas trans em uma única. Em destaque, à esquerda, inserida no círculo, a estrutura espacial que abriga o sítio catalítico da 2,4-dienoil-CoA-redutase. Fonte: Alphey et al., 2005.[3] Código PDB: 1W6U.

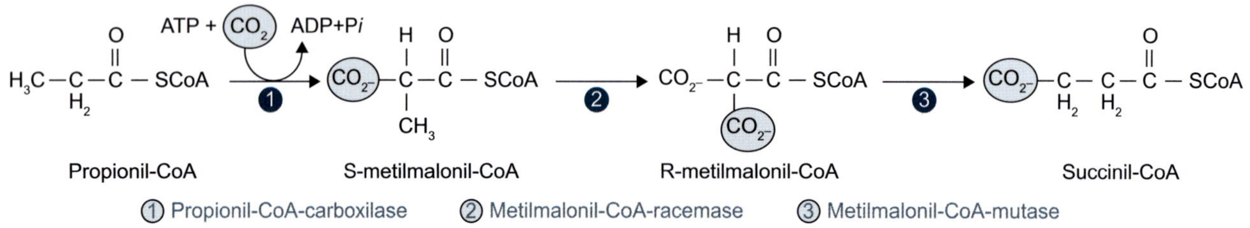

Figura 16.10 Oxidação de um ácido graxo de número ímpar de carbonos na cadeia. A sequência de reações ocorre igual àquela descrita para ácidos graxos de número par de carbonos. Contudo, o produto final é o propionil-CoA que, posteriormente, segue para ser convertido em succinil-CoA e este entra no ciclo de Krebs por ser um de seus intermediários.

Corpos cetônicos

Em condições em que a oxidação dos ácidos graxos predomina como via de obtenção de energia, como no caso do diabetes melito, o fígado produz grandes quantidades de acetoacetato, beta-hidroxibutirato e acetona. Essas substâncias são conhecidas conjuntamente como "corpos cetônicos" ou "cetonas". Contudo, esses dois termos não são adequados, primeiro porque a palavra "corpos" é geralmente empregada para designar partículas insolúveis e os corpos cetônicos são solúveis, segundo porque o beta-hidroxibutirato não é uma cetona, mas sim um ácido carboxílico. De fato, existem cetonas que não são corpos cetônicos, como é o caso da frutose e do piruvato. No entanto, ainda que essas considerações sejam válidas, o termo corpos cetônicos foi utilizado neste capítulo por seu amplo uso no meio bioquímico. A grande fonte de corpos cetônicos no organismo humano é o fígado, no qual são produzidos a partir do acetil-CoA, principalmente na matriz mitocondrial dos hepatócitos em circunstâncias em que os carboidratos não estão tão escassos e a energia deve ser obtida da quebra dos ácidos graxos.

A acetona é formada da descarboxilação espontânea do acetoacetato, enquanto o acetoacetato e o beta-hidroxibutirato podem ser interconvertidos um no outro em razão da enzima mitocondrial 3-hidroxibutirato desidrogenase. A reação de interconversão dessas substâncias é modulada pelo equilíbrio redox entre a concentração de NAD$^+$ e NADH$^+$ (Figura 16.11).

Os níveis de acetona são muito menores do que os dos outros dois tipos de corpos cetônicos – acetona (2%), β-hidroxibutirato (78%) e acetoacetato (20%). Ao contrário destes dois últimos, a acetona não pode ser convertida de volta a acetil-CoA, por isso é excretada na urina, exalada e, por sua natureza volátil, liberada pelo suor, pelo hálito e também pela urina, sendo esta última via de excreção utilizada no teste de detecção de corpos cetônicos urinários (cetonúria) por meio de fitas reagentes. O teste de cetonas urinárias fornece dados para o diagnóstico precoce da cetoacidose e, consequentemente, o coma diabético. Outra condição em que os corpos cetônicos podem aparecer na urina em grande quantidade é no jejum prolongado.

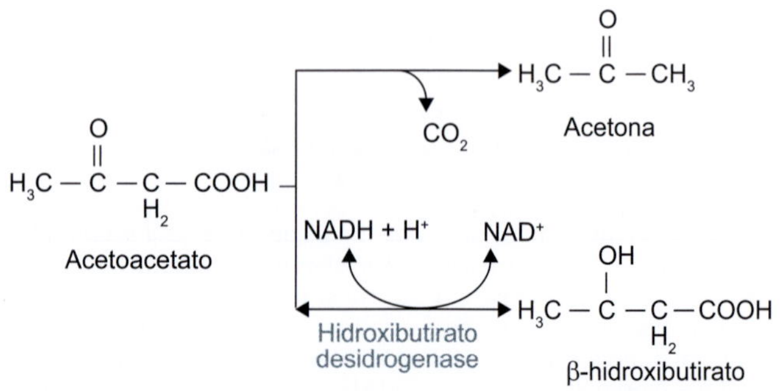

Síntese dos corpos cetônicos

Os corpos cetônicos são sintetizados, sobretudo na matriz mitocondrial das células do fígado, a partir da reação da tiolase, que une duas moléculas de acetil-CoA para dar origem a um composto denominado acetoacetil-CoA. Isso ocorre porque o ciclo de Krebs não consegue absorver todo o acetil-CoA produzido durante a betaoxidação, uma vez que seus intermediários estão envolvidos na gliconeogênese. A tiolase é uma das enzimas presentes no ciclo da betaoxidação e sua função é cindir o acetoacil-CoA dando origem ao acil-CoA e ao acetil-CoA. Essa reação compõe o último passo da betaoxidação e é reversível; assim, a tiolase pode unir duas moléculas de acetil-CoA para dar origem ao acetoacetil-CoA. Normalmente, o equilíbrio da reação não é favorável à formação de acetoacil-CoA, o que ocorre somente em circunstâncias em que os níveis de acetil-CoA estão elevados. O acetoacetil-CoA pode originar-se ainda durante o ciclo da betaoxidação por meio dos quatro carbonos terminais de um ácido graxo que está sendo oxidado no ciclo.

Após a formação do acetoacetil-CoA, ele reagirá com acetil-CoA para dar origem ao 3-OH-metiglutaril-CoA (HMG-CoA); a enzima que catalisa essa reação é a HMG-CoA sintase. A reação subsequente compreende a cisão do HMG-CoA pela enzima HMG-CoA liase, dando origem a acetil-CoA e acetoacetato, o primeiro dos corpos cetônicos. O acetoacetato pode prontamente seguir para o plasma ou, ainda, sofrer a ação da enzima beta-hidroxibutirato desidrogenase, que promove sua descarboxilação convertendo-o em beta-hidroxibutirato, o qual segue para o plasma. A reação mediada pela beta-hidroxibutirato desidrogenase é reversível de modo que os corpos cetônicos beta-hidroxibutirato e o acetoacetato são interconversíveis (Figura 16.12). O equilíbrio de acetoacetato e beta-hidroxibutirato é controlado pela razão [NAD$^+$]/[NADH], ou seja, pelo estado redox, sendo, em condições normais, a razão entre acetoacetato e β-hidroxibutirato de 1:1.

O acetoacetato pode seguir ainda uma via alternativa, na qual é convertido em acetona por descarboxilação. Essa reação não necessita de nenhuma enzima e ocorre de maneira espontânea. A síntese de corpos cetônicos ocorre principalmente no fígado, que, por sua vez, não tem a capacidade de degradar corpos cetônicos (evita ciclo fútil, pois, nesse caso, o fígado realizaria a síntese e a degradação desses corpos, e os outros órgãos do corpo não poderiam obter a energia da quebra dessas moléculas), assim como o tecido nervoso.

Figura 16.11 Mecanismo de interconversão do acetoacetato em beta-hidroxibutirato sob a ação da enzima mitocondrial (hepática) hidroxibutirato desidrogenase. A formação de acetona a partir do hidroxibutirato é termodinamicamente favorável, ou seja, é espontânea.

Capítulo 16 • Catabolismo Oxidativo dos Ácidos Graxos   291

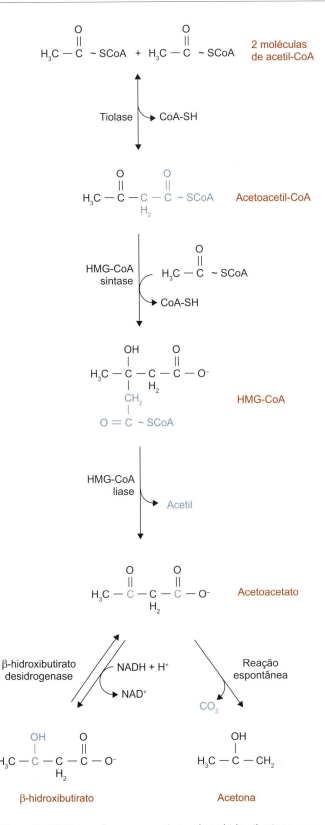

Figura 16.12 Síntese dos corpos cetônicos beta-hidroxibutirato, acetoacetato e acetona. As porções em azul da molécula de HMG-CoA são liberadas na forma de acetil-CoA, sendo que o restante da molécula dá origem ao acetoacetil-CoA. Nota-se que o acetoacetato é convertido em beta-hidroxibutirato em uma reação reversível catalisada pela enzima beta-hidroxibutirato desidrogenase, que é específica para o isômero D, diferindo assim das desidrogenases do ciclo da betaoxidação, que atua somente sobre os isômeros L. Já a produção da acetona é espontânea.

Corpos cetônicos como fonte energética

Na ausência de glicose, o cérebro é capaz de obter energia de corpos cetônicos, o que ocorre no jejum de alguns dias, por exemplo. Quando os níveis plasmáticos encontram-se abaixo dos valores de referência, a maioria dos outros tecidos pode contar com fontes adicionais de energia além dos corpos cetônicos (como os ácidos graxos), mas o cérebro, ao contrário, não tem essa alternativa.

Depois de uma dieta de baixo nível glicêmico durante 3 dias, o cérebro recebe 30% de sua energia dos corpos cetônicos. Após 4 dias, este nível sobe para 70% (durante os estágios iniciais, o cérebro não oxida as cetonas, já que elas são um importante substrato para a síntese de lipídios), estágio em que o cérebro torna-se mais permeável aos lipídios e aos corpos cetônicos, passando a consumir esses substratos energéticos. O cérebro ainda mantém certa necessidade de glicose, porque os corpos cetônicos podem ser quebrados somente na mitocôndria para fornecer energia, e os axônios das células cerebrais estão muito longe da mitocôndria. Além do cérebro, outros tecidos são capazes de utilizar corpos cetônicos como substrato energético, como algumas células renais, mucosa intestinal e também o tecido muscular esquelético e o coração. O coração utiliza corpos cetônicos o tempo todo, uma vez que, do ponto de vista energético, estes são excelentes nutrientes, pois ingressam de imediato na matriz mitocondrial e, para um órgão que consome grande quantidade de energia de forma ininterrupta, essa fonte de energia torna-se extremamente importante. O tecido adiposo, embora seja a maior fonte de armazenamento de lipídios, não utiliza ácidos graxos para obtenção de energia durante o jejum, mas pode utilizar corpos cetônicos. Os corpos cetônicos podem também atravessar a placenta e fornecer energia para o feto. De fato, com exceção dos eritrócitos e dos hepatócitos, quase todos os outros tecidos são capazes de processar corpos cetônicos como substrato energético. Nos tecidos que utilizam corpos cetônicos, o beta-hidroxibutirato é oxidado em acetoacetato pela enzima beta-hidroxibutirato desidrogenase e as reações subsequentes convertem acetoacetato em acetil-CoA. Na matriz mitocondrial, o acetoacetato sofre ativação para acetoacetil-CoA por meio da enzima succinil-CoA-acetoacetato-CoA transferase (uma tiotransferase). A função dessa enzima é transferir a molécula de coenzima (CoA) da succinil-CoA, um dos intermediários do ciclo de Krebs, para o acetoacetato.

O fígado é um grande produtor de corpos cetônicos, no entanto não é capaz de obter energia desses compostos, uma vez que a enzima tiotransferase não existe nos hepatócitos em quantidades suficientes; já os eritrócitos não apresentam mitocôndrias, de modo que não podem nem sintetizar nem utilizar os corpos cetônicos como fonte de energia. A acetoacetil-CoA é, então, cindida em duas moléculas de acetil-CoA pela ação da enzima acetoacetil-CoA tiolase, a mesma enzima que está presente no ciclo da betaoxidação. O propósito da produção dessas duas moléculas de acetil-CoA é sua utilização no ciclo de Krebs.

Regulação da síntese de corpos cetônicos

O aumento da disponibilidade de ácidos graxos para a oxidação é um importante fator que conduz o fígado à síntese de corpos cetônicos, contudo não é o único. Por exemplo, a redução da razão insulina/glucagon conduz à redução da enzima acetil-CoA carboxilase, cuja função é sintetizar malonil-CoA no citosol de muitos tecidos. Consequentemente, os níveis de malonil-CoA também se tornam reduzidos, o que desencadeia a ativação do transportador carnitina palmitoil-CoA transferase, possibilitando, assim, a entrada do acil-CoA no ciclo da betaoxidação. Quando a oxidação do acil-CoA em acetil-CoA produz quantidades suficientes de NADH e FADH^2 para suprir as necessidades hepáticas por ATP, o acetil-CoA é desviado do ciclo de Krebs para a cetogênese e, concomitantemente, o oxalacetato (um dos intermediários do ciclo de Krebs) é deslocado para a síntese de malato e, consequentemente, à síntese de glicose na via da gliconeogênese. Essa cadeia de eventos é finalmente regulada pelas concentrações hepáticas de NADH/NAD$^+$, que se encontram elevadas durante a betaoxidação. Assim, ao fornecer corpos cetônicos para os demais tecidos, o fígado está na verdade disponibilizando ao organismo uma fonte de energia de que, embora tenha originado, ele não necessita.

> ### Bioclínica
>
> **Cetose e cetoacidose**
>
> A produção desses compostos é chamada de cetogênese, que é necessária em pequenas quantidades. Contudo, quando corpos cetônicos em excesso se acumulam, instala-se uma condição denominada cetose, que se trata de um estado anormal, mas não necessariamente perigoso. Quando ainda mais corpos cetônicos se acumulam de forma que o pH plasmático reduza a níveis ácidos perigosos, esse estado é chamado de cetoacidose, condição presente no diabetes melito descompensado.
>
> Portanto, a cetoacidose ocorre pelo fato de o acetoacetato e o beta-hidroxibutirato serem ácidos orgânicos relativamente fortes e que em concentrações plasmáticas elevadas podem suplantar a capacidade tamponante do plasma. No diabetes descompensado, o hálito cetônico é decorrente da exalação da acetona que, diferentemente dos demais corpos cetônicos, é volátil e perde-se pela urina, pelo hálito e pelo suor.
>
> A consequente redução do pH plasmático observada na cetoacidose leva a um mecanismo de compensação renal que elimina H$^+$ acompanhado da excreção de eletrólitos, sobretudo Na$^+$ e K$^+$ que, por sua vez, arrasta consigo água. Essa cadeia de eventos conduz o diabético descompensado à desidratação, disparando o mecanismo da sede, daí a poliúria e a polidipsia observada em pacientes diabéticos sem tratamento adequado.

Oxidação em peroxissomos

Os peroxissomos são organelas de apenas uma membrana celular (somente as mitocôndrias apresentam dupla membrana), medindo de 0,2 a 1 μm de diâmetro, que está presente em células eucarióticas. São responsáveis pelo armazenamento das enzimas diretamente relacionadas com o metabolismo do peróxido de hidrogênio. Morfologicamente, apresentam-se como pequenas vesículas membranares, esféricas ou ovoides, geralmente menores que as mitocôndrias. A sua matriz apresenta-se com uma textura finamente granular e contém, frequentemente, um corpo denso no qual se reconhece uma estrutura cristalina, sendo designado por cristaloide ou "core". O cristaloide resultaria da cristalização progressiva da catalase ou de oxidases existentes na matriz. Oxidação de ácidos graxos também ocorre em peroxissomos, quando as cadeias de ácidos graxos são demasiadamente longas para serem oxidadas no ambiente mitocondrial. No entanto, a oxidação cessa no octanil-CoA. Acredita-se que ácidos graxos de cadeias muito longas (superior a C-22) sofrem oxidação inicial em peroxissomos e, subsequentemente, a oxidação continua nas mitocôndrias. Os peroxissomos, portanto, ao iniciarem a oxidação de ácidos graxos de cadeias carbônicas extremamente grandes, tornam mais fácil o trabalho de oxidação mitocondrial desses ácidos graxos. Uma diferença significativa é que a oxidação em peroxissomos não está ligada à síntese de ATP. Em vez disso, o potencial energético de elétrons é transferido para o O$_2$, sendo então produzido H$_2$O$_2$ (peróxido de hidrogênio). A enzima catalase, encontrada exclusivamente em peroxissomos, converte o peróxido de hidrogênio em água e oxigênio.

A betaoxidação em peroxissomos também apresenta algumas particularidades. Existem três principais diferenças entre as enzimas utilizadas nas mitocôndrias e nas vesículas de peroxissomos:

1. A betaoxidação nos peroxissomos requer o uso de uma carnitina peroxissomal aciltransferase (em vez de carnitina aciltransferase I e II utilizada pela mitocôndria) para o transporte do grupo acila ativado no peroxissomo.
2. A primeira etapa da oxidação no peroxissomo é catalisada pela enzima acil-CoA oxidase.
3. A beta-cetotiolase usada em peroxissomos apresenta especificidade de substrato alterado, diferentemente do mitocondrial β-cetotiolase.

A betaoxidação é induzida por dietas hiperlipídicas e também pela administração de medicamentos hipolipemiantes, como fibratos.

Resumo

Introdução

A betaoxidação é um processo catabólico de ácidos graxos que consiste na sua oxidação na matriz mitocondrial onde, por meio de oxidações sucessivas, são removidas unidades de dois carbonos na forma de acetil-CoA. A betaoxidação pode ser dividida em quatro reações sucessivas:

- Oxidação, na qual acil-CoA é oxidado em enoil-CoA, com redução de FAD a FADH2
- Hidratação, na qual uma dupla ligação é hidratada e ocorre a formação de 3-hidroxiacil-CoA
- Oxidação de um grupo hidroxila em carbonila, originando betacetoacil-CoA e NADH
- Cisão, em que o betacetoacil-CoA reage com uma molécula de coenzima A (CoA), formando um acetil-CoA e um acil-CoA, que continua no ciclo até ser convertido em acetil-CoA.

Mobilização da reserva de lipídios

Os hormônios catabólicos são capazes de remover a reserva energética presente nos adipócitos na forma de triacilgliceróis. Esses hormônios são capazes de produzir altos níveis de cAMP no interior do adipócito, ativando uma enzima intracelular chamada cinase A que, por sua vez, ativa a perilipina A por meio de fosforilação. A perilipina fosforilada induz o deslocamento da lipase hormônio sensível até a inclusão lipídica, onde inicia a clivagem (hidrólise) dos triacilgliceróis liberando ácidos graxos e glicerol na corrente sanguínea (Figura R16.1). O glicerol é solúvel na corrente sanguínea; já os ácidos graxos, por seu caráter apolar, ligam-se às porções hidrofóbicas da albumina plasmática e são transportados no plasma para as células. A oxidação dos ácidos graxos libera aproximadamente 95% da energia biologicamente disponível nos triacilgliceróis, enquanto a molécula do glicerol responde por somente cerca de 5% dessa energia e seu destino é sofrer fosforilação pela enzima glicerol cinase, sendo, portanto, convertida em glicerol-3-fosfato, que sofre oxidação dando origem à di-hidroxiacetona fosfato. Subsequentemente, a enzima glicolítica triose fosfato isomerase transforma esse composto em gliceraldeído-3-fosfato, que segue pela via glicolítica.

Capítulo 16 • Catabolismo Oxidativo dos Ácidos Graxos   293

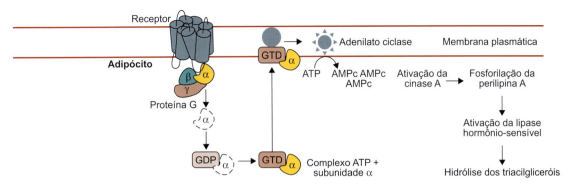

Figura R16.1 Modelo que descreve a hidrólise dos triacilgliceróis presentes no adipócito a partir de hormônios catabólicos, como as catecolaminas. A interação do agonista com o seu respectivo receptor na membrana do adipócito desencadeia a formação de AMPc intracelular que, por sua vez, dirige a cascata de eventos que conduz à hidrólise dos triacilgliceróis, resultando em aumento de ácidos graxos e glicerol no plasma.

Reações do ciclo da beta oxidação

Após o ácido graxo internalizar a matriz mitocondrial, ele participará de um ciclo de reação que compreende quatro passos e cujo propósito é convertê-lo totalmente em acetil-CoA. Inicialmente, a acil-CoA é oxidada na posição 2,3 originando uma acil-CoA insaturada que recebe o nome de betaenoil-CoA. Subsequentemente, a molécula de betaenoil-CoA sofre hidratação seguida de uma segunda reação de oxidação. O último passo do ciclo envolve a produção de acetil-CoA da clivagem do betacetoacil-CoA pela enzima tiolase ou acil-CoA acetiltransferase; uma molécula de acil-CoA é necessária para que essa reação se processe. O acil-CoA resultante apresenta agora dois carbonos a menos do que quando iniciou o ciclo. Essa molécula reiniciará o ciclo até ser completamente oxidada em moléculas de acetil-CoA (Figura R16.2).

Ativação dos ácidos graxos

Uma vez que a betaoxidação ocorre na matriz mitocondrial, o ácido graxo deve ser transportado pela membrana mitocondrial interna por um transportador específico denominado carnitina. No processo de transporte, chamado lançadeira da carnitina, um grupo acil é transferido da coenzima A citosólica à carnitina pela ação de um transportador chamado carnitina aciltransferase I (localizado na membrana mitocondrial externa), formando acilcarnitina. Subsequentemente, o grupo acilcarnitina é transferido à outra molécula de coenzima A pela carnitina aciltransferase II presente na membrana mitocondrial interna (Figura R16.3).

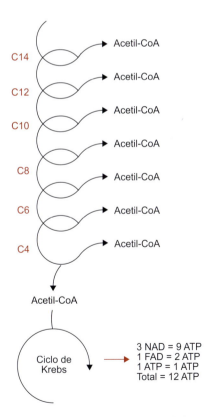

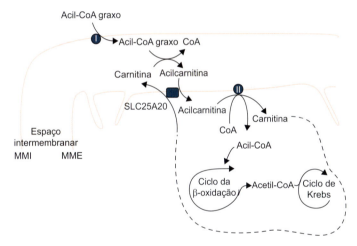

Figura R16.3 Mecanismo pelo qual os ácidos graxos já ativados ganham a matriz mitocondrial. A molécula de acil-CoA graxo liga-se à carnitina aciltransferase I, situada na membrana mitocondrial externa. Subsequentemente, a acilcarnitina atravessa a membrana mitocondrial interna por meio de um transportador ancorado na membrana mitocondrial interna (SLC25A20-translocase de carnitina/acilcarnitina). Já no ambiente da matriz mitocondrial, o grupo acila da molécula de acilcarnitina é transferido para a molécula de acetil-CoA intramitocondrial por meio da carnitina aciltransferase II, liberando a carnitina. A carnitina retorna ao espaço intermembranar pela mesma translocase de carnitina/acilcarnitina. MMI: membrana mitocondrial interna; MME: membrana mitocondrial externa.

Oxidação de ácidos graxos insaturados

No caso dos ácidos graxos poli-insaturados, as ligações duplas estão presentes em intervalos de três carbonos. Esses ácidos graxos também estão presentes na composição dos triacilgliceróis, moléculas problemáticas para o ciclo da betaoxidação, uma vez que as insaturações encontram-se na configuração *cis* e, por isso, não são reconhecidas pela enzima enoil-CoA-hidratase, cuja função é hidratar a dupla ligação *trans* do enoil-CoA, um dos intermediários do ciclo da betaoxidação. O problema da oxidação dos ácidos graxos insaturados e poli-insaturados é resolvido por três enzimas adicionais, enoil-CoA isomerase, 2,4-dienoil-CoA-redutase dependente de NADPH e uma redutase. Essas enzimas tornam o ácido graxo capaz de sofrer oxidação no ciclo da betaoxidação.

Figura R16.2 Destino dos grupos acetil oriundos do ciclo da betaoxidação. A figura mostra no primeiro plano a oxidação completa de um ácido graxo de 14 carbonos (ácido mirístico, ácido tetradecanoico, 14:0). Nota-se que são necessários sete ciclos de betaoxidação para que o ácido mirístico sofra completa oxidação em acetil-CoA. O destino dos grupos acetil, na forma de acetil-CoA, é entrar no ciclo de Krebs para sofrer metabolização. Os elétrons decorrentes dessa oxidação no ciclo Krebs são destinados à cadeia transportadora de elétrons para posterior síntese de ATP.

Oxidação de ácidos graxos com número ímpar de carbonos na cadeia

A betaoxidação de um ácido graxo saturado com número ímpar de átomos de carbonos segue os mesmos passos metabólicos descritos para os ácidos graxos de número par de carbonos. Contudo, ao final da sequência de reações tem-se a formação de propionil-CoA, e não de acetil-CoA, como no caso da oxidação de um ácido graxo de número par de carbonos. O propionil-CoA é convertido em succinil-CoA que entra no ciclo de Krebs em um intervalo diferente daquele do acetil-CoA.

Corpos cetônicos

Em condições em que a oxidação dos ácidos graxos predomina, ocorre grande produção de "corpos cetônicos" ou "cetonas" (Figura R16.4), denominada cetose, um estado anormal; mas não necessariamente perigoso, o acúmulo de corpos cetônicos é uma condição anormal, tornando perigosa se esses compostos são continuamente produzidos em concentrações elevadas. Nesse caso, chega-se a uma condição chamada cetoacidose metabólica presente por, exemplo no diabetes melito descompensado.

Os corpos cetônicos têm caráter ácido e, quando em excesso, suplantam a capacidade tamponante do plasma; levando à redução do pH do plasmático e podendo então conduzir ao coma (coma cetótico). Depois de uma dieta de baixo nível glicêmico durante 3 dias, o cérebro recebe 30% de sua energia dos corpos cetônicos. Após 4 dias, esse nível sobe para 70% (durante os estágios iniciais, o cérebro não oxida as cetonas, já que elas são um importante substrato para a síntese de lipídios); nesse estágio, o cérebro torna-se mais permeável aos lipídios e corpos cetônicos e passa a consumir esses substratos energéticos. Mesmo com essa capacidade de utilizar corpos cetônicos como fonte de energia o cérebro ainda mantém sua necessidade por glicose.

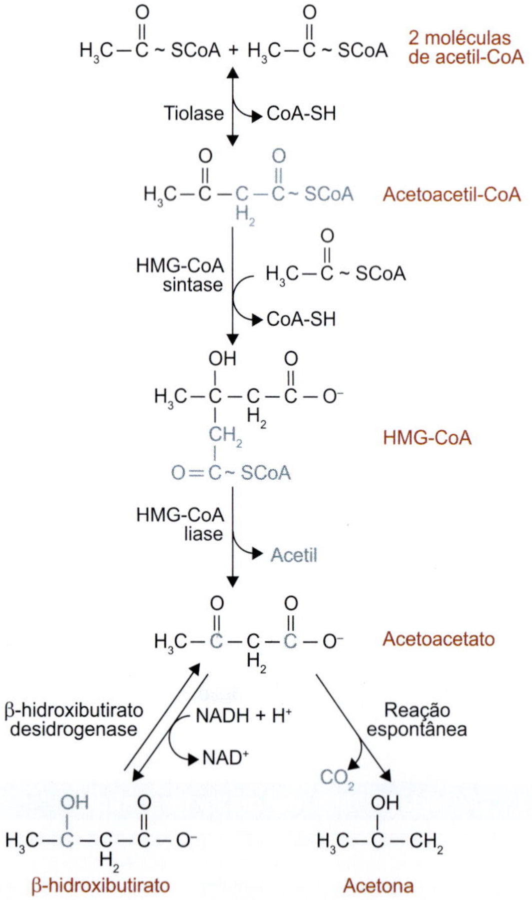

Figura R16.4 Síntese dos corpos cetônicos beta-hidroxibutirato, acetoacetato e acetona. As porções em azul da molécula de HMG-CoA são liberadas na forma de acetil-CoA, sendo que o restante da molécula dá origem ao acetoacetil-CoA. Nota-se que o acetoacetato é convertido em beta-hidroxibutirato em uma reação reversível catalisada pela enzima beta-hidroxibutirato desidrogenase, que é específica para o isômero D, diferindo assim das desidrogenases do ciclo da betaoxidação, que atua somente sobre os isômeros L. Já a produção da acetona é espontânea.

Exercícios

1. Assinale a alternativa que está de acordo com o ciclo da betaoxidação.
    a) O ciclo da betaoxidação ocorre na matriz mitocondrial e tem como objetivo a obtenção de moléculas de acetil-CoA.
    b) O ciclo da betaoxidação produz corpos cetônicos que entram no ciclo de Krebs em um intervalo diferente do acetil-CoA.
    c) Os ácidos graxos são carreados para o interior do ciclo de Krebs por meio da carnitina, um carreador que atua na transferência de radicais acila.
    d) O ciclo da betaoxidação entra em ação quando o ciclo de Krebs torna-se incapaz de fornecer energia para um dado nível metabólico.
    e) A betaoxidação substitui o ciclo de Krebs em células que exibem alto nível metabólico, pois a oxidação de ácidos graxos fornece mais energia, uma vez que os lipídios são de fato mais energéticos que a glicose.

2. Assinale a alternativa correta:
    a) O ciclo da betaoxidação ocorre na matriz mitocondrial e substitui o ciclo de Krebs, uma vez que produz mais moléculas de acetil-CoA.
    b) A ativação dos ácidos graxos ocorre no citosol e consiste na formação de um acil-CoA. A enzima que catalisa a formação da ligação éster é o acil-CoA sintetase ou tiocinase, requerendo ATP para sua atividade.
    c) A oxidação dos ácidos graxos durante o ciclo da betaoxidação produz corpos cetônico que são convertidos em acetil-CoA no ciclo de Krebs.
    d) Os ácidos graxos de cadeia ímpar são oxidados completamente até acetil-CoA, sendo o último elemento o *trans* β-enoil-CoA, posteriormente convertido em citrato e que entra no ciclo de Krebs.
    e) Os corpos cetônicos são compostos úteis na condição de diabetes melito, já que atuam na síntese de glicose.

3. Leia as afirmações abaixo e assinale a alternativa correta:
    I. O acil-CoA não pode atravessar a membrana mitocondrial interna de modo que ocorre transferência do grupamento acila do acil-CoA para a carnitina.
    II. Se o ácido graxo a ser oxidado for insaturado, o processo tem dois passos enzimáticos adicionais: a conversão do isômero *cis* em *trans* e a saturação da dupla ligação pela adição de água; uma vez que o ácido graxo foi convertido em sua forma saturada, ele pode seguir com o processo normal de oxidação.
    III. A oxidação dos ácidos graxos no fígado leva à formação de grande quantidade de acetil-CoA, que pode ser oxidado no próprio fígado ou convertido em corpos cetônicos. São três os corpos cetônicos formados a partir do acetil-CoA: acetoacetato beta-hidroxibutirato e acetona.
    a) Somente a alternativa I está correta.
    b) Todas as alternativas estão corretas.
    c) Todas as alternativas estão incorretas.
    d) Somente a alternativa II está correta.
    e) Somente a alternativa III está correta.
    f) As alternativas II e III estão corretas e I está incorreta.

4. Explique como ocorreria a oxidação de um ácido graxo de número de carbono ímpar em sua cadeia.

5. Um indivíduo diabético fez exames para diagnóstico do diabetes melito e um desses exames foi a determinação de corpos cetônicos na urina. Explique em que condições aparecem os corpos cetônicos no plasma e quais suas consequências bioquímicas.

6. Explique como os ácidos graxos já ativados ganham a matriz mitocondrial para, então, serem oxidados.

7. Os ácidos graxos insaturados também estão presentes na composição dos triacilgliceróis, moléculas que são problemáticas para o ciclo da betaoxidação, uma vez que as insaturações se encontram na configuração *cis* e, por esse motivo, não são reconhecidas pela enzima enoil-CoA-hidratase. Portanto, explique como ocorre a oxidação desses ácidos graxos.
8. Mulher, 36 anos, está em uma academia de ginástica exercitando-se na bicicleta ergométrica. Ela questiona seu preparador físico sobre os mecanismos bioquímicos que levam à quebra de lipídios do tecido adiposo. Escreva a resposta correta que deveria ser dada pelo preparador físico.
9. Explique qual a função da carnitina.
10. "... Há cerca de 2.000 anos, uma menina foi levada a um importante rabino. A família contou que a menina apresentava acessos de 'fúria', como se seu corpo estivesse tomado por 'forças malignas'. Quando o rabino perguntou desde quando isso acontecia, os pais disseram que era desde a infância, sendo que, em determinado momento, esses acessos quase a mataram ao lançarem-na, certa vez, diretamente ao fogo. O rabino refletiu e chegou à conclusão de que se tratava de um caso de epilepsia, prescrevendo como conduta para a menina: jejum e oração." Com base neste caso, assinale a alternativa correta:
    a) O jejum impede a formação de glicose pela betaoxidação.
    b) Os corpos cetônicos originados durante a betaoxidação podem ter efeitos benéficos em pacientes epilépticos.
    c) O jejum indicado pelo rabino aumentará a glicemia da menina, levando à melhora das crises epilépticas.
    d) O rabino sabia que a menina estava em jejum e que, nessa situação uma grande quantidade de glicose é produzida pelo ciclo da betaoxidação.
    e) O rabino sabia que a menina apresentava um quadro de hiperglicemia e também que os corpos cetônicos são originados durante a beta oxidação e, posteriormente, essas substâncias reduzem significativamente a glicemia.

Respostas

1. Alternativa correta: *a*.
2. Alternativa correta: *b*.
3. Alternativa correta: *b*.
4. A betaoxidação de um ácido graxo saturado com número ímpar de átomos de carbonos segue os mesmos passos metabólicos descritos para os ácidos graxos de número par de carbonos. Contudo, ao final da sequência de reações, tem-se a formação de propionil-CoA, e não de acetil-CoA, como no caso da oxidação de um ácido graxo de número par de carbonos. O propionil-CoA é convertido em succinil-CoA, que entra no ciclo de Krebs em um intervalo diferente daquele do acetil-CoA. Essa operação requer duas etapas: inicialmente o propionil-CoA sofre carboxilação por meio da enzima propionil-CoA-carboxilase, transformando-se em metilmalonil-CoA. O passo seguinte envolve a ação da enzima metilmalonil-CoA mutase, enzima dependente de vitamina B_{12}, cuja função é promover alterações na disposição dos átomos de carbono da molécula de metilmalonil-CoA, dando origem ao succinil-CoA, um dos intermediários do ciclo de Krebs.
5. Em condições de diabetes melito não tratado, dietas ausentes de carboidratos e jejum prolongado, ocorre produção de corpos cetônicos em excesso, que se acumulam no plasma, instalando-se, assim, uma condição denominada cetose, que se trata de um estado anormal, mas não necessariamente perigoso. Contudo, se os corpos cetônicos continuam a ser produzidos, chega-se a uma condição chamada cetoacidose, que reduz o pH do plasma a níveis que podem conduzir ao coma (coma cetótico). Depois de uma dieta de baixo nível glicêmico durante 3 dias, o cérebro recebe 30% de sua energia dos corpos cetônicos. Após 4 dias, esse nível sobe para 70% (durante os estágios iniciais, o cérebro não oxida as cetonas, já que elas são um importante substrato para a síntese de lipídios). Nesse estágio, o cérebro torna-se mais permeável aos lipídios e corpos cetônicos e passa a consumir esses substratos energéticos. Mesmo com essa capacidade de utilizar corpos cetônicos como fonte de energia, o cérebro ainda mantém sua necessidade por glicose.
6. A molécula de acil-CoA graxo liga-se à carnitina aciltransferase I, situada na membrana mitocondrial externa. Subsequentemente, a acilcarnitina atravessa a membrana mitocondrial, interna por meio de um transportador ancorado na membrana mitocondrial interna (SLC25A20-translocase de carnitina/acilcarnitina). Já no ambiente da matriz mitocondrial, o grupo acila da molécula de acilcarnitina é transferido para a molécula de acetil-CoA intramitocondrial, por meio da carnitina aciltransferase II, liberando a carnitina. A carnitina retorna ao espaço intermembranar pela mesma translocase de carnitina/acilcarnitina.
7. O problema da oxidação dos ácidos graxos insaturados e poli-insaturados é resolvido por três enzimas adicionais, enoil-CoA isomerase, 2,4-dienoil-CoA-redutase dependente de NADPH e uma redutase. A enoil-CoA isomerase é capaz de transformar a dupla ligação *cis* em *trans*. A redutase é necessária apenas durante a oxidação de ácidos graxos poli-insaturados e sua função restringe-se a desfazer as duplas ligações presentes nos ácidos graxos poli-insaturados de modo a possibilitar que somente uma dupla ligação permaneça na molécula. Posteriormente, essa dupla é isomerizada de sua configuração *cis* para *trans*. A enzima 2,4-dienoil-CoA-redutase tem a propriedade de transformar duas ligações duplas de configuração *trans* em uma única dupla ligação também de configuração *trans*.
8. Os hormônios catabólicos são capazes de remover a reserva energética presente nos adipócitos na forma de triacilgliceróis. Esses hormônios são capazes de produzir altos níveis de AMPc no interior do adipócito, ativando uma enzima intracelular chamada cinase A que, por sua vez, ativa a perilipina A por meio de fosforilação. A perilipina fosforilada induz o deslocamento da lipase hormônio-sensível até a inclusão lipídica, onde inicia a clivagem (hidrólise) dos triacilgliceróis liberando ácidos graxos e glicerol na corrente sanguínea. O glicerol é solúvel na corrente sanguínea; já os ácidos graxos, por seu caráter apolar, ligam-se às porções hidrofóbicas da albumina plasmática e são transportados no plasma para as células. A oxidação dos ácidos graxos libera aproximadamente 95% da energia biologicamente disponível nos triacilgliceróis, enquanto a molécula do glicerol responde por somente cerca de 5% dessa energia e seu destino é sofrer fosforilação pela enzima glicerol cinase, sendo, portanto, convertida em glicerol-3-fosfato, que sofre oxidação dando origem à di-hidroxiacetona fosfato. Subsequentemente, a enzima glicolítica triose fosfato isomerase transforma esse composto em gliceraldeído-3-fosfato, que segue pela via glicolítica.
9. A carnitina é sintetizada tendo como precursor a lisina, um aminoácido essencial. A carnitina aciltransferase I situa-se na membrana mitocondrial externa, enquanto a carnitina aciltransferase I encontra-se na membrana mitocondrial interna. Ambas têm a função de transportar os ésteres de acil-CoA graxo para serem oxidados na matriz mitocondrial.
10. Alternativa correta: *b*.

Referências bibliográficas

1. Curi R, Lagranha CJ, Rodrigues Jr GJ, Pithon-Curi TC, Lancha Jr AH, Pellegrinotti IL et al. Ciclo de Krebs como fator limitante na utilização de ácidos graxos durante o exercício aeróbico. Arq Bras Endocrinol Metab. 2003;47/2:135-43.

2. Junqueira LC, Carneiro J. Histologia básica: texto e atlas. Rio de Janeiro: Guanabara Koogan; 2004.
3. Alphey MS, Yu W, Byres E, Li D, Hunter WN. Structure and reactivity of human mitochondrial 2,4-dienoyl-CoA reductase: enzyme-ligand interactions in a distinctive short-chain reductase active site. J Biol Chem. 2005;280:3068-77.

Bibliografia

Abo Alrob O, Lopaschuk GD. Role of-CoA and acetyl-CoA in regulating cardiac fatty acid and glucose oxidation. Biochem Soc Trans. 2014;42(4):1043-51.

Bartlett K, Eaton S. Mitochondrial beta-oxidation. Eur J Biochem. 2004;271(3):462-69.

Bennett MJ. Assays of fatty acid beta-oxidation activity. Methods Cell Biol. 2007;80:179-97.

Demizieux L. Control and regulation of mitochondrial oxidation of long-chained fatty acids. J Soc Biol. 2005;199(2):143-55.

Eaton S. Control of mitochondrial beta-oxidation flux. Prog Lipid Res. 2002;41(3):197-239.

Fukao T, Mitchell G, Sass JO, Hori T, Orii K, Aoyama Y. Ketone body metabolism and its defects. J Inherit Metab Dis. 2014;37(4):541-51.

Hiltunen JK, Qin Y. Beta-oxidation – strategies for the metabolism of a wide variety of acyl-CoA esters. Biochim Biophys Acta. 2000;1484(2-3):117-28.

Kerner J, Hoppel C. Fatty acid import into mitochondria. Biochim Biophys Acta. 2000;1486(1):1-17.

Kim JJ, Battaile KP. Burning fat: the structural basis of fatty acid beta-oxidation. Curr Opin Struct Biol. 2002;12(6):721-8.

Laffel L. Ketone bodies: a review of physiology, pathophysiology and application of monitoring to diabetes. Diabetes Metab Res Rev. 1999;15(6):412-26.

Mitchell GA, Kassovska-Bratinova S, Boukaftane Y, Robert MF, Wang SP, Ashmarina L et al. Medical aspects of ketone body metabolism. Clin Invest Med. 1995;18(3):193-216.

Moczulski D, Majak I, Mamczur D. An overview of beta-oxidation disorders. Postepy Hig Med Dosw (Online). 2009;63:266-77.

Speijer D, Manjeri GR, Szklarczyk R. How to deal with oxygen radicals stemming from mitochondrial fatty acid oxidation. Philos Trans R Soc Lond B Biol Sci. 2014;369(1646):20130446.

Metabolismo do Nitrogênio dos Aminoácidos | Ciclo da Ureia

Introdução

O primeiro passo para o catabolismo da maioria dos aminoácidos envolve a remoção dos grupos alfa-amino, uma operação bioquímica conduzida por enzimas chamadas aminotransferases ou transaminases. Essa reação envolve a transferência dos grupos alfa-amino para o alfa-cetoglutarato produzindo o respectivo alfa-cetoácido, análogo ao aminoácido. O ciclo da ureia, que tem como propósito converter o nitrogênio dos aminoácidos em ureia, ocorre no fígado e compreende cinco reações, duas das quais na matriz mitocondrial, enquanto as outras três no citosol (Tabela 17.1). A formação da ureia inclui a utilização de dois grupos amino: um do NH^+_4 (íon amônio livre) e um oriundo do aspartato; já o carbono da molécula de ureia é fornecido pelo CO_2, que, posteriormente, será convertido em bicarbonato (HCO^-_3) em reação com a água. Essa cadeia de reações gasta energia, e de fato três moléculas de ATP sofrem cisão: 2 ADP + 1 AMP; assim, gastam-se quatro ligações fosfato. Embora a ureia seja o principal produto de excreção de compostos nitrogenados do organismo (12.000 a 20.000 mg de nitrogênio na forma de ureia/dia), o nitrogênio também sofre excreção na forma de outras substâncias, como creatinina (14 a 26 mg/kg em homens e 11 a 20 mg/kg em mulheres por dia), amônio livre (140 a 1.450 mg/kg) e ácido úrico (250 a 750 mg/kg).

Após a remoção dos grupos nitrogenados dos aminoácidos, o esqueleto carbônico sofre oxidação produzindo compostos utilizados no ciclo do ácido cítrico, como acetil-CoA e piruvato, com predominância da produção de piruvato. Em períodos de jejum, esses compostos são convertidos em glicose ou corpos cetônicos pelo fígado, atuando como substrato energético para os demais tecidos. Finalmente, ao metabolizar a glicose, os tecidos transformam o esqueleto carbônico desses aminoácidos em CO_2.

Remoção do nitrogênio dos aminoácidos | Reação de transaminação

A transaminação é a primeira etapa no processo de catabolismo dos aminoácidos e designa a remoção dos grupos alfa-amino dos aminoácidos para o alfa-cetoglutarato, uma substância que é um dos intermediários do ciclo do ácido cítrico (ciclo de Krebs). Essa reação forma como produtos um α-cetoácido, resultante do aminoácido que perdeu seu grupo alfa-amino, e um glutamato, que se forma quando o α-cetoglutarato aceita o grupo alfa-amino. As aminotransferases são específicas para um ou poucos aminoácidos, cuja nomenclatura relaciona-se com o doador do grupo alfa-amino, uma vez que o aceptor é sempre o alfa-cetoglutarato, que, por sua vez, atua como um reservatório de grupos alfa-amino (Figura 17.1). Assim, a aminotransferase que catalisa a remoção do grupo alfa-amino da alanina chama-se alanina-aminotransferase (ALT), e a enzima que cumpre essa função no ácido aspártico é a aspartato-aminotransferase (AST). Essas duas reações são as mais importantes das aminotransferases e apresentam forte aspecto clínico.

A ALT foi anteriormente chamada de glutamato piruvato transaminase (TGP), já que a reação da remoção do grupo α-amino da alanina para o alfa-cetoglutarato tem como produtos piruvato e glutamato. Já a AST era anteriormente denominada glutamato oxalacetato transaminase (TGO). A AST é uma exceção à regra de que os aminoácidos transferem seus grupos alfa-amino para o alfa-cetoglutarato; em vez disso, ela transfere o grupo alfa-amino do glutamato oxalacetato, formando assim aspartato, que é um doador de um dos nitrogênios no ciclo da ureia. As reações catalisadas tanto pela ALT quanto pela AST são reversíveis; contudo, durante o catabolismo, as reações são direcionadas para a formação de glutamato e aspartato.

Tabela 17.1 Enzimas presentes no ciclo da ureia, as reações catalisadas por elas e sua localização na célula.

Etapa	Reagente	Produto	Enzima envolvida	Localização
1	2 ATP + HCO_3^- + NH^+_4	Carbamoil fosfato + 2ADP + P*i*	CPS1	Mitocôndria
2	Carbamoil fosfato + ornitina	Citrulina + P*i*	Ornitina transcarbamilase (OTC)	Mitocôndria
3	Citrulina + aspartato + ATP	Argininosuccinato + AMP + PP*i*	Argininosuccinato sintetase (ASS)	Citosol
4	Argininosuccinato	Arginina + fumarato	Argininosuccinato liase (ASL)	Citosol
5	Arginina + H_2O	Ornitina + ureia	Arginase 1 (ARG1)	Citosol

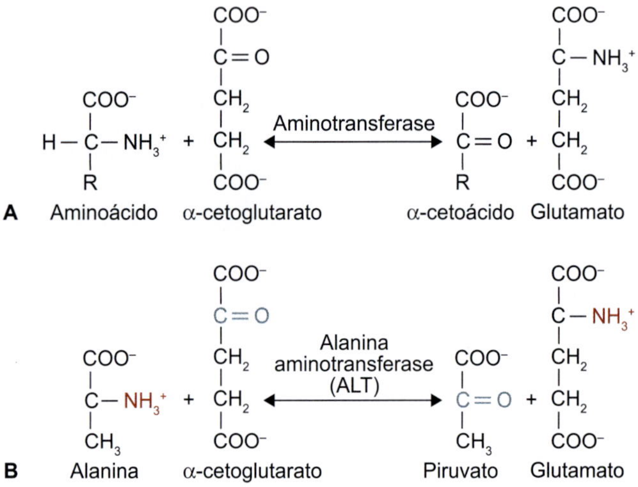

Figura 17.1 Transferência de grupos amino por parte das aminotransferases, o primeiro passo no catabolismo dos aminoácidos. **A.** Modelo geral da ação das aminotransferases, o grupo alfa-amino de um aminoácido é transferido para o alfa-cetoglutarato, um reservatório temporário desses grupos alfa-amino. Essa reação dá origem a um alfa-cetoácido, resultante do aminoácido que perdeu seu grupo alfa-amino e do glutamato que se forma quando o α-cetoglutarato aceita o grupo alfa-amino. **B.** Reação catalisada pela ALT, uma aminotransferase que transfere grupos α-amino da alanina.

Mecanismo de ação das aminotransferases

Todas as aminotransferases apresentam o piridoxal fosfato (um derivado da vitamina B$_6$, piridoxina) como componente coenzimático. O piridoxal fosfato liga-se covalentemente ao grupo épsilon-amino de um resíduo de lisina, formando assim o sítio ativo da enzima. A catálise ocorre por meio da transferência do grupo amino do aminoácido para a porção piridoxal da coenzima, dando origem à piridoxamina fosfato. Subsequentemente, a piridoxinamina reage com o alfa-cetoácido, transferindo o grupo amina e formando assim outro aminoácido, ao mesmo tempo que a coenzima restaura sua forma original, a forma aldeído (Figura 17.2).

Versatilidade da glutamato desidrogenase

A glutamato desidrogenase é uma importante aminotransferase; trata-se de uma enzima versátil, capaz de utilizar como cofator tanto o NAD+ quanto o NADP+. Enquanto o NAD reage mais frequentemente no processo de desaminação oxidativa, o NADP+ atua na aminação redutora. O primeiro processo trata da liberação da amônia seguida da oxidação do esqueleto carbônico, enquanto o segundo envolve a incorporação da amônia acompanhada da redução do esqueleto carbônico.

Reações do ciclo da ureia

O ciclo da ureia foi descoberto por Hans Krebs, em 1932, com a colaboração de um estudante de medicina, Kurt Henseliet, a partir de experimentos em seu laboratório. Posteriormente, Krebs usaria a ideia de um conjunto de reações cíclico para explicar outra via metabólica, o ciclo de Krebs ou ciclo do ácido tricarboxílico. A ureia é o principal modo de excreção de nitrogênio por parte do organismo, e de fato aproximadamente 90% do nitrogênio é excretado na forma de ureia. O ciclo da ureia compõe uma via central no metabolismo do nitrogênio e inicia-se na matriz mitocondrial, mas três passos ocorrem no citosol, uma vez que as enzimas que catalisam

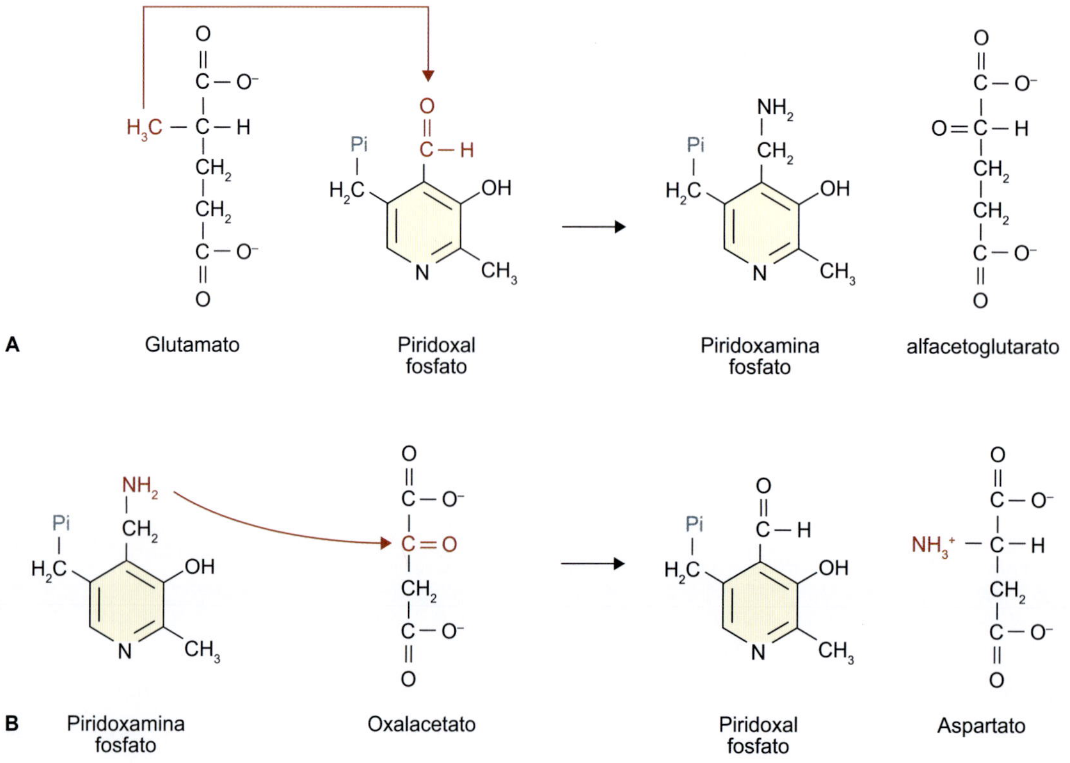

Figura 17.2 Mecanismo de ação das aminotransferases. As reações de transferência dos grupos alfa-amino dos aminoácidos para o piridoxal fosfato, cofator de todas as aminotransferases. **A.** As reações têm o propósito de remover o grupo alfa-amino para formar piridoxamina-fosfato e alfa-cetoglutarato. **B.** Tem-se a regeneração do piridoxal fosfato em sua forma original, o aldeído.

essas reações se encontram nesse local da célula. O nitrogênio entra no ciclo da ureia na forma de NH_4^+ e aspartato, e cada uma dessas substâncias fornece um átomo de nitrogênio para a formação da ureia, enquanto o carbono e o oxigênio são fornecidos pelo CO_2.

Reações na matriz mitocondrial

A primeira reação do ciclo da ureia ocorre na matriz mitocondrial e é a formação do carbamoil fosfato, um composto energético que impulsiona a reação para a direita. A formação do carbamoil fosfato ocorre quando o CO_2 se combina com a água para originar o ácido carbônico, que sofre cisão para produzir HCO_3^-; este combina-se com o íon NH_4^+ para formar o carbamoil fosfato. O NH_4^+ origina-se da desaminação oxidativa do glutamato catalisada pela enzima glutamato desidrogenase mitocondrial (Figura 17.3). A síntese do carbamoil fosfato envolve gasto de duas moléculas de ATP e é catalisada pela enzima carbamoil fosfato sintetase I presente na matriz mitocondrial, sobretudo de hepatócitos e enterócitos. Outra forma dessa enzima (carbamoil fosfato sintetase II) encontra-se presente no citosol celular e está envolvida na síntese de pirimidinas. A carbamoil sintetase I necessita de maneira absoluta da presença de N-acetilglutamato, que atua como ativador alostérico positivo; já a carbamoil sintetase II utiliza glutamina como fonte de nitrogênio e não requer N-acetilglutamato. A síntese de carbamoil fosfato é irreversível e constitui uma etapa limitante no ciclo da ureia.

A segunda reação que ocorre na matriz mitocondrial é a síntese da citrulina, catalisada pela enzima ornitina-transcarbamoilase e que produz, além da citrulina, o aminoácido não proteogênico ornitina; é por essa razão que o ciclo da ureia é também chamado de ciclo da ornitina. A energia para a catálise dessa reação é oriunda do carbamoil fosfato, já que este tem uma ligação fosfato de "alta energia". A citrulina produzida deve ser exportada da matriz mitocondrial para o citosol por meio de um sistema transportador específico. Trata-se de um cotransporte, ou seja, a citrulina é exportada da matriz mitocondrial para o citosol em troca do transporte da ornitina citossólica para a matriz mitocondrial.

Reações fora da matriz mitocondrial

Após a citrulina ser transportada da matriz mitocondrial para o citosol, ela condensa-se com o aspartato, o doador do segundo átomo de nitrogênio da ureia, por meio da ação da enzima arginilsuccinato sintetase. Essa reação produz arginilsuccinato e é direcionada pela cisão de um ATP (o terceiro ATP consumido na síntese da ureia); já o aspartato é oriundo da transaminação do oxalacetato. Subsequentemente, o arginilsuccinato sofre cisão pela enzima arginilsuccinato liase, produzindo fumarato e arginina. A arginina sintetizada nesse momento atua como precursor imediato da ureia, enquanto o fumarato é criado pelo carbono arginilsuccinato e sofre hidratação, produzindo malato por meio da enzima fumarase citossólica. O fumarato produzido nessa etapa pode seguir para diversas vias metabólicas, podendo ser transportado para a matriz mitocondrial por meio de uma lançadeira de malato e entrar no ciclo de Krebs, formando assim um elo entre o ciclo da ureia e o ciclo de Krebs, conhecido como "bicicleta de Krebs". No ciclo de Krebs, o malato é oxidado até a formação de oxalacetato, o qual pode seguir para a gliconeogênese, culminando na formação de glicose, ou então ser convertido a aspartato por meio de reações de transaminação e novamente entrar no ciclo da ureia (Figura 17.4).

Subsequentemente, a enzima arginase cliva a L-arginina em L-ornitina e ureia. A L-ornitina é transportada para o interior da matriz mitocondrial em troca com a L-citrulina. A ureia formada deixa o fígado por difusão e segue para o plasma até os rins, nos quais sofre filtração e excreção. Uma fração da ureia plasmática difunde-se para o intestino, no qual sofre metabolização por ureases bacterianas, sendo convertida em CO_2 e NH_3. Essa porção de amônia formada nos intestinos é parcialmente excretada nas fezes e o restante é reabsorvido para o sangue. Em condições de insuficiência renal, a fração de amônia transferida para os intestinos aumenta por conta do aumento da ureia plasmática. Assim, a formação e a absorção de amônia intestinal aumentam, tornando-se clinicamente importantes, já que a reabsorção intestinal dessa amônia potencializa a hiperamonemia já instalada na insuficiência renal. Essa condição pode ser minimizada por meio da administração de antibióticos, como a neomicina, pois diminuem a microbiota intestinal, reduzindo então a hiperamonemia plasmática.

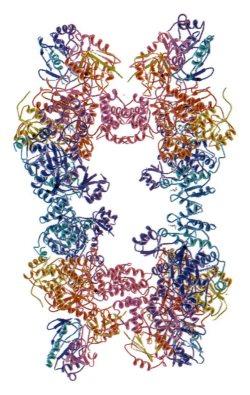

Figura 17.3 Estrutura da enzima carbamoil fosfato sintase de *E. coli*. Código PDB: 1JDB.

Bioclínica

Valor diagnóstico das aminotransferases

Duas aminotransferases são de especial importância na clínica médica: a alanina aminotransferase (ALT) e a aspartato aminotransferase (AST). Essas enzimas encontram-se elevadas no plasma, sobretudo nas hepatopatias decorrentes de necrose tecidual, por exemplo, a cirrose, a hepatite viral e o colapso circulatório. A ALT é um marcador mais específico que a AST para doenças hepáticas. Entretanto, o fígado dispõe de maiores quantidades de AST, o que a torna um marcador mais sensível para hepatopatias.

300 Bioquímica Clínica

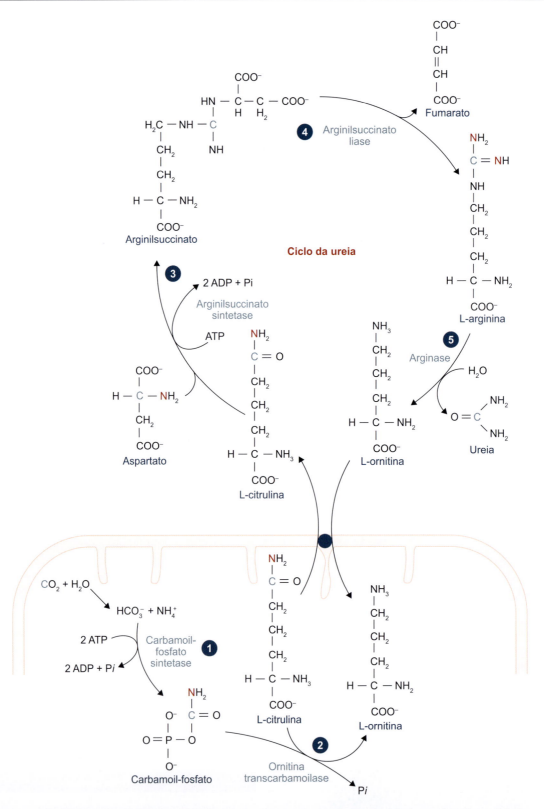

Figura 17.4 Reações do ciclo da ureia. Os átomos marcados são aqueles que originarão a ureia. (1) Síntese do carbamoil fosfato: a síntese de carbamoil fosfato é conduzida pela cisão de duas moléculas de ATP, e o íon amônio é oriundo da desaminação oxidativa do glutamato, reação mediada pela glutamato-desidrogenase mitocondrial. (2) A enzima ornitina transcarbamoilase transfere a porção carbamoil do carbamoil fosfato para o aminoácido ornitina e, ao mesmo tempo, uma ligação fosfato sofre cisão liberando P*i*-fosfato. O produto dessa reação é a citrulina, que é transportada para o citosol em troca com a L-ornitina. (3) No citosol, a L-citrulina é catalisada pela enzima arginil succinato sintetase e dá origem ao arginilsuccinato. Essa operação gasta uma molécula de ATP, esta que é a terceira e última molécula de ATP consumida no ciclo da ureia. (4) Nesta etapa, ocorre a cisão do arginilsuccinato pela enzima arginilsuccinato liase. Essa reação produz a arginina e o fumarato. O fumarato pode ser convertido a malato, um dos intermediários do ciclo do ácido cítrico (o ciclo de Krebs). Essa relação entre o ciclo da ureia e o ciclo do ácido cítrico pelo malato forma a "bicicleta de Krebs". (5) A enzima arginase é uma enzima que existe somente no fígado; desse modo, a reação de cisão da L-arginina para produzir L-ornitina e ureia é exclusiva do tecido hepático.

Relação entre os ciclos da ureia e do ácido cítrico

A enzima arginilsuccinato liase converte o arginilsuccinato em L-arginina, tendo como subproduto o fumarato, um intermediário do ciclo do ácido cítrico. O fumarato, por si só, pode entrar no ciclo do ácido cítrico, no qual as atividades combinadas da fumarase e da malato desidrogenase transformam o fumarato em oxaloacetato, ou pode ainda ser convertido em dois outros intermediários do ciclo, o malato e o oxaloacetato, que também podem adentrar o ciclo do ácido cítrico. O aspartato, que age como doador de nitrogênios na reação do ciclo da ureia catalisada pela argininossuccinato sintetase no citosol, é formado a partir do oxaloacetato por meio de reação de transaminação com o glutamato; o alfa-cetoglutarato é o outro produto dessa transaminação e também um intermediário do ciclo do ácido cítrico. As relações entre o ciclo da ureia e o ciclo do ácido cítrico são conhecidas como "bicicleta de Krebs" (Figura 17.5).

Fontes de íons de amônio (NH^+_4) para o ciclo da ureia

A desaminação do glutamato por parte da enzima glutamato desidrogenase é uma das mais relevantes fontes de NH^+_4 do organismo. O glutamato atua como uma reserva de grupos NH_2 e a reação é prontamente reversível, ou seja, o glutamato pode incorporar amônia (NH^+_3) ou liberá-la. As formas NH^+_3 e NH^+_4 são intercambiáveis, no entanto em pH fisiológico existe predominância da forma NH^+_4 em detrimento da forma NH^+_3, em uma razão de 100/1. A forma NH^+_3 é a única que pode atravessar as membranas biológicas, e é nessa forma que o nitrogênio produzido nos intestinos ganha a corrente sanguínea pela veia porta e chega ao fígado, no qual sofre conversão em ureia. Nos rins, a forma NH^+_3 atravessa os túbulos renais e aceita um próton de hidrogênio (H^+), reduzindo assim o pH no ambiente renal e dando origem à forma NH^+_4, que é incapaz de atravessar as membranas biológicas e, portanto, segue para a vesícula urinária. Além do glutamato, outros aminoácidos liberam íons amônio, como a histidina, a serina e a treonina. Já a glutamina e a asparagina apresentam nitrogênio em seus grupos R, que também são liberados na forma de NH^+_4. Outra fonte de nitrogênio são os nucleotídeos de purinas, cujo ciclo será abordado no Capítulo 21 | Metabolismo das Purinas e Pirimidinas. No tecido nervoso e muscular, o ciclo das purinas possibilita a liberação de NH^+_4 (Figura 17.6). Esse nitrogênio é coletado pelo glutamato também por meio de reações de transaminação.

O glutamato atua como doador de grupos amino para o oxaloacetato, que posteriormente forma aspartato, o qual alimenta de nitrogênio o ciclo dos nucleotídeos de purinas. As reações do ciclo liberam fumarato e NH^+_4, e este último pode deixar o tecido muscular na forma de glutamina. As reações do ciclo dos nucleotídeos de purina serão abordadas no Capítulo 21 | Metabolismo das Purinas e Pirimidinas.

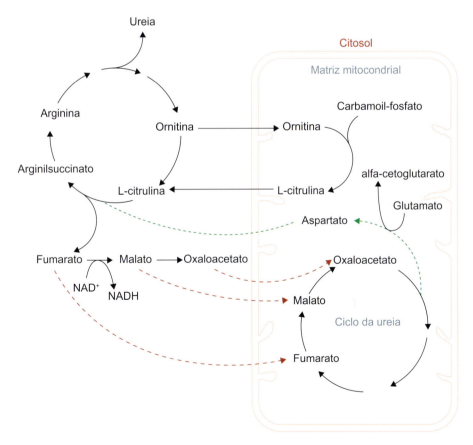

Figura 17.5 "Bicicleta de Krebs", relações entre o ciclo da ureia e o ciclo do ácido cítrico. As setas vermelhas mostram o destino do fumarato produzido no ciclo da ureia, na reação de conversão da L-citrulina em arginilsuccinato. O malato pode adentrar o ciclo do ácido cítrico ou ser convertido em outros intermediários do ciclo. As linhas verdes mostram o aspartato oriundo de intermediários do ciclo do ácido cítrico, atuando como um doador de átomos de nitrogênio para o ciclo da ureia.

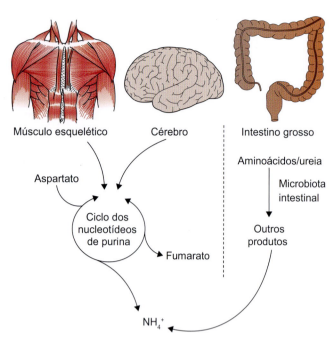

Figura 17.6 Origem do íon NH_4^+. O íon amônio pode ser oriundo do metabolismo de aminoácidos, das bases nitrogenadas púricas e pirimídicas e também da microbiota intestinal.

Regulação do ciclo da ureia

A regulação do ciclo da ureia pode se dar de maneira rápida ou lenta, ambas moduladas pela disponibilidade de substrato, ou seja, quanto maior a concentração de amônia (substrato), maior será a produção da ureia. Esse sistema de regulação chama-se *feed-forward*, é característico de sistemas de excreção de remoção de compostos tóxicos do organismo e contrasta com o mecanismo de *feeback*, presente sobretudo nos sistemas de regulação hormonal, nos quais o produto da via metabólica apresenta importância biológica para o organismo. O modo lento de controle do ciclo da ureia ocorre no jejum ou durante a ingestão de dietas hiperproteicas. No jejum, o metabolismo é deslocado para a oxidação da massa proteica, causando assim um grande aporte de aminoácidos livres no plasma, cujas cadeias carbônicas serão utilizadas no ciclo da gliconeogênese hepático, com o propósito de obter glicose. Antes de as cadeias carbônicas desses aminoácidos seguirem para a síntese de glicose, elas devem ser desaminadas, aumentando assim a disponibilidade de amônia, que deve ser convertida em ureia no fígado. A outra circunstância em que ocorre regulação lenta do ciclo da ureia é na ingestão de dietas hiperproteicas; nesse caso, o excesso de aminoácidos no plasma deve sofrer oxidação, dando origem a cetoácidos e amônia, que, novamente, deve ser convertida em ureia no fígado. Essas duas situações levam ao aumento de mais de dez vezes a concentração de enzimas envolvidas no ciclo da ureia e também de carbamoil fosfato. A regulação rápida é também chamada de regulação alostérica do ciclo da ureia, que ocorre quando a enzima carbamoil fosfato sintetase sofre estimulação por N-acetilglutamato, um composto produzido a partir do glutamato e do acetil-CoA pela enzima N-acetilglutamato sintase, cuja única função conhecida é ativar a enzima carbamoil fosfato sintase. A síntese do N-acetilglutamato é fortemente estimulada por arginina, de modo que níveis elevados de arginina no fígado causam dois efeitos importantes: aumento da síntese de N-acetilglutamato, que, por sua vez, aumentará a velocidade de síntese de carbamoil fosfato, e aumento da síntese de ornitina por meio da enzima arginase. Esses dois efeitos promovem aumento da velocidade das reações do ciclo e, portanto, da remoção da amônia.

Dano hepático induzido pelo álcool | Hiperamonemia

A conversão da amônia em ureia ocorre no fígado e o organismo não dispõe de uma via alternativa para esse fim. A síntese de ureia pelo fígado é a via mais relevante para a eliminação do amônio, o que torna o fígado um órgão-chave na detoxificação do organismo. Lesões hepáticas podem comprometer essas reações bioquímicas de tal sorte que o indivíduo pode ser conduzido ao coma e, finalmente, à morte. A principal causa do dano hepático que se reflete no metabolismo do NH_4 é o alcoolismo. O etanol é um agente xenobiótico e sofre metabolização no fígado de diversas maneiras; uma delas envolve dois passos que são bioquimicamente relevantes: o primeiro deles ocorre no citosol, enquanto o segundo acontece na matriz mitocondrial (Figura 17.7).

As reações mediadas pela desidrogenase alcoólica conduzem a uma elevada concentração de NADH, que atua como agente inibitório da gliconeogênese, já que bloqueia a oxidação do lactato em piruvato. A consequência é que ocorre acúmulo de lactato, que conduz à acidose láctica e também à hiperglicemia, já que a gliconeogênese foi inibida. Além disso, altos níveis de NADH inibem a oxidação de ácidos graxos, cujo propósito é produzir NADH para a síntese de ATP. O grande aporte de NADH fornecido pelo metabolismo hepático do etanol faz com que a oxidação de ácidos graxos se torne desnecessária. Além disso, a grande disponibilidade de NADH atua desencadeando no fígado um sinal positivo para a síntese de ácidos graxos. Essa condição culmina no acúmulo de triacilgliceróis no fígado, condição designada esteatose hepática. A lesão hepática é ainda agravada por outros metabólitos do etanol, como é o caso do acetaldeído, que sofre conversão a acetato na matriz mitocondrial por meio da desidrogenase alcoólica mitocondrial (Figura 17.7). Finalmente, o acetato pode ser transformado em acetil-CoA por meio da enzima acil-CoA sintase, cuja função é ativar os ácidos graxos, reação esta que requer o consumo de ATP. Entretanto, os elevados níveis de NADH bloqueiam as enzimas isocitrato desidrogenase e alfa-cetoglutarato desidrogenase, duas importantes enzimas pertencentes ao ciclo do ácido cítrico. Dessa maneira, o acetil-CoA não tem como ser processado no ciclo do ácido cítrico. Como consequência, é convertido em corpo cetônicos, que são então lançados no plasma, agravando a acidose metabólica iniciada pelo acúmulo plasmático de lactato. A metabolização do acetato no fígado torna-se ineficiente, conduzindo à formação do acetaldeído, que é extremamente reativo e tende a ligar-se covalentemente a muitos grupos proteicos funcionalmente importantes, interferindo assim na função dessas proteínas e levando, então, ao quadro de hepatite alcoólica. O fígado responde à lesão celular desencadeada pela hepatite alcoólica produzindo tecido cicatricial e fibroso ao lado dessas células mortas, momento em que o fígado torna-se cirrótico. O fígado cirrótico perde a capacidade de converter amônia em ureia, conduzindo à hiperamonemia, que é uma condição tóxica para o sistema nervoso central, podendo levar ao coma e à morte. Especula-se que altos níveis de glutamina sintetizada a partir de NH_4^+ e glutamato provocam efeitos osmóticos que conduzem ao edema cerebral.

Capítulo 17 • Metabolismo do Nitrogênio dos Aminoácidos | Ciclo da Ureia 303

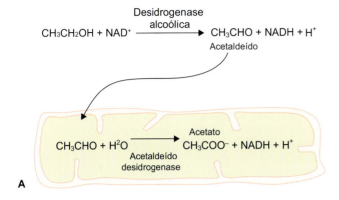

Distúrbios do ciclo da ureia

O ciclo da ureia consiste em uma série de reações enzimáticas cujo propósito é a conversão de amônia em um produto menos tóxico e solúvel em água, a ureia. As enzimas envolvidas nas reações do ciclo da ureia são: carbamil-fosfato sintetase (CPS), ornitina-transcarbamilase (OTC), arginino-succinato sintetase (AS), arginino-succinato liase (AL) e arginase. Todos os distúrbios do ciclo da ureia são de origem autossômica recessiva, com exceção da deficiência da ornitina-transcarbamilase (OTC), que é herdada como um traço ligado ao cromossomo X.

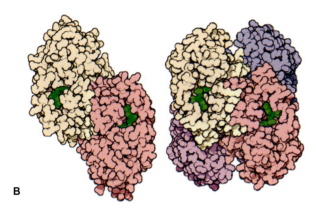

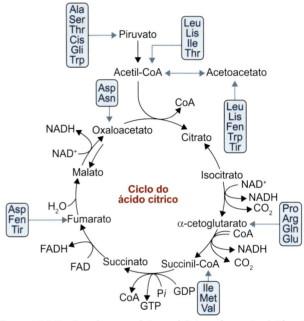

Figura 17.7 A. Reação catalisada pela enzima desidrogenase alcoólica. Parte da reação ocorre no citosol, no qual o etanol é convertido em acetaldeído. Posteriormente, o acetaldeído é transformado em acetato na matriz mitocondrial por meio da ação da acetaldeído desidrogenase. Ao contrário do etanol e do acetaldeído, que são substâncias tóxicas, o acetato pode ser incorporado nas rotas metabólicas do organismo sem nenhum perigo. **B.** Estrutura espacial da desidrogenase alcoólica. Código PDB: 1YKF.

Destino dos esqueletos carbônicos dos aminoácidos

Após a remoção dos grupos NH_2 dos aminoácidos, o esqueleto carbônico remanescente deve ser convertido em intermediários metabólicos que possam servir de precursores de glicose ou qualquer outro composto que possa ser oxidado no ciclo do ácido cítrico. De fato, do repertório de vinte aminoácidos, as vias metabólicas são capazes de converter seus esqueletos carbônicos em apenas sete substâncias: piruvato, acetil-CoA, acetoacetil-CoA, alfa-cetoglutarato, succinil-CoA, fumarato e oxalacetato (Figura 17.8). Essa convergência de vinte aminoácidos em apenas sete substâncias mostra a grande economia metabólica, bem como ilustra a grande relevância bioquímica dessas sete substâncias. Os aminoácidos que convergem para a síntese de piruvato ou dos intermediários do ciclo do ácido cítrico são denominados glicogênicos. Eles produzem intermediários que são substratos para a gliconeogênese e podem, portanto, originar a formação líquida de glicose ou de glicogênio no fígado e de glicogênio no músculo esquelético. Em contrapartida, os aminoácidos cujo catabolismo produz acetoacetato ou um de seus precursores (acetil-CoA ou acetoacetil-CoA) são denominados cetogênicos, leucina e lisina são os únicos aminoácidos exclusivamente cetogênicos. Seus esqueletos carbonados não são substratos para a gliconeogênese e para o glicogênio (Tabela 17.2).

Figura 17.8 Destino dos esqueletos carbônicos dos aminoácidos. Os aminoácidos que convergem para a síntese de acetil-CoA são chamados acetogênicos porque dão origem a corpos cetônicos, enquanto os aminoácidos glicogênios são aqueles que originam substâncias precursoras de glicose, como piruvato, alfa-cetoglutarato, succinil-CoA, fumarato e oxalacetato.

Tabela 17.2 Aminoácidos cetogênicos, glicogênicos e glicocetogênicos.

Glicogênicos (não essenciais)	Glicocetogênicos (não essenciais)	Cetogênicos (não essenciais)
Alanina	Tirosina	
Arginina*		
Asparagina		
Aspartato		
Cisteína		
Glutamato		
Glicina		
Histidina*		
Prolina		
Serina		
Essenciais	**Essenciais**	**Essenciais**
Metionina	Isoleucina	Leucina
Treonina	Fenilalanina	Isoleucina
Valina	Triptofano	

* São essenciais em determinadas circunstâncias, por exemplo, gestação. Obs.: aminoácidos cetogênicos são aqueles que dão origem a corpos cetônicos, acetoacetato, 3-hidroxibutirato e acetona.

A deficiência de qualquer enzima do ciclo leva à hiperamonemia, que, por sua vez, é neurotóxica. A incidência de distúrbios relacionados com o ciclo da ureia é de 1 a cada 30 mil nascidos vivos.

A deficiência de AS resulta em níveis plasmáticos aumentados de citrulina, enquanto a deficiência de AL conduz a níveis moderadamente elevados de citrulina e a um aumento de ácido arginino-succínico plasmático. Já os pacientes com deficiência de CPS e OTC apresentam níveis baixos ou indetectáveis de citrulina plasmática, mas na deficiência de OTC ocorre um aumento do ácido orótico urinário. O ácido orótico resulta do transbordamento do excesso de carbamil-fosfato do ciclo da ureia para a via das pirimidinas.

Os sintomas decorrentes de falhas no ciclo da ureia aparecem no período neonatal e são caracterizados por rápida e progressiva deterioração neurológica. À medida que os níveis de amônia aumentam, os indivíduos afetados desenvolvem recusa alimentar, anorexia, alterações do comportamento, irritabilidade, vômitos, letargia, ataxia, convulsões, coma, edema cerebral e, finalmente, colapso circulatório.

Resumo

Introdução

O ciclo da ureia tem como propósito converter o nitrogênio dos aminoácidos em ureia. Ocorre no fígado e compreende cinco reações, duas das quais na matriz mitocondrial, enquanto as outras três no citosol. A formação da ureia inclui a utilização de dois grupos amino: um do NH_4^+ (íon amônio livre) e outro oriundo do aspartato. Já o carbono da molécula de ureia é fornecido pelo CO_2, que posteriormente será convertido em bicarbonato (HCO_3^-) em reação com a água. Embora a ureia seja o principal produto de excreção de compostos nitrogenados do organismo, o nitrogênio também sofre excreção na forma de outras substâncias, como creatinina, amônio livre e ácido úrico. Após a remoção dos grupos nitrogenados dos aminoácidos, o esqueleto carbônico sofre oxidação, produzindo compostos utilizados no ciclo do ácido cítrico, como acetil-CoA e piruvato. Em períodos de jejum, esses compostos são convertidos em glicose ou corpos cetônicos pelo fígado, atuando como substrato energético para os demais tecidos. Finalmente, ao metabolizar a glicose, os tecidos transformam o esqueleto carbônico desses aminoácidos em CO_2.

Reação de transaminação

A transaminação é a primeira etapa no processo de catabolismo dos aminoácidos e designa a remoção dos grupos α-amino dos aminoácidos para o alfa-cetoglutarato, uma substância que é um dos intermediários do ciclo do ácido cítrico (ciclo de Krebs). Essa reação forma como produtos um alfa-cetoácido, resultante do aminoácido que perdeu seu grupo alfa-amino, e um glutamato, que se forma quando o alfa-cetoglutarato aceita o grupo α-amino (Figura R17.1). Duas aminotransferases apresentam importante relevância clínica: a alanina-aminotransferase (ALT) e a aspartato-aminotransferase (AST).

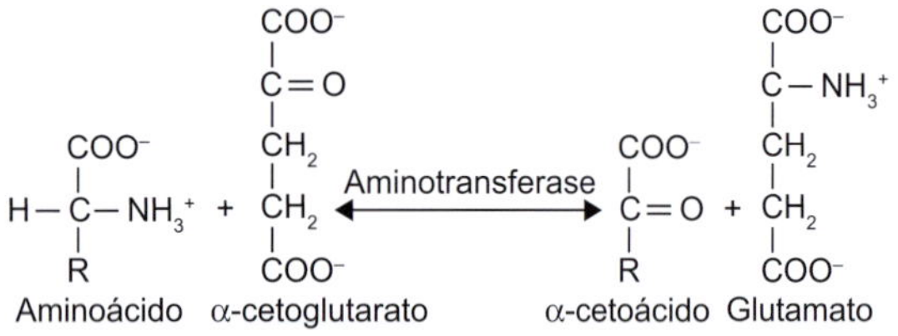

Figura R17.1 Transferência de grupos amino por parte das aminotransferases – o primeiro passo no catabolismo dos aminoácidos. Inicialmente, o grupo alfa-amino de um aminoácido é transferido para o alfa-cetoglutarato, um reservatório temporário desses grupos α-amino. Essa reação dá origem a um alfa-cetoácido e um glutamato.

Reações do ciclo da ureia

O ciclo da ureia compõe uma via central no metabolismo do nitrogênio e inicia-se na matriz mitocondrial; três passos ocorrem no citosol, uma vez que as enzimas que catalisam essas reações se encontram nesse local da célula. O nitrogênio entra no ciclo da ureia na forma de NH_4^+ e aspartato e cada uma dessas substâncias fornece um átomo de nitrogênio para a formação da ureia, enquanto o carbono e o oxigênio são fornecidos pelo CO_2.

Reações que ocorrem na matriz mitocondrial

A primeira reação do ciclo da ureia ocorre na matriz mitocondrial, sendo a formação do carbamoil-fosfato, um composto energético que impulsiona a reação para a direita. A formação do carbamoil fosfato ocorre quando o CO_2 se combina com a água para originar o ácido carbônico, que sofre cisão para produzir HCO_3^-, que, por sua vez, se combina com o íon NH_4^+ para formar o carbamoil fosfato. A segunda reação que ocorre na matriz mitocondrial é a síntese da citrulina, sendo catalisada pela enzima ornitina-transcarbamoilase e produzindo, além da citrulina, o aminoácido não proteogênico ornitina.

Reações que ocorrem no citosol

Após a citrulina ser transportada da matriz mitocondrial para o citosol, ela condensa-se com o aspartato; essa reação produz arginilsuccinato e é direcionada pela cisão de um ATP; já o aspartato é oriundo da transaminação do oxalacetato. Subsequentemente, o arginilsuccinato sofre cisão pela enzima arginilsuccinato liase, tendo como produtos fumarato e arginina. A arginina sintetizada nesse momento atua como precursor imediato da ureia, enquanto o fumarato é produzido a partir dos carbonos arginilsuccinato e sofre hidratação produzindo malato por meio da enzima fumarase citossólica. O malato pode então entrar no ciclo de Krebs e ser oxidado até a formação de oxalacetato, o qual pode seguir para a gliconeogênese, culminando na formação de glicose, ou então ser convertido a aspartato por meio de reações de transaminação e novamente entrar no ciclo da ureia (Figura R17.2).

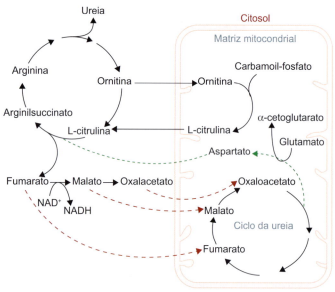

Figura R17.2 Bicicleta de Krebs. Relações entre o ciclo da ureia e o ciclo do ácido cítrico. As setas vermelhas mostram o destino do fumarato produzido no ciclo da ureia na reação de conversão da L-citrulina em arginilsuccinato. O malato pode adentrar o ciclo do ácido cítrico ou ser convertido em outros intermediários. As linhas verdes mostram o aspartato oriundo de intermediários do ciclo do ácido cítrico atuando como um doador de átomos de nitrogênio para o ciclo da ureia. Nota-se que uma parte das reações ocorre no citosol da célula e outra parte na matriz mitocondrial.

Fontes de NH_4^+ pra o ciclo da ureia

A desaminação do glutamato por parte da enzima glutamato desidrogenase é uma das mais relevantes fontes de íons amônio (NH_4^+) do organismo. O glutamato atua como uma reserva de grupos NH_2 e a reação é prontamente reversível, ou seja, o glutamato pode incorporar amônia (NH_3^+) ou liberá-la. As formas NH_3^+ e NH_4^+ são intercambiáveis; no entanto, em pH fisiológico existe predominância da forma NH_4^+ em detrimento da forma NH_3^+ em uma razão de 100/1. Na forma NH_3^+ a única que pode atravessar as membranas biológicas, o nitrogênio produzido nos intestinos ganha a corrente sanguínea pela veia porta e chega ao fígado, no qual sofre conversão em ureia. Além do glutamato, outros aminoácidos liberam íons amônio, como a histidina, a serina e a treonina. Já a glutamina e a asparagina apresentam nitrogênio em seus grupos R, que também são liberados na forma de NH_4^+. Outra fonte de nitrogênio são os nucleotídeos de purinas. Esse nitrogênio é coletado pelo glutamato também por meio de reações de transaminação.

Regulação do ciclo da ureia

A regulação do ciclo da ureia pode se dar de maneira rápida ou lenta, ambas moduladas pela disponibilidade de substrato, ou seja, quanto maior a concentração de amônia (substrato), maior será a produção da ureia. Esse sistema de regulação chama-se *feed-forward* e é característico de sistemas de excreção de remoção de compostos tóxicos do organismo. A maneira lenta de controle do ciclo da ureia ocorre no jejum ou durante a ingestão de dietas hiperproteicas. Essas duas situações levam ao aumento de mais de dez vezes a concentração de enzimas envolvidas no ciclo da ureia e também de carbamoil fosfato. A regulação rápida é também chamada de regulação alostérica do ciclo da ureia e ocorre quando a enzima carbamoil fosfato sintetase sofre estimulação por N-acetilglutamato. A síntese do N-acetilglutamato é fortemente estimulada por arginina, de modo que níveis elevados de arginina no fígado causam dois efeitos importantes: aumento da síntese de N-acetilglutamato, que, por sua vez, aumentará a velocidade de síntese de carbamoil fosfato; e aumento da síntese de ornitina por meio da enzima arginase. Esses dois efeitos promovem aumento da velocidade das reações do ciclo e, portanto, da remoção da amônia.

Destino dos esqueletos carbônicos dos aminoácidos

Após a remoção dos grupos NH_2 dos aminoácidos, o esqueleto carbônico remanescente deve ser convertido em intermediários metabólicos que possam servir de precursores de glicose ou qualquer outro composto que possa ser oxidado no ciclo do ácido cítrico. De fato, do repertório de vinte aminoácidos, as vias metabólicas são capazes de converter seus esqueletos carbônicos em apenas sete substâncias: piruvato, acetil-CoA, acetoacetil-CoA, α-cetoglutarato, succinil-CoA, fumarato e oxalacetato. Essa convergência de vinte aminoácidos em apenas sete substâncias mostra a grande economia metabólica, bem como ilustra a grande relevância bioquímica dessas sete substâncias. Os aminoácidos que convergem para a síntese de piruvato ou dos intermediários do ciclo do ácido cítrico são denominados glicogênicos. Eles produzem intermediários que são substratos para a gliconeogênese e podem, portanto, originar a formação líquida de glicose ou de glicogênio no fígado e de glicogênio no músculo esquelético. Em contrapartida, os aminoácidos cujo catabolismo produz acetoacetato ou um de seus precursores (acetil-CoA ou acetoacetil-CoA) são denominados cetogênicos – leucina e lisina são os únicos aminoácidos exclusivamente cetogênicos. Seus esqueletos carbonados não são substratos para a gliconeogênese e para o glicogênio (ver Tabela 17.2).

Exercícios

1. Em relação às aminotransferases ou transaminases, observe as afirmativas a seguir, considere os valores no interior dos parênteses e calcule a soma apenas dos valores das afirmativas corretas:
   a) (19) São proteínas envolvidas na oxidação de ácidos graxos de cadeia curta no ciclo da betaoxidação.
   b) (70) São enzimas capazes de transferir grupos amina e estão envolvidas nas operações do ciclo da ureia.
   c) (11) São enzimas capazes de transferir grupos amina para o alfa-cetoglutarato, um reservatório temporário de grupo alfa amino.
   d) (07) São enzimas responsáveis pela transferência de grupos amônio para as moléculas de aspartato que, posteriormente, sofrem desaminação no ciclo da ureia.
   e) (80) São uma classe de enzimas envolvidas na ativação dos ácidos graxos na membrana mitocondrial interna para possibilitar o lançamento dos grupos acil dos ácidos graxos para que estes possam ser oxidados no ciclo da betaoxidação.
   f) (24) São enzimas que apresentam alto valor diagnóstico; seus valores plasmáticos elevados indicam alto grau de oxidação dos ácidos graxos.
2. Sobre a ornitina e a citrulina, é correto afirmar que:
   a) A ornitina e a citrulina são substâncias tóxicas formadas durante o ciclo da ureia. Essas substâncias são posteriormente convertidas em ureia.
   b) O ciclo da ureia chama-se também ciclo da ornitina. A ornitina é um tipo de carboidrato que aparece durante o ciclo da ureia.
   c) A citrulina é um aminoácido presente somente no interior da mitocôndria durante o ciclo da ureia. Esse aminoácido não está presente no citosol durante o ciclo.
   d) A ornitina e a citrulina são aminoácidos formados durante as reações do ciclo da ureia. Esses aminoácidos não são incorporados em proteínas, pois não existem códons para eles; são, portanto, aminoácidos não proteogênicos.
   e) A ornitina está presente somente fora da mitocôndria durante o ciclo da ureia; posteriormente; ela é secretada para fora da célula e dá origem à amônia.
3. A reação $CO_2 + NH_4 + 2ATP$ está envolvida no seguinte processo:
   a) Síntese do carbamoil fosfato.
   b) Conversão dos grupos amino em amônio.
   c) Formação do arginilsuccinato.
   d) Síntese da ureia.
   e) Degradação do carbamoil fosfato.
4. O ciclo da ureia produz fumarato, cujo destino é:
   a) Voltar para o ciclo da ureia na forma de carbamoil fosfato, já que o ciclo da ureia regenera a ornitina.
   b) Voltar para o ciclo da ureia, mas na sua fase mitocondrial e na forma de acetil-CoA.
   c) O fumarato pode ser convertido em malato e adentrar o ciclo de Krebs de modo que o ciclo de Krebs e o ciclo da ureia tendem a se complementar.
   d) O fumarato pode ser convertido em oxalacetato e adentrar o ciclo de Krebs, compondo o que se se chama bicicleta de Krebs.
   e) O fumarato produzido no ciclo da ureia é aproveitado na síntese de outros compostos orgânicos em outras vias metabólicas, como a gliconeogênese.
5. Descreva as reações do ciclo da ureia que ocorrem na matriz mitocondrial.
6. Após sofrerem desaminação, os aminoácidos dão origem a esqueletos carbônicos. Explique o destino metabólico dessas substâncias.
7. Explique como ocorre a regulação do ciclo da ureia.
8. O arginilsuccinato sofre cisão pela enzima arginilsuccinato liase, tendo como produtos fumarato e arginina. Explique o destino metabólico dessas duas substâncias.
9. Explique a origem dos compostos amônicos que têm como destino o ciclo da ureia.
10. Explique quais os sintomas decorrentes de falhas de alguma enzima envolvida no ciclo da ureia.

Respostas

1. Soma: 81.
2. Alternativa correta: *d*.
3. Alternativa correta: *a*.
4. Alternativa correta: *c*.
5. A primeira reação do ciclo da ureia ocorre na matriz mitocondrial, sendo a formação do carbamoil fosfato, um composto energético que impulsiona a reação para a direita. A segunda reação que ocorre na matriz mitocondrial é a síntese da citrulina, sendo catalisada pela enzima ornitina-transcarbamoilase.
6. Após a remoção dos grupos NH_2 dos aminoácidos, o esqueleto carbônico remanescente deve ser convertido em intermediários metabólicos que possam servir de precursores de glicose ou qualquer outro composto que possa ser oxidado no ciclo do ácido cítrico. Os aminoácidos que convergem para a síntese de piruvato ou dos intermediários do ciclo do ácido cítrico são denominados glicogênicos. Eles produzem intermediários que são substratos para a gliconeogênese e podem, portanto, originar a formação líquida de glicose ou de glicogênio no fígado e de glicogênio no músculo esquelético. Em contrapartida, os aminoácidos cujo catabolismo produz acetoacetato ou um de seus precursores (acetil-CoA ou acetoacetil-CoA) são denominados cetogênicos; leucina e lisina são os únicos aminoácidos exclusivamente cetogênicos. Seus esqueletos carbonados não são substratos para a gliconeogênese e para o glicogênio.

7. A regulação do ciclo da ureia pode se dar de maneira rápida ou lenta, mas ambas as formas são moduladas pela disponibilidade de substrato, ou seja, quanto maior a concentração de amônia (substrato), maior será a produção da ureia. A maneira lenta de controle do ciclo da ureia ocorre no jejum ou durante a ingestão de dietas hiperproteicas, enquanto a regulação rápida, também chamada de regulação alostérica do ciclo da ureia, se dá quando a enzima carbamoil fosfato sintetase sofre estimulação por N-acetilglutamato. A síntese do N-acetilglutamato é fortemente estimulada por arginina, de modo que níveis elevados de arginina no fígado causam dois efeitos importantes: aumento da síntese de N-acetilglutamato, que, por sua vez, aumentará a velocidade de síntese de carbamoil fosfato; e aumento da síntese de ornitina por meio da enzima arginase. Esses dois efeitos promovem aumento da velocidade das reações do ciclo e, portanto, da remoção da amônia.

8. A arginina atua como precursor imediato da ureia, enquanto o fumarato é produzido a partir dos carbonos arginilsuccinato e sofre hidratação produzindo malato por meio da enzima fumarase citossólica. O fumarato produzido nessa etapa pode seguir para diversas vias metabólicas, podendo ser transportado para a matriz mitocondrial por meio de uma lançadeira de malato e entrar no ciclo de Krebs, formando assim um elo entre o ciclo da ureia e o ciclo de Krebs, conhecido como "bicicleta de Krebs". No ciclo de Krebs, o malato é oxidado até a formação de oxaloacetato, o qual pode seguir para a gliconeogênese culminando na formação de glicose, ou então ser convertido a aspartato por meio de reações de transaminação e, novamente, entrar no ciclo da ureia.

9. A desaminação do glutamato por parte da enzima glutamato desidrogenase é uma das mais relevantes fontes de íons amônio (NH^+_4) do organismo. O glutamato atua como uma reserva de grupos NH_2 e a reação é prontamente reversível, ou seja, o glutamato pode incorporar amônia (NH^+_3) ou liberá-la. As formas NH^+_3 e NH^+_4 são intercambiáveis; no entanto, em pH fisiológico, existe predominância da forma NH^+_4 em detrimento da forma NH^+_3 em uma razão de 100/1. A forma NH^+_3 é a única que pode atravessar as membranas biológicas, na qual o nitrogênio produzido nos intestinos ganha a corrente sanguínea pela veia porta e chega ao fígado, no qual sofre conversão em ureia. Além do glutamato, outros aminoácidos liberam íons amônio, como a histidina, a serina e a treonina. Já a glutamina e a asparagina apresentam nitrogênio em seus grupos R, que também são liberados na forma de NH^+_4. Outra fonte de nitrogênio são os nucleotídeos de purinas. Esse nitrogênio é coletado pelo glutamato também por meio de reações de transaminação.

10. Os sintomas decorrentes de falhas no ciclo da ureia aparecem no período neonatal e são caracterizados por rápida e progressiva deterioração neurológica. À medida que os níveis de amônia aumentam, os indivíduos afetados desenvolvem recusa alimentar, anorexia, alterações do comportamento, irritabilidade, vômitos, letargia, ataxia, convulsões, coma, edema cerebral e, finalmente, colapso circulatório.

Bibliografia

Adeva MM, Souto G, Blanco N, Donapetry C. Ammonium metabolism in humans. Metabolism. 2012; 61(11):1495-511.

Bachmann C. Mechanisms of hyperammonemia. Clin Chem Lab Med. 2002; 40(7):653-62.

Braissant O. Current concepts in the pathogenesis of urea cycle disorders. Mol Genet Metab. 2010; 100(Suppl 1):S3-12.

Burton BK. Urea cycle disorders. Clin Liver Dis. 2000; 4(4):815-30.

Cohen PP. The ornithine-urea cycle: biosynthesis and regulation of carbamyl phosphate synthetase I and ornithine transcarbamylase. Curr Top Cell Regul. 1981; 18:1-19.

Garstka MZ. Regulation of the urea cycle. Postepy Biochem. 1986; 32(1-2):147-72.

Gordon N. Ornithine transcarbamylase deficiency: a urea cycle defect. Eur J Paediatr Neurol. 2003; 7(3):115-21.

Hoffmann GF, Kölker S. Defects in amino acid catabolism and the urea cycle. Handb Clin Neurol. 2013; 113:1755-73.

Katunuma N, Okada M, Nishii Y. Regulation of the urea cycle and TCA cycle by ammonia. Adv Enzyme Regul. 1966; 4:317-36.

Morris SM Jr. Regulation of enzymes of the urea cycle and arginine metabolism. Annu Rev Nutr. 2002; 22:87-105.

Shih VE. Regulation of ornithine metabolism. Enzyme. 1981; 26(5):254-8.

Watford M. The urea cycle: a two-compartment system. Essays Biochem. 1991; 26:49-58.

Glicogenólise e Glicogênese

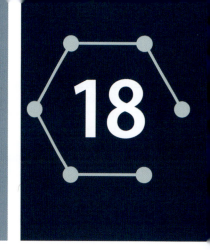

Glicogenólise

O glicogênio é um homopolímero formado por unidades de glicose ligadas entre si por ligações glicosídicas do tipo α-1,4 com ramificações em α-1,6. Essa estrutura assemelha-se à amilopectina, razão pela qual o glicogênio é chamado de amido animal. No entanto, o glicogênio é mais ramificado que a molécula da amilopectina – em média uma ramificação a cada cerca de 8 a 12 unidades osídicas. Cada ramificação do glicogênio termina com um açúcar não redutor* (extremidade não redutora); sendo assim, existe uma extremidade não redutora para cada ramificação (Figura 18.1). Quando o glicogênio é utilizado como fonte de energia, suas unidades de glicose são retiradas uma a uma, a partir desses terminais não redutores; como existem cerca de 2 mil terminais em cada molécula de glicogênio, as enzimas atuam de maneira bastante eficaz na conversão de glicogênio em monômeros de glicose. As enzimas atacam os terminais, fazendo com que o glicogênio seja rapidamente degradado. O fígado e o músculo esquelético apresentam grandes reservas de glicogênio; no caso do fígado, as reservas de glicogênio respondem por cerca de 7% da massa desse órgão, enquanto, no músculo esquelético, representam cerca de 2%. O glicogênio é armazenado na forma de grandes grânulos citosólicos de cerca de 20 nm de diâmetro, intimamente relacionados com as enzimas responsáveis por sua síntese e degradação. Esses grânulos tendem a se associar formando uma estrutura chamada de roseta α, composta por cerca de 40 grânulos.

*Uma unidade sem o carbono anomérico livre.

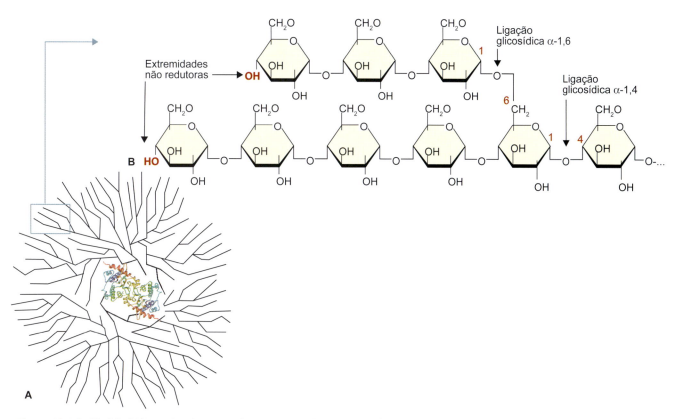

Figura 18.1 A. Modelo bidimensional mostrando a estrutura altamente ramificada do glicogênio. Ao centro, uma molécula de glicogenina, proteína ligada a cada molécula de glicogênio cuja função é participar da síntese do glicogênio, atuando como um catalisador. Código PDB: 1LL3. **B.** Molécula do glicogênio mostrando suas ligações glicosídicas α-1,4 e uma ramificação formada por uma ligação glicosídica α-1,6. As ramificações ocorrem na molécula a cerca de cada 10 oses. As hidroxilas em vermelho indicam as extremidades não redutoras da molécula.

Embora os lipídios possam armazenar muito mais energia que o glicogênio, este se constitui de uma eficiente e rápida reserva de energia prontamente mobilizável em períodos de jejum ou entre as refeições; além disso, o cérebro não metaboliza ácidos graxos como "combustível", mas sim glicose, e as gorduras não podem ser convertidas em glicose nem participar nos processos de obtenção de energia em condições metabólicas de ausência de oxigênio. O glicogênio hepático e o muscular apresentam funções distintas: enquanto o primeiro atua na manutenção da glicemia plasmática em períodos de jejum ou entre as refeições, o segundo está disponível apenas para o metabolismo muscular esquelético, o que ocorre pelas sutilidades nos processos enzimáticos desses dois tecidos. A estratégia de armazenar energia na forma de um homopolímero de carboidratos traz uma vantagem bioquímica importante, e de fato a concentração osmótica de glicogênio no citosol das células hepáticas é de cerca de 0,01 µM. Se porventura o glicogênio fosse totalmente convertido em monômeros de glicose, a osmolaridade celular alcançaria valores incompatíveis com a integridade celular.

Glicogenólise hepática e muscular esquelética

O fígado é uma eficiente reserva de glicogênio prontamente mobilizável quando a glicemia plasmática cai abaixo de valores de referência (aproximadamente 80 mg/dℓ). Dessa maneira, é possível interpretar esse aspecto da função hepática como "um tampão de glicose plasmática".

No período pós-prandial, há um grande aporte de glicose no plasma, o que induz imediatamente à liberação de insulina por parte das células betapancreáticas das ilhotas de Langerhans (ou ilhas pancreáticas), cuja função é internalizar a glicose nos tecidos. O glicogênio hepático fornece suporte energético para o metabolismo em condições de jejum não prolongado (até cerca de 12 h), iniciando-se após esse intervalo, outros processos metabólicos, como a oxidação de ácidos graxos para obter energia para o metabolismo. Sob efeito da insulina, o fígado inicia a síntese de glicogênio, enquanto sob efeito da adrenalina ou noradrenalina (hormônios catabólicos) ocorre a hidrólise da molécula de glicogênio. O principal hormônio catabólico que estimula a glicogenólise é o glucagon, um peptídeo composto por 29 resíduos de aminoácidos, liberado pelas células alfa das ilhotas de Langerhans (Figura 18.2), que atuam ligando-se a receptores específicos na membrana dos hepatócitos e disparando a cascata de segundos mensageiros mediada pela adenilato ciclase.

Dessa maneira, pode-se enxergar as ilhotas de Langerhans como "sensores dos níveis plasmáticos de glicose", já que atuam no sentido de manter a glicemia plasmática sempre em valores de referência.

Toda a cadeia de eventos abordada a seguir é bastante semelhante, tanto para o fígado quanto para o músculo esquelético. Ambos os tecidos compartilham dos mesmos mecanismos enzimáticos, com exceção para a enzima glicose-6-fostase, ausente no músculo esquelético, o que torna o glicogênio muscular esquelético exclusivo desse tecido, enquanto o glicogênio hepático está disponível para os tecidos extra-hepáticos. Os sinais que disparam a glicogenólise no fígado e no músculo esquelético também são distintos, enquanto o jejum é o principal evento que dispara a clivagem de glicogênio no fígado; a sobrecarga (exercício físico) é o principal fator da glicogenólise muscular esquelética.

Fosforólise do glicogênio

A hidrólise do glicogênio é denominada fosforólise, uma vez que esse processo ocorre na presença de grupos fosfato e pode ser separado em três etapas:

- Liberação de glicose-1-fosfato
- Conversão de glicose-1-fosfato em glicose-6-fosfato
- Excisão do grupo fosfato da molécula de glicose-6-fosfato.

A glicose-6-fosfato formada durante a fosforólise do glicogênio pode seguir três vias distintas (Figura 18.3): servir como substrato para a via glicolítica; ser convertida em glicose livre para manutenção da glicemia plasmática; e ingressar na via das pentoses fosfato, uma via alternativa de oxidação de glicose-6-fosfato que leva à produção de três compostos – a ribulose-5-fosfato, o CO_2 e o nicotinamida adenina dinucleotídeo fosfato (NADPH).

Cisão das ligações glicosídicas α-1,4

O primeiro passo para a degradação da molécula do glicogênio é a cisão das ligações α-1,4 da molécula. Essa reação é catalisada pela enzima glicogênio-fosforilase, uma enzima dimérica cujas subunidades apresentam 97 kd e que tem o piridoxal fosfato como coenzima. A glicogênio fosforilase apresenta regulação alostérica e tem Mg^{+2} e pirodoxal-fosfato como cofatores (Figura 18.4). A subunidade aminoterminal da enzima apresenta 480 resíduos de aminoácidos, enquanto a subunidade carboxiterminal exibe 360 resíduos. Cada uma dessas duas subunidades apresenta um sítio catalítico situado

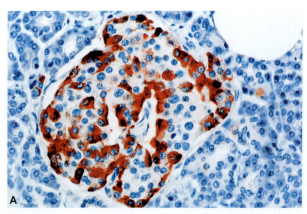
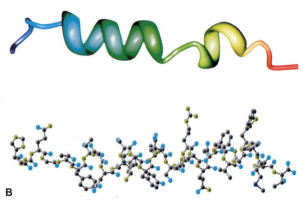

Figura 18.2 A. Uma ilhota de Langerhans, na qual se situam as células alfa, secretoras de glucagon, e as células beta, secretoras de insulina. **B.** Estrutura do glucagon no espaço e sua projeção molecular em esferas e bastões. Código PDB: 1D0R.

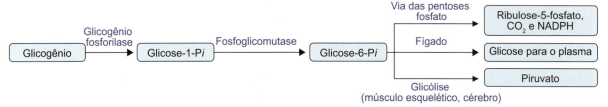

Figura 18.3 Possíveis destinos da glicose-6-fosfato (glicose-6-P*i*), que pode ser transformada em piruvato no metabolismo anaeróbico do músculo esquelético ou cérebro, por exemplo, e pode, ainda, no fígado sofrer excisão do grupo fosfato, convertendo-se em glicose livre, que ganha o plasma e, finalmente, a glicose-6 P*i* pode ingressar na via das pentoses fosfato, dando origem a ribulose, CO_2 e NADPH.

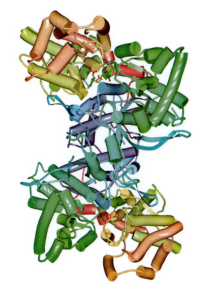

Figura 18.4 Estrutura da enzima glicogênio fosforilase. Código PDB: 1NOI.

em uma fenda profunda formada por resíduos de aminoácidos pertencentes a ambas as subunidades. A glicogênio fosforilase realiza fosforólise do glicogênio, o que significa que a cisão das ligações glicosídicas α-1,4 deve ocorrer em meio a grupos fosforila, produzindo glicose-1-fosfato como produto (Figura 18.5).

Essa reação de catálise traz a vantagem de economizar um ATP que seria utilizado para fosforilar a molécula de glicose, se a reação fosse uma hidrólise simples. Contudo, a fosforólise traz uma dificuldade: a água deve ser excluída da reação; assim, diversos autores sugerem um mecanismo pelo qual a glicogênio fosforilase consegue excluir a água de seu sítio ativo e, para tanto, o papel do cofator piridoxal fosfato é imprescindível. O sítio ativo da glicogênio fosforilase é formado por um grupo piridoxal fosfato (um derivado da piridoxina, vitamina B_6) que está ligado a um resíduo lateral de lisina pertencente à enzima, formando uma base de Schiff (Figura 18.6). O mecanismo proposto considera que o ortofosfato (reagente) atua de maneira íntima com o fosfato 5' do grupo piridoxal fosfato, e este último atuaria primeiro como um doador de prótons para a reação e, posteriormente, como um aceptor de prótons.

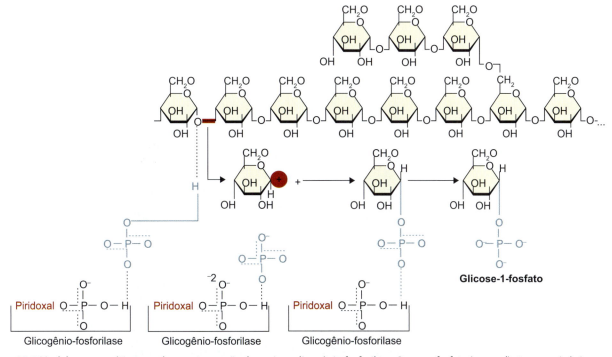

Figura 18.5 Modelo esquemático que demonstra a ação da enzima glicogênio fosforilase. O grupo fosfato (em azul) ataca o oxigênio que participa da ligação glicosídica doando um próton à molécula de glicose, a qual sofre excisão do polímero. Essa reação é favorecida pelo grupo fosfato protonado do piridoxal fosfato, que atua transferindo um próton. A molécula de glicose liberada do polímero combina-se com o ortofosfato, dando origem à glicose-1-fosfato. Nota-se que o grupo fosfato do cofator piridoxal-fosfato da glicogênio fosforilase ataca a ligação glicosídica α-1,4, dando origem a moléculas de glicose-1-fosfato.

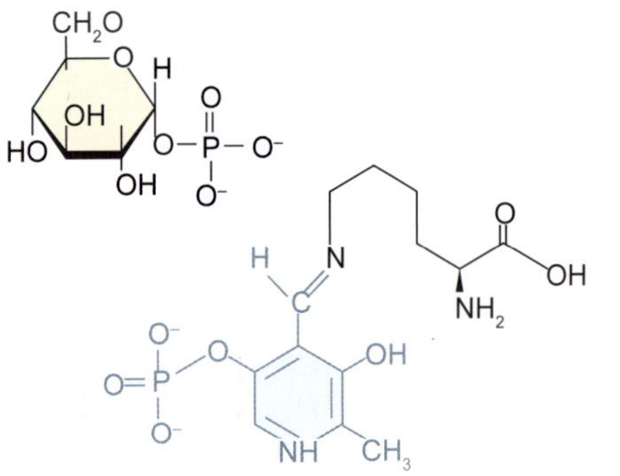

Figura 18.6 Sítio ativo da glicogênio fosforilase. Base de Schiff formada pela interação de um resíduo de lisina (preto) e o piridoxal fosfato (azul).

O ortofosfato doa um próton ao átomo de oxigênio formador da ligação glicosídica α-1,4, ao mesmo tempo que acepta um próton do piridoxal fosfato. Nessa etapa, forma-se um carbocationte, que subsequentemente sofre ataque por parte do ortofosfato formando glicose-1-fosfato e consequente retorno de um próton de hidrogênio para o grupo piridoxal fosfato. A enzima glicogênio fosforilase é capaz de fosforilar muitas moléculas de glicose sem que sejam necessárias sua associação e dissociação do substrato a cada ciclo catalítico; enzimas com essa propriedade são conhecidas como processivas, uma propriedade presente, sobretudo, em enzimas que degradam polímeros. A capacidade processiva da glicogênio fosforilase reside na conformação espacial de seu sítio de catálise que se encontra distante 30 angstrons do centro de interação com o glicogênio. Ainda assim, o centro de interação com o glicogênio encontra-se conectado ao sítio de catálise por uma estrutura em fenda capaz de abrigar 4 ou 5 moléculas de glicose.

Degradação lisossomal do glicogênio

Uma pequena fração de glicogênio é degradada ininterruptamente no interior de vesículas lisossomais por meio da enzima α-1,4-glicosidase ou maltase ácida. Entretanto, ainda não se elucidou a função dessa via bioquímica, mas sabe-se que a deficiência de α-1,4-glicosidase causa acúmulo de glicogênio no citosol da célula, dando origem à doença de Pompe, uma glicogenose. É também classificada como uma doença de depósito lisossômico. Tem natureza autossômica recessiva, que envolve mutações na enzima α-1,4-glicosidase; de fato, a substituição de uma guanina por uma adenina na posição 171, ou mutações singulares no íntron 1 causam a doença. Em crianças, a doença manifesta-se antes dos 3 meses de vida e pode resultar em morte até os 2 anos de idade; causa hipotonia muscular, cardiomegalia e hepatomegalia. No caso dos adultos, os músculos esqueléticos são os mais afetados apresentando distrofia muscular, sobretudo nos membros inferiores.

Remodelamento da molécula de glicogênio

A enzima glicogênio fosforilase remove sucessivamente unidades monoméricas de glicose até uma distância de quatro oses de um ponto de ramificação α-1,6; nesse momento, uma enzima denominada transferase remaneja um bloco de três oses de um dado ponto de ramificação α-1,6 para uma extremidade não redutora da molécula. Essa operação implica na cisão de uma ligação glicosídica α-1,4 para a remoção do bloco de três oses e posteriormente a formação de uma nova ligação glicosídica α-1,4 para inserção do bloco de oses no terminal não redutor da molécula. Após sucessivas remoções de blocos de três oses, restará apenas uma molécula de glicose ligada à cadeia por ligação glicosídica α-1,6. Essa sequência que envolve a remoção do bloco de três oses de um dado ponto de ramificação da molécula de glicogênio e sua posterior inserção em outro ponto da molécula chama-se remodelação e possibilita que a glicogênio fosforilase continue sua ação catalítica (Figura 18.7).

A remodelagem da molécula expõe um único resíduo de glicose unido à cadeia por uma ligação glicosídica α-1,6. Nesse momento, a enzima α-1,6-glicosidase ou enzima desramificadora do glicogênio hidrata a ligação glicosídica α-1,6, promovendo sua cisão e consequente liberação de uma molécula de glicose livre. Assim, a clivagem da ligação glicosídica α-1,6 é de fato uma hidrólise, e não uma fosforólise.

Atuação da enzima fosfoglico mutase

A última enzima da cadeia de clivagem do glicogênio é a glicose-6-fosfatase, a qual é capaz de remover o grupo fosfato do carbono 6 da molécula de glicose. Assim, a glicose-1-fosfato deve ser convertida em glicose-6-fosfato, operação realizada pela enzima fosfoglico mutase. Essa enzima é capaz de translocar o grupo fosfato do carbono 1 para o carbono 6 na molécula de glicose (Figura 18.8).

Glicose-6-fosfatase

A enzima glicose-6-fosfatase completa a cadeia de eventos da glicogenólise. Após a glicogênio fosforilase produzir unidades de glicose-1-fosfato, a enzima glicose-6-fosfato-translocase transporta a glicose-6-fosfato para o interior do retículo endoplasmático, no qual a enzima remove o grupo fosfato do carbono 6 da molécula de glicose, passo que possibilita que a glicose deixe a célula (no caso do fígado), restaurando assim a glicemia (Figura 18.9). O músculo esquelético não dispõe da glicose-6-fosfatase, fato que restringe o glicogênio como suporte energético apenas para o músculo esquelético. Sem a glicose-6-fosfatase, a glicose não é capaz de deixar a célula muscular em razão do impedimento estérico e da carga elétrica imposta pelo grupo fosforila. Desse modo, o glicogênio do músculo esquelético não pode colaborar para a manutenção da glicemia plasmática. No caso do músculo esquelético, a glicose-6-fosfato entra na via glicolítica para fornecer energia aos processos de contração muscular.

Glicogênese

Compreende a síntese de glicogênio, processo que ocorre tanto no fígado quanto no interior das células musculares esqueléticas. A glicogênese definitivamente não é o inverso sumário da glicogenólise; trata-se de vias distintas e, por essa razão, é possível maior grau de controle energético e metabólico. Após uma refeição contendo glicídios, a concentração notavelmente aumentada no plasma leva a um aumento de glicose-6-fosfato no fígado, porque somente então os centros catalíticos da glicocinase se tornam preenchidos com glicose. Isso porque a glicocinase, em contraste com a hexocinase, apresenta alto K_m para a glicose e não é inibida pela glicose-6-fosfato. Em consequência, a glicose 6-fosfato é formada mais rapidamente no fígado quando há elevação plasmática dos níveis de glicose.

O destino da glicose-6 fosfato é amplamente controlado pelos efeitos opostos de glucagon e insulina. O glucagon ativa a adenilciclase, que dispara a cascata de AMPc, culminando na hidrólise do glicogênio enquanto a insulina antagoniza essa

Capítulo 18 • Glicogenólise e Glicogênese 311

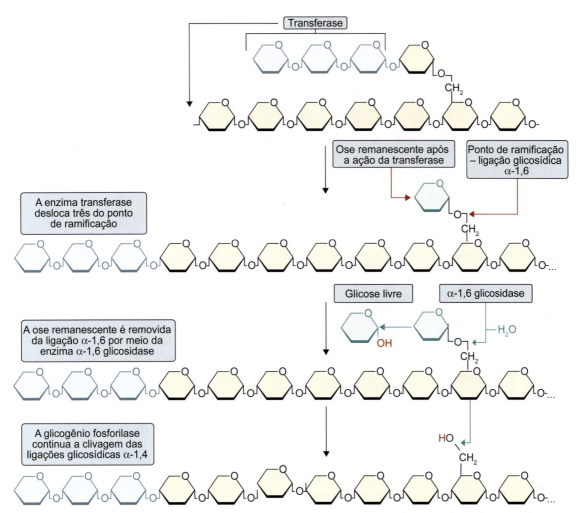

Figura 18.7 Remodelação da molécula de glicogênio. Inicialmente, as ligações α-1,4 das ramificações sofrem clivagem pela enzima glicogêniofosforilase até uma distância de 4 oses do ponto de ramificação. Logo em seguida, a enzima transferase remaneja um bloco de três oses de um ramo para outro da cadeia (cadeias em azul). Nessa reação, a ligação glicosídica α-1,4 é cindida (para excisão das cadeias em azul) e, em seguida, no novo ramo, uma nova ligação α-1,4 é formada. A ose remanescente (em verde) é finalmente removida por ação da enzima α-1,6 glicosidase ou enzima desramificadora do glicogênio. Essa sequência de operações bioquímicas que remodelam a molécula do glicogênio tem como propósito deixar a molécula com uma cadeia linear formada por ligações glicosídicas α-1,4.

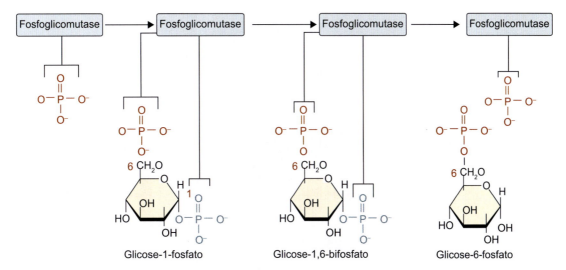

Figura 18.8 Reação catalizada pela enzima fosfoglicomutase, cujo propósito é transferir o grupo fosforila do carbono 1 da molécula de glicose para o carbono 6. Nota-se que a enzima apresenta um grupo fosforila ligado a um resíduo de serina. Ocorre inserção da molécula de fosforila no carbono 6 da glicose sem que a fosforila do carbono 1 seja retirada. Assim, tem-se uma molécula intermediária de glicose-1,6-bifosfato. No passo subsequente da reação enzimática, a fosforila que pertencia ao carbono 1 da glicose é incorporada à enzima, fazendo com que a enzima saia da reação tal qual iniciou, regenerada.

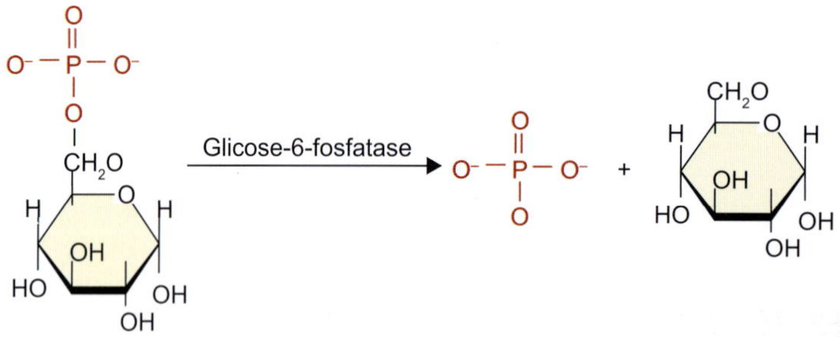

Figura 18.9 Modelo que demonstra a ação da enzima glicose-6-fosfatase. A enzima promove a remoção do grupo fosforila do carbono 6 da glicose. Essa enzima é ausente no músculo esquelético, o que faz com que o glicogênio do fígado não esteja disponível para outros tecidos.

ação. Altos níveis plasmáticos de glicose conduzem a um aumento na secreção pancreática de insulina e redução ou abolição da secreção pancreática de glucagon. Em consequência, o glicogênio é rapidamente sintetizado tanto pelo fígado quanto pelas células da musculatura esquelética.

Necessidade de uma forma ativada de glicose

A síntese de glicogênio necessita de uma forma ativada de glicose, a uridina-fosfato-glicose (UDP-glicose), cuja síntese ocorre por meio da enzima UDP-glicose-pirofosforilase, que utiliza glicose-1-fosfato e UTP como substratos (Figura 18.10). Nota-se que durante a síntese do UDP-glicose há a formação de pirofosfato, que é rapidamente hidrolisado por uma enzima pirofosfatase inorgânica. A hidrólise do pirofosfato impulsiona a reação para a direita; se isso não ocorresse, a reação seria termodinamicamente reversível.

Subsequentemente, a glicose da UDP-glicose é adicionada à hidroxila do carbono 4 terminal da molécula de glicogênio em formação ou *primer*, formando, assim, uma ligação glicosídica do tipo α-1,4 (Figura 18.11). A UDP remanescente dessa reação é regenerada a UTP, por meio da doação de um grupamento fosfato por parte de um ATP. O *primer* ou polímero inicializador é, na verdade, um segmento curto de glicogênio que pode estar previamente em células que não depletaram por completo seus estoques de glicogênio. Na ausência de segmentos de glicogênio preexistentes, os resíduos de glicosil podem ser adicionados a hidroxilas de resíduos de tirosina (Tir-194) presentes em uma proteína aceptora chamada glicogenina, uma enzima glicosiltransferase composta de duas subunidades idênticas (Figura 18.12). Uma das subunidades da glicogenina catalisa a transferência de resíduos de glicose a partir da UDP-glicose para uma hidroxila fenólica de sua outra subunidade, formando um pequeno polímero, que é o *primer*.

Elongação da cadeia de glicogênio

Estando o *primer* formado, ocorre agora a elongação da cadeia de glicogênio, que envolve a adição de um resíduo de glicose oriundo da molécula de UDP-glicose para a cadeia nascente de glicogênio, de modo a formar uma ligação glicosídica do tipo α-1,4. Essa reação é catalisada pela enzima glicogênio sintase, a principal enzima envolvida na síntese do glicogênio.

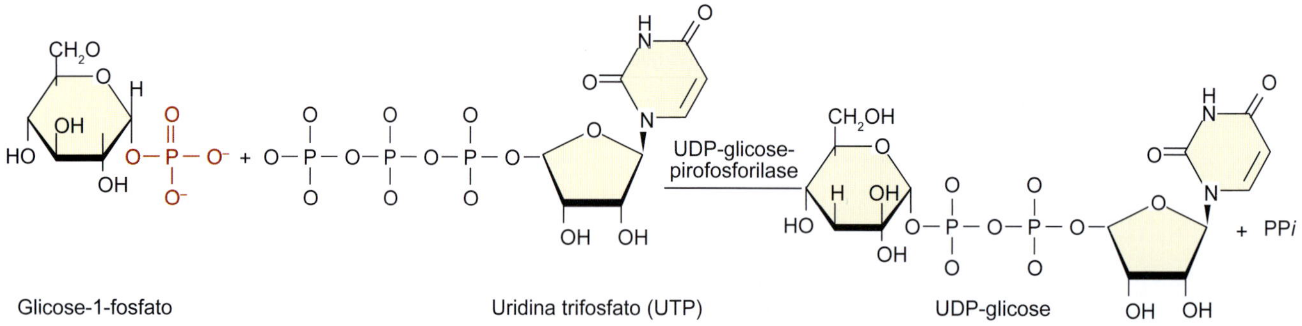

Figura 18.10 Síntese da UDP-glicose por meio da enzima UDP-glicose-pirofosfatase, que utiliza como substratos glicose-1-fosfato e UTP.

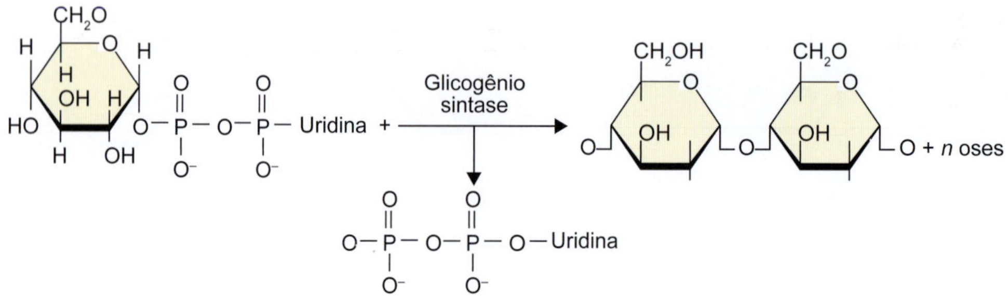

Figura 18.11 A glicogênio sintase é a enzima que promove a transferência da glicose ligada ao UDPG. Nota-se que a uridina difosfato é formada ao final da reação.

Mecanismos de regulação da síntese e degradação do glicogênio

Síntese e degradação do glicogênio | Forma alostérica e fosforilação

O metabolismo do glicogênio é finamente controlado, e o alvo, desse controle é a enzima glicogênio fosforilase. O controle da atividade da glicogênio fosforilase é feito de forma alostérica a partir dos níveis energéticos intracelulares e também por meio de fosforilação reversível induzida por hormônios como glucagon, noradrenalina e adrenalina. Na década de 1930, Carl e Gerty Cory mostraram que a glicogênio fosforilase apresenta duas formas interconversíveis entre si: a forma ativa (*a*); e a forma menos ativa (*b*). Essas formas ativas e menos ativas são controladas por meio da fosforilação de resíduos de serina. Assim, na presença de hormônios catabólicos, ocorre aumento dos níveis intracelulares de AMPc que desencadeia a ativação da cinase A, a qual promove fosforilação dos resíduos de serina (Ser-14) em ambas as subunidades da fosforilase *b*, convertendo-a em sua forma ativa, a fosforilase *a*. A conversão da forma *a* da glicogênio fosforilase em sua forma menos ativa, a glicogênio fosforilase *b*, ocorre mediante a remoção desses grupos fosforila, o que é feito pela enzima fosforilase fosfatase.

A glicogênio fosforilase em sua forma *b* pode ser novamente convertida em sua forma *a* por meio da ação fosforilase cinase *b*, que volta a fosforilar os resíduos de serina. A glicogênio fosforilase muscular e hepática, embora exerçam a mesma função (cisão das ligações glicosídicas α-1,4 da molécula do glicogênio), são codificadas por genes diferentes e apresentam também propriedades distintas de regulação. No tecido muscular, a regulação da glicogênio fosforilase por modificação covalente (fosforilação) é acompanhada por dois mecanismos de regulação alostérica. O primeiro deles refere-se à atuação dos íons cálcio nos eventos da contração muscular esquelética e também à interação com a forma *b* da glicogênio fosforilase, convertendo-a em sua forma ativa, *a*. O segundo mecanismo de regulação alostérica envolve os altos níveis de AMPc que se formam no interior do miócito em razão da clivagem do ATP para suprir as necessidades energéticas do músculo em exercício. Esse ADP liga-se à glicogênio fosforilase intramuscular, ativando-a. Essa via de ativação da glicogênio fosforilase via AMPc tem como propósito suprir o músculo com glicose-1-

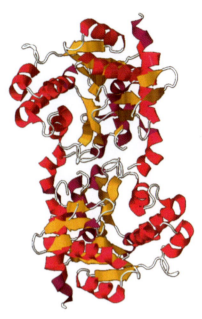

Figura 18.12 Estrutura espacial da glicogenina, enzima que aceita resíduos de glicosil inicializando a síntese do glicogênio. Código PDB: 3U2T.

A UDP remanescente é então convertida em UTP por meio da enzima nucleosídeo-difosfato-cinase, que transfere à UDP um grupo fosfato oriundo do ATP.

Ramificação da molécula do glicogênio

O glicogênio é uma molécula altamente ramificada e apresenta ramificações em média a cada oito resíduos de glicosil; essa configuração é importante porque facilita o ataque enzimático durante o processo de hidrólise da molécula, tornando a liberação de glicose mais eficiente. As ramificações na molécula do glicogênio são do tipo α-1,6 e são formadas pela enzima de ramificação ou amilo-α-1,6-α-1,6-transglicosidase. Sua função é cindir uma ligação glicosídica α-1,4, transferindo um segmento de cerca de 5 a 8 moléculas de glicose da extremidade não redutora da cadeia do glicogênio para outro resíduo glicosil da cadeia, mas formando uma ligação glicosídica α-1,6 (Figura 18.13). Essa nova extremidade não redutora pode ainda sofrer maior elongação por parte da glicogênio sintase.

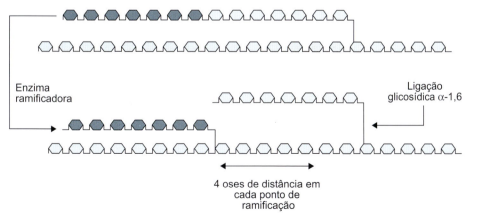

Figura 18.13 A enzima de ramificação do glicogênio transfere segmentos terminais de sete resíduos de uma cadeia α-1,4 ao grupo OH do carbono 6 de um resíduo de glicose da mesma ou de outra cadeia de glicogênio, e os pontos de ramificação ocorrem sempre a pelo menos 4 oses de distância um do outro.

fosfato para posteriormente atuar na síntese de ATP. Quando a atividade muscular cessa e o músculo retoma sua condição de repouso, outra enzima chamada fosfoproteína fosfatase 1 (PP1) promove desfosforilação da glicogênio fosforilase, convertendo-a em sua forma menos ativa, a glicogênio fosforilase b.

AMPc regula tanto a hidrólise quanto a síntese de glicogênio

Os principais hormônios envolvidos na degradação e síntese do glicogênio, tanto hepático quanto intramuscular, são o glucagon e a insulina, respectivamente. O primeiro é liberado pelas células alfa das ilhotas de Langerhans pancreáticas e o segundo pelas células beta. Ambos ativam a guanilato ciclase, que culmina na formação de AMPc intracelular e, subsequente, na ativação da cinase A, que fosforila tanto a glicogênio fosforilase quanto a glicogênio sintase. No período pós-prandial, o hormônio prevalente é a insulina, que dispara a cascata de formação de AMPc, ativando a cinase A, que, por sua vez, fosforila a glicogênio sintase, tornando-a ativa e iniciando, portanto, a síntese de glicogênio. Ao mesmo tempo, a cinase A fosforila a gligogênio fosforilase, inibindo-a e, dessa maneira, impedindo a hidrólise do glicogênio quando os níveis glicêmicos estão elevados, como é o caso do período pós-prandial. Em contrapartida, no jejum ocorre a secreção de glucagon no sentido de restaurar os baixos níveis glicêmicos até seus valores de referência. O glucagon também dispara a cascata de formação de AMPc intracelular, só que, nesse caso, há a ativação de proteínas fosfatases que removem grupos fosfatos de proteínas fosforiladas, como é o caso da glicogênio fosforilase e também da glicogênio sintase. Quando o grupo fosfato da glicogênio fosforilase é removido, esta se torna ativa e inicia a hidrólise do glicogênio, enquanto a desfosforilação da glicogênio sintase a inibe, impedindo assim que, nos períodos de jejum, ocorra a síntese de glicogênio.

Regulação alostérica da glicogênio fosforilase e glicogênio sintase

Os níveis de metabólitos e as necessidades energéticas das células regulam a atividade tanto da glicogênio fosforilase quanto da glicogênio sintase. Assim, a degradação de glicogênio é estimulada quando a disponibilidade de substrato energético (glicose) cai; em contrapartida, a síntese do glicogênio aumenta com o aumento da disponibilidade de substrato energético. O mecanismo de regulação alostérica da glicogênio fosforilase hepática e musculoesquelética apresenta similaridades, ou seja, por fosforilação e desfosforilação. No fígado, o AMPc produzido no interior do hepatócito, como visto na Figura 18.14, ativa a fosforilase b cinase, que, por sua vez, converte a

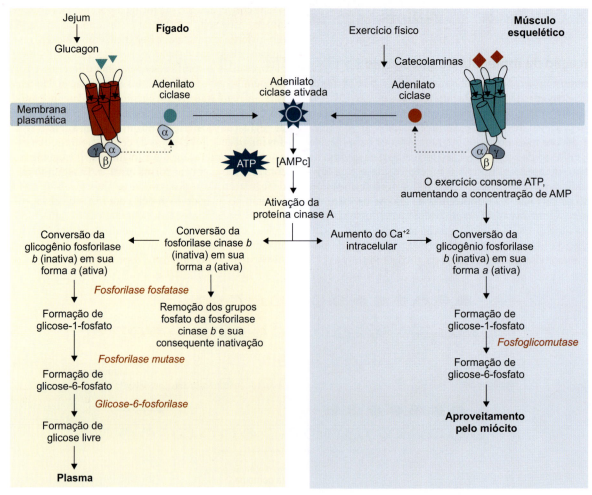

Figura 18.14 Cascata da glicogenólise iniciada por agonistas catabólicos, glucagon, noradrenalina e adrenalina. O glucagon é secretado pelas células alfa das ilhotas de Langerhans pancreáticas em períodos de jejum até 12 h. As catecolaminas são liberadas em situações de estresse e iniciam a clivagem do glicogênio intramuscular, provendo o músculo de glicose já fosforilada no carbono 6, já que o músculo esquelético não dispõe da enzima glicose.

glicogênio fosforilase em sua forma ativa *a*, que desencadeia a sequência de eventos que culminará na liberação de glicose para o plasma restaurando. Quando a glicemia plasmática retorna a valores de referência, a glicose sofre internalização pelos hepatócitos e interage com um sítio alostérico inibidor presente na glicogênio fosforilase *a*. O acoplamento da glicose também desencadeia alteração da conformação espacial, que expõe resíduos de serina fosforilados. Nesse momento, a enzima fosfoproteína fosfatase 1 remove esses grupos fosfato dos resíduos de serina, inativando a glicogênio fosforilase. Além de um sítio alostérico para glicose, a glicogênio fosforilase apresenta um sítio para o ATP. Assim, o elevado nível de substratos energéticos inibe a glicogênio fosforilase. A glicogênio sintase é a mais importante enzima envolvida na síntese do glicogênio e, similarmente à glicogênio fosforilase, ela se constitui um importante ponto de controle. O principal modo de controle da glicogênio sintase é a fosforilação de seus sítios capazes de aceptar grupos fosfato; as principais enzimas responsáveis por fosforilar a glicogênio sintase são a cinase A e a glicogênio sintase cinase. A fosforilação converte a forma ativa (forma *a*) da glicogênio sintase em sua forma inativa (forma *b*). As formas *a* e *b* da enzima respondem a ativadores alostéricos e, de fato, a forma *b* fosforilada só se torna ativa na presença de altas concentrações de glicose-6-fosfato; em contrapartida, a forma *a* é ativada tanto na presença quanto na ausência de glicose-6-fosfato.

Resumo

Introdução

O glicogênio é um homopolímero formado por unidades de glicose ligadas entre si por ligações glicosídicas do tipo α-1,4 com ramificações em α-1,6. Essa estrutura assemelha-se à amilopectina, razão pela qual o glicogênio é chamado de amido animal (Figura R18.1). No entanto, o glicogênio é mais ramificado que a molécula da amilopectina; em média, uma ramificação a cada cerca de 8 a 12 unidades osídicas. Os glicogênios hepático e muscular apresentam funções distintas: enquanto o glicogênio hepático atua na manutenção da glicemia plasmática em períodos de jejum ou entre as refeições, o glicogênio muscular está disponível apenas para o metabolismo muscular esquelético, o que ocorre em virtude de sutilidades nos processos enzimáticos desses dois tecidos.

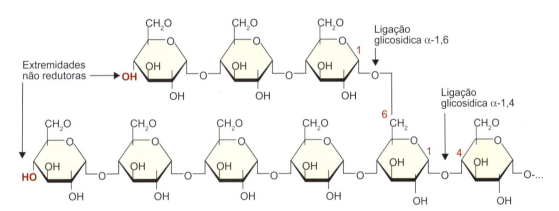

Figura R18.1 Molécula do glicogênio mostrando suas ligações glicosídicas α-1,4 e uma ramificação formada por uma ligação glicosídica α-1,6. As ramificações ocorrem na molécula a cerca de cada 10 oses. As hidroxilas em vermelho indicam as extremidades não redutoras da molécula.

Hidrólise do glicogênio | Fosforólise

Denomina-se fosforólise, uma vez que esse processo ocorre na presença de grupos fosfato e pode ser separado em três etapas:

- Liberação de glicose-1-fosfato
- Conversão de glicose-1-fosfato em glicose-6-fosfato
- Excisão do grupo fosfato da molécula de glicose-6-fosfato.

A glicose-6-fosfato formada durante a fosforólise do glicogênio pode seguir três vias distintas (Figura R18.2): servir como substrato para a via glicolítica; ser convertida em glicose livre para manutenção da glicemia plasmática; e ingressar na via das pentoses fosfato, uma via alternativa de oxidação de glicose-6-fosfato, que leva à produção de três compostos – a ribulose-5-fosfato, o CO_2 e o NADPH.

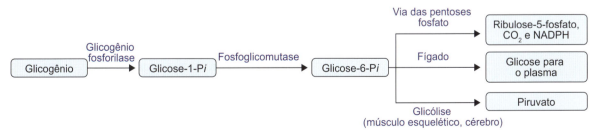

Figura R18.2 Possíveis destinos da glicose-6-fosfato (glicose-6-P*i*), que pode ser transformada em piruvato no metabolismo anaeróbico do músculo esquelético ou cérebro, por exemplo, e pode, ainda, no fígado sofrer excisão do grupo fosfato, convertendo-se em glicose livre, que ganha o plasma e, finalmente, a glicose-6 P*i* pode ingressar na via das pentoses fosfato, dando origem a ribulose, CO_2 e NADPH.

Glicogenólise hepática e musculoesquelética

Os sinais que disparam a glicogenólise no fígado e no músculo esquelético são distintos; enquanto o jejum é o principal evento que dispara a clivagem de glicogênio no fígado, a sobrecarga (exercício físico) é o principal fator da glicogenólise muscular esquelética. O primeiro passo para a degradação da molécula do glicogênio é a cisão das ligações α-1,4 da molécula. Essa reação é catalisada pela enzima glicogênio fosforilase. A enzima glicogênio fosforilase remove sucessivamente unidades monoméricas de glicose até uma distância de quatro oses de um ponto de ramificação α-1,6; nesse momento, uma enzima denominada transferase remaneja um bloco de três oses de um dado ponto de ramificação α-1,6 para uma extremidade não redutora da molécula. A remodelagem da molécula expõe um único resíduo de glicose unido à cadeia por uma ligação glicosídica α-1,6. Nesse momento, a enzima α-1,6-glicosidase ou enzima desramificadora do glicogênio hidrata a ligação glicosídica α-1,6 promovendo sua cisão e consequente liberação de uma molécula de glicose livre. Assim, a clivagem da ligação glicosídica α-1,6 é de fato uma hidrólise, e não uma fosforólise. Subsequentemente, todas as moléculas de glicose-1-fosfato têm seus grupos fosfatos transferidos para o carbono 6 da glicose, formando a glicose-6-fosfato. Essa reação é realizada pela enzima fosfoglicomutase (Figura R18.3). O último passo da glicogenólise é a cisão do grupo fosfato do carbono 6 da glicose por meio da glicose-6-fosfatase, permitindo que a glicose deixe o hepatócito. Essa sequência de eventos é igual nas células musculares esqueléticas, com a diferença de que nesse tecido não existe a enzima glicose-6-fosfatase, o que torna o glicogênio muscular restrito ao uso por parte do músculo esquelético.

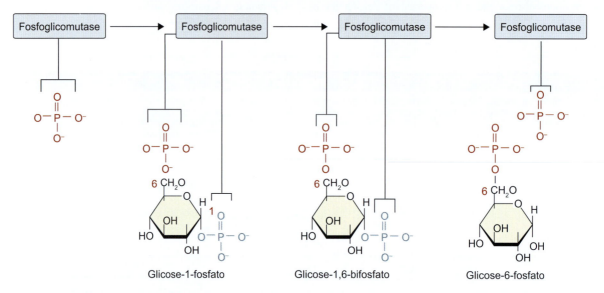

Figura R18.3 Reação catalisada pela enzima fosfoglicomutase, cujo propósito é transferir o grupo fosforila do carbono 1 da molécula de glicose para o carbono 6. Nota-se que a enzima apresenta um grupo fosforila ligado a um resíduo de serina. Ocorre inserção da molécula de fosforila no carbono 6 da glicose sem que a fosforila do carbono 1 seja retirada. Assim, tem-se uma molécula intermediária de glicose-1,6-bifosfato. No passo subsequente da reação enzimática, a fosforila que pertencia ao carbono 1 da glicose é incorporada à enzima, fazendo com que a enzima saia da reação tal qual iniciou, regenerada.

Remodelamento da molécula de glicogênio

A enzima glicogênio fosforilase remove sucessivamente unidades monoméricas de glicose até uma distância de quatro oses de um ponto de ramificação α-1,6; nesse momento, uma enzima denominada transferase remaneja um bloco de três oses de um dado ponto de ramificação α-1,6 para uma extremidade não redutora da molécula. Após sucessivas remoções de blocos de três oses, restará apenas uma molécula de glicose ligada à cadeia por ligação glicosídica α-1,6. Essa sequência que envolve a remoção do bloco de três oses de um dado ponto de ramificação da molécula de glicogênio e sua posterior inserção em outro ponto da molécula chama-se remodelação e permite que a glicogênio fosforilase continue sua ação catalítica. A remodelagem da molécula expõe um único resíduo de glicose unido à cadeia por uma ligação glicosídica α-1,6. Nesse momento, a enzima α-1,6-glicosidase ou enzima desramificadora do glicogênio hidrata a ligação glicosídica α-1,6, promovendo sua cisão e a consequente liberação de uma molécula de glicose livre, ou seja, não ligada ao fosfato (Figura R18.4).

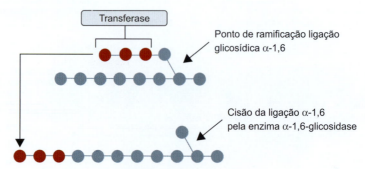

Figura R18.4 Remodelação da molécula de glicogênio. Inicialmente, as ligações α-1,4 das ramificações sofrem clivagem pela enzima glicogênio-fosforilase até uma distância de quatro oses do ponto de ramificação. Logo em seguida, a enzima transferase remaneja um bloco de três oses de um ramo para outro da cadeia (cadeias em azul). Nessa reação, a ligação glicosídica α-1,4 é cindida (para excisão das cadeias em azul) e, em seguida, no novo ramo, uma nova ligação α-1,4 é formada. A ose remanescente é finalmente removida por ação da enzima α-1,6 glicosidase ou enzima desramificadora do glicogênio. Essa sequência de operações bioquímicas que remodelam a molécula do glicogênio tem como propósito deixar a molécula com uma cadeia linear formada por ligações glicosídicas α-1,4.

Síntese e degradação do glicogênio | Forma alostérica e fosforilação

O controle da atividade da glicogênio fosforilase é feito de forma alostérica a partir dos níveis energéticos intracelulares e também por meio de fosforilação reversível induzida por hormônios, como glucagon, noradrenalina e adrenalina. A enzima glicogênio fosforilase apresenta duas formas interconversíveis entre si: a forma ativa (*a*) e a forma menos ativa (*b*). Essas formas são controladas por meio da fosforilação de resíduos de serina. Assim, na presença de hormônios catabólicos, ocorre aumento dos níveis intracelulares de AMPc, que desencadeia a ativação da cinase; esta promove fosforilação dos resíduos de serina (Ser-14) em ambas as subunidades da fosforilase *b*, convertendo-a em sua forma ativa, a fosforilase *a* (Figura R18.5). A conversão da forma *a* da glicogênio fosforilase em sua forma menos ativa, a glicogênio fosforilase *b*, ocorre mediante a remoção desses grupos fosforila, o que é feito pela enzima *fosforilase fosfatase*. Embora exerçam a mesma função, a glicogênio fosforilase muscular e a hepática são codificadas por genes diferentes e apresentam também diferentes propriedades de regulação.

Glicogênese

Compreende a síntese de glicogênio, processo que ocorre tanto no fígado quanto no interior das células musculares esqueléticas. A glicogênese definitivamente não é o inverso sumário da glicogenólise; trata-se de vias distintas e, por essa razão, é possível maior grau de controle energético e metabólico. Altos níveis plasmáticos de glicose conduzem a um aumento na secreção pancreática de insulina e redução ou abolição da secreção pancreática de glucagon. Em consequência, o glicogênio é rapidamente sintetizado, tanto pelo fígado quanto pelo músculo esquelético.

Glicogênese | Necessidade de uma forma ativada de glicose

A síntese de glicogênio necessita de uma forma ativada de glicose, a UDP-glicose (Figura R18.6), cuja glicose é adicionada à hidroxila do carbono 4 terminal da molécula de glicogênio em formação ou *primer*, formando, assim, uma ligação glicosídica do tipo α-1,4.

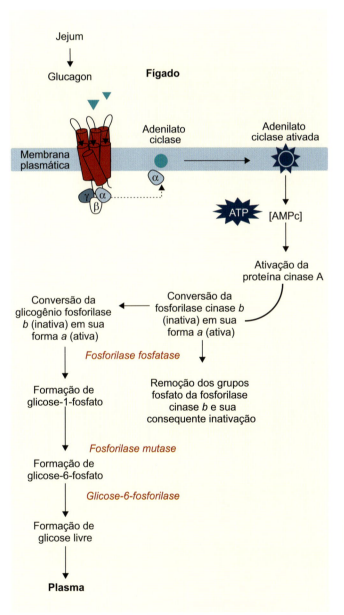

Figura R18.5 Cascata da glicogenólise iniciada por agonistas catabólicos, glucagon, noradrenalina e adrenalina. O glucagon é secretado pelas células alfa das ilhotas de Langerhans pancreáticas em períodos de jejum até 12 h. As catecolaminas são liberadas em situações de estresse e iniciam a clivagem do glicogênio intramuscular, provendo o músculo de glicose já fosforilada no carbono 6, já que o músculo esquelético não dispõe da enzima glicose.

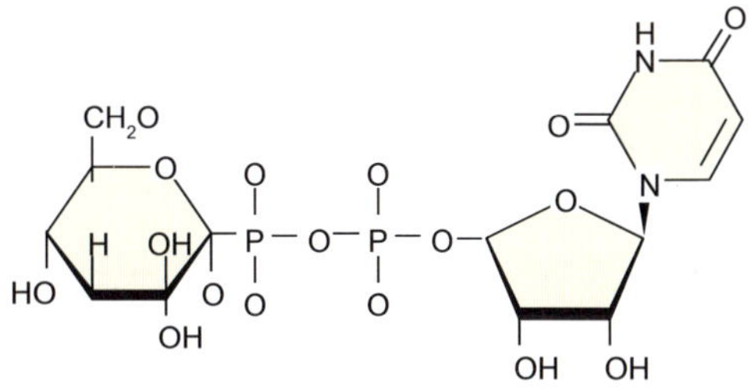

Figura R18.6 Estrutura da UDP-glicose.

Elongação da cadeia de glicogênio

O elongamento da cadeia de glicogênio envolve a adição de um resíduo de glicose oriundo da molécula de UDP-glicose para a cadeia nascente de glicogênio, de modo a formar uma ligação glicosídica do tipo α-1,4. Essa reação é catalisada pela enzima glicogênio sintase, a principal enzima envolvida na síntese do glicogênio. Assim, tem-se uma ligação glicosídica do tipo α-1,4.

Ramificação da molécula do glicogênio

As ramificações na molécula do glicogênio são do tipo α-1,6 e formadas pela enzima de ramificação ou amilo-α-1,6-α-1,6-transglicosidase. Sua função é cindir uma ligação glicosídica α-1,4, transferindo um segmento de cerca de 5 a 8 moléculas de glicoses da extremidade não redutora da cadeia do glicogênio para outro resíduo glicosil da cadeia, mas formando uma ligação glicosídica α-1,6 (Figura R18.7).

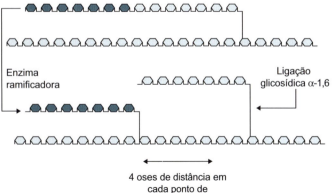

Figura R18.7 Enzima de ramificação do glicogênio transfere segmentos terminais de sete resíduos de uma cadeia α-1,4 ao grupo OH do carbono 6 de um resíduo de glicose da mesma ou de outra cadeia de glicogênio, e os pontos de ramificação ocorrem sempre a pelo menos quatro oses de distância um do outro.

AMPc regula tanto a hidrólise quanto a síntese de glicogênio

Os principais hormônios envolvidos na degradação e síntese do glicogênio, tanto hepático quanto intramuscular, são o glucagon e a insulina, respectivamente. Ambos ativam a guanilato ciclase, que culmina na formação de AMPc intracelular e na subsequente ativação da cinase A, que fosforila tanto a glicogênio fosforilase quanto a glicogênio sintase. No período pós-prandial, o hormônio prevalente é a insulina, que dispara a cascata de formação de AMPc, ativando a cinase A, que, por sua vez, fosforila a glicogênio sintase, tornando-a ativa e iniciando, portanto, a síntese de glicogênio. Ao mesmo tempo, a cinase A fosforila a gligogênio fosforilase, inibindo a degradação do glicogênio. Em contrapartida, no jejum ocorre a secreção de glucagon, que também dispara a cascata de formação de AMPc intracelular; só que nesse caso, há a ativação de proteínas fosfatases que removem grupos fosfatos de proteínas fosforiladas, como é o caso da glicogênio fosforilase e também da glicogênio sintase. Quando o grupo fosfato da glicogênio fosforilase é removido, ela se torna ativa e inicia a hidrólise do glicogênio, enquanto a desfosforilação da glicogênio sintase a inibe, impedindo assim que nos períodos de jejum ocorra a síntese de glicogênio.

Etapas da glicogênese

Altos níveis plasmáticos de glicose conduzem a um aumento na secreção pancreática de insulina e redução ou abolição da secreção pancreática de glucagon. Em consequência, o glicogênio é rapidamente sintetizado pelo fígado quando há aumento de glicose no plasma.

Síntese hepática de glicogênio

Quando os níveis plasmáticos de glicose estão elevados, a insulina é secretada pelas células alfa das ilhotas de Langerhans, orquestrando no fígado a síntese de glicogênio. A síntese de glicogênio necessita de energia, que é obtida da hidrólise de um nucleotídeo trifosfato UDP (uridina trifosfato).

Passo 1 | Glicose 1 fosfato

A síntese do glicogênio inicia-se com a fosforilação da glicose no carbono 6 por uma enzima denominada hexocinase. Esse evento consome um ATP. Posteriormente, a glicose-6-fosfato é isomerizada a glicose-1-fosfato, por meio da enzima fosfogliceratomutase (Figura R18.8).

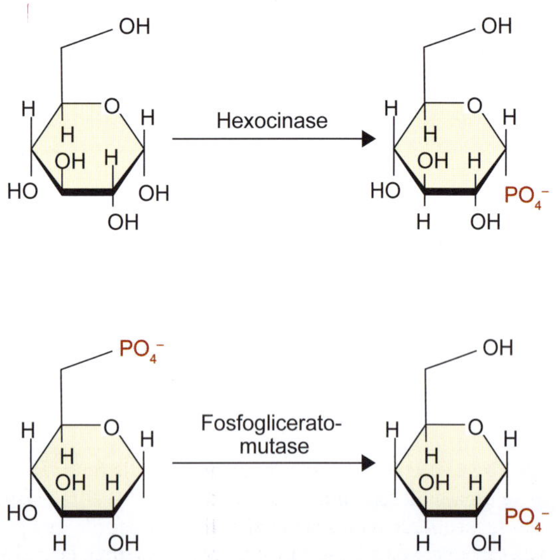

Figura R18.8 Conversão da glicose-1-fosfato em glicose-6-fosfato.

Passo 2 | Formação de uridina glicose difosfato

A glicose-1-fosfato reage com o UDP (uridina difosfato) para produzir difosfato de uridina glicose (também chamada de UDP-glicose ou UDPG) (Figura R18.9). A enzima que catalisa essa reação é a UDP-glicose-pirofosfatase.

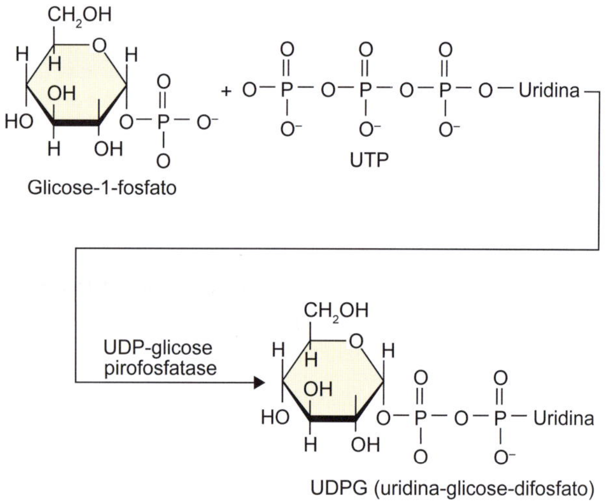

Figura R18.9 Uridina trifosfato (UTP) necessário à síntese de glicogênio. A hidrólise do UTP fornece energia para a síntese de glicogênio.

Passo 3 | Adição do UDPG à cadeia crescente de glicogênio

A UDP-glicose é o doador de glicose na síntese de glicogênio, molécula esta que é uma forma ativada de glicose, assim como ATP e acetil-CoA são, respectivamente, formas ativadas de ortofosfato e acetato. O carbono 1 da glicose do UDPG está ativado porque sua hidroxila se encontra esterificada pela porção difosfato do UDP (Figura R18.10).

Assim, novas unidades de glicose são adicionadas aos terminais não redutores do glicogênio, promovendo elongação de uma cadeia preexistente (Figura R18.11). A glicose do UDPG é transferida a um carbono 4 da cadeia de glicogênio em crescimento, formando, assim, uma ligação do tipo α-1,4. Posteriormente, o UDP remanescente dessa reação é regenerado a UTP por meio da doação de um grupamento fosfato por parte de um ATP.

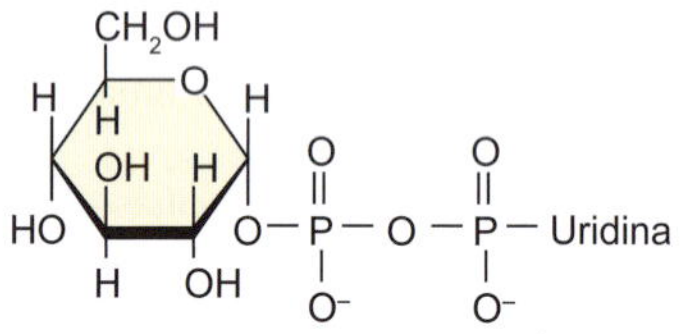

Figura R18.10 Uridina difosfato. A forma ativada de glicose na biossíntese de glicogênio.

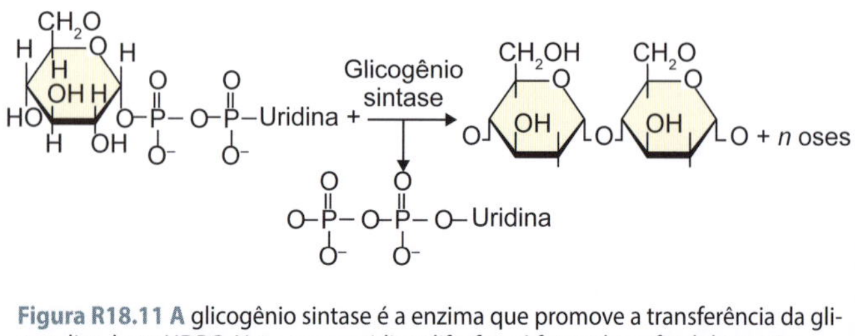

Figura R18.11 A glicogênio sintase é a enzima que promove a transferência da glicose ligada ao UDPG. Note que a uridina difosfato é formada ao final da reação.

Passo 4 | Ramificação da cadeia

A enzima glicogênio sintase catalisa somente a ligação α-1,4 do glicogênio. Outra enzima, amilo (1,4 → 1,6)-transglicosidade ou enzima de ramificação, transfere sete resíduos da extremidade de uma cadeia para um grupo OH do carbono 6 de um resíduo de glicose na mesma ou em outra cadeia de glicogênio. Cada segmento transferido é oriundo de pelo menos 11 resíduos, e o novo ponto de ramificação deve estar no mínimo a quatro resíduos de outro ponto de ramificação (Figura R18.12). As ramificações são importantes porque aumentam a solubilidade do glicogênio. Além disso, as ramificações criam um grande número de radicais terminais, que são os locais de ação da glicogênio fosforilase e da sintase. Portanto, as ramificações aumentam a velocidade de síntese e degradação do glicogênio.

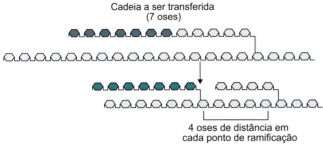

Figura R18.12 Mecanismo de ação da enzima transglicosidase ou enzima de ramificação do glicogênio, que é capaz de criar pontos de ramificação nas posições α-1,6.

Exercícios

1. Cite três hormônios que disparam a glicogenólise hepática e três que se contrapõem à glicogenólise.
2. Explique:
   a) Por que a hidrólise do glicogênio é chamada de fosforólise?
   b) Qual o destino da molécula de glicose-6-fosfato recém-formada?
3. A glicogênio fosforilase é uma enzima processiva. Explique esse termo.
4. Em relação à glicogenólise, assinale (V) verdadeiro ou (F) falso.
   a. ( ) A clivagem fosforolítica do glicogênio é energeticamente vantajosa porque a ose liberada já está fosforilada, diferentemente da clivagem por hidrólise, que produziria somente glicose e teria que ser posteriormente fosforilada, levando ao gasto de um ATP para doação do grupamento fosfato.
   b. ( ) A fosforólise no músculo esquelético garante que a glicose não deixará a célula, uma vez que produz glicose-1-fosfato ionizada, que, em condições fisiológicas, não consegue deixar a célula muscular.
   c. ( ) A enzima fosfoglicerato mutase cessa a clivagem do polímero de glicogênio quando alcança uma distância de quatro oses do ponto de ramificação α-1,6.
   d. ( ) A ação da enzima desramificadora do glicogênio produz glicose-6-fosfato, que posteriormente dá origem a glicose-1-fosfato. A remoção desse grupo fosfato do carbono 1 da glicose possibilita que esta deixe o meio intracelular.
   e. ( ) A α-1,6-glicosidase, também conhecida como mutase, rompe as ligações α-1,6 do glicogênio produzindo glicose-1-fosfato como produto.
5. O estado de jejum é o grande fator estimulador para a inicialização da glicogenólise. Desse modo, considere os valores no interior dos parênteses e calcule a soma apenas alternativas corretas:
   a) (1.000) O AMPc é o segundo mensageiro envolvido na glicogenólise. Assim, quando o glucagon interage com seu receptor presente nos hepatócitos, há formação de AMPc, que orquestra a fosforólise do glicogênio.
   b) (110.780) A enzima cinase A é ativada na presença da insulina e tem a função de inicializar a hidrólise do glicogênio, clivando inicialmente ligações glicosídicas α-1,4.
   c) (980) A insulina inibe a cinase A, que, por sua vez, não fosforila a glicogênio fosforilase B. Essa cadeia de eventos leva ao efeito final, que é a manutenção dos estoques de glicogênio hepático na presença da insulina.
   d) (2.011) A insulina inibe a cinase A; tal inibição é realizada por meio da fosforilação dessa enzima, que converte a glicogênio fosforilase B em sua forma ativa, a glicogênio fosforilase A. O efeito final é a preservação dos estoques hepáticos de glicogênio.
   e) (1.970) Somente o glucagon desencadeia a formação de AMPc como segundo mensageiro, que, por sua vez, conduz à fosforilação da cinase A. Essa enzima ativa a próxima enzima da cadeia, a α-1,6-glicosidase, que inicia a fosforólise. O produto dessa enzima é a glicose-1-fosfato.
6. Explique como ocorre a elongação da cadeia do glicogênio durante a glicogênese.
7. O glicogênio é um homopolímero formado por unidades de glicose ligadas entre si por ligações glicosídicas do tipo α-1,4 com ramificações em α-1,6. Como ocorre a inserção das ramificações α-1,6 durante a glicogênese?
8. Durante a cisão do glicogênio, está presente uma enzima chamada fosfoglicomutase. Qual é o seu mecanismo de ação?
9. Durante a glicogenólise, existe uma operação denominada "remodelamento da molécula de glicogênio". Explique como ocorre esse evento.
10. Qual a diferença da glicogenólise hepática para a glicogenólise intramuscular?

Respostas

1. Os hormônios que disparam a glicogenólise são adrenalina, glucagon e noradrenalina, enquanto a insulina, por exemplo, se contrapõe à glicogenólise.
2. a) A hidrólise do glicogênio denomina-se fosforólise, uma vez que esse processo ocorre na presença de grupos fosfato.
   b) A glicose-6-fosfato formada durante a fosforólise do glicogênio pode seguir três vias distintas: servir como substrato para via glicolítica; ser convertida em glicose livre para manutenção da glicemia plasmática; ingressar na via das pentoses fosfato, uma via alternativa de oxidação de glicose-6-fosfato, que leva à produção de três compostos: a ribulose-5-fosfato; o CO_2; e o NADPH.
3. A glicogênio fosforilase apresenta a propriedade de fosforilar muitas moléculas de glicose sem que seja necessária sua associação ou dissociação dos substratos a cada ciclo catalítico. Enzimas com essa propriedade são chamadas de enzimas processivas e estão presentes, sobretudo, em processos bioquímicos que envolvem catálise de polímeros.
4. V; V; F; F; F.
5. Soma: 1.980.
6. A elongação da cadeia de glicogênio envolve a adição de um resíduo de glicose oriundo da molécula de UDP-glicose para a cadeia nascente de glicogênio, de modo a formar uma ligação glicosídica do tipo α-1,4. Essa reação é catalisada pela enzima glicogênio sintase, a principal enzima envolvida na síntese do glicogênio. Assim, ocorre uma ligação glicosídica do tipo α-1,4.
7. As ramificações na molécula do glicogênio são do tipo α-1,6 e formadas pela enzima de ramificação ou amilo-α-1,6-α-1,6-transglicosidase. Sua função é cindir uma ligação glicosídica α-1,4 transferindo um segmento de cerca de 5 a 8 moléculas de glicoses da extremidade não redutora da cadeia do glicogênio para outro resíduo glicosil da cadeia, mas formando uma ligação glicosídica α-1,6.
8. A enzima fosfoglicomutase tem o propósito de transferir o grupo fosforila do carbono 1 da molécula de glicose para o carbono 6. A enzima apresenta um grupo fosforila ligado a um resíduo de serina. Ocorre inserção da molécula de fosforila no carbono 6 da glicose sem que a fosforila do carbono 1 seja retirada. Assim, tem-se uma molécula intermediária de glicose-1,6-bifosfato. No passo subsequente da reação enzimática, a fosforila que pertencia ao carbono 1 da glicose é incorporada à enzima, fazendo com que a enzima saia da reação tal qual iniciou, regenerada.
9. Inicialmente, as ligações α-1,4 das ramificações sofrem clivagem pela enzima glicogênio-fosforilase até uma distância de quatro oses do ponto de ramificação. Logo em seguida, a enzima transferase remaneja um bloco de três oses de um ramo para outro da cadeia. Nessa reação, a ligação glicosídica α-1,4 é cindida e, em seguida, no novo ramo, uma nova ligação α-1,4 é formada. A ose remanescente é finalmente removida por ação da enzima α-1,6 glicosidase ou enzima desramificadora do glicogênio. Essa

sequência de operações bioquímicas que remodelam a molécula do glicogênio tem como propósito deixar a molécula com uma cadeia linear formada por ligações glicosídicas α-1,4.

10. A glicogenólise hepática gera como produto final a glicose, que é capaz de deixar o hepatócito e ir para a corrente sanguínea. Já a glicogenólise ocorre no músculo esquelético e gera como produto final a glicose-6-fosfato, pois o tecido muscular esquelético não dispõe da enzima glicose-6-fosfatase e não há como remover o grupamento fosfato da molécula de glicose. Nessa condição, a glicose é incapaz de deixar o miócito. É por essa razão que o glicogênio presente no tecido muscular esquelético está disponível somente para o músculo, e não para todo o organismo, como é o caso do glicogênio hepático.

Bibliografia

Brubaker PL, Anini Y. Direct and indirect mechanisms regulating secretion of glucagon-like peptide-1 and glucagon-like peptide-2. Can J Physiol Pharmacol. 2004;81(11):1005-12.

Buschiazzo A, Ugalde JE, Guerin ME, Shepard W, Ugalde RA, Alzari PM. Crystal structure of glycogen synthase: homologous enzymes catalyze glycogen synthesis and degradation. EMBO J. 2004; 23(16):3196-205.

Coker RH, Krishna MG, Lacy DB, Bracy DP, Wasserman DH. Role of hepatic alpha- and betaadrenergic receptor stimulation on hepatic glucose production during heavy exercise, Am J Physiol. 1997; 273:E831-8.

Drucker DJ. Glucagon-like peptides: regulators of cell proliferation, differentiation, and apoptosis. Mol Endocrinol. 2003; 17(2):161-71.

Ferrer JC, Favre C, Gomis RR, Fernandez-Novell JM, Garcia-Rocha M, de la Iglesia N et al. Control of glycogen deposition. FEBS Lett. 2003; 546:127-32.

Hicks J, Wartchow E, Mierau G. Glycogen storage diseases: a brief review and update on clinical features, genetic abnormalities, pathologic features, and treatment. Ultrastruct Pathol. 2011; 35(5):183-96.

Jensen J, Jebens E, Brennesvik EO, Ruzzin J, Soos MA, Engebretsen EM et al. Muscle glycogen inharmoniously regulates glycogen synthase activity, glucose uptake, and proximal insulin signaling. Am J Physiol Endocrinol Metab. 2006; 290:E154-62.

Katz A, Westerblad H. Regulation of glycogen breakdown and its consequences for skeletal muscle function after training. Mamm Genome. 2014; 25(9-10):464-72.

Petersen KF, Price TB, Bergeron R. Regulation of net hepatic glycogenolysis and gluconeogenesis during exercise: impact of type 1 diabetes. J Clin Endocrinol Metab. 2004; 89:4656-64.

Roach P. Glycogen and its metabolism. Curr Mol Med. 2002; 2(2):101-20.

Roach PJ, Depaoli-Roach AA, Hurley TD, Tagliabracci VS. Glycogen and its metabolism: some new developments and old themes. Biochem J. 2012; 441(3):763-87.

Gliconeogênese

Introdução

Durante o jejum de 8 a 14 h, os tecidos são supridos de glicose por meio da glicogenólise hepática. Contudo, se o jejum se prolongar, os estoques de glicogênio hepático se exaurem e a glicose passa a ser obtida de substratos aglicanos, ou seja, compostos não glicídicos. Em longos períodos de privação alimentar, hormônios catabólicos são liberados e direcionam a formação de substratos para a gliconeogênese. O principal hormônio liberado nessas circunstâncias é o glucagon, que interage com os seus receptores nos tecidos periféricos, especialmente o muscular esquelético e o adiposo, desencadeando a hidrólise de proteínas e triacilgliceróis, respectivamente. O resultado é a liberação de glicerol e aminoácidos, substratos para a formação de glicose por meio da gliconeogênese. Todos os aminoácidos, exceto a leucina e a lisina, podem originar glicose ao serem metabolizados em piruvato ou oxaloacetato. A alanina, o principal aminoácido gliconeogênico, é sintetizada no músculo por outros aminoácidos e da própria glicose. Outra fonte importante de carbonos para a síntese de glicose por meio da gliconeogênese é o lactato produzido no metabolismo muscular anaeróbico e também nos eritrócitos. O lactato é, então, convertido em piruvato pela enzima lactato desidrogenase e segue para a gliconeogênese. A gliconeogênese é importante, uma vez que supre de glicose tecidos que utilizam esse açúcar de forma contínua, como cérebro, eritrócitos, testículos, medula renal e cristalino, em seus processos metabólicos.

Gliconeogênese não é o inverso da glicólise

À primeira vista, a gliconeogênese pode parecer o inverso da glicólise, já que o piruvato (um dos principais substratos para a gliconeogênese) é convertido em glicose por meio de compostos que estão presentes na conversão de glicose em piruvato. Uma análise mais profunda das reações em ambas as vias metabólicas mostra aspectos distintos entre elas, por exemplo, enquanto a glicólise produz duas moléculas de ATP, a gliconeogênese consome 6 ATP para cada molécula de glicose sintetizada. Existem três reações da glicólise irreversíveis, que, por essa razão, constituem uma barreira energética para a gliconeogênese. Essas reações são catalisadas por cinases e, portanto, são reações de fosforilação. A primeira é a fosforilação da glicose pela hexocinase, o primeiro passo da via glicolítica; a segunda é a fosforilação da frutose-6-fosfato em frutose-1,6-bifosfato; e a terceira é a síntese do piruvato pelo fosfoenolpiruvato. As duas primeiras reações consomem ATP, enquanto a terceira produz uma molécula de ATP. Essas reações irreversíveis são "substituídas" na gliconeogênese (Figura 19.1). A gliconeogênese é uma operação bioquímica que ocorre no jejum e necessita de grande suprimento de ATP e NADPH, fornecido por vias catabólicas que no jejum prevalecem em detrimento das vias anabólicas. Uma dessas vias que fornece esses substratos energéticos é a oxidação dos ácidos graxos (betaoxidação).

Principais precursores de glicose

A gliconeogênese utiliza alguns importantes compostos não glicídicos para sintetizar glicose, como o piruvato, o lactato, o glicerol e as cadeias carbônicas de aminoácidos. Os principais precursores da glicose na gliconeogênese serão vistos a seguir.

Síntese de glicose a partir do lactato

A primeira etapa para a síntese de glicose a partir do lactato é sua conversão em piruvato, em uma reação catalisada pela enzima lactato desidrogenase que produz NADH (Figura 19.2). Contudo, o piruvato não pode ser transformado em fosfoenolpiruvato, seguindo o caminho exatamente inverso da via glicolítica, porque a enzima piruvatocinase, que converte fosfoenolpiruvato em piruvato, não realiza a operação inversa. Trata-se, portanto, de uma etapa irreversível da glicólise. Assim, a gliconeogênese tem dois passos para superar essa etapa irreversível da glicólise: a conversão de piruvato em oxaloacetato por meio da enzima piruvato carboxilase; e, posteriormente, a transformação de oxaloacetato em fosfoenolpiruvato, uma reação catalisada pela enzima fosfoenolpiruvato carboxicinase. No entanto a piruvato carboxicinase é uma enzima mitocondrial, portanto, a síntese de oxaloacetato ocorre na matriz mitocondrial; já a fosfoenolpiruvato carboxicinase é uma enzima citosólica, assim o oxaloacetato deve ser exportado da matriz mitocondrial para o citosol. Todavia, o oxalacetato é incapaz de deixar a matriz mitocondrial por ausência de um transportador específico para ele. Desse modo, é transformado em malato pela enzima malatodesidrogenase e, então, carreado da matriz mitocondrial para o citosol, onde é descarboxilado regenerando, assim, o oxaloacetato. No citosol, o oxaloacetato é convertido então em fosfoenolpiruvato, que, por sua vez, segue em sentido inverso às reações da glicólise até produzir glicose.

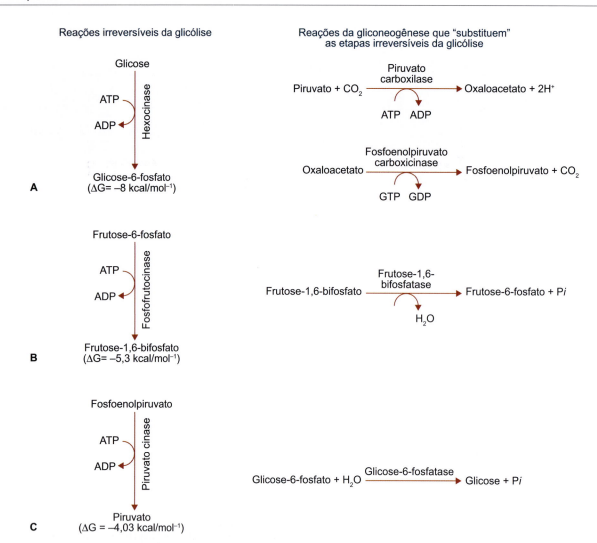

Figura 19.1 Etapas irreversíveis da via glicolítica e as respectivas reações da gliconeogênese que contornam cada uma delas, mostra que a gliconeogênese não é a inversão sumária da glicolítica. **A.** Fosforilação da glicose no carbono 6: primeira reação da via glicolítica, requer fosfato oriundo do ATP e é catalisada pela enzima hexocinase que é dependente de magnésio. Na gliconeogênese, essa etapa irreversível é contornada pelas reações à direita. **B.** Fosforilação da frutose-6-fosfato em seu carbono 1, convertendo-a em frutose-1,6-bifosfato: o fosfato também é oriundo do ATP e é catalisado pela enzima fosfofrutocinase. Na gliconeogênese, é contornada pela enzima frutose-1,6-bifosfatase, que remove um fosfato da molécula da frutose-1,6-bifosfato, convertendo-a em frutose-6-fosfato. **C.** Síntese do piruvato: reação catalisada pela enzima piruvato cinase e, ao contrário das duas reações anteriores da via glicolítica, gera ATP. Na gliconeogênese, essa reação irreversível é contornada pela enzima glicose-6-fosfatase, que remove o fosfato do carbono 6 da molécula de glicose-6-fosfato, gerando assim glicose.

Aminoácidos como substratos para síntese de glicose

O esqueleto carbônico da maioria dos aminoácidos pode ser utilizado como substrato para a síntese de glicose, à exceção da lisina e da leucina. Os aminoácidos que atuam como precursores de glicose são chamados de gliconeogênicos, e a lisina e a leucina são cetogênicos, porque seu metabolismo produz como produto final corpos cetônicos ou acetil-CoA, este último podendo também originar corpos cetônicos. Os aminoácidos glicogênicos produzem piruvato ou oxaloacetato como produto final. O oxaloacetato é um composto pertencente à via da gliconeogênese e o piruvato pode ser transformado em oxaloacetato por meio da enzima piruvato carboxilase. Cinco aminoácidos são tanto glicogênicos quanto cetogênicos, portanto chamados de glicocetogênicos: Ter, Ile, Fen, Tir, Trp (Figura 19.3).

A leucina origina como produtos finais de seu metabolismo o acetoacetato e o acetil-CoA, enquanto a lisina produz somente acetil-CoA. Uma vez que não existe uma via de conversão de acetoacetato e acetil-CoA em piruvato ou oxaloacetato, esses aminoácidos não podem ser utilizados para a síntese de glicose. O catabolismo dos aminoácidos supre o ciclo do ácido cítrico em mais de um ponto. Essas reações, que culminam na síntese de intermediários do ciclo do ácido tricarboxílico, são chamadas de reações anapleróticas. Estas suprem o ciclo do ácido cítrico em mais de um ponto e os intermediários do ciclo produzirão oxaloacetato, portanto, a anaplerose supre também a gliconeogênese (Figura 19.4).

Ácidos graxos não são substratos para a gliconeogênese

Os ácidos graxos de número par de carbonos na cadeia seguem para serem oxidados na matriz mitocondrial das células do tecido muscular esquelético e cardíaco, por exemplo, por meio do ciclo da betaoxidação produzindo, então, acetil-CoA, que não é substrato para a gliconeogênese porque não há conversão de acetil-CoA em piruvato, um dos mais importantes

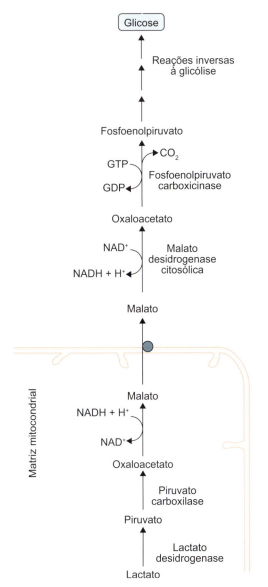

Figura 19.2 Síntese de glicose a partir do lactato. O piruvato é inicialmente convertido em oxaloacetato, que deixa a matriz mitocondrial na forma de malato. A descarboxilação do oxaloacetato para formar fosfoenolpiruvato emprega GTP como doador de grupos fosfato.

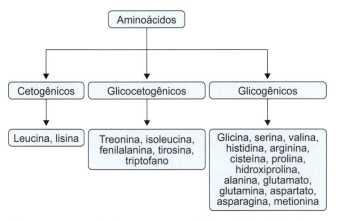

Figura 19.3 Aminoácidos precursores de glicose (glicogênicos), corpos cetônicos (cetogênicos) e aminoácidos que podem produzir tanto glicose quanto corpos cetônicos como produto final de seu metabolismo (glicocetogênicos).

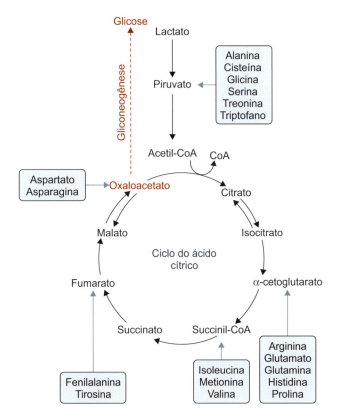

Figura 19.4 Reações anapleróticas que formam intermediários do ciclo do ácido cítrico. Os aminoácidos são precursores de diferentes intermediários do ciclo do ácido cítrico, cuja sequência de reações produzirá oxaloacetato que segue "o sentido inverso da glicólise" até a síntese de glicose.

substratos utilizados na gliconeogênese para obtenção de glicose. A reação catalisada pela enzima piruvato desidrogenase, que converte piruvato em acetil-CoA, é termodinamicamente irreversível.

A única maneira do acetil-CoA originar glicose é de forma indireta, ou seja, ele segue para o ciclo de Krebs e sofre metabolização até malato, e este, por sua vez, produz oxaloacetato, fosfoenolpiruvato e, finalmente, glicose (Figura 19.5). A conversão de acetil-CoA em malato libera duas moléculas de CO_2, uma na reação catalisada pela enzima isocitrato desidrogenase e a outra na reação catalisada pela α-cetoglutarato desidrogenase.

O oxalacetato pode ainda originar aspartato na matriz mitocondrial. Subsequentemente, o aspartato é transportado para fora da matriz por um transportador de aspartato e segue para formar oxaloacetato. Dessa maneira, não há possibilidade de a síntese "líquida" de glicose ocorrer a partir do acetil-CoA. Entretanto, a oxidação de ácidos graxos de número ímpar de carbonos na cadeia origina como produto final o propionil-CoA, que é substrato para síntese de glicose na via da gliconeogênese, uma vez que o propionil-CoA se converte em metilmalonil-CoA e, subsequentemente, em succinil-CoA, um dos intermediários do ciclo de Krebs que pode formar glicose.

Contudo, a síntese de glicose a partir de propionil-CoA é bastante limitada, porque os ácidos graxos que predominam no organismo humano têm número par de carbonos na cadeia; além disso, a oxidação de um ácido graxo de cadeia ímpar, por exemplo, de 17 carbonos, produz somente uma molécula de propionil-CoA.

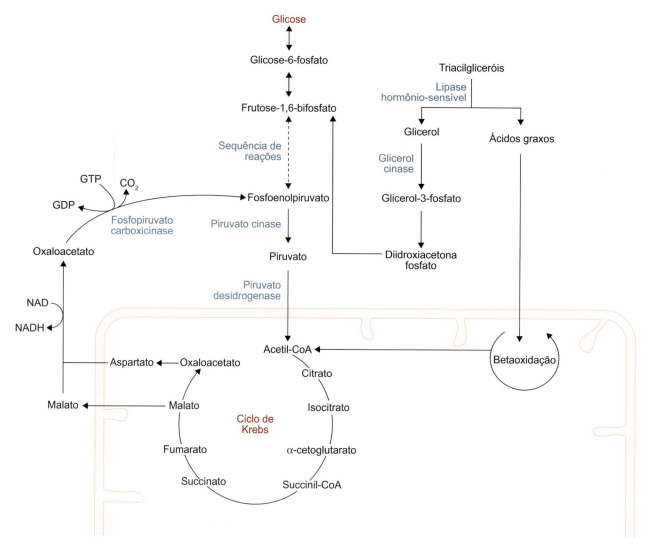

Figura 19.5 A hidrólise dos triacilgliceróis do tecido adiposo produz glicerol e ácidos graxos. A oxidação dos ácidos graxos na matriz mitocondrial (betaoxidação) produz acetil-CoA, que segue para o ciclo de Krebs. As setas adquirem um sentido único a partir do piruvato, ou seja, as enzimas piruvato cinase e piruvato desidrogenase dão um sentido unidirecional às reações, de modo que, nos seres humanos, a hidrólise de ácidos graxos não forma glicose porque algumas reações da via glicolítica são irreversíveis. No entanto, o glicerol é capaz de ser convertido em glicose, uma vez que é transformado em gliceraldeído-3-fosfato e pode seguir tanto para a síntese de piruvato quanto para a síntese de glicose. O acetil-CoA produzido na betaoxidação é metabolizado no ciclo de Krebs em malato. No citosol, o malato origina o oxaloacetato, que, por sua vez, entra na gliconeogênese. O oxaloacetato pode ainda ser convertido em aspartato e deixa a matriz mitocondrial nessa forma para, posteriormente, originar oxaloacetato no citosol. O oxaloacetato não consegue deixar a mitocôndria, por isso é convertido em malato ou aspartato, pois existe um carreador mitocondrial malato/aspartato.

Regulação da gliconeogênese

De modo genérico, a gliconeogênese é estimulada quando a via glicolítica sofre inibição. A insulina e o glucagon são os dois principais hormônios que regulam a atividade da via glicolítica e também da gliconeogênese. As enzimas envolvidas nas reações que contornam as etapas irreversíveis da glicólise são importantes pontos de regulação. São elas: piruvato carboxilase, fosfoenolpiruvato carboxicinase, frutose-1,6-bifosfatase e glicose-6-fosfatase. A Figura 19.6 mostra os elementos reguladores da gliconeogênese e da glicólise, ambas as vias controladas sobretudo de forma alostérica e por meio de hormônios, com especial destaque para a insulina e o glucagon. A regulação da gliconeogênese pode ocorrer por meio dos seguintes mecanismos: regulação por moduladores alostéricos; alterações da função enzimática por meio de fosforilação; e regulação na síntese enzimática.

Regulação alostérica de enzimas

Quatro enzimas importantes da gliconeogênese são reguladas de forma alostérica: piruvato carboxilase; fosfoenolpiruvato carboxicinase; frutose-1,6-bifosfatase; e glicose-6-fosfatase. De fato, o acetil-CoA é um poderoso ativador alostérico da enzima piruvato carboxilase, que converte piruvato em oxaloacetato. Essa ativação ocorre sobretudo no jejum, quando o glucagon atua nos adipócitos liberando ácidos graxos que, quando oxidados, produzem uma grande quantidade de acetil-CoA. Esses acetil-CoA, ao alcançarem o fígado, ativam a piruvato carboxilase ao mesmo tempo que agem como inibidores alostéricos da piruvato desidrogenase. O efeito final é preservar o piruvato para ser utilizado pela gliconeogênese, evitando que ele sofra conversão em acetil-CoA e metabolização no ciclo do ácido tricarboxílico. A frutose-1,6-bifosfatase é ativada por ATP e inibida por AMP e frutose-2,6-bifosfato.

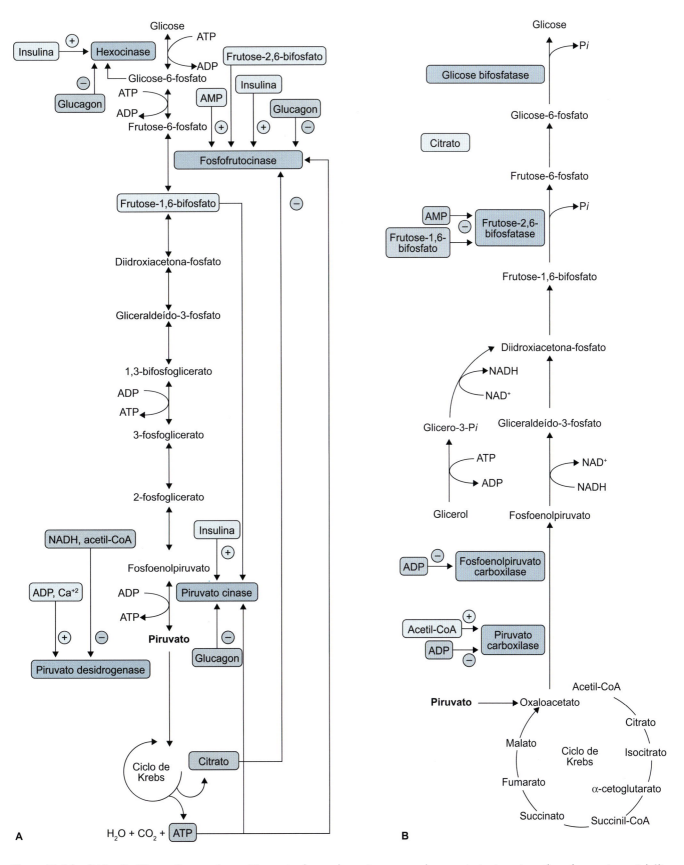

Figura 19.6 A e B. Via glicolítica e gliconeogênese. São mostrados os elementos que regulam as principais enzimas de ambas as vias metabólicas. No caso da gliconeogênese, são mostrados os aminoácidos glicogênicos e glicocetogênicos que podem produzir corpos cetônicos.

Alterações da função enzimática por meio da fosforilação

A redução da glicemia estimula a secreção de glucagon por parte das células alfapancreáticas. O glucagon liga-se a seu receptor de membrana produzindo AMPc como segundo mensageiro, que, por sua vez, estimula uma cinase dependente de AMPc a fosforilar a piruvatocinase, inibindo-a. Esse efeito reduz a taxa de conversão de fosfoenolpiruvato em piruvato, possibilitando que o fosfoenolpiruvato fique disponível para a síntese de glicose. Além disso, no fígado, o glucagon ativa uma cinase que, por meio de fosforilação, inativa a enzima glicolítica piruvatocinase direcionando o metabolismo para a gliconeogênese.

Regulação da síntese enzimática

A transcrição de RNAm para a enzima fosfoenolpiruvato carboxicinase aumenta sob efeito do glucagon, ou seja, a concentração da enzima sofre elevação exatamente no jejum, condição em que ocorre elevação de seu substrato. De fato, no período pós-prandial, sob efeito da insulina, verifica-se redução na transcrição de RNAm para a fosfoenolpiruvato carboxicinase.

Ciclos de Cori e da alanina

Tanto o ciclo de Cori quanto o da alanina relacionam o metabolismo hepático com os tecidos que não oxidam completamente a glicose em CO_2 e H_2O, como é o caso do tecido muscular esquelético e dos eritrócitos. Os eritrócitos não dispõem de mitocôndrias e, por isso, são incapazes de oxidar completamente a glicose; já o músculo esquelético, durante o exercício, produz uma carga excessiva de piruvato, que suplanta a capacidade da enzima piruvato desidrogenase de convertê-lo em acetil-CoA para, posteriormente, seguir metabolização no ciclo de Krebs. Nessa condição, o piruvato em excesso é reduzido a lactato pela enzima lactato desidrogenase. Contudo, o lactato é um "impasse" no metabolismo e, por isso, precisa ser reconvertido em piruvato, operação que ocorre no fígado e compõe o ciclo de Cori.

O ciclo de Cori ocorre no músculo esquelético e nos eritrócitos e consiste na oxidação de glicose em lactato, com posterior metabolização dessa substância no fígado. Já o ciclo da alanina ocorre somente no músculo esquelético e implica a oxidação da glicose em piruvato e, subsequentemente, conversão do piruvato em alanina. No fígado, a alanina será reconvertida em piruvato e o NH_3 da alanina excretado como ureia. O lactato e o piruvato oriundos de tais processos são, então, utilizados na gliconeogênese. A atividade muscular produz piruvato e NADH, podendo este ser empregado para a síntese de ATP na fosforilação oxidativa. Nesse caso, os elétrons do NADH são transportados para a matriz mitocondrial por meio de lançadeiras malato-aspartato ou pela lançadeira de glicerolfosfato. Para produzir glicose, tanto o ciclo de Cori quanto o ciclo da alanina consomem seis moléculas de ATP. Entretanto, o ciclo da alanina é mais rentoso que o ciclo de Cori, pois fornece 5 a 7 ATP para cada molécula de glicose, enquanto o ciclo de Cori produz somente 2 ATP por molécula de glicose. Contudo, a alanina é um aminoácido e seu grupo amina (NH_2) deve sofrer desaminação, sendo convertida em ureia, operação que ocorre no ciclo da ureia no próprio fígado e consome quatro moléculas de ATP para cada molécula de ureia produzida. Esses 4 ATP consumidos para processar o grupo amina em ureia somados aos 6 ATP gastos para a síntese de glicose tornam o ciclo da alanina dispendioso (Figura 19.7).

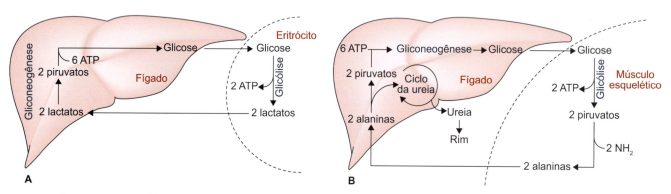

Figura 19.7 Nos ciclos de Cori (**A**) e da alanina (**B**), ambas as vias consomem seis moléculas de ATP para produzir glicose.

Resumo

Introdução

Em longos períodos de privação alimentar, hormônios catabólicos são liberados e direcionam a formação de substratos para a gliconeogênese. O principal hormônio liberado nessas circunstâncias é o glucagon, que atua em seus receptores nos tecidos periféricos, especialmente no muscular esquelético e no adiposo, desencadeando a hidrólise de proteínas e triacilgliceróis, respectivamente. O resultado é a liberação de glicerol e aminoácidos, que são substratos para a formação de glicose por meio da gliconeogênese. Todos os aminoácidos, exceto a leucina e a lisina, podem originar glicose ao serem metabolizados em piruvato ou oxaloacetato. Além dos aminoácidos, os principais substratos para a gliconeogênese incluem o lactato produzido no metabolismo muscular anaeróbico e também dos eritrócitos. A gliconeogênese é importante porque supre de glicose tecidos que utilizam esse açúcar de modo contínuo em seus processos metabólicos, como cérebro, eritrócitos, testículos, medula renal e cristalino.

Gliconeogênese não é o inverso da glicólise

Existem aspectos distintos entre a glicólise e gliconeogênese. Por exemplo, enquanto a glicólise produz duas moléculas de ATP, a gliconeogênese consome 6 ATP para cada molécula de glicose sintetizada. Existem três reações da glicólise que são irreversíveis e, por essa razão, constituem uma barreira energética para a gliconeogênese. Catalisadas por cinases, são, portanto, reações de fosforilação, sendo a primeira a fosforilação da glicose pela hexocinase, isto é, o primeiro passo da via glicolítica; a segunda é a fosforilação da frutose-6-fosfato em frutose-1,6-bifosfato; e a terceira é a síntese do piruvato a partir do fosfoenolpiruvato. Os passos irreversíveis da glicólise são substituídos na gliconeogênese por reações que contornam essas etapas.

Capítulo 19 • Gliconeogênese

Principais precursores de glicose

A gliconeogênese utiliza alguns importantes compostos não glicídicos para sintetizar glicose, como piruvato, lactato, glicerol e cadeias carbônicas de aminoácidos. A primeira etapa para a síntese de glicose a partir do lactato é a sua conversão em piruvato, em uma reação catalisada pela enzima lactato desidrogenase. Contudo, o piruvato não pode ser transformado em fosfoenolpiruvato, seguindo o caminho exatamente inverso da via glicolítica. Assim, é convertido em oxalacetato, o qual é incapaz de deixar a matriz mitocondrial por ausência de um transportador específico para ele. Desse modo, é transformado em malato pela enzima malato desidrogenase e, então, carreado para o citosol, onde é regenerado a oxalacetato. Este é convertido, então, em fosfoenolpiruvato que, por sua vez, segue em sentido inverso às reações da glicólise até produzir glicose (Figura R19.1).

Ácidos graxos não são substratos para a gliconeogênese

Os ácidos graxos de número par de carbonos na cadeia, quando oxidados no ciclo da betaoxidação, produzem acetil-CoA, que não é substrato para a gliconeogênese porque não há conversão de acetil-CoA em piruvato, um dos importantes substratos utilizados na gliconeogênese para obtenção de glicose. A única maneira de o acetil-CoA originar glicose é de forma indireta, sendo metabolizado no ciclo de Krebs em malato, originando subsequentemente oxaloacetato, fosfoenolpiruvato e, finalmente, glicose. O oxaloacetato pode ainda originar aspartato na matriz mitocondrial, que é transportado para fora por um transportador de aspartato e segue para formar oxaloacetato. Desse modo, não há possibilidade da síntese "líquida" de glicose a partir do acetil-CoA. Entretanto, a oxidação de ácidos graxos de número ímpar de carbonos na cadeia origina como produto final o propionil-CoA, que é substrato para síntese de glicose na via da gliconeogênese, uma vez que o propionil-CoA é convertido em metilmalonil-CoA e, subsequentemente, em succinil-CoA, um dos intermediários do ciclo de Krebs que pode formar glicose (Figura R19.2).

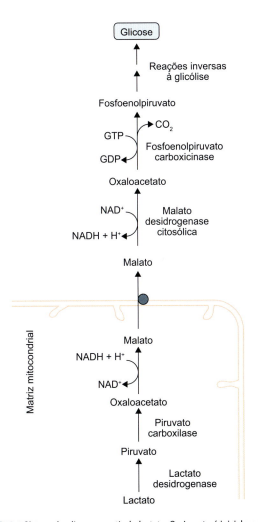

Figura R19.1 Síntese de glicose a partir do lactato. O piruvato é inicialmente convertido em oxalacetato, que deixa a matriz mitocondrial na forma de malato. A descarboxilação do oxalacetato para formar fosfoenolpiruvato emprega GTP como doador de grupos fosfato.

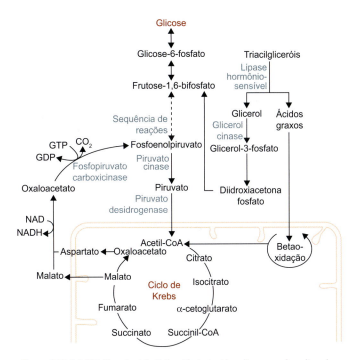

Figura R19.2 A hidrólise dos triacilgliceróis do tecido adiposo produz glicerol e ácidos graxos. A oxidação dos ácidos graxos na matriz mitocondrial (betaoxidação) produz acetil-CoA, que segue para o ciclo de Krebs. As setas adquirem um sentido único a partir do piruvato, ou seja, as enzimas piruvato cinase e piruvato desidrogenase dão um sentido unidirecional às reações, de modo que, nos seres humanos, a hidrólise de ácidos graxos não forma glicose porque algumas reações da via glicolítica são irreversíveis. No entanto, o glicerol é capaz de ser convertido em glicose porque é transformado em gliceraldeído-3-fosfato e pode seguir tanto para a síntese de piruvato quanto para a síntese de glicose. O acetil-CoA originado na betaoxidação é metabolizado no ciclo de Krebs em malato. No citosol, o malato origina o oxaloacetato, que, por sua vez, entra na gliconeogênese. O oxaloacetato pode ainda ser convertido em aspartato e deixa a matriz mitocondrial nessa forma para, posteriormente, originar oxaloacetato no citosol. O oxaloacetato não consegue deixar a mitocôndria e, por essa razão, é convertido em malato ou aspartato, pois existe um carreador mitocondrial malato/aspartato.

Aminoácidos como substratos para síntese de glicose

Os aminoácidos que atuam como precursores de glicose são chamados de gliconeogênicos. Estes produzem piruvato ou oxaloacetato como produto final. O oxaloacetato é um composto pertencente à via da gliconeogênese e o piruvato pode ser transformado em oxaloacetato por meio da enzima piruvato carboxilase. O catabolismo dos aminoácidos supre o ciclo do ácido cítrico em mais de um ponto. Essas reações, que culminam na síntese de intermediários do ciclo do ácido tricarboxílico, são chamadas de reações anapleróticas, as quais suprem o ciclo do ácido cítrico em mais de um ponto; os intermediários do ciclo produzirão oxaloacetato e, portanto, a anaplerose supre também a gliconeogênese.

Regulação da gliconeogênese

Pode ocorrer por meio dos seguintes mecanismos: regulação por moduladores alostéricos; alterações da função enzimática por meio de fosforilação; regulação na síntese enzimática. A insulina e o glucagon são os dois principais hormônios que regulam a atividade da via glicolítica e também da gliconeogênese. As enzimas envolvidas nas reações que contornam as etapas irreversíveis da glicólise são importantes pontos de regulação: piruvato carboxilase; fosfoenolpiruvato carboxicinase; frutose-1,6-bifosfatase; e glicose-6-fosfatase. A Figura R19.3 mostra os elementos reguladores da gliconeogênese; a via é controlada, sobretudo de forma alostérica e por meio de hormônios, com especial destaque para a insulina e o glucagon.

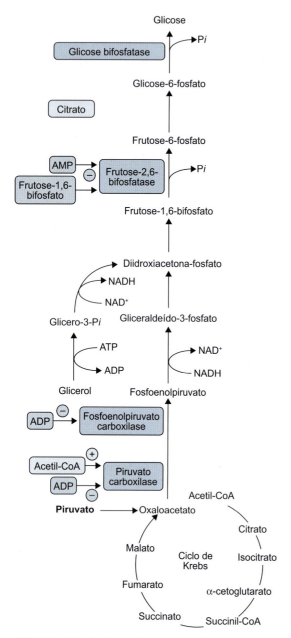

Figura R19.3 Regulação da gliconeogênese com os elementos que regulam as principais enzimas de ambas as vias metabólicas e, no caso da gliconeogênese, os aminoácidos glicogênicos e glicocetogênicos, os quais podem produzir corpos cetônicos.

Exercícios

1. Defina o processo intitulado gliconeogênese.
2. Assinale a alternativa correta: três importantes compostos não glicídicos utilizados para sintetizar glicose são:
   a) Ácidos graxos, fosfolipídios e aminoácidos.
   b) Glicerol, glicolipídios e colesterol.
   c) Piruvato, lactato e aminoácidos.
   d) Glicerol, cadeia carbônica de aminoácidos e colesterol.
   e) Acetil-CoA, ácidos graxos e vitaminas.
3. Cite quais são os passos bioquímicos presentes na glicólise que constituem barreiras energéticas irreversíveis à gliconeogênese.
4. Explique de que forma os aminoácidos podem servir de substrato para a síntese de glicose por meio da gliconeogênese.
5. Explique por que os ácidos graxos não servem como substratos para a síntese de glicose.
6. Explique o ciclo de Cori e o ciclo da alanina.
7. Explique como ocorre a regulação da gliconeogênese.
8. Os aminoácidos podem servir como substratos para a síntese de glicose ou de corpos cetônicos e, sendo assim, são classificados em glicogênicos, glicocetogênicos e cetogênicos. Os aminoácidos cetogênicos são dois e originam exclusivamente corpos cetônicos. Assinale a alternativa em que esses dois aminoácidos cetogênicos estão presentes:
   a) Leucina e lisina.
   b) Histidina e prolina.
   c) Triptofano e leucina.
   d) Lisina e arginina.
   e) Metionina e asparagina.
9. Assinale a alternativa correta. Os aminoácidos glicogênicos produzem como produtos finais:
   a) Lactato e oxaloacetato.
   b) Acetil-CoA e oxaloacetato.
   c) Piruvato e lactato.
   d) Piruvato ou oxaloacetato.
   e) Oxaloacetato e corpos cetônicos.
10. Durante a hidrólise dos triacilgliceróis, são liberados ácidos graxos e glicerol. Pode o glicerol ser utilizado como substrato para a síntese de glicose na gliconeogênese?

Respostas

1. Trata-se da bioquímica pela qual é possível a síntese de glicose utilizando como substrato compostos não glicídicos, como os aminoácidos.
2. Alternativa correta: *c*.
3. Existem três reações da glicólise que são irreversíveis e, por essa razão, constituem uma barreira energética para a gliconeogênese. Essas reações são catalisadas por cinases e, portanto, são reações de fosforilação. A primeira é a fosforilação da glicose pela hexocinase, o primeiro passo da via glicolítica; a segunda é a fosforilação da frutose-6-fosfato em frutose-1,6-bifosfato; e a terceira é a síntese do piruvato a partir do fosfoenolpiruvato. As duas primeiras reações consomem ATP, enquanto a terceira produz uma molécula de ATP.
4. Os aminoácidos que atuam como precursores de glicose são chamados de gliconeogênicos, os quais produzem piruvato ou oxaloacetato como produto final. O oxaloacetato é um composto pertencente à via da gliconeogênese e o piruvato pode ser transformado em oxaloacetato por meio da enzima piruvato carboxilase.
5. Os ácidos graxos quando oxidados no ciclo da betaoxidação produzem acetil-CoA, que, por sua vez, não é substrato para a gliconeogênese porque não há conversão de acetil-CoA em piruvato, um dos mais importantes substratos utilizados na gliconeogênese para a síntese de glicose.
6. No ciclo de Cori, o lactato produzido pelos eritrócitos é convertido no fígado em piruvato, que, por meio da gliconeogênese, dá origem à glicose. O ciclo da alanina relaciona o fígado e o tecido muscular esquelético. Nesse caso, o piruvato gerado pelo músculo é convertido em alanina, que é convertida no fígado em piruvato e, subsequentemente, em glicose.
7. A regulação da gliconeogênese pode ocorrer por meio dos seguintes mecanismos: regulação por moduladores alostéricos; alterações da função enzimática por meio de fosforilação; regulação na síntese enzimática. A insulina e o glucagon são os dois principais hormônios que regulam a atividade da via. As enzimas envolvidas nas reações que contornam as etapas irreversíveis da glicólise são importantes pontos de regulação: piruvato carboxilase, fosfoenolpiruvato carboxicinase, frutose-1,6-bifosfatase e glicose-6-fosfatase.
8. Alternativa correta: *a*.
9. Alternativa correta: *d*.
10. O glicerol é capaz de ser convertido em glicose, uma vez que é transformado em gliceraldeído-3-fosfato e pode seguir tanto para a síntese de piruvato quanto para a síntese de glicose.

Bibliografia

Cherrington AD, Chiasson JL, Liljenquist JE, Lacy WW, Park CR. Control of hepatic glucose output by glucagon and insulin in the intact dog. Biochem Soc Symp. 1978;(43):31-45.

Chung ST, Chacko SK, Sunehag AL, Haymond MW. Measurements of gluconeogenesis and glycogenolysis: a methodological review. Diabetes. 2015; 64(12):3996-4010.

Donkin SS, Armentano LE. Insulin and glucagon regulation of gluconeogenesis in preruminating and ruminating bovine. J Anim Sci. 1995; 73(2):546-51.

Figueiredo LF, Schuster S, Kaleta C, Fell DA. Can sugars be produced from fatty acids? A test case for pathway analysis tools. Bioinformatics. 2009; 25(1):152-158.

Gerich JE, Meyer C, Woerle HJ, Stumvoll M. Renal gluconeogenesis: Its importance in human glucose homeostasis. Diabetes Care. 2001; 24(2):382-391.

Mutel E, Gautier-Stein A, Abdul-Wahed A, Amigó-Correig M, Zitoun C, Stefanutti A et al. Control of blood glucose in the absence of hepatic glucose production during prolonged fasting in mice: induction of renal and intestinal gluconeogenesis by glucagon. Diabetes. 2011; 60(12):3121-31.

Ramnanan CJ, Edgerton DS, Kraft G, Cherrington AD. Physiologic action of glucagon on liver glucose metabolism. Diabetes Obes Metab. 2011; 13(Suppl 1):118-25.

Sharabi K, Tavares CD, Rines AK, Puigserver P. Molecular pathophysiology of hepatic glucose production. Mol Aspects Med. 2015; 46:21-33.

Shephard RJ, Johnson N. Effects of physical activity upon the liver. Eur J Appl Physiol. 2015; 115(1):1-46.

Wasserman DH, Spalding JA, Lacy DB, Colburn CA, Goldstein RE, Cherrington AD. Glucagon is a primary controller of hepatic glycogenolysis and gluconeogenesis during muscular work. Am J Physiol. 1989; 257(1 Pt 1):E108-17.

Via das Pentoses Fosfato

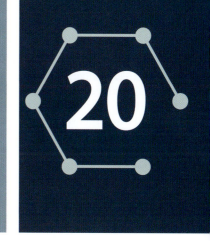

Introdução

A via das pentoses fosfato é também chamada de desvio da hexose-monofosfato ou via do 6-fosfogliconato. Grande parte da glicose metabolizada nos tecidos segue pela via glicolítica até a formação de piruvato e, subsequentemente, a conversão deste em acetil-CoA, o qual segue pelo ciclo do ácido cítrico (ciclo de Krebs) até a formação de ATP, CO_2 e água. Contudo, a glicose pode não seguir essa sequência metabólica, entrando então na via das pentoses fosfato, uma outra alternativa catabólica para a glicose. Na via das pentoses fosfato, não são produzidas ou consumidas moléculas de ATP, mas sim duas moléculas de NADPH e uma molécula de CO_2. A via atende a duas demandas importantes no organismo de NADPH, um agente redutor necessário para a síntese de lipídios e ribose, que será empregada na síntese de nucleotídeos e ácidos nucleicos.

Além disso, a via oferece uma rota metabólica para o processamento de açúcares de cinco carbonos oriundos da dieta ou do próprio organismo; o fígado é capaz de catabolizar até 30% da glicose por meio dessa via.

A via apresenta uma etapa oxidativa irreversível, na qual serão produzidos ribulose-5-fosfato e NADPH, e uma etapa não oxidativa e reversível marcada pela conversão de $NADP^+$ em NADPH seguida por rearranjos moleculares que produzem açúcares fosforilados de 3, 4, 5, 6 ou 7 carbonos. Todas as enzimas da via das pentoses fosfato encontram-se no citosol e a primeira delas é a glicose-6-fosfato desidrogenase; alterações genéticas que a comprometam causam anemia hemolítica, uma condição clínica que conduz à hemólise.

Reações de oxidação irreversíveis

A via das pentoses fosfato inicia-se com a obtenção da glicose-6-fosfato que pode advir da fosforilação da glicose, da cisão do glicogênio ou da gliconeogênese. O primeiro passo é a oxidação da glicose-6-fosfato em 6-fosfoglicono-δ-lactona, uma reação que produz NADPH e é catalisada pela enzima glicose-6-fosfato desidrogenase, que apresenta Mg^{+2} como cofator. A glicose apresenta um anel de hemiacetal formado pela interação do grupo funcional aldeído e a hidroxila alcoólica do carbono 5. A oxidação produz uma lactona, ou seja, um éster cíclico decorrente da reação entre um grupo carboxílico e a hidroxila alcoólica do carbono 5. A reação subsequente é mediada pela enzima lactonase, que promove cisão do anel cíclico da 6-fosfoglicono-δ-lactona dando origem a um composto de cadeia aberta chamado 6-fosfogliconato. O segundo momento em que o NADPH é formado ocorre na terceira reação; trata-se de uma descarboxilação oxidativa do β-cetoácido, um composto instável e intermediário. O grupo carboxila é removido na forma de CO_2, formando, assim, uma cetose, a ribulose-5-fosfato (Figura 20.1).

NADPH nos eritrócitos previne danos oxidativos

Os tecidos envolvidos na síntese de ácidos graxos, como fígado, tecido adiposo, glândulas suprarrenais, gônadas e mamas em lactação, têm grande demanda por NADPH em seus processos de biossíntese de lipídios e colesterol e a via das pentoses fosfato é extremamente importante em suprir essas necessidades. O NADPH atua ainda como um agente preventivo contra

Figura 20.1 Reações oxidativas da via das pentoses fosfato. Nessa etapa, ocorre a formação de NADPH e CO_2. A etapa inicia-se com uma aldose de seis carbonos (glicose-6-fosfato) e termina como uma cetose de cinco carbonos (ribulose-5-fosfato). As porções em destaque nas estruturas moleculares mostram as modificações promovidas pela alça das enzimas envolvidas.

o estresse oxidativo em tecidos altamente propensos à formação de espécies radicalares, como cristalino, córnea e eritrócitos. Os eritrócitos são particularmente sensíveis ao estresse oxidativo, uma vez que são bastante expostos ao oxigênio decorrente das espécies reativas de oxigênio (radicais livres) que surgem nas células em virtude da redução parcial do oxigênio. Soma-se também o fato de que os eritrócitos apresentam um repertório de vias metabólicas bastante limitado, dificultando a reposição de moléculas danificadas. Além disso, os eritrócitos apresentam grandes concentrações de ferro e a interação do oxigênio com o grupo heme da hemoglobina é fraca e instável, dependendo de uma série de fatores, como pH e temperatura, e da pressão parcial dos gases dissolvidos no sangue. Quando o peróxido de hidrogênio reage com o íon ferro bivalente, ocorre a reação de Fenton ($Fe^{+2} + H_2O_2 \rightarrow Fe^{+3}\ OH^- + OH^-$) com a formação de um radical hidroxila e peróxido de hidrogênio, um potencial precursor de radicais livres.

No ambiente intracelular do eritrócito, as enzimas antioxidantes, como a superóxido dismutase e a catalase, devem existir em um balanço adequado. A superóxido dismutase catalisa a reação de neutralização do ânion superóxido (O_2^- em H_2O_2 e O_2), enquanto a catalase completa a reação degradando o peróxido de hidrogênio (H_2O_2 em H_2O e O_2). Outra enzima antioxidante importante é a glutationa peroxidase (GPX), que promove degradação mais completa do peróxido de hidrogênio, produzindo apenas água como produto final.

O papel do NADPH originado na via das pentoses fosfato é manter a glutationa em seu estado reduzido e a catalase em sua forma funcional. Defeitos nessa via das pentoses fosfato eritrocitária podem tornar os eritrócitos suscetíveis a danos oxidativos endógenos ou exógenos.

Reações não oxidativas da via das pentoses fosfato

Nessa etapa, ocorrem rearranjos estruturais na molécula de ribulose-5-fosfato de modo a produzir açúcares de 3, 4, 5, 6 e 7 carbonos. Essas reações se dão todos os tecidos que sintetizam nucleotídeos e ácidos nucleicos, como medula óssea, epitélios e células tumorais. Inicialmente, a ribulose-5-fosfato pode sofrer a ação de duas enzimas epimerases, a fosfopentose isomerase e fosfopentose-3-epimerase. A primeira produz uma aldose, a ribose-5-fosfato, enquanto a segunda dá origem a uma cetose, a xilulose-5-fosfato. Os rearranjos estruturais nas oses formam uma conexão da via das pentoses fosfato com a glicólise (Figura 20.2). De fato, duas moléculas de xilulose-5-fosfato em uma molécula de ribose-5-fosfato podem se reorganizar para dar origem a duas moléculas de frutose-6-fosfato e um gliceraldeído-3-fosfato. Essas reações são catalisadas por duas enzimas: transaldolase e transcetolase, sendo que a primeira transfere unidades de três carbonos,

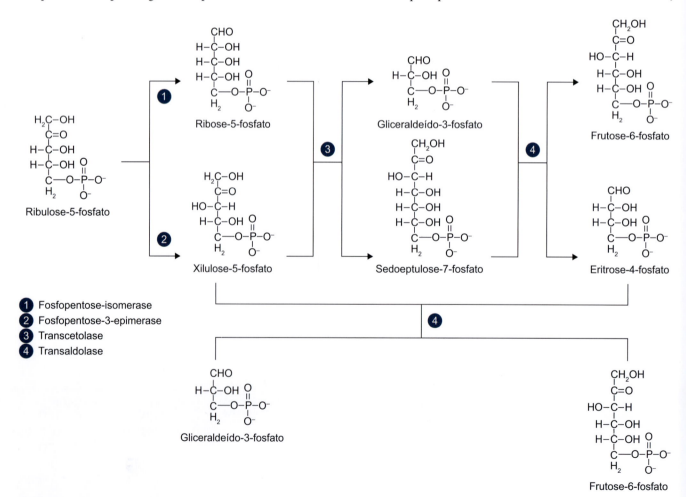

Figura 20.2 Reações não oxidativas da via das pentoses fosfato. Por meio da reorganização de carbonos, três pentoses (ribulose-5-fosfato, xilulose-5-fosfato e ribose-5-fosfato) dão origem a duas moléculas de hexoses e uma triose (duas moléculas de frutose-6-fosfato e um gliceraldeído-3-fosfato). As enzimas transcetolase e transaldolase transferem dois e três carbonos, respectivamente.

enquanto a segunda, unidades de dois carbonos. No processo de reorganização de átomos de carbono, a transcetolase está envolvida na primeira e na terceira reação, e a transaldolase catalisa a segunda reação. Na primeira reação, a enzima transcetolase transfere dois carbonos da xilulose-5-fosfato (C5) para a molécula de ribose-5-fosfato (C5), que passa a ficar com sete carbonos, dando origem a sedoeptulose-7-fosfato (C7) e uma molécula de gliceraldeído-3-fosfato (C3). Subsequentemente, a enzima transaldolase transfere três carbonos da sedoeptulose-7-fosfato para a molécula de gliceraldeído-3-fosfato formando frutose-6-fosfato e eritrose-4-fosfato (C4). O terceiro passo envolve novamente a enzima transcetolase, que utiliza uma molécula de eritrose-4-fosfato e xilulose-5-fosfato para formar frutose-6-fosfato e gliceraldeído-3-fosfato (Figura 20.2). Em suma, a via das pentoses fosfato é capaz de converter a glicose-6-fosfato em frutose-6-fosfato e gliceraldeído-3-fosfato por rotas que não envolvem a via glicolítica, motivo pelo qual a via das pentoses fosfato é também chamada de "desvio das hexoses monofosfato".

Regulação da via das pentoses fosfato

Ocorre essencialmente em virtude das necessidades metabólicas de cada tecido, constituindo a relação NADPH/NADP$^+$ intracelular o principal fator regulador da via. De fato, o direcionamento da glicose-6-fosfato para a via das pentoses fosfato ou para a glicólise depende das concentrações citosólicas de NADPH. Em reações de biossíntese, como elongação da cadeia de ácidos graxos e síntese de colesterol, há grande consumo de NADPH, que é convertido em NADP$^+$. Nessas condições, o NADP$^+$ aumentado na célula estimula alostericamente a glicose-6-fosfato desidrogenase, a enzima marca-passo da via das pentoses fosfato e também da 6-fosfogliconato desidrogenase. No tecido adiposo, por exemplo, essa situação leva à síntese de ácidos graxos. Em contrapartida, o aumento da concentração intracelular de NADPH inibe alostericamente as desidrogenases da via das pentoses fosfato direcionando a glicose-6-fosfato para a via glicolítica (Figura 20.3). Essa nova situação inibe a síntese de ácidos graxos no tecido adiposo.

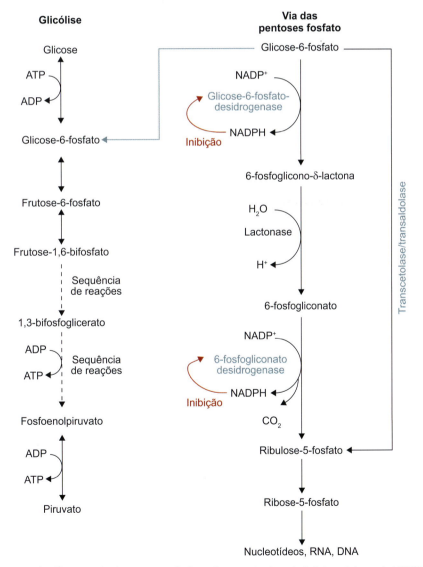

Figura 20.3 Relações entre a via glicolítica e a via das pentoses fosfato. O aumento dos níveis intracelulares de NADPH causa inibição das desidrogenases da via das pentoses fosfato desviando a glicose-6-fosfato para a via glicolítica. Já a redução da concentração intracelular de NADPH estimula alostericamente as enzimas glicose-6-fosfato desidrogenase e 6-fosfogliconato desidrogenase redirecionando a glicose-6-fosfato para a via das pentoses fosfato. Por isso, a via das pentoses fosfato é chamada também de desvio das hexoses monofosfato.

Anemia hemolítica

A deficiência de glicose-6-fosfatodesidrogenase (G6PD) é uma das eritroenzimopatias mais estudadas e resulta da redução da atividade da enzima G6PD intraeritrocitária, que se reflete em anemia hemolítica. Essa condição é de natureza genética recessiva – o gene da G6PD situa-se no cromossomo X, no braço q28, sendo assim indivíduos do sexo masculino são mais afetados que as mulheres, que manifestam graus variáveis de expressão clínica. Em mulheres heterozigotas, existem dois tipos de eritrócitos, aqueles com deficiência de G6PD e aqueles sem deficiência, portanto, "normais" (Figura 20.4).

Pela proporção dessas duas populações de células, as manifestações clínicas nesses indivíduos podem ser mais ou menos intensas. A deficiência de G6PD causa um impacto significativo no equilíbrio bioquímico dos eritrócitos. Por não apresentarem mitocôndrias, cerca de 90% da glicose é metabolizada por via anaeróbia (glicólise ou via de Embden-Meyerhof) produzindo ATP e piruvato. A fração resultante da glicose é metabolizada pelo eritrócito pela via das pentoses fosfato na qual a G6PD está envolvida. A via das pentoses fosfato eritrocitária tem a função de produzir NADPH, o qual, por sua vez, mantém um potencial redutor intracelular, impedindo a oxidação da hemoglobina e mantendo, assim, a integridade eritrocitária. Na carência de G6PD, a formação do NADPH torna-se deficiente e ele é necessário para reduzir a glutationa oxidada. Quando não há formação adequada de NADPH, os eritrócitos são expostos à oxidação por parte do oxigênio, o que se reflete em alterações como a formação de corpúsculos de Heinz e inclusões no interior dos eritrócitos, decorrentes da destruição de moléculas de hemoglobina, cujo efeito final é a redução do tempo de vida eritrocitário, predispondo-o à lise. Além disso, eritrócitos com corpúsculos de Heinz têm dificuldade de atravessar a barreira esplâncnica, sendo prontamente eliminados da circulação por hemocaterese. Indivíduos com deficiência de G6PD devem evitar alguns medicamentos, como acetoaminofeno, paracetamol, cloroquina, sulfapiridina, procainamida e cloranfenicol. Esses medicamentos podem potencializar a hemólise em portadores da deficiência de G6PD. Além disso, outras substâncias podem conduzir à hemólise de eritrócitos deficientes em G6PD, como a ingestão de feijão fava, que causa uma condição chamada favismo. Os portadores de deficiência de G6PD podem ser identificados na triagem neonatal por meio do "teste do pezinho" em sua modalidade ampliada (na qual se verificam diversas outras condições além da fenilcetonúria).

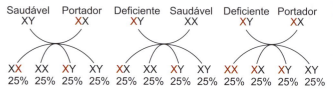

Figura 20.4 Mecanismo de herança genética de deficiência de G6PD.

Bioclínica

Deficiência de glicose-6-fosfato desidrogenase | Vantagem evolutiva em regiões com prevalência de malária

A deficiência de glicose-6-fosfato desidrogenase (G6PD) é uma das eritroenzimopatias mais comuns, com estimativa de 400 milhões de pessoas afetadas em todo o mundo.[1] A causa é uma mutação no gene que codifica a enzima G6PD localizado no cromossomo X (*locus* Xq28). Fenotipicamente, é mais frequente em homens homozigotos e mulheres homozigotas, com padrão de herança recessivo ligado ao sexo. Estudos epidemiológicos mostraram que nas regiões do mundo onde a prevalência da malária é maior (África, Oriente Médio, Ásia, Mediterrâneo e Nova Guiné), a deficiência de G6PD também é mais elevada. Estudos *in vitro* mostraram que o *Plasmodium falciparum*, o protozoário causador do tipo mais perigoso de malária, não sobrevive no interior de eritrócitos com deficiência de G6PD, provavelmente porque o ambiente intraeritrocitário torna-se extremamente oxidativo e o parasita é bastante sensível a estresse oxidativo. De fato, defeitos na atividade da G6PD comprometem a síntese de NADPH, um agente antioxidante, expondo as células ao dano oxidativo provocado principalmente por espécies reativas de oxigênio e pelo peróxido de hidrogênio. O NADPH atua como agente antioxidante regenerando a glutationa peroxidase de sua forma oxidada (GSH) para sua forma reduzida (GSSH). A glutationa é um tripeptídeo composto de ácido glutâmico, cisteína e glicina, e apresenta um grupo sulfidrila altamente reativo (facilmente oxidável) que atua como um receptor não enzimático de espécies radicalares, neutralizando o dano oxidativo. A deficiência de G6PD torna o eritrócito incapaz de suprir as necessidades da glutationa por NADPH, tornando o meio altamente oxidativo (Figura 20.5). A evolução teria mantido o genótipo deficiente em G6PD como uma maneira de resistir à malária em regiões endêmicas.

A fonte de NADPH é a via das pentoses fosfato. Na deficiência de G6PD, não há NADP para regenerar a glutationa e a via é deslocada para a formação do ânion hidroxila, altamente reativo e que atua contra o parasita da malária, mas que também reduz o tempo de vida da célula por causar danos oxidativos.

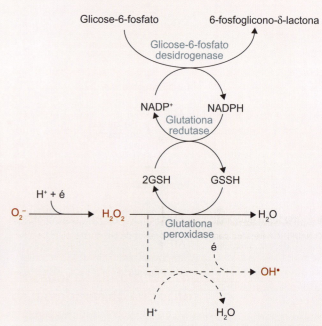

Figura 20.5 Mecanismo pelo qual o NADPH produzido pela via das pentoses fosfato regenera a glutationa peroxidase de sua forma oxidada (GSH) para a reduzida (GSSH). A redução ou ausência de NADPH favorece o aparecimento de radicais livres.

Resumo

Introdução

A via das pentoses fosfato é também chamada de desvio da hexose-monofosfato ou via do 6-fosfogliconato. Na via das pentoses fosfato, não são produzidas ou consumidas moléculas de ATP, mas sim duas moléculas de NADPH e uma molécula de CO_2. A via atende a duas demandas importantes no organismo, a de NADPH e a de síntese de lipídios, além de oferecer uma rota metabólica para o processamento de açúcares de cinco carbonos oriundos da dieta ou do próprio organismo. Todas as enzimas da via das pentoses fosfato encontram-se no citosol.

Reações de oxidação irreversíveis

A via das pentoses fosfato apresenta uma etapa oxidativa irreversível, na qual serão produzidos ribulose-5-fosfato e NADPH, e uma etapa não oxidativa e reversível marcada pela conversão de $NADP^+$ em NADPH seguida por rearranjos moleculares que originam açúcares fosforilados de 3, 4, 5, 6 ou 7 carbonos. O primeiro passo é a oxidação da glicose-6-fosfato a 6-fosfoglicono-δ-lactona, uma reação que produz NADPH e é catalisada pela enzima glicose-6-fosfato desidrogenase, que apresenta Mg^{+2} como cofator. A reação subsequente é mediada pela enzima lactonase, que promove cisão do anel cíclico da 6-fosfoglicono-δ-lactona, dando origem a um composto de cadeia aberta chamado 6-fosfogliconato. A terceira reação é o segundo momento em que o NADPH é formado; trata-se de uma descarboxilação oxidativa do β-cetoácido, um composto instável e intermediário. O grupo carboxila é removido na forma de CO_2, formando assim uma cetose, a ribulose-5-fosfato (Figura R20.1).

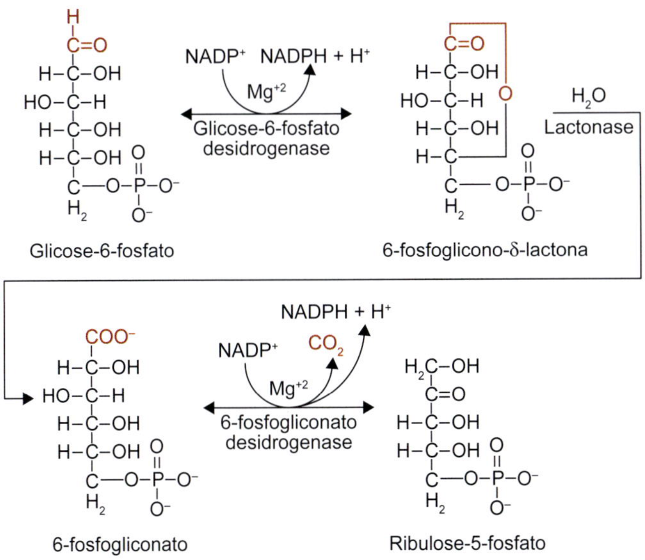

Figura R20.1 Reações oxidativas da via das pentoses fosfato. Nessa etapa, tem-se a formação de NADPH e CO_2. A etapa inicia-se com uma aldose de seis carbonos (glicose-6-fosfato) e termina como uma cetose de cinco carbonos (ribulose-5-fosfato). As porções em destaque nas estruturas moleculares mostram as modificações promovidas pela alça das enzimas envolvidas.

NADPH nos eritrócitos previne danos oxidativos

O NADPH é necessário para diversos processos de biossíntese, além de atuar como um agente preventivo contra o estresse oxidativo em tecidos altamente propensos à formação de espécies radicalares. Os eritrócitos são particularmente sensíveis ao estresse oxidativo, além de apresentarem um repertório de vias metabólicas bastante restrito, dificultando a reposição de moléculas danificadas. Além disso, os eritrócitos apresentam grandes concentrações de ferro e, quando o peróxido de hidrogênio reage com o íon ferro bivalente, ocorre a formação de radicais livres. No ambiente intracelular do eritrócito, existem enzimas antioxidantes, e o papel do NADPH produzido na via das pentoses fosfato é manter a integridade de duas enzimas: a glutationa em seu estado reduzido e a catalase em sua forma funcional. Defeitos nessa via das pentoses fosfato eritrocitária podem tornar os eritrócitos suscetíveis a danos oxidativos endógenos ou exógenos por não haver síntese de NADPH para cumprir essas funções.

Reações não oxidativas da via das pentoses fosfato

Nessa etapa, ocorrem rearranjos estruturais na molécula de ribulose-5-fosfato de modo a produzir açúcares de 3, 4, 5, 6 e 7 carbonos. O primeiro passo enzimático produz uma aldose, a ribose-5-fosfato, enquanto o segundo produz uma cetose, a xilulose-5-fosfato. Os rearranjos estruturais nas oses formam uma conexão da via das pentoses fosfato com a glicólise. No processo de reorganização de átomos de carbono, a enzima transcetolase está envolvida na primeira e na terceira reação, e a transaldolase catalisa a segunda reação. A via das pentoses fosfato é capaz de converter a glicose-6-fosfato em frutose-6-fosfato e gliceraldeído-3-fosfato por rotas que não envolvem a via glicolítica, razão pela qual a via das pentoses fosfato é também chamada de "desvio das hexoses monofosfato".

Regulação da via das pentoses fosfato

A regulação da via ocorre essencialmente em razão das necessidades metabólicas de cada tecido, sendo a relação $NADPH/NADP^+$ intracelular o principal fator regulador da via. Os níveis plasmáticos de $NADP^+$ atuam estimulando alostericamente a enzima glicose-6-fosfato desidrogenase, a enzima marca-passo da via das pentoses fosfato e também da 6-fosfogliconato desidrogenase. Em contrapartida, o aumento da concentração intracelular de NADPH inibe alostericamente as desidrogenases da via das pentoses fosfato, direcionando a glicose-6-fosfato para a via glicolítica.

Anemia hemolítica

A deficiência de glicose-6-fosfatodesidrogenase (G6PD) se reflete em anemia hemolítica. Essa condição é de natureza genética recessiva e indivíduos do sexo masculino são mais afetados que as mulheres, que manifestam graus variáveis de expressão clínica. Na deficiência de G6PD, a formação do NADPH torna-se deficiente e ele é necessário para reduzir a glutationa oxidada; quando não há formação adequada de NADPH, os eritrócitos são expostos à oxidação cujo efeito final é a redução do tempo de vida da célula, que se torna mais propensa à lise. Indivíduos deficientes em G6PD devem evitar alguns medicamentos, como acetoaminofeno, paracetamol, cloroquina, sulfapiridina, procainamida, cloranfenicol, entre outros, que podem potencializar a hemólise em portadores da deficiência de G6PD, identificados na triagem neonatal por meio do "teste do pezinho" em sua modalidade ampliada.

Exercícios

1. Assinale a alternativa correta:
   a) A via das pentoses fosfato apresenta duas fases: na primeira são produzidas moléculas de açúcares fosforilados de 3, 4, 5, 6 ou 7 carbonos e, na segunda, ocorre a formação de moléculas de NADPH.
   b) A via apresenta uma etapa oxidativa irreversível, na qual serão produzidos ribulose-5-fosfato e NADPH, e uma etapa não oxidativa e reversível marcada pela conversão de $NADP^+$ em NADPH seguida por rearranjos moleculares que originam açúcares fosforilados de 3, 4, 5, 6 ou 7 carbonos.
   c) A via apresenta uma fase oxidativa reversível, na qual serão produzidos glicose-6-fosfato e NAD^+, e uma etapa oxidativa marcada pela conversão de $NADP^+$ em NADPH seguida por rearranjos moleculares que originam açúcares fosforilados de seis ou sete carbonos.
   d) A primeira etapa da via consiste na síntese de NADPH por parte de enzimas citosólicas. A segunda etapa é oxidativa e irreversível e envolve a síntese de açúcares fosforilados e ATP.
   e) A via das pentoses fosfato ocorre em duas etapas, uma não oxidativa, na qual acontece a síntese de ATP e moléculas de glicose-6-fosfato, e a segunda, em que ocorre a síntese de NADPH.

2. Leia com atenção as afirmativas a seguir, considere os valores nos parênteses e calcule a soma apenas das afirmativas corretas:
   a. (23) A síntese de NADPH ocorre por meio da ação de duas enzimas glicose-6-fosfatodesidrogenase e 6-fosfogliconatodesidrogenase. Essas enzimas têm como substratos a glicose-6-fosfato e o 6-fosfogliconato, respectivamente.

b. (12) O NADPH é sintetizado em duas etapas, uma envolve a enzima glicose-6-fosfato desidrogenase que atua sobre seu substrato, o 6-fosfogliconato; a segunda etapa ocorre durante o rearranjo molecular da ribulose-5-fosfato.
c. (50) O NADPH é necessário para as células por ser uma molécula fundamental em processos de biossíntese; no eritrócito, em particular, ela previne a formação de espécies radicalares, uma vez que restaura enzimas antioxidantes.
d. (10) A enzima lactonase atua sobre seu substrato, a glicose-6-fosfato, para realizar a primeira síntese de NADP; subsequentemente, a enzima glicose-6-fosfatodesidrogenase reage com a glicose-6-fosfato para realizar a segunda síntese de NADPH.
e. (80) A síntese de moléculas de NADPH da ação de duas enzimas, glicose-6-fosfatodesidrogenase e 6-fosfogliconato desidrogenase envolve alto dispêndio de energia oriunda do ATP.

3. Por que o NADPH é extremamente relevante na manutenção da integridade eritrocitária?
   a) Por prevenir a formação de espécies radicalares que podem levar a danos internos culminando na lise celular.
   b) Por atuar como elemento restaurador da integridade das moléculas de hemoglobina porque doa elétrons para o ferro presente no grupo heme, evitando assim que a hemoglobina desnature e ocorra a formação de corpos de Heinz.
   c) Por interagir com radicais livres formados durante o processo de respiração celular intraeritrocitário, impedindo que esses radicais livres ataquem os grupos heme da molécula de hemoglobina.
   d) Por atuar como substâncias tamponantes de radicais livres, ou seja, assim que um radical livre é formado durante a fosforilação oxidativa no interior do eritrócito, ele é rapidamente captado pelo NADPH.
   e) Por restaurar o *pool* de substâncias antioxidantes intracelulares, como fitoesteróis, alfatocoferol e carotenoides. Esse mecanismo mantém íntegro os antioxidantes intracelulares.

4. Explique as reações não oxidativas da via das pentoses fosfato.
5. Explique como ocorre a regulação da via das pentoses fosfato.
6. Cite as principais relações existentes entre a glicólise e a via das pentoses fosfato.
7. Estudos mostram que a deficiência de G6PD é mais prevalente em regiões onde a incidência de malária é maior, como na África Subsaariana. Explique qual a relação bioquímica para esses achados.
8. Explique por que a deficiência de G6PD pode causar anemia hemolítica.
9. Quais os destinos do NADPH sintetizado por meio da via das pentoses fosfato?
10. Cite algumas das funções da via das pentoses fosfato.

Respostas

1. Alternativa correta: *b*.
2. Soma: 73.
3. Alternativa correta: *a*.
4. A via das pentoses fosfato é capaz de converter a glicose-6-fosfato em frutose-6-fosfato e gliceraldeído-3-fosfato por rotas que não envolvem a via glicolítica. Isso se dá por meio de rearranjos estruturais na molécula de ribulose-5-fosfato de modo a produzir açúcares de 3, 4, 5, 6 e 7 carbonos. Essas reações ocorrem por meio da ação de duas enzimas epimerases: a fosfopentoseisomerase e a fosfopentose-3-epimerase. A primeira enzima produz uma aldose, a ribose-5-fosfato, enquanto a segunda, uma cetose, a xilulose-5-fosfato. Duas moléculas de xilulose-5-fosfato em uma molécula de ribose-5-fosfato podem se reorganizar, dando origem a duas moléculas de frutose-6-fosfato e um gliceraldeído-3-fosfato. Essas reações são catalisadas por duas enzimas: a transaldolase e a transcetolase.
5. A regulação da via ocorre essencialmente pelas necessidades metabólicas de cada tecido, sendo que a relação NADPH/NADP$^+$ intracelular constitui o principal fator regulador da via. Os níveis plasmáticos de NADP$^+$ estimulam alostericamente a enzima glicose-6-fosfato desidrogenase, a enzima marca-passo da via das pentoses fosfato e também da 6-fosfogliconato desidrogenase. Em contrapartida, o aumento da concentração intracelular de NADPH inibe alostericamente as desidrogenases da via das pentoses fosfato, direcionando a glicose-6-fosfato para a via glicolítica.
6. Ambas as vias ocorrem no citosol das células e originam produtos em comum, como é o caso do gliceraldeído-3-fosfato e da frutose-6-fosfato. O aumento dos níveis intracelulares de NADPH causa inibição das desidrogenases da via das pentoses fosfato desviando a glicose-6-fosfato para a via glicolítica. Já a redução da concentração intracelular de NADPH estimula alostericamente as enzimas glicose-6-fosfato desidrogenase e 6-fosfogliconato desidrogenase, redirecionando a glicose-6-fosfato para a via das pentoses fosfato. É por essa razão que a via das pentoses fosfato é chamada de desvio das hexoses monofosfato.
7. Estudos *in vitro* mostraram que o *Plasmodium falciparum*, o protozoário causador do tipo mais perigoso de malária, não sobrevive no interior de eritrócitos com deficiência de G6PD, provavelmente porque o ambiente intraeritrocitário torna-se extremamente oxidativo e o parasita é bastante sensível ao estresse oxidativo. De fato, defeitos na atividade da G6PD comprometem a síntese de NADPH, um agente antioxidante, expondo as células ao dano oxidativo provocado principalmente por espécies reativas de oxigênio e pelo peróxido de hidrogênio.
8. Na deficiência de G6PD, a formação do NADPH torna-se deficiente e ele é necessário para reduzir a glutationa oxidada; quando não há formação adequada de NADPH, os eritrócitos são expostos à oxidação por parte do oxigênio, o que se reflete em alterações como a formação de corpúsculos de Heinz e inclusões no interior dos eritrócitos, decorrentes da destruição de moléculas de hemoglobina, cujo efeito final é a redução do tempo de vida eritrocitário, predispondo-o à lise.
9. O NADPH produzido na via das pentoses fosfato é utilizado pelas células em processos de biossíntese nos quais são necessários agentes redutores. É o caso, por exemplo, de tecidos como fígado, glândula mamária e córtex das glândulas suprarrenais, onde ocorre de forma extensa a síntese de ácidos graxos a partir de acetilcoenzima A. Além disso, a produção de NADPH em eritrócitos é de suma importância, uma vez que regenera enzimas antioxidantes. A redução dos níveis intraeritrocitários de NADPH causa anemia hemolítica.
10. Possibilita a metabolização da glicose em uma série de reações independentes do ciclo do ácido cítrico; é uma importante fonte de pentoses para a síntese dos ácidos nucleicos; é uma fonte de NADPH extramitocondrial necessário a processos de biossíntese de lipídios; trata-se de uma importante via de conversão de hexoses em pentoses; e fornece uma alternativa para a degradação oxidativa de pentoses por meio de sua conversão em hexoses, que podem, então, acessar a via glicolítica.

Referência bibliográfica

1. Failace R. Hemograma, manual de interpretação. 4. ed. Porto Alegre: Artmed; 2007.

Bibliografia

Al-Abdi SY. Decreased glutathione s-transferase level and neonatal hyperbilirubinemia associated with glucose-6-phosphate dehydrogenase Deficiency: A Perspective Review. Am J Perinatol. 2016; [Epub ahead of print].

Au SW, Gauer S, Iam UM, Adams MJ. Human G6 PD: the cristal structure reveals a structural NADP(+) molecule and provide insights into enzyme deficiency. Structure Fold Des. 2000;8:293-303.

Compri MB, Saad ST, Ramalho AS. Investigação epidemiológica, genética e molecular da deficiência G6PD na comunidade brasileira. Cad Saúde Pública. 2000;16:335-42.

Lee SW, Chaiyakunapruk N, Lai NM. What G6PD-deficient individuals should really avoid. Br J Clin Pharmacol. 2016; [Epub ahead of print].

Luzzatto L, Nannelli C, Notaro R. Glucose-6-phosphate dehydrogenase deficiency. Hematol Oncol Clin North Am. 2016; 30(2): 373-93.

Mason PJ, Serati MF, MacDonald D. New G6PD mutations associated with chronic anemia. Blood. 1995;85:1377-80.

Monteiro WM, Val FF, Siqueira AM, Franca GP, Sampaio VS, Melo GC et al.G6 PD deficiency in Latin America: systematic review on prevalence and variants. Mem Inst Oswaldo Cruz. 2014; 109(5):553-68.

Notaro R, Afolayan A, Luzzatto L. Human mutations in G6 PD reflect evolutionary history. FASEB J. 2000; 14:485-9.

Reclos GJ, Hatzidatris CJ, Shulpis KH. G6 PD deficiency neonatal screening: preliminary evidence that a high percentage of partially deficient female neonates are missed during routine screening. J Med Screen. 2000; 7(1)46-51.

Valaes T, Drummond GS, Kappas A. Controlo f hyperbilirubinemia in glucose-e-phosphate dehydrogenase-deficient newborns using an inhibitor of bilirubin production, SN-mesoporphyrin. Pediatrics. 1999; 103:536-7.

von Seidlein L, Auburn S,Espino F, Shanks D, Cheng Q, McCarthy J et al. Review of key knowledge gaps in glucose-6-phosphate dehydrogenase deficiency detection with regard to the safe clinical deployment of 8-aminoquinoline treatment regimens: a workshop report. Malaria Journal. 2013; 12:112.

Watchko JF, Kaplan M, Stark AR, Stevenson DK, Bhutani VK. Should we screen newborns for glucose-6-phosphate dehydrogenase deficiency in the United States? J Perinatol. 2013; 33(7):499-504

Metabolismo das Purinas e Pirimidinas

21

Introdução

As purinas e as pirimidinas são bases nitrogenadas e anéis heterocíclicos que contêm átomos de nitrogênio e carbono. Estão envolvidas na composição dos ácidos nucleicos e também fazem parte da formação de muitas coenzimas, como NADH, FAD e coenzima A. Duas das bases dos ácidos nucleicos, a adenina e a guanina, são purinas. No DNA, a adenina e a guanina se unem às pirimidinas complementares (timina e citosina) por meio de pontes de hidrogênio. Além de serem utilizadas na síntese de DNA e RNA, as purinas são componentes importantes de várias biomoléculas, como ATP, GTP, AMPc, NADH e coenzima A. Segundo a regra de Chargaff, a proporção de bases púricas no DNA é de 60% (A=G) e de bases pirimídicas de 40% (C=T). No DNA, as bases púricas formam pontes de hidrogênio com as bases pirimídicas complementares, timina e citosina. No RNA, a base complementar da adenina é a uracila, e não a timina. As pirimidinas apresentam um anel heterocíclico com átomos de nitrogênio ocupando o lugar dos carbonos 1 e 3. São estruturas similares ao benzeno. As purinas estão presentes em três bases nitrogenadas que formam os ácidos nucleicos: a citosina, a timina e a uracila. As purinas e as pirimidinas podem ser sintetizadas pelo organismo por meio de intermediários anfibólicos ou aproveitadas de outras bases nitrogenadas. A dieta também pode fornecer bases nitrogenadas e, de fato, a secreção pancreática ecbólica (rica em enzimas) apresenta ribonucleases e desoxirribonucleases capazes de digerir os ácidos nucleicos presentes na dieta.

Os enterócitos também têm a capacidade de converter nucleotídeos em nucleosídeos por meio da enzima fosfatase alcalina presente na borda em escova. Contudo, no interior dos enterócitosos nucleosídeos são metabolizados em ácido úrico ou, ainda, podem ser utilizados para suas necessidades próprias.

Síntese das purinas e das pirimidinas

Síntese "de novo" dos nucleotídeos das purinas

A síntese "de novo" das purinas ocorre sobretudo no fígado, embora o cérebro também seja capaz de realizá-la. A síntese emprega rotas metabólicas que envolvem aminoácidos como precursores. É um processo energeticamente dispendioso e, para cada molécula sintetizada, são consumidas seis moléculas de ATP. Assim, o organismo emprega rotas de reaproveitamento de purinas, que serão posteriormente abordadas. A síntese "de novo" dos nucleotídeos de purina emprega uma forma de ribose ativada, a 5-fosforribosil-1-pirofosfato (PRPP, do inglês *5-phosphoribosyl-1-pyrophosphate*). A ribose pode ser fornecida pelo ciclo das pentoses fosfato. A PRPP é sintetizada por meio da PRPP-sintetase, uma enzima regulatória que consome 1 ATP na reação. A primeira etapa para a síntese de purinas envolve a reação da glutamina com a PRPP, dando origem à fosforribosilamina. Essa reação é catalisada pela enzima glutamina-fosforribosil-aminotransferase. A velocidade dessa reação é determinada pela disponibilidade de PRPP (Figura 21.1). Dos quatro átomos de nitrogênio presentes no anel de purina, dois são oriundos da glutamina, um do aspartato e

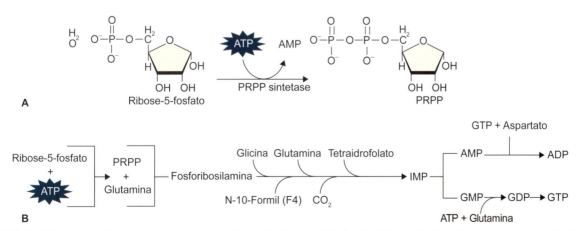

Figura 21.1 A. Síntese das purinas envolvendo a forma ativada da ribose, a 5-fosforribosil-1-pirofosfato. Nota-se que uma molécula de ATP é consumida na reação catalisada pela enzima PRPP sintetase. **B.** Visão geral da síntese de purinas. Condições que levem ao aumento dos níveis plasmáticos de glutamina e PRPP podem aumentar a síntese "de novo" de purinas, porque normalmente as concentrações de PRPP e glutamina se encontram sempre em níveis abaixo de seu K_m para a enzima glutamina-fosforribosil-aminotransferase.

um da glicina. Dos cinco átomos de carbono, dois são oriundos da glicina, dois do tetrahidrofolato, e o quinto e último átomo de carbono do anel é doado pelo CO_2 (Figura 21.2). Ao final dessa sequência de reações, seis moléculas de ATP são consumidas e obtém a inosina monofosfato (IMP), precursora de monofosfato de adenosina (AMP) e trifosfato de guanosina (GMP), cuja estrutura apresenta a base de hipoxantina unida à molécula de ribose por meio de uma ligação N-glicosídica (nitrogênio 9 da purina com o carbono 1 da ribose).

Inosina monofosfato como precursora de monofosfato de adenosina (AMP) e trifosfato de guanosina (GMP)

Da molécula de IMP podem ser sintetizados AMP e GMP. Para a síntese de AMP, aspartato e GTP entram na reação para dar origem ao arginino succinato, que, subsequentemente, sofre a ação da enzima adenilsuccinase, que produz fumarato como subproduto e AMP como produto da reação. Na síntese do GMP, a enzima IMP desidrogenase reage com o IMP para produzir xantosina monofosfato (XMP).

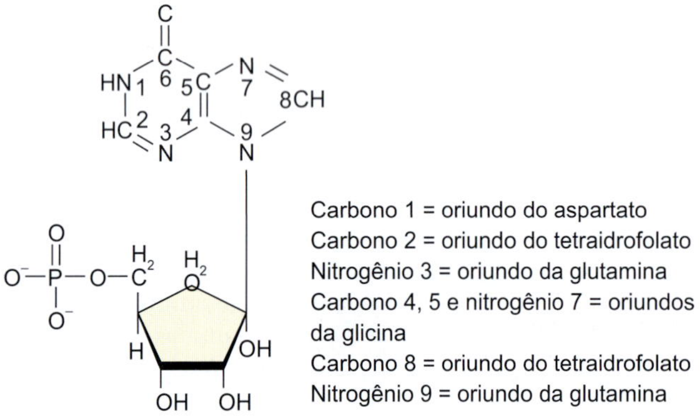

No passo seguinte, a enzima GMP-sintetase consome 1 ATP e utiliza glutamina para inserir nitrogênio na molécula de XMP, dando origem ao GMP.

Regulação da síntese das purinas

O primeiro ponto de controle da síntese de nucleotídeos de purina ocorre nos dois primeiros passos da síntese envolvidos com a produção de PRPP e 5-fosforribosilamina. A enzima ribose-fosfato-pirofosfocinase é regulada alostericamente e sofre inibição quando os níveis de ADP e GTP estão elevados. O segundo passo da síntese (que é o primeiro na síntese definitiva de IMP), ou seja, a produção de 5-fosforribosilamina, é catalisado pela enzima amido-fosforribosil-aminotransferase. Esta enzima também responde à inibição por *feedback*, sendo inibida por níveis aumentados de ATP, ADP, AMP, GTP, GDP e GMP. Entretanto, apresenta sítios de ligação distintos para esses nucleotídeos; ATP, ADP e AMP ligam-se em um sítio de regulação específico, enquanto os nucleotídeos de guanosina interagem com outro sítio na enzima. Esse mecanismo faz com que a síntese de IMP seja independente, mas finamente modulada por nucleotídeos de guanina e adenina. Outro ponto de regulação da síntese se dá na conversão de IMP a AMP e GMP. O AMP e o GMP atuam como inibidores competitivos junto à IMP, de modo que não há excesso de produtos formados.

Além disso, uma molécula de GTP é consumida durante a síntese de AMP, enquanto uma molécula de ATP é gasta na síntese de GMP, o que equaciona a produção de nucleotídeos de adenina e guanosina proporcionalmente, tornando a síntese precisa (Figura 21.3).

Figura 21.2 Estrutura da inosina monofosfato mostrando a origem dos átomos de carbono e nitrogênio presentes na base da purina.

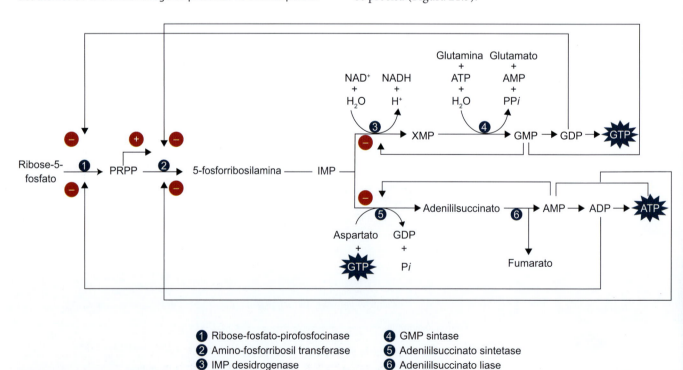

Figura 21.3 Ponto de ramificação em que a IMP dá origem ao AMP ou ao GMP. Nota-se que o ATP impulsiona a síntese de GMP, enquanto o GTP, a síntese de AMP. As linhas descontínuas indicam sinais de *feedback*. Observa-se que o PRPP é o único agente estimulador da enzima amino-fosforribisil-transferase. O ATP formado ao final impulsiona a reação mediada pela enzima 4 (GMP sintetase), enquanto o GTP produzido no final da via impulsiona a reação catalisada pela enzima 5 (adenilosuccinato sintetase). XMP: xantosina monofosfato.

Metotrexato

Fármaco com potente ação antirreumática com atividade citotóxica e imunossupressora, foi aprovado pela Food and Drug Administration (FDA) como fármaco oncológico, sendo utilizado como coadjuvante na quimioterapia contra diversos tipos de neoplasias, como leucemia, linfocítica aguda, além de atuar como agente citostático no controle de doenças autoimunes, como espondilite anquilosante, doença de Crohn, artrite reumatoide e dermatomiosite. É o principal antagonista do folato, fundamental para a síntese de nucleotídeos purínicos, que, por sua vez, são essenciais para a síntese de DNA e na divisão celular. O folato é captado ativamente e sofre conversão em di-hidrofolato (FH2) e, posteriormente, em tetraidrofolato (FH4) em uma reação de duas etapas processadas pela enzima di-hidrofolato-redutase.

O FH4 atua como cofator envolvido no transporte de grupos metila necessários para a conversão de 2-desoxiuridilato (DUMP) em 2-desoxitimidilato (DTMP), vital para a síntese de DNA e de purinas. Nesse processo de conversão de DUMP em DTMP, o FH4 é regenerado a FH2 para que o ciclo se repita. Ocorre que o metotrexato (Figura 21.4) apresenta muito mais afinidade pelo sítio ativo da di-hidrofolato-redutase que seu substrato, o FH2, e, portanto, inibe a enzima levando à depleção de FH4. Dessa maneira, é comum a administração de ácido fólico (uma forma de FH4) para evitar a espoliação do FH4.

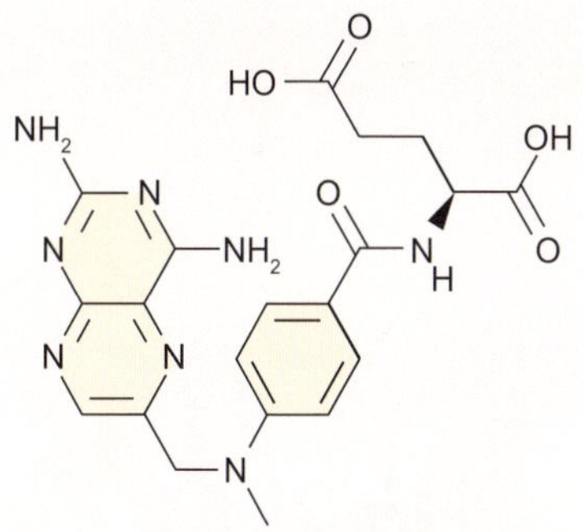

substâncias sejam recicladas pelo organismo, impedindo sua perda urinária na forma de ácido úrico. As "vias de salvação" são muito mais ativas nas células que o processo de síntese "de novo" de nucleosídeos; de fato, para os linfócitos as vias de salvação são a principal forma de síntese de nucleotídeos. Essas rotas de salvação são, na verdade, vias bioquímicas que possibilitam a interconversão de bases, nucleosídeos e nucleotídeos, com o propósito de reaproveitamento ou reciclagem dessas substâncias. As principais enzimas envolvidas nessas vias são a nucleosídeo-purina-fosforilase, fosforribosil-transferase e a desaminase. A nucleosídeo-purina-fosforilase converte nucleosídeos de guanina e inosina em guanina e hipoxantina, respectivamente com a ribose-1-fosfato. As enzimas fosforribosil-transferase (adeninina-fosforribosil-transferase e hipoxantina-guanina-fosforribosil-transferase – HGPRT) catalisam a união de uma molécula de ribose-5-fosfato a uma base livre, originando como produtos um nucleotídeo e pirofosfato (Figura 21.5).

As vias bioquímicas de recuperação de bases possibilitam ainda que inosina e IMP sejam formadas por meio de desaminação enzimática de adenosina e AMP. Esse processo é mediado pelas enzimas adenosina-desaminase e AMP-desaminase, respectivamente (Figura 21.7). As rotas de conversão adquirem uma importância extremamente relevante na célula muscular esquelética. Durante o esforço físico intenso, a taxa de utilização de ATP no músculo esquelético aumenta rapidamente e suplanta sua regeneração, o que pode levar ao acúmulo de ADP e AMP. Para evitar o aumento desses nucleosídeos dentro da célula muscular esquelética, o AMP é desaminado em IMP e NH_3, diretamente pela atividade da enzima AMP-desaminase. Subsequentemente, a IMP se junta ao aspartato para formar adenilosuccinato, uma reação que gasta 1 GTP e é mediada pela enzima adenilosuccinato sintetase. O passo seguinte é a regeneração do AMP, ou seja, o adenilosuccinato é convertido em AMP pela enzima adenilosuccinato liase, uma reação que libera fumarato que atua impulsionando o ciclo do ácido cítrico. Esse processo de recuperação do AMP por parte do músculo chama-se ciclo do nucleotídeo-purina (Figura 21.8) e qualquer deficiência nas enzimas do ciclo acarreta fadiga muscular durante o exercício físico.

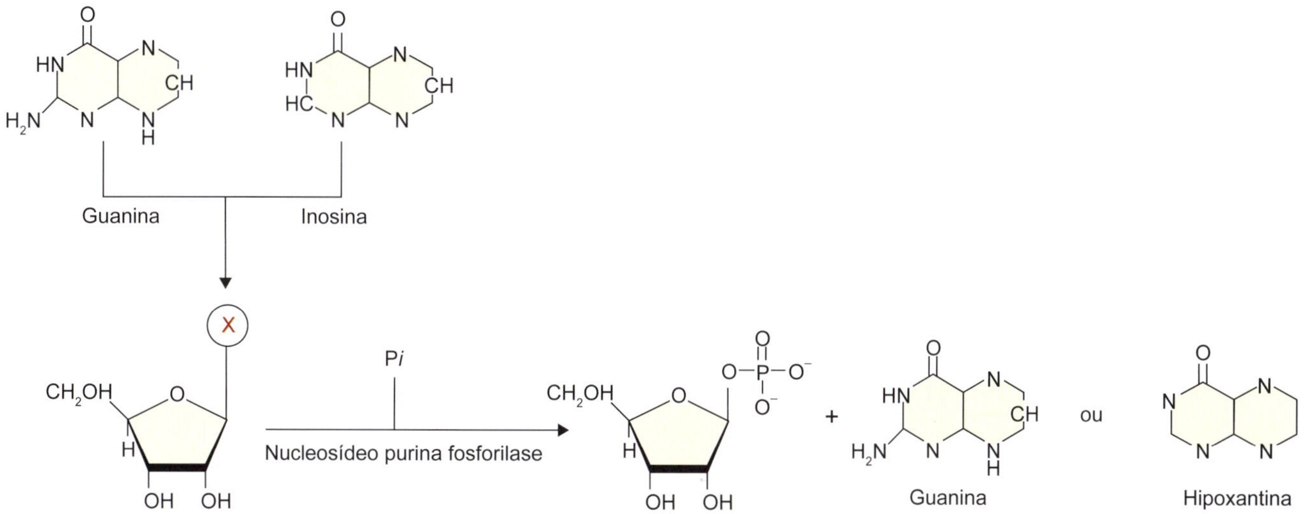

Figura 21.4 Metotrexato.

Vias de recuperação das purinas

As vias bioquímicas destinadas ao reaproveitamento de bases e nucleosídeos para síntese de nucleotídeos são também chamadas de "vias de salvação", pois possibilitam que essas

Figura 21.5 Reação catalisada pela nucleosídeo purina fosforilase, que promove a conversão de guanosina ou inosina em ribose-1-fosfato com liberação das bases guanina ou hipoxantina. A letra "X" no anel da pentose pode ser substituída pela guanina ou inosina.

Bioclínica

Síndrome de Lesch-Nyhan

Foi descrita em 1964, pelo então estudante de medicina Michael Lesch e seu tutor, o pediatra Bill Nyhan. Eles avaliaram dois irmãos, de 2 e 5 anos de idade, cujos níveis de ureia plasmática eram similares aos de adultos portadores de gota úrica. Trata-se de um erro inato do metabolismo das purinas em que há a deficiência da enzima hipoxantina guanina fosforribosil-transferase (Figura 21.6A) decorrente de uma mutação no gene *HPRT1* (Xq26). Os indivíduos do sexo masculino são os afetados porque o gene está presente no cromossomo X e, por isso, a doença é herdada da mãe (Figura 21.6B). A doença afeta um em cada 380 mil nascidos vivos e sua manifestação mais marcante é a alteração do comportamento que leva os portadores à automutilação. Os portadores apresentam atraso psicomotor por volta dos 3 a 6 meses de vida, evidenciando dificuldade de controle da cabeça e também da manutenção da posição sentada acompanhada de hipotonia. Ocorre a presença de "urina arenosa" nas fraldas dos bebês decorrente da hiperuricemia. Os doentes apresentam grave distonia de ação, o que pode comprometer sua locomoção, acompanhada de movimentos involuntários agravados pela ansiedade do paciente em realizar o movimento correto.

A hiper-reflexia e o reflexo plantar aparecem mais tarde. Os doentes apresentam deficiência cognitiva que vai do grau ligeiro ao moderado seguido de automutilação obsessiva e compulsiva. De fato, o hábito de morder os lábios e os dedos pode surgir imediatamente com a erupção dentária e não decorre com a perda da sensibilidade, mas pode estar associada ou mesmo ser agravada pela tensão psicológica do paciente. A causa dos sintomas neurológicos e comportamentais é desconhecida e pode estar associada a várias alterações de neurotransmissores e também ao efeito tóxico do acúmulo de hipoxantinas. O diagnóstico é realizado por meio da verificação do atraso psicomotor associado a níveis elevados de ácido úrico no plasma; sequentemente, confirma-se a suspeita por meio de teste genético. A doença é tratada com alopurinol, alcalinização da urina e hidratação. As doses devem ser ajustadas para evitar a urolitíase da xantina. As disfunções neurológicas não podem ser tratadas, mas a espasticidade e a distonia podem ser controladas por meio de benzodiazepinas (diazepam, alprazolam). A automutilação requer restrição física e também tratamento farmacológico e comportamental. Os doentes podem morrer de pneumonia por aspiração ou complicações decorrentes da litíase renal.

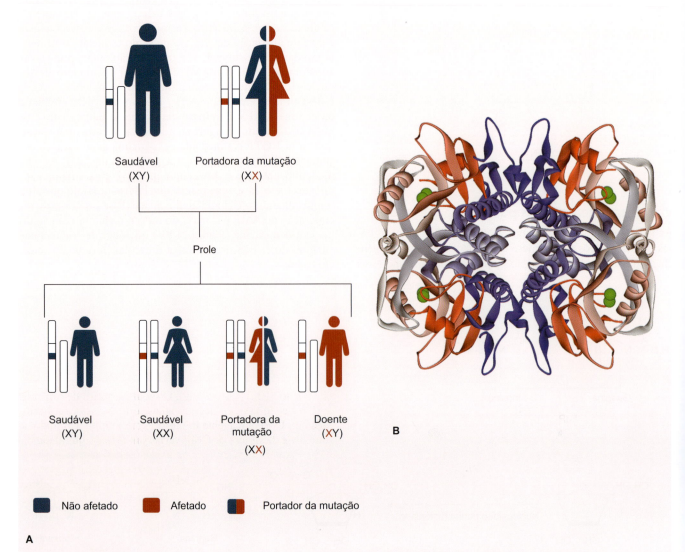

Figura 21.6 A. Síndrome de Lesch-Nyhan. **B.** Estrutura espacial de enzima HGPRT cuja deficiência acarreta a síndrome de Lesch-Nyhan.

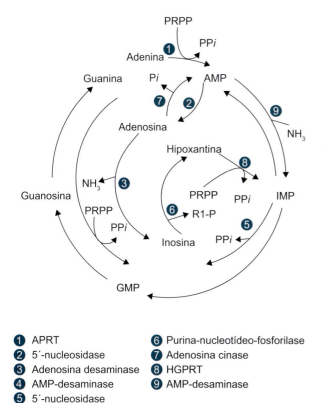

1 APRT
2 5´-nucleosidase
3 Adenosina desaminase
4 AMP-desaminase
5 5´-nucleosidase
6 Purina-nucleotídeo-fosforilase
7 Adenosina cinase
8 HGPRT
9 AMP-desaminase

Figura 21.7 Rotas de recuperação de bases. A síntese de IMP e GMP ocorre em razão da combinação das bases púricas hipoxantina e guanina. Nota-se que bases livres são produzidas pela ação da enzima nucleosídeo-purina-fosforilase que atua em nucleosídeos. Observa-se que, entre as purinas, somente a adenosina pode dar origem a um nucleosídeo de forma direta, isso porque ela é a única purina capaz de ser fosforilada uma segunda vez pela ação da adenosina-cinase.

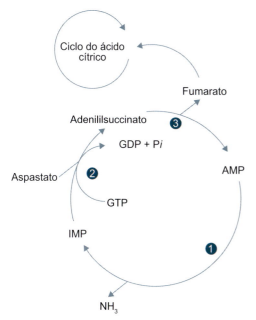

Figura 21.8 Ciclo nucleotídeo-purina que ocorre nas células musculares esqueléticas durante exercício intenso. Nota-se que a desaminação do AMP leva à sua posterior regeneração com liberação de fumarato que atua como impulsionador do ciclo do ácido cítrico. 1: AMP-desaminase; 2: adenilosuccinato sintetase; 3: adenilosuccinato liase.

Síntese "de novo" de nucleotídeos da pirimidina e vias de regulação

As vias de síntese "de novo" para purinas e pirimidinas parecem estar presentes de modo idêntico em todos os organismos vivos. O PRPP é o elemento comum tanto para a biossíntese de purinas quanto de pirimidinas, e em cada via um aminoácido é um importante precursor: glicina no caso das purinas e do aspartato no caso das pirimidinas. As pirimidinas são compostos orgânicos semelhantes ao benzeno, mas com um anel heterocíclico: dois átomos de nitrogênio substituem o carbono nas posições 1 e 3. Três das bases dos ácidos nucleicos, a citosina, a timina e a uracila, são derivados pirimídicos. No DNA, as duas primeiras estabelecem pontes de hidrogênio com as purinas complementares.

A primeira etapa da síntese "de novo" das pirimidinas utiliza carbamoil fosfato como elemento impulsionador. A síntese de carbamoil fosfato envolve glutamina (doador de nitrogênios), ATP e bicarbonato e é bastante similar àquela que ocorre no ciclo da ureia com a diferença de que neste o doador de nitrogênios é a amônia, e não a glutamina (Figura 21.9). Além disso, a síntese de carbamoil fosfato no ciclo da ureia ocorre na matriz mitocondrial, já na síntese de pirimidinas essa reação acontece no citosol. A enzima envolvida denomina-se carbamoil-fosfato-sintetase II em contraste com a carbamoil-fosfato-sintetase I, pertencente ao ciclo da ureia. A etapa subsequente da síntese envolve a adição de aspartato à molécula de carbamoil fosfato, reação esta catalisada pela enzima aspartato-transcarbamoilase. Em seguida, a enzima di-hidroorotase promove a ciclização da molécula para formar o anel de pirimidina. O passo seguinte é a oxidação do anel de pirimidina pela enzima di-hidroorotase-desidrogenase que dá origem ao ácido orótico.

A di-hidroorotato-desidrogenase é uma enzima da superfície externa da membrana mitocondrial interna; as demais enzimas envolvidas na biossíntese de pirimidinas estão no citosol. No passo seguinte, a ribose-5-fosfato é transferida do PRPP para a molécula do orotato, uma reação que é catalisada pela enzima orotato-fosforribosil-transferase.

A última reação dessa rota bioquímica é a descarboxilação da orotidina-5'monofosfato (OMP) para formar o monofosfato de uridina (UMP). Essa reação é catalisada pela enzima OMP-descarboxilase, uma enzima que não necessita de cofatores. O UMP pode sofrer fosforilação da UTP; já a síntese de trifosfato de citidina (CTP) envolve a adição de um grupo amina de uma molécula de glutamina em uma reação catalisada pela CTP-sintetase. Tanto o UTP quanto o CTP estão relacionados com a síntese de RNA. A enzima-chave na regulação da via de síntese das pirimidinas é a carbamoil-fosfato-sintetase que sofre inibição por UTP e UDP, mas estimulada pelo ATP e pelo PRPP (Figura 21.9). O segundo ponto de controle da via é a enzima OMP-descarboxilase e, nesse caso, a concentração de UMP é o agente inibitório competitivo. Contudo, a velocidade de síntese de OMP varia com a disponibilidade de PRPP e aqui se deve considerar que a concentração de PRPP depende da enzima ribose-fosfato-pirofosfocinase, que catalisa a conversão de ribose-5-fosfato em PRPP, enzima que sofre inibição por níveis elevados de ADP e GDP.

Vias de recuperação das pirimidinas

As reações catalisadas pelas enzimas fosforribosil-transferase e pelas cinases de nucleosídeos também são chamadas de "vias de salvação" (ou "de recuperação"), pois tornam possível

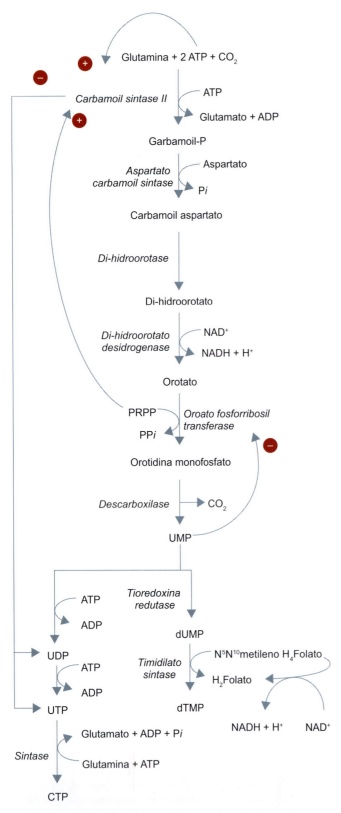

Figura 21.9 Vias de síntese e regulação das pirimidinas mostrando os principais passos bioquímicos envolvidos, bem como suas respectivas enzimas. O trifosfato de uridina (UTP) e o trifosfato de citidina (CTP) estão envolvidos na síntese da molécula de RNA. Posteriormente, o CTP dá origem à timina trifosfato (TTP). O CTP e o TTP participam da formação da molécula de DNA. As linhas descontínuas indicam vias de inibição. As linhas descontínuas e pontilhadas indicam as vias de estimulação. dUMP: desoxiuridilato monofosfato; dTMP: desoxitimidilato monofosfato.

recuperar bases e nucleosídeos a nucleotídeos, respectivamente. Na ausência dessas "vias de salvação", as bases e os nucleosídeos (resultantes de nucleotídeos em processo catabólico) produziriam ácido úrico, que é excretado pela via urinária. A rota de recuperação de pirimidinas inicia-se com uma enzima nucleosídeo-pirimidina-fosforilase inespecífica que catalisa a conversão das bases pirimídicas em seus respectivos nucleosídeos (uridina, citidina e timidina). As reações de recuperação estão elencadas a seguir:

Uridina + ATP ⟶ UMP + ADP
Uridina-citidina-cinase

Citidina + ATP ⟶ CMP + ADP
Uridina-citidina-cinase

Desoxitimidina + ATP ⟶ dTMP + ADP
Desoxitimidina-cinase

Desoxicitidina ⟶ dCMP + ADP
Desoxicitidina-cinase

Regulação da síntese "de novo" das pirimidinas

A enzima carbamoil-fosfato-sintetase II é o sítio de regulação da síntese "de novo" das pirimidinas. Quando os níveis de pirimidina diminuem, as concentrações de UTP se elevam e promovem a ativação da carbamoil-fosfato-sintetase II. Em contrapartida, quando os níveis de UTP se elevam (os níveis de pirimidina estão aumentados), a enzima sofre inibição. A enzima também sofre regulação em virtude do ciclo celular, visto que, durante a fase S, a carbamoil-fosfato-sintetase II sofre inibição por UTP com mais facilidade. Isso é possível porque a enzima apresenta um sítio passível de ser fosforilado por uma proteína-cinase ativada por mitógenos (MAP-cinase, do inglês *mitogen activated protein kinase* – uma subfamília de proteínas-cinases específicas de serina/treonina que desencadeiam respostas a estímulos extracelulares, como agentes mitógenos; além disso, estão envolvidas com a regulação de processos como expressão gênica, mitose, diferenciação celular e apoptose). Um segundo sítio de forforilação na enzima leva à sua inibição; nesse caso, uma cinase dependente de AMPc ativa essa cinase, que, por sua vez, fosforila um segundo sítio na carbamoil-fosfato-sintetase II, tornando-a mais suscetível de ser inibida.

Degradação das bases púricas

Nos seres humanos, o catabolismo de adenosina e guanosina ocorre sobretudo no fígado e conduz à formação de ácido úrico (Figura 21.10). Os nucleotídeos de guanina produzem guanosina, guanina e xantina, enquanto os nucleosídeos de adenina originam adenosina, inosina e hipoxantina. Os nucleotídeos são inicialmente convertidos em nucleosídeos por nucleotidases intracelulares, que estão sob estrito controle metabólico, e, subsequentemente, os nucleosídeos sofrem degradação por parte da enzima purina nucleosídeo fosforilase (PNP), originando a base púrica e uma ribose. A adenosina e a desoxiadenosina não atuam como substrato para a enzima PNP; em vez disso, esses nucleosídeos são primeiro convertidos em inosina por parte da enzima guanina desaminase e xantina oxidase. A xantina é posteriormente oxidada em ácido úrico.

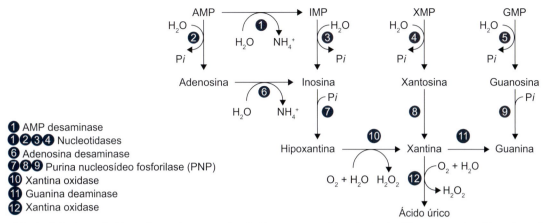

① AMP desaminase
①②③④ Nucleotidases
⑥ Adenosina desaminase
⑦⑧⑨ Purina nucleosídeo fosforilase (PNP)
⑩ Xantina oxidase
⑪ Guanina deaminase
⑫ Xantina oxidase

Figura 21.10 Principal via de catabolismo das purinas em animais. Nota-se que a degradação de diferentes nucleosídeos de purinas converge para a formação de ácido úrico.

Gota úrica

Descrita pela primeira vez por Hipócrates, no século 5 a.C., sua incidência é de 2 a 3 casos para 10 mil na população geral. Ocorre com maior incidência entre os 30 a 50 anos de idade, com predomínio do sexo masculino (95%), tendendo a ocorrer nas mulheres normalmente após a menopausa. A gota pode ser classificada em primária e secundária; a primeira tem forte componente genético e é o tipo mais comum da doença. A gota secundária surge em decorrência de doenças preexistentes, como talassemia, anemia falciforme, leucemia, psoríase, insuficiência renal e hipotireoidismo. Alguns medicamentos também podem causar gota úrica, como ácido acetilsalicílico, varfarina e diuréticos. A gota caracteriza-se pela deposição de cristais de ácido úrico nos tecidos com predomínio das articulações, sobretudo dedos das mãos e dos pés. As concentrações de ácido úrico no organismo podem se elevar em razão de quatro circunstâncias, que podem agir isoladamente ou em conjunto: aumento na formação de ácido úrico; redução do seu metabolismo; redução da excreção; e aumento da absorção (a partir de fontes exógenas).

Diversas vias metabólicas podem encontrar-se alteradas predispondo à hiperuricemia, como:

- Deficiência parcial da hipoxantina-guanina-fosforribosil-transferase (HGPRT), enzima que promove a recuperação de IMP e GMP: essa deficiência leva à redução da síntese de GMP e IMP pela via de recuperação. O consequente aumento do nível de PRPP acelera bastante a biossíntese de purinas pela via "de novo"
- Alterações no sistema de regulação alostérica da cadeia de enzimas: o excesso de PRPP pode ser resultado de uma superprodução por uma sintetase hiperativa com regulação alostérica prejudicada
- Excesso de PRPP: nesse caso, o PRPP passa a interferir com a via de *feedback* da aminotransferase enzima que catalisa a formação de 5-fosforribosil-1-amina, o primeiro intermediário regulatório (também limitado pela disponibilidade de PRPP)
- Deficiência de glicose-6-fosfatase: desenvolve uma doença de armazenamento de glicogênio; como eles não conseguem produzir glicose a partir de açúcares fosforilados, desenvolve-se uma hipoglicemia. Como consequência, ácido láctico e corpos cetônicos, como o β-hidroxibutirato, elevam-se, aumentando a concentração de ácidos.

A secreção tubular é inibida, resultando em hiperuricemia e gota. O diagnóstico da gota pode ser feito por meio da identificação de cristais de urato em líquido sinovial, extraído de uma dada articulação, ou por meio da identificação de tofos (Figura 21.11),

agregados de urato depositados, sobretudo em articulações das mãos, dos cotovelos e dos pés. O tratamento da gota inclui restrições dietéticas à ingestão de proteínas, abstinência alcoólica, hidratação adequada e perda de peso. Alimentos hiperproteicos contribuem para maior síntese de purinas, uma vez que um grande *pool* de aminoácidos é necessário para sua síntese. A obesidade ainda contribui para a hiperuricemia, uma vez que mais alimento é necessário para manter as funções de um corpanzil.

A desidratação deve ser prevenida, já que a quantidade de água no organismo está relacionada com a solubilidade do urato. A redução dos níveis de ácido úrico é feita com fármacos específicos, como alopurinol e benzobromarona. A colchicina interage com as subunidades de proteínas que estão envolvidas na síntese de microtúbulos de leucócitos polimorfonucleares. A desorganização desses microtúbulos compromete as funções leucocitárias, seu deslocamento, sua adesividade e processos de fagocitose. Já o alopurinol inibe a síntese de urato, uma vez que é um inibidor competitivo da enzima xantina oxidase. Além disso, corticosteroides, como a prednisona e a cortisona, são usados como anti-inflamatórios nas crises de gota, para aliviar a dor. Nesse mesmo sentido, anti-inflamatórios não esteroidais, como ácido acetilsalicílico e ibuprofeno, também podem ser indicados ao paciente gotoso.

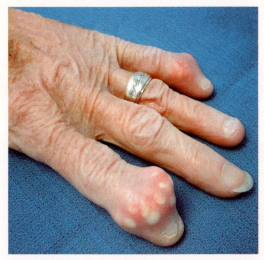

Figura 21.11 Protuberâncias causadas por tofos em paciente com gota úrica.

Resumo

Introdução

Duas das bases dos ácidos nucleicos, a adenina e a guanina, são purinas. Além de serem utilizadas na síntese de DNA e RNA, as purinas são componentes importantes de várias biomoléculas, como ATP, GTP, AMPc, NADH e coenzima A. Três das bases dos ácidos nucleicos, a citosina, a timina e a uracila, são derivados pirimídicos. As purinas e pirimidinas podem ser sintetizadas pelo organismo por meio de intermediários anfibólicos ou aproveitadas a partir de outras bases nitrogenadas.

Síntese "de novo" dos nucleotídeos das purinas

A síntese "de novo" das purinas ocorre sobretudo no fígado, embora o cérebro também seja capaz de realizá-la. A síntese emprega rotas metabólicas que envolvem aminoácidos como precursores. Para cada molécula sintetizada, são consumidas seis moléculas de ATP e, por essa razão, o organismo emprega rotas de reaproveitamento de purinas. A síntese "de novo" dos nucleotídeos de purina emprega uma forma de ribose ativada, a 5-fosforibosil-1-pirofosfato (PRPP, do inglês *5-phosphoribosyl-1-pyrophosphate*). Ao final da sequência de reações envolvidas na síntese "de novo" de purinas, seis moléculas de ATP são consumidas, obtendo a inosina monofosfato (IMP – precursora do AMP e GMP). Da molécula de IMP, podem ser sintetizadas adenosina monofosfato (AMP) e guanosina monofosfato (GMP; Figura R21.1).

Vias de recuperação ou "de salvação" das purinas

As vias de recuperação são muito mais ativas nas células do que o processo de síntese "de novo" de nucleosídeos. As principais enzimas envolvidas nessas vias são a nucleosídeo-purina-fosforilase, a fosforribosil-transferase e a desaminase. A primeira enzima, nucleosídeo-purina-fosforilase, converte nucleosídeos de guanina e inosina em guanina e hipoxantina, respectivamente, com a ribose-1-fosfato. As enzimas fosforribosil-transferase (adeninina-fosforribosil-transferase e hipoxantina-guanina-fosforribosil-transferase, HGPRT) catalisam a união de uma molécula de ribose-5-fosfato a uma base livre, originando como produtos um nucleotídeo e pirofosfato (Figura R21.2). As rotas de conversão adquirem uma importância extremamente relevante na célula muscular esquelética. Durante o esforço físico intenso, a taxa de utilização de ATP no músculo esquelético aumenta rapidamente e suplanta sua regeneração, o que pode levar ao acúmulo de ADP e AMP.

Para evitar o aumento desses nucleosídeos dentro da célula muscular esquelética, o AMP é desaminado em IMP e NH_3, diretamente pela atividade da enzima AMP desaminase. Subsequentemente, a IMP se junta ao aspartato para formar adenilsuccinato. Essa reação gasta um GTP e é mediada pela enzima adenilsuccinato sintetase. O passo seguinte é a regeneração do AMP, ou seja, o adenilsuccinato é convertido pela enzima adenilsuccinato liase em AMP. Essa reação libera fumarato, que atua impulsionando o ciclo do ácido cítrico.

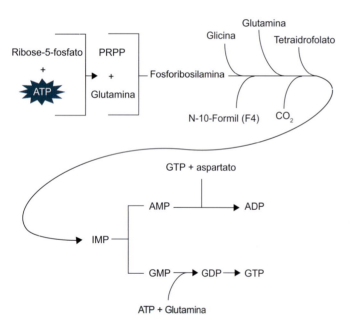

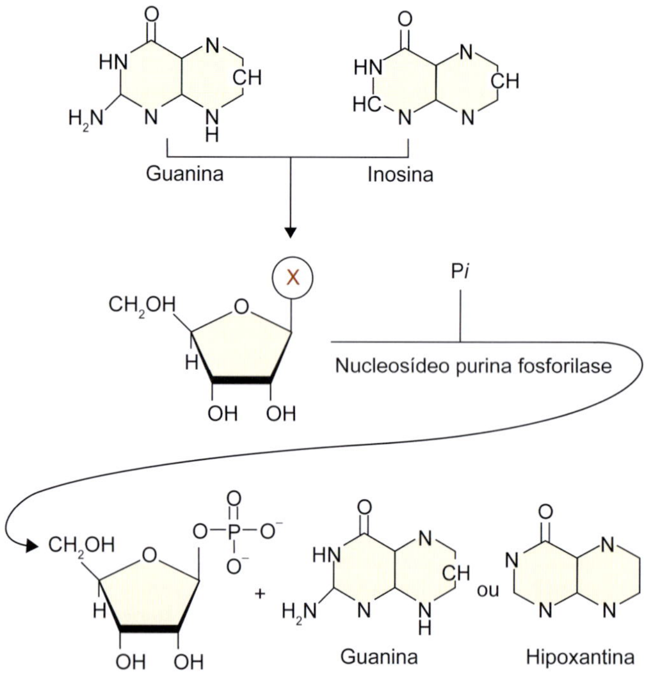

Figura R21.1 Visão geral da síntese das purinas. Condições que levem ao aumento dos níveis plasmáticos de glutamina e PRPP podem aumentar a síntese "de novo" de purinas, porque normalmente as concentrações de PRPP e glutamina se encontram sempre em níveis abaixo de seu K_m para a enzima glutamina-fosforibosil-aminotransferase.

Figura R21.2 Reação catalisada pela nucleosídeo purina fosforilase, que promove a conversão de guanosina ou inosina em ribose-1-fosfato com liberação das bases guanina ou hipoxantina. A letra "X" no anel da pentose pode ser substituída pela guanina ou inosina.

Regulação da síntese das purinas

O primeiro ponto de controle da síntese de purinas ocorre nos dois passos iniciais da síntese envolvidos com a produção de PRPP e 5-fosforibosilamina. A enzima ribose-fosfato-pirofosfocinase é regulada alostericamente e sofre inibição quando os níveis de ADP e GTP estão elevados. O segundo passo da síntese, ou seja, a produção de 5-fosforibosilamina, é catalisado pela enzima amido-fosforibosil-aminotransferase. Essa enzima também responde à inibição por *feedback*, sendo inibida por níveis aumentados de ATP, ADP, AMP, GTP, GDP e GMP. Outro ponto de regulação da síntese se dá na conversão de IMP a AMP e GMP. O AMP e o GMP atuam como inibidores competitivos junto ao IMP, de modo que não há excesso de produtos formados.

Síntese "de novo" de nucleotídeos da pirimidina e vias de regulação

As pirimidinas são compostos orgânicos semelhantes ao benzeno, mas com um anel heterocíclico. Três das bases dos ácidos nucleicos, a citosina, a timina e a uracila, são derivados pirimídicos. A primeira etapa da síntese "de novo" das pirimidinas utiliza carbamoil fosfato como elemento impulsionador. A enzima envolvida denomina-se carbamoil-fosfato-sintetase II, em contraste com a carbamoil-fosfato-sintetase I, pertencente ao ciclo da ureia. Subsequentemente, ocorre uma sequência de reações (Figura R21.3) que culmina na descarboxilação da orotidina-5'monofosfato (OMP) para formar uridina monofosfato (UMP). A enzima-chave na regulação da via de síntese das pirimidinas é a carbamoil-fosfato-sintetase, que sofre inibição por UTO e UDP, mas é estimulada pelo ATP e PRPP (Figura R21.3). O segundo ponto de controle da via é a enzima OMP-descarboxilase e, nesse caso, a concentração de UMP é o agente inibitório competitivo.

Capítulo 21 • Metabolismo das Purinas e Pirimidinas

Vias de recuperação das pirimidinas

As reações catalisadas pelas enzimas fosforribosil-transferase e pelas cinases de nucleosídeos também são chamadas "vias de salvação" (ou "de recuperação"), pois tornam possível recuperar bases e nucleosídeos a nucleotídeos, respectivamente. Na ausência dessas "vias de salvação", as bases e os nucleosídeos (resultantes de nucleotídeos em processo catabólico) produziriam ácido úrico, que é excretado via trato urinário. A rota de recuperação de pirimidinas inicia-se com uma enzima nucleosídeo-pirimidina-fosforilase inespecífica que catalisa a conversão das bases pirimídicas em seus respectivos nucleosídeos (uridina, citidina e timidina).

Degradação das bases púricas

Nos seres humanos, o catabolismo de adenosina e guanosina ocorre, sobretudo, no fígado e conduz à formação de ácido úrico. Os nucleotídeos de guanina originam guanosina, guanina e xantina, enquanto os de adenina produzem adenosina, inosina e hipoxantina. A xantina é posteriormente oxidada em ácido úrico (Figura R21.4).

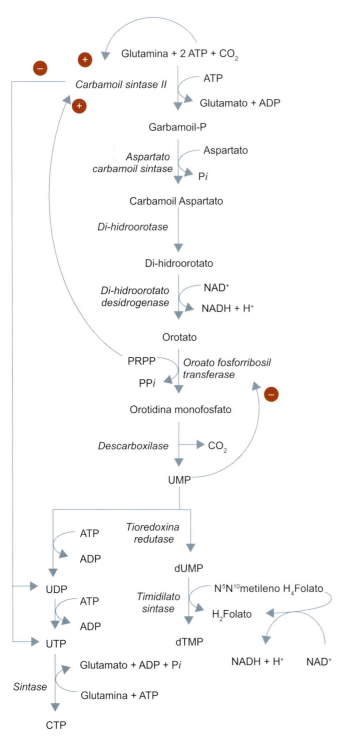

Figura R21.3 Vias de síntese e regulação das pirimidinas mostrando os principais passos bioquímicos envolvidos, bem como suas respectivas enzimas. O UTP e o CTP estão envolvidos na síntese da molécula de RNA. O CTP, posteriormente, dá origem à timina trifosfato (TTP). O CTP e a TTP participam da formação da molécula de DNA. As linhas descontínuas indicam vias de inibição. As linhas descontínuas e pontilhadas apontam vias de estimulação. dUMP: desoxiuridilato monofosfato; dTMP: desoxitimidilato monofosfato.

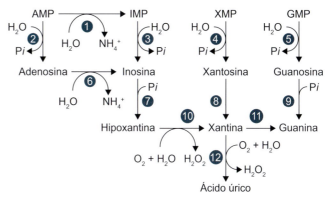

❶ AMP desaminase
❶❷❸❹ Nucleotidases
❻ Adenosina desaminase
❼❽❾ Purina nucleosídeo fosforilase (PNP)
❿ Xantina oxidase
⓫ Guanina deaminase
⓬ Xantina oxidase

Figura R21.4 Principal via de catabolismo das purinas em animais. Nota-se que a degradação de diferentes nucleosídeos de purinas converge para a formação de ácido úrico.

Regulação da síntese "de novo" das pirimidinas

A enzima carbamoil-fosfato-sintetase II é o sítio de regulação da síntese "de novo" das pirimidinas. Quando os níveis de pirimidina diminuem, as concentrações de UTP se elevam e promovem a ativação da carbamoil-fosfato-sintetase II. Em contrapartida, quando os níveis de UTP se elevam (os níveis de pirimidina estão aumentados), a enzima sofre inibição.

Exercícios

1. O organismo apresenta uma rota bioquímica de reaproveitamento de purinas. Como isso ocorre?
2. Explique a regulação da síntese das purinas.
3. Por que as vias de recuperação de purinas são bastante importantes no músculo esquelético, particularmente durante o exercício físico?
4. No organismo humano, as vias de catabólicas são tão importantes quanto as vias de síntese. Como ocorre a degradação das bases púricas?
5. Explique as vias de regulação das pirimidinas.
6. A degradação de diferentes nucleosídeos de purinas converge para a formação de ácido úrico. Quais são as consequências metabólicas da acumulação de ácido úrico?
7. O carbamoilfosfato está presente no ciclo da ureia e também na síntese "de novo" das pirimidinas. Qual é o papel do carbamoil fosfato nessas duas vias metabólicas? Destaque as semelhanças e as diferenças.
8. Explique em que condições o aumento da síntese "de novo" de purinas ocorre.

9. O metotrexato é um fármaco com potente ação antirreumática com atividade citotóxica e imunossupressora. É utilizado no tratamento de doenças oncológicas, além de ser agente citostático no controle de doenças autoimunes, como na espondilite anquilosante. Por que os indivíduos que fazem uso do metotrexato devem ser suplementados com ácido fólico?
10. Explique a síndrome de Lesch-Nyhan.

Respostas

1. A síntese "de novo" das purinas ocorre sobretudo no fígado, embora o cérebro também seja capaz de realizá-la. A síntese emprega rotas metabólicas que envolvem aminoácidos como precursores. Para cada molécula sintetizada, são consumidas seis moléculas de ATP e, por isso, o organismo emprega rotas de reaproveitamento de purinas.
2. O primeiro ponto de controle da síntese de purinas ocorre nos dois passos iniciais da síntese envolvidos na produção de PRPP e 5-fosforribosilamina. A enzima ribose-fosfato-pirofosfocinase é regulada alostericamente e sofre inibição quando os níveis de ADP e GTP estão elevados. O segundo passo da síntese, ou seja, a produção de 5-fosforribosilamina, é catalisado pela enzima amido-fosforribosil-aminotransferase. Essa enzima também responde à inibição por *feedback*, sendo inibida por níveis aumentados de ATP, ADP, AMP, GTP, GDP e GMP. Outro ponto de regulação da síntese é na conversão de IMP a AMP e GMP. O AMP e o GMP atuam como inibidores competitivos junto à IMP, de modo que não há excesso de produtos formados.
3. Durante o esforço físico intenso, a taxa de utilização de ATP no músculo esquelético aumenta rapidamente e suplanta sua regeneração, o que pode levar ao acúmulo de ADP e AMP. Para evitar o aumento desses nucleosídeos dentro da célula muscular esquelética, o AMP é desaminado em IMP e NH_3, diretamente pela atividade da enzima AMP desaminase. Subsequentemente, a IMP se junta ao aspartato para formar adenilosuccinato; essa reação gasta 1 GTP e é mediada pela enzima adenilosuccinato sintetase. O passo seguinte é a regeneração do AMP, ou seja, o adenilosuccinato é convertido em AMP pela enzima adenilosuccinato liase, uma reação que libera fumarato que atua impulsionando o ciclo do ácido cítrico.
4. Nos seres humanos, o catabolismo de adenosina e guanosina ocorre, sobretudo, no fígado e conduz à formação de ácido úrico. Os nucleotídeos de guanina produzem guanosina, guanina e xantina, enquanto os de adenina originam adenosina, inosina e hipoxantina. A xantina é posteriormente oxidada em ácido úrico.
5. A enzima carbamoil-fosfato-sintetase II é o sítio de regulação da síntese "de novo" das pirimidinas. Quando os níveis de pirimidina diminuem, as concentrações de UTP se elevam e promovem a ativação da carbamoil-fosfato-sintetase II. Em contrapartida, quando os níveis de UTP se elevam (os níveis de pirimidina estão aumentados), a enzima sofre inibição.
6. O acúmulo de ácido úrico pode acarretar a gota úrica, doença caracterizada pela deposição de cristais de ácido úrico nos tecidos com predomínio das articulações, sobretudo dedos das mãos e dos pés. As concentrações de ácido úrico no organismo podem elevar-se em decorrência de quatro circunstâncias que podem agir isoladamente ou em conjunto: aumento na formação de ácido úrico; redução do seu metabolismo; redução da excreção; aumento da absorção (a partir de fontes exógenas).
7. A primeira etapa da síntese "de novo" das pirimidinas utiliza carbamoil fosfato como elemento impulsionador. A síntese de carbamoil fosfato no ciclo da ureia ocorre na matriz mitocondrial; já na síntese de pirimidinas, essa reação acontece no citosol. A enzima envolvida denomina-se carbamoil-fosfato-sintetase II em contraste com a carbamoil-fosfato-sintetase I, pertencente ao ciclo da ureia.
8. Condições que levem ao aumento dos níveis plasmáticos de glutamina e PRPP podem aumentar a síntese "de novo" das purinas, isso porque normalmente as concentrações de PRPP e glutamina se encontram sempre em níveis abaixo de seu K_m para a enzima glutamina-fosforribosil-aminotransferase.
9. O metotrexato é o principal antagonista do folato, essencial para a síntese de nucleotídeos purínicos, que, por sua vez, são fundamentais para a síntese de DNA e na divisão celular. O folato é captado ativamente e sofre conversão em di-hidrofolato (FH2) e, posteriormente, em tetrahidrofolato (FH4) em uma reação de duas etapas processadas pela enzima di-hidrofolato-redutase. O metotrexato apresenta muito mais afinidade pelo sítio ativo da di-hidrofolato-redutase que seu substrato, o FH2, portanto inibe a enzima levando à depleção de FH4 (tetrahidrofolato).
10. Trata-se de um erro inato do metabolismo das purinas no qual há deficiência da enzima hipoxantina-guanina-fosforribosil-transferase. Os indivíduos do sexo masculino são os afetados porque o gene está presente no cromossomo X; desse modo, a doença é herdada da mãe. Os portadores apresentam atraso psicomotor por volta dos 3 a 6 meses de idade evidenciando dificuldade de controle da cabeça e também da manutenção da posição sentada acompanhada de hipotonia. Ocorre a presença de "urina arenosa" nas fraldas dos bebês decorrente da hiperuricemia. Os doentes apresentam graves atrasos no desenvolvimento neuropsicomotor. A doença é tratada com alopurinol, alcalinização da urina e hidratação. As disfunções neurológicas não podem ser tratadas, mas a espasticidade e a distonia podem ser controladas por meio de benzodiazepinas (diazepam, alprazolam).

Bibliografia

Davidson JN, Chen KC, Jamison RS, Musmanno LA, Kern CB. The evolutionary history of the first three enzymes in pyrimidine biosynthesis. Bioessays. 1993;15(3):157-64.

Evans DR, Guy HI. Mammalian pyrimidine biosynthesis: fresh insights into an ancient pathway. J Biol Chem. 2004;279:33035-8.

Fridman A, Saha A, Chan A, Casteel DE, Pilz RB, Boss GR. Cell cycle regulation of purine synthesis by phosphoribosyl pyrophosphate and inorganic phosphate. Biochem J. 2013;454:91-9.

Goodsell DS. The molecular perspective: methotrexate. Oncologist. 1999;4:340-1.

Huang M, Graves LM. De novo synthesis of pyrimidine nucleotides; emerging interfaces with signal transduction pathways. Cell Mol Life Sci. 2003;60(2):321-36.

Lane AN, Fan TW. Regulation of mammalian nucleotide metabolism and biosynthesis. Nucleic Acids Res. 2015;43(4):2466-85.

Nordlund P, Reichard P. Ribonucleotide reductases. Annu Rev Biochem. 2006;75:681-706.

Perignon JL, Bories DM, Houllier AM, Thuillier L, Cartier PH. Metabolism of pyrimidine bases and nucleosides by pyrimidine-nucleoside phosphorylases in cultured human lymphoid cells. Biochim Biophys Acta. 1987;928:130-6.

Sigoillot FD, Sigoillot SM, Guy HI. Breakdown of the regulatory control of pyrimidine biosynthesis in human breast cancer cells. Int J Cancer. 2004;109:491-8.

Suzuki NN, Koizumi K, Fukushima M, Matsuda A, Inagaki F. Structural basis for the specificity, catalysis, and regulation of human uridine-cytidine kinase. Structure. 2004;12:751-64.

Traut TW. Physiological concentrations of purines and pyrimidines. Mol Cell Biochem. 1994;140:1-22.

Metabolismo dos Eicosanoides

22

Introdução

Os eicosanoides são assim chamados pelo fato de derivarem de ácidos graxos essenciais de 20 carbonos esterificados na forma de fosfolipídios de membrana, como é o caso do ácido araquidônico. Eles incluem: tromboxanos, leucotrienos, prostaglandinas e hipoxantinas, substâncias sintetizadas por quase todas as células do organismo com funções de regulação de processos vitais, como respostas pró-inflamatórias, broncodilatação, hemostasia, vasoconstrição, fluxo de sangue nos rins, entre outros (Figura 22.1). Os eicosanoides agem como hormônios locais, exercendo função autócrina e parácrina, e sua síntese pode ser desencadeada por uma grande gama de agentes químicos que interagem com receptores de membrana do tipo metabotrópicos (acoplados à proteínas G), resultando na ativação de enzimas que convertem o ácido araquidônico nos diversos eicosanoides em razão do tipo de tecido. Por regularem uma ampla gama de efeitos no organismo, com destaque para a função pró-inflamatória das prostaglandinas, o controle da síntese e efeitos dos eicosanoides, quer de maneira fisiológica, quer iatrogênica, podem evitar ou tratar muitas condições patológicas.

Síntese de eicosanoides

Os eicosanoides são sintetizados a partir dos ácidos graxos poli-insaturados de 20 carbonos, como o ácido araquidônico, um ácido graxo com quatro instaurações (ω6, 20:4, $\Delta^{5,8,11,14}$). O ácido araquidônico é um ácido graxo essencial, assim como o ácido linoleico (ω6, 18:2, $\Delta^{9,12}$) e o ácido linolênico (ω3, 18:3, $\Delta^{9,12,15}$). Ácidos graxos essenciais devem necessariamente ser obtidos da dieta, uma vez que o organismo humano não dispõe de enzimas capazes de insaturar na posição Δ^9 nem além dessa. O ácido araquidônico pode ser sintetizado a partir do ácido linoleico (Figura 22.2), sendo o precursor mais comum dos eicosanoides, encontrando-se na membrana plasmática esterificado, mais comumente na posição 2, formando fosfolipídios de membrana. As enzimas fosfolipase A2 e C promovem a cisão das ligações éster desses fosfolipídios de membrana, tornando o ácido araquidônico livre. Essas enzimas encontram-se ancoradas à membrana plasmática e são ativadas por uma grande variedade de agonistas, como histamina e citocinas inflamatórias, que se ligam a receptores de membrana (Figura 22.3).

Após estar disponível no citosol, o ácido araquidônico é convertido em eicosanoides por diversas enzimas em decorrência especificidades teciduais; por exemplo, as células endoteliais sintetizam prostaglandinas E1 e I2 (PGE_2 e PGI_2), enquanto, nas plaquetas, o ácido araquidônico é precursor de tromboxanos A2 (TXA_2) e ácido 12-hidroxieiciosatetraenoico (12-HTE).

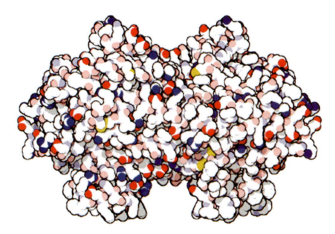

Figura 22.1 Estrutura da ciclo-oxigenase de ácidos graxos (COX). Essa enzima situa-se na membrana plasmática do retículo endoplasmático e realiza a conversão de ácido araquidônico em prostaglandinas, que, entre outras funções, atuam como importante mediador inflamatório. Código PDB: 1PRH.

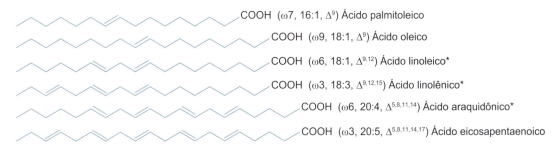

Figura 22.2 Estrutura de importantes ácidos graxos insaturados. *Indica os ácidos graxos essenciais.

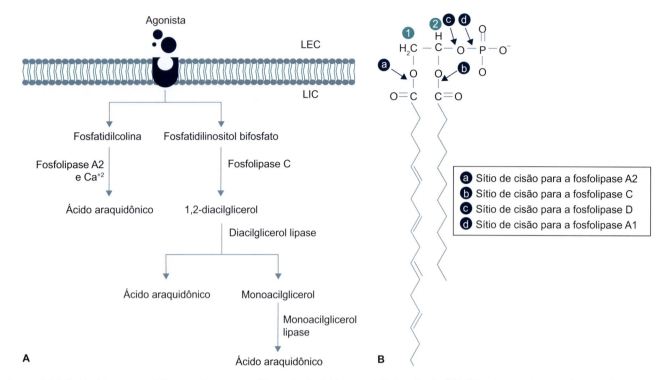

Figura 22.3 A. Modelo esquemático que demonstra a liberação de ácido araquidônico dos fosfolipídios de membrana. A ligação do agonista ao receptor dispara duas rotas bioquímicas que conduzem à formação do ácido araquidônico. **B.** Molécula de um fosfolipídio de membrana. As setas indicam os locais de cisão por parte das fosfolipases.

Prostaglandinas, tromboxanos e leucotrienos

O termo prostaglandina deriva de *próstata*, uma vez que, inicialmente, as prostaglandinas foram isoladas do sêmen humano em 1935 pelo fisiologista sueco Ulf Svante von Euler (1905-1983). Acreditava-se que as prostaglandinas eram secreções exclusivamente prostáticas, porém, posteriormente, comprovou-se que são produzidas pelas vesículas seminais e por outros tecidos que sintetizam e liberam prostaglandinas por diferentes razões. As prostaglandinas são substâncias com 20 átomos de carbono, e derivam enzimaticamente de ácidos graxos poli-insaturados, sobretudo o ácido araquidônico. Todas as prostaglandinas apresentam um anel de cinco átomos de carbono, são hidroxiladas no carbono 15 e apresentam uma insaturação entre os carbonos 13 e 14 (Figura 22.4), sendo designadas por letras maiúsculas acompanhadas de um numeral, por exemplo, PGE$_2$. A letra maiúscula que acompanha as letras PG indica a configuração do anel carbônico, bem como seus grupos químicos, que normalmente são uma cetona em C9 e uma hidroxila em C11, enquanto o índice que acompanha as letras refere-se ao número que representa o tipo de cadeia ligada nas posições 8 e 12 (Figura 22.4). As prostaglandinas atuam fundamentalmente de duas maneiras: interagem com receptores de membrana acoplados à proteína G e, em seguida, disparam duas cascatas de sinalização intracelular – adenosina monofosfato cíclico (AMPC) e inositol-trifosfato/cálcio (IP3/Ca^{+2}). Contudo, recentemente, descobriu-se que existem também receptores situados no núcleo celular das células-alvo; nesse caso, o complexo prostaglandina-receptor atua como fator de transcrição gênica. De fato, foi demonstrado que eicosanoides, como a PGI$_2$ (e outras da série J) e o leucotrieno B4, são ligantes endógenos de uma família de receptores ativadores de proliferação do peroxissomo PPAR (*peroxisome activated receptors*) que regulam o metabolismo lipídico, a diferenciação e a proliferação celular. Atualmente, são conhecidas três isoformas desses receptores: α, δ e γ. As prostaglandinas exercem suas funções em concentração mínima no plasma e estão envolvidas em diversos processos fisiológicos. A PGE$_2$, por exemplo, atua na contração dos bronquíolos e favorece a formação do muco protetor no epitélio gástrico; e a PGF$_2$, assim como a PGE$_2$, também age sobre as contrações dos bronquíolos promovendo contrações uterinas, no final da gestação.

Os tromboxanos também derivam do ácido araquidônico e são estruturalmente bastante semelhantes às prostaglandinas, com a diferença de que seu anel apresenta seis átomos de carbono (o anel das prostaglandinas é formado por cinco átomos de carbonos), onde também está presente um átomo de oxigênio que conecta os carbonos 9 e 11 do anel. A nomenclatura dos tromboxanos é semelhante à das prostaglandinas: a letra T significa tromboxano; as letras A e B, o tipo de substituinte do anel; e o número em índice o tipo de radicais R$_1$ e R$_2$ ligados ao anel heterocíclico. Os tromboxanos formam-se no interior das plaquetas e sua liberação na corrente sanguínea conduz à agregação plaquetária, dando origem a um coágulo ou trombo, daí seu nome. Eles têm ação oposta à das prostaglandinas PGI$_2$ – enquanto os primeiros promovem a agregação das plaquetas, estas atuam impedindo sua agregação. A síntese das prostaglandinas e dos tromboxanos pode se dar a partir dos ácidos graxos eicosatrienoico e eicosapentaenoico, entretanto no organismo humano somente a via de síntese que tem o ácido araquidônico como precursor é relevante, uma vez que os ácidos eicosatrienoico e eicosapentaenoico estão presentes em quantidades não relevantes em uma dieta humana.

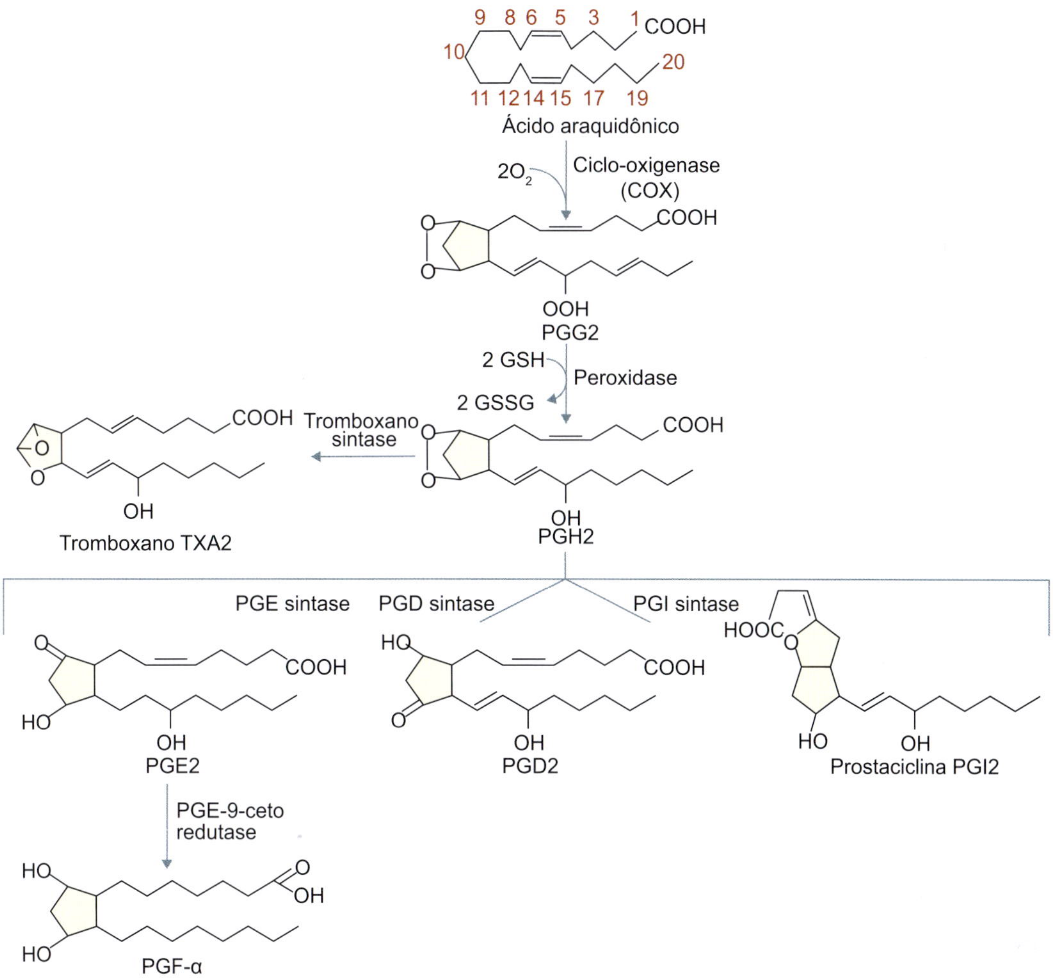

Figura 22.4 Síntese das prostaglandinas e do tromboxano (TXA$_2$). A conversão de ácido araquidônico em PGH$_2$ é catalisada pela enzima prostaglandina-endoperóxido sintase, uma enzima ancorada à membrana celular com atividade dupla, ciclo-oxigenase e peroxidase. Nota-se que o agente redutor é a glutationa, que é oxidada em GSSG. Tanto as prostaglandinas quanto os tromboxanos são modificações da molécula do ácido araquidônico. Nota-se que todas as estruturas são hidroxiladas no carbono 15, uma hidroxilação necessária para que a molécula exerça efeito biológico. As modificações químicas que tornam uma molécula diferente da outra ocorrem sobretudo na estrutura do anel, nos carbonos 9 e 11.

Bioclínica

Antagonista do receptor de leucotrienos

O montelucaste de sódio é um antagonista do receptor de leucotrienos cisteínicos (cis-LT1), tem peso molecular 608,18 dáltons, e sua apresentação química é na forma de um pó branco higroscópico, opticamente ativo, solúvel em etanol, metanol e água e insolúvel em acetonitrila (um solvente de polaridade média). Existem três tipos de leucotrienos cisteínicos (LTC$_4$, LTD$_4$ e LTE$_4$), que são eicosanoides que atuam como potentes agentes inflamatórios sendo sintetizados por diversos tipos celulares, incluindo mastócitos e eosinófilos. Esses leucotrienos interagem com receptores de cisteínicos e um deles, o cis-LT1, está presente no trato respiratório, mais precisamente nas células musculares lisas. Assim, a interação dos leucotrienos cisteínicos com o receptor cis-LT1 desencadeia um importante efeito broncoconstritor, ou seja, os leucotrienos cisteínicos atuam então como mediadores pró-asmáticos. Os receptores cisteínicos de leucotrienos foram correlacionados com a fisiopatologia da asma e da rinite alérgica. Na asma, os efeitos mediados pelos leucotrienos incluem broncoconstrição, secreção de muco, aumento da permeabilidade vascular e recrutamento de eosinófilos.

Já na rinite alérgica, os leucotrienos cisteínicos (cis-LT) são liberados da mucosa nasal quando ocorre exposição ao agente alergênio. Os cis-LT são relacionados com os sintomas da rinite, como a resistência das vias nasais e os sintomas de obstrução nasal. O montelucaste de sódio (Figura 22.5) interage com alta afinidade e seletividade com o receptor cis-LT1, em detrimento de outros receptores presentes nas vias respiratórias, como é o caso dos β-adrenorreceptores, colinérgicos ou prostanoides, e, por essa razão, promove alívio significativo dos sintomas da asma e da rinite alérgica.

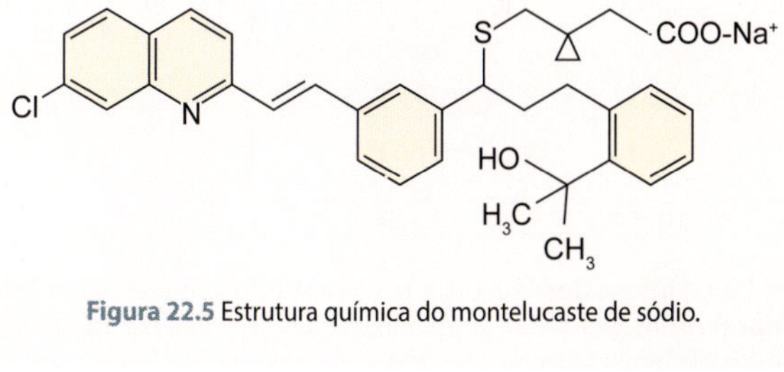

Figura 22.5 Estrutura química do montelucaste de sódio.

As prostaglandinas e os tromboxanos apresentam meia-vida em intervalos de segundos a minutos e, posteriormente, sofrem degradação originando compostos inativos. No caso das prostaglandinas, a inativação promovida é a oxigenação do grupo 15-hidroxila originando um grupo cetona, enquanto nos tromboxanos ocorre redução da dupla ligação presente no carbono 13. Posteriormente, os compostos resultantes sem atividade biológica sofrem betaoxidação e ômega-oxidação produzindo ácidos dicarboxílicos que são excretados na urina. Existe outra classe de compostos biossintetizados do ácido araquidônico, os leucotrienos. A reação de síntese é catalisada pela enzima 5-lipo-oxigenase, que constitui uma família de enzimas citosólicas (5-lipo-oxigenase, 12-lipo-oxigenase e 15-lipo-oxigenase) organizadas de acordo com a posição na qual promovem a oxidação do ácido araquidônico. A 5-lipo-oxigenase tem a função de catalisar a inserção de uma molécula de oxigênio no carbono 5 do ácido araquidônico, dando origem a um grupo hidroperóxi (-OOH) que é instável e acaba por originar um grupo hidroxi (OH) muito mais estável (Figura 22.6). Essa enzima é a mais relevante da família das lipo-oxigenases, dado que sua reação de catálise dá origem aos leucotrienos. Os leucócitos e eosinófilos apresentam, sobretudo, a enzima 15-lipo-oxigenase, enquanto nas plaquetas predominam a 12-lipo-oxigenase. Os leucotrienos são compostos de atividade anti-inflamatória que, ao contrário dos tromboxanos e das prostaglandinas, apresentam estrutura linear. Os leucotrienos C_4 e D_4 estão implicados em várias doenças alérgicas, em particular na bronquite asmática. Sabe-se ainda que o leucotrieno B_4 está envolvido na psoríase, na colite ulcerosa, na broncoconstrição, no aumento da permeabilidade vascular, na liberação de enzimas lisossômicas, na liberação de muco no trato respiratório, na vasoconstrição da musculatura lisa e na artrite. Em razão da grande reatividade química desses compostos, bem como do fato de se encontrarem no organismo em quantidades diminutas, a ação dos leucotrienos C4 e D4 está implicada em várias doenças alérgicas, em particular na bronquite asmática.

Ciclo-oxigenase de ácidos graxos e ação dos anti-inflamatórios não esteroidais

A ciclo-oxigenase de ácidos graxos (COX), também conhecida como prostaglandina H2 sintase, é uma glicoproteína dimérica integral da membrana, encontrada predominantemente no retículo endoplasmático. Está envolvida na cascata do ácido araquidônico (Figura 22.7). Nas células dos mamíferos, existem pelo menos duas isoformas, COX-1 e COX-2, e acredita-se existir a COX-3. Estas consistem em um longo canal estreito, muito hidrofóbico, de modo a formar uma configuração em *hairpin* (estrutura em forma de grampo de cabelo) no final, e apresentam massa molecular de 71 kDa. As COX-1 e 2 são homodímeros formados por 576 e 581

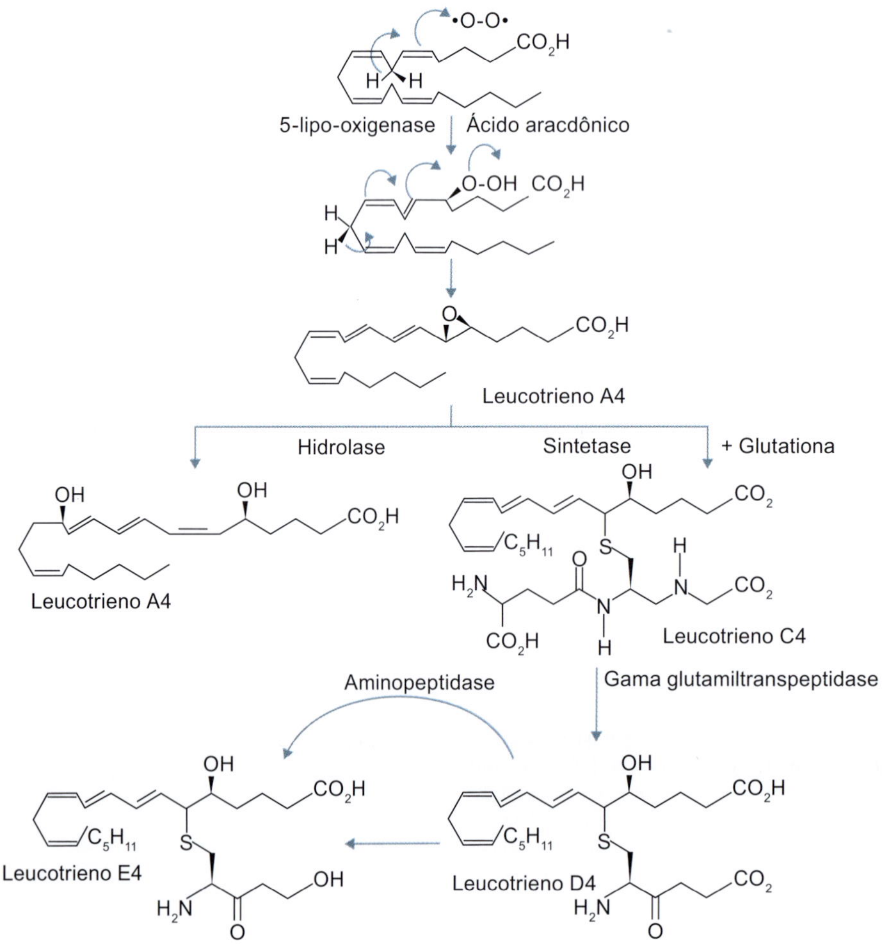

Figura 22.6 Síntese dos leucotrienos a partir do ácido araquidônico. As enzimas lipo-oxigenases (5-lipo-oxigenase, 12-lipo-oxigenase, 15-lipo-oxigenase) promovem rearranjos nas duplas ligações da molécula de ácido araquidônico, além de inserirem grupo hidroxi nas posições 5, 12 e 15, dando origem aos diferentes leucotrienos.

resíduos de aminoácidos, respectivamente, e ambas apresentam três resíduos de manose, que estão envolvidos em seu enovelamento.

A COX-2 apresenta um quarto resíduo osídico relacionado com a sua degradação, e tanto COX-1 quanto COX-2 apresentam o grupo heme como grupo prostético. Cada monômero que forma o dímero apresenta três domínios: um domínio aminoterminal, similar ao fator de crescimento epidermal (resíduos 32 a 72); um domínio transmembranar (resíduos 73 a 116); e um domínio carboxiterminal (formado por cerca de 500 resíduos de aminoácido, aproximadamente 80% da proteína) que alberga resíduos de aminoácidos, que formam, por sua vez, dois sítios catalíticos: um com propriedade de ciclo-oxigenação do ácido araquidônico até sua conversão em hidroperoxil e outro com função peroxidase, que converte o hidroperoxil em PGG_2 (prostaglandina G2), resultando na formação de PGH_2 (prostaglandina H2). Ao contrário de outras proteínas e enzimas que se inserem na dupla bicamada lipídica das membranas biológicas, a COX fixa-se apenas em uma das monocamadas da bicamada lipídica do retículo endoplasmático por meio de quatro alfa-hélices de caráter hidrofóbico (inserção monotópica). O sítio catalítico da COX compreende dois domínios. O primeiro, um dioxigenase cuja função é incorporar duas moléculas de oxigênio à cadeia araquidônica (ou outro substrato de ácido graxo) em C11 e C15, dando origem ao intermediário endoperóxido altamente instável, PGG_2, com um grupo hidroperoxi em C15. O segundo sítio de catálise com propriedade peroxidase está situado próximo aos grupos heme, mais na superfície da proteína. Esse segundo sítio ativo converte a PGG_2 em PGH_2 com um grupo hidroxila em C15, que pode então ser convertido em outros prostanoides por distintas enzimas, isomerases, redutases ou sintases, conforme o tipo celular considerado. Embora compartilhem similaridades funcionais, a COX-1 e a COX-2 são duas proteínas estruturalmente distintas, apresentando uma homologia de 60% na sequência de aminoácidos do seu DNA complementar. A COX-1 é constitutiva, expressa na maioria dos tecidos, e está envolvida na síntese de prostaglandinas, cujas funções incluem a citoproteção gástrica, agregação plaquetária, autorregulação do fluxo sanguíneo renal e também no início do trabalho de parto.

Em contrapartida, a COX-2 é induzível, ou seja, sua síntese ocorre em razão de lesões teciduais, infecções ou na presença de citocinas inflamatórias, como a interleucina 1 (IL-1) e o fator de necrose tumoral alfa (TNF-α). Embora exista uma quantidade considerável de COX-2 constitutiva no sistema nervoso central, sua função nesse tecido não está ainda elucidada. A maioria dos anti-inflamatórios não esteroidais (AINE), como o ácido acetilsalicílico e o diclofenaco potássico, exerce sua ação anti-inflamatória por meio da inibição das COX. De fato, atuam inibindo a atividade tanto da COX-1 quanto da COX-2, e, embora o grau de inibição para cada isoforma possa variar, acredita-se que a atividade anti-inflamatória e a maioria das ações analgésicas e antipiréticas dos AINE estejam relacionadas com a inibição da COX-2, enquanto seus efeitos indesejáveis, particularmente os que afetam o trato gastrintestinal, associam-se à inibição da COX-1 (Figura 22.8). Ainda que os inibidores seletivos para a COX-2 possam preservar a integridade do trato digestório, eles ainda assim não agem da maneira como seria esperado e desejável.

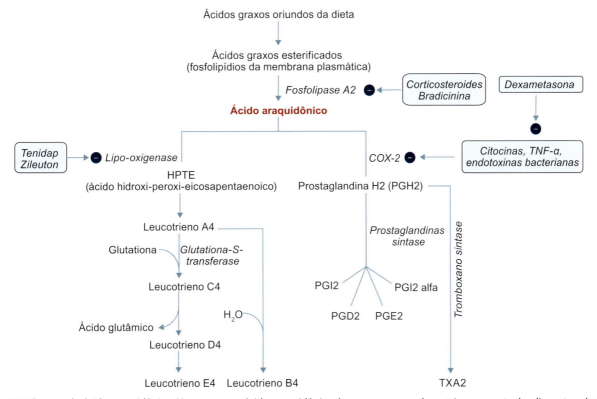

Figura 22.7 Cascata do ácido araquidônico. Nota-se que o ácido araquidônico é o precursor para leucotrienos, prostaglandina e tromboxanos. Entre outras funções, essas substâncias atuam como mediadores inflamatórios. No interior das caixas, encontram-se as substâncias (medicamentos) que atuam na cascata do ácido araquidônico impedindo a formação desses mediadores inflamatórios. Um importante ponto de ação dos medicamentos é a inibição da COX-2. A classe de medicamentos que atua nessa etapa são os anti-inflamatórios não esteroidais, como a nimesulide e os coxibes ciclo-oxigenase de ácidos graxos – forma induzível (COX-2), tromboxano (TX) e prostaglandina (PG).

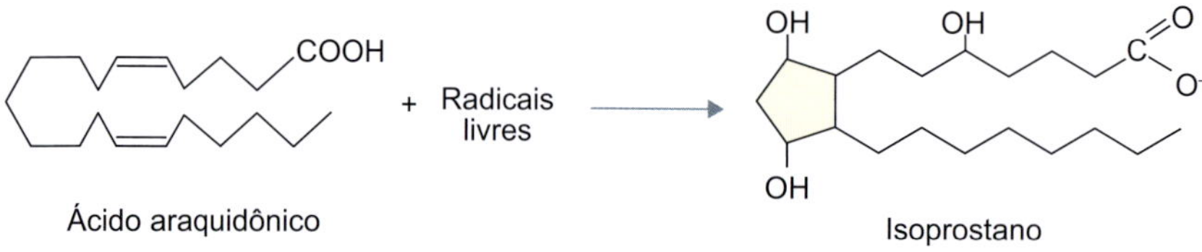

354 Bioquímica Clínica

Figura 22.8 Peroxidação do ácido araquidônico por parte de radicais livres. O produto formado é isoprostano, que, posteriormente, é excretado na urina e, por isso, pode ser usado como um parâmetro mensurável do grau de estresse oxidativo presente no organismo.

Isoprostanos

Moléculas oriundas de alterações oxidativas do ácido araquidônico, formam-se quando radicais livres originados no interior celular atacam o ácido araquidônico presente em fosfolipídios na membrana celular (peroxidação lipídica); desse modo, não são sintetizados pelas reações enzimáticas (Figura 22.9). A molécula danificada de ácido araquidônico é então removida da membrana celular por meio da fosfolipase A2 e liberada no plasma; posteriormente, ocorre sua eliminação via urinária. Os níveis urinários de isoprostanos refletem o grau de estresse oxidativo do organismo e podem ser usados como marcador biológico dessa condição. Mostrou-se que os isoprostanos apresentam atividade biológica em meios de cultura em que suas concentrações podem ser mantidas em níveis bastante elevados, contudo não se sabe se essa mesma atividade biológica pode existir no organismo, onde as concentrações são centenas de vezes menores.

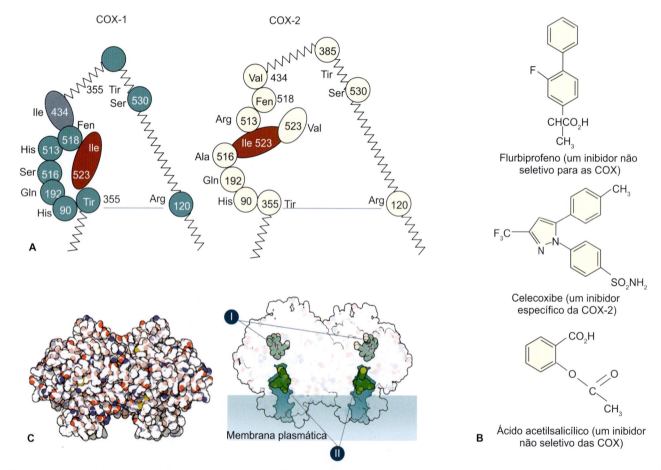

Figura 22.9 A. Modelo estrutural do sítio ativo presente na COX-1 e COX-2. A substituição da isoleucina por valina na COX-2 cria um bolso hidrofóbico lateral que não está presente na COX-1. Esse bolso lateral é importante para a função inibitória dos AINE seletivos para a COX-2. Eles são capazes de albergar grupos químicos volumosos, como sulfonamidas (presentes, por exemplo, no celecoxibe). Nota-se que o resíduo de valina na posição 523 reflete ainda em uma abertura maior do canal hidrofóbico na COX-2, dado pelos resíduos de Arg120 e Tyr355, enquanto o mesmo canal na molécula de COX-1 é mais estreito. Essas diferenças e similaridades entre as duas isoformas das COX podem explicar, por exemplo, por que o flurbiprofeno pode inibir ambas as enzimas. De fato, ele pode ocupar o canal hidrofóbico de qualquer das duas isoformas, o que o torna um fármaco não seletivo. Já o ácido acetilsalicílico atua acetilando irreversivelmente o resíduo 530 de ambas as COX, ou seja, comporta-se de maneira "não esperada e anômala" quando comparado aos demais AINE. **B.** Estrutura química de alguns AINE que agem nas ciclo-oxigenases inibindo seu sítio ativo. Por suas estruturas químicas, os AINE podem inibir com maior seletividade a COX-2 (induzível). **C.** Estrutura espacial da COX, mostrando o canal hidrofóbico ocupado por um inibidor representado em verde e amarelo (II). O canal é formado por aminoácidos apolares com dupla função: ancorar a enzima na membrana do retículo endoplasmático e direcionar o ácido araquidônico para sofrer ações sucessivas de peroxidase e ciclo-oxigenase. O grupo heme (I) está representado logo acima do canal hidrofóbico pela estrutura em azul. Código PDB: 4COX.

Bioclínica

Ação anti-inflamatória dos glicocorticosteroides

O cortisol é o principal glicocorticosteroide sintetizado pela zona fascicular das adrenais, estando diretamente envolvido com a resposta ao estresse. Sua forma sintética é chamada de hidrocortisona. O cortisol apresenta um grupamento cetônico no carbono 3 (C3) e hidroxilas em C11 e C21 (Figura 22.10). O mecanismo pelo qual o cortisol reduz a resposta inflamatória se dá pela estimulação da síntese de uma fosfoproteína, a lipocortina, cuja função é inibir a atividade da enzima fosfolipase A2. Esta enzima libera o ácido araquidônico, que é precursor imediato de prostaglandinas, tromboxanos e leucotrienos.

Os efeitos decorrentes da ação da lipocortina são: redução da vasodilatação e redução da permeabilidade microvascular, respostas estreitamente relacionadas com a função inflamatória. Além disso, os glicocorticosteroides estabilizam os lisossomos das células envolvidas no processo inflamatório. Assim, a liberação local de enzimas proteolíticas e hialuronidases, que contribuem para o edema tissular, é restringida. A diferenciação e a proliferação dos mastócitos inflamatórios locais (mas não sua liberação de histamina) são inibidas pelo cortisol.

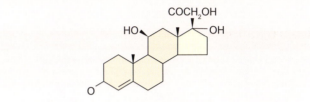

Figura 22.10 Estrutura do cortisol, o principal representante dos glicocorticosteroides.

Mecanismo de ação dos eicosanoides

Os eicosanoides desencadeiam suas ações por meio de sua interação com receptores de membrana do tipo metabotrópico, ou seja, receptores de sete alças transmembrânicas acoplados à proteína G, que, por sua vez, medeiam a formação de segundos mensageiros intracelulares (AMPc, Ca^{+2} e IP3), adenosina monofosfato cíclico (AMPc), cálcio e inositol trifosfato (IP3; Figura 22.11). Assim, os eicosanoides agem de maneira similar aos hormônios, visto que utilizam vias parácrinas e autócrinas do mesmo modo que diversos hormônios. Uma das ações parácrinas desencadeadas pelos eicosanoides é causada pelo TXA_2 liberado pelas plaquetas circulantes, que desencadeia vasoconstrição por causar contração das células musculares lisas que envolvem os leitos vasculares. O mesmo TXA_2 produzido pelas plaquetas também exerce ação autócrina e, nesse caso, atua nas próprias plaquetas, causando sua agregação e culminando na formação do trombo. Outro mecanismo de ação desencadeado pelos eicosanoides é sua propriedade de ligar-se a uma subunidade regulatória ou inibitória da proteína G, causando potencialização do efeito estimulatório (quando a interação ocorre na subunidade estimulatória) ou redução da resposta (quando a interação ocorre na subunidade inibitória).

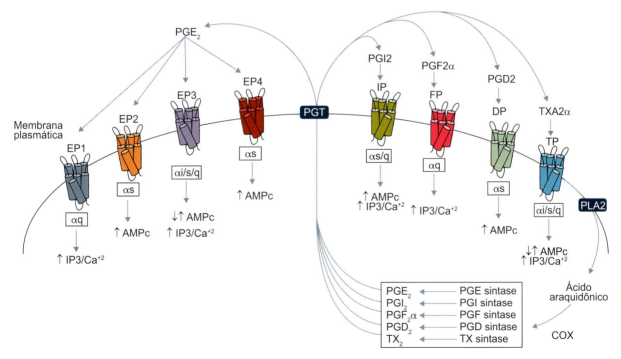

Figura 22.11 Segundos mensageiros intracelulares originados pela interação de diferentes eicosanoides com seus respectivos receptores. Após a ativação da fosfolipase A2 (PLA_2), o ácido araquidônico é liberado de fosfolipídios de membrana plasmática e sofre conversão em diferentes eicosanoides por parte das enzimas sintases. Os eicosanoides, então, são transportados para o meio extracelular, onde interagem com seus receptores de membrana (receptores metabotrópicos) originando segundos mensageiros internos, que regulam a atividade celular. EP1 a EP4: receptores para prostaglandinas do tipo E; IP: receptor para prostaglandina PGI_2; FP: receptor para prostaglandina $PGF_2\alpha$; DP: receptor para prostaglandina do tipo PGD_2; TP: receptor para tromboxano TX_2; PGT: transportador de eicosanoides para o meio extracelular; αs: subunidade da proteína G que ativa a adenilato ciclase; αq: ativa a fosfolipase C; αi: subunidade inibitória da proteína G.

Resumo

Introdução

Os eicosanoides são substâncias derivadas do ácido araquidônico por meio de reações enzimáticas. Fazem parte dos eicosanoides as prostaglandinas, os leucotrienos, os tromboxanos e as lipoxantinas. Entre suas funções incluem-se a regulação de processos vitais, como respostas pró-inflamatórias, broncodilatação, hemostasia, vasoconstrição, fluxo de sangue nos rins, entre outras.

Síntese dos eicosanoides

O precursor dos eicosanoides é principalmente o ácido araquidônico (Figura R22.1), um ácido graxo de 20 carbonos com quatro duplas ligações em sua cadeia (ω6, 20:4, $\Delta^{5,8,11,14}$). A síntese ocorre por meio de reações enzimáticas de acordo com as especificidades dos tecidos.

Figura R22.1 Estrutura do ácido araquidônico.

Prostaglandinas

Apresentam 20 átomos de carbono e derivam enzimaticamente sobretudo do ácido araquidônico. Todas as prostaglandinas apresentam um anel de cinco átomos de carbono, são hidroxiladas no carbono 15 e apresentam uma insaturação entre os carbonos 13 e 14 (Figura R22.2). Elas exercem suas funções em concentração mínimas no plasma e estão envolvidas em diversos processos fisiológicos, por exemplo, a PGE_2 atua na contração dos bronquíolos e favorece a formação do muco protetor no epitélio gástrico. A PGF_2, assim como a PGE_2, age sobre as contrações dos bronquíolos e, além disso, promove contrações uterinas no final da gestação.

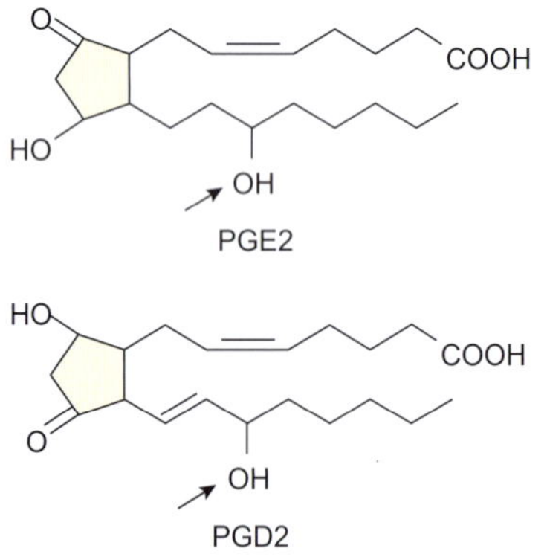

Figura R22.2 Estrutura química de duas prostaglandinas. Todas as prostaglandinas apresentam hidroxilações no carbono 15 (setas).

Tromboxanos

Também derivam do ácido araquidônico e são estruturalmente bastante semelhantes às prostaglandinas, com a diferença de que seu anel apresenta seis átomos de carbono (o anel das prostaglandinas é formado por cinco átomos de carbonos), onde também está presente um átomo de oxigênio que conecta os carbonos 9 e 11 do anel (Figura R22.3). Os tromboxanos são sintetizados no interior das plaquetas e têm ação oposta à da prostaglandina PGI_2; enquanto os primeiros promovem a agregação das plaquetas, as prostaglandinas impedem a agregação das plaquetas. Todos os tromboxanos são hidroxilados no carbono 15, o que é necessário para que a molécula exerça efeito biológico. As modificações químicas que tornam uma molécula diferente da outra ocorrem, sobretudo, na estrutura do anel, nos carbonos 9 e 11.

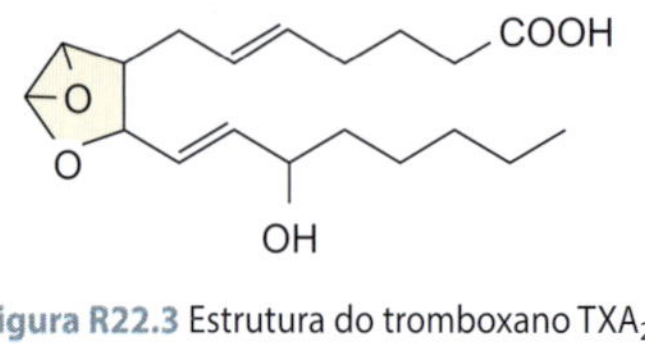

Figura R22.3 Estrutura do tromboxano TXA_2.

Leucotrienos

São compostos de atividade anti-inflamatória derivados do ácido araquidônico que, ao contrário dos tromboxanos e das prostaglandinas, apresentam estrutura linear. Sua síntese é catalisada por enzimas da família das lipo-oxigenases. A inserção de grupos químicos nas posições 5, 12 e 15 dá origem aos diferentes tipos de leucotrienos (Figura R22.4). Os leucotrienos C4 e D4 estão implicados em várias doenças alérgicas, em particular na bronquite asmática. O montelucaste de sódio é um antagonista do receptor de leucotrienos cisteínicos (cis-LT1), sendo utilizado como recurso farmacológico no tratamento de morbidades do trato respiratório, como rinites, alergias e asma.

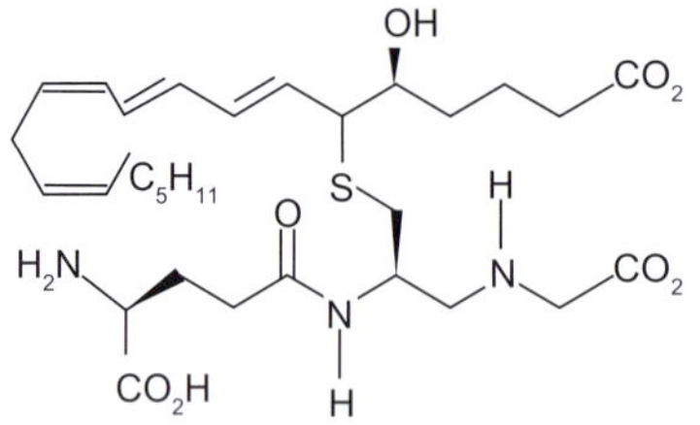

Figura R22.4 Estrutura do leucotrieno D4.

Ciclo-oxigenases (COX)

Nas células dos mamíferos, existem pelo menos duas isoformas biologicamente importantes de ciclo-oxigenases, COX-1 e COX-2. Ao contrário de outras proteínas e enzimas que se inserem na dupla bicamada lipídica das membranas biológicas, a COX fixa-se apenas em uma das monocamadas da bicamada lipídica do retículo endoplasmático por meios de quatro alfa-hélices de caráter hidrofóbico (inserção monotópica; Figura R22.5). O sítio catalítico da COX compreende dois domínios. O primeiro, uma dioxigenase, cuja função é incorporar duas moléculas de oxigênio à cadeia araquidônica, e o outro, com função peroxidase, converte o hidroperoxil em prostaglandina G2 (PGG2), resultando na formação de prostaglandina H2 (PGH2). A COX-1 é constitutiva, expressa na maioria dos tecidos, e está envolvida na síntese de prostaglandinas cujas funções incluem a citoproteção gástrica, a agregação plaquetária e a autorregulação do fluxo sanguíneo renal e também no início do trabalho de parto. Em contrapartida, a COX-2 é induzível, ou seja, sua síntese é decorrente de lesões teciduais, infecções ou na presença de citocinas inflamatórias. A maioria dos anti-inflamatórios não esteroidais (AINE), como o ácido acetilsalicílico e o diclofenaco potássico, exerce sua ação anti-inflamatória por meio da inibição das COX.

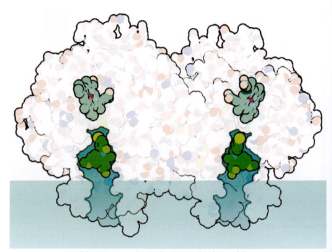

Membrana do retículo endoplasmático

Figura R22.5 Estrutura espacial da COX – o canal hidrofóbico ocupado por um inibidor representado em verde e amarelo na imagem. O canal é formado por aminoácidos apolares com dupla função: ancorar a enzima na membrana do retículo endoplasmático e direcionar o ácido araquidônico para sofrer ações sucessivas de peroxidase e ciclo-oxigenase. O grupo heme está representado logo acima do canal hidrofóbico pela estrutura em azul. Código PDB: 4COX.

Exercícios

1. Defina o que são os eicosanoides e cite suas principais funções.
2. Qual a função das enzimas fosfolipases A2 no metabolismo dos eicosanoides?
3. Explique a estrutura das prostaglandinas.
4. Os tromboxanos também são eicosanoides, explique sua função.
5. O que são os leucotrienos?
6. Diversos medicamentos são inibidores das enzimas ciclo-oxigenases (COX), como o ácido acetilsalicílico e os coxibes. Explique a estrutura das COX e suas funções.
7. O que são os isoprostanos e qual a sua relevância clínica?
8. Explique o mecanismo de ação dos eicosanoides.
9. Um ciclista, 45 anos, desenvolveu uma condição chamada uveíte (inflamação da úvea). A úvea é constituída pelo conjunto da íris, membrana coroide e pelos processos ciliares. O oftalmologista prescreveu um colírio à base de glicocorticosteroides. Explique o mecanismo de ação dos glicocorticosteroides na redução da resposta inflamatória.
10. Explique a função das enzimas fosfolipase A2 e fosfolipase C.

Respostas

1. Os eicosanoides são substâncias derivadas de ácidos graxos essenciais de 20 carbonos esterificados na forma de fosfolipídios de membrana, como é o caso do ácido araquidônico. Os eicosanoides incluem os tromboxanos, os leucotrienos, as prostaglandinas e as lipoxantinas, substâncias sintetizadas por quase todas as células do organismo com funções de regulação de processos vitais, como respostas pró-inflamatórias, broncodilatação, hemostasia, vasoconstrição, fluxo de sangue nos rins, entre outras.
2. As enzimas fosfolipase A2 e C promovem a cisão das ligações éster desses fosfolipídios de membrana, tornando o ácido araquidônico livre. Essas enzimas encontram-se ancoradas à membrana plasmática e são ativadas por uma grande variedade de agonistas, como histamina e citocinas inflamatórias, que se ligam a receptores de membrana.
3. As prostaglandinas são substâncias com 20 átomos de carbono e derivam enzimaticamente de ácidos graxos poli-insaturados, sobretudo o ácido araquidônico. Todas as prostaglandinas apresentam um anel de cinco átomos de carbono, são hidroxiladas no carbono 15 e apresentam uma insaturação entre os carbonos 13 e 14. Seus grupos químicos mais comuns são uma cetona e uma hidroxila.
4. Os tromboxanos formam-se no interior das plaquetas e sua libertação na corrente sanguínea conduz à agregação plaquetária, dando origem a um coágulo ou trombo, daí seu nome. Eles têm ação oposta à das prostaglandinas, pois atuam no sentido de promover a agregação das plaquetas.
5. Os leucotrienos são compostos com atividade anti-inflamatória derivados do ácido araquidônico que, ao contrário dos tromboxanos e das prostaglandinas, apresentam estrutura linear. Sua síntese é catalisada por enzimas da família das lipo-oxigenases. A inserção de grupos hipoxi nas posições 5, 12 e 15 dá origem aos diferentes tipos de leucotrienos. Os leucotrienos C4 e D4 estão implicados em várias doenças alérgicas, em particular na bronquite asmática.
6. Nas células dos mamíferos existem pelo menos duas isoformas biologicamente importantes de ciclo-oxigenases, COX-1 e COX-2. Embora compartilhem similaridades funcionais, a COX-1 e a COX-2 são duas proteínas estruturalmente distintas, apresentando uma homologia de 60% na sequência de aminoácidos do seu DNA complementar. A COX-1 é constitutiva, expressa na maioria dos tecidos, e está envolvida na síntese de prostaglandinas, cujas funções incluem a citoproteção gástrica, agregação plaquetária, autorregulação do fluxo sanguíneo renal e também no início do trabalho de parto. Em contrapartida, a COX-2 é induzível, ou seja, sua síntese ocorre em razão de lesões teciduais, infecções ou na presença de citocinas inflamatórias. A maioria dos anti-inflamatórios não esteroidais (AINE), como o ácido acetilsalicílico e o diclofenaco potássico, exerce sua ação anti-inflamatória por meio da inibição das COX.
7. Os isoprostanos são moléculas oriundas de alterações oxidativas do ácido araquidônico. Formam-se quando radicais livres originados no interior celular atacam o ácido araquidônico presente em fosfolipídios na membrana celular (peroxidação lipídica); dessa maneira, não são sintetizados por meio de reações enzimáticas. Os níveis urinários de isoprostanos refletem o grau de estresse oxidativo do organismo e podem ser usados como marcador biológico dessa condição.
8. Os eicosanoides desencadeiam suas ações por meio de sua interação com receptores de membrana do tipo metabotrópico, ou seja, receptores de sete alças transmembrânicas acoplados à proteína G com a síntese de liberação de segundos mensageiros intracelulares, adenosina monofosfato cíclico (AMPc), cálcio e inositol trifosfato (IP3).
9. O mecanismo pelo qual o cortisol reduz a resposta inflamatória se dá pela estimulação da síntese de uma fosfoproteína, a lipocortina, cuja função é inibir a atividade da enzima fosfolipase A2. Esta enzima libera o ácido araquidônico, que é precursor imediato de prostaglandinas, tromboxanos e leucotrienos.
10. As enzimas fosfolipase A2 e C promovem a cisão das ligações éster de fosfolipídios de membrana tornando o ácido araquidônico livre. Essas enzimas encontram-se ancoradas à membrana plasmática e são ativadas por uma grande variedade de agonistas, como histamina e citocinas inflamatórias.

Bibliografia

Dubois RN, Abramson SB, Crofford L, Gupta RA, Simon LSVan de Putte LBA, Lipsky PE. Cycloxygenase in biology disease. The FASEB Journal. 1998;12:1063-73.

Gierse J, Kurumbail R, Walker M, Hood B, Monahan J, Pawlitz J, et al. Mechanism of inhibition of novel COX-2 inhibitors. Adv Exp Med Biol. 2002; 507:365-9.

Kiefer JR, Pawlitz JL, Moreland KT, Stegeman RA, Hood WF, Gierse JK, et al. Structural insights into the stereochemistry of the cyclooxygenase reaction. Nature. 2000; 405(6782):97-101.

Kurumbail RG, Stevens AM, Gierse JK, McDonald JJ, Stegeman RA, Pak JY, et al. Structural basis for selective inhibition of cyclooxygenase-2 by anti-inflammatory agents. Nature. 1996;384(6610):644-8.

Vane JR, Bakhle YJ, Botting RM. Cycloxygenase 1 and 2. Annu Rev Pharmacol Toxicol. 1998;38:97-120.

Transportes pela Membrana Plasmática

Introdução

As células são sistemas dinâmicos e trocam substâncias constantemente com o ambiente; para que essa troca se processe, essas substâncias devem atravessar a membrana plasmática do meio interno para o externo e vice-versa. Substâncias apolares atravessam a membrana plasmática por serem capazes de interagir quimicamente com os lipídios, que formam a bicamada lipídica. Contudo, para compostos polares ou eletricamente carregados há a necessidade de uma proteína de membrana que medeie o transporte dessas substâncias. Essas proteínas transportadoras podem transportar substâncias sem gasto de energia ou com dispêndio de energia. Quando o transporte ocorre sem gasto de energia, mas existe uma proteína transportadora mediando o transporte, diz-se que se trata de um transporte facilitado. Nesse caso, a substância a ser transportada deve seguir do meio de maior concentração para o de menor concentração. Em circunstâncias em que substâncias devem ser transportadas contra seu gradiente de concentração, são utilizadas proteínas transportadoras (bombas) que implicam dispêndio de energia. Essa energia pode ser fornecida por meio da hidrólise de moléculas de ATP ou, ainda, em processos que envolvam movimentação de outro soluto que se desloque no sentido de menor concentração de seu gradiente eletroquímico, com diferença de energia suficiente capaz de potencializar o deslocamento do outro soluto contra seu gradiente eletroquímico.

Distribuição de íons no líquido intra e extracelular

Os líquidos intracelular (LIC) e extracelular (LEC) são dois compartimentos orgânicos com concentrações iônicas bastante distintas. O sódio é o cátion que está em maior concentração no LEC, 142 mEq/ℓ para 10 mEq/ℓ no LIC. Essa mesma assimetria ocorre com o cloreto (LEC = 103 mEq/ℓ; LIC = 4 mEq/ℓ), assim como com os fosfatos inorgânicos e orgânicos e proteínas (Figura 23.1). Evidentemente que a variação dessas distribuições pode ocorrer pela origem e função desempenhada pelas células. Por exemplo, células renais e endócrinas apresentam maiores níveis intracelulares de sódio, na ordem de 35 a 40 mEq/ℓ, enquanto células musculares mostram níveis menores de sódio em seu LIC (aproximadamente 10 mEq/ℓ). Ainda que essas diferenças relacionadas com a concentração estejam presentes no LIC e no LEC, os dois compartimentos apresentam equilíbrio osmótico. Entretanto, há uma tendência tênue de o LIC ser sensivelmente mais hiperosmótico quando

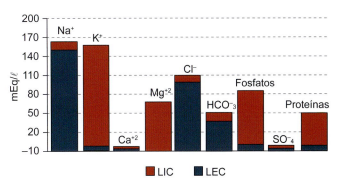

Figura 23.1 Composição aproximada de algumas substâncias que estão presentes nos líquidos extracelular (LEC) e intracelular (LIC).

comparado ao LEC, o que conduz a um efeito de turgidez da célula, que acaba por dar forma às células. Assim, o conteúdo de sais, íons e proteínas presentes no LIC e no LEC influi no volume celular, o que leva ao conceito de tonicidade das soluções.

Difusão simples

O mecanismo físico mais simples de trânsito de substâncias pela membrana é a difusão. Trata-se de movimentos moleculares espontâneos, sem gasto de energia, de ambientes de maior concentração para os de menor concentração de acordo com a segunda lei da termodinâmica. A difusão está presente em substâncias em estado líquido, gasoso ou mesmo sólido. Enquanto a difusão de gases ocorre em intervalos mínimos de tempo, em segundos, como no caso de um perfume, a difusão de líquidos é mais lenta e substâncias sólidas podem levar séculos para migrar de regiões de maior concentração para as de menor concentração. Alguns fatores podem interferir na difusão, como o número de partículas, sua forma e seu volume; de fato, partículas menores e cilíndricas se difundem mais rapidamente do que as esféricas. A maior ou menor facilidade com que as moléculas transitam pela membrana designa o coeficiente de permeabilidade, estando sujeito a três fatores: a dimensão e forma da partícula; o seu estado de ionização; e a sua afinidade para com os lipídios.

A afinidade de uma substância para com os lipídios da membrana plasmática se traduz pelo seu coeficiente de partição, o qual se calcula pela razão entre a solubilidade em um óleo determinado e a solubilidade na água. Já os íons são impermeáveis à membrana plasmática em virtude de suas cargas elétricas e de sua camada de solvatação. Finalmente, duas características podem determinar ainda a menor ou maior permeabilidade de uma partícula ante a membrana plasmática. Partículas de maior peso molecular e apolares são mais permeáveis à membrana plasmática do que partículas polares de menor peso molecular.

Outro parâmetro importante no processo difusível é a concentração de partículas, pois, quanto maior o gradiente de concentração, mais rapidamente se processa a difusão. O aumento da temperatura promove concomitantemente aumento da velocidade de difusão em virtude de maior energia cinética atribuída às partículas. Outro fator capaz de influir no processo de difusão é o tempo. Determinou-se que a distância percorrida pelas partículas difundidas é aproximadamente proporcional ao inverso do quadrado do tempo. A difusão pode ser observada quando se separam dois compartimentos com uma membrana que imita as propriedades da membrana plasmática, ou seja, é seletiva. Nesse esquema, os compartimentos apresentam concentrações diferentes de solutos (Figura 23.2).

As moléculas, quer se encontrem de um lado, quer do outro da membrana, são objeto de intensa agitação (em razão da temperatura); consequentemente, são portadoras de energia cinética. Em caso de choque com a membrana, poderão passar pelos fosfolipídios, rompendo, por ventura, instantânea e pontualmente algumas das ligações lábeis que os unem (Figura 23.2). O fenômeno da difusão apresenta duas características inerentes: irreversibilidade e espontaneidade. Quando os solutos detidos nesse compartimento são íons carregados com cargas opostas, forma-se próximo à membrana um potencial elétrico denominado potencial de membrana expresso em milivolts. O potencial de membrana naturalmente produz uma força contrária às movimentações iônicas que tendem a aumentar ainda mais seu valor, de modo que a tendência é a migração iônica com o propósito de reduzir o potencial de membrana. Dessa maneira, o deslocamento de um soluto eletricamente carregado por meio de uma membrana plasmática depende não só de sua diferença de concentração, mas também do gradiente elétrico, ou seja, depende do gradiente eletroquímico ou potencial eletroquímico.

Osmose

Designa o processo de trânsito de água entre meios com concentrações diferentes de solutos, separados por uma membrana semipermeável. A osmose pode ser vista como um tipo especial de difusão em seres vivos. Nela desprezam-se o volume e a forma das partículas presentes no soluto, levando-se em conta somente a concentração de partículas. Assim, na osmose, a pressão que as partículas exercem sobre uma área de membrana torna-se extremamente relevante e é expressa pela relação:

$$P = F/A$$

Isto é, a pressão é igual à força dividida pela área. A pressão de solventes puros é sempre máxima, uma vez que é a única partícula do sistema. A adição de soluto ao solvente reduz essa pressão porque parte do espaço ocupado pelo solvente é agora ocupado por partículas do soluto, mas o sistema como um todo passa a exercer pressão sobre uma área maior da membrana. Desse modo, quanto maior a concentração do soluto, menor é a pressão que o solvente exerce sobre determinada área da membrana e maior será a pressão exercida pelo soluto. Na membrana plasmática, essa dinâmica de forças leva à movimentação de solutos do LIC para o LEC e vice-versa, de acordo com a segunda lei da termodinâmica (Figura 23.3).

No modelo proposto na Figura 23.4, a água, sendo o solvente, aumenta de volume imediatamente após a adição do soluto; isso ocorre porque a água presente no compartimento B desloca-se para o compartimento A, no sentido de solubilizar a glicose que foi adicionada ao compartimento A. Subsequentemente, ocorre o trânsito de solutos de A para B, e vice-versa, arrastando também a água, o que conduz o volume de ambos os compartimentos até alcançarem níveis iguais. Nesse exemplo, a glicose consegue transitar por meio da membrana semipermeável, contudo, em situações em que o soluto apresenta grande massa molecular e não é capaz de atravessar a membrana, ocorre o seguinte: imagine-se que no compartimento A existem proteínas que não são capazes de atravessar a membrana semipermeável e, assim, a pressão de solvente no compartimento A é menor que no compartimento B. Nessa situação, a água (solvente) do compartimento B migra para o compartimento A no sentido de buscar o equilíbrio. A situação é que em A passa a existir pressão hidrostática e, em B, pressão osmótica.

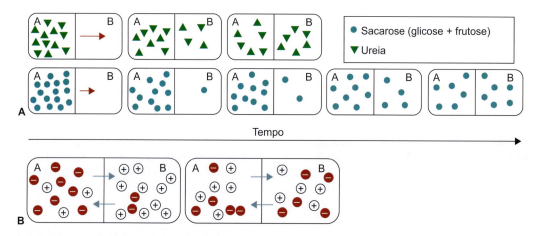

Figura 23.2 A. Compartimentos divididos por uma membrana semipermeável. A ureia (triângulos verdes) se difunde mais rapidamente que a sacarose (esferas azuis) em razão de sua massa molecular. A massa da ureia é de 60 u, enquanto a da sacarose é de 342 u. Nota-se que as concentrações iniciais de ambos os solutos são iguais. **B.** Os compartimentos mostram o movimento de solutos eletricamente carregados, que é regido tanto pelo valor de potencial elétrico quanto pela concentração dos solutos em cada compartimento (potencial eletroquímico). O fluxo de partículas continua até que o potencial zero seja alcançado.

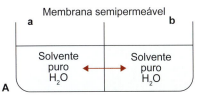 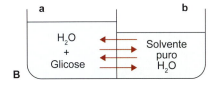 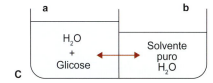

Figura 23.3 Modelos que representam a pressão osmótica exercida somente pelo solvente puro (A) e pelo solvente mais um soluto adicionado (B). Nota-se que a adição do soluto implica incremento da pressão sobre a membrana semipermeável.

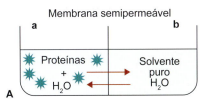 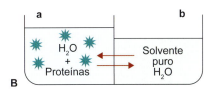 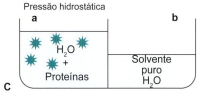

Figura 23.4 Comportamento das macromoléculas ante um sistema separado por uma membrana semipermeável. **A.** Sistema água + proteínas (a) está separado de (b), que apresenta somente a água como solvente. As proteínas são macromoléculas incapazes de atravessar a membrana semipermeável. Nessa situação, o solvente (b) desloca-se para o outro compartimento (a), buscando o equilíbrio. **C.** No final, formam-se a pressão coloidosmótica (**A**) e a pressão hidrostática (**B**). As setas indicam o movimento de solvente (água).

Bioclínica

A pressão exercida pelas proteínas presentes em um sistema

O efeito que as proteínas exercem em um dado sistema é chamado de pressão oncótica (oncos = tumor) ou pressão coloidosmótica, uma vez que as proteínas formam soluções coloidais. A presença de proteínas em uma dada solução promove redução da pressão do solvente no qual estão presentes. Além disso, as proteínas tendem a agregar água, hidratando-se, um efeito denominado solvatação. As proteínas compõem grande parte do sistema vascular, sendo a mais relevante a albumina plasmática. A concentração normal de albumina no sangue é de aproximadamente 3,5 e 5,0 g/decilitro, e constitui cerca de 50% das proteínas plasmáticas. A albumina é fundamental para a manutenção da pressão osmótica, necessária para a distribuição correta dos líquidos corporais entre o compartimento intravascular e o extravascular, localizado entre os tecidos.

Em condições de desnutrição grave, como na doença de Kwashiorkor, ocorre desnutrição grave decorrente da falta de nutrientes. O nome é originado de um dos dialetos de Gana, país da África, e significa "aquele que foi colocado de lado" referindo-se à criança mais velha que foi desmamada (do peito materno) precocemente assim que seu irmão mais novo nasceu. Um dos sinais clínicos do Kwashiorkor é o edema generalizado. Tal edema é decorrente da desnutrição proteica que acarreta diminuição de proteínas plasmáticas levando à redução da pressão coloidosmótica e, consequentemente, ao fluxo de líquidos osmóticos pelas paredes dos capilares (Figura 23.5).

 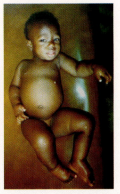

Figura 23.5 Crianças desnutridas (Kwashiorkor). Nota-se edema generalizado.

Tonicidade das soluções

Tonicidade é uma propriedade química pertencente a soluções que estão separadas por uma membrana com permeabilidade seletiva, como é o caso da membrana celular. Nessa condição, a membrana apresenta a propriedade de ser permeável ao solvente da solução, mas impermeável a determinados solutos. Para medir a tonicidade de uma solução, somam-se as concentrações de substâncias osmoticamente ativas que não conseguem atravessar determinada membrana. As soluções podem ser classificadas em isotônicas, hipotônicas ou hipertônicas. As soluções isotônicas são definidas como uma solução na qual há equilíbrio entre as pressões exercidas pelo soluto e pelo solvente. Nessa solução, a célula não varia seu volume. Soluções hipertônicas são aquelas que apresentam menor pressão exercida pelo solvente, uma vez que há grande quantidade de soluto dissolvido neste. Nessa circunstância, a água intracelular deixa a célula. Finalmente, as soluções hipotônicas são aquelas que apresentam maior pressão exercida pelo solvente, uma vez que há pequena quantidade de soluto dissolvido neste. Nesse caso, o solvente (a água) entra na célula (Figura 23.6).

Assim, em um meio hipertônico a célula sofre crenação, ou seja, perde água para a solução, reduz seu volume e assume um aspecto enrugado. Já em um meio hipotônico, há uma maior entrada de água na célula, o que a deixa com um aspecto inchado. Se a internalização de água for muito acentuada, a membrana celular poderá romper-se, liberando o conteúdo celular na solução, lise celular. O entendimento desses conceitos pode se dar de maneira mais efetiva quando se aplica um exemplo prático. No caso de afogamentos, imaginando indivíduos afogados em três soluções: hipotônica (uma piscina); hipertônica (água do mar); e isotônica (soro fisiológico). Uma amostra de sangue desses três indivíduos é coletada com o propósito de saber em que solução cada uma dessas vítimas afogou-se. Indivíduos que se afogam em piscinas ("água doce") têm mais chances de vir a óbito, uma vez que a água sendo hipotônica tende a causar turgescência celular, que pode conduzir à lise, destruindo os eritrócitos no momento em que estes chegam aos pulmões para captar oxigênio. Soluções hipotônicas apresentam maior pressão de solvente, portanto a água ganha o meio intracelular, fenômeno conhecido como

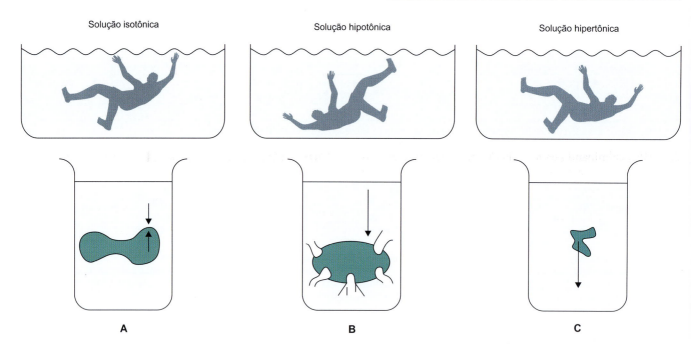

Figura 23.6 Efeitos das soluções isotônica, hipotônica e hipertônica sobre as células. A figura mostra vítimas de afogamentos em diferentes soluções: isotônica, representada pelo soro fisiológico; hipotônica, representada pela água de uma piscina; e hipertônica, representada pela água do mar. Os efeitos dessas soluções sobre os eritrócitos são mostrados no plano inferior da figura. Os vetores indicam o fluxo somente do solvente. Nota-se que em soluções isotônicas (**A**) o fluxo de solvente do LIC para o LEC e vice-versa está em equilíbrio; a célula, nesse caso, mantém sua estrutura íntegra. Em soluções hipotônicas (**B**), a solução tende a ganhar o LIC com o propósito de diluir o soluto presente no interior da célula, causando turgescência celular que pode levar à lise. Quando expostas a soluções hipertônicas, as células tendem a "murchar", um efeito que se chama crenação e pode ser revertido quando as células são expostas a soluções isotônicas. Nesse caso, o solvente deixa a célula buscando solubilizar a grande quantidade de soluto no meio extracelular.

plasmoptse. Em soluções hipertônicas, a pressão do solvente interno (dentro da célula) é maior e a água deixa a célula, dando-lhe um aspecto de murcha, o que se convencionou chamar células crenadas, dada a sua aparência com dentes. Assim, indivíduos que se afogam em água do mar têm maiores chances de sobrevivência, uma vez que eritrócitos crenados em sua imensa maioria não sofrem lise, podendo, assim, restaurar sua forma original e voltar a cumprir suas funções quando colocados em soluções isotônicas. Esse processo recebe a designação de deplasmólise. Finalmente, indivíduos que se afogassem em uma piscina de soro fisiológico manteriam a integridade de seus eritrócitos, uma vez que o soro fisiológico é uma solução isotônica e, por isso, mantém a estrutura celular. A Figura 23.6 ilustra essa imagem e mostra as forças que atuam na membrana dos eritrócitos em cada situação descrita.

Osmolaridade de uma solução e sua relação com a tonicidade

Osmolaridade é definida como o número de partículas osmoticamente ativas de soluto contidas em dado volume de solução. Quanto maior a osmolaridade, maior a pressão osmótica do soluto sobre o solvente. O plasma apresenta osmolaridade em torno de 280 a 300 mOsm (miliosmóis); assim, soluções isosmóticas convencionalmente são aquelas que apresentam a mesma osmolaridade do plasma, enquanto as hiperosmóticas apresentam osmolaridade maior que a do plasma e, finalmente, soluções hiposmóticas têm osmolaridade menor que a do plasma. As soluções podem ser isosmóticas, mas não necessariamente isotônicas. Por exemplo, uma solução de NaCl a 0,9% é isosmótica e isotônica, no entanto uma solução de ureia na mesma concentração é isosmótica, mas não

age como uma solução isotônica, uma vez que a ureia tem a propriedade de penetrar no meio intracelular arrastando grande quantidade de solvente consigo, o que promove turgescência da célula até sua lise. Dessa maneira, a definição de tonicidade leva em conta o comportamento da célula como turgescência e crenação, enquanto a osmolaridade é simplesmente a quantidade de partículas osmoticamente ativas presentes em 1ℓ de solução. Essas relações são importantes, por exemplo, na aplicação intramuscular (IM) ou intravenosa (IV) de medicamentos. De fato, soluções hipotônicas de até 140 mOsm podem ser injetadas IV desde que de maneira extremamente lenta, para evitar a lise dos eritrócitos. Soluções hipertônicas de aproximadamente 1.700 mOsm podem se administradas IV também de modo lento. Soluções acima e abaixo dessas concentrações não devem ser administradas IV ou causarão danos estruturais às células. Finalmente, a administração de soluções hipertônicas IM são bastante dolorosas.

Regulação da osmolaridade plasmática | Osmorregulação

A osmolaridade plasmática deve ser mantida em torno de 280 a 300 mOsm, e o centro regulador da osmolaridade é o hipotálamo. No hipotálamo, estão presentes grupos de células denominadas osmoceptores ou osmorreceptores sensíveis, sobretudo à concentração de Na^+, Cl^- e HCO_3^-. A ureia tem efeito muito discreto na estimulação dos sensores, uma vez que apresenta a propriedade de atravessar a membrana plasmática das células, como já referido. Quando a osmolaridade aumenta acima dos valores de referência, como ocorre na ausência de ingestão de água em circunstâncias de perdas de líquidos (choque hipovolêmico, diarreias, vômitos ou queimaduras), os osmoceptores sofrem retração e essa alteração estrutural da célula estimula os neurônios dos núcleos supraóptico e paraventricular. Originam-se potenciais de ação nessas fibras nervosas que culminam na liberação de hormônio antidiurético (ADH), cuja função é agir nos néfrons, ligando-se a receptores V2, mais precisamente nas membranas basolaterais das células principais no ducto coletor. Ao se ligar a seus receptores V2 nessas células, o ADH dispara a cascata do AMPc, culminando na fosforilação de proteínas, que conduz à inserção de aquaporinas (proteínas que possibilitam a passagem de água) na membrana da célula luminal, o que aumenta a permeabilidade para a água. Na situação inversa, ou seja, redução da osmolaridade plasmática para 280 mOsm/kg, ocorre supressão da liberação de ADH, fazendo com que os rins excretem água livremente. Quando os níveis do ADH se tornam indetectáveis (< 0,5 pmol/ℓ), os rins são capazes de excretar 15 a 20 ℓ de urina nas 24 h seguintes. Paralelamente à secreção de ADH em circunstâncias de aumento da osmolaridade plasmática, ocorre disparo do mecanismo da sede. De fato, à medida que a osmolaridade plasmática se eleva acima de 295 mOsm/kg, nenhuma elevação adicional do ADH pode aumentar a antidiurese, a qual já é máxima. Nessa situação, a sede é mais um mecanismo necessário para restauração da osmolaridade plasmática. Estudos mostram que a sede é deflagrada de osmolaridades próximas às necessárias para liberar ADH, ou seja, acima de 281 mOsm/kg, alcançando o nível de sede intensa em torno de 296 mOsm/ℓ. A ingestão de água diminui a osmolaridade plasmática para níveis em que o controle da excreção de água, mediado pelo aumento do ADH, possa novamente manter a osmolaridade dentro dos valores de referência.

Difusão facilitada

Processo sem gasto de energia que envolve o transporte de solutos pela membrana celular por meio de uma proteína carreadora. Na difusão simples, o aumento da concentração de soluto aumenta a velocidade da difusão pela membrana. Na difusão facilitada, no entanto, isso não ocorre, visto que a relação entre concentração de soluto e velocidade de transporte de soluto atinge um platô. Assim, o fluxo de soluto segue a cinética de Michaelis-Menten, ou seja, a partir de dada concentração de soluto, a velocidade de transporte não aumenta mais, alcançando um valor máximo. O mecanismo responsável por limitar a velocidade da difusão facilitada se embasa no fato de a substância transportada ligar-se a uma parte específica da proteína transportadora (um sítio específico). Dessa maneira, quando todos esses sítios estiverem "ocupados", torna-se inútil aumentar sua concentração. O sistema de transporte facilitado é saturável (Figura 23.7), uma vez que a saturabilidade do sistema resulta do fato de o número de transportadores ser finito. Entre as substâncias que atravessam as membranas biológicas por difusão facilitada, destacam-se a glicose e grande parte dos aminoácidos.

Especificidade do sistema de transporte facilitado

Esses sistemas de transporte membranar facilitado são caracterizados por serem altamente específicos e saturáveis. A alta especificidade pode ser posta em prova quando se recorre a isômeros ópticos, como a molécula de glicose: D-glicose e L-glicose. De fato, os transportadores da glicose apenas reconhecem a D-glicose. Embora a forma L da glicose seja diferente da forma D apenas na posição de um grupo OH, ela não é reconhecida pelo transportador. A florizina (Figura 23.8) tem a propriedade de promover o bloqueio dos transportadores de glicose, induzindo-se hiperglicemia. Isso ocorre porque a molécula de florizina comporta uma D-glicose e interage com o sítio do transportador, bloqueando-o.

Tipos de transporte de solutos polares pela membrana plasmática

No organismo, os solutos polares ou carregados encontram-se revestidos por uma camada de água chamada camada de solvatação e, por essa razão, para atravessarem a membrana plasmática, devem se desfazer dessa camada de solvatação. O processo implica ainda em o soluto polar interagir com os fosfolipídios da bicamada lipídica (substâncias altamente apolares), que mede cerca de 3 nm de espessura.

A quantidade de energia livre (G) necessária para promover a translocação de um soluto polar pela bicamada lipídica da membrana até alcançar o meio intracelular é extremamente grande, comparável ao estado de transição para uma reação catalisada por enzimas (Figura 23.9). Essa barreira energética torna o trânsito de solutos polares pela membrana plasmática praticamente impossível, considerando-se o tempo de vida de

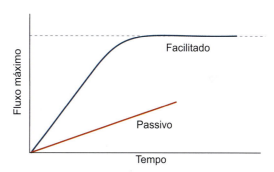

Figura 23.7 Comparação dos sistemas de difusão simples e difusão facilitada. O mecanismo de transporte simples (linha vermelha) aumenta na medida em que a concentração do soluto aumenta. Já na difusão facilitada, a velocidade de transporte de solutos não aumenta proporcionalmente com o aumento da concentração, mas exibe saturação em razão do número finito de transportadores.

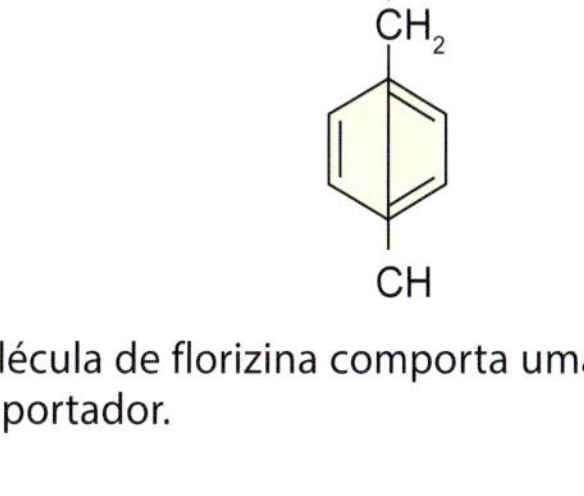

Figura 23.8 A molécula de florizina comporta uma D-glicose, interagindo com o transportador.

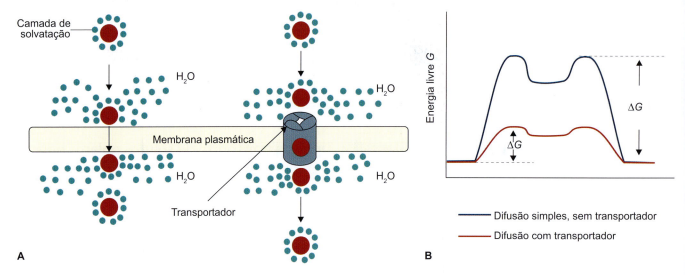

Figura 23.9 Energia livre envolvida na translocação de um soluto polar pela bicamada lipídica. **A.** Modelo de translocação do soluto pela bicamada lipídica sem a presença do transportador e com a presença do transportador. Nota-se que a passagem pela bicamada lipídica e por meio do transportador implica dissociação da camada de solvatação que acompanha o soluto polar. **B.** O gráfico mostra que a energia livre gasta para remover a camada de solvatação do soluto é altamente endergônica, tornando o processo altamente desfavorável. A presença do transportador transpõe a barreira energética, promovendo a passagem do soluto em sua forma desidratada. O transportador interage com o soluto de forma não covalente e reduz ΔG de modo similar ao mecanismo enzimático para processamento de substratos.

uma célula até sua divisão. Assim, são necessários meios para reduzir essa barreira energética e tornar possível a translocação de solutos polares pela membrana celular. Os transportadores de membranas são a alternativa para determinados solutos polares. Eles são as proteínas transmembranares, que tornam possível o transporte de determinados solutos para o interior da célula sem que sofram modificações químicas e sem gasto de energia. Os transportadores ligam-se aos solutos por meio de várias energias não covalentes e pela especificidade estereoquímica. O ΔG associado a essas interações químicas fracas compensa o ΔG relacionado com a perda da camada de solvatação do soluto, de modo que o resultado final é a redução total da energia de ativação, com o transportador formando, então, uma via de baixa resistência energética para o deslocamento do soluto pela membrana.

A Tabela 23.1 elenca os quatro mecanismos pelos quais substâncias são transportadas pela membrana celular. Os transportadores podem ser classificados da seguinte maneira:

- Uniportadores: transportam apenas um único tipo de soluto a favor de seu gradiente de concentração e em um único sentido. A glicose e os aminoácidos utilizam uniportadores para ganhar o meio intracelular
- Antiportadores: ocorre transporte de dois solutos em sentidos contrários (um se desloca para o meio extracelular e o outro para o meio intracelular). Os antiportadores atuam transportando um dado soluto contra seu gradiente de concentração desde que a segunda molécula a ligar-se ao antiportador seja transportada a favor de seu gradiente de concentração. Dessa maneira, uma reação energeticamente desfavorável é acoplada a uma reação energeticamente favorável, de modo que os antiportadores ou cotransportadores medeiam reações que ocorrem a partir da energia armazenada em um gradiente eletroquímico; por isso, às vezes o cotransporte é denominado transporte ativo secundário
- Simportadores: agem de modo semelhante aos antiportadores, com a diferença que deslocam dois solutos no mesmo sentido, ou seja, os dois para o interior da célula ou os dois para o exterior
- Canais iônicos: possibilitam o trânsito de íons para o meio intra ou extracelular a favor de seu gradiente de concentração
- Bombas ATP-dependentes: atuam transportando solutos contra seu gradiente de concentração e o fazem por meio do consumo de energia (ATP).

A Figura 23.10 ilustra todas as formas de transportadores.

Tabela 23.1 Mecanismos de transporte de substâncias polares por meio da membrana celular.

Propriedade	Tipos de transportes			
	Difusão passiva	Difusão facilitada	Transporte ativo	Cotransporte
Necessita de uma proteína específica	–	+	+	+
Soluto transportado contra seu gradiente de concentração	–	–	+	+
Gasta ATP	–	–	+	–
Movimenta um íon cotransportado no sentido decrescente de seu gradiente	–	–	–	+
Exemplos de solutos transportados	O_2, CO_2, hormônios esteroidais	Glicose, aminoácidos, íons	Íons, pequenas moléculas hidrofílicas	Glicose, aminoácidos, íons, sacarose

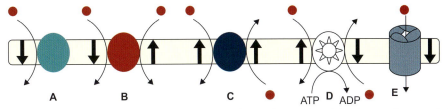

Figura 23.10 Panorama geral dos mecanismos de transporte de solutos pela membrana plasmática. As setas largas ao lado dos transportadores indicam o gradiente de concentração para cada soluto, que, por sua vez, são representados pela esfera vermelha. **A.** Uma proteína uniportadora que carreia solutos a favor de seu gradiente de concentração. **B.** Um simportador que carreia um dos solutos a favor de seu gradiente de concentração, enquanto o transporte do segundo soluto ocorre contra seu gradiente de concentração. **C.** Um antiportador: ele age de maneira similar aos simportadores, mas os solutos são transportados em sentidos contrários. **D.** Uma bomba; nesse caso o transporte de ambos os solutos ocorre contra seus gradientes de concentração. Isso é possível em virtude do gasto de ATP. **E.** Um canal iônico, que pode ser ou não voltagem-dependente. A abertura do *gate* do canal torna possível o fluxo iônico a favor de seu gradiente eletroquímico.

GLUT-1 como exemplo de uniportador

Os transportadores de glicose pertencem a uma família de 14 membros, os quais possibilitam a difusão facilitada de glicose por gradiente de concentração pela membrana plasmática das células. Essas proteínas, de 50 a 60 kDa, são denominadas GLUT 1 a 14 em ordem cronológica de caracterização e expressas em forma de tecido e célula-específicos, apresentando propriedades cinéticas e reguladoras distintas, que refletem seus papéis definidos no metabolismo celular da glicose e homeostase glicêmica corporal total.[1] Além disso, a função de uma mesma isoforma pode ser diferente de um tecido para outro, em consequência do processo de diferenciação celular. Embora 14 isoformas de transportadores já tenham sido caracterizadas, as primeiras cinco variantes descritas parecem ser as principais, tendo sido foco de estudos que buscam caracterizar os fluxos de glicose, tanto em situações fisiológicas quanto fisiopatológicas.[1] Todas as isoformas contêm 12 segmentos transmembrânicos, hidrofóbicos, inseridos na bicamada lipídica da membrana plasmática, cujos aminoácidos formam alfa-hélices. Os segmentos transmembrânicos estão ligados por alças de conexão, e as terminações NH_2 e COOH localizam-se no meio intracelular. Nos GLUT, as sequências transmembrânicas são muito homólogas, enquanto as alças de conexão e as terminações são altamente heterólogas, determinando as especificidades de cada isoforma.

O GLUT-1 (Figura 23.11) está presente em todos os tecidos humanos, apresenta regulação insulino-independente e parece mediar a capacitação da glicose basal (Figura 23.12). Para

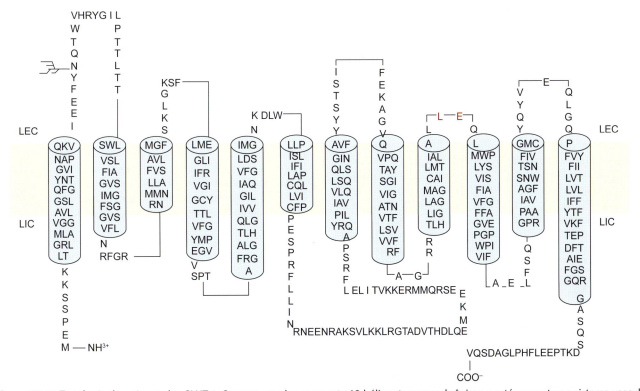

Figura 23.11 Topologia do uniportador GLUT-1. O transportador apresenta 12 hélices transmembrânicas e está presente no sistema vascular cerebral, assegurando, assim, o adequado aporte de glicose plasmática ao sistema nervoso central. Pela alta requisição de glicose por parte do sistema nervoso, o GLUT-1 é insulino-independente. Nota-se que o resíduo de asparagina 45 é glicado e as porções aminoterminal e carboxi-terminal encontram-se no meio intracelular. Embora as estruturas em alfa-hélice apresentem resíduos de aminoácidos predominantemente apolares, várias hélices apresentam resíduos de serina, treonina, asparagina e glutamina. Esses resíduos são polares e capazes de interagir com grupos OH da molécula de glicose e, por essa razão, especula-se que estejam implicados na formação do sítio de ligação para a glicose. Para saber mais sobre o tema, conferir o Capítulo 13 | Glicólise.

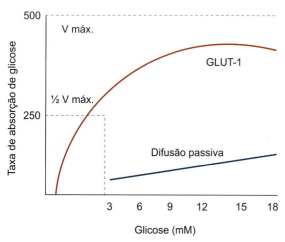

Figura 23.12 Taxas de absorção de glicose em eritrócitos. Nota-se que o GLUT-1 possibilita a absorção de glicose em níveis significativamente mais elevados, quando comparado à difusão passiva simplesmente. A anotação ½ $V_{máx}$ indica metade da taxa máxima de absorção ($V_{máx}$).

saber mais sobre o tema, conferir o Capítulo 13 | Glicólise. O GLUT-2 apresenta afinidade muito baixa pela glicose e parece agir como transportador apenas quando os níveis glicêmicos estão relativamente elevados, ou no estado pós-prandial. Ele é o maior transportador de glicose das células betapancreáticas e hepáticas, da mucosa intestinal e dos rins; portanto, a difusão de glicose para dentro dessas células é facilitada apenas quando existe a condição de hiperglicemia. Isso evita a captação hepática de glicose quando há uma descarga inapropriada de insulina no estado basal ou durante o jejum. Defeitos no GLUT-2 resultam na glicogenose tipo XI, conhecida como síndrome de Fanconi-Bickel, doença caracterizada por raquitismo, acúmulo de glicogênio hepático, glicosúria, perda de aminoácidos e acidose renal, síndrome descrita em humanos.

De fato, em concentrações plasmáticas de glicose o GLUT-1 atua com aproximadamente 77% de sua taxa máxima de transporte. Ele apresenta uma alta afinidade pela glicose e é responsável pela sua transferência do líquido cerebrospinal para as células neuronais. O GLUT-4 não é capaz de funcionar como transportador, a não ser que haja um "sinal" da insulina, resultando em translocação do GLUT-4 para a membrana celular, onde ele facilita a entrada da glicose nesses tecidos e seu armazenamento após as refeições. O GLUT-4 tem a menor cinética da família dos GLUT, mas apresenta grande afinidade. A contração muscular aumenta a taxa de transcrição e translocação do GLUT-4, processo mediado pelo AMPc, formado em grande quantidade durante o esforço da musculatura. Dietas ricas em gordura diminuem os níveis de GLUT-4 nos adipócitos e músculos.

Assim, a dieta é um fator determinante para o tratamento de pacientes diabéticos. Tal qual outros transportadores de substância, o GLUT-1 alterna entre dois estados conformacionais. No primeiro, o sítio de interação com o substrato (glicose) orienta-se para o meio extracelular. Nesse momento, a proteína sofre alterações espaciais que possibilitam que o sítio ligado à glicose oriente-se para o meio intracelular; subsequentemente, ocorre o desligamento da glicose do transportador. A situação inicial, em que o sítio de interação com a glicose está orientado para o meio extracelular, é então restaurada, reiniciando o ciclo. O GLUT-1 pode também carrear glicose do meio intracelular para o exterior da célula se a concentração no meio intracelular for maior que fora da célula. Além da glicose, o GLUT-1 é capaz de transportar seus isômeros ópticos, como a D-manose e a D-galactose. Esses açúcares diferem da molécula de glicose em apenas um átomo de carbono, contudo a afinidade do GLUT-1 por glicose é muito maior do que pelos seus isômeros.

Transportador de iodeto como exemplo de simportador

O simportador de iodeto ou NIS (*natrium iodine simporter*) ocorre na glândula tireoide e também em outros tecidos, como glândulas salivares, mucosa gástrica, glândulas mamárias em lactação, plexo coroide, corpos ciliares dos olhos e, principalmente, glândula tireoide. Sua função é acumular I^-. Nesse processo de transporte, dois íons sódio são carreados para o interior do tireócito, enquanto somente um iodo é internalizado. Os íons sódio atuam no sentido de criar um gradiente que favorece o transporte do iodo, sendo a energia necessária para produzir o gradiente de sódio provida pela Na^+/K^+ ATPase-dependente. O NIS é uma glicoproteína integral de membrana que se situa ancorada na membrana basal das células captadoras de I^-, como o tireócito. Essa proteína apresenta função essencial no processo de captação de iodo por parte do tireócito, operação-chave na biossíntese de hormônios tireoidianos. O NIS pertence à família dos carreadores solúveis 5A (SLC5A – *Soluble Carrier* 5A), de acordo com o *Online Medelian Inheritance in Man* (OMIM). A família apresenta mais de 60 membros tanto de origem eucariótica quanto procariótica. Todas as proteínas transportadoras pertencentes a essa família apresentam alta homologia entre si. Todos os membros dessa família de transportadores solúveis necessitam de um gradiente eletrogênico sódio dependente para translocar ânions pela membrana plasmática. Estudos com diversos membros da família de carreadores solúveis 5A empregando diferentes métodos sugerem que, virtualmente, todos os membros da família apresentam 13 hélices transmembrânicas com a porção aminoterminal orientada para o meio intracelular, enquanto a porção carboxiterminal do carreador situa-se no meio extracelular (Figura 23.13). O NIS é inicialmente sintetizado como um pré pró-NIS, que posteriormente sofre glicação no retículo endoplasmático em resíduos de Asn nas posições 225, 485 e 497. Subsequentemente, a proteína vai lentamente (em um período que compreende 1 h) adquirindo a sua forma madura, podendo-se após 12 h verificar transporte ativo de I^-, indicando que o NIS está em sua forma funcional e ancorado à membrana plasmática do tireócito. A glicação do NIS é um passo essencial para seu enovelamento adequado e, consequentemente, para sua funcionalidade. A meia-vida do NIS no tireócito é de cerca de 5 dias na presença da estimulação do hormônio tireóideo estimulante (TSH, do inglês *thyroid stimulant hormonium*) e de cerca de 3 dias na ausência dessa estimulação.

Trocador de cloreto-bicarbonato da membrana do eritrócito

O transporte de CO_2 por parte do eritrócito ocorre predominantemente na forma de HCO_3^-. O CO_2 liberado na respiração celular aeróbica ganha o plasma e, posteriormente, internaliza os eritrócitos, onde reage com a água para formar ácido carbônico (H_2CO_3). Posteriormente, o H_2CO_3 é cindido pela

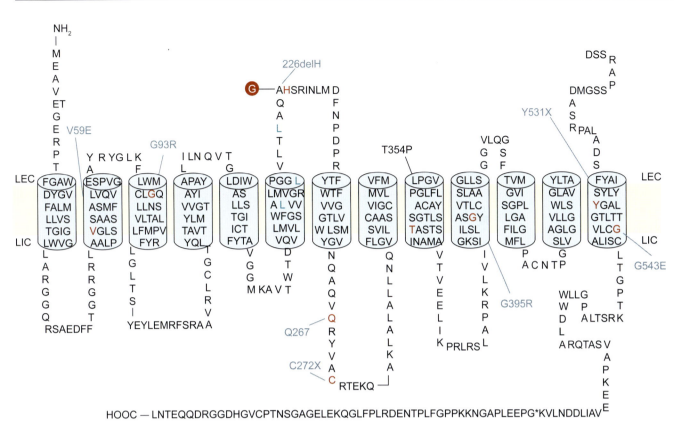

Figura 23.13 Topologia do NIS, uma proteína formada por 13 alças transmembranares, 6 alças que se projetam para o meio extracelular e 6 para o meio intracelular. Essas alças extra e intracelulares conectam as alças transmembranares, a porção aminoterminal orienta-se para o meio extracelular, enquanto a porção carboxiterminal orienta-se para o meio intracelular. Pelo menos 12 mutações no NIS já foram identificadas, sendo somente seis (V59E, G93R, 226delH, Q267E, T354P, G543E) plenamente caracterizadas; os sítios de mutação estão destacados em vermelho no modelo. A mutação T354P é extremamente frequente no Japão e pode estar associada a outra mutação como a V59E. A expressão do gene alterado resulta em mínima captação de iodeto pela célula folicular. A letra G contida no círculo vermelho indica sítios de N-glicação que ocorrem nas posições 225, 485 e 497. Os círculos envolvendo as leucinas na hélice transmembranar 6 na alça hidrofílica que se projeta dessa hélice indicam o zíper de leucina, um motivo que pode indicar a base estrutural da oligomerização do NIS.

enzima anidrase carbônica para formar bicarbonato (HCO_3^-) e H^+, o HCO_3^- é enviado para o plasma, enquanto o H^+ é tamponado no interior do eritrócito ligando-se a qualquer um dos vários resíduos de aminoácidos das porções globínicas da hemoglobina, com destaque para o resíduo His-146 (His HC3) das subunidades β. O tamponamento de H^+ por parte da hemoglobina cumpre duas funções, a primeira é que impede queda do pH intraeritrocitário, e a segunda é que a liberação do H^+ pela hemoglobina no ambiente tissular facilita a liberação do O_2 para as células (efeito de Bohr). O HCO_3^- decorrente da dissociação do H_2CO_3 poderia causar desequilíbrio hidreletrolítico no eritrócito se este não fosse extrudido do eritrócito em um mecanismo de troca com o cloreto (Cl^-). Esse fenômeno de trocas entre cargas negativas (saída de HCO_3^- e entrada de Cl^-) denomina-se "fuga de cloreto", sendo realizado por uma proteína trocadora de ânions, chamada "proteína de banda três ou *anion exchanger* 1" (AE1) (Figura 23.14), a mais volumosa das proteínas integrantes na membrana do eritrócito. O HCO_3^- é a forma pela qual o CO_2 é transportado no plasma. De fato, o HCO_3^- é mais solúvel no plasma quando comparado ao CO_2. Nos pulmões, o HCO_3^- retorna ao eritrócito e, no momento em que a hemoglobina capta oxigênio pulmonar, ocorre liberação dos íons H^+ das porções globínicas da hemoglobina (efeito de Haldane). Esses íons H^+ se combinam com o HCO_3^- para formar H_2CO_3

e, nesse momento, a enzima anidrase carbônica atua novamente para produzir CO_2, que, por sua vez, é liberado pelos pulmões.

A proteína de banda três é um antiportador, uma vez que ao extrudir HCO_3^- do interior do eritrócito para o plasma, realiza concomitantemente a operação de captar Cl^- do plasma para o interior do eritrócito. Essa troca ocorre nos tecidos e o inverso, ou seja, o Cl^- do interior do eritrócito é lançado para o plasma enquanto o HCO_3^- retorna para o interior do eritrócito, ocorre nos pulmões. A proteína de banda três mantém o equilíbrio de cargas no eritrócito, já que, enquanto uma carga negativa deixa a célula, outra carga negativa entra na célula. A banda três é considerada a principal proteína integral presente na membrana do eritrócito com peso molecular de 102 kDa, sendo expressa por um gene situado no cromossomo 17q21-q22. De fato, essa proteína responde por 25 a 30% da massa de proteínas presentes na membrana dessas células sanguíneas.

Além de compor a membrana dos eritrócitos, a banda três está presente na membrana basolateral das células intercaladas, nos túbulos distais e nas alças de Henle, proximal e distal. Apresenta 12 a 13 hélices transmembranares e um domínio citosólico de 43 kDa. As hélices transmembrânicas participam na troca iônica Cl^-/HCO_3^-. A eficiência da banda três pode ser mensurada pela velocidade de transporte iônico, o Cl^- é transportado 1 milhão de vezes mais rápido que o cátion

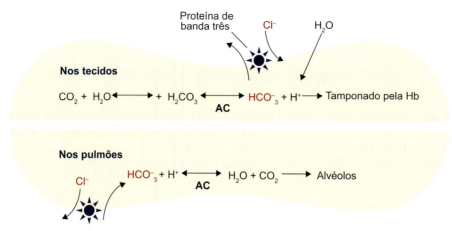

Figura 23.14 Ação da proteína de banda três na membrana eritrocitária. A proteína de banda três é um trocador cloreto-bicarbonato. Nos tecidos, a proteína de banda três exporta bicarbonato para o plasma e em troca importa cloreto. Já no ambiente alveolar, ocorre o contrário, a proteína de banda três importa o bicarbonato e exporta o cloreto para o plasma. Essa operação mantém o equilíbrio de cargas elétricas no interior do eritrócito ao mesmo tempo que aumenta a capacidade do sangue em transportar dióxido de carbono na forma de bicarbonato.

correspondente – o potássio (K^+) – e apenas 1.000 a 10.000 vezes mais rápido do que um ânion bivalente, como o sulfato (SO_4^{2-}). Esse mecanismo fisiológico é muito importante em situações de hemorragia, por exemplo, em que a perda de sangue ocorre de forma rápida.[3]

Transporte ativo

Caracteriza-se pelo deslocamento de um ambiente de maior concentração para outro de menor concentração, de acordo com a segunda lei da termodinâmica, ou seja, seguindo um gradiente de concentração decrescente até que o equilíbrio entre os dois sistemas seja alcançado. No transporte passivo, não ocorre acúmulo de solutos acima do ponto de equilíbrio. Já o transporte ativo caracteriza-se pelo deslocamento de solutos de níveis de concentração mais baixos para níveis mais altos, ou seja, contra um gradiente de concentração. Ele é, portanto, termodinamicamente desfavorável, uma vez que vai contra a segunda lei da termodinâmica. Assim, o transporte ativo só é possível empregando-se energia, de modo que as reações envolvidas em sistemas de transporte ativo são endergônicas, enquanto aquelas envolvidas em sistemas de transportes passivos são exergônicas. O transporte ativo pode ser dividido em dois tipos: transporte ativo primário e transporte ativo mediado por bombas.

Transporte ativo primário

O transporte de solutos é acoplado diretamente a uma reação exergônica, como a cisão de uma molécula de ATP (ATP → ADP + Pi, Figura 23.15).

Transporte mediado por bombas

As bombas são proteínas transmembranares cuja função é translocar substâncias (sobretudo íons) contra um gradiente de concentração; para tanto, as bombas consomem ATP. As bombas que utilizam ATP para transportar solutos são chamadas ATP sintases e podem ser organizadas em: bombas da classe F; bombas da classe V; bombas da classe P; e bombas da classe ABC.

As bombas das classes F e V apresentam várias subunidades transmembranares e citoplasmáticas. São transportadoras exclusivas de íons H^+, contudo não necessitam fosforilar nenhuma subunidade para essa função, como é o caso das

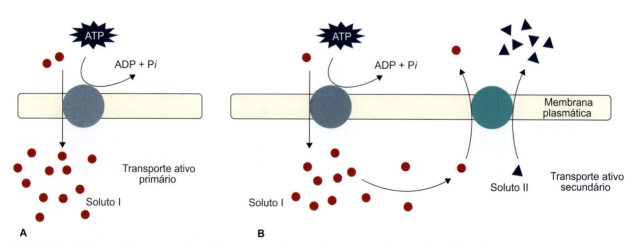

Figura 23.15 Os dois tipos de transporte ativo. **A.** Transporte ativo primário: a energia decorre da hidrólise do ATP, cuja energia é utilizada para transportar soluto (soluto I) contra seu gradiente de concentração. **B.** Transporte ativo secundário: o movimento de um dado soluto a favor de seu gradiente de concentração (soluto I) é utilizado para impulsionar o transporte de outro soluto contra seu gradiente de concentração (soluto II). Nesse caso, usa-se o transporte ativo primário para criar o gradiente de concentração do soluto I.

bombas da classe P, sobre a qual se comenta mais adiante. As bombas da classe V bombeiam prótons contra o gradiente eletroquímico desse íon, como é o caso dos osteoclastos, que durante o processo de remodelação óssea bombeiam H⁺ para a matriz óssea, criando assim um ambiente ácido propício para a reabsorção óssea. Já as bombas da classe F estão presentes, por exemplo, nos cloroplastos de células vegetais e também na membrana mitocondrial interna das mitocôndrias animais. Ao contrário das bombas da classe V, as da classe F atuam no sentido de sintetizar ATP unindo ADP a um Pi. Para a síntese de ATP, essas bombas utilizam a energia do fluxo de prótons por meio de suas subunidades, como é o caso da bomba de ATP sintase mitocondrial. Para mais informações sobre a estrutura das bombas da classe F, ver Capítulo 15 | Fosforilação Oxidativa, no qual há a descrição da bomba de ATP sintase.

A última classe de bombas ativadas por ATP é a mais abundante e apresenta maior diversidade quando comparada às demais. Essas bombas pertencem a uma superfamília denominada ABC (*ATP-binding cassete*) e incluem diversas proteínas de transporte diferentes, estando presentes em microrganismos e seres humanos. Os transportadores da classe ABC são específicos para um único substrato ou para um grupo de substratos relacionados, como aminoácidos, oses, polissacarídeos e peptídeos. Todos os transportadores da classe ABC compartilham da mesma arquitetura estrutural, ou seja, apresentam duas subunidades transmembranares e duas subunidades citosólicas (Figura 23.16). As subunidades transmembranares (T) atuam como poros para o trânsito das moléculas a serem translocadas, enquanto as subunidades citosólicas (A) compõem sítios de ligação para o ATP.

Bombas ATP-dependentes

Todas as bombas ATP-dependentes (ATPases) são proteínas transmembrânicas com um ou mais sítios de ligação para o ATP orientados para o meio intracelular, como é o caso da bomba da classe P. Este termo, "bomba da classe P", decorre do fato de que essa classe de transportadores utiliza a energia presente na ligação fosfoanidrido da molécula do ATP para transferir um grupo fosfato do ATP para um resíduo de aspartato presente no sítio ativo dessas bombas, resultando em alterações conformacionais que conduzem à reação de catálise. As três primeiras classes de bombas (P, F e V) carreiam apenas íons, enquanto as bombas pertencentes à superfamília da classe ABC estão envolvidas no transporte de pequenas moléculas.

Bombas da classe P

Todas as bombas da classe P são formadas por duas subunidades α idênticas, que, por sua vez, apresentam propriedades catalíticas e dispõem de um sítio de acoplamento para a molécula de ATP. Além das subunidades α, essas bombas têm duas subunidades β, menores que as subunidades α e que apresentam funções reguladoras. As bombas da classe P podem ser ainda classificadas em:

- Tipo I: ATPases envolvidas no transporte de metais pesados e também ATPases bacterianas
- Tipo II: estão incluídas as ATPases que transportam íons, como Na⁺, K⁺, H⁺ e Ca⁺²
- Tipo III: ATPases envolvidas no transporte de prótons de fungos e também Mg⁺² e ATPases de bactérias
- Tipo IV: classe de ATPases mais distante da família das ATPases, apresentando muitas ATPases com funções ainda não plenamente esclarecidas; contudo, sabe-se que membros desse grupo de ATPases estão relacionados com o transporte de substâncias hidrofóbicas, como os aminofosfolipídios.

Nas bombas da classe P, todas as ATPases sofrem fosforilação ao menos em uma de suas subunidades α durante o processo de transporte de substâncias pela membrana

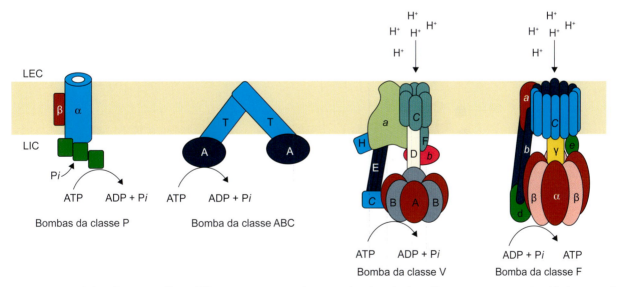

Figura 23.16 Tipos de bombas que utilizam ATP para transportar solutos – as bombas da classe P apresentam uma subunidade α com função catalítica que sofre fosforilação como parte do processo envolvido no transporte de substâncias. A subunidade β provavelmente está envolvida na regulação do transporte. As bombas da classe ABC apresentam duas subunidades transmembranares e duas citosólicas que se acoplam ao ATP para promover o movimento do soluto. As subunidades citosólicas podem apresentar-se como unidades separadas ou fusionadas em algumas bombas ABC. Nesse esquema, as subunidades citosólicas foram representadas separadamente. As bombas da classe V e F são bastante similares e estão envolvidas no transporte de prótons H⁺. Contudo, enquanto as bombas da classe V hidrolisam ATP e transportam prótons H⁺ contra seu gradiente de concentração, as bombas da classe F utilizam a energia do deslocamento de prótons a favor de seu gradiente de concentração para sintetizar ATP.

plasmática, daí a nominação P (P indica fosfato). Duas grandes representantes das bombas da classe P são as bombas Na$^+$/K$^+$ ATPase-dependente e a bomba de Ca^{+2} presente no retículo sarcoplasmático das células musculares esqueléticas (Figura 23.17). Provavelmente, os íons a serem carreados se deslocam por meio da subunidade que sofreu fosforilação. Outras bombas pertencentes à classe P são as bombas protônicas presentes nas células parietais gástricas. Essas células são responsáveis pela extrusão de prótons H$^+$ necessários à síntese de ácido clorídrico na luz gástrica. O H$^+$ é oriundo da cisão de H$_2$CO$_3$ no interior das células parietais e, na luz gástrica, combina-se com o Cl$^-$ para formar HCl. A bomba de H$^+$ das células parietais é alvo de ação de medicamentos inibidores da secreção ácida gástrica, como o omeprazol.

Bomba Na$^+$/K$^+$ ATPase-dependente

Sendo da classe P, a bomba Na$^+$/K$^+$ ATPase-dependente faz parte de uma família de complexos proteicos com ação enzimática, capazes de transportar íons ou moléculas pela membrana plasmática utilizando a energia decorrente da cisão da molécula de ATP. A bomba Na$^+$/K$^+$ ATPase-dependente cria uma diferença de gradiente entre sódio e potássio na célula por meio do bombeamento de três íons Na$^+$ do meio intracelular para o extracelular, e dois íons K$^+$ do meio extracelular para o meio intracelular. Esse gradiente iônico produzido pela bomba Na$^+$/K$^+$ ATPase-dependente é utilizado pela célula em diversos processos biológicos, como o balanço osmótico, o controle do volume celular e a produção de potenciais de ação. A bomba Na$^+$/K$^+$ ATPase apresenta grande similaridade com a bomba Ca^{+2} ATPase, que bombeia Ca^{+2} do citosol para o retículo sarcoplasmático das células musculares esqueléticas. De fato, ambas pertencem à mesma família, as ATPases do tipo II. A Na$^+$/K$^+$ ATPase dispõe de dez hélices transmembranares, nomeadas de M1 a M10, com quatro alças intracelulares (L1 a L4), duas subunidades catalíticas com peso molecular de 112 kDa e uma subunidade glicada com peso molecular de 40 a 50 kDa. O sítio de fosforilação encontra-se entre as alças L4 e L5. A Na$^+$/K$^+$ ATPase, assim como qualquer ATPase do tipo P, tem três domínios citoplasmáticos denominados A (atuador), P (fosforilação) e N (de ligação a nucleotídeos). Tanto na Ca^{+2} ATPase quanto na Na$^+$/K$^+$ ATPase, o domínio A consiste da porção N-terminal da cadeia polipeptídica e de uma porção presente entre as hélices M2 e M3, enquanto os domínios N e P localizam-se entre as hélices M4 e M5 (Figura 23.18).

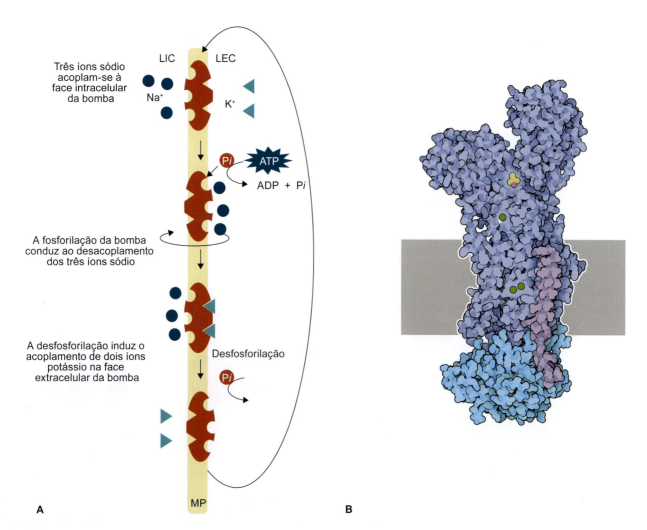

Figura 23.17 A. Mecanismo de ação da bomba Na$^+$/K$^+$ ATPase-dependente, mostrando que, a cada ciclo, ela transporta do meio intracelular para o extracelular três íons sódio, enquanto transporta do meio extracelular para o meio intracelular dois íons potássio. **B.** Estrutura espacial da bomba Na$^+$/K$^+$ ATPase. Código PDB: 2ZXE.

Capítulo 23 • Transportes pela Membrana Plasmática 371

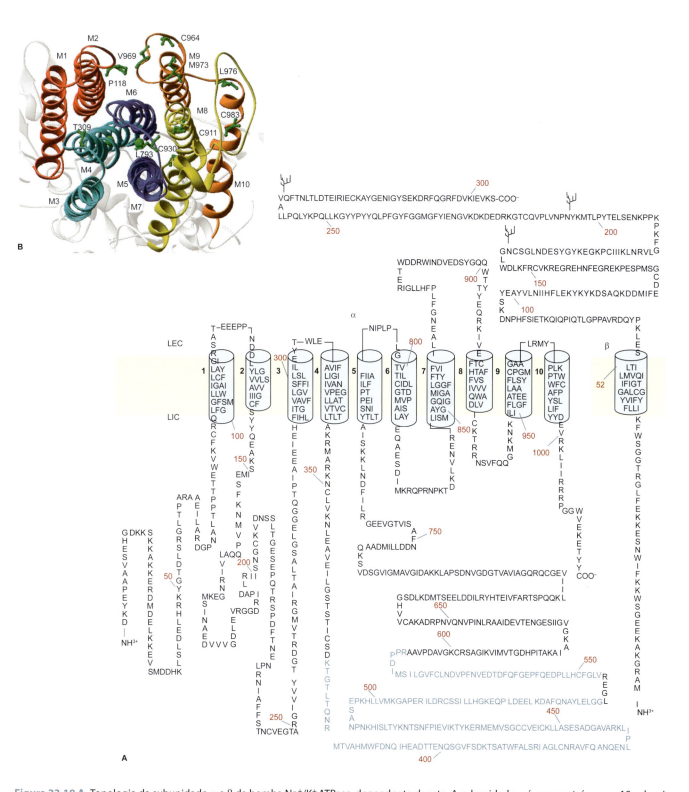

Figura 23.18 A. Topologia da subunidade α e β da bomba Na⁺/K⁺ ATPase-dependente de rato. A subunidade α é uma proteína com 10 subunidades transmembranares com massa molecular de 112.000 Da, responsável pela propriedade de catálise (transporte). A subunidade α contém sítios para interação com o ATP e também para o inibidor ouabaína. A subunidade β é um polipeptídeo que atravessa a membrana plasmática uma única vez. Apresenta peso molecular de 40.000 a 60.000 Da, dependendo do grau de glicação presente em diferentes tecidos. A subunidade β é essencial para a função catalítica e parece estar envolvida no grau de finidade com os íons Na⁺ e K⁺. A subunidade atua ainda como chaperona estabilizando o correto enovelamento da subunidade α, o que facilita seu ancoramento na membrana plasmática. O segmento destacado em azul indica o sítio de interação com a molécula do ATP. Os resíduos *N*-glicados estão representados por ⊣⊱. **B.** Disposição das alças transmembranares da bomba de ATP sintase.

No domínio N, está presente o sítio de ligação para o ATP que compreende o resíduo de Asp-369 com a sequência 370-KTGTL à dobra carboxiterminal 586-DPPR. O mecanismo proposto para deslocamento de sódio para o meio extracelular e de potássio para o meio intracelular implica na aquisição de dois estados conformacionais por parte da Na$^+$/K$^+$ ATPase-dependente, os estados E$_1$ e E$_2$ (Figura 23.19). A conformação E$_1$ tem alta afinidade por Na$^+$ e ATP e sofre rápida fosforilação na presença de Mg^{+2}, convertendo-se em forma E$_1$-P, estado no qual contém três íons Na$^+$ ligados à enzima com elevada afinidade. O estado conformacional E$_1$-P altera-se para E$_2$-P, uma conformação na qual a afinidade pelos íons sódio diminui drasticamente e, em contrapartida, apresenta alta afinidade por íons K$^+$.

Esse estado (E$_2$-P) libera três íons Na$^+$ para o meio extracelular que foram inicialmente captados do meio intracelular ao mesmo tempo que acopla dois íons K$^+$ oriundos do meio extracelular. A desfosforilação do estado E$_2$-P conduz à aquisição da conformação E$_2$-K$_2$, a forma na qual a enzima se apresenta acoplada a dois íons K$^+$. O estado E$_2$-K$_2$ liga-se à molécula de ATP no meio intracelular com baixa afinidade, liberando os dois íons K$^+$ no meio intracelular, promovendo o retorno da enzima a seu estado inicial E$_1$ e reiniciando o ciclo.

Bioclínica

Insuficiência cardíaca e bomba Na$^+$/K$^+$ ATPase-dependente

Os glicosídicos cardíacos ou esteroides cardiotônicos fazem parte de uma classe de substâncias utilizadas no tratamento da insuficiência cardíaca congestiva, da fibrilação atrial e do *flutter* atrial. Essas substâncias são produzidas por vegetais e animais, como a dedaleira (*Digitalis purpurea*) ou a borboleta-monarca (*Danaus plexippus*; Figura 23.20). Os glicosídicos cardíacos apresentam efeito inotrópico positivo, ou seja, aumentam a força de contração cardíaca. Seu modo de ação é por meio da ligação à porção extracelular da Na$^+$/K$^+$ ATPase-dependente quando essa se encontra em sua conformação E$_2$-P. Nessa condição, forma um complexo E2-P-glicosídio que é altamente estável.

Ao inibir a Na$^+$/K$^+$ ATPase-dependente, a digoxina aumenta a quantidade de sódio no cardiomiócito, o que estimula a bomba de Na$^+$/Ca^{+2} (que promove a troca de 3 Na$^+$ por 1 Ca^{2+}) a expulsar sódio em troca de cálcio; o miócito aumenta os níveis intracelulares de cálcio provocando o inotropismo positivo.

Estrutura da digoxina

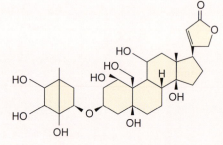
Estrutura da ouabaína

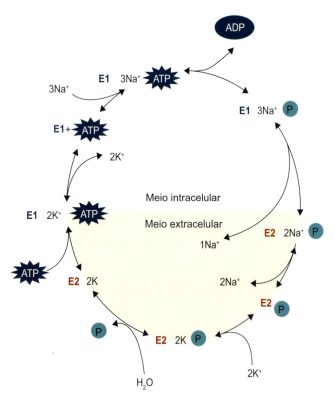

Figura 23.19 Mecanismo de ação da bomba Na$^+$/K$^+$ ATPase-dependente. A enzima assume duas conformações espaciais E$_1$ com alta afinidade para íons Na$^+$ e E$_2$ com baixa afinidade por íons Na$^+$ e alta afinidade por íons K$^+$. Nota-se que, quando E$_1$ se liga aos íons Na$^+$, subsequentemente ocorrem fosforilação e liberação de ADP. Os íons Na$^+$ são transportados para o meio extracelular, sendo, inicialmente, liberado um íon sódio e, posteriormente, os outros dois. Nesse momento, a enzima adquire a conformação E$_2$, a qual apresenta alta afinidade por K$^+$. Dois íons K$^+$ são captados do meio extracelular e a ligação da forma E$_2$ à molécula de ATP reduz sua afinidade pelo K$^+$, que é então liberado no meio intracelular, reiniciando o ciclo.

Borboleta-monarca
(*Danaus plexippus*)

Dedaleira
(*Digitalis purpurea*)

Figura 23.20 Estruturas da digoxina e da ouabaína: dedaleira e borboleta-monarca.

A Na⁺/K⁺ ATPase-dependente sofre inibição por parte de uma classe de esteroides produzidos por plantas e animais, chamados genericamente de glicosídicos cardíacos ou esteroides cardiotônicos. Essa nomenclatura diz respeito ao potente efeito dessas moléculas sobre a função cardíaca. Todos os glicosídicos cardíacos apresentam anéis A-B e C-D fundidos em uma conformação *cis*, enquanto os anéis B-C estão unidos em uma conformação *trans*. Grupos metil estão presentes em C10 e C13 na maioria dos casos. Hidroxilas estão presentes em C3 e C14, ligando-se os carboidratos ao C3 do núcleo esteroide. Outras hidroxilas podem estar presentes em C12 e C16. Já C17 tem como substituinte uma lactona (lactonas são ésteres cíclicos). Na maioria dos casos, as lactonas de glicosídeos cardíacos de origem vegetal contêm um anel de 5 átomos, enquanto as de origem animal contêm um anel de 6 átomos com duas ligações conjugadas. O conjunto núcleo esteroide-lactona é a porção aglicona (não açúcar) da molécula. Os carboidratos mais comumente encontrados em glicosídeos cardíacos são D-glicose, D-digitoxose, L-ramnose e D-cimarose. Eles existem predominantemente na conformação β. Esses carboidratos estão conjugados com a porção esteroide na forma de monossacarídeos ou de polissacarídeos unidos por ligações β-1-4. Algumas vezes, os açúcares existem em uma forma acetilada. A porção açúcar dos glicosídeos não é necessária para que o fármaco exerça efeito, porém contribui para fornecer um caráter polar à molécula.

O trato gastrintestinal como um grande sistema transportador

A borda em escova presente no intestino delgado constitui uma grande barreira à passagem de substâncias. Para que os nutrientes cheguem ao sangue ou à linfa, eles sofrem diversos processos de transporte (Figura 23.21).

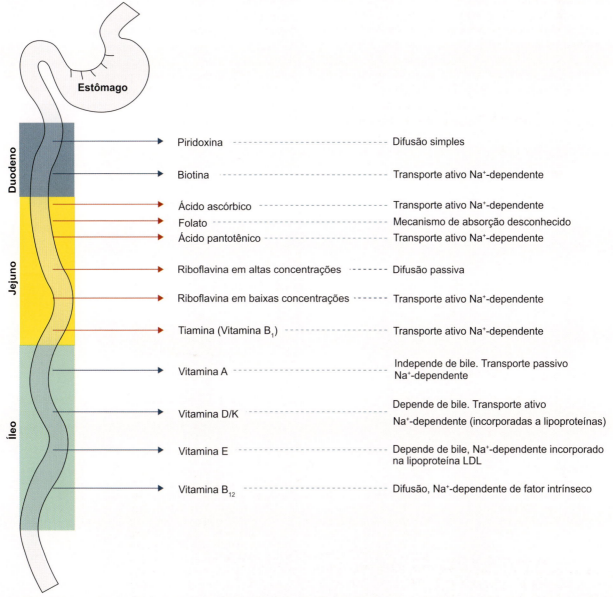

Figura 23.21 Esquema do sistema transportador.

Ca^{+2} ATPase-dependente

O cálcio é um cátion que atua como sinalizador celular virtualmente em todas as células, com destaque especial nas células da musculatura lisa esquelética e cardíaca, onde no processo de contração muscular. Nesse caso, localizam-se no retículo sarcoplasmático da célula muscular e, por isso, são denominadas bombas de Ca^{+2} do retículo sarcoplasmático (SERCA). A SERCA de tecidos de mamíferos pode ser dividida estruturalmente em três grupos, refletindo produtos de diferentes genes. O gene da SERCA1, *ATP2A1*, dá origem a duas isoformas de bombas Ca^{+2} ATPase-dependente, decorrentes de dois processos alternativos de *splicing*, produtos do gene primário. O gene que codifica a SERCA1 no ser humano situa-se no cromossomo 16. O gene da SERCA2, *ATP2A2*, codifica pelo menos duas isoformas que são tecido-específicas, SERCA2a, a principal isoforma da Ca^{+2} ATPase presente na musculatura esquelética e cardíaca, mas também pode ser expressa em níveis muito baixos em células não musculares. A SERCA2b, a segunda isoforma, é o produto de um *splicing* alternativo do mesmo gene e está presente em células da musculatura lisa, células não musculares. A SERCA2b caracteriza-se por apresentar uma grande porção C-terminal de 50 resíduos de aminoácidos. O gene que codifica ambas as isoformas da SERCA2 situa-se no cromossomo 12. A SERCA3 é codificada pelo gene *ATP3A3*, isoforma amplamente distribuída no tecido muscular esquelético, no coração e nas células não musculares. Os níveis de RNAm para essa isoforma podem ser encontrados bastante altos nos pulmões, no intestino, baço, sendo particularmente reduzidos no fígado, nos rins, nos testículos e no pâncreas. A massa molecular de todas as isoformas da SERCA é de 110 kDa e suas sequências N-terminais são similares: Met-Glu-X (Ala-Asn-Glu-Asp) X (Ala-Gly-Ile). No músculo em repouso, os níveis de cálcio são bastante baixos, próximo de 0,1 µM, o que é possível porque na condição de repouso o cálcio encontra-se armazenado no interior de cisternas chamadas retículo sarcoplasmático. Durante a contração muscular, os níveis citoplasmáticos de cálcio chegam a 10 µM. Os valores de repouso são alcançados por meio da ação da bomba de Ca^{+2} ATPase-dependente, que atua de modo a recaptar o cálcio do sarcoplasma (citoplasma da célula muscular) de volta ao retículo sarcoplasmático. A Ca^{+2} ATPase-dependente é a proteína mais abundante presente na membrana do retículo sarcoplasmático, representando cerca de 80% da massa total de proteínas dessa membrana biológica. A bomba Ca^{+2} ATPase-dependente guarda grandes similaridades com a Na$^+$ ATPase-dependente: apresenta uma subunidade α de tamanho aproximado e forma um intermediário E-P similar àquele formado pela Na$^+$ ATPase-dependente durante a cisão da molécula de ATP, e, por fim, o mecanismo de transporte iônico é bastante semelhante ao executado pela bomba Na$^+$ ATPase-dependente. A sequência de resíduos de aminoácidos da subunidade α da bomba Ca^{+2} ATPase-dependente é homóloga àquela da Na$^+$/K$^+$ ATPase-dependente, particularmente a porção que se liga à molécula de ATP (Figura 23.22). Estruturalmente, a Ca^{+2} ATPase-dependente apresenta três domínios: citoplasmático em haste; e transmembrânico.

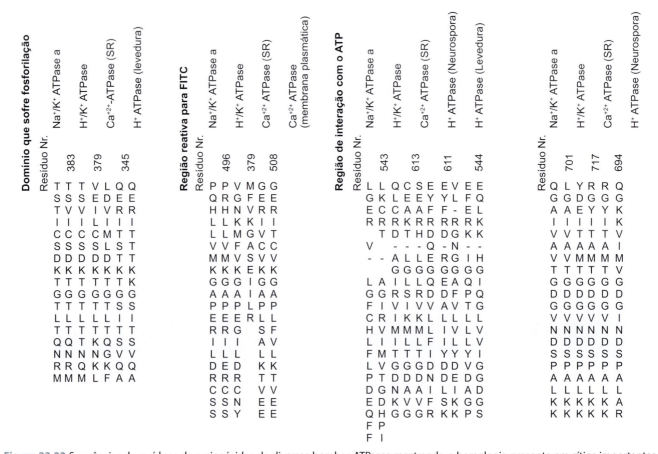

Figura 23.22 Sequências de resíduos de aminoácidos de diversas bombas ATPases mostrando a homologia presente em sítios importantes, como de interação com nucleotídeos e domínios de fosforilação. Adaptada de Jorgensen e Andersen, 1988.[2]

O domínio citoplasmático é dividido em: domínio P, N e A, sendo P o sítio de fosforilação, formado por motivos betapregueados paralelos, os quais intercalam estruturas em alfa-hélices ligando cada motivo betapregueado. O domínio P apresenta um resíduo de Asp-351 capaz de sofrer autofosforilação por ATP. A porção N-terminal do domínio P conecta-se com a hélice transmembrânica M4, enquanto a porção C-terminal conecta o domínio P à hélice transmembrânica M5.

O domínio P é constituído de uma sequência de sete motivos betapregueados intercalados por oito pequenas alfa-hélices (α, β, α, β...), uma estrutura bastante presente em proteínas que se ligam a nucleotídeos, denominada *Rossman fold* (enovelamento de Rossman). Mais da metade da massa molecular total da Ca^{+2} ATPase-dependente pertence ao domínio transmembrânico. De fato, a bomba Ca^{+2} ATPase-dependente apresenta 10 hélices transmembranares (M1-M10), tendo as primeiras cinco estruturas em alfa-hélices que se projetam para o meio extracelular (Figura 23.23). Os sítios de acoplamento do íon Ca^{+2} situam-se no domínio transmembranar, que, por sua vez, forma um canal para translocação do Ca^{+2} do meio externo para o meio interno.

Canais iônicos

Em virtude de suas cargas elétricas, os íons não conseguem atravessar a bicamada lipídica da membrana plasmática, seja do LIC para o LEC ou vice-versa. Desse modo, são necessárias estruturas específicas capazes de possibilitar o grande deslocamento iônico que se verifica pela membrana celular: os canais iônicos. Um canal iônico é uma proteína transmembrânica formada por diversas subunidades que se organizam no sentido de formar um orifício (poro do canal), que atravessa a bicamada lipídica da membrana possibilitando o trânsito do íon. Os canais iônicos são capazes de assumir diferentes estados conformacionais, abertos e fechados, fenômeno denominado cinética de canais iônicos. Um terceiro estado dos canais iônicos é o inativado, condição na qual o canal não mais reage ao estímulo que promovia sua abertura ou fechamento (Figura 23.24). As forças que dirigem as transições entre os diferentes estados cinéticos dos canais iônicos são campos elétricos, íons, substâncias químicas e outros agentes. Há uma classe de canais iônicos capazes de ser controlados em razão do potencial de membrana, os quais são chamados de VOC (do inglês *voltage operated channels*). Já os canais que sofrem controle por meio de agonistas químicos são chamados de receptores ionotrópicos. A terceira classe de canais iônicos sofre controle por meio de agentes intracelulares, como íons cálcio, nucleotídeos cíclicos, inositol trifosfato e proteínas G (que se acoplam a nucleotídeos de guanosina).

Os VOC são três – canais de potássio (K^+), de sódio (Na^+) e de cálcio (Ca^{+2}); cada um com vários subtipos. Entre os canais de Ca^{+2} operados por voltagem (VOCC), por exemplo, existem vários subtipos, sendo mais bem estudado o subtipo "L", que se localiza em terminações nervosas pré e pós-sinápticas, bem como em outras células. Já entre os receptores ionotrópicos, pode-se destacar, por exemplo, o receptor nicotínico de acetilcolina, cuja estrutura forma um canal catiônico, e, quando ativado, resulta em despolarização da membrana do músculo esquelético, primeiro passo para a contração muscular. Dois outros receptores ionotrópicos bastante importante são o receptor de glutamato do tipo N-metil-D-aspartato (NMDA), seletivo aos íons Na^+ e Ca^{+2}, e os receptores do ácido gama-aminobutírico (GABA) e de glicina, ambos essencialmente canais de Cl^-.

Filtro de seletividade dos canais iônicos

Os canais iônicos apresentam especificidade para um dado íon; assim, o canal de K^+, por exemplo, não permite a passagem do íon Na^+. A propriedade de discriminar íons denomina-se seletividade iônica do canal, e a porção do canal responsável por essa propriedade chama-se filtro de seletividade do canal. O filtro discrimina íons de diferentes espécies baseando-se em parâmetros como tamanho do íon (íons com diâmetro maior que o poro do canal não podem atravessá-lo) e carga elétrica (íons positivamente carregados não podem atravessar canais com filtros de seletividade positivamente carregados, pois repelem-se). Contudo, em determinadas circunstâncias, íons com diâmetros muito próximos e cargas elétricas equivalentes são reconhecidos pelo canal como espécies diferentes. Isso ocorre, por exemplo, com os íons Li^+, Na^+ e K^+ no canal de Na^+ de fibras nervosas. Essa capacidade de selecionar íons de mesma carga elétrica e praticamente mesmo diâmetro é denominada seletividade fina. Diversas hipóteses tentam explicar a seletividade fina, contudo nenhuma se mostrou coerente o bastante para explicar todos os fenômenos associados a ela. Uma das hipóteses mais aceitas é a de que o canal seja sensível ao campo elétrico presente em cada íon. Esse campo elétrico, por sua vez, depende da carga elétrica do íon, de sua camada de solvatação e da força iônica do meio. De fato, quando dois íons apresentam a mesma

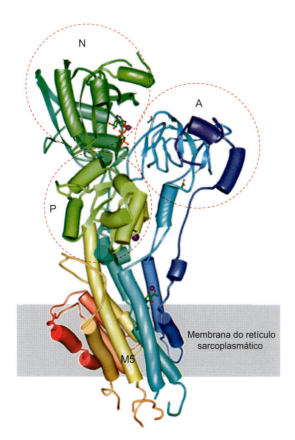

Figura 23.23 Estrutura da bomba Ca^{+2} ATPase-dependente de retículo sarcoplasmático. Os três domínios citoplasmáticos A, N e P estão destacados, a porção transmembranar apresenta 10 hélices, a hélice transmembranar 5 (M5) é a mais longa, apresenta 60 angstroms e serve como uma escala. Código PDB: 3FGO.

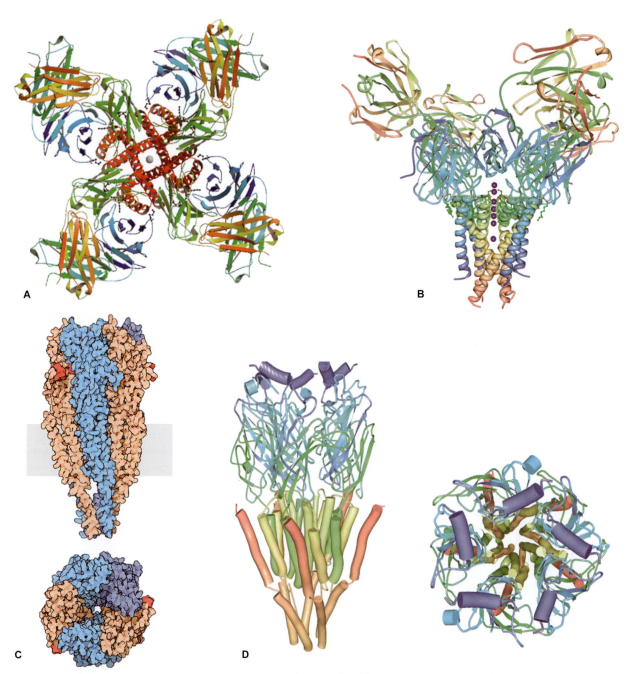

Figura 23.24 Estrutura de canais iônicos. **A.** Canal de potássio em dois ângulos diferentes. Estrutura do canal pela perspectiva "de cima" da membrana plasmática. **B.** As esferas roxas representam íons potássio atravessando o poro do canal. Estrutura do canal da forma em que se encontra inserido na membrana. **C** e **D.** Estrutura do receptor de acetilcolina, um canal catiônico que se abre quando a acetilcolina interage em regiões específicas do canal. A molécula de acetilcolina é mostrada em vermelho, inserida em seus sítios presentes nas subunidades mostradas em laranja. Códigos PDB: 1K4C e 2BG9.

carga, aquele com menor diâmetro tem maior campo elétrico na sua superfície. Esse fato é capaz de explicar em parte a grande reatividade do próton (H^+). A transposição do íon pelo poro do canal iônico implica perda de sua camada de solvatação. A remoção da camada de solvatação implica um elevado gasto energético, o que tornaria inviável a passagem do íon pelo canal. A solução encontrada, pela natureza, foi a substituição temporária da camada de solvatação por grupamentos químicos, cargas fixas presentes no filtro de seletividade do canal. Assim, ao penetrar no canal, o íon continua envolto por uma capa polar (Figura 23.25).

A seletividade iônica é uma importante propriedade dos canais iônicos, entretanto existem canais com baixo nível de seletividade, como é o caso do receptor de acetilcolina, um canal iônico que possibilita a passagem de sódio e de potássio. A baixa seletividade do canal está associada ao grande diâmetro do poro do canal. O ambiente do poro dos canais iônicos pode ser ocupado por mais de um íon ao mesmo tempo. De fato, no caso do canal de potássio três íons podem estar presentes no poro do canal concomitantemente. Outra característica dos canais iônicos diz respeito ao fluxo iônico, que não obedece às leis da eletrodifusão simples, havendo, portanto, um "desvio

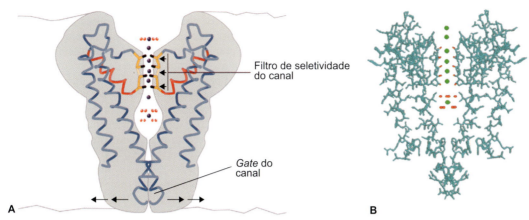

Figura 23.25 Filtro de seletividade do canal de potássio. **A.** Modelo que explica a perda da camada de solvatação do íon ao entrar no poro do canal iônico. **B.** Estrutura espacial do canal de potássio. Código PDB: 1K4C. Os resíduos de aminoácidos representados em vermelho indicam o filtro de seletividade do canal de potássio. Para maior clareza, apenas duas das quatro subunidades são mostradas. As esferas em verde indicam os íons potássio, e a estrutura em arame azul representa as subunidades do canal. Os íons potássio são envoltos por oito moléculas de água, removidas no momento em que adentram o poro do canal. As dimensões do canal são projetadas para imitar esse reservatório de água. Átomos de oxigênio presentes em resíduos de aminoácidos que compõem as subunidades (em vermelho) são orientados em direção ao centro do canal, formando o filtro de seletividade. Oito desses átomos de oxigênio envolvem cada íon potássio e, portanto, agem como um substituto perfeito para a camada de solvatação de água. Após terem atravessado o poro do canal de potássio, os íons são novamente envoltos em água, ou seja, retomam sua camada de solvatação. Íons de sódio, por sua vez, são ligeiramente menores em tamanho, de modo que não conseguem interagir com os átomos de oxigênio do filtro, ficando, assim, impedidos de atravessar o canal de potássio.

da eletrodifusão". Isso significa que, ao contrário da difusão simples (em que o fluxo de íons depende somente da concentração de íons de um lado da membrana), em canais iônicos biológicos o que se verifica é que o fluxo de íons depende da concentração iônica de ambos os lados da membrana plasmática. Outro fenômeno observado na biofísica dos canais iônicos é que o fluxo iônico pelo canal pode sofrer "saturação". Esse fenômeno de saturação assemelha-se àqueles presentes em enzimas em que, em um dado momento, o aumento da concentração de substrato não conduz ao aumento da cinética enzimática, situação descrita pela equação de Michaelis-Menten. No caso dos canais iônicos, o aumento da concentração do íon não aumenta de forma linear a corrente desse íon pelo canal. O fenômeno da saturação, bem como o desvio de eletrodifusão, mostra que os íons interagem de maneira bastante íntima com determinadas regiões de canais iônicos e não fluem livremente pelo poro do canal. Assim, é provável que os íons interajam com regiões específicas do canal, os chamados sítios, sendo cada sítio capaz de interagir com apenas um íon de cada vez. Quando o sítio de ligação dos íons está disponível tanto para os do meio extra quanto intracelular, há uma competição entre os íons extracelulares e os intracelulares. Assim, a concentração de íons é que determinará se o fluxo ocorrerá do meio extracelular para o intracelular ou o contrário, já que, quanto maior a concentração, maior a probabilidade de os íons ligarem-se ao sítio.

Bioclínica

Patch-clamp

A técnica de *patch-clamp*, introduzida por Erwin Neher e Bert Sakmann, em 1976, revolucionou o estudo dos canais iônicos, pois possibilitou estudar a atividade de canais iônicos isolados (Figura 23.26). A técnica consiste em uma micropipeta de vidro na qual pode ser inserida um microeletrodo, imerso em uma solução salina isosmótica. Essa micropipeta é colocada em contato com uma célula intacta para formar e uma sucção suave da pipeta de modo a captar uma porção da membrana plasmática na qual está presente um ou alguns canais iônicos.

Essa leve sucção dá origem a uma eficiente vedação entre a pipeta e a membrana, fazendo com que entre o interior e o meio que banha a célula passe a apresentar resistência. O selo que se forma pela sucção da micropipeta de vidro assegura que a corrente que flui pela micropipeta seja idêntica à corrente que flui pela membrana da célula que está sendo observada. O fluxo dos íons que passam pela membrana por meio de um único canal e as transições entre os diferentes estados de um canal podem ser agora monitorados diretamente com um tempo de resolução de microssegundos. A técnica de patch-clamp pode ser aplicada a uma ampla variedade de células, mas é especialmente útil no estudo das células excitáveis, como neurônios, cardiomiócitos, fibras musculares e células betapancreáticas.

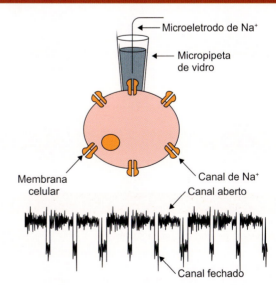

Figura 23.26 A gravação de *patch-clamp* revela a transição entre dois estados da condutância de um canal iônico único: fechado (registros acima) e aberto (registros abaixo).

Canais voltagem-dependentes

Os canais cuja cinética de abertura e fechamento dependem da voltagem da membrana celular são chamados de canais voltagem-dependentes e apresentam um mecanismo sensor formado por cargas elétricas de resíduos de aminoácidos. O sensor é capaz de identificar o potencial elétrico da membrana e influenciar uma estrutura móvel do canal, o *gate* (isto é, o "portão"). O *gate* altera sua conformação espacial em decorrência da voltagem da membrana, tornando possível ou não a passagem do íon ao longo do canal (Figura 23.27). Acredita-se que a transição entre os estados aberto e fechado do canal esteja envolvida com a movimentação de várias cargas elementares.

A ativação dos canais iônicos voltagem-dependentes é modulada pelo deslocamento de cargas elétricas vinculadas ao canal, evento que recebe a denominação de corrente de *gating*. As correntes de *gating* apresentam duração e amplitude pequenas e podem ser temporalmente relacionadas com os fenômenos de abertura e fechamento do canal, correspondendo a rápidos deslocamentos de cargas elétricas decorrentes da movimentação de partículas do *gate*.

Os sensores de voltagem sofrem alteração na presença de substâncias químicas, como neurotoxinas tetrodotoxina, batracotoxina e saxitoxina (Figura 23.27). Essas substâncias atuam no canal de Na+ presente em fibras nervosas provocando abertura do canal e interferindo de forma poderosa no mecanismo de *gating*, de modo que o nervo passa a exibir potenciais de ação repetitivos. Os canais iônicos que apresentam cinética de abertura e fechamento modulada por substâncias químicas são chamados de canais iônicos quimiodependentes. Um grande exemplo dessa classe de canais é o receptor de acetilcolina, um canal iônico de sódio cuja abertura depende do acoplamento de duas moléculas de acetilcolina em sítios específicos do canal (ver Figura 23.24C e D). Nas terminações nervosas sinápticas, por exemplo, a molécula ativadora de canais iônicos é um neurotransmissor. A manutenção do estado aberto requer o acoplamento constante da molécula a seu respectivo sítio no canal.

A administração de curare no músculo inativa a contração muscular, uma vez que o curare é um potente inibidor do receptor de acetilcolina (receptor nicotínico). O curare é um nome comum a vários compostos orgânicos venenosos conhecidos como venenos de flecha, extraídos de plantas da América do Sul, que têm intensa e letal ação paralisante. Seus principais representantes são plantas dos gêneros *Chondrodendron* e *Strychnos*, da qual um dos subprodutos é a estricnina. Ao bloquear os receptores de acetilcolina, os quais são ionotrópicos para cátions, esses receptores não se abrem. Desse modo, não ocorre o influxo de Na+, o que provoca a despolarização da membrana pós-sináptica. O potencial originado pela ligação, em condições fisiológicas, da acetilcolina ao seu receptor na placa motora é chamado de potencial de ação da placa motora, responsável por estimular a abertura de canais de sódio-dependentes de voltagem, os quais contribuirão para a amplificação do potencial despolarizante que se espalha pela fibra muscular, desencadeando a contração.

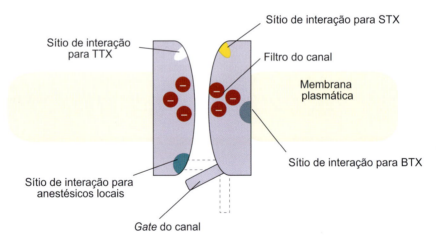

Figura 23.27 Estrutura do canal de Na+ voltagem-dependente encontrado em fibras nervosas. O canal apresenta sítios de interação para fármacos, como anestésicos locais e também toxinas. STX indica saxitoxina, um poderoso anestésico local produzido por dinoflagelados marinhos e cianobactérias; BTX indica batracotoxina, uma potente neurotoxina produzida pela pele da família de anfíbios denominada *Dendrobatidae*, pertencente à ordem anura, subordem *Neobatrachia*; TTX refere-se à tetrodotoxina, um veneno presente sobretudo em peixes *Tetraodontiformes*, cuja classe apresenta quatro dentes proeminentes (p. ex., o baiacu). A tetrodotoxina age como anestésico, uma vez que inibe a condução de potenciais de ação por fibras nervosas. Todas essas substâncias químicas agem como inibidoras dos canais de sódio.

Bioclínica

Anestésicos, prato japonês e zumbis

Tetrodotoxina (TTX) é o nome de uma toxina presente nos tetraodontiformes, uma classe de peixes que apresentam quatro dentes proeminentes. Essa toxina, uma aminoperhidroquinazolina, está presente também em outros peixes, sendo produzida por determinadas bactérias que habitam os tecidos de criaturas marinhas. Alguns anfíbios, como o sapo-dourado, também produzem essa toxina.

Um prato japonês muito apreciado é o fugu: um peixe da ordem dos tetraodontiformes.

Mas nem todos estão aptos a preparar um prato à base de fugu, somente chefs licenciados estão autorizados a fazê-lo. Eles devem remover cuidadosamente as vísceras dos peixes, especialmente o fígado e as glândulas, onde a concentração de tetrodotoxina é mais alta.

Além de ser um prato muito caro, o fugu pode ser extremamente perigoso quando preparado de maneira errada. A TTX é um dos mais fortes venenos conhecidos: 10 mil vezes mais forte do que o cianeto! Seus efeitos tóxicos começam com uma dormência dos lábios e da língua. Dependendo da dose ingerida (LD-50: 1 mg), um efeito paralítico progressivo afeta todos os movimentos musculares, incluindo o diafragma. Muitas vítimas morrem menos de 2 h após a ingestão. Não existe antídoto: cerca de 50% dos intoxicados morrem. A cada ano, cerca de 100 japoneses sucumbem em decorrência da presença de tetrodotoxina residual no fugu. Ninguém isolou, ainda, as enzimas responsáveis pela biossíntese da TTX, mas Kotaki propôs uma rota biossintética em que um açúcar adiposo ou um grupo isopentenil-PP é ligado ao aminoácido arginina. Esse é um exemplo clássico para a bioquímica que ilustra como simples materiais de partida são combinados para formar um composto complexo (e estereoespecífico) como a TTX. A TTX inibe a função nervosa bloqueando a passagem de íons sódio pelos canais iônicos de sódio voltagem-dependentes presentes em fibras nervosas, impedindo, assim, a propagação do sinal nervoso. A tetrodotoxina se liga no canal de sódio por seu grupo positivamente carregado guanidínio. O cátion, nessa molécula, é especialmente estável em razão da ressonância entre os três átomos de nitrogênio (Figura 23.28).

Tetrodotoxina é também o principal ingrediente utilizado por mestres de vodu, no Haiti, para criar zumbis. Em 1982, Wade Davis, um estudante de etnobotânica de Harvard, estava investigando um estranho caso de um homem que dizia ser Clairvius Narcisse (Figura 23.29), um haitiano que havia "morrido" em 1962. De acordo com este homem, ele havia sido enterrado vivo – apenas paralisado pela ação de algumas drogas que o mestre de vodu havia lhe dado. Davis descobriu que os mestres de vodu utilizam um pó tóxico para "originar" os zumbis. Esse pó é feito de vários ingredientes, incluindo *pufferfishes* (da classe tetraodontiforme), que contêm TTX. Esse pó é introduzido diretamente no sangue, por meio de um corte na pele. O efeito é uma paralisia genérica que, em muitos casos, se assemelha à morte. A estrutura da tetrodotoxina foi elucidada, simultaneamente, por um grupo norte-americano e outro japonês, em 1964.[4-6] A síntese da mistura racêmica de TTX foi obtida por Kishi (um químico, agora, da Harvard), em 1972.[7,8] Até agora, o método de Kishi-Goto é a única rota sintética para o TTX.

O caso de Clairvius Narcisse foi tema do livro *A serpente e o arco-íris*, de Wade Davis. Segundo relatos, Clairvius fora envenenado com essa mistura de várias substâncias que simulam a morte, reduzindo os sinais vitais. O irmão de Clairvius foi acusado de ser o autor da intoxicação que o levou a ser transformado em zumbi. Clairvius havia se desentendido com o irmão, o que motivou este a transformar o irmão em zumbi. Depois de sua morte aparente e posterior enterro em 2 de maio de 1962, seu corpo foi exumado por um *bokor* (feiticeiro). Este lhe deu um colar feito de datura, que, em determinadas doses, apresenta efeitos alucinógenos causando perda da memória. O mestre *bokor* o obrigou a trabalhar ao lado de outros escravos zumbis em uma plantação de cana-de-açúcar, até a morte do mestre em 1980. Quando o *bokor* morreu, e as doses regulares do alucinógeno cessaram, Clairvius recuperou a memória e a sanidade (ao contrário de muitos outros que sofreram danos cerebrais por terem sido enterrados vivos) e retornou para sua família depois de algum tempo.

O resto da molécula confere estabilidade ao complexo "tetrodotoxina-canal iônico". Essa classe de peixes apresenta uma mudança sutil nos aminoácidos da proteína de seus canais de sódio, protegendo-os de seu próprio veneno.

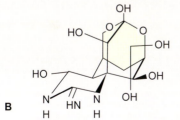

Figura 23.28 A. Baiacu. **B.** Estrutura química da tetrodotoxina presente no peixe baiacu.

Figura 23.29 Clairvius Narcisse.

Resumo

Introdução

Substâncias apolares atravessam a membrana plasmática por serem capazes de interagir quimicamente com os lipídios que formam a bicamada lipídica. Contudo, para compostos polares ou eletricamente carregados há a necessidade de uma proteína de membrana que medeie o transporte dessas substâncias. Quando o transporte ocorre sem gasto de energia, mas existe uma proteína transportadora mediando o transporte, denomina-se transporte facilitado. Em circunstâncias em que substâncias devem ser transportadas contra seu gradiente de concentração, são utilizadas proteínas transportadoras (bombas) que implicam dispêndio de energia.

Difusão simples

Trata-se de movimentos moleculares espontâneos, e sem gasto de energia, de ambientes de maior concentração para os de menor concentração. Alguns fatores podem interferir na difusão, como o número de partículas, sua forma e seu volume; de fato, partículas menores e cilíndricas se difundem mais rapidamente do que as esféricas. A maior ou menor facilidade com que as moléculas transitam pela membrana designa o coeficiente de permeabilidade, estando sujeito a três fatores: a dimensão e forma da partícula; o seu estado de ionização; e a sua afinidade para com os lipídios. Quanto maior o gradiente de concentração, mais rapidamente se processa a difusão. O aumento da temperatura promove concomitantemente aumento da velocidade de difusão em virtude de maior energia cinética atribuída às partículas. O fenômeno da difusão apresenta duas características inerentes – irreversibilidade e espontaneidade.

Osmose

Designa o processo de trânsito de água entre meios com concentrações diferentes de solutos, separados por uma membrana semipermeável. Na osmose, desprezam-se o volume e a forma das partículas presentes no soluto levando-se em conta somente a concentração de partículas. Assim, quanto maior a concentração do soluto, menor é a pressão que o solvente exerce sobre determinada área da membrana e maior será a pressão exercida pelo soluto. Na membrana plasmática, essa dinâmica de forças leva à movimentação de solutos do LIC para o LEC e vice-versa (Figura R23.1).

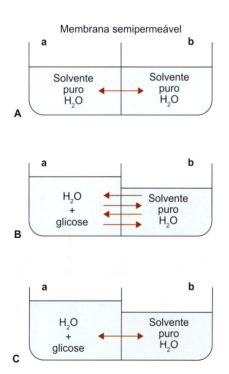

Figura R23.1 Modelos que representam a pressão osmótica exercida somente pelo solvente puro (A) e pelo solvente mais um soluto adicionado (B). Nota-se que a adição do soluto implica incremento da pressão sobre a membrana semipermeável.

Tonicidade das soluções

Tonicidade é uma propriedade química pertencente a soluções que estão separadas por uma membrana com permeabilidade seletiva, como é o caso da membrana celular. As soluções podem ser classificadas em isotônicas, hipotônicas ou hipertônicas (Figura R23.2). As soluções isotônicas são definidas como uma solução em que há equilíbrio entre as pressões exercidas pelo soluto e pelo solvente. Soluções hipertônicas são aquelas que apresentam menor pressão exercida pelo solvente e as soluções hipotônicas aquelas que apresentam maior pressão exercida pelo solvente.

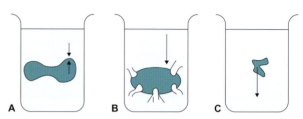

Figura R23.2 Efeitos das soluções isotônica, hipotônica e hipertônica sobre as células. Os vetores indicam o fluxo somente do solvente. Nota-se que em soluções isotônicas (A) o fluxo de solvente do LIC para o LEC e vice-versa está em equilíbrio; a célula, nesse caso, mantém sua estrutura íntegra. Em soluções hipotônicas (B), a solução tende a ganhar o LIC com o propósito de diluir o soluto presente no interior da célula causando turgescência celular, que pode levar à lise. (C) Quando expostas a soluções hipertônicas, as células tendem a "murchar", efeito que se chama crenação e que pode ser revertido quando expostas a soluções isotônicas. Nesse caso, o solvente deixa a célula buscando solubilizar a grande quantidade de soluto no meio extracelular.

Osmolaridade de uma solução e sua relação com a tonicidade

Osmolaridade é definida como o número de partículas osmoticamente ativas de soluto contidas em dado volume de solução. O plasma apresenta osmolaridade em torno de 280 a 300 mOsm (miliosmóis); assim, soluções isosmóticas convencionalmente são aquelas que apresentam a mesma osmolaridade do plasma, enquanto soluções hiperosmóticas apresentam osmolaridade maior que a do plasma e, finalmente, soluções hiposmóticas têm osmolaridade menor que a do plasma. As soluções podem ser isosmóticas, mas não necessariamente isotônicas. Por exemplo, uma solução de ureia na mesma concentração é isosmótica, mas não age como uma solução isotônica, uma vez que a ureia tem a propriedade de penetrar no meio intracelular arrastando grande quantidade de solvente consigo, o que promove turgescência da célula até sua lise.

Difusão facilitada

Não despende energia e envolve o transporte de solutos pela membrana celular por meio de uma proteína carreadora. Na difusão facilitada, a relação entre a concentração de soluto e a velocidade de transporte de soluto atinge um platô. Assim, o fluxo de soluto segue a cinética de Michaelis-Menten, ou seja, a partir de dada concentração de soluto, a velocidade de transporte não aumenta mais, atingindo um valor máximo. O sistema de transporte facilitado é saturável, uma vez que a saturabilidade do sistema resulta do fato de o número de transportadores ser finito.

Tipos de transporte de solutos polares por meio da membrana plasmática

Os transportadores podem ser classificados da seguinte maneira (Figura R23.3):

- Uniportadores: transportam apenas um único tipo de soluto a favor de seu gradiente de concentração e em um único sentido. A glicose e os aminoácidos utilizam uniportadores para ganhar o meio intracelular
- Antiportadores: ocorre transporte de dois solutos em sentidos contrários (um se desloca para o meio extracelular e outro para o meio intracelular)
- Simportadores: agem de modo semelhante aos antiportadores, com a diferença que deslocam dois solutos no mesmo sentido, ou seja, os dois para o interior da célula ou os dois para o exterior
- Canais iônicos: possibilitam o trânsito de íons para o meio intra ou extracelular a favor de seu gradiente de concentração
- Bombas ATP-dependentes: atuam transportando solutos contra seu gradiente de concentração e o fazem por meio do consumo de energia (ATP).

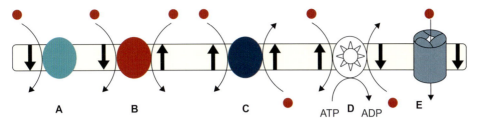

Figura R23.3 Panorama geral dos mecanismos de transporte de solutos pela membrana plasmática. As setas largas ao lado dos transportadores indicam o gradiente de concentração para cada soluto, que, por sua vez, são representados pela esfera vermelha. **A.** Uma proteína uniportadora que carreia solutos a favor de seu gradiente de concentração. **B.** Um simportador: carreia um dos solutos a favor de seu gradiente de concentração, enquanto o transporte do segundo soluto ocorre contra seu gradiente de concentração. **C.** Um antiportador: age de modo similar aos simportadores, mas os solutos são transportados em sentidos contrários. **D.** Uma bomba: o transporte de ambos os solutos ocorre contra seus gradientes de concentração. Isso é possível por causa do gasto de ATP.

Transporte ativo

Caracteriza-se pelo deslocamento de solutos contra um gradiente de concentração. O transporte ativo é, portanto, termodinamicamente desfavorável e somente possível empregando-se energia. Pode ser dividido em dois tipos: transporte ativo primário e transporte ativo mediado por bombas. No caso do transporte ativo primário, o transporte de solutos é acoplado diretamente a uma reação exergônica, como a cisão de uma molécula de ATP (ATP → ADP + Pi). No transporte ativo mediado por bombas, a função é translocar substâncias (sobretudo íons) contra um gradiente de concentração; para tanto, as bombas consomem ATP. As bombas que utilizam ATP para transportar solutos são chamadas de ATP sintase.

Bomba Na$^+$/K$^+$ ATPase-dependente

Faz parte de uma família de complexos proteicos com ação enzimática, capazes de transportar íons ou moléculas pela membrana plasmática utilizando a energia decorrente da cisão da molécula de ATP (Figura R23.4). A bomba Na$^+$/K$^+$ ATPase-dependente cria uma diferença de gradiente entre sódio e potássio na célula por meio do bombeamento de três íons Na$^+$ do meio intracelular para o extracelular, e dois íons K$^+$ do meio extracelular para o meio intracelular.

Esse gradiente iônico originado pela bomba Na$^+$/K$^+$ ATPase-dependente é utilizado pela célula em diversos processos biológicos, como o balanço osmótico, controle do volume celular e a produção de potenciais de ação. O mecanismo proposto para deslocamento de sódio para o meio extracelular e potássio para o meio intracelular implica aquisição de dois estados conformacionais por parte da Na$^+$/K$^+$ ATPase-dependente, os estados E$_1$ e E$_2$. A conformação E$_1$ tem alta afinidade por Na$^+$ e ATP e sofre rápida fosforilação na presença de Mg^{+2}, convertendo-se à forma E$_1$-P, estado no qual contém três íons Na$^+$ ligados à enzima com elevada afinidade. O estado conformacional E$_1$-P altera-se para E$_2$-P, uma conformação na qual a afinidade pelos íons sódio diminui drasticamente e, em contrapartida, apresenta alta afinidade por íons K$^+$.

Canais iônicos

Um canal iônico é uma proteína transmembrânica formada por diversas subunidades que se organizam no sentido de formar um orifício (poro do canal), que atravessa a bicamada lipídica da membrana possibilitando o trânsito do íon. Os canais iônicos são capazes de assumir diferentes estados conformacionais, abertos e fechados, fenômeno denominado cinética de canais iônicos. Um terceiro estado dos canais iônicos é o inativado, condição na qual o canal não mais reage ao estímulo que promovia sua abertura ou fechamento (Figura R23.5). As forças que dirigem as transições entre os diferentes estados cinéticos dos canais iônicos são campos elétricos, íons, substâncias químicas e outros agentes. Há uma classe de canais iônicos capazes de ser controlados em razão do potencial de membrana, os quais são chamados de VOC (do inglês *voltage operated channels*). Já os canais que sofrem controle por meio de agonistas químicos são chamados de receptores ionotrópicos. A terceira classe de canais iônicos sofre controle por meio de agentes intracelulares, como íons cálcio, nucleotídeos cíclicos, inositol trifosfato e proteínas G (que se acoplam a nucleotídeos de guanosina). Os VOC são três: canais de potássio (K$^+$), de sódio (Na$^+$) e de cálcio (Ca$_2^+$); cada um com vários subtipos.

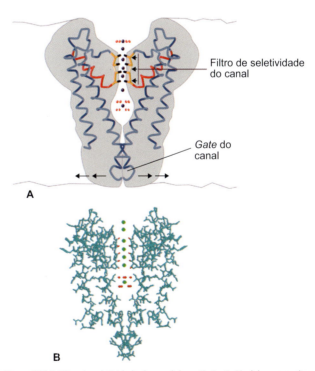

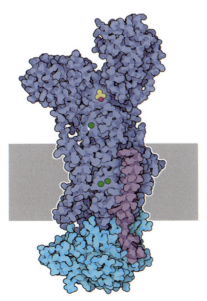

Figura R23.4 Estrutura espacial da bomba Na$^+$/K$^+$ ATPase. Código PDB: 2ZXE.

Figura R23.5 Filtro de seletividade do canal de potássio. **A.** Modelo que explica a perda da camada de solvatação do íon ao entrar no poro do canal iônico. **B.** Estrutura espacial do canal de potássio. Código PDB: 1K4C. Os resíduos de aminoácidos representados em vermelho indicam o filtro de seletividade do canal de potássio. As esferas em verde indicam os íons potássio, e a estrutura em arame azul representa as subunidades do canal. Os íons potássio são envoltos por oito moléculas de água, removidas no momento em que adentram o poro do canal. As dimensões do canal são projetadas para imitar esse reservatório de água. Átomos de oxigênio presentes em resíduos de aminoácidos que compõem as subunidades (em vermelho) são orientados em direção ao centro do canal formando o filtro de seletividade.

Ca^{+2} ATPase-dependente

A bomba de Ca^{+2} do retículo sarcoplasmático (SERCA) é a proteína mais abundante presente na membrana do retículo sarcoplasmático, representando cerca de 80% da massa total de proteínas dessa membrana biológica. A bomba Ca^{+2} ATPase-dependente guarda grandes similaridades com a Na$^+$ ATPase-dependente: apresenta uma subunidade α de tamanho aproximado e forma um intermediário E-P similar àquele formado pela Na$^+$ ATPase-dependente durante a cisão da molécula de ATP, e, por fim, o mecanismo de transporte iônico é bastante semelhante ao executado pela bomba Na$^+$ ATPase-dependente. A sequência de resíduos de aminoácidos da subunidade α da bomba Ca^{+2} ATPase-dependente é homóloga àquela da Na$^+$/K$^+$ ATPase-dependente, particularmente a porção que se liga à molécula de ATP. Estruturalmente, a Ca^{+2} ATPase-dependente apresenta três domínios designados citoplasmático, em haste e transmembrânico.

Exercícios

1. Observe o gráfico a seguir e assinale a alternativa correta:

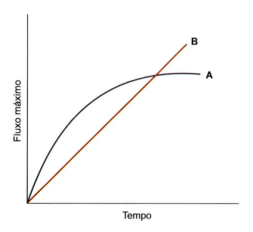

   a) A curva A representa um tipo de transporte que não envolve gasto de energia e tampouco proteínas transportadoras.
   b) A curva A indica difusão simples, enquanto a curva B representa transporte mediado por bombas.
   c) A curva A pode ser transporte facilitado, enquanto a curva B pode representar difusão simples.
   d) A curva B indica que o tipo de transporte consome energia, enquanto a curva A aponta que o transporte está acontecendo a favor de um gradiente de concentração.
   e) A curva B refere-se a um transporte facilitado por proteínas carreadoras que agem contra seu gradiente de concentração, enquanto a curva A indica difusão simples.

2. Explique o conceito de osmose.
3. Leia atentamente as afirmativas a seguir. Considere o valor em números romanos no interior dos parênteses para calcular apenas a soma das alternativas corretas:
   a) (V) Alguns fatores podem interferir na difusão, como o volume de líquido, a forma das partículas e seu volume de fato; partículas esféricas se difundem mais rapidamente do que as cilíndricas.
   b) (III) A maior ou menor facilidade com que as moléculas transitam pela membrana designa o coeficiente de permeabilidade.
   c) (II) Quanto maior o gradiente de concentração, mais lentamente se processa a difusão.
   d) (X) O aumento da temperatura promove concomitantemente aumento da velocidade de difusão em virtude de maior energia cinética atribuída às partículas.
   e) (IV) O fenômeno da difusão tem duas características inerentes, inevitabilidade e migração.
4. Explique o mecanismo proposto para o funcionamento da bomba Na$^+$/K$^+$ ATPase-dependente.
5. Bebidas isotônicas são utilizadas sobretudo por pessoas que fazem esportes com o objetivo de se reidratarem. Explique o que é uma solução isotônica.
6. Explique de que maneira o organismo regula a osmolaridade plasmática.
7. Os transportadores são proteínas transmembranares que possibilitam o transporte de determinados solutos pela membrana celular, sem que sofram modificações químicas e sem gasto de energia. Os transportadores ligam-se aos solutos por meio de várias energias não covalentes e por meio de especificidade estereoquímica. Explique como podem ser classificados os transportadores.
8. Explique o que é um canal iônico. Cite as classes de canais iônicos existentes e discorra sobre seus mecanismos de ação.
9. Explique por que as células se tornam crenadas quando colocadas em soluções hipertônicas.
10. Explique os dois tipos de transporte ativo: primário e secundário.

Respostas

1. Alternativa correta: c.
2. Designa o processo de trânsito de água entre meios com concentrações diferentes de solutos, separados por uma membrana semipermeável. Na osmose, desprezam-se o volume e a forma das partículas presentes no soluto, levando-se em conta somente a concentração de partículas. Assim, quanto maior a concentração do soluto, menor é a pressão que o solvente exerce sobre determinada área da membrana e maior será a pressão exercida pelo soluto.
3. Soma: XIII.
4. O mecanismo proposto para deslocamento de sódio para o meio extracelular e potássio para o meio intracelular implica na aquisição de dois estados conformacionais por parte da Na$^+$/K$^+$ ATPase-dependente, os estados E_1 e E_2. A conformação E_1 tem alta afinidade por Na$^+$ e ATP e sofre rápida fosforilação na presença de Mg^{+2}, convertendo-se à forma E_1-P, estado no qual contém três íons Na$^+$ ligados à enzima com elevada afinidade. O estado conformacional E_1-P altera-se para E_2-P, uma conformação na qual a afinidade pelos íons sódio diminui drasticamente e, em contrapartida, apresenta alta afinidade por íons K$^+$.
5. As soluções isotônicas são definidas como uma solução em que há equilíbrio entre as pressões exercidas pelo soluto e pelo solvente. Nessa solução, a célula não varia seu volume. Para ser isotônica, a solução deve ter a osmolaridade em torno de 300 mOsm.
6. Quando a osmolaridade aumenta acima dos valores de referência, como na ausência de ingestão, ocorre a liberação de ADH (hormônio antidiurético), cuja função é agir nos néfrons, ligando-se a receptores V2, levando à fosforilação de proteínas, que por sua vez, conduz à inserção de aquaporinas (proteínas que possibilitam a passagem de água) na membrana da célula luminal, o que aumenta a permeabilidade para a água. Na situação inversa, ou seja, redução da osmolaridade plasmática para 280 mOsm/kg, ocorre supressão da liberação de ADH, possibilitando que os rins excretem água livremente.
7. Uniportadores: transportam apenas um único tipo de soluto a favor de seu gradiente de concentração e em um único sentido; antiportadores: transporte de dois solutos em sentidos contrários (um se desloca para o meio extracelular e o outro para o meio intracelular); simportadores: agem de modo semelhante aos antiportadores, com a diferença que deslocam dois solutos no mesmo sentido, ou seja, os dois para o interior da célula ou os dois para o exterior; canais iônicos: possibilitam o trânsito de íons para o meio intra ou extracelular a favor de seu gradiente de concentração; bombas ATP-dependentes: atuam transportando solutos contra seu gradiente de concentração e o fazem por meio do consumo de energia (ATP).
8. Um canal iônico é uma proteína transmembrânica formada por diversas subunidades que se organizam no sentido de formar um orifício (poro do canal), que atravessa a bicamada lipídica

da membrana possibilitando o trânsito do íon. Há uma classe de canais iônicos capazes de ser controlados em razão do potencial de membrana, sendo chamados de VOC (do inglês *voltage operated channels*). Já os canais que sofrem controle por meio de agonistas químicos são chamados de receptores ionotrópicos. A terceira classe de canais iônicos sofre controle por meio de agentes intracelulares, como íons cálcio, nucleotídeos cíclicos, inositol trifosfato e proteínas G (que se acoplam a nucleotídeos de guanosina).

9. Quando expostas a soluções hipertônicas, as células tendem a "murchar", efeito que se chama crenação; que nesse caso, o solvente; (água intracelular) deixa a célula buscando solubilizar a grande quantidade de soluto no meio extracelular.

10. O transporte ativo primário decorre da hidrólise do ATP, cuja energia é utilizada para transportar soluto (soluto I) contra seu gradiente de concentração. Já no transporte ativo secundário, o movimento de um dado soluto a favor de seu gradiente de concentração (soluto I) é utilizado para impulsionar o transporte de outro soluto contra seu gradiente de concentração (soluto II). Nota-se que o transporte ativo primário é utilizado para criar o gradiente de concentração do soluto I.

Referências bibliográficas

1. Machado UF, Schaan BD, Seraphim PM. Transportadores de glicose na síndrome metabólica. Arq Bras Endocrinol Metab. 2006; 50/2:177-89.
2. Jorgensen PL, Andersen JP. Structural basis for E1-E2 conformational transitions in Na+/K+ pump and Ca-pump proteins. Journal of Membrane Biology. 1988; 103:95-120.
3. Murador P, Deffune E. Aspectos estruturais da membrana eritrocitária. Rev Bras Hematol Hemoter. 2007; 29(2):168-78.
4. Woodward RB. The structure of tetrodotoxin. Pure Appl Chem. 1964; 9:49-74.
5. Goto T, Kishi Y, Takahashi S, Hirata Y. Tetrodotoxin. Tetrahedron. 1965; 21:2059-88.
6. Tsuda K, Ikuma S, Kawamura M, Tachikawa R, Sakai K. Tetrodotoxin. VII. On the structure of tetrodotoxin and its derivatives. Chem Pharm Bull. 1964; 12:1357-74.
7. Kishi Y, Aratani M, Fukuyama T, Nakatsubo F, Goto T, Inoue S, et al. Synthetic studies on tetrodotoxin and related compounds. III. Stereospecific synthesis of an equivalent of acetylated tetrodamine. J Am Chem Soc. 1972a; 94:9217-9.
8. Kishi Y, Fukuyama T, Aratani M, Nakatsubo F, Goto T, Inoue S, et al. Synthetic studies on tetrodotoxin and related compounds. IV. Stereospecific total syntheses of d,l-tetrodotoxin. J Am Chem Soc. 1972b; 94:9219-21.

Bibliografia

Blanco G, Mercer RW. Izozymes of the Na-K- ATPase: Heteroneity in structure, diversity in function. Am J Physiol. 1998;275(5 Pt 2): F633-50.

Dohan O, De la Vieja A, Paroder V, Riedel C, Artani M, Reed M, et al. The sodium/iodide symporter (NIS): characterization, regulation, and medical significance. Endocr Rev. 2003;24:48-77.

Garrett RH, Grisham CM. Molecular aspects of cell biology. Orlando: Sounders College Publishing; 1995.

Jorgensen PL, Brunner J. Biochim Biophys Acta. 1983;736:291-6.

Jorgensen PL, Hakansson KO, Karlish SJ. Structure and mechanism of Na,K-ATPase: functional sites and their interactions. Annu Rev Physiol. 2003;65:817-49.

Kotaki Y, Shimizu Y. 1-Hydroxy-5,11-dideoxytetrodotoxin, the first N-hydroxy and ring-deoxy derivative of tetrodotoxin found in the newt Taricha granulosa. J Am Chem Soc. 1993;115(3):827-30.

Ogawa H, Shinoda T, Cornelius F, Toyoshima C. Crystal structure of the sodium-potassium pump (Na+,K+-ATPase) with bound potassium and ouabain. Proc Natl Acad Sci USA. 2009;106(33):13742-7.

QMCWeb. Disponível em: http://www.qmc.ufsc.br/qmcweb/exemplar27.html. Acesso em: 18 jul. 2010.

Sáez AG, Lozano E, Zaldívar-Riverón A. Evolutionary history of Na, K-ATPases and their osmoregulatory role. Genetica. 2009;136(3):479-90.

Shinoda T, Ogawa H, Cornelius F, Toyoshima. Crystal structure of the sodium-potassium pump at 2.4A resolution. Nature. 2009;459:446-51.

Shull EG, Lingrel JB. Molecular cloning of the rat stomach (H+ + K+)- ATPase. The Journal of Biological Chemistry. 1986;226(36): 16788-91.

Smith LD, Tao T, Miguire ME. Membrane topology of a P-type ATPase. The Journal of Biological Chemistry. 1993;(288)30:22469-79.

Sweadner KJ, Donnet C. Structural similarities of Na,K-ATPase and SERCA, the Ca2+- ATPase of the sarcoplasmic reticulum. Biochem J. 2001;356:685-704.

Takeuchi A, Reyes N, Artigas P, Gadsby DC. The ion pathway through the opened Na(+),K(+)- ATPase pump. Nature. 2008;456(7220): 413-6.

Ubiratan FM, Schaan BD, Seraphim PM. Transportadores de glicose na síndrome. metabólica. Arq Bras Endocrinol Metab. 2006;50(2):177-89.

Bioquímica do Transporte de Gases

Introdução

O aparecimento de O_2 na Terra primitiva possibilitou um grande salto na eficiência de produção de energia por parte dos organismos vivos pelo fato de o O_2 ser um poderoso agente oxidante. Contudo, a distribuição de O_2 para todas as células dos organismos vertebrados torna-se um problema, já que a simples dissolução de O_2 no plasma não é capaz de suprir as necessidades metabólicas de todos os tecidos com a devida eficiência. Assim, a natureza desenvolveu nos vertebrados um eficiente sistema destinado a distribuir o O_2 aos tecidos, o sistema circulatório.

Um homem adulto de 70 kg apresenta aproximadamente 6 ℓ de sangue, um tecido formado por diferentes tipos celulares, incluindo o eritrócito. Os eritrócitos são células discoidais côncavas nas quais está presente uma proteína especializada em interagir com o O_2, a hemoglobina. O tecido muscular esquelético, por sua alta taxa metabólica, dispõe de uma proteína de reserva de O_2 similar à hemoglobina, a mioglobina.

A mioglobina e a hemoglobina apresentam relações evolutivas, contudo a hemoglobina dispõe de quatro cadeias polipeptídicas, enquanto a mioglobina somente uma. A hemoglobina é especializada em transportar O_2, ao passo que a mioglobina atua como reserva de O_2; a primeira apresenta quatro grupos heme e a segunda, somente um. As porções heme são grupos prostéticos dessas proteínas, ou seja, são os sítios onde ocorre a interação com o O_2, formados por um anel de protoporfirina, o qual, por meio de quatro átomos de nitrogênio, coordena um átomo de ferro em seu estado ferroso (Fe^{+2}). A interação desses átomos de nitrogênio com o ferro impede que esse metal assuma o estado férrico (Fe^{+3}), o qual não tem afinidade pelo O_2, ao contrário do Fe^{+2}.

Captação de oxigênio pela hemoglobina

A constante de dissociação do oxigênio no plasma é de 0,03, valor que indica que para cada mmHg (milímetros de mercúrio) de pressão parcial de O_2 haverá 0,03 mℓ de O_2 dissolvidos em 100 mℓ de plasma na temperatura de 36°C. Assim, na pressão alveolar de O_2 igual a 100 mmHg haverá tão somente 0,3 mℓ de O_2 para cada 100 mℓ de plasma. Esse valor é extremamente baixo e não atende às demandas de O_2 por parte de quase todos os tecidos corpóreos. Desse modo, é razoável supor que deve haver um modo de transporte de O_2 que seja adequado às necessidades metabólicas do organismo humano. De fato, a função de transporte de O_2 fica a cargo da hemoglobina, uma vez que a constante de dissociação do O_2 na hemoglobina é de 1,34, sendo, portanto, muito maior do que a do plasma. A dinâmica de oxigenação dos tecidos implica necessariamente a capacidade da hemoglobina em ligar-se ao oxigênio nos alvéolos pulmonares e, posteriormente, desligar-se dele no ambiente dos tecidos. Para cumprir essa tarefa, a hemoglobina apresenta alta afinidade por oxigênio quando a pressão parcial de oxigênio (PO_2) é alta, situação presente nos alvéolos pulmonares e que impulsiona o deslocamento do oxigênio dos alvéolos para os capilares pulmonares. A situação inversa, ou seja, o desacoplamento do oxigênio da molécula de hemoglobina ocorre nos tecidos em razão da baixa PO_2. A molécula de hemoglobina mais bem descrita (HbA) é formada por um tetrâmero constituído por dímeros de cadeias $\alpha\beta$ idênticas ($\alpha_1\beta_1$ e $\alpha_2\beta_2$) que se relacionam entre si de forma não covalente (p. ex., pontes de hidrogênio, interações hidrofóbicas), formando um tetrâmero.

As subunidades α são formadas por 141 resíduos de aminoácidos, enquanto as subunidades β apresentam 146 resíduos em sua composição, e tanto a subunidade α quanto a β comportam um grupo heme. A hemoglobina ocupa 35% do conteúdo de um eritrócito e é sintetizada no interior dos eritrócitos jovens (eritroblastos) por meio de uma série de etapas complexas. A porção globina da molécula é sintetizada no citosol do eritroblasto, e o grupo heme, por sua vez, é sintetizado nas mitocôndrias. *In vivo*, a hemoglobina pode apresentar duas estruturas quaternárias distintas. Uma é a estrutura T (tensa), característica da forma desoxigenada (desoxi-Hb) cuja afinidade pelo oxigênio é baixa; a outra é a estrutura R (relaxada), característica da forma oxigenada (oxi-Hb), em que a molécula de hemoglobina apresenta alta afinidade pelo oxigênio (Figura 24.1; Tabela 24.1). Nos eritrócitos, as hemoglobinas apresentam equilíbrio das duas formas; a concentração de formas parcialmente ligadas é baixa.

Modo cooperativo de interação entre hemoglobina e oxigênio

A hemoglobina deve necessariamente acoplar-se de modo eficiente ao oxigênio no ambiente dos alvéolos pulmonares e desacoplá-lo com igual eficiência no ambiente tecidual. Para que essa função seja plenamente cumprida, a hemoglobina apresenta um comportamento particularmente importante; ela é capaz de sofrer uma transição entre o estado T e o estado R na medida em que moléculas de oxigênio vão progressivamente se ligando a seus grupos heme. Essa propriedade denomina-se cooperatividade e é demonstrada na Figura 24.2.

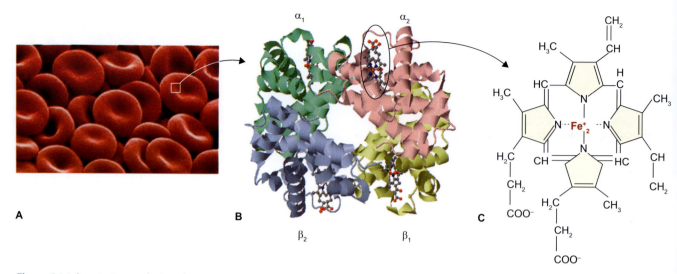

Figura 24.1 As estruturas relacionadas com o transporte de oxigênio. **A.** Eritrócitos e sua forma côncava. **B.** Molécula de hemoglobina, destacando os dímeros $\alpha_1\beta_1$ e $\alpha_2\beta_2$ em cores amarelo, azul, salmão e verde. **C.** Estrutura do grupo heme com o átomo de ferro situado ao centro do anel de protoporfirina.

Tabela 24.1 Propriedades das formas oxigenada e desoxigenada da Hb humana.

Propriedades	Oxi-Hb	Desoxi-Hb
Afinidade pelo oxigênio	Alta ($k_4 = 0,17$ mmHg)	Baixa ($k_1 = 26$ mmHg)
Estado de *spin* do ferro	*Spin* baixo	*Spin* alto
Raio do Fe^{+2}	1,98 Å	2,06 Å
MWC terminologia	Estado relaxado (R)	Estado tenso (T)

k_1 = constante de ligação da primeira molécula de O_2 ao heme; k_4 = constante de ligação da quarta molécula de O_2 ao heme.

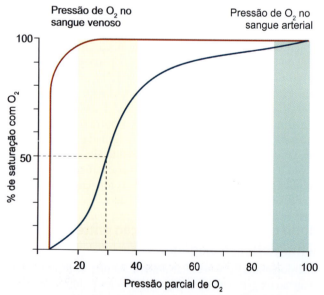

Figura 24.2 Curva de saturação pelo oxigênio da hemoglobina e da mioglobina. A curva azul indica a cooperatividade da molécula de hemoglobina diante do oxigênio. A forma sigmoide indica a transição entre os estados T (baixa afinidade pelo O_2 nos tecidos) e R (alta afinidade pelo O_2 nos alvéolos pulmonares). A curva vermelha refere-se ao comportamento da mioglobina com relação ao O_2. A mioglobina não é uma proteína de transporte de O_2, mas sim de reserva. Assim, a curva é distinta da hemoglobina.

Para explicar a propriedade cooperativa da molécula de hemoglobina, dois modelos foram propostos – o coordenado e o sequencial. No primeiro, a ligação de oxigênio induz mudanças estruturais que alteram a energia livre relativa entre as duas formas, T e R, mudando o equilíbrio em favor da forma de alta afinidade (forma R). Os estados T e R são mantidos em razão de pares iônicos que se situam nas subunidades $\alpha_1\beta_1$ e $\alpha_2\beta_2$ quando ocorre a transição de T para R, outros pares iônicos assumem as superfícies das subunidades $\alpha_1\beta_1$ e $\alpha_2\beta_2$. De fato, o estado T é mantido por três resíduos de aminoácidos (alfa$_2$ Lis40, beta$_1$ His146, beta$_1$ Asp94) que formam duas pontes salinas.

Partindo da estrutura desoxigenada, a ligação parcial de oxigênio (duas ou três moléculas) é suficiente para mudar o equilíbrio do estado T para o estado R, que capturará os oxigênios restantes com maior afinidade.

Contrariamente, começando com a forma totalmente oxigenada, a perda de um ou dois oxigênios muda o equilíbrio de R para T, estimulando a liberação dos oxigênios restantes. Quando a primeira molécula de oxigênio liga-se a um grupo heme em uma subunidade da hemoglobina, essa subunidade sofre alterações conformacionais transmitidas para toda a molécula facilitando, assim, acepção de mais moléculas de oxigênio. Desse modo, a segunda molécula de oxigênio a ligar-se à hemoglobina encontra mais facilidade que a primeira, e a terceira liga-se mais facilmente que a segunda até que a quarta molécula de oxigênio encontra pelo menos 20 vezes mais facilidade em ligar-se ao heme, quando comparada à primeira molécula de oxigênio a interagir com o primeiro grupo heme da molécula de hemoglobina. Esse mecanismo pelo qual o oxigênio é capaz de alterar a conformação espacial de uma subunidade da hemoglobina, de modo a transmitir essa alteração para as demais subunidades, tornando-as mais capazes de aceitar outras moléculas de oxigênio, chama-se regulação alostérica (do grego *allos* = outra; *stereos* = forma). No modelo sequencial, o acoplamento de uma molécula de oxigênio a um dos grupos heme da hemoglobina aumenta a afinidade de ligação dos grupos heme restantes para outras moléculas de oxigênio, sem que ocorra uma total conversão do estado T para R (Figura 24.3), como propõe o modelo coordenado.

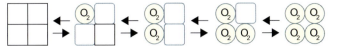

Figura 24.3 Esquema explicativo do modelo sequencial. O acoplamento de uma molécula de oxigênio a uma subunidade da molécula de hemoglobina e alterações espaciais dessa subunidade (círculos coloridos). Essa alteração conformacional induz mudanças estruturais em subunidades vizinhas (quadrados com linhas em azul e cantos arredondados), aumentando sua afinidade para se ligar ao oxigênio.

Na verdade, nenhum dos dois modelos é capaz de explicar de maneira satisfatória o comportamento da hemoglobina diante do oxigênio, de modo que é necessário um modelo híbrido, uma vez que ela exibe característica do modelo coordenado e também do modelo sequencial em determinadas circunstâncias. Por exemplo, quando três grupos heme da hemoglobina estão preenchidos com oxigênio, esta se encontra quase sempre no estado R, mostrando um comportamento compatível com o modelo coordenado. Contudo, quando somente um grupo heme está ocupado por oxigênio, permanece no estado T, mas nessa condição a hemoglobina é capaz de ligar-se a outras moléculas de oxigênio com três vezes mais afinidade do que quando completamente desoxigenada, uma característica compatível somente com o modelo sequencial.

Interação do oxigênio com o Fe^{+2} do heme

O grupo heme consiste em um átomo de ferro inserido em um anel heterocíclico chamado porfirina. O átomo de ferro é capaz de fazer seis ligações, interagindo quatro delas com os nitrogênios do núcleo de porfirina. A quinta ligação do ferro ocorre com o anel de imidazol da histidina F8, que faz parte da porção globina da molécula de hemoglobina, e, finalmente, a sexta ligação do ferro ocorrerá com o oxigênio (Figura 24.4).

Quando o oxigênio se liga ao ferro no grupo heme, o átomo de ferro se desloca para dentro do plano do grupo heme, uma vez que altera o estado eletrônico do heme, encurtando, assim, em 0,1 Å as pontes Fe-N-porfirina, e baixando a abóbada da porfirina (Figura 24.4). Esse efeito faz com que, durante a transição TR, o Fe^{+2} arraste com ele o resíduo de histidina acoplado à hélice 8 (His-F8), à qual ele está covalentemente ligado.

Oxigênio modifica a estrutura quaternária da hemoglobina

A ligação do oxigênio altera toda a estrutura do tetrâmero de hemoglobina, de modo que a estrutura espacial da desoxiemoglobina e da oxiemoglobina são perceptivelmente diferentes. Em ambas as formas, as subunidades α e β estão em

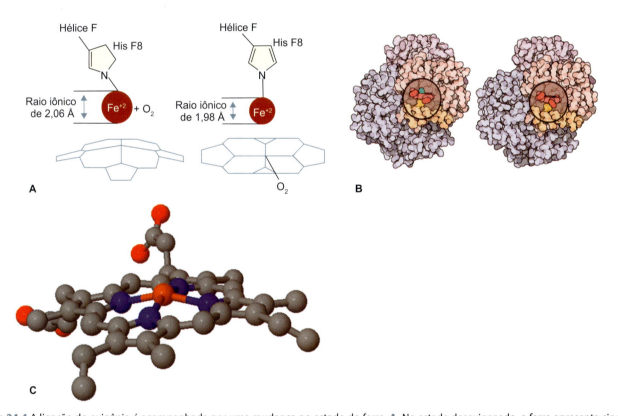

Figura 24.4 A ligação do oxigênio é acompanhada por uma mudança no estado do ferro. **A.** No estado desoxigenado, o ferro apresenta cinco ligantes, os quatro nitrogênios do grupo heme e a histidina proximal, e está em um estado Fe^{++} com spin alto e raio iônico de 2,06 Å. No estado oxigenado, o ferro apresenta seis ligantes – os cinco anteriores mais o oxigênio, e está em um estado Fe^{+2} com *spin* baixo e raio iônico de 1,98 Å. O raio é importante porque a distância dos nitrogênios ao centro do heme é 2,03 Å; isso implica que o ferro permanecerá no plano dos nitrogênios na oxi-Hb, mas não na desoxi-Hb. O Fe está 0,6 Å acima do plano do centro do anel porfirínico abobadado. Na presença do oxigênio, o ferro desloca-se na direção do centro do anel, arrastando a histidina 8 e a hélice F ligados a ele. **B.** Grupo heme de uma das subunidades da hemoglobina no círculo; a molécula do oxigênio aparece em azul e a hélice F em laranja. Nota-se que a inserção do oxigênio no grupo heme causa alteração na subunidade da hemoglobina que se reflete para toda a molécula, causando alterações espaciais importantes que modificam as propriedades bioquímicas da molécula. **C.** Estrutura espacial do heme. As esferas em cinza compõem os anéis porfirínicos, as esferas azuis indicam os nitrogênios que coordenam o átomo de ferro, representado pela esfera laranja ao centro. As esferas vermelhas indicam resíduos de aminoácidos pertencentes à hélice F.

íntimo contato, ocorrendo por meio da ligação do oxigênio aos grupos heme de cada globina e também por meio das pontes salinas formadas pelos H⁺, que interagem com resíduos específicos de aminoácidos. Os contatos na interface α1-β1 e seu equivalente simétrico α2-β2 envolvem 35 resíduos de aminoácidos, enquanto os das interfaces α1-β2 e α2-β1 envolvem 19 resíduos. Quando o oxigênio é ligado aos grupos heme da desoxiemoglobina, as subunidades de α1-β1 e α2-β2 da molécula, a qual permanece rígida, mudam levemente suas posições relativas e tornam-se mais próximas. Isso quer dizer que ocorre uma mudança na estrutura quaternária e as subunidades sofrem um processo de compactação.

Como resultado, a molécula de oxiemoglobina apresenta uma estrutura mais compacta que a de desoxiemoglobina e a cavidade de aproximadamente 20,0 Å de diâmetro formada pelas interações entre as subunidades α1-α2 e β1-β2 torna-se menor (Figura 24.5). A redução da cavidade central da molécula pode ser explicada pelo deslocamento das subunidades α1-β2 e α2-β1 na vigência do oxigênio, produzindo uma alteração na estrutura quaternária. A oxigenação promove uma rotação de 15° de um dímero αβ em relação ao outro (Figura 24.5A), aproximando, assim, as subunidades β e estreitando o canal central da hemoglobina. Os dois grupos hemes α se aproximam, enquanto os dois hemes β se afastam um dos outros. Conjuntamente a essas mudanças, os resíduos que ligam H⁺ nas cadeias α e β mudam de um ambiente relativamente hidrofílico para um relativamente hidrofóbico. Alguns átomos da interface α1-β2 e α2-β1 deslocam-se por uma distância de até 6,0 Å.

A oxigenação provoca modificações estruturais quaternárias tão grandes que os cristais de desoxiemoglobina se estilhaçam ao serem expostos ao oxigênio. Essa mudança conformacional da molécula de hemoglobina aumenta a tendência desses grupos protonados de perderem H⁺, isso que dizer que eles se tornam ácidos mais fortes quando a hemoglobina é oxigenada, uma mudança que pode explicar o efeito de Bohr, ou efeito Bohr, que será discutido a seguir.

A hemoglobina não transporta somente oxigênio | Efeito Bohr

No ambiente dos alvéolos pulmonares, mais de 90% do oxigênio se difunde para o eritrócito, ligando-se à molécula de hemoglobina. Uma pequena fração de oxigênio é transportada, dissolvida no plasma na forma física e obedece à lei de Henry, cujo enunciado refere que a quantidade de gás dissolvido em determinado líquido, a determinada temperatura, é igual ao produto da pressão parcial desse gás no líquido, multiplicado por um coeficiente de solubilidade particular para cada mistura gás-líquido. No ambiente dos alvéolos pulmonares, mais de 90% do oxigênio difunde-se pelo eritrócito indo combinar-se com a hemoglobina. Uma pequena fração de oxigênio é transportada dissolvida no plasma na forma de solução simples – a chamada fração de oxigênio dissolvido ou fração física (Figura 24.6). Além de transportar praticamente todo o oxigênio dos pulmões aos tecidos, a hemoglobina transporta cerca de 20% do total de CO_2 e H⁺ formados nos tecidos até os pulmões e rins.

Nos tecidos periféricos, a hemoglobina capta H⁺ e CO_2 e, em altas concentrações de CO_2 e baixos valores de pH, a afinidade da hemoglobina por O_2 reduz dramaticamente. Inversamente, nos capilares pulmonares, à medida que o CO_2 é excretado e o pH do sangue aumenta, a afinidade da hemoglobina pelo oxigênio também se eleva. Esse efeito do pH e da concentração de CO_2 interferindo na captação e liberação do oxigênio por parte da hemoglobina denomina-se efeito Bohr, em homenagem ao fisiologista dinamarquês Niels Bohr (1885-1962), seu descobridor. O efeito Bohr é, portanto, resultado do equilíbrio entre oxigênio e os outros ligantes que podem ser aceptados pela hemoglobina, CO_2 e H⁺. É necessário destacar que o H⁺ não interage no mesmo sítio que o oxigênio, ao passo que o oxigênio se liga ao íon Fe^{+2} do grupo heme; os prótons H⁺ ligam-se a qualquer um dos vários resíduos de aminoácidos das porções globínicas da hemoglobina, com destaque para o resíduo His-146 (His HC3) das subunidades β. Quando esse resíduo se torna protonado, ele forma um dos três pares iônicos que mantém a conformação T. O par iônico mantém e estabiliza a forma protonada do resíduo de histidina HC3, proporcionando um valor de pKa extremamente alto no estado T. Esse valor de pKa reduz para 6,0 no estado R (oxiemoglobina), uma vez que o par iônico se torna incapaz de se formar, já que o resíduo de His-146 não é capaz de aceitar H⁺ no estado R em valores de pH igual a 7,6, que é o pH do sangue no ambiente dos alvéolos pulmonares.

Embora a hemoglobina seja capaz de captar CO_2, a maior parte desse gás (cerca de 63%) é transportada no interior do eritrócito na forma de íon bicarbonato (HCO^-_3) em uma

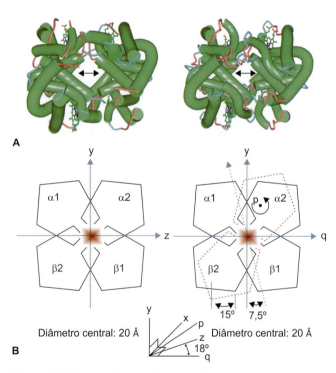

Figura 24.5 Diagrama ilustrando a mudança na estrutura quaternária que acompanha a ligação de oxigênio à hemoglobina. **A.** Estrutura espacial da oxiemoglobina (à direita) e da desoxiemoglobina (à esquerda). A seta na cavidade central indica a alteração conformacional desencadeada pelo oxigênio. **B.** Oxiemoglobina apresenta uma ligeira mudança da posição do dímero $α_1β_1$ em relação ao dímero $α_2β_2$ (ou vice-versa). No diagrama da estrutura ligada, os dímeros $α_1β_1$ estão superpostos, e os dímeros $α_2β_2$ estão representados em preto (não ligada) e vermelho (ligada). A posição do dímero $α_2β_2$ ligado é obtida da rotação de 12 a 15° em torno do eixo P, deslocando 1,0 Å para baixo ao longo de "p". O eixo "p" é perpendicular ao eixo de simetria "y" e a relação entre os eixos de visão e os eixos moleculares padrão é mostrada no diagrama central inferior. Fonte: adaptada de Baldwin e Chothia, 1979.[1]

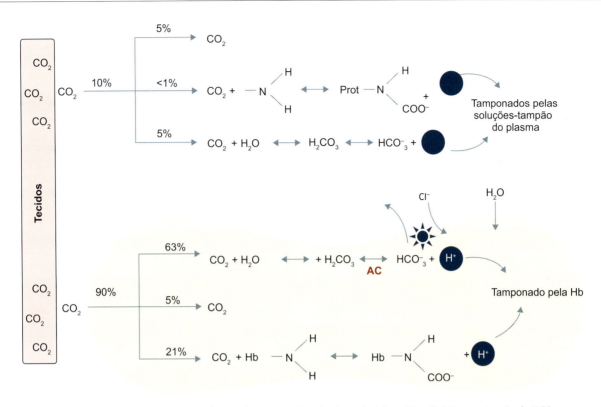

Figura 24.6 Formas pelas quais o CO_2 é transportado no plasma e no interior dos eritrócitos. No eritrócito, a extrusão de HCO^-_3 e a entrada de Cl^- é acompanhada da entrada de água também, o que torna o eritrócito oxigenado mais túrgido que o eritrócito desoxigenado. Fonte: adaptada de Aires, 1999.[2]

reação tal qual o CO_2, combinando-se com a água no interior do eritrócito para formar ácido carbônico (H_2CO_3). Posteriormente, a enzima anidrase carbônica dissocia o H_2CO_3 em um próton de H^+ e um ânion HCO^-_3. A anidrase carbônica presente em altas concentrações no interior dos eritrócitos catalisa a hidratação do CO_2 para formar H_2CO_3. Nos eritrócitos, essas reações são dirigidas para a direita, pela ação das massas, visto que o CO_2 está sempre sendo suprido pelos tecidos. Nos eritrócitos, o H_2CO_3 se dissocia em H^+ e HCO^-_3. O próton de hidrogênio (H^+) permanece no interior do eritrócito, onde será tamponado pela desoxiemoglobina e transportado para o sangue, nessa forma. A desoxiemoglobina é melhor tampão para o H^+ que a oxiemoglobina. O tamponamento de H^+ por parte da hemoglobina cumpre duas funções – a primeira é que impede queda do pH intraeritrocitário e a segunda é que a liberação do H^+ pela hemoglobina no ambiente tecidual facilita a liberação do O_2 para as células. O HCO^-_3 decorrente da dissociação do H_2CO_3 poderia causar desequilíbrio hidreletrolítico no eritrócito, se não fosse extrudido do eritrócito em um mecanismo de troca com o cloreto (Cl^-). Esse fenômeno de trocas entre cargas negativas (saída de HCO^-_3 e entrada de Cl^-) denomina-se fuga de cloreto, que é realizado por uma proteína trocadora de ânions chamada proteína de banda três.

Efeito Haldane

Nos alvéolos pulmonares, a captação de oxigênio por parte da hemoglobina promove alterações estruturais na molécula, que culminam no deslocamento de prótons de H^+, anteriormente captados pelos resíduos de aminoácidos originando no interior do eritrócito um microambiente ácido, constituindo,

assim, o efeito de Haldane, ou efeito Haldane. Esse H^+ combina-se com o HCO^-_3 para formar H_2CO_3 que, sob a ação da anidrase carbônica, sofre dissociação em $H_2O + CO_2$. O CO_2 é prontamente liberado nos alvéolos pulmonares (Figura 24.7). Esse mecanismo responde pela maior parte do CO_2 liberado, cerca de 63%, e outras formas de transporte de CO_2 no interior do eritrócito também ocorrem, cerca de 5% dissolvido na célula na forma física e aproximadamente 21% na forma de carbaminoemoglobina, seguindo a reação $Hb-NH_2 + CO_2 \leftrightarrow Hb-NHCOOH$. Os compostos carbamínicos são, portanto, formados pela combinação de CO_2 com porções aminoterminais da porção globínica da hemoglobina.

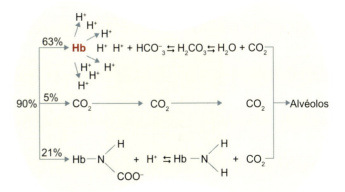

Figura 24.7 A ligação do O_2 ao centro heme faz com que a hemoglobina libere H^+ adquirindo um caráter ácido, o que, por sua vez, promove o deslocamento do CO_2 em suas formas carbaminoemoglobina e HCO^-_3. Esse processo é conhecido como efeito Haldane. Fonte: adaptada de Aires, 1999.[2]

Hemoglobina S e anemia falciforme

A anemia falciforme é uma doença monogênica e hereditária decorrente de anormalidades envolvidas com a molécula de hemoglobina, em que ocorre a substituição do resíduo de ácido glutâmico pelo resíduo de valina na posição 6 da cadeia beta da hemoglobina. A troca desse único resíduo de aminoácido dá origem à hemoglobina S (HbS) que, quando desoxigenada, promove distorção da forma eritrocitária, fazendo com que a célula adquira um aspecto de foice. A cada desoxigenação da molécula de HbS, ocorre aquisição do formato em foice e, após ser submetido a sucessivas alterações estruturais, o eritrócito perde a capacidade de retornar à sua forma discoide bicôncava normal. Esses eritrócitos siclêmicos irreversíveis provavelmente resultam da perda ou do enrijecimento de porções da membrana plasmática, em decorrência de danos estruturais no citoesqueleto. Além disso, afoiçamentos repetidos podem levar à formação de inclusões morfológicas conhecidas como corpúsculos de Heinz. Essas inclusões se ligam à membrana e são parcialmente responsáveis pela destruição prematura dessas hemácias.

A forma homozigota da anemia falciforme (HbSS) ocorre quando o indivíduo herda um gene da hemoglobina falciforme da mãe ou do pai. Assim, para que essa condição ocorra é necessário que cada um dos pais seja portador de pelo menos um gene falciforme, o que significa que cada um é portador de um gene da hemoglobina falciforme (HbS) e um gene da hemoglobina normal (Hb A). O traço falciforme não é uma doença, indica apenas que o indivíduo herdou de seus pais um gene para a hemoglobina normal (A) e outro para a hemoglobina falciforme (S). Estudos mostram que as alterações genéticas que levam à anemia falciforme têm origem na Ásia menor, há milhares de anos, como forma genética de os organismos se protegerem da malária. De fato, a hemoglobina S proporciona aumento da resistência para a malária, como no caso da África, onde a doença é endêmica e, por isso, a frequência desse gene é alta na população. Diversos estudos mostram que os heterozigotos para anemia falciforme são mais resistentes à forma grave da malária, de modo que os indivíduos com essa característica têm mais chances de sobreviver em ambientes onde a malária é prevalente, já que o protozoário não se reproduz em eritrócitos falciformes (Figura 24.8).

Em virtude dessa vantagem adaptativa, o gene da hemoglobina S tornou-se frequente entre os negros, sendo o único mecanismo humano de seleção natural em um universo de mais de 30 mil genes que a ciência, até então, conseguiu entender. O fenômeno de afoiçamento dos eritrócitos é responsável por todo o quadro fisiopatológico apresentado pelos portadores de anemia falciforme. A hemoglobina S quando desoxigenada torna-se insolúvel, ao contrário da hemoglobina normal (A), que mesmo desoxigenada permanece solúvel. A presença do resíduo de valina em vez de ácido glutâmico na HbS origina um contato hidrofóbico adesivo na face externa das duas cadeias beta da molécula de hemoglobina. Isso ocorre porque a valina não apresenta carga elétrica, enquanto o ácido glutâmico apresenta uma carga elétrica em pH = 7,4. Essa ausência de cargas elétricas por parte da valina na HbS faz com que, na forma desoxigenada, a hemoglobina sofra polimerização, já que as superfícies adesivas de moléculas tendem a se combinar, formando filamentos longos responsáveis pela deformação do eritrócito em sua forma característica de lâmina de foice.

Fatores que alteram a finidade da hemoglobina para com o oxigênio

A representação gráfica da pressão parcial de oxigênio em razão da concentração de oxigênio na hemoglobina é conhecida como curva de dissociação da hemoglobina e apresenta um formato sigmoide. Os fatores que aumentam a afinidade da hemoglobina pelo oxigênio desviam a curva sigmoide para a esquerda, enquanto aqueles que reduzem a afinidade da hemoglobina pelo oxigênio deslocam a curva para a direita. Diversos fatores alteram a finidade da hemoglobina pelo oxigênio, sendo quatro particularmente relevantes e, por essa razão, foram bem estudados: a pressão parcial de CO_2 (PCO_2), o pH, a temperatura e os níveis intracelulares de 2,3-bifosfoglicerato (2,3-BPG).

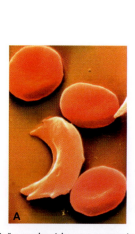
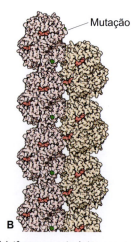
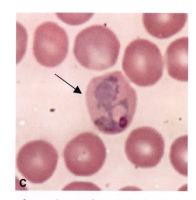

Figura 24.8 Na condição conhecida como anemia falciforme, o eritrócito assume a forma de uma foice (siderócito). **A.** Essa condição decorre da substituição de um único resíduo de aminoácido na posição 6 da cadeia beta da molécula de hemoglobina (glutamato por valina). Essa sutil alteração faz com que a desoxiemoglobina forme filamentos (**B**) no interior dos eritrócitos, deformando o eritrócito de sua forma original discoide para a forma de foice, mais frágil às rupturas no interior dos leitos vasculares. Essa condição, que parece ser uma desvantagem, pode ser útil em ambientes onde há prevalência de malária. O parasita da malária (*Plasmodium*) apresenta parte de seu ciclo de vida no interior do eritrócito, e eritrócitos falciformes (**C**; seta) reduzem a probabilidade do *Plasmodium* habitar essas células. Desse modo, portadores de anemia falciforme tendem a apresentar resistência à malária.

CO₂

Nos tecidos periféricos, a concentração de CO₂ é naturalmente elevada e uma fração desse gás liga-se ao grupo terminal α-amino de cada globina presente na hemoglobina, formando grupos carbamino segundo a reação apresentada na Figura 24.9.

Essa reação produz um próton H⁺, colaborando para o efeito Bohr, e os carbamatos formados também atuam na formação de pontes salinas adicionais que atuam na conversão do estado R para o estado T.

Desse modo, o aumento da PCO₂ altera o equilíbrio da hemoglobina do estado R para o estado T favorecendo a liberação do O₂, como mostrado na Figura 24.10A, na qual a curva de dissociação da hemoglobina se apresenta deslocada para a direita pelo aumento da PCO₂ nos tecidos periféricos.

pH

A afinidade da hemoglobina também apresenta redução pelo oxigênio diante de valores menores de pH, de modo que, em meio ácido, ocorre desvio para a direita da curva de dissociação da hemoglobina (Figura 24.10B). Normalmente, o pH intraeritrocitário é 0,2 unidade mais ácido que o plasma. Nos capilares sistêmicos, CO₂ (que é hidratado até ácido carbônico) e ácidos fixos (úrico, pirúvico, láctico, fosfórico etc.) são liberados para a corrente sanguínea, fazendo com que o pH local caia, facilitando a oxigenação tecidual por conta do efeito Bohr. Já no ambiente alveolar, CO₂ está sendo liberado para os pulmões aumentando o pH local e elevando, assim, a afinidade da Hb para o oxigênio (desvio para a esquerda da curva sigmoide), o que facilita a captação de O₂ do ar alveolar pelo sangue.

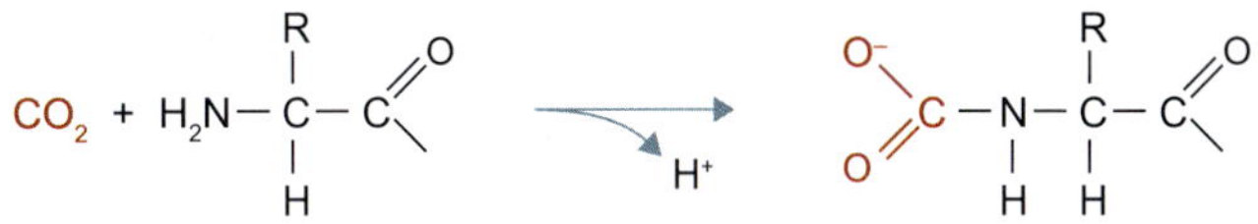

Figura 24.9 Interação do CO₂ com grupos α-amino de cada globina presente na hemoglobina, formando grupos carbamino. O próton gerado atua potencializando o efeito Bohr.

2,3-bifosfoglicerato (2,3-BPG)

O 2,3-bifosfoglicerato é um dos intermediários formados durante a via glicolítica, a via pela qual os eritrócitos produzem sua fonte de energia (ATP), já que não dispõem de

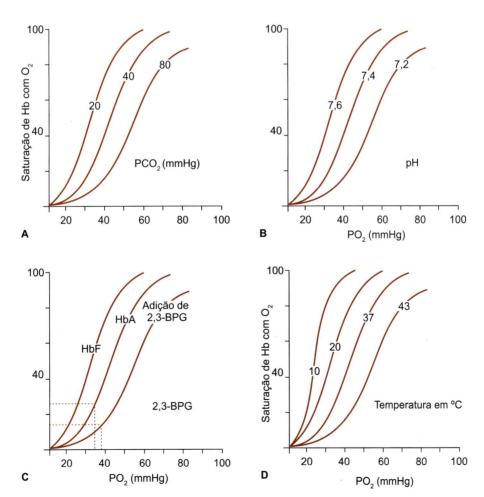

Figura 24.10 Fatores que alteram a curva de dissociação da hemoglobina: **A.** Pressão parcial de CO₂ (PCO₂). **B.** pH. **C.** 2,3-bifosfoglicerato. **D.** Temperatura. Curva de dissociação da HbF (hemoglobina fetal) com o propósito de compará-la à da HbA (hemoglobina do adulto). As linhas tracejadas mostram a P50, ou seja, a pressão parcial de O₂ necessária para saturar 50% da hemoglobina.

mitocôndrias. A curva de dissociação da hemoglobina sofre deslocamento para a direita (Figura 24.10C) na presença de aumento das concentrações intraeritrocitárias de 2,3-BPG. Nos eritrócitos, o 2,3-BPG existe em uma concentração 4 vezes maior que a do ATP, concentração molar equivalente à da hemoglobina. O aumento dessa substância no eritrócito é uma resposta altamente adaptativa a estados de maior necessidade tecidual de O_2. De fato, seu nível se eleva em pacientes com insuficiência cardíaca, hipoxemia crônica, em altitudes elevadas, após exercício físico prolongado e intenso e também na anemia. O acúmulo de 2,3-BPG no eritrócito desloca para a direita a curva de dissociação da hemoglobina, diminuindo a afinidade da Hb pelo O_2 e facilitando, desse modo, a transferência desse gás do eritrócito para os tecidos.

Temperatura

O efeito do aumento da temperatura sobre a afinidade da hemoglobina pelo O_2 é similar ao da acidez, ou seja, a redução da temperatura desloca a curva de dissociação da hemoglobina para a esquerda, enquanto o aumento da temperatura desloca a curva para a direita. Esse efeito da temperatura sobre a curva de dissociação da hemoglobina pode estar relacionado com a influência da temperatura sobre a atividade do H^+. Isso é particularmente útil nos músculos esqueléticos, uma vez que estes se aquecem durante a atividade física, e esse aquecimento facilita a liberação de O_2, suprindo as células musculares de O_2 em momentos em que tal aporte é necessário. Contudo, em situações de hipotermia induzida, as temperaturas teciduais extremamente baixas reduzem o consumo celular de O_2. A redução da temperatura do sangue, ao mesmo tempo, aumenta a afinidade da hemoglobina pelo O_2.

Hemoglobinopatias

O termo hemoglobinopatias refere-se a uma das condições que acometem a hemoglobina, sendo a mais conhecida aquela que desencadeia a anemia falciforme.

Como visto anteriormente, anemia falciforme é o termo utilizado para uma morbidade hereditária na qual os eritrócitos assumem a forma de uma foice, mas recebem a designação hematológica de drepanócitos (Figura 24.11). Ocorre com maior ou menor gravidade de acordo com o caso, o que causa deficiência do transporte de gases nos indivíduos que apresentam a doença. É comum em afrodescendentes e, por isso, o conhecimento sobre a origem étnica do paciente pode ser de grande valia na análise genética de indivíduos acometidos por algum tipo de hemoglobinopatia. A formação da hemoglobina S (HbS) é determinada por um par genético que sofre alteração nos portadores da doença. Neles, há a presença de ao menos um gene mutante, que leva o organismo a produzir a hemoglobina S.

Essa hemoglobina apresenta, em sua estrutura primária, uma troca do sexto resíduo de aminoácido (um resíduo de ácido glutâmico é substituído por resíduo de valina). Essa alteração é consequência da substituição de um único nucleotídeo na sequência de DNA. Em vez do nucleotídeo adenina na posição 20 da cadeia de DNA, na sequência anormal encontra-se o nucleotídeo timina que, por sua vez, altera a sequência de códons de GAG para GTG. A alteração conformacional ocorre porque o grupo radical da valina não tem carga elétrica, enquanto o ácido glutâmico tem carga negativa em pH 7,4 (esse valor de pH é o fisiológico e, nele, o grupo carboxila se ioniza, perdendo um próton de hidrogênio) e encontra-se na face externa da molécula.

Figura 24.11 Eritrócitos falciformes (drepanócitos).

Assim, a substituição do resíduo de ácido glutâmico por valina cria um ponto hidrofóbico de ligação na superfície externa da cadeia beta, alterando a conformação final da proteína. Essa molécula de hemoglobina é capaz de transportar o oxigênio, mas, quando este passa para os tecidos, as moléculas da sua hemoglobina se aglutinam em formas gelatinosas de polímeros, também chamadas tactoides, que acabam por alterar a estrutura dos eritrócitos, tornando-os frágeis em razão das alterações na sua membrana.

Quando recebem novamente o oxigênio, podem ou não recuperar seu formato original. Após algum tempo, por não suportar bem modificações físicas, a hemoglobina pode manter permanentemente a forma gelatinosa e, em consequência, o formato de foice do eritrócito. Nessa forma, sua vida útil torna-se menor, o que pode vir a causar anemia hemolítica. O gene causador da anemia falciforme tem uma relação de codominância com o gene normal. Assim, há indivíduos portadores de uma forma branda e de uma forma grave da mesma doença.

O teste de falcização tem como objetivo diagnosticar a anemia falciforme. O método baseia-se na redução da tensão de O_2 induzindo à formação de agregados cristalinos, já que a hemoglobina S na ausência de O_2 torna-se insolúvel quando comparada à hemoglobina íntegra. Para o teste, uma gota de sangue obtida por meio de punção digital é colocada em uma lâmina e recoberta com uma lamínula. As bordas da lamínula são vedadas com petrolato e, após cerca de 6 h, pode-se fazer a observação em microscópio óptico. Outra forma de realizar o teste é adicionar metabissulfito de sódio na concentração de 2% ao sangue da lâmina antes de cobri-la com a lamínula. Como o metabissulfito é um poderoso redutor, a reação é acelerada possibilitando a observação no intervalo de 15 a 60 min. Contudo, atualmente os *kits* para testes de falcização são bastante eficazes e seu método consiste em desoxigenar a hemoglobina S que, por tornar-se insolúvel, precipita-se em determinados meios. Tanto os testes de lâmina quanto os *kits* não são totalmente específicos para hemoglobina S, produzindo falcização para outras hemoglobinas, por exemplo, a hemoglobina F (Hb F; forma fetal da hemoglobina). Por isso, o teste deve ser feito em bebês somente após 4 a 6 meses do nascimento, período em que a hemoglobina F passa a ser substituída pela hemoglobina A (Hb A forma presente no adulto).

O diagnóstico definitivo da anemia falciforme pode ser obtido por meio da eletroforese de hemoglobina. Nesse teste, produz-se uma separação das frações HbS, Hb A e outras formas de hemoglobina que porventura estejam presentes na amostra. A eletroforese de hemoglobina possibilita a identificação de diversos tipos de hemoglobina, que podem identificar uma doença hemolítica. Por exemplo, se Hb A2 for de 4 a 5,8% da hemoglobina total, então existe a implicação de talassemia menor. Se Hb A2 estiver abaixo de 2%, isso sugere uma doença de hemoglobina H. A talassemia menor é também sugerida se Hb F for 2 a 5% da hemoglobina total, e talassemia maior se Hb F compreender 10 a 90%. Se o total da hemoglobina for Hb F, isso sugere persistência hereditária homozigota de hemoglobina fetal. Se Hb F compreender 15% do total de hemoglobina, isso sugere HbS homozigota.

Hemoglobina C

A hemoglobina C (Hb C) é uma variante originada pela substituição do ácido glutâmico por lisina na posição 6 da cadeia beta da globina da hemoglobina, conduzindo a um leve distúrbio hemolítico. Os portadores dessa condição são homozigotos (CC) para o gene da Hb C. Estima-se que o gene está presente em cerca de 3% dos afro-americanos de modo que a doença não é comum. A origem da hemoglobina C, tal como da hemoglobina S, é africana e sua propagação foi ampla na região do Mediterrâneo e das Américas por meio do tráfico de escravos, em diferentes períodos da história da humanidade.[3] Esse processo de distribuição do gene da globina beta possibilitou sua interação com outras hemoglobinas variantes e talassemias, apresentando prevalência entre 15 e 30% nos povos de origem africana, fato também amplamente observado na população brasileira, com frequência bastante variável, dependendo da região analisada. Os portadores da doença apresentam leptocitose (leptócitos, eritrócitos em formato de alvo), mas não desenvolvem anemia.

A troca do aminoácido confere características estruturais e funcionais próprias à molécula, facilitando a sua identificação por metodologias de rotina diagnóstica. De fato, a eletroforese é o método de rotina utilizado na identificação de portadores desse tipo de hemoglobinopatia (Figura 24.12), embora existam outros métodos mais sofisticados, como a cromatografia líquida de alta pressão (HPLC). A eletroforese de Hb C apresenta padrão de migração similar à da Hb A2, no entanto a presença de Hb A2 não supera valores acima de 10% da hemoglobina total, de modo que a hemoglobina que migra na área da Hb A2 em valores que excedem 10% é forte indicativo de Hb C.

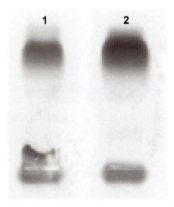

Figura 24.12 Padrão eletroforético de uma amostra de hemoglobina C (1) e hemoglobina normal (2) em acetato de celulose. Fonte: Bonini-Domingos *et al*., 2003.[3]

Resumo

Introdução

Os eritrócitos são células discoidais côncavas nas quais está presente uma proteína especializada em interagir com o O_2, a hemoglobina. O tecido muscular esquelético, por sua alta taxa metabólica, dispõe de uma proteína de reserva de O_2 similar à hemoglobina, a mioglobina. A mioglobina e a hemoglobina apresentam relações evolutivas, contudo a hemoglobina apresenta quatro cadeias polipeptídicas, enquanto a mioglobina somente uma. A hemoglobina é especializada em transportar O_2, ao passo que a mioglobina atua como reserva de O_2; a primeira apresenta quatro grupos heme e a segunda, somente um. O sítio onde ocorre a interação com o O_2 nessas proteínas é formado por um anel de protoporfirina, o qual, por meio de quatro átomos de nitrogênio, coordena um átomo de ferro (Fe^{+2}).

Captação de oxigênio por parte da hemoglobina

A dinâmica de oxigenação dos tecidos implica necessariamente na capacidade da hemoglobina em ligar-se ao oxigênio nos alvéolos pulmonares e, posteriormente, desligar-se dele no ambiente dos tecidos. Para cumprir essa tarefa, a hemoglobina apresenta alta afinidade por oxigênio quando a pressão parcial de oxigênio (PO_2) é alta, essa situação está presente nos alvéolos pulmonares e impulsiona o deslocamento do oxigênio dos alvéolos para os capilares pulmonares. A situação inversa, ou seja, o desacoplamento do oxigênio da molécula de hemoglobina ocorre nos tecidos pela baixa PO_2. A molécula de hemoglobina é formada por um tetrâmero constituído por dímeros de cadeias αβ idênticas (α1β1 e α2β2) que se relacionam entre si de forma não covalente (pontes de hidrogênio, interações hidrofóbicas, por exemplo) formando um tetrâmero (Figura R24.1). A hemoglobina pode apresentar duas estruturas quaternárias distintas. Uma é a estrutura T (tensa), característica da forma desoxigenada (desoxi-Hb) cuja afinidade pelo oxigênio é baixa, a outra é a estrutura R (relaxada), característica da forma oxigenada (oxi-Hb), na qual a molécula de hemoglobina apresenta alta afinidade pelo oxigênio. Nos eritrócitos, as hemoglobinas encontram-se em um equilíbrio das duas formas; a concentração de formas parcialmente ligadas é baixa.

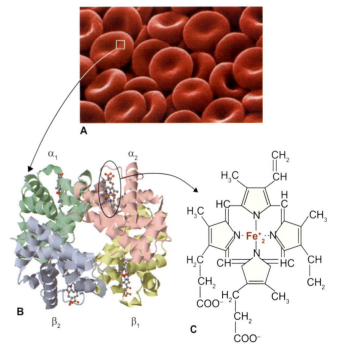

Figura R24.1 Estruturas relacionadas com o transporte de oxigênio. **A.** Eritrócitos e sua forma côncava. **B.** Molécula de hemoglobina, destacando os dímeros α1β1 e α2β2 em cores amarelo, azul, salmão e verde. **C.** A estrutura do grupo heme com o átomo de ferro situado ao centro do anel de protoporfirina.

A hemoglobina interage com o oxigênio de forma cooperativa

A hemoglobina apresenta um comportamento particularmente importante; ela é capaz de sofrer uma transição entre o estado T e o estado R na medida em que moléculas de oxigênio vão progressivamente se ligando a seus grupos heme. Essa propriedade denomina-se cooperatividade e é demonstrada na Figura R24.2.

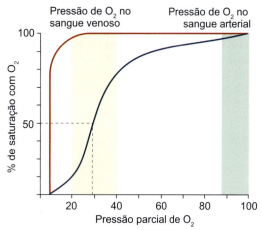

Figura R24.2 Curva de saturação pelo oxigênio da hemoglobina e da mioglobina. A curva azul indica a cooperatividade da molécula de hemoglobina diante do oxigênio. A forma sigmoide indica a transição entre os estados T (baixa afinidade pelo O_2 nos tecidos) e R (alta afinidade pelo O_2 nos alvéolos pulmonares). A curva vermelha refere-se ao comportamento da mioglobina ante o O_2. A mioglobina não é uma proteína de transporte de O_2, mas sim de reserva. Assim, a curva é distinta da hemoglobina.

A interação do oxigênio com o Fe^{+2} presente no grupo heme

Quando o oxigênio liga-se ao ferro no grupo heme, o átomo de ferro se desloca para dentro do plano do grupo heme, uma vez que altera o estado eletrônico do heme, encurtando, assim, em 0,1 Å as pontes Fe-N-porfirina, fazendo baixar a abóbada da porfirina (Figura R24.3). Esse efeito faz com que, durante a transição TR, o Fe^{+2} arraste com ele o resíduo de histidina acoplado à hélice 8 (His-F8), à qual ele está covalentemente ligado.

A ligação do oxigênio é que promove alteração do átomo de ferro. A distância dos átomos de nitrogênio ao centro do grupo heme é 2,03 Å; isso implica que o ferro permanecerá no plano dos nitrogênios na oxiemoglobina, mas não na desoxiemoglobina. A ligação do oxigênio altera toda a estrutura da molécula de hemoglobina, de modo que a estrutura espacial da desoxiemoglobina e da oxiemoglobina são perceptivelmente diferentes.

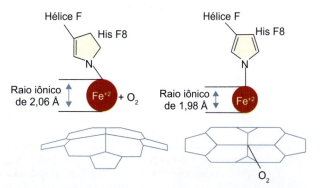

Figura R24.3 A ligação do oxigênio é acompanhada por uma mudança no estado do ferro. No estado desoxigenado, o ferro apresenta cinco ligantes: os quatro nitrogênios do grupo heme e a histidina proximal, e está em um estado Fe^{+2} com *spin* alto e raio iônico de 2,06 Å. No estado oxigenado, o ferro apresenta seis ligantes – os cinco anteriores mais o oxigênio – e está em um estado Fe^{+2} com *spin* baixo e raio iônico de 1,98 Å. O raio é importante porque a distância dos nitrogênios ao centro do heme é 2,03 Å; isso implica que o ferro permanecerá no plano dos nitrogênios na oxi-Hb, mas não na desoxi-Hb. O Fe está 0,6 Å acima do pano do centro do anel porfirínico abobadado. Na presença do oxigênio, o ferro desloca-se na direção do centro do anel, arrastando a histidina 8 e a hélice F a ela ligada.

Oxigênio altera a estrutura quaternária da hemoglobina

A ligação do oxigênio altera toda a estrutura do tetrâmero de hemoglobina. As subunidades α e β fazem contato entre si. Quando o oxigênio é ligado aos grupos heme da desoxiemoglobina, as subunidades de α1β1 e α2β2 da molécula, a qual permanece rígida, mudam levemente suas posições relativas e tornam-se mais próximas. Isso quer dizer que ocorre uma mudança na estrutura quaternária e as subunidades sofrem um processo de compactação. Como resultado disso, a molécula de oxiemoglobina apresenta uma estrutura mais compacta que a de desoxiemoglobina e a cavidade de aproximadamente 20,0 Å de diâmetro, formada pelas interações entre as subunidades α1-α2 e β1-β2, torna-se menor (Figura R24.4). Além disso, a oxigenação promove uma rotação de 15° de um dímero αβ em relação ao outro. A oxigenação provoca modificações estruturais quaternárias tão grandes que os cristais de desoxiemoglobina se estilhaçam ao serem expostos ao oxigênio. Essa mudança conformacional da molécula de hemoglobina pode explicar o efeito Bohr.

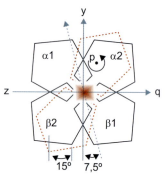

Diâmetro central: 20 Å

Figura R24.4 A oxiemoglobina apresenta uma ligeira mudança da posição do dímero $\alpha_1\beta_1$ em relação ao dímero $\alpha_2\beta_2$ (ou vice-versa). No diagrama da estrutura ligada, os dímeros $\alpha_1\beta_1$ estão superpostos e os dímeros $\alpha_2\beta_2$ representados em preto (não ligada) e vermelho (ligada). A posição do dímero $\alpha_2\beta_2$ ligado é obtida pela rotação de 12 a 15° em torno do eixo P, deslocando 1,0 Å para baixo ao longo de "p". O eixo "p" é perpendicular ao eixo de simetria "y" e a relação entre os eixos de visão e os eixos moleculares padrão são mostradas no diagrama central inferior. Fonte: adaptada de Baldwin e Chothia, 1979.[1]

O efeito Bohr

Nos tecidos periféricos, a hemoglobina capta H^+ e CO_2 e, em altas concentrações de CO_2 e baixos valores de pH, a afinidade da hemoglobina por O_2 reduz dramaticamente. Inversamente, nos capilares pulmonares, à medida que o CO_2 é excretado e o pH do sangue aumenta, a afinidade da hemoglobina pelo oxigênio também se eleva. Esse efeito do pH e da concentração de CO_2, interferindo na captação e liberação do oxigênio por parte da hemoglobina denomina-se efeito Bohr, em homenagem ao fisiologista dinamarquês Niels Bohr (1885-1962), seu descobridor. O efeito Bohr é, portanto, resultado do equilíbrio entre oxigênio e os outros ligantes que podem ser aceptados pela hemoglobina CO_2 e H^+.

Efeito Haldane

Nos alvéolos pulmonares, a captação de oxigênio por parte da hemoglobina promove alterações estruturais na molécula, que culminam no deslocamento de prótons de H^+, anteriormente captados pelos resíduos de aminoácidos originando no interior do eritrócito um microambiente ácido. Esse H^+ combina-se com o HCO_3^- para formar H_2CO_3, que, sob a ação da anidrase carbônica, sofre dissociação em $H_2O + CO_2$. O CO_2 é prontamente liberado nos alvéolos pulmonares (Figura R24.5).

Nos tecidos periféricos, em que o pH tende a ser ácido, a hemoglobina ganha afinidade por CO_2 e reduz sua afinidade por O_2. Já no ambiente alveolar, CO_2 está sendo liberado para os pulmões aumentando o pH local e elevando, assim, a afinidade da Hb para o oxigênio, o que facilita a captação de O_2 do ar alveolar pelo sangue. O 2,3-bifosfoglicerato (2,3-BPG) acumula no eritrócito e reduz a afinidade da hemoglobina pelo O_2, facilitando desse modo a transferência desse gás do eritrócito para os tecidos. O aumento da temperatura facilita a liberação do oxigênio por parte da hemoglobina, enquanto, em temperaturas baixas, a reduz. Por sua vez, em situações de hipotermia induzida, as temperaturas teciduais extremamente baixas reduzem o consumo celular de O_2. A redução da temperatura do sangue, ao mesmo tempo, aumenta a afinidade da hemoglobina pelo O_2.

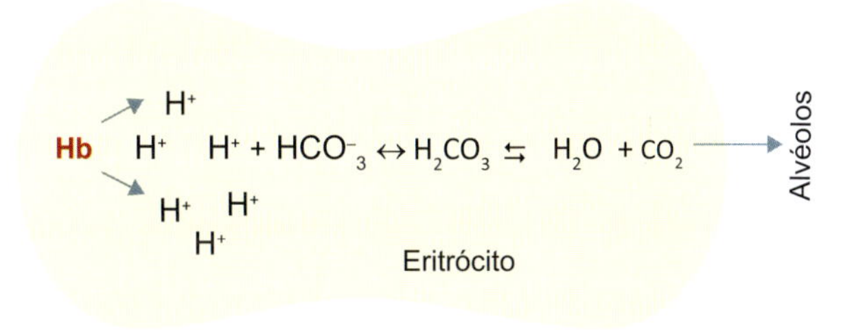

Figura R24.5 A ligação do O_2 ao centro heme faz com que a hemoglobina libere H^+ adquirindo um caráter ácido, o que, por sua vez, promove o deslocamento do CO_2 em suas formas carbaminoemoglobina e HCO_3^-. Esse processo é conhecido como efeito Haldane. Fonte: adaptada de: Aires, 1999.[2]

Hemoglobinopatias

O termo hemoglobinopatias refere-se a uma das condições que acometem a hemoglobina, sendo a mais conhecida aquela que desencadeia a anemia falciforme. O portador de anemia falciforme apresenta a hemoglobina S (HbS). Essa molécula de hemoglobina é capaz de transportar o oxigênio, mas, quando este passa para os tecidos, as moléculas da sua hemoglobina se aglutinam em formas gelatinosas de polímeros, também chamadas tactoides, que acabam por alterar a estrutura do eritrócito, tornando-os frágeis pelas alterações na sua membrana. Já a hemoglobina C (Hb C) é uma variante originada pela substituição do ácido glutâmico por lisina na posição 6 da cadeia beta da globina da hemoglobina, conduzindo a um leve distúrbio hemolítico. Os portadores da doença apresentam leptocitose (leptócitos, eritrócitos em formato de alvo), mas não desenvolvem anemia.

Exercícios

1. Explique as diferenças e similaridades entre hemoglobina e mioglobina.
2. Descreva a estrutura do grupo heme presente na molécula de hemoglobina.
3. Descreva a estrutura da molécula de hemoglobina.
4. A molécula de hemoglobina interage com o oxigênio de maneira cooperativa. Explique o que significa essa afirmação.
5. O que é o efeito Bohr?
6. O que é o efeito Haldane?
7. Explique de que maneira a interação do oxigênio com a hemoglobina causa alterações estruturais na molécula.
8. Cite os fatores que modificam a atividade da hemoglobina pelo oxigênio.
9. Descreva como ocorre a interação do oxigênio com o ferro no centro heme da hemoglobina, enfatizando as alterações estruturais da molécula.
10. A anemia falciforme é uma hemoglobinopatia. O que são as hemoglobinopatias? Descreva alguns aspectos da anemia falciforme.

Respostas

1. A mioglobina e a hemoglobina apresentam relações evolutivas, contudo a hemoglobina apresenta quatro cadeias polipeptídicas, enquanto a mioglobina somente uma. A hemoglobina é especializada em transportar O_2, ao passo que a mioglobina atua como reserva de O_2; a primeira apresenta quatro grupos heme e a segunda, somente um. A mioglobina está presente no tecido muscular, enquanto a hemoglobina existe no interior dos eritrócitos.
2. As porções heme são grupos prostéticos da hemoglobina, ou seja, são o sítio onde ocorre a interação com o O_2, formados por um anel de protoporfirina, o qual, por meio de quatro átomos de nitrogênio, coordena um átomo de ferro em seu estado ferroso (Fe^{+2}). A interação desses átomos de nitrogênio com o ferro impede que esse metal assuma o estado férrico (Fe^{+3}), que não tem afinidade pelo O_2, ao contrário do Fe^{+2}.
3. A molécula de hemoglobina mais bem descrita (Hb A) é formada por um tetrâmero constituído por dímeros de cadeias αβ idênticas (α1β1 e α2β2) que se relacionam entre si de forma não covalente (p. ex., pontes de hidrogênio, interações hidrofóbicas) formando um tetrâmero. As subunidades α são formadas por 141 resíduos de aminoácidos, enquanto as subunidades β apresentam 146 resíduos em sua composição e tanto a subunidade α quanto a β comportam um grupo heme. A hemoglobina ocupa 35% do conteúdo de um eritrócito e é sintetizada no interior dos eritrócitos jovens (eritroblastos) por meio de uma série de etapas complexas. A porção globina da molécula é sintetizada no citosol do eritroblasto, e o grupo heme, por sua vez, é sintetizado nas mitocôndrias. *In vivo*, a hemoglobina pode apresentar duas estruturas quaternárias distintas. Uma é a estrutura T (tensa), característica da forma desoxigenada (desoxi-Hb) cuja afinidade pelo oxigênio é baixa; a outra é a estrutura R (relaxada), característica da forma oxigenada (oxi-Hb), na qual a molécula de hemoglobina apresenta alta afinidade pelo oxigênio. Nos eritrócitos, as hemoglobinas encontram-se em um equilíbrio das duas formas; a concentração de formas parcialmente ligadas é baixa.
4. A hemoglobina apresenta um comportamento particularmente importante: é capaz de sofrer uma transição entre o estado T e o estado R na medida em que moléculas de oxigênio vão progressivamente se ligando a seus grupos heme. Essa propriedade denomina-se cooperatividade.
5. Nos tecidos periféricos, a hemoglobina capta H^+ e CO_2 e, em altas concentrações de CO_2 e baixos valores de pH, a afinidade da hemoglobina por O_2 reduz dramaticamente. Inversamente, nos capilares pulmonares, à medida que o CO_2 é excretado e o pH do sangue aumenta, a afinidade da hemoglobina pelo oxigênio também se eleva. Esse efeito do pH e da concentração de CO_2 interferindo na captação e liberação do oxigênio por parte da hemoglobina denomina-se efeito Bohr. O efeito Bohr é, portanto, resultado do equilíbrio entre oxigênio e os outros ligantes que podem ser aceitados pela hemoglobina CO_2 e H^+.
6. Nos alvéolos pulmonares, a captação de oxigênio por parte da hemoglobina promove alterações estruturais na molécula, que culminam no deslocamento de prótons de H^+, anteriormente captados pelos resíduos de aminoácidos, originando no interior do eritrócito um microambiente ácido. Esse H^+ combina-se com o HCO_3^- para formar H_2CO_3 que, sob a ação da anidrase carbônica, sofre dissociação em $H_2O + CO_2$. O CO_2 é prontamente liberado nos alvéolos pulmonares.
7. A ligação do oxigênio altera toda a estrutura do tetrâmero de hemoglobina. As subunidades α e β fazem contato entre si. Quando o oxigênio é ligado aos grupos heme da desoxiemoglobina, as subunidades de α1β1 e α2β2 da molécula, a qual permanece rígida, mudam levemente suas posições relativas e tornam-se mais próximas. Isso quer dizer que ocorre uma mudança na estrutura quaternária e as subunidades sofrem um processo de compactação. Como resultado, a molécula de oxiemoglobina apresenta uma estrutura mais compacta que a de desoxiemoglobina e a cavidade de aproximadamente 20,0 Å de diâmetro, formada pelas interações entre as subunidades α1-α2 e β1-β2, torna-se menor. Além disso, a oxigenação promove uma rotação de 15° de um dímero αβ em relação ao outro. A oxigenação provoca modificações estruturais quaternárias tão grandes que os cristais de desoxiemoglobina se estilhaçam ao serem expostos ao oxigênio. Essa mudança conformacional da molécula de hemoglobina pode explicar o efeito Bohr.
8. Diversos fatores alteram a finidade da hemoglobina pelo oxigênio, sendo quatro particularmente relevantes: dióxido de carbono – nos tecidos periféricos, a concentração de CO_2 é naturalmente elevada e uma fração desse gás liga-se ao grupo terminal α-amino de cada globina presente na hemoglobina, dando origem à formação de H^+ e favorecendo o deslocamento do estado R da hemoglobina para o T; pH – a hemoglobina altera sua afinidade por O_2 ou CO_2 em virtude do pH. Nos tecidos periféricos em

que o pH tende a ser ácido, a hemoglobina ganha afinidade por CO_2 e reduz sua afinidade por O_2; já no ambiente alveolar, CO_2 está sendo liberado para os pulmões aumentando o pH local e elevando, assim, a afinidade da Hb para o oxigênio, o que facilita a captação de O_2 pelo sangue a partir do ar alveolar; 2,3-bifosfoglicerato (2,3-BPG) – o acúmulo de 2,3-BPG no eritrócito reduz a afinidade da hemoglobina pelo O_2, facilitando desse modo a transferência desse gás do eritrócito para os tecidos; temperatura – o aumento da temperatura facilita a liberação do oxigênio por parte da hemoglobina enquanto temperaturas baixas, a reduzem. Contudo, em situações de hipotermia induzida, as temperaturas teciduais extremamente baixas reduzem o consumo celular de O_2. A redução da temperatura do sangue, ao mesmo tempo, aumenta a afinidade da hemoglobina pelo O_2.

9. Quando o oxigênio liga-se ao ferro no grupo heme, o átomo de ferro se desloca para dentro do plano do grupo heme, uma vez que altera o estado eletrônico do heme, encurtando, assim, em 0,1 Å as pontes Fe-N-porfirina, fazendo baixar a abóbada da porfirina. Esse efeito faz com que, durante a transição TR, o Fe^{+2} arraste com ele o resíduo de histidina acoplado à hélice 8 (His-F8), à qual ele está covalentemente ligado. A ligação do oxigênio é que promove alteração do átomo de ferro. A distância dos átomos de nitrogênio ao centro do grupo heme é 2,03 Å; isso implica que o ferro permanecerá no plano dos nitrogênios na oxi-Hb, mas não na desoxi-Hb. A ligação do oxigênio altera toda a estrutura da molécula de hemoglobina, de modo que a estrutura espacial da desoxiemoglobina e da oxiemoglobina são perceptivelmente diferentes.

10. O termo hemoglobinopatias refere-se a uma das condições que acometem a hemoglobina, sendo a mais conhecida aquela que desencadeia a anemia falciforme. O portador de anemia falciforme apresenta a hemoglobina S (HbS). Essa molécula de hemoglobina é capaz de transportar o oxigênio, mas, quando este passa para os tecidos, as moléculas da sua hemoglobina se aglutinam em formas gelatinosas de polímeros, também chamadas tactoides, que acabam por alterar a estrutura dos eritrócitos, tornando-os frágeis em razão das alterações na sua membrana. Já a hemoglobina C (Hb C) é uma variante originada pela substituição do ácido glutâmico por lisina na posição 6 da cadeia beta da globina da hemoglobina, conduzindo a um leve distúrbio hemolítico. Os portadores da doença apresentam leptocitose (leptócitos, eritrócitos em forma de alvo), mas não desenvolvem anemia.

Referências bibliográficas

1. Baldwin J, Chothia C. Haemoglobin: the structural changes related to ligand binding and its allosteric mechanism. J Mol Biol. 1979;129(2):175-220.
2. Aires MM. Fisiologia. Rio de Janeiro: Guanabara Koogan; 1999.
3. Bonini-Domingos CR, da Silveira ELV, Viana-Baracioli LMS, Canali AA. Caracterização de hemoglobina N-Baltimore em doador de sangue de São José do Rio Preto, SP. Jornal Brasileiro de Patologia e Medicina Laboratorial. 2003;39(1).

Bibliografia

Boh LE, Young LY. Pharmacy practice manual: a guide to the clinical experience. Philadelphia: Lippincott Williams & Wilkins; 2001.
Brunori M. Variations on the theme: allosteric control in hemoglobin. FEBS J. 2014;281(2):633-43.
Dominguez de Villota ED, Ruiz Carmona MT, Rubio JJ, Andrés S. Equality of the *in vivo* and *in vitro* oxygen-binding capacity of haemoglobin in patients with severe respiratory disease. Br J Anaesth. 1981;53(12):1325-8.
Hemoglobin Variants. Lab Tests Online. American Association for Clinical Chemistry. 2007.
Holden C. Blood and Steel. Science. 2005;309:2160.
Jones NL. An obsession with CO2. Appl Physiol Nutr Metab. 2008;33(4):641-50.
Mairbäurl H, Weber RE. Oxygen transport by hemoglobin. Compr Physiol. 2012;2(2):1463-89.
Newton DA, Rao KM, Dluhy RA, Baatz JE. Hemoglobin is expressed by alveolar epithelial cells. J Biol Chem. 2006;281(9):5668-76.
Nishi H, Inagi R, Kato H, Tanemoto M, Kojima I, Son D, Fujita T, Nangaku M. Hemoglobin is expressed by mesangial cells and reduces oxidant stress. J Am Soc Nephrol. 2008;19(8):1500-8.
Rang HP, Dale MM, Ritter JM, Moore PK. Pharmacology. 5. ed. Edinburgh: Churchill Livingstone; 2003.
Ronda L, Bruno S, Bettati S. Tertiary and quaternary effects in the allosteric regulation of animal hemoglobins. Biochim Biophys Acta. 2013;1834(9):1860-72.
Thom CS, Dickson CF, Gell DA, Weiss MJ. Hemoglobin variants: biochemical properties and clinical correlates. Cold Spring Harb Perspect Med. 2013;3(3):a011858.
van Kessel *et al.* 2.4 Proteins – Natural Polyamides. Chemistry 12. Toronto: Nelson; 2003. p. 95; 122.

Erros Inatos do Metabolismo

Introdução

Os erros inatos do metabolismo (EIM), também conhecidos por doenças metabólicas congênitas, incluem uma grande classe de doenças decorrentes de distúrbios de natureza genética que, em geral, envolvem defeitos em enzimas acarretando alterações de vias metabólicas.[1] O termo foi cunhado por Archibald Edward Garrod (1857-1936) em sua clássica obra *Inborn Errors of Metabolism* (1909), na qual descreve aspectos genéticos da alcaptonúria, uma das primeiras alterações para a qual a herança mendeliana recessiva foi proposta. Geralmente, os EIM apresentam herança autossômica recessiva, ou seja, casais heterozigotos apresentam 25% de possibilidade de gerarem filhos com EIM. Algumas doenças apresentam herança ligada ao cromossomo X, como síndrome de Lesch-Nyhan e síndrome de Hunter. A herança ligada ao X implica no fato de a mãe ser portadora do gene mutante e, assim, os filhos do sexo masculino têm 50% de probabilidade de herdar um gene e manifestar a doença, enquanto, no sexo feminino, também há 50% de probabilidade de herdar o gene mutante, mas, por serem mulheres, a doença não se manifestará.

Os EIM decorrentes de herança autossômica dominante (porfiria hepática; uma das formas de hipercolesterolemia familiar) ou dominante ligada ao X (deficiência de ornitina-carbamoiltransferase) são raros. Além disso, há as doenças de herança mitocondrial, as quais envolvem mutações no ácido desoxirribonucleico (DNA) mitocondrial. Nessas circunstâncias, a possibilidade de filhos de mães portadores da mutação mitocondrial é de praticamente 100% de comprometimento para ambos os sexos. Os sintomas decorrentes das doenças que envolvem EIM repercutem em todo o organismo, podendo ainda manifestar-se em qualquer faixa etária. Os EIM representam juntos 10% de todas as doenças genéticas[2]; no Brasil a fenilcetonúria, por exemplo, acomete 1:11.818 recém-nascidos, enquanto a doença da urina de xarope de bordo tem prevalência de 1:15.000.[2] Na maioria dos distúrbios, estão presentes transtornos envolvendo síntese, degradação, armazenamento ou transporte de substâncias no organismo.[3] A Tabela 25.1 oferece um panorama dos principais EIM, sua incidência, condição genética, disfunções metabólicas e breves comentários envolvendo manifestações no organismo, testes laboratoriais utilizados e terapias apropriadas.

Classificação dos erros inatos do metabolismo

Os EIM podem ser classificados de diversos modos, contudo o mais importante é o proposto por Sinclair, em 1982, que classificou os EIM em quatro grandes grupos:

- Distúrbios do transporte de proteínas: os relacionados com doenças com alterações no transporte de moléculas importantes para o organismo, como deficiência de dissacaridases na borda em escova do intestino delgado e defeitos no transporte de magnésio nos túbulos renais
- Distúrbios envolvendo alterações de armazenamento, degradação e secreção de proteínas: fazem parte dessa classe as doenças lisossômicas de depósito, as glicogenoses e a cistinose. Essa classe de EIM envolve predominantemente proteínas do aparelho de Golgi e também lisossomais
- Distúrbios relacionados com a síntese de proteínas: associam-se de síntese, sobretudo de proteínas hormonais, imunoglobulinas e proteínas estruturais, como o colágeno. Fazem parte dessa classe a hiperplasia congênita da adrenal e a hipogamaglobulinemia
- Distúrbios envolvendo o metabolismo intermediário: abrangem deficiências em enzimas que atuam de forma crítica no processamento de substâncias como açúcares e aminoácidos. Essa condição ocasiona aumento das substâncias que não foram capazes de serem processadas pelas enzimas deficientes, aumento de metabólitos decorrentes de rotas alternativas e, finalmente, redução do produto final que deveria ser produzido pela ação da enzima. Ocorre acúmulo de metabólitos tóxicos, que causam danos teciduais e, por fim, são excretados na urina. Esse grupo de distúrbios constitui a maioria dos EIM. São exemplos as aminoacidopatias, a galactosemia, os distúrbios do metabolismo das purinas, as alterações no metabolismo da frutose, as acidúrias orgânicas, entre outras

Outro tipo de classificação dos EIM foi proposto por Scriver *et al.*[4], organizando-os pela área do metabolismo afetado destacando os metabólitos acumulados (Quadro 25.1). Há ainda a classificação proposta por Saudubray e Charpentier[5], que utiliza o fenótipo clínico das doenças de modo a organizá-las em três grandes grupos (Figura 25.1). Segundo os autores, as manifestações clínicas das doenças do grupo 1 incluem hepato

Tabela 25.1 Exemplos de erros inatos do metabolismo.

Via metabólica envolvida	Distúrbio	Incidência	Condição genética	Disfunção metabólica	Manifestação no organismo	Teste laboratorial	Terapia apropriada
Metabolismo de aminoácidos	Fenilcetonúria	1:15.000	Autossômica recessiva	Fenilalanina hidroxilase (> 98%), defeitos envolvendo biopterina (< 2%)	Retardo mental, microcefalia	Mensuração da concentração plasmática de fenilalanina	Dietas pobres em fenilalanina
	Doença da urina do xarope do Bordo	1:150.000 (1:1000 em menonitas)	Autossômica recessiva	Alfaceto ácidos de cadeia ramificada	Retardo mental, encefalopatia aguda, acidose metabólica	Aminoácidos plasmáticos, ácidos orgânicos urinários (dinitrofenil hidrazina)	Restrição dietética de aminoácidos de cadeia ramificada
Metabolismo dos carboidratos	Galactosemia	1:40.000	Autossômica recessiva	Galactose 1-fosfato uridil-transferase (mais comum) galactocinase epimerase	Disfunção hepatocelular	Ensaios enzimáticos, análise dos níveis de galactose e galactose-1-fosfato	Dietas livres de lactose
	Doença do armazenamento do glicogênio (doença de von Gierke)	1:100.000	Autossômica recessiva	Glicose-6-fosfatase	Hipoglicemia láctica, acidose, cetose	Biopsia do fígado e avaliação do perfil enzimático	Amido e alimentação contínua durante a noite
Oxidação dos ácidos graxos	Deficiência de acil-CoA desidrogenase de cadeia média	1:15.000	Autossômica recessiva	Acil-CoA desidrogenase de cadeia média	Hipoglicemia não cetótica, encefalopatia aguda, coma, morte infantil súbita	Ácidos orgânicos urinários, mensuração de acilcarnitina, testes genéticos	Evitar hipoglicemia e condições de jejum
Acidemia láctica	Deficiência de piruvato desidrogenase	1:200.000	Ligada ao X	Defeito na subunidade E₁ (mais comum)	Hipotonia, retardamento psicomotor, acidose láctica, retardamento do crescimento	Dosagem de lactato plasmático, cultura de fibroblastos da derme para análises enzimáticas	Correção da acidose, dietas ricas em lipídios e redução de carboidratos
Armazenamento lisossomal	Doença de Gaucher	1:60.000 (tipo 1) 1:900 (em judeus asquenazes)	Autossômica recessiva	β-glicocerebrosídeo	Fácies grotescas, hepatoesplenomegalia	Dosagem de β-glicocerebrosidase	Terapia enzimática, transplante de medula óssea
	Doença de Fabry	1:80.000 a 1:117.000	Ligada ao X	α-galactosidase A	Acroparestesia, angioceratomas, hipo-hidrose, opacificação da córnea, insuficiência renal	Análise de α-galactosidase A leucocitário	Terapia de reposição enzimática, transplante de medula óssea
	Síndrome de Hurler	1:100.000	Autossômica recessiva	α-L-iduronidase	Fácies grosseira, hepatoesplenomegalia	Presença de mucopolissacarídeos urinários, análises de α-L-iduronidaseleucocitária	Transplante de medula óssea
Acidúria orgânica	Metilmalonil acidúria	1:20.0000	Autossômica recessiva	Methilmalonil-CoA mutase, (metabolismo da cobalamina)	Encefalopatia aguda, acidose metabólica, hiperamonemia	Presença de ácidos orgânicos na urina, análises enzimáticas presentes em fibroblastos da pele	Administração de bicarbonato, carnitina, vitamina B₁₂, dieta hipoproteica e transplante de fígado
	Acidúria propiônica	1:50.000	Autossômica recessiva	Propionil-CoA carboxilase	Acidose metabólica e hiperamonemia	Presença de ácidos orgânicos urinários	Administração de bicarbonato, benzoato, carnitina, dietas hipoproteicas e transplante de fígado
Peroxissomos	Síndrome de Zellweger	1:50.000	Autossômica recessiva	Proteína da membrana peroxissomal	Hipotonia, disfunção hepática	Presença de ácidos graxos de cadeia muito longa no plasma	Nenhum tratamento específico disponível
Ciclo da ureia	Deficiência de ornitina transcarbamilase	1:70.000	Ligada ao X	Ornitina transcarbamilase	Encefalopatia aguda	Presença de amônia e aminoácidos no plasma, presença de ácido orótico (vitamina B₁₃) no plasma. Biopsia hepática e dosagens enzimáticas	Benzoato de sódio, arginina, dietas hipoproteicas, administrar aminoácidos essenciais, diálise na fase aguda

Fonte: modificada de Talkad et al., 2006.[6]

Quadro 25.1 Classificação dos erros inatos do metabolismo, segundo Scriver.

- EIM dos carboidratos
- EIM dos aminoácidos
- EIM dos ácidos orgânicos
- EIM das purinas e das pirimidinas
- EIM das lipoproteínas
- EIM das porfirinas e do heme
- EIM das bilirrubinas
- EIM dos mecanismos de imunidade e de defesa
- EIM dos metais
- Doenças dos peroxissomos
- Doenças lisossomais
- EIM dos hormônios
- EIM das vitaminas
- EIM do sangue dos tecidos hematopoéticos
- EIM dos sistemas de transporte de membrana
- EIM do tecido conjuntivo e da pele
- EIM dos intestinos

Fonte: Scriver et al., 2001.[4]

ou esplenomegalia, alterações oculares e da pele, limitações articulares, fácies grotescas, alterações esqueléticas, mieloneuropatias subagudas, entre outras. Tais manifestações podem estar presentes no nascimento, como ocorre com a gangliosidose GM1, ou desenvolver-se nos primeiros meses ou anos de vida, como observado na doença de Tay-Sachs. O tratamento desse grupo de doenças restringe-se à fisioterapia específica para cada caso, suporte nutricional via nasogástrica ou gastrostomia e, finalmente, suporte psicológico à família.

Algumas doenças do grupo 1 podem ser tratadas paliativamente, como é o caso da adrenoleucodistrofia, um erro inato do metabolismo ligado ao cromossomo X, ou seja, uma herança ligada ao sexo de caráter recessivo, transmitida por mulheres portadoras e que afeta fundamentalmente homens. No tratamento da adrenoleucodistrofia, utiliza-se o "óleo de Lorenzo", uma composição obtida da mistura, na proporção 4:1, de trioleína e trierucina, triacilgliceróis derivados, respectivamente, dos ácidos oleico e erúcico, preparados dos óleos de oliva e colza. O óleo de Lorenzo, no entanto, não cura a adrenoleucodistrofia, apenas retarda a sua evolução. Algumas doenças do grupo 1 apresentam tratamentos efetivos e disponíveis, como é o caso das doenças de depósito de lisossomos, como doença de Gaucher, doença de Fabry e mucopolissacaridose do tipo I, para as quais o tratamento consiste na reposição enzimática. Para as demais doenças lisossomais, não se dispõe de terapia de reposição enzimática ou qualquer outro tratamento efetivo. O aconselhamento genético nas doenças do grupo 1 é realizado de acordo com a herança envolvida na doença.

Os EIM pertencentes ao grupo 2 caracterizam-se sobretudo pela existência de períodos em que o indivíduo acometido não apresenta sintomas. As crises de intoxicação ou descompensação são desencadeadas por ingestão de determinados tipos de proteínas, açúcares ou aminoácidos, por exemplo, a ingestão de fenilalanina em indivíduos portadores de fenilcetonúria, galactose naqueles que apresentam galactosemia ou pelo aumento da taxa metabólica. Já as morbidades pertencentes ao grupo 3 apresentam tratamentos diferentes para cada doença. Por exemplo, nas doenças relacionadas com o depósito de glicogênio tipos I e III, existe terapia definida e de sucesso. No tipo I, a conduta terapêutica indica a remoção dos açúcares de rápida absorção da dieta, utilizando-se formulados à base de soja, adoçantes e prescrevendo-se amido de milho cru (1,75 a 2,5 g/kg/dose a cada 4 ou 6 h), a fim de prevenir episódios de hipoglicemia.[6] Já no caso das hiperlacticemias congênitas, indica-se a adoção de dietas cetogênicas ricas em carboidratos, levando-se em conta a enzima envolvida (deficiência da piruvato desidrogenase ou piruvato carboxilase). Nas doenças mitocondriais e nos defeitos de oxidação de ácidos graxos, preconiza-se a suplementação com L-carnitina, tiamina ou outro cofator relacionado com o bloqueio enzimático. Na verdade, não se dispõe ainda de tratamentos específicos para as doenças do grupo 3, com exceção daquelas que envolvem depósitos de glicogênio dos tipos I e III. Novamente, o aconselhamento genético por parte da equipe clínica é realizado de acordo com a herança envolvida na doença. No grupo 3, encontram-se as doenças mitocondriais que podem apresentar herança autossômica recessiva ou mitocondrial, indicando que o risco pode ser de 25 ou 100% para cada gestação.

Relação das enzimas com os erros inatos do metabolismo

As enzimas orquestram uma imensa gama de reações no organismo; normalmente, uma enzima catalisa a conversão de um substrato em determinado produto que pode servir como substrato para outra enzima de uma dada cadeia de reações. A ausência ou deficiência de uma dada enzima pode acarretar o bloqueio de uma etapa da cadeia da via, alteração que pode ser causada por vários mecanismos: a mutação no gene estrutural que codifica a enzima pode acarretar, nos homozigotos, ausência desta ou produzir uma forma anormal, com atividade reduzida; mutação no gene regulador da taxa de produção de enzima, que pode levar a uma quantidade inadequada da enzima estruturalmente normal; degradação acelerada da enzima, levando à redução da quantidade de enzima ativa; mutação que afeta a absorção ou biossíntese do cofator enzimático ou altera o seu sítio de ligação na enzima, conduzindo à redução na atividade enzimática; quando a enzima é codificada por dois ou mais genes, uma mutação em um desses genes pode causar inatividade enzimática, podendo diferentes *loci* mutantes terem o mesmo produto final.

Os defeitos enzimáticos podem provocar ausência do produto final em uma dada via metabólica, o que, por sua vez, pode conduzir a dois cenários possíveis: o próprio produto final pode ser substrato para uma reação subsequente, que, então, não se realiza; e o mecanismo de controle do tipo inibição retroativa, que tal produto realizaria, encontra-se prejudicado. Em ambas as situações, a via metabólica está comprometida e ocorre acúmulo de substrato não processado pela enzima. Esse acúmulo, por sua vez, pode acarretar duas consequências importantes: o próprio substrato acumulado pode ser prejudicial; e, dado o acúmulo do precursor, são utilizadas vias metabólicas alternativas, com superprodução de metabólitos tóxicos (Figura 25.2). Um exemplo é a forma clássica da galactosemia, uma condição de herança autossômica recessiva determinada por um gene situado no cromossomo 9 p, a qual resulta da deficiência da enzima galactose-1-fosfato uridiltransferase, que, em condições normais, converte a galactose-1-fosfato em glicose-1-fosfato.

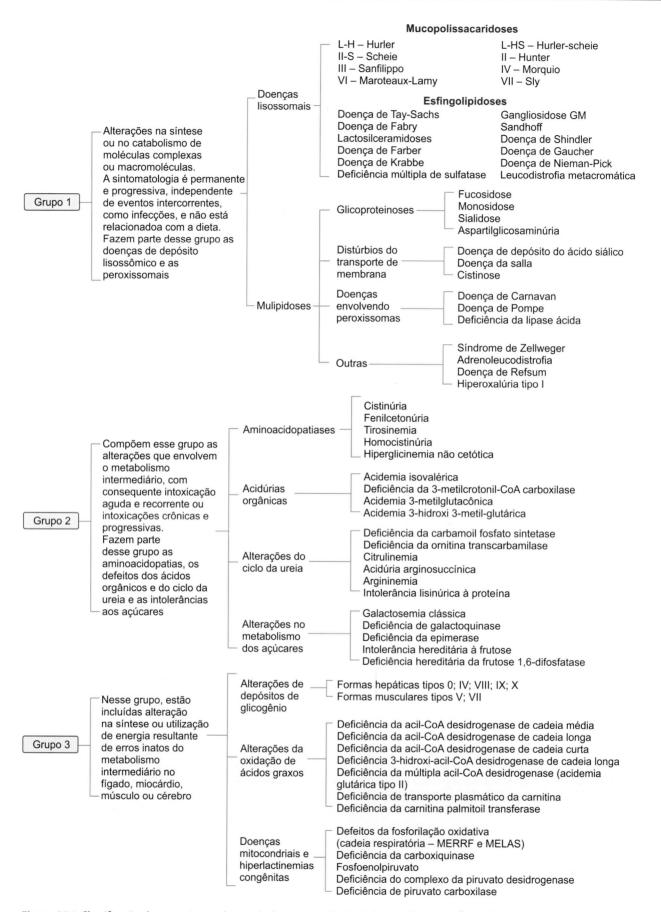

Figura 25.1 Classificação dos erros inatos do metabolismo segundo Saudubray e Chapentier.[5] Essa forma de classificação utiliza o fenótipo clínico das doenças de modo a organizá-las em três grandes grupos.

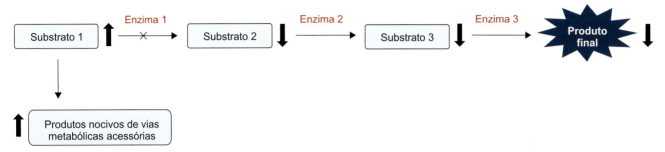

Figura 25.2 O esquema mostra uma via metabólica cuja deficiência de uma dada enzima na cadeia implica: acúmulo de substâncias, que, em condições normais, estariam em baixas quantidades; deficiências de produtos intermediários críticos para o bom funcionamento da via metabólica; ausência ou deficiência do produto final da via; e, finalmente, aumento de produtos nocivos decorrentes de vias metabólicas acessórias.

Nos homozigotos, essa etapa metabólica está bloqueada, resultando em acúmulo de galactose em eritrócitos, fígado, cérebro e rins. A herança recessiva da maioria das deficiências enzimáticas é compreensível, pois os níveis da maior parte das enzimas, nas células, não se limitam às reações, isto é, o heterozigoto, com cerca de 50% do nível enzimático normal, geralmente é capaz de sintetizar o produto final da rota prejudicada, em quantidades adequadas. São exceções os casos em que os heterozigotos podem manifestar alterações clínicas, como quando o produto gênico faz parte de um complexo multimérico. Por sua vez, quando as proteínas envolvidas são não enzimáticas, como os receptores ou proteínas estruturais, seu padrão de herança é dominante, causando doenças mesmo quando o gene está em heterozigose, conforme se verifica entre as doenças hereditárias do colágeno. A maioria dos EIM nos quais seja identificado um produto gênico deficiente ou anormal pode ser diagnosticada na fase pré-natal. Isso pode ser feito por análise bioquímica do líquido amniótico por meio de amniocentese, análise das vilosidades coriônicas ou estudo do DNA. Além de enzimas, outras proteínas podem estar envolvidas nos EIM, como proteínas transportadoras, imunoglobulinas, receptores, hormônios peptídicos, proteínas estruturais, fatores de transcrição e tradução, entre outras.

Aspectos genéticos e incidência dos erros inatos do metabolismo

Os EIM são em sua maioria decorrentes de herança autossômica recessiva, ou seja, apresentam recorrência de 25% quando os pais são heterozigotos. Alguns EIM têm herança ligada ao cromossomo X, isto é, quando a mãe é portadora da mutação, o risco de recorrência nos filhos do sexo masculino é de 50%, enquanto 50% podem ser portadores da mutação no sexo feminino e transmiti-la para seus descendentes. As doenças relacionadas com mutações no DNA mitocondrial são denominadas doenças de herança mitocondrial; nesse caso, se a mãe for portadora da mutação, ambos os filhos apresentam 100% de possibilidade de comprometimento. Contudo, se o pai for portador de uma doença mitocondrial, os filhos não apresentam possibilidades de desenvolver a doença, uma vez que somente a mãe transmite mitocôndrias à prole. Os EIM, quando considerados de forma individual, são raros; de fato, a doença da urina do xarope de bordo ou leucinose apresenta incidência de 1:150.000. Contudo, quando tratados como um grupo de doenças, os EIM apresentam incidência de 1:5.000 nascidos vivos.[7]

Diagnóstico dos erros inatos do metabolismo

Atualmente, dispõe-se de sofisticadas técnicas laboratoriais para rastreamento e diagnóstico de doenças decorrentes dos EIM. Contudo, ainda assim a incidência dessas doenças não mostra o aumento esperado, o que provavelmente se deve a diagnósticos subestimados. A falha no diagnóstico decorre, sobretudo, dos seguintes fatores:

- São doenças extremamente raras, o que leva os clínicos a não considerarem a hipótese de um EIM, concentrando-se em outras causas mais frequentes
- A coleta de amostras de sangue ou urina para diagnóstico laboratorial de EIM deve ser realizada em momentos adequados em relação à doença aguda
- Finalmente, muitas doenças metabólicas causam somente anormalidades intermitentes.

De fato, diversas manifestações clínicas de doenças metabólicas são inespecíficas e incluem recusa alimentar, vômitos, desidratação, letargia, hipotonia e convulsão. Esses sinais clínicos são similares aos de uma septicemia e podem também estar presentes em EIM. Na verdade, a sepse se dá em uma grande quantidade de portadores de EIM, uma vez que essas doenças predispõem a quadros clínicos infecciosos, sendo também *causa mortis* de crianças em decorrência de erros no diagnóstico médico. Embora os EIM apresentem sintomatologia bastante variável, é possível elencar alguns sintomas e sinais clínicos que estão presentes com maior frequência nesses distúrbios; a Tabela 25.2 apresenta os achados clínicos mais frequentes.

As doenças metabólicas tornam-se clinicamente importantes se não são raras e se há uma terapia efetiva, o que é confirmado atualmente com o advento de métodos diagnósticos que apresentam maior sensibilidade e especificidade, e abrangem um maior número de enfermidades metabólicas – na verdade, os EIM não são tão raros e muitos têm tratamento eficaz.[7] O diagnóstico laboratorial dos EIM inicia-se com a triagem, que compreende a pesquisa de metabólitos plasmáticos e urinários (Tabela 25.3). Simultaneamente, realizam-se avaliações sanguíneas de rotina que incluem hemograma completo, lipidograma, gasometria venosa, determinação dos níveis plasmáticos de eletrólitos (Na^+, K^+ e Cl^-), glicemia de jejum, determinação de aminotransferases, níveis plasmáticos de piruvato, lactato, ácido úrico e amônia.[8]

O diagnóstico conclusivo para determinação de um EIM ocorre por meio da mensuração da cinética da enzima envolvida ou da identificação do erro molecular. Essas análises

Tabela 25.2 Principais manifestações clínicas dos erros inatos do metabolismo.

Clínica e laboratório	Doenças lisossomais	Doenças dos peroxissomos	Aminoacidopatias	Acidúrias orgânicas	Alterações do ciclo da ureia	Intolerância aos açúcares	Doenças de armazenamento de glicogênio	Doenças mitocondriais	Alterações da oxidação dos ácidos	Acidemias lácticas
Episódico	–	–	++	++	++	++	++	+	++	–
Dificuldade alimentar	+	+	++	+	++	+	+	+	+	+
Odor anormal	–	+	+	–	–	–	–	–	–	–
Letargia	–	–	+	+	++	+	+	+	+	–
Convulsões	++	+	+	+	+	+	+	+	+	+
Regressão do desenvolvimento	++	++	–	+	+	–	–	+	–	–
Hepatomegalia	++	+	+	+	+	+	++	+	+	–
Hepatesplenomegalia	++	+	–	–	–	–	+	–	+	–
Esplenomegalia	+	–	–	–	–	–	–	–	–	–
Hipotonia	+	+	+	+	+	+	+	+	+	++
Cardiomiopatia	+	–	–	+	–	–	+	++	+	+
Fácies grotesca	+	+	–	–	–	–	–	–	–	–
Hipoglicemia	–	–	+	+	–	++	++	+	++	–
Hiperglicemia	–	–	–	++	–	–	–	–	–	–
Acidose metabólica	–	–	+	++	+	++	++	+	+	+
Alcalose metabólica	–	–	–	–	++	–	–	–	–	–
Hiperamonemia	–	–	+	+	++	+	–	–	+	–
Hiperlacticemia	–	–	–	++	–	+	++	++	+	++
Cetose	–	–	+	+	+	+	+	–	–	–

+: condição que pode estar presente; ++: condição que geralmente está presente; –: condição que normalmente não está presente.

bioquímicas são pouco comuns, sofisticadas e onerosas e, por essa razão, indicadas quando há forte suspeita de diagnóstico positivo. Embora os testes laboratoriais componham uma ferramenta extremamente útil no diagnóstico e acompanhamento dos EIM, a anamnese clínica é essencial para a identificação do grupo ao qual a doença pertence. A história clínica do paciente, associada aos exames laboratoriais, fornece subsídios adequados para que se inicie o tratamento adequado.

O clínico deve atentar-se para o período em que os problemas começaram a ser notados por parte da família, como dificuldade de sustentar a cabeça, sentar-se, andar ou falar etc. Deve observar ainda possíveis intercorrências no berçário, como distúrbios metabólicos de difícil controle, sepse e manifestações neurológicas. De fato, existem diversos sinais clínicos que podem conduzir o raciocínio para o diagnóstico de EIM, como perda de aquisições, ou seja, deixar de sentar, andar e falar, sendo este um sinal clínico bastante específico para doenças decorrentes de EIM. A presença de consanguinidade deve ser imediatamente determinada, uma vez que a maioria dos EIM é de herança autossômica recessiva.[7]

Em resumo, ainda que os exames laboratoriais forneçam subsídios para o diagnóstico conclusivo para os EIM, deve-se conscientizar os clínicos no sentido de reconhecer a doença por meio de sinais clínicos e história clínica do paciente, de modo a conduzir de maneira adequada e confiável o raciocínio diagnóstico. Quanto à história clínica do paciente, devem ser observados os seguintes aspectos:

- A época em que as alterações foram notadas por pessoas próximas ao paciente e o modo pelo qual essas alterações evoluíram no decorrer do tempo
- Possíveis alterações neonatais, como distúrbios metabólicos, sepse, manifestações neurológicas
- Alterações no ganho de peso e estatura
- Alterações neuropsicomotoras, como o período em que a criança sustentou a cabeça, sentou, andou, iniciou a fala e, sobretudo, buscar identificar perda de aquisições, como deixar de falar ou andar. A perda de aquisições é um sintoma bastante específico dos EIM
- História familiar positiva, ou seja, investigar se outros membros da família desenvolveram quadro clínico semelhante
- Presença de consanguinidade; sabe-se que os EIM, em sua maioria, são de natureza autossômica recessiva, de modo que os pais devem obrigatoriamente ser heterozigotos (Aa) para que o filho seja portador de um EIM, caso em que deve apresentar homozigose recessividade (aa) (Figura 25.3)
- História de pacientes apenas do sexo masculino, visto que alguns EIM são decorrentes de herança ligada ao X, como a adrenoleucodistrofia (doença do óleo de Lorenzo).

Erros inatos do metabolismo clinicamente relevantes

Leucinos e/ou doença da urina do xarope de bordo

A leucinose é também chamada de aminoacidúria de cadeia ramificada ou, ainda, doença da urina do xarope de bordo (MSUD, do inglês *maplesyrup urine disease*). Esta última denominação decorre do fato de a urina dos indivíduos afetados apresentarem coloração similar à do xarope de bordo ou xarope de ácer (conhecido como *maple syrup* ou *sirop d'érable* nos EUA e no Canadá; é extraído da seiva bruta de árvores do gênero

Tabela 25.3 Testes bioquímicos utilizados na identificação e triagem de erros inatos do metabolismo.

Teste	Doenças detectáveis
Reação de Benedict	Utilizada na rotina laboratorial para detecção da presença de glicose urinária, mas também capaz de identificar galactosemia, intolerância à frutose, alcaptonúria e síndrome de Lowe. É positiva também para a doença de Fanconi, deficiência de lactase, pentosúria e ingestão excessiva de ácido ascórbico. A reação de Benedict mostra-se positiva ainda para indivíduos que estão fazendo uso de medicamentos como, sulfonamidas, tetraciclinas, cloranfenicol e ácido p-aminosalicílico
Reação do cloreto férrico	Fenilcetonúria, tirosinemia, tirosinose, histidinemoa, alcaptonúria, doença do xarope de bordo. A reação de cloreto férrico é positiva também para hiperglicemia, feocromocitoma, cirrose hepática, síndrome carcinoide, icterus, excreção de iodo clorohidroxiquinina e de metabólitos de L-dopa, acidose pirúvica, excreção de ácido acetoacético, de salicilatos, de antipirina, de derivados de fenotiazina
Reação de dinitrofenilhidrazina	Fenilcetonúria, doença do xarope de bordo, tirosinose, histidinemia, má absorção demetionina, hiperglicemia, glicogenoses I, II IV e VI, acidose láctica e acidose pirúvica
Reação de nitrosonaftol	Tirosinose, tirosinemia hereditária, tirosinemia transitória, disfunção hepática grave, frutosemia e galactosemia
Reação da p-nitroanilina	Acidúria metilmalônica
Reação do brometo de cetila-trimetil-amônio (CTMA)	Mucopolissacaridoses, síndrome de Marfan, mastocitose, artrite reumatoide, creatinismo e carninomatose
Reação de cianeto nitroprussiato	Homocistinúria, cistinúria
Reação de Erlich	Porfírias

Fonte: Silva, 2003.[8]

Acer, sobretudo *Acer nigrum* e *Acer saccharum*, cujo nome comum, no Brasil, é bordo; Figura 25.4). Trata-se de um EIM causado por deficiência da enzima mitocondrial desidrogenase de cetoácidos de cadeia ramificada (BCKD, do inglês, *branched chain ketoacid dehydrogenase*), resultando em acúmulo plasmático dos aminoácidos leucina, isoleucina e valina.[9] A alteração apresenta natureza autossômica recessiva com incidência de 1:150.000 e 1:1.000 nos menonitas[6,7] e implica incapacidade de o organismo metabolizar corretamente aminoácidos de cadeia ramificada, também chamados de aminoácidos de cadeia ramificada (BCAA, do inglês *branch chain amino acids*).[9]

Os aminoácidos BCAA compõem cerca de 40% dos aminoácidos essenciais presentes no tecido muscular esquelético e cerca de 60% dos aminoácidos presentes no plasma após a ingestão de dietas ricas em proteínas. No músculo esquelético, os aminoácidos BCAA representam uma importante fonte de átomos de carbono como alternativa para lipídios e carboidratos como fonte de energia. Os BCAA também são metabolizados ativamente no coração, nos rins, no cérebro e no tecido

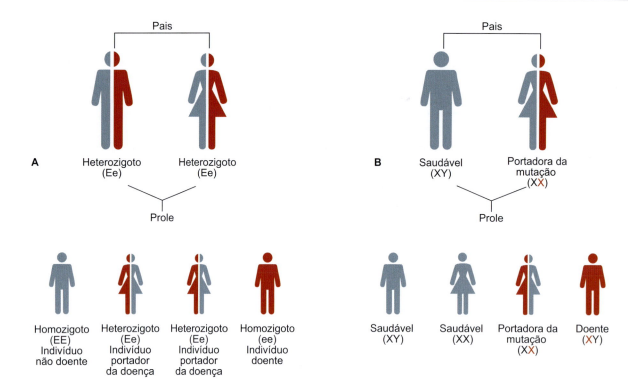

Figura 25.3 A. Modelo esquemático que mostra erros inatos do metabolismo decorrentes de casamentos consanguíneos. Nesse caso, os indivíduos do sexo masculino são os afetados, enquanto nos do sexo feminino, portadores da doença, esta não se manifesta. B. Modelo esquemático de um erro inato do metabolismo decorrente de herança ligada ao cromossomo. Nota-se que os filhos do sexo feminino não manifestam os sintomas da doença, são somente portadores, enquanto os indivíduos do sexo masculino, ao receberem o cromossomo sexual X mutado, desenvolvem a doença.

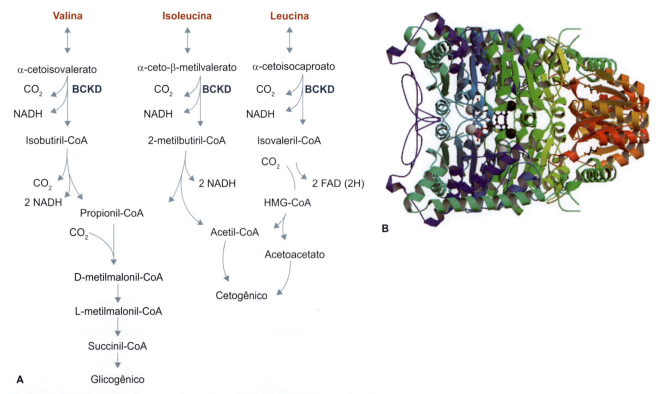

Figura 25.4 Metabolização dos aminoácidos de cadeia ramificada. A. As três primeiras reações são comuns a todos os três aminoácidos e catalisadas pela enzima desidrogenase de cetoácidos de cadeia ramificada. Nota-se que valina e isoleucina formam propionil-CoA, que pode ser convertido em succinil-CoA. A isoleucina pode ainda ser convertida em acetil-CoA. A leucina pode formar acetoacetato. Fonte: modificada de Brody, 1999.[10] B. Estrutura do complexo enzimático mitocondrial humano desidrogenase de alfacetoácidos de cadeia ramificada. Código PDB: 1X7Y.

adiposo com o propósito de síntese energética. No fígado, a oxidação dos BCAA fornece significativa fonte de carbono para a síntese de corpos cetônicos usado pelo cérebro durante os períodos de jejum. Normalmente, uma fração da cadeia carbônica dos aminoácidos de cadeia ramificada é metabolizada em succinil-CoA. De fato, 4/5 dos carbonos da valina, 3/5 da metionina e 1/2 dos carbonos presentes na leucina contribuem para a síntese de succinil-CoA. Os grupos carboxila dos três aminoácidos dão origem ao CO_2, enquanto os dois carbonos terminais da isoleucina formam acetil-CoA; já para a metionina, a remoção do grupo S-metil é que produz acetil-CoA.[11] As duas reações catabólicas iniciais são comuns aos três aminoácidos de cadeias ramificadas. Subsequentemente, o processamento de cada aminoácido segue uma via própria até os intermediários anfibólicos.

A natureza química desses produtos finais anfibólicos determina se o aminoácido é glicogênico, como é o caso da leucina, cetogênico, caso da valina, ou ambos, como a isoleucina (Figura 25.5). Os ácidos 2-cetoisocaproico, 2-ceto-3-metilvalérico e 2-cetoisovalérico (α-cetoácidos), decorrentes da metabolização dos aminoácidos de cadeia ramificada, são processados na matriz mitocondrial por meio da BCKD, um complexo multienzimático que realiza descarboxilação oxidativa. Falhas em qualquer local do complexo multienzimático acarretam acúmulo de aminoácidos de cadeia ramificada e de seus α-cetoácidos correspondentes. A liberação dos cetoácidos de cadeia ramificada na urina causa o odor peculiar, semelhante ao do xarope de bordo.

O complexo BCKD é uma enzima multimérica composto por três subunidades catalíticas. A subunidade E1 do complexo é uma tiamina pirofosfato (TPP) dependente descarboxilase com uma estrutura de subunidade α2-β2. A parcela E2 é uma transacilase composta por 24 moléculas de ácido lipoico contendo polipeptídeos. A subunidade E3 é uma flavoproteína homodimérica. A atividade de BCKD é regulada por duas subunidades adicionais, uma cinase e uma fosfatase, que sofre fosforilação reversível, determinado o estado fosforilado a forma ativa da enzima. Diversos genes são responsáveis pela síntese das subunidades que formam o complexo BCKD, o gene *E1α* (símbolo: BCKD-HA) está localizado no cromossomo 19q13.1-q13.2, abrange 55 kb e contém 9 éxons. O gene *E1β* (símbolo: BCKD-HB) está localizado no cromossomo 6 p21-p22, abrange 100 kb e contém 11 éxons. O gene *E2* (símbolo: DBT) está localizado no cromossomo 1 p31, abrange 68 kb e contém 11 éxons. O gene *E3* (símbolo: LDN) está localizado no cromossomo 7q31-q32, abrange 20 kb e contém 14 éxons.

Classificação e quadro clínico

A heterogeneidade genética em pacientes com MSUD pode ser explicada pela complexidade da estrutura da BCKD. Há quatro fenótipos moleculares da MSUD baseados no local afetado. De fato, aproximadamente 63 mutações foram identificadas nos quatro genes da porção catalítica de BCKD. Com base na apresentação clínica geral, bem como diante da resposta de administração de tiamina, os pacientes com MSUD podem ser divididos em cinco classes fenotípicas: clássica, intermediária, intermitente, tiamina-responsível e di-hidrolipolidesidrogenase (E3)-deficiente, sendo a forma clássica a que oferece maiores riscos ao portador, justamente por causa da maior deficiência na atividade do complexo desidrogenase dos α-cetoácidos de cadeia ramificada.

Forma clássica

A forma clássica da MSUD define-se pelo aparecimento de encefalopatia neonatal e é o tipo mais grave da doença. Os níveis dos BCAA, especialmente a leucina, são dramaticamente elevados na urina, no sangue e no líquido cefalorraquidiano de crianças atingidas. A presença de L-isoleucina nos fluidos é um indicativo de diagnóstico positivo de MSUD. O nível de atividade da BCKD na forma clássica da doença é inferior a 2% do normal. Acometidos parecem normais ao nascimento, mas os sintomas se desenvolvem rapidamente após cerca de 4 a 7 dias. Os primeiros sinais distintivos são letargia e pouco interesse por alimentação. Conforme a doença progride, lactentes apresentam perda de peso e deterioração neurológica progressiva. Os sinais neurológicos alteram-se de hipo para hipertonia à extensão dos braços semelhante à postura descerebrada. Nesse estágio, o odor característico de xarope de bordo na urina é aparente. Sem tratamento adequado, bebês portadores da forma clássica desenvolverão convulsões, entrarão em coma e morrerão.

Diagnóstico e tratamento

O diagnóstico da MSUD clássica é confirmado pelo aumento dos níveis séricos de valina, isoleucina e leucina por meio de análise quantitativa de aminoácidos. O diagnóstico pré-natal é possível de ser realizado medindo-se a descarboxilação da [1-C14] leucina em amostra de vilosidade coriônica ou em células obtidas por meio de amniocentese.[13] O tratamento da

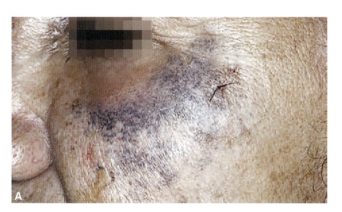

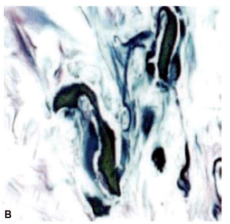

Figura 25.5 A. Depósito de pigmentação ocronótica de tonalidade azul na pele do rosto. **B.** Biopsia de pele com ocronose pronunciada. Fonte: Brandão *et al.*, 2006.[12]

leucinose inicia-se cerca de 10 a 14 dias após o nascimento e tem como propósito remover metabólitos nocivos do plasma, sendo necessária hemodiálise ou diálise peritoneal,[7] já que esses aminoácidos têm depuração renal bastante lenta e, em determinados casos, a suspensão de sua ingestão dietética não é suficiente para o rápido controle a valores plasmáticos de referência. Assim, paralelamente à diálise peritoneal e à hemodiálise, pode-se ainda optar pela administração de glicoinsulinoterapia como medida anabolizante, o que pode aumentar o sucesso terapêutico.[12] A dieta deve ser livre de aminoácidos de cadeia ramificada, objetivando manter baixos níveis plasmáticos. A conduta deve prever ainda aporte adequado de proteínas e substratos energéticos que possibilitem o crescimento e o desenvolvimento adequados. O metabolismo deve ser continuamente monitorado no sentido de impedir catabolismo proteico, manter a síntese de proteínas e prevenir a deficiência de aminoácidos essenciais. Deve-se tratar o edema cerebral durante sua evolução para a forma aguda e, por essa razão, em determinadas circunstâncias, faz-se necessária a utilização de agentes diuréticos, solução salina hipertônica, manitol e suporte ventilatório, enquanto a leucina pode ser removida por meio de diálise peritoneal.[9,14]

Alcaptonúria ou ocronose

A alcaptonúria é uma aminoacidopatia na qual estão envolvidos os aminoácidos tirosina e fenilalanina. Trata-se de uma doença hereditária autossômica recessiva, decorrente de mutação no gene *3q* (3q21-q23), que leva à ausência da enzima homogentisato-1,2-dioxigenase (EC 1.13.1.15) sintetizada no fígado e nos rins.[12] A enzima homogentisato-1,2-dioxigenase (HGO) participa na metabolização dos aminoácidos fenilalanina e tirosina e sua ausência pode causar acúmulo de pigmento ocronótico (ácido homogentísico) em vários tecidos e órgãos.[15,16]

O ácido homogentísico se deposita em tecidos conjuntivos como olhos, orelhas, pele, tendões, valvas cardíacas, cartilagens intervertebrais, ossos, e é excretado na urina, que adquire tom escuro.[12,15,17] Em contato com o ar ou com o oxigênio dissolvido nos tecidos, o ácido homogentísico é oxidado, formando um pigmento polimérico de coloração azulada, conhecido como piomelanina, alcaptona ou ainda pigmento ocronótico (Figura 25.5).[17] De fato, o diagnóstico clínico positivo para a alcaptonúria é a presença de ácido homogentísico na urina (aproximadamente 5 g/24 h). As manifestações iniciais da doença surgem ainda na infância, ocorrendo ocronose e artrite na vida adulta.[12] A alcaptonúria é rara, sua incidência na população é de 1:1.000.000 de nascidos e não apresenta predominância étnica, mas acomete as populações de forma indiscriminada.[18]

Diagnóstico e tratamento

O ácido homogentísico origina-se do catabolismo oxidativo da fenilalanina e da tirosina, sendo convertido em todos os tecidos em 4-maleil-acetoacetato pela enzima homogentisato-1,2-dioxigenase, posteriormente, o 4-maleil-acetoacetato é isomerizado a 4-fumaril-acetoacetato pela ação da enzima maleil-acetato-isomerase, este, finalmente, sofre clivagem pela enzima fumaril-acetatoliase dando origem ao ácido fumárico e ao acetoacetato.[17] O ácido fumárico é um intermediário do ciclo do ácido cítrico, enquanto o acetoacetato é um corpo cetônico; ambos são substratos energéticos para as células (Figura 25.6). A ausência da enzima homogentisato-1,2-dioxigenase causa aumento dos níveis intracelulares de ácido homogentísico favorecendo sua oxidação não enzimática para seu derivado quinônico (1,4-benzoquinona-2-acetato), que tende a se polimerizar dando origem a uma mistura de pigmentos castanho-avermelhados denominada piomelanina, característica da ocronose.[17] O diagnóstico é simples: à amostra de urina adiciona-se cloreto férrico – a amostra adquirirá coloração negra se o indivíduo for portador de alcaptonúria. Não existe tratamento comprovadamente eficaz para reduzir as complicações da alcaptonúria. Contudo, a conduta adotada é a administração de grandes doses de ácido ascórbico (vitamina C) e dietas isentas de fenilalanina e tirosina. As dietas podem ser eficazes em crianças, mas os benefícios em adultos não foram demonstrados. A nitisinona, um herbicida, inibe a ação da enzima 4-hidroxifenilpiruvato dioxigenase, que induz a produção do ácido homogentísico a partir do ácido 4-hidroxifenilpirúvico; essa inibição culmina na redução do ácido homogentísico. Entretanto, a nitisinona provoca irritação na córnea, além de causar, provavelmente, acumulação de tirosina ou de outras substâncias intermediárias.

Síndrome de Ehlers-Danlos

Trata-se de um grupo de doenças do tecido conjuntivo mais especificamente relacionadas com a síntese do colágeno. A prevalência é bastante variável, de 1:5.000 a 1:150.000 habitantes. Essa ampla variação na prevalência reflete a maior ou menor suspeição diagnóstica e também a identificação de novos subtipos e ineficiência no diagnóstico. A síndrome de Ehlers-Danlos (SED) apresenta herança autossômica dominante na maioria dos casos, assim, o risco de transmissão é de 50%; no entanto, casos raros ligados à herança recessiva e recessiva ligada ao X também ocorrem. As anormalidades estruturais do colágeno podem surgir em diversas etapas da síntese e causam impactos nos tecidos ricos nessa proteína, como pele, leitos vasculares e articulações. De fato, a SED caracteriza-se por hipermobilidade articular, hiperextensibilidade da pele e equimoses.

Complicações internas graves também podem estar presentes, como ruptura do cólon e fragilização das grandes artérias (SED tipo IV), fragilidade ocular com possível comprometimento da córnea e deslocamento da retina (SED tipo VI) e hérnia diafragmática (SED tipo I). Cerca de 30% dos casos de SED clássica (tipos I e II) são causados pela redução das cadeias de alfa-pró-colágeno, e os demais casos são decorrentes de mutações dominantes negativas que alteram a autoagregação de fibrilas heterotípicas de colágeno. A SED pode ser classificada em 10 formas clínicas distintas ou tipos variantes de acordo com mutações específicas nos genes que codificam os tipos I, III e V de colágeno. A forma cifoescoliótica (tipo VI) é a variante mais bem caracterizada da SED e também a forma autossômica recessiva mais comum. Essa variante resulta de mutações no gene que codifica a enzima lisil-hidroxilase, responsável pela hidroxilação dos resíduos de lisina e prolina das cadeias de pró-colágeno.

A hidroxilação desses resíduos de aminoácidos é condição essencial para a aquisição da tripla hélice do colágeno, assim, a deficiência dessa enzima acarreta a formação de moléculas de colágeno sem estabilidade estrutural. Na variante VI, somente as moléculas de colágeno I e III são comprometidas. Dois sinais clínicos úteis no diagnóstico da síndrome de Ehlers-Danlos são o sinal de Meténier (eversão fácil das pálpebras

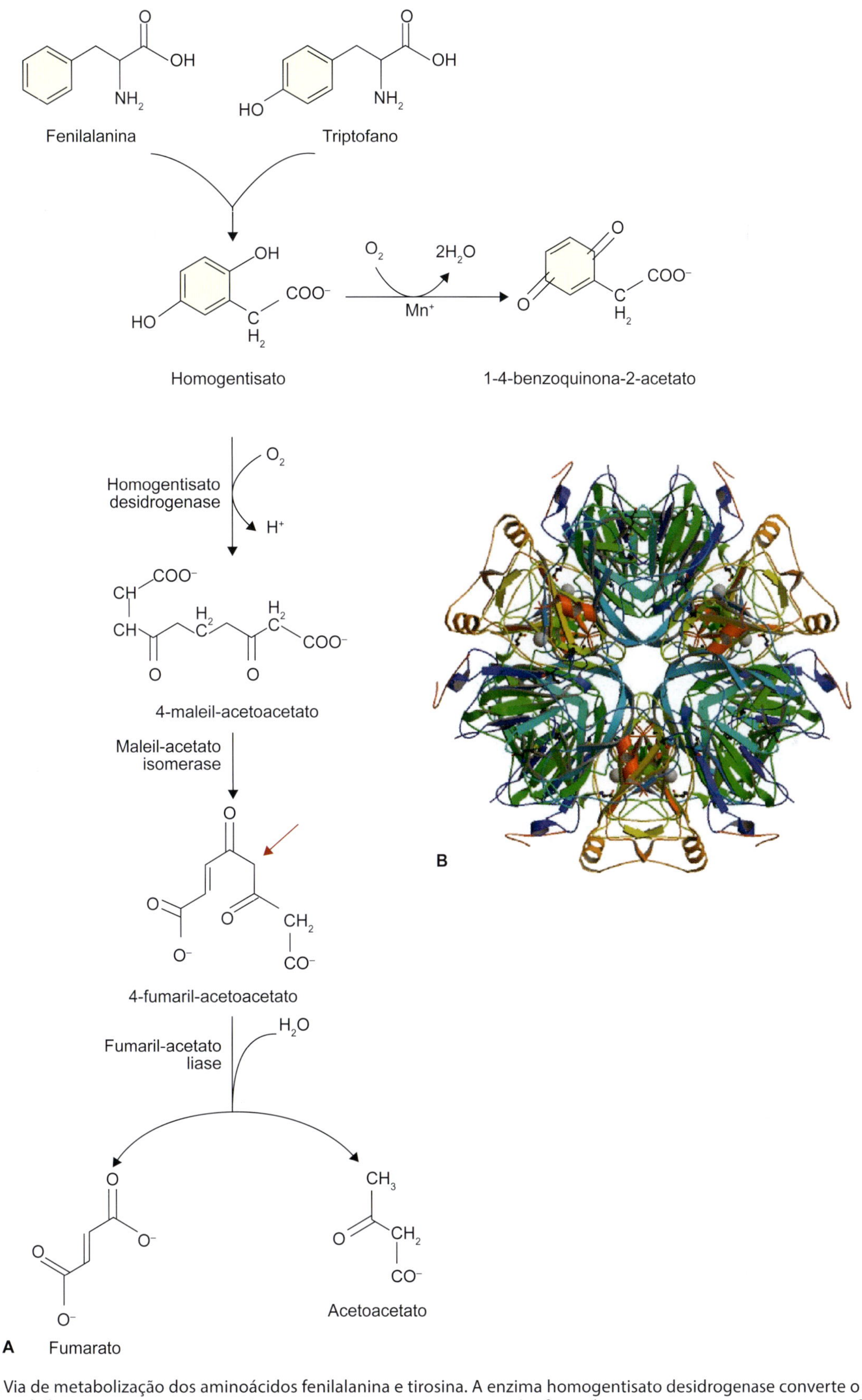

Capítulo 25 • Erros Inatos do Metabolismo 407

Figura 25.6 A. Via de metabolização dos aminoácidos fenilalanina e tirosina. A enzima homogentisato desidrogenase converte o ácido homogentísico em 4-maleil-acetoacetato, que, posteriormente, segue processamento até 4-fumaril-acetoacetato, que, por sua vez, sofre cisão (seta vermelha) por parte da enzima fumaril-acetatoliase, dando origem ao fumarato e ao acetoacetato, que atuam como substratos energéticos para as células. A ausência da enzima homogentisato desidrogenase provoca oxidação não enzimática do ácido homogentísico até 1,4-benzoquinona-2-acetato que, por sua vez, ocasiona efeitos deletérios nos tecidos que contêm colágeno. **B.** Estrutura da enzima homogentisato desidrogenase. Código PDB: 1EY2.

superiores) e o sinal de Gorlin (capacidade de tocar o nariz com a língua). A hipermobilidade articular possibilita dobrar passivamente o punho e polegar até o antebraço, assim como tocar o umbigo passando o braço por trás das costas. Na maioria das crianças portadoras, a síndrome é identificada ainda na infância observando-se laxidão articular e hipotonia muscular. Outros sinais associados são a predisposição para a formação fácil de equimoses e a presença de cicatrizes por causa da fragilidade cutânea. Não existem exames complementares de diagnóstico específicos para as formas I-III.

Tratamento

Não existe cura para síndrome de Ehlers-Danlos e os tratamentos disponíveis têm como propósito reduzir os sintomas da doença e controlar suas complicações. A administração de anti-inflamatórios e analgésicos é recomendada no sentido de reduzir as dores articulares e musculares. A cirurgia pode ser usada para corrigir as articulações lesadas e as luxações, porém deve ser executada de maneira delicada por causa da fragilidade da pele. A fisioterapia na síndrome de Ehlers-Danlos é recomendada para fortalecer os músculos e estabilizar as articulações, diminuindo a dor e o cansaço muscular.

Fenilcetonúria

Um dos mais frequentes e estudados EIM dos aminoácidos. A hiperfenilalaninemia (HPA), nome genérico dado a elevados níveis de fenilalanina no plasma, constitui um distúrbio primário do sistema de hidroxilação do aminoácido. Pode ser causada pela deficiência da enzima hepática fenilalanina hidroxilase (PKU; Figura 25.7) ou das enzimas que sintetizam ou reduzem a coenzima tetraidrobiopterina (BH_4). A PKU é a enzima responsável pela primeira reação na via de degradação da Fen, catalisando a sua hidroxilação em tirosina (Tir). A deficiência dessa enzima leva ao acúmulo de fenilcetonas tóxicas (Figura 25.8) em níveis bastante elevados do substrato Fen, além da ocorrência de reações paralelas, como a transaminação da Fen com o piruvato produzindo o metabólito fenilpiruvato. Também há diminuição da concentração do produto Tir, responsável pela biossíntese de diversos neurotransmissores, como dopamina e noradrenalina. Na Figura 25.8, observa-se o metabolismo da fenilalanina.[19]

Normalmente, 75% da fenilalanina é transformada em tirosina, enquanto apenas 25% se incorporam a proteínas. A principal via catabólica da fenilalanina está bloqueada na PKU, portanto pacientes afetados por essa doença apresentam níveis sanguíneos desse aminoácido até 20 vezes maiores que pessoas saudáveis. Além da própria fenilalanina, outros metabólitos anormais se acumulam no plasma e nos tecidos dos pacientes fenilcetonúricos e são secretados em níveis elevados na urina. O nome da doença deriva dos altos níveis de fenilpiruvato, uma fenilcetona, encontrado na urina de crianças afetadas. A Figura 25.8 mostra a reação de hidroxilação da fenilalanina, envolvendo duas etapas enzimáticas, e os metabólitos formados quando a reação não ocorre de modo satisfatório.[19]

A HPA apresenta herança autossômica recessiva, cujo defeito metabólico (geralmente na fenilalanina hidroxilase) conduz ao acúmulo de fenilalanina (Fen) no plasma e aumento da excreção urinária de ácido fenilpirúvico e fenilalanina. A elevação de fenilalanina no plasma, acima de 10 mg/dℓ, possibilita a passagem em quantidade excessiva para o sistema nervoso central, no qual o acúmulo tem efeito tóxico. O retardamento

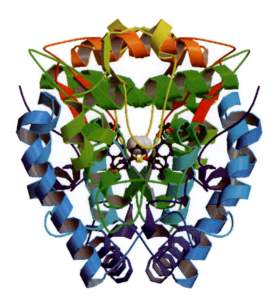

Figura 25.7 Domínio catalítico da enzima fenilalanina hidroxilase (FeII) em complexo com seu cofator tetraidrobiopterina. Código PDB: 1KW0.

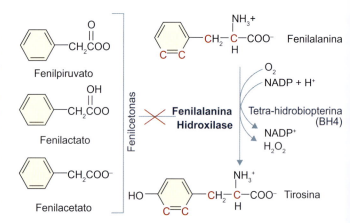

Figura 25.8 Hidroxilação da fenilalanina envolvendo duas reações enzimáticas: redução de O_2 a H_2O e de fenilalanina a tirosina; redução de di-hidrobiopterina pelo NADPH convertendo-a em tetra-hidrobiopterina. A ausência da PKU implica uma rota metabólica alternativa para a fenilalanina com consequente formação de fenilcetonas tóxicas.

mental é a principal sequela da fenilcetonúria. A doença é detectada pelo "teste do pezinho", cuja obrigatoriedade para todo o território brasileiro consta no Estatuto da Criança e do Adolescente, inciso III do Art. 10 da Lei n. 8.069, de 13/07/1992.

A causa do estresse oxidativo nos EIM ainda não é totalmente compreendida, mas se imagina ser consequência do acúmulo de metabólitos tóxicos e também de dietas restritas aplicadas em muitos pacientes com EIM, que podem alterar o *status* antioxidante do organismo. Dessa maneira, o estresse oxidativo vem sendo demonstrado em modelos animais de HPA, incluindo a PKU, e também em pacientes tratados com uma dieta pobre em fenilalanina, nos quais se avaliou o *status* antioxidante. A prevalência é de um caso para cada 10 mil ou 30 mil nascidos vivos, sendo mais frequente em caucasianos e menos em judeus asquenazes.

Variantes da fenilcetonúria | Classificação

Podem ser encontrados diferentes tipos de hiperfenilalaninemias, conforme o erro metabólico envolvido, formando um grupo heterogêneo de doenças, incluindo a fenilcetonúria (PKU) clássica, as variações de HPA, como a HPA persistente, a HPA branda, e a PKU atípica.

Três formas de apresentações metabólicas são reconhecidas e classificadas de acordo com o percentual de atividade enzimática encontrado:

- Fenilcetonúria clássica: quando a atividade da enzima fenilalanina hidroxilase é praticamente inexistente (atividade inferior a 1%) e, consequentemente, os níveis plasmáticos encontrados de Fen são superiores a 20 mg/dℓ
- Fenilcetonúria leve: quando a atividade da enzima é de 1 a 3% e os níveis plasmáticos de Fen encontram-se entre 10 e 20 mg/dℓ
- Hiperfenilalaninemia transitória ou permanente: quando a atividade enzimática é superior a 3% e os níveis de Fen encontram-se entre 4 e 10 mg/dℓ; essa situação é considerada benigna, não ocasionando qualquer sintomatologia clínica.

Há casos de hiperfenilalaninemias atípicas, causadas por deficiência no cofator da tetraidrobiopterina (BH_4) – com incidência de 1 a 3% dos casos com pior prognóstico porque apresentam quadro clínico mais intenso, sendo o tratamento dietético de pouca valia na maioria das vezes.

Entre os EIM, segundo a classificação de Saudubray e Charpentier[5], a PKU[2] pertence à categoria 2, pois suas alterações abrangem um grupo de doenças cujo efeito bioquímico compromete uma via metabólica comum a diversos órgãos. Dentro dessa categoria, a PKU apresenta as características do grupo 1, abrangendo os distúrbios de síntese ou catabolismo de moléculas complexas.

Fenilcetonúria materna

Na PKU-materna, a elevada concentração de fenilalanina circulante na mãe produz uma síndrome clínica característica no feto. Supostamente, a hiperfenilalaninemia desencadeia inibição no transporte competitivo de outros aminoácidos aromáticos (triptofano e tirosina) para dentro da placenta, acarretando deficiência de tirosina, que pode ser a responsável pela patogênese dessa síndrome. O elevado nível de fenilalanina no plasma da mãe faz com que o nível desse aminoácido no embrião seja ainda superior, em decorrência do gradiente positivo transplacentário, causando a PKU embrionária na maioria dos bebês de mães fenilcetonúricas, resultando em dano cerebral antes do nascimento e quadro clínico irreversível. Como o sistema hepático fetal tem dificuldades em metabolizar a fenilalanina, ocorre hiperfenilalaninemia, que provoca ação lesiva sobre o feto, sobretudo sobre o cérebro, no qual são demonstradas alterações na mielinização, na síntese proteica cerebral e na síntese de neurotransmissores. Resulta, então, o desenvolvimento da síndrome de PKU materna no feto, como consequência do alto nível de fenilalanina no sangue de mães fenilcetonúricas. A ocorrência na prole é de 92% de retardamento mental, 73% de microcefalia, 15% de risco de doenças congênitas do coração e 40 a 52% apresentam peso abaixo do normal ao nascer. A PKU materna clássica não controlada pode exercer efeito teratogênico sobre o feto. A microcefalia geralmente é acompanhada de anormalidades faciais caracterizadas por face arredondada, fissuras palpebrais amplas, glabela proeminente, hipertelorismoocular, epicanto, palato em ogiva e estrabismo. Em 24% das gestações, ocorrem abortos espontâneos e em 40 a 56% dos recém-nascidos de mães fenilcetonúricas pode-se observar restrição do crescimento intrauterino. O retardamento mental é relatado em torno de 21% dos recém-nascidos de mães com PKU transitória, ocorrendo em mais de 92% dos recém-nascidos de mães com PKU clássica.

Entre as malformações congênitas descritas, as mais comuns são as cardíacas, que ocorrem em 15% dos casos, sendo a tetralogia de Fallot, a coarctação da aorta, a persistência do canal arterioso, o defeito do septo atrial (persistência do forame oval) e a hipoplasia do ventrículo esquerdo as alterações mais prevalentes. Outras malformações associadas à PKU clássica são: anomalias da coluna vertebral (cervical e sacra); fissura labial e palatina; atresia de esôfago; microftalmia; e hipoplasia do corpo caloso.

Diagnóstico e sintomas

Deve ser diagnosticada laboratorialmente, uma vez que as manifestações clínicas são inespecíficas. A detecção de uma hiperfenilalaninemia deve sempre ser confirmada por meio de métodos quantitativos. Após a exclusão da deficiência de BH_4, valores acima de 10 mg (600 µmol/ℓ) são compatíveis com PKU. Contudo, valores entre 6 e 10 mg (360 a 600 µmol/ℓ) são definidos como hiperfenilalaninemia persistente benigna, que não requer tratamento. Neste último caso, as mulheres devem ser monitoradas para, quando na idade fértil, manter os níveis máximos de 6 mg durante a gestação no sentido de evitar danos ao feto (microcefalia, retardamento mental, cardiopatia) em decorrência do efeito teratogênico da fenilalanina (PKU materna). O quadro clínico clássico é caracterizado por atraso global do desenvolvimento neuropsicomotor, deficiência mental, comportamento agitado ou padrão autista, convulsões, alterações eletrencefalográficas e odor característico na urina. Pacientes que realizam o diagnóstico no período neonatal e recebem a terapia dietética adequada precocemente não apresentam o quadro clínico descrito. A PKU foi a primeira doença genética a ter um tratamento realizado com base na terapêutica dietética específica com restrição de fenilalanina. Resultados de estudos não randomizados demonstraram que a dieta é efetiva em reduzir níveis séricos de fenilalanina e melhorar o quociente de inteligência e desfechos neuropsicomotores.

Tratamento

Consiste basicamente de uma dieta com baixo teor de Fen, porém, com níveis suficientes deste aminoácido para promover crescimento e desenvolvimento adequados. Uma dieta isenta de Fen poderia levar à síndrome da deficiência, caracterizada por eczema grave, prostração, ganho de peso insuficiente capaz de causar desnutrição, deficiência mental e crises convulsivas. Além da fórmula de aminoácidos, são fornecidas as seguintes orientações:

- Os lactentes recebem as fórmulas especiais e a elas pode ser adicionado leite integral modificado com a menor quantidade de Fen possível
- Amamentação materna pode ocorrer desde que exista controle semanal dos níveis plasmáticos de Fen
- A introdução de outros alimentos deve ocorrer aos 4 meses de idade, utilizando-se alimentos que contenham baixos teores de Fen, como vegetais e frutas, sempre com controle

diário da quantidade de ingesta permitida de Fen. Como parte do tratamento, são utilizados produtos terapêuticos. Trata-se de uma fórmula láctea, ou solução que possibilita a formulação láctea, servindo para reposição dos aminoácidos essenciais (todos, com exceção da Fen) que serão retirados da dieta atribuída ao paciente. Alimentos fontes de proteína (ricos em Fen) são eliminados da dieta e a fonte de aminoácidos essenciais passa a ser controlada com o fornecimento dessa fórmula especial de aminoácidos. A reposição possibilita que o paciente mantenha o desenvolvimento somático e neurológico adequado apesar da importante restrição dietética que lhe será imposta.

A característica básica dos produtos é a muito baixa concentração de fenilalanina – não superior a 0,1 g por 100 g de produto.

A dietoterapia dirigida à PKU é complexa, de longa duração, e requer muitas mudanças nas ações por parte do paciente e de sua família. O sucesso do tratamento por longo tempo, como de qualquer doença crônica, depende exclusivamente da disponibilidade do paciente em seguir as recomendações médicas prescritas.

As fórmulas encontradas disponíveis no mercado para tratamento da fenilcetonúria são constituídas de misturas de aminoácidos sintéticos, isentas de Fen, podendo ser acrescidas de carboidratos, gorduras, minerais, vitaminas e elementos-traço para suprir as necessidades nutricionais de diversas faixas etárias. Essas misturas comerciais, apesar de serem equilibradas em termos de carboidratos, lipídios e energia, são isentas de proteínas, tendo como fonte de nitrogênio exclusivamente aminoácidos livres.

Essas misturas apresentam odor e paladar desagradáveis e a sua ingestão, que deveria ocorrer em pequenas porções durante o decorrer do dia; frequentemente é feita de uma só vez, com prejuízo na utilização biológica e com aumento da metabolização dos aminoácidos por via oxidativa. O consumo diário dos aminoácidos requeridos, em dose única, pode resultar em náuseas, vômitos, tonturas e diarreia, mudanças na excreção de nitrogênio e metabolismo catabólico, diminuindo as taxas de glicose e lactato e aumentando os níveis de insulina aumentados no sangue. As misturas de aminoácidos sintéticos também são indesejáveis do ponto de vista do equilíbrio osmótico, pois causam hiperosmolaridade no trato gastrintestinal, resultando em absorção ineficiente pelo organismo. Para além do tratamento dietético com restrição de fenilalanina, que continua a ser a base da terapia atual, outros tratamentos têm sido propostos, notadamente a suplementação com aminoácidos neutros (LNAA), PreKUnil, atualmente conhecido como NeoPhe, a terapia enzimática com fenilalanina-amônia-liase (PAL, do inglês *phenylalanine ammonia lyase*) e a terapia gênica, esta última bastante incipiente. Mais recentemente, após publicação de Kure et al.[20] uma terapia com base em uma suplementação de BH_4 tem sido ensaiada em muitos casos como tratamento alternativo para a PKU moderada, mas ainda não há resultados conclusivos. O tratamento clínico no dia a dia para fenilcetonúria restringe-se a dietas isentas desse aminoácido.

Galactosemia

Pode ser descrita como um distúrbio do metabolismo da galactose, um açúcar monossacarídeo que apresenta o aldeído como grupo funcional, epímero da glicose em C4. Trata-se de um EIM caracterizado pela inabilidade em converter galactose em glicose (via de Leloir). O resultado imediato é o acúmulo de metabólitos da galactose no organismo. Três deficiências enzimáticas na via de Leloir causam galactosemia. As enzimas envolvidas são a galactose-1-fosfato uridil-transferase (GALT), a galactocinase (GALK) e a uridina-difosfato galactose 4-epimerase (GALE). Os genes, responsáveis pela transcrição dessas enzimas já foram mapeados e clonados, e suas respectivas localizações são: GALT-9 p13, GALK-17q24 e GALE-1 p36. Heterogeneidade alélica foi encontrada nos três *loci*. Pelo menos 91 mutações no gene da GALT foram identificadas até hoje e a maioria dos pacientes com deficiência de GALT é heterozigoto composto. Já que há três etiologias para a galactosemia, o termo por si se tornou insuficiente e inadequado, e as três doenças conhecidas são atualmente designadas: galactosemia por deficiência de GALT, galactosemia por deficiência de GALK e galactosemia por deficiência de GALE. O tipo mais comum da doença decorre da deficiência de galactose-1-fosfato uridil-transferase. Os três subtipos de galactosemia apresentam padrão de herança autossômico recessivo. A incidência da galactosemia clássica na Holanda é de 1:33.000, com cerca de 6 casos novos por ano. Na população caucasiana, a incidência é de 1:40.000 ou 60.000, e, na população japonesa, é de 1:1.000.000. Nos EUA, a incidência varia de 1:30.000 a 1:60.000 nascido vivos.

Galactose

A galactose (do grego *galactos*, que significa leite) não é tão doce como a glicose nem solúvel em água. Os seres humanos obtêm a galactose primariamente pelo leite humano ou bovino e derivados lácteos, por meio da hidrólise da lactose, dissacarídeo composto por glicose e galactose unidas por ligação β-glicosídica. A galactose na sua forma livre está presente em algumas frutas e vegetais, como tomates, bananas e maçãs. A digestão da lactose se dá por intermédio da enzima intestinal betalactamase, que promove a cisão da molécula originando glicose e galactose como produto. A glicose e a galactose apresentam um transportador único no trato gastrintestinal chamado SGLT-1, que apresenta 12 hélices transmembranares e transporta galactose da luz do intestino para o interior do enterócito na dependência de sódio. Do interior do enterócito para a corrente sanguínea, a galactose é transportada pelo GLUT2 (Figura 25.9).

Aspectos bioquímicos

O metabolismo da galactose ocorre por meio de três etapas em que estão envolvidas as seguintes enzimas GALK, GALT e GALE. A galactose pode ser convertida em energia entrando na via glicolítica, porque a glicose-1-fosfato é um dos produtos da GALT. A galactose pode, também, ser incorporada em glicoproteínas e glicolipídios, porque a UDP-galactose, o segundo produto da reação da GALT, é o substrato de todas as reações de galactosilação. A galactose é fosforilada pela galactocinase, na presença de ATP, para formar galactose-1-fosfato (Gal-1-P). A Gal-1-P reage com a UDP-glicose para produzir dois produtos: a UDP-galactose e a glicose-1-fosfato (Gli-1-P), em uma reação catalisada pela enzima galactose-1-fosfato uridil-transferase. A Gli-1-P produzida pode ser convertida em glicose, e, em um fígado normal, aproximadamente 80% da galactose é convertida em glicose em pouco tempo.

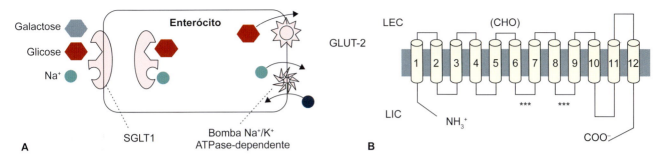

Figura 25.9 A. Mecanismo de transporte de galactose da luz intestinal para o interior do enterócito. O transportador SGLT1 tem afinidade por glicose ou galactose, mas só transporta um desses açúcares na dependência de sódio. Do interior do enterócito para o sangue a galactose é transportada pelo GLUT2. O equilíbrio de sódio do enterócito é mantido pela ação da bomba Na$^+$/K$^+$ATPase dependente. **B.** Topologia do transportador SGLT1. Um transportador de 12 hélices transmembranares com suas porções amino e carboxiterminais orientadas para o meio intracelular. *** Indica sítios de fosforilação do transportador.

A UDP-galactose formada é convertida em UDP-glicose pela GALE. Sendo, assim, a UDP-glicose pode entrar na reação, novamente, de uma forma cíclica, até que toda a galactose, que entra na via, possa ser convertida em glicose, via Gli-1-P. Quando não há entrada de galactose na via metabólica, seja por bloqueio enzimáticos, seja por falta de ingestão, é ativado um mecanismo de formação da UDP-galactose. A UDP-galactose é um importante doador de galactose para a formação dos complexos glicoproteicos e glicolipídicos. Esses compostos se transformam nas células, levando à liberação de galactose, que pode entrar, novamente, na via de metabolismo da galactose. Isso ocorre pela interação de Gli-1-P com UTP, via a atividade da UDP-glicose fosforilase, resultando em UDP-glicose que, então, sofre epimerização (via GALE), para formar UDP-galactose. A reação da epimerase mantém o equilíbrio, em todas as células, entre UDP-glicose e UDP-galactose, em torno de 3:1. Se houver uma incapacidade em metabolizar a galactose, por baixa atividade de GALK, GALT, ou GALE, duas vias alternativas entram em ação. A galactose pode ser reduzida a galactitol, por intermédio da aldose redutase, ou oxidada em galactonato, por intermédio da oxidase ou da desidrogenase. O galactonato pode ser, posteriormente, metabolizado a CO_2 e xilose.

Classificação

Galactosemia

Na galactosemia clássica, ocorre a deficiência completa da GALT, enzima responsável pela reação de conversão da galactose-1-fosfato em uridina difosfato galactose (UDP-galactose). Trata-se da forma mais comum e mais grave da doença, que culmina no acúmulo de galactose-1-fosfato, causando sintomas variados, como vômito, hepatomegalia e galactosúria. Existem ainda outras formas de galactosemia:

- Variante Duarte: existe atividade parcial da GALT correspondente a 25% da normal. Essa redução decorre do fato de os pacientes apresentarem um alelo Duarte e um alelo normal. Pacientes portadores de dois alelos Duarte apresentarão aproximadamente 50% de atividade enzimática normal
- Galactosemia do tipo 2: o defeito corre na enzima galactocinase, resultando em acúmulo de galactose. Está mais relacionada com cataratas decorrentes do acúmulo de produtos tóxicos, que podem evoluir para a perda total da visão quando não tratados adequadamente
- Galatosemia do tipo 3: uma forma rara, causada pelo defeito na enzima uridil difosfato galactose-4-epimerase. Outras formas de galatosemia são assintomáticas e não trazem prejuízos à saúde.

O diagnóstico da galactosemia é feito por meio de teste enzimático, capaz de indicar a atividade intraeritrocitária da enzima galactose-1-fosfato uridil-transferase. A ausência completa da enzima ou sua atividade reduzida indica galactosemia. O diagnóstico pré-natal pode ser feito por meio da amniocentese, com cultura de fibroblastos obtidos do líquido amniótico.

O tratamento exige estrito acompanhamento nutricional, evitando-se a ingestão de galactose e lactose. Pelas diferentes formas de galactosemia, as restrições dietéticas variarão.

Sintomatologia

A deficiência do crescimento é o sinal clínico mais comum e está presente em quase todos os casos, mas também se manifestam icterícia, catarata, letargia, atraso no desenvolvimento psicomotor, entre outros. Os sintomas, em geral, aparecem nos primeiros dias ou semanas de vida, sendo que ocorre ainda alta taxa de óbito neonatal em decorrência de septicemia com curso fulminante desencadeada por *E. coli*. A propensão à septicemia se dá por causa da inibição da atividade bactericida dos leucócitos. O atraso no desenvolvimento psicomotor pode ser observado logo nos primeiros meses de vida, e pode culminar em retardamento mental nos casos não tratados. A presença de catarata tem sido observada nos primeiros dias após o nascimento, sendo reversível com o início precoce do tratamento. Manifestações tardias incluem falência ovariana antes dos 30 anos de idade e amenorreia primária e secundária; menopausa precoce e infertilidade também têm sido descritas. Também parece haver tendência para a menopausa precoce entre as heterozigotas com mutações em GALT.

Tratamento

Consiste na simples exclusão dos açúcares galactose e lactose da dieta. Contudo, ainda assim problemas como deficiências de aprendizagem podem se manter presentes. Embora a galactose seja utilizada na composição de várias estruturas celulares, a sua supressão da dietética não acarretará maiores problemas, pois há um mecanismo metabólico para conversão da glicose em galactose.

Resumo

Introdução

Os erros inatos do metabolismo (EIM) incluem uma grande classe de doenças decorrentes de distúrbios de natureza genética que, em geral, envolvem defeitos em enzimas acarretando alterações de vias metabólicas. Geralmente, os EIM apresentam herança autossômica recessiva, ou seja, casais heterozigotos apresentam 25% de possibilidade de gerarem filhos com EIM. Algumas doenças apresentam herança ligada ao cromossomo X, como síndrome de Lesch-Nyhan e síndrome de Hunter. A herança ligada ao X implica no fato de a mãe ser portadora do gene mutante e, assim, os filhos do sexo masculino têm 50% de probabilidade de herdar um gene e manifestar a doença, enquanto os filhos de sexo feminino apresentam 50% de probabilidade de herdar o gene mutante, mas, por serem mulheres, a doença não se manifestará. Além disso, há as doenças de herança mitocondrial, as quais envolvem mutações no ácido desoxirribonucleico (DNA) mitocondrial. Nessas circunstâncias, a possibilidade de filhos de mães portadores da mutação mitocondrial é de praticamente 100% de comprometimento para ambos os sexos. Os sintomas decorrentes das doenças que envolvem EIM repercutem em todo o organismo, podendo ainda manifestar-se em qualquer faixa etária. Os EIM representam juntos 10% de todas as doenças genéticas.

Classificação dos EIM

Os EIM podem ser classificados de diversos modos, contudo o mais importante é o proposto por Sinclair, em 1982, que classificou os EIM em quatro grandes grupos:

- Transporte de proteínas
- Distúrbios envolvendo alterações de armazenamento, degradação e secreção de proteínas
- Distúrbios relacionados com síntese de proteínas
- Distúrbios envolvendo o metabolismo intermediário: abrangem deficiências em enzimas que atuam de forma crítica no processamento de substâncias, como açúcares e aminoácidos.

Outro tipo de classificação dos EIM foi proposto por Scriver et al.[4], que os organiza pela área do metabolismo afetado, destacando os metabólitos acumulados; já Saudubray e Chapentier[5] propõem uma classificação pelo fenótipo clínico das doenças, de modo a organizá-las em três grandes grupos: defeitos de síntese e ou catabolismo de moléculas complexas; alterações defeituosas no metabolismo intermediário; e defeitos na geração e/ou utilização de energia.

As enzimas e sua relação com erros inatos do metabolismo

A ausência ou deficiência de uma dada enzima pode acarretar o bloqueio de uma etapa da cadeia da via, alteração que pode ser provocada por vários mecanismos:

- Mutação no gene estrutural que codifica a enzima pode acarretar, nos homozigotos, ausência desta ou produzir uma forma anormal, com atividade reduzida
- Mutação no gene regulador da taxa de produção de enzima pode levar a uma quantidade inadequada da enzima estruturalmente normal
- Degradação acelerada da enzima, levando à redução da quantidade de enzima ativa
- Mutação que afeta a absorção ou biossíntese do cofator enzimático, ou altera o seu sítio de ligação na enzima conduzindo à redução na atividade enzimática
- Quando a enzima é codificada por dois ou mais genes, uma mutação em um deles pode causar inatividade enzimática, podendo diferentes *loci* mutantes terem o mesmo produto final.

Os defeitos enzimáticos podem provocar ausência do produto final em uma dada via metabólica, o que, por sua vez, pode conduzir a dois cenários possíveis: o próprio produto final pode ser substrato para uma reação subsequente que, então, não se realiza; o mecanismo de controle do tipo inibição retroativa, que tal produto realizaria, encontra-se prejudicado. Em ambas as situações, a via metabólica está comprometida e ocorre acúmulo de substrato não processado pela enzima. Esse acúmulo pode acarretar duas consequências importantes: o próprio substrato acumulado pode ser prejudicial; e, dado o acúmulo do precursor, são utilizadas vias metabólicas alternativas, com superprodução de metabólitos tóxicos (Figura R25.1).

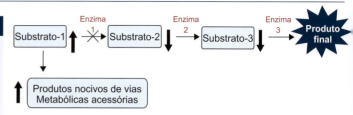

Figura R25.1 Esquema que mostra uma via metabólica na qual a deficiência de uma dada enzima na cadeia implica acúmulo de substâncias que, em condições normais, estariam em baixas quantidades, deficiências de produtos intermediários críticos para o bom funcionamento da via metabólica, ausência ou deficiência do produto final da via e, finalmente, aumento de produtos nocivos decorrentes de vias metabólicas acessórias.

Aspectos genéticos e incidência dos erros inatos do metabolismo

Os EIM são em sua maioria decorrentes de herança autossômica recessiva, ou seja, apresentam recorrência de 25% quando os pais são heterozigotos. Alguns EIM têm herança ligada ao cromossomo X; dessa maneira, quando a mãe é portadora da mutação, o risco de recorrência nos filhos do sexo masculino é de 50%, enquanto 50% do sexo feminino podem ser portadoras da mutação e transmitir para seus descendentes.

Diagnóstico dos erros inatos do metabolismo

A falha no diagnóstico decorre, sobretudo, dos seguintes fatores:

- São doenças extremamente raras, o que leva os clínicos a não considerarem a hipótese de um EIM, concentrando-se em outras causas mais frequentes
- A coleta de amostras de sangue ou urina para diagnóstico laboratorial de EIM deve ser realizada em momentos adequados em relação à doença aguda
- Finalmente, muitas doenças metabólicas causam somente anormalidades intermitentes.

De fato, diversas manifestações clínicas de doenças metabólicas que descompensam o quadro e aumentam o risco de vida do paciente são inespecíficas e incluem recusa alimentar, vômitos, desidratação, letargia, hipotonia e convulsão. Esses sinais clínicos são similares aos de uma septicemia e podem também estar presentes em EIM. O diagnóstico conclusivo para determinação de um EIM ocorre por meio da mensuração da cinética da enzima envolvida ou por meio da identificação do erro molecular. Essas análises bioquímicas são pouco comuns, sofisticadas e onerosas e, por essa razão, indicadas quando há forte suspeita de diagnóstico positivo. A presença de consanguinidade deve ser imediatamente determinada, uma vez que a maioria dos EIM é de herança autossômica recessiva, sendo os pais obrigatoriamente heterozigotos (Aa) para que a criança seja afetada (aa).

Doença da urina do xarope de bordo ou leucinose

A leucinose é também chamada de aminoacidúria de cadeia ramificada ou, ainda, doença da urina do xarope de bordo (MSUD). Trata-se de um erro inato do metabolismo causado por deficiência da enzima mitocondrial desidrogenase de cetoácidos de cadeia ramificada (BCKD), resultando em acúmulo plasmático dos aminoácidos leucina, isoleucina e valina.

A alteração apresenta natureza autossômica recessiva com incidência de 1:150.000 e 1:1000 nos menonitas[6,7] e implica incapacidade de o organismo metabolizar corretamente aminoácidos de cadeia ramificada também chamados BCAA. A forma clássica da MSUD é definida pelo aparecimento de encefalopatia neonatal e é o tipo mais grave da doença. Os níveis dos BCAA, especialmente a leucina, são dramaticamente elevados na urina, no sangue e no líquido cefalorraquidiano de crianças atingidas. A presença de L-isoleucina nos fluidos é indicativa de diagnóstico positivo de MSUD.

O diagnóstico da MSUD é confirmado pelo aumento dos níveis séricos de valina, isoleucina e leucina por análise quantitativa de aminoácidos. O tratamento da leucinose inicia-se cerca de 10 a 14 dias após o nascimento e tem como propósito remover metabólitos nocivos do plasma, sendo necessária hemodiálise ou diálise peritoneal. A dieta deve ser livre de aminoácidos de cadeia ramificada objetivando manter baixos níveis plasmáticos.

Alcaptonúria ou ocronose

A alcaptonúria é uma aminoacidopatia na qual estão envolvidos os aminoácidos tirosina e fenilalanina; trata-se de uma doença hereditária autossômica recessiva que envolve a ausência da enzima homogentisato-1,2-dioxigenase sintetizada no fígado e nos rins. A enzima HGO participa na metabolização dos aminoácidos fenilalanina e tirosina e sua ausência pode provocar acúmulo de pigmento ocronótico (ácido homogentísico) em vários tecidos e órgãos. O ácido homogentísico se deposita em tecidos conjuntivos, tais como olhos, orelhas, pele, tendões, valvas cardíacas, cartilagens intervertebrais, ossos, e é excretado na urina que adquire tom escuro quando entra em contato com o ar. O diagnóstico é simples: a uma amostra de urina adiciona-se cloreto férrico; a amostra adquirirá coloração preta se o indivíduo for portador de alcaptonúria. Não existe tratamento comprovadamente eficaz para reduzir as complicações da alcaptonúria. Contudo, a conduta adotada é a administração de grandes doses de ácido ascórbico (vitamina C) e dietas isentas de fenilalanina e tirosina. As dietas podem ser eficazes em crianças, mas os benefícios em adultos não foram demonstrados. A nitisinona (um herbicida) inibe a ação da enzima 4-hidroxifenilpiruvato dioxigenase, que induz a produção do ácido homogentísico a partir do ácido 4-hidroxifenilpirúvico; essa inibição culmina na redução do ácido homogentísico. Entretanto, a nitisinona provoca irritação na córnea.

Síndrome de Ehlers-Danlos (SED)

Trata-se de um grupo de doenças do tecido conjuntivo mais especificamente relacionadas com a síntese do colágeno. Apresenta herança autossômica dominante na maioria dos casos. As anormalidades estruturais do colágeno podem ocorrer em diversas etapas da síntese e causam impactos nos tecidos ricos nessa proteína, como pele, leitos vasculares e articulações. De fato, a SED caracteriza-se por hipermobilidade articular hiperextensibilidade da pele e equimoses. Dois sinais clínicos úteis no diagnóstico da síndrome de Ehlers-Danlos são o sinal de Meténier (eversão fácil das pálpebras superiores) e o sinal de Gorlin (capacidade de tocar no nariz com a língua). A hipermobilidade articular possibilita dobrar passivamente o punho e polegar até o antebraço, assim como tocar o umbigo passando o braço por trás das costas. Na maioria das crianças portadoras, a síndrome é identificada ainda na infância observando-se laxidão articular e hipotonia muscular. Não existe cura para a síndrome de Ehlers-Danlos e os tratamentos disponíveis têm como propósito reduzir os sintomas da doença e controlar suas complicações. A administração de anti-inflamatórios e analgésicos é recomendada no sentido de reduzir as dores articulares e musculares.

Fenilcetonúria

É um dos mais frequentes e estudados erros inatos do metabolismo dos aminoácidos. Pode ser causada pela deficiência da enzima hepática fenilalanina hidroxilase (PKU) ou das enzimas que sintetizam ou reduzem a coenzima tetraidrobiopterina (BH$_4$). A PKU é a enzima responsável pela primeira reação na via de degradação da Fen, catalisando a sua hidroxilação em tirosina (Tir). A deficiência nessa enzima leva ao acúmulo de fenilcetonas tóxicas. A hiperfenilaninemia apresenta herança autossômica recessiva, cujo defeito metabólico (geralmente na fenilalanina hidroxilase) conduz ao acúmulo de fenilalanina (Fen) no plasma e aumento da excreção urinária de ácido fenilpirúvico e fenilalanina. Deve ser diagnosticada laboratorialmente, uma vez que as manifestações clínicas são inespecíficas. O quadro clínico clássico é caracterizado por atraso global do desenvolvimento neuropsicomotor, deficiência mental, comportamento agitado ou padrão autista, convulsões, alterações eletrencefalográficas e odor característico na urina. Pacientes que fazem o diagnóstico no período neonatal e recebem a terapia dietética adequada precocemente não apresentam o quadro clínico descrito.

Galactosemia

Trata-se de um distúrbio do metabolismo da galactose, um açúcar monossacarídio caracterizado pela inabilidade em converter galactose em glicose (via de Leloir). O resultado imediato é o acúmulo de metabólitos da galactose no organismo. Três deficiências enzimáticas na via de Leloir causam galactosemia, envolvem as enzimas galactose-1-fosfato uridil-transferase (GALT), galactocinase (GALK) e uridina-difosfato galactose 4-epimerase (GALE). O tipo mais comum da doença decorre da deficiência de GALT. Os três subtipos de galactosemia apresentam padrão de herança autossômico recessivo. A deficiência do crescimento é o sinal clínico mais comum e está presente em quase todos os casos, mas também se manifestam icterícia, catarata, letargia, atraso no desenvolvimento psicomotor, entre outros. Os sintomas, em geral, aparecem nos primeiros dias ou semanas de vida. O atraso no desenvolvimento psicomotor pode ser observado logo nos primeiros meses de vida, e pode culminar em retardamento mental nos casos não tratados. O tratamento consiste na simples exclusão dos açúcares galactose e lactose da dieta.

Exercícios

1. O que são erros inatos do metabolismo (EIM)?
2. Quais são as causas dos erros inatos do metabolismo?
3. Os erros inatos do metabolismo podem ser classificados de diversas formas. Explique-as.
4. Explique a incidência dos erros inatos do metabolismo, considerando os aspectos genéticos.
5. Explique a doença da urina do xarope de bordo ou leucinose.
6. A alcaptonúria ou ocronose é um erro inato do metabolismo envolvendo qual classe de substâncias? Explique os aspectos bioquímicos e fisiopatológicos dessa doença.
7. A fenilalanina é uma substância presente em muitos refrigerantes. Esses produtos devem trazer informações em seus rótulos de modo que o consumidor possa saber da presença da fenilalanina. Explique por que isso se faz necessário.
8. Como ocorre o diagnóstico clínico de um erro inato do metabolismo?
9. A galactose é um importante carboidrato presente na dieta, como no leite. Existe uma condição denominada galactosemia, disserte sobre ela.
10. Explique a síndrome de Ehlers-Danlos (SED).

Respostas

1. São alterações bioquímicas geneticamente determinadas, nas quais um defeito enzimático específico desencadeia uma mudança em vias metabólicas, que se reflete em uma doença.
2. Os erros inatos do metabolismo podem ser decorrentes das seguintes situações: a mutação no gene estrutural que codifica a enzima pode acarretar, nos homozigotos, ausência desta ou produzir uma forma anormal, com atividade reduzida; mutação no gene regulador da taxa de produção de enzima pode levar a uma quantidade inadequada da enzima estruturalmente normal; degradação acelerada da enzima, levando à redução da quantidade de enzima ativa; mutação que afeta a absorção ou biossíntese do cofator enzimático, ou altera o seu sítio de ligação na enzima conduzindo à redução na atividade enzimática; quando a enzima é codificada por dois ou mais genes, uma mutação em um desses genes pode causar inatividade enzimática, podendo diferentes *loci* mutantes terem o mesmo produto final. Os defeitos enzimáticos podem provocar ausência do produto final em uma dada via metabólica o que, por sua vez, pode conduzir a dois cenários possíveis: o próprio produto final pode ser substrato para uma reação subsequente que, então, não se realiza; e o mecanismo de controle do tipo inibição retroativa, que tal produto realizaria, encontra-se prejudicado. Em ambas as situações, a vida metabólica está comprometida e ocorre acúmulo de substrato não processado pela enzima. O acúmulo do substrato pode acarretar duas consequências importantes: o próprio substrato acumulado pode ser prejudicial; dado o acúmulo do precursor, são utilizadas vias metabólicas alternativas, com superprodução de metabólitos tóxicos.
3. Os EIM podem ser classificados de diversas formas, porém a mais importante é o proposto por Sinclair, que classificou os EIM em quatro grandes grupos: distúrbios do transporte de proteínas; distúrbios envolvendo alterações de armazenamento, degradação e secreção de proteínas; distúrbios relacionados com a síntese de proteínas; distúrbios envolvendo o metabolismo intermediário. Outra forma de classificação dos EIM os organiza pela área do metabolismo afetado, destacando os metabólitos acumulados, enquanto outra propõe uma classificação por meio do fenótipo clínico das doenças.
4. Os erros inatos do metabolismo são em sua maioria decorrentes de herança autossômica recessiva, ou seja, apresentam recorrência de 25% quando os pais são heterozigotos. Alguns EIM são de herança ligada ao cromossomo X; desse modo, a mãe sendo portadora da mutação, o risco de recorrência nos filhos do sexo masculino é de 50%, enquanto os do sexo feminino apresentam risco de 50% de serem portadoras da mutação e a transmitirem para seus descendentes.

5. A leucinose é também chamada de aminoacidúria de cadeia ramificada ou ainda doença da urina do xarope de bordo (MSUD). Trata-se de um EIM causado por deficiência da enzima mitocondrial desidrogenase de cetoácidos de cadeia ramificada (BCKD), resultando em acúmulo plasmático dos aminoácidos leucina, isoleucina e valina. A alteração apresenta natureza autossômica recessiva com incidência de 1:150.000 e 1:1.000 nos menonitas[6,8] e implica na incapacidade de o organismo metabolizar corretamente aminoácidos de cadeia ramificada, também chamados BCAA. A forma clássica da MSUD é definida pelo aparecimento de encefalopatia neonatal e é o tipo mais grave da doença. Os níveis dos BCAA, especialmente a leucina, são dramaticamente elevados na urina, sangue e líquido cefalorraquidiano de crianças atingidas. A presença de L-isoleucina nos fluidos é um indicativo para o diagnóstico positivo da MSUD. O diagnóstico da MSUD é confirmado pelo aumento dos níveis séricos de valina, isoleucina e leucina por análise quantitativa de aminoácidos. O tratamento da leucinose inicia-se cerca de 10 a 14 dias após o nascimento e tem como propósito remover metabólitos nocivos do plasma, sendo necessária hemodiálise ou diálise peritoneal. A dieta deve ser livre de aminoácidos de cadeia ramificada objetivando manter baixos níveis plasmáticos.

6. A alcaptonúria é uma aminoacidopatia na qual estão envolvidos os aminoácidos tirosina e fenilalanina. Trata-se de uma doença hereditária autossômica recessiva, que envolve a ausência da enzima homogentisato-1,2-dioxigenase sintetizada no fígado e nos rins. A enzima HGO participa na metabolização dos aminoácidos fenilalanina e tirosina e sua ausência pode causar acúmulo de pigmento ocronótico (ácido homogentísico) em vários tecidos e órgãos. O ácido homogentísico se deposita em tecidos conjuntivos, como olhos, orelhas, pele, tendões, valvas cardíacas, cartilagens intervertebrais, ossos, e é excretado na urina, que adquire tom escuro quando entra em contato com o ar. O diagnóstico é simples: a amostra de urina adiciona-se cloreto férrico; a amostra adquirirá coloração preta se o indivíduo for portador de alcaptonúria. Não existe tratamento comprovadamente eficaz para reduzir as complicações da alcaptonúria. Contudo, a conduta adotada é a administração de grandes doses de ácido ascórbico (vitamina C) e dietas isentas de fenilalanina e tirosina. As dietas podem ser eficazes em crianças, mas os benefícios em adultos não foram demonstrados. A nitisinona, um herbicida, inibe a ação da enzima 4-hidroxifenilpiruvato dioxigenase, que induz a produção do ácido homogentísico a partir do ácido 4-hidroxifenilpirúvico, essa inibição culmina na redução do ácido homogentísico. Entretanto, a nitisinona provoca irritação na córnea.

7. A fenilalanina é um aminoácido que está relacionado com um dos mais frequentes e estudados erros inatos do metabolismo dos aminoácidos, a fenilcetonúria. Pode ser causada pela deficiência da enzima hepática fenilalanina hidroxilase (PKU) ou das enzimas que sintetizam ou reduzem a coenzima tetraidrobiopterina (BH_4). A PKU é a enzima responsável pela primeira reação na via de degradação da Fen, catalisando a sua hidroxilação em tirosina (Tir). A deficiência nessa enzima leva ao acúmulo de fenilcetonas tóxicas. A hiperfenilalaninemia apresenta herança autossômica recessiva, cujo defeito metabólico (geralmente na fenilalanina hidroxilase) conduz ao acúmulo de fenilalanina (Fen) no plasma e ao aumento da excreção urinária de ácido fenilpirúvico e fenilalanina. Deve ser diagnosticada laboratorialmente, uma vez que as manifestações clínicas são inespecíficas. O quadro clínico clássico é caracterizado por atraso global do desenvolvimento neuropsicomotor, deficiência mental, comportamento agitado ou padrão autista, convulsões, alterações eletrencefalográficas e odor característico na urina. Pacientes que fazem o diagnóstico no período neonatal e recebem a terapia dietética adequada precocemente não apresentam esse quadro clínico descrito.

8. O diagnóstico conclusivo para determinação de um erro inato do metabolismo ocorre por meio da mensuração da cinética da enzima envolvida ou da identificação do erro molecular. Essas análises bioquímicas são pouco comuns, sofisticadas e onerosas e, por isso, indicadas quando há forte suspeita de diagnóstico positivo. Embora os testes laboratoriais componham uma ferramenta extremamente útil no diagnóstico e acompanhamento dos EIM, a anamnese clínica é essencial para a identificação do grupo ao qual a doença pertence. A história clínica do paciente, associada aos exames laboratoriais, fornece subsídios adequados para que se inicie o tratamento adequado.

9. Trata-se de um distúrbio do metabolismo da galactose, um açúcar monossacarídeo caracterizadopela inabilidade em converter galactose em glicose (via de Leloir). O resultado imediato é o acúmulo de metabólitos da galactose no organismo. Três deficiências enzimáticas na via de Leloir causam galactosemia. As enzimas são a galactose-1-fosfato uridil-transferase (GALT), a galactocinase (GALK) e a uridina-difosfato galactose 4-epimerase (GALE). O tipo mais comum da doença decorre da deficiência de GALT. Os três subtipos de galactosemia apresentam padrão de herança autossômico recessivo. A deficiência do crescimento é o sinal clínico mais comum e está presente em quase todos os casos, mas também se manifestam icterícia, catarata, letargia, atraso no desenvolvimento psicomotor, entre outros. Os sintomas, em geral, aparecem nos primeiros dias ou semanas de vida. O atraso no desenvolvimento psicomotor pode ser observado logo nos primeiros meses de vida, e pode culminar em retardamento mental nos casos não tratados. O tratamento consiste na simples exclusão dos açúcares galactose e lactose da dieta.

10. Trata-se de um grupo de doenças do tecido conjuntivo mais especificamente relacionadas com síntese do colágeno. Apresenta herança autossômica dominante na maioria dos casos. As anormalidades estruturais do colágeno podem ocorrer em diversas etapas da síntese e causam impactos nos tecidos ricos nessa proteína, como pele, leitos vasculares e articulações. De fato, a SED caracteriza-se por hipermobilidade articular, hiperextensibilidade da pele e equimoses. Dois sinais clínicos úteis no diagnóstico da síndrome de Ehlers-Danlos são o sinal de Meténier (eversão fácil das pálpebras superiores) e o sinal de Gorlin (capacidade de tocar no nariz com a língua). A hipermobilidade articular possibilita dobrar passivamente o punho e polegar até o antebraço, assim como tocar o umbigo passando o braço por trás das costas. Na maioria das crianças portadoras, a síndrome é identificada ainda na infância, observando-se laxidão articular e hipotonia muscular. Não existe cura para a síndrome de Ehlers-Danlos e os tratamentos disponíveis têm como propósito reduzir os sintomas da doença e controlar suas complicações. A administração de anti-inflamatórios e analgésicos é recomendada no sentido de reduzir as dores articulares e musculares.

Referências bibliográficas

1. Araújo APQC. Psychiatric features of metabolic disorders. Rev Psiq. Clin. 2004;31(6):285-9.
2. Souza CFM, Schwartz IV, Giugliani R. Triagem neonatal de distúrbios metabólicos. Ciência & Saúde Coletiva. 2002;7(1):129-37.
3. El Husny AS, Fernandes-Caldato MC. Erros inatos do metabolismo: revisão de literatura. Rev Para Med. 2006;20(2):41-5.
4. Scriver CR, Beaud AL, Sly WS, Valle D, eds. The methabolic and the molecular bases of inherited disease. New York: McGraw-Hill Inc.; 2001.
5. Saudubray JM, Charpentier C. Clinical phenotypes: diagnosis/algorithms. In: Scriver CR, Beaud AL, Sly WS, Valle D, eds. The metabolic and molecular bases of Inherited Disease. New York: McGraw-Hill Inc; 1995. p. 327-400. *Apud* Martins AM. Inborn errors of metabolism: a clinical overview. São Paulo Med J/Rev Paul Med. 1999; 117(6):251-65.
6. Raghuveer T, Garg U, Graf W. Inborn errors of metabolism in infancy and early childhood: an update. American Family Phisician. 2006;73(1).
7. Martins AM. Erros inatos do metabolismo: abordagem clínica. 2. ed. 2003.
8. Silva CG. Efeito dos ácidos D-2-hidroxiglutárico e L-2-hidroxiglutárico sobre vários parâmetros do metabolismo energético em cérebro, músculo esquelético e músculo cardíaco de ratos. [tese]. 2003.

9. Valadares ER, Oliveira JS, Tálamo JEP. Tratamento metabólico da doença da urina do xarope de bordo. Rev Med Minas Gerais. 2010; 20(2):255-8.
10. Brody T. Nutritional biochemistry. San Diego: Academic Press; 1999.
11. Murray RK, Harper. Bioquímica. 8. ed. Atheneu. São Paulo. 1994.
12. Brandão LR, Borjaille BP, Hasegawa TM, Rosa RF, Azevedo A, ChahadeHW. Alcaptonúria (ocronose): relato de dois casos. Rev Bras Reumatol. 2006;46(5):369-72.
13. Jardim LB, Martins CS, Pires RF, Sanseverino MT, Refosco L, Vieira RC, et al. Uma experiência terapêutica no manejo da doença da urina do xarope de bordo. J Pediatr. (Rio J.) 1995;71(5):279-84.
14. Generoso GG, Pinar TO, Bruce C. Aminoacidopathies and organic acidopathies, mitochondrial enzyme defects, and other metabolic errors. In: Goetz CG, editor. Textbook of clinical neurology. 3. ed. St. Louis: Saunders; 2007. p. 642-56.
15. Daniel K, Thomas B: Ochronosis. In Klippel´s textbook of Rheumatology. Phyladelphia, Mosby 2: 28.1-28.4, 1998.
16. Lima ACR, Navarro ML, Provenza JR, Bonfiglioli R. Artropatiaocronótica: relato de caso. RevBrasReumatol. 2000; 40:213-16.
17. Cotias R, Daltro GC, Rodrigues LEA. Alcaptonúria (ocronose). J Bras Patol Med Lab. 2006;42(6):437-40.
18. Hamdi N, Cooke TDV, Hassan B. Ochronoticarthropathy: case report and review of the literature. IntOrthop. 1999; 23:122-5.
18. Sitta A. Investigação do estresse oxidativo em pacientes com fenilcetonúria não tratados e durante o tratamento dietético. [dissertação] Porto Alegre: Universidade Federal do Rio Grande do Sul (UFRGS). Porto Alegre; 2007.
20. Kure S, Hou DC, Ohura T, Iwamoto H, Suzuki S, Sugiyama N, et al. Tetrahydrobiopterin-responsive phenylalanine hydroxylase deficiency. J Pediatr. 1999;135:375-8.

Bibliografia

Beutler E, Baluda MC, Sturgeon P, Day R. A new genetic abnormality resulting in galactose-1-phosphate uridyltransferase deficiency.Lancet. 1965;1(7381):353-4.

Bianchi MLP, Antunes LMG. Radicais livres e os principais antioxidantes da dieta. Rev Nutr. 1999; 12(2):123-30.

Brasil. Portaria SAS/MS nº 847, de 31 de outubro 2002. Protocolo clínico e diretrizes terapêuticas: fenilcetonúria.

Cramer D. Persistência da lactase e consumo de leite como determinantes do risco de câncer de ovário. Am J Epidemiol. 1989;130(5):904-10.

Cramer D, Harlow B, Willett W, Welch W, Bell D, Scully R, et al. O consumo de galactose e metabolismo em relação ao risco de câncer de ovário. Lancet. 1989;2(8654):66-71.

Cui X, Zuo P, Zhang P, Li X, Hu Y, Long J et al. Crônica de D-galactose exposição sistémica induz perda de memória, neurodegeneração e dano oxidativo em ratos: efeito protetor da alfa-lipóico ácido R. Revista de pesquisa em neurociência. 2006;84(3):647-654.

Figueiró-Filho EA, Lopes AHA, Senefonte FRA, Souza Júnior VG, Botelho CA, Duarte G. Maternal phenylketonuria: a case report. Rev Bras Ginecol Obstet. 2004;26(10):813-7.

Fung WL, Risch H, McLaughlin J, Rosen B, Cole D, Vesprini D, Narod SA. The N314D polymorphism of galactose-1-phosphate uridyl transferase does not modify the risk of ovarian cancer. Cancro Epidemiol Biomarkers Prev. 2003;12(7):678-80.

Goodman MT, Wu AH, Tung KH, McDuffie K, Cramer DW, Wilkens LRet al. Association of galactose-1-phosphate uridyltransferase activity and N314D genotype with the risk of ovarian cancer. Am J Epidemiol. 2002;156(8):693-701.

Hirokawa H, Okano Y, Asada M, Fujimoto A,Suyama I,Isshiki G. Molecular basis for phenotypic heterogeneity in galactosaemia: prediction of clinical phenotype from genotype in Japanese patients. Eur J Hum Genet.1999;7(7):757-64.

Holton JB, Walter JH, Tyfield LA. Metabolic and molecular bases of inherited disease. New York: McGraw-Hill; 2001.

Mira NVM, Marquez UML. Importância do diagnóstico e tratamento da fenilcetonúria. Rev Saúde Pública. 2000;34(1):86-96.

Monteiro LTB, Cândido LMB. Fenilcetonúria no Brasil: evolução e casos. Rev. Nutr. 2006;19(3):381-7.

Morton DH, Strauss KA, Robinson DL, Puffenberger EG, Kelley RI. Diagnosis and treatment of maple Syrup Disease: a study of 36 patients. Pediatrics. 2002;109(6):999-1008.

Murphy M, McHugh B,Tighe O, Mayne P, O'Neill C,Naughten E,Croke DT. Genetic basis of transferase-deficient galactosaemia in Ireland and the population history of the Irish Travellers. Eur J Hum Genet. 1999; 7(5):549-54.

Nassau PM, Martin SL, Brown RE, Weston A, Monsey D, McNeil MR, Duncan K. Galactofuranose biosynthesis in Escherichiacoli K-12: identification and cloning of UDP-galactopyranose mutase. J Bacteriol. 1996;178(4):1047-52.

National Newborn Screening and Genetics Resource Center. Newborn Screening and Genetic Testing Symposium; 2002.

Sgarbi MB. Efeito *in vitro* dos ácidos fenilpirúvico, feniláctico e fenilacético sobre parâmetros de estresse oxidativo em cérebro de ratos jovens. Porto Alegre: Universidade Federal do Rio Grande do Sul; 2007.

Souza ICN. Triagem urinária para erros inatos do metabolismo em crianças com atraso no desenvolvimento [dissertação]. São Paulo: Universidade Federal de São Paulo, Escola Paulista de Medicina; 2002.

Sunehag A, Tigas S, Haymond MW. Contribuição de galactose e glicose no plasma para a síntese de lactose do leite durante a ingestão de galactose. J ClinEndocrinolMetab. 2003;88(1):225-9.

Sunehag AL, Louie K, Bier JL, Tigas S, Haymond MW. Hexoneogenesis no peito humano durante a lactação. J Clin Endocrinol Metab. 2002; 7(1):297-301.

Aspectos Bioquímicos da Digestão e Absorção dos Nutrientes da Dieta

Introdução

A digestão é o processo pelo qual macronutrientes (carboidratos, proteínas e lipídios) sofrem redução em suas unidades fundamentais por meio de enzimas objetivando tornar possível sua absorção por parte do organismo. O processo digestivo começa já na boca com a ação da α-amilase salivar, que inicia a digestão do amido, e continua no estômago, com a hidrólise das proteínas por parte da pepsina. Mas é no intestino delgado que a digestão de todos os nutrientes ocorre de maneira plena, uma vez que essa porção do trato digestivo recebe a secreção ecbólica pancreática, rica em enzimas capazes de digerir completamente carboidratos, lipídios, proteínas e ácidos nucleicos.

Carboidratos da dieta

Os carboidratos estão extensivamente presentes na dieta humana, embora não exista neles uma necessidade nutricional em si. De fato, essa classe de nutrientes compõe cerca de 40% das calorias ingeridas e seu consumo excessivo em sociedades modernas tem sido relacionado com o aumento de casos de doenças crônico-degenerativas na população, como diabetes melito e obesidade. Os carboidratos da dieta podem ser classificados em monossacarídeos (p. ex., glicose, frutose, galactose), dissacarídeos (p. ex., sacarose e lactose), oligossacarídeos (p. ex., dextrina) e polissacarídeos (p. ex., amilopectina e amilose). Os principais carboidratos presentes na dieta são o amido (amilopectina e amilose), a sacarose e a lactose (Figura 26.1).

Alguns açúcares da dieta não sofrem digestão por parte da maquinaria enzimática humana, como celulose, hemicelulose, gomas (p. ex., goma guar, goma xantana), inulina, pectina e mucilagens. Esses açúcares são definidos como fibras alimentares e alguns deles, as fibras solúveis (p. ex., goma guar, goma xantana e pectina), podem sofrer fermentação por parte da microbiota do intestino grosso, produzindo ácidos graxos de cadeia curta (acetato, propionato e butirato) que podem ser usados como fonte de energia para os próprios enterócitos. As fibras alimentares insolúveis, como a celulose, atuam no trato gastrintestinal baixo (intestino grosso) aumentando o peristaltismo e, portanto, prevenindo a constipação intestinal. Já as fibras solúveis, como as gomas, as mucilagens e a pectina, atuam no intestino delgado e tendem a formar géis que podem interferir na digestão e na absorção de nutrientes, sendo úteis, portanto, como coadjuvantes no tratamento do diabetes melito, já que impedem o pico pós-prandial de glicose, e da hiperlipidemia, pois também reduzem a emulsificação e digestão dos lipídios da dieta.

Os monossacarídeos não sofrem digestão no trato gastrintestinal, mas somente absorção. Por sua vez, os polissacarídeos digeríveis, como é o caso da amilopectina, devem sofrer a ação de enzimas capazes de cindir suas ligações glicosídicas até sua redução a monossacarídeos.

Digestão dos polissacarídeos

A dieta apresenta carboidratos na forma de monossacarídeos, dissacarídeos, oligossacarídeos e polissacarídeos. Um dissacarídeo importante é a lactose, o principal açúcar do leite, formada de glicose e galactose unidas entre si por ligações glicosídicas do tipo β-1,4 (Figura 26.1). Alguns indivíduos não apresentam a capacidade de digerir a lactose, condição chamada de intolerância à lactose. A sacarose é também um dissacarídeo bastante comum na dieta – formada por ligação glicosídica α-1,2 entre a glicose e a frutose, está presente no cotidiano de muitas sociedades, sendo abundante na cana-de-açúcar, na beterraba e nas frutas. O principal polissacarídeo digerível presente na dieta é a amilopectina, uma forma de amido que apresenta cerca de 1.400 resíduos de α-glicose ligadas por pontes glicosídicas α-1,4, com ramificações em α-1,6 que lhe conferem muitas ramificações. Outra forma de amido menos comum é a amilose, homopolímero de glicoses constituído de 250 a 300 resíduos de D-glicopiranose ligados entre si por pontes glicosídicas α-1,4, que conferem à molécula uma estrutura helicoidal e não ramificada, como é o caso da amilopectina. A maior parte dos amidos presente na dieta (cerca de 80%) é formada por amilopectina.

A digestão do amido inicia-se na boca por meio da ação da enzima α-amilase salivar (Figura 26.2), capaz de cindir somente ligações glicosídicas do tipo α-1,4, que atua em pH ótimo igual a 6,9 e cujo íon de cloreto age como cofator na reação de cisão. Pelo pouco tempo de detenção do bolo alimentar na boca, a α-amilase salivar digere somente 3 a 5% do amido ingerido, originando como produtos maltose, maltotriose, oligossacarídeos e, sobretudo, dextrina-α-limite (moléculas com 5 a 10 monômeros de glicoses ligadas entre si por ligações glicosídicas do tipo α-1,4). Por isso, a mastigação tem importância fundamental na digestão do amido, uma vez que a quebra mecânica do alimento expõe maior superfície de contato com as enzimas. Após a deglutição, a α-amilase salivar que se encontra no cerne do bolo alimentar e que não foi exposta à ação do ácido gástrico continua digerindo o amido, convertendo aproximadamente 30 a 40% do amido em maltose e isomaltose.

A digestão do amido se completará no duodeno, onde a digestão dos carboidratos continua por meio da ação da α-amilase pancreática, que é muito mais efetiva que a α-amilase salivar, originando os mesmos produtos que a α-amilase

418 Bioquímica Clínica

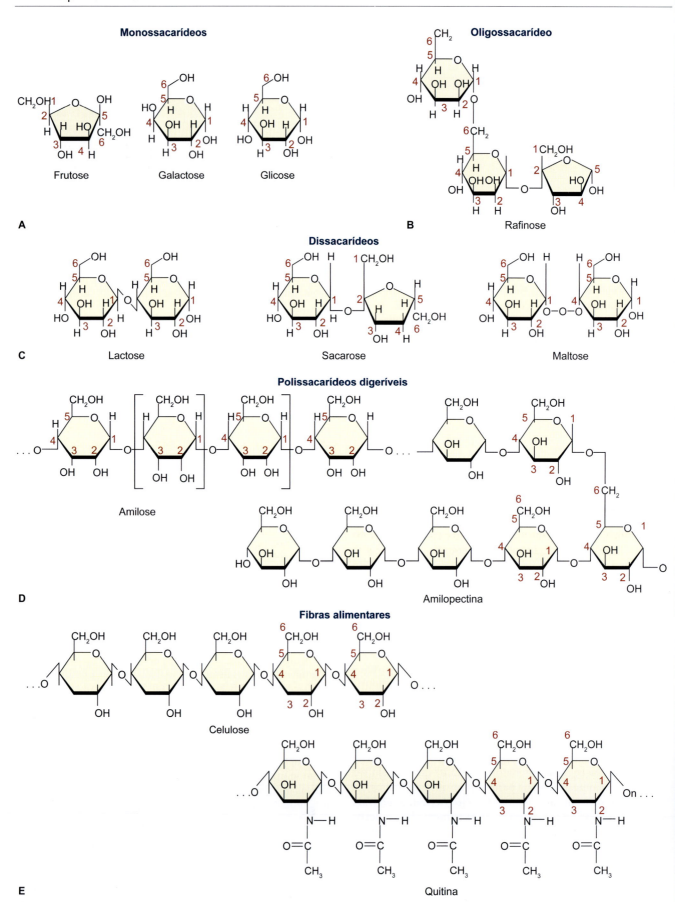

Figura 26.1 A a E. Estruturas de alguns carboidratos presentes na dieta. As fibras alimentares destacam-se por não sofrerem digestão por parte das enzimas do trato gastrintestinal humano, embora algumas delas, como as fibras solúveis, possam ser fermentadas pela microbiota colônica originando produtos de importância biológica.

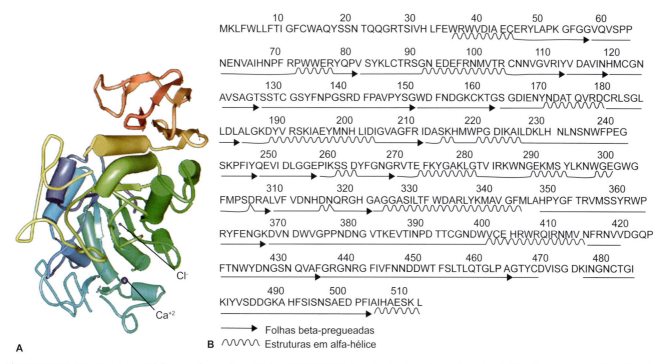

Figura 26.2 A. Estrutura espacial da α-amilase salivar. Código PDB: SMD. **B.** Sequência de resíduos de aminoácidos da α-amilase salivar. As setas indicam estruturas betapregueadas, enquanto as linhas em zigue-zague referem-se às estruturas em alfa-hélice.

salivar. As moléculas de dextrina-α-limite, produtos da ação das α-amilases, seguem digestão por meio da remoção de moléculas de glicose das extremidades não redutoras. Quando são alcançados os pontos de ramificação α-1,6, estes são cindidos pela enzima α-dextrinase, presente na bordadura em escova do intestino delgado. A hidrólise dos amidos é deficiente nos primeiros 6 meses de vida, uma vez que os níveis de α-amilase salivar são baixos, e a digestão desses carboidratos torna-se plena somente no final do 1º ano de vida. A bordadura em escova apresenta ainda outras dissacaridases importantes, como a sacarase, que cinde a ligação glicosídica presente na sacarose produzindo glicose e frutose como produtos, e, também, a lactase, enzima capaz de hidrolisar a molécula de lactose em glicose e galactose.

Digestão dos dissacarídeos

Os dissacarídeos da dieta, mesmo aqueles decorrentes da hidrólise do amido, são cindidos pelas dissacaridases, enzimas presentes na borda em escova das células da mucosa intestinal. As dissacaridases biologicamente relevantes para concluir a digestão dos carboidratos são:

- Maltase: tem como função hidrolisar a maltose em seus produtos, duas moléculas de glicose
- Sacarase: capaz de clivar a sacarose em glicose e frutose
- Lactase: hidrolisa a molécula de lactose em glicose e galactose
- Isomaltase: enzima que cinde as ligações glicosídicas alfa-1-6 da dextrina alfa-limite, um produto da digestão da amilopectina. O produto da digestão da isomaltase é a maltose
- Trealase: enzima que cliva a trealose em duas moléculas de glicose.

As dissacaridases concluem, portanto, a digestão dos carboidratos, de modo que todos os polissacarídeos, oligossacarídeos e dissacarídeos são convertidos em monômeros capazes de serem, então, absorvidos pelos sistemas transportadores do intestino (Figura 26.3).

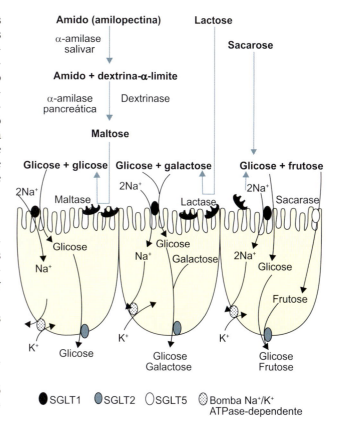

Figura 26.3 Modelo esquemático da digestão e absorção dos carboidratos da dieta. A absorção de glicose e galactose ocorre na borda em escova por meio de um transportador dependente de Na⁺, o SGLT1, que carreia dois íons Na⁺ para cada molécula de glicose ou galactose transportada. Já a frutose dispõe de um transportador específico para ela que independe de Na⁺, o GLUT5. Do interior dos enterócitos todos esses açúcares, glicose, galactose e frutose, seguem para o plasma por meio do GLUT2 presente na membrana basolateral.

Absorção de carboidratos

O duodeno e a porção proximal do jejuno são os locais com maior capacidade de absorver açúcares, enquanto as demais porções do intestino delgado (jejuno distal e íleo) apresentam capacidade progressivamente menor. Por sua natureza polar, a glicose e a galactose não são capazes de se difundir livremente pela membrana plasmática, sendo, portanto, absorvidas por um sistema transportador chamado SGLT1. Trata-se de um cotransportador eletrogênico com a função de carrear dois íons sódio e uma molécula de hexose (glicose ou galactose) da luz intestinal para o interior do enterócito (2Na$^+$/glicose ou 2Na$^+$/galactose). O SGLT1 se dispõe na membrana luminal do enterócito e apresenta 14 domínios transmembranares em alfa-hélices com a porção amino e carboxiterminal orientadas para a face intracelular e extracelular, respectivamente. As hélices transmembranares são conectadas por 13 alças, sete presentes no meio extracelular e seis no meio intracelular, apresentam 664 resíduos de aminoácidos com peso molecular cerca de 75 kDa e um único sítio de glicosilação no resíduo de asparagina na posição 248 (Figura 26.4).

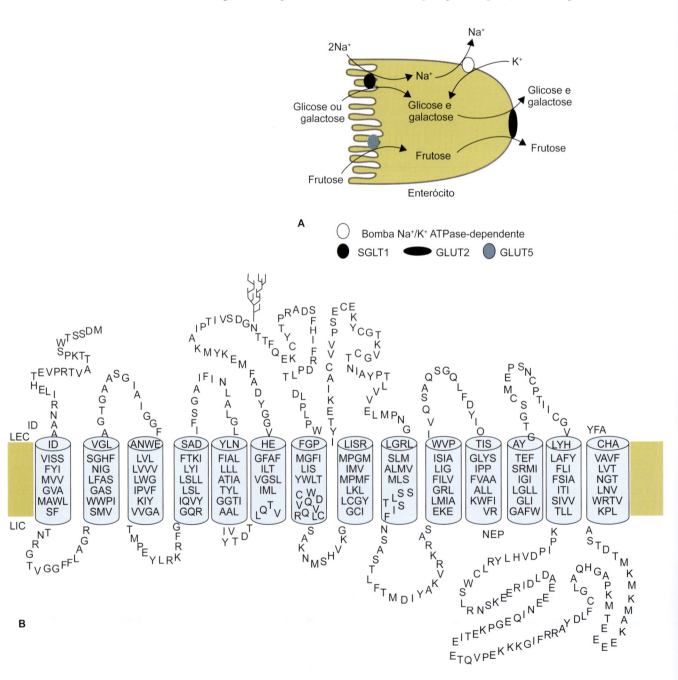

Figura 26.4 A. Enterócito e os transportadores de açúcares. O SGLT1 é um transportador dependente de Na$^+$; ele transporta glicose ou galactose do lúmen intestinal para o interior do enterócito, com dois íons Na$^+$. Já a frutose apresenta um transportador próprio para ela que independa de Na$^+$, o GLUT5. Do interior do enterócito para o plasma, os açúcares glicose, galactose e frutose são carreados pelo GLUT2. **B.** Topologia do cotransportador SGLT1, uma proteína situada na borda em escova do intestino delgado, segmento S3 dos túbulos proximais dos néfrons glândulas salivares (parótidas e submandibulares). indica sítio de glicação. Pontes dissulfeto estão presentes entre os resíduos 255 e 610.

O mecanismo envolvido no transporte de solutos por parte do SGLT1 compreende a seguinte sequência de eventos: inicialmente, a interação dos íons sódio com seus sítios na proteína desencadeia uma alteração conformacional que favorece o acoplamento da glicose ou da galactose a seu sítio. Subsequentemente, outra alteração conformacional ocorre na proteína determinando a liberação de Na⁺ e glicose ou galactose no interior do enterócito. Esse mecanismo sequencial ocorre mil vezes por segundo à temperatura de 34°C. Já a absorção de frutose ocorre por meio do GLUT5, um transportador que independe de Na⁺ exclusivo para a frutose, e sua ação não depende de insulina. A absorção de frutose aumenta 29% quando é ingerida sob a forma de sacarose ou mesmo quando misturada com glicose. Isso ocorre porque, durante o processo de absorção da glicose, pequenas junções se abrem na borda em escova, ocorrendo fluxo passivo do fluido luminal pelas vias paracelulares possibilitando que pequenos solutos, como é o caso da frutose, cheguem ao interior dos enterócitos. Do interior do enterócito a frutose segue para o plasma por meio do GLUT2 ancorado na membrana basolateral do eritrócito. O GLUT2 é uma proteína com 524 resíduos de aminoácidos, 12 domínios transmembranares com as porções N e C terminais orientadas para o meio intracelular (Figura 26.5). O GLUT2 também realiza o transporte de glicose, manose, frutose e galactose do interior do enterócito para o plasma. Um resíduo de asparagina na posição 62 constitui o único sítio de glicação (GlcNac…). Os resíduos de aminoácidos presentes nas alças transmembrânicas 9 a 12 são responsáveis pela afinidade do GLUT2 com a molécula de glicose, enquanto os resíduos presentes nas alças transmembrânicas 7 e 8 possibilitam ao GLUT2 transportar a frutose.

Bioclínica

Condições de má absorção de carboidratos | Intolerância à lactose

Intolerância à lactose ou hipolactasia é um transtorno relacionado com a redução ou total ausência de lactase, a enzima responsável pela cisão da ligação glicosídica β-glicosídica 1,4 entre a glicose e a galactose. Sua prevalência nas populações humanas varia entre 5% no norte da Europa e 90% em alguns países asiáticos, como o Japão. A lactose não digerida que segue pelo intestino provoca retenção de água causando diarreias, enquanto a fração de lactose que chega ao intestino grosso sofre fermentação pela microbiota colônica produzindo gases CO_2, H_2 e CH_4, que provocam expansão das alças intestinais, sendo responsáveis por cólicas, flatulência e borborigmo (sons intestinais provocados pelo deslocamento de líquidos e gases). As três principais causas da intolerância à lactose são: genética, a causa mais comum, acometendo a maioria dos adultos, sobretudo no extremo oriente e na África; congênita, que é rara e impossibilita o aleitamento materno, sendo necessário usar uma fórmula substituta para os bebês portadores; doença secundária, decorrente de lesão na mucosa intestinal em decorrência de alguma infecção, por exemplo. Embora os filhotes de mamíferos sintetizem a enzima lactase durante o período do aleitamento materno, essa síntese cessa ou reduz drasticamente na vida adulta, e hoje grande parte da população é capaz de digerir a lactose normalmente. Contudo, estudos afirmam que há cerca de 9 mil anos, no período neolítico, quando o homem iniciou a domesticação do gado e começou a ingerir leite de vaca, a maior parte dos humanos era incapaz de digerir a lactose. Com o tempo, ocorreu uma mutação em algum indivíduo dando a ele a capacidade de produzir a enzima lactase, mutação que possibilitou que absorvesse mais nutrientes do leite da vaca, passando a ser uma vantagem evolutiva sobre os demais. Essa característica genética foi passada aos seus descendentes e, hoje, grande parte da população humana também tem esse gene mutante. De fato, as populações que consomem leite há muito tempo apresentam menor índice de intolerância à lactose, uma vez que a seleção natural favorece os indivíduos tolerantes à substância. É por essa razão que em países nórdicos há baixa incidência de intolerância à lactose, enquanto, no Brasil, esse índice chega a alcançar 40% da população. O tratamento da intolerância à lactose consiste em privar o indivíduo de ingerir lactose.

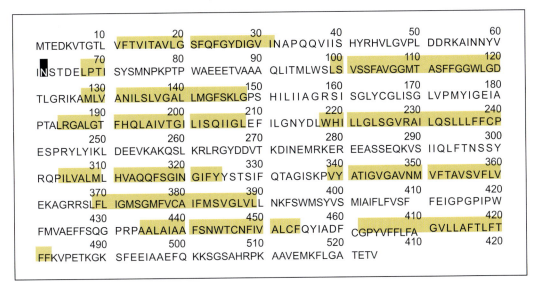

Figura 26.5 Sequência dos 534 resíduos de aminoácidos que constituem o transportador de glicose GLUT2. O resíduo de asparagina na posição 63 (destacado em preto) é um sítio de glicação (GlcNac…). As sequências destacadas em amarelo indicam as porções transmembranares da proteína.

Digestão de proteínas

Um adulto saudável deve consumir aproximadamente 0,7 g/dia de proteínas para manter suas funções biológicas importantes. Contudo, essa proteína deve ser de alto valor biológico, ou seja, conter em sua composição aminoácidos essenciais (aqueles cuja maquinaria bioquímica humana é incapaz de sintetizar). Os alimentos de origem animal, como carnes, ovos e leite, são fontes de proteínas de alto valor biológico, enquanto os de origem vegetal são pobres, com exceção da soja, que é equivalente às proteínas de origem animal. Além das proteínas oriundas da dieta, o trato digestório deve processar cerca de 10 a 30 g de proteínas presentes nos diferentes líquidos lançados ao longo do processo digestivo, bem como as proteínas oriundas da renovação da mucosa digestiva. O trato digestivo digere e absorve toda proteína ingerida da dieta. Não obstante a capacidade do trato digestivo em processar proteínas, uma pequena quantidade é perdida nas fezes cujas fontes são a microbiota colônica, a descamação das porções distais do trato digestivo e, por fim, as secreções mucosas do cólon do intestino grosso. A digestão das proteínas tem início no estômago sob a ação da enzima pepsina, que é secretada na luz gástrica pelas células principais gástricas na forma inativa de pepsinogênio. No processo de ativação, a molécula de pepsinogênio, com peso molecular de 42.000 dáltons, é cindida em uma molécula de pepsina ativa cujo peso molecular é de aproximadamente 35.000 dáltons e um resíduo de um pequeno polipeptídeo de 7.200 dáltons. A ativação do pepsinogênio em pepsina ocorre por ação do HCl intragástrico. A ação proteolítica da pepsina se faz sentir em pH bastante baixo, entre 1,8 e 2,5, e sua atividade diminui com a elevação do pH, tornando-se completamente inativa em pH acima de 5,0. A pepsina é uma endopeptidase, isto é, ataca as proteínas no interior das cadeias polipeptídicas, e apresenta baixa especificidade para ligações entre determinados aminoácidos. Com especial facilidade, são degradadas as ligações peptídicas entre aminoácidos aromáticos (p. ex., fenilalanina).

Bioclínica

Condições de má absorção | Deficiência de sacarase-isomaltase congênita

Distúrbio caracterizado pela má absorção de dissacarídeos e oligossacarídeos. Normalmente, tem início na infância logo após o desmame e sua prevalência na população europeia é de 1 caso em cada 5.000 pessoas. Essa proporção é bem maior nas populações indígenas do Alasca, da Groenlândia e do Canadá. Tal condição decorre de um traço autossômico recessivo que causa mutações no complexo sacarase-isomaltase (Figura 26.6) inserido na borda em escova. Esse complexo enzimático é necessário para a plena decomposição de sacarose e da isomaltose em monossacarídeos. A sacarose é formada por ligação glicosídica α-1,2 entre glicose e frutose, enquanto a isomaltose é um dissacarídeo de glicose, distinguindo-se da maltose apenas na forma de ligação das duas unidades de glicose. De fato, na isomaltose, a ligação é do tipo α-1,6, e, na maltose, do tipo α-1,4. O distúrbio é heterogêneo, com mutações relacionadas a diversos defeitos pós-traducionais, resultando em uma ausência de atividade sacarase e diferentes graus de deficiência de isomaltase. As manifestações clínicas são decorrentes do acúmulo de dissacarídeos no lúmen intestinal e incluem diarreia osmótico-fermentativa, distensão abdominal e desconforto, flatulência e vômitos. Sintomas graves podem levar a falhas no desenvolvimento, desidratação e desnutrição. No entanto, como os sintomas gastrintestinais associados à deficiência de sacarase-isomaltase congênita são inespecíficos, sendo também associados a síndrome do intestino irritável, doença celíaca ou outras causas de diarreia crônica, somente é possível obter o diagnóstico definitivo após biopsia intestinal, meio pelo qual pode se demonstrar a deficiência de sacarase e redução na atividade de isomaltase. O tratamento se restringe a uma dieta de abstenção rigorosa de sacarose e isomaltose, porém a terapia de reposição, adjuvante da enzima utilizando uma solução oral de sacarase derivada de leveduras (sacarosidase, uma β-frutofuranosidefrutoidrolase de levedura), tem se mostrado altamente eficaz, levando ao alívio dos sintomas e à melhoria do estado nutricional.

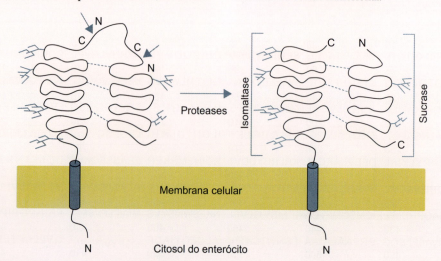

Figura 26.6 Após a síntese, o complexo sucarase-isomaltase é ancorado na membrana do retículo endoplasmático como um só peptídeo. Subsequentemente, as vesículas do retículo endoplasmático fundem-se com a membrana celular do enterócito, inserindo o complexo sucrase-isomaltase na membrana do enterócito de modo que este fica orientado para a luz do intestino. As proteases pancreáticas promovem, então, a cisão da cadeia peptídica em pontos específicos (setas), dando origem a duas cadeias peptídicas separadas, a sucrase e a isomaltase. ⌇ indica sítios de glicação. As linhas tracejadas indicam interações não covalentes.[8]

O centro ativo da pepsina apresenta uma molécula de água compartilhada por dois resíduos aspartatos, e, para que a molécula seja ativa, um dos aspartatos deve estar ionizado e o outro não. Os aspartatos têm dupla função: ativam a molécula de água posicionada entre eles e atuam como aceptores e doadores de prótons. A ação da pepsina proporciona maior homogeneidade ao quimo, mas ela não é imprescindível para a digestão das proteínas.

De fato, o estômago é responsável por somente 10 a 20% da digestão proteica, o que torna possível que pacientes gastrectomizados não apresentem prejuízos na digestão e absorção de proteínas porque as peptidases pancreáticas são capazes de concluir por completo a digestão de proteínas. Além disso, o estômago dispõe somente da pepsina como protease, enquanto o suco pancreático lançado no duodeno apresenta uma gama de proteases (Tabela 26.1). As proteases pancreáticas podem ser classificadas em endopeptidases e exopeptidases. A tripsina, a quimiotripsina e a elastase são endopeptidases, pois promovem a cisão das ligações peptídicas no interior das cadeias peptídicas. Já as exopeptidases são as enzimas que atacam as ligações peptídicas na porção mais externa da proteína, como é o caso das carboxipeptidases e aminopeptidases. As primeiras iniciam a hidrólise das ligações peptídicas a partir do terminal carboxila, enquanto a segunda inicia a hidrólise a partir do terminal amina.

Todas essas enzimas pancreáticas são lançadas no duodeno na forma de zimogênios, ou seja, inativas. A cadeia de ativação inicia-se com a enterocinase, uma enzima entérica que atua em pH neutro catalisando a ativação do tripsinogênio em tripsina, sua forma ativa. A tripsina, por sua vez, dispara a ativação dos demais zimogênios (Figura 26.7). A ação de todas essas proteases reduz as cadeias polipeptídicas a aminoácidos

Tabela 26.1 Repertório de enzimas digestivas de origem oral, gástrica, pancreática e entérica.

Origem	Enzima ou pró-enzima	pH ótimo	Substância-alvo	Produtos originados	Observações
Glândulas salivares	α-amilase salivar	6,8 a 7,0	Amido	Oligossacarídeos	Maltose, dextrina
	Lipase lingual	6,7 a 7,5	Triacilgliceróis	Ácidos graxos e monoacilgliceróis	Digere, de modo débil, lipídios já emulsificados
Estômago	Renina	3,5 a 4,0	Precipitação da caseína	Precipitado de caseinato de cálcio	Presente somente nas crianças
	Pepsina (pepsinogênio)	1,5 a 2,0	Proteínas	Peptídeos de cadeia curta	Ativada pelo H⁺ presente no estômago
Pâncreas	Quimiotripsina (quimiotripsinogênio)	7,0 a 8,0	Proteínas/polipeptídeos	Peptídeos de cadeia curta	Ativada pela tripsina
	Elastase (pró-elastase)	7,0 a 8,0	Elastina	Peptídeos de cadeia curta	Ativada pela tripsina
	Nucleases	7,0 a 8,0	Ácidos nucleicos	Bases nitrogenadas e açúcares simples	Ribonucleases para RNA
	α-amilase pancreática	6,7 a 7,5	Amido	Dissacarídeos e trissacarídeos	–
	Lipase pancreática	7,0 a 8,0	Triacilgliceróis	Ácidos graxos e monoacilgliceróis	Deve haver micelas no meio
	Carboxipeptidade (pró-carboxipeptidase)	7,0 a 8,0	Proteínas, polipeptídeos	Peptídeos de cadeia curta e aminoácidos	Ativada pela tripsina
	Tripsina (tripsinogênio)	7,0 a 8,0	Proteínas e peptídeos	Peptídeos de cadeia curta	Ativada pela enterocinase
Bordadura em escova do intestino delgado	Dipeptidases	7,0 a 8,0	Dipeptídeos	Aminoácidos livres	Glicose
	Enterocinase	7,0 a 8,0	Tripsinogênio	Tripsina	–
	Dipeptidases	7,0 a 8,0	Dipeptídeos/tripeptídeos	Aminoácidos	Presente nas microvilosidades
	Maltase	7,0 a 8,0	Maltose	–	Presente nas microvilosidades
	Sucrase	7,0 a 8,0	Sacarose	Glicose e frutose	Presente nas microvilosidades
	Lactase	7,0 a 8,0	Lactose	Glicose e galactose	Presente nas microvilosidades

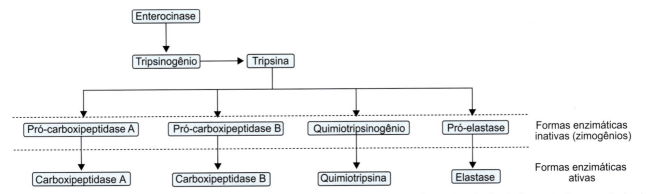

Figura 26.7 Cadeia de ativação dos zimogênios pancreáticos. Nota-se que a enterocinase catalisa a ativação da tripsina e esta é responsável pela ativação dos demais zimogênios em suas respectivas formas ativas.

livres di e tripeptídeos. Os aminoácidos livres são prontamente absorvidos pela mucosa intestinal, sobretudo do jejuno proximal, enquanto pequenos peptídeos, produtos da hidrólise luminal, são então hidrolisados pelas peptidases da borda em escova originando aminoácidos livres, di e tripeptídeos, também absorvidos no jejuno proximal.

Absorção intestinal de aminoácidos

Pode ocorrer de três maneiras distintas: transferência passiva por difusão simples; transferência passiva por difusão facilitada; e transferência ativa por meio de cotransporte. As duas primeiras, passivas, podem se dar por vias paracelulares ou celulares, enquanto a transferência ativa ocorre necessariamente por vias celulares. Os aminoácidos livres e apolares são os mais propensos à difusão simples. O gradiente de concentração dos aminoácidos é outro fator que influencia a taxa de difusão simples; de fato, quanto maior o gradiente de concentração de aminoácidos neutros (apolares) livres no lúmen intestinal, maior será sua taxa de difusão simples. Di e tripeptídeos podem também se difundir de modo passivo e paracelular, contudo trata-se de um processo que não ocorre com frequência, de modo que a absorção dessas substâncias por essa via não é relevante. Peptídeos neutros podem ser absorvidos de forma intacta acoplados ao H^+ ou sofrer hidrólise pelas peptidases da borda em escova, sobretudo se um aminoácido neutro estiver presente na posição aminoterminal. À medida que os aminoácidos são absorvidos e ganham o meio intracelular do enterócito, inicia-se progressivamente um aumento na concentração desses aminoácidos no enterócito estabelecendo um gradiente de concentração assimétrico entre a porção intracelular do enterócito e o plasma. Essa diferença de concentração induz à difusão dos aminoácidos do interior dos enterócitos pela membrana basal com destino ao sangue portal. A difusão passiva facilitada de aminoácidos do lúmen intestinal para o enterócitos ocorre de modo mais rápido, uma vez que é mediada por sistemas carreadores independentes de sódio e sem gasto de ATP. Em contrapartida, o sistema cotransportador ativo consome ATP e é capaz de transportar, contra um gradiente de concentração, aminoácidos livres di e tripeptídeos. Nesse sistema, os aminoácidos são cotransportados com o íon Na^+, portanto a concentração de Na^+ é importante para que o sistema opere. O gradiente de Na^+ necessário para o funcionamento do cotransportador é fornecido pela bomba Na^+/K^+ ATPase-dependente.

Segundo Frenhani e Burini[2], os sistemas transportadores de aminoácidos por meio da borda em escova apresentam as seguintes características:

- O sistema é saturável, pois o número de transportadores é finito
- A velocidade de absorção varia para cada aminoácido em virtude de sua alta ou baixa afinidade pelo transportador
- Os transportadores carreiam grupos de aminoácidos, por exemplo, aminoácidos, neutros, acídicos, básicos
- Alguns aminoácidos podem apresentar afinidade por mais de um sistema transportador, como é o caso da glicina
- Aminoácidos estruturalmente relacionados podem competir pelo mesmo sistema carreador, de modo que alguns aminoácidos podem inibir a absorção de outros, como é o caso do triptofano, que interfere na absorção da histidina, e da leucina, que reduz a absorção da isoleucina fenilalanina e triptofano
- Grande parte dos transportadores atua carreando aminoácidos por meio de transporte ativo na codependência com o sódio (Figura 26.8).

Os mecanismos de transportes de aminoácidos são normalmente denominados "sistemas", termo que indica que esses mecanismos de transporte de aminoácidos aceitam grupos de aminoácidos em vez de aminoácidos individuais, constituindo um sistema. Os sistemas transportadores apresentam preferências por determinados aminoácidos em razão de outros e são, então, nominados de acordo com essa propriedade. Dessa maneira, a borda em escova apresenta os sistemas transportadores de aminoácidos descritos a seguir.

Sistemas de transporte presentes na borda em escova

Dependentes de Na^+ | Transporte ativo

- ASC: antiportador responsável pelo transporte de A, S, C, T, Q
- B^{o+}: transporta aminoácidos neutros, positivamente carregados e β-alanina por meio de um mecanismo simportador
- IMINO: sistema transportador específico para iminoácidos (prolina e hidroxiprolina) dependente de Na^+ ou Cl^-
- X^-_{AG}: transporta E e D na codependência de Na^+ ou H^+
- Y^+L: esse sistema é do tipo antiporte e transporta K, R, Q, H, M, L na codependência de Na^+ ou aminoácidos neutros
- PHE: transporta fenilalanina e metionina.

Os sistemas transportadores IMINO e X^-_{AG} podem não ser relevantes fisiologicamente, já que os aminoácidos carreados por esses sistemas são transportados na forma de di e tripeptídeos por outros sistemas transportadores.[2]

Na^+ independentes | Transporte facilitado

- y^+: sistema específico para aminoácidos básicos e cisteína. É indicado pela letra "y" minúscula para o diferenciar do sistema transportador ativo, indicado pela letra "Y" maiúscula
- L: sistema transportador específico para a maioria dos aminoácidos neutros, principalmente os apolares, como leucina, isoleucina, valina, fenilalanina e metionina
- b: transporta β-alanina (sobretudo no jejuno)
- b^{o+}: antiportador que transporta R, K, ornitina e cistina.[2]

Todos esses sistemas transportadores têm o propósito de carrear aminoácidos do lúmen intestinal para o interior do enterócito. Contudo, os aminoácidos devem seguir para o plasma e, assim, atravessar a membrana basolateral; por isso, há presença de sistemas transportadores também na membrana basolateral.

Membrana basolateral

Sistema transportador Na^+ dependente | Transporte ativo

Trata-se de um sistema transportador presente na membrana basolateral com o objetivo de carrear aminoácidos do plasma para o interior dos enterócitos, e não o contrário, ou seja,

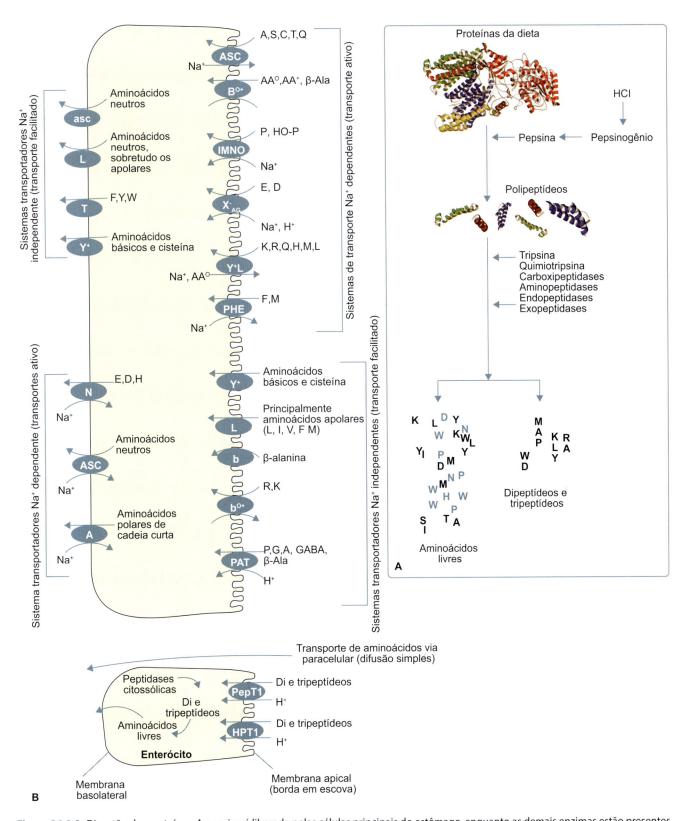

Figura 26.8 A. Digestão das proteínas. A pepsina é liberada pelas células principais do estômago, enquanto as demais enzimas estão presentes na secreção ecbólica pancreática e no suco entérico. A ação das enzimas reduz as proteínas a aminoácidos livres, di e tripeptídeos. **B.** Absorção dos aminoácidos livres na borda em escova dos enterócitos (membrana apical) por sistemas transportadores que carreiam grupos de aminoácidos. Também ocorre absorção de aminoácidos pela via paracelular. Os di e tripeptídeos são absorvidos por dois sistemas transportadores até então conhecidos, PepT1 e HPT1, os quais sofrem cisão no citosol do enterócito em decorrência da ação de peptidases intracelulares. Do interior dos enterócitos, os aminoácidos seguem para o plasma por meio de novos sistemas transportadores situados agora na membrana basolateral.

do interior dos enterócitos para o plasma. Esse sistema transportador tem o propósito de suprir as células intestinais dos aminoácidos que serão utilizados por essas células. Os transportadores sangue-enterócitos são:

- A: específico para aminoácidos polares de cadeia curta, como é o caso da alanina
- ASC: transporta aminoácidos neutros, como alanina, serina e cisteína
- N: responsável pelo transporte de ácido glutâmico, ácido aspártico e histidina.[2]

Sistema transportador Na+ independente | Transporte facilitado

Esse sistema é semelhante ao encontrado presente na borda em escova nos seguintes aspectos:

- y+: responsável pelo transporte de aminoácidos básicos e cisteína
- L: transporta a maioria dos aminoácidos neutros, sobretudo os apolares, como a leucina
- asc: realiza o transporte de aminoácidos neutros, como alanina, serina, cisteína e triptofano. Grafa-se aqui sua denominação com letras minúsculas para distingui-lo do transportador "ASC" presente também na membrana basolateral, mas, nesse caso, o transporte é ativo na codependência com o sódio.[2]

Transporte de di e tripeptídeos

O transporte de di e tripeptídeos pela membrana apical constitui uma maneira eficiente de conservar a energia metabólica, já que o transporte de vários aminoácidos ocorre pelo mesmo custo em energia necessária para transportar um único aminoácido. Além disso, o transporte de peptídeos é específico, de modo que não existe competição de peptídeos e aminoácidos livres por determinados transportadores. Tetrapeptídeos ou cadeias maiores são captados pelo sistema transportador com baixa afinidade ou até mesmo não são captados. De fato, tetrapeptídeos e peptídeos maiores são hidrolisados pelas peptidases da borda em escova.

O sistema transportador também apresenta maior afinidade por peptídeos presentes em aminoácidos com cadeias laterais grandes e apolares. O sistema transportador de di e tripeptídeos é tão eficiente que sua absorção supera sua hidrólise pelas peptidases presentes na borda em escova, as quais apresentam baixa atividade para dipeptídeos (menos que 12% da atividade celular total). Diferentemente da maioria dos aminoácidos livres, o transporte de di e tripeptídeos ocorre na codependência de prótons de hidrogênio (H+), pois, de fato, ele é estimulado pelo gradiente de pH por meio da borda em escova e os di e tripeptídeos são independentes dos íons Na+, K+ e Cl- extracelulares, portanto independentes do valor do potencial de membrana.[2] Dois transportadores de di e tripeptídeos são bastante conhecidos e já foram clonados: PepT1 e HPT1. O PepT1 é o principal carreador para quaisquer tipos de di e tripeptídeos que apresentem em sua composição aminoácidos acídicos, básicos ou apolares, entretanto mostra maior afinidade por peptídeos com cadeias laterais alifáticas e grandes. Os peptídeos absorvidos são posteriormente hidrolisados por peptidases presentes no citosol dos enterócitos resultando, então, em aminoácidos livres.

Mecanismos moduladores da absorção de aminoácidos, di e tripeptídeos

Os níveis de substratos são os agentes reguladores da atividade dos transportadores de aminoácidos e peptídeos na borda em escova. De fato, a disponibilidade de nutrientes no lúmen intestinal promove a estimulação da atividade do transportador de modo que não há modulação neural ou humoral tal qual ocorre na regulação dos processos digestivos.

Bioclínica

Eficiência de absorção de aminoácidos livres, peptídeos e proteínas

Aminoácidos livres, oligopeptídeos e proteínas em sua forma integral compõem elementos de dietas oferecidas em ambiente hospitalar, sobretudo a pacientes com alterações na função gastrintestinal, anoréxicos e desnutridos. Estudos mostram que a oferta de hidrolisado proteico contendo 62% de hidrolisado de oligopeptídeos[3], quando comparada à proteína em sua forma integral, não apresenta diferença estatística em relação ao aproveitamento, o que sugere que não existem vantagens na administração de oligopeptídeos sobre a proteína integral. Quando se compara a administração de aminoácidos livres a proteínas em sua forma integral a pacientes desnutridos, mas com a função intestinal normal, também não há vantagens em relação à absorção. De fato, o balanço nitrogenado (isto é, a diferença entre o nitrogênio introduzido e o excretado – parâmetro usado para avaliar o metabolismo do nitrogênio) entre essas duas dietas se mostra semelhante, indicando que tais pacientes não se beneficiam com a administração de aminoácidos livres em relação às proteínas integrais. Além disso, a dieta de aminoácidos livres é mais onerosa que a de proteínas integrais. Contudo, ao comparar dietas enterais contendo sobretudo di e tripeptídeos na concentração de 63% a proteínas integrais em pacientes com síndrome do intestino curto, a primeira mostra-se mais eficiente, o que é evidenciado pelo balanço nitrogenado mais alto. Seguindo o mesmo padrão, a dieta contendo di e tripeptídeos também se mostra mais eficiente que dietas contendo somente aminoácidos livres. Assim, di e tripeptídeos apresentam maior eficiência de aproveitamento (maior retenção de nitrogênio) do que proteínas em sua forma integral ou aminoácidos livres. De fato, em diversas condições fisiopatológicas, como na doença celíaca, a absorção de oligopeptídeos se mostra mais eficiente que a de aminoácidos livres. Na desnutrição proteico-calórica, a absorção de aminoácidos sofre prejuízo, mas a absorção de oligopeptídeos não.

Digestão de lipídios

A maior parte dos lipídios da dieta é formada de triacilgliceróis (aproximadamente 95%), sendo o restante formado por fosfolipídios, colesterol, ésteres de colesterol, entre outros. Os lipídios apresentam um fator complicador em seu processo digestivo que não está presente na digestão dos carboidratos e proteínas: eles são apolares, ou seja, não interagem com a água e isso dificulta o acesso das enzimas digestivas, as lipases, a seus substratos. Assim, para que a digestão dessas macromoléculas ocorra de forma plena, é necessária a sua emulsificação, processo que compreende a quebra da tensão superficial na interface lipídio-água. As enzimas que atuam na digestão dos lipídios da dieta são oriundas do pâncreas (secreção ecbólica pancreática). As enzimas lipolíticas atuam somente na superfície das gotículas de lipídios, de modo que a emulsificação aumenta milhares de vezes a sua superfície de atuação. As enzimas lipolíticas presentes na secreção pancreática são:

- Hidrolases de ésteres de glicerol ou lipase pancreática: cuja função é cindir principalmente ácidos graxos presentes nas posições 1 e 1' da molécula de triacilglicerol originando dois ácidos graxos livres e uma molécula de 2-monoacilglicerol. A lipase pancreática torna-se inativa em concentrações fisiológicas de ácidos biliares, sendo assim o sistema enzimático dispõe da colipase
- Colipase: atua reduzindo a taxa de inativação da lipase pancreática pelos ácidos biliares. Na verdade, não se trata estritamente de uma inativação, os ácidos biliares ao interagirem com as gotículas de lipídios impedem o acesso da lipase pancreática às moléculas de triacilgliceróis. A lipase pancreática liga-se à colipase formando um complexo enzimático no qual a colipase atua deslocando ácidos biliares das gotículas de lipídios emulsificados, possibilitando que a lipase pancreática exerça sua hidrólise sobre as moléculas de triacilgliceróis. A colipase apresenta um sítio de interação para a lipase pancreática e outro para ligar-se às micelas
- Estearase dos ésteres de colesterol: cliva o ácido graxo ligado ao carbono 3 do anel A na molécula de colesterol produzindo, assim, um ácido graxo e uma molécula de colesterol livre
- Fosfolipase A2: ativada pela tripsina e necessita de íons Ca^{+2} para promover a quebra a ligação éster da posição 2 de uma molécula de glicerofosfatídeo, como fosfatidilcolina, fosfatidiletanolamina, fosfatidilserina, fosfatidilglicerol e cardiolipina. Sua ação sobre esses lipídios produz ácidos graxos livres e lisofosfatídeos.

Emulsificação dos lipídios da dieta e formação de micelas de gorduras

A emulsificação dos lipídios da dieta é proporcionada pelos ácidos biliares. A presença de lipídios no duodeno ativa as células I duodenais que liberam colecistoquinina (CCK), e esta, por sua vez, contrai o corpo da vesícula biliar ao mesmo tempo que relaxa o esfíncter de Oddi. Essa sequência de eventos conduz à liberação de ácidos biliares no duodeno na forma de jatos; os ácidos biliares são moléculas anfipáticas, ou seja, apresentam uma porção polar e uma apolar de modo que são capazes de interagir tanto com a água quanto com os lipídios da dieta.

Os ácidos biliares são classificados em primários, sintetizados primariamente no fígado, tendo o colesterol como precursor; e secundários, que resultam da transformação dos primeiros por parte da microbiota do intestino grosso. Os ácidos biliares primários são: glicocólico, taurocólico, glicoquenodesoxicólico e tauroquenodesoxicólico; o prefixo glico indica que contém um resíduo de glicina e o prefixo tauro, um resíduo de taurina (um derivado da cisteína). A ligação entre os ácidos cólicos ou quenodesoxicólico e a glicina ou a taurina é de tipo amida, ou seja, uma ligação peptídica envolvendo o grupo carboxílico dos ácidos referidos e os grupos amina da glicina ou da taurina. O ácido biliar sintetizado em maior quantidade é o ácido cólico que, por ação de uma sintetase similar à sintetase de acil-CoA, origina os ácidos glicocólico ou taurocólico (Figura 26.9). Os ácidos biliares são, portanto, moléculas anfipáticas, ou seja, estruturas que apresentam uma porção hidrofílica ou polar (solúvel em meio aquoso) e uma região hidrofóbica ou apolar (insolúvel em água, porém solúvel em lipídios e solventes orgânicos). Assim, os ácidos biliares organizam-se de modo que sua porção polar interaja com a água presente no intestino, enquanto suas porções apolares ligam-se aos lipídios da dieta formando estruturas globulares de 0,1 e 0,001 μm de diâmetro.

A formação das micelas (Figura 26.10) ocorre a partir de uma concentração mínima de surfactante (nesse caso, a bile), chamada concentração micelar crítica. Essa associação das moléculas de surfactantes ocorre para que haja uma diminuição da área de contato entre as cadeias hidrocarbônicas do surfactante e a água ou outro composto polar. Com a formação de micelas, várias propriedades físicas da solução, como viscosidade, condutividade elétrica, tensão superficial e pressão osmótica, são afetadas. A formação de micelas possibilita a plena absorção dos lipídios da dieta.

Absorção intestinal dos lipídios da dieta

As micelas de gordura interagem com as microvilosidades da borda em escova do intestino delgado, de modo que os ácidos graxos, a lecitina, o colesterol e os 2-monoglicerídeos se difundem rapidamente pelo ambiente apolar da borda em escova. Uma proteína carreadora de ácidos graxos de cadeia longa presente na borda em escova transporta essas moléculas até o interior dos enterócitos. A absorção de colesterol é mais lenta que a dos outros lipídios presentes nas micelas, assim, conforme o conteúdo micelar avança pela luz intestinal, as micelas tendem a ficar mais concentradas em colesterol.

Absorção de ácidos biliares

A absorção de lipídios da dieta está completa quando o quimo alcança o jejuno médio. Em contraste, os ácidos biliares são largamente absorvidos na parte terminal do íleo. Ácidos biliares cruzam a membrana plasmática da borda em escova por duas rotas: com transporte secundário ativo de Na^+ e por simples difusão. Ácidos biliares conjugados são o principal substrato para a absorção ativa, enquanto os não conjugados têm baixa afinidade pelo transportador e sua não conjugação os deixa pouco polares, sendo mais bem absorvidos por difusão simples. Os ácidos biliares absorvidos são carreados do intestino para a circulação porta, chegando até o fígado, onde são extraídos de modo que o sangue se torna praticamente livre deles na primeira passagem pelo fígado. Muitos ácidos biliares não conjugados são reconjugados no hepatócito e alguns ácidos biliares reprocessados, bem como aqueles recém-sintetizados, são excretados na bile.

Reações no interior do enterócito

Os lipídios que chegam ao citosol dos enterócitos são direcionados ao retículo endoplasmático liso. Uma proteína que liga ácidos graxos livres é capaz de transportar ácidos graxos para o interior do retículo endoplasmático liso de modo que evita a formação de inclusões lipídicas no citosol do enterócito. Essa proteína tem mais afinidade com ácidos graxos insaturados do que com os saturados, sendo mais específica para ácidos graxos de cadeia longa do que para os de cadeia média. No interior do retículo endoplasmático liso, ocorre reesterificação de moléculas de 2-monoglicerídeos, ou seja, os carbonos 1 e 1' dessas moléculas recebem ácidos graxos livres de modo a voltar a formar triacilgliceróis; o colesterol também se une a ácidos graxos livres, formando ésteres de colesterol, e as moléculas de lisolecitina unem-se a ácidos graxos livres para produzir fosfolipídios novamente. Em suma, os lipídios que foram ingeridos por meio da dieta e que sofreram digestão são restaurados no interior dos enterócitos (Figura 26.11).

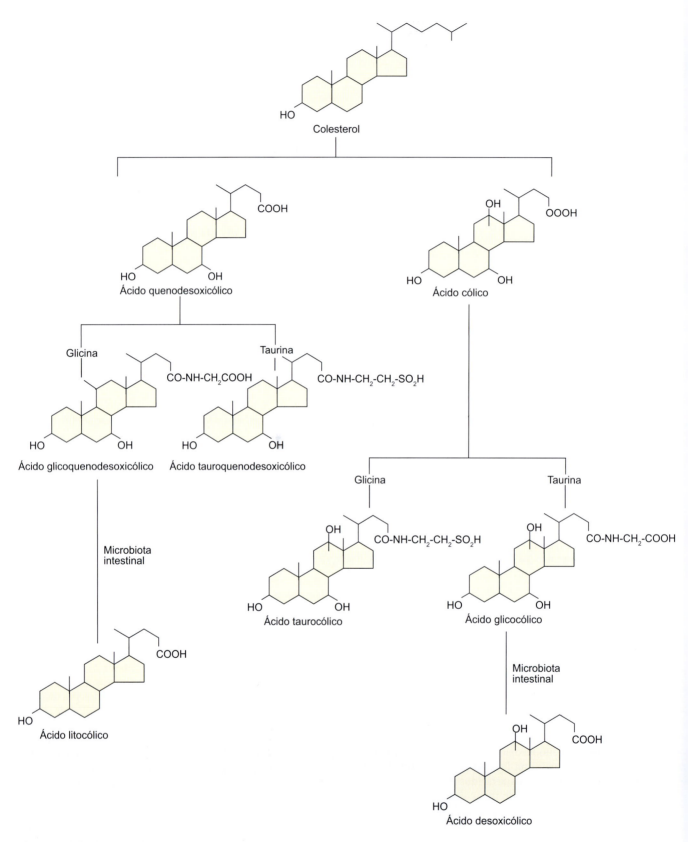

Figura 26.9 A partir do colesterol, há a síntese dos ácidos biliares primários no fígado, sendo excretados na bile. Uma vez no duodeno, sofrem a ação de bactérias intestinais produzindo os ácidos biliares secundários. Por causa do pH alcalino da bile e do conteúdo duodenal, os ácidos biliares apresentam-se na forma de sais biliares.

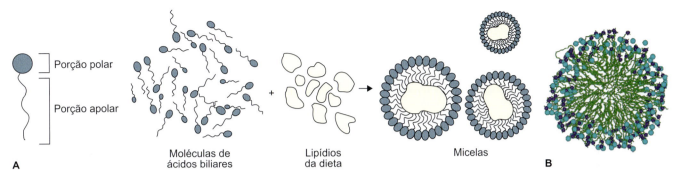

Figura 26.10 A. Moléculas de ácidos biliares interagem com os lipídios no duodeno para formar um arranjo termodinamicamente favorável, uma micela. Nessa estrutura, as caudas apolares dos ácidos biliares interagem com os lipídios que também são hidrofóbicos, enquanto as cabeças dos ácidos biliares interagem com a água presente no duodeno. **B.** Imagem de uma micela obtida por meio de computação gráfica.

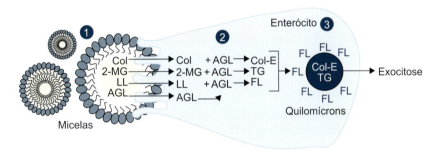

Figura 26.11 Mecanismo de transferência de lipídios das micelas para o interior dos enterócitos. No interior do enterócito, ocorre reesterificação de diversos lipídios que sofreram digestão no lúmen intestinal. Esses lipídios são então empacotados no interior de quilomícrons e posteriormente exportados para a linfa por meio de exocitose. Col: colesterol; 2-MG: 2-acilglicerol; LL: lisolecitina; TG: triacilglicerol; FL: fosfolipídios; AGL: ácidos graxos livres; Col-E: ésteres de colesterol.

Síntese dos quilomícrons

Os lipídios presentes no interior do retículo endoplasmático dos enterócitos são envolvidos por uma monocamada de fosfolipídios, formando partículas de aproximadamente 1 nm, os quilomícrons. Estes são lipoproteínas produzidas pelos enterócitos, compostos de aproximadamente 85 a 95% de triacilgliceróis, pequena quantidade de colesterol livre e fosfolipídios e 1 a 2% de proteínas (apolipoproteínas: AI, AII, B-48, CI, CII, CIII e E). Por apresentarem grande proporção de lipídios em relação às proteínas, os quilomícrons ficam em suspensão no plasma, dando-lhe um aspecto leitoso. Do interior dos enterócitos, os quilomícrons são exocitados e seguem para os vasos linfáticos, uma vez que, por suas grandes dimensões, são incapazes de atravessar as fenestras dos vasos sanguíneos. Os quilomícrons deixam o intestino com a linfa, primariamente via ducto linfático torácico e, posteriormente, fluindo para dentro da circulação venosa.

Intolerância à lactose

Depois de retornar de sua viagem com o Beagle, em 1836, Charles Darwin sofreu por mais de 40 anos com longas crises de vômito, dor intestinal, dores de cabeça, cansaço grave, problemas de pele e depressão. Vinte médicos não conseguiram tratá-lo desse desconforto. Os sintomas descritos por Darwin, no entanto, correspondem àqueles presentes em indivíduos portadores de intolerância à lactose. Vômitos e desconfortos intestinais aconteciam 2 a 3 h depois de uma refeição, o tempo que leva para a lactose chegar ao intestino grosso. Além disso, sua história familiar mostrava um importante componente hereditário com predisposição à hipolactasia. Darwin só deixou de ter essas crises e melhorou quando, por acaso, parou de ingerir leite e creme de leite.

A lactose é um dissacarídeo formado por glicose + galactose, o principal açúcar presente no leite e o primeiro carboidrato com o qual o recém-nascido entra em contato. A má digestão da lactose designa a hipolactasia do adulto ou "lactose não persistente". A hipolactasia decorre da deficiência da enzima lactase (β-D-galactosidase) presente nas vilosidades intestinais.

A intolerância à lactose distingue-se da alergia ao leite, que implica resposta imunológica adversa às proteínas presentes no leite, enquanto a intolerância à lactose refere-se a uma disfunção digestiva que envolve a redução ou ausência da enzima lactase sintetizada e liberada pelas células do intestino delgado. A consequência dessa deficiência enzimática é o acúmulo de lactose nos intestinos quando se ingerem alimentos lácteos, porque a ligação glicosídica $\beta 1,4$ que existe entre a galactose e a glicose não pode ser cindida. Após o desmame, a quantidade de lactase diminui naturalmente no trato gastrintestinal humano indicando que a criança agora deve modificar sua dieta e que a fase de ingestão de leite já foi concluída – a intolerância à lactose é, portanto, uma condição fisiológica e esperada. De fato, estudos mostram que os indivíduos que toleram a lactose na vida adulta são aqueles que sofreram mutação genética.

Prevalência da hipolactasia

Há diferença entre intolerância alimentar e alergia alimentar: a primeira é uma condição restrita a uma falha enzimática, por exemplo, como ocorre na intolerância alimentar; a segunda envolve a resposta imunológica em seus diversos aspectos. A lactose acumulada no intestino sofre ação da lactase da microbiota intestinal, algo indesejável, uma vez que leva à formação de gás hidrogênio, dióxido de carbono e ácidos orgânicos. Os produtos da reação da lactase microbiana conduzem a problemas digestivos levando ao meteorismo e à diarreia, assim como faz a presença da lactose não degradada. Além disso, os subprodutos do crescimento bacteriano excessivo ficam retidos no intestino, agravando, portanto, a diarreia. Esse distúrbio afeta um décimo da população de brancos nos EUA do Norte, mas é mais comum entre afro-norte-americanos, asiáticos, índios norte-americanos e hispânicos (Figura 26.12).

A prevalência da hipolactasia é diferente nas populações do mundo, por exemplo: 3% dos dinamarqueses apresentam intolerância à lactose em comparação 97% dos tailandeses (populações adultas). No Brasil, 43% dos brancos e dos mulatos apresentam persistência da lactase na vida adulta; já a hipolactasia é mais frequente em negros e japoneses. As populações que não têm o hábito de consumir leite na idade adulta apresentam em geral maior propensão a desenvolver intolerância à lactose.

Estrutura e biossíntese da enzima lactase

A lactase é uma hidrolase presente na borda em escova dos enterócitos e pertencente à família das glicosil hidrolases, sendo uma glicoproteína capaz de cindir ligações β-glicosídicas presentes entre a glicose e a galactose. Apresenta 1.927 resíduos de aminoácidos em sua cadeia transcrita por um gene localizado no cromossomo 2q21, que compreende 17 éxons, denominado gene da lactase-florizina hidrolase (LCT). A enzima é sintetizada na forma de pró-lactase com peso molecular de 215.000 Da e segue para o retículo endoplasmático, direcionada por um peptídeo sinal de 19 resíduos de aminoácidos. No retículo endoplasmático, 849 resíduos de aminoácidos são removidos de seu segmento aminoterminal e diversos outros resíduos sofrem glicosilação. Outra via de processamento da enzima envolve a cisão da pró-lactase transmembrânica por proteases luminais convertendo-a em sua forma ativa, ou seja, lactase (Figura 26.13).

A lactase ativa, portanto, é formada por 1.059 resíduos de aminoácidos e ancora-se na borda em escova do intestino delgado por meio de um segmento apolar curto formado por 19 resíduos de aminoácidos. A porção carboxiterminal da enzima situa-se no ambiente citosólico da célula e é constituída de 26 resíduos de aminoácidos, passível de ser fosforilada, embora a importância biológica dessa fosforilação não esteja plenamente esclarecida. O segmento aminoterminal da enzima é extracelular e o maior, apresentando 1.863 resíduos de aminoácidos em sua constituição, dá origem a um dímero formado de duas cadeias idênticas de 160 kDa cada uma (Figura 26.14). Durante sua síntese, a enzima sofre uma série de modificações pós-transducionais, como N-glicosilação e, subsequentemente, dimerização em sua passagem pelo retículo endoplasmático. No aparelho de Golgi, a lactase adquire resíduos de açúcares O-ligados, e essas modificações químicas na enzima aumentam sua capacidade catalítica em quatro vezes.

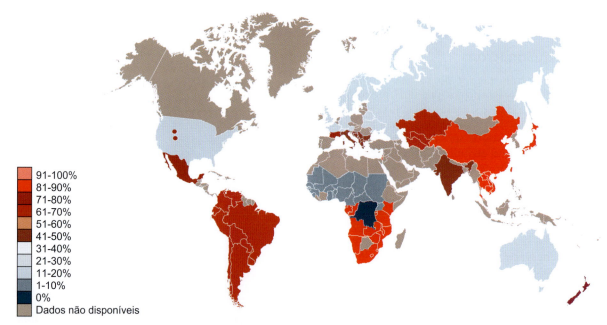

Figura 26.12 Intolerância à lactose por região (no continente africano, os dados são estimativos).

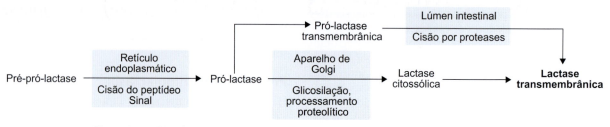

Figura 26.13 Biossíntese e processamento da lactase até sua forma biologicamente ativa.

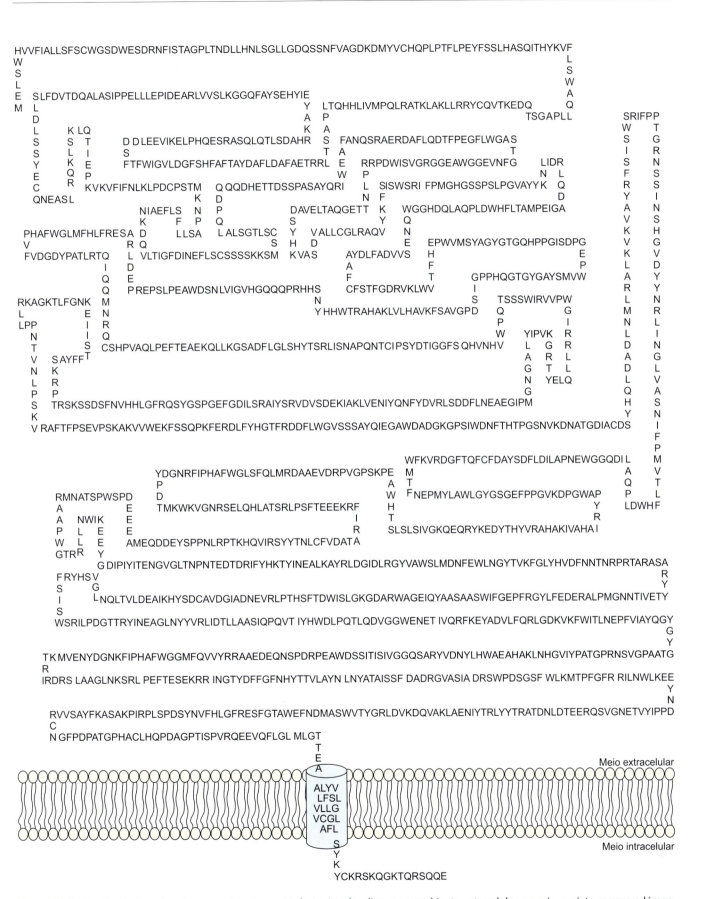

Figura 26.14 Topologia da lactase humana. A maior parte da enzima localiza-se no ambiente extracelular, ou seja, projeta-se para o lúmen intestinal. Uma pequena hélice ancora a proteína na membrana celular.

Mutações genéticas direcionam a tolerância à lactose

A intolerância à lactose é uma condição esperada, ou seja, "normal", enquanto a tolerância à lactose ou a persistência da enzima lactase no intestino ocorre em virtude de uma mutação do tipo selvagem da enzima. De fato, diversos estudos têm mostrado que a hipolactasia no adulto parece ser uma condição geneticamente programada, relacionada com um polimorfismo. O termo polimorfismo genético é aplicado ao surgimento de duas ou mais expressões de um caráter, em uma dada população, com frequências grandes demais para que possam ser explicadas por mutações recorrentes. A persistência à lactase e a hipolactasia do adulto têm sido associadas aos polimorfismos LCT-13910C >T e LCT-22018G >A presentes nos íntrons 13 e 9, respectivamente, do gene MCM6. Estudos populacionais confirmam a associação desses polimorfismos à tolerância e à intolerância à lactose, com exceção da África. As variantes encontradas na África são LCT-22018G >A no íntron 9, LCT-14010G >C, LCT-13915T >G, LCT13910C >T (traço europeu presente em menos de 14% dos fulânis e haúças de Camarões) e LCT-13907C >G no íntron 13. Esses são genes alelos de lactasia persistente.[2] A descoberta desses genes abriu espaço para algumas especulações, e a primeira delas sugere que o homem não consumia leite até o início do período neolítico, quando então começou a domesticar o gado. Assim, argumenta-se que o consumo de leite não fermentado e de laticínios atuou como um fator preponderante para forçar uma seleção natural a favor dos indivíduos lactose persistentes.[3] Entretanto, ao estudar populações de Portugal, da Itália, de Camarões (fulânis), de São Tomé e de Moçambique, foi demonstrado que o alelo LCT-13910T surgiu na Eurásia, anterior ao período neolítico e após a emergência do homem moderno para a África, o que indica que as variantes alélicas LCT-13910T e LCT-22018 se originaram, independentemente das diferentes mutações, na Europa e na África – duas populações que sofreram forte pressão da seleção natural pela dependência do consumo de leite e seus derivados. Entretanto, a grande variabilidade nos genes que codificam as seis principais proteínas do leite de vaca observada no gado de regiões de pecuária do período neolítico (cerca de 5 mil anos atrás), em relação aos demais gados europeus, coincidiu com a tolerância à lactose dos europeus de hoje.

Portanto, a coevolução de gene e cultura pode ter ocorrido também entre o gado e os seres humanos.[4] No Brasil, Mattar et al.[4] determinaram que o alelo LCT-13910T (lactase persistente) foi encontrado em aproximadamente 43% da população de brancos (descendentes de europeus) e não brancos (europeus e descendentes de africanos), e em 20% dos negros (descendentes de africanos). No entanto, esse alelo esteve ausente em todos os japoneses brasileiros estudados. De fato, outros estudos mostram que a intolerância à lactose não ocorre no Japão.

Aspectos fisiopatológicos da intolerância à lactose

A lactose está presente no leite humano em concentrações de aproximadamente 7%; trata-se de um dissacarídeo hidrolisado pela lactase, enzima que apresenta seus níveis elevados a partir da 32ª semana de gestação capacitando o recém-nascido a digerir e absorver esse carboidrato da dieta. Por volta dos 5 anos de idade, os níveis de lactase começam a reduzir indicando que o trato gastrintestinal e o organismo como um todo devem adaptar-se a uma dieta isenta de leite. A glicose e a galactose decorrentes da cisão da lactose sofrem absorção pela mucosa intestinal por meio do transportador de 12 alças transmembranares chamado SGLT1, que absorve glicose e galactose na codependência do sódio (Figura 26.15). A lactose não digerida que segue pelo intestino provoca retenção osmótica de água, sendo responsável por diarreias profusas. Já a fração de lactose que chega ao cólon do intestino grosso sofre fermentação pela microbiota aí presente, produzindo ácidos graxos de cadeia curta (acetato, propionato e butirato), CO_2 e H_2 e CH_4. Os ácidos graxos de cadeia curta atuam como substrato energético para os enterócitos ou seguem sendo absorvidos pela veia porta hepática. Já os gases CO_2, H_2 e CH_4 provocam expansão das alças intestinais sendo responsáveis por cólicas, flatulência e borborigmo (sons intestinais provocados pelo deslocamento de líquidos e gases). Parte dos gases produzidos pelo processo fermentativo desencadeado pela microbiota colônica é liberada para o exterior do organismo na forma de flatos, mas uma fração significativa é absorvida pelos intestinos e expelida pelos pulmões. Com exceção do CO_2, que é produto do metabolismo celular, o H_2 e o CH_4 são exclusivamente produtos da fermentação bacteriana e sua identificação no ar expirado serve como ferramenta para corroborar o diagnóstico de hipolactasia do adulto, já que os sintomas gastrintestinais são comuns a outras condições fisiopatológicas podendo causar confusão no diagnóstico.

Intolerância congênita à lactose

Na verdade, é um erro inato do metabolismo. Ela ocorre por ausência completa da lactase ou por síntese defeituosa dela, enquanto na hipolactasia do adulto a enzima é estruturalmente íntegra, ou seja, sua síntese ocorre de forma perfeita, mas sua expressão diminui ao longo da vida a valores que chegam a 10% daqueles presentes em crianças, dependendo do grupo étnico. A intolerância congênita à lactose é autossômica e decorre de mutações presentes no gene LCT que codifica a lactase. Estudos conduzidos na Finlândia, em 2002, mostraram que a condição predominante é uma mutação homozigota que resulta em códon de parada de síntese proteica no éxon 9, o que leva a uma proteína com somente 537 resíduos

---

Bioclínica

O homem de La Braña

Em 2006, uma equipe de pesquisadores, liderada pelo Dr. Carles Lalueza-Fox, do Instituto de Biologia Evolutiva de Barcelona, analisou o DNA do dente de um dos dois esqueletos masculinos encontrados na gruta de La Braña-Arintero, na província de León, noroeste da Espanha, que viveram no período Mesolítico, há cerca de 7.000 anos, nessa região. O indivíduo analisado tinha, provavelmente, a pele e os cabelos escuros e os olhos azuis. Os estudos genéticos relacionados com o sistema digestório do homem de La Braña mostraram que o indivíduo era portador da variação genética ancestral que provoca intolerância à lactose.

Além disso, o homem não era geneticamente preparado para ingerir amido na proporção ingerida atualmente. Os resultados dos estudos genéticos com o caçador de La Braña mostraram que a capacidade de digerir grandes quantidades de leite e de amido foi desenvolvida mais tardiamente, com a introdução da agricultura.

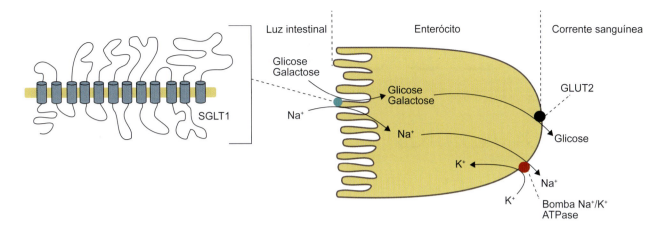

Figura 26.15 Tanto a glicose quanto a galactose são translocadas da luz intestinal para o interior do enterócito por meio do transportador SGLT1, uma proteína com 12 alças transmembrânicas. Do interior do enterócito, esses açúcares seguem para o plasma por meio do GLUT2.

de aminoácidos. A exclusão da lactose da dieta desses recém-nascidos elimina os sintomas e a criança segue se desenvolvendo normalmente.

Tratamento contra a intolerância à lactose

Cerca de 70 a 80% dos pacientes respondem a uma dieta isenta de lactose e aproximadamente 20 a 30% continuam a apresentar sintomas provavelmente em decorrência da síndrome do intestino irritável. Os sintomas intestinais decorrentes da utilização de produtos lácteos podem ser significativamente reduzidos com a utilização de enzimas adicionadas a esses produtos. A base do tratamento para a intolerância à lactose consiste na educação alimentar do paciente, que deve equilibrar sua dieta, evitando a ingestão de produtos que contenham lactose a fim de e, para isso, aprender a interpretar a rotulagem de alimentos no sentido de evitar a ingestão acidental de produtos que contenham lactose.

Resumo | Digestão e absorção dos carboidratos

Introdução

A digestão é o processo pelo qual macronutrientes (carboidratos, proteínas e lipídios; Figura R26.1) sofrem redução em suas unidades fundamentais por meio de enzimas objetivando tornar possível sua absorção por parte do organismo.

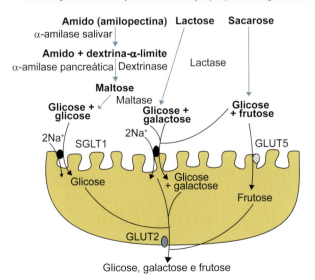

● SGLT1   ● SGLT2   ⊙ Bomba Na⁺/K⁺ ATPase-dependente

Figura R26.1 Modelo esquemático da digestão e absorção dos carboidratos da dieta. A absorção de glicose e galactose ocorre na borda em escova por meio de um transportador dependente de Na⁺, o SGLT1. Já a frutose dispõe de um transportador específico para ela e que independe de Na⁺, o GLUT5. Do interior dos enterócitos, todos esses açúcares, glicose, galactose e frutose, seguem para o plasma por meio do GLUT2 presente na membrana basolateral.

Digestão dos polissacarídeos

A digestão dos carboidratos inicia-se na boca por meio da enzima α-amilase salivar, que cinde as ligações glicosídicas do tipo α-1,4 da amilopectina (forma mais comum de amido presente na dieta). Pelo pouco tempo de detenção do bolo alimentar na boca, a α-amilase salivar digere somente 3 a 5% do amido ingerido, originando como produtos maltose, maltotriose, oligossacarídeos e, sobretudo, dextrina-α-limite. A digestão do amido se completará no duodeno, onde a digestão dos carboidratos continua por meio da ação da α-amilase pancreática, que é muito mais efetiva que a α-amilase salivar, produzindo os mesmos produtos que a α-amilase salivar. As moléculas de dextrina-α- limite, produtos da ação das α-amilases, seguem digestão por meio da remoção de moléculas de glicose das extremidades não redutoras. Quando chegam aos pontos de ramificação α-1,6, estes são cindidos pela enzima α-dextrinase presente na bordadura em escova do intestino delgado. A ação da α-dextrinase produz maltose que, subsequentemente, é digerida pela maltase presente na borda em escova.

Digestão dos dissacarídeos

Os dissacarídeos da dieta sofrem digestão pelas dissacaridases presentes na borda em escova das células da mucosa intestinal. As dissacaridases biologicamente relevantes para concluir a digestão dos carboidratos são:

- Maltase: hidrolisa a maltose em duas moléculas de glicose
- Sacarase: cliva a sacarose em glicose e frutose
- Lactase: hidrolisa a molécula de lactose em glicose e galactose
- Isomaltase: enzima que cinde as ligações que glicosídicas alfa1-6 da dextrina alfa-limite, um produto da digestão da amilopectina. O produto da digestão da isomaltase é maltose
- Trealase: enzima que cliva a trealose em duas moléculas de glicose.

A Figura R26.2 resume os principais monossacarídeos, dissacarídeos e polissacarídeos.

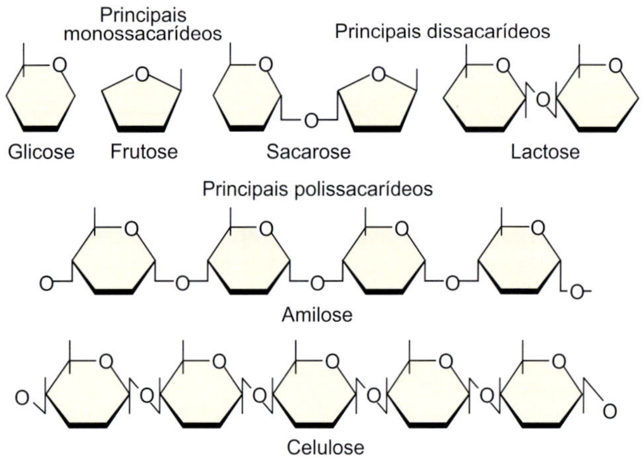

Figura R26.2 Principais monossacarídeos, dissacarídeos e polissacarídeos.

Carboidratos não digeríveis | Fibras alimentares

Alguns açúcares da dieta não sofrem digestão por parte da maquinaria enzimática humana, como celulose, hemicelulose, gomas (p. ex., goma guar, goma xantana), inulina, pectina e mucilagens. Esses açúcares são definidos como fibras alimentares e alguns deles, as fibras solúveis (p. ex., goma guar, goma xantana e pectina), podem sofrer fermentação por parte da microbiota do intestino grosso produzindo ácidos graxos de cadeia curta (acetato, propionato e butirato), que podem ser usados como fonte de energia para os próprios enterócitos. As fibras alimentares podem exercer ações fisiológicas no sistema gastrintestinal e suas frações (solúvel e insolúvel) afetam de maneira distinta esse sistema. Enquanto as fibras solúveis produzem seus efeitos na porção superior do tubo digestivo, retardando o esvaziamento gástrico e a assimilação de nutrientes e aumentando o tempo de trânsito intestinal, as insolúveis agem sobretudo no intestino grosso, promovendo o aumento do volume fecal e produzindo fezes mais macias, atuando como agentes preventivos de doenças como diverticulose, hérnia de hiato, varicosas venosas e hemorroidas, as quais estão associadas ao aumento de pressões intraluminais.

Intolerância à lactose

Intolerância à lactose ou hipolactasia é uma condição de redução ou ausência da enzima lactase, a qual é responsável por cindir as ligações glicosídicas β-1,4 da molécula de lactose. A síntese de lactase tende a reduzir de forma significativa ou mesmo cessa durante a vida adulta, quando comparada ao período de amamentação. Essa é uma condição esperada, já que o adulto não necessita do leite de forma exclusiva. Contudo, os níveis de lactase permanecem elevados na vida adulta, o que possibilita a digestão da lactose de forma plena. Considera-se que a capacidade de produzir a enzima lactase em grande quantidade na vida adulta decorra de uma mutação que possibilitou a absorção de mais nutrientes do leite de vaca, e esta passou a ser uma vantagem evolutiva sobre os demais indivíduos não mutantes. Essa afirmação é corroborada pelo fato de que algumas populações historicamente consomem leite há mais tempo e, por isso, apresentam menor índice de intolerância à lactose, como é o caso dos países nórdicos, que apresentam baixa incidência de intolerância à lactose, enquanto, no Brasil, esse índice chega a atingir 40% da população. O tratamento da intolerância à lactose se resume em privar o indivíduo de ingerir lactose.

Resumo | Digestão e absorção das proteínas

Introdução

A quantidade de proteína na dieta varia entre as diferentes culturas e entre indivíduos dentro de uma dada cultura. Em sociedades pobres, é mais difícil para os adultos obterem a quantidade de proteína (0,5 a 0,7 g/dia/kg de peso corporal) requerida ao balanço catabólico normal de proteínas. É ainda mais difícil para crianças, que precisam receber quantidades relativamente altas de proteína para sustentar um crescimento normal. Em seres humanos normais, toda proteína ingerida é absorvida. Muitas proteínas presentes nas secreções digestivas das células esfoliativas também são digeridas e absorvidas, e a pequena quantidade de proteínas nas fezes deriva da microbiota colônica, das células colônicas esfoliativas e da mucosa de secreção do cólon.

Digestão de peptídeos e proteínas no estômago

A digestão das proteínas começa com a ação da pepsina no estômago. A pepsina é secretada pelas células principais gástricas sob a forma de seu precursor inativo, o pepsinogênio. Quando em contato com o HC l intragástrico, o pepsinogênio sofre cisão sendo, então, ativado a pepsina. Existem três isozimas da pepsina, cada uma com um pH ótimo de atuação variando de 1,0 até 3,0. Valores de pH acima de 5,0 inativam a ação da pepsina, assim, sua ação cessa quando o quimo alcança o duodeno, onde o pH é alcalino pela secreção hidrelática pancreática rica em HCO^-_3. A extensão da digestão dos peptídeos e proteínas no estômago é variável, de modo que só 15% da proteína da dieta pode ser convertida em peptídeos e aminoácidos pela pepsina gástrica. O intestino delgado, particularmente o duodeno, tem uma capacidade tão alta de digerir proteínas que, mesmo, na ausência de pepsinas, não haveria transtorno de digestão e absorção de proteínas da dieta.

Digestão de peptídeos e proteínas no intestino delgado

A digestão das proteínas continua no intestino delgado sob efeito das proteases oriundas da secreção ecbólica pancreática (secreção rica em enzimas) e da bordadura em escova intestinal. As proteases pancreáticas também são secretadas no duodeno na forma de seus precursores inativos: tripsinogênio, quimiotripsinogênio, pró-elastase, pró-carboxipeptidase A e pró-carboxipeptidase B. A primeira etapa na digestão entérica das proteínas é a ativação do tripsinogênio em tripsina pela enterocinase, uma enzima da bordadura em escova. Inicialmente, é produzida pequena quantidade de tripsina, que catalisa a ativação de todos os demais precursores inativos em suas formas de enzimas ativas (Figura R26.3). Essas etapas de ativação produzem cinco enzimas ativas para a digestão das proteínas: tripsina, quimiotripsina, elastase e carboxipeptidase A e carboxipeptidase B. Essas proteases pancreáticas passam, então, a hidrolisar as proteínas da dieta em aminoácidos, dipeptídeos, tripeptídeos e oligopeptídeos. Os oligopeptídeos são hidrolisados, ainda, pelas proteases da bordadura em escova produzindo aminoácidos tripeptídeos e dipeptídeos. Por fim, as proteases pancreáticas digerem-se a si mesmas e as outras enzimas. Os produtos finais da digestão das proteases são aminoácidos, dipeptídeos e tripeptídeos, absorvidos no sangue.

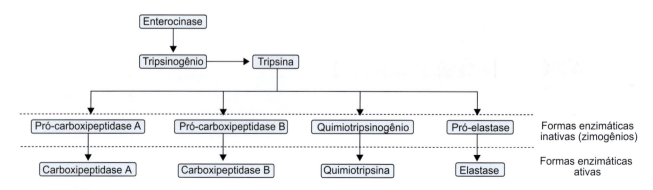

Figura R26.3 Cadeia de ativação dos zimogênios pancreáticos. Nota-se que a enterocinase catalisa a ativação da tripsina, responsável pela ativação dos demais zimogênios em suas respectivas formas ativas.

Absorção intestinal de pequenos peptídeos

Dipeptídeos e tripeptídeos são transportados pela membrana da borda em escova. A taxa de transporte dipeptídeos ou tripeptídeos em geral excede a taxa de transporte de aminoácidos individuais. Por exemplo, glicina é absorvida pelo jejuno humano menos rapidamente como aminoácido do que como glicilglicina ou como glicilglicilglicina. Um único sistema de transporte de membrana com uma grande especificidade é responsável pela absorção de peptídeos pequenos. O sistema de transporte tem alta afinidade para dipeptídeos e tripeptídeos, mas muito baixa afinidade para peptídeos de quatro ou mais resíduos de aminoácidos. O transporte de di e tripeptídeos atravessando a membrana plasmática da borda em escova é um processo de transporte ativo secundário, energizado pela diferença de gradiente eletroquímico de H^+ atravessando a membrana (Figura R26.4).

Síntese de ácidos biliares

O fígado sintetiza dois ácidos biliares – ácido cólico e ácido quenodesoxicólico –, que são os ácidos biliares primários. Na luz do tubo digestivo, uma fração de cada um sofre desidroxilação pela microbiota intestinal, formando os ácidos desoxicólico e litocólico, que são ácidos biliares secundários (Figura R26.5). O ácido biliar cólico e o ácido biliar quenodesoxicólico se combinam com os aminoácidos glicina ou taurina por meio de ligações amídicas resistentes às enzimas digestivas, constituindo os ácidos glico e tauro conjugados. Ao pH normal do trato biliar e intestinal, os ácidos biliares não conjugados apresentam-se não associados e relativamente mais insolúveis, enquanto os ácidos biliares conjugados estão na forma de sais dissociados mais solúveis.

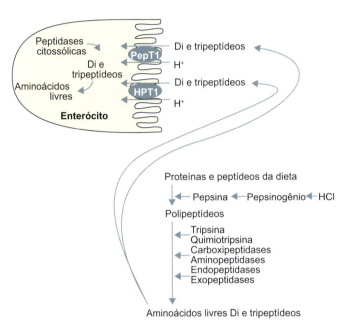

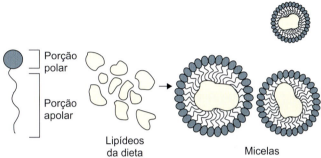

Figura R26.4 Os di e tripeptídeos são absorvidos por dois sistemas transportadores até então conhecidos, PepT1 e HPT1; esses peptídeos sofrem cisão no citosol do enterócito em decorrência da ação de peptidases intracelulares. Do interior dos enterócitos, os aminoácidos seguem para o plasma por meio de novos sistemas transportadores situados agora na membrana basolateral.

Figura R26.5 As moléculas de ácidos biliares interagem com os lipídios no duodeno para formar um arranjo termodinamicamente favorável, uma micela. Nessa estrutura, as caudas apolares dos ácidos biliares interagem com os lipídios que também são hidrofóbicos, enquanto as cabeças dos ácidos biliares o fazem com a água presente no duodeno.

Resumo | Digestão e absorção dos lipídios da dieta

Introdução

Os lipídios primários de uma dieta normal são triglicerídeos. A dieta contém pequenas quantidades de esteróis (como o colesterol), ésteres de esterol e fosfolipídios. Como os lipídios são fracamente solúveis em água, eles apresentam problemas especiais em cada estágio de seu processamento. Assim, para que a digestão dessas macromoléculas ocorra de maneira plena, é necessária sua emulsificação, processo que compreende a quebra da tensão superficial na interface lipídio-água.

Enzimas pancreáticas lipolíticas

O suco pancreático contém as maiores enzimas lipolíticas responsáveis pela digestão de lipídios. A glicerol éster hidrolase, também chamada de lipase pancreática, cliva os ácidos graxos um a um, preferencialmente a partir de um triglicerídeo, para produzir dois ácidos graxos livres e um monossacarídeo. A colipase, uma pequena proteína presente no suco pancreático, é essencial para a função da glicerol éster hidrolase, pois é na presença de colipase que a glicerol éster hidrolase une as superfícies das gotículas de emulsão quando há ácidos biliares. A colesterolesterase cliva as ligações éster dos ésteres de colesterol, dando origem a um ácido graxo e uma molécula de colesterol livre. A fosfolipase A2 cliva a ligação éster da posição 2 de um glicerofostatídeo para produzir no caso da lecitina ácido graxo e uma lisolecitina.

Formação de micelas

Os ácidos biliares formam micelas com os produtos da digestão, especialmente 2-monoglicerídeos. As micelas são agregados multimoleculares (cerca de 5 nm de diâmetro) contendo aproximadamente 20 a 30 moléculas de ácidos biliares (Figura R26.6). Os ácidos biliares são moléculas planas que apresentam uma primeira fase polar e uma não polar. Boa parte da superfície das micelas está coberta com ácidos biliares com a fase apolar interiorizada no lipídio da micela e a face polar virada para fora. Moléculas hidrofóbicas, como longas cadeias de ácidos graxos, monoglicerídeos, fosfolipídios, colesterol e vitaminas lipossolúveis, tendem a se dividir dentro de micelas. Os ácidos biliares precisam estar presentes em certa concentração mínima, chamada concentração micelar crítica, antes de as micelas serem formadas. No estado normal, os ácidos biliares estão sempre presentes no duodeno em quantidades maiores que a concentração micelar crítica. A colesterolesterase cliva a ligação éster do colesterol esterificado para formar um ácido graxo e colesterol livre. A fosfolipase A2 cliva a ligação éster da posição 2 de um glicerofostatídeo para produzir, no caso da lecitina, ácido graxo e uma lisolecitina.

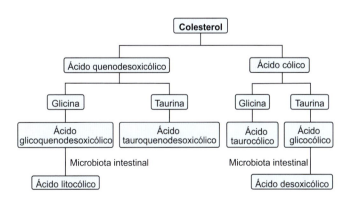

Figura R26.6 A partir do colesterol, há a síntese dos ácidos biliares primários no fígado, sendo excretados na bile. Uma vez no duodeno, sofrem a ação de bactérias intestinais produzindo os ácidos biliares secundários. Em decorrência do pH alcalino da bile e do conteúdo duodenal, os ácidos biliares apresentam-se na forma de sais biliares.

Absorção dos lipídios da dieta

A presença de micelas tende a conservar a solução aquosa próxima à membrana plasmática da borda em escova saturada com ácidos graxos, 2-monoglicerídeos, colesterol e outros conteúdos micelares. Em virtude da alta solubilidade, ácidos graxos, 2-monoglicerídeos, colesterol e lisolecitina, podem se difundir pela membrana da borda em escova. Uma proteína transportadora de ácidos graxos Na^+-dependente aumenta o movimento de ácidos graxos de cadeia longa pela membrana da borda em escova. Outra proteína transportadora é mediadora do transporte de colesterol ao cruzar a membrana da borda em escova. A limitação principal à taxa de captação de lipídios pelas células epiteliais do intestino delgado superior é a difusão das micelas misturadas por uma camada imóvel sobre a superfície luminal da membrana plasmática da borda de escova. Parcialmente, em razão da superfície circunvolta da mucosa intestinal, o fluido em contato imediato com a superfície da célula epitelial não é prontamente misturado com o volumoso conteúdo luminal. Assim, esse fluido forma uma efetiva camada imobilizada e uma espessura específica de 200 a 500 μm. Nutrientes presentes no conteúdo bem misturados do lúmen intestinal precisam se difundir pela camada imobilizada para alcançar a membrana da borda em escova. O duodeno e o jejuno são ativos na absorção de gorduras e muito da gordura ingerida é absorvido ao mesmo tempo que o quimo chega ao jejuno médio.

Reações no interior do enterócito

Os lipídios que chegam ao citosol dos enterócitos são direcionados ao retículo endoplasmático liso. No interior do retículo endoplasmático liso ocorre reesterificação de moléculas de 2-monoglicerídeos, ou seja, os carbonos 1 e 1′ dessas moléculas recebem ácidos graxos livres de modo que voltam a formar triacilgliceróis. O colesterol também se une a ácidos graxos livres formando ésteres de colesterol, e moléculas de lisolecitina ligam-se a ácidos graxos livres para formar fosfolipídios novamente. Em suma, os lipídios que foram ingeridos por meio da dieta e que sofreram digestão são restaurados no interior dos enterócitos (Figura R26.7).

A lactose é um dissacarídeo formado por glicose + galactose, é o principal açúcar presente no leite e o primeiro carboidrato com o qual o recém-nascido entra em contato (Figura R26.8). A má digestão da lactose designa a hipolactasia do adulto ou "lactose não persistente". A hipolactasia decorre da deficiência da enzima lactase (β-D-galactosidase) presente nas vilosidades intestinais. A consequência dessa deficiência enzimática causa acúmulo de lactose nos intestinos quando se ingerem alimentos com presença de leite, isso acontece porque a ligação glicosídica β1,4 que existe entre a galactose e a glicose não pode ser cindida.

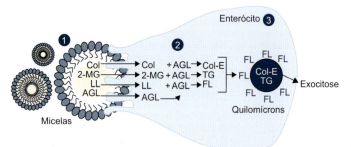

Figura R26.7 Mecanismo de transferência de lipídios das micelas para o interior dos enterócitos. No interior do enterócito, ocorre reesterificação de diversos lipídios que sofreram digestão no lúmen intestinal. Esses lipídios são, então, empacotados no interior de quilomícrons e, posteriormente, exportados para a linfa por meio de exocitose. Col: colesterol; 2-MG: 2-acilglicerol; LL: lisolecitina; TG: triacilglicerol; FL: fosfolipídios; AGL: ácidos graxos livres; Col-E: ésteres de colesterol.

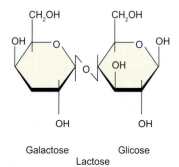

Figura R26.8 Lactose, um dissacarídeo formado por galactose unida à glicose por ligação glicosídica do tipo β-1,4.

Consequências da hipolactasia

A intolerância alimentar difere da alergia alimentar: a primeira é uma condição restrita a uma falha enzimática, como ocorre na intolerância alimentar; a segunda envolve a resposta imunológica em seus diversos aspectos. A lactose acumulada no intestino sofre ação da lactase da microbiota intestinal, algo indesejável visto que leva à formação de gás hidrogênio, dióxido de carbono e ácidos orgânicos. Os produtos da reação da lactase microbiana conduzem a problemas digestivos, levando ao meteorismo e à diarreia. Além disso, os subprodutos do crescimento bacteriano excessivo ficam retidos no intestino, agravando, portanto, a diarreia.

Epidemiologia da hipolactasia

A prevalência da hipolactasia é diferente nas populações do mundo: 3% dos dinamarqueses, por exemplo, apresentam intolerância à lactose em comparação a 97% dos tailandeses (populações adultas). No Brasil, 43% dos brancos e dos mulatos apresentam persistência da lactase na vida adulta, sendo a hipolactasia mais frequente nos negros e japoneses (Figura R26.9). As populações que não têm o hábito de consumir leite na idade adulta apresentam em geral maior propensão a desenvolver intolerância à lactose.

A lactase ativa é constituída de 1.059 resíduos de aminoácidos e ancora-se na borda em escova do intestino delgado por meio de um segmento apolar curto formado por 19 resíduos de aminoácidos. A porção carboxiterminal da enzima situa-se no ambiente citosólico da célula e é constituída de 26 resíduos de aminoácidos, sendo passível de fosforilação embora sua importância biológica não esteja plenamente esclarecida. O segmento aminoterminal da enzima é extracelular e o maior, apresentando 1.863 resíduos de aminoácidos em sua constituição, dando origem a um dímero formado de duas cadeias idênticas de 160 kDa cada uma (Figura R26.10). Durante sua síntese, a enzima sofre uma série de modificações pós-transducionais, como N-glicosilação, dimerização, aquisição de resíduos de açúcares O-ligados, e essas modificações químicas na enzima aumentam sua capacidade catalítica em quatro vezes.

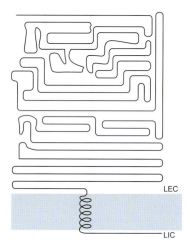

Figura R26.9 Estrutura da lactase humana. A maior parte da enzima localiza-se no ambiente extracelular, ou seja, projeta-se para o lúmen intestinal. Uma pequena hélice ancora a proteína na membrana celular.

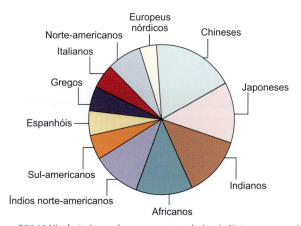

Figura R26.10 Hipolactasia em alguns grupos populacionais. Nota-se que a maior incidência ocorre entre os negros e asiáticos.

Mutações genéticas direcionam a tolerância à lactose

A intolerância à lactose é uma condição esperada, ou seja, "normal", enquanto a tolerância à lactose ou a persistência da enzima lactase no intestino ocorre por causa de uma mutação do tipo selvagem da enzima. Essa mutação localiza-se na região promotora do gene que transcreve a lactase, ou seja, a alteração faz com que a repressão da expressão genética para a lactose que ocorre em muitos indivíduos passe a não suceder nesses indivíduos portadores da mutação. O resultado é que a lactase, que deveria diminuir muito na vida adulta ou mesmo cessar, permanece sendo sintetizada, conduzindo à tolerância à lactose, ou seja, a capacidade de digerir esse dissacarídeo.

Intolerância congênita à lactose

Na verdade, é um erro inato do metabolismo. Ela ocorre por ausência completa da lactase ou por síntese defeituosa dela. A intolerância congênita à lactose é autossômica e decorre de mutações presentes no gene LCT que codifica a lactase. A exclusão da lactose da dieta de recém-nascidos abole os sintomas e a criança segue se desenvolvendo normalmente.

Tratamento contra a intolerância à lactose

Cerca de 70 a 80% dos pacientes respondem a uma dieta isenta de lactose. Os sintomas intestinais decorrentes da utilização de produtos lácteos podem ser significativamente reduzidos com a utilização de enzimas adicionadas a esses produtos. A base do tratamento para a intolerância à lactose consiste na educação alimentar do paciente, que deve equilibrar sua dieta, evitando a ingestão de produtos que contenham lactose e, para isso, aprender a interpretar a rotulagem de alimentos a fim de evitar a ingestão acidental de produtos que contenham lactose.

Exercícios

1. Faça um modelo esquemático que mostra a digestão da amilopectina em moléculas de glicose. Insira as enzimas envolvidas.
2. Um garoto come uma barra de chocolate e pergunta ao seu professor de bioquímica de que maneira a glicose presente no chocolate chega até a corrente sanguínea. Qual deve ser a resposta do professor?
3. Alguns produtos alimentícios apresentam na embalagem a seguinte mensagem "contém lactose". Explique a necessidade desse alerta.
4. Explique como ocorre a absorção de aminoácidos por parte da borda em escova do intestino delgado.
5. Existem sistemas transportadores com o propósito de carrear aminoácidos do lúmen intestinal para o interior do enterócito. Contudo, os aminoácidos devem seguir para o plasma e, assim, atravessar a membrana basolateral. Explique como ocorre o transporte de aminoácidos pela membrana basolateral.
6. Explique o processo de digestão de proteínas e peptídeos no intestino delgado.
7. Em uma pizzaria, um rapaz pergunta à garota que o acompanha, uma nutricionista, como o azeite e os demais lipídios da pizza são absorvidos no intestino, uma vez que ele aprendeu no colégio que lipídios são apolares e o trato digestório é rico em água. Qual deve ser a resposta da nutricionista?
8. Explique o que são as micelas e como se formam.
9. Os ácidos biliares têm o colesterol como precursor. Faça um modelo esquemático que mostra os ácidos biliares primários e secundários.
10. Explique como ocorre a síntese de quilomícrons.

Respostas

1.

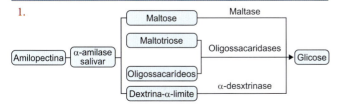

2. A glicose presente na luz intestinal internaliza o enterócito por meio de um transportador chamado SGLT1. Esse transportador apresenta afinidade pela galactose também; ele carreia dois íons Na^+ para cada molécula de glicose ou galactose transportada. Do interior dos enterócitos, todos esses açúcares, glicose, galactose e frutose, seguem para o plasma por meio do GLUT2 presente na membrana basolateral.

3. A lactose é o principal açúcar do leite, formada de glicose e galactose unidas entre si por ligações glicosídicas do tipo β-1,4. Alguns indivíduos não têm a capacidade de digerir a lactose, condição chamada de intolerância à lactose. A lactose não digerida que segue pelo intestino provoca retenção de água, causando diarreia, enquanto a fração de lactose que alcança o intestino grosso sofre fermentação pela microbiota colônica, produzindo gases CO_2, H_2 e CH_4, que provocam expansão das alças intestinais e são responsáveis por cólicas, flatulência e borborigmo.

4. A absorção intestinal de aminoácidos pode ocorrer de três modos distintos: transferência passiva por difusão simples; transferência passiva por difusão facilitada; e transferência ativa por meio de cotransporte. Os aminoácidos livres e apolares são os mais propensos à difusão simples. Peptídeos neutros podem ser absorvidos de forma intacta, acoplados ao H^+, ou sofrer hidrólise pelas peptidases da borda em escova, sobretudo se um aminoácido neutro estiver presente na posição aminoterminal. A difusão passiva facilitada de aminoácidos do lúmen intestinal para o enterócitos ocorre de modo mais rápido, uma vez que é mediada por sistemas carreadores independentes de sódio e sem gasto de ATP. Em contrapartida, o sistema cotransportador ativo consome ATP e é capaz de transportar contra um gradiente de concentração aminoácidos livres di e tripeptídeos. Nesse sistema, os aminoácidos são cotransportados, com o íon Na^+, portanto a concentração de Na^+ é importante para que o sistema opere.

5. A membrana basolateral apresenta dois sistemas transportadores para aminoácidos:
   a) Sistema transportador Na^+-dependente (transporte ativo). Esse sistema transportador tem o propósito de suprir as células intestinais dos aminoácidos que serão utilizados por essas células. Esses transportadores sangue-enterócitos são:
   - A: específico para aminoácidos polares de cadeia curta, como é o caso da alanina
   - ASC: transporta aminoácidos neutros, como alanina, serina e cisteína
   - N: responsável pelo transporte de ácido glutâmico, ácido aspártico e histidina.[1]

   b) Sistema transportador Na^+ independente (transporte facilitado). Esse sistema é semelhante ao que se encontra presente na borda em escova nos seguintes aspectos:
   - y^+: responsável pelo transporte de aminoácidos básicos e cisteína
   - L: transporta a maioria dos aminoácidos neutros, sobretudo os apolares, como é o caso da leucina
   - asc: realiza o transporte de aminoácidos neutros como, por exemplo, a alanina, serina, cisteína e triptofano. A denominação desse transportador é grafada com letras minúsculas para distingui-lo do transportador "ASC" presente também na membrana basolateral, mas, nesse caso, o tipo de transporte é ativo na codependência com o sódio.

6. A digestão das proteínas no intestino delgado ocorre sob efeito das proteases oriundas da secreção ecbólica pancreática e enzimas da bordadura em escova intestinal. As proteases pancreáticas também são secretadas no duodeno na forma de seus precursores inativos: tripsinogênio; quimiotripsinogênio; pró-elastase; pró-carboxipeptidase A; e pró-carboxipeptidase B. A primeira etapa na digestão entérica das proteínas é a ativação do tripsinogênio em tripsina pela enterocinase, uma enzima da bordadura em escova. Inicialmente, é produzida pequena quantidade de tripsina, que catalisa a ativação de todos os demais precursores inativos a suas formas de enzimas ativas. Essas etapas de ativação produzem cinco enzimas ativas, para a digestão das proteínas: tripsina,

quimiotripsina, elastase e carboxipeptidase A e carboxipeptidase B. Essas proteases pancreáticas passam, então, a hidrolisar as proteínas da dieta até aminoácidos, dipeptídeos, tripeptídeos e oligopeptídeos. Os oligopeptídeos são hidrolisados ainda pelas proteases da bordadura em escova produzindo aminoácidos tripeptídeos e dipeptídeos. Por fim, as proteases pancreáticas digerem-se a si mesmas e outras enzimas. Os produtos finais da digestão das proteases são aminoácidos, dipeptídeos e tripeptídeos absorvidos no sangue.

7. Os lipídios da dieta sofrem emulsificação por meio de ácidos biliares. A presença de micelas tende a conservar a solução aquosa próxima à membrana plasmática da borda em escova saturada com ácidos graxos, 2-monoglicerídeos, colesterol e outros conteúdos micelares. Por causa da alta solubilidade, os ácidos graxos, 2-monoglicerídeos, colesterol e lisolecitina podem se difundir por meio da membrana da borda em escova. Uma proteína transportadora de ácidos graxos Na$^+$-dependente aumenta o movimento de ácidos graxos de cadeia longa pela membrana da borda em escova. Outra proteína transportadora é mediadora do transporte de colesterol ao cruzar a membrana da borda em escova. A limitação principal à taxa de captação de lipídios pelas células epiteliais do intestino delgado superior é a difusão das micelas misturadas por uma camada imóvel sobre a superfície luminal da membrana plasmática da borda de escova. Parcialmente, em razão da superfície circunvolta da mucosa intestinal, o fluido em contato imediato com a superfície da célula epitelial não é prontamente misturado com o volumoso conteúdo luminal. Assim, este fluido forma uma efetiva camada imobilizada com uma espessura específica de 200 a 500 μm. Nutrientes presentes no conteúdo bem misturado do lúmen intestinal precisam se difundir pela camada imobilizada para alcançar a membrana da borda em escova. O duodeno e o jejuno são ativos na absorção de gorduras e muito da gordura ingerida é absorvido ao mesmo tempo que o quimo chega ao jejuno médio. A colesterol esterase cliva a ligação éster com colesterol para formar um ácido graxo e colesterol livre. A fosfolipase A2 cliva a ligação éster da posição 2 de um glicerofostatídeo para produzir; no caso da lecitina, ácido graxo e uma lisolecitina.

8. As micelas são agregados multimoleculares (cerca de 5 nm de diâmetro) contendo aproximadamente 20 a 30 moléculas de ácidos biliares. Os ácidos biliares são moléculas planas que apresentam uma primeira fase polar e uma não polar. Boa parte da superfície das micelas está coberta com ácidos biliares com a fase apolar interiorizada no lipídio da micela e a face polar virada para fora. Moléculas hidrofóbicas, como longas cadeias de ácidos graxos, monoglicerídeos, fosfolipídios, colesterol e vitaminas lipossolúveis, tendem a se dividir dentro de micelas. Os ácidos biliares precisam estar presentes em certa concentração mínima, chamada concentração micelar crítica, antes de as micelas serem formadas. No estado normal, os ácidos biliares estão sempre presentes no duodeno em quantidades maior que a concentração micelar crítica.

9. A partir do colesterol, há a síntese dos ácidos biliares primários no fígado, sendo excretados na bile. Uma vez no duodeno, sofrem a ação de bactérias intestinais produzindo os ácidos biliares secundários. Em virtude do pH alcalino da bile e do conteúdo duodenal, os ácidos biliares apresentam-se na forma de sais biliares.

10. Os lipídios presentes no interior do retículo endoplasmáticos dos enterócitos são envolvidos por uma monocamada de fosfolipídios formando partículas de aproximadamente 1 nm, os quilomícrons. Os quilomícrons são lipoproteínas produzidas pelos enterócitos, compostos de aproximadamente 85 a 95% de triacilglicerois, pequena quantidade de colesterol livre e fosfolipídios e 1 a 2% de proteínas (apolipoproteínas: AI, AII, B-48, CI, CII, CIII e E). Por apresentarem grande proporção de lipídios em relação às proteínas, os quilomícrons ficam em suspensão no plasma dando-lhe um aspecto leitoso. Do interior dos enterócitos, os quilomícrons são exocitados e seguem para os vasos linfáticos, uma vez que, por suas grandes dimensões, são incapazes de atravessar as fenestras dos vasos sanguíneos. Os quilomícrons deixam o intestino com a linfa, primariamente via ducto linfático torácico e, posteriormente, fluindo para dentro da circulação venosa.

Referências bibliográficas

1. Berne MR, Levy MN. Fisiologia. 3. ed. Rio de Janeiro: Guanabara Koogan; 1996.
2. Frenhani PB, Burini RC. Mecanismos de absorção de aminoácidos e oligopeptídeos. Controle e implicações na dietoterapia humana. Arq Gastroenterol. 1999;36(4).
3. Frenhani PB, Burini RC. Mecanismos de absorção de aminoácidos e oligopeptídeos. Controle e implicações na dietoterapia humana. Arq Gastroenterol. 1999;36(4).
4. Mattar R, Monteiro MS, da Silva JMK, Carrilho FJ. LCT-22018G. A single nucleotide polymorphism is a better predictor of adult-type hypolactasia/lactase persistence in Japanese-Brazilians than LCT-13910C.T. CLINICS. 2010;65(12):1399-1400.

Bibliografia

Aires MM. Fisiologia. 2. ed. Rio de Janeiro: Guanabara Koogan; 1999.
Barreiros RC, Bossolan G, Trindade CEP. Frutose em humanos: efeitos metabólicos, utilização clínica e erros inatos associados. Rev. Nutr. Campinas. 2005;18(3):377-89.
Berne RM, Levy MN. Fisiologia. 3. ed. Rio de Janeiro: Guanabara Koogan; 2000.
Black DD. Development and physiological regulation of intestinal lipid absorption. I. Development of intestinal lipid absorption: cellular events in chylomicron assembly and secretion. Am J PhysiolGastrointestLiverPhysiol.2007;293(3):G519-24.
Boudry G, David ES, Douard V, Monteiro IM, Le Huërou-Luron I, Ferraris RP. Role of intestinal transporters in neonatal nutrition: carbohydrates, proteins, lipids, minerals, and vitamins. J Pediatr Gastroenterol Nutr. 2010;51(4):380-401.
Campbell AK, Waud JP, Matthews SB. The molecular basis of lactose intolerance. Sci Prog. 2005;88(Pt 3):157-202.
Cinza GM. Starch digestion and absorption in nonruminants. J Nutr. 1992;122(1):172-7.
Di Rienzo T, D'Angelo G, D'Aversa F, Campanale MC, Cesario V, Montalto M, Gasbarrini A, Ojetti V. Lactose intolerance: from diagnosis to correct management. Eur Rev Med Pharmacol Sci. 2013;17(Suppl 2):18-25.
Drozdowski LA, Thomson ABR. Intestinal Sugar Transport. World J Gastroenterol. 2006;12(11):1657-70.
Fotiadis D, Kanai Y, Palacín M. The SLC3 and SLC7 families of amino acid transporters. Mol Aspects Med. 2013;34(2-3):139-58.
Fruton JS. A history of pepsina and related enzymes. Q Rev Biol. 2002;77(2):127-47.
Goodman BE. Insights into digestion and absorption of major nutrients in humans. Adv Physiol Educ. 2010;34(2):44-53.
Lomer MC, Parkes GC, Sanderson JD. Review article: lactose intolerance in clinical practice – myths and realities. Aliment Pharmacol Ther. 2008;27(2):93-103.
Schubert ML, Peura DA. Control of gastric acid secretion in health and disease. Gastroenterology. 2008;134(7):1842-60.
Schubert ML. Gastric secretion. Curr Opin Gastroenterol. 2014;30(6):578-82.
Ten Have GA, Engelen MP, Luiking YC, Deutz NE. Absorption kinetics of amino acids, peptides, and intact proteins. Int J Sport Nutr Exerc Metab. 2007;17(Suppl).S23-36.

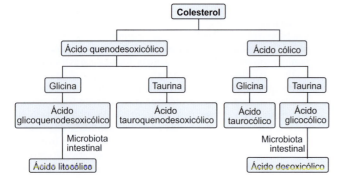

Aspectos Bioquímicos do Sistema Endócrino

Introdução

Os dois grandes controladores da homeostasia são o sistema nervoso e o sistema endócrino. A grande diversidade de hormônios e suas funções estão elencadas na Tabela 27.1. O sistema endócrino realiza suas funções por meio de moléculas sinalizadoras, os hormônios. A palavra hormônio deriva do grego *hormonium*, que significa excitar. A definição de hormônio é um ponto de celeuma entre os autores. Os hormônios sintetizados em um dado tecido podem desencadear respostas em tecidos e células distantes. Além disso, os hormônios podem atuar sobre tecidos e células adjacentes, o que configura a ação parácrina, ou, ainda, na mesma célula que os sintetizou e liberou, denominada ação autócrina. Finalmente, alguns hormônios podem atuar nas próprias células que os sintetizaram sem que sejam lançados para fora da célula, o que configura o efeito intrácrino, uma especialização de comunicação autócrina. Há ainda a liberação de substâncias (neurotransmissores) por parte de neurônios que atuarão sobre outras células nervosas, caso em que se tem a secreção sináptica. Outros fatores ainda colaboram para uma revisão na definição clássica de hormônio, como os ferormônios, substâncias que não se difundem via corrente sanguínea, mas sim pelo ar, cuja função é a atração sexual, ou, também, o óxido nítrico que, sendo um gás produzido pelo endotélio vascular, pode desencadear vasodilatação por meio da sinalização às células da camada muscular de uma artéria. Quando células nervosas liberam substâncias na corrente sanguínea, tem-se um tipo de secreção denominado neuroendócrino e a substância liberada recebe o nome de neuro-hormônio (Figura 27.1). A síntese e a liberação de hormônios são reguladas por um mecanismo de *feedback* ou retroalimentação, um meio de autorregulação do sistema. O objetivo do sistema endócrino é promover a unificação das células, dos tecidos e dos órgãos do organismo fornecendo um mecanismo de comunicação extremamente eficaz.

Sistema endócrino e sistema nervoso | Similaridades e diferenças

Há diversas similaridades entre os sistemas endócrino e nervoso. De fato, ambos utilizam ligantes e receptores para estabelecer comunicação celular, o que leva alguns autores a concluírem que esses dois sistemas evoluíram em paralelo, o sistema nervoso realizando ajustes mais grosseiros quando comparado ao sistema endócrino. Contudo, as diferenças entre os dois sistemas são muitas. O sistema nervoso é altamente compartimentalizado, formado por "cabos fechados", enquanto o sistema endócrino é global, visto que utiliza a corrente sanguínea para transportar os hormônios até seus locais de ação. Essa diferença reflete-se no tempo de resposta. No sistema nervoso, as respostas ocorrem em milissegundos, enquanto, no sistema endócrino, as respostas acontecem em intervalos de tempo de segundos, minutos, horas e mesmo anos, como é o caso do ganho de estatura (Tabela 27.2). No sistema nervoso, a quantidade de agonista liberado pelas terminações pré-sinápticas é grande, de modo que os receptores pós-sinápticos podem permanecer constantemente ocupados; em contrapartida, a afinidade dos agonistas pelos receptores não é tão alta, de modo que perdem a interação rapidamente.

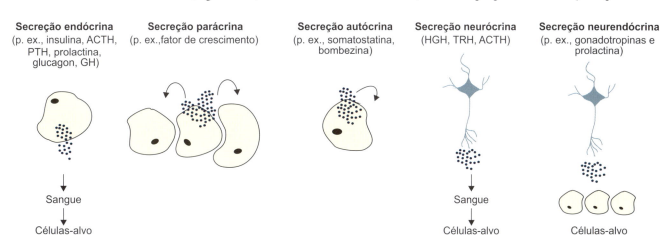

Figura 27.1 Alguns tipos de secreção hormonal presentes no organismo.

Tabela 27.1 Hormônios, suas estruturas secretoras, siglas e efeitos fisiológicos desencadeados.

Hormônio	Natureza química	Sigla	Fonte da secreção	Principais ações fisiológicas
Adrenalina e noradrenalina	Amina	–	Medula das adrenais	Desencadeiam efeitos similares aos da estimulação simpática
Aldosterona	Esteroide	–	Córtex adrenal	Promove: aumento da reabsorção renal de sódio; aumento da excreção renal de potássio
Calcitonina	Peptídeo	–	Células parafoliculares da tireoide	Promove redução da concentração plasmática de cálcio
Colecistoquinina ou colecistocinina ou pancreozimina	Peptídeo	CCK ou PZ	Células I duodenais	Estimula o relaxamento do esfíncter de Oddi e contrações da vesícula biliar
Cortisol (glicocorticosteroide)	Esteroide	–	Córtex adrenal	Estimula a gliconeogênese; anti-inflamatório; imunossupressor
Desidroepiandrosterona	Esteroide	DHEA	Córtex adrenal	Precursora da testosterona e do estradiol. Tem fraca ação androgênica
Eritropoetina	Peptídeo	–	Rim	Envolvida na produção medular de eritrócitos
Estradiol	Esteroide	–	Ovário	Promove: crescimento e desenvolvimento dos órgãos reprodutores femininos; fase proliferativa do ciclo menstrual; libido
Gastrina	Peptídeo	–	Células G duodenais	Estimula a síntese de HCl pelas células parietais
Glucagon	Peptídeo	–	Pâncreas (células-alfa)	Promove aumento da glicemia
Gonadotrofina coriônica	Peptídeo	HCG	Placenta	Promove aumento da produção de estrógeno e progesterona
Hormônio liberador de corticotrofina	Peptídeo	CRH	Hipotálamo	Estimula a secreção de ACTH
Hormônio liberador de gonadotrofinas	Peptídeo	GnRH	Hipotálamo	Estimula a secreção do hormônio de LH e FSH
Hormônio liberador de hormônio de crescimento	Peptídeo	GHRH	Hipotálamo	Estimula a secreção do hormônio do crescimento (GH)
Somatostatina ou hormônio inibidor da liberação de somatotrofina	Peptídeo	SRIF	Hipotálamo	Inibe a secreção do hormônio do crescimento (GH)
Fator inibidor de prolactina	Peptídeo	PIF	Hipotálamo	Inibe a secreção de prolactina (PR)
Hormônio estimulante da tireoide	Peptídeo	TSH	Adeno-hipófise	Estimula a síntese e a secreção de hormônios tireoidianos
Hormônio estimulante do folículo	Peptídeo	FSH	Adeno-hipófise	Estimula o crescimento do folículo e a secreção de estrógeno (ovário) Promove a maturação do espermatozoide (testículo)
Hormônio luteinizante	Peptídeo	LH	Adeno-hipófise	Estimula ovulação, formação do corpo lúteo e síntese de estrógeno e progesterona (ovário) Estimula síntese e secreção de testosterona (testículo)
Hormônio do crescimento	Peptídeo	GH	Neuro-hipófise	Estimula a síntese proteica e o crescimento geral do organismo
Prolactina	Peptídeo	PR	Adeno-hipófise	Estimula a produção de leite
Hormônio adrenocorticotrófico	Peptídeo	ACTH	Adeno-hipófise	Estimula a síntese e secreção de hormônios da córtex adrenal
Hormônio estimulante dos melanócitos	Peptídeo	MSH	Adeno-hipófise	Estimula a síntese de melanina
Hormônio lactogênico placentário	Peptídeo	HPL	Placenta	Promove ações semelhantes às do GH e PR durante a gravidez
Insulina	Peptídeo	–	Pâncreas (células-beta)	Promove redução da glicemia
Ocitocina	Peptídeo	–	Adeno-hipófise	Promove ejeção do leite e contração uterina
Paratormônio	Peptídeo	PTH	Paratireoides	Promove aumento da concentração plasmática de cálcio
Peptídeo natriurético	Peptídeo	ANP	Coração	Estimula a secreção de sódio via renal reduzindo, assim, a pressão arterial
Progesterona	Esteroide	–	Ovário	Promove a fase secretória do ciclo menstrual
Secretina	Peptídeo	–	Intestino delgado	Estimula as células canaliculares pancreáticas a secretarem secreção hidrelática

(continua)

Tabela 27.1 (*Continuação*) Hormônios, suas estruturas secretoras, siglas e efeitos fisiológicos desencadeados.

Hormônio	Natureza química	Sigla	Fonte da secreção	Principais ações fisiológicas
Somatotropina coriônica	Peptídeo	CS	Placenta	Promove ações semelhantes às do hormônio do crescimento e da prolactina, apresentando, portanto, efeitos tróficos tanto para a mãe quanto para o feto
Testosterona	Esteroide	–	Testículo	Promove espermatogênese; características sexuais masculinas secundárias
Triiodotironina Tiroxina	Derivadas da tirosina	T3 T4	Tireoide	Estimula crescimento corporal; consumo de oxigênio; produção de calor; utilização de lipídios, proteínas e carboidratos; maturação do sistema nervoso
Vasopressina (antidiurético)	Peptídeo	ADH	Neuro-hipófise	Estimula a reabsorção renal de água
1,25 di-hidroxicolecalciferol	Esteroide	–	Rim (local de ativação)	Promove aumento da absorção intestinal de cálcio; aumento da mineralização óssea

Tabela 27.2 Diferenças e similaridades entre o sistema nervoso e o sistema endócrino.

Parâmetro	Nervoso	Endócrino
Mensageiro	Eletroquímico	Químico (hormônio)
Tempo de resposta	Milissegundos	Segundos ou até mesmo dias
Duração da resposta	Curta	Longa
Distribuição	Cabos fechados (altamente compartimentalizado)	Global
Quantidade de ligante liberado	Libera grande quantidade de ligante	Libera pouca quantidade de ligante
Afinidade de ligação do ligante ao receptor	Baixa afinidade de ligação pelo receptor	Alta afinidade de ligação pelo receptor

Tabela 27.3 Classificação das glândulas de acordo com os critérios mais importantes.

Quanto ao número de células	Unicelulares: têm apenas uma célula, uma porção secretora, como a célula caliciforme
	Pluricelulares: formadas por grupos de células, sendo, portanto, a maioria das glândulas do organismo. Por exemplo: tireoide, pâncreas, adrenais
Quanto à natureza de secreção	Mucosas: secretam muco, uma substância densa, de alta viscosidade
	Serosa: as substâncias serosas são fluídicas, com grande quantidade de proteínas
	Mucosserosa ou mista: nesse caso, a glândula secreta tanto substâncias serosas quanto mucosas
Quanto à forma da glândula	Tubular simples, acinosa simples (como os ácinos pancreáticos) e tubuloacinosa
Quanto ao mecanismo de secreção	Apócrina: uma porção pequena do polo apical é liberada com o produto de secreção, como é o caso das células das glândulas mamárias em lactação que secretam caseína
	Merócrina: liberam seus produtos de secreção sem perda de outro tipo de material celular, como é o caso do pâncreas
	Holócrinas: a célula amadurece, morre e torna-se o produto de secreção. Como exemplo, tem-se a glândula sebácea

Já o sistema endócrino não libera uma grande quantidade de agonista, como é o caso das terminações nervosas, visto compensar a reduzida quantidade de agonista aumentando cerca de 100 a 10.000 vezes a mais a afinidade do agonista por seu respectivo receptor. Finalmente, o sistema nervoso e o sistema endócrino atuam sinergicamente para estabelecer o sofisticado grau de controle das funções do organismo, e ambos são relacionados e complementares.

Substâncias que agem como hormônios

O sistema endócrino caracteriza-se pela presença de glândulas, estruturas que se originam de invaginações de superfícies epiteliais que se formaram durante o desenvolvimento embrionário pela proliferação do epitélio no tecido conjuntivo subjacente. As glândulas que mantêm continuidade com a superfície epitelial, por meio de um ducto, são denominadas glândulas exócrinas, enquanto aquelas que não mantêm essa conexão com o epitélio e, portanto, lançam seus produtos de secreção no plasma, são as glândulas endócrinas. As glândulas mistas são aquelas que tanto liberam suas secreções por meio de ductos quanto pela corrente sanguínea, como é o caso do pâncreas. As glândulas podem ser classificadas de acordo com diversos critérios, conforme mostrado na Tabela 27.3.

Contudo, sabe-se que hormônios também podem ser secretados por outros órgãos que não glândulas, tornando mais complexa a definição de glândula e de hormônio. De fato, o coração libera peptídeo natriurético e os rins, eritropoetina; o intestino delgado secreta colecistocininas e incretinas, e até mesmo o tecido adiposo tem sido alçado à condição de órgão com função endócrina, já que é responsável pela liberação de leptina e adiponectinas.

Classificação dos hormônios por natureza química

Os hormônios apresentam grande diversidade estrutural. Com relação à sua natureza química, podem ser classificados em quatro tipos:

- Peptídeos e proteicos (p. ex., insulina, ADH, ocitocina e prolactina)
- Glicoproteicos (p. ex., LH, FSH)
- Derivados da tirosina (p. ex., T3, T4, adrenalina e noradrenalina)
- Esteroides (p. ex., cortisol, testosterona, progesterona e aldosterona).

Os hormônios peptídicos e proteicos são polares e, portanto, necessitam de um receptor de membrana presente nas células-alvo para exercerem sua função. Já os hormônios apolares, como é o caso dos esteroides e derivados da tirosina, são capazes de se difundir por meio da membrana plasmática das células-alvo indo interagir com receptores situados no citosol ou no núcleo das células-alvo. Contudo, existem exceções a essa regra, como é o caso do T3, que ativa receptores no núcleo e também receptores traço amina (TAR1) na membrana celular, ou mesmo o estradiol, que, embora seja um esteroide, parece atuar também em receptores de membrana.

Síntese, armazenamento e secreção de hormônios

A síntese de hormônios peptídicos é semelhante à de qualquer proteína, ou seja, uma molécula de RNA mensageiro (RNAm) é produzida por uma porção específica do DNA, exportada para o citosol e traduzida em nível ribossômico. Contudo, uma vez que os hormônios são proteínas que devem ser exportadas da célula, eles são sintetizados em ribossomos aderidos ao retículo endoplasmático (retículo endoplasmático rugoso – RER) em contraste com proteínas que não serão exportadas das células sintetizadas por ribossomos livres, não ligados ao retículo. Ao final de sua síntese, a proteína (hormônio) é armazenada em vesículas oriundas do retículo endoplasmático rugoso e do aparelho de Golgi (Figura 27.2). Os hormônios peptídicos são sintetizados em uma forma chamada pré-pró-hormônio, na qual a cadeia peptídica em formação é capaz de interagir com a membrana do RER. Posteriormente, o pré-pró-hormônio sofre conversões e clivagens enzimáticas sucessivas, dando origem ao pré-hormônio e, finalmente, ao hormônio em sua forma ativa, armazenado em vesículas para que seja liberado quando necessário.

A sequência de resíduos de aminoácidos que forma o segmento pré do pré-pró-hormônio é o peptídeo de sinalização, ou seja, a sequência peptídica responsável pela interação da molécula do hormônio em síntese com a membrana do RER. Acredita-se que a síntese do pré-pró-hormônio tenha início em ribossomos livres e, à medida que o peptídeo de sinalização surge (a sequência pré), adere à membrana do RER, já que se trata de uma sequência formada por aminoácido lipofílico, além de ser a primeira porção da molécula hormonal a ser sintetizada. Não está plenamente elucidado se a sequência sinal do hormônio em síntese liga-se a um receptor na membrana do RR ou se a natureza lipofílica do peptídeo sinal é suficiente para a interação da molécula com a membrana do RER. Após o hormônio ligar-se à membrana do RER, ele permanecerá anexado até que a síntese se complete, garantindo que a cadeia polipeptídica em crescimento seja exportada para a luz do RER, tornando possível que, posteriormente, a proteína completa seja liberada no interior do RER. Do RER, o pré-hormônio segue para o aparelho de Golgi, onde serão acondicionados em vesículas secretoras.

Os pró-hormônios são transportados para o aparelho de Golgi em vesículas ligadas à membrana que se soltam do RER e coalescem com a membrana do aparelho de Golgi adjacente, liberando seu conteúdo na luz de suas cisternas. Subsequentemente, os pró-hormônios deslocam-se no interior das cisternas do aparelho de Golgi até que atingem a cisterna mais próxima da membrana plasmática, dando origem às vesículas secretoras que, posteriormente, coalescem com a membrana plasmática, liberando os hormônios para o meio extracelular por meio de exocitose. Deve-se ressaltar que, além do hormônio, pequenas quantidades de pré-pró-hormônio e pró-hormônio podem ser liberadas para o meio extracelular, contudo essas moléculas apresentam pequena ou nenhuma atividade biológica.

Hormônios esteroides

Apresentam o colesterol como precursor e, por esse motivo, são apolares ou lipofílicos. Durante muito tempo, acreditou-se que todo ou grande parte do colesterol utilizado pelas células produtoras tivesse o acetato como fonte. Contudo, a principal fonte de colesterol para a esteroidogênese aceita atualmente é a lipoproteína de baixa densidade (LDL-colesterol). De fato, receptores para o LDL colesterol já foram identificados na membrana das células esteroidogênicas. A apoproteína B-100 presente no LDL interage com o receptor de LDL presente na membrana das células esteroidogênicas e o complexo LDL-receptor é incorporado pela célula por meio do mecanismo de endocitose mediada por receptor. No interior da célula, o colesterol da lipoproteína é aproveitado para a síntese de hormônios esteroides, enquanto o receptor sofre reciclagem e retorna à membrana plasmática para captar mais partículas de LDL.

A captação e a degradação das lipoproteínas são reguladas por hormônios. O colesterol presente no interior das células esteroidogênicas, seja oriundo do LDL, seja sintetizado pela própria célula, pode ser utilizado para a síntese de hormônios esteroides ou convertido em ésteres de colesterol, caso em que é armazenado no citosol na forma de inclusões lipídicas. Esses ésteres constituem a principal maneira de armazenamento de colesterol e devem ser rapidamente hidrolisados a colesterol livres para atender à demanda de síntese de hormônios por parte da célula. Desse modo, tanto a velocidade de hidrólise dos ésteres de colesterol quanto a captação e a degradação de

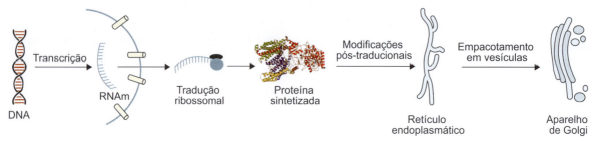

Figura 27.2 O mecanismo de síntese de hormônios peptídicos, proteicos e glicoproteicos é similar à síntese de qualquer proteína. As modificações pós-transducionais incluem, entre outras, glicação, sulfatação, fosforilação e mesmo dimerização de cadeias peptídicas.

lipoproteínas estão sujeitas à regulação hormonal. Isso significa que o fornecimento de colesterol para a célula esteroidogênica pode ser diretamente modulado pela atividade geral das vias esteroidogênicas. O passo inicial para a síntese de hormônios esteroides, seja na adrenal, seja em outros tecidos, é a conversão do colesterol em pregnenolona. O colesterol necessário para a síntese de hormônios esteroides adrenais pode advir da conversão de acetil-CoA via ácido mevalônico e esqualeno ou de inclusões lipídicas presentes no citosol, no qual o colesterol se encontra na forma de ésteres. Na verdade, a maior parte do colesterol vem das inclusões lipídicas citosólicas. Algumas características de estrutura e função são compartilhadas pelos esteroides com funções biológicas semelhantes, por exemplo, todos os hormônios andrógenos (com atividade masculinizante); representados pela testosterona, apresentam 19 átomos de carbono e sua cadeia lateral não está associada ao núcleo esteroide. Já os hormônios esteroides com atividade estrogênica (feminilizante), representados pelo estradiol, apresentam 18 átomos de carbono e um anel aromático A. Os demais hormônios esteroides com atividade biologicamente importantes, como cortisol e progesterona, têm 21 átomos de carbono. Os hormônios esteroides apresentam diferenças estruturais discretas, que são significativas no caso da natureza de suas atividades biológicas. A Figura 27.3 ilustra o mecanismo de síntese do cortisol. Parte das enzimas necessárias para finalizar as alterações no núcleo da molécula do colesterol e, assim, dar origem a cada hormônio esteroide encontra-se no interior das mitocôndrias.

No modelo, o hormônio adrenocorticotrófico (ACTH) interage com seus receptores presentes na membrana das células adrenais, levando à formação intracelular de AMPc, que, por sua vez, ativa uma enzima esterase (colesterol éster hidrolase) que promove a cisão dos ésteres de colesterol presentes em inclusões lipídicas citosólicas. Essa cadeia de eventos leva à formação de colesterol livre, que, por sua vez, é transportado para a membrana mitocondrial interna por meio da proteína esteroidogênica aguda reguladora ACTH-dependente (StAR).

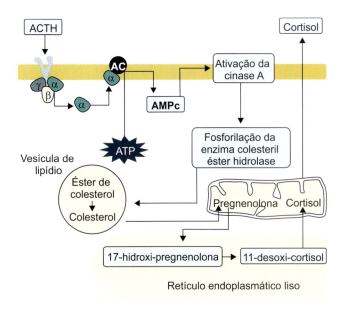

Figura 27.3 O mecanismo de síntese de cortisol ilustra a sequência de passos para a síntese de hormônios esteroides. Parte do repertório enzimático necessário para completar a síntese encontra-se na matriz mitocondrial.

Essa etapa, mediada pela proteína reguladora aguda dos esteroides, é considerada a etapa limitante na velocidade da biossíntese de hormônios esteroides em todos os tecidos esteroidogênicos. Na membrana mitocondrial interna, a enzima P450 scc (enzima do citocromo P450 de clivagem de cadeia lateral) tem a função de promover a clivagem da cadeia lateral da molécula do colesterol, dando origem à pregnenolona de 21 carbonos e ao isocaproaldeído de 6 carbonos. Os tecidos esteroidogênicos apresentam especificidade de repertório enzimático, por exemplo, a zona glomerular da adrenal não sintetiza glicocorticosteroides, mas sim mineralocorticoides. Isso porque a zona glomerular da adrenal é o único tecido esteroidogênico que apresenta as enzimas 18-hidroxilase e 19-hidroxiesteroide desidrogenase, de modo que a síntese de aldosterona está restrita à zona glomerular da adrenal.

Transporte de hormônios no plasma

Os hormônios polares podem se solubilizar livremente no plasma, já os apolares necessitam de outros meios de transporte e, por isso, são transportados ligados a proteínas plasmáticas. Os hormônios de natureza peptídica e proteica são solúveis no plasma, alguns em formas monomérica e polimérica, como é o caso da insulina; em outros casos, o hormônio íntegro e suas respectivas subunidades dissociadas estão presentes no plasma, por exemplo, alguns hormônios hipofisários.

De qualquer maneira, essas formas hormonais permanecem solúveis no plasma e não requerem um sistema de transporte específico. Contudo, alguns hormônios apresentam características químicas que os tornam absolutamente insolúveis no plasma e, por essa razão, ligam-se a proteínas plasmáticas ou apresentam proteínas específicas para o seu transporte. Os hormônios transportados por proteínas são os esteroidais, os tireoidianos, o GH e os fatores de crescimento semelhantes à insulina (IGF-I e IGF-II). Os hormônios transportados por proteínas apresentam uma fração ligada (a proteínas transportadoras) e uma fração livre no plasma. Essas duas frações de hormônio estão em equilíbrio dinâmico. A interação de hormônios com proteínas plasmáticas cria uma reserva de hormônios plasmáticos, prevenindo alterações bruscas da concentração plasmática de hormônios. Além disso, a ligação de hormônios a proteínas plasmáticas aumenta a meia-vida hormonal; de fato, o T4 livre tem meia-vida de intervalos de segundos, enquanto o T4 ligado à TGB apresenta meia-vida de 8 dias. Contudo, somente o hormônio livre é metabolicamente ativo e somente a fração livre é capaz de desencadear respostas de *feedback*. As proteínas transportadoras de hormônios são de dois tipos: proteínas que atuam como transportadoras gerais (inespecíficas), como é o caso da albumina sérica; e proteínas de transporte específicas para cada hormônio, com sítios de ligação de alta afinidade com a molécula hormonal (Figura 27.4).

Pertencem a essa última classe a TGB (transportadora de hormônios tireoidianos), a SHBG (responsável pelo transporte de esteroides sexuais), a CBG (proteína de transporte de corticosteroides), a IGFBP (proteína de transporte de IGF, que apresenta seis isoformas distintas) e a GHBP (proteína transportadora de GH). A concentração plasmática de proteínas transportadoras de hormônios pode alterar a fração de hormônio livre que imediatamente deflagra respostas de ajuste. Por exemplo, a proteína TGB é sintetizada no fígado e condições de comprometimento da função hepática podem alterar a concentração de TGB no plasma, refletindo imediatamente

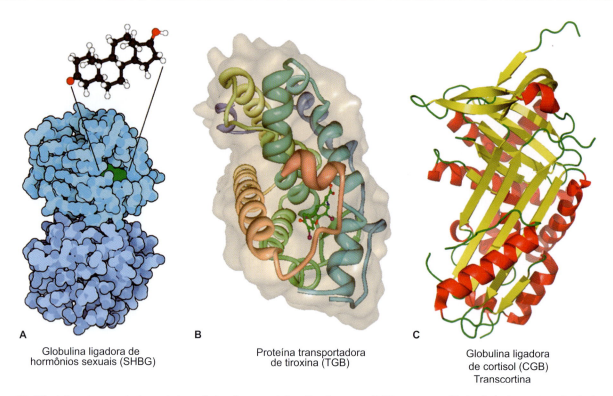

Figura 27.4 Proteínas transportadoras de hormônios. Essas proteínas ligadoras possibilitam um equilíbrio dinâmico entre a fração hormonal ligada e não ligada. Quando os níveis plasmáticos de hormônios livres caem, uma maior quantidade de hormônios desliga-se de suas proteínas transportadoras.

no aumento da fração de tiroxina livre, e o resultado é uma forte inibição da função tireoidiana e adeno-hipofisária pelas alças de *feedback* negativo. A resposta exatamente contrária pode ser observada na gestação, pois, nessa condição, o catabolismo da TGB por parte do fígado sofre redução pelos elevados níveis de estrogênio. Dessa maneira, maior quantidade de TGB está disponível para ligar-se à tiroxina, reduzindo sua fração livre no plasma. As frações ligadas e livres, nesse caso, são ajustadas pelo aumento da síntese de hormônios tireoidianos, já que a redução da fração livre desencadeia *feedback* positivo tanto na tireoide quanto na adeno-hipófise.

Regulação dos níveis plasmáticos

O principal modo de controle da variação dos níveis hormonais plasmáticos se dá por meio da atividade biológica que eles próprios regulam por meio de mecanismos de *feedback* ou retroalimentação. Por exemplo, os elevados níveis plasmáticos de glicose estimulam as células beta das ilhotas de Langerhans pancreáticas a liberarem insulina, e, quando a glicemia alcança níveis de referência, a secreção de insulina sofre ajuste. Os mecanismos de *feedback* podem ser de natureza negativa ou positiva, por exemplo, baixos níveis de hormônios tireoidianos causam *feedback* positivo na adeno-hipófise, que, por sua vez, aumenta a secreção de TSH. Em contrapartida, altos níveis plasmáticos de hormônios tireoidianos, como ocorre no hipertireoidismo, causam na adeno-hipófise *feedback* negativo, reduzindo significativamente a secreção de TSH (Figura 27.5).

A regulação hormonal pode ainda ocorrer por meio de metabolização na própria célula-alvo, no plasma, nos espaços extracelulares, no fígado e nos rins. A taxa de remoção ou *clearance* hormonal pode ter reflexo direto na concentração plasmática de hormônios e, portanto, em seus efeitos. Alguns hormônios apresentam depuração plasmática lenta, ou seja, sua meia-vida é longa e seus níveis, estáveis, como é o caso da tiroxina ligada, do sulfato de desidroepiandrosterona (SDHEA) e da IGF-I. Outros ainda apresentam meia-vida curta, como a adrenalina e o cortisol. A meia-vida de um hormônio é definida como o tempo necessário para que sua concentração plasmática alcance a metade da concentração inicial. A degradação metabólica do hormônio pode envolver diversos processos bioquímicos, como desaminação, redução, desalogenação, descarboxilação, cisão de pontes dissulfeto ou de ligações peptídicas. Nesse caso, esses processos causam degradação total do hormônio, de modo que não se pode verificar nenhum traço seu na urina. Outros tipos de metabolização hormonal incluem a metilação e a adição de ácido glicurônico, reações que não causam modificações drásticas na estrutura da molécula; essa particularidade assume grande importância clínica, já que traços do hormônio podem ser detectados na urina servindo como indicador indireto da taxa de síntese hormonal, como é o caso do doseamento urinário de gonadotrofina coriônica humana.

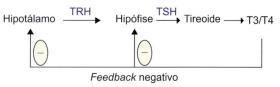

Figura 27.5 Mecanismo de regulação da função tireoidiana por meio de sinais de *feedback*. Altos níveis de T3 e T4 no plasma causam *feedback* negativo na adeno-hipófise (alça curta) e no hipotálamo (alça longa). Quando os níveis de T3 e T4 no plasma sofrem redução, o sinal nessas estruturas passa a ser de *feedback* positivo.

Receptores

Tecidos, órgãos ou células que respondem à ação hormonal são denominados órgãos, tecidos ou células-alvo, capazes de promover essa resposta em virtude de estruturas chamadas receptores. Receptores são proteínas que reconhecem especificamente a molécula hormonal; estima-se que existam de 2.000 a 100.000 receptores por célula. Essa grande população de receptores torna a célula capaz de discernir um hormônio específico entre os outros hormônios e também entre as demais substâncias que circulam no plasma. A existência de receptores torna possível que uma pequena quantidade de hormônio no plasma possa exercer seus efeitos nas células-alvo. De fato, estudos mostram que a concentração de hormônios no plasma é em torno de 10^{-15} a 10^9 mol/ℓ, ou seja, extremamente baixa. As substâncias que interagem com os receptores desencadeando uma resposta biológica são chamadas agonistas; já as substâncias que se ligam aos receptores, mas não disparam sinais intracelulares para provocar uma resposta, denominam-se antagonistas. Os agonistas parciais são as substâncias que têm capacidade limitada de desencadear a resposta biológica.

Embora a interação hormônio-receptor seja um eficiente sistema de intercomunicação celular, há diversos fatores que podem interferir nesse processo de comunicação:

- Efeito de diluição do hormônio nos líquidos biológicos
- Taxa de conversão de formas inativas de hormônios (pré-hormônios) em suas formas biologicamente ativas
- Constante de dissociação do hormônio com suas proteínas transportadoras (quando for o caso)
- Taxa de síntese de proteínas transportadoras de hormônios (quando for o caso)
- Taxa de metabolização do hormônio por parte de tecidos e órgãos
- População de receptores em uma dada célula-alvo, bem como o estado de ocupação desses receptores
- Dessensibilização pós-receptor.

Os receptores para hormônios podem situar-se ancorados na membrana plasmática (receptores de membrana) ou no interior da célula (no citosol ou no núcleo). Receptores nucleares são, na verdade, fatores de transcrição regulados por ligantes e apresentam os domínios de ligação a regiões específicas da hélice do DNA. A família dos receptores nucleares tem 48 proteínas que modulam a transcrição de RNAm dos seus respectivos genes-alvo. Já os receptores de membrana são proteínas integrais e mediam ações de hormônios cuja natureza química é hidrofóbica, ou seja, esses hormônios não são capazes de atravessar a membrana celular. São exemplos dessa classe: insulina; ocitocina; glucagon; e ADH (hormônio antidiurético).

Todo receptor de membrana apresenta pelo menos três domínios: um extracelular, complementar ao ligante e que pode ser um fármaco, neurotransmissor ou um hormônio; um domínio hidrofóbico transmembrânico na forma de alfa-hélice; e um domínio intracelular envolvido na resposta celular. Os receptores com atividade de tirosinocinase são os mais simples, como é o caso do receptor de EGF (do inglês *epidermal growth factor*), que apresenta um único domínio transmembrânico que separa a porção aminoterminal (extracelular) da porção carboxiterminal (intracelular). Nesses receptores, o domínio extracelular dos receptores de membrana apresenta de 10 a 20 sítios de glicação (Asn-X-Ser ou Asn-X-Thr).

A alça ou porção extracelular apresenta ainda resíduos de cisteína capazes de formar pontes dissulfeto. O domínio citosólico é o que apresenta a atividade de tirosinocinase e dispõe de vários sítios de fosforilação e autofosforilação. De fato, a ligação do hormônio ao receptor é capaz de aumentar a atividade dessa cinase em pelo menos três vezes. Já os receptores intracelulares são destinados a hormônios que apresentam a propriedade de atravessar a bicamada lipídica da membrana celular de suas células-alvo.

Esses hormônios são derivados do colesterol ou da tirosina, como o cortisol ou os hormônios tireoidianos. Os receptores são classificados funcionalmente em quatro tipos (Figura 27.6).

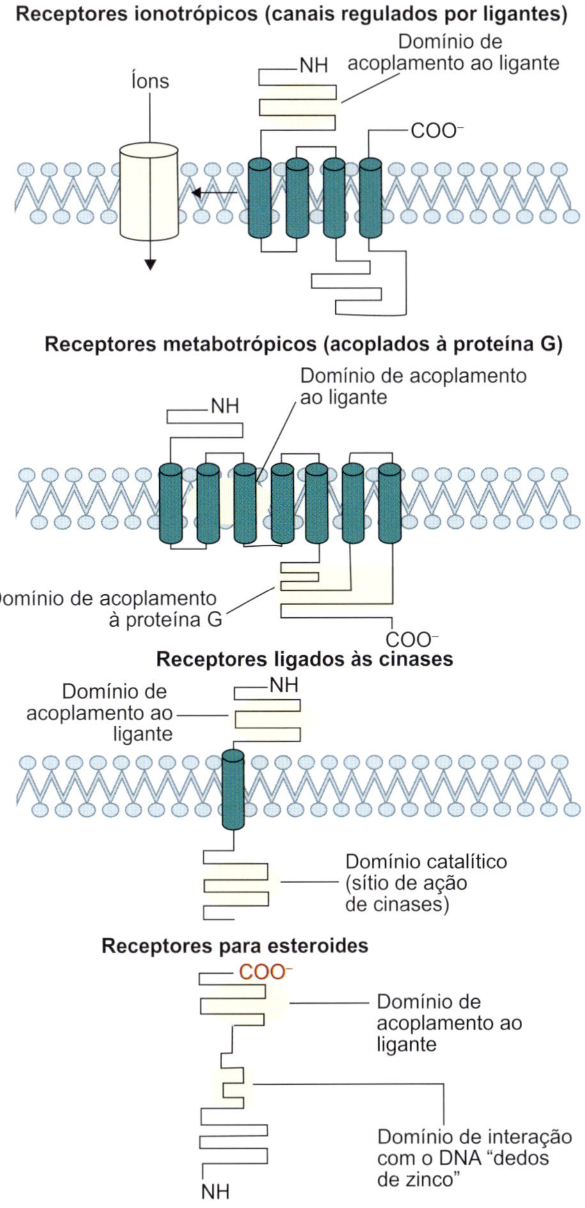

Figura 27.6 Modelos das estruturas dos quatro tipos funcionais de receptores. Os segmentos cilíndricos representam a porção em alfa-hélice da proteína, que indica que essa porção apresenta caráter hidrofóbico e a quantidade aproximada de resíduos de aminoácidos é 20. Os receptores acoplados a canais iônicos são constituídos de quatro a cinco subunidades do tipo mostrado, apresentando o complexo inteiro cerca de 16 a 20 segmentos que se estendem pela membrana circundando um canal iônico central.

Tipo 1 | Receptores ionotrópicos

Os receptores de canais iônicos podem ser classificados em dois grupos: os que formam os canais de sódio, nos quais estão incluídos os receptores colinérgicos e nicotínicos; e os que formam os canais de cloreto, em que estão os receptores do ácido gama-aminobutírico.

Os receptores de canais iônicos são formados por cerca de quatro ou cinco subunidades que ficam ancoradas na membrana plasmática (unidades transmembrânicas) e dispõem de vários sítios de glicação. O receptor nicotínico é o mais bem estudado dessa família e consiste em um pentâmero formado por 2αβ, γ e δ. Cada uma dessas subunidades é formada por uma porção aminoterminal extracelular, quatro a cinco alfa-hélices transmembrânicas e uma grande alça transmembrânica seguindo a terceira hélice. Na região citosólica, compreendida entre a terceira e quarta hélice do receptor, está presente um sítio para fosforilação pela PKA, que pode estar envolvido na dessensibilização do receptor canal. As subunidades transmembrânicas organizam-se para formar uma passagem central por onde o íon fluirá. Estudos mostram que o hormônio liga-se na região situada entre a subunidade alfa e a primeira hélice.

Tipo 2 | Receptores ligados a proteínas cinases

São os receptores mais simples, como os de insulina e de vários fatores de crescimento, por exemplo, o receptor para a insulina. Esses receptores apresentam a propriedade de se autofosforilarem quando são ocupados pelo agonista.

Tipo 3 | Receptores para esteroides

São receptores para hormônios esteroides, hormônio tireoidiano e outros agentes, como o ácido retinoico e a vitamina D. Estão situados no citosol ou no núcleo celular. Todos os receptores esteroidais apresentam duas regiões importantes, uma que interage com o agonista e outra que interage com a dupla fita de DNA (Figura 27.7).

Tipo 4 | Receptores metabotrópicos

Esses receptores atuam sobre enzimas ciclases de membrana tendo um trímero proteico como mediador, a proteína G que se liga ao GTP/GDP. Diversos receptores pertencem a essa classe, como o receptor de rodopsina, os adrenorreceptores (α1, α2, β1, e β2), o receptor muscarínico e o receptor para serotonina. Todos são proteínas com sete alças transmembrânicas compostas de cerca de 20 a 27 resíduos de aminoácidos ou domínios transmembrânicos, uma alça extracelular (aminoterminal) com tamanho que pode variar de 7 a 600 resíduos de aminoácidos.

A porção aminoterminal varia muito no seu tamanho, indicando estruturas e funções diversas. Curiosamente, há alguma correlação positiva entre o comprimento do segmento N-terminal e o tamanho do ligante, sugerindo um papel ativo desse segmento no acoplamento do agonista, especialmente para grandes polipeptídeos e hormônios glicoproteicos. Uma exceção notável é o segmento N-terminal (cerca de 600 resíduos de aminoácidos) de receptores de neurotransmissores, como o receptor para o cálcio. No citosol, está localizada a porção carboxiterminal acoplada à proteína G.

Nesses receptores, as diferenças mais marcantes residem nos sítios de ligação do agonista. Moléculas de ligantes pequenos, como as catecolaminas, têm um sítio de ligação similar

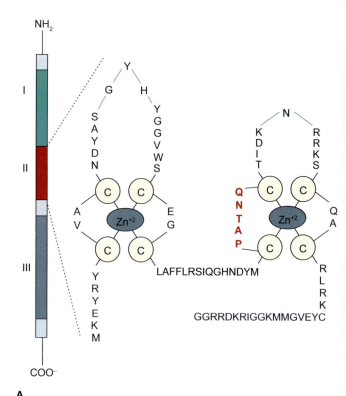

A

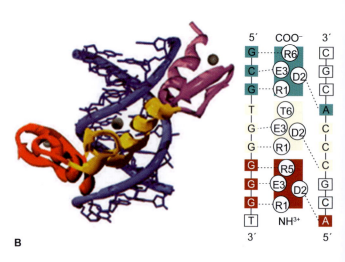

B

I – Ativação da transcrição (sequência e comprimentos variáveis)
II – Ligação ao DNA (66 a 68 resíduos de aminoácidos altamente conservados)
III – Ligação ao hormônio (sequência e comprimentos variáveis)

Figura 27.7 Receptor de estrógeno, um modelo para os receptores de hormônios esteroidais. **A.** Os resíduos em azul são comuns a todos os receptores esteroidais. Oito resíduos de cistina críticos ligam-se a dois íons Zn^{+2} que estabilizam a estrutura do "dedo de zinco" compartilhada com muitas outras proteínas de ligação ao DNA. As proteínas receptoras dos hormônios esteroides apresentam um sítio de ligação para o hormônio, um domínio de ligação ao DNA e uma região que ativa a transcrição do gene regulado. A região de ligação com o DNA é comum para todos os receptores esteroides (altamente conservada). **B.** Modelo de reconhecimento de sítios de ligação na molécula do DNA por parte de uma proteína com motivos "dedos de zinco". Nota-se a interação de resíduos de aminoácidos com as bases nitrogenadas presentes no DNA. Código PDB: 1A1L.

a um "bolso" formado pelos domínios transmembrânicos, e, para agonistas, polipeptídicos a interação ocorre em uma ou mais alças extracelulares. Já para ligantes de natureza glicoproteica e também para o cálcio oriundo do meio extracelular, a ligação ocorre no longo domínio extracelular e posterior interação com as alças transmembranares (Figura 27.8). A porção citosólica desses receptores apresenta sítios de fosforilação para a cinase proteica (PKA) e está relacionada com um dos mecanismos de dessensibilização.

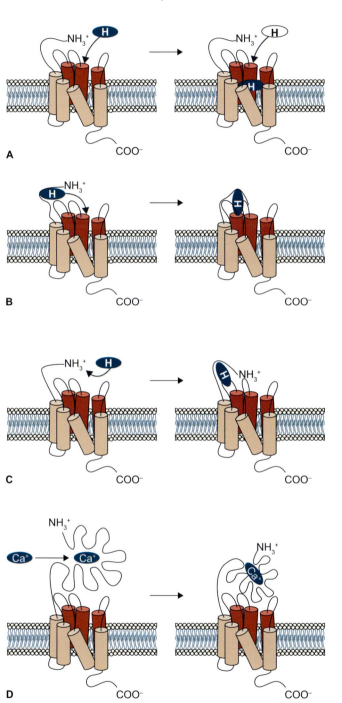

Figura 27.8 Sítios de ligação dos agonistas em receptores metabotrópicos de sete alças transmembrânicas. **A.** Modelo de acoplamento das aminas biogênicas, como catecolaminas. **B.** Interação entre agonistas glicoproteicos (p. ex., LH, FSH, TSH e hCG). **C.** Acoplamento entre agonistas peptídicos e proteicos (p. ex., glucagon, calcitonina, PTH, TRH e GnRH). **D.** Forma de interação do íon cálcio extracelular.

Bioclínica

A informação no receptor

A ideia corrente na fisiologia endócrina de que o hormônio é um mensageiro que conduz uma informação à célula é bastante difundida. De fato, o hormônio é chamado de primeiro mensageiro para distingui-lo dos segundos mensageiros, substâncias formadas no interior da célula em decorrência do acoplamento do hormônio ao seu respectivo receptor.

Contudo, ao que parece, a informação está "retida" no receptor presente na célula-alvo. Nessa circunstância, o hormônio ou agonista assume apenas o papel de disparar a resposta detida no receptor. O hormônio é capaz de criar um ambiente energético no receptor que possibilita a disponibilização da informação para o interior celular. Desse modo, se uma dada substância, que não seja o hormônio, for capaz de desencadear esse nível energético no ambiente do receptor, a resposta ocorrerá. Isso pode ser comprovado em situações em que a resposta celular ocorre na ausência do agonista, como é o caso do hipertireoidismo presente na doença de Graves.

Essa entidade clínica caracteriza-se por hipersecreção de hormônios tireoidianos mediada pela ação de imunocomplexos.

Na doença de Graves, os imunocomplexos acoplam-se ao receptor para TSH presente nas células da tireoide (tireócitos), disparando a resposta celular que envolve a hipersecreção de hormônios tireoidianos (Figura 27.9). No entanto, os imunocomplexos não são o agonista (no caso, o TSH) e também não apresentam a mesma estrutura do agonista. Sabidamente, a informação não está presente nos imunocomplexos, mas ainda assim são capazes de desencadear secreção de hormônios tireoidianos por parte do tireócito.

Esse exemplo leva a questionar se de fato o agonista é portador da informação para a célula ou somente uma entidade capaz de disparar a informação que já está presente no receptor. Com base nessa perspectiva, o receptor hormonal adquire uma nova posição na dinâmica da sinalização endócrina, passando a ser o elemento central na resposta celular, e não mais um dos elementos da cadeia que envolve a resposta celular.

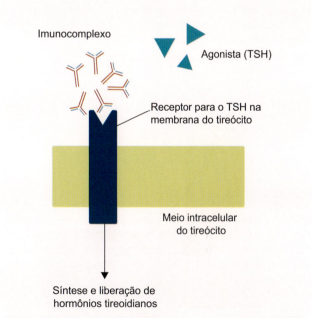

Figura 27.9 Imunocomplexos interagem com o receptor de TSH, presente na membrana do tireócito. Embora não sejam complementares ao receptor, os imunocomplexos podem disparar a resposta por parte do receptor culminando na secreção de hormônios tireoidianos.

Interação agonista-receptor

O acoplamento do hormônio ao seu respectivo receptor é denominado interação ligante-receptor, reversível e que pode ser representada pela seguinte equação:

$$[H] + [R] \leftrightarrow [HR]$$

$$K_d = \frac{[HR]}{[H][R]}$$

$$[HR] = K_d \times [H] \times [R]$$

$$K_d[R] = \frac{[HR]}{[H]}$$

Em que: [H] é o ligante ou hormônio livre; [R] é o receptor não acoplado ao receptor; [HR] é o complexo hormônio-receptor; K_d é a constante de afinidade.

A constante de afinidade baseia-se na constante de associação em equilíbrio (K_d) que representa a concentração de hormônio livre em que se observa metade da ligação máxima. O valor de K_d caracteriza a afinidade do receptor pela ligação ao hormônio de modo que K_d e afinidade são inversamente proporcionais. Se o valor de K_d for baixo, a afinidade de ligação do hormônio ao receptor é alta.

A relação entre o complexo hormônio-receptor e o hormônio livre como função do complexo hormônio-receptor pode ser representada de forma gráfica, com o gráfico de Scatchard (Figura 27.10).

O gráfico de Scatchard origina uma linha reta inclinada, sendo que a inclinação da linha indica o negativo da constante de dissociação (K_d) e o ponto em que a reta toca o eixo das abscissas representa a capacidade do receptor, ou seja, o ponto em que o número de moléculas de hormônios fixadas a receptores é igual ao número total de receptores disponíveis.

Contudo, estudos mostram que muitos gráficos de Scatchard originam curvas exponenciais, sugerindo que a célula disponha de mais de uma classe de receptores com diferentes afinidades para o agonista. De fato, a resposta máxima em diversos tipos de tecidos pode ser obtida quando a concentração do hormônio não é suficiente para que haja ocupação plena de toda a população de receptores.

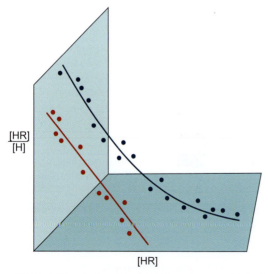

Figura 27.10 Gráfico de Scatchard. A linha reta vermelha indica que o hormônio atua sobre uma única classe de receptores. A linha azul arqueada mostra a ação do hormônio em muitas classes de receptores celulares ou quando a reação é influenciada por mecanismos cooperativos.

Por exemplo, cardiomiócitos submetidos a substâncias que promovem antagonismo irreversível de cerca de 90% da população de receptores β-adrenérgicos podem exibir resposta inotrópica máxima quando estimulados por catecolaminas. Esses experimentos deram origem à ideia da existência dos receptores de reserva. A função dos receptores de reserva não está clara ainda, mas algumas hipóteses têm sido propostas. Especula-se, por exemplo, que as células têm diferentes classes de receptores, cada qual com níveis de afinidade maiores ou menores. Outra interpretação sobre os receptores de reserva é que eles serviriam para aumentar a concentração de hormônio ligado ao receptor [HR], o que ocorreria em duas circunstâncias: quando a concentração de hormônios é baixa ou quando o receptor apresenta baixa afinidade. Uma terceira maneira de interpretar a linha arqueada presente no gráfico de Scatchard é por meio do fenômeno de cooperatividade negativa. Nesse fenômeno, a afinidade dos receptores não ocupados pelo hormônio que se encontram próximos a receptores ocupados por hormônios diminui. A cooperatividade negativa impede uma resposta celular exacerbada se, porventura, a concentração do agonista aumentar repentinamente. Assim sendo, a sensibilidade tissular pode sofrer modificações pelo grau de reserva de receptores desse dado tecido.

Dessensibilização

Os sistemas biológicos de sinalização mediada por receptores apresentam um mecanismo de controle da resposta tecidual aos agonistas: a dessensibilização. Esta pode se dar pelos seguintes meios: fosforilação via cinases específicas; fosforilação por cinases efetoras; endocitose do receptor; *down-regulation* de receptores; fosforilação da subunidade α da proteína G; e, finalmente, redução da transcrição intracelular de RNAm. Os mecanismos de fosforilação levam a respostas intracelulares que reduzem a afinidade do receptor pelo agonista.

A redução da transcrição de RNAm tem impacto direto na própria síntese celular do receptor, ou seja, ele deixa de ser sintetizado. A capacidade de o tecido remodelar seu número de receptores que interagirão com hormônios é um dos mecanismos de resposta tecidual mais bem estudados por importância farmacológica. O aumento da população de receptores de determinado tecido é denominado *up-regulation* ou suprarregulação, enquanto a redução dessa população designa-se por *down-regulation* ou infrarregulação.

Em algumas circunstâncias, o hormônio pode aumentar a expressão de receptores, enquanto, em outras, a exposição prolongada dos receptores aos hormônios pode levar a *down-regulation*. Um exemplo dessa regulação de receptores ocorre no mecanismo de captação de LDL (lipoproteína de baixa densidade) por parte do fígado. O aumento da ingestão de colesterol por parte da dieta conduz à elevação dos níveis plasmáticos de LDL-colesterol. O LDL-colesterol em excesso no plasma promove redução da população de receptores hepáticos para ele, dificultando assim a remoção dessa partícula (LDL) por parte do fígado; o efeito final é o agravamento da condição de hipercolesterolemia. Em contrapartida, a redução dietética da ingestão de colesterol leva a um déficit nos níveis celulares de colesterol do fígado, aumentando a expressão de receptores de LDL-colesterol no sentido de captar mais colesterol para a síntese de ácidos biliares.

Em outras situações, a regulação da população de receptores é causada por outros hormônios, como é o caso dos hormônios tireoidianos, que desencadeiam aumento do número de β-receptores no músculo cardíaco. É por essa razão que se justifica a utilização de propranolol, um antagonista dos receptores β-adrenérgicos no tratamento da tireotoxicose. A afinidade do receptor também pode sofrer alteração por fatores como pH, osmolaridade, concentrações iônicas, níveis de substrato e mesmo exposição a radicais livres.

Radicais livres, em particular, causam danos em adrenoceptores, resultando em prejuízo de sua integridade. Além disso, espécies radicalares interagem com componentes lipídicos da membrana plasmática, causando reações de peroxidação que conduzem a alterações da fluidez da membrana plasmática. Essa condição alterada da membrana interfere no adequado ancoramento dos receptores na membrana, afetando assim a interação agonista-receptor. Além disso, espécies radicalares atacam grupos sulfidrila do próprio receptor e tais estruturas são essenciais à função receptora.

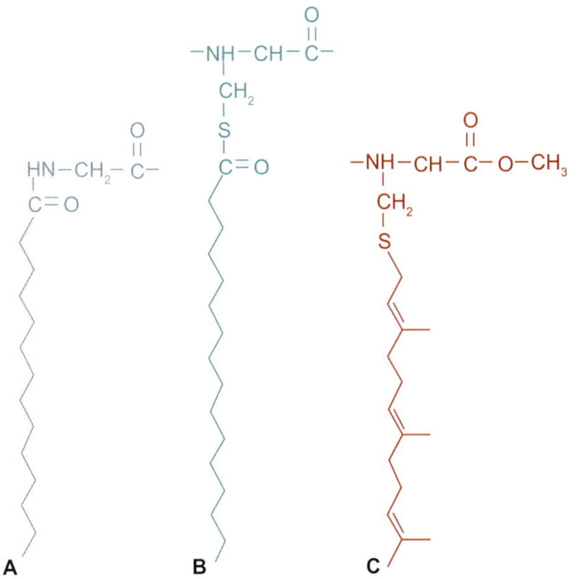

Mecanismo de ação hormonal

Proteínas G

As proteínas G são assim denominadas por sua ligação ao GDP e ao GTP, formando uma superfamília com atualmente mais de 50 elementos descritos. Sua função é transduzir o sinal do primeiro mensageiro (o hormônio ou agonista) do meio extracelular para o intracelular. Nesse processo, o sinal é ampliado centenas ou até mesmo milhares de vezes, o que é possível em virtude da formação de substâncias intracelulares designadas segundos mensageiros. As proteínas G são, portanto, as responsáveis pela ativação da maquinaria bioquímica intracelular que conduz à produção dos segundos mensageiros. Situam-se ancoradas à face interna da membrana celular por meio de reações de prenilação e miristoilação da extremidade C-terminal do domínio γ e, em alguns casos, de palmitoilação (Figura 27.11). As proteínas G são heterotriméricas, isto é, apresentam três subunidades designadas alfa (α, 45 kDa), beta (β, 37 kDa), gama (γ, 9 kDa), e cada uma delas pertence a uma família de genes. Os nucleotídeos de guanosina ligam-se à subunidade α, que apresenta atividade enzimática, catalisando a conversão de GDP em GTP. A subunidade α pode estar acoplada a um receptor que desencadeia respostas inibitórias, caso em que é designada Gi, ou acoplada a um receptor que leva a uma resposta celular estimulatória, sendo denominada Gs.

Classificação das proteínas G

Proteína Gs

As proteínas G são classificadas de acordo com a estrutura e a sequência de suas subunidades α, destacando-se três principais isoformas, Gs, Gq e Gi. As proteínas Gs são estimulatórias, portanto, quando o agonista interage com seu respectivo receptor metabotrópico, este sofre alterações conformacionais ativando uma proteína chamada GEF (*guanosine nucleoside exchange factor*) que desloca a molécula do GDP que ocupava a subunidade α da proteína G substituindo-a por GTP, configurando, assim, o estado ativo de Gs. Nesse momento, a subunidade α ligada ao GTP G desliga-se do dímero βγ da proteína G indo ativar uma enzima chamada adenilatociclase, que se situa ancorada na face interna da membrana celular. Quando

Figura 27.11 Mecanismos de ancoramento da proteína G com os lipídios da membrana celular. **A.** Miristoilação. **B.** Palmitoilação. **C.** Prenilação.

ativada, a guanilato ciclase promove a cisão de moléculas de ATP em AMPc. O estado ativado da subunidade α é mantido por causa de uma proteína chamada GDI (do inglês, *guanosine nucleoside dissociation inhibitor*), que mantém o GTP acoplado à subunidade α o tempo que for necessário.

O aumento nas concentrações intracelulares de AMPc (na ordem de 10 mM) promove ativação da proteína cinase dependente de AMPc (PKA). Esta enzima apresenta duas subunidades, uma reguladora (R), com alta afinidade pelo AMPc, e uma catalítica (C). Na ausência de AMPc, a PKA está em sua forma inativa por causa da formação de um complexo tetramérico R2C2. Em contrapartida, a interação do AMPc com a subunidade R ativa a PKA por desencadear nesta alterações conformacionais que culminam na dissociação do tetrâmero R2C2. A PKA ativada desencadeia extensa fosforilação de proteínas intracelulares resultando na resposta celular ao agonista (o primeiro mensageiro). Tendo cumprido sua função, ou seja, ativar a adenilato ciclase, a subunidade α deve retornar ao dímero βγ da proteína G; para tanto, o GTP ligado à subunidade α deve sofrer cisão e ser convertido em GDP. Essa hidrólise é realizada pela própria subunidade α que tem função GTPase, sendo capaz de hidrolisar o γ fosfato da molécula do GTP. Acoplada agora ao GDP, a subunidade α perde afinidade pela guanilato ciclase e volta a ligar-se ao dímero βγ da proteína G, encerrando, assim, o ciclo de transdução de um sinal hormonal. Contudo, a atividade de GTPase da subunidade α é fraca, sendo necessária a atuação de outras proteínas inativadoras, como a proteína ativadora de GTPase (GAP) e os reguladores de sinalização por proteína G (*RGS* – do inglês *regulators for G protein signaling*), que, em conjunto, aumentam a atividade de GTPase da subunidade α. Alguns agonistas que utilizam essa via incluem glucagon, gonadotrofina coriônica, histamina, LH, FSH e paratormônio.

Proteína Gq

Está envolvida com a ativação de outra maquinaria bioquímica intracelular também formadora de segundos mensageiros intracelulares. A proteína Gq não ativa a adenilato ciclase, mas sim uma enzima também ancorada na face interna da membrana celular chamada fosfolipase C, que percorre a membrana plasmática em busca de um fosfolipídio de membrana, o fosfatidilinositol. A fosfolipase C cliva, então, o fosfatidilinositol em inositol trifosfato (IP3) e diacilglicerol (DAG). O IP3 e o DAG são dois segundos mensageiros intracelulares *guanosine nucleoside* que, em conjunto, desencadeiam aumento nas concentrações intracelulares de cálcio. O IP3, por ser hidrossolúvel, migra pelo citosol acoplando-se às cisternas intracelulares de cálcio (retículo endoplasmático modificado) e mitocôndrias, promovendo a liberação de cálcio dessas estruturas para o citosol, que aumenta sua concentração em até 10^{-6} M. O íon cálcio atua agora como um "terceiro mensageiro" intracelular e desencadeará a resposta ao primeiro mensageiro. Já o DAG, por ser apolar, permanece na membrana plasmática e sua função é ativar a proteína cinase C, uma enzima ligada à membrana plasmática cuja função é fosforilar diversas proteínas intracelulares. A transdução de sinais mediados pela proteína Gq apresenta importantes funções no cérebro, onde media sinapses neurais, plasticidade neural e sobrevivência de neurônios. De fato, a deficiência de proteína Gq tem importante papel em processos neurodegenerativos e no desenvolvimento da doença de Alzheimer.

Bioclínica

Toxina do cólera

Cólera é uma doença causada pelo vibrião colérico (*Vibrio cholerae*), uma bactéria flagelada Gram-negativa (Figura 27.12). O vibrião é ingerido via oral pela água ou por alimentos contaminados e multiplica-se no intestino delgado proximal. Causa diarreia profusa e aquosa em decorrência dos efeitos da sua poderosa enterotoxina formada por duas subunidades A e B (toxina AB). A porção B é específica para receptores presentes na membrana do enterócito e está envolvida com a sua internalização por parte do enterócito, por meio de endocitose mediada por receptor, enquanto a porção A apresenta função enzimática – trata-se de uma transferase capaz de transferir ADP-ribose do NAD para o resíduo de arginina-201 presente na subunidade αs de Gs. Essa alteração covalente da subunidade αs abole a atividade de GTPase da subunidade αs, de Gs. Nessa condição, o GTP permanece acoplado à subunidade αs, resultando em uma atividade sustentada da adenilato ciclase, uma vez que a função de GTPase da subunidade αs é necessária para a cessação da resposta. O resultado é o aumento maciço de AMPc no interior do enterócitos desencadeando perda de líquido e eletrólitos pelas fezes, ou seja, diarreia característica do cólera.

Toxina *pertussis*

Pertússis, coqueluche ou tosse convulsa é uma doença altamente contagiosa e perigosa para crianças causada pelas bactérias Gram-negativas *Bordetella pertussis*. A *Bordetella pertussis* existe em todo o mundo e só infecta seres humanos. Estima-se que ocorram cerca de 30 a 50 milhões de casos por ano que resultam em 300 mil mortes. As principais vítimas são crianças com menos de 1 ano de idade e 90% dos casos acontecem em países emergentes. Após período de incubação (de 5 a 10 dias), estabelece-se um tipo de tosse diferente, convulsiva, contínua e dolorosa que dura em média 3 semanas e pode ser seguida de vômitos. À tosse segue-se uma inspiração com som característico, tipo silvo (mais conhecido como "guincho"). A toxina *pertussis*, semelhantemente à toxina colérica, também promove ADP-ribosilação. A toxina colérica tem a subunidade αs da proteína Gs como substrato, enquanto a toxina *pertussis* tem como substrato as subunidades α de Gi e Go. A transferase da toxina *pertussis* transfere AD-ribose para um resíduo de cisteína adjacente à porção carboxiterminal da subunidade α. Essa região é importante para a interação com receptores acoplados à proteína G ativados. Assim, as proteínas G tornam-se incapazes de interagir com receptores ativados e, portanto, ficam presas em uma condição inativa, ou seja, ligadas ao GDP.

A inibição de Go e Gi é responsável por diversas manifestações clínicas decorrentes de infecção por *Bordetella pertussis* (Figura 27.13), responsável pela morte de cerca de 1 a 2% das crianças com menos de 1 ano contaminadas por essa bactéria. As subunidades β e γ permanecem associadas ao receptor como um dímero β-γ e podem ser consideradas uma unidade funcional. Enquanto as subunidades β conhecidas apresentam alto grau de similaridade entre suas sequências de resíduos de aminoácidos, isso não ocorre com as subunidades γ, que são consideravelmente mais diversas. Já as subunidades α apresentam grande similaridade entre si. Estruturalmente, são compostas de dois domínios, um com atividade GTPase (*Ras-Like GTPase*) formado por seis folhas betapregueadas envolvidas por sequências alfa-hélices e um domínio α-helicoidal, consistindo de uma longa hélice central e outras hélices menores. O nucleotídeo de guanina liga-se com alta afinidade em uma fenda profunda entre esses dois domínios.

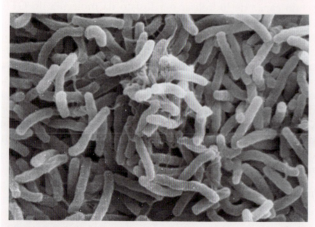

Figura 27.12 *Vibrio cholerae* (microscopia eletrônica de varredura).

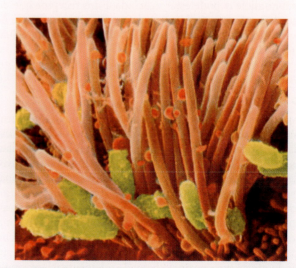

Figura 27.13 *Bordetella pertussis* em epitélio do trato respiratório.

No estado inativo, a proteína G existe como um trímero (α-β-γ) no qual o GDP ocupa a subunidade α. O acoplamento do agonista com o receptor promove neste mudanças conformacionais ainda pouco compreendidas, mas que parecem estar envolvidas com alterações sutis no rearranjo das hélices transmembrânicas do receptor que porventura se repercutem nos domínios citosólicos, desencadeando a dissociação do GDP ligado à subunidade α em substituição por GTP (troca de GDP por GTP exercida por proteínas facilitadoras). A subunidade α desliga-se do trímero α-β-γ, estando a subunidade α agora ligada ao GTP (α-GTP). O complexo α-GTP pode, então, difundir-se pelo citosol, associando-se a diversas enzimas ou canais iônicos celulares e promovendo uma cascata de eventos que culminará na resposta celular. O processo é concluído quando há hidrólise do GTP a GDP por meio da subunidade *Ras-like* que apresenta atividade GTPase e, nesse momento, a subunidade α volta a associar-se ao dímero β-γ, formando novamente o trímero α-β-γ ligado ao GDP, portanto, na forma inativa. A subunidade α apresenta um papel crucial na transdução do sinal hormonal, sendo conhecidas mais de 23 diferentes subunidades α, incluindo várias variantes de Gs, Gi e Go. Essas subunidades são transcritas por mais de 17 genes diferentes e subdivididas em quatro subfamílias: Gαs, Gαi, Gαq e Gα$_{12}$. A clivagem de GTP a GDP é possível pela atividade intrínseca de GTPase da subunidade α. Essa propriedade de GTPase faz com que a subunidade α atue como um regulador de tempo de reação. Finalmente, o complexo α-GDP dissocia-se do efetor e une-se novamente ao dímero β-γ completando o ciclo. O produto originado pela ação do efetor quando estimulado pelo complexo α-GDP é um segundo mensageiro que tem a função de amplificar o sinal do ligante inicial (primeiro mensageiro, o hormônio).

Durante o processo de sinalização, tanto as subunidades α quanto o dímero βγ atuam como agentes efetores. Estima-se que existam cerca de mil receptores diferentes acoplados a proteínas G (GPCR), sendo reconhecidos 23 diferentes cadeias α, 6 cadeias β e 12 cadeias γ, codificadas por pelos menos 17 genes diferentes, que, ao serem transcritos, dão origem a mais de um tipo de proteína por meio da seleção do ponto terminal ou dos éxons. O estudo desses receptores apresenta grande importância clínica, uma vez que diversas morbidades endócrinas estão relacionadas com mutações envolvendo receptores acoplados a proteínas G. Tais receptores mutantes podem ser incapazes de produzir sinais intracelulares ou podem produzir sinais de forma constitutiva, ou seja, na ausência do agonista. Teoricamente, mutações em qualquer um dos componentes envolvidos na cascata de transdução do sinal podem desencadear uma doença. Contudo, a grande maioria das endocrinopatias está relacionada com mutações na subunidade α da proteína G ou mesmo nos receptores acoplados às proteínas G. Essas mutações podem levar ao ganho (ativadoras) ou perdas (inativadoras) de funções. Mutações inativadoras em geral levam à hipossecreção de hormônios, enquanto as ativadoras geralmente estão envolvidas com hipersecreção hormonal (Tabela 27.4).

Vias de segundos mensageiros

Adenosina monofosfato cíclico (AMPc)

São chamados de segundos mensageiros hormonais uma classe de substâncias originadas no meio intracelular 3',5'adenosina monofosfato cíclico ou AMPc, fosfatidilinositol trifosfato ou

Tabela 27.4 Endocrinopatias envolvendo mutações de receptores acoplados à proteína G.

Mutações inativadoras	
Receptor	Endocrinopatia
TSH	Hipotireoidismo congênito
ACTH	Resistência familiar ao ACTH
FSH	Falência ovariana hipergonadotrófica
LH	Pseudo-hiper-hermafroditismo masculino
TRH	Hipotireoidismo central
Receptor sensível ao Ca^{+2}	Hiperparatireoidismo neonatal
GnRH	Hipogonadismo central
Rodopsina	Retinite pigmentosa
Mutações ativadoras	
TSH	Nódulos tireoidianos hipofuncionantes esporádicos (hipertireoidismo familiar não autoimune)
FSH	Espermatogênese independente de gonadotrofinas
LH	Puberdade precoce masculina
Rodopsina	Cegueira noturna congênita
Receptor sensível ao cálcio	Hipocalcemia familiar

Obs.: todas as mutações listadas, tanto ativadoras quanto inativadoras, são de natureza autossômica.

IP3 e Ca^{+2}. Os segundos mensageiros são produzidos do acoplamento do primeiro mensageiro (o hormônio ou agonista) ao seu respectivo receptor de membrana e ampliam consideravelmente o sinal do primeiro mensageiro. Por exemplo, no processo de inibição da hidrólise do glicogênio, o primeiro mensageiro com concentração de 10^{-6} M desencadeia a formação de segundos mensageiros (AMPc, nesse caso) em uma concentração 10 mil vezes maior. O sinal continua, posteriormente, sendo ampliado no meio intracelular, mecanismo que é eficiente, uma vez que torna desnecessária a síntese de hormônio em grandes quantidades, resultando em economia de energia. A Tabela 27.5 apresenta um exemplo dos hormônios e seus respectivos segundos mensageiros produzidos.

A adenilciclase (ou adenilatociclase) é uma enzima de 150 kD situada na face interna da membrana plasmática que catalisa a conversão de ATP em AMPc. O AMPc foi o primeiro segundo mensageiro a ser descrito e apresenta propriedade hidrofílica. A sequência de eventos que leva à formação de AMPc inicia-se com o acoplamento do hormônio ao receptor, instante em que a subunidade α da proteína G perde a afinidade pelo GDP, ligando-se ao GTP. A resposta será inibitória se o agonista ativar e ligar-se ao receptor de caráter inibitório, que está acoplado ao complexo de proteína G também de natureza inibitória, uma vez que libera a subunidade Gαi da proteína G. Em contrapartida, se o agonista ativar o receptor estimulatório, ocorrerá a liberação da subunidade Gαs da proteína G, mediando efeitos que levam à estimulação das funções celulares. Isso porque, enquanto a estimulação de Gαs aumenta os níveis intracelulares de AMPc, a ativação de Gαi reduz os níveis de AMPc no meio intracelular.

Isso explica, também, a razão pela qual alguns agonistas agem como estimuladores enquanto outros o fazem como inibidores da resposta celular ou, ainda, por que o mesmo

Tabela 27.5 Agonistas e seus respectivos segundos mensageiros.

Agonista/hormônio	Receptor	Segundo mensageiro
Acetilcolina	Receptores muscarínicos	Ca^{+2}, fosfatidilinositol
Angiotensina	–	Ca^{+2}, fosfatidilinositol
Catecolaminas	Receptores α_1-adrenérgicos	Ca^{+2}, fosfatidilinositol
Catecolaminas	Receptores β-adrenérgicos	AMPc
Fator de ativação plaquetário	–	Ca^{+2}, fosfatidilinositol
Glucagon	–	AMPc
Gonadotrofina coriônica	–	AMPc
Histamina	Receptores H_2	AMPc
Adrenocorticotropina	–	AMPc
TRH	–	Ca^{+2}, fosfatidilinositol
FSH	–	AMPc
LH	–	AMPc
MSH	–	AMPc
PTH	–	AMPc
Prostaciclina, prostaglandina E_2	–	AMPc
Serotonina	Receptores de 5-HT_{1C} e 5 HT_2	Ca^{+2}, fosfatidilinositol
Serotonina	Receptores de 5-HT_4	AMPc
Tireotropina	–	AMPc
Vasopressina	Receptores V_1	Ca^{+2}, fosfatidilinositol
Vasopressina	Receptores V_2	AMPc

Tabela 27.6 Exemplo de agonistas que inibem e estimulam a adenilciclase.

Agonistas inibidores que estimulam a subunidade $G\alpha i$	Agonistas estimuladores da subunidade $G\alpha s$
Somatostatina	ACTH
Acetilcolina	ADH
Angiotensina II	β-adrenérgicos
$\alpha 2$-adrenérgicos	Calcitonina
–	CRH
–	FSH
–	Glucagon
–	hCG
–	LH
–	MSH
–	PTH
–	TSH

agonista atua de modo inibitório em determinado tecido e de modo estimulatório em outro (Tabela 27.6). Cada um desses complexos proteicos (Gs e Gi) é composto de três subunidades proteicas γ, β e γ que interagem entre si e com o receptor. As subunidades γ e β da proteína G encontram-se tanto no sistema inibitório (Gi) quanto no sistema estimulatório (Gs). As subunidades α dos dois sistemas diferem entre si e, por essa razão, são designadas Gsα, cujo peso molecular é 45.000 kDa e Gsi de 41.000 kDa.

Após exercer sua função sinalização, o AMPc sofre inativação a 5'AMP por meio de uma enzima fosfodiesterase. O sistema de sinalização mediado pelo AMPc pode ser entendido por meio de um exemplo concreto. Assim, considere-se, por exemplo, uma condição fisiológica que conduza à hidrólise do glicogênio hepático. Nessa situação, vários agonistas podem desencadear a clivagem da molécula de glicogênio, como as catecolaminas e o glucagon. O estresse pode induzir à liberação de catecolaminas que, por sua vez, interagem com seus receptores de membrana nos hepatócitos. Ao ligar-se a receptores β-adrenérgicos, a adrenalina promove alterações conformacionais no receptor que são, por sua vez, transferidas à proteína G. Nesse momento, a subunidade α da proteína G (Gα) que se encontrava ligada ao GDP perde afinidade por essa molécula e liga-se ao GTP ao mesmo tempo que se desliga do trímero γ-α-β.

A subunidade α ligada ao GTP migra até a adenilato ciclase que se encontra ancorada na membrana do hepatócito. A interação de Gα com a adenilato ciclase inicia a clivagem do ATP em AMPc, que, por sua vez, promove a fosforilação da enzima glicogênio fosforilase, iniciando a clivagem da molécula de glicogênio. A sequência de eventos termina com a conversão de GTP em GDP por meio do domínio *Ras-Like* da subunidade α, domínio que tem atividade GTPase. Assim, o complexo GDP-α retorna para compor o trímero γ-α-β da proteína G, ou seja, assume a sua forma inativa. O próprio AMPc sofre degradação pela enzima 5'fosfodiesterase após exercer sua ação e é convertido em 5'AMP (Figura 27.14).

AMPc como estimulador da expressão gênica

O AMPc também pode atuar no nível do DNA modulando a expressão de genes específicos. Após a ativação da proteína cinase, ocorre a fosforilação de uma proteína fixadora de AMPc denominada CREB (do inglês, *AMPc response element binding protein*). O CREB fosforilado torna-se capaz de fixar-se em outra proteína, o CRE (do inglês, *AMPc regulatory element*), que, por sua vez, se combina com uma terceira proteína de transcrição e, em conjunto, atuam sobre um gene específico estimulando ou inibindo a transcrição de RNAm.

Inositol trifosfato (IP3) e cálcio

O fosfatidilinositol (PI) é um fosfolipídio de membrana composto de uma molécula de inositol ligada por um grupo fosfato a uma molécula de glicerol. PI é o substrato para as cinases (fosfatidil-inositol-cinases) capazes de inserir grupos fosfato (P*i*) nas posições 3, 4 ou 5 da ose que compõem a molécula de PI, dando origem a fosfatidilinositol-monofosfato (PI-3 P*i*, PI-4 P*i*, PI-5 P*i*), fosfatidilinositol-difosfato (PI-3,4 P*i*, PI-3,5 P*i*, PI-4,5 P*i*) e, finalmente, fosfatidilinositol-trifosfato (PI-3,4,5 P*i*). Para cada cinase que incorpora um grupo fosfato nas posições citadas do PI existe uma enzima fosfatase que remove os grupos fosfatos, possibilitando, assim, a interconversão de formas de fosfatidilinositol monofosfato em difosfato ou trifosfato. Ao que parece, não existe uma sequência definida para a ação dessas cinases e, desse modo, a fosforilação pode ocorrer em qualquer ordem. Sendo o fosfatidilinositol um fosfolipídio de membrana, uma enzima denominada fosfatidilinositol transferase catalisa a transferência de moléculas de fosfatidilinositol entre as duas camadas da membrana

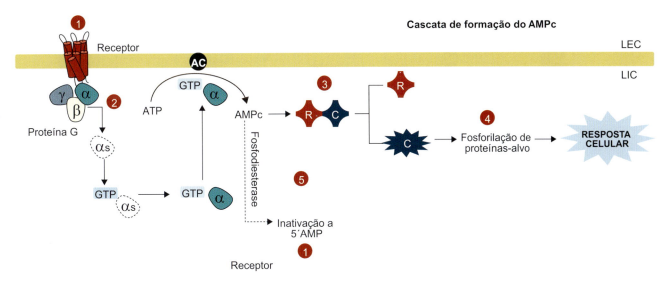

Figura 27.14 Mecanismo de sinalização mediado pela adenilatociclase (AC). O acoplamento do hormônio com seu respectivo receptor desencadeia alterações conformacionais no receptor que culminam na liberação da subunidade α da proteína G. Se o hormônio for estimulatório, a subunidade α liberada será αs. O AMPc originado do ATP atua sobre a proteína cinase-dependente de AMPc, que é um dímero formado por duas subunidades, uma catalítica (C) e outra regulatória (R). O AMPc atua desfazendo o dímero, liberando, portanto, a subunidade catalítica que inicia a fosforilação de proteínas-alvo, culminando na resposta celular. O estímulo é finalizado pela ação de fosfodiesterases que clivam o AMPc em AMP.

plasmática e também entre as membranas das organelas celulares. Existem pelo menos três cinases para fosfatidilinositóis capazes de ser inibidas pela ação de um fungo, a Wortamina. Todas essas cinases são formadas por duas subunidades, sendo uma estimulatória e uma inibitória. Elas atuam ainda como proteínas cinases, fosforilando as suas próprias subunidades. A cascata da formação de inositol trifosfato (IP3) inicia-se pela ação da fosfolipase C, uma enzima de membrana que cinde o principal fosfatidilinositol, o PI-4,5 Pi, originando inositol trifosfato (IP3) e diacilglicerol (DAG). O IP3 migra pelo citosol até interagir com as cisternas de cálcio no meio intracelular promovendo a liberação desse íon para o citosol. O cálcio liberado ativa a proteína cinase C, que, por sua vez, fosforila outras proteínas intracelulares produzindo, assim, a resposta celular. O DAG permanece ancorado à membrana plasmática e também é capaz de ativar a proteína cinase C.

O Ca^{+2} extracelular internaliza a célula e une-se ao Ca^{+2} das cisternas para ativar a fosfolipase C, uma enzima que fosforilará proteínas intracelulares, promovendo a resposta celular (Figura 27.15). O receptor para IP3 presente nas cisternas Ca^{+2} de tecidos não musculares é bastante similar ao receptor de rianodina presente no retículo sarcoplasmático das células musculares. Ele é um tetrâmero, sendo cada uma das quatro subunidades formada por sete alfa-hélices que ancoram o receptor na bicamada da cisterna de Ca^{+2} e uma sequência de resíduos de aminoácidos que se organizam de modo a formar uma estrutura globular orientada para o citosol.

Mecanismo de ação dos hormônios esteroidais

Os hormônios hidrofóbicos ou apolares difundem-se por meio da membrana plasmática, já que conseguem interagir quimicamente com os lipídios que compõem a membrana. Ao atravessarem a membrana, encontram seus receptores específicos no citosol ou no núcleo, processo que pode ocorrer de duas maneiras. Na primeira, o hormônio se difunde pelo citosol da célula-alvo e encontra seu receptor cognato para formar o complexo hormônio-receptor (HR). A formação desse complexo promove a dissociação da proteína Hsp90 (proteína 90 de choque térmico) do receptor. Essa etapa parece ser necessária para que alguns hormônios localizem o núcleo celular. Além disso, essa classe de receptores apresenta sequências de localização nuclear que atuam auxiliando a localização do complexo HR do citosol até o núcleo. No núcleo, o complexo HR liga-se com alta afinidade a uma sequência específica da molécula de DNA denominada elemento de resposta a hormônio (HRE – do inglês *hormone response element*) próprio para o hormônio em questão. O complexo HR, interagindo com uma região do DNA, atua como um elemento estimulador da transcrição de genes que culminarão em moléculas de RNAm para proteínas específicas. Essa cadeia de eventos constitui a resposta celular e é utilizada pelos hormônios glicocorticosteroides, por exemplo. O segundo modo de formação do complexo hormônio-receptor ocorre quando o receptor cognato

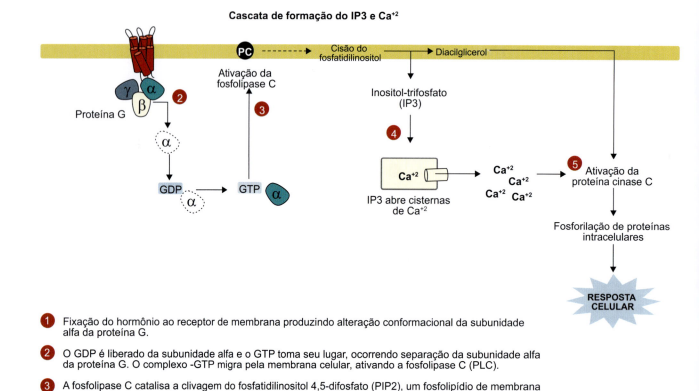

Figura 27.15 Cascata de eventos que leva à formação de IP3 com consequente liberação de cálcio intracelular. O acoplamento do agonista ao seu respectivo receptor de membrana leva à alteração conformacional do receptor que desencadeia a cascata bioquímica da fosfolipase C, originando IP3 como segundo mensageiro. Os altos níveis intracelulares de Ca^{+2} ativam a fosfolipase C, que promove respostas celulares. São exemplos de hormônios que utilizam o mecanismo de APMc como segundo mensageiro: GnRH, TRH, GHRH, angiotensina II, ocitocina.

que já se encontra no núcleo da célula-alvo é ligado ao HRE; nesse caso, o hormônio internaliza a célula e se difunde do citosol até o núcleo. Nesse modelo, o receptor acoplado a uma dada região do DNA não ativa imediatamente a transcrição genética, uma vez que se encontra complexado a um elemento repressor. A interação do hormônio com seu receptor promove a dissociação do elemento repressor, possibilitando que o complexo hormônio-receptor ligue-se com elevada afinidade a elementos ativadores, resultando na ativação da transcrição gênica. O complexo receptor-elemento repressor atua como um mecanismo de inibição da transcrição do gene, de modo que somente a presença do hormônio é capaz de sinalizar a transcrição (Figura 27.16).

Receptores para esteroides derivados da tirosina e metabólitos da vitamina D

As estruturas em "dedos de zinco" (do inglês *zinc finger*) podem ser consideradas unidades básicas para a construção de grandes proteínas capazes de interagir com o DNA. Cada "dedo" é constituído por cerca de 30 resíduos de aminoácidos e apresenta duas estruturas β antiparalelas, formando uma folha betapregueada e uma alfa-hélice. Esse arranjo proteico é coordenado por um íon de zinco que se liga a resíduos de cisteínas e histidinas bastante conservados nesses motivos. Os diversos tipos de dedos de zinco presentes na natureza devem-se à disposição desses resíduos nas folhas betapregueadas e também nas alfa-hélices, sendo o mais comum o tipo C_2H_2, que apresenta uma sequência consenso de resíduos de aminoácidos descrita como $CX_{2-4}CX_{12}HX_{2-6}H$, a qual mostra os intervalos entre os resíduos ligantes de zinco. Cada dedo de zinco interage com a molécula de DNA de maneira antiparalela (p. ex., como duas setas, uma sobre a outra e orientadas para direções opostas) a um sítio de três bases no sulco maior do passo da alfa-hélice do DNA. Os contatos entre resíduos de aminoácidos e bases no DNA parecem ser interações estereoquímicas em uma proporção 1:1. Essas interações são realizadas por resíduos de aminoácidos presentes nas estruturas em alfa-hélice e *loops* dos dedos e envolvem principalmente os resíduos 1, 2, 3, e 6, numerados de acordo com o início de cada alfa-hélice. O resíduo na posição −1 parece interagir com a base na posição 3' do sítio de reconhecimento do dedo de zinco; aquele na posição 3 frequentemente contata a base do meio do sítio de reconhecimento; e o resíduo na posição 6 da alfa-hélice interage com a base na extremidade 5'. Finalmente, o resíduo 2 algumas vezes faz interações com a base exatamente antes do início do sítio de reconhecimento na fita complementar do DNA.

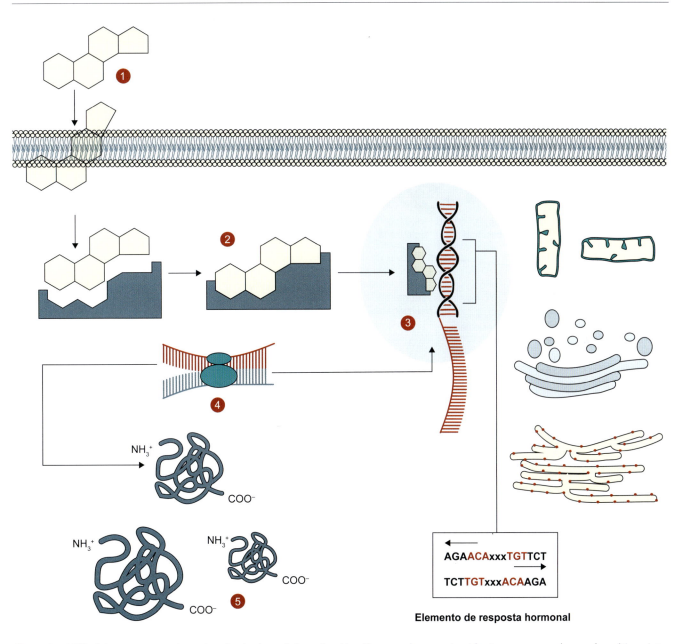

Figura 27.16 Modelo para o mecanismo de ação dos hormônios esteroides. No exemplo, um esteroide atravessa a membrana plasmática e interage com um receptor situado no citosol. Contudo, alguns receptores para esteroides podem situar-se no núcleo celular. O complexo hormônio-receptor atua em uma região específica do DNA para promover a síntese de proteínas, resultando na resposta celular.

Resumo

Introdução

O sistema endócrino realiza suas funções por meio de moléculas sinalizadoras, os hormônios, e parece ter evoluído em paralelo com o sistema nervoso. De fato, existem diversas similaridades entre esses dois sistemas, mas também diferenças marcantes (ver Tabela 27.2). Os hormônios podem atuar em tecidos e células adjacentes, o que configura a ação parácrina, ou, ainda, na mesma célula que os sintetizou e liberou, ação autócrina. Alguns hormônios podem atuar, ainda, nas próprias células que os sintetizaram sem que sejam lançados para fora da célula, o que configura o efeito intrácrino, uma especialização de comunicação autócrina. A síntese e a liberação de hormônios são reguladas por um mecanismo de *feedback* ou retroalimentação, um meio de autorregulação do sistema. O objetivo do sistema endócrino é promover a unificação das células, tecidos e órgãos do organismo, fornecendo um mecanismo de comunicação extremamente eficaz.

Classificação das glândulas

As glândulas que mantêm continuidade com a superfície epitelial por meio de um ducto são denominadas glândulas exócrinas, enquanto aquelas que não mantêm essa conexão com o epitélio e, portanto, lançam seus produtos de secreção no plasma, são as glândulas endócrinas. As glândulas mistas são aquelas que tanto liberam suas secreções por meio de ductos quanto na corrente sanguínea, como é o caso do pâncreas. As glândulas podem ser classificadas de acordo com diversos critérios, como pode ser visto na Tabela 27.3.

Classificação dos hormônios segundo sua natureza química

Com relação à sua natureza química, os hormônios podem ser classificados em:
- Peptídeos e proteicos (p. ex., insulina, ADH, ocitocina, prolactina)
- Glicoproteicos (p. ex., LH, FSH)
- Derivados da tirosina (p. ex., T3, T4, adrenalina, noradrenalina)
- Esteroides (p. ex., cortisol, testosterona, progesterona, aldosterona).

Síntese, armazenamento e secreção de hormônios peptídicos, proteicos e glicoproteicos

A síntese de hormônios peptídicos é semelhante à de qualquer proteína, ou seja, uma molécula de RNA mensageiro é produzida por uma porção específica do DNA, exportada para o citosol e traduzida em nível ribossômico. Ao final de sua síntese, a proteína (hormônio) é armazenada em vesículas oriundas do retículo endoplasmático rugoso e do aparelho de Golgi (Figura R27.1).

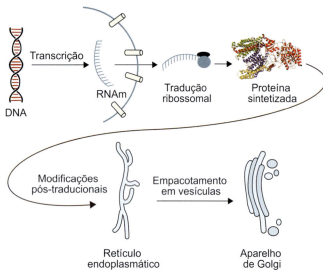

Figura R27.1 O mecanismo de síntese de hormônios peptídicos, proteicos e glicoproteicos é similar ao da síntese de qualquer proteína. As modificações pós-traducionais incluem, entre outras, glicação, sulfatação, fosforilação e mesmo dimerização de cadeias peptídicas.

Síntese e secreção dos hormônios esteroides

O passo inicial para a síntese de hormônios esteroides, seja na adrenal, seja em outros tecidos, é a conversão do colesterol em pregnenolona. A Figura R27.2 ilustra o mecanismo de síntese do cortisol, um esteroide adrenal. Parte das enzimas necessárias para finalizar as alterações no núcleo da molécula do colesterol e, assim, dar origem a cada hormônio esteroide, encontra-se no interior das mitocôndrias.

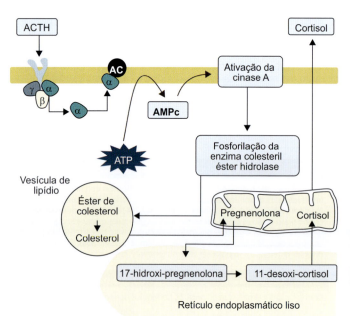

Figura R27.2 O mecanismo de síntese de cortisol ilustra a sequência de passos para a síntese de hormônios esteroides.

Transporte de hormônios no plasma

Os hormônios podem ser transportados livremente no plasma ou ligados a proteínas específicas. Hormônios apolares são necessariamente transportados ligados a proteínas, já os de natureza peptídica e proteica são solúveis no plasma. A interação de hormônios com proteínas plasmáticas cria uma reserva de hormônios plasmáticos, prevenindo alterações bruscas da concentração plasmática de hormônios. Além disso, a ligação de hormônios a proteínas plasmáticas aumenta a meia-vida hormonal. Contudo, somente o hormônio livre é metabolicamente ativo e somente a fração livre pode desencadear respostas de *feedback*. As proteínas transportadoras de hormônios são de dois tipos: proteínas que atuam como transportadoras gerais (inespecíficas), como é o caso da albumina sérica; e proteínas de transporte específicas para cada hormônio, apresentando sítios de ligação de alta afinidade com a molécula hormonal (Figura R27.3).

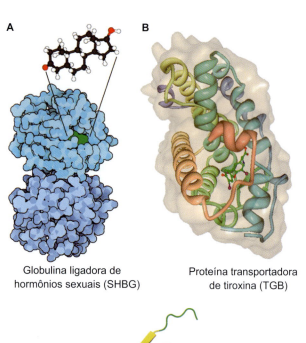

Globulina ligadora de hormônios sexuais (SHBG)

Proteína transportadora de tiroxina (TGB)

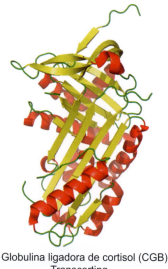

Globulina ligadora de cortisol (CGB)
Transcortina

Figura R27.3 Proteínas transportadoras de hormônios. Essas proteínas ligadoras possibilitam um equilíbrio dinâmico entre a fração hormonal ligada e não ligada. Quando os níveis plasmáticos de hormônios livres caem, uma maior quantidade de hormônios desliga-se de suas proteínas transportadoras.

Regulação dos níveis plasmáticos de hormônios

O principal modo de controle da variação dos níveis hormonais plasmáticos se dá por meio da atividade biológica que eles próprios regulam por meio de mecanismos de *feedback* ou retroalimentação. Os mecanismos de *feedback* podem ser de natureza negativa ou positiva. Na Figura R27.4, há um exemplo da regulação da função tireoidiana.

Capítulo 27 • Aspectos Bioquímicos do Sistema Endócrino

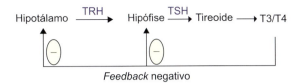

Figura R27.4 Mecanismo de regulação da função tireoidiana por meio de sinais de *feedback*. Altos níveis de T3 e T4 no plasma causam *feedback* negativo na adeno-hipófise (alça curta) e no hipotálamo (alça longa). Quando os níveis de T3 e T4 no plasma sofrem redução, o sinal nessas estruturas passa a ser de *feedback* positivo.

Classificação dos receptores

Todo receptor de membrana apresenta pelo menos três domínios: um domínio extracelular, complementar ao ligante, que pode ser um fármaco, neurotransmissor ou um hormônio; um domínio hidrofóbico transmembrânico na forma de alfa-hélice; e um domínio intracelular envolvido na resposta celular. Os receptores podem ser classificados funcionalmente em quatro tipos: ionotrópicos, ligados a proteínas cinases, para esteroides e metabotrópicos (Figura R27.5).

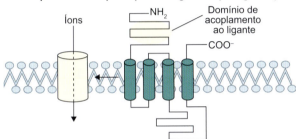

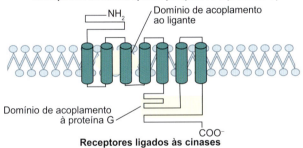

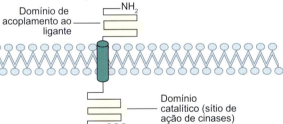

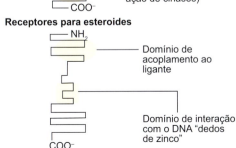

Figura R27.5 Modelos das estruturas dos quatro tipos funcionais de receptores. Os segmentos cilíndricos representam a porção em alfa-hélice da proteína que indica que essa porção apresenta caráter hidrofóbico. Nota-se que o receptor para esteroides não se prende à membrana plasmática.

Transdução do sinal hormonal

Depende da interação dos hormônios com estruturas especializadas, chamadas receptores. Os receptores apresentam natureza proteica e podem situar-se ancorados na membrana plasmática, como é o caso dos receptores para insulina, glucagon, ocitocina, ADH, entre outros; ou estar presentes no citosol ou no núcleo celular, caso dos hormônios esteroidais, como estrógenos, aldosterona, cortisol etc. Estima-se que existam de 2.000 a 100.000 receptores por célula. Essa grande população de receptores torna a célula capaz de discernir um hormônio específico entre os outros e também entre as demais substâncias que circulam no plasma. Os hormônios são substâncias responsáveis pela regulação fina do metabolismo e podem ser classificados em três grupos, segundo a sua natureza química. No primeiro grupo, estão presentes os derivados da tirosina, como noradrenalina e adrenalina e os hormônios tireoidianos. O segundo grupo é formado por hormônios peptídicos e proteicos, como ocitocina, insulina, glucagon, TSH, entre outros. O terceiro grupo é o dos hormônios esteroidais e os metabólitos da vitamina D.

A natureza química dos hormônios determina seu mecanismo de interação com os receptores

Os hormônios peptídicos e proteicos atuam em um receptor de membrana, o qual transduz o sinal do hormônio para o meio intracelular via uma maquinária bioquímica efetora específica. Isso ocorre porque esses agonistas, por serem hidrofílicos, não são capazes de atravessar a bicamada lipídica da membrana celular da célula-alvo. Em contrapartida, agonistas esteroidais e metabólitos da vitamina, por exemplo, interagem com receptores citosólicos ou nucleares. Para exercerem sua função, esses hormônios devem formar um complexo hormônio-receptor que precisa interagir com uma região específica do DNA, estimulando a transcrição de RNAm.

Dessensibilização

Constitui um mecanismo de controle da resposta tecidual aos agonistas e pode se dar pelos seguintes meios:

- Fosforilação
- Via cinases específicas
- Fosforilação por cinases efetoras
- Endocitose do receptor
- *Down-regulation* de receptores
- Fosforilação da subunidade α da proteína G
- Redução da transcrição intracelular de RNAm.

Os mecanismos de fosforilação conduzem a respostas intracelulares que reduzem a afinidade do receptor pelo agonista. A redução da transcrição de RNAm tem impacto direto na própria síntese celular do receptor, ou seja, ele deixa de ser sintetizado. A capacidade de o tecido remodelar seu número de receptores, os quais interagirão com hormônios, é um dos mecanismos de resposta tecidual mais bem estudados por sua importância farmacológica. O aumento da população de receptores de determinado tecido é denominado *up-regulation* ou suprarregulação, enquanto a redução dessa população designa-se *down-regulation* ou infrarregulação. Em algumas circunstâncias, o hormônio pode aumentar a expressão de receptores, em outras, a exposição prolongada dos receptores aos hormônios pode levar a *down-regulation*. A afinidade do receptor também pode sofrer alteração por fatores como pH, osmolaridade, concentrações iônicas, níveis de substrato e até mesmo exposição a radicais livres.

Interação agonista-receptor

A interação ligante-receptor é reversível e pode ser representada pela seguinte equação:

$$[H] + [R] \leftrightarrow [HR]$$

$$K_d = \frac{[HR]}{[H][R]}$$

$$[HR] = K_d \times [H] \times [R]$$

$$K_d[R] = \frac{[HR]}{[H]}$$

Em que: [H] é o ligante ou hormônio livre; [R] é o receptor não acoplado ao receptor; [HR] é o complexo hormônio-receptor; K_d é a constante de afinidade.

As vias de segundos mensageiros | Adenosina monofosfato cíclico (AMPc)

O mensageiro não é importante, mas sim a mensagem. Os mensageiros hormonais são: 3',5'adenosina monofosfato cíclico ou AMPc, fosfatidilinositol trifosfato ou IP3 e Ca^{+2}. Os segundos mensageiros são produzidos no meio intracelular a partir do acoplamento do primeiro mensageiro (o hormônio ou agonista) ao seu respectivo receptor de membrana e ampliam consideravelmente o sinal do primeiro mensageiro. Um exemplo dos hormônios e seus respectivos segundos mensageiros produzidos pode ser visto na Tabela 27.5.

Proteínas G

São assim denominadas por sua ligação ao GDP e ao GTP. Sua função é transduzir o sinal do primeiro mensageiro (o hormônio ou agonista) do meio extracelular para o meio intracelular. As proteínas G são as estruturas responsáveis pela ativação da maquinaria bioquímica intracelular que conduz à produção dos segundos mensageiros. Situam-se ancoradas à face interna da membrana celular. As proteínas G são heterotriméricas, isto é, apresentam três subunidades designadas alfa, beta e gama. Os nucleotídeos de guanosina ligam-se à subunidade α, que apresenta atividade enzimática, catalisando a conversão de GDP em GTP. A subunidade α pode estar acoplada a um receptor que desencadeia respostas inibitórias (Gi ou a um receptor que leva a uma resposta celular estimulatória Gs).

Segundos mensageiros hormonais

A função do segundo mensageiro é a amplificação intracelular do sinal do primeiro mensageiro. As Figuras R27.6 e R27.7 mostram a cascata de formação de AMPc, IP3 e cálcio.

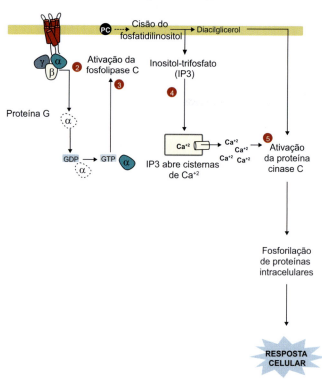

Cascata de formação do IP3 e Ca^{+2}

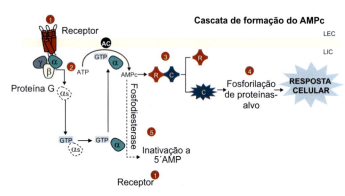

Cascata de formação do AMPc

1. Interação do hormônio ao receptor de membrana produzindo alteração conformacional da subunidade alfa da proteína G.
2. O GDP é liberado da subunidade alfa e o GTP toma seu lugar, ocorrendo separação da subunidade alfa da proteína G. O complexo -GTP migra pela membrana celular ativando a adenilato ciclase.
3. A adenilato ciclase catalisa a clivagem do ATP em adenosina monofosfato cíclico (AMPc).
4. O AMPc gerado atua sobre a proteína cinase-dependente de AMPc que é um dímero formado por duas subunidades, uma catalítica (C) e outra regulatória (R). O AMPc atua desfazendo o dímero, liberando, portanto, a subunidade catalítica que inicia a fosforilação de proteínas-alvo, culminando na resposta celular.
5. O estímulo é finalizado pela ação de fosfodiesterases que clivam o AMPc em AMP.

Figura R27.6 Mecanismo de sinalização mediado pela adenilatociclase (AC). O acoplamento do hormônio com seu respectivo receptor desencadeia alterações conformacionais no receptor que culminam na liberação da subunidade α da proteína G. Se o hormônio for estimulatório, a subunidade α liberada será αs. O AMPc originado do ATP atua sobre a proteína cinase-dependente de AMPc, que é um dímero formado por duas subunidades, uma catalítica (C) e outra regulatória (R). O AMPc atua desfazendo o dímero, liberando, portanto, a subunidade catalítica que inicia a fosforilação de proteínas-alvo culminando na resposta celular. O estímulo é finalizado pela ação de fosfodiesterases que clivam o AMPc em AMP.

1. Fixação do hormônio ao receptor de membrana produzindo alteração conformacional da subunidade alfa da proteína G.
2. O GDP é liberado da subunidade alfa e o GTP toma seu lugar, ocorrendo separação da subunidade alfa da proteína G. O complexo -GTP migra pela membrana celular, ativando a fosfolipase C (PLC).
3. A fosfolipase C catalisa a clivagem do fosfatidilinositol 4,5-difosfato (PIP2), um fosfolipídio de membrana em IP3 e diacilglicerol (DAG).
4. O IP3 gerado provoca liberação de Ca^{+2} de seus depósitos intracelulares, retículo endoplasmático (RE) ou retículo sarcoplasmático (RE), resultando em elevação dos níveis intracelulares de Ca^{+2}.
5. Atuando em conjunto, o Ca^{+2} e o DAG ativam a proteína cinase C que fosforila proteínas intracelulares produzindo a resposta.

Figura R27.7 Cascata de eventos que leva à formação de IP3 com consequente liberação de cálcio intracelular. O acoplamento do agonista ao seu respectivo receptor de membrana leva à alteração conformacional do receptor, que desencadeia a cascata bioquímica da fosfolipase C, produzindo IP3 como segundo mensageiro. Os altos níveis intracelulares de Ca^{+2} ativam a fosfolipase C, que promove respostas celulares. São exemplos de hormônios que utilizam o mecanismo de AMPc como segundo mensageiro: GnRH, TRH, GHRH, angiotensina II, ocitocina.

Mecanismo de ação dos hormônios esteroidais derivados de tirosina e metabólitos da vitamina D

Os hormônios apolares difundem-se pela membrana plasmática, já que conseguem interagir quimicamente com os lipídios que compõem a membrana. Ao atravessarem a membrana, encontram seus receptores específicos no citosol ou no núcleo, processo que pode ocorrer de duas maneiras. Na primeira, o hormônio se difunde pelo citosol da célula-alvo e encontra seu receptor cognato para formar o complexo hormônio-receptor (HR). No núcleo, o complexo HR liga-se com alta afinidade a uma sequência específica da molécula de DNA denominada elemento de resposta ao hormônio (HRE – *hormone response element*) próprio para o hormônio em questão. O complexo HR, interagindo com uma região do DNA, atua como um elemento estimulador da transcrição de genes que culminarão em moléculas de RNAm para proteínas específicas, originando, portanto, a resposta celular (Figura R27.8).

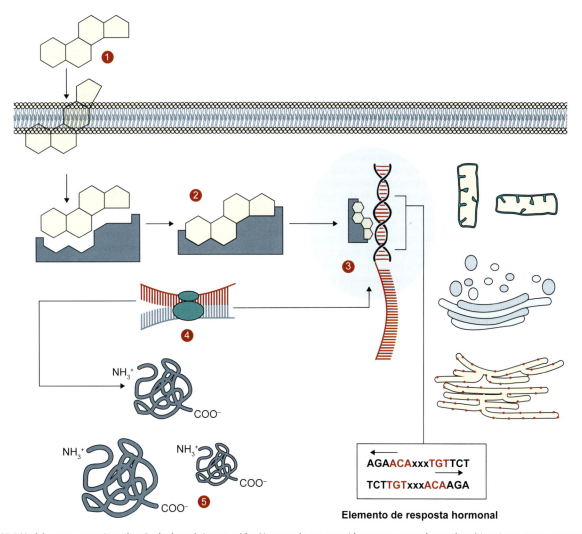

Figura R27.8 Modelo para o mecanismo de ação dos hormônios esteroides. No exemplo, um esteroide atravessa a membrana plasmática e interage com um receptor situado no citosol. Contudo, alguns receptores para esteroides podem situar-se no núcleo celular. O complexo hormônio-receptor atua em uma região específica do DNA para promover a síntese de proteínas, resultando na resposta celular.

Exercícios

1. Explique o mecanismo de síntese de um hormônio esteroide e de um hormônio peptídico, como o cortisol e a insulina.
2. Após serem sintetizados, tanto os hormônios peptídicos e proteicos quanto os esteroidais ou derivados da tirosina devem ser lançados no plasma para, então, exercer seus efeitos. Explique como ocorre o transporte dos hormônios no plasma.
3. Explique a estrutura de um receptor de membrana e cite os tipos de receptores hormonais que estão presentes nas células-alvo.
4. Um paciente está fazendo uso de um hormônio prescrito por seu médico. Ele buscou maiores informações e leu um texto na internet no qual alguns termos lhe chamaram a atenção, como dessensibilização, *down-regulation* e *up-regulation*. Construa um texto que informe mais o paciente sobre esses assuntos.
5. Explique o que são e como atuam as proteínas G.
6. Explique a relação que existe entre a natureza química dos hormônios (polares e apolares) e seus mecanismos de ação na célula-alvo.
7. Os hormônios podem ativar duas maquinárias celulares distintas para produzir os segundos mensageiros, adenilato ciclase e fosfolipase C. Explique a sequência de eventos mediados pela fosfolipase C.
8. Uma mulher está tomando medicamentos anticoncepcionais prescritos por seu médico no sentido de tratar uma condição de ovários micropolicísticos. A mulher pergunta ao médico de que maneira os hormônios anticoncepcionais atuam em todas as células corporais. O que ela está interessada em saber é o mecanismo de ação dos hormônios esteroidais. Escreva qual seria a resposta do médico.
9. Qual o papel da enzima fosfodiesterase no sistema de segundos mensageiros mediado pela adenilato ciclase?
10. Explique a estrutura e a função dos dedos de zinco (*zinc finger*).

Respostas

1. Os hormônios esteroides são sintetizados de modificações enzimáticas da molécula do colesterol. Inicialmente, o colesterol é convertido em pregnenolona e, posteriormente, seguem-se reações enzimáticas próprias para cada hormônio. Já a síntese dos hormônios peptídicos e proteicos segue a cadeia de eventos para qualquer proteína ou peptídeo sintetizado pela célula. Inicialmente, de um segmento de uma das duplas fitas do DNA é originado um RNA mensageiro que sofre *splicing* indo para o citosol celular, onde é traduzido no aparelho ribossômico, culminando na proteína sintetizada.
2. Os hormônios podem ser transportados livremente no plasma ou ligados a proteínas específicas. Hormônios apolares são necessariamente transportados ligados a proteínas, já os hormônios de natureza peptídica e proteica são solúveis no plasma. A interação de hormônios com proteínas plasmáticas cria uma

reserva de hormônios plasmático prevenindo alterações bruscas da concentração plasmática de hormônios. Além disso, a ligação de hormônios a proteínas plasmáticas aumenta a meia-vida hormonal. Contudo, somente o hormônio livre é metabolicamente ativo e somente a fração livre é capaz de desencadear respostas de *feedback*. As proteínas transportadoras de hormônios são de dois tipos: proteínas que atuam como transportadoras gerais (inespecíficas), como é o caso da albumina sérica; e proteínas de transporte específicas para cada hormônio, as quais apresentam sítios de ligação de alta afinidade com a molécula hormonal.

3. Todo receptor de membrana apresenta pelo menos três domínios: um domínio extracelular complementar ao ligante, que pode ser um fármaco, neurotransmissor ou um hormônio; um domínio hidrofóbico transmembrânico na forma de alfa-hélice; e um domínio intracelular envolvido na resposta celular.

    Os receptores podem ser: esteroidais, situados no citosol ou no núcleo das células-alvo; metabotrópicos, que apresentam uma porção intracelular acoplada ao complexo da proteína G; ionotrópicos, que possibilitam o livre trânsito de íons quando o hormônio se liga a uma porção específica desse receptor; e receptores acoplados a cinases, nesse caso, um resíduo de aminoácido (p. ex., tirosina) pertencente à porção intracelular do receptor é fosforilado.

4. A dessensibilização constitui um mecanismo de controle da resposta tecidual aos agonistas e pode se dar pelos seguintes meios: fosforilação; via cinases específicas; fosforilação por cinases efetoras; endocitose do receptor; *down-regulation* de receptores; fosforilação da subunidade α da proteína G; e redução da transcrição intracelular de RNAmensageiro. Os mecanismos de fosforilação conduzem a respostas intracelulares que reduzem a afinidade do receptor pelo agonista. A redução da transcrição de RNAm tem impacto direto na própria síntese celular do receptor, ou seja, ele deixa de ser sintetizado. A capacidade de o tecido remodelar seu número de receptores que interagirão com hormônios é um dos mecanismos de resposta tissular mais bem estudados por sua importância farmacológica. O aumento da população de receptores de um determinado tecido é denominado *up-regulation* ou suprarregulação, enquanto a redução dessa população designa-se *down-regulation* ou infrarregulação. Em algumas circunstâncias, o hormônio pode aumentar a expressão de receptores; em outras, a exposição prolongada dos receptores aos hormônios pode levar a *down-regulation*. A afinidade do receptor também pode sofrer alteração por fatores como pH, osmolaridade, concentrações iônicas, níveis de substrato e até mesmo exposição a radicais livres.

5. As proteínas G são assim denominadas por sua ligação ao GDP e GTP. Sua função é transduzir o sinal do primeiro mensageiro (o hormônio ou agonista) do meio extracelular para o meio intracelular. As proteínas G são as estruturas responsáveis pela ativação da maquinária bioquímica intracelular que conduz à produção dos segundos mensageiros. Situam-se ancoradas à face interna da membrana celular. As proteínas G são heterotriméricas, isto é, apresentam três subunidades designadas alfa, beta e gama. Os nucleotídeos de guanosina ligam-se à subunidade α, com atividade enzimática, catalisando a conversão de GDP em GTP. A subunidade α pode estar acoplada a um receptor que desencadeia respostas inibitórias sendo, nesse caso, designada Gi, ou acoplada a um receptor que leva a uma resposta celular estimulatória, chamada Gs.

6. Os hormônios peptídicos e proteicos atuam em um receptor de membrana, o qual transduz o sinal do hormônio para o meio intracelular via uma maquinaria bioquímica efetora específica. Isso ocorre porque esses agonistas, por serem hidrofílicos, não são capazes de atravessar a bicamada lipídica da membrana celular da célula-alvo. Em contrapartida, agonistas esteroidais e metabólitos da vitamina, por exemplo, interagem com receptores citosólicos ou nucleares. Para exercerem sua função, esses hormônios devem formar um complexo hormônio-receptor, que, por sua vez, precisa interagir com uma região específica do DNA, estimulando a transcrição de RNAm.

7. A fixação do hormônio ao receptor de membrana produz alteração conformacional da subunidade alfa da proteína G; o GDP é liberado da subunidade alfa e o GTP toma seu lugar, ocorrendo separação da subunidade alfa da proteína G e o complexo α-GTP migra pela membrana celular ativando a fosfolipase C (PLC); a fosfolipase C catalisa a clivagem do fosfatidilinositol 4,5-difosfato (PIP2), um fosfolipídio de membrana, em IP3e diacilglicerol (DAG); o IP3 produzido provoca liberação de Ca^{+2} de seus depósitos intracelulares, retículo endoplasmático (RE) ou retículo sarcoplasmático (RC), resultando em elevação dos níveis intracelulares de Ca^{+2}; atuando em conjunto, o Ca^{+2} e o diacilglicerol (DAG) ativam a proteína cinase C que fosforila proteínas intracelulares produzindo a resposta.

8. Os hormônios apolares difundem-se pela membrana plasmática, já que conseguem interagir quimicamente com os lipídios que a compõem. Ao atravessarem a membrana, encontram seus receptores específicos no citosol ou no núcleo, processo que pode ocorrer de duas maneiras. Na primeira, o hormônio se difunde pelo citosol da célula-alvo e encontra seu receptor cognato para formar o complexo hormônio-receptor (HR). No núcleo, o complexo HR liga-se com alta afinidade a uma sequência específica da molécula de DNA, denominada elemento de resposta a hormônio (HRE – do inglês *hormone response element*), própria para o hormônio em questão. O complexo HR, interagindo com uma região do DNA, atua como um elemento estimulador da transcrição de genes que culminarão em moléculas de RNAm para proteínas específicas originando, portanto, a resposta celular.

9. A enzima fosfodiesterase converte o AMPc em sua forma inativa, o AMP-5'. Essa reação cessa a resposta biológica, uma vez que o AMPc deixa de existir em sua forma ativa.

10. Cada "dedo" é constituído por cerca de trinta resíduos de aminoácidos e apresenta duas estruturas β antiparalelas, formando uma folha betapregueada e uma alfa-hélice. Esse arranjo proteico é coordenado por um íon de zinco, que se liga a resíduos de cisteínas e histidinas bastante conservados nesses motivos. Cada dedo de zinco interage com a molécula de DNA de maneira antiparalela a um sítio de três bases no sulco maior do passo da alfa-hélice do DNA. Essa interação desencadeia a expressão de determinado gene e, consequentemente, a produção de um RNAm que será traduzido no citosol para produzir a resposta celular.

Referência bibliográfica

1. Voet D, Voet JG, Pratt CW. Fundamentos de bioquímica. Porto Alegre: Artmed; 2000.

Bibliografia

Bain DL, Heneghan AF, Connaghan-Jones KD, Miura MT. Nuclear receptor structure: implications for function. Annu Rev Physiol. 2007;69:201-20.

Bos JL. Epac: A new AMPc target and new avenues in AMPc research. Nat Rev Mol Cell Biol 2003;4:733-8.

Decrock E, De Bock M, Wang N, Gadicherla AK, Bol M, Delvaeye T, et al. IP3, a small molecule with a powerful message. BiochimBiophysActa. 2013;1833(7):1772-86.

Dickson WM. Glândulas endócrinas. In: Reece WO. Dukes, Fisiologia dos animais domésticos. 10.ed. Rio de Janeiro: Guanabara Koogan; 1988. p. 659-87.

Gonzalez FH, Ceroni da Silva S. Bioquímica hormonal. In: Gonzales FHD, Silva SG.Introdução à bioquímica hormonal. 2. ed. Porto Alegre: Editora da UFRGS; 2006. p. 251-312.

González FHD. Características dos hormônios. In: González FHD. Introdução à endocrinologia reprodutiva veterinária. Porto Alegre: Editora da UFRGS; 2006. p. 1-16.

Hadley ME.General mechanisms of hormone action. In: Endocrinology. 2. ed. New Jersey: Prentice Hall; 1988. p. 56-84.

Hart SM. Modulation of nuclear receptor dependent transcription. Biol Res. 2002;35(2):295-303.

Hurley JH. The adenylyl and guanylyl cyclase superfamily. Current Opinion in Structural Biology. 1998;8(6):770-7.

Katritch V, Cherezov V, Stevens RC. Structure-function of the G protein-coupled receptor superfamily. Annu Rev PharmacolToxicol. 2013;53:531-56.

Krumm BE, Grisshammer R. Peptide ligand recognition by G protein-coupled receptors. Front Pharmacol. 2015;6:48.

Mizuno N, Itoh H. Functions and regulatory mechanisms of Gq-signaling pathways. Neurosignals. 2009;17(1):42-54.

Norman AW, Litwack G. General considerations of hormones. In: Norman AW, Litwack G. Hormones. San Diego: Academic Press; 1987. p. 2-49.

Raw I, Lee Ho P. Integração e seus sinais. São Paulo: Fundação Editora da Unesp; 1999.

Sánchez-Fernández G, Cabezudo S, García-Hoz C, Benincá C, Aragay AM, Mayor F Jr, Ribas C. Gαq signalling: the new and the old. Cell Signal. 2014;26(5):833-48.

Sassone-Corsi P. The cyclic AMP pathway. Cold Spring Harb Perspect Biol. 2012;4(12).

Smirnov AN. Nuclear receptors: nomenclature, ligands, mechanisms of their effects on gene expression. Biochemistry (Mosc). 2002;67(9):957-77.

Tresguerres M, Levin LR, Buck J. Intracellular AMPc signaling by soluble adenylyl cyclase. Kidney Int. 2011;79(12):1277-88.

Van Petegem F. Ryanodine receptors: structure and function. J Biol Chem. 2012;287(38):31624-32.

Eixo Hipotálamo-hipófise

Introdução

O hipotálamo é uma importante área do sistema nervoso central, localizado sob o tálamo na porção central do diencéfalo. Apresenta estreita relação com o sistema endócrino, já que interage com a glândula hipófise. As informações oriundas de múltiplas áreas do sistema nervoso convergem para o hipotálamo, que integra os dados produzindo sinais químicos que são enviados à hipófise, que, por sua vez, modifica o padrão de secreção de hormônios de diversas glândulas no organismo. Esse sistema de controle integrado tem a função de manter a constância interna, regular temperatura corpórea, orquestrar a disponibilidade de substratos energéticos, controlar a reprodução e adaptação ao estresse e, finalmente, produzir padrões funcionais que possibilitem a adaptação do organismo ao meio ambiente.

Hipotálamo endócrino

A glândula hipófise (do grego *hypóphysis*, que significa "coisa pequena que cresce entre coisas grandes") tem peso de 0,5 g e situa-se na base do cérebro em uma depressão do osso esfenoide chamada "sela túrcica", estando envolvida pela dura-máter, exceto o local em que se liga ao assoalho do diencéfalo pelo infundíbulo. A hipófise foi anteriormente chamada de "glândula mestra", porém novas descobertas em relação às funções do hipotálamo e sua interação com a hipófise levaram ao abandono dessa terminologia. De fato, o hipotálamo representa a interface entre o sistema nervoso e o sistema endócrino, já que dispõe de neurônios capazes de secretar hormônios outrora chamados de fatores hipotalâmicos.

O hipotálamo recebe estímulos de diversas áreas do sistema nervoso central e é capaz de integrar essas informações de modo preciso, enviando sinais de inibição ou estimulação à adeno-hipófise por meio de neurônios secretores que liberam seus hormônios nos vasos portais situados na eminência média. Por essa convergência de informações, a eminência média é por vezes chamada de *via final comum* para a regulação da secreção da adeno-hipófise. Assim, a natureza física de comunicação entre hipotálamo e adeno-hipófise se dá por meio do sistema porta-hipotálamico-hipofisário, que consiste em um plexo capilar capaz de conduzir hormônios liberados por neurônios de diferentes núcleos hipotalâmicos até as células adeno-hipofisárias. Já a comunicação entre hipotálamo e neuro-hipófise ocorre por meio de neurônios hipotalâmicos neurossecretores, que também se originam de núcleos hipotalâmicos específicos. Assim, enquanto os hormônios da neuro-hipófise são liberados imediatamente na circulação sistêmica, os hormônios adeno-hipofisários são liberados nos vasos porta-hipofisários.

Unidade hipotálamo-hipófise

O hipotálamo e a hipófise formam uma unidade chamada de eixo hipotálamo-hipófise, responsável por regular a função de outras importantes glândulas, como ovários, testículos, tireoide e adrenais. A hipófise pode ser dividida em duas porções funcionais: adeno-hipófise ou hipófise anterior (que constitui cerca de 80% do volume total da hipófise) e neuro-hipófise ou hipófise posterior. A adeno-hipófise é formada por *pars distalis* e *pars tuberalis*, sendo a primeira a parte distal da adeno-hipófise responsável pela secreção de hormônios, como ACTH, TSH, FSH, LH, GH, entre outros. Já a *par stuberalis* compõe a parte próxima à haste hipofisária sem função hormonogênica. A neuro-hipófise é formada por *pars intermedia*, que inexiste nas aves, e trata-se de uma estreita faixa de tecido entre a *pars nervosa* e a *pars distalis* cuja função é a síntese de MSH. A *pars nervosa* corresponde à maior parte da neuro-hipófise e é responsável pelo armazenamento e pela liberação de ADH e ocitocina.

A adeno-hipófise e a neuro-hipófise têm origem embrionária distinta, uma vez que, durante o processo de formação da vida embrionária, observa-se que a *pars distalis* e a *pars tuberalis* se originam da bolsa de Rathke (oriunda do teto da cavidade oral do embrião), e que a *pars nervosa* surge de uma evaginação do assoalho do terceiro ventrículo. Em seguida, as duas partes se fundem e formam uma glândula aparentemente única. A bolsa de Rathke torna-se preenchida por células e dá origem à *pars distalis* a porção distal da adeno-hipófise. Já a porção do fundo da bolsa se espessa para dar origem à *pars intermedia* que se justapõe à *pars nervosa*. Entre a *pars distalis* e a *pars intermedia*, permanece uma fenda (fenda hipofisária), que macroscopicamente divide a glândula em lobo anterior e lobo posterior. Assim, as duas partes formadas da cavidade oral apresentam características de glândula, secretando hormônios sujeitos ao controle hipotalâmico (fatores hipotalâmicos), os quais tem acesso à adeno-hipófise por meio do sistema porta-hipofisário, uma rica rede vascular que integra fisiológica e anatomicamente o hipotálamo e a hipófise. Histologicamente, as porções da hipófise também mostram diferenças; a adeno-hipófise é constituída de células epiteliais que podem ser classificadas em três grupos distintos: células acidófilas (30 a 50%); células basófilas (5 a 15%); e células cromófobas (40 a 50%). Atualmente, com base nas modernas técnicas de microscopia eletrônica e histoquímica, identificam-se cinco tipos celulares na adeno-hipófise:

- Tireotróficas – poliédricas – secretoras de TSH
- Gonadotróficas – tipo A – ovais com grânulos grosseiros – FSH
- Tipo B – ovais com grânulos finos – LH
- Corticotróficas – estreladas com prolongamentos celulares extensos – ACTH e beta – LPH
- Somatotróficas – secretoras de GH
- Lactotróficas – secretoras de PRL.

A gestação é uma condição especial que tem grande influência sobre a estrutura e a função hipofisária. Durante a gestação, a hipófise aumenta seu tamanho em cerca de 30%, atingindo 50% ao final da gestação. Esse aumento no volume hipofisário ocorre em resposta a estímulos hormonais oriundos do feto e da placenta (sobretudo estrógenos), e deve-se principalmente ao aumento no número de células lactotróficas que, na mulher nulípara e no homem, é de 15 a 20%. A região que se projeta do hipotálamo em direção à margem superior da hipófise, e posteriormente ao quiasma óptico, chama-se infundíbulo e apresenta tamanho constante. Já a haste hipofisária é formada por três porções: tuberal, vascular e neural. A porção tuberal é uma faixa estreita de tecido próxima à haste hipofisária sem função hormonogênica, e é ricamente vascularizada. Já a vascular consiste, na verdade, de artérias que formam o sistema porta-hipofisário e tem a função de suprir sangue à hipófise. A porção neural da haste hipofisária é formada por axônios não mielinizados de fibras nervosas que surgem nos núcleos supraóptico e paraventricular do hipotálamo e se projetam para a neuro-hipófise.

A haste hipofisária insere-se na base do hipotálamo e é formada por três regiões:

- Ependimária (mais interna), formada por uma camada de células ependimárias que revestem o assoalho do terceiro ventrículo
- Paliçada interna, ou camada fibrosa atravessada pelo feixe supraóptico hipofisário em direção ao lobo neural
- Paliçada externa, local onde as fibras nervosas oriundas do trato tuberoinfundibular liberam seus neuro-hormônios no sistema portal.

A porção neural da hipófise (neuro-hipófise) não apresenta estrutura histológica glandular e suas células são chamadas pituícitos, rodeados por células intersticiais. Enquanto a neuro-hipófise surge em decorrência da projeção do assoalho do diencéfalo em direção caudal formando o pedúnculo da hipófise, que permanece em contato físico com o encéfalo, a adeno-hipófise origina-se do ectoderma, caso no qual o teto da boca primitiva se desloca na direção cefálica formando a bolsa de Rathke (Figura 28.1).

Núcleos hipotalâmicos e seus neurônios neurossecretores

Pode-se identificar no hipotálamo grupos de neurônios organizados em um padrão específico que recebem a denominação de núcleos hipotalâmicos. Contudo, os núcleos hipotalâmicos podem apresentar mais de um tipo celular, de modo que são, na verdade, aglomerados de células nervosas, e não conjuntos de células bem definidas e de um só tipo. Os núcleos hipotalâmicos são classificados de acordo com sua localização anatômica ou com base na principal substância sintetizada por suas células. Dois núcleos hipotalâmicos são de particular interesse e importância na interação entre hipotálamo e hipófise: o núcleo paraventricular e o núcleo supraóptico. Os corpos celulares dos neurônios que formam esses dois núcleos situam-se no hipotálamo e são relativamente grandes; por isso, são chamados de núcleos magnocelulares, seus axônios amielínicos compõem o trato hipotalâmico-hipofisário e projetam-se para a eminência média e formam o pedúnculo da hipófise indo terminar na neuro-hipófise. Esses neurônios, embora secretem substâncias químicas, apresentam as mesmas propriedades biofísicas das demais células nervosas, incluindo a capacidade de deflagrar potenciais de ação na vigência de um estímulo apropriado. Em muitos aspectos, os neurônios neurossecretores são similares aos neurônios comuns: eles apresentam processos axônicos e dendríticos, membranas celulares polarizadas que conduzem potenciais de ação e atividade elétrica tônica, liberam mensageiros químicos por seus terminais e sofrem regulação por outros neurônios que estão em contato com eles. Entretanto, os neurônios neurossecretores diferem dos neurônios comuns nos seguintes aspectos:

- Os neurônios neurossecretores são inervados, mas não inervam, ou seja, os terminais de outros neurônios fazem contato com esses neurônios secretores e seus terminais, os quais estão em contato com uma rede de capilares sanguíneos
- Os produtos de secreção dos neurônios neurossecretores são liberados diretamente na corrente sanguínea e, por essa razão, designam-se neuro-hormônios. Em contraste, o produto de secreção de um neurônio comum é liberado em uma fenda sináptica ou em uma placa motora
- Os produtos de secreção dos neurônios motores agem em longas distâncias em relação à distância pela qual os neurotransmissores de neurônios comuns agem (uma fenda sináptica de menos de 50 nm).

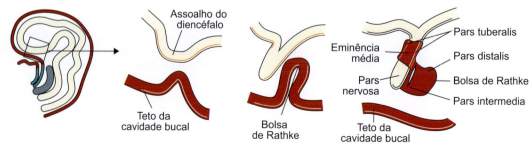

Figura 28.1 Sequência de desenvolvimento embrionário da hipófise. Nota-se que, enquanto a neuro-hipófise origina-se do sistema nervoso (assoalho do diencéfalo), a adeno-hipófise advém do teto da cavidade bucal (bolsa de Rathke). Fonte: Junqueira e Carneiro, 2008.[1]

Assim, os neurônios neurossecretores formam uma interface entre o sistema nervoso e o sistema endócrino. Funcionalmente, eles podem ser vistos como transdutores, uma vez que convertem o modo de transmissão de informações de neural para endócrino. Apresentam um padrão de atividade elétrica que resulta em surtos, e tal atividade aumenta em condições que causam maior liberação de hormônios. Os neurônios neurossecretores sintetizam seus hormônios em seus corpos celulares e armazena-os em grânulos que se deslocam por meio do axônio para acumularem-se nas terminações telodendríticas dos neurônios, de onde são extrudidos das células na vigência de um estímulo adequado. Os neurônios magnocelulares são responsáveis pela síntese e secreção de vasopressina (ADH) e ocitocina. Outro grupo de neurônios hipotalâmicos que também apresentam seus corpos celulares situados no hipotálamo é o dos neurônios parvocelulares, também chamados de células-P. São neurônios localizados nas camadas parvocelulares do núcleo geniculado lateral (LGN) do tálamo. *Parvus* significa "pequeno" em latim, parvocelular, portanto refere-se ao pequeno tamanho da célula em relação às células magnocelulares. Filogeneticamente, os neurônios parvocelulares são mais modernos do que os magnocelulares e apresentam projeções que terminam na eminência média, no tronco encefálico e na medula espinal. Esses neurônios são responsáveis pela liberação de neuro-hormônios chamados hormônios hipofisiotróficos, cuja função é modular a função adeno-hipofisária. Assim, a neuro-hipófise não sintetiza hormônios, (e sim o hipotálamo) e somente libera os hormônios. Já a adeno-hipófise é formada por grandes células no formato de polígono dispostas na forma de cordões circuncidados por capilares. Algumas células hipofisárias são capazes de produzir mais de um hormônio adeno-hipofisário. Ao contrário da neuro-hipófise, que não é capaz de armazenar hormônios, as células poligonais da adeno-hipófise sintetizam e armazenam hormônios na forma de grânulos citoplasmáticos até sua liberação (Figura 28.2). A atividade de síntese e secreção de hormônios adeno-hipofisários é controlada por hormônios hipotalâmicos (hormônios hipofisiotróficos ou hormônios liberadores hipotalâmicos) e também pelos hormônios liberados pelas várias glândulas pertencentes ao eixo hipotálamo-hipofisário (Figura 28.3) que modulam a atividade das células adeno-hipofisárias (o mecanismo de *feedback*).

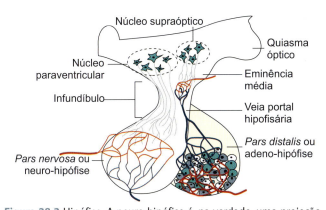

Figura 28.2 Hipófise. A neuro-hipófise é, na verdade, uma projeção do assoalho do hipotálamo, não sintetiza nem armazena substâncias. Os hormônios neuro-hipofisários são sintetizados no hipotálamo e apenas liberados pela neuro-hipófise. A adeno-hipófise apresenta, sintetiza e armazena hormônios em resposta aos hormônios hipotalâmicos que são lançados nos vasos portais. As diferentes cores das células adeno-hipofisárias indicam populações de células somatotróficas, corticotróficas, lactotróficas, entre outras.

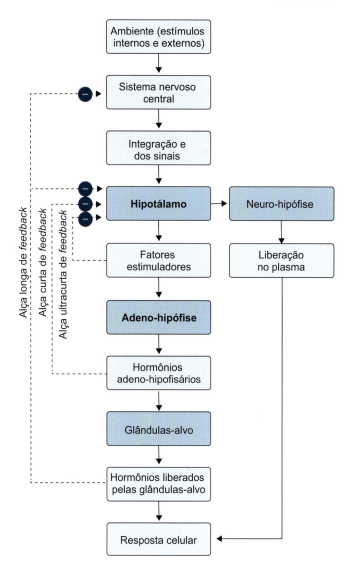

Figura 28.3 Sistemas de autorregulação hormonal das glândulas que fazem parte do eixo-hipotálamo-hipófise. Os sinais ambientais (externos ou internos) são captados pelo SNC, particularmente por estruturas que envolvem o sistema límbico, como hipocampo e amígdala. Essas regiões interagem com os núcleos hipotalâmicos que integram esses sinais e respondem esses estímulos por meio da liberação de fatores estimuladores. Tais fatores são liberados na eminência média da hipófise e, por meio dos vasos portais, alcançam a adeno-hipófise interagindo com os diferentes tipos celulares que a compõem. Em resposta aos fatores hipotalâmicos, a adeno-hipófise modula a síntese, o armazenamento e a secreção de seus hormônios, que, por sua vez, estimularão a secreção de hormônios das glândulas-alvo. Os fatores hipotalâmicos são secretados na ordem de nanogramas e apresentam meia-vida curta, enquanto os hormônios adeno-hipofisários são liberados frequentemente na ordem de microgramas e apresentam meia-vida mais longa. Finalmente, as glândulas-alvo liberam seus hormônios na ordem de miligramas por dia e apresentam meias-vidas muito mais longas quando comparadas aos fatores hipotalâmicos e aos hormônios adeno-hipofisários. Dessa maneira, a secreção de hormônios desde o hipotálamo até as glândulas-alvo constitui um mecanismo de amplificação do sinal ambiental, já que de nanogramas (fatores hipotalâmicos) a miligramas (glândulas-alvo) há um aumento de milhões de vezes na concentração. Nota-se que o eixo hipotálamo-hipófise é um mecanismo de interação fina entre o sistema nervoso e o sistema endócrino e, assim, é capaz de transduzir um sinal nervoso (potenciais de ação) em sinais químicos (fatores hormonais e hormônios). O sistema é ainda fortemente estimulado pelo ambiente, que, em última análise, modula toda a resposta endócrina do eixo hipotálamo-hipófise.[2]

Interações entre hipotálamo e demais regiões do sistema nervoso

A secreção de fatores hipotalâmicos sofre forte influência de outras áreas do sistema nervoso, como o sistema límbico e a formação reticular mesencefálica. Essas áreas interagem com os neurônios que se relacionam com a adeno-hipófise, particularmente com o núcleo magnocelular hipotalâmico. Essas fibras nervosas oriundas de várias porções do sistema nervoso têm natureza noradrenérgica, serotoninérgica e colinérgica, principalmente. A modulação da secreção de hormônios hipofisários pode ser feita por meio de sinapses axodendríticas nos próprios núcleos hipotalâmicos, por sinapses axo-axônicas no nível da eminência média ou, ainda, por meio da liberação de neurotransmissores diretamente na circulação portal, causando influência direta na síntese e na secreção de hormônios adeno-hipofisários. As fibras dopaminérgicas interagem com o núcleo arqueado do hipotálamo e, a partir de então, axônios se projetam para a eminência mediana, onde a dopamina é liberada no sistema porta-hipofisário modulando a atividade adeno-hipofisária. Ainda na eminência média, fibras dopaminérgicas fazem sinapses axo-axônicas com neurônios peptidérgicos, controlando, assim, a liberação de peptídeos hipotalâmicos. Fibras dopaminérgicas oriundas do núcleo arqueado também exercem influência na neuro-hipófise atuando na modulação da secreção de ADH e/ou ocitocina, bem como na hipófise intermediária onde controla a secreção de MSH. Já as fibras noradrenérgicas que ascendem ao hipotálamo têm sua origem na ponte ou no bulbo. As fibras noradrenérgicas inervam principalmente os núcleos hipotalâmicos dorsomedial, paraventricular e arqueado e, ainda, porções da eminência média. As fibras serotoninérgicas interagem com o hipotálamo inervando, sobretudo, os núcleos supraquiasmático, o terço médio do retroquiasmático, a área pré-óptica e a região anterior da eminência média. Essas fibras originam-se nos núcleos da rafe.

Outras áreas do sistema nervoso enviam informações aos núcleos hipotalâmicos, como sistema límbico, sistema nervoso autonômico e sistema nervoso motor. O sistema límbico, em particular, modula a atividade dos núcleos hipotalâmicos magnocelular e parvocelular (núcleo que concentra neurônios hipotalâmicos que se relacionam com a adeno-hipófise) por meio de fibras nervosas córtico-hipotalâmicas oriundas da amígdala, da região septal, do tálamo e da retina. As interações do hipotálamo entre si e com as demais regiões do sistema nervoso e endócrino são altamente complexas. De fato, os núcleos hipotalâmicos magnocelular e parvocelular também se relacionam entre si, uma vez que os neurônios que formam o núcleo magnocelular se projetam à eminência média, modulando a secreção de hormônios adeno-hipofisários. Outra evidência dessa interação entre núcleos magnocelular e parvocelular é o fato de terminações nervosas secretoras de GnRH, TRH, somatostatina, leucina-encefalina, neurotensina e dopamina pertencentes ao sistema parvocelular projetarem-se para a neuro-hipófise, de modo que são capazes de modular a secreção de hormônios neuro-hipofisários. Finalmente, a grande gama de informações que ascendem ao hipotálamo das diversas regiões do sistema nervoso e do organismo como um todo regula a todo momento a secreção de neuro-hormônios em razão das flutuações do meio interno.

Eminência média

Também conhecida como eminência mediana, trata-se da porção hipotalâmica que atua como interface de comunicação entre o hipotálamo e a adeno-hipófise, sendo o local para o qual as informações oriundas do sistema nervoso central convergem e seguem para o sistema endócrino. A eminência média é bastante vascularizada pelas artérias hipofisárias superiores que se originam de uma complexa rede vascular (vasos portais) responsáveis pela coleta e distribuição dos neuropeptídeos secretados pelo hipotálamo. A eminência média encontra-se apartada da barreira hematencefálica e pode ser dividida em três porções:

- Porção ependimal: mais interna e, como o próprio nome indica, formada por células ependimárias, que estão em contato com o terceiro ventrículo e com os vasos porta-hipofisários
- Camada fibrosa: formada por axônios oriundos do trato supraóptico do hipotálamo que se projetam para a neuro-hipófise
- Porção paliçada: porção mais externa, formada por neurônios peptidérgicos que liberam neuropeptídeos no espaço perivascular do sistema porta-hipotálamo-hipofisário (porção paliçada). À medida que penetram na eminência média, essas fibras fazem sinapses com neurônios ependimais, indicando que provavelmente os neurônios ependimários têm papel na modulação da secreção de neuropeptídeos.

Vascularização da hipófise

Os neuropeptídeos hipotalâmicos devem ser capazes de estimular as células adeno-hipofisárias a secretarem seus respectivos hormônios e, para tanto, esses peptídeos são conduzidos até a adeno-hipófise por meio do porta-hipofisário. Esse sistema vascular garante que o sangue passe de um leito vascular para outro sem que entre em contato com a circulação sistêmica. Nesse caso, o sangue flui do hipotálamo para a hipófise, daí a denominação sistema portal. O aporte sanguíneo hipofisário é realizado por ramos da artéria carótida interna que dão origem a dois plexos capilares, os quais, por sua vez, suprem de sangue regiões diferentes da hipófise. As artérias hipofisárias superiores dão origem ao plexo capilar primário que perfunde a eminência média. Do plexo capilar primário, o sangue segue por vasos denominados longas veias porta-hipofisárias até o plexo capilar secundário que consiste em vasos com arquitetura sinusoide e fenestrados que irrigam a adeno-hipófise. Por causa das fenestras presentes no plexo capilar secundário, os neuropeptídeos difundem-se facilmente para as células adeno-hipofisárias. O suprimento sanguíneo da neuro-hipófise e do pedúnculo hipofisário é fornecido sobretudo pelas artérias hipofisárias médias e inferiores. Existem vasos portais curtos que conectam a neuro-hipófise à adeno-hipófise. Esse arranjo vascular garante que os neuropeptídeos liberados pela neuro-hipófise cheguem às células adeno-hipofisárias, de modo que as funções da adeno-hipófise e neuro-hipófise não podem ser dissociadas uma da outra. Finalmente, tanto o sangue da adeno-hipófise quanto da neuro-hipófise segue para o seio intercavernoso e daí para a veia jugular interna, ganhando a circulação venosa sistêmica.

Hormônios hipofisiotróficos

Os hormônios hipotalâmicos que atuam modulando as ações da adeno-hipófise são denominados hipofisiotróficos e, por seus efeitos sob as células adeno-hipofisárias, são também chamados "estimuladores ou inibidores". Embora muitas substâncias hipofisiotróficas já tenham sido identificadas, outras tantas ainda não foram, por isso utiliza-se a denominação fatores inibidores ou fatores estimuladores conforme o caso. O termo hormônio permanece reservado às substâncias cuja estrutura já está plenamente elucidada. Os nomes, abreviaturas e ações dos sete hormônios hipofisiotróficos encontram-se na Figura 28.4, e, em todos os casos, o nome do hormônio indica o seu efeito principal, embora muitos apresentem mais de um efeito. Alguns hormônios hipotalâmicos regulam a secreção de mais de um hormônio hipofisário e, em alguns casos, determinado hormônio hipofisário pode ser controlado por mais de um hormônio hipotalâmico, um exemplo disso é o GnRH que estimula a liberação de ambas as gonadotrofinas.

Todos os hormônios hipofisiotróficos identificados até então são peptídeos, com exceção da dopamina, que é uma catecolamina (Figura 28.5). O primeiro hormônio hipofisiotrófico a ser identificado foi o TRH, formado de somente três resíduos de aminoácidos; posteriormente, seguiu-se a descoberta do GnRH e da somatostatina, formados de 10 e 14 resíduos de aminoácidos, respectivamente. Tanto o GnRH quanto a somatostatina apresentam um ácido glutâmico cíclico na porção aminoterminal e uma amida na porção carboxiterminal. A somatostatina é particularmente singular em razão de sua ponte dissulfeto. Todos os hormônios hipofisiotróficos são lançados na circulação portal e, assim, chegam às células adeno-hipofisárias em uma concentração bastante elevada. A liberação de hormônios hipofisiotrópicos na circulação portal é um mecanismo intermediário entre um sistema endócrino clássico, em que, por definição, os hormônios são lançados no sangue, e um sistema neural, em que o neurotransmissor é lançado em um espaço limitado, como uma fenda sináptica. Os hormônios TRH e CRH são sintetizados pelos corpos celulares de neurônios localizados no núcleo paraventricular do hipotálamo; os hormônios GRH e PIF (dopamina) são sintetizados pelo núcleo arqueado; já as áreas anterior e pré-óptica do hipotálamo apresentam neurônios que sintetizam e liberam somatostatina e GnRH, respectivamente. As taxas diárias de secreção de hormônios hipofisiotrópicos, bem como suas concentrações plasmáticas e suas e meias-vidas, encontram-se na Tabela 28.1.

Adeno-hipófise

De fato, é a porção glandular da hipófise, já que a neuro-hipófise pode ser considerada uma extensão do hipotálamo. Enquanto a neuro-hipófise surge embriologicamente como uma evaginação do diencéfalo, a adeno-hipófise tem sua origem embrionária na bolsa de Rathke (epitélio oral) e, posteriormente, migra para a base do diencéfalo para unir-se à neuro-hipófise. Como

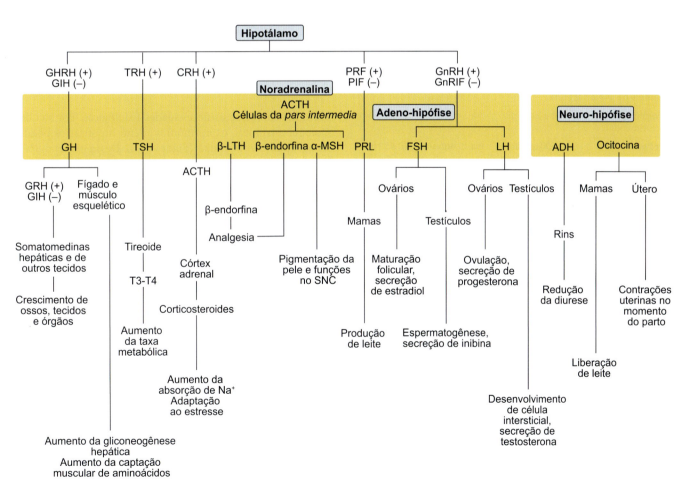

Figura 28.4 Hormônios hipofisiotróficos, suas ações sobre a hipófise e hormônios adeno e neuro-hipofisários e suas ações sobre órgãos-alvo. As abreviaturas dos hormônios hipofisiotrópicos estão listadas a seguir. Dentro dos parênteses, encontra-se a quantidade de resíduos de aminoácidos para cada hormônio, seguida do local de origem. GnRH: hormônio liberador de gonadotrofinas (10) APO; GIH: hormônio inibidor do hormônio do crescimento ou somatostatina (14) AHA; GHRH: hormônio liberador do hormônio de crescimento (44) ARQ; CRH: hormônio liberador de corticotrofina (41) NVP; PRF: fator liberador de prolactina (?); PIF: hormônio inibidor da prolactina ou dopamina (isto é, uma catecolamina) ARQ; NVP: núcleo paraventricular; APO: área pré-óptica do hipotálamo; ARQ: núcleo arqueado; AHA: área anterior do hipotálamo.

Hormônio liberador de gonadotrofinas (GnRH)
(piro)Glu-His-Trp-Ser-Tir-Gli-Leu-Arg-Pro-Gli-NH₂

Somatostatina

Ala-Gli-Cis————S————S————Cis
            | |
            Lis-Asn-Fen-Trp-Lis-Ter-Fen-Ter-Ser

TRH
(piro)Glu-His-Pro-NH₂

Dopamina

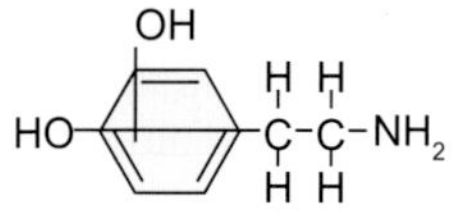

Hormônio de liberação de corticotropina (CRH)
Ser-Gln-Glu-pro-Pro-Ile-ser-leu-Asp-Leu-Thr-Phe-His-Leu-Leu-Arg-Glu-Val-Leu-Glu-Met-Thr-Lys-Ala-Asp-Gln-Leu-Ala-Gln-Gln-Ala-His-Ser-Asn-Arg-Lys-Leu-Leu-Asp-Ile-Ala-NH₂

Hormônio liberador do hormônio do crescimento (GHRH)
Tyr-Ala-Asp-Ala-Ile-Phe-Thr-Asn-Ser-Tyr-Arg-Lys-Val-Leu-Gly-Gln-Leu-Ser-Ala-Arg-Lys-Leu-Leu-Gln-Asp-Ile-Met-Ser-Arg-NH₂

Figura 28.5 Estrutura de alguns hormônios hipofisiotrópicos. Todos os hormônios são peptídeos e seus aminoácidos estão representados por três letras. O único hormônio hipofisiotrópico que não é peptídeo é a somatostatina.

Tabela 28.1 Níveis diários de secreção, meia-vida e concentração plasmática dos principais hormônios adeno-hipofisários.

Hormônio	Taxa de secreção	Concentração plasmática	Meia-vida plasmática
Família dos hormônios glicoproteicos			
Hormônio folículo estimulante	200 UI/dia	1 a 12 mUI/mℓ	180 min
Hormônio luteinizante	1000 UI/dia	5 a 12 mUI/mℓ	30 min
Hormônio tireóideo estimulante	5 a 200 μg/dia	1,8 μU/mℓ	50 min
Família da somatotrofina			
Hormônio do crescimento	1 a 2 mg/dia	1 a 2 mg/dia	20 a 25 min
Prolactina	200 μg/dia	6 a 10 ng/mℓ	20 a 30 min
Família da pró-opiomelanocortina			
Adrenocorticotrofina	25 a 35 mg/dia	20 a 50 ng/mℓ	20 a 25 min

Fonte: Hedge GA et al., 1987.[3]

Tabela 28.2 Tipos celulares e seus respectivos hormônios secretados.

Tipo celular	Hormônio secretado	Porcentagem*
Células tireotróficas	TSH	5%
Células gonadotróficas	LH e FSH	15%
Células somatotróficas	GH	25%
Células corticotróficas	ACTH	15%
Células lactotróficas	Prolactina	15%

*A porcentagem indica a população de cada tipo celular presente na adeno-hipófise.

anteriormente descrito, a conexão física entre adeno-hipófise e hipotálamo se faz por meio dos vasos portais, uma rede vascular capaz de distribuir os hormônios hipofisiotrópicos hipotalâmicos. A adeno-hipófise sintetiza e libera seis hormônios, a maioria de natureza peptídica e com funções claramente estabelecidas (Figura 28.6). Esses hormônios são sintetizados por células específicas da adeno-hipófise (Tabela 28.2), de acordo com o processo de síntese de qualquer peptídeo ou proteína celular; e são armazenados em grânulos citoplasmáticos e liberados conforme as necessidades fisiológicas. Por sua homologia estrutural, os hormônios adeno-hipofisários podem ser agrupados em famílias (Figura 28.6). Dessa maneira, têm-se três famílias, a do ACTH, a dos hormônios glicoproteicos e, por último, a composta pelos hormônios do crescimento e prolactina.

Hormônios somatotróficos | Prolactina e hormônio do crescimento

O hormônio do crescimento (GH – *growth hormone*) é secretado pelas células somatotróficas da adeno-hipófise e, por essa razão, algumas vezes denominado somatotrofina ou somatotrofina. É formado por 191 resíduos de aminoácidos dispostos em uma cadeia peptídica linear com duas pontes dissulfeto interna (Figura 28.7). O GH é estruturalmente similar à prolactina (75% de homologia com o GH) e ao lactogênio placentário (80% de homologia com o GH). Essas similaridades

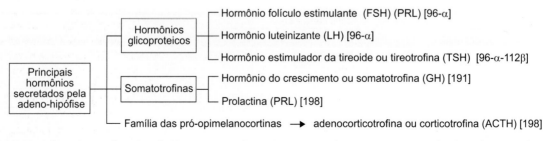

Figura 28.6 Principais hormônios adeno-hipofisários – entre parênteses estão suas abreviações, e o tamanho da cadeia peptídica em resíduos de aminoácidos encontra-se entre colchetes; as subunidades, quando for o caso, estão indicadas com letras gregas.

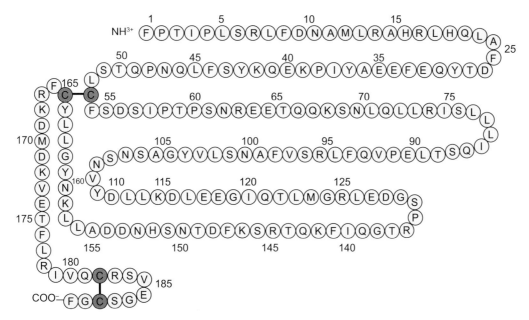

Figura 28.7 Estrutura do hormônio do crescimento humano (GH). O GH é uma cadeia peptídica única de 191 resíduos de aminoácidos apresentando duas pontes dissulfeto que se estabelecem entre os resíduos de cistina destacados em azul.

estruturais explicam a atividade lactogênica presente no GH. A síntese de GH é estimulada pelo hormônio liberador do hormônio de crescimento (GHRH) liberado pelo hipotálamo. O GH é secretado durante toda a vida, embora não com a mesma constância. De fato, observa-se aumento constante do nascimento até o início da infância, quando sofre estabilização. Na puberdade, há um grande aumento nos níveis secretórios de GH, induzido nas mulheres pelo estrogênio e nos homens pela testosterona, o que explica o "estirão" de crescimento puberal. Após a puberdade, as taxas de secreção declinam até se estabilizarem, e, na senescência, as taxas de GH declinam para seu menor nível.

Entre todos os hormônios hipofisários, é o mais abundante, com cerca de 5 a 10 mg, quantidade 20 vezes maior que a de ACTH e 50 a 100 vezes maior que a de prolactina. Sua secreção obedece a um padrão pulsátil, mais ou menos a cada intervalo de 2 h, ocorrendo o maior pulso secretório ocorre cerca de 2 h após o início do sono. O padrão secretório pulsátil é afetado por diversos fatores que podem levar à estimulação ou inibição. Entre os fatores estimulatórios da secreção de GH, estão: hipoglicemia; aminoácido arginina; redução dos níveis plasmáticos de ácidos graxos livres; exercícios físicos; sono; agonistas α-adrenérgicos; entre outros. Já entre os fatores que podem levar à inibição da secreção de GH, figuram hiperglicemia, obesidade, aumento dos níveis plasmáticos de ácidos graxos livres, senescência, gestação, agonistas β-adrenérgicos, e outros.

Além de modular o crescimento até que a estatura seja alcançada, o GH está envolvido no direcionamento de vias metabólicas, como na mobilização de ácidos graxos livres, aumento da captação de aminoácidos por parte do tecido muscular esquelético e na inibição do metabolismo da glicose no tecido adiposo e muscular. Embora o GH esteja estreitamente relacionado com o crescimento, é importante salientar que sua influência na estatura final a ser alcançada por determinada pessoa é de 30%. Isso significa que uma pessoa que geneticamente pode chegar a 1,70 m alcançará 1,10 m aproximadamente na ausência completa de GH, ou seja, ela crescerá em virtude de seus determinantes genéticos e de uma dieta adequada; o GH então atua como um facilitador do potencial genético para o crescimento. O mecanismo pelo qual o GH promove o crescimento age fundamentalmente nos ossos longos estimulando a ossificação endocondral, um padrão de ossificação no qual a cartilagem proliferativa (condrócitos) é mineralizada e, portanto, substituída por osso.

À medida que cresce, o osso aumenta em diâmetro e comprimento, e uma intensa atividade de remodelagem óssea pode ser verificada. O osso é reabsorvido e uma nova matriz óssea, sintetizada por osteoblastos. Essa intensa atividade de remodelamento ósseo reflete-se na excreção urinária de cálcio, fósforo e hidroxiprolina (componentes importantes da fração mineral do osso), efeito também observado na administração de GH em doses farmacológicas. Embora o GH atue sobre a divisão celular de osteoblastos e, portanto, sobre o crescimento das placas epifisárias ósseas, experimentos com ratos hipofisectomizados demonstraram que o mesmo estímulo não ocorre com os condrócitos. Esses experimentos mostraram que o GH medeia a produção de substâncias, que, por sua vez, atuam sobre os condrócitos, fazendo-os se dividir. Atualmente, sabe-se que essas substâncias são as somatomedinas (mediadoras das somatotrofinas), mais recentemente denominadas fatores de crescimento semelhantes à insulina ou IGF-I e IGF-II, por sua atividade similar à da insulina que persiste no plasma mesmo após a remoção da insulina propriamente dita.

O IGF-I e o IGF-II são pequenos peptídeos com pesos moleculares em torno de 7.500 e são estruturalmente muito parecidos à molécula da proinsulina tanto em relação à sequência de resíduos de aminoácidos quanto à disposição das pontes dissulfeto. Contudo, ao contrário da insulina, que tem seus peptídeos C (conexão) removidos, dando origem à molécula ativa da insulina, os IGF mantêm o peptídeo conetivo na molécula. As semelhanças com a molécula da insulina continuam nos seus receptores, também formados de tetrâmeros conectados por pontes dissulfeto e que têm atividade de autofosforilação. Desse modo, o atual modelo para explicar as ações do GH e das IGF-I e IGF-II defende que o GH estimula a síntese e a secreção de IGF-I e IGF-II nos pré-condrócitos e outras células das placas epifisárias. Os IGF-I e II atuariam nos condrócitos de forma autócrina ou parácrina. A maior parte da síntese do IGF-I ocorre no fígado, cerca de 90%, mas, ao que parece, o efeito do IGF-I sintetizado localmente se sobrepõe ao hepático. Os hormônios adeno-hipofisários apresentam suas variações entre as espécies, mas, em muitos casos essas variações estruturais não são suficientes para causar grandes especificidades funcionais entre as espécies. A exceção a essa regra é o GH humano, que é estruturalmente bastante diferente quando comparado ao GH de outras espécies, o que faz com que o GH de outros animais seja ineficaz quando administrado clinicamente no ser humano.

Família da pró-opiomelanocortina

A família do hormônio ACTH deriva de um único peptídeo precursor com 241 resíduos de aminoácidos denominado pró-opiomelanocortina (POMC), que pode ser considerado um pré-pró-hormônio transcrito de um único gene. Sua síntese ocorre nas células corticotróficas da adeno-hipófise, que compõem cerca de 10% das células dessa porção hipofisária. A liberação da POMC é regulada pelo CRH oriundo do núcleo paraventricular hipotalâmico e liberado na eminência média, e exerce suas ações disparando a cascata intracelular que conduz ao aumento dos níveis de AMPc. No retículo endoplasmático, a POMC é clivada no lobo anterior e no lobo intermediário da hipófise por endopeptidases similares à pepsina em sítios nos quais estão presentes aminoácidos básicos (arginina e lisina), dando origem aos membros da família do ACTH, que incluem os hormônios α e β-melanócito estimulante (MSH), a β e α-lipotrofina (LPH) e a β-endorfina (um opiáceo endógeno; no lobo intermédio da hipófise, ocorre armazenamento de betalipotrofina, um dos precursores da β-endorfina), um fragmento N-terminal e o próprio ACTH (Figura 28.8). O ACTH apresenta 39 resíduos de aminoácidos em sua cadeia, é o mais simples e o mais relevante dos seis hormônios primários e também o único hormônio dessa família cujo papel fisiológico está bem estabelecido. O ACTH também pode ser sintetizado pelas células do lobo intermédio, embora esse ACTH atue simplesmente como substrato para a produção de α-MSH e do peptídeo corticotrofinado lobo intermediário (CLIP). O α-MSH é constituído dos 13 primeiros resíduos de aminoácidos do ACTH e o fragmento restante (CLIP) pode ser encontrado no plasma, contudo não tem função conhecida. O α-MSH é produzido sobretudo na porção intermédia da hipófise e seu principal alvo de atuação são os melanócitos que se ligam a receptores de melanocortina (MCR). Foram descritos cinco receptores MCR, sendo que o MCR1 desempenha funções em células da pele, o MCR2 está envolvido na síntese de esteroides por parte das suprarrenais, e o MCR5 está relacionado com a termorregulação. O MCR4, por sua vez, está presente no sistema nervoso central e relaciona-se com impulsos da fome e saciedade, e o MCR3 ainda não tem suas funções plenamente esclarecidas.

O MSH apresenta pouca relevância em seres humanos e está envolvido com a pigmentação de pele em vertebrados inferiores. No entanto, em determinadas circunstâncias, como ocorre na doença de Addison, uma condição de insuficiência adrenal, a pele apresenta-se hiperpigmentada, o que é um importante sinal clínico no diagnóstico dessa endocrinopatia. A hiperpigmentação na doença de Addison pode ser explicada da seguinte maneira: durante a hidrólise da POMC para a produção dos hormônios da família do ACTH, vários peptídeos remanescentes com atividade de MSH são produzidos. De fato, a hidrólise do peptídeo intermediário para originar o ACTH dá origem ao próprio ACTH e a um peptídeo com atividade de MSH, o γ-MSH. O próprio ACTH contém α-MSH e γ-lipotrofina contém β-MSH. Esses fragmentos de MSH podem causar hiperpigmentação em seres humanos se seus níveis estiverem elevados no plasma. Na doença de Addison, observa-se aumento de POMC e ACTH pelo *feedback* negativo, e, uma vez que esses hormônios apresentam atividade de MSH, nota-se a hiperpigmentação. Outra substância resultante da cisão da POMC é a β-endorfina, um peptídeo opioide que se liga a receptores opiáceos expressos no sistema

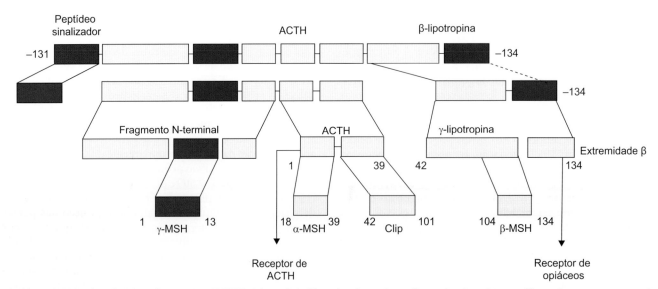

Figura 28.8 Cisão da pró-opiomelanocortina (POMC). O hormônio liberador de corticotrofina estimula a síntese, a liberação e o processamento da POMC, que na verdade é um pré-pró-hormônio sintetizado na neuro-hipófise. Após tradução, a POMC sofre cisão e dá origem ao ACTH, à β-endorfina (um peptídeo opioide endógeno) e às formas α, β e γ do hormônio melanócito estimulante (MSH). Por convenção, os aminoácidos são numerados iniciando-se pelo ACTH e aumentando positivamente até a porção C-terminal e negativamente até a região N-terminal.

nervoso central e em tecidos não nervosos. Suas ações fisiológicas incluem analgesia, efeitos comportamentais e funções neuromoduladoras, sendo capaz de causar, ainda, inibição de GnRH.

Família dos hormônios glicoproteicos

Inclui o FSH, o LH e o TSH, hormônios denominados glicoproteicos, visto que apresentam grupos glicídicos ligados covalentemente a resíduos de asparagina em sua cadeia peptídica. Os três hormônios contêm uma subunidade α e uma β covalentemente ligadas entre si, sendo que isoladamente essas subunidades não apresentam função biológica. A subunidade α é transcrita pelo mesmo gene (localizado no cromossomo 6) em todos os hormônios glicoproteicos e, por essa razão, é igual nos três tipos de hormônios; já a subunidade β, embora apresente alto grau de homologia, fornece a especificidade de ação bioquímica. A subunidade β apresenta ainda estrutura distinta para os três hormônios, sendo responsável pela ação hormonal. Assim, a subunidade β do LH, por exemplo, pode-se combinar com a subunidade α do TSH e os efeitos observados serão do LH.

O hCG placentário apresenta grandes similaridades funcionais e químicas aos hormônios gonadotrópicos hipofisários, sua cadeia α é igual ao dos hormônios TSH, LH e FSH, enquanto a cadeia β é igual à do LH, mas apresenta 32 resíduos de aminoácido a mais, sendo, portanto, mais longa. A síntese dos hormônios glicoproteicos é regulada pela tradução da subunidade β, já que há excesso da subunidade α em relação à β. Os três hormônios glicoproteicos adeno-hipofisários são armazenados no citosol de células basófilas. A única função conhecida do TSH é a estimulação tireoidiana, enquanto as duas gonadotrofinas LH e FSH atuam nas gônadas masculina e feminina. Nos ovários, o FSH promove o crescimento folicular, enquanto no epitélio germinativo dos testículos orquestra a formação de espermatozoides. Já o LH induz a ovulação ovariana dos folículos maduros e a formação do corpo-lúteo (ou corpo amarelo) pelas células remanescentes do folículo rompido. Nas mulheres, o LH ainda atua nos ovários, estimulando a síntese e liberação de hormônios esteroides, estrogênio e progesterona; já nos homens, o LH está envolvido com a estimulação testicular de testosterona, atuando nas células intersticiais.

Resumo

Introdução

O hipotálamo apresenta estreita relação com o sistema endócrino, já que interage com a hipófise, uma glândula localizada em uma depressão do osso esfenoide denominada sela túrcica. As informações oriundas de múltiplas áreas do sistema nervoso convergem para o hipotálamo, que integra os dados originando sinais químicos enviados à hipófise, que, por sua vez, modifica o padrão de secreção de hormônios de diversas glândulas no organismo. Esse sistema de controle integrado tem a função de produzir padrões funcionais que possibilitem a adaptação do organismo ao meio ambiente.

Hipotálamo endócrino

O hipotálamo representa a interface entre o sistema nervoso e o sistema endócrino, já que dispõe de neurônios capazes de secretar hormônios outrora chamados de fatores hipotalâmicos. O hipotálamo recebe estímulos de diversas áreas do sistema nervoso central e é capaz de integrar essas informações de modo preciso, enviando sinais de inibição ou estimulação à adeno-hipófise por meio de neurônios secretores que liberam seus hormônios nos vasos portais situados na eminência média. A natureza física de comunicação entre hipotálamo e adeno-hipófise se dá por meio do sistema porta-hipotalâmico-hipofisário, que consiste em um plexo capilar capaz de conduzir hormônios liberados por neurônios de diferentes núcleos hipotalâmicos até as células adeno-hipofisárias. Já a comunicação entre hipotálamo e neuro-hipófise ocorre por meio de neurônios hipotalâmicos neurossecretores que também se originam de núcleos hipotalâmicos específicos.

Unidade hipotálamo-hipófise

O hipotálamo e a hipófise formam uma unidade chamada de eixo hipotálamo-hipófise, responsável por regular a função de outras importantes glândulas, como ovários, testículos, tireoide e adrenais. A hipófise pode ser dividida em duas porções funcionais: adeno-hipófise ou hipófise anterior (que constitui cerca de 80% do volume total da hipófise); e neuro-hipófise ou hipófise posterior. A adeno-hipófise e a neuro-hipófise têm origem embrionária distinta: enquanto a primeira surge do teto da cavidade oral no embrião, a segunda advém de uma evaginação do assoalho do terceiro ventrículo (Figura R28.1). A adeno-hipófise sintetiza, armazena e secreta seus hormônios sob estímulo hipotalâmico, enquanto a neuro-hipófise somente libera os hormônios que foram sintetizados no hipotálamo.

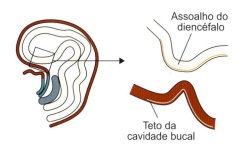

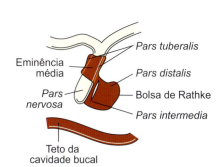

Figura R28.1 Sequência de desenvolvimento embrionário da hipófise. Nota-se que, enquanto a neuro-hipófise se origina do sistema nervoso (assoalho do diencéfalo), a adeno-hipófise advém do teto da cavidade bucal (bolsa de Rathke). Fonte: Junqueira e Carneiro, 2008.[1]

Núcleos hipotalâmicos e seus neurônios neurossecretores

Os núcleos hipotalâmicos são aglomerados de células nervosas, e não conjuntos de células bem definidas e de um só tipo. Dois núcleos hipotalâmicos são de particular interesse e importância na interação entre hipotálamo e hipófise: o paraventricular e o supraóptico (Figura R28.2). Esses dois núcleos secretam substâncias químicas e apresentam as mesmas propriedades biofísicas das demais células nervosas, incluindo a capacidade de deflagrar potenciais de ação na vigência de um estímulo apropriado. Os neurônios neurossecretores diferem dos neurônios comuns nos seguintes aspectos:

- Os neurônios neurossecretores são inervados, mas não inervam
- Os produtos de secreção dos neurônios neurossecretores são liberados diretamente na corrente sanguínea; em contraposição, o produto de secreção de um neurônio comum é liberado em uma fenda sináptica ou em uma placa motora
- Os produtos de secreção dos neurônios motores agem em longas distâncias.

Os neurônios neurossecretores apresentam um padrão de atividade elétrica corrente em surtos, a qual aumenta em condições que causam maior liberação de hormônios. Os neurônios neurossecretores sintetizam seus hormônios em seus corpos celulares e são armazenados em grânulos que se deslocam por meio do axônio para acumularem-se nas terminações telodendríticas dos neurônios, de onde são extrudidos das células na vigência de um estímulo adequado. A atividade de síntese e secreção de hormônios adeno-hipofisários é controlada por hormônios hipotalâmicos (hormônios hipofisiotrópicos ou hormônios liberadores hipotalâmicos) e também pelos hormônios liberados pelas várias glândulas do eixo hipotálamo-hipofisário que modulam a atividade das células adeno-hipofisárias (o mecanismo de *feedback*).

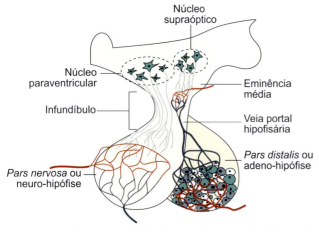

Figura R28.2 Hipófise. A neuro-hipófise é, na verdade, uma projeção do assoalho do hipotálamo, não sintetiza e nem armazena substâncias. Os hormônios neuro-hipofisários são sintetizados no hipotálamo e apenas liberados pela neuro-hipófise. A adeno-hipófise apresenta, sintetiza e armazena hormônios em resposta aos hormônios hipotalâmicos que são lançados nos vasos portais.

Sistemas de autorregulação hormonal das glândulas do eixo-hipotálamo-hipófise

Os sinais ambientais (externos ou internos) são captados pelo SNC, particularmente por estruturas que envolvem o sistema límbico. Essas regiões interagem com os núcleos hipotalâmicos que integram esses sinais e respondem a esses estímulos por meio da liberação de fatores estimuladores, que são liberados na eminência média da hipófise chegando à adeno-hipófise (Figura R28.3). Em resposta aos fatores hipotalâmicos, a adeno-hipófise modula a síntese, o armazenamento e a secreção de seus hormônios que, por sua vez, irão estimular a secreção de hormônios das glândulas alvo. Os fatores hipotalâmicos são secretados na ordem de nanogramas e apresentam meia-vida curta, enquanto os hormônios adeno-hipofisários são liberados frequentemente na ordem de microgramas e apresentam meia-vida mais longa. Finalmente, as glândulas-alvo liberam seus hormônios na ordem de miligramas por dia e apresentam meias-vidas muito mais longas quando comparadas com os fatores hipotalâmicos e aos hormônios adeno-hipofisários. Desse modo, a secreção de hormônios desde o hipotálamo até as glândulas-alvo constitui um mecanismo de amplificação do sinal ambiental.[1]

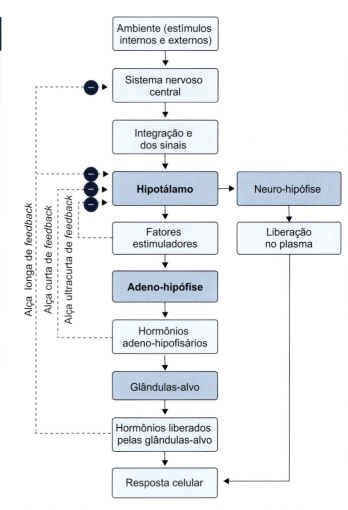

Figura R28.3 Sistema de autorregulação do eixo hipotálamo-hipófise. As funções do eixo são moduladas pelo ambiente (interno e externo) e também pelas concentrações de hormônios oriundos das células-alvo de sinais de *feedback*.

Vascularização da hipófise

O sistema porta-hipofisário garante que o sangue passe de um leito vascular para outro sem que entre em contato com a circulação sistêmica. Nesse caso, o sangue flui do hipotálamo para a hipófise e daí a denominação sistema portal. O aporte sanguíneo hipofisário é realizado por ramos da artéria carótida interna, que dão origem a dois plexos capilares que suprem de sangue regiões diferentes da hipófise. As artérias hipofisárias superiores dão origem ao plexo capilar primário, que perfunde a eminência média. Do plexo capilar primário, o sangue segue por vasos denominados longas veias porta-hipofisárias até o plexo capilar secundário, que consiste em vasos com arquitetura sinusoide e fenestrados que irrigam a adeno-hipófise. O suprimento sanguíneo da neuro-hipófise e do pedúnculo hipofisário é fornecido sobretudo pelas artérias hipofisárias médias e inferiores. Finalmente, tanto o sangue da adeno-hipófise quanto da neuro-hipófise segue para o seio intercavernoso e, a partir de então, para a veia jugular interna ganhando a circulação venosa sistêmica.

Família da pró-opiomelanocortina (POMC)

A família do ACTH deriva de um único peptídeo precursor com 241 resíduos de aminoácidos denominado pró-opiomelanocortina (POMC). A liberação da POMC é regulada pelo CRH oriundo do núcleo paraventricular hipotalâmico. Os membros da família do ACTH incluem os hormônios α e β-melanócito estimulante (MSH), a β e α-lipotrofina (LPH) e a β-endorfina, um fragmento N-terminal e o próprio ACTH. O MSH apresenta pouca relevância em seres humanos e está envolvido com a pigmentação de pele em vertebrados inferiores. Outra substância resultante da cisão da POMC é a β-endorfina, um peptídeo opioide que se liga a receptores opiáceos expressos no sistema nervoso central e em tecidos não nervosos. Suas ações fisiológicas incluem a analgesia, efeitos comportamentais e funções neuromoduladoras, sendo capaz de causar ainda inibição de GnRH.

Família da prolactina e do hormônio do crescimento

O hormônio do crescimento (GH – do inglês *growth hormone*) é secretado pelas células somatotrópicas da adeno-hipófise e, por essa razão, é algumas vezes denominado somatotropina ou somatotrofina. O GH é estruturalmente similar à prolactina (75% de homologia com o GH) e ao lactogênio placentário (80% de homologia com o GH). Essas similaridades estruturais explicam a atividade lactogênica presente no GH. Sua secreção obedece a um padrão pulsátil, mais ou menos a cada intervalo de 2 h, sendo que o maior pulso secretório ocorre cerca de 2 h após o início do sono. Embora o GH esteja estreitamente relacionado com o crescimento, é importante salientar que sua influência na estatura final a ser alcançada por determinada pessoa é de 30%. Isso quer dizer que o GH é um facilitador do potencial genético para o crescimento. O mecanismo pelo qual o GH promove o crescimento age fundamentalmente nos ossos longos estimulando a ossificação endocondral, um padrão de ossificação no qual a cartilagem proliferativa (condrócitos) é mineralizada e, portanto, substituída por osso. O GH medeia a produção de somatomedinas (mediadoras das somatotrofinas), mais recentemente denominadas fatores de crescimento semelhantes à insulina ou IGF-I e IGF-II, por sua atividade similar à da insulina que persiste no plasma mesmo após a remoção da insulina propriamente dita. O GH estimula a síntese e secreção de IGF-I e IGF-II nos pré-condrócitos e em outras células das placas epifisárias. Os IGF-I e II atuariam nos condrócitos de forma autócrina ou parácrina.

Hormônios hipofisiotróficos

Os hormônios hipotalâmicos que modulam as ações da adeno-hipófise são denominados hipofisiotróficos e, por seus efeitos sob as células adeno-hipofisárias, são também chamados "estimuladores ou inibidores". Alguns hormônios hipotalâmicos regulam a secreção de mais de um hormônio hipofisário e, em alguns casos, determinado hormônio hipofisário pode ser controlado por mais de um hormônio hipotalâmico; um exemplo disso é o GnRH, que estimula a liberação de ambas as gonadotrofinas (Figura R28.4).

Adeno-hipófise

De fato, a porção glandular da hipófise, já que a neuro-hipófise pode ser considerada uma extensão do hipotálamo. A adeno-hipófise tem sua origem embrionária na bolsa de Rathke (epitélio oral) e, posteriormente, migra para a base do diencéfalo para unir-se à neuro-hipófise. A adeno-hipófise sintetiza e libera seis hormônios, a maioria de natureza peptídica e com funções claramente estabelecidas. Por sua homologia estrutural, os hormônios adeno-hipofisários, podem ser agrupados em famílias (Figura R28.5). Dessa maneira, têm-se três famílias: a família do ACTH; a família dos hormônios glicoproteicos; e, por último, a família composta pelos hormônios do crescimento e prolactina.

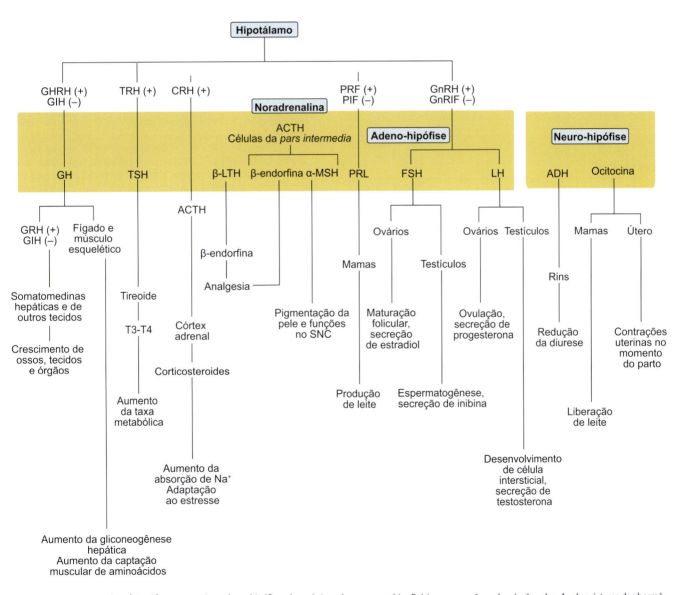

Figura R28.4 Hormônios hipofisiotróficos, suas ações sobre a hipófise e hormônios adeno e neuro-hipofisários e suas ações sobre órgãos-alvo. As abreviaturas dos hormônios hipofisiotrópicos estão listadas a seguir. Nos parênteses, encontra-se a quantidade de resíduos de aminoácidos para cada hormônio, seguida do local de origem. GnRH: hormônio liberador de gonadotrofinas (10) APO; GIH: hormônio Inibidor do hormônio do crescimento ou somatostatina (14) AHA; GHRH: hormônio liberador do hormônio de crescimento (44) ARQ; CRH: hormônio liberador de corticotrofina (41) NVP; PRF: fator liberador de prolactina (?); PIF: hormônio inibidor da prolactina ou dopamina (isto é, uma catecolamina) ARQ; NVP: núcleo paraventricular; APO: área pré-óptica do hipotálamo; ARQ: núcleo arqueado; AHA: área anterior do hipotálamo.

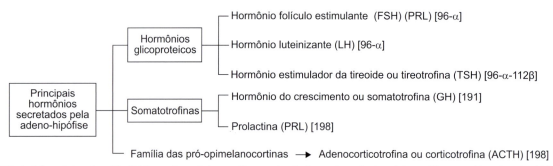

Figura R28.5 Principais hormônios adeno-hipofisários – entre parênteses, estão suas abreviações, e o tamanho da cadeia peptídica em resíduos de aminoácidos encontra-se entre colchetes; as subunidades, quando for o caso, estão indicadas com letras gregas.

Família dos hormônios glicoproteicos

Inclui o FSH, o LH e o TSH, hormônios denominados glicoproteicos, uma vez que apresentam grupos glicídicos ligados covalentemente a resíduos de asparagina em sua cadeia peptídica. Os três hormônios glicoproteicos adeno-hipofisários são armazenados no citosol de células basófilas. A única função conhecida do TSH é a estimulação tireoidiana, enquanto as duas gonadotrofinas LH e FSH atuam nas gônadas masculina e feminina. Nos ovários, o FSH promove o crescimento folicular, enquanto, no epitélio germinativo dos testículos, orquestra a formação de espermatozoides. Já o LH induz a ovulação ovariana dos folículos maduros e a formação do corpo-lúteo (ou corpo amarelo) pelas células remanescentes do folículo rompido. Nas mulheres, o LH ainda atua nos ovários estimulando a síntese e liberação de hormônios esteroides, estrogênio e progesterona; já nos homens, o LH está envolvido com a estimulação testicular de testosterona, atuando nas células intersticiais.

Exercícios

1. O hipotálamo e a hipófise constituem uma unidade funcional capaz de integrar sinais oriundos de diferentes áreas do organismo e responder a esses sinais na forma de uma secreção hormonal. Explique a interação que existe entre o hipotálamo e a adeno-hipófise e o hipotálamo e a neuro-hipófise.
2. Os neurônios neurossecretores hipotalâmicos são os únicos casos na natureza de células nervosas que adquirem a propriedade de secretar substâncias. Explique quais as diferenças entre os neurônios neurossecretores hipotalâmicos e os neurônios de outras áreas do sistema nervoso.
3. Descreva o sistema anatomofisiológico envolvido na vascularização da hipófise.
4. O GH é um hormônio secretado pelas células somatotróficas adeno-hipofisárias. Explique sucintamente seu mecanismo de ação para modular o crescimento.
5. Cite os hormônios pertencentes à família da pró-opiomelanocortina e disserte brevemente sobre suas propriedades fisiológicas.
6. Explique o que é o sistema porta-hipofisário.
7. Descreva histologicamente a adeno-hipófise.
8. Explique a embriogênese da neuro-hipófise e da adeno-hipófise.
9. Quais as porções da eminência média?
10. Considerando que as glândulas adrenais fazem parte do eixo hipotálamo-hipófise, explique o que ocorreria com esse eixo de regulação se os níveis de cortisol reduzissem.

Respostas

1. A natureza física de comunicação entre hipotálamo e adeno-hipófise se dá por meio do sistema porta-hipotalâmico-hipofisário, que consiste em um plexo capilar capaz de conduzir hormônios liberados por neurônios de diferentes núcleos hipotalâmicos até as células adeno-hipofisárias. Já a comunicação entre hipotálamo e neuro-hipófise ocorre por meio de neurônios hipotalâmicos neurossecretores que também se originam de núcleos hipotalâmicos específicos.
2. Os neurônios neurossecretores diferem dos neurônios comuns nos seguintes aspectos: os neurosecretores são inervados, mas não inervam; os produtos de secreção dos neurônios neurossecretores são liberados diretamente na corrente sanguínea, já o produto de secreção de um neurônio comum, ao contrário, é liberado em uma fenda sináptica ou em uma placa motora. Os produtos da secreção dos neurônios motores agem em longas distâncias e apresentam um padrão de atividade elétrica corrente em surtos, atividade que aumenta em condições que causam maior liberação de hormônios.
3. O sistema porta-hipofisário garante que o sangue passe de um leito vascular para outro sem que entre em contato com a circulação sistêmica. Nesse caso, o sangue flui do hipotálamo para a hipófise, daí a denominação sistema portal. O aporte sanguíneo hipofisário é realizado por ramos da artéria carótida interna que dão origem a dois plexos capilares que suprem de sangue regiões diferentes da hipófise. Das artérias hipofisárias superiores surge o plexo capilar primário que perfunde a eminência média. Do plexo capilar primário, o sangue segue por vasos denominados longas veias porta-hipofisárias até o plexo capilar secundário, que consiste em vasos com arquitetura sinusoide e fenestrados que irrigam a adeno-hipófise. O suprimento sanguíneo da neuro-hipófise e do pedúnculo hipofisário é fornecido sobretudo pelas artérias hipofisárias médias e inferiores. Finalmente, tanto o sangue da adeno-hipófise quanto da neuro-hipófise segue para o seio intercavernoso e, a partir de então, para a veia jugular interna ganhando a circulação venosa sistêmica.
4. O mecanismo pelo qual o GH promove o crescimento e age fundamentalmente nos ossos longos estimulando a ossificação endocondral, um padrão de ossificação no qual a cartilagem proliferativa (condrócitos) é mineralizada e, portanto, substituída por osso.
5. A liberação da POMC é regulada pelo CRH oriundo do núcleo paraventricular hipotalâmico. Os membros da família do ACTH incluem os hormônios α e β-melanócito estimulante (MSH), a β e a α-lipotrofina (LPH) e a β-endorfina (um opiáceo endógeno), um fragmento N-terminal e o próprio ACTH. O MSH apresenta pouca relevância em seres humanos e está envolvido com a pigmentação de pele em vertebrados inferiores. Outra substância resultante da cisão da POMC é a β-endorfina, um peptídeo opioide que se liga a receptores opiáceos expressos no sistema nervoso central e em tecidos não nervosos. Suas ações fisiológicas incluem analgesia, efeitos comportamentais e funções neuromoduladoras, sendo capaz de causar inibição de GnRH.
6. Uma rica rede vascular que integra fisiológica e anatomicamente o hipotálamo e a hipófise.
7. Histologicamente, as porções da hipófise também mostram diferenças; a adeno-hipófise é constituída de células epiteliais que podem ser classificadas em três grupos distintos: células acidófilas (30 a 50%); células basófilas (5 a 15%); células cromófobas (40 a 50%). Atualmente, com base nas modernas técnicas de microscopia eletrônica e histoquímica, identificam-se cinco tipos celulares na adeno-hipófise: tireotróficas – poliédricas – secretoras de TSH; gonadotróficas – tipo A – ovais com grânulos grosseiros –

FSH; tipo B – ovais com grânulos finos – LH; corticotróficas – estreladas com prolongamentos celulares extensos – ACTH e beta – LPH; somatotróficas – secretoras de GH; e lactotróficas-secretoras de PRL.

8. Enquanto a neuro-hipófise surge em decorrência da projeção do assoalho do diencéfalo em direção caudal, formando o pedúnculo da hipófise que permanece em contato físico com o encéfalo, a adeno-hipófise origina-se do ectoderma; nesse caso, o teto da boca primitiva se desloca na direção cefálica formando a bolsa de Rathke.
9. A eminência média encontra-se apartada da barreira hematencefálica e pode ser dividida em três porções: porção ependimal, que é mais interna e, como o próprio nome indica, formada por células ependimárias, que estão em contato com o terceiro ventrículo e com os vasos porta-hipofisários; camada fibrosa, formada por axônios oriundos do trato supraóptico do hipotálamo que se projetam para a neuro-hipófise; porção paliçada, a porção mais externa, formada por neurônios peptidérgicos que liberam neuropeptídeos no espaço perivascular do sistema porta-hipotálamo-hipofisário (porção paliçada).
10. A redução dos níveis plasmáticos de cortisol seria acompanhada do aumento dos níveis de CRH e ACTH, de modo que a redução do cortisol produz um sinal de *feedback* positivo tanto no hipotálamo quanto nos corticotrofos da adeno-hipófise.

Referências bibliográficas

1. Junqueira LC, Carneiro J. Histologia básica. São Paulo: Guanabara Koogan; 2008.
2. Devlin TM. Manual de bioquímica com correlações clínicas. São Paulo: Blücher; 2002.
3. Hedge GA, Colby HD, Goodman RL. Fisiologia endócrina clínica. Belo Horizonte: Interlivros; 1987.

Bibliografia

Anderson JR, Antoun N, Burnet N, Chatterjee K, Edwards O, Pickard JD, Sarkies N. Neurology of the pituitary gland. J Neurol Neurosurg Psychiatry. 1999;66(6):703-21.

Berghe GV. Novel insights in the HPA-axis during critical illness. Acta Clin Belg. 2014; 69(6):397-406.

Brown CH, Bains JS, Ludwig M, Stern JE. Physiological regulation of magnocellular neurosecretory cell activity: integration of intrinsic, local and afferent mechanisms. J Neuroendocrinol. 2013;25(8):678-710.

Freeman ME, Kanyicska B, Lerant A, Nagy. Prolactin: structure, function, and regulation of secretion. G Physiol Rev. 2000;80(4):1523-631.

Hong GK, Payne SC, Jane JA Jr. Anatomy, Physiology, and Laboratory Evaluation of the Pituitary Gland. Otolaryngol Clin North Am. 2016; 49(1):21-32.

Johnston DG, Davies RR, Prescott RW. Regulation of growth hormone secretion in man: a review. J R Soc Med. 1985;78(4):319-27.

Le Tissier PR, Hodson DJ, Lafont C, Fontanaud P, Schaeffer M, Mollard P. Anterior pituitary cell networks. Front Neuroendocrinol. 2012; 33(3):252-66.

Lewis UJ, Sinha YN, Lewis GP. Structure and properties of members of the hGH family: a review. Endocr J. 2000;47(Suppl):S1-8.

Millar RP, Pawson AJ, Morgan K, Rissman EF, Lu ZL. Diversity of actions of GnRHs mediated by ligand-induced selective signaling. Front Neuroendocrinol. 2008;29(1):17-35.

Molina PE. Fisiologia endócrina. 2. ed. Porto Alegre: McGrill Hill-Lange; 2007.

Sairam MR. Role of carbohydrates in glycoprotein hormone signal transduction. FASEB J. 1989;3(8):1915-26.

Stryer L. Bioquímica. 4. ed. São Paulo: Guanabara Koogan; 2008.

Watts AG. 60 years of Neuroendocrinology: the structure of the neuroendocrine hypothalamus: the neuroanatomical legacy of Geoffrey Harris. J Endocrinol. 2015;226(2):T25-39.

Vitaminas

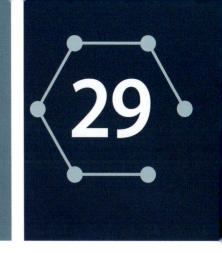

Introdução

O termo vitamina foi cunhado pelo bioquímico polonês Casimir Funk (1884-1967), em 1912, que percebeu que algumas substâncias que continham o grupo amina eram vitais para o organismo humano. Hoje, sabe-se que nem todas as vitaminas apresentam grupos amina, mas o termo se manteve ao longo dos anos. As vitaminas apresentam estruturas químicas e funções variadas, são compostos orgânicos, essenciais para o metabolismo, cuja carência pode causar prejuízos graves em alguns casos. Durante sua evolução, o organismo humano não se desenvolveu de modo a sintetizar vitaminas, sendo assim quase todas as vitaminas devem ser obtidas por meio da dieta. Estima-se que o organismo necessite de 13 vitaminas diferentes, sendo os seres humanos capazes de sintetizar somente a vitamina D. As vitaminas podem ser classificadas em dois grupos de acordo com sua solubilidade: lipossolúveis e hidrossolúveis.

As vitaminas lipossolúveis são A, D, E e K e sua absorção intestinal necessita de gordura e bile. Por sua natureza apolar, essas vitaminas, quando ingeridas em grandes quantidades, tendem a acumular-se no fígado e no tecido adiposo e, em determinadas circunstâncias, podem causar problemas. Já as hidrossolúveis consistem nas vitaminas presentes no complexo B e a vitamina C, e não se acumulam quando ingeridas em altas doses, mas são eliminadas pela urina. Apesar de serem necessárias em pequenas quantidades, a deficiência de algumas vitaminas pode acarretar doenças específicas, como beribéri, escorbuto, raquitismo e xeroftalmia.

As vitaminas receberam designações por letras porque desde o início os pesquisadores, por ainda não saberem muito sobre elas, preferiram evitar posteriores erros de nomeação. Assim, optaram por atribuir a cada vitamina uma letra apenas. Algumas, contudo, sofreram alterações em suas designações, como é o caso da vitamina B, que se transformou em um complexo vitamínico, ou a vitamina M, que atualmente é chamada de vitamina B_9. As vitaminas vêm sendo extensivamente utilizadas como fármacos no sentido de aliviar sintomas ou prevenir condições metabólicas desfavoráveis; nesse sentido, são administradas em doses superiores às necessidades nutricionais. Contudo, a niacina (B_3) permanece sendo a única vitamina cujo efeito farmacológico foi cientificamente comprovado. De fato, ela atua no fígado reduzindo a síntese de colesterol.

Vitaminas lipossolúveis

Vitamina A (retinol)

O termo carotenoide foi estabelecido em 1831 por Heinrich Wilhelm Wackenroder (1798-1854) para indicar pigmentos amarelo-alaranjados presentes em cenouras (*carota* em latim significa cenoura). Entre os cerca de 600 carotenoides presentes em fontes naturais, somente os betacarotenos, os α-carotenos e a β-criptoxantina são precursores diretos da vitamina A (retinol). O termo retinoide refere-se não só ao retinol, mas também a seus metabólitos endógenos e até mesmo análogos sintéticos. Desse modo, a vitamina A pode ser encontrada em três formas ativas – alcoólica (retinol), aldeídica (retinaldeído) e ácida (ácido retinoico) –, que existem somente em produtos de origem animal, enquanto os carotenoides são oriundos de vegetais e encontram-se sempre associados a outros pigmentos, como a clorofila. Algumas características estruturais são similares em todos os retinoides naturais e carotenoides precursores da vitamina A. Por exemplo, todos apresentam um anel β-ionona ligado a uma cadeia carbônica com ligações conjugadas duplas carbono-carbono e um grupo OH no carbono 15. No organismo, o retinol é oxidado e isomerizado em 11-*cis*-retinal e posteriormente em todo-*trans*-retinol e 9-*cis* ácido retinoico (Figura 29.1). Entre as principais fontes dietéticas de carotenoides estão a manga e a cenoura, entre outros vegetais; já as principais fontes de vitamina A em sua forma ativa são os óleos de fígado de peixes, ovos e os derivados do leite, entre outros.

Metabolismo

Os retinoides oriundos da dieta devem inicialmente sofrer emulsificação por ácidos biliares com os lipídios da dieta, dando origem a micelas de gorduras. Desse modo, qualquer condição que interfira na liberação de ácidos biliares pode prejudicar a absorção intestinal de retinoides, assim como dietas hipolipídicas (< 5%). As moléculas de retinil ésteres devem sofrer hidrólise por parte das retinil ésteres hidrolases presentes na borda em escova e, subsequentemente, são emulsificadas. O retinol (forma alcoólica dos retinoides) é absorvido em maior parte por meio de difusão passiva por meio da borda em escova dos enterócitos. A maior parte dos carotenoides sofre metabolização no interior dos enterócitos, sendo convertida em retinol, que, por sua vez, pode ser convertido em retinal por meio da enzima retinol desidrogenase que, subsequentemente, transformado em ácido retinoico por parte da enzima retinal desidrogenase. Finalmente, o retinal segue pela veia porta até o fígado. O retinal pode ainda ser transformado em retinol pela ação da enzima retinal redutase. O enterócito apresenta uma grande concentração de uma proteína denominada proteína celular de ligação de retinoide tipo II (CRBP-II), cuja função é atuar na redução de retinol a retinal e também esterificar retinol até ésteres de retinil.

O retinol presente no enterócito é então convertido em ésteres de retinila por parte das enzimas acil-CoA-retinol-aciltransferase (ARAT) e lecitina-retinol-aciltransferase (LRAT).

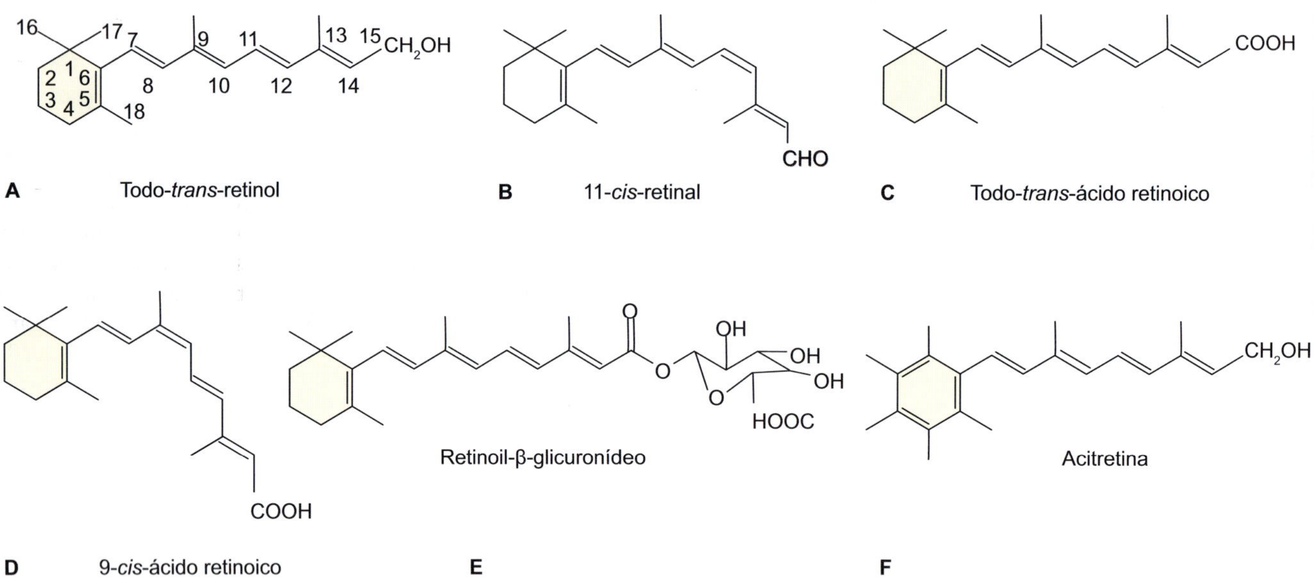

Figura 29.1 A a E. Estruturas dos retinoides que ocorrem naturalmente. **E.** Indica o retinoil-β-glicuronídeo que apresenta maior solubilidade em razão da presença do ácido glicurônico. **F.** Indica uma forma sintética de retinoide equivalente às formas naturais. A forma todo-*trans* é mais abundante e apresenta maior estabilidade quando comparada aos carotenoides que apresentam uma ou mais ligações *cis*.

A ARAT promove esterificação do retinol por meio da transferência de um ácido graxo da acetil-coenzima, mas não é capaz de esterificar o retinol ligado à CRBP-II. O retinol ligado à CRBP-II só pode sofrer esterificação pela LRAT, que utiliza o ácido graxo da fosfatidilcolina presente na membrana microssomal para realizar a esterificação. A maior parte do betacaroteno da dieta sofre clivagem no interior dos enterócitos, sendo então convertida em retinol. No entanto, uma porção do betacaroteno é absorvida pela mucosa intestinal na forma intacta. O betacaroteno absorvido na forma intacta sofre duas vias possíveis de metabolização no interior do enterócito. A primeira chama-se via central e tem como propósito converter o betacaroteno em retinal, e a segunda chama-se via excêntrica e está envolvida com a conversão do betacaroteno em beta-apocarotenoides (produtos de clivagem do betacaroteno, o qual sofre clivagem e se transforma em beta-apocarotenoides, substâncias com 15 átomos de carbono), subsequentemente em ácido beta-apocarotenoide e, finalmente, em ácido retinoico. A maior parte dos retinoides deixa o enterócito na forma de ésteres de retinila acondicionados no interior de quilomícrons que são exportados na linfa. No sangue, os quilomícrons sofrem metabolização originando quilomícrons remanescentes, que são captados pelo fígado por endocitose mediada por receptor. No interior dos hepatócitos, os ésteres de retinila são convertidos em retinol por meio da enzima retinil éster hidrolase (Figura 29.2).

Em contrapartida, quando se administra vitamina A em indivíduos carentes, ocorre aumento na secreção de RBP (proteína de ligação de retinol). Além disso, a lecitina retinol aciltransferase (LRAT) sofre aumento de sua concentração. Essa cadeia de eventos leva ao armazenamento do retinol. Quando o fígado libera retinol de seus estoques, este se liga à proteína de ligação de retinol (RBP), que é traduzida como uma pré-proteína de 24 kDa. No plasma, o complexo retinol-RBP liga-se à transtirretina (TTR). Essas proteínas são sintetizadas pelo fígado e apresentam meia-vida de 0,5 e 2 a 3 dias, respectivamente, por isso sua taxa de síntese deve ser elevada para manter os níveis plasmáticos adequados. As concentrações plasmáticas de RBP e TTR sofrem redução em diversas condições, como na desnutrição proteico-calórica, nas infecções, nas inflamações e no pós-trauma. Nas células-alvo, o retinol é convertido em ácido retinoico e liga-se à proteína celular de ligação de retinoides (CRBP). O ácido retinoico atua, então, no núcleo da célula semelhantemente aos hormônios esteroidais ou derivados da tirosina, ou seja, age no DNA celular como um fator de transcrição (Figura 29.2).

Funções dos retinoides na bioquímica da visão

A vitamina A em sua forma 11-*cis*-retinal tem papel central no processo de visão. É na retina que ocorrem os primeiros estágios do processamento visual. Quando os fótons de luz interagem com a retina, eles excitam dois tipos de células fotossensíveis (fotorreceptores), cones e bastonetes. Os bastonetes medeiam a visão em preto e branco e são estimulados com pouca luz, enquanto os cones estão relacionados com a visão em cores, sobretudo vermelho, verde e azul, e são estimulados pela presença de bastante luz. A membrana plasmática dos fotorreceptores apresenta estruturas chamadas de lamelas membranosas.

A molécula de 11-*cis*-retinal está ligada à opsina, formando uma base de Schiff (também conhecida como azometina, é um grupo funcional que contém um carbono ligado por meio de uma ligação dupla a um nitrogênio e este, por sua vez, a um grupo arila ou alquila, o que torna a base de Schiff uma imina estável), dando origem à rodopsina, uma cromoproteína transmembranar de sete hélices. A absorção de apenas um fóton de luz desencadeia a fotoisomerização de 11-*cis*-retinal para todo-*trans*-retinal que, por sua vez, ativa a transducina acoplada ao mecanismo de sinais mediado pela proteína G, que leva à formação de GMPc. Os altos níveis de GMPc reduzem a condutância ao Na⁺ nas células fotoceptoras, causando assim uma despolarização e um potencial de ação. Dessa

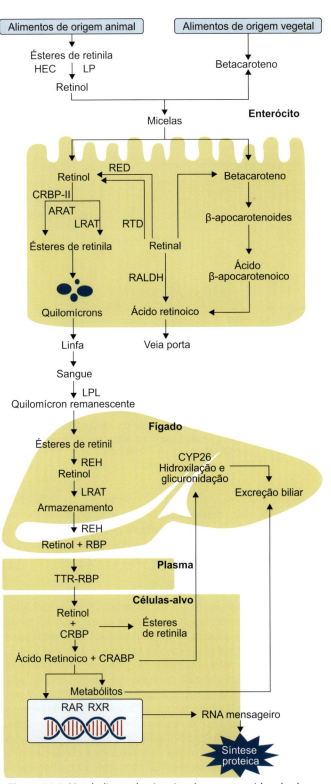

Figura 29.2 Metabolismo da vitamina A e carotenoides desde sua absorção intestinal até seus efeitos nas células-alvo. O ácido retinoico atua nas células-alvo em que as sequências de nucleotídeos do DNA às quais os heterodímeros RAR-RXR se ligam são denominadas elementos de resposta do receptor de ácido retinoico. Portanto, o ácido retinoico atua semelhantemente a um hormônio, agindo como um fator de transcrição gênica. HEC: hidrolase de ésteres de colesterol; LP: lipases pancreáticas; RTD: retinol desidrogenase; RED: retinal redutase; RALDH: retinal desidrogenase; LPL: lipoproteína lipase; REH: retinil éster hidrolase; LRAT: lecitina retinol aciltransferase; RBP: proteína de ligação de retinol; TTR: transtirretina; CRBP: proteína celular de ligação de retinoide; CRABP: proteína celular ligadora de ácido retinoico.

maneira, milhões de moléculas de rodopsina em milhares de células fotoceptoras produzem seus sinais, que são integrados em um sinal único conduzido ao córtex visual pelo nervo óptico. Durante a fotoisomerização, o 11-*cis*-retinal se dissocia da opsina e, para que o processo visual não cesse, a molécula de 11-*cis*-retinal deve ser regenerada (Figura 29.3).

A regeneração ocorre em uma sequência de reações denominadas "reações escuras", que, por sua vez, ocorrem em uma camada de células epiteliais dissociadas das células fotossensíveis, chamada RPE. Inicialmente, o todo-*trans*-retinal é reduzido via enzimática a todo-*trans*-retinol e segue para as células RPE, onde sofre esterificação por parte da LRAT, dando origem, então, ao éster de retinil, que sofre hidrólise para produzir todo-*trans*-retinol e, subsequentemente, 11-*cis*-retinal (Figura 29.4). A carência de vitamina A conduz ao retardamento na regeneração da rodopsina, dando origem à cegueira noturna, definida como a deficiência de adaptação ao escuro após a exposição à luz.

Fontes

As formas ativas da vitamina A estão presentes somente em produtos de origem animal, como fígado, ovos e leite, estando presentes grandes concentrações no óleo de fígado de bacalhau. Contudo, os vegetais folhosos verde-escuros e as frutas e legumes amarelo-alaranjados são fontes de carotenoides, substâncias precursoras da vitamina A. Embora existam vários carotenoides, poucos têm atividade de vitamina A, sendo o mais relevante o betacaroteno.

Carência

A carência de vitamina A desencadeia xeroftalmia, condição caracterizada pela degeneração da conjuntiva e da córnea, que se apresentam secas, enrugadas e atrofiadas. O sinal inicial da carência da vitamina A é a cegueira noturna ou nictalopia, ou seja, a incapacidade de adaptação visual a ambientes com pouca luz, resultante da falha da retina em regenerar a rodopsina. Além do dano visual, a carência de vitamina A causa alterações em epitélios, tanto na epiderme quanto nas mucosas. Na epiderme, ocorre hiperqueratose e a pele torna-se seca, escamosa e áspera, adquirindo o aspecto de "pele de ganso", resultado da obstrução dos folículos pilosos com tampões de queratina. Além da epiderme, as mucosas perdem sua integridade aumentando, assim, a suscetibilidade a infecções de natureza bacteriana, virais ou parasitárias.

Vitamina D (calciferol)

A vitamina D é essencial para manter a integridade óssea, pois atua na manutenção dos níveis plasmáticos de cálcio e fósforo. A vitamina D oriunda da dieta é inativa e necessita de uma sequência de reações hepáticas para ser convertida em sua forma biologicamente ativa, o calcitriol ou 1,25(OH)2. A vitamina D interage com um receptor nuclear para desencadear suas respostas; similarmente aos hormônios esteroides ou derivados da tirosina, seus principais tecidos-alvo são o epitélio absortivo do intestino delgado e os osteócitos. A vitamina D pode ser sintetizada no organismo humano pela pele por meio do colesterol e da luz ultravioleta do sol. A dieta fornece dois esteroides precursores da vitamina D, o 7-di-hidroxicolesterol, de origem animal, e o ergosterol, presente nos vegetais. Quando submetidos à luz ultravioleta, o 7-di-hidroxicolesterol e o

480 Bioquímica Clínica

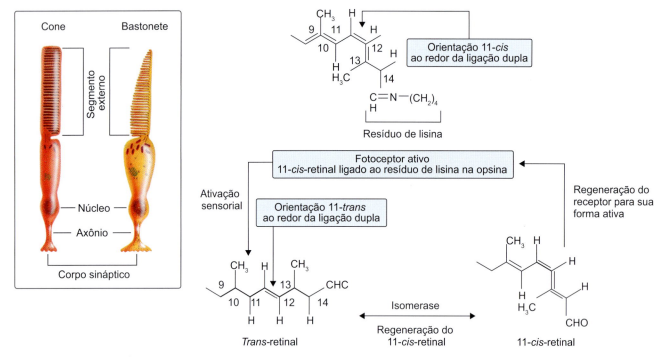

Figura 29.3 Estrutura dos fotoceptores. Conversão da rodopsina em 11-*trans*-retinal + opsina pelo fóton de luz e sua posterior regeneração em 11-*cis*-retinal. A principal reação da visão, responsável pela produção de impulsos para o nervo óptico, envolve uma isomerização *cis-trans* em torno de uma ligação dupla na porção retinal da rodopsina. Quando a rodopsina está ativa (isto é, quando ela responde à luz visível), a ligação dupla entre os carbonos 11 e 12 do retinal (11-*cis*-retinal) tem orientação *cis*. Sob a influência da luz, ocorre uma isomerização nessa ligação dupla, produzindo o *trans*-retinal; uma vez que essa forma do retinal não se liga à opsina, o *trans*-retinal e a opsina livre são liberados. Como resultado dessa reação, um impulso elétrico é produzido no nervo óptico e transmitido ao cérebro, para ser processado como um evento visual. A forma ativa da rodopsina é regenerada pela isomerização enzimática do *trans*-retinal de volta à forma 11-*cis* e pela subsequente formação da rodopsina. Fonte: Garret e Grisham, 1995.[1]

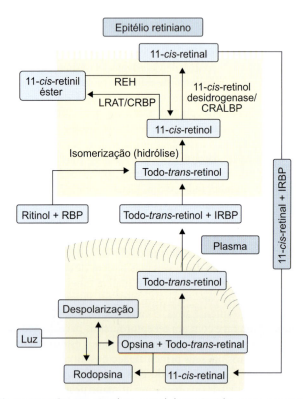

Figura 29.4 Cascata visual e o papel dos retinoides nesse processo. CRALBP: proteína celular ligadora de retinal; CRBP: proteína celular de ligação de retinoide; IRBP: proteína intersticial de ligação de retinoide; LRAT: lecitina retinol aciltransferase; RBP: proteína de ligação de retinol; REH: retinil éster hidrolase.

ergosterol abrem seus anéis, dando origem ao colecalciferol ou vitamina D_3 e ao ergocalciferol ou vitamina D_2. Essas formas de vitamina D devem ainda passar por processos de hidroxilação hepática para serem convertidas em sua forma biologicamente ativa, o calcitriol (Figura 29.5).

Metabolismo

Poucos alimentos são fontes de vitamina D; entre eles, destacam-se os óleos de fígado de peixes e gemas de ovos, razão pela qual muitos alimentos industrializados são fortificados com vitamina D, como é o caso do leite de vaca. A vitamina D oriunda da dieta sofre emulsificação com os demais lipídios da dieta, formando micelas de gorduras que são absorvidas pela borda em escova do intestino delgado. No interior dos enterócitos, a vitamina D é incorporada ao interior dos quilomícrons e estes são exportados para a linfa, chegando, posteriormente, ao plasma. A ingestão de 50.000 UI de vitamina D alcança sua maior concentração plasmática em cerca de 12 h, declinando para valores basais no decorrer de 72 h. Após os quilomícrons sofrerem metabolismo tissular, retornam ao fígado como quilomícrons remanescentes, e a vitamina D é liberada nos hepatócitos ou para as proteínas ligantes de vitamina D (DBP) ou transcalciferrina. A vitamina D sintetizada na pele, tendo o colesterol como precursor, é lançada nos capilares e captada pela DBP e, subsequentemente, liberada para os tecidos periféricos. Finalmente, uma pequena porção de vitamina D é armazenada no fígado. A ativação da vitamina D ocorre no fígado e nos rins e se dá por meio de duas hidroxilações: a primeira ocorre no fígado e dá origem à 25-hidroxicolecalciferol 25(OH)D; e a segunda se dá nos rins por meio da enzima α-1-

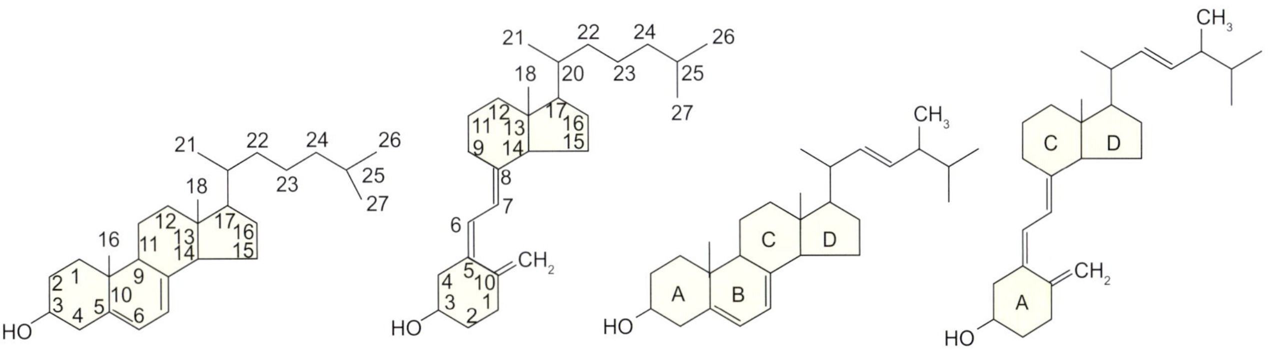

Figura 29.5 Estrutura das vitaminas D$_2$ e D$_3$ e seus respectivos precursores, 7-desidrocolesterol e ergosterol. As vitaminas D$_2$ e D$_3$ apresentam diferenças entre si somente em suas cadeias laterais. A cadeia lateral da vitamina D$_2$ apresenta uma dupla ligação entre C22 e C23 e um grupo metil em C14. A luz UVB converte a provitamina D$_3$ em sua forma ativa, o colecalciferol.

hidroxilase e dá origem a 1,25(OH)$_2$D3, a forma mais ativa da vitamina D. A síntese hepática de vitamina D é regulada por meio de um mecanismo de retroalimentação controlado pela própria vitamina D em suas formas 25-(OH)D e 1,25 (OH)$_2$. Esse sistema de controle não é estrito, já que a exposição à luz solar e a dieta podem causar significativos aumentos plasmáticos de vitamina D e, uma vez que o fígado é o principal sítio de síntese da forma ativa da vitamina D, qualquer morbidade hepática, como doença parenquimatosa e colestática grave, pode alterar a sua homeostase. A atividade da enzima α-1-hidroxilase é estimulada por paratormônio (PTH). Assim, em condições de baixas concentrações plasmáticas de cálcio as glândulas paratireoides liberam PTH, que aumenta a reabsorção óssea estimulando a atividade osteoclástica, resultando também em produção aumentada de 1,25(OH)$_2$D3.

Mecanismo de ação

A vitamina D$_3$ atua do mesmo modo que os hormônios esteroides. De fato, alguns autores consideram o mecanismo de ação da vitamina D$_3$, bem como de outras vitaminas, similar ao dos hormônios esteroidais. Nas células-alvo, a vitamina D$_3$ interage com receptores nucleares pertencentes à superfamília dos receptores de dedos de zinco, chamados de VDR, e, nessa condição, o complexo calcitriol-VDR ganha afinidade por regiões promotoras específicas de alguns genes chamados elementos de resposta à vitamina D (VDRE). Quando o complexo calcitriol-VDR interage com as regiões promotoras VDRE, ocorre transcrição de moléculas de RNAm. Cerca de 50 genes são expressos pela vitamina D, incluindo aqueles envolvidos na síntese de RNAm para calbindina, entretanto, a maioria dos genes regulados pela vitamina D não está relacionada com o metabolismo osteomineral. Uma das funções mais relevantes da vitamina D é a manutenção da homeostase do cálcio e do fósforo; de fato, o calcitriol atua nos enterócitos aumentando a expressão de proteínas de membrana ligadoras de cálcio, como a calbindina, cuja função é captar cálcio oriundo da dieta. O calcitriol também aumenta a reabsorção renal de cálcio e fosfato. A vitamina D atua ainda no aumento da captação intestinal de fósforo da dieta no jejuno e no íleo por mecanismos ainda não elucidados. No tecido ósseo, a vitamina D também exerce efeitos importantes, ligando-se a receptores de membrana denominados RANK, presentes em células-tronco monocitárias, que iniciam uma cascata bioquímica interna na célula, levando-a a se diferenciar em osteoclastos maduros cuja função é digerir a matriz óssea, liberando cálcio e fósforo no plasma. Paralelamente à absorção de cálcio, a vitamina D aumenta a absorção de fosfato por estimular a atividade da enzima fosfatase ácida, que cinde os ésteres de fosfato favorecendo a absorção de fosfato. Embora a vitamina D esteja estreitamente relacionada com o metabolismo do cálcio, experimentos *in vivo* utilizando cobaias mostram que a mineralização óssea ocorre mesmo na ausência de vitamina D, sugerindo que esta e seus metabólitos biologicamente ativos não são estritamente necessários para o processo de mineralização óssea. Ao que parece, a função da vitamina D, nesse processo, é disponibilizar altas concentrações plasmáticas de cálcio e fósforo propiciando a mineralização óssea. O controle dos níveis plasmáticos de cálcio é importante, uma vez que diversos processos fisiológicos dependem do cálcio, como contração miocárdica, contração diafragmática e extrusão das vesículas contendo neurotransmissores e hormônios. Por fim, pesquisas mostram que o calcitriol exerce efeito sobre diversos tipos celulares, estimulando sua diferenciação, como é o caso dos enterócitos, da epiderme, dos miócitos, das células pancreáticas, das células imunológicas e dos sistemas imunes. Entretanto, testes têm mostrado que o calcitriol inibe o crescimento celular.

Ativação da vitamina D na epiderme exposta à luz solar

A faixa de radiação do espectro de luz solar que compreende 290 a 315 nm corresponde à radiação ultravioleta B (UVB) e é responsável pela conversão da provitamina D$_3$ em sua forma ativa, o colecalciferol. A luz solar cinde o anel B entre os carbonos 9 e 10, formando o colecalciferol. A derme é o principal sítio de síntese de vitamina D$_3$ em adultos, respondendo por cerca de 60% dos depósitos cutâneos. Um adulto jovem é capaz de sintetizar 0,8 μg/g na epiderme e cerca de 0,15 a 0,5 μg/g na derme. No caso dos neonatos, pela epiderme mais delgada, os fótons conseguem alcançar a derme com maior intensidade do que nos adultos, de modo que a derme passa a ser um importante sítio de síntese de vitamina D tanto quanto a epiderme. De fato, nos neonatos aproximadamente 50% dos depósitos de vitamina D encontram-se na derme e na epiderme. A capacidade de síntese de vitamina D por parte da epiderme é inversamente proporcional à idade; os idosos sintetizam cerca de 30% da vitamina D quando comparados a adultos jovens expostos à mesma quantidade de luz solar e pelo mesmo tempo. Logo que é sintetizada na pele, a vitamina D$_3$ liga-se à proteína ligante de vitamina D presente no sangue, que circula em leitos vasculares da derme. A exposição prolongada à luz solar causa fotodegradação da pré-vitamina D$_3$ (precursor da forma ativa da vitamina D), originando formas químicas isoméricas inertes (Figura 29.6). Esse mecanismo previne a superprodução de vitamina D$_3$.

Fontes

As fontes mais ricas de vitamina D são os óleos oriundos de fígado de peixes, mas ela pode ser encontrada também em quantidades pequenas na manteiga, na gema de ovo e no fígado bovino. O leite de vaca comercializado para consumo humano é enriquecido com vitamina D, assim como o leite em pó, visto que a vitamina D é bastante estável de modo que pode ser adicionada a alimentos que ficarão armazenados por períodos prolongados.

Carência

A deficiência de vitamina D na infância causa raquitismo, enquanto no adulto a carência dessa vitamina desencadeia a osteomalacia. O raquitismo é definido como a deficiência de vitamina D associada à carência de cálcio e fósforo na infância e implica prejuízo na densidade dos ossos em crescimento. A mineralização deficiente de ossos, como tíbia, fíbula e fêmur, rádio e ulna, causa deformidades estruturais. Os exames bioquímicos de sangue mostram concentrações aumentadas de fosfatase alcalina, liberada por osteoblastos, sofrendo dano celular. O raquitismo pode ainda se instalar em crianças, interferindo na absorção de lipídios ou naquelas que fazem uso de medicamentos anticonvulsivantes por longos períodos, uma vez que essa classe de medicamentos tende a promover reduções nas concentrações plasmáticas de vitamina D$_3$. A suplementação de alimentos com vitamina D tende a eliminar os casos de raquitismo.

A osteomalacia é a condição de carência de vitamina D presente em adultos e se reflete em perda da densidade óssea predispondo a pseudofraturas, sobretudo nos ossos da coluna vertebral, no fêmur e no úmero. A osteoporose é muitas vezes confundida com a osteomalacia, entretanto, embora ambas as condições apresentem perda de massa óssea na osteoporose, a arquitetura do tecido ósseo permanece com aspecto normal com perda da massa óssea. Os portadores de osteomalacia apresentam fraqueza muscular e grande risco de fraturas de ossos da pélvis e do punho. Assim como no raquitismo, condições de má absorção de lipídios também podem causar osteomalacia ou prejudicar seu tratamento por meio da administração de vitamina D. A osteomalacia decorrente da carência de vitamina D pode ser prevenida com exposição à luz do sol cerca de 10 a 15 min/dia de 2 a 3 vezes/semana.

Vitamina E (α-tocoferol)

A forma mais importante da vitamina E é o α-tocoferol, embora consista de oito isômeros, que ocorrem naturalmente, quatro tocoferóis (alfa, beta, gama e delta) e quatro tocotrienóis (alfa, beta, gama e delta) homólogos. Os tocotrienóis, que

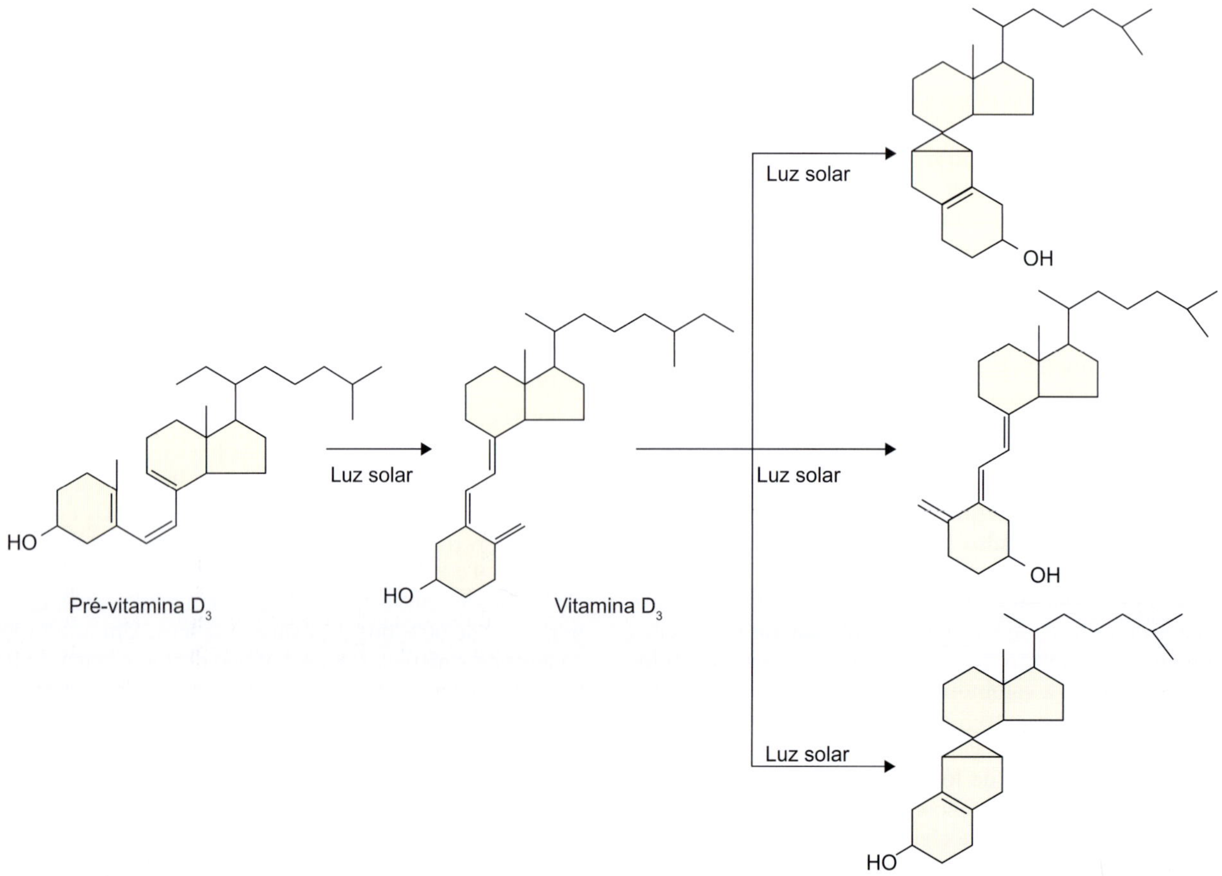

Figura 29.6 Fotodegradação da vitamina D$_3$ em isômeros biologicamente inertes quando ocorre longo período de exposição à luz solar.

são biologicamente menos ativos, diferem dos tocoferóis por apresentarem uma cadeia lateral insaturada. Por mais de 80 anos, buscou-se uma doença ou condição envolvida com a carência de vitamina E, como ocorre com as vitaminas A, D, K, entre outras, contudo não se obteve sucesso. Atualmente, sabe-se que a principal função da vitamina E é atuar como antioxidante, sendo assim seus sinais de carência ocorrem de forma distinta em cada tecido em razão de suas demandas metabólicas e, portanto, de seu grau de estresse oxidativo. Para exercer sua função antioxidante, a vitamina E deve permanecer em estado não oxidado, por isso ela depende de outras substâncias antioxidantes, como outras vitaminas e enzimas que fazem parte de um aparato bioquímico antioxidante. Cerca de 90% da vitamina E presente no organismo humano está presente no interior de inclusões lipídicas no tecido adiposo.

O α-tocoferol sintético não é estruturalmente similar ao de ocorrência natural (Figura 29.7). Por ser apolar, a vitamina E é transportada no plasma pelas lipoproteínas protegendo essas partículas de oxidações; de fato, a oxidação do LDL-colesterol é o passo inicial para a gênese da placa de ateroma, condição de estreitamento do lume de artérias de médio e grosso calibre que pode conduzir a importantes eventos cardiovasculares. Por seu caráter hidrofóbico, a vitamina E pode também difundir-se entre membranas biológicas protegendo essas estruturas de peroxidação lipídica, tendo, portanto, participação importante na manutenção da integridade membranar.

Metabolismo

Por apresentar caráter apolar, a vitamina E necessita de emulsificação biliar e a presença de gorduras na dieta para sua absorção. As formas ésteres da vitamina E presentes em suplementos alimentares, como o acetato de tocoferol, devem sofrer digestão por parte de enzimas esterases pancreáticas, de modo a liberar a forma livre da vitamina E que, então, se incorpora ao interior das micelas e é absorvida passivamente pela borda em escova do intestino delgado. No interior dos enterócitos, a vitamina E é empacotada no interior dos quilomícrons, que, por sua vez, são lançados aos vasos linfáticos. A fração de vitamina E que chega ao fígado é acondicionada no interior dos VLDL por meio da proteína de transporte específica para a vitamina E.

No plasma, a vitamina E pode se distribuir entre as lipoproteínas por meio da proteína de transferência de fosfolipídios (PLTP), exercendo assim sua importante função de antioxidante de natureza lipídica. A vitamina E chega às células por intermédio da endocitose mediada por receptor, mecanismo pelo qual as lipoproteínas (sobretudo o LDL) se ligam por meio de suas apoproteínas a receptores situados na membrana celular. Nesse momento, a lipoproteína é completamente internalizada, sendo seus componentes aproveitados pela célula. Outra forma de as células captarem a vitamina E é por meio da enzima lipase lipoproteica, que transfere o conteúdo das lipoproteínas (VLDL e LDL principalmente) para o interior das células-alvo. No meio intracelular, a vitamina E liga-se à proteína intracelular ligadora de vitamina E (TBP). No tecido adiposo, a vitamina E encontra-se dispersa nas inclusões lipídicas intracelulares, enquanto, nos demais tecidos, situa-se na membrana plasmática. Ao contrário de outras vitaminas lipossolúveis, a vitamina E não se acumula no fígado em níveis tóxicos, pois este metaboliza as suas formas de maneira muito similar à metabolização dos xenobióticos, ou seja, por meio do sistema citocromo P450, realizando ω-oxidação. Subsequentemente, esses produtos da metabolização sofrem conjugação e são excretados na bile ou na urina. Além disso, o excesso de vitamina E no fígado é excretado na vesícula biliar por um transportador chamado ABC, P-glicoproteína (MDR2), também relacionado com a excreção de fosfolipídios na vesícula biliar. Finalmente, grande parte da vitamina E ingerida é eliminada nas fezes por sua baixa absorção intestinal.

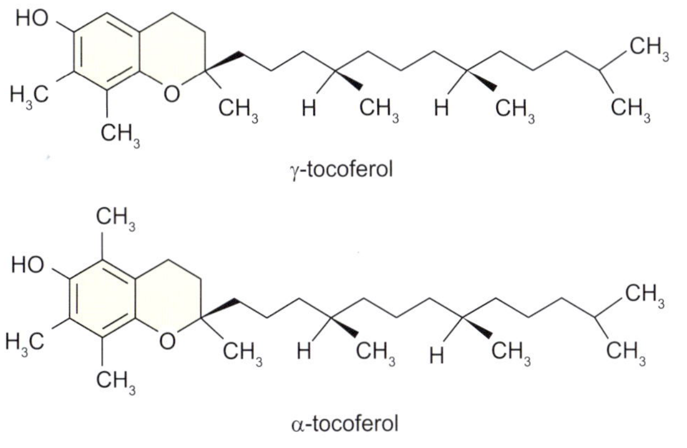

Funções

Uma das funções mais relevantes da vitamina E é atuar como antioxidante, sendo o mais importante antioxidante de caráter apolar. Situa-se nas membranas celulares protegendo os fosfolipídios de membrana do ataque oxidativo mediado por radicais livres. O termo radical livre designa o átomo ou molécula altamente reativo que apresenta elétrons não pareados em sua última camada eletrônica. Os radicais livres existem na natureza em intervalos de milissegundos, isso porque, após sua produção, buscam imediatamente o equilíbrio químico, muitas vezes aceitando elétrons de substâncias químicas extremamente importantes para a homeostasia celular, convertendo-as em radicais livres ou mesmo interferindo em suas funções biológicas. A essa cadeia de eventos de acepção de elétrons por parte dos radicais livres no sentido de restaurar seu equilíbrio eletrônico dá-se o nome de cascata oxidativa. Em razão de sua apolaridade, a vitamina E protege, sobretudo, os fosfolipídios presentes na bicamada lipídica da membrana plasmática e na superfície de lipoproteínas, atuando como um importante *scavenger* (varredor) de radicais peroxil. Assim, quando hidroperóxidos lipídicos sofrem oxidação convertendo-se em radicais peroxil (ROO•), o grupo OH fenólico presente no α-tocoferol doa seu hidrogênio convertendo-se em α-tocoferila, que, por sua vez, se desliga da membrana celular seguindo para o citosol, onde é oxidado pela vitamina C ou outros redutores, sendo novamente regenerado a α-tocoferol. Portanto, a vitamina E é capaz de impedir a cascata oxidativa estabilizando os radicais livres por meio da doação de um hidrogênio (Figura 29.8). Por essa razão, estudos sugerem que a vitamina E associada aos demais antioxidantes oriundos da dieta é capaz de reduzir o estresse oxidativo, atuando, portanto, como agente de prevenção na gênese de morbidades em que a ação deletéria dos radicais livres está presente, como aterosclerose, catarata, diabetes melito, alguns casos de Alzheimer e o próprio processo de envelhecimento.

Figura 29.7 Estrutura química do α e γ-tocoferol. Os centros quirais possibilitam oito formas de ocorrência natural de vitamina E, sendo a isoforma α-tocoferol a mais ativa.

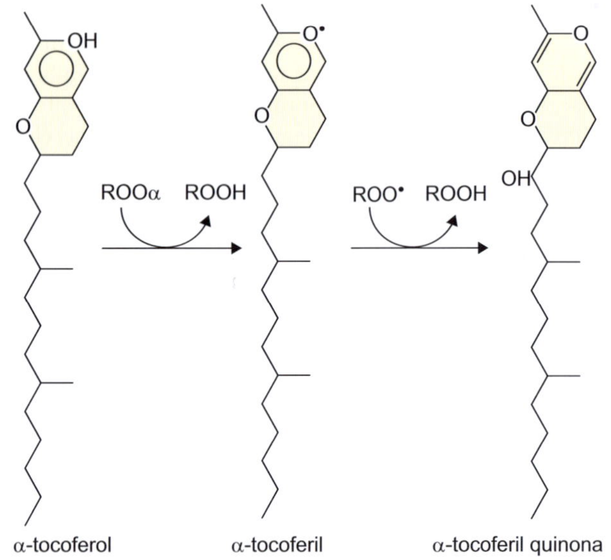

Figura 29.8 Mecanismo de ação antioxidante mediado pela vitamina E. No processo, a vitamina E atua neutralizando o radical peroxil (ROO•) por meio da doação de um hidrogênio, estabilizando o radical e convertendo-se em um radical intermediário, o α-tocoferila, que pode ser reduzido novamente a tocoferol pelo ácido ascórbico (vitamina C) ou mesmo por outros agentes redutores. O produto final da reação mediada pela vitamina E é o α-tocoferil quinona.

Efeitos da carência

O principal sintoma decorrente da deficiência de vitamina E em seres humanos é a neuropatia periférica, condição na qual os neurônios sensoriais de grosso calibre apresentam degeneração axonal e subsequente desmielinização. Entretanto, a deficiência de vitamina E em seres humanos é rara e, mesmo quando ocorre, não está envolvida com carências alimentares, já que a vitamina E está presente em diversos tipos de alimentos de origem lipídica. As deficiências, portanto, normalmente estão associadas a condições envolvendo a digestão, a emulsificação e a absorção de gorduras. Além disso, deficiências genéticas da proteína hepática de transferência de colesterol (α-TTP), que atua na transferência de vitamina E do fígado para o plasma, podem ser causa de carência de vitamina E. Não se conhece o mecanismo exato pelo qual a α-TTP transfere vitamina E do fígado para o plasma.

Fontes

Uma vez que a vitamina E é sintetizada apenas por vegetais, estes são a sua principal fonte. Os óleos vegetais são os alimentos mais ricos em vitamina E. De fato, grande parte da vitamina E do ser humano advém do uso de óleos vegetais no preparo de alimentos.

Carência

A carência de vitamina E pode ocorrer em indivíduos que apresentam condições que levam à má absorção lipídica, como é o caso da insuficiência pancreática exócrina, da atresia biliar ou mesmo da abetalipoproteinemia.

Vitamina K

A vitamina K foi descoberta por Henrik Dam, em 1929, em um estudo com galinhas, no qual se observou a hemorragia como sinal característico de uma dieta livre de gorduras. Posteriormente, em 1935, foi relatado por Dam que o sintoma era aliviado pela ingestão de uma substância solúvel em gordura, a qual denominou vitamina K ou vitamina da coagulação (K deriva da primeira letra da palavra dinamarquesa *koagulation*). A vitamina K é sintetizada por vegetais verdes e bactérias, sendo que os primeiros fabricam a série de vitamina K_1 (filoquinonas) e os segundos são responsáveis pela síntese de vitamina K_2 (menaquinonas). Uma forma sintética da vitamina K é a menadiona (K_3), 2 vezes mais potente que suas formas naturais; já a di-hidrofiloquinona (dK) é formada durante a hidrogenação comercial de óleos vegetais (Figura 29.9). As formas naturais da vitamina K apresentam um anel 2-metil-1,4-naftoquinona e cadeias laterais alquiladas, enquanto a forma sintética (menadiona) não apresenta cadeia lateral, mas pode sofrer alquilação hepática, sendo convertida, então, em vitamina K_2. Além de atuar na cascata da coagulação, a vitamina K tem participação no processo de formação óssea.

Metabolismo

A vitamina K_1 (filoquinona) é absorvida no intestino delgado por processos que envolvem gasto de energia, enquanto as vitaminas K_2 (menaquinona) e K_3 (menadiona) o são no intestino grosso por difusão passiva. Como as demais vitaminas lipossolúveis, a vitamina K necessita de uma quantidade mínima de lipídios e sais biliares para ser absorvida. A vitamina K oriunda da dieta é emulsificada, absorvida pela borda em escova do intestino delgado, incorporada a quilomícrons e, posteriormente, lançada na corrente linfática. De fato, os quilomícrons transportam em torno de 83% da vitamina K da dieta, enquanto as demais lipoproteínas, LDL e HDL, transportam 7,1 e 6,6%, respectivamente. A contribuição da vitamina K_2 (menaquinona) por parte da microbiota intestinal é pouco relevante para suprir as necessidades de vitamina K pelo organismo. Além disso, a transformação metabólica da vitamina K no fígado e de sua excreção é bastante extensa. A fração de vitamina K excretada não depende da dose administrada, visto que cerca de 20% das doses ingeridas de vitamina K são excretadas na urina em um intervalo de 3 dias, enquanto 40 a 50% o são nas fezes pelos sais biliares. A vitamina K é

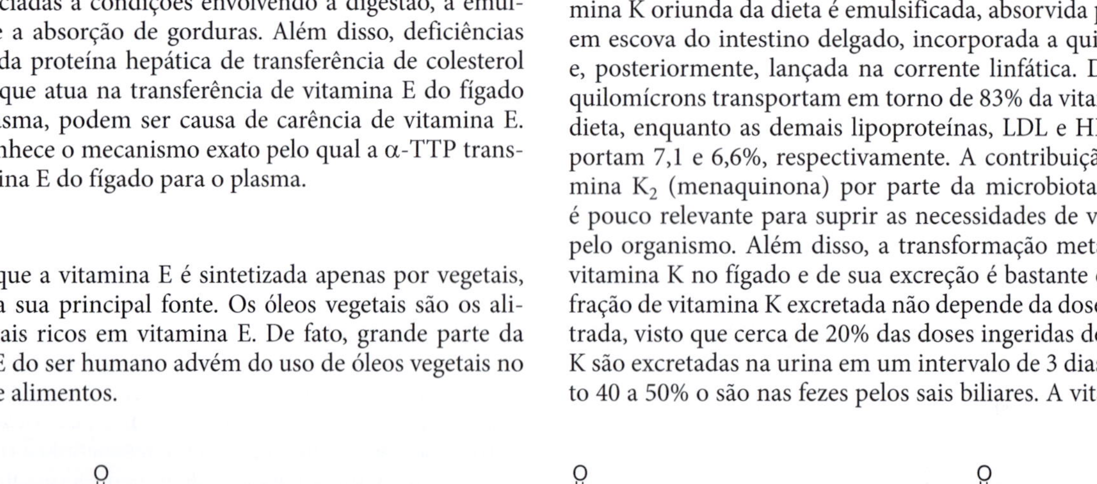

Vitamina K na sua forma K_1 (filoquinona)

Vitamina K_2 (menaquinona)

Vitamina K_3 (menadiona)

Figura 29.9 Estrutura química das diferentes formas de vitamina K.

um cofator da carboxilase gamaglutamil, enzima que catalisa a carboxilação dos resíduos de ácido glutâmico (Glu) em várias proteínas envolvidas na cascata da coagulação, incluindo os fatores II, VII, IX, X. Essa carboxilação converte o Glu em ácido gama-carboxiglutâmico (Gla) tornando possível que o cálcio ligue-se às proteínas da coagulação, possibilitando assim sua interação com os fosfolipídios das membranas de plaquetas e células endoteliais, culminando na formação do coágulo (Figura 29.10). A carboxilasegamaglutamil é uma enzima microssomal, e a reação de carboxilação converte a vitamina K em sua forma epoxidada (epóxi é um termo químico que descreve a ligação de um oxigênio a dois carbonos ligados entre si) durante a carboxilação, sendo então regenerada pela redutase de epoxidação da vitamina K (EPHX1) para que a carboxilação continue.

Além disso, outras proteínas dependentes de vitamina K e que não têm relação com as reações de coagulação estão sendo sucessivamente identificadas, uma delas é a osteocalcina, ou proteína Gla do osso. Trata-se de uma proteína de baixo peso molecular sintetizada por osteoblastos contendo três resíduos de Gla. A osteocalcina é uma das proteínas não colagenosas mais abundantes na matriz óssea e seu doseamento plasmático constitui importante marcador da atividade osteoblástica.

Ciclo

O ciclo da vitamina K é essencialmente uma via de recuperação dessa substância. De fato, no processo de formação de Gla a vitamina K sofre oxidação formando o metabólito 2,3-epóxi; subsequentemente, ela é restaurada à forma de hidroquinona por meio da enzima microssomal epóxi-redutase (Figura 29.11). Essa enzima é inibida por varfarina, um potente anticoagulante. O processo de recuperação da vitamina K ocorre muitas vezes, o que leva o organismo a requerer diariamente uma quantidade quase insignificante de vitamina K (aproximadamente 0,2 μmol). A hidroquinona formada pela via de recuperação está disponível para novos processos de carboxilação.

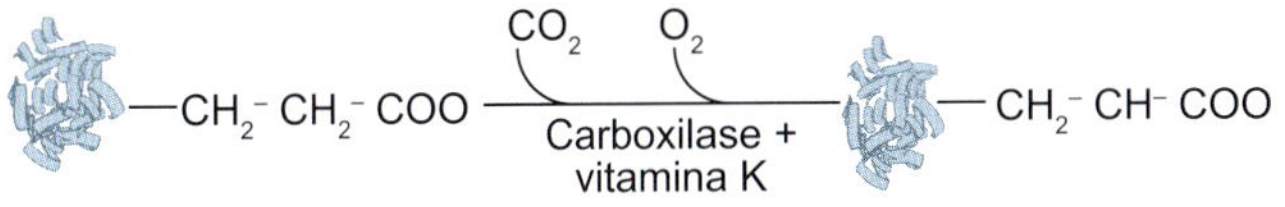

Fontes

Os vegetais folhosos verdes são as fontes de vitamina K, sobretudo brócolis, repolhos e alfaces escuras. Os óleos vegetais podem ser importantes fontes de filoquinona, enquanto as carnes e os laticínios podem conter menaquinona, uma fonte relevante de vitamina K.

Carência

As hemorragias são as consequências mais comuns da carência de vitamina K, já que essa substância está envolvida nos processos bioquímicos da coagulação. Embora a carência de vitamina K seja rara em seres humanos, pode ocorrer em condições de má absorção intestinal de lipídios ou mesmo em situações em que há destruição completa da microbiota intestinal, como uso crônico de antibióticos que apresentam cadeia lateral N-metiltiotetrazol e com capacidade de inibir a enzima epóxi-redutase de vitamina K. Recém-nascidos, sobretudo prematuros, podem apresentar deficiências de vitamina K em virtude da ineficiência placentária em transportá-la. Outra razão pela qual os recém-nascidos podem apresentar deficiência dessa vitamina é que seus intestinos não apresentam ainda plena capacidade de albergar uma microbiota capaz de produzir vitamina K. Assim, condições de hemorragia em recém-nascidos são tratadas por meio da administração intramuscular de menadiona.

Vitaminas hidrossolúveis

Compreendem as pertencentes ao complexo B (tiamina, riboflavina, cobalamina, biotina, piridoxina, niacina, ácido fólico, ácido pantotênico) e vitamina C. Em altas concentrações, são absorvidas pela borda em escova do trato gastrintestinal por meio de difusão simples; já em baixas concentrações, sofrem absorção intestinal por meio de processos mediados por carreadores. Ao contrário das vitaminas lipossolúveis, as hidrossolúveis não são armazenadas em quantidades significativas e, por essa razão, devem ser ingeridas por meio da dieta de forma contínua.

Tiamina (vitamina B$_1$)

A tiamina foi uma das primeiras vitaminas cuja carência pôde ser relacionada diretamente com uma condição patológica específica, o beribéri. Essa vitamina apresenta importante função no metabolismo de carboidratos e na função neural. Sua forma biologicamente ativa é o pirofosfato de tiamina (TPP), que atua como coenzima em reações catabólicas e anabólicas, por exemplo, na descarboxilação oxidativa dos α-cetoácidos.

Metabolismo

A tiamina é absorvida pela borda em escova do duodeno de duas maneiras: em grandes concentrações, a absorção ocorre pela difusão simples; enquanto, em pequenas concentrações, pelo transporte ativo, sendo que esse último é inibido pelo consumo de álcool. No meio intracelular, a tiamina é convertida em tiamina pirofosfato por meio da doação de dois grupos fosfato oriundos do ATP, reação que é catalisada pela enzima

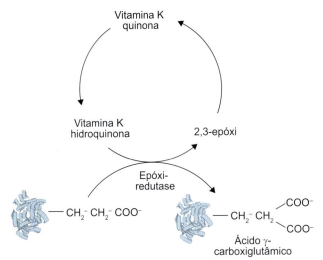

Figura 29.10 Carboxilação dos resíduos de Glu e sua conversão em Gla. Na reação de carboxilação, a vitamina K é cofator necessário da enzima carboxilasegamaglutamil.

Figura 29.11 Ciclo da vitamina K, uma via de recuperação da vitamina após sua oxidação na reação que envolve a carboxilação dos resíduos de Glu.

tiamina fosfotransferase (Figura 29.12). O pirofosfato de tiamina participa em reações nas quais há transferência de uma unidade aldeído ativada; de fato, tanto na descarboxilação oxidativa dos α-cetoácidos quanto na transcetolação, os grupos aldeído são eliminados da molécula. Além disso, a tiamina pirofosfato atua como coenzima em uma série de reações relevantes para o metabolismo, como a descarboxilação oxidativa do piruvato para dar origem ao acetil-CoA, molécula que tem acesso ao ciclo do ácido cítrico (ciclo de Krebs), à conversão do α-cetoglutarato no ciclo de Krebs, formando succinil-CoA, e também ao ciclo das pentoses fosfato.

Cerca de 90% da tiamina presente no plasma encontra-se na forma de tiamina pirofosfato e é carreada pelos eritrócitos; o restante encontra-se na forma livre ou é transportado pela albumina plasmática na forma de tiamina monofosfato.

A tiamina é captada pelos tecidos periféricos por meio da difusão passiva e também por transporte ativo e, posteriormente, sofre fosforilação por cinases específicas, sendo então armazenada como ésteres de difosfato ou trifosfato de tiamina ligados a proteínas.

Fontes

Embora a tiamina esteja presente em muitos alimentos, a quantidade não é apreciável, no geral, com exceção do levedo e do fígado – este em virtude de ser o local de armazenamento da tiamina. Contudo, suas fontes mais acessíveis na dieta dos seres humanos são os grãos integrais. A tiamina de origem vegetal encontra-se na forma de trifosfato de tiamina, enquanto, nos vegetais, está na forma livre.

Carência

A deficiência de tiamina desencadeia o beribéri, que significa "não posso, não posso" em cingalês, uma das três línguas do Sri Lanka, enfatizando a fraqueza típica provocada pela doença. O beribéri pode se apresentar na forma úmida, na qual está presente o edema, sobretudo dos membros inferiores, e na forma seca, ou seja, sem a presença do edema. Na forma úmida, apresenta como sintomas confusão mental, perda da massa muscular, neuropatia periférica, taquicardia, taquipneia, cardiomegalia e, evidentemente, edema, enquanto, na forma seca, seus sintomas incluem fraqueza muscular, perda da sensibilidade de pés e mãos, dificuldade para falar, êmese, confusão mental, movimento involuntários dos olhos e paralisia. Na atualidade, a causa mais comum de beribéri é o alcoolismo. O tratamento consiste na administração intravenosa de tiamina em uma dose 20 vezes superior à quantidade diária recomendada durante 2 a 3 dias. Posteriormente, a vitamina pode ser dada via oral. A ausência da tiamina tem impacto direto no metabolismo energético, já que essa vitamina atua como cofator na reação de catálise do piruvato em acetil-CoA. Se o piruvato não sofre conversão em acetil-CoA, o ciclo do ácido cítrico não pode produzir elétrons para a fosforilação oxidativa, o que resulta em grave déficit energético que, no coração, se reflete em hipertrofia cardíaca congestiva. Finalmente, a carência de tiamina pode estar presente em idosos em virtude de dietas inadequadas e utilização prolongada de medicamentos diuréticos.

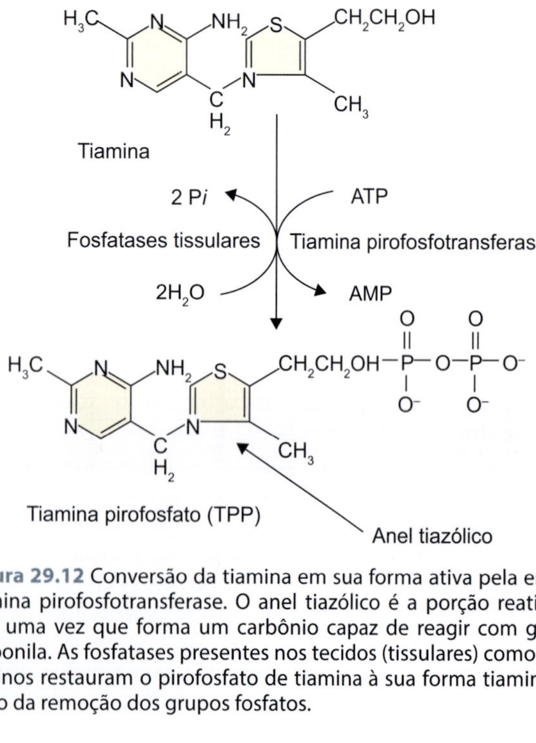

Riboflavina (B$_2$) ou vitamina G

A riboflavina está envolvida no metabolismo dos macronutrientes, dos carboidratos, das proteínas e dos lipídios, atuando como cofator redox em diversas reações bioquímicas. De fato, a riboflavina compõe a molécula de flavina adenina dinucleotídeo (FAD) e, também, a flavina adenina mononucleotídeo (FMN) e, por essa razão, pertencem a uma classe de enzimas denominadas flavoproteínas. A presença do grupo flavina (composto de anéis heterocíclicos) confere propriedades espectroscópicas características desse grupo de moléculas, como coloração que vai do tom amarelo ao laranja, além de fluorescência. Por isso, a riboflavina é utilizada como corante na indústria de alimentos. A riboflavina é fotossensível, degradando-se na presença de luz, e é sintetizada pela microbiota do intestino grosso, contudo não é absorvida. Sua carência reflete-se imediatamente na integridade e renovação dos epitélios.

Metabolismo

A maior parte da riboflavina oriunda da dieta (cerca de 60 a 90%) encontra-se em sua forma de coenzima, ou seja, FAD, que sofre hidrólise no lúmen intestinal por meio de fosfatases originando, assim, a riboflavina livre. Cerca de 7% da riboflavina presente na dieta encontra-se complexada a proteínas, sobretudo aos resíduos de cisteína e histidina. Contudo, mesmo após a proteólise, essa riboflavina não está na forma biodisponível e, ainda que seja absorvida pela borda em escova do trato digestório, será excretada na urina. A absorção intestinal da riboflavina biodisponível ocorre de duas maneiras: em baixas concentrações por meio de transporte ativo Na$^+$ dependente, uma forma de absorção saturável; já em altas concentrações de riboflavina, a absorção se dá por meio de difusão passiva. Imediatamente após sua absorção, a riboflavina é fosforilada pela enzima flavocinase e chega ao plasma na forma de riboflavina fosfato. As coenzimas FAD e FMN, das quais a riboflavina faz parte, aceitam átomos de hidrogênio sendo convertidas em suas formas reduzidas FMNH$_2$ e FADH$_2$. As moléculas de FAD e FMN (Figura 29.13) atuam em reações de oxirredução em importantes vias metabólicas, como o ciclo do ácido cítrico (ciclo de Krebs), a oxidação de

Figura 29.12 Conversão da tiamina em sua forma ativa pela enzima tiamina pirofosfotransferase. O anel tiazólico é a porção reativa da TPP, uma vez que forma um carbônio capaz de reagir com grupos carbonila. As fosfatases presentes nos tecidos (tissulares) como os intestinos restauram o pirofosfato de tiamina à sua forma tiamina por meio da remoção dos grupos fosfatos.

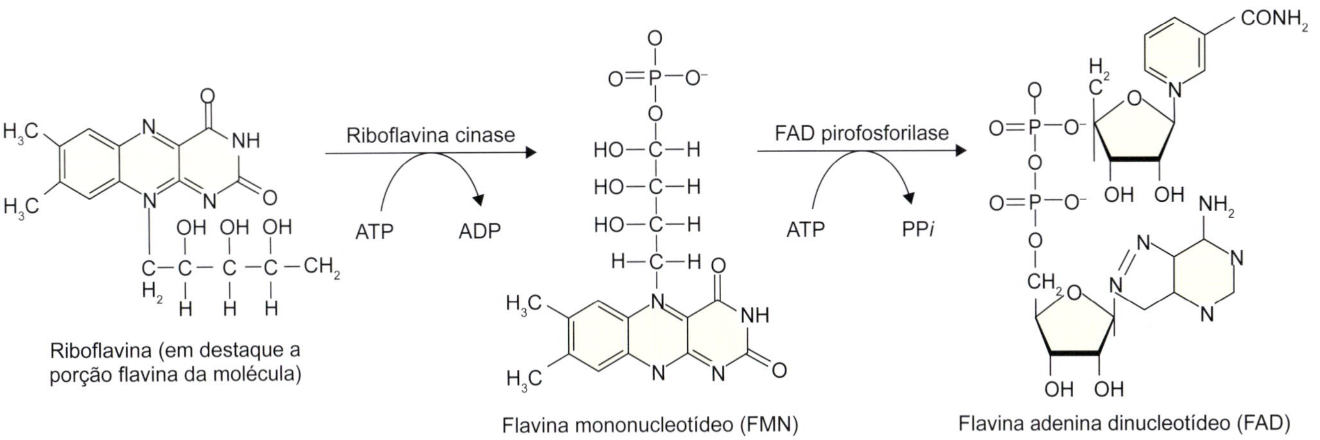

Figura 29.13 Estruturas químicas da riboflavina e suas formas coenzimáticas FMN e FAD. Nota-se que os grupos fosfato adicionados são oriundos do ATP.

ácidos graxos e a cadeia respiratória. Além disso, a riboflavina está envolvida na ativação da vitamina B_6. A riboflavina é sensível à luz e sofre fotólise, sendo convertida em luminoflavina (um lumicroma), substância que não apresenta nenhuma atividade biológica. Não está claro se a exposição à luz solar resulta em fotólise significativa da riboflavina. Contudo, aproximadamente 75% da riboflavina detectada na urina está na forma de lumicromas, e acredita-se que essa fração ou parte dela deva-se à exposição à luz solar. Uma condição importante envolvendo a fotólise da riboflavina é a fototerapia empregada na icterícia do neonato (condição em que os níveis plasmáticos de bilirrubina estão demasiadamente elevados). Crianças submetidas a esse tratamento apresentam deficiências de riboflavina, mas, ainda assim, não se recomenda a suplementação dessa vitamina nessas condições, pois esse recurso pode aumentar a fotólise da bilirrubina.

Fontes

A riboflavina está presente nos alimentos, sobretudo na forma de FMN e FAD, as leveduras são as substâncias naturais mais ricas em riboflavina (acima de 125 mcg). Os vegetais folhosos verdes são também importantes fontes de riboflavina, assim como leite e seus derivados e vísceras de animais (p. ex., rins, coração e fígado).

Carência

A avitaminose associada à deficiência em riboflavina denomina-se arriboflavinose, e, por ser continuamente excretada na urina, um baixo consumo dietético de riboflavina leva facilmente a essa deficiência. Entretanto, os sintomas manifestam-se somente após várias semanas de privação. Os sintomas iniciais são fotofobia, lacrimejamento, perda da acuidade visual e perda da sensibilidade, podendo evoluir para fissura dos lábios e cantos da boca, estomatite e inflamação do revestimento da boca e língua (Figura 29.14). Além disso, a deficiência de riboflavina foi associada ao desenvolvimento da catarata. A deficiência em riboflavina leva a atividade reduzida de importantes, enzimas desidrogenases, refletindo-se em vias metabólicas importantes, como a oxidação dos ácidos graxos.

Outras enzimas cuja atividade é afetada incluem a glutationa redutase (com consequente diminuição de glutationo reduzido), glutationa peroxidase e catalase. A mensuração dos níveis plasmáticos de riboflavina pode ser feita pela medição do coeficiente de atividade da glutationa redutase em eritrócitos: valores de coeficiente de atividade elevados de glutationa eritrocitária indicam carência de riboflavina.

Niacina ou ácido nicotínico ou nicotinamida

Muito antes da elucidação de suas funções na nutrição humana, a niacina foi sintetizada em laboratório por meio da oxidação da nicotina. Em 1935, descobriu-se sua participação na composição da nicotinamida adenina dinucleotídeo (NADH) e nicotinamida adenina dinucleotídeo fosfato (NADPH), estreitamente envolvidas com o metabolismo de energia. Trata-se de uma vitamina solúvel com propriedades hipolipemiantes, visto que é capaz de reduzir os níveis plasmáticos de lipídios: triacilgliceróis (20 a 50%) e LDL-colesterol (5 a 25%), aumentando ainda os níveis de colesterol-DL.

Metabolismo

O termo niacina refere-se a duas substâncias químicas com efeitos biológicos para o organismo – a nicotinamida e o ácido nicotínico. A niacina indica especificamente o ácido nicotínico, ao passo que a nicotinamida refere-se à amida. O ácido nicotínico já foi designado anteriormente como vitamina PP (fator de prevenção da pelagra), e a niacina também já foi denominada vitamina B_3, por ter sido a terceira vitamina do complexo B a ser identificada.

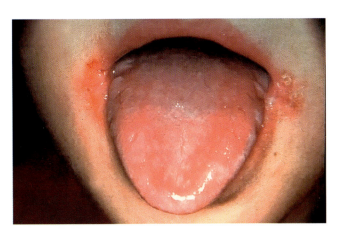

Figura 29.14 Deficiência de riboflavina. Notam-se os danos na língua e nos cantos da boca.

A niacina está presente sobretudo nos alimentos de origem animal em suas formas coenzimáticas NAD e NAPH (Figura 29.15); a digestão por parte das NAD-glico-hidrolases do trato gastrintestinal libera as formas absorvíveis da niacina, ou seja, a nicotinamida e o ácido nicotínico. Já os grãos apresentam niacina em uma forma não absorvível, uma vez que esta se encontra esterificada com pequenos peptídeos, glicopeptídeos ou cadeias de carboidratos. Além de advir da dieta, a niacina é a única vitamina que pode ser sintetizada no organismo humano a partir de um aminoácido, o triptofano, contudo a síntese não supre as necessidades metabólicas (Figura 29.16). Essas formas de niacina presentes em grãos e outros vegetais, como o milho, tornam-se biodisponíveis quando tratadas com substâncias alcalinas. No México, os casos de pelagra (condição presente na carência de niacina) são raros por conta do consumo de *tortillas*. De fato, a niacina presente no milho não sofre absorção intestinal, exceto quando o milho é tratado por substâncias alcalinas, dando origem a uma farinha de milho especial chamada nixtamal, ou "milho nixtamalizado", com o qual as *tortillas* são feitas.

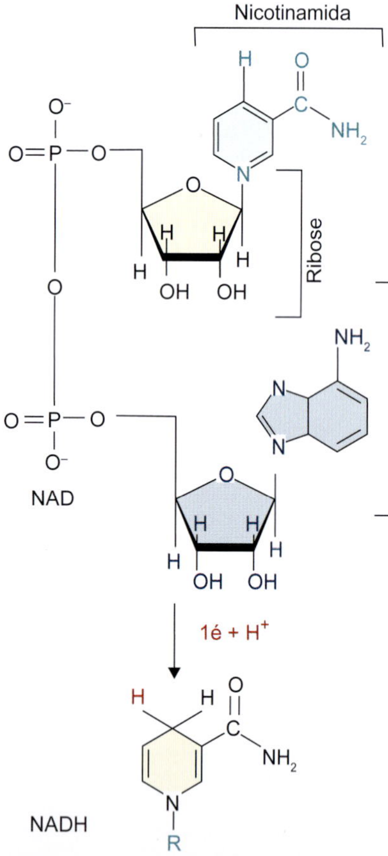

A nixtamalização consiste em pré-cozimento seguido de maceração em solução de hidróxido de cálcio, um poderoso agente álcali. Esse processamento químico libera a niacina em sua forma de ácido nicotínico. A nicotinamida e o ácido nicotínico estão entre os poucos nutrientes capazes de serem absorvidos no estômago e no intestino delgado por mecanismo de difusão facilitada; são transportados na forma livre no plasma e captados pelos tecidos por meio de difusão passiva, embora alguns tecidos, como eritrócitos, cérebro e rins, disponham de um sistema transportador para o ácido nicotínico.

Ácido nicotínico como agente hipolipidêmico

Embora seja uma vitamina, o ácido nicotínico pode ser usado em grandes quantidades com o propósito de reduzir a absorção de lipídios. O ácido nicotínico é convertido em nicotinamida no fígado que, por sua vez, inibe a exportação de VLDL hepático para o plasma. Seu mecanismo de ação não está plenamente elucidado, mas acredita-se que atue em um receptor órfão (HM74A) acoplado a uma proteína Gi (inibitória) iniciando lipólise. Esse receptor é fortemente expresso no tecido adiposo e especula-se que sua ativação possa levar à inibição da adenilatociclase, o que provocaria a inibição de lipases intracelulares, causando redução da hidrólise de triacilgliceróis no interior dos adipócitos. O resultado final seria a redução da quantidade de ácidos graxos não esterificados (ácidos graxos livres) no sangue com concomitante redução na síntese de VLDL, LDL e aumento na síntese de HDL no fígado.

Fontes

As melhores fontes de niacina são as carnes, os peixes, as aves amendoins e os levedos. O leite e os ovos não são ricos em niacina, mas são boas fontes de triptofano, que é seu precursor direto.

Carência

A pelagra (latim *pelle*, "pele" + grego *ágra*, "presa") é uma doença associada à pobreza e ao etilismo, cujo sinal mais notável é a aparência rugosa da pele que se torna rachada, pigmentada e descamativa quando exposta ao sol, principalmente. No século 18, a pelagra tornou-se comum na Europa com a introdução do milho e atualmente restringe-se a algumas zonas de pobreza extrema da África e da Ásia. A pelagra caracteriza-se por ser a doença dos três "D", dermatite, diarreia e demência. O quadro diarreico pode ser explicado pelo dano epitelial desencadeado em todo o revestimento do trato digestivo, e a demência é, nesse caso, um quadro de psicose depressiva similar à esquizofrenia. Especula-se que na pelagra esses sintomas mentais estejam relacionados com a deficiência de triptofano, que, consequentemente, leva à redução dos níveis de serotonina. Os mecanismos bioquímicos que conduzem às lesões epiteliais (dermatites fotossensíveis) não estão plenamente esclarecidos, uma vez que não existe relação aparente entre a redução dos níveis de niacina e triptofano e sensibilidade a raios ultravioletas da luz solar. Contudo, na pelagra existe

Figura 29.15 Estruturas das formas coenzimáticas da niacina. Nota-se que a niacina compõe a molécula de NAD na forma de nicotinamida. A forma NADH é obtida pela redução do NAD⁺, que aceita um átomo de hidrogênio na forma de um íon hidreto (:H⁻) e o outro átomo de hidrogênio é liberado no meio na forma protônica (H⁺).

Figura 29.16 Via de síntese de niacina tendo o triptofano como precursor.

redução de um composto químico chamado ácido urocânico, uma substância com a propriedade de absorver raios UV na pele íntegra. O ácido urocânico é um metabólito da histidina e, na pelagra, a degradação da histidina encontra-se aumentada. Estudos têm mostrado que a deficiência subclínica de niacina pode também ter impacto em nível molecular. Baixos níveis de niacina têm sido associados ao aumento na cisão das fitas de DNA, cujo reparo não ocorre prontamente. Essa falha poderia culminar em erros de reparo em determinadas células suscetíveis, resultando em neoplasias malignas.

Ácido pantotênico, pantotenato ou vitamina B$_5$

Quimicamente, o ácido pantotênico é uma amida composta pelo ácido D-pantoico e pelo aminoácido beta-alanina. O ácido pantotênico é um dos componentes da proteína carreadora de grupos acila e da molécula de acetil-CoA; por essa razão, participa de uma série de reações metabólicas, como a síntese de ácidos graxos, a oxidação de ácidos graxos, a acetilação e a palmitoilação de proteínas.

Metabolismo

O ácido pantotênico é absorvido no trato gastrintestinal por meio de difusão simples, enquanto, nos tecidos periféricos, sua captação se dá por meio de transporte ativo sódio dependente, com exceção do sistema nervoso central, que capta o ácido pantotênico por difusão facilitada. O ácido pantotênico é necessário para a síntese da coenzima A (Figura 29.17) e também de proteínas carreadoras de grupos acila envolvidas no metabolismo de carboidratos, lipídios e proteínas. A molécula de coenzima A tem um papel extremamente relevante para o metabolismo, participando da formação do acetil-CoA, composto que se condensa com o oxalacetato no ciclo do ácido cítrico para produzir citrato e, assim, dar sequência às reações do ciclo. Além disso, a coenzima A é precursora da síntese de ácidos graxos e na acetilação aminas e aminoácidos, por exemplo. Todas as células apresentam capacidade de sintetizar a coenzima A – o primeiro passo envolve a fosforilação do ácido pantotênico, originando assim o ácido-4'-fosfopantoico, subsequentemente, esse composto é condensado a uma molécula de cisteína dando origem ao fosfopantotenoilcisteína, que sofre descarboxilação para produzir 4'-fosfopantoteína e, finalmente, coenzima A. Em virtude de sua distribuição ubíqua nos alimentos, não há casos conhecidos de deficiência de ácido pantotênico.

Os seres humanos podem obter ácido pantotênico dos nutrientes da dieta ou por meio da síntese realizada pela microbiota do intestino grosso. Ambas as fontes parecem contribuir para as necessidades do organismo, embora o nível exato dessa contribuição não esteja plenamente definido. O ácido pantotênico presente na dieta encontra-se sobretudo na forma de coenzima A, que é hidrolisada no trato digestório liberando o pantotenato em sua forma livre. A excreção dessa vitamina ocorre via urinária na forma de ácido pantotênico livre ou na forma de 4'-fosfopantotenato; outra via de excreção é pelos pulmões na forma de CO_2.

Fontes

As fontes dietéticas de ácido pantotênico estão presentes em alimentos de origem animal e vegetais, com destaque para fígado, coração, cogumelo, brócolis, batata-doce, milho, abacate, ovos, leite e cereais em grãos. No caso dos cereais, a moagem acarreta a perda de cerca de 50% do teor de ácido pantotênico, já que este se localiza na parte mais externa do grão.

Carência

As deficiências de ácido pantotênico são raras, uma vez que essa vitamina está amplamente distribuída nos alimentos. No entanto, em regiões onde a desnutrição grave persiste, a carência de ácido pantotênico acarreta prejuízo na síntese de lipídios e no metabolismo energético. Entre os sinais clínicos, destacam-se distúrbios neuromotores com parestesia dos dedos das mãos e pés, assim como fadiga muscular, uma vez que há reduzida quantidade de acetil-CoA necessária para a síntese do neurotransmissor acetilcolina. Ocorre ainda desmielinização em decorrência da redução na formação de treonina acil éster na bainha de mielina. A desmielinização pode ser responsável pela persistência e recorrência de problemas neurológicos mesmo depois de revertido o quadro de carência de ácido pantotênico.

Vitamina B$_6$ ou piridoxina

A piridoxina é um termo genérico para os seguintes compostos com ação biológica: piridoxina, piridoxal e piridoxamina, todos derivados da piridina. Essas formas químicas diferem entre si apenas na natureza do grupo funcional ligado ao anel (Figura 29.18). As formas coenzimáticas ativas são o piridoxal-5-fosfato e a piridoxamina-5-fosfato. A vitamina B$_6$ atua como cofator em enzimas relacionadas com o metabolismo de carboidratos, lipídios e proteínas.

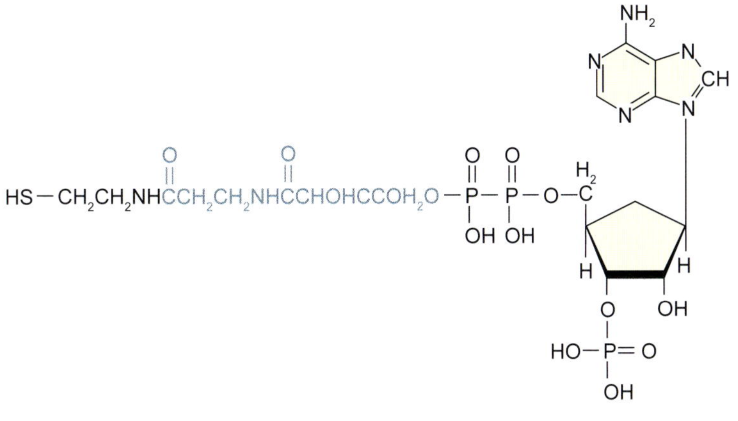

Figura 29.17 Estrutura da molécula de coenzima A; em destaque, o ácido pantotênico.

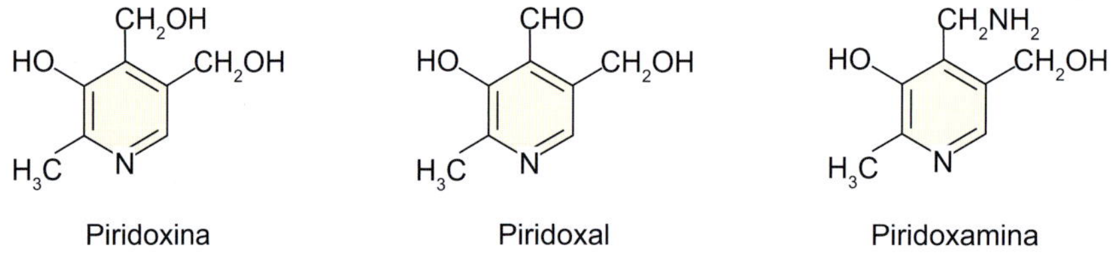

Figura 29.18 Estruturas químicas das formas de vitamina B$_6$.

Metabolismo

O piridoxal fosfato é a forma metabolicamente ativa da vitamina B$_6$ e atua como coenzima de importantes enzimas, como as aminotransferases, envolvidas no metabolismo de aminoácidos; glicogênio fosforilase, enzima-chave na cascata da hidrólise do glicogênio; e outras enzimas relacionadas com a síntese de esfingolipídios nas bainhas de mielina, esteroides e neurotransmissores. A vitamina B$_6$ é também essencial na síntese do gastro-hormônio histamina, do neurotransmissor GABA e do grupo heme. A absorção intestinal da vitamina B$_6$ ocorre de forma passiva, sobretudo no jejuno e no íleo. No sangue, a vitamina B$_6$ circula na forma de piridoxal fosfato ligado à albumina, e, no momento em que alcança os tecidos-alvo, sofre desfosforilação para possibilitar sua captação por parte das células. Já no interior das células-alvo, a piridoxina é novamente fosforilada retornando à forma de piridoxal fosfato ou piridoxamina fosfato. Os tecidos que mais concentram vitamina B$_6$ são fígado, rim, baço cérebro e músculos esqueléticos, este último concentrando a maior quantidade de piridoxal fosfato ligado à enzima glicogênio fosforilase, primeira enzima da cadeia de hidrólise de glicogênio. A metabolização da vitamina B$_6$ ocorre no fígado, onde enzimas dependentes de NAD e FAD promovem a remoção dos grupos fosfatos das formas fosforiladas de piridoxina convertendo-as em ácido-4-piridóxido e outros metabólitos inertes excretados na urina.

Fontes

A piridoxina é sintetizada pela microbiota colônica e capaz de ser absorvida pelo intestino; além disso, ocorre em grande variedade de alimentos, contudo pode não estar biodisponível, já que a maioria da vitamina B$_6$, sobretudo as oriundas de vegetais, está ligada covalentemente a proteínas ou, então, glicosilada. As formas glicosiladas são menos biodisponíveis por causa da hidrólise incompleta das cadeias osídicas. As melhores fontes de vitamina B$_6$ são os alimentos de origem animal.

Carência

A carência de vitamina B$_6$ é rara, mas, quando ocorre, manifesta-se por alterações neurológicas como convulsões, depressão e confusão. As convulsões são decorrentes de alterações nos níveis de dopamina, serotonina e ácido γ-aminobutírico e também do acúmulo no sistema nervoso central de metabólitos oriundos do triptofano. Além disso, estão presentes sinais clínicos na epiderme, como dermatite seborreica e eczema, sobretudo na boca, no nariz e nas orelhas.

Ácido fólico, vitamina B$_9$ ou vitamina M

O ácido fólico ou folato é um termo que se refere a compostos químicos com atividade similar à do ácido pteroilglutâmico, que é a forma estável da vitamina, embora não seja aquela metabolicamente ativa, e inclui qualquer membro da família dos pteroilglutamatos, cuja fórmula estrutural apresenta uma conjugação do ácido pteroico a pelo menos um resíduo de ácido L-glutâmico (Figura 29.19). O ácido fólico em sua forma reduzida, o tetraidrofolato (FH$_4$), atua como coenzima em reações de transferência de carbonos na via de biossíntese de nucleotídeos. A interação do ácido fólico com a vitamina B$_{12}$ é indispensável para a síntese e a maturação dos eritrócitos. A deficiência de folato causa anemia macrocítica idêntica à da falta de vitamina B$_{12}$, mas não sem desencadear doença neurológica. A carência de folato pode ser originada por vários fatores, como carência dietética, ou ainda alguma condição que impeça a absorção intestinal eficaz de folato, como a síndrome do cólon irritável.

Metabolismo

O ácido fólico é absorvido em toda a extensão do lúmen do intestino delgado, sobretudo em seu terço proximal. A mucosa do duodeno e da parte superior do jejuno é rica em di-hidrofolato redutase, que catalisa a redução da di-hidrofolato (DHF) para sua forma ativa tetraidrofolato (THF), e, além da muscosa intestinal, a enzima está presente no fígado e em outros tecidos. O ácido fólico atua sobretudo em tecidos com rápida divisão celular, como medula óssea e mucosa gastrintestinal. Em pequenas concentrações, o folato é absorvido por meio de um sistema de transporte ativo, enquanto, em grandes quantidades, a absorção ocorre pela difusão passiva. No interior do enterócito, o folato sofre metilação sendo lançado no plasma na forma de 5-metil-tetraidrofolato que, por sua vez, liga-se à albumina plasmática ou à sua proteína transportadora específica, a proteína ligadora de folato. A interação

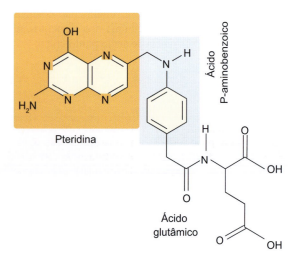

Figura 29.19 Estrutura química do ácido fólico, uma vitamina hidrossolúvel do complexo B. Trata-se de um composto heterocíclico de fórmula molecular C$_{19}$H$_{19}$N$_7$O$_6$.

com proteínas plasmáticas é importante porque evita a perda urinária de folato. De fato, a quantidade de folato excretado via urinária é mínima, visto que a borda em escova das células renais é rica em proteína ligadora de folato que pode interagir com qualquer folato que poderia ser excretado. A perda fecal de folato também é mínima, uma vez que a absorção ileal é extremamente eficiente. O folato que porventura esteja presente nas fezes é oriundo da microbiota intestinal e não por espoliação da dieta.

O fígado realiza a redução e a metilação do ácido pteroilglutâmico e secreta o tetraidrofolato pela bile. Após ser secretado na bile, o tetraidrofolato é reabsorvido pelo intestino. Essa via metabólica disponibiliza cerca de 200 mcg/dia de folato. A captação por parte dos tecidos periféricos implica desmetilação do metil-tetraidrofolato, processo este realizado pela enzima metionina sintetase; já em sua forma desmetilado, o folato é captado pelas células por processos mediados por carreadores. Os eritrócitos apresentam concentrações de folato maiores que o plasma; no interior dos eritrócitos, o folato encontra-se ligado à hemoglobina na forma de poliglutamatos. Não está plenamente esclarecida a função dessa ligação de folatos à molécula de hemoglobina, contudo acredita-se que se trata de um mecanismo de armazenamento de folato.

Fontes

As fontes vegetais relevantes de ácido fólico são brócolis, espinafre, ervilhas, lentilha e feijão, enquanto as de origem animal incluem fígado e gema de ovos e também a microbiota intestinal, já que esta é capaz de sintetizar o tetraidrofolato. Cerca de 80% do folato oriundo da dieta encontra-se na forma de poliglutamatos, ou seja, resíduos de glutamato ligados ao ácido p-aminobenzoico que constitui parte da molécula do ácido fólico. Esses complexos de folato devem sofrer hidrólise pela enzima hidrolase pteroil poliglutamato, uma peptidase dependente de zinco.

O folato presente no leite encontra-se ligado a uma proteína ligadora específica e é mais biodisponível que o folato livre porque sua absorção independe dos processos pertinentes à absorção do folato livre. O folato presente no leite e seus derivados é absorvido no íleo com sua proteína ligadora.

Carência

Uma das condições que pode causar maior demanda de ácido fólico é a gestação, visto que a carência dessa vitamina é capaz de acarretar falhas do fechamento do tubo neural, culminando em graves defeitos neurológicos para o bebê. Por essa razão, a dieta da gestante deve ser suplementada com ácido fólico. Os medicamentos podem também interferir de diversas maneiras na absorção, metabolização e utilização do folato no organismo. O metotrexato, um citostático utilizado no tratamento de neoplasias e com propriedades imunossupressoras, atua como potente inibidor da di-hidrofolato redutase. A inibição dessa enzima leva a defeitos de metilação que comprometem a síntese de DNA, acarretando eritropoese ineficaz. Outros medicamentos, como os anticonvulsivantes fenitoína, fenobarbital e primidona, são agentes que competem com o folato por seus receptores intestinais, sendo associados ao desenvolvimento de macrocitose em até 40% dos pacientes que fazem uso desses fármacos. A deficiência de folato acarreta alterações hematopoiéticas da medula óssea com desenvolvimento de formas megaloblásticas, refletindo na síntese deficiente de DNA, daí a elevação do volume corpuscular médio das hemácias (> 100 fℓ), caracterizando o quadro clássico de anemia megaloblástica. A anemia megaloblástica por deficiência de folato é clinicamente indistinguível da causada pela deficiência de vitamina B_{12}, no entanto a ocorrência de alterações neurológicas é rara na deficiência de folato isolada. A deficiência de folato está relacionada também com sintomas cardiovasculares. Ocorre elevação dos níveis séricos de homocisteína na deficiência de folato, já que essa vitamina é necessária para a conversão da homocisteína em metionina. O aumento dos níveis plasmáticos de homocisteína é um dos marcadores mais precisos da deficiência de folato.

Vitamina B_{12} ou cobalamina

A vitamina B_{12} não pode ser sintetizada pelo organismo humano. Sua designação indica uma família de compostos formados por anéis tetrapirrólicos envolvendo um átomo de cobalto unido a um nucleotídeo (Figura 29.20). O grupo químico das cobalaminas pode apresentar diferentes ligantes, o que lhes confere nomes distintos, por exemplo, metil (metilcobalamina), hidroxila (hidrocobalamina), água (aquacobalamina), cianeto (cianocobalamina) e S-deoxiadenosina (deoxiadenosilcobalamina). Bioquimicamente, o termo vitamina B_{12} refere-se à hidroxicobalamina ou cianocobalamina. A forma predominante no soro é a metilcobalamina e, no citosol, a adenosilcobalamina.

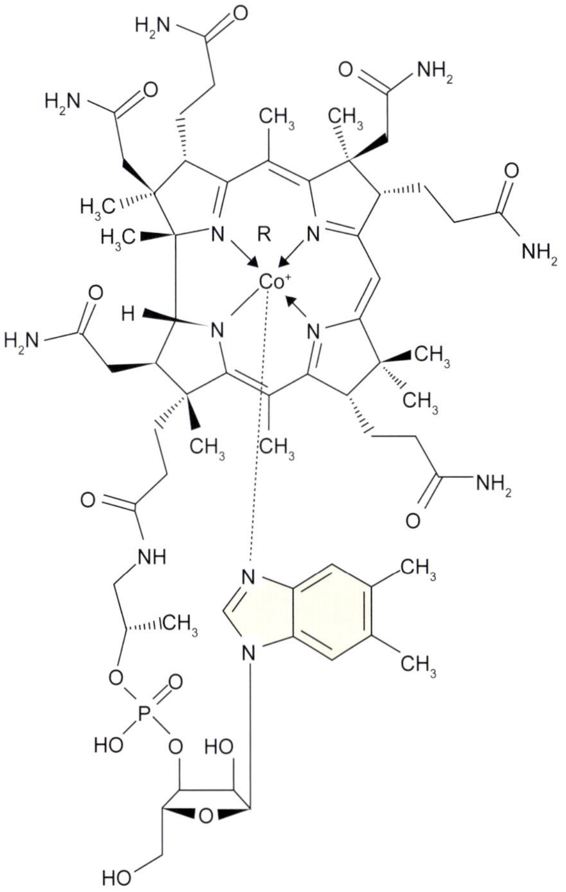

Figura 29.20 Estrutura química da vitamina B_{12} – trata-se de quatro anéis tetrapirrólicos ligados a nitrogênios que coordenam um átomo de cobalto, daí seu nome cobalamina.

Metabolismo

A absorção intestinal da vitamina B_{12} ocorre de duas formas distintas: uma dependente de fator intrínseco, no íleo e que inclui um sistema de absorção ativa; e a outra, respondendo por 1% da absorção de vitamina B_{12}, que se dá por meio de difusão passiva. A primeira forma é a mais relevante e, nesse caso, inicialmente a vitamina B_{12} forma no estômago um complexo com as proteínas R (cobalofilinas), as quais estão presentes na saliva e no suco gástrico. O complexo vitamina B_{12}-cobalofilinas desloca-se pelo intestino onde as cobalofilinas sofrem digestão por parte das enzimas entéricas e pancreáticas. Subsequentemente, o fator intrínseco (Figura 29.21), uma mucoproteína de 44 kDa produzida pelas células parietais do estômago, liga-se à vitamina B_{12}.

A vitamina B_{12} é transportada pelo enterócito por meio de um processo que envolve a interação com um receptor específico, enquanto o fator intrínseco não é absorvido pelo intestino, sendo expelido sem transformação. Após absorção, a vitamina B_{12} aparece no sangue portal ligada à proteína transcobalamina II. A captação de vitamina B_{12} por parte dos tecidos periféricos parece ser mediada por um receptor transcobalamina específico, que internaliza o complexo vitamina B_{12}-transcobalamina por endocitose mediada por receptor.

No meio intracelular, ocorre degradação lisossômica da transcobalamina, sendo a vitamina B_{12} liberada em sua forma livre para ser utilizada pela célula.

Fontes

É uma vitamina sintetizada exclusivamente por tecidos animais, estando presente especialmente nas carnes, nos ovos e no leite. É armazenada sobretudo no fígado na forma de adenosilcobalamina; esse tecido acumula um estoque significativo de vitamina B_{12} capaz de suprir as necessidades metabólicas por cerca de até 7 anos.

Carência

Pela contínua reposição de eritrócitos, a vitamina B_{12} e o ácido fólico são necessários para a maturação dessas células, uma vez que ambas são essenciais à síntese de DNA. Assim, a carência de vitamina B_{12} resulta em prejuízo na síntese eritrocitária de DNA e, consequentemente, falha da maturação nuclear e da divisão celular com células anormalmente grandes e, por essa razão, é chamada também de anemia megaloblástica.

Essa condição, chamada de anemia perniciosa ou anemia megaloblástica, é mais comum pela produção inadequada ou ausência de produção de fator intrínseco. Além disso, a deficiência de cianocobalamina desencadeia alterações neurológicas com desmielinização que inicia na periferia do organismo e progride para o centro. Os sintomas incluem entorpecimento, formigamento, sensação de queimação dos pés seguidos de rigidez e fraqueza generalizada das pernas.

Biotina ou vitamina H

A biotina tem a fórmula química $C_{10}H_{16}O_3N_2S$ e atua como coenzima de enzimas envolvidas em reações de carboxilação, como a piruvato carboxilase. Na reação catalisada por essa enzima, a biotina capta uma molécula de CO_2 e transfere-a para uma molécula de piruvato, formando oxalacetato.

Metabolismo

A biotina está presente como cofator em enzimas carboxilases relacionadas com importantes vias metabólicas, como a gliconeogênese, a síntese de ácidos graxos e o catabolismo de proteínas. A biotina (Figura 29.22) está presente nos alimentos ligada a proteínas; sendo assim, a digestão das proteínas é necessária para a liberação de três formas de biotina: biotina livre, biocitina e peptídeo biotina. A maior parte da biotina presente nos alimentos está na forma de biocitina.

A enzima biotinidase intestinal atua sobre a biocitina e o peptídeo de biotina liberando a biotina livre, que é absorvida por transporte ativo sódio dependente no intestino delgado proximal. A biotina pode ainda ser sintetizada pela microbiota intestinal, contudo não está plenamente esclarecida a relevância dessa fonte de biotina tampouco sua biodisponibilidade para o hospedeiro. A maior parte da biotina é transportada no plasma em sua forma livre e cerca de 12% ligada a proteínas plasmáticas. Os tecidos reciclam a biotina, de modo que a biotina é reaproveitada durante o processo de renovação enzimática. A biotina é reabsorvida pelos rins por meio de um mecanismo saturável, a excreção urinária de biotina ocorre quando a capacidade de reabsorção é suplantada.

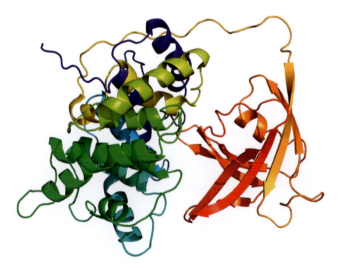

Figura 29.21 Estrutura do fator intrínseco, uma proteína secretada com o suco gástrico, que forma um complexo com a vitamina B_{12}, possibilitando sua absorção no íleo distal. Código PDB: CKT.

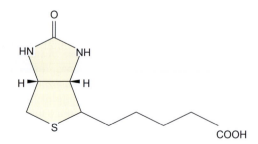

Figura 29.22 Estrutura da biotina. A porção linear da estrutura é responsável pela ligação da biotina à cadeia polipeptídica da piruvato carboxilase.

Fontes

A biotina está amplamente distribuída nos alimentos, como amendoins, amêndoas, proteína de soja, ovos, iogurtes, batata-doce.

Carência

A carência de biotina conduz a depressão, alucinações, dores musculares e dermatites. É bem sabido que a ingestão da clara do ovo crua causa inibição da absorção de biotina, uma vez que a avidina, uma glicoproteína termolábil, liga-se com alta afinidade à biotina, tornando-a indisponível para a absorção. A deficiência de biotina tem impacto direto na enzima piruvato carboxilase, que atua no primeiro passo da gliconeogênese, que, por sua vez, catalisa a formação de oxalacetato a partir do piruvato, requerendo, para isso, energia sob a forma de ATP. Além disso, a carência de biotina causa dermatite esfoliativa e alopecia em decorrência da atrofia dos folículos capilares.

Ácido ascórbico ou vitamina C

A vitamina C consolidou-se como a substância capaz de prevenir o escorbuto e, atualmente, motiva interesse por suas propriedades antioxidantes. A grande maioria das plantas e animais é capaz de sintetizar a vitamina C utilizando como precursores a D-glicose ou a D-galactose via ácido glicurônico. Os seres humanos não são capazes de sintetizar a vitamina C porque não dispõem da enzima 1-gulonolactona oxidase, assim a vitamina C deve ser obtida da dieta. A vitamina C pode se apresentar em duas formas: oxidada, o ácido deidroascórbico; ou reduzida, o ascorbato (Figura 29.23), sendo esta última a forma biologicamente ativa da vitamina C.

Metabolismo

A absorção intestinal de vitamina C ocorre por transporte ativo sódio dependente, e o ácido deidroascórbico apresenta absorção mais eficiente que o ascorbato. Contudo, tanto o ascorbato quanto o deidroascorbato podem ser absorvidos pela mucosa oral por processos passivos mediados por carreadores. A eficiência de absorção intestinal da vitamina C é dose-dependente da concentração, de fato, a ingestão de 100 mg de vitamina C proporciona cerca de 90% de absorção, enquanto 1,5 g de vitamina C tem 50% de sua quantidade absorvida e, finalmente, para uma dose de 6 g de vitamina C a eficiência de absorção cai para 25%. A vitamina C é transportada no plasma na forma livre ou ligada à albumina. Os tecidos captam ascorbato por um mecanismo ativo, enquanto o deidroascorbato é captado por difusão por seu caráter polar. Cerca de 10% de todo o ascorbato do sangue está presente em leucócitos mononucleares, células que têm capacidade de concentrar ascorbato de modo que não estão sujeitas às variações de vitamina C do plasma.

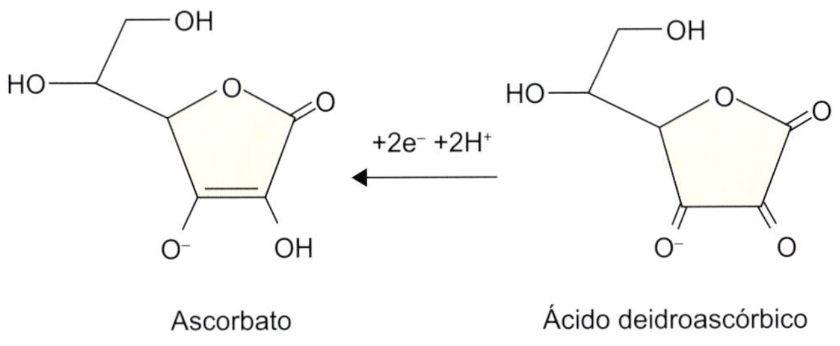

O ácido ascórbico pode intercambiar entre as formas oxidada e reduzida com grande facilidade, atuando como um sistema bioquímico redox em diversas vias metabólicas em que existem ganho e perda de elétrons, como é o caso, por exemplo, da síntese de colágeno e da carnitina, em que essa vitamina atua como agente redutor no sentido de manter o ferro em seu estado ferroso, possibilitando que as enzimas de hidroxilação atuem sobre a prolina para formar hidroxiprolina, aminoácido presente em grande quantidade na molécula de colágeno. Além disso, a vitamina C é essencial nas seguintes reações: conversão do folato em ácido tetraidrofólico; oxidação da fenilalanina e tirosina; conversão do triptofano em 5-hidroxitriptofano e serotonina para, posteriormente, formar noradrenalina a partir da dopamina.

A vitamina C é bastante eficiente em debelar radicais livres, definidos como espécies químicas altamente reativas, que apresenta elétrons não pareados em sua última camada eletrônica. Essa condição de não pareamento eletrônico na última camada confere alta reatividade a esses átomos ou moléculas. A vitamina C é eficiente em debelar espécies radicalares originadas em ambientes hidrofílicos, evitando assim os danos celulares que poderiam ser provocados pela cascata oxidativa. A vitamina C é excretada via urinária na forma de deidroascorbato, cetogulonato, 2-sulfato ascorbato e ácido oxálico, e, uma vez que o catabolismo da vitamina C produz oxalato, pode-se aventar que altas doses de vitamina C conseguem predispor à formação de concreções renais de oxalato. No entanto, estudos mostram que essa relação direta não existe e, de fato, indivíduos que receberam altas doses de vitamina C desenvolveram apenas leve oxalúria. Ainda assim, recomenda-se que indivíduos com histórico de cálculos renais não ingiram grandes doses de vitamina C.

Fontes

A vitamina C é encontrada quase exclusivamente nos vegetais, com exceção dos grãos. Já os alimentos de origem animal são pobres em vitamina C. Diversos fatores alteram as concentrações de vitamina C nos alimentos, como estação do ano na qual foi realizada a coleta, condições de crescimento, estágio de maturação e formas de armazenamento e transporte.

Carência

A deficiência de vitamina C resulta em escorbuto, uma doença que apresenta como primeiros sintomas hemorragias nas gengivas, tumefação purulenta das gengivas (inchaço com pus), dores nas articulações, feridas que não cicatrizam, além de desestabilização dos dentes. O escorbuto era conhecido na época das navegações portuguesas (séculos 15 e 16) como "mal de Angola", pois era nas proximidades deste país que os sintomas da doença começavam a se manifestar nas tripulações dos navios lusos que buscavam cruzar o Cabo da Boa Esperança em direção à Índia. Como naquela época não se conhecia por completo a doença, achava-se que os tripulantes eram infectados no país.

Figura 29.23 Vitamina C em sua forma oxidada, ácido deidroascórbico, e reduzida, ascorbato.

Resumo

Vitamina A ou ácido retinoico (Figura R29.1)

- Funções: a vitamina A faz parte da púrpura visual, uma vez que o retinol combina-se com a proteína opsina para formar rodopsina nos bastonetes da retina ocular que tem por função a visão na luz fraca. A vitamina A encontra-se também relacionada com os processos de crescimento e desenvolvimento normais dos tecidos ósseo e dentário. Ainda está envolvida com a regeneração epitelial
- Fontes: fígado e rim de animais, leite integral, queijos, manteigas. São fontes de provitamina A (carotenoides) os vegetais folhosos, legumes e frutos
- Carência: queratinização da pele e das mucosas, ulceração e xerose da córnea e conjuntivite, comumente precedida pela cegueira noturna, que aparece como sinal precoce e, por último, deficiência grave da visão que culmina em cegueira.

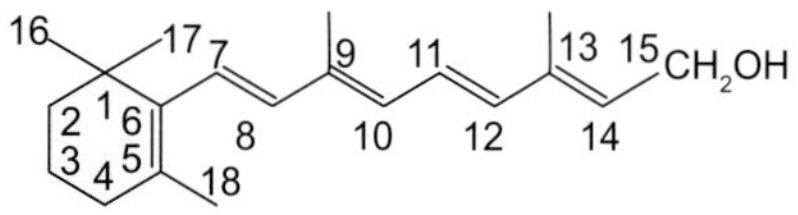

Figura R29.1 Vitamina A ou ácido retinoico.

Vitamina D₃ (Figura R29.2)

- Funções: regulação da homeostase do cálcio e fósforo, atua ainda na mecânica da contração muscular, coagulação sanguínea, condução dos impulsos nervosos aos músculos e permeabilidade das membranas celulares e, também, na extrusão de vesículas celulares, como neurotransmissores e hormônios
- Carência: deficiência no metabolismo do cálcio (na infância gerando o raquitismo e, na vida adulta, a osteomalacia). Os músculos abdominais apresentam atrofia conduzindo a uma protrusão do abdome (ventre de rã); os ligamentos da coluna vertebral apresentam frouxidão, proporcionando possível desenvolvimento de cifose e escoliose
- Fontes: é encontrada em grande quantidade em óleo de fígado de peixes teleósteos, principalmente o lambari e o bacalhau, o arenque e o atum.

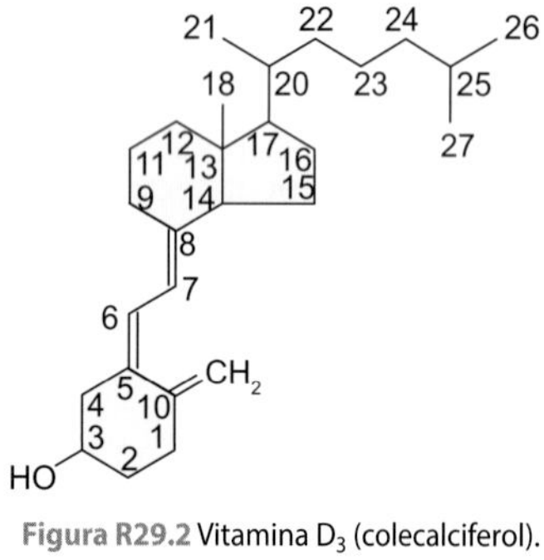

Figura R29.2 Vitamina D₃ (colecalciferol).

Vitamina E (Figura R29.3)

- Funções: atua como antioxidante para prevenir a formação de espécies reativas de oxigênio e peróxidos. Atua sobre as gônadas estimulando no homem a espermatogênese. Age facilitando a absorção da vitamina A
- Carência: depósitos de lipoperóxidos nos tecidos, creatinúria, resistência osmótica reduzida, assim como redução do tempo de vida dos eritrócitos, uma vez que o tocoferol tem a propriedade de proteger a membrana dos eritrócitos contra a peroxidação
- Fontes: é encontrada no germe de trigo e em seu óleo, assim como em óleos de soja, arroz, algodão, milho, girassol, gema de ovo, vegetais folhosos e legumes. Os alimentos de origem animal são relativamente pobres em vitamina E quando comparados aos vegetais, com exceção da gema de ovo, fígado e tecido adiposo.

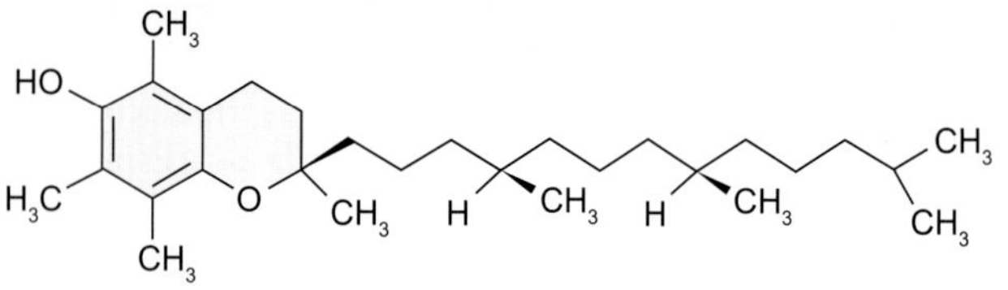

Figura R29.3 Vitamina E (α-tocoferol).

Vitamina K₂ (Figura R29.4)

- Funções: um importante fator na coagulação do sangue, atuando na biossíntese da protrombina no fígado. A manutenção do tempo normal da protrombinase decorre do efeito da vitamina K sobre os fatores de coagulação (VII, IX, X, e II). Esses quatro fatores são dependentes da vitamina K e encontram-se presentes no sistema de coagulação extrínseco, ativado por traumatismo, e no sistema intrínseco, ativado pelas plaquetas, via comum que leva à formação de coágulos, pela conversão do fibrinogênio em fibrina
- Carência: aumento da tendência a hemorragia, equimoses, epistaxes, hemorragias intestinais, hemorragias pós-operatórias, assim como hematúria. Hemorragias em recém-nascidos, que podem ser atribuídas a um suprimento insuficiente por parte da mãe desencadeando reservas insuficientes no organismo da criança
- Fontes: os alimentos de origem animal não são boas fontes de vitamina K, com exceção do fígado de porco e do leite de vaca, alface, couve, couve-flor, espinafre e, em menor proporção, cereais como trigo e aveia.

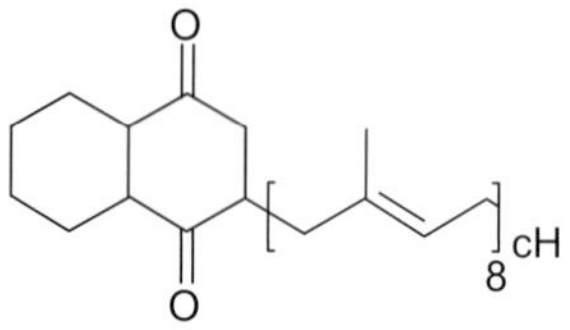

Figura R29.4 Vitamina K₂ (menaquinona).

Vitamina B₁ (Figura R29.5)

- Funções: exerce papel fundamental no mecanismo de transferência de grupos aldeído no ciclo das pentoses fosfato. É essencial no funcionamento do sistema nervoso. Apresenta papel significativo no metabolismo dos cetoácidos, uma vez que o pirofosfato de tiamina (a forma fisiologicamente ativa) é essencial para descarboxilação oxidativa do ácido pirúvico
- Carência: dietas pobres em tiamina conduzem ao beribéri e à polineurite, doenças que se manifestam sobretudo por perturbações do sistema nervoso. Ocorrem também hipertrofia taquicardia e cardiomegalia, que progressivamente conduzem à insuficiência cardíaca, podendo levar a óbito
- Fontes: é encontrada largamente tanto em alimentos de origem animal quanto vegetal, contudo, em geral, é pobre nas frutas. Constituem-se suas fontes: raízes, leite vísceras, leguminosas, gérmen de trigo, amendoim e cereais integrais.

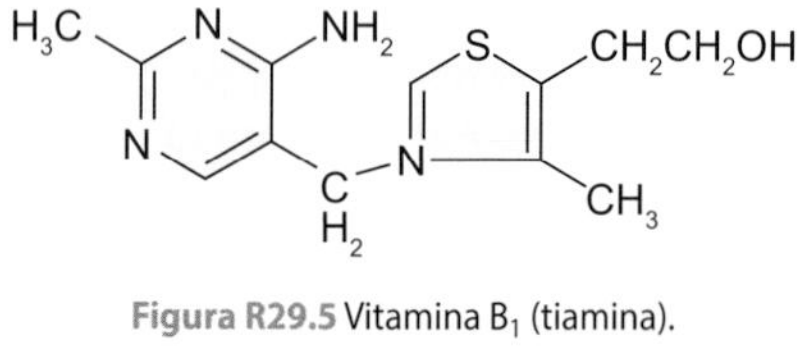

Figura R29.5 Vitamina B₁ (tiamina).

Riboflavina (B₂) ou vitamina G (Figura R29.6)

- Funções: participa da formação de grupos prostéticos de várias enzimas quando na forma de flavina-mononucleotídeo (FMN) ou flavina-adenina-dinucleotídeo (FAD), que atuam como agentes de transferência de elétrons no metabolismo de ácidos graxos e aminoácidos. Atua também nos fenômenos da visão em virtude de sua fotossensibilidade
- Carência: na arriboflavinose verifica-se glossite com vermelhidão brilhante, queratose folicular seborreica no sulco nasolabial, no nariz e na testa, dermatites na região anogenital, sensação de queimadura nos pés e anemia normocrômica e normocítica com leucócitos e plaquetas normais. Manifestações oculares como fotofobia, prurido e ardor nos olhos ocorrem em larga proporção, porém não em todos os casos
- Fontes: embora seja encontrada em grande variedade de alimentos vegetais e animais, as quantidades são modestas. As maiores fontes de riboflavina são de origem animal, como carnes, leite, queijo, ovos (gema). As leguminosas, em geral, são boas fontes de riboflavina.

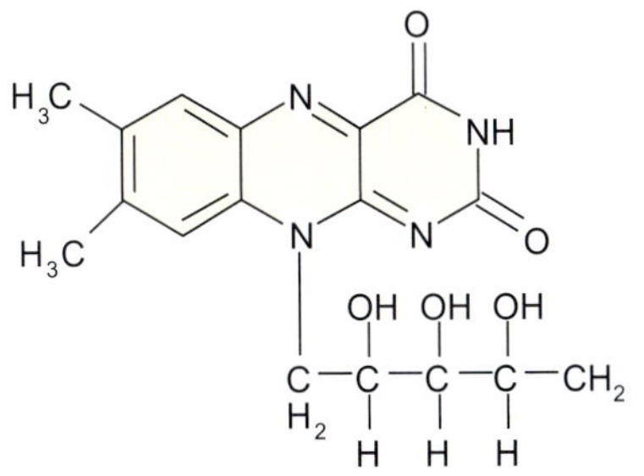

Figura R29.6 Riboflavina (B₂) ou vitamina G.

Niacina ou ácido nicotínico ou nicotinamida (Figura R29.7)

- Funções: estreitamente envolvidas com o metabolismo de energia, uma vez que participam na composição da nicotinamida adenina dinucleotídeo (NADH) e nicotinamida adenina dinucleotídeo fosfato (NADPH). Além de advir da dieta, a niacina é a única vitamina que pode ser sintetizada no organismo humano a partir de um aminoácido, o triptofano, contudo a síntese não supre as necessidades metabólicas
- Carência: desencadeia pelagra, uma doença que se caracteriza pelos três "D": dermatite, diarreia e demência. O quadro diarreico pode ser explicado pelo dano epitelial desencadeado em todo o revestimento do trato digestivo; a demência é, na verdade, um quadro de psicose depressiva similar à esquizofrenia. Especula-se que esses sintomas mentais estejam relacionados com a deficiência de triptofano, também presente na pelagra, que, consequentemente, conduz à redução dos níveis de serotonina
- Fontes: as melhores fontes de niacina são carnes, peixes, aves amendoins e levedos. O leite e os ovos não são ricos em niacina, mas são boas fontes de triptofano, que é seu precursor direto.

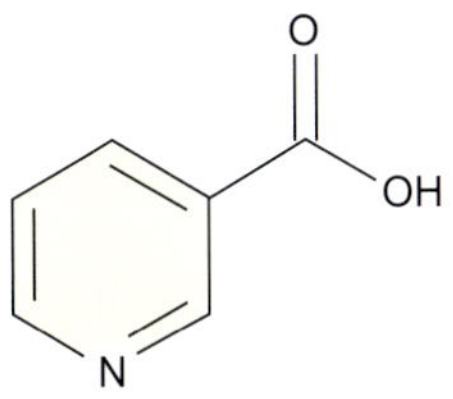

Figura R29.7 Niacina ou ácido nicotínico ou nicotinamida.

Ácido pantotênico ou vitamina B₅ (Figura R29.8)

- Funções: o ácido pantotênico é necessário para a síntese da coenzima A. A molécula de acetil-CoA tem um papel extremamente relevante no metabolismo, participando da formação do acetil-CoA, composto que se condensa com o oxalacetato no ciclo do ácido cítrico para produzir citrato e, assim, dar sequência às reações do ciclo. Além disso, a coenzima A é precursora da síntese de ácidos graxos e na acetilação de aminas e aminoácidos, por exemplo. Os seres humanos podem obter ácido pantotênico dos nutrientes da dieta ou por meio da síntese realizada pela microbiota do intestino grosso
- Carência: entre os sinais clínicos da carência de ácido pantotênico, estão os distúrbios neuromotores com parestesia dos dedos das mãos e dos pés, assim como fadiga muscular, uma vez que há reduzida quantidade de acetil-CoA, necessária para a síntese do neurotransmissor acetilcolina. Ocorre ainda desmielinização em decorrência da redução na formação de treonina acil éster na bainha de mielina
- Fontes: as fontes dietéticas de ácido pantotênico estão presentes em alimentos de origem animal e vegetais, com destaque para fígado, coração, cogumelo, brócolis, batata-doce, milho, abacate, ovos, leite e cereais em grãos.

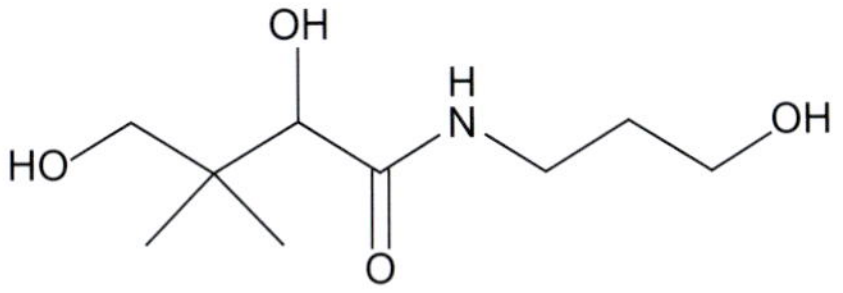

Figura R29.8 Ácido pantotênico ou vitamina B₅.

Vitamina B₆ ou piridoxina (Figura R29.9)

- Funções: participa da síntese de aminoácidos, incluindo racemização, descarboxilação, transaminação e dessulfuração. A piridoxina na forma de piridoxal-5'-fosfato (PALP) exerce papel fundamental nos seguintes sistemas enzimáticos: aminoácidos-descarboxilases, aminotransferases, fosforilases e algumas enzimas do metabolismo do triptofano, que a converte em 5-hidroxitriptamina. A conversão da metionina em cisteína também depende de piridoxina
- Carência: reflete-se sobretudo na pele (lesões seborreicas semelhantes nos olhos e no nariz acompanhadas de glossite e estomatite), no sistema nervoso (o PALP relaciona-se com a síntese de neurotransmissores, como GABA e dopamina, de modo que a ausência de piridoxina desencadeia tremores convulsivos) e na eritropoese (anemia)
- Fontes: carnes (sobretudo de porco), ovos, leite, germe de trigo, batata-inglesa.

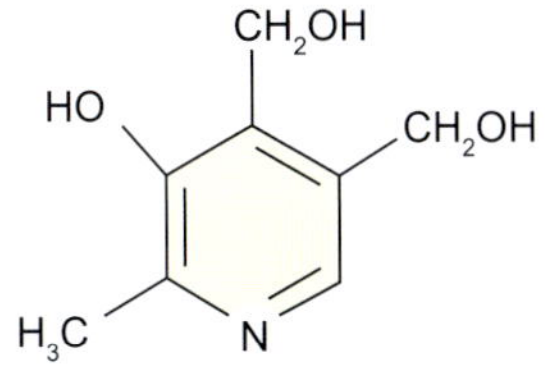

Figura R29.9 Vitamina B₆ ou piridoxina.

Ácido fólico, vitamina B₉ ou vitamina M (Figura R29.10)

- Funções: o ácido fólico atua sobretudo em tecidos com rápida divisão celular, como medula óssea e mucosa gastrintestinal. Em pequenas concentrações, o folato é absorvido por meio de um sistema de transporte ativo, enquanto em grandes quantidades a absorção ocorre por meio de difusão passiva. O ácido fólico em sua forma reduzida, o tetraidrofolato (FH₄), atua como coenzima em reações de transferência de carbonos na via de biossíntese de nucleotídeos. A interação do ácido fólico com a vitamina B₁₂ é indispensável para a síntese e a maturação dos eritrócitos
- Carência: uma das condições que podem causar maior demanda de ácido fólico é a gestação, visto que a carência dessa vitamina pode acarretar falhas do fechamento do tubo neural, culminando em graves defeitos neurológicos para o bebê. A deficiência de folato acarreta alterações hematopoéticas da medula óssea com desenvolvimento de formas megaloblásticas refletindo na síntese deficiente de DNA, daí a elevação do volume corpuscular médio das hemácias (> 100 fℓ), caracterizando o quadro clássico de anemia megaloblástica
- Fontes: as fontes vegetais relevantes de ácido fólico são brócolis, espinafre, ervilhas, lentilha e feijão, enquanto as de origem animal incluem fígado e gema de ovos e também a microbiota intestinal, já que esta é capaz de sintetizar o tetraidrofolato.

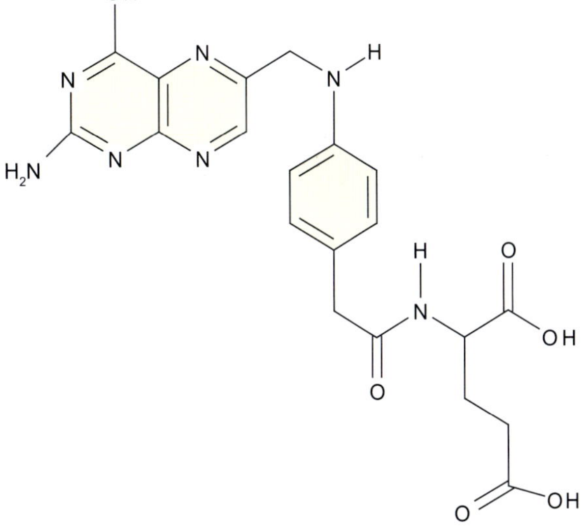

Figura R29.10 Ácido fólico, vitamina B₉ ou vitamina M.

Vitamina B₁₂ (Figura R29.11)

- Funções: não pode ser sintetizada pelo organismo humano. A absorção intestinal da vitamina B₁₂ ocorre de duas formas distintas: uma dependente de fator intrínseco, que ocorre no íleo e inclui um sistema de absorção ativa; e a outra, respondendo por 1% da absorção de vitamina B₁₂, se dá por meio de difusão passiva. Atua como substância intermediária na síntese de eritrócitos, bainha dos nervos, síntese de ácidos nucleicos e na maturação de células epiteliais, sobretudo enterócitos
- Carência: resulta em prejuízo na síntese eritrocitária de DNA e, consequentemente, na falha da maturação nuclear e da divisão celular com células anormalmente grandes. Essa condição é chamada também de anemia perniciosa ou anemia megaloblástica e é mais comum pela produção inadequada ou ausência de produção de fator intrínseco
- Fontes: carnes, fígado, ovos, queijos, peixes, algas, frutos do mar, banana.

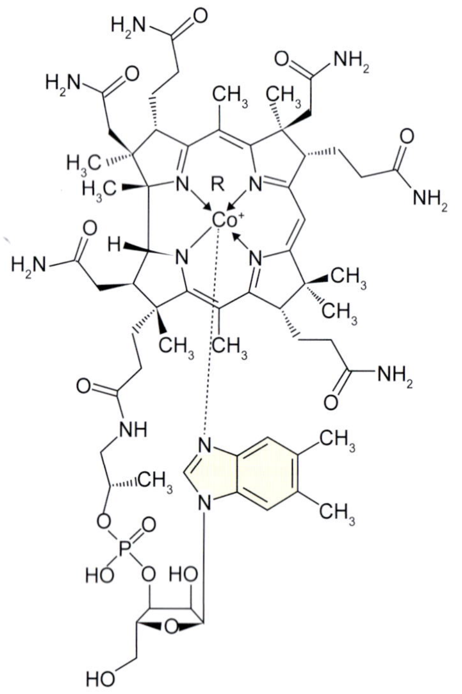

Figura R29.11 Vitamina B₁₂.

Biotina ou vitamina H (Figura R29.12)

- Funções: está presente como cofator em enzimas carboxilases relacionadas com importantes vias metabólicas, como a gliconeogênese, a síntese de ácidos graxos e o catabolismo de proteínas. A maior parte da biotina presente nos alimentos está na forma de biocitina. A enzima biotinidase intestinal atua sobre a biocitina e o peptídeo de biotina liberando a biotina livre absorvida por transporte ativo sódio dependente no intestino delgado proximal
- Carência: conduz à depressão, alucinações, dores musculares e dermatites. A deficiência de biotina tem impacto direto na enzima piruvato carboxilase, que atua no primeiro passo da gliconeogênese que catalisa a formação de oxalacetato a partir do piruvato; para isso, requer energia sob a forma de ATP
- Fontes: está amplamente distribuída nos alimentos, como amendoins, amêndoas, proteína de soja, ovos iogurtes, batata-doce.

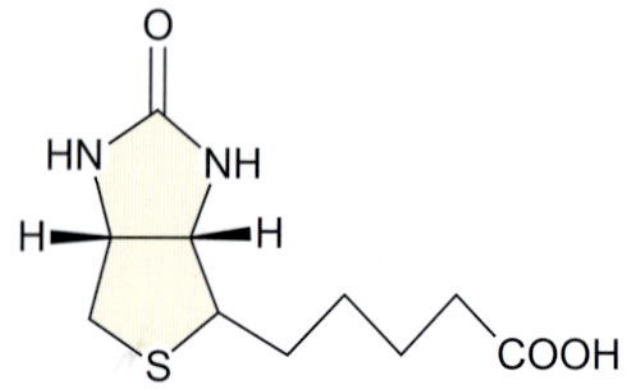

Figura R29.12 Biotina ou vitamina H.

Ascorbato (Figura R29.13)

- Funções: atua no metabolismo do ferro, da glicose e dos demais glicídios, facilitando a absorção das hexoses e a glicogênese hepática. Atua como doador de elétrons a elementos instáveis (radicais livres), tendo função antioxidante. Atua ainda no metabolismo da fenilalanina e da tirosina
- Carência: o escorbuto é a mais grave manifestação da carência de vitamina C. A ausência de ácido ascórbico promove desaparecimento dos feixes de colágeno e a substância básica colágena se despolimeriza
- Fontes: os vegetais são as fontes quase exclusivas da vitamina C, destacando-se beterraba, brócolis, nabo, couve e folhas de inhame. Entre os legumes, destaca-se o pimentão amarelo, e, entre as frutas, a acerola, o caju, a goiaba, a manga e as frutas cítricas.

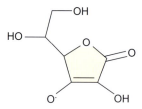

Figura R29.13 Ascorbato (forma reduzida da vitamina C).

Exercícios

1. Cite as formas de vitamina A presente nos animais e nos vegetais.
2. Explique como ocorre a absorção intestinal da vitamina A em sua forma de retinoides.
3. Os irmãos Lucas e Gabriel têm 8 e 5 anos, respectivamente, e seu pai comprou na farmácia uma solução rica em vitamina D. Ele viu em um programa de televisão que "vitaminas fornecem energia". Explique ao pai do Lucas e do Gabriel as verdadeiras funções biológicas da vitamina D.
4. Alguns autores consideram a vitamina D um hormônio, provavelmente em virtude de seu mecanismo de ação. Explique como se dá o mecanismo de ação da vitamina D.
5. A integridade óssea é um fator extremamente importante e a vitamina D está estreitamente relacionada com a manutenção da densidade óssea. Explique as consequências da carência da vitamina D.
6. Embora a carência de vitamina K seja rara em seres humanos, recém-nascidos, sobretudo prematuros, podem apresentá-la, explique a razão.
7. "… Não posso, não posso" – esse é o significado da palavra beribéri em cingalês. O beribéri apresenta sintomas como confusão mental, perda da massa muscular, neuropatia periférica, taquicardia, taquipneia e cardiomegalia. O beribéri é causado por:
   a) Carência de vitaminas lipossolúveis, sobretudo vitamina K.
   b) Falta de cianocobalamina ou vitamina B₉.
   c) Carência de tiamina, também conhecida como vitamina B₁.
   d) Ausência de vitamina B₂ necessária para maturação eritrocitária.
   e) Carência de α-tocoferol, pois esta vitamina está relacionada com a integridade das paredes dos capilares.
8. Embora seja uma vitamina utilizada em grandes quantidades com o propósito de reduzir os níveis plasmáticos de lipídios, causa inibição da exportação de VLDL hepático para o plasma. Seu mecanismo de ação não está plenamente elucidado, mas acredita-se que atue em um receptor órfão (HM74A) acoplado a uma proteína Gi (inibitória) iniciando lipólise. Esse receptor é fortemente expresso no tecido adiposo e especula-se que sua ativação possa levar à inibição da adenilatociclase, o que provocaria a

inibição de lipases intracelulares, causando redução da hidrólise de triacilgliceróis no interior dos adipócitos. Essa(s) vitamina(s) é(são):
a) Cobalamina.
c) Vitamina B$_{12}$.
c) Niacina.
d) Vitaminas lipossolúveis, sobretudo vitamina E.
e) Biotina.

9. O ácido fólico está relacionado com o pleno desenvolvimento do sistema nervoso na vida embrionária, razão pela qual as gestantes devem manter níveis de ácido fólico em valores de referência. Além disso, o ácido fólico está relacionado com a maturação eritrocitária. Explique qual o impacto da carência de folato na homeostase do sangue.

10. Explique como ocorre a absorção da vitamina B$_{12}$.

Respostas

1. Em animais, a vitamina A está presente em três formas: forma alcoólica (retinol); forma aldeídica (retinaldeído); e forma ácida (ácido retinoico). Os vegetais apresentam uma forma precursora da vitamina A em um grupo químico chamado carotenoides.

2. Os retinoides oriundos da dieta devem inicialmente sofrer emulsificação por ácidos biliares com os lipídios da dieta, dando origem a micelas de gorduras. As moléculas de retinil ésteres devem sofrer hidrólise por parte das retinil ésteres hidrolases presentes na borda em escova e, subsequentemente, ser emulsificadas. O retinol (forma alcoólica dos retinoides) é absorvido em maior parte por meio de difusão passiva pela borda em escova dos enterócitos.

3. Regulação da homeostase do cálcio e fósforo; atua ainda na mecânica da contração muscular, da coagulação sanguínea, da condução dos impulsos nervosos aos músculos e da permeabilidade das membranas celulares, bem como na extrusão de vesículas celulares (p. ex., como neurotransmissores e hormônios).

4. A forma ativa da vitamina D (vitamina D$_3$) apresenta mecanismo de ação similar ao dos hormônios esteroidais. Nas células-alvo, a vitamina D$_3$ interage com receptores nucleares chamados VDR, formando um complexo que ganha afinidade por regiões promotoras específicas de alguns genes. O complexo induz a transcrição de moléculas de RNAm; de fato, cerca de 50 genes são expressos por parte da vitamina D.

5. A deficiência de vitamina D na infância causa raquitismo, enquanto, no adulto, sua carência desencadeia a osteomalacia. O raquitismo é definido como a deficiência de vitamina D associada à carência de cálcio e fósforo na infância e implica prejuízo na densidade dos ossos em crescimento. A mineralização deficiente de ossos como tíbia, fíbula e fêmur, rádio e ulna causa deformidades estruturais.

6. Recém-nascidos, sobretudo prematuros, podem apresentar deficiências de vitamina K em virtude da ineficiência placentária em transportar vitamina K. Outra razão pela qual isso acontece é que os intestinos dos recém-nascidos não têm ainda plena capacidade de albergar uma microbiota capaz de produzir vitamina K. Assim, condições de hemorragia em recém-nascidos são tratadas por meio da administração intramuscular de menadiona.

7. Alternativa correta: c.

8. Alternativa correta: c.

9. A interação do ácido fólico com a vitamina B$_{12}$ é indispensável para a síntese e maturação dos eritrócitos. A deficiência de folato causa uma anemia macrocítica idêntica à da falta de vitamina B$_{12}$, mas não sem desencadear doença neurológica. A carência de folato pode ser causada por vários fatores, como carência dietética, ou, ainda, alguma condição que impeça a absorção intestinal eficaz de folato, como a síndrome do cólon irritável.

10. A absorção intestinal da vitamina B$_{12}$ ocorre de duas formas distintas: uma dependente de fator intrínseco, que ocorre no íleo e inclui um sistema de absorção ativa; e a outra, respondendo por 1% da absorção de vitamina B$_{12}$, se dá por meio de difusão passiva. A primeira forma é a mais relevante e, nesse caso, inicialmente a vitamina B$_{12}$ forma no estômago um complexo com as proteínas R (cobalofilinas), as quais estão presentes na saliva e no suco gástrico. O complexo vitamina B$_{12}$-cobalofilinas desloca-se pelo intestino onde as cobalofilinas sofrem digestão por parte das enzimas entéricas e pancreáticas. Subsequentemente, o fator intrínseco, uma mucoproteína de 44 kDa produzida pelas células parietais do estômago, liga-se à vitamina B$_{12}$, a qual é transportada pelo enterócito por meio de um processo que envolve a interação com um receptor específico, enquanto o fator intrínseco não é absorvido pelo intestino, sendo expelido sem transformação. Após absorção, a vitamina B$_{12}$ aparece no sangue portal ligada à proteína transcobalamina II. A captação de vitamina B$_{12}$ por parte dos tecidos periféricos parece ser mediada por um receptor transcobalamina específico que internaliza o complexo vitamina B$_{12}$-transcobalamina por endocitose mediada por receptor.

Referência bibliográfica

1. Garrett RH, Grisham CM. Molecular aspects of cell Biology. Saunders College; 1995.

Bibliografia

Andersen CB, Madsen M, Storm T et al. Structural basis for receptor recognition of vitamin-B(12)-intrinsic factor complexes. Nature. 2010;464(7287):445-8.

Badawy AA. Pellagra and alcoholism: a biochemical perspective. Alcohol Alcohol. 2014;49(3):238-50.

Basu TK, Dickerson JWT. Vitamins in human health and disease. CAB International Press; 1996.

Bates CJ, Heseker H. Human Bioavailability of vitamins. Nutr Res Rev. 1994;7(1):93-127.

Bower C, Stanley FJ. Dietary folate as a risk for neural tube defects: evidence from a case control study in western Australia. Med J Aust. 1989;150:613-9.

Braunwald E, Fauci AS, Kasper D, Hauser SL, Longo DL, Jameson JL. Harison's principles of internal medicine. 15 ed. New York: McGraw-Hill; 2001.

De Lucca H. The Vitamin D story: A collaborative effort of basic science and clinical medicine. FASEB J. 1988;2:224-36.

Dôres SMC, Paiva SAR, Campana AO. Vitamina K: metabolismo e nutrição. Rev Nutr, Campinas. 2001;14(3):207-18.

Folli C, Calderone C, Ottonello S, Bolchi A, Zanotti G, Stoppini M et al. Identification, retinoid binding, and x-ray analysis of a human retinol-binding protein. Proc Natl AcadSci USA. 2001;98:3710-5.

Ghavanini AA, Kimpinski K. Revisiting the evidence for neuropathy caused by pyridoxine deficiency and excess. J Clin Neuromuscul Dis. 2014;16(1):25-31.

Ginter E, Simko V, Panakova V. Antioxidants in health and disease. Bratisl Lek Listy. 2014;115(10):603-6.

Hands ES. Nutrients in food. Philadelphia: Lippincott Williams & Wilkins; 2000.

Holick MF, Tian XQ, Allen M. Evolutionary importance for the membrane enhancement of the production of vitamin D$_3$ in the skin of poikilothermic animals. Proc Natl Acad Sci USA. 1995;92:3124-6.

Holick MF. Vitamin D: Photobiology, metabolism and clinical applications. In: De Groot LJ, editor. Endocrinology. Philadelphia: WB Saunders; 1995. p. 990-1013.

Horwitt MK. Vitamin E: a reexamination. Am J ClinNutr. 1976;29(5): 569-78.

Kalter H. Folic acid and human malformations: a summary and evaluation. Reprod Toxicol. 2000;14(5):463-76.

Mahan LK, Escott-Sutmp S. Krause: Alimentos nutrição e dietoterapia. 10. ed. São Paulo: Roca; 2002.

Mathews FS, Gordon MM, Chen Z et al. Crystal structure of human intrinsic factor: cobalamin complex at 2.6-A resolution. Proc Natl Acad Sci USA. 2007;104(44):17311-6.

Nender DA, Bender AE. Nutrition, a reference handbook. Oxford: Oxford University Press; 1997.

Newcomer ME, Ong DE. Biochem Biophys Acta. 2000;1482:57-64.

Remacha AF, Del Río E, Sardà MP, Canals C, Simó M, Baiget M. Role of (Glu→Arg, Q5R) mutation of the intrinsic factor in pernicious anemia and other causes of low vitamin B12. Ann Hematol. 2008;87(7):599-600.

Robbins J. Transthyretin from discovery to now. Clin Chem Lab Med. 2002;40:1183-90.

Santos RD. Farmacologia da niacina ou ácido nicotínico. Arquivos Brasileiros de Cardiologia. 2005;85(Suplemento V).

Traber MG. Vitamin E and K interactions – a 50-year-old problem. Nutr Rev. 2008;66(11):624-9.

Ueland PM, Ulvik A, Rios-Avila L, Midttun Ø, Gregory JF. Direct and Functional Biomarkers of Vitamin B6 Status. Annu Rev Nutr. 2015;35:33-70

Vannucchi H, editor. Nutrição clínica. Rio de Janeiro: Guanabara Koogan; 2007.

Wei LN. Retinoid receptors and their coregulators. Annu Rev Pharmacol Toxicol. 2003;43:47-72.

Wierzbicki AS, Viljoen A. Fibrates and niacin: is there a place for them in clinical practice? Expert Opin Pharmacother. 2014;15(18):2673-80.

Yokota T, Igarashi K, Uchihara T, Jishage K, Tomita H, Inaba A et al. Delayed-onset ataxia in mice lacking alpha-tocopherol transfer protein: model for neuronal degeneration caused by chronic oxidative stress. Proc Natl Acad Sci USA. 2001;98(26):15185-90.

Metabolismo das Porfirinas

Introdução

As porfirinas são compostos orgânicos cíclicos tetrapirrólicos, ou seja, formados por quatro anéis pirrólicos que interagem entre si por meio de ligações metenil. Os anéis pirrólicos das porfirinas (porfirinogênios) são tradicionalmente numerados de I a IV. As porfirinas diferem entre si por suas cadeias laterais, por exemplo, a uroporfirina (porfirinas excretadas na urina) apresenta os grupos acetato (-CH$_2$-COOH-) e propionato (-CH$_2$-CH$_2$-COOH-) como cadeias laterais, enquanto a coproporfirina (porfirina excretada nas fezes) tem como cadeias laterais os grupos metil (-CH$_3$) e propionato.

O centro da porfirina pode albergar um íon metálico, sendo chamadas, nesse caso, de metaloporfirina. A metaloporfirina mais relevante em humanos é o heme presente como grupo prostético da hemoglobina, da mioglobina, do citocromo P450 e da enzima catalase. Outra metaloporfirina bastante presente na natureza é a clorofila, em que o metal é o íon magnésio (Figura 30.1).

As porfirinas são, portanto, pigmentos de cor púrpura e de origem natural, e sua estrutura cíclica é responsável pela absorção da luz em um comprimento de onda próximo de 410 nm, conferindo-lhes a sua cor característica. A presença do íon metálico no centro do anel de porfirina pode alterar essa propriedade em decorrência do fenômeno de transferência de carga dos átomos de nitrogênio para o metal.

Distribuição das cadeias laterais nas porfirinas

A disposição das cadeias laterais nas moléculas de porfirina pode ser representada por letras – acetato (A), propionato (P), metil (M) e vinil (V) – e o arranjo dessas cadeias laterais determina se a porfirina será do tipo I ou do tipo III. Por exemplo, a uroporfirina III apresenta assimetria nos grupos laterais A e P no anel IV. Essa disposição assimétrica das cadeias laterais classifica a porfirina como tipo III, enquanto uma molécula de porfirina que apresenta a disposição de suas cadeias laterais de forma exatamente simétrica é classificada como porfirina do tipo I (Figura 30.2).

Tecidos que sintetizam o heme

O fígado e a medula óssea são os principais tecidos relacionados com a síntese do heme. O fígado sintetiza heme de modo não contínuo, ou seja, atendendo à demanda de proteínas que utilizam heme como grupo prostético, como é o caso do sistema citocromo P450. Já as células da medula fabricam heme de modo contínuo para suprir a demanda das moléculas de hemoglobina. De fato, a síntese do heme deve ocorrer ainda na medula, uma vez que na síntese de porfirina a primeira reação e as três últimas ocorrem no ambiente intramitocondrial e os eritrócitos maduros não apresentam mitocôndrias, de modo

Figura 30.1 A. Estrutura da porfirina, um composto cíclico formado por quatro anéis pirrólicos. Os números de 1 a 8 indicam os locais onde o hidrogênio é substituído por uma das cadeias laterais. As letras gregas indicam as ligações metenil. **B.** Clorofila, uma magnésio-porfirina. **C.** Estrutura do grupo heme com o átomo de ferro situado ao centro do anel de porfirina.

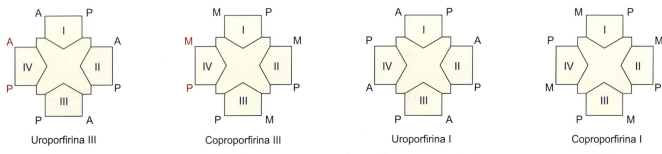

Figura 30.2 Estruturas de uroporfirinas e coproporfirinas. O termo uroporfirina indica que essas substâncias estão presentes também na urina, enquanto a coproporfirina que foi inicialmente isolada nas fezes, mas também está presente na urina. Nota-se que a uroporfirina III e a coproporfirina III apresentam o arranjo assimétrico de substituintes no anel IV. A sequência esperada para a uroporfirina II seria A-P e, para a coproporfirina, III M-P. Já a uroporfirina I e a coproporfirina I apresentam simetria em todos os anéis. A: acetato; P: propionato; M: metil.

que a síntese fora da medula seria inviável. A síntese do heme pode ser dividida em três etapas: síntese da molécula precursora da porfirina, o ácido-δ-aminolevulínico (ALA); formação do anel tetrapirrólico (uroporfirinogênio); e conversão do uroporfirinogênio em heme.

Síntese do ácido-α-amino-β-cetoadípico

O primeiro passo para a síntese do heme ocorre na matriz mitocondrial e é também uma etapa limitante na sua biossíntese. Nessa etapa, ocorre a formação do ácido-α-amino-β-cetoadípico, decorrente da condensação entre uma molécula de glicina e succinil-CoA, um intermediário do ciclo do ácido cítrico. Subsequentemente, o ácido-α-amino-β-cetoadípico é descarboxilado, dando origem ao ácido-δ-aminolevulínico (ALA; Figura 30.3). A enzima envolvida nesse primeiro passo da síntese do heme chama-se δ-aminolevulinato-sintase (ALA-sintase) e requer piridoxal fosfato como coenzima (Figura 30.4). Durante a reação, são liberados CO_2 e coenzima-A. O ALA representa a única fonte de átomos de carbono e nitrogênio para a síntese de porfirina. Mutações que reduzem a atividade catalítica da ALA-sintase eritrocitária causam anemia sideroblástica com acúmulo de ferro no interior de mitocôndrias dos eritroblastos. Por sua vez, mutações que conduzem ao aumento da atividade catalítica da ALA-sintase eritrocitária determina o acúmulo de protoporfirina causando porfiria, um grupo de doenças decorrentes de alterações enzimáticas na biossíntese do heme.

No fígado, a enzima ALA-sintase é inibida pelo excesso de heme; nesse caso, o Fe^{+2} é oxidado a Fe^{+3} convertendo-se em hemina, que promove inibição na síntese da enzima. Já na medula óssea, a síntese do heme é regulada pela disponibilidade de ferro intracelular e também por meio da eritropoetina, um hormônio glicoproteico liberado pelas células peritubulares renais cuja função é modular a produção de eritrócitos por parte da medula óssea.

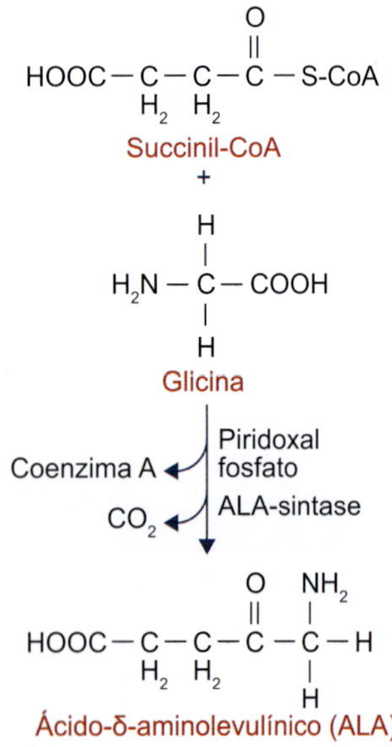

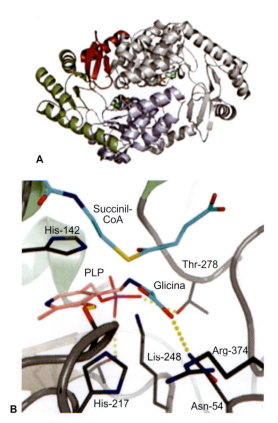

Figura 30.4 A. Estrutura espacial da enzima ALA-sintase. **B.** Detalhe do sítio ativo da enzima destacando o piridoxal fosfato (PLP) cofator da enzima e a presença de seus dois substratos, a glicina e o succinil-CoA. O sítio ativo forma um bolso profundo na enzima de modo a excluir a água da reação; os substratos têm acesso ao sítio ativo por meio de um estreito canal. Fonte: Layer G et al., 2010.[1]

Figura 30.3 Síntese do ácido-α-aminolevulínico (ALA). Essa etapa ocorre no citosol e é catalisada pela enzima ALA-sintase que requer piridoxal fosfato como cofator.

Síntese do porfobilinogênio

O ácido-δ-aminolevulínico (ALA) é transportado da matriz mitocondrial para o citosol. A síntese do porfobilinogênio (PGB) é catalisada pela enzima δ-aminolevulinato-desidratase (também chamada porfobilinogênio-sintetase). A porfobilinogênio-sintetase apresenta alto grau de similaridade em diferentes organismos: no homem, por exemplo, a enzima apresenta dois íons zinco coordenados por resíduos de cisteína, sendo que um deles atua na reação de catálise. São necessárias duas moléculas de ALA para dar origem a uma molécula de PGB; cada molécula de ALA interage com um resíduo de lisina no sítio ativo enzimático e, por meio de abstração de prótons, ocorrem aromatização e formação do porfobilinogênio (Figura 30.5). A ALA-sintase é o ponto de regulação da via de síntese do heme, acredita-se que o acúmulo de heme atua por meio de uma molécula repressora, que age como um regulador negativo do acúmulo de ALA-sintase. Outro modo de regulação da enzima seria pelo mecanismo de *feedback*, ou seja, a ausência de heme provoca acúmulo de ALA, enquanto grande quantidade leva à redução do acúmulo de ALA. A porfobilinogênio-sintetase é extremamente sensível a íons metálicos, tanto que a anemia observada no envenenamento por chumbo é decorrente da inibição da porfobilinogênio-sintetase resultando em acúmulo de ALA. Alguns xenobióticos podem causar aumento de ALA hepática, como os fármacos fenobarbital, griseofulvinas e hidantoínas. Essas substâncias são metabolizadas no fígado por meio do sistema microssomal P450 mono-oxigenase que emprega heme em sua composição. No sentido de serem metabolizados, esses fármacos levam a um aumento de síntese das proteínas do sistema P450, o que exaure as reservas hepáticas de heme. A redução dos níveis de heme nos hepatócitos, por sua vez, leva ao aumento na síntese de ALA-sintase com correspondente aumento na síntese de ALA.

Síntese do uroporfirinogênio

O uroporfirinogênio III é formado da condensação de quatro moléculas de porfobilinogênio, o que também quer dizer que, para cada molécula de uroporfirinogênio II, são necessárias oito moléculas de ALA. O uroporfirinogênio III representa o primeiro intermediário cíclico da biossíntese do anel tetrapirrólico e, ao mesmo tempo, o primeiro ponto de ramificação para as rotas divergentes que conduzem à formação de diferentes classes de moléculas de tetrapirrólicas. A enzima hidroximetilbilanosintase (ou uroporfirinogênio I sintase) liga quatro moléculas de porfobilinogênio de forma linear, obtendo-se o pré-uroporfirinogênio, também chamado de 1-hidroximetilbilano. O hidroximetilbilano apresenta a tendência de ciclização espontânea, dando origem ao uroporfirinogênio I, contudo, quando sofre a ação da enzima uroporfirinogênio III sintase, o produto final passa a ser o uroporfirinogênio III, que é uma porfirina assimétrica (Figura 30.6). A conversão dos uroporfirinogênios em suas respectivas uroporfirinas ocorre por meio da oxidação promovida pela luz ou mesmo pelos próprios uroporfirinogênios formados.

Após a síntese do uroporfirinogênio III, ele pode ser convertido em coproporfirinogênio III por meio da ação catalítica da enzima uroporfirinogênio descarboxilase, que promove a descarboxilação das cadeias laterais acetato convertendo-as em metil. A descarboxilação inicia-se no acetato do anel D e segue sucessivamente pelos anéis A, B e C. A enzima uroporfirinogênio descarboxilase tem a capacidade de aceitar uma grande variedade de diferentes substratos, incluindo uroporfirinogênios I e II e também todas as formas de uroporfirinogênios e coproporfirinogênios; de fato, ela é capaz de catalisar a conversão de uroporfirinogênios I e III em coproporfirinogênios I e III, respectivamente (Figura 30.7).

A uroporfirinogênio descarboxilase é uma descarboxilase incomum, pois não depende de grupos prostéticos ou cofatores. Para a síntese do heme, é necessário que a molécula de coproporfirinogênio III seja convertida em protoporfirinogênio IX. Para tanto, a enzima coproporfirinogênio III oxidase promove descarboxilação das cadeias laterais de propionato presentes nos anéis AB, convertendo-as em grupos vinil. Essa reação ocorre na matriz mitocondrial e requer oxigênio, que atua como aceptor de elétrons durante a catálise.

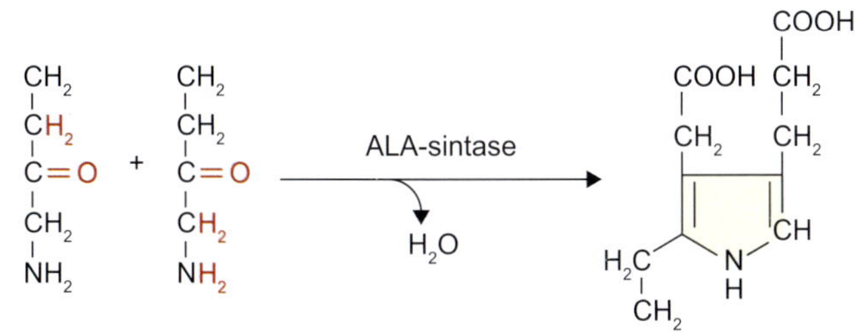

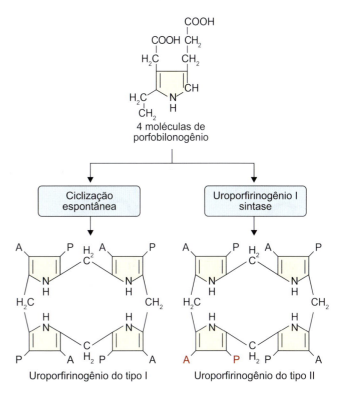

Figura 30.6 Síntese de uroporfirinogênios I e II a partir de quatro moléculas de porfobilinogênio. A ciclização espontânea produz uroporfirinogênio simétrico, ou seja, a disposição das cadeias laterais A-P segue a sequência esperada. Contudo, quando a enzima uroporfirinogênio I sintase promove a ciclização, ela cria o uroporfirinogênio II, que é assimétrico, ou seja, as cadeias laterais no anel IV estão invertidas.

Figura 30.5 Biossíntese do porfobilinogênio tem como precursores duas moléculas de ALA; a reação é uma desidratação seguida de uma ciclização. Ao contrário da reação que produz o ALA, essa reação ocorre no citosol. Em destaque, os átomos que irão dar origem à água e participar da aromatização formando o anel de porfobilinogênio.

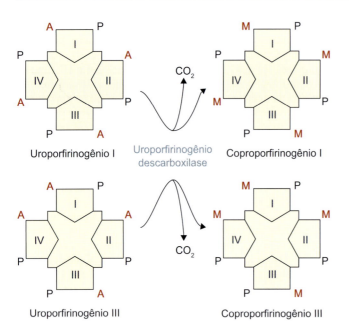

Figura 30.7 Conversão das moléculas de uroporfirinogênio I e III para dar origem aos coproporfirinogênios I e III. A enzima uroporfirinogêniodescarboxilase é uma descarboxilase que independe de cofatores ou grupos prostéticos.

Síntese do protoporfirina IX e incorporação do ferro

A penúltima etapa da síntese do heme envolve a oxidação do protoporfirinogênio IX em protoporfirina IX. Essa reação ocorre de forma espontânea, contudo o organismo dispõe da enzima protoporfirinogênio IX oxidase que garante que esse importante passo bioquímico se dê efetiva e rapidamente. A etapa final da síntese do heme ocorre na matriz mitocondrial e quando o ferro em seu estado ferroso é incorporado ao centro do anel de protoporfirina IX, reação que é catalisada pela enzima ferroquelatase (Figura 30.8). Além do ferro, a enzima é capaz de inserir no centro do anel outros íons bivalentes, como Ni^{+2} e Zn^{+2}, enquanto outros íons bivalentes atuam como inibidores da reação enzimática, como é o caso do Mn^{+2}, Hg^{+2} e Pb^{+2}.

A ferroquelatase é uma enzima dimérica, cada subunidade apresenta quatro estruturas betapregueadas paralelas envolvidas por estruturas em alfa-hélice. Durante a catálise, a configuração planar do anel de protoporfirina IX sofre uma distorção adquirindo um aspecto de abóbada, facilitando, assim, a quelação de metal. Alterações na função da ferroquelatase ou sua deficiência causam protoporfiria eritropoética.

Porfirias e alterações genéticas do metabolismo do heme

O termo porfiria tem origem do grego *porphýra*, que significa púrpura, remetendo à coloração vermelha ou arroxeada da urina de doentes portadores de porfiria. Trata-se de um grupo de alterações que envolvem enzimas relacionadas com a biossíntese do heme (Figura 30.9), resultando em acúmulo e excreção aumentada de porfirinas ou de seus precursores (Figura 30.10). As porfirias podem ser classificadas em genéticas ou adquiridas (Tabela 30.1). As porfirias adquiridas ocorrem, por exemplo, em condições de contaminação por metais pesados, como é o caso do chumbo. Os fatores ambientais e genéticos interagem entre si para a manifestação da doença, uma vez que nem sempre os indivíduos portadores de mutações genéticas a desenvolvem na ausência de fatores ambientais precipitantes.

As porfirias hereditárias decorrem de distúrbios autossômicos dominantes, com exceção da porfiria eritropoética congênita, que é recessiva. Já a classificação das porfirias agudas e cutâneas envolve a forma de apresentação dos sintomas. Na porfiria aguda, há predomínio dos sintomas neuropsiquiátricos e viscerais, enquanto nas cutâneas há grande manifestação de fotossensibilidade cutânea. A classificação das porfirias hepáticas ou eritropoéticas leva em consideração a origem dos precursores que estão em excesso, já que os dois tecidos que sintetizam o heme são o fígado e a medula óssea. O primeiro utiliza o heme para ser incorporado ao sistema microssomal P450, enquanto a medula óssea sintetiza o heme para se integrado à molécula de hemoglobina.

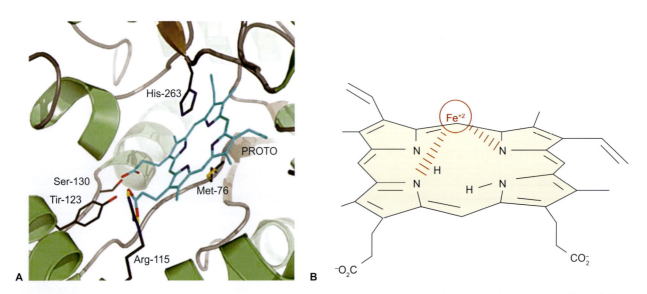

Figura 30.8 A. Sítio ativo da enzima mitocondrial ferroquelatase humana. B. A enzima promove a inserção do ferro no centro do anel de protoporfirina IX (PROTO). Fonte: Layer G *et al.*, 2010.[1]

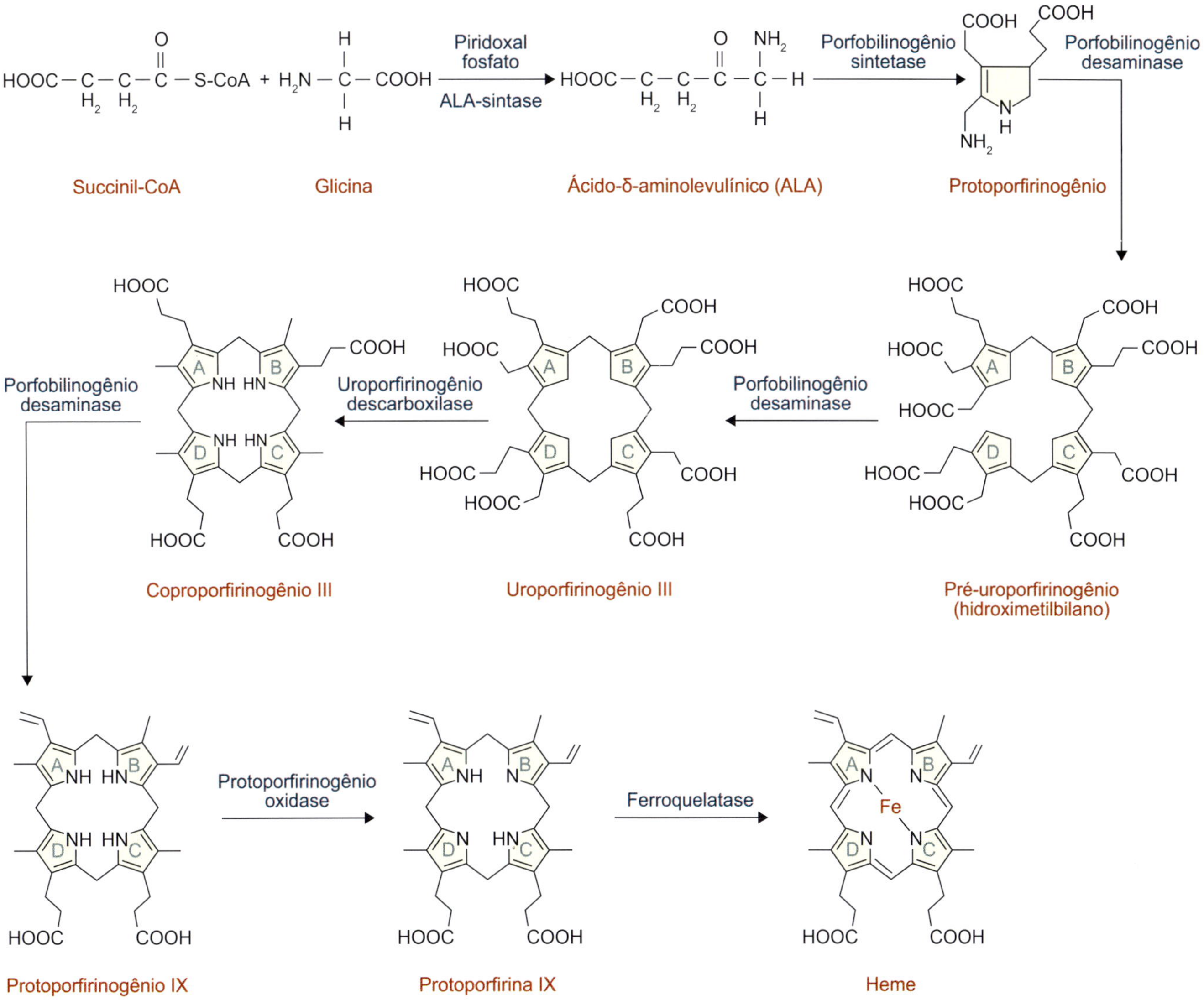

Figura 30.9 Biossíntese do heme e as respectivas enzimas envolvidas em cada reação de conversão de uma substância na outra. Os elementos precursores iniciais são o succinil-CoA (um intermediário do ciclo do ácido cítrico) e a glicina (um aminoácido não essencial). A condensação dessas substâncias produz o ácido-δ-aminolevulínico (ALA), que, por sua vez, é precursor do primeiro anel pirrólico, o protoporfirinogênio. As enzimas ALA-sintase, protoporfirina II oxidase e ferroquelatase são intramitocondriais, o que significa que as reações que essas enzimas catalisam ocorrem na matriz mitocondrial.

Tabela 30.1 Classificação das formas de porfirias.

Forma de apresentação	Tecido/características	Doença	Alteração enzimática	Aspecto clínico	Herança genética
Porfirias crônicas	Porfirias eritropoéticas	Porfiria eritropoética congênita	Uroporfirinogênio III sintase	Cutâneo	AR
		Protoporfiria eritropoética	Ferroquelatase	Cutâneo	AD
	Porfirias hepáticas crônicas	Porfiria cutânea tarda	Uroporfirinogênio descarboxilase	Cutâneo	AD
		Porfiria hepato eritropoética	Uroporfirinogênio descarboxilase	Cutâneo	AR
Porfirias agudas	Porfirias hepáticas agudas	Porfiria delta-aminolevulínico ácido desidratase	ALA desidratase	Agudo	AR
		Porfiria intermitente aguda	Porfobilinogênio desaminase	Agudo	AD
		Coproporfiria hereditária	Coproporfirinogênio oxidase	Agudo e cutâneo	AD
		Porfiria variegata	Protoporfirinogênio oxidase	Agudo e cutâneo	AD

AR: autossômica recessiva; AD: autossômica dominante.

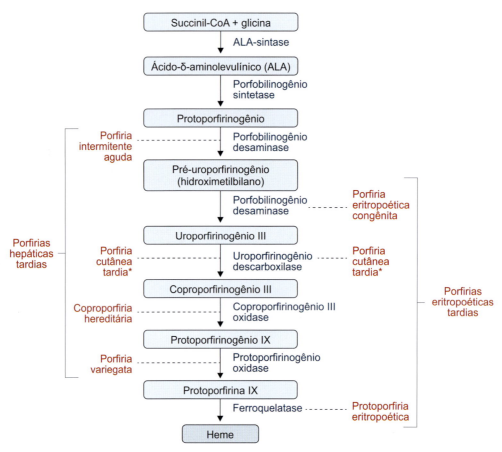

Figura 30.10 Cascata de síntese do heme, enzimas envolvidas e as porfirias originadas em decorrência das respectivas falhas enzimáticas.
*A porfiria cutânea tardia afeta tanto o fígado quanto os eritrócitos.

Quadros clínicos e laboratoriais das porfirias eritropoéticas

Porfirias eritropoéticas congênitas

Primeira forma de porfiria descrita, caracteriza-se pela deficiência da enzima uroporfirinogênio-sintetase, decorrente de uma mutação autossômica recessiva que se reflete em acúmulo de uroporfirinogênio I e coproporfirinogênio, que são excretados tanto na urina quanto nas fezes.

As manifestações clínicas incluem lesões cutâneas e alterações hematológicas com hemólise que conduz à anemia e esplenomegalia secundária. Já os depósitos cutâneos de metabólitos porfirínicos induzem reações fototóxicas em áreas expostas à luz, resultando na formação de lesões bolhosas, sobretudo nas mãos e no rosto. Podem ocorrer infecções cutâneas secundárias de repetição nas áreas lesionadas. As porfirinas são excretadas na urina tornando-a avermelhada. Outros sintomas são presença de pelos na face e nas extremidades (hipertricose), e eritrodontia, ou seja, coloração avermelhada dos dentes quando expostos à radiação luminosa de 400 nm. A anemia que acompanha a doença pode desencadear alterações ósseas por conta do alto grau de atividade medular.

Protoporfiria eritropoética

Essa forma de porfiria está relacionada com a deficiência de ferroquelatase. Os portadores apresentam reações de fotossensibilidade desde a infância, sobretudo nas mãos, podendo desenvolver insuficiência hepática por conta do acúmulo de protoporfirina nesse tecido. Verificam-se níveis aumentados de protoporfirina em eritrócitos, plasma e fezes, com exceção da urina. A presença de fluorócitos contribui para o diagnóstico diferencial da protoporfirina. Os fluorócitos são células precursoras de eritrócitos que apresentam fluorescência quando submetidos à radiação luminosa com comprimento de onda de 405 nm.

Quadros clínicos e laboratoriais das porfirias hepáticas crônicas

Porfiria cutânea tardia

Causada por uma mutação heterozigótica que leva à deficiência da enzima uroporfirinogênio descarboxilase, originando acúmulo de uroporfirina e 7-carboxil porfirinogênio, sobretudo no fígado. É a mais frequente das porfirias e tem início normalmente acima dos 40 anos. Há desenvolvimento de lesões na pele exposta à luz e, em alguns casos, essas regiões expostas podem desenvolver atrofias e até mesmo fotomutilação. As lesões na pele podem ser explicadas pela capacidade de a uroporfirina I e a coproporfirina I doarem elétrons, assim, na presença de luz solar, essas substâncias transferem elétrons para o oxigênio, resultando na formação de espécies reativas de oxigênio (radicais livres), que, por sua vez causam os danos na pele. A maioria dos portadores de porfiria cutânea tardia nunca desenvolverá a doença, pois, embora tenham a mutação no gene que regula a expressão da uroporfirinogênio descarboxilase, a doença só se manifestará nos indivíduos que são expostos a determinados fatores desencadeadores, principalmente álcool, infecção pelo vírus da hepatite C ou HIV, utilização de estrogênios e tumores hepáticos. Constatou-se que, em mulheres, a utilização de estrogênios na forma de medicamentos anticoncepcionais fez com que essa forma de porfiria aumentasse.

Porfiria hepatoeritropoética

É uma forma de porfiria autossômica recessiva na qual ocorre deficiência da enzima uroporfirinogênio descarboxilase. Embora seja um tipo raro de porfiria, assemelha-se à porfiria eritropoética congênita apresentando lesões bolhosas na pele, hipertricose, urina avermelhada, anemia hemolítica e esplenomegalia.

Porfirias hepáticas agudas

Quatro tipos de porfirias hepáticas – porfiria aguda intermitente, coproporfiria hereditária, porfiria variegata e porfiria por deficiência ALA desidratase – são classificados como porfirias agudas, uma vez que estão associadas a ataques caracterizados por disfunções neuroviscerais idênticas acompanhadas de produção excessiva dos precursores porfirínicos, ácido aminolevulínico (ALA) e porfobilinogênio (PGB). As porfirias agudas são de herança autossômica dominante, com exceção da porfiria por deficiência ALA desidratase, que apresenta herança autossômica recessiva. A expressão clínica da doença geralmente está ligada a fatores ambientais ou adquiridos que provocam os ataques agudos por aumentarem a demanda de heme, estimulando a síntese da enzima ALA-sintase. Cerca de 80% dos pacientes portadores de mutações para porfirias hepáticas agudas são assintomáticos e podem permanecer nessa condição durante anos. Diversos fatores podem desencadear a doença, sendo o mais importante a ingestão de medicamentos que sofrem metabolização pelo sistema citocromo P450 no fígado. Todas as porfirias hepáticas agudas caracterizam-se como neuroviscerais cuja gênese não está plenamente elucidada, contudo as seguintes hipóteses têm sido propostas: a concentração de ALA e PGB é deletéria para as células nervosas; níveis elevados de ALA atuariam como inibidores da liberação de ácido gamabutírico; o sistema nervoso central (SNC) sofre degeneração na ausência de grupos heme; e, finalmente, a redução nos níveis do heme leva a aumento dos níveis de triptofano no sistema nervoso, refletindo-se em aumento do *turnover* de serotonina.

Porfiria delta-aminolevulínico ácido desidratase ou porfiria por deficiência de ALA desidratase

A ALA-sintase é a primeira enzima na síntese do heme – ela catalisa a reação de condensação de succinil-CoA e glicina para produzir o ácido-δ-aminolevulínico (ALA) que, por sua vez, é precursor do primeiro anel pirrólico. A deficiência de ALA-sintase constitui um tipo de porfiria extremamente rara, semelhante à porfiria aguda intermitente.

Porfiria aguda intermitente

Afeta pessoas de todas as etnias e regiões, mas é mais comum em indivíduos do norte da Europa e seus descendentes. A doença se manifesta sobretudo em mulheres adultas entre a 2ª e 4ª décadas de vida. Os portadores de porfiria aguda intermitente apresentam cerca de 50% da atividade enzimática em contraste com a porfiria por deficiência de ALA, cuja função da ALA-desidratase é restrita a cerca de 5% de sua atividade. Os indivíduos afetados tornam-se suscetíveis a ataques agudos de porfiria que podem ser desencadeados pela ingestão de álcool ou dieta, mas especialmente por alguns medicamentos, como barbituratos, hidantoína, sulfonamidas e hormônios esteroides, como estrogênios e progestógenos. De fato, os ataques em mulheres têm conexão com os ciclos menstruais destacando-se o papel específico da progesterona como elemento desencadeante. No entanto, gestantes não estão sujeitas a ataques graves mesmo experimentando níveis elevados de estrogênios e progestógenos. Nesse caso, as crises agudas tendem a ocorrer no pós-parto, por motivos ainda desconhecidos. As manifestações clínicas decorrem dos efeitos do heme no sistema nervoso e incluem dor e cólicas abdominais, neuropatias periféricas, fraqueza muscular, confusão, delírio, entre outros. Manifestações na pele não ocorrem na porfiria aguda intermitente, com raras exceções de pacientes que apresentam níveis aumentados de porfirinas plasmáticas em decorrência de doença renal em fase final. As crises podem ser desencadeadas ainda por agentes estressantes, jejum ou mesmo deficiências de carboidratos na dieta.

Coproporfiria hereditária

Distúrbio autossômico dominante que ocorre como resultado da deficiência da enzima mitocondrial coproporfirinogênio oxidase. As manifestações neuroviscerais são similares àquelas observadas na porfiria intermitente aguda com a diferença que são mais graves. Manifestações cutâneas atingem cerca de 30% dos pacientes, como erupções bolhosas, geralmente envolvendo a face, mãos ou outras áreas da pele expostas ao sol. A cura dessas lesões muitas vezes forma cicatrizes e alterações na pigmentação, podendo desenvolver hipertricose.

Porfiria variegata

O termo porfiria variegata deve-se às diferentes apresentações clínicas dessa doença, como lesões cutâneas, somente crises agudas, sintomas cutâneos e sistêmicos ou apenas elevação das porfirinas sem manifestações clínicas. É predominantemente uma doença cutânea (60%) com formação de bolhas e lesões na pele exposta ao sol que cicatrizam com atrofia, hipo ou hiperpigmentação, principalmente no dorso das mãos. Cerca de 40% dos pacientes também apresentam sintomas neuroviscerais semelhantes àqueles presentes nas porfirias agudas.

A porfiria variegata é uma doença autossômica dominante caracterizada pela deficiência de protoporfirinogênio oxidase, enzima cujo gene se localiza no cromossomo 1q22 com mais de 12 mil mutações relatadas, demonstrando assim a heterogenicidade da doença. Alguns indivíduos não apresentam os sintomas durante toda a vida ainda que sejam portadores do defeito enzimático. O quadro clínico dos portadores heterozigóticos é diferente daquele observado nos portadores homozigóticos. Nos heterozigotos, ocorre diminuição da atividade da protoporfirinogênio oxidase em 50%, enquanto nos homozigotos a atividade é de 20% ou menos. As manifestações clínicas nos homozigotos são precoces, geralmente antes da puberdade, e alguns indivíduos apresentam lesões cutâneas já na infância, com fotossensibilidade grave.

Bioclínica

Porfirias, vampiros e lobisomens

A porfiria tem sido sugerida como uma explicação para a origem dos vampiros e lobisomens. Embora a porfiria cutânea tardia e a porfiria intermitente aguda sejam os tipos mais comuns, é a porfiria congênita eritropoética que é particularmente associada ao mito do vampiro. Trata-se de um distúrbio autossômico recessivo também conhecido como doença de Günther. Caracteriza-se por extrema fotossensibilidade e anemia hemolítica crônica. Por isso, antigamente os portadores de porfiria preferiam sair apenas à noite protegidos com pesadas túnicas para esconder suas deformidades. Entre as complicações da porfiria, incluem-se a deterioração dos lábios e do nariz com retração e recuo dos tecidos labiais e nasais.

Paralelamente, ocorre malformação dentária e os dentes podem apresentar-se em tom de vermelho (eritrodontia) em razão da deposição de porfirinas, que também são excretadas na urina dando-lhe um aspecto avermelhado. Os doentes de porfiria sofrem exacerbação de suas crises de anemia ao comerem alho, uma vez que certos compostos dessa planta bulbosa têm a capacidade de induzir a atividade da heme oxigenase, uma enzima que catalisa a degradação do grupo heme exacerbando ainda mais a anemia do portador da doença. Todas essas características presentes na porfiria congênita eritropoética podem ter contribuído fortemente para alimentar o mito dos vampiros. As porfirias podem ter sido menos raras no passado, especialmente em bolsões isolados onde casamentos consanguíneos eram comuns, como é o caso dos vales da Transilvânia – origem dos contos de vampiros. As lesões na pele, sobretudo no rosto, são acompanhadas de cicatrização deformante e hipertricose. A progressão da doença conduz a distúrbios psicológicos, como loucura, tendências suicidas, depressão e agressividade, e, até mesmo, a possibilidade de atacar. Relatos antigos informam que os doentes ficavam tão debilitados que passavam a andar sobre os pés e mãos, tal como animais quadrúpedes. A hipertricose associada ao comportamento agressivo e a postura quadrúpede podem ter inspirado o mito dos lobisomens.

Catabolismo do grupo heme

Os eritrócitos são a grande fonte de heme para a degradação, embora o heme oriundo dos citocromos e da mioglobina também sofra degradação. O heme presente nos eritrócitos é metabolizado para formar bilirrubina que, posteriormente, sofre conjugação com ácido glicurônico, sendo então excretada na bile. Os eritrócitos têm duração de aproximadamente 120 dias, tempo determinado por diversos fatores, como a perda dos resíduos de ácidos siálicos presentes em seus glicoconjugados de membrana. As unidades de ácidos siálicos protegem essas células da captação pelo sistema reticuloendotelial hepático. Eritrócitos senis perdem suas porções de ácido siálico expondo resíduos de galactose, que interagem com receptores dos hepatócitos possibilitando a sua captação por parte do fígado.

Outro fator determinante no tempo de vida eritrocitário é a integridade de suas proteínas de membrana e do citoesqueleto responsáveis pela alta capacidade de deformidade dos eritrócitos, já que o diâmetro de muitos capilares é menor que o diâmetro dos eritrócitos. Estima-se que cada eritrócito atravesse o baço cerca de 120 vezes/dia pelos capilares com diâmetro de aproximadamente 3 μm, levando cerca de 30 s nesse processo. Eritrócitos senis perdem sua eficiência em deformar-se, assim são retidos nos capilares delgados do baço onde sofrem degradação por macrófagos. Em torno de 85% do heme degradado advém dos eritrócitos e os 15% restantes são de fontes não eritroides, como os citocromos.

A degradação dos eritrócitos ocorre no sistema microssomal, sobretudo no fígado, no baço e na medula óssea. Esse processo libera as porções globina e o ferro das moléculas de hemoglobina, que normalmente são reaproveitados na síntese de novas moléculas de hemoglobina. A enzima heme oxigenase catalisa a primeira etapa na degradação do heme; trata-se de uma enzima substrato-induzível, ou seja, sua expressão é induzida pela presença do grupo heme. Quando o grupo heme chega até o complexo da heme oxigenase, o ferro geralmente já sofreu oxidação por meio de NADPH, sendo convertido em sua forma férrica, momento em que o grupo heme passa a ser chamado de hemina.

Subsequentemente, a enzima utiliza outra molécula de NADPH para inserir oxigênio na ligação α-metenil, situada entre os anéis pirrólicos I e II. Nesse processo, o íon de ferro é oxidado de sua forma ferrosa para férrica. A adição do oxigênio desestabiliza o anel, abrindo-o. Esse passo do complexo da heme oxigenase libera Fe^{+3}, CO e biliverdina. A biliverdina é então convertida em bilirrubina por meio da enzima biliverdina redutase, que emprega NADPH para reduzir a ponte metenil entre os anéis pirrólicos III e IV (Figura 30.11). A bilirrubina apresenta uma coloração amarelada em contraste com a biliverdina, cuja cor é verde. De fato, o tom amarelo que um hematoma adquire após algum tempo indica a presença de compostos intermediários decorrentes da degradação do heme por parte do sistema reticuloendotelial.

Captação de bile pelo fígado

Em virtude de seu caráter predominantemente apolar, a bilirrubina não se solubiliza no plasma, sendo, portanto, carreada ligada à albumina plasmática. Ao que parece, a albumina apresenta dois sítios de ligação à bilirrubina, um cuja interação é forte e outro com interação fraca. Estima-se que aproximadamente 25% da bilirrubina circule ligada à albumina com alta afinidade e que os complexos albumina-bilirrubina formados ocorram na proporção de 1:1, 2:1 e, mais raramente, 3:1. A fração de bilirrubina livre, ou seja, não ligada à albumina, é a responsável pela deposição de bilirrubina nos tecidos e, portanto, pelos seus efeitos deletérios no organismo.

Diversos medicamentos podem deslocar a bilirrubina de seus sítios de ligação na albumina plasmática, como salicilatos (comumente utilizados na inflamação, antipirese, analgesia e artrite reumatoide) e sulfonamidas (um grupo de antibióticos sintéticos). Essa situação é clinicamente importante em recém-nascidos, uma vez que a bile interage com o sistema nervoso causando uma série de complicações denominadas "*kernicterus*", uma condição resultante da toxicidade da bilirrubina às células dos gânglios da base e diversos núcleos do tronco cerebral.

No fígado, mais precisamente nos sinusoides hepáticos, a bilirrubina é removida da albumina e captada pelos hepatócitos, e, no citosol, liga-se a proteínas específicas chamadas ligandinas. No interior dos hepatócitos, mais precisamente no retículo endoplasmático liso, ocorre a conjugação da bilirrubina e, nesse processo, a enzima UDP-glicuronil-transferase catalisa a adição de glicuronato à molécula de bilirrubina utilizando ADP-ácido glicurônico como doador de glicuronato. Essa reação ocorre em duas etapas, formando primeiro monoglicuronato e, depois, diglicuronato, que é a forma predominante de excreção de bile por parte do organismo (Figura 30.12). A carência dessa enzima causa a icterícia fisiológica

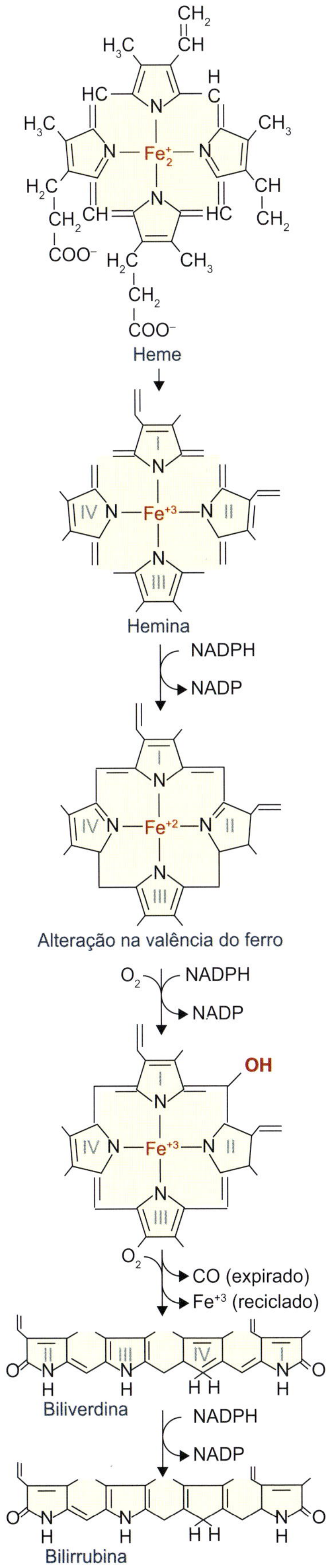

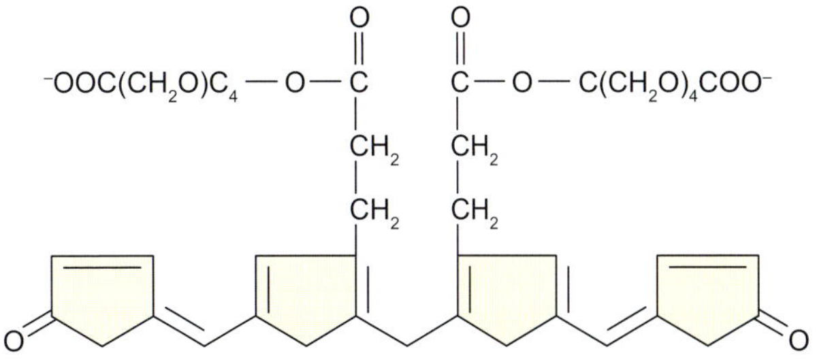

Figura 30.12 Estrutura química da molécula de diglicuronídeo de bilirrubina. Notam-se as duas moléculas de ácido glicurônico ligadas aos anéis pirrólicos III e IV.

no neonato. A bilirrubina não conjugada normalmente não sofre excreção; a conjugação converte a bilirrubina em uma forma hidrossolúvel, uma vez que o glicuronato tem caráter polar. A síntese de diglicuronato de bilirrubina ocorre sobretudo no fígado, mas também em menor escala nos rins e no intestino grosso.

O diglicuronato de bilirrubina formado no fígado é então transportado de forma ativa e contra um gradiente de concentração dos hepatócitos para o interior dos canalículos biliares que formarão a bile vesicular. Os canalículos biliares também podem sintetizar diglicuronato de bilirrubina por meio de uma enzima similar à UDP-glicuronil-transferase ou uma reação de dismutação enzimática, na qual duas moléculas de monoglicuronídeo de bilirrubina dão origem a uma molécula de diglicuronídeo de bilirrubina e uma bilirrubina livre.

Urobilinas dão cor às fezes e à urina

No intestino grosso, o diglicuronato de bilirrubina sofre hidrólise e é convertido em urobilinogênio por enzimas β-glicuronidases presentes na microbiota intestinal. A maioria do urobilinogênio formado é oxidada pelas bactérias intestinais, dando origem a um composto que dá a cor castanha às fezes, a estercobilina. Uma pequena fração do urobilinogênio é absorvida pela mucosa intestinal chegando primeiro ao fígado pelo sistema portal e, posteriormente, ao plasma. O urobilinogênio plasmático é captado pelos rins e convertido em urobilina, que é excretada na urina, sendo responsável por sua coloração amarelocitrino.

Icterícia ou hiperbilirrubinemia

Icterícia é o termo empregado para descrever um sinal clínico caracterizado pela coloração amarelada de pele, mucosas e escleróticas em virtude de um aumento de bilirrubina no plasma em concentração maior que 2 mg/dℓ. As hiperbilirrubinemias podem ser classificadas em quatro tipos básicos: icterícia hemolítica; icterícia obstrutivas; icterícia hepatocelular; e icterícia do neonato.

Icterícia hemolítica

Diversas condições podem levar à hemólise maciça de eritrócitos, como anemia falciforme, deficiência de piruvatocinase, ou de glicose-6-fosfato desidrogenase, talassemia maior, eferocitose congênita e eliptocitose congênita. Essas hemoglobinopatias, alterações estruturais de eritrócitos e falhas enzimáticas conduzem à lise eritrocitária lançando no plasma uma quantidade de grupos heme que suplanta a capacidade de conjugação e excreção hepática, resultando em icterícia.

Figura 30.11 Reações do sistema microssomal heme oxigenase que converte o grupo heme em bilirrubina. Aproximadamente 1 g de hemoglobina produz 35 mg de bilirrubina.

Icterícia obstrutiva

Qualquer situação que provoque obstrução do ducto colédoco (ducto que comunica a vesícula biliar ao duodeno), como massas tumorais ou mais comumente concreções (cálculos biliares), pode causar obstrução resultando em fezes claras e "brilhantes". Essas fezes de coloração alterada ocorrem porque em situações de obstrução a bile não é lançada ao duodeno, portanto não emulsifica as gorduras, que, por sua vez, não são absorvidas, mas, sim, excretadas nas fezes conferindo-lhes esse aspecto "brilhante". Uma vez que a bile não foi lançada ao duodeno, a bilirrubina não pode ser convertida em estercobilina e, consequentemente, as fezes tendem a ser excretadas com cor esbranquiçada, sem sua coloração castanha característica. Nas obstruções dos ductos biliares, a icterícia ocorre porque o fígado passa a lançar a bilirrubina conjugada para o plasma e, embora os rins possam excretá-la, a quantidade pode suplantar a capacidade de excreção renal resultando em icterícia.

Icterícia hepatocelular

Ocorre quando há comprometimento funcional do fígado, como no caso da cirrose hepática. Nessas circunstâncias, há aumento nos níveis de bilirrubina não conjugada por conta do comprometimento dos processos bioquímicos realizados pelos hepatócitos. A bilirrubina conjugada se difunde do fígado para o plasma por não ser eficientemente secretada para a vesícula biliar. O comprometimento do fígado reduz ainda a circulação êntero-hepática de urobilinogênio, possibilitando que maior quantidade seja absorvida, chegue à corrente sanguínea e, posteriormente, sofra eliminação renal. O resultado final é que a urina apresenta aspecto escurecido, enquanto as fezes tornam-se claras.

Icterícia do neonato

A icterícia é um dos problemas mais frequentes em recém-nascidos (RN). De fato, pode estar presente em torno de 82% dos RN. Essa condição tem início aproximadamente 24 h após o nascimento com pico entre o 3º e 4º dia de vida nos neonatos a termo, desaparecendo por volta do 14º dia de vida.

O aumento da fração não conjugada de bilirrubina (fração indireta) constitui a principal causa de icterícia fisiológica do neonato, uma condição fisiológica e transitória decorrente dos processos ainda imaturos no RN, como a ineficiência do fígado em depurar de modo eficiente a bilirrubina plasmática. Além disso, outros mecanismos podem ser considerados na instalação da icterícia fisiológica:

- Síntese de bilirrubina aumentada no recém-nascido: o RN produz diariamente o dobro de bilirrubina de um adulto, aproximadamente 8,5 mg. Isso pode ser decorrente de dois fatores: maior quantidade de hemoglobina e menor tempo de vida eritrocitário
- Maior circulação êntero-hepática de bilirrubina: o RN apresenta maior quantidade da enzima betaglicuronidase associada a uma microbiota intestinal mais pobre. Assim, a escassa microbiota intestinal reduz a conversão de mono e diglicuronídeos de bilirrubina em urobilinogênio, tornando os glicuronídeos suscetíveis à desconjugação por parte da enzima betaglicuronidase. Desse modo, maior quantidade de bilirrubina desconjugada chega ao plasma
- Imaturidade hepática: reflete-se em menor proporção de ligandinas com valores de 0,1% nos primeiros 10 dias de vida do RN, quando comparadas às concentrações presentes no indivíduo adulto. Além disso, verifica-se reduzida capacidade da UDP-glicuronil-transferase, enzima responsável pela conjugação da bilirrubina. Essa enzima alcançará valores presentes em um adulto entre a 6ª e 14ª semanas de vida.

Kernicterus

A bilirrubina não conjugada deposita-se nos tecidos com impacto clínico importante no sistema nervoso central. O termo *kernicterus* (do alemão *kern*, núcleo, + latim *ikterus*, icterícia) é utilizado para designar o efeito deletério da bilirrubina nas células dos gânglios da base e em outros núcleos do tronco cerebral. A bilirrubina causa morte das células nervosas por meio dos seguintes mecanismos:

- Alteração da homeostase do cálcio intracelular possibilitando seu influxo do meio extracelular para o intracelular. A maciça presença de cálcio no citosol causa ativação de enzimas, como as proteases, ATPases, endonucleases e outras, que causam destruição de componentes importantes da célula
- Comprometimento do sistema de bombeamento de bilirrubina do meio intra para o extracelular. As células endoteliais dos capilares que formam a barreira hematencefálica, os astrócitos e o plexo coroide apresentam um transportador denominado P-glicoproteína, cuja função é promover o efluxo de bilirrubina conjugada. A bilirrubina livre é um fraco substrato para a P-glicoproteína, possibilitando que a bilirrubina se acumule no meio intracelular causando danos.

O influxo de bilirrubina no sistema nervoso central pode aumentar em diversas circunstâncias, como: anorexia grave, hiper-hemólise, hipoxia neonatal, acidose, hipoalbuminemia, infecções graves e presença de fármacos capazes de deslocar a bilirrubina de seus sítios de ligação na albumina como, por exemplo, furosemida, salicilatos e sulfas.

Abordagens terapêuticas na hiperbilirrubinemia

A fototerapia e a exsanguineotransfusão são condutas terapêuticas reconhecidamente eficazes no caso de hiperbilirrubinemia. A exsanguineotransfusão tem como propósito remover a bilirrubina plasmática por meio da substituição do sangue do neonato por um volume de sangue livre de bilirrubina. Essa técnica é capaz de reduzir a concentração plasmática de bilirrubina em cerca de 50%, e, embora seja considerada um procedimento seguro, apresenta algumas complicações, que incluem hemorragias, infecções, tromboembolismo e distúrbios eletrolíticos. Já a fototerapia é, sem dúvida, a modalidade terapêutica mais utilizada mundialmente para o tratamento da icterícia neonatal. Consiste na exposição da maior parte possível da superfície corpórea do neonato à luz, cujo comprimento de onda deve ser de 400 a 500 nm, pois é a mais eficiente em penetrar a pele e alcançar o tecido subcutâneo. De fato, a luz é capaz de alcançar a bilirrubina que se encontra a aproximadamente 2 mm de profundidade da epiderme.

Dois mecanismos de ação têm sido propostos para explicar as ações da fototerapia na redução dos níveis plasmáticos de bilirrubina, a fotoisomerização e a foto-oxidação, mas pesquisas mostram que somente a primeira é de fato relevante na redução da bilirrubinemia. A foto-oxidação consiste no processo de oxidação de uma porção da molécula de bilirrubina em ambiente aeróbico, o que origina complexos pirrólicos polares e, portanto, capazes de serem excretados na urina. A fotoisomerização dá origem a dois tipos de isômeros: o isômero geométrico ou configuracional; e o isômero estrutural ou lumirrubina. A primeira forma isomérica pode ser revertida em bilirrubina novamente e sua excreção é lenta em neonatos. Em contrapartida, a formação de lumirrubina é irreversível, lenta e pode ser excretada pelo recém-nascido sem necessidade de conjugação.

A fototerapia é mais eficiente em concentrações elevadas de bilirrubina. De fato, Weisee Ballowitz[2] mostraram que a dose de fototerapia necessária para reduzir a concentração sérica de 20 para 7 mg% foi a mesma necessária para promover a redução de 10 para 5 mg%, o que os levou à conclusão de que a fototerapia é mais eficaz quanto maior for a concentração de bilirrubina plasmática.

Resumo

Introdução

As porfirinas são compostos orgânicos cíclicos tetrapirrólicos que interagem entre si por meio de ligações metenil (Figura R30.1). Elas diferem entre si em virtude de suas cadeias laterais, que podem ser grupos acetato, propionato e metil. O centro da porfirina pode albergar um íon metálico, sendo chamado, nesse caso, de metaloporfirina. A metaloporfirina mais relevante em humanos é o heme, presente na hemoglobina, por exemplo. Outra metaloporfirina bastante presente na natureza é a clorofila, caso em que o metal é o íon magnésio.

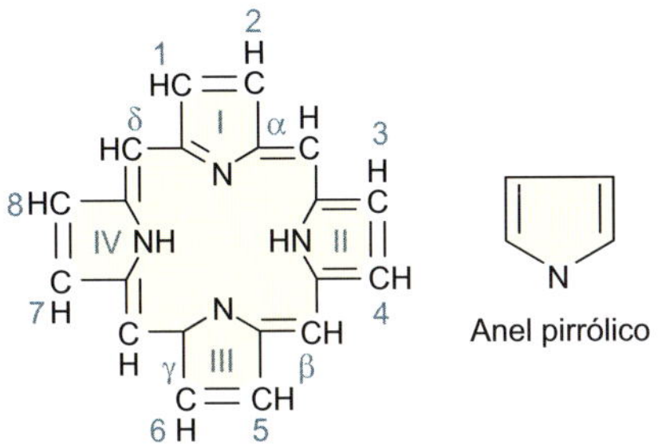

Figura R30.1 Estrutura da porfirina, um composto cíclico formado por quatro anéis pirrólicos. Os números de 1 a 8 indicam os locais onde o hidrogênio é substituído por uma das cadeias laterais. As letras gregas indicam as ligações metenil.

Síntese do heme

O fígado e a medula óssea são os principais tecidos relacionados com a síntese do heme. O fígado sintetiza heme de modo não contínuo, enquanto as células da medula fabricam heme de modo contínuo. O primeiro passo para a síntese do heme ocorre na matriz mitocondrial e é também uma etapa limitante na sua biossíntese. Nessa etapa, forma-se o ácido-α-amino-β-cetoadípico, decorrente da condensação entre uma molécula de glicina e succinil-CoA, um intermediário do ciclo do ácido cítrico. Subsequentemente, o ácido-α-amino-β-cetoadípico é descarboxilado e dá origem ao ácido-δ-aminolevulínico (ALA). O ALA, então, é transportado da matriz mitocondrial para o citosol e convertido em porfobilinogênio pela enzima δ-aminolevulinato desidratase (também chamada porfobilinogêniosintetase). São necessárias duas moléculas de ALA para dar origem a uma molécula de PGB. Em seguida, ocorre a conversão de PGB em uroporfirinogênio III, formado da condensação de quatro moléculas de porfobilinogênio. A enzima hidroximetilbilanosintase (ou uroporfirinogênio I sintase) liga quatro moléculas de porfobilinogênio de forma linear obtendo-se o pré-uroporfirinogênio, também chamado de 1-hidroximetilbilano, que ciclizа de forma espontânea, dando origem ao uroporfirinogêniol. Contudo, quando sofre a ação da enzima uroporfirinogênio III sintase, o produto final passa a ser o uroporfirinogênio III. Após a síntese do uroporfirinogênio III, ele pode ser convertido em coproporfirinogênio III pela ação catalítica da enzima uroporfirinogênio descarboxilase, que promove a descarboxilação das cadeias laterais acetato convertendo-as em metil. A descarboxilação inicia-se no acetato do anel D e segue sucessivamente pelos anéis A, B e C. A enzima uroporfirinogênio descarboxilase tem a capacidade de aceitar uma grande variedade de diferentes substratos, incluindo uroporfirinogênios I e II e também todas as formas de uroporfirinogênios e coproporfirinogênios. De fato, ela é capaz de catalisar a conversão de uroporfirinogênios I e III em coproporfirinogênios I e III, respectivamente. Para a síntese do heme, é necessário que a molécula de coproporfirinogênio III seja convertida em protoporfirinogênio IX; para tanto, a enzima coproporfirinogênio III oxidase promove descarboxilação das cadeias laterais de propionato presentes nos anéis AB convertendo-as em grupos vinil. A penúltima etapa da síntese do heme envolve a oxidação do protoporfirinogênio IX em protoporfirina IX. Essa reação ocorre de forma espontânea, contudo o organismo dispõe da enzima protoporfirinogênio IX oxidase, que garante que esse importante passo bioquímico ocorra de fato e rapidamente. A etapa final da síntese do heme ocorre na matriz mitocondrial e quando o ferro em seu estado ferroso é incorporado ao centro do anel de protoporfirina IX; essa reação é catalisada pela enzima ferroquelatase (Figura R30.2).

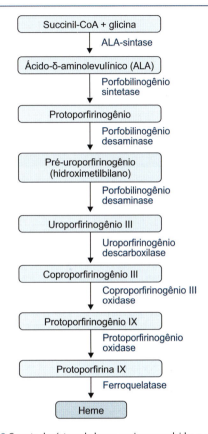

Figura R30.2 Cascata de síntese do heme, enzimas envolvidas e as porfirias originadas em decorrência das respectivas falhas enzimáticas. A porfiria cutânea tardia afeta tanto o fígado quanto os eritrócitos.

Porfirias e alterações genéticas do metabolismo do heme

O termo porfiria tem origem do grego *porphýra*, que significa púrpura, remetendo à coloração vermelha ou arroxeada da urina dos portadores de porfiria. Trata-se de um grupo de alterações que envolvem enzimas relacionadas com a biossíntese do heme resultando em acúmulo e excreção aumentada de porfirinas ou de seus precursores. As porfirias podem ser classificadas de diversos tipos (ver Tabela 30.1):

- Genéticas ou adquiridas: ocorrem, por exemplo, em condições de contaminação por metais pesados, como é o caso do chumbo. Os fatores ambientais e genéticos interagem entre si para a manifestação da doença, uma vez que nem sempre os indivíduos portadores de mutações genéticas a desenvolvem na ausência de fatores ambientais precipitantes. As porfirias hereditárias são decorrentes de distúrbios autossômicos dominantes, com exceção da porfiria eritropoética congênita, que é recessiva
- Agudas e cutâneas: essa classificação envolve o modo de apresentação dos sintomas. Na porfiria aguda, há predomínio dos sintomas neuropsiquiátricos e viscerais, enquanto nas cutâneas há grande manifestação de fotossensibilidade cutânea
- Hepáticas ou eritropoéticas: leva em consideração a origem dos precursores que estão em excesso, já que os dois tecidos que sintetizam o heme são o fígado e a medula óssea. O primeiro utiliza o heme para ser incorporado ao sistema microssomal P450, enquanto a medula óssea sintetiza o heme para se integrado à molécula de hemoglobina.

Catabolismo do grupo heme

Os eritrócitos são a grande fonte de heme para a degradação. O heme eritrocitário é metabolizado para formar bilirrubina, que, posteriormente, sofre conjugação com ácido glicurônico, sendo, então, excretada na bile. Aproximadamente 85% do heme degradado advém dos eritrócitos e os 15% restantes são de fontes não eritroides, como os citocromos. A degradação dos eritrócitos ocorre no sistema microssomal, sobretudo no fígado, no baço e na medula óssea. Esse processo libera as porções globina e o ferro das moléculas de hemoglobina, normalmente reaproveitados na síntese de novas moléculas de hemoglobina. A enzima heme oxigenase catalisa a primeira etapa na degradação do heme trata-se de uma enzima substrato-induzível, ou seja, sua expressão é induzida pela presença do grupo heme. Quando o grupo heme chega até o complexo da heme oxigenase, o ferro geralmente já sofreu oxidação por meio de NADPH, sendo convertido em sua forma férrica e, nesse momento, o grupo heme passa a ser chamado de hemina. Subsequentemente, a enzima utiliza outra molécula de NADPH para inserir oxigênio na ligação α-metenil, situada entre os anéis pirrólicos I e II. Nesse processo, o íon de ferro é oxidado de sua forma ferrosa para férrica. A adição do oxigênio desestabiliza o anel, abrindo-o. Esse passo do complexo da heme oxigenase libera Fe^{+3}, CO e biliverdina. A biliverdina é então convertida em bilirrubina por meio da enzima biliverdina redutase, que emprega NADPH para reduzir a ponte metenil entre os anéis pirrólicos III e IV.

Captação de bile pelo fígado

Estima-se que aproximadamente 25% da bilirrubina circule ligada à albumina com alta afinidade e que os complexos albumina-bilirrubina formados ocorram na proporção de 1:1, 2:1 e, mais raramente, 3:1. A fração de bilirrubina livre, ou seja, não ligada à albumina é a responsável pela deposição de bilirrubina nos tecidos e, portanto, pelos seus efeitos deletérios no organismo. No fígado, a bilirrubina é removida da albumina e captada pelos hepatócitos; já no citosol, a bilirrubina liga-se a proteínas específicas chamadas ligandinas. No interior dos hepatócitos, mais precisamente no retículo endoplasmático liso, ocorre a conjugação da bilirrubina. Nesse processo, a enzima UDP-glicuronil-transferase catalisa a adição de glicuronato à molécula de bilirrubina utilizando ADP-ácido glicurônico como doador de glicuronato. Essa reação ocorre em duas etapas, formando primeiro monoglicuronato e, depois, diglicuronato, que é a forma predominante de excreção de bile por parte do organismo. O diglicuronato de bilirrubina, formado no fígado, é então transportado de forma ativa e contra um gradiente de concentração dos hepatócitos para o interior dos canalículos biliares que formarão a bile vesicular.

As urobilinas dão cor às fezes e à urina

No intestino grosso, o diglicuronato de bilirrubina sofre hidrólise e é convertido em urobilinogênio por enzimas β-glicuronidases presentes na microbiota intestinal. A maioria do urobilinogênio formado é oxidada pelas bactérias intestinais dando origem a um composto que dá a cor castanha às fezes, a estercobilina. Uma pequena fração do urobilinogênio é absorvida pela mucosa intestinal chegando ao fígado pelo sistema portal e, posteriormente, ao plasma. O urobilinogênio plasmático é captado pelos rins e convertido em urobilina que é excretada na urina, sendo responsável por sua coloração amarelo citrino.

Icterícia ou hiperbilirrubinemia

Icterícia é o termo empregado para descrever um sinal clínico caracterizado pela coloração amarelada de pele, mucosas e escleróticas por um aumento de bilirrubina no plasma em concentração maior que 2 mg/dℓ. As hiperbilirrubinemias podem ser classificadas em três formas básicas: hemolítica, obstrutiva e hepatocelular.

Kernicterus

O termo kernicterus é utilizado para designar o efeito deletério da bilirrubina nas células dos gânglios da base e outros núcleos do tronco cerebral. A bilirrubina causa morte das células nervosas por meio dos seguintes mecanismos:

- Alteração da homeostase do cálcio intracelular possibilitando seu influxo do meio extracelular para o intracelular. A maciça presença de cálcio no citosol causa ativação de enzimas, como as proteases, ATPases, endonucleases e outras, que causam destruição de componentes importantes da célula
- Comprometimento do sistema de bombeamento de bilirrubina do meio intra para o extracelular.

Abordagens terapêuticas na hiperbilirrubinemia

A fototerapia e a exsanguineotransfusão são condutas terapêuticas reconhecidamente eficazes na hiperbilirrubinemia. A exsanguineotransfusão tem como propósito remover a bilirrubina plasmática por meio da substituição do sangue do neonato por um volume de sangue livre de bilirrubina. Essa técnica é capaz de reduzir a concentração plasmática de bilirrubina em cerca de 50%. A fototerapia é, sem dúvida, a modalidade terapêutica mais utilizada mundialmente para o tratamento da icterícia neonatal. Consiste na exposição da maior parte possível da superfície corpórea do neonato à luz, cujo comprimento deve ser de 400 a 500 nm. A foto-oxidação consiste no processo de oxidação de uma porção da molécula de bilirrubina em ambiente aeróbico, o que origina complexos pirrólicos polares e, portanto, capazes de serem excretados na urina.

Exercícios

1. Explique o que são porfirinas.
2. Quais os principais tecidos envolvidos na síntese do heme?
3. Explique de modo geral como ocorre a síntese do heme.
4. O porfobilinogênio é a primeira estrutura cíclica a se formar durante a síntese das porfirinas. Explique como ocorre a síntese do porfobilinogênio.
5. Explique o papel da enzima ferroquelatase.
6. Explique o que são as porfirias.
7. Qual a relevância das cadeias laterais na molécula de porfirina?
8. Explique a sequência de passos bioquímicos para o catabolismo do grupo heme presente na molécula de hemoglobina.
9. Explique a icterícia do neonato.
10. Explique o que é a condição denominada *kernicterus*.

Respostas

1. As porfirinas são compostos orgânicos cíclicos tetrapirrólicos, ou seja, formadas por quatro anéis pirrólicos numerados de I a IV. Elas diferem entre si em razão de suas cadeias laterais, que podem ser grupos acetato, propionato e metil. As porfirinas podem albergar em seu centro íons metálicos, como ferro e magnésio.
2. O fígado e a medula óssea são os principais tecidos relacionados com a síntese do heme. O fígado sintetiza heme de modo não contínuo. Já as células da medula fabricam heme de modo contínuo para suprir a demanda de heme das moléculas de hemoglobina.
3. A síntese do heme pode ser dividida em três etapas: síntese da molécula precursora da porfirina, o ácido-δ-aminolevulínico (ALA); formação do anel tetrapirrólico (uroporfirinogênio); e conversão do uroporfirinogênio em heme. O primeiro passo para a síntese do heme ocorre na matriz mitocondrial e é também uma etapa limitante na sua biossíntese. Nessa etapa, ocorre a formação do ácido-α-amino-β-cetoadípico, decorrente da condensação entre uma molécula de glicina e succinil-CoA, um intermediário do ciclo do ácido cítrico. A etapa final da síntese do heme ocorre na matriz mitocondrial quando o ferro em seu estado ferroso é incorporado ao centro do anel de protoporfirina IX, uma reação catalisada pela enzima ferroquelatase.
4. A biossíntese do porfobilinogênio ocorre por duas moléculas de ácido-δ-aminolevulínico (ALA), sendo reação uma desidratação seguida de uma ciclização. Essa reação ocorre no citosol.
5. A enzima ferroquelatase é um dímero e tem a função de incorporar o ferro em seu estado ferroso ao centro do anel de protoporfirina IX. Além do ferro, a enzima é capaz de inserir no centro do anel outros íons bivalentes, como Ni^{+2} e Zn^{+2}.
6. Trata-se de um grupo de alterações que envolvem enzimas relacionadas com a biossíntese do heme, resultando em acúmulo e excreção aumentada de porfirinas ou de seus precursores. As porfirias podem ser eritropoéticas crônicas, hepáticas crônicas e hepáticas agudas.
7. As cadeias laterais que podem estar presentes em uma molécula de porfirina são acetato (A), propionato (P), metil (M) e vinil (V), cujo arranjo determina se a porfirina será do tipo I ou do tipo III. Por exemplo, a uroporfirina III apresenta assimetria nos

grupos laterais A e P no anel IV. Essa disposição assimétrica das cadeias laterais classifica a porfirina como tipo III, enquanto uma molécula de porfirina que apresenta a disposição de suas cadeias laterais de forma exatamente simétrica é classificada como porfirina do tipo I.

8. Aproximadamente 85% do heme degradado é oriundo dos eritrócitos e os 15% restantes se originam de fontes não eritroides, como os citocromos. A degradação dos eritrócitos ocorre no sistema microssomal, sobretudo no fígado, no baço e na medula óssea. Esse processo libera as porções globina e o ferro das moléculas de hemoglobina, que normalmente são reaproveitados na síntese de novas moléculas de hemoglobina. A enzima heme oxigenase catalisa a primeira etapa na degradação do heme, e, quando o grupo heme chega até o complexo da heme oxigenase, o ferro geralmente já sofreu oxidação e o grupo heme passa a ser chamado de hemina. Subsequentemente, a enzima insere oxigênio na ligação α-metenil, situada entre os anéis pirrólicos I e II, desestabilizando o anel pirrólico e abrindo-o. Esse passo do complexo da heme oxigenase libera Fe^{+3}, CO e biliverdina. A biliverdina é então convertida em bilirrubina por meio da enzima biliverdina redutase.

9. O aumento da fração não conjugada de bilirrubina (fração indireta) constitui a principal causa de icterícia fisiológica do neonato, uma condição fisiológica e transitória decorrente dos processos ainda imaturos no recém-nascido, como a ineficiência do fígado em depurar de forma eficiente a bilirrubina plasmática. Outros fatores podem estar envolvidos na icterícia fisiológica do neonato, como síntese de bilirrubina aumentada, maior circulação êntero-hepática de bilirrubina e imaturidade hepática.

10. O termo *kernicterus* é utilizado para designar o efeito deletério da bilirrubina nas células dos gânglios da base e em outros núcleos do tronco cerebral.

Referências bibliográficas

1. Layer G, Reichelt J, Jahn D, Heinz DW. Structure and function of enzymes in heme biosynthesis. Protein Science. 2010;19:1137-61.
2. Weise G, Ballowitz L. A mathematical description of the temporal changes in serum bilirubin concentration during phototherapy in newborn infants. Biol Neonate. 1982;42:222-5.

Bibliografia

Besur S, Hou W, Schmeltzer P, Bonkovsky HL. Clinically important features of porphyrin and heme metabolism and the porphyrias. Metabolites. 2014;4:977-1006.

Bonkovsky HL, Guo JT, Hou W, Li T, Narang T, Thapar M. Porphyrin and heme metabolism and the porphyrias. Compr Physiol. 2013;3:365-401.

Capela CMM, Conti A, Grinblat B, Martins JEC. Porfiria variegata: relato de um caso e revisão da literatura. Med Cutan Iber Lat Am. 2002;30(2):68-75.

Carvalho M. Tratamento da icterícia neonatal. Jornal de Pediatria. 2001;77(1):S71-S80.

Elder G, Harper P, Badminton M, Sandberg S, Deybach JC. The incidence of inherited porphyrias in Europe. J Inherit Metab Dis. 2013;36:849-57.

Fahy TA. Lycanthropy: a review. Journal of the Royal Society of Medicine. 1989;82:37-9.

Maas RPPWM, Voets PJGM. The vampire in medical perspective: myth or malady? Q J Med. 2014;107:945-6.

Pischik H, Kauppinen R. An update of clinical management of acute intermittent porphyria. The Application of Clinical Genetics 2015;8:201-4.

Prauchner CA, Emanuelli T. Porfirias agudas: aspectos laboratoriais. Revista Brasileira de Ciências Farmacêuticas. 2002;38(3):249-57.

Ramos JLA. Icterícia do recém-nascido: aspectos atuais. Rev Fac Ciênc-Méd Sorocaba. 2002;4(1-2):17-30.

Shapiro S. Definition of the clinical spectrum of kernicterus and bilirubin-induced neurologic dysfunction (BIND). J Perinatol. 2005;25:54-9.

Vieira FMJ, Martins JEC. Porfiria cutânea tardia. An Bras Dermatol. 2006;81(6):573-84.

Vinhal RM, Cardoso TRC, Formiga CKMR. Icterícia neonatal e kernicterus: conhecer para prevenir. Revista Movimenta. 2009;2(3):93-101.

Biotransformação de Xenobióticos

31

Introdução

Xenobióticos (do grego *xenos*, estranho) são compostos químicos normalmente não produzidos pelo organismo, portanto, são estranhos ao sistema biológico. O ser humano está constantemente exposto a xenobióticos, como medicamentos, poluentes, aditivos alimentares, agentes inseticidas, defensivos agrícolas, entre muitos outros. O principal sítio responsável pela metabolização de xenobióticos é o fígado, por meio de seu sistema enzimático cujos representantes principais são a flavoproteína-NADPH, o citocromo P450-oxidorredutase e o citocromo P450. Essas enzimas pertencem a uma família de hemoproteínas responsáveis por cerca de 50% da metabolização de todos os xenobióticos e foram assim nominadas porque apresentam absorbância máxima em 450 nm.

Sistema citocromo P450

Nomenclatura das enzimas

O repertório de enzimas do sistema citocromo P450 (CYP450) está presente na maioria dos tecidos, com destaque para o fígado. As enzimas do sistema P450 são as mais relevantes monooxigenases do retículo endoplasmático hepático e designadas por três letras CYP (indicando citocromo P450), seguidas por um numeral que indica a família à qual a enzima pertence (Figura 31.1). Após o numeral, outra letra pode estar presente, indicando uma subfamília e, finalmente, depois desta última letra, pode vir outro numeral representando o gene que transcreve a proteína, por exemplo, CYP2D2.

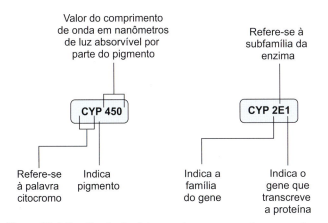

Figura 31.1 Significado das letras e números presentes nas enzimas microssomais.

O termo sistema microssomal refere-se ao fato de que a CYP450 se situa na membrana do retículo endoplasmático dos hepatócitos denominados microssomos. O propósito do sistema microssomal é converter substâncias apolares em compostos polares capazes de serem eliminados do organismo com rapidez e eficiência. Por exemplo, o benzeno é um composto apolar com solubilidade de aproximadamente 1 g em 1.500 mℓ de água, oxidado pela fase I do sistema microssomal que dá origem ao fenol, que é 100 vezes mais polar. Subsequentemente, na fase II o fenol sofre sulfatação. Essas duas reações catalisadas por enzimas microssomais resulta em um composto cerca de 500 vezes mais polar que a molécula inicial, o benzeno.

Biotransformação de compostos xenobióticos

Os termos *destoxificação* ou *desintoxicação* muitas vezes são empregados para relacionar o conjunto de reações bioquímicas pertinentes com o metabolismo dos xenobióticos. Contudo, esse termo não é adequado, uma vez que nem sempre o sistema microssomal inativa ou reduz a atividade dos xenobióticos, pelo contrário, em determinadas situações os metabólitos decorrentes das reações microssomais, são mais tóxicos e mais deletérios ao organismo do que a substância inicial. Dessa maneira, o termo biotransformação parece ser mais adequado, uma vez que pode ser entendido como o conjunto de alterações químicas (ou estruturais) que as substâncias sofrem no organismo normalmente decorrentes de processos enzimáticos, com o intuito de formar derivados mais polares e mais hidrossolúveis.

Cerca de 90% de todas as drogas (entendidas como toda e qualquer substância, natural ou sintética que, uma vez introduzida no organismo, modifica suas funções) são metabolizadas pelo sistema CYP450, com destaque para as enzimas CYP1A2, 2C9, 2C19, 2D6, 2E1 e 3A4, sendo que as isoenzimas CYP3A4 e CYP2D6 apresentam maior relevância quantitativa. O sistema CYP450 apresenta grande variabilidade em relação a seus substratos, de modo que uma substância pode ser metabolizada por mais de uma isoforma de CYP450, tornando o sistema versátil. As reações metabólicas que envolvem a biotransformação de xenobióticos são divididas em reações da fase I (via assintética) e reações da fase II (via sintética). Essas reações têm como objetivo converter a molécula do xenobiótico em metabólitos mais hidrossolúveis, que são mais facilmente excretados quando comparados à molécula original.

Reações da fase I

Envolvem redução, oxidação, metilação, demetilação, hidrólise e hidroxilação. As reações da fase I buscam a incorporação de grupos químicos polares, como hidroxila OH, COOH, SH, NH, O e NH_2. Esses grupamentos caracterizam-se por apresentarem distribuição desigual de elétrons em suas ligações refletindo em carga real ou parcial na molécula, o que torna possível sua interação com a água. As reações da fase I podem também promover clivagem heterocíclica de modo a evidenciar grupos polares na molécula do xenobiótico, o que o torna mais polar. As reações da fase I dependem ainda da presença de um doador de elétrons representado pelo NADPH derivado principalmente do ciclo do ácido cítrico e podem ser exemplificadas na equação 1. Nesse caso, o NADH atua como doador de elétrons que é oriundo sobretudo do ciclo de Krebs. As reações da fase I são catalisadas por superfamílias de enzimas CYP, por mono-oxigenases contendo flavina e pelas epóxido-hidrolases.

Equação 1: $R\text{-}H + O_2 + NADPH \leftrightarrow R\text{-}OH + NADP + H_2O$

Em que: R-H indica um substrato oxidável (xenobiótico); e R-OH é o produto da reação. Nota-se que R-H foi hidroxilado, de modo que a reação final é sempre catalisada por uma enzima P450.

Metilação. Em bioquímica, refere-se mais especificamente à substituição de um átomo de hidrogênio pelo grupo metila. Ao contrário de outros processos de conjugação realizados pelo sistema microsomal, a metilação resulta, muitas vezes, em um composto com características químicas mais apolares, tornando-o mais tóxico que seu precursor original. A metilação ocorre quando o cossubstrato S-adenosilmetionina transfere seu grupo metil para um átomo de oxigênio (O-metilação), nitrogênio (N-metilação) e enxofre (S-metilação). Alguns exemplos de substâncias que sofrem metilação incluem L-Dopa, histamina e nicotina (Figura 31.2).

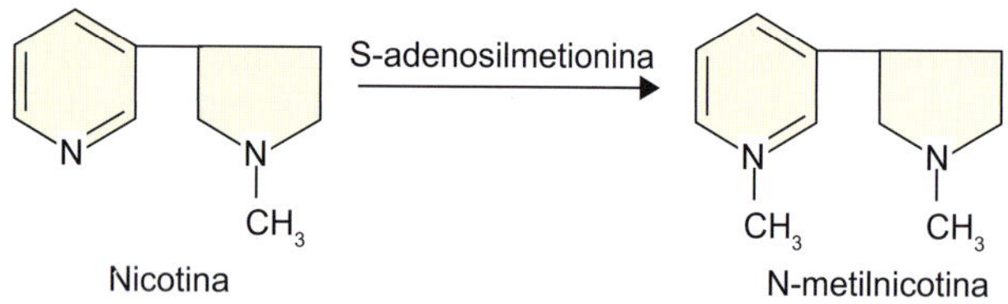

Figura 31.2 Metilação da nicotina, o principal composto do tabaco, responsável por causar dependência. A molécula de S-adenosilmetionina atua como doadora de grupo metil.

Reações da fase II

Também chamadas de reações de conjugação, uma vez que compreendem processos de conjugação, glicuronidação, sulfatação, conjugação com glutationa e acetilação, essas operações bioquímicas aumentam o peso molecular da substância. As enzimas envolvidas na catálise das reações da fase II incluem glutationas-S-transferases, UDP-glicuroniltransferase, sulfotransferases, N-acetiltransferases e metiltransferases. As reações da fase II são mais rápidas do que as da fase I e conduzem à formação de ligações covalentes entre grupos funcionais dos metabólitos da fase I com diversas substâncias orgânicas, como aminoácidos, acetatos endógenos, ácido glicurônico, sulfatos e glutationa. A formação desses conjugados apresenta elevada polaridade e, por essa razão, estes são facilmente eliminados pelo organismo. Esses conjugados são normalmente altamente solúveis, podendo por isso ser eliminados.

Glicuronidação. É a reação de conjugação mais comum e mais importante de biotransformação de xenobióticos em mamíferos. Consiste na transferência do ácido glicurônico em sua forma ativada, o ácido uridina difosfato glicurônico (UDPGA), a grupos hidroxila e carboxila e, às vezes, a átomos de carbono. O ácido glicurônico é semelhante à glicose, embora apresente no carbono 6 um grupo carboxila, e não uma hidroxila (Figura 31.3). O UDPGA é formado no citosol pela glicose-1-fosfato por meio de uma reação em dois passos. A enzima catalisadora da reação de conjugação é a UDP-glucuronosiltransferase (UGT), predominantemente localizada no retículo endoplasmático dos hepatócitos. Existem variadas formas dessa enzima, cada uma com diferentes especificidades para determinado substrato. Por exemplo: os fenóis podem ser substratos para UGT1A8, mas também para as UGT1A1 e UGT1A6; ácidos carboxílicos são substratos para UGT1A8 e UGT1A3; aminas primárias são substratos para UGT1A6, UGT1A8 e UGT1A4. Os conjugados de glicuronídeos são solúveis em água e, portanto, podem ser excretados tanto na bile quanto na urina. Essa solubilidade em água é proporcionada pelo grupo carboxila, presente no carbono 6 do ácido glicurônico, o que também torna o conjugado capaz de interagir com sistemas transportadores de ânions, tanto renais quanto biliares.

Sulfatação. Por ser amplamente divulgado, é o termo usado para a conjugação de xenobióticos, ainda que não seja o mais adequado, visto que o grupo químico que é transferido é SO_3^- (sulfonato), e não SO_4^- (sulfato). Nesse caso, a enzima sulfotransferase (SULT) transfere grupos sulfato de seu cofator, a

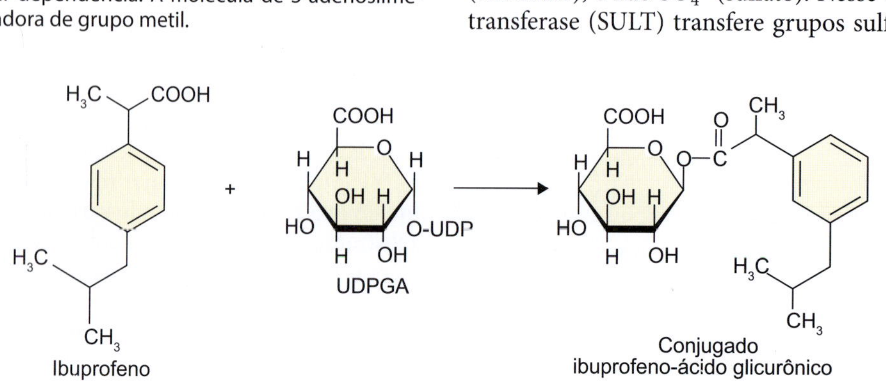

Figura 31.3 Conjugação do ibuprofeno, um medicamento anti-inflamatório com propriedades analgésicas com o ácido uridina difosfato glicurônico (UDPGA). Na reação, o ácido glicurônico é incorporado à molécula de ibuprofeno e a enzima catalisadora da reação de conjugação é a UDP-glucuronosiltransferase.

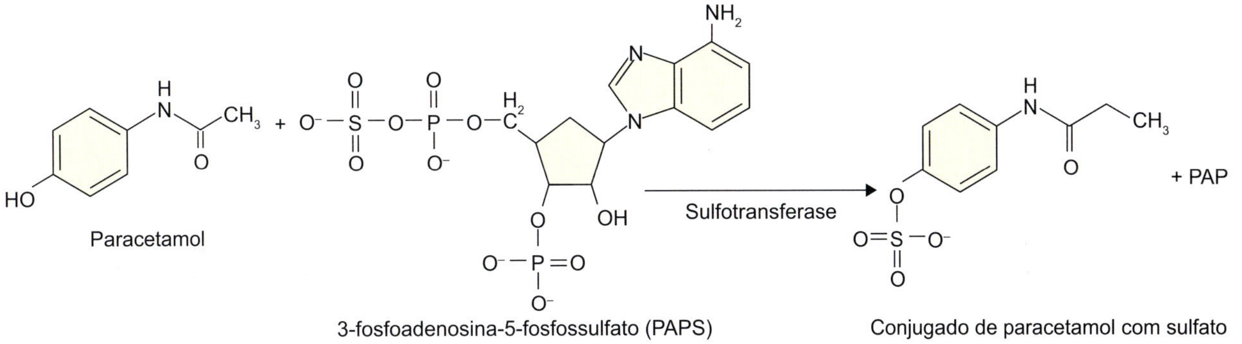

Figura 31.4 Mecanismo de conjugação de xenobióticos pelo processo de sulfatação. A molécula de 3-fosfoadenosina-5-fosfossulfato (PAPS) age como doadora de sulfonato (SO_3^-), e não sulfato (SO_4^-), contudo, o termo sulfatação foi mantido por conveniência. A reação é catalisada por enzimas sulfotransferases. PAP: 3-fosfoadenosina-5-fosfato.

3-fosfoadenosina-5-fosfossulfato (PAPS), para a molécula do xenobiótico (Figura 31.4). Existem 11 isoformas de SULT em seres humanos, que são organizadas em três famílias: SULT1, SULT2 e SULT4, sendo a SULT1A1 qualitativa e quantitativamente a mais importante. A sulfatação pode dar origem a compostos quimicamente reativos, necessitando de processos de neutralização subsequente e os conjugados sulfatação são, excretados sobretudo na urina. Algumas substâncias que sofrem sulfatação são: paracetamol, etanol, ácidos biliares, minoxidil, fenol e colesterol.

Conjugação com glutationa. A glutationa é na verdade um tripeptídeo formado por resíduos de ácido glutâmico, cisteína e glicina. A glutationa representa uma importante barreira contra a ação de produtos que poderiam reagir covalentemente com moléculas intracelulares, causando danos. De fato, existe correlação direta entre níveis hepáticos de glutationa e toxicidade por paracetamol (acetoaminofeno). O fígado é rico em glutationa, que se encontra em equilíbrio em suas formas reduzida (GSH) e oxidada (GSH), com predominância daquela. A reação de conjugação de xenobióticos com glutationa é catalisada por uma família de enzimas chamadas glutationa-S-transferases. Essas enzimas são formadas por dímeros, sendo cada subunidade formada por sequências de aproximadamente 244 resíduos de aminoácidos que albergam um sítio de catálise (Figura 31.5). Além de atuar no metabolismo de xenobióticos, a glutationa é cofator para a enzima glutationa-peroxidase, pertencente à família de enzimas do selênio, e está presente nas células tanto no citosol quanto nas mitocôndrias, sendo o principal mecanismo de remoção de H_2O_2.

Acetilação. A acetilação é um processo de conjugação que ocorre com xenobióticos, contendo grupamentos -OH, -NH_2 e -SO_2NH_2, realizado pela família de enzimas N-acetiltransferases, cujo substrato é a molécula de acetilcoenzima-A (acetil-CoA). Nesse processo, o grupo acetila da molécula de acetil-CoA é transferido para um resíduo de cisteína que forma o sítio ativo enzimático, seguido da liberação de coenzima-A. Subsequentemente, o grupo acetila ligado à enzima é incorporado ao grupo amina do substrato, o que resulta na regeneração da enzima.

Metabolismo hepático do etanol

O álcool é consumido largamente em todo o mundo, respondendo por aproximadamente 4% das mortes. A Europa é a região com maior consumo *per capita* de bebidas alcoólicas do mundo, com quase 11 ℓ por ano, em média. Em 2014, a Organização Mundial da Saúde (OMS) publicou um informe alertando que 3,3 milhões de mortes no mundo em 2012 (5,9% do total) foram causadas pelo uso excessivo do etanol. Esses valores superam as mortes causadas pela Aids e pela tuberculose. A OMS avaliou 194 países concluindo que o consumo médio mundial para pessoas acima de 15 anos é de 6,2 ℓ por ano. O Brasil está acima da média mundial em consumo de bebidas alcoólicas, com aproximadamente 8 a 7 ℓ de etanol por pessoa/ano, levando o país a ocupar a 53ª posição entre os que mais consomem etanol. A cerveja representa 60% do consumo de álcool no Brasil, e os homens bebem três vezes mais do que as mulheres, ambos, porém, perdem em média 5 anos de vida em razão do consumo de bebidas alcoólicas.

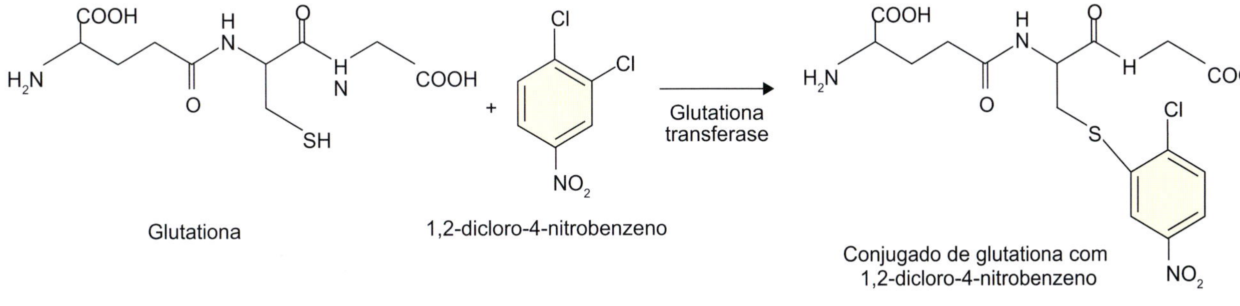

Figura 31.5 Conjugação da glutationa com molécula de xenobiótico. Ela se dá pela formação de uma ligação tioéster do resíduo de cisteína da glutationa com a molécula de xenobiótico. A concentração de glutationa é bastante elevada no interior de hepatócitos, assim como a concentração de glutationa transferase, o que garante a eficiência da conjugação.

O consumo sem moderação de etanol conduz a sérios danos para o organismo, especialmente para o fígado – o órgão mais relevante na oxidação do etanol.

Consumo do etanol no Brasil e no mundo

No mundo todo, estima-se que indivíduos com idade de 15 anos ou mais consumiram aproximadamente 6,2 ℓ de álcool puro em 2010 (o equivalente a quase 13,5 g/dia). No Brasil, o consumo total estimado é equivalente a 8,7 ℓ por pessoa, quantidade superior à média mundial, sendo que os homens consomem aproximadamente 13,6 ℓ por ano, e as mulheres, 4,2 ℓ por ano (Figura 31.6). Quando são considerados apenas os indivíduos que consomem álcool, essa média sobe para 15,1 ℓ de álcool puro por pessoa (sendo mulheres 8,9 ℓ e homens 19,6 ℓ, segundo o Centro de Informações sobre Saúde e Álcool, CISA – www.cisa.org.br). As bebidas destiladas correspondem ao tipo de bebida mais consumido no mundo (50%), seguido da cerveja (35%); já as bebidas como o vinho correspondem a 8%. Na região das Américas, a cerveja é o tipo mais consumido (55%), seguida dos destilados (32,6%) e do vinho (11,7%), segundo o CISA.

O uso nocivo do álcool é um dos fatores de risco de maior impacto para a morbidade, mortalidade e incapacidades em todo o mundo, e pode estar relacionado com 3,3 milhões de mortes a cada ano. Desse modo, quase 6% de todas as mortes em todo o mundo são atribuídas total ou parcialmente ao álcool, e diversas doenças e prejuízos estão associados a ele (Figura 31.7). No Brasil, o álcool foi associado a cerca de 60% dos índices de cirrose hepática e a 18% dos acidentes de trânsito entre homens e mulheres em 2012. Especificamente em relação aos transtornos relacionados com o uso do álcool, estima-se que 5,6% (mulheres: 3%; homens: 8%) dos brasileiros preenchem os critérios para abuso ou dependência do etanol (CISA).

O consumo de etanol causa diversos prejuízos à sociedade, provocando ônus de forma direta e indireta, altos custos hospitalares, jurídicos e previdenciário, bem como perda de produtividade do trabalho, absenteísmo, desemprego, entre outras condições.

Em todo o mundo, indivíduos incluídos nas faixas etárias mais jovens (20 a 49 anos) são os mais afetados em relação a mortes associadas ao uso do álcool, refletindo em perda de pessoas economicamente ativas (CISA).

As bebidas alcoólicas podem ser obtidas por processos de fermentação (vinho, champanhe, sidra, hidromel, cerveja etc.) ou destilação (*brandy*, conhaque, cachaça, rum, tequila, uísque, vodca etc.). A destilação foi um processo introduzido pelos árabes que contribuiu para aumentar, assim, a eficácia das bebidas, sobretudo a partir da Idade Média. A concentração de álcool nessas bebidas varia conforme mostra a Tabela 31.1.

Metabolismo do álcool etílico

O etanol distribui-se do sangue para todos os tecidos e compartimentos fluídicos na proporção de sua concentração de água. De fato, a mesma dose de álcool, por unidade de peso corporal, pode produzir diferentes concentrações de álcool no sangue em indivíduos diferentes em virtude das grandes variações nas proporções de gordura e água de cada corpo. As

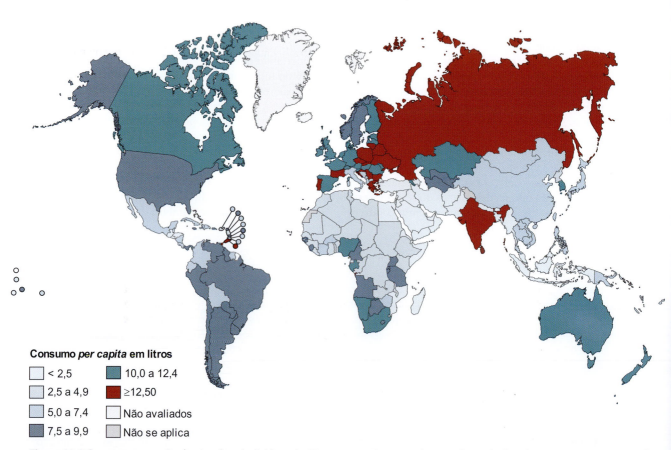

Figura 31.6 Consumo *per capita* de etanol em indivíduos de 15 anos ou mais no ano de 2010 (litros de álcool puro). Fonte: WHO, 2014.[1]

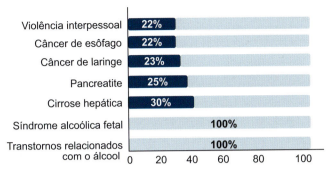

Figura 31.7 Doenças e prejuízos atribuídos total ou parcialmente ao consumo de álcool. Fonte: CISA, 2014.[2]

Tabela 31.1 Teor alcoólico de algumas bebidas consumidas em diversas sociedades.

Bebida	Teor alcoólico	Calorias (kcal) por 100 mℓ
Cachaça	38 a 56%	200 a 250
Cerveja	5%	40 a 70
Chope	5%	60 a 80
Champanhe	11%	90 a 100
Saquê	16%	100 a 110
Vinho branco seco	12%	90 a 110
Vinho branco doce	12%	130 a 150
Vinho tinto	11 a 14%	80 a 100
Vodca	40%	220 a 250
Tequila	35%	200 a 240
Uísque	43%	220 a 250

mulheres geralmente têm um menor volume de distribuição de álcool quando comparadas aos homens, pela maior porcentagem de gordura corporal destes. As mulheres apresentam níveis de álcool no sangue acima do pico em comparação aos homens quando se trata da mesma dose de álcool em gramas por kg de peso corporal, mas não há diferenças em casos da mesma dose por litro de água corporal.

Embora o etanol seja praticamente insolúvel em gorduras e óleos, de maneira similar à água, consegue atravessar as membranas biológicas por difusão passiva. Quimicamente, o etanol é um solvente orgânico fraco, solúvel em água em qualquer proporção. Quando ingerido, o etanol é absorvido ainda na boca e no estômago (cerca de 5%); o restante sofre absorção no intestino delgado chegando ao fígado pela veia porta, onde cerca de 90% sofre metabolização imediata, e aproximadamente 10% do álcool ingerido cai na circulação sistêmica. O tempo de esvaziamento gástrico e o início da absorção intestinal podem ser considerados os principais fatores determinantes das taxas variáveis de absorção de etanol encontradas em diferentes indivíduos ou circunstâncias. A concentração de etanol no sangue é determinada pela sua quantidade consumida na ausência ou na presença de alimentos no estômago, fator esse que afeta o esvaziamento gástrico e, portanto, a absorção do etanol.

De fato, a ingestão de quase 45 g de etanol em jejum resulta em uma concentração plasmática que varia de 0,6 a 1 g/ℓ. Contudo, se essa mesma quantidade de etanol fosse ingerida após uma refeição, as concentrações plasmáticas variariam de 0,3 a 0,5 g/ℓ. Somente 2 a 10% do etanol absorvido é eliminado via rins e pulmões, o restante é oxidado no fígado, o principal sítio de processamento do etanol e também o órgão mais suscetível aos seus efeitos danosos. A oxidação do etanol produz 7,1 kcal/g e envolve duas vias, a oxidativa e a não oxidativa, sendo que a oxidativa envolve três enzimas: álcool desidrogenase (ADH), presente no citosol dos hepatócitos; citocromo P450 2E1 (CYP2E1), encontrado em peroxissomos; e catalase, presente em microssomos.

O primeiro passo na metabolização do etanol começa no estômago, onde o etanol é pouco processado por uma isoforma da ADH (σ-ADH). A ADSH gástrica é inibida na presença de alguns agentes farmacológicos, como os inibidores dos receptores histamínicos H2 (cimetidina, ranitidina, famotidina), ácido acetilsalicílico, o que abole o primeiro passo no processamento do etanol. Assim, maiores concentrações de etanol atingem o duodeno e o jejuno, onde sofre total absorção chegando ao fígado pela veia porta. Não existem proteínas transportadoras para o etanol.

Embora as taxas variem muito, a capacidade metabólica média para remover o etanol do organismo é em torno de 170 a 240 g por dia por pessoa com corporal de 70 kg. Isso seria equivalente a uma taxa metabólica média de aproximadamente 7 g/h, que se traduz em cerca de uma dose por hora. Contudo, indivíduos alcoólatras podem consumir de 200 a 300 g de etanol por dia, equivalente a 1.400 a 2.100 kcal. A principal via de metabolização do etanol se dá pela enzima ADH em sua isoforma hepática que catalisa a conversão de etanol em acetaldeído e outros metabólitos. O acetaldeído é extremamente tóxico tanto para o fígado quanto para os tecidos extra-hepáticos e, por essa razão, subsequentemente convertido em acetato por meio da enzima acetaldeído desidrogenase (Figura 31.8).

Durante o metabolismo do etanol, o fígado permanece depletado de NAD, pois o NADH não é reoxidado em taxa suficiente para repor o NAD. A oxidação do etanol determina, assim, considerável produção de NADH e aumento do NADH⁺ na forma livre. A alteração desse sistema redox, com aumento da relação NADH$_2$/NAD, é responsável por alterações metabólicas, decorrentes do consumo do etanol, como o aumento da α-glicerofosfato hepática e o estímulo à síntese de ácidos graxos com concomitante diminuição da velocidade da via da betaoxidação, glicólise, gliconeogênese e ciclo do ácido tricarboxílico. Essa condição colabora para a esteatose hepática induzida por álcool. A produção de acetato é extremamente vantajosa, pois ele pode ser ativado em acetil-CoA, molécula que pode entrar no ciclo do ácido cítrico e, portanto, fazer parte da síntese de energia mesmo das vias de síntese de ácidos graxos. Contudo, o principal destino do acetato é a corrente sanguínea, onde é captado pelo tecido muscular esquelético e ativado em acetil-CoA por parte da enzima acetil-CoA sintetase e usado como fonte de energia. Desse modo, uma substância tóxica, o etanol, é convertida em uma substância vantajosa por parte do fígado.

Outra importante via de oxidação hepática do etanol envolve o sistema microssomal hepático de oxidação do etanol (MEOS) que conta com enzimas do sistema microssomal P450, sendo a principal a CYP2E1. Essa enzima é induzível e

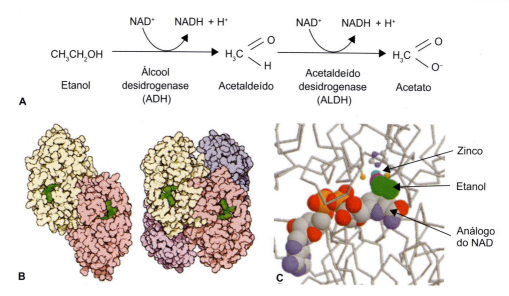

Figura 31.8 A. Reação catalisada pela álcool desidrogenase que converte etanol em acetaldeído, que é subsequentemente transformado em acetato, produto não tóxico que pode ser ativado em acetil-CoA e, assim, incorporado ao ciclo do ácido cítrico. A reação produz NADH a partir da redução de NAD^+. **B.** Estrutura espacial do álcool desidrogenase; cada enzima é composta por duas subunidades que formam um dímero. **C.** Sítio de catálise do álcool desidrogenase, a enzima usa um átomo de zinco para posicionar o grupamento alcoólico da molécula do etanol; subsequentemente, o NAD atua como cofator para conduzir a reação. O átomo de zinco é coordenado por três resíduos de aminoácido (Cis46, Cis174 e His67).

sua concentração sofre aumento em cerca de 10 vezes em indivíduos que consomem etanol cronicamente. Ela também oxida etanol em acetaldeído consumindo NADPH e produzindo $NADP^+$ (Figura 31.9). O acetaldeído, por sua vez, é um subproduto danoso do sistema MEOS e acumula-se nas células. Por sua natureza eletrofílica, o acetaldeído liga-se covalentemente a proteínas, lipídios e ao próprio DNA, causando mutações. A complexação do acetaldeído com esses componentes celulares denomina-se formação de *adutos estáveis* e conduz a respostas pró-inflamatórias e pró-fibrogênicas, que parecem contribuir para a progressão da lesão hepática.

A oxidação hepática do etanol pode ocorrer também por meio da via da catalase, uma peroxidase presente nos peroxissomos dos hepatócitos, responsável por apenas cerca de 10% do metabolismo do etanol. A via da catalase requer peróxido de hidrogênio (H_2O_2) para oxidar o etanol até acetaldeído e água. Além da formação de adutos, o acetaldeído altera o estado redox do hepatócito criando um ambiente propício para a formação de radicais livres de oxigênio, que são extremamente danosos a todos os componentes celulares. A capacidade de cada organismo depurar o etanol e o grau de embriaguez que cada indivíduo apresenta em particular se devem ao fato de que as principais enzimas envolvidas no processamento do etanol (ADH e CYP2E1) formam uma família de isoenzimas, de modo que as particularidades individuais em apresentar determinado repertório dessas isoenzimas culminam na susceptibilidade em desenvolver doenças hepáticas pela ingestão de etanol.

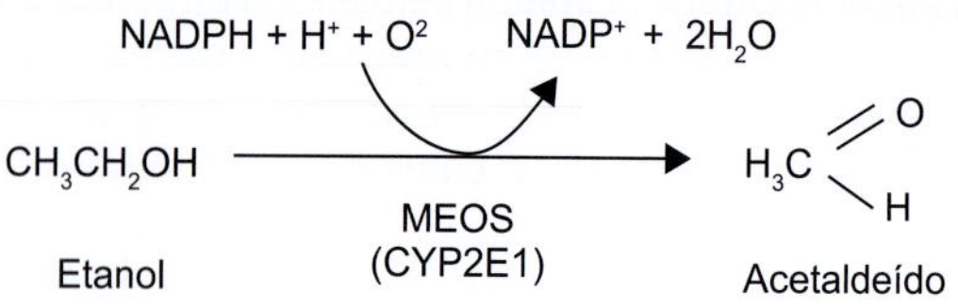

A oxidação do etanol produz ATP

O etanol é calórico (em torno de 7 cal/g), e, em sua oxidação; por parte da ADH citosólica e ALDH mitocondrial cerca de 5 ATP são produzidos. Já quando o acetato é ativado em acetil-CoA, e este segue pelo ciclo de Krebs, ocorre a produção de 10 ATP. Entretanto, a ativação do acetato a acetil-CoA consome aproximadamente 2 ATP. Assim, o balanço líquido da oxidação completa do etanol é 13 ATP.

Álcool desidrogenase

Enzima com várias isoformas que consiste em duas subunidades de 40 kDa cada, que se combinam de muitas maneiras para produzir homo ou heterodímeros (Tabela 31.2). Sua função primordial é a oxidação de álcool resultante da atividade fermentativa da microbiota intestinal e também de substratos decorrentes da metabolização de ácidos biliares e esteroides. Localiza-se no citosol dos hepatócitos e apresenta ampla especificidade oxidando grupos alcoólicos tanto primários quanto secundários. Utiliza NAD como cofator (um derivado da vitamina niacina) e sua função é aceitar equivalentes reduzidos

Figura 31.9 Reação catalisada pelo sistema MEOS cuja principal enzima é a CYP2E1. Nota-se que há consumo de oxigênio e produção de água.

Tabela 31.2 Constantes cinéticas das diferentes isoformas de ADH hepáticas.

Constante	αα	β1β1	β2β2	β3β3	γ1γ1	g2 g2	ππ
K_m NAD^+ (µM)	13	7,4	180	530	7,9	8,7	14
K_m etanol (µM)	4,2	0,049	0,92	24	1	0,63	34
$V_{máx}$ min^{-1}	27	9,2	400	300	87	35	20
pH ótimo	10,5	10,5	8,5	7,0	10,5	10,0	10,5

Fonte: Cederbaum, 2012.[3]

(átomos de hidrogênio e elétrons) da molécula de etanol. Essa operação remove dois hidrogênios da molécula de etanol formando acetaldeído e NADH⁺H⁺ como subprodutos. As isoformas da álcool desidrogenase podem ser classificadas em classes I a V.

Classe I. É codificada por três genes – *AD1*, *ADH2* e *ADH3* e produz as subunidades α (ADH1A), β2, β2 e β3 (ADH1B) e γ1 e γ2 (ADH1C). A álcool desidrogenase da classe I é a principal enzima de oxidação hepática do etanol e apresenta um K_m baixo para o etanol (0,0049 μM), o que indica alta afinidade pelo substrato.

Classe II. É codificada pelo gene *ADH4* envolvido na expressão do homodímeros ππ no fígado e em menor extensão nos rins e pulmões. Diferentemente das suas isoformas da classe I, as ADH da classe II apresentam K_m alto para o etanol, o que as tornam relevantes em situações de grande concentração de etanol.

Classe III. A álcool desidrogenase da classe II é traduzida pelo gene *ADH5*, resultando nos homodímeros χχ. Essa isoforma apresenta afinidade extremamente alta para o etanol (> 2 M) e é a única isoforma presente em células germinativas.

Classe IV. Essa isoforma da ADH está presente na boca, no esôfago e no estômago, é codificada pelo gene *ADH7* e produz subunidades sigma bastante eficientes na oxidação do retinol a retinal. A ADH da classe IV não está presente no fígado.

Classe V. Presente no fígado e no estômago, é transcrita pelo gene *ADH6*.

As isoenzimas de subunidade β2 e γ1 codificadas pelos alelos ADH2 e ADH3, respectivamente, diferem na capacidade de oxidação do etanol e apresentam maior eficiência, oxidando o etanol de modo rápido, refletindo-se em níveis elevados de acetaldeído. Dessa maneira, indivíduos portadores do alelo ADH2 são mais sujeitos a apresentar reações adversas ao consumo de etanol, o que, em última análise, reduz a probabilidade de se tornarem alcoólatras e desenvolverem doenças hepáticas.

A regulação da ADH é complexa e envolve a dissociação do produto NADH, configurando-se uma etapa limitante da via. Além disso, a álcool desidrogenase é inibida em grandes concentrações de NADH e acetaldeído e mesmo de seu substrato, o etanol. Estudos mostram que alguns hormônios podem também modular a atividade da ADH: o hormônio do crescimento, os estrogênios e a adrenalina, por exemplo, causam estimulação da ADH, enquanto os hormônios tireoidianos e os androgênios a inibem.

Acetaldeído desidrogenase

Está envolvida na catálise do acetaldeído em acetato com formação de NADH de acordo com a seguinte equação: $CH_3CHO + NAD^+ + CoA \rightarrow$ acetil-CoA + NADH + H⁺. Em seres humanos, existem três genes que produzem as seguintes isoformas da enzima acetaldeído desidrogenase: ALDH1A1, ALDH2 e ALDH1B1 (também conhecida como ALDH5). O resíduo de cisteína na posição 302 e também o glutamato na posição 268 são resíduos essenciais para que a enzima exerça a catálise. A homologia entre os resíduos de aminoácidos que formam ALDH1 e ALDH2 é de 69%. Indivíduos com deficiência de acetaldeído desidrogenase tendem a não ser alcoólatras, pois,

ao ingerirem etanol, o acetaldeído, que é extremamente tóxico, acumula-se causando, mal-estar, rubores cutâneos, náuseas, cefaleias, sudorese, sede, vertigens, dores abdominais, aumento da frequência cardíaca e respiratória, entre outros sintomas que fazem com que o indivíduo passe a rejeitar o álcool como bebida.

Bioclínica

Dissulfiram

O dissulfiram (Antabuse®), descoberto na década de 1920, é um inibidor enzimático irreversível utilizado no tratamento do alcoolismo. Seu mecanismo de ação é a inibição da ALDH1, principal enzima hepática que catalisa a conversão de acetaldeído em acetato. Cerca de 80 a 90% da dose oral é absorvida lentamente pelo trato gastrintestinal e causa aumento da concentração plasmática de acetaldeído em até 5 a 10 vezes o nível obtido quando o etanol é administrado a um indivíduo que não recebeu tratamento prévio com dissulfiram. O resíduo de cisteína presente na posição 302 é um importante sítio de ligação do dissulfiram (Figura 31.10).

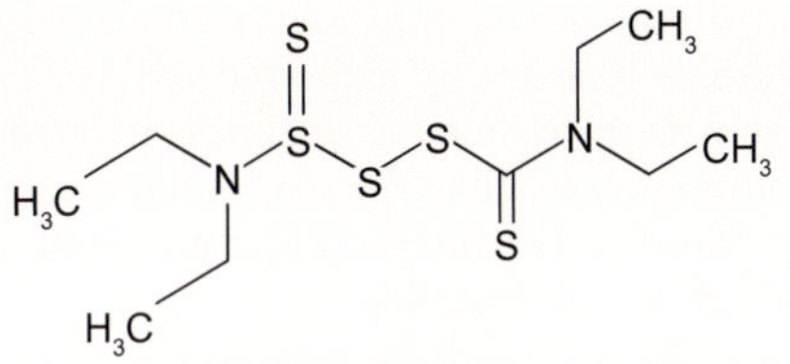

Figura 31.10 Dissulfiram.

O acetato formado em decorrência da metabolização do acetaldeído sofre ativação por parte da enzima acetil-CoA-sintetase (ACS-I). Essa enzima situa-se no citosol dos hepatócitos e é regulada por insulina e pela síntese de colesterol e ácidos graxos. Assim, a maior parte do acetato formado no fígado chega à corrente sanguínea, sendo captado e oxidado por tecidos periféricos, sobretudo coração e musculatura esquelética, uma vez que esses tecidos apresentam grandes concentrações da enzima acetil-CoA sintetase-II que, por situar-se na matriz mitocondrial, pode ativar o acetato em acetil-CoA e este ser imediatamente aproveitado pelo ciclo de Krebs.

Sistema enzimático citocromo P450 ou sistema microssomal

O sistema enzimático citocromo P450 (CYP450) é também denominado sistema microssomal, isso porque suas enzimas estão presentes no retículo endoplasmático e, quando isoladas por meio de centrifugação, formam pequenas vesículas de aproximadamente 100 nm de diâmetro, que recebem a designação de microssomos. Trata-se de um conjunto de enzimas Fe-heme similar aos citocromos presentes na cadeia respiratória (Figura 31.11). O sistema microssomal tem um papel extremamente importante na metabolização de xenobióticos, compostos químicos que não são produzidos ou esperados que existam no organismo, como antibióticos e agentes poluentes. A função desse sistema enzimático é tornar solúvel e excretável diversas substâncias que se originam no organismo em decorrência do metabolismo e também de substâncias que

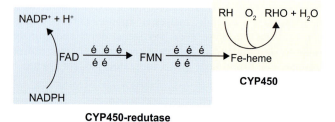

Figura 31.11 Reação de oxidação do etanol por parte do sistema microssomal do fígado. Nota-se que a fração CYP-redutase promove deslocamento de elétrons do NADPH para o FAD, FMN até o centro Fe-heme. A porção CYP450 da enzima retira elétrons do etanol e os une aos elétrons oriundos da porção CYP450-redutase. Os produtos finais são água e acetaldeído. RH: etanol; ROH: acetaldeído.

são "estranhas" ao organismo, como medicamentos e o etanol. Para tanto, as enzimas microssomais promovem reações de biotransformação que compreendem duas fases:

- Fase I – envolve reações de oxidação, redução, acetilação, metilação, dessulfurização e reações hidrolíticas. A reação mais comum da fase I é a oxidação, a qual envolve a inserção de um átomo de oxigênio em uma dada substância com o propósito de formar um grupo hidroxila e, assim, tornar essa substância polar. Entre as enzimas envolvidas na fase I, a citocromo P450 (CYP450) é a mais relevante; trata-se de uma superfamília de hemoproteínas que pode ser subdividida em famílias e subfamílias
- Fase II – envolve reações de conjugação, que implicam ligação covalente com ácido glicurônico, sulfato, glutationa e aminoácidos, sendo a glicina a mais comumente utilizada, mas a taurina, glutamina, arginina e ornitina também podem sê-lo. A reação de fase II mais comum, portanto, é a conjugação com ácido glicurônico (glicuronidação); nesse caso, o etanol pode reagir com o ácido glicurônico para formar etilglicuronídeo, que pode ser prontamente excretado. A disponibilidade de cofatores e a baixa afinidade das enzimas conjugadoras para com o etanol são os pontos limitantes dessa via. O etilglicuronídeo é um metabólito não volátil e solúvel em água passível de ser detectado por tempo prolongado em fluidos corporais, tecidos, suor e até mesmo cabelos, mesmo após a eliminação do etanol do organismo. Essa característica levou à proposição de que esse composto pode servir como um importante marcador para o consumo de etanol ou, ainda, para a detecção de recidiva em alcoólatras. De fato, o etilglicuronídeo não é detectado em indivíduos abstêmios, sendo, portanto, específico para o consumo de álcool.

A reação de oxidação do etanol ocorre no fígado por membros da superfamília da CYP450. Todas as enzimas do CYP450 apresentam duas unidades de proteína envolvidas na catálise, um deles é um doador de elétrons (CYP450-redutase) e o outro (CYP450) alberga o oxigênio e o etanol. Existem muitas isoformas da enzima P450 e mais de 100 famílias de genes já foram identificadas. A isoforma CYP2E1 é a que apresenta maior atividade de oxidação do etanol em acetaldeído. Além disso, ela é capaz de oxidar outras substâncias, como acetona, benzeno e outros álcoois. O K_m da CYP2E1 para o etanol é de 10 mM, cerca de 10 vezes maior que o K_m da álcool desidrogenase. A CYP2E1 é induzível como grande parte das enzimas do sistema microssomal. Isso quer dizer que sua concentração aumenta concomitante ao aumento dos níveis plasmáticos de etanol. Trata-se de um mecanismo de eficiência de depuração de agentes xenobióticos, pois, de fato, os níveis de CYP2E1 encontram-se elevados em indivíduos que ingerem cronicamente o etanol. A reação ocorre da seguinte maneira: a fração CYP2E1-redutase apresenta FAD e FMN, os elétrons do NADPH fluem para o FAD e, subsequentemente, para o FMN, sendo captados pelo centro Fe-heme. A porção CYP2E1, então, retira elétrons do etanol e une esses elétrons aos oriundos do NADPH no centro Fe-heme para, então, forçar o oxigênio a aceitá-los, formando assim a água (Figura 31.12).

Velocidade e rota de metabolização do etanol

A velocidade de metabolização e a rota variam de uma pessoa para outra de acordo com alguns fatores, como a carga genética, que influencia na concentração das isoformas da enzima álcool desidrogenase, refletindo na eficiência de metabolização do etanol e no acúmulo de acetaldeído. Outro fator relacionado com a taxa de metabolização do etanol é o gênero sexual, pois as mulheres apresentam níveis menores de álcool desidrogenase gástrica quando comparados aos dos homens. Além disso, a massa de tecido adiposo tende a ser maior nos indivíduos do sexo feminino, o que propicia maior concentração plasmática de etanol, já que o álcool tende a distribuir-se do sangue para todos os tecidos e compartimentos fluídicos na proporção de sua concentração de água. A rota de metabolização do etanol também tem relação com a quantidade de álcool ingerido. Pequenas quantidades são preferencialmente metabolizadas por álcool desidrogenase da classe I e subsequentemente pela enzima acetaldeído desidrogenase da classe II. Em situações em que o indivíduo consome grandes quantidades de etanol em curtos espaços de tempo, a via preferencial de metabolização passa a ser a MEOS, o que produz grandes quantidades de acetaldeído e radicais livres, aumentando as chances de o indivíduo desenvolver doença hepática.

Rotas metabólicas no fígado

A oxidação do etanol produz grande quantidade de elétrons e prótons de hidrogênio em suas duas etapas: a primeira quando a enzima álcool desidrogenase atua sobre o etanol convertendo-o em acetaldeído; e a segunda, quando a enzima acetaldeído desidrogenase catalisa a conversão de acetaldeído em acetato. Essa grande quantidade de elétrons e íons H^+ é aceita por NAD^+, dando origem a $NADH^+ + H^+$ e depletando, assim, a concentração de NAD^+. Essa depleção inibe o ciclo de Krebs porque o NAD^+ é necessário para aceitar elétrons oriundos do ciclo até a cadeia respiratória. A grande quantidade de NADH formada por conta da oxidação do etanol também desloca o oxalacetato para a formação de malato, e os baixos níveis de oxalacetato impedem a enzima citratosintase de sintetizar citrato (Figura 31.12). Desse modo, a inibição do ciclo de Krebs produz imediatamente acúmulo de acetil-CoA, que, por sua vez, segue para a síntese de corpos cetônicos (acetoacetato, beta-hidroxibutirato e acetona) que ganham o plasma e, por apresentarem natureza ácida, reduzem o pH levando à cetoacidose. Além disso, a alta relação $NADH/NAD^+$ promove inibição da oxidação de ácidos graxos e aumento na concentração de glicerol-3-Pi. Essa grande quantidade de lipídios acumula-se no fígado sendo a principal causa da esteatose hepática induzida por etanol. A análise histológica de fígados esteatóticos mostra hepatócitos com inclusões lipídicas no citosol, as vezes deslocando o núcleo para a periferia, conferindo ao hepatócito um aspecto de adipócito.

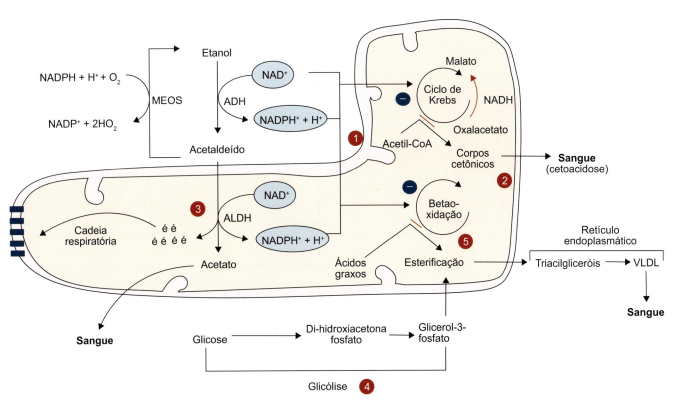

Figura 31.12 Impacto do etanol no metabolismo de lipídios no fígado. (1) O metabolismo do etanol provoca aumento da relação NADH/NAD⁺ inibindo o ciclo de Krebs e a betaoxidação; (2) a grande concentração de NADH altera o sentido da reação de conversão de malato em oxalacetato, ou seja, o oxalacetato é deslocado para conversão em malato. Além disso, a grande concentração de NADH inibe a oxidação do acetil-CoA, desviando-o para a síntese de corpos cetônicos; (3) o acetato sintetizado a partir do acetaldeído pode ser oxidado no ciclo de Krebs, mas a maior parte dessa substância segue para o sangue e é captada sobretudo pelos músculos esqueléticos e pelo coração. Esses tecidos apresentam grandes concentrações da isoforma II da enzima acetil-CoA sintetase, que converte o acetato em acetil-CoA e este é oxidado no ciclo de Krebs desses tecidos; (4) alta relação NADH/NAD⁺ favorece a síntese de di-hidroxiacetona-fosfato pela via glicolítica; (5) os ácidos graxos não oxidados no ciclo da betaoxidação por conta da inibição causada também pela elevada concentração NADH/NAD⁺ são então reesterificados com a molécula de glicerol-3-fosfato para dar origem a triacilgliceróis. Estes são empacotados no interior dos VLDL no retículo endoplasmático e exportados para o plasma causando hiperlipidemia.

Bioclínica

Bafômetro

O bafômetro (etilômetro) é um aparelho que possibilita quantificar os níveis plasmáticos de etanol pelo ar exalado dos pulmões (Figura 31.3). É utilizado por forças de segurança para determinar se motoristas ingeriram álcool além do valor permitido, que, no caso do Brasil, corresponde a 0,5 g de álcool/ℓ, equivalente a três latas de cerveja. Todos os tipos de bafômetros são baseados em reações químicas, e os reagentes mais comuns são dicromato de potássio e célula de combustível. No primeiro caso, o etanol reage com a solução ácida de dicromato de potássio produzindo ácido acético e cromo na forma de íon cromato, cuja coloração é convertida em cromo trivalente de cor verde (Equação 1). Quanto maior a concentração de etanol no ar exalado, maior é a coloração esverdeada obtida, mensurada por um sensor.

Equação 1: $3CH_3CH_2OH + 2K_2Cr_2O_7 + 8H_2SO_4 \rightarrow$
$3CH_3COOH + 2Cr_2(SO_4)_3 + 2K_2SO_4 + 11H_2O$

No Brasil, o tipo mais utilizado de bafômetro é o de célula de combustível; nesse caso, o etanol presente no ar expirado reage com o oxigênio presente no aparelho e uma substância catalisadora. A reação libera elétrons, produz ácido acético e íons hidrogênio. Os elétrons são captados por um condutor produzindo, então, corrente elétrica. Um microchip no interior do aparelho mensura a intensidade da corrente elétrica e calcula a concentração plasmática de etanol. Quanto maior a corrente elétrica produzida, maior é a concentração de etanol no sangue.

Figura 31.13 Bafômetro.

Paralelamente, a grande disponibilidade de ácidos graxos e glicerol-3-P*i* estimula a síntese de triacilgliceróis, uma vez que os ácidos graxos sofrem reesterificaçãocom a molécula de glicerol-3-P*i*. Os triacilgliceróis recém-sintetizados são incorporados às partículas de VLDL que, subsequentemente, são exportadas para o plasma causando hiperlipidemia induzida por etanol (ver Figura 31.12). O etanol também conduz à lipólise do tecido adiposo, lançando mais ácidos graxos no plasma; agravando, assim, a hiperlipidemia. Acredita-se que a lipólise decorre da liberação de catecolaminas pela ingestão de etanol. O quadro de esteatose hepática é praticamente assintomático na maioria dos pacientes, aproximadamente 15% desenvolvem icterícia e quase 70% apresentam hepatomegalia. A ingestão de álcool associada a outras agressões hepáticas, como as dietas hiperlipídicas, pode conduzir à fibrose difusa do parênquima hepático com perda da arquitetura funcional do fígado.

Bioclínica

Portador de gota não deve ingerir bebidas alcoólicas

A gota ou doença por depósito de cristal de urato monossódico é uma condição médica comum, sendo a principal causa de artropatia inflamatória na população masculina adulta. Indivíduos portadores de gota devem ser orientados a não ingerir bebidas alcoólicas, uma vez que o etanol eleva a uricemia por incrementar a degradação do ATP em AMP, que é rapidamente convertido em ácido úrico.

Além disso, a proporção aumentada de NADH/NAD$^+$ direciona o metabolismo para a formação de lactato por meio da enzima lactato desidrogenase, levando à acidose láctica, que se soma à cetoacidose decorrente do acúmulo de corpos cetônicos. A condição de acidose reduz a excreção renal de ácido úrico, fazendo com que essa substância se acumule nas articulações na forma de precipitados de urato (Figura 31.14).

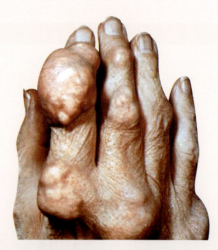

Figura 31.14 O acúmulo de ácido úrico nas articulações causa dores e formação de tofos, que causam deformidade.

Cirrose hepática

A ingestão crônica de etanol causa progressivamente lesão no fígado que reage para compensar o dano aumentando a produção de fibras de colágeno, provocando um processo de fibrose hepática difusa com formação de nódulos e alteração da arquitetura hepática (Figura 31.15). A fibrose representa uma resposta cicatricial à lesão hepática crônica composta de excesso de componentes da matriz extracelular. De fato, as fibras de colágeno sofrem um aumento de cerca de 10 vezes, alterando a matriz extracelular de um estado de baixa densidade para um estado de alta densidade. Essa alteração da densidade da matriz ativa as células estreladas (ou células de Ito) que, por sua vez, sintetizam mais colágenos agravando a condição fibrótica.

Paralelamente, ocorre redução das fenestrações de células sinusoidais, o que conduz a uma capilarização subendotelial dos sinusoides, que compromete a troca de substâncias entre sinusoides e hepatócitos.[4] A fibrose é o evento que antecede a cirrose, definida como a etapa final, difusa e irreversível da lesão hepática. A cirrose caracteriza-se pela presença de nódulos hepáticos separados por tecido fibroso, decorrentes da resposta regenerativa do fígado e funcionalmente menos eficientes quando comparados ao parênquima normal do fígado.

Estudos mostram queo desenvolvimento de cirrose é mais frequente em indivíduos com ingestão de etanol – em torno de 60 a 80 g/dia para homens e 20 g/dia para mulheres por intervalo de tempo maior que 10 anos.[4] A cirrose interfere de modo pronunciado nas funções hepáticas comprometendo a síntese de proteínas hepáticas, como a albumina, além de alterar o metabolismo da bilirrubina causando icterícia.

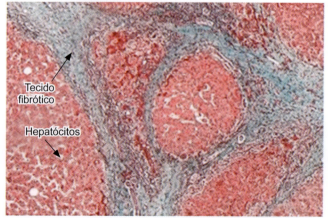

Figura 31.15 Aspecto macroscópico e microscópico de um fígado cirrótico. Macroscopicamente, o fígado perde seu aspecto liso com bordos cortantes. À análise histológica, verifica-se a presença de fibrose extensa e perda da arquitetura hepática normal formada por cordões de hepatócitos.

Resumo

Introdução

O metabolismo de xenobióticos tem como objetivo promover modificações na estrutura química de compostos endógenos e não endógenos ao organismo de modo a torná-los biologicamente inativos e aumentar sua solubilidade, possibilitando assim sua excreção. A biotransformação de xenobióticos nem sempre produz compostos inertes ao organismo, pelo contrário, substâncias podem ter seus efeitos potencializados e tornar-se mais tóxicas que a molécula inicial. Contudo, na maioria dos casos, os processos enzimáticos de biotransformação tornam a molécula de xenobiótico sem efeito biológico e capaz de sofrer excreção. As reações de biotransformação de xenobióticos podem ser divididas em duas categorias: reações da fase I, que incluem oxidação, redução, hidrólise, hidroxilação, metilação e demetilação; e reações da fase II, que incluem a conjugação de xenobióticos com compostos orgânicos, como ácido glicurônico, glutationa, acetil-CoA, entre outros.

Reações da fase I. Incorporam grupos químicos nas moléculas de xenobióticos, como OH, COOH, SH, NH, O e NH2. Essas modificações químicas aumentam muito pouco a polaridade da molécula, mas, normalmente, resultam em sua inativação biológica.

Reações da fase II. São reações de conjugação e, para que ocorram, é necessária a presença de um átomo de oxigênio, nitrogênio ou enxofre na molécula do substrato. Esses átomos atuam como âncoras para moléculas orgânicas que serão conjugadas à molécula do xenobiótico. As reações da fase 2 são glicuronidação, acetilação, sulfatação, metilação e conjugação com glutationa.

Metabolismo do etanol

O etanol distribui-se do sangue para todos os tecidos e compartimentos fluídicos na proporção de sua concentração de água. Embora o etanol seja praticamente insolúvel em gorduras e óleos, de maneira similar à água, consegue atravessar as membranas biológicas por difusão passiva. Cerca de 90% do etanol ingerido sofre metabolização imediata no fígado, e aproximadamente 10% chega à circulação sistêmica.

A oxidação do etanol produz ATP

O etanol é calórico (em torno de 7 kcal/g), e em sua oxidação por parte da ADH citosólica e ALDH mitocondrial cerca de 5 ATP são produzidos. Já quando o acetato é ativado em acetil-CoA e este segue por meio do ciclo de Krebs, ocorre a produção de 10 ATP. Entretanto, a ativação do acetato em acetil-CoA consome aproximadamente 2 ATP. Assim, o balanço líquido da oxidação completa do etanol é 13 ATP.

Álcool desidrogenase

A principal via de metabolização do etanol se dá pela enzima ADH em sua isoforma hepática, que catalisa a conversão de etanol em acetaldeído e outros metabólitos. O acetaldeído é extremamente tóxico tanto para o fígado quanto para os tecidos extra-hepáticos e, por essa razão, subsequentemente convertido em acetato por meio da enzima acetaldeído desidrogenase (Figura R31.1).

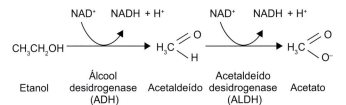

Figura R31.1 Reação catalisada pela álcool desidrogenase que converte etanol em acetaldeído, que é subsequentemente transformado em acetato, produto não tóxico que pode ser ativado em acetil-CoA e, assim, incorporado ao ciclo do ácido cítrico. A reação produz NADH a partir da redução de NAD^+.

Sistema enzimático do citocromo P450 ou sistema microssomal

As enzimas microssomais promovem reações de biotransformação que compreendem duas etapas: fase I, que envolve reações de oxidação, redução, acetilação, metilação, dessulfurização e reações hidrolíticas; e fase II, reações de conjugação que implicam ligação covalente com ácido glicurônico, sulfato, glutationa e aminoácidos. A reação da fase II mais comum é a conjugação com ácido glicurônico (glicuronidação), isto é, o etanol pode reagir com o ácido glicurônico para formar etilglicuronídeo, que pode ser prontamente excretado. A reação de oxidação do etanol ocorre no fígado por membros da superfamília da CYP450. A isoforma CYP2E1 é a que apresenta maior atividade de oxidação do etanol em acetaldeído. A CYP2E1 é induzível como grande parte das enzimas do sistema microssomal, o que quer dizer que sua concentração aumenta concomitantemente aos níveis plasmáticos de etanol.

Outras vias de metabolização do etanol

Outra importante via de oxidação hepática do etanol envolve o sistema microssomal hepático de oxidação do etanol (MEOS), que conta com enzimas do sistema microssomal P450, sendo a principal a CYP2E1. Ela oxida etanol em acetaldeído consumindo NADPH e produzindo $NADP^+$ (Figura R31.2). O acetaldeído é tóxico e leva à lesão hepática. A oxidação hepática do etanol também pode ocorrer por meio da enzima catalase, uma peroxidase presente nos peroxissomos dos hepatócitos, responsável por apenas cerca de 10% do metabolismo do etanol. A via da catalase requer peróxido de hidrogênio (H_2O_2) e oxida o etanol até acetaldeído e água.

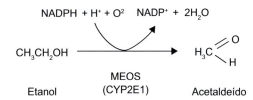

Figura R31.2 Reação catalisada pelo sistema MEOS cuja principal enzima é a CYP2E1. Nota-se que há consumo de oxigênio e geração de água.

Acetaldeído desidrogenase

Está envolvida na catálise do acetaldeído em acetato com formação de NADH de acordo com a seguinte equação: $CH_3CHO + NAD^+ + CoA \rightarrow$ acetil-CoA + NADH + H^+. Em humanos, existem três isoformas da acetaldeído desidrogenase: ALDH1A1, ALDH2 e ALDH1B1. O resíduo de cisteína na posição 302 e também o glutamato na posição 268 são resíduos essenciais para que a enzima exerça a catálise. Indivíduos com deficiência de acetaldeído desidrogenase tendem a não ser alcoólatras, já que, ao ingerirem etanol, o acetaldeído, que é extremamente tóxico, acumula-se, causando mal-estar, o que faz com que o indivíduo passe a rejeitar o álcool.

Etanol altera as rotas metabólicas no fígado

A ingestão de etanol causa depleção de NAD^+, que, por sua vez, inibe o ciclo de Krebs porque o NAD^+ é necessário para aceitar elétrons oriundos do ciclo até a cadeia respiratória. A inibição do ciclo causa acúmulo de acetil-CoA, que, por sua vez, segue para a síntese de corpos cetônicos, reduzindo o pH do plasma, causando cetoacidose. Além disso, a alta relação $NADH/NAD^+$ promove inibição da oxidação de ácidos graxos e aumento na concentração de glicerol-3-Pi. Essa grande quantidade de lipídios acumula-se no fígado, sendo a principal causa da esteatose hepática induzida por etanol.

Exercícios

1. Em algumas circunstâncias, os bioquímicos dizem que determinada substância é metabolizada pelo sistema microssomal P450. Explique o que significa esse termo.
2. Quais são as reações bioquímicas realizadas nas fases I e II no processo de biotransformação de xenobióticos?
3. Explique qual a principal via de metabolização do etanol.
4. Dois indivíduos estão bebendo em um bar: um deles se sente extremamente desconfortável ao ingerir álcool, enquanto o outro não sente esse desconforto mesmo tendo tomado a mesma bebida e o mesmo volume que seu companheiro. Explique o porquê.
5. Um indivíduo de 65 anos deu entrada no hospital universitário queixando-se de "mal-estar". Após diversos exames médicos, a equipe conclui que o paciente apresenta um quadro clínico de esteatose hepática induzida por álcool. Explique de que maneira a ingestão de bebida alcoólica pode causar esteatose hepática.
6. Um homem de 56 anos foi atendido pela equipe médica do hospital universitário com suspeita de intoxicação. A conclusão da equipe foi de que a metabolização hepática dessa substância deu origem a um composto cerca de três vezes mais tóxico que a substância originalmente ingerida. Explique como isso pode ter ocorrido, uma vez que o fígado realiza reações de biotransformação de xenobióticos.
7. Durante a metabolização do etanol, é produzido acetato. Explique o destino metabólico dessa substância.
8. Uma das vias de oxidação do etanol produz acetaldeído, explique de que modo esse composto é formado e quais as suas consequências para o organismo.
9. O etanol é calórico. Explique o rendimento energético para a oxidação do etanol.
10. Quais são os fatores que determinam a velocidade de metabolização do etanol?

Respostas

1. O sistema P450 forma uma família de hemoproteínas responsáveis por cerca de 50% da metabolização de todos os xenobióticos que foi assim nominada porque apresentam absorbância máxima em 450 nm.
2. As reações de biotransformação de xenobióticos podem ser divididas em duas categorias: reações da fase I, que incluem oxidação, redução, hidrólise, hidroxilação, metilação e demetilação; e reações da fase II, que abrangem a conjugação de xenobióticos com compostos orgânicos, como ácido glicurônico, glutationa, acetil-CoA, entre outros.
3. A principal via de metabolização do etanol se dá por meio da enzima ADH em sua isoforma hepática, que catalisa a conversão de etanol em acetaldeído e outros metabólitos. O acetaldeído é extremamente tóxico tanto para o fígado quanto para os tecidos extra-hepáticos e, por essa razão, é subsequentemente convertido em acetato por meio da enzima acetaldeído desidrogenase.
4. A enzima acetaldeídodesidrogenase está envolvida na catálise do acetaldeído em acetato com formação de NADH de acordo com a seguinte equação: $CH_3CHO + NAD^+ + CoA \rightarrow Acetil-CoA + NADH^+H^+$. Em humanos existem três isoformas da acetaldeído desidrogenase: ALDH1A1, ALDH2 e ALDH1B1. O resíduo de cisteína na posição 302 e também o glutamato na posição 268 são resíduos essenciais para que a enzima exerça a catálise. Indivíduos com deficiência de acetaldeídodesidrogenase tendem a não ser alcoólatras, já que, ao ingerirem etanol, o acetaldeído, que é extremamente tóxico, acumula-se causando mal-estar e fazendo com que o indivíduo passe a rejeitar o álcool.
5. A ingestão de etanol altera as rotas metabólicas no fígado. A ingestão de etanol causa depleção de NAD^+, que, por sua vez, inibe o ciclo de Krebs porque o NAD^+ é necessário para aceitar elétrons oriundos do ciclo até a cadeia respiratória. A inibição do ciclo causa acúmulo de acetil-CoA, que segue para a síntese de corpos cetônicos, reduzindo o pH do plasma e causando cetoacidose. Além disso, a alta relação $NADH/NAD^+$ promove inibição da oxidação de ácidos graxos e aumento na concentração de glicerol-3-Pi. Essa grande quantidade de lipídios acumula-se no fígado, sendo a principal causa da esteatose hepática induzida por etanol.
6. Uma das reações de biotransformação de xenobióticos é a metilação. Em bioquímica, metilação refere-se mais especificamente à substituição de um átomo de hidrogênio pelo grupo metila. Ao contrário de outros processos de conjugação realizados pelo sistema microssomal, a metilação resulta muitas vezes em um composto com características químicas mais apolares, tornando-o mais tóxico que seu precursor original. A metilação ocorre quando o cossubstrato S-adenosilmetionina transfere seu grupo metil para um átomo de oxigênio (O-metilação), nitrogênio (N-metilação) e enxofre (S-metilação).
7. A produção de acetato é extremamente vantajosa, pois ele pode ser ativado em acetil-CoA, molécula que pode entrar no ciclo do ácido cítrico e, portanto, fazer parte da síntese de energia ou mesmo participar das vias de síntese de ácidos graxos. Contudo, o principal destino do acetato é a corrente sanguínea, onde é captado pelo tecido muscular esquelético e ativado em acetil-CoA por parte da enzima acetil-CoA sintetase e usado como fonte de energia. Dessa maneira, uma substância tóxica, como o etanol, é convertida em substância vantajosa por parte do fígado.
8. Outra importante via de oxidação hepática do etanol envolve o sistema microssomal hepático de oxidação do etanol (MEOS), que conta com enzimas do sistema microssomal P450, cuja principal enzima é a CYP2E1. Essa enzima é induzível e também oxida etanol em acetaldeído, consumindo NADPH e originando $NADP^+$. O acetaldeído, por sua vez, é um subproduto danoso do sistema MEOS e acumula-se nas células. Por sua natureza eletrofílica, o acetaldeído liga-se covalentemente a proteínas, lipídios e ao próprio DNA, causando mutações. A complexação do acetaldeído com esses componentes celulares denomina-se formação de adutos estáveis e conduz a respostas pró-inflamatórias e pró-fibrogênicas, que parecem contribuir para a progressão da lesão hepática.
9. O etanol apresenta aproximadamente 7 kcal/g, e em sua oxidação por parte da ADH citosólica e ALDH mitocondrial cerca de 5 ATP são produzidos. Já quando o acetato é ativado em acetil-CoA e este segue pelo ciclo de Krebs, ocorre a produção de 10 ATP. Entretanto, a ativação do acetato a acetil-CoA consome aproximadamente 2 ATP. Assim, o balanço líquido da oxidação completa do etanol é 13 ATP.
10. A velocidade de metabolização e a rota variam de uma pessoa para outra e de acordo com alguns fatores, como a carga genética, que influencia na concentração das isoformas da enzima álcool desidrogenase, refletindo na eficiência de metabolização do etanol e no acúmulo de acetaldeído. Outro fator relacionado com a taxa de metabolização do etanol é o gênero sexual; as mulheres apresentam níveis menores de álcool desidrogenase gástrica quando comparadas aos homens. Além disso, a massa de tecido adiposo tende a ser maior nos indivíduos do sexo feminino, o que propicia maior concentração plasmática de etanol, já que o álcool tende a distribuir-se do sangue para todos os tecidos e compartimentos fluídicos na proporção de sua concentração de água. A rota de metabolização do etanol também tem relação com a quantidade de álcool ingerido. Pequenas quantidades são preferencialmente metabolizadas por álcool desidrogenase da classe I e, subsequentemente, pela enzima acetaldeído desidrogenase da classe II. Em situações em que o indivíduo consome grandes quantidades de etanol em curto espaço de tempo, a via preferencial de metabolização passa a ser a MEOS, o que produz grandes quantidades de acetaldeído e radicais livres, aumentando as chances de o indivíduo desenvolver doença hepática

Referências bibliográficas

1. World Health Organization (WHO). Global status report on alcohol and health.2014. Disponível em: http://www.who.int/substance_abuse/publications/global_alcohol_report/en/.
2. Centro de Informações sobre Saúde e Álcool (CISA). Disponível em: http://www.cisa.org.br/artigo/4429/relatorio-global-sobrealcool-saude-2014.php.
3. Cederbaum AI. Alcoholmetabolism. ClinLiverDis. 2012;16(4):667-85.
4. Sousa e Silva IS. Cirrose hepática. Cadernos de Gastroenterologia. 2010;67(4):111-20.

Bibliografia

Bibi Z. Role of cytochrome P450 in drug interactions. Nutrition & Metabolism. 2008;5:27.

Deuffic-Burban S, Babany G, Lonjon-Domanec I, Deltenre P, Canva-Delcambre V, Dharancy S et al. Impact of pegylated interferon and ribavirin on morbidity and mortality in patients with chronic hepatitis C and normal aminotransferases in France. Hepatology. 2009;50(5):1351-9.

Gonzalez FJ, Coughtrie M, Tukey RH. Drug metabolism. In: Brunton LL, Chabner B, Knollman B, editors. Goodman & Gilmans' the pharmacological basis of therapeutics. 12. ed. New York: McGraw-Hill; 2011. p. 123-43.

Guengerich FP.Characterization of human cytochrome P450 enzyme. FASEB Journal. 1992;6(2):745-8.

Levitt MD, Li R, DeMaster EG, Elson M, Furne J, Levitt DG. Use of measurements of ethanol absorption from stomach and intestine to assess human ethanol metabolism. Am J Physiol. 1997;273:G951-G957.

Raunio H, Kuusisto M, Juvonen RO, Pentikäinen OT. Modeling of interactions between xenobiotics and cytochrome P450 (CYP) enzymes. Front Pharmacol. 2015;6:123.

Rehm J, Mathers C, Popova S, Thavorncharoensap M, Teerawattananon Y, Patra J. Global burden of disease and injury and economic cost attributable to alcohol use and alcohol use disorders. Lancet. 2009;373:2223-33.

Solomons TW, Graham-Fryhle, Craig B. Química orgânica. v. 2. 8.ed. Rio de Janeiro: LTC-Livros Técnicos e Científicos; 2005.

Tuma DJ, Casey CA. Dangerous byproducts of alcohol breakdown – focus on adducts. Alcohol Res Health. 2003;27:285-90.

Zakhari S. Overview: how is alcohol metabolized by the body? Alcohol Res Health. 2006;29:245-54.

Fotossíntese

Introdução

A fotossíntese produz anualmente no planeta Terra em torno de 2×10^{11} toneladas de matéria orgânica; é o processo pelo qual os organismos clorofilados, como plantas, algas e determinadas bactérias, convertem CO_2 e H_2O em glicose utilizando a energia da luz, por isso esses organismos são chamados de produtores primários. O sol é a fonte de energia de todos os organismos da Terra, e estima-se que, se o processo fotossintético cessasse, os seres vivos do planeta se extinguiriam em um espaço de tempo de aproximadamente 25 a 30 anos.

As plantas são seres autotróficos, ou seja, capazes de sintetizar sua energia, enquanto os seres humanos são heterótrofos, isto é, buscam energia se alimentando de outros seres vivos, pois são incapazes de produzir energia por meio de processos químicos como a fotossíntese. A conversão de energia luminosa em energia química é obtida pela interação de dois complexos proteicos denominados fotossistema I (PSI) e fotossistema II (PSII). Ao PSI cabe a função de produzir um potencial oxidante capaz de cindir a molécula de água, enquanto o PSII é responsável por originar a força redutora que será empregada na síntese de cofatores intermediários energéticos (NADPH) necessários para fixar CO_2 em hidratos de carbono. O O_2 formado é proveniente da água, e não do CO_2. A fotossíntese pode ser representada de forma simples pela seguinte equação:

$$6CO_2 + 12H_2O \xrightarrow{LUZ} C_6H_{12}O_6 + 6H_2O + 6O_2$$

A fotossíntese compreende dois processos distintos: as reações lumínicas, que ocorrem na presença de luz; e as reações da "fase escura da fotossíntese", ou reações de fixação do CO_2 (ciclo de Calvin), que ocorrem tanto na ausência quanto na presença de luz. No processo lumínico, os pigmentos fotossintéticos captam a energia da luz e a utilizam para síntese de ATP por meio da fosforilação do ADP (fotofosforilação), bem como para produzir NADPH.

O ATP e o NADPH sintetizados na fase lumínica são então utilizados na fase escura da fotossíntese. A síntese de O_2 acontece na fase lumínica e a de CO_2 na fase escura, e ambas ocorrem no cloroplasto, ainda que processos distintos e separados. Assim, toda a energia presente nos diferentes níveis tróficos da cadeia biológica é oriunda do sol e a fotossíntese é a via pela qual toda a energia deste astro entra na biosfera. De fato, se toda a energia do sol que atinge a Terra em um único dia fosse inteiramente convertida em eletricidade, seria possível sustentar o consumo da humanidade ao longo de 27 anos. A fotossíntese ocorre em organelas celulares chamadas cloroplastos, as quais são ricas em um pigmento verde, a clorofila. Os produtos da fotossíntese são um glicídeo, água e oxigênio. Os glicídeos (glicose), por exemplo, são utilizados pelas plantas para formação de amido que, posteriormente, podem ser armazenados em grãos ou sementes. Os animais utilizam a água e o oxigênio em seus processos mitocondriais de obtenção de energia em que se forma o CO_2, que é lançado ao ambiente e novamente captado pelas plantas para ser aproveitado na fotossíntese.

Cloroplastos | Organelas fotossintéticas

Os cloroplastos são organelas celulares presentes em células vegetais e outros organismos fotossintetizantes, como algas e alguns protistas, e são o sítio onde se realiza a fotossíntese. Os cloroplastos apresentam estrutura laminar, RNA, DNA e ribossomos de modo que são capazes de multiplicar-se independentemente da célula, além de conseguirem sintetizar proteínas. Os cloroplastos são similares às mitocôndrias em muitos aspectos, por exemplo, são envoltos por duas membranas, uma externa altamente permeável e uma interna que necessita de proteínas específicas para o transporte de metabólicos, e um espaço intermembranar. A membrana interna envolve o estroma, uma solução bastante concentrada em enzimas, incluindo as necessárias para a síntese de carboidratos, além de DNA, RNA e ribossomos envolvidos na síntese de proteínas para o cloroplasto. O estroma envolve um terceiro compartimento membranoso, o tilacoide, cujo conjunto forma os *grana*, estrutura interconectada por lamelas estromais. As membranas do tilacoide surgem de invaginações da membrana interna do cloroplasto (Figura 32.1). Os pigmentos fotossintetizantes estão localizados na membrana dos tilacoides, sendo, portanto, o local da "etapa clara" ou reações luminosas da fotossíntese que serão abordadas a seguir. Já o estroma contém o aparato bioquímico necessário para a assimilação de CO_2, processo chamado de etapa "escura" ou reações de carboxilação da fotossíntese. Postula-se que a origem dos cloroplastos seja também similar à das mitocôndrias, ou seja, ambos se instalaram nas células por meio de endossimbiose. No decorrer do processo evolutivo, as bactérias precursoras dos cloroplastos transferiram parte de seu material genético para a célula hospedeira, de modo que a maior parte de suas proteínas é sintetizada pela célula. Essa origem assemelha-se à das mitocôndrias, contudo existem algumas diferenças – os cloroplastos são bem maiores que as mitocôndrias e, enquanto aqueles utilizam energia luminosa para seus processos, estas utilizam energia química. A fotossíntese típica dos cloroplastos

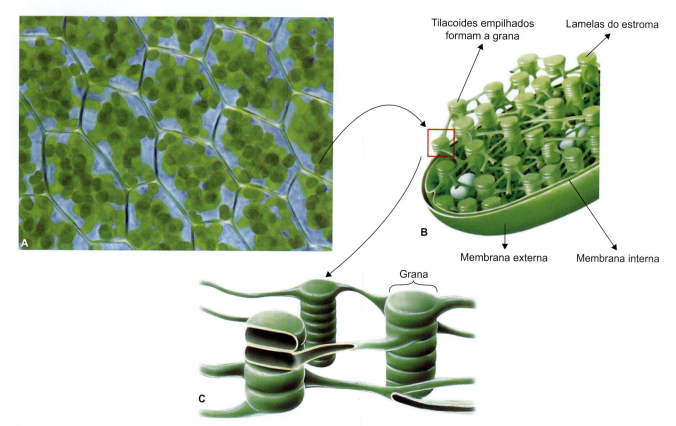

Figura 32.1 A. Disposição dos cloroplastos em uma célula vegetal. As células contêm de 1 a 1.000 cloroplastos, que variam consideravelmente em tamanho e forma, mas, em geral, têm cerca de 5 μm de comprimento. B. Organização estrutural de um cloroplasto: a membrana interna forma os tilacoides; as projeções de um tilacoide a outro formam as lamelas do estroma; e o empilhamento de tilacoides dá origem aos *grana* mostrados em detalhe (C).

também é realizada por algumas bactérias, as cianobactérias, considerada uma das evidências nas quais se baseia a teoria endossimbiótica da origem dos cloroplastos. A conversão da energia luminosa em energia química ocorre nos *grana*, com a participação de pigmentos fotossintéticos.

No estroma, ocorre a síntese de substâncias como carboidratos e aminoácidos, além da fixação do CO_2. Este capítulo, no entanto, se ocupará apenas dos processos de captação e conversão da energia luminosa em energia química.

Luz e clorofila

A luz é uma onda eletromagnética que se situa entre a radiação infravermelha e a radiação ultravioleta. A dualidade onda-partícula é uma característica da luz, ou seja, a luz tem propriedades de ondas e de partículas, sendo válidas ambas as teorias para a explicação sobre a sua natureza. Antes de tudo, a luz é uma forma de energia captada pela clorofila (do grego, "folha verde"), um pigmento presente na membrana dos tilacoides. Trata-se de um pigmento do grupo das porfirinas ao qual pertence o grupo heme da hemoglobina; a clorofila é, portanto, uma magnésio-porfirina ligada a um álcool de 20 carbonos chamado fitol. Existem dois tipos de clorofila: clorofila *a* e clorofila *b*, diferindo a *b* da clorofila *a* por apresentar um grupo formila no lugar de uma metila em um de seus anéis pirrólicos (Figura 32.2). As clorofilas são substâncias chamadas polienos conjugados, uma vez que apresentam ligações simples e duplas que se alternam, de modo que esse arranjo lhes proporciona alta capacidade de fotocepção.

As clorofilas são extremamente eficientes em absorver os comprimentos de onda de luz que se encontram na faixa da luz visível, ou seja, a maior parte da luz que chega ao planeta Terra. A cor verde da clorofila se deve ao fato de que esse pigmento absorve com grande capacidade os comprimentos de ondas luminosas compatíveis com as cores azul e vermelha do espectro eletromagnético, refletindo, assim, comprimentos de onda que são captados pelos olhos humanos e

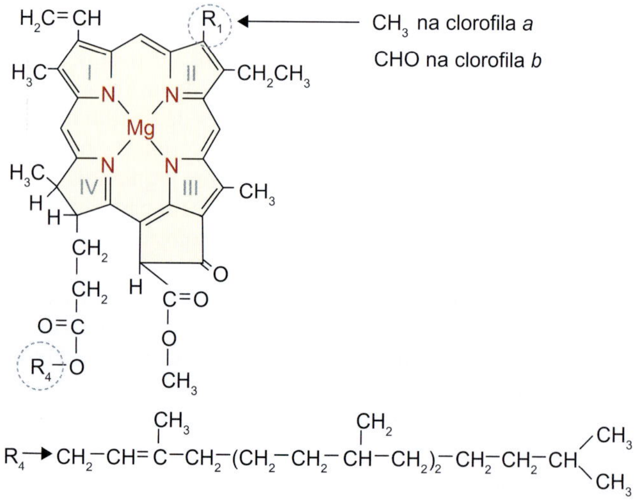

Figura 32.2 A clorofila é uma magnésio-porfirina ligada ao fitol, um álcool de 20 carbonos extremamente hidrofóbico esterificado com uma cadeia lateral ácida. Existem dois tipos de clorofila: clorofila *b* e clorofila *a*.

expressam a cor verde. As plantas superiores apresentam cerca de duas vezes mais clorofila *a* do que clorofila *b*. As clorofilas *a* e *b* apresentam faixas de absorção de luz diferentes. A luz que não é absorvida pela clorofila *a* é captada pela clorofila *b*, de modo que ambas se complementem (Figura 32.3). Ainda assim, as duas formas de clorofila não são capazes de captar todas as ondas eletromagnéticas do espectro luminoso; então, as membranas dos tilacoides apresentam outros pigmentos chamados de "pigmentos acessórios", como os carotenoides, a ficoeritrina e a ficocianina. Esses pigmentos acessórios abrangem porções do espectro de luz que as clorofilas *a* e *b* não conseguem captar. A proporção de pigmentos acessórios varia para as diferentes espécies de plantas e lhes confere cores diferentes também. De fato, a presença de grandes quantidades de pigmentos acessórios mascara a presença da clorofila e confere às folhas colorações como roxo, amarelo, vermelho ou alaranjado.

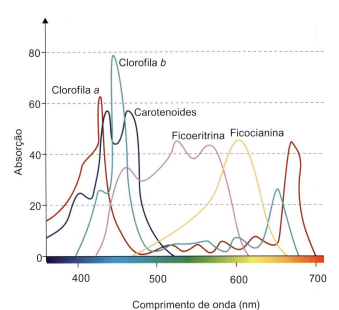

Figura 32.3 As faixas de absorção de ondas luminosas da clorofila *a* e *b* são diferentes. A clorofila *b* é bastante eficiente em absorver ondas luminosas na faixa de aproximadamente 460 nm, enquanto a clorofila *a* o é em captar luz com comprimentos de ondas de aproximadamente 420 nm. Contudo, a faixa de radiação eletromagnética que vai de 500 a 600 nm é fracamente absorvida por ambas as clorofilas. Os comprimentos de ondas desse intervalo são captados por outros pigmentos fotossensíveis, como carotenoides, ficoeritrina e ficocianina.

Fase clara da fotossíntese

Tradicionalmente, a fotossíntese é dividida em duas etapas, a fase clara e a fase escura. Essa denominação para as etapas da fotossíntese não é plenamente correta, uma vez que a fase escura da fotossíntese, que na verdade é o ciclo de Calvin, também ocorre na presença de luz.

A fase clara pode ser entendida, portanto, como a etapa em que os fotossistemas I e II utilizam a luz para a síntese de ATP e fotólise da água com liberação de hidrogênio e oxigênio. O hidrogênio liberado é captado por moléculas de NADP que são, então, convertidas em $NADPH_2$. Tanto o $NADPH_2$ quanto o ATP serão empregados na fase escura da fotossíntese para fixar o CO_2 no estroma dos cloroplastos.

Complexo da antena

Formado por centenas de moléculas de clorofila cuja função é apenas captar a energia dos fótons de luz, daí a sua denominação.

Quando a luz atinge a molécula de clorofila do complexo da antena, um elétron é deslocado de seu nível fundamental para um nível energético mais elevado. Esse elétron é subsequentemente transmitido de uma molécula de clorofila a outra até que finalmente a energia fotônica alcance um centro de reação. Os centros de reação são constituídos de moléculas de clorofila que apresentam níveis de energia menor que as demais clorofilas (clorofilas da antena).

Assim, as moléculas de clorofila do complexo da antena não participam diretamente das reações fotoquímicas, mas atuam na captação e transferência da energia luminosa até os centros de reação. Isso faz com que os centros de reação captem com alta eficiência a energia translocada pelas outras clorofilas (Figura 32.4). Quando o fóton de luz entra no complexo da antena e não alcança um centro de reação, ele deixa o complexo na forma de fluorescência, contudo esse fenômeno é raro, já que a eficiência da transferência de energia fotônica até os centros de reação é maior que 90%.

Fotossistemas ou centros de reação

Os fotossistemas são complexos proteicos relacionados com o processo de fotossíntese e estão presentes nas membranas dos tilacoides. Os fotossistemas são na verdade enzimas membranares compostas de várias subunidades que utilizam diversos cofatores. As plantas dispõem de dois fotossistemas:

- PSI e PSII: cada fotossistema é mais reativo em determinado comprimento de onda luminosa (700 e 680 nanômetros para o PSI e PSII, respectivamente). O PSI usa um complexo proteico ferrosulfuroso do tipo ferredoxina, como

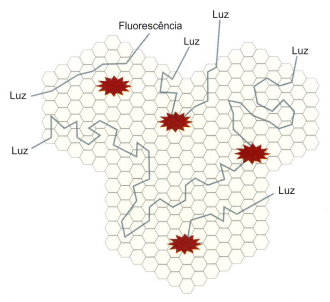

Figura 32.4 Complexo da antena e centros de reação. As clorofilas do complexo da antena estão representadas em hexágonos, enquanto os centros de reação são representados pelas figuras com aspecto estrelado em vermelho. A energia de um fóton de luz é transferida de uma molécula de clorofila a outra até alcançar um centro de reação; caso isso não aconteça, ele deixa o complexo da antena e é reemitido na forma de fluorescência.

aceptor final de elétrons, enquanto o PSII, em última análise, movimenta elétrons para uma quinona. A ordem das reações nos fotossistemas não acompanha sua numeração, ou seja, a primeira reação (a fotólise da água) ocorre no PSII, e não no PSI. Isso porque, historicamente, o PSI foi assim nomeado por ter sido descoberto antes do PSII, portanto a numeração não representa a ordem pela qual os elétrons fluem. O PSII realiza a cisão da molécula de água (fotólise da água ou reação de Hill); cada molécula de água que sofre fotólise produz dois prótons H+ e dois elétrons não excitados que são direcionados para o centro de reação do fotossistema, para melhor aproveitamento da energia utilizada. Já o PSI é o local de síntese de NADPH, recebendo elétrons oriundos da cadeia transportadora de elétrons e encaminhando-os até a clorofila, que absorve luz no comprimento de 700 nanômetros. Os fotossistemas I e II estão fisicamente separados um do outro, o que é necessário para manter a eficiência de captação de fótons. A energia luminosa necessária para excitar PSI é menor do que a requerida para excitar PSII, pois, de fato, PSI atua em comprimento de onda de 700 nm, enquanto PSII capta luz em 680 nm e, quanto menor o comprimento de onda, mais energia torna-se necessária. Se ambos os fotossistemas estivessem unidos, os elétrons produzidos no PSII seriam deslocados para o PSI, e essa condição provocaria uma subexcitação permanente do PSII, reduzindo a eficiência de ambos os fotossistemas. Enquanto o PSII localiza-se quase exclusivamente nas membranas dos *grana*, o PSI está situado nas membranas que formam as lamelas estromais, ou seja, as projeções membranares dos tilacoides que comunicam os *grana* uns com os outros

- PSII e a fotólise da água: o PSII é um complexo proteico transmembranar composto por mais de 20 subunidades proteicas; seu núcleo é formado por um par de subunidades bastante similares entre si que transpassam a membrana tilacoide, cujo peso molecular é de aproximadamente 32 kD (Figura 32.5). Essas subunidades recebem a designação de D1 e D2. O PSII apresenta ainda uma grande quantidade de subunidades adicionais que atuam como arcabouço para mais de 30 moléculas de clorofila, otimizando assim a absorção de energia luminosa. Além disso, essas subunidades dão suporte a todos os cofatores e transportadores de elétrons necessários aos processos que ocorrem no PSII. O mecanismo fotoquímico no PSII inicia-se com a excitação de um par especial de moléculas de clorofila ligadas às subunidades D1 e D2.

A fotoquímica do PSII inicia-se quando a energia luminosa excita o centro de reação do PSII chamado P680, por absorver com alta eficiência a energia luminosa nesse comprimento de onda. Quando excitado, P680 transfere um elétron a uma molécula de feofitina (um pigmento azul-escuro obtido da clorofila pela retirada do íon magnésio; do grego *phaios*, "pardo", "escuro" + *phyton*, "planta").

Subsequentemente, o elétron é transferido para uma molécula de plastoquinona fixa à membrana tilacoide chamada de plastoquinona A ou QA (quinonas são substâncias capazes de serem oxidadas ou reduzidas aceitando e doando elétrons). A plastoquinona A, por sua vez, transfere o elétron à plastoquinona B, QB que não está fixa à membrana tilacoide, mas pode movimentar-se livremente. A plastoquinona B aceita um segundo elétron, de uma nova transferência de QA e dois prótons H+, sendo convertida em sua forma completamente reduzida chamada quinol (2QBH$_2$). Os prótons H+ são oriundos da cisão da molécula de água. Quando P680 perde um elétron, ele se converte em um cátion (P680+) e, assim, deve retornar a sua forma original para poder novamente absorver a energia da luz. A fonte de elétrons para restaurar P680 é oriunda da cisão da molécula de água que produz também oxigênio no processo. De fato, todo o oxigênio presente no planeta Terra é oriundo do processo fotossintético, mais precisamente da cisão da molécula de água. A fotólise da água ocorre no PSII e envolve um aparato chamado "complexo produtor de oxigênio", trata-se de um centro com elevada capacidade oxidante formado por um íon cálcio e quatro íons manganês. Nesse processo, duas moléculas de água sofrem cisão originando quatro prótons H+, quatro elétrons e uma molécula de O$_2$.

$$2H_2O \rightarrow 4H^+ + 4é + O_2$$

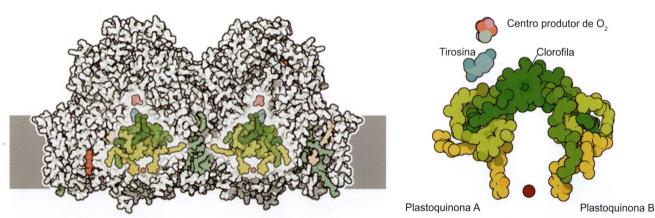

Figura 32.5 A e **B.** PSII e sua disposição na membrana tilacoide. **B.** Detalhe do centro de reação P680, o coração do PSII onde a energia da luz é convertida em elétrons energizados. Quando as moléculas de clorofila captam a luz, um de seus elétrons é promovido a um nível energético mais elevado. Este elétron energizado, então, é transferido à plastoquinona e, em seguida, à plastoquinona B, que encaminhará elétrons ao próximo elo na cadeia de transporte de elétrons. A clorofila que captou a luz e perdeu um elétron deve ser restaurada; para que isso ocorra, o centro produtor de oxigênio promove a cisão de uma molécula de água liberando dois prótons H+ e dois elétrons. Os dois prótons e um elétron são captados pela plastoquinona B, e o segundo elétron oriundo dessa cisão da molécula de água é captado por um resíduo de tirosina que forma uma perfeita ponte entre a água e a molécula de clorofila. O elétron transferido pelo resíduo de tirosina regenera o par de clorofilas do centro de reação tornando possível a captação de mais um fóton. Código PDB: 1S5L.

A cisão da molécula de água necessita da energia de quatro fótons e os quatro elétrons produzidos não podem ser captados de uma só vez pelo centro de reação P680, pois ele é capaz de aceitar somente um elétron de cada vez. Dessa maneira, o complexo gerador de oxigênio, ou complexo de cisão da água, é utilizado para transferir ao P680 um elétron de cada vez. Esse processo ocorre da seguinte maneira: um resíduo de tirosina presente em D1 (normalmente chamado de tirosina Z) faz a ponte entre os elétrons oriundos da cisão da água e as clorofilas de P680. Esse radical retira elétrons dos íons de manganês que, por sua vez, removem quatro elétrons da água produzindo O_2 e $4H^+$. De fato, o manganês parece ser o elemento químico mais eficiente para esse propósito, já que pode existir em diversos estados de oxidação (Mn^{+2}, Mn^{+3}, Mn^{+4} e Mn^{+5}). O panorama da reação fotoquímica iniciada em PSII é o seguinte:

$$4 P680 + 4H^+ + 2QB + 4 \text{ fótons} \rightarrow 4 P680^+ + 2QBH_2$$

Como visto na Figura 32.5, o PSII é um complexo que atravessa a membrana tilacoide de modo que o local da redução de QBH_2 ocorre no lado do estroma do tilacoide, enquanto o centro de manganês situa-se no interior do tilacoide, portanto a oxidação da água ocorre também nesse local. Assim, os dois prótons captados coma redução de Q a QH_2 são oriundos do estroma e os quatro prótons produzidos durante a fotólise da água são liberados na parte interna do tilacoide. Isso provoca uma assimetria eletroquímica entre o estroma e o interior do tilacoide (Figura 32.6).

Comunicação dos PSII e PSI | Complexo do citocromo *b6f*

Os elétrons armazenados no plastoquinol ($2QBH_2$) são encaminhados ao fotossistema II (P700) por meio do complexo citocromo *b6f* e também por meio da plastocianina (Pc), uma proteína solúvel que contém cobre. O complexo citocromo *b6f* apresenta um citocromo do tipo *b* com dois grupos heme, uma proteína ferro enxofre de Rieske (proteínas que apresentam um átomo de Fe que está coordenado a dois resíduos de His) e um citocromo *f*. O fluxo de elétrons do plastoquinol (QBH_2) para *b6f* segue a sequência de eventos:

$$QBH_2 \rightarrow \text{Citocromo } f \rightarrow \text{Plastocianina} \rightarrow P700$$

Os elétrons fluem um por vez de QBH_2 para *b6f* e, à medida que isso ocorre, prótons são bombeados do estroma para a luz do tilacoide, até quatro prótons são carreados para cada par de elétrons (Figura 32.7).

Desse modo, o fluxo de elétrons de PSII para PSI origina um gradiente de prótons que cria uma diferença de pH entre o interior do tilacoide e o estroma. De modo similar à mitocôndria, a concentração de prótons no lúmen tilacoide cria uma força próton motriz que será utilizada na síntese de ATP.

Núcleo PSI

A etapa final das "reações luminosas", ou seja, aquelas que ocorrem na presença de luz, é o fotossistema, um complexo transmembrânico formado por cerca de 14 subunidades polipeptídicas aos quais estão associados diversos cofatores (Figura 32.8). O núcleo do PSI é formado por um par de subunidades homólogas chamadas de psA e psB, cada uma com 83 e 82 kD, respectivamente, às quais liga-se um par de clorofilas *a* eficientes em absorver ondas de luz com comprimento de 700 nm, sendo, portanto, chamadas de centros de reação P700. De maneira análoga ao que ocorre no PSII, a energia luminosa é captada por PSI pelo complexo da antena, que transfere elétrons até o centro de reação P700 no PSI. A excitação de P700 promove a transferência de seus elétrons para um pigmento denominado A0, o primeiro aceptor de elétrons do centro de reação P700, atuando de maneira similar à feofitina presente no PSII. Nesse momento, o P700 pode voltar a sofrer redução ao adquirir um elétron oriundo da plastocianina.

O elétron captado por A0 é então transferido para uma molécula de filoquinona (A1), que, por sua vez, o transfere para uma sequência de proteínas ferro-enxofre (Fx, FB e Fa).

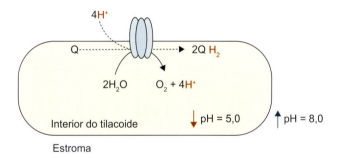

Figura 32.6 A assimetria eletroquímica entre o interior do tilacoide e seu exterior é originada pelo complexo produtor de oxigênio, que atua como uma bomba impulsionada pela energia de transferência de elétrons. A grande concentração de prótons H^+ no interior do tilacoide torna o pH ácido e aumenta a quantidade de cargas positivas, enquanto o estroma torna-se alcalino e há perda de cargas positivas.

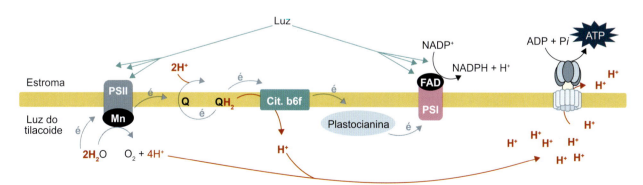

Figura 32.7 Trânsito de elétrons e produção de prótons nos tilacoides. A cisão da água no PSII produz quatro íons H^+, O_2 e elétrons que seguem para o PSI via transportadores de elétrons (quinonas e citocromo *b6f*). O fluxo de elétrons é mostrado pelas setas azuis. O PSI utiliza a energia dos elétrons para produzir NADPH. Os prótons que se concentram na luz do tilacoide são utilizados para síntese de ATP.

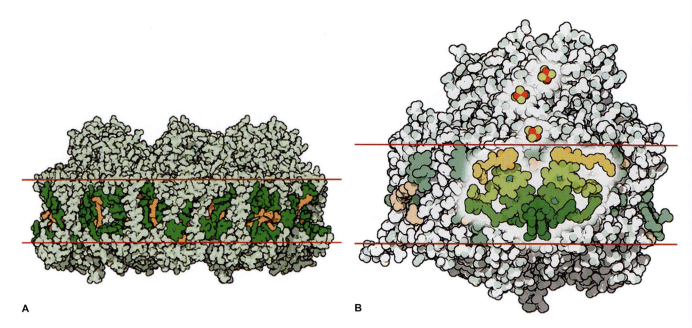

Figura 32.8 O PSI é um complexo proteico composto por três subunidades proteicas, ou seja, um trímero de formato discoide que se situa na membrana tilacoide, de modo que uma de suas faces fica orientada para o meio externo do tilacoide e a outra para o meio interno. Cada uma das três subunidades do PSI é um complexo de 12 proteínas, às quais estão ligadas centenas de cofatores. O cerne do PSI é formado de uma cadeia transportadora de elétrons composta por moléculas de clorofila, filoquinona, mostradas aqui em cor laranja, e três complexos ferro-enxofre exibidos aqui em amarelo e vermelho na porção superior. As duas moléculas de clorofila na parte inferior capturam a luz primeiro e, nessa ação, um elétron é excitado para um estado de energia mais elevado. Normalmente, esse elétron rapidamente decairia, liberando energia na forma de calor ou luz (fluorescência). No entanto, a eficiência do PSI transfere imediatamente esse elétron para a cadeia transportadora. Código PDB: 1JB0.

Finalmente, os elétrons são transferidos à ferredoxina, que transfere uma fração de seus elétrons para o $NADP^+$ por meio da enzima ferredoxina $NADP^+$ oxidorredutase. Os elétrons não transferidos para o $NADP^+$ são direcionados para outros processos redutivos. A enzima ferredoxina $NADP^+$ redutase é uma flavoproteína cujo grupo prostético é o FAD. A ferredoxina transfere ao FAD dois elétrons e dois prótons H^+, formando $FADH_2$ (Figura 32.9). Essa reação ocorre na face da membrana do tilacoide, que fica orientada para o estroma, de modo que a captação de um próton H^+ por parte do $NADP^+$, para então dar origem ao NADPH, colabora para a assimetria eletroquímica e, portanto, para a diferença de pH que se estabelece entre o estroma e o lúmen do tilacoide.

Embora a ferredoxina reduzida seja uma poderosa substância redutora, ela não é capaz de dar sequência a muitas reações bioquímicas por carrear somente um elétron. Em contrapartida, o NADPH é um redutor de dois elétrons e, sendo assim, foi selecionado como carreador de elétrons em muitas reações biológicas que envolvem síntese de compostos. Pode-se observar toda essa cadeia de eventos desde a captação da luz no PSII da seguinte maneira: o PSII pode ser considerado um redutor fraco e um oxidante forte, enquanto o PSI é um redutor forte e um oxidante fraco. Em síntese, a energia da luz é usada pelo centro de reação do PSI ($P680^+$) para cindir a molécula de água originando elétrons, prótons e O_2, enquanto o PSII, quando estimulado pela energia da luz, converte seu centro de reação ($P700^*$, isto é, forma excitada de P700) em um poderoso redutor cuja função é doar elétrons à molécula de $NADP^+$ produzindo, assim, NADPH. O transporte de elétrons nessas reações está acoplado ao bombeamento de prótons do estroma para o lúmen do tilacoide. Os fotossistemas podem ser organizados de modo a mostrar a interação entre eles pelos carreadores de elétrons que podem ser arranjados em virtude de seu potencial de redução padrão. Esse arranjo forma o que se convencionou chamar de sistema em "Z" (Figura 32.10).

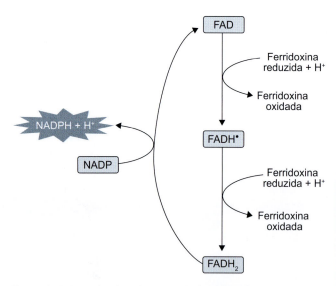

Figura 32.9 A enzima ferredoxina $NADP^+$ oxidorredutase aceita dois elétrons e dois prótons por meio de seu grupo prostético FAD, formando então $FADH_2$, que transfere dois elétrons e um próton para a molécula de $NADP^+$, convertendo-a em $NADPH + H^+$.

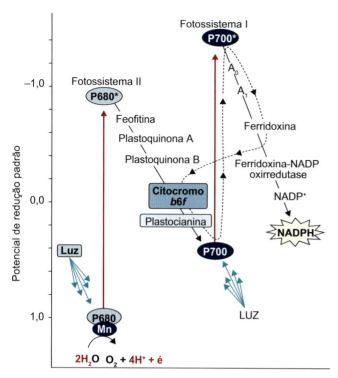

Figura 32.10 Esquema em "Z". A luz excita o fotossistema I (P680) que cliva a molécula de água produzindo oxigênio elétrons e quatro prótons H⁺. O oxigênio é lançado na atmosfera, e os prótons atuarão na formação de um gradiente utilizado para a síntese de ATP. Os elétrons são energizados (setas vermelhas). Subsequentemente, uma cadeia transportadora de elétrons encaminha os elétrons ao fotossistema II (P700), sendo novamente excitados por fótons. Nesse momento, os elétrons excitados fluem por outra cadeia de carreadores até sua energia ser armazenada na forma de NADPH. As setas vermelhas indica a fotofosforilação cíclica, uma via na qual os elétrons da ferredoxina são transferidos para o complexo citocromo b6f retornando para P700. Nessa rota cíclica, o fotossistema II não tem participação.

Fotofosforilação, a síntese do ATP

A fonte de elétrons no processo fotossintético é a cisão da molécula de água. Esse processo origina também prótons H⁺ e O_2. Para cada duas moléculas de água que são cindidas, 3 ATP são produzidos. O transporte de elétrons do PSII para o PSI é acompanhado de deslocamento de prótons do estroma para o lúmen dos tilacoides, formando um gradiente eletroquímico que será utilizado para a síntese de ATP. De fato, o lúmen dos tilacoides concentra cerca de 1.000 vezes mais prótons H⁺ quando comparado ao estroma. A enzima responsável pela síntese de ATP nos cloroplastos (ATP sintase) guarda muitas similaridades com a ATP sintase mitocondrial. Trata-se de um complexo proteico formado por duas subunidades principais, CFo e CF1 (a letra C indica cloroplasto para diferenciá-los das subunidades Fo e F1 mitocondrial). A subunidade CFo é similar àquela presente nas mitocôndrias, sendo formada por diversas proteínas integrais que dão origem a um canal que atravessa a membrana tilacoide, possibilitando o fluxo de H⁺.

A subunidade CF1 também apresenta homologia estrutural e funcional com a subunidade F1 da ATPsintase mitocondrial, e é formada por subunidades beta que se assemelham a um rotor (Figura 32.11). A porção CF1 interage com a subunidade CFo, mas, enquanto esta é transmembranar, CF1 está em contato com o estroma. Estudos mostram que o mecanismo de ação da ATP sintase presente em cloroplastos é similar ao da ATP sintase mitocondrial, ou seja, o gradiente de prótons formado na luz do tilacoide não atravessa a membrana dos tilacoides em direção ao estroma porque essa membrana, igualmente à membrana mitocondrial, é absolutamente impermeável ao fluxo iônico. Em vez disso, os prótons chegam ao estroma por meio da subunidade CFoe; nesse momento, energizam a subunidade CF1 que une ADP ao Pi dando origem ao ATP no estroma do cloroplasto. Os prótons fluem pela ATP sintase de acordo com sua tendência termodinâmica em estabelecer o equilíbrio eletroquímico entre o estroma e o lúmen do tilacoide; esse fluxo dirige a energização da ATP sintase que une o ADP ao Pi formando, então, o ATP no estroma (Figura 32.11).

Herbicidas | Fotossíntese como sítio de ação

Os inibidores da fotossíntese são na verdade substâncias que interferem no transporte de elétrons, já que atuam na remoção ou inativação de um ou mais elementos da cadeia de transporte de elétrons. Os inibidores da fotossíntese são largamente usados em diversas culturas e podem atuar no PSII e no PSI. Os inibidores do PSII interagem com uma proteína presente no complexo do PSII chamada D1, causando, portanto,

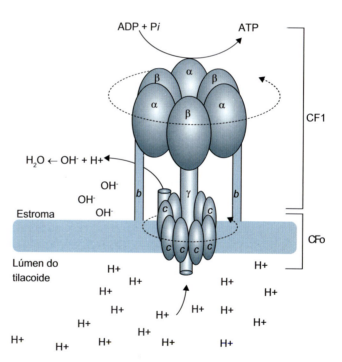

Figura 32.11 A porção Fo da ATP sintase é, na verdade, um rotor. Trata-se de um complexo oligomérico consistindo de subunidades hidrofóbicas (c), que apresentam motivo em "grampo de cabelo". Essas subunidades c apresentam duas conformações espaciais em alfa-hélice; a dobra do "grampo de cabelo" está orientada para o estroma, enquanto as extremidades estão imersas na bicamada lipídica da membrana do tilacoide. As subunidades c formam um anel com um acesso aos prótons presentes no tilacoide. Os prótons são translocados de uma subunidade c para outra até serem lançados no estroma onde formam água. A corrente de prótons energiza o anel que, por sua vez, movimenta CF1 culminando na fusão do ADP com Pi para formar ATP. O número de subunidades c no anel é diferente em cada tipo de organismo; por exemplo, a ATP sintase de mitocôndrias animais apresenta oito subunidades c, enquanto em leveduras, eubactérias e plantas varia de 10 a 15.

bloqueio na transferência de elétrons da plastoquinona A para a B. O efeito final é que não há produção de potencial energético para a síntese de ATP e NADPH$_2$ para a fixação do CO$_2$. Embora esses processos sejam essenciais para a fisiologia da planta, a morte ocorre por outras vias. Experimentos mostraram que plantas tratadas com inibidores da fotossíntese, como triazinas, triazinonas, fenilcarbamatos, amidas, nitrilas, entre outros, sucumbem mais rapidamente quando expostas à luz do que no escuro. Isso ocorre porque a interrupção do fluxo eletrônico no PSII provoca um estado energético extremamente elevado na clorofila (estado *triplet*). Normalmente, os pigmentos carotenoides atuam de modo a absorver possíveis sobrecargas eletrônicas originadas no sistema, contudo a carga energética suplanta essa capacidade dos pigmentos carotenoides e o excesso de elétrons ataca lipídios presentes na membrana dos tilacoides causando peroxidação de lipídios. Os elétrons podem ainda interagir diretamente com o oxigênio dando origem a uma espécie reativa chamada oxigênio *singlet*, e este radical pode também atacar lipídios de membrana causando danos aos tilacoides. Os agentes que atuam como inibidores do PSI agem de modo distinto daqueles descritos para o PSII, atuando como falsos aceptores de elétrons, desviando seu fluxo da cadeia transportadora e impedindo assim que ferredoxina se oxide com impacto nas reações subsequentes.

Fotofosforilação cíclica

Na verdade, é uma rota de desvio do fluxo de elétrons originando uma via cíclica na qual não há produção de NADPH, mas somente de ATP. Quando a proporção NADPH/NADP$^+$ é muito elevada para o lado do NADPH, não há NADP$^+$ para aceitar elétrons oriundos da ferredoxina. Assim, os elétrons fluem por uma via alternativa, ou seja, da ferredoxina eles são aceitos pelo complexo citocromo *b6f*, o elemento que conecta o PSI ao PSII, retornando ao centro de reação do PSI (ver Figura 32.10). Nota-se que o PSI não está envolvido e não há produção de NADPH. A partir do citocromo *b6f*, os elétrons seguem normalmente via plastocianina e, a partir de então, para o centro de reação P700 completando, assim, um ciclo. O citocromo *b6f*, ao receber esses elétrons, promove o bombeamento de H$^+$ do estroma para a luz do tilacoide, colaborando assim para potencializar a síntese de ATP. Uma vez que o PSII não está envolvido na fotofosforilação cíclica, não ocorre a produção de O$_2$ a partir da água.

Ciclo de Calvin

A fotossíntese pode ser dividida em "reações luminosas", aquelas que ocorrem na presença de luz e têm como produtos a produção de NADPH e ATP, e as "reações de escuro", que utilizam o NADPH e o ATP para impulsionar reações que empregam CO$_2$ para produzir hexoses.

As reações de escuro são assim chamadas porque não necessitam diretamente da energia luminosa para ocorrer. O ciclo trata do mecanismo pelo qual os vegetais introduzem o carbono na cadeia trófica. Ele pode ser dividido em três fases distintas:

- Fase 1: carboxilação, consiste na reação de CO$_2$ com a ribulose-1,5-bifosfato, catalisada pela ribulose-1,5-bifosfatocarboxilase (RuBisCO), seguida por uma clivagem molecular, formando o 3-fosfoglicerato

- Fase 2: redução, na qual ocorre a redução do 3-fosfoglicerato em triose fosfato
- Fase 3: regeneração, momento em que a ribulose-bifosfato é regenerada possibilitando que mais moléculas de CO$_2$ possam ser incorporadas ao ciclo (Figura 32.12).

Fotorrespiração

A reação de 2-fosfoglicerato não é bioquimicamente produtiva, uma vez que esse composto não é uma molécula versátil, mas, ainda assim, uma rota de reaproveitamento recupera uma porção de seu esqueleto carbônico. Nesse caso, ele segue para o peroxissomo onde é convertido em gliconato e, subsequentemente, em glioxilato pela enzima glioxilato oxidase. Essa reação produz H$_2$O$_2$, que é degradada pela enzima catalase. O passo seguinte envolve a transaminação do glioxilato para produzir glicina. Na mitocôndria, duas moléculas de glicina podem ser utilizadas para síntese de serina potencial precursora de glicose, reação que causa perda de CO$_2$ e NH$_4^+$. O carbono presente nesse CO$_2$ é perdido, e a via recupera três carbonos de duas moléculas de glicolato. Nota-se que o O$_2$ foi consumido e CO$_2$ produzido, razão pela qual essa via é chamada de fotorrespiração. A fotorrespiração não produz moléculas ricas em energia, como ATP ou NADPH, portanto, trata-se de uma rota de desperdício. A RuBisCO tem oito vezes mais afinidade por realizar a reação de carboxilação em detrimento da fotorrespiração. Ao que parece, ao longo de sua evolução, a RuBisCO buscou especializar-se na carboxilação, mas a fotorrespiração permanece como um "efeito adverso".

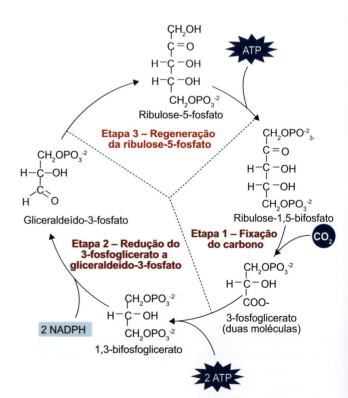

Figura 32.12 Ciclo de Calvin. Trata-se do mecanismo bioquímico capaz de inserir o carbono que será aproveitado em todos os níveis tróficos. O ciclo é dividido em três fases. A fonte de carbono é o CO$_2$, o aceptor do carbono é a molécula de ribulose-1,5-bifosfato e a enzima que realiza a reação é a RuBisCO, a enzima mais abundante da Terra.

Bioclínica

RuBisCO | A enzima em maior quantidade no planeta Terra

A enzima RuBisCO ou ribulose-1,5-bifosfatocarboxilase/oxigenase localiza-se na superfície da membrana externa do tilacoide, ou seja, ao lado do estroma. A RuBisCO é a enzima que existe em maior quantidade no planeta Terra; de fato, cerca de 50% do conteúdo proteico presente no interior dos cloroplastos é atribuído à RuBisCO. Sua grande quantidade no interior das células compensa sua baixa eficiência, a RuBisCO catalisa somente três CO_2 por segundo. A reação catalisada pela RuBisCO é um importante ponto de controle da velocidade do ciclo de Calvin. A RuBisCO apresenta oito subunidades grandes de cerca de 55 kD e oito subunidades pequenas de aproximadamente 13 kD cada. O centro catalítico da enzima é formado por um íon magnésio fortemente ligado a três resíduos de aminoácidos, incluindo uma forma modificada de lisina. A ribulose-1,5-bifosfato interage com esse centro metálico por meio de seu grupo cetona. Uma molécula de CO_2 (ativador) liga-se ao centro ativo interagindo com o magnésio; ela não fornecerá o carbono a ser incorporado na molécula de ribulose-1,5-bifosfato, sua função é participar como componente integrante do centro ativo (Figura 32.13).

A RuBisCO exerce duas reações de catálise, carboxilação e oxigenação de seu substrato, a ribulose-1,5-bifosfato. Isso quer dizer que tanto o CO_2 quanto o O_2 podem interagir com seu sítio ativo. Enquanto a carboxilação leva à formação de duas moléculas de 3-fosfoglicerato, a oxigenação produz uma molécula de 3-fosfoglicerato e uma de 2-fosfogliconato (Figura 32.14).

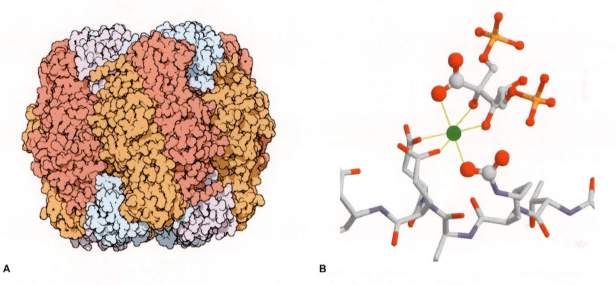

Figura 32.13 A. Estrutura da RuBisCO, enzima formada por oito subunidades grandes, representadas aqui em cores laranja e amarela, e oito subunidades pequenas, representadas pelas cores azul e roxo. **B.** Centro ativo da RuBisCO. O íon magnésio é mostrado em verde e interage com três resíduos de aminoácidos por meio das linhas em amarelo na porção inferior. As três linhas amarelas superiores indicam a interação do magnésio com uma molécula que é similar ao produto da RuBisCO. O círculo descontínuo marca a molécula de CO_2 que se incorpora ao sítio ativo, seu carbono não será fixado na molécula de ribulose-1,5-bifosfato. Código PDB: 1RCX.

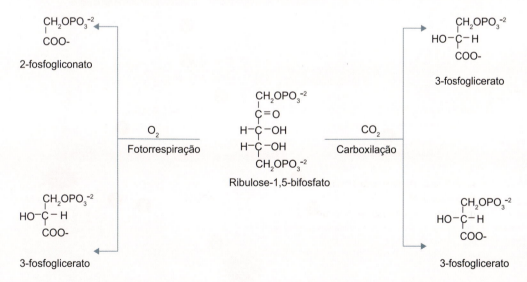

Figura 32.14 Dupla função da enzima RuBisCO. O substrato ribulose-1,5-bifosfato pode sofrer fotorrespiração quando o oxigênio ocupa o sítio ativo da enzima; nesse caso, a reação não é rendosa e produz um composto metabolicamente pouco versátil, o 2-fosfogliconato, uma vez que deve ser direcionado para uma via de recuperação que recupera somente três carbonos de cada duas moléculas de 2-fosfogliconato. Contudo, quando o CO_2 ocupa o sítio ativo da enzima, duas moléculas de 3-fosfoglicerato são produzidas da cisão da ribulose-1,5-bifosfato; nesse caso, a incorporação do carbono oriundo do CO_2 é plena. A RuBisCO tem preferência pela reação de carboxilação.

Passo a passo do ciclo de Calvin

Etapa 1. O CO_2 entra no ciclo de Calvin reagindo com a molécula de ribulose-1,5-bifosfato para produzir duas moléculas de 3-fosfoglicerato. Essa reação é catalisada pela enzima ribulose-bifosfatocarboxilase/oxigenase localizada no cloroplasto e também chamada RuBisCO. A RuBisCO é a enzima mais abundante da natureza e apresenta também atividade de oxigenase, na qual o O_2 compete com o CO_2 pelo substrato comum ribulose-1,5-bifosfato, o que acaba por limitar a fixação líquida de CO_2. O CO_2 é inserido no carbono 2 da ribulose-1,5-fosfato, produzindo um intermediário instável que permanece ligado à enzima e que, subsequentemente, é cindido produzindo duas moléculas de 3-fosfoglicerato. Uma dessas duas moléculas de 3-fosfoglicerato apresenta o carbono recém-incorporado do CO_2 (Figura 32.15). Nota-se que a ribulose-1,5-bifosfato é uma pentose, ou seja, apresenta cinco carbonos, mas os produtos de sua cisão são duas moléculas de 3-fosfoglicerato, cada qual com três carbonos compondo, portanto, seis carbonos. O sexto carbono é oriundo do CO_2 incorporado.

Etapa 2. Nessa fase, em dois passos ocorre a conversão do 3-fosfoglicerato em gliceraldeído-3-fosfato. Essas reações podem ser comparadas a etapas reversas da via glicolítica. Inicialmente, o 3-fosfoglicerato ganha um grupo fosfato no carbono 1 oriundo do ATP sendo convertido em 1,3-bifosfoglicerato; essa reação é catalisada pela enzima 3-fosfoglicerato cinase. Subsequentemente, a enzima gliceraldeído-3-fosfato desidrogenase reduz o 1,3-bisfosfoglicerato a gliceraldeído-3-fosfato que é, então, usado para regenerar a ribulose-1,5-bifosfato (Figura 32.16). A enzima triose fosfato isomerase (também presente na via glicolítica) promove a interconversão de gliceraldeído-3-fosfato e di-hidroxiacetona-fosfato entre si. A maior parte do gliceraldeído-3-fosfato é utilizada para regenerar a ribulose-1,5-bifosfato, e uma fração desse composto segue para a síntese de outros compostos, como o amido.

Etapa 3. A primeira etapa do ciclo de Calvin consome ribulose-1,5-bifosfato e, sendo assim, sua regeneração é necessária para que o ciclo não cesse. Essa etapa compreende a regeneração da ribulose-1,5-bifosfato possibilitando que a acepção de CO_2 seja contínua (Figura 32.17).

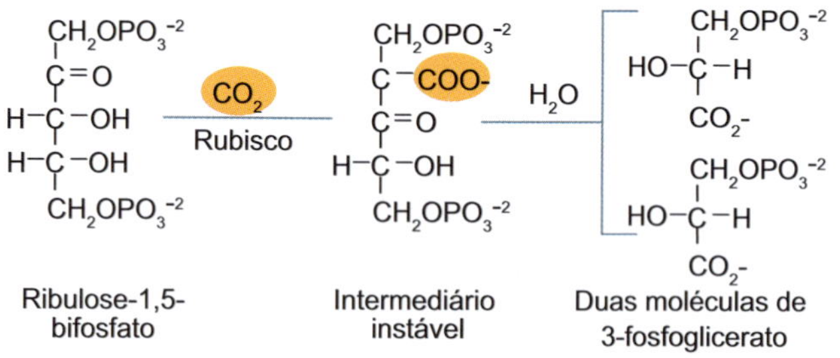

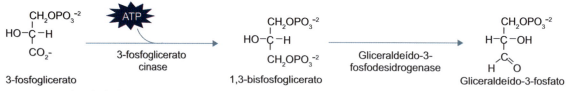

Figura 32.15 Primeira etapa do ciclo de Calvin, a incorporação do carbono oriundo do CO_2 a uma molécula de ribulose-1,5-bifosfato. A enzima que realiza essa reação é a RuBisCO. O produto intermediário instável permanece por pouco tempo ligado à enzima até que sofre cisão para originar duas moléculas de 3-fosfoglicerato.

Figura 32.16 Conversão do 3-fosfoglicerato em gliceraldeído-3-fosfato. Essa etapa do ciclo de Calvin é exatamente contrária àquela presente na via glicolítica, seu propósito é produzir gliceraldeído-3-fosfato para regenerar a ribulose-1,5-bifosfato, tornando possível, assim, a continuidade do ciclo.

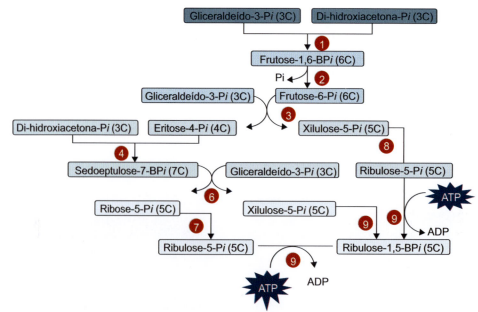

Figura 32.17 Passos para a regeneração da ribulose-1,5-bifosfato, a terceira etapa na assimilação do carbono. Notam-se os rearranjos moleculares que originam trioses (3C), tetroses (4C), pentoses (5C), hexoses (6C) e heptoses (7C). Os pontos de partida são a di-hidroxiacetona fosfato e o gliceraldeído-3-fosfato. (1) transaldolase; (2) frutose-1,6-bifosfatase; (3) transcetolase; (4) transaldolase; (5) sedoeptulose-1,7-bifosfatase; (6) transcetolase; (7) ribose-5-fosfato isomerase; (8) ribulose-5-fosfato epimerase; (9) ribulose-5-fosfato cinase.

Resumo

Introdução

As plantas são seres autotróficos, ou seja, são capazes de sintetizar sua energia, enquanto os seres humanos são heterótrofos; a conversão de energia luminosa em energia química é obtida por meio da interação de dois complexos proteicos denominados fotossistema I (PSI) e fotossistema II (PSII). Ao PSI, cabe a função de produzir um potencial oxidante capaz de cindir a molécula de água, enquanto o PSII é responsável por originar a força redutora que será empregada na síntese de cofatores intermediários energéticos (NADPH) necessários para fixar CO_2 em hidratos de carbono. O O_2 formado é proveniente da água, e não do CO_2. A fotossíntese pode ser representada de forma simples na seguinte equação:

$$6 CO_2 + 12 H_2O \xrightarrow{LUZ} C_6H_{12}O_6 + 6 H_2O + 6 O_2$$

A fotossíntese compreende dois processos distintos: as reações lumínicas, que ocorrem na presença de luz, e as reações da "fase escura da fotossíntese", ou reações de fixação do CO_2 (ciclo de Calvin), que ocorrem tanto na ausência quanto na presença de luz. No processo lumínico, os pigmentos fotossintéticos captam a energia da luz e a utilizam para síntese de ATP por meio da fosforilação do ADP (fotofosforilação), bem como para produzir NADPH. O ATP e o NADPH sintetizados na fase lumínica são então utilizados na "fase escura" da fotossíntese. A síntese de O_2 acontece na fase lumínica e a síntese de CO_2 na "fase escura", e ambas ocorrem no cloroplasto, mas são processos distintos e separados.

Cloroplastos, as organelas fotossintéticas

Os cloroplastos são organelas celulares presentes em células vegetais e outros organismos fotossintetizantes, como algas e alguns protistas, e são o sítio onde se realiza a fotossíntese. Os cloroplastos são envoltos por duas membranas, uma externa altamente permeável e uma interna que necessita de proteínas específicas para o transporte de metabólicos, e um espaço intermembranar. A membrana interna envolve o estroma, uma solução bastante concentrada em enzimas, incluindo as necessárias para a síntese de carboidratos, além de DNA, RNA e ribossomos envolvidos na síntese de proteínas para o cloroplasto. O estroma envolve um terceiro compartimento membranoso, o tilacoide, cujo conjunto forma os *grana*, estrutura interconectada por lamelas estromais. As membranas do tilacoide surgem de invaginações da membrana interna do cloroplasto (Figura R32.1).

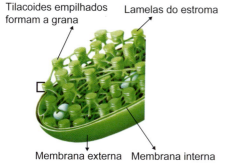

Figura R32.1 Disposição dos cloroplastos em uma célula vegetal. As células contêm de 1 a 1.000 cloroplastos, que variam consideravelmente em tamanho e forma, mas, em geral, têm cerca de 5 μm de comprimento. Na organização estrutural de um cloroplasto, a membrana interna forma os tilacoides, as projeções de um tilacoide a outro formam as lamelas do estroma, e o empilhamento de tilacoides dá origem aos *grana*.

Luz e clorofila

A luz é captada pela clorofila, um pigmento presente na membrana dos tilacoides, pertencente ao grupo das porfirinas do qual participa o grupo heme da hemoglobina. Existem dois tipos de clorofila: clorofila *b* e clorofila *a*, sendo que a *b* difere da *a* por apresentar um grupo formila no lugar de uma metila em um de seus anéis pirrólicos. A luz que não é absorvida pela clorofila *a* é captada pela clorofila *b*, de modo que ambas se complementem. As clorofilas são substâncias chamadas polienos conjugados, uma vez que apresentam ligações simples e duplas que se alternam, de modo que esse arranjo lhes proporciona alta capacidade de fotocepção. As clorofilas são extremamente eficientes em absorver os comprimentos de onda de luz que se encontram na faixa da luz visível, ou seja, a maior parte da luz que chega ao planeta Terra. As membranas dos tilacoides apresentam outros pigmentos chamados de "pigmentos acessórios", como os carotenoides, a ficoeritrina e a ficocianina. Esses pigmentos acessórios abarcam porções do espectro de luz que as clorofilas *a* e *b* não conseguem captar (Figura R32.2).

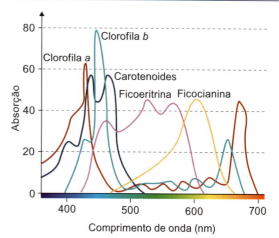

Figura R32.2 As faixas de absorção de ondas luminosas da clorofila *a* e *b* são diferentes. A clorofila *b* é bastante eficiente em absorver ondas luminosas na faixa de aproximadamente 460 nm, enquanto a clorofila *a* é extremamente eficiente em captar luz com comprimentos de ondas de aproximadamente 420 nm. Contudo, a faixa de radiação eletromagnética que vai de faixa de 500 a 600 nm é fracamente absorvida por ambas as clorofilas. Os comprimentos de ondas desse intervalo são captados por outros pigmentos fotossensíveis, como carotenoides, ficoeritrina e ficocianina.

Complexo da antena fotossintética e os centros de reação

O complexo da antena é formado por centenas de moléculas de clorofila cuja função é captar a energia dos fótons de luz. Quando a luz alcança a molécula de clorofila do complexo da antena, um elétron é deslocado de seu nível fundamental para um nível energético mais elevado. Esse elétron é subsequentemente transmitido de uma molécula de clorofila a outra até que finalmente a energia fotônica alcance um centro de reação. Os centros de reação são constituídos de moléculas de clorofila que apresentam níveis de energia menores que as demais clorofilas (Figura R32.3).

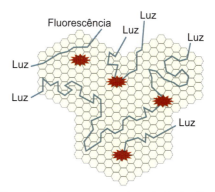

Figura R32.3 Complexo da antena e centros de reação. As clorofilas do complexo da antena estão representadas em hexágonos, enquanto os centros de reação são exemplificados pelas figuras com aspecto estrelado em vermelho. A energia de um fóton de luz é transferida de uma molécula de clorofila a outra até alcançar um centro de reação; quando o fóton não chega ao centro de reação, ele deixa o complexo da antena e é reemitido na forma de fluorescência.

Fotossistemas

As plantas dispõem de dois fotossistemas, PSI e PSII, e cada um é mais reativo em determinado comprimento de onda luminosa (700 e 680 nanômetros para o PSI e PSII, respectivamente). O PSII realiza a cisão da molécula de água (fotólise da água ou reação de Hill); cada molécula de água que sofre fotólise origina dois prótons H^+ e dois elétrons não excitados que são direcionados para o centro de reação do fotossistema, para melhor aproveitamento da energia utilizada. Já o PSI é o local de síntese de NADPH, ele recebe elétrons oriundos da cadeia transportadora de elétrons e os encaminha até a clorofila que absorve luz no comprimento de 700 nanômetros (Figura R32.4). A fonte de elétrons no processo fotossintético é a cisão da molécula de água. Esse processo produz também prótons H^+ e O_2. Para cada duas moléculas de água que são cindidas, 3 ATP são produzidos.

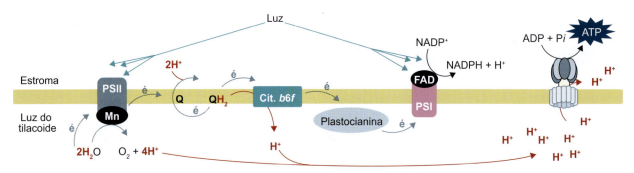

Figura R32.4 Trânsito de elétrons e formação de prótons nos tilacoides. A cisão da água no fotossistema II (PSII) origina quatro íons H⁺, O₂ e elétrons que seguem para o fotossistema I via transportadores de elétrons (quinonas e citocromo b6f). O fluxo de elétrons é mostrado pelas setas azuis. O fotossistema I (PSI) utiliza a energia dos elétrons para produzir NADPH. Os prótons que se concentram na luz do tilacoide são utilizados para síntese de ATP.

Fotofosforilação cíclica

Na verdade, é uma rota de desvio do fluxo de elétrons originando uma via cíclica na qual não há produção de NADPH, somente de ATP. Os elétrons fluem por uma via alternativa, ou seja, da ferredoxina eles são aceptados pelo complexo citocromo b6f, o elemento que conecta o PSI ao PSII, retornando ao centro de reação do PSI. Do citocromo b6f, os elétrons seguem normalmente via plastocianina e, a partir de então, para o centro de reação P700, completando assim um ciclo.

Ciclo de Calvin

Foi elucidado por Melvin Calvin *et al.*, em 1946, e trata do mecanismo pelo qual os vegetais introduzem o carbono na cadeia trófica. Ele pode ser dividido em três fases distintas:

- Fase 1: carboxilação, que consiste na reação de CO_2 com a ribulose-1,5-bifosfato, catalisada pela ribulose-1,5-bifosfato carboxilase (RuBisCO), seguida por uma clivagem molecular, formando o 3-fosfoglicerato
- Fase 2: redução, na qual ocorre a redução do 3-fosfoglicerato em triose fosfato
- Fase 3: regeneração, momento em que a ribulose-bifosfato é regenerada possibilitando que mais moléculas de CO_2 possam ser incorporadas ao ciclo (Figura R32.5).

Herbicidas | Fotossíntese como sítio de ação

Os inibidores da fotossíntese são substâncias que interferem no transporte de elétrons, já que atuam na remoção ou inativação de um ou mais elementos da cadeia de transporte de elétrons. Podem atuar no PSII e no PSI, sendo que os inibidores do PSII interagem com uma proteína presente no complexo do PSII chamada D1, causando, portanto, bloqueio na transferência de elétrons da plastoquinona A para a B. A interrupção do fluxo eletrônico no PSII provoca um estado energético extremamente elevado na clorofila e o excesso de elétrons ataca lipídios presentes na membrana dos tilacoides, causando peroxidação de lipídios. Os inibidores do PSI atuam como aceptores de elétrons, desviando seu fluxo da cadeia transportadora e impedindo, assim, que ferredoxina se oxide com impacto nas reações subsequentes.

Exercícios

1. Explique a estrutura dos tilacoides.
2. Leia atentamente as alternativas a seguir. Considere os valores no interior dos parênteses para inserir a soma das alternativas corretas.
   a. (12) As moléculas de clorofila são eficientes em absorver a energia luminosa presente no espectro visível.
   b. (18) A cor verde da clorofila se deve ao fato de que esse pigmento absorve com grande capacidade os comprimentos de ondas luminosas compatíveis com as cores azul e vermelha do espectro eletromagnético.
   c. (44) A ficoeritrina e a ficocianina são pigmentos acessórios que competem com a clorofila pela absorção das ondas luminosas presentes no espectro visível.
   d. (58) Vegetais de folhas roxas, amarelas ou avermelhadas não apresentam clorofila, já que esse pigmento é caracteristicamente verde.
   e. (33) A clorofila é uma magnésio-porfirina ligada a um álcool de 20 carbonos chamado fitol. Existem dois tipos de clorofila: clorofila b e clorofila a, sendo que a clorofila b difere da a por apresentar um grupo formila no lugar de uma metila em um de seus anéis pirrólicos.
3. Em relação à fase clara da fotossíntese, assinale a alternativa correta:
   a) Na fase clara da fotossíntese, ocorrem a síntese de ATP e a fotólise da água com liberação de hidrogênio e oxigênio. O hidrogênio liberado é então captado por moléculas de NADP, que são convertidas em $NADPH_2$.
   b) A incorporação de CO_2 no estroma dos cloroplastos ocorre na fase clara e utiliza ATP como fonte de energia.
   c) A fase clara da fotossíntese concentra prótons de hidrogênio que posteriormente serão utilizados no ciclo de Calvin para fixação do CO_2.
   d) A fase clara produz uma grande quantidade de CO_2 decorrente da fotólise da água. Esse CO_2 será posteriormente utilizado na fase escura para incorporar o carbono.
   e) Tanto o $NADPH_2$ quanto o ATP são empregados na fase clara da fotossíntese para cindir a molécula de água e produzir íons H⁺.

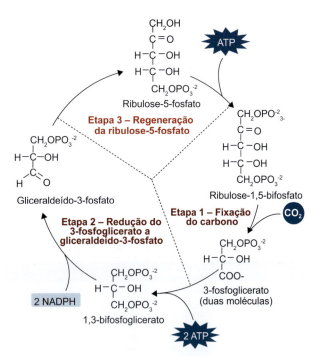

Figura R32.5 Ciclo de Calvin. Trata-se do mecanismo bioquímico capaz de inserir o carbono que será aproveitado em todos os níveis tróficos. O ciclo é dividido em três fases. A fonte de carbono é o CO_2, o aceptor do carbono é a molécula de ribulose-1,5-bifosfato e a enzima que realiza a reação é a RuBisCO, a enzima mais abundante da Terra.

4. Explique o que é o complexo da antena.
5. Assinale a alternativa correta:
   a) O PSII realiza a cisão da molécula de água (fotólise da água ou reação de Hill); cada molécula de água que sofre fotólise origina dois prótons H$^+$.
   b) O PSI realiza a fotólise da água; cada molécula de água que sofre fotólise produz dois prótons H$^+$.
   c) O PSII atua em comprimento de onda de 700 nm, enquanto o PSI opera em comprimentos de onda de 680 nm.
   d) O PSII está situado nas membranas que formam as lamelas estromais, ou seja, as projeções membranares dos tilacoides que comunicam os *grana* uns com os outros.
   e) O PSI é o sítio de síntese de NADPH e CO$_2$.
6. Os fotossistemas P680 e P700 atuam de forma acoplada de modo que formam uma unidade funcional chamada "esquema em Z". Explique o esquema em Z, levando em conta os processos que ocorrem em cada fotossistema e entre os fotossistemas.
7. Explique o que é a fotofosforilação cíclica.
8. Melvin Ellis Calvin ganhou o prêmio Nobel de Química, em 1961, em razão de seus trabalhos sobre a elucidação do mecanismo pelo qual as plantas utilizam a energia obtida na fase clara da fotossíntese para sintetizar hexoses. Explique o que é o ciclo de Calvin.
9. A fotossíntese compreende dois processos distintos: "fase clara" e "fase escura". Explique quais as reações químicas que ocorrem em cada uma dessas fases.
10. Assinale a alternativa correta:
    a) O elétron oriundo da cisão da molécula de água restaura a forma original de P700 que, após ceder um elétron, converte-se em P700$^+$.
    b) O oxigênio é produzido no PSI a partir da cisão da molécula de água, de acordo com a seguinte equação: 2 H$_2$O → 4 H$^+$ + 4é + O$_2$.
    c) A fotólise da água ocorre no PSII e envolve um aparato chamado "complexo produtor de oxigênio". Nesse processo, duas moléculas de água sofrem cisão produzindo quatro prótons H$^+$, quatro elétrons e uma molécula de O$_2$.
    d) A cisão da molécula de água necessita da energia de quatro fótons e quatro elétrons, sendo estes últimos oriundos do NADPH.
    e) A cisão da molécula de água cria uma assimetria eletroquímica entre o interior e o exterior do tilacoide de modo que, enquanto o interior torna-se progressivamente alcalino, seu exterior vai adquirindo caráter ácido.

Respostas

1. Os tilacoides constituem os sistemas de membranas internas do cloroplasto cujo conjunto forma os grana, estrutura interconectada por lamelas estromais. Os pigmentos fotossintetizantes estão localizados na membrana dos tilacoides, sendo, portanto, o local da "etapa clara" da fotossíntese ou de reações luminosas da fotossíntese.
2. Soma: 63.
3. Alternativa correta: *a*.
4. O complexo da antena é formado por centenas de moléculas de clorofila cuja função é captar a energia dos fótons de luz. Quando a luz alcança a molécula de clorofila do complexo da antena, um elétron é deslocado de seu nível fundamental para um nível energético mais elevado. Esse elétron é subsequentemente transmitido de uma molécula de clorofila a outra até que, finalmente, a energia fotônica chegue um centro de reação.
5. Alternativa correta: *a*.
6. A luz excita o fotossistema I (P680) que cliva a molécula de água originando oxigênio elétrons e quatro prótons H$^+$. O oxigênio é lançado na atmosfera, os prótons atuarão na formação de um gradiente utilizado para a síntese de ATP. Os elétrons são energizados e seguem por uma cadeia transportadora de elétrons formada por feofitina, plastoquinona A e B até chegarem ao fotossistema II (P700), sendo novamente excitados por fótons. Nesse momento, os elétrons fluem por outra cadeia de carreadores até sua energia ser armazenada na forma de NADPH.
7. A fotofosforilação cíclica é, na verdade, uma rota de desvio do fluxo de elétrons produzindo uma via cíclica na qual não há produção de NADPH, mas somente de ATP. Quando a proporção NADPH/NADP$^+$ é muito elevada para o lado do NADPH, não há NADP$^+$ para aceptar elétrons oriundos da ferredoxina. Assim, os elétrons fluem por uma via alternativa, ou seja, da ferredoxina eles são aceitos pelo complexo citocromo *b6f*, o elemento que conecta o PSI ao PSII, retornando ao centro de reação do PSI.
8. O ciclo de Calvin trata do mecanismo pelo qual os vegetais introduzem o carbono na cadeia trófica. Ele pode ser dividido em três fases: fase 1 – carboxilação, que consiste na reação de CO$_2$ com a ribulose-1,5-bifosfato, catalisada pela ribulose-1,5-bifosfatocarboxilase (RuBisCO), seguida por uma clivagem molecular, formando o 3-fosfoglicerato; fase 2 – redução, na qual ocorre a redução do 3-fosfoglicerato em triose fosfato; fase 3 – regeneração, momento em que a ribulose-bifosfato é regenerada possibilitando que mais moléculas de CO$_2$ possam ser incorporadas ao ciclo.
9. As reações lumínicas ocorrem na presença de luz, enquanto as da "fase escura da fotossíntese", ou reações de fixação do CO$_2$ (ciclo de Calvin), ocorrem tanto na ausência quanto na presença de luz. No processo lumínico, os pigmentos fotossintéticos captam a energia da luz e a utilizam para síntese de ATP por meio da fosforilação do ADP (fotofosforilação), bem como para produzir NADPH. O ATP e o NADPH, sintetizados na fase lumínica, são então utilizados na "fase escura" da fotossíntese. A síntese de O$_2$ ocorre na fase lumínica e a síntese de CO$_2$, na "fase escura".
10. Alternativa correta: *c*.

Bibliografia

Balke NE. Herbicide effects on membrane functions. In: Duke SO, editor. Weed Physiology. v. II. Boca Raton: CRC Press; 1985. p. 113-39.

Barber J. Photosystem II: the Engine of Life. Quarterly Reviews of Biophysics. 2003;36:71-89.

Ferreira KN, Iverson TM, Maghlaoui K, Barber J, Iwata S. Architecture of the photosynthetic oxygen-evolving center. Science. 2004; 303:1831-8.

Taiz L, Zeiger E. Fisiologia vegetal. 3. ed. São Paulo: Artmed; 2004.

Tikhonov AN. Energetic and regulatory role of proton potential in chloroplasts. Biochemistry (Mosc). 2012;77(9):956-74.

Tikhonov AN. pH-dependent regulation of electron transport and ATP synthesis in chloroplasts. Photosynth Res. 2013;116(2-3):511-34.

Bioquímica Clínica Básica

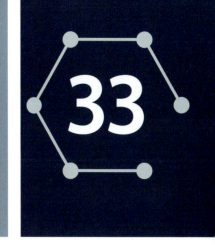

Introdução

Para o profissional da área da saúde, os exames laboratoriais compõem uma ferramenta diagnóstica importante e de grande valor clínico. Os exames laboratoriais bioquímicos têm a função de corroborar ou refutar uma hipótese diagnóstica previamente elaborada pelo clínico, além de proporcionar importantes subsídios no acompanhamento e na evolução do tratamento. São, portanto, elementos complementadores do raciocínio clínico fornecendo importantes dados para que o médico possa elaborar com precisão uma conduta adequada e individualizada. Os resultados dos exames laboratoriais não devem ser avaliados isoladamente, mas sim considerados em conjunto com a observação clínica, anamnese precisa, história do paciente e, sobretudo, levando em conta as particularidades de cada organismo. Embora os valores de referência dos exames laboratoriais possam fornecer um bom indicativo sobre determinadas doenças e seus estados patológicos, deve-se considerar sempre as influências de diversas variáveis, como frascos inadequados para a coleta de amostras biológicas, utilização incorreta dos frascos de coleta, identificação incorreta da amostra, volume insuficiente da amostra, coleta da amostra em momento inadequado, condições inapropriadas de transporte e armazenamento das amostras. Esse repertório de fatores compõe o que se denomina variáveis pré-analíticas, e devem ser sempre minimizadas. Já as variáveis fisiológicas, como idade, sexo, etnia, gravidez, altitude e estilo de vida, também podem contribuir para a alteração dos resultados de exames laboratoriais. Além das variáveis fisiológicas e pré-analíticas, deve-se considerar as variações intraindividuais, como dieta, horário de coleta das amostras, exercícios físicos, ciclo menstrual, utilização de fármacos, postura e tempo de estase. Os laboratórios de análises clínicas buscam constantemente reduzir as variáveis que podem interferir nos resultados dos exames, no entanto há de se considerar as que são passíveis de ocorrência (variações intraindividuais), de modo que os resultados devem ser avaliados de maneira ampla, e não só com base em seus valores de referência.

Uma breve explicação se faz necessária em relação ao uso dos termos "coleta" ou "colheita" de amostras. Ambos são usados com frequência em trabalhos científicos, na rotina de laboratórios de análises clínicas e também por profissionais da área da saúde. Segundo Rezende,

> No tocante à linguagem médica, colheita é usada de preferência quando se colhe alguma coisa individualmente (colheita de sangue, colheita de urina, etc.) e coleta quando se trata da obtenção de material, dados, amostras ou informações de uma coletividade ou de arquivos que os contenham.[1]

Especificidade e sensibilidade dos exames laboratoriais

Em análises clínicas, pode-se dizer que não se dispõe de um exame ou método de análise absolutamente preciso. Com efeito, em algumas situações os resultados de determinada análise podem ser incorretamente anormais em indivíduos que não apresentam a patologia que se busca confirmar por meio do exame (resultado falso-positivo). Em contrapartida, os resultados de um exame ou teste podem apresentar valores considerados normais em indivíduos que de fato estão com a doença que se procura comprovar (resultado falso-negativo). Os exames são avaliados em termos de sua sensibilidade, que pode ser interpretada como a probabilidade de os resultados serem positivos quando existe uma doença, e de sua especificidade, definida como a probabilidade de os resultados serem negativos quando não existe uma dada doença. Um exame muito sensível dificilmente deixa de detectar uma doença em pessoas que a apresentam, embora possa apontar erroneamente a presença da doença em indivíduos saudáveis. Já um exame muito específico apresenta uma chance mínima de indicar a presença da doença em pessoas saudáveis. Entretanto, ele pode não ser capaz de detectar a doença em indivíduos que a apresentam. Os problemas de sensibilidade e de especificidade podem ser, em grande parte, superados pelo uso de vários exames diferentes. Assim, a suspeita de infarto do miocárdio, por exemplo, pode ser confirmada por meio da dosagem de enzimas plasmáticas e, posteriormente, pelo eletrocardiograma.

Coleta ou colheita de amostras

No jargão do laboratório de análises clínicas, utilizam-se, com frequência, os termos colheita ou coleta de amostras biológicas. Ambos têm origem no particípio passado do verbo latino *coliggere*, mas não são sinônimos; são formas distintas, embora a origem seja a mesma. Assim, colheita e coleta podem ser entendidas da mesma forma em diversas circunstâncias, adquirindo significados próprios (p. ex., colheita está mais relacionada com a área agrícola, enquanto coleta está mais ligada a arrecadações, como coleta de impostos).[2] O termo colheita é mais apropriado para a linguagem médica, uma vez que se relaciona com captar algo individualmente; porém, neste capítulo, será adotado o termo coleta em razão de sua consagração no meio clínico.[3]

Variáveis pré-analíticas

Os exames laboratoriais devem antes de tudo ser confiáveis; por essa razão, todas as fases de realização dos testes bioquímicos precisam seguir um grau de rigor técnico que possibilite a exatidão dos resultados. É na fase pré-analítica que ocorre a maior parte dos erros (cerca de 70%) que podem comprometer os resultados dos exames laboratoriais. A correta orientação do paciente, seja por parte do clínico, seja pelo laboratório de análises clínicas, tende a reduzir substancialmente essas intercorrências. A realização dos exames em laboratórios de análises clínicas apresenta as seguintes etapas: fase pré-analítica, que se inicia com a coleta do material biológico, seja pelo pessoal técnico do laboratório, seja pelo próprio paciente; fase analítica, que se refere à realização do teste propriamente dito; fase pós-analítica, que envolve os processos de validação e liberação de laudos, concluída com a interpretação desses documentos por parte do clínico. Os laboratórios de análises clínicas têm procedimentos-padrão para minimizar erros em todas essas etapas, no sentido de garantir a qualidade e a confiabilidade dos resultados.

Fatores pré-analíticos nos resultados dos exames laboratoriais

Para o laboratório bioquímico, são imprescindíveis os corretos preparo do paciente e da coleta, transporte e manipulação das amostras. Antes da coleta de amostras, é importante conhecer, controlar e buscar evitar variáveis que possam interferir nos resultados dos exames laboratoriais. São referidas como condições pré-analíticas, por exemplo, variação cronobiológica, gênero sexual, idade, posição, atividade física, jejum, dieta, gestação, uso ou não de medicamentos para fins terapêuticos e aplicação de torniquete durante a coleta de sangue e hemólise.

Variações cronobiológicas

São variações cíclicas de determinados parâmetros em virtude do tempo. Diversas substâncias dosadas podem apresentar variações de concentração dependendo do momento da coleta, por exemplo, os níveis plasmáticos de cortisol são mais elevados à tarde quando comparados ao período da manhã. Dessa maneira, informações pertinentes ao horário da coleta da amostra devem ser parte integrante do resultado das dosagens de ACTH e de cortisol. Outro exemplo típico são as variações plasmáticas de aldosterona na mulher, que sofre aumento de 100% na fase pré-ovulatória quando comparada à fase folicular do ciclo menstrual. Além disso, as concentrações de hormônios femininos LH, FSH estrogênio e progestógeno apresentam diferenças em distintos períodos do ciclo menstrual e também nas fases da vida da mulher, como infância, vida adulta e menopausa.

Gênero sexual

Homens e mulheres apresentam variações em diversos parâmetros hormonais, bioquímicos e metabólicos. Por exemplo, o hematócrito para mulheres varia de 37 a 47%, enquanto, para homens, esses valores compreendem de 40 a 54%, ocorrendo o mesmo com a concentração de hemoglobina, 12 a 16,5 g/mℓ para as mulheres e 13,5 a 18,0 para homens. Esse padrão distinto entre homens e mulheres se estende para muitos outros parâmetros, como é o caso do hormônio deidroepiandrosterona sulfato (DHEA-S), sintetizado e secretado pela zona reticulada do córtex adrenal. Os homens apresentam concentração plasmática de 80 a 550 µg/dℓ, enquanto as mulheres de 21 a 30 anos mostram concentrações plasmáticas que variam entre 37 e 280 µg/dℓ.

Posição

Podem ocorrer variações de concentração de uma mesma substância dosada com o indivíduo em posição ortostática ou em decúbito. De fato, quando o indivíduo se move da posição decubital para a ortostática, ocorre variação da pressão hidrostática o que leva ao afluxo de água e substâncias filtráveis do espaço intravascular para o intersticial. Assim, pela migração de líquidos vasculares para o interstício, haverá concentração intravascular de albumina, lipoproteínas, hematócrito e leucócitos levando a um resultado superestimado (8 a 10%). Por isso, os laboratórios de análises clínicas padronizam a coleta de sangue, por exemplo, em uma posição única, no sentido de eliminar essa fonte de erros.

Faixa etária

Alguns parâmetros bioquímicos variam com a idade do indivíduo, como é o caso do hormônio do crescimento (GH). A amplitude dos pulsos de GH varia com a idade, aumentando no período puberal, com posterior diminuição progressiva. Outro parâmetro que pode ser utilizado para exemplificar suas alterações em razão idade é o doseamento de ureia e creatinina. Uma vez que a função renal sofre redução no idoso, ocorre aumento dos níveis plasmáticos de ureia, enquanto a creatinina não sofre alterações consideráveis e pode até mesmo estar diminuída pela ação de medicamentos comumente utilizados por pacientes idosos, como diuréticos.

Jejum

Os valores de referência dos testes bioquímicos são estabelecidos em indivíduos em condição de jejum de aproximadamente 8 a 12 h. As refeições podem alterar diversos parâmetros bioquímicos, como é o caso da glicemia, da lipemia e de muitos hormônios, como GH, cortisol, insulina, paratormônio. Em contrapartida, um jejum prolongado (acima de 12 h) pode alterar as condições fisiológicas, levando a uma condição de estresse que pode elevar os valores de alguns hormônios, como cortisol e desidroepiandrosterona, e reduzir discretamente os níveis plasmáticos de TSH, LH e FSH.

Tabagismo e etilismo

É importante questionar o indivíduo sobre uso de álcool e tabaco, uma vez que essas substâncias determinam variações nos resultados de exames laboratoriais com efeitos *in vivo* e *in vitro*. O consumo de bebidas alcoólicas, ainda que de modo esporádico, resulta em alterações significativas nos níveis plasmáticos de glicose, ácido láctico e triacilgliceróis. Já a ingestão crônica de etanol eleva a atividade da enzima gamaglutamil transferase. O hábito de fumar, por sua vez, causa aumento do hematócrito, do volume corpuscular médio (VCM) e da concentração de hemoglobina, além de reduzir o HDL-colesterol e elevar os níveis de aldosterona cortisol.

Atividade física

O exercício físico causa alterações fisiológicas e bioquímicas transitórias, resultado da mobilização de água e outras substâncias entre os diferentes compartimentos corporais, das variações nas necessidades energéticas do metabolismo e da modificação fisiológica que a atividade condiciona. Os laboratórios de análises clínicas padronizam a coleta de amostras estando o indivíduo em condições basais. De fato, a atividade física eleva os níveis plasmáticos de enzimas musculares, como a creatinina cinase (CK), a aldolase e a aspartato aminotransferase. Concomitantemente, podem ocorrer hipoglicemia e elevação da concentração de ácido láctico em até 10 vezes. Essas alterações podem persistir por 12 a 24 h, dependendo da intensidade do exercício físico e do grau de condicionamento do indivíduo.

Gestação

Condição fisiológica especial, que desencadeia profundas mudanças anatômicas, fisiológicas e bioquímicas, durante a gestação ocorre retenção hídrica, causando assim hemodiluição de proteínas totais e albumina. Outros parâmetros importantes que sofrem alteração na gestação são o aumento das proteínas de fase aguda e a velocidade de hemossedimentação.

Medicamentos

O paciente deve sempre ser questionado quanto ao uso de medicamentos, visto que são importantes interferentes nas análises clínicas agindo tanto *in vivo* quanto *in vitro*. As interferências *in vivo* ocorrem, por exemplo, quando há o uso de glicocorticosteroides, que é um hormônio diabetogênico, ou seja, aumenta a glicemia. Outros exemplos incluem a utilização de estatinas, que aumentam a atividade da enzima CK total e anti-inflamatórios, que elevam os níveis de enzimas hepáticas. Quando os medicamentos exercem influência na amostra já coletada, isto é, já fora do organismo, tem-se a interferência *in vitro*, e deve-se destacar que a magnitude dos efeitos do medicamento tem relação direta com a dose. Um exemplo de interferência *in vitro* é a utilização de elevadas doses de vitamina C, que interfere nos métodos de doseamento de glicose por suas propriedades redutoras, originando assim resultados falsamente elevados. A circunstância ideal de coleta e doseamento de amostras biológicas é aquela em que os indivíduos estão livres de qualquer uso de medicamentos. Uma vez que essa condição não é viável, o clínico deve inteirar-se dos possíveis efeitos de cada medicamento nos resultados dos exames laboratoriais.

Temperatura

A temperatura tem bastante relevância na coleta e no armazenamento das amostras. A temperatura ideal de coleta de sangue deve ser de 22 a 25°C, enquanto seu armazenamento precisa ocorrer em ambiente entre 2 e 8°C, visto que esses valores inibem o metabolismo celular estabilizando certos constituintes termolábeis. Algumas dosagens necessitam que as amostras sejam transportadas refrigeradas, como catecolaminas, amônia, ácido láctico, piruvato, gastrina e paratormônio. As amostras de urina devem ser refrigeradas se suas análises não ocorrerem em intervalos de tempo próximos da coleta; mas não se deve congelá-las, uma vez que esse procedimento modifica os parâmetros a serem avaliados.

Luz

A luz pode interferir no doseamento de algumas substâncias fotossensíveis, como bilirrubina, betacaroteno, vitamina A, vitamina B_6 e porfirinas. Dessa maneira, as amostras devem ser preservadas da interação com a luz.

Hemólise

Fenômeno comum que pode acarretar problemas técnicos, a hemólise pode ocorrer durante o processo de coleta do sangue ou mesmo depois, ou seja, *in vitro*. A hemólise *in vivo* pode ser causada por doenças hemolíticas próprias do paciente, coleta de sangue por meio de cateter, coleta de sangue capilar, tempo de garroteamento excessivo, homogeneização vigorosa após a coleta, coleta traumática, tipo de tubo a vácuo, local da venopunção, entre outros fatores. Algumas razões para a ocorrência de hemólise *in vitro* incluem a aplicação de vácuo excessivo, quer no processo de retirada da amostra do tubo, quer na sua transferência para outro recipiente. Outra razão pode ser a existência de pequena quantidade de água no tubo, o que também ocasiona graus variáveis de hemólise. A hemólise é um poderoso fator interferente, uma vez que libera o conteúdo eritrocitário intracelular na amostra interferindo, por exemplo, no doseamento de hormônios peptídicos, já que enzimas proteolíticas oriundas do conteúdo intraeritrocitário promoverão a hidrólise desses hormônios, refletindo em resultados falsamente reduzidos. Além disso, a hemólise conduz a um aumento dos níveis de potássio sérico, sendo, portanto, relevante na avaliação da função adrenocortical.

Hemograma

Trata-se de um dos exames mais solicitados na prática clínica, em razão de seu valor informativo, pois compreende o conjunto de parâmetros qualitativos e quantitativos obtidos dos tipos celulares presentes no sangue e fornece informações bioquímicas e morfológicas para maior precisão no diagnóstico e prognóstico de uma variedade de condições clínicas. De fato, por meio do hemograma é possível, por exemplo, avaliar a função medular óssea e diagnosticar e acompanhar a evolução de doenças crônicas e agudas. O termo hemograma engloba a contagem de eritrócitos, a dosagem de hemoglobina, a determinação do hematócrito, o cálculo dos índices hematimétricos, a contagem global dos leucócitos e o seu diferencial. Normalmente, também é realizada a contagem de plaquetas (embora alguns laboratórios não a realizam sem solicitação). Pode ser realizado somente o eritrograma, que consiste na contagem de eritrócitos, na dosagem de hemoglobina, na determinação do hematócrito e no cálculo dos índices hematimétricos, ou somente o leucograma, que consiste na contagem global de leucócitos e seu diferencial.

Entretanto, nos hemogramas realizados na rotina laboratorial, apenas quatro parâmetros são verdadeiramente úteis para cerca de 90% dos clínicos: dosagem de hemoglobina; hematócrito; contagem de plaquetas; e contagem de leucócitos. Os avanços na engenharia eletrônica proporcionaram automação do processo, possibilitando, assim, a realização de um grande número de amostras com eficiência, sensibilidade e confiabilidade. Contudo, algumas amostras de sangue analisadas pelos contadores automatizados de células ainda requerem avaliação em microscópio óptico por parte dos técnicos, já que alguns aparelhos não são capazes de identificar alterações morfológicas de significância clínica (Figura 33.1). Essa situação tende a mudar com a nova geração de aparelhos contadores mais sofisticados e de maior precisão. Por meio do hemograma, pode-se obter a avaliação de diversos parâmetros importantes para a tomada de decisões que envolvem o diagnóstico e a terapêutica. Por exemplo, o hematócrito é útil no diagnóstico de processos reumáticos; os índices hematimétricos são úteis no acompanhamento da eficácia no tratamento de anemias.

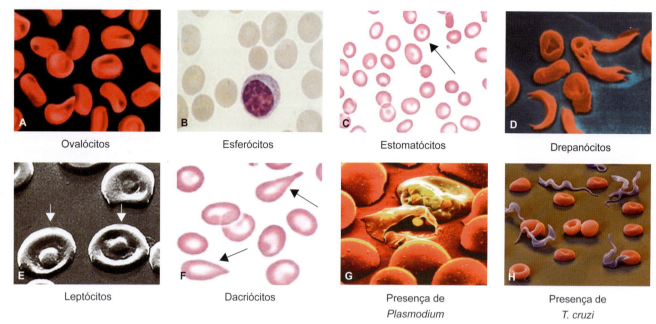

Figura 33.1 A a H. Algumas alterações celulares presentes no hemograma não identificadas por diversos contadores automatizados.

Particularidades da coleta de sangue

A coleta de sangue deve ser efetuada por profissionais qualificados com equipamentos apropriados em ambiente adequado. O modo com que o sangue foi coletado pode ser um importante fator de alterações nos resultados dos exames laboratoriais. Assim, faz-se necessária uma breve abordagem sobre esse processo.

O sangue se divide em duas fases: sólida e líquida, sendo a primeira constituída por células (eritrócitos, leucócitos e plaquetas) e a segunda representada pelo plasma. O plasma contém dois elementos básicos: soro e fibrinogênio. O fibrinogênio é responsável pela coagulação do sangue, transformando-se em fibrina que dá origem a coágulos que evitam hemorragias. Já o plasma também contém substâncias orgânicas, como proteínas (albumina, globulina e fibrinogênio), elementos nitrogenados não proteicos (ureia, creatinina, ácido úrico, amônia e aminoácidos), carboidratos (glicose) e lipídios (colesterol, triacilgliceróis, fosfolipídios e ácidos graxos). Os elementos inorgânicos são: cloretos, iodo, fósforo, potássio, sódio, magnésio, ferro e sulfatos. Dependendo da análise laboratorial desejada, o exame poderá ser realizado no sangue total (hemograma), no plasma (p. ex., dosagens de glicose, estudos de coagulação, enzimologia, lipidograma) e no soro (p. ex., testes bioquímicos e sorológicos). Quando se pretende realizar análise no soro, este deve ser coletado em tubo de ensaio vazio, isto é, sem anticoagulante, para que ocorra o processo de coagulação. Quando for necessário plasma para análise, a amostra deverá ser coletada em tubo de ensaio contendo anticoagulante específico. Neste caso, não ocorre coagulação, pois o anticoagulante inibirá um dos fatores de coagulação (geralmente cálcio), impedindo, assim, a formação do coágulo. O componente celular, então, se depositará no fundo do tubo e os diferentes elementos do sangue ficarão em níveis distintos, conforme suas densidades. Os eritrócitos decantam no fundo do tubo, enquanto o plasma sobe e, entre os dois, localizam-se as células brancas e as plaquetas, formando uma fina camada esbranquiçada.

Coleta de sangue a vácuo

Técnica segura e eficiente em que, por meio de um adaptador (Figura 33.2) e um tubo com vácuo pré-calibrado, se mantêm as qualidades dos elementos do sangue em um sistema fechado e asséptico. Com essa técnica, após a venopunção, o sangue é coletado por aspiração mecânica automática, em razão do vácuo interno do tubo. Rotineiramente, o sangue é coletado da veia basílica (Figura 33.3). O garrote é utilizado durante a coleta de sangue, para facilitar a localização da veia. Para veias facilmente visíveis, nem sempre será necessária a sua utilização. Deve-se retirar o garrote logo após a venopunção, pois o garroteamento prolongado altera os valores da análise, principalmente de plaqueta, cálcio e análises dos fatores de coagulação. Contudo, em algumas situações a coleta a vácuo não pode ser realizada, como em recém-nascidos. O vácuo presente no tubo provoca colabamento das paredes do vaso, por isso a coleta deve ser feita com seringa nesses casos.

Regras a serem observadas

O garrote deve ser colocado no braço do paciente, próximo ao local da punção (cerca de 10 cm). O fluxo arterial não pode ser interrompido pelo garroteamento. O contrafluxo deve ser

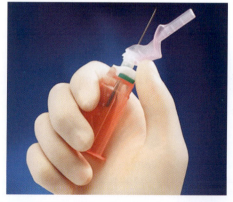

Figura 33.2 Mecanismo de coleta de sangue a vácuo.

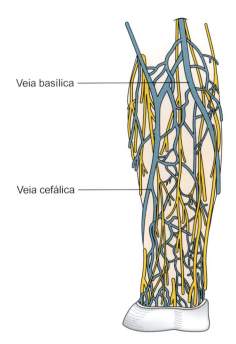

Figura 33.3 A punção da veia basílica é comumente realizada no sentido de coletar o sangue. Fonte: adaptada de Netter, 2000.[4]

comprimido, porém o pulso precisará continuar palpável. Se o braço estiver excessivamente comprimido pelo garrote, o fluxo sanguíneo arterial poderá ser interrompido, reduzindo a passagem do sangue venoso para o interior do tubo e prejudicando a coleta. O garroteamento excessivo pode ser reconhecido pela cianose das falanges distais dos dedos da mão, caso em que o garrote deverá ser solto imediatamente restaurando-se o fluxo sanguíneo. As veias podem ser facilmente apalpadas, pois são firmes, elásticas e diferenciáveis dos tendões musculares. As artérias são palpáveis, pulsáveis e localizam-se na parte interna das dobras dos braços. Qualquer veia, após ser examinada, poderá ser puncionada independentemente da sua localização (braço, dobra do braço, antebraço e dorso da mão).

Mecanismos de ação dos agentes anticoagulantes

Análises clínicas de amostras de sangue EDTA (ácido etilenodiamino tetra-acético) com fluoreto

Soluções de EDTA e fluoreto de potássio são rotineiramente utilizadas em frascos de coleta de sangue total em laboratórios de análises clínicas. O sangue é impedido de coagular em razão da ação bloqueadora do EDTA sobre o cálcio ionizável, uma vez que forma um complexo insolúvel com o cálcio. Já o fluoreto atua na inibição das enzimas da via glicolítica nos eritrócitos tornando possível a dosagem de glicose. O pH situa-se entre 6,5 e 7,0 e uma gota dessa mistura é suficiente para impedir a coagulação de 5 mℓ de sangue preservando as plaquetas.

Oxalato

Precipitador do íon cálcio, também chamado de anticoagulante de Wintrobe. Consiste em uma mistura de oxalato de amônio (6 mg) e potássio (4 mg), em que se utiliza 0,5 mℓ para cada 5 mℓ de sangue. O oxalato de lítio pode ser usado para determinações do nitrogênio não proteico. Apresenta o inconveniente de provocar alterações degenerativas no citoplasma e aberrações nos núcleos dos leucócitos.

Citrato

É pouco usado para estudos celulares do sangue, porém muito empregado para alguns testes de coagulação, atuando como sequestrante de cálcio. O *citrato dissodium* (ACD) é usado para transfusão sanguínea, mas não deve sê-lo para dosagens bioquímicas, uma vez que promove perda de água com diluição do plasma podendo originar falsos resultados de anemia.

Heparina

É um anticoagulante de natureza enzimática extraído do fígado, usado ocasionalmente por ser muito oneroso e interferir na coloração dos leucócitos. Atua na conversão da protrombina em trombina. Tem a vantagem de não produzir hemólise e seu uso se dá na gasometria, na hematologia, nas dosagens bioquímicas, no radioimunoensaio e na imunologia. Contudo, não deve ser empregado para testes de coagulação, fosfato e esfregaço do hemograma.

Hematócrito (Ht/Hct)

A medida do hematócrito (Ht) é a proporção de sangue ocupada pelos eritrócitos, enquanto o plasma, que corresponde a aproximadamente 55% do volume sanguíneo total, forma o líquido no qual os eritrócitos ficam suspensos e onde são encontradas diversas substâncias, como água (92%), proteínas (fibrinogênio, albumina e globulina), sódio (7%), gases, nutrientes, excretas, hormônios e enzimas. Níveis baixos de hematócrito e hemoglobina indicam normalmente diminuição da eritropoese ou aumento no seu catabolismo. O hematócrito depende, portanto, do número de eritrócitos, embora o tamanho das células possa afetar em grau discreto os valores de Ht. Nos aparelhos automatizados, o hematócrito é calculado, e não medido diretamente, por isso não é um índice adequado para avaliar anemia. O hematócrito pode encontrar-se aumentado na condição de policitemia vera, um distúrbio das células sanguíneas precursoras que acarreta excesso de eritrócitos (eritrocitose). É acompanhada de aumento na hemoglobina. Pode ser decorrente de aumento de eritropoetina no plasma ou de processos tumorais medulares, como leucemias. A policitemia vera é rara – apenas cinco indivíduos em 1 milhão apresentam esse distúrbio –, de modo que os aumentos de hematócrito verificados no cotidiano da clínica médica se devem à policitemia secundária, ou seja, eritrocitose decorrente de outras causas, excetuando-se a policitemia vera. A Tabela 33.1 mostra as causas mais comuns de policitemia secundária que refletem aumento do hematócrito.

No diagnóstico diferencial da policitemia vera e formas de policitemia secundária, busca-se mensurar a concentração de oxigênio em uma amostra de sangue arterial. Quando a concentração de oxigênio está anormalmente baixa, é provável que o indivíduo apresente uma policitemia secundária. A concentração sérica de eritropoetina (hormônio que estimula a medula óssea a produzir eritrócitos) também pode ser mensurada. Na policitemia vera, a concentração de eritropoetina encontra-se extremamente baixa, mas ela está normal ou elevada na policitemia secundária. Raramente, cistos hepáticos ou renais e tumores renais ou cerebrais produzem eritropoetina. Os indivíduos com esses problemas apresentam uma concentração elevada de eritropoetina e podem desenvolver policitemia secundária.

Tabela 33.1 Causas mais comuns de policitemia secundária.

Exame	Mecanismo envolvido
Hipoxia Tabagismo Doença pulmonar obstrutiva crônica Altas altitudes	Essas condições conduzem ao déficit de oxigênio nos tecidos, portanto todas essas situações essencialmente levam à hipoxia e, nessa condição, há estímulo para a produção de eritropoetina. A altitude implica na menor captação de O_2 pelos tecidos em decorrência do ar mais rarefeito que, por fim, culmina na hipoxia
Distúrbios da hemocaterese	A esplenomegalia (aumento do tamanho do baço) pode desencadear elevação da hemocaterese, a degradação de eritrócitos por parte do baço refletindo-se em redução da massa de eritrócitos, o que inevitavelmente leva à redução do hematócrito. A esplenomegalia pode ocorrer em diversas condições, como estímulo da resposta imune em decorrência de infecções (endocardite), neoplasias (p. ex., linfoma e leucemia linfocítica crônica) ou ainda na doença infiltrativa, como a sarcoidose
Desidratação Diarreias Queimaduras	Todas essas situações conduzem à perda de água por parte do organismo causando, portanto, hemoconcentração, que se reflete como falso aumento do hematócrito. Nesse caso, o número de eritrócitos não aumentou, mas houve redução da volemia
Anemias	As anemias (falciforme, ferropriva, talassêmica etc.) conduzem a maior taxa de hemólise paralelamente à maior atividade de hemocaterese resultando em redução do hematócrito. Contudo, na anemia por macrocitose o hematócrito encontra-se aumentado
Hipofunção tireoidiana	Os hormônios tireoidianos são um dos principais moduladores da taxa metabólica. A hipofunção tireóidea conduz à queda na taxa metabólica refletindo-se em redução da atividade de renovação eritrocitário, o que leva ao aumento do hematócrito
Distúrbios da medula óssea	Disfunções da medula óssea, como na mielofibrose, um distúrbio no qual o tecido fibroso pode substituir as células precursoras que produzem células sanguíneas normais na medula óssea, resultando em eritrócitos com formas anormais

Eritrograma

Avalia as alterações quantitativas (hematócrito, hemoglobinometria) e qualitativas (índices hematimétricos e hematoscopia). Trata-se do estudo da série vermelha do sangue e abarca a morfometria eritrocítica (Figura 33.4). O estudo morfométrico dos eritrócitos é realizado em microscópio óptico e, portanto, um esfregaço sanguíneo da amostra deve ser preparado. São conhecidos sob o termo de pecilocitose ou poiquilocitose e as formas encontradas serão descritas a seguir de maneira sintetizada.

Acantócitos

Os eritrócitos apresentam espículas irregulares em suas dimensões. As células apresentam um aspecto arredondado. A acantocitose é um achado comum nas hepatopatias.

Drepanócitos (eritrócitos falciformes)

Essas células têm o aspecto de foice e decorrem da presença de hemoglobina S (HbS). A hemoglobina S apresenta o aminoácido valina em substituição do ácido glutâmico na posição 6 da cadeia β da globina. Essa alteração na sequência de aminoácidos reflete-se na estrutura da hemoglobina tornando-a insolúvel quando o eritrócito é submetido a baixas tensões de oxigênio, levando as células, então, a assumirem o aspecto de foice.

Dacriócitos

São eritrócitos com forma de lágrima. Estão presentes em grande quantidade na mielofibrose. Em pequena quantidade podem aparecer em qualquer tipo de anemia.

Estomatócitos

Apresentam a porção central em fenda lembrando "bocas" (*stomato* = boca). A estomatocitose está presente em algumas doenças hepáticas e no recém-nascido em pequenas quantidades, no entanto pode ser decorrente de artefatos de distensão de sangue em lâminas, sobretudo o sangue lido em zonas delgadas da lâmina.

Equinócitos e crenócitos

Os eritrócitos apresentam a membrana com projeções que se assemelham a rodas denteadas. É um fenômeno que ocorre sobretudo em sangue armazenado em bolsas plásticas ou

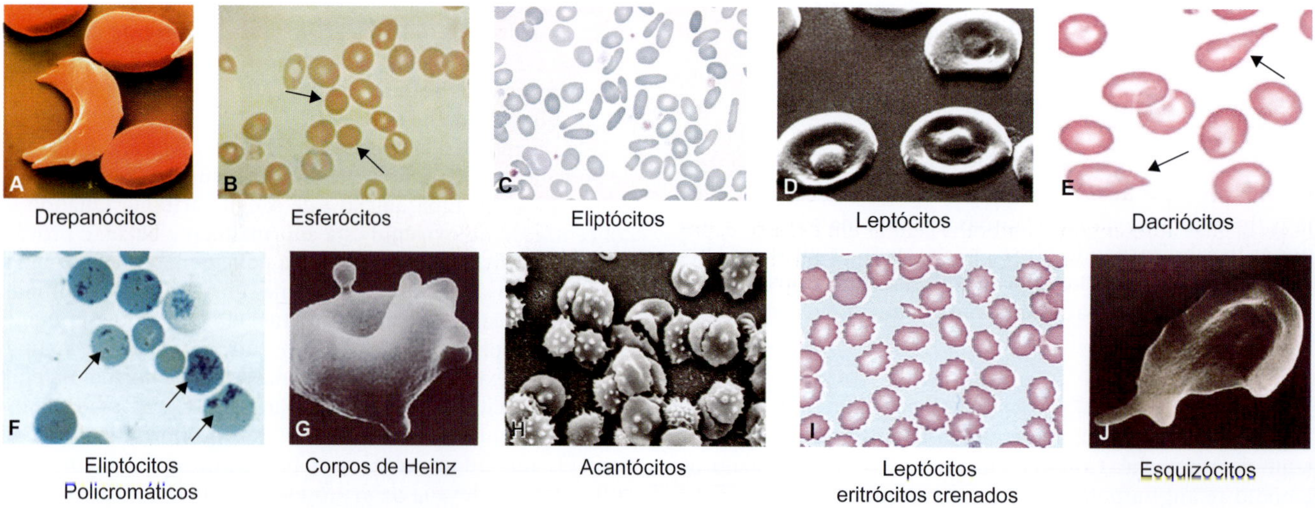

Figura 33.4 A a J. Achados mais comuns relacionados com a forma dos eritrócitos.

A — Drepanócitos
B — Esferócitos
C — Eliptócitos
D — Leptócitos
E — Dacriócitos
F — Eliptócitos Policromáticos
G — Corpos de Heinz
H — Acantócitos
I — Leptócitos eritrócitos crenados
J — Esquizócitos

frascos de vidro, uma vez que substâncias alcalinas presentes nas paredes desses sistemas de armazenamento se difundem para a amostra. A formação de espículas dessa natureza é um fenômeno reversível e o sangue de recém-nascido se mostra mais sensível. *In vivo*, tais espículas podem ser vistas em condições de uremia e recebem a designação de *burr cells*.

Esferócitos

As células apresentam diâmetro reduzido em razão da bicon-cavidade. A gênese da ovalocitose reside em defeitos genéticos envolvidos com proteínas do citoesqueleto. Os esferócitos apresentam baixa resistência membranar, o que ocasiona hemólise intravascular, liberando no plasma hemoglobina livre que, posteriormente, é reabsorvida nos túbulos renais. Entretanto, se a hemólise for intensa o suficiente para saturar a capacidade de absorção dos túbulos renais, a hemoglobina livre pode ser detectada na urina.

Eliptócitos

Como indica o termo, assumem a elíptica designando uma condição denominada eliptocitose. Em menores quantidades, podem aparecer em qualquer tipo de anemia.

Eritrócitos policromáticos

As células apresentam formato íntegro, porém mostram-se em tom azul em virtude da presença de RNA residual. Estão presentes em morbidades medulares em que grandes quantidades de eritrócitos jovens estão sendo produzidas. Comuns também em anemias hemolíticas.

Esquizócitos

Eritrócitos fragmentados presentes em condições em que há uma lesão mecânica, em casos de hemólise, ou em casos de pacientes que sofreram queimaduras.

Eritrócitos crenados

As células apresentam várias pontas pequenas. Essa condição ocorre na uremia, quando o paciente faz tratamento com heparina ou, ainda, na deficiência de piruvato cinase.

Eritrócitos com corpos de Heinz

Os eritrócitos deformados e os doentes apresentam disfunções bioquímicas que decompõem a hemoglobina em estruturas insolúveis. Essas estruturas arredondadas, formadas por globinas livres e conhecidos como corpos de Heinz, se precipitam junto à membrana do eritrócito, deformando-o. A remoção desses precipitados pelo baço forma um aspecto de célula mordida.

Leptócitos ou *target cells*

Essas células apresentam membrana celular em excesso e, por conta disso, tendem a assumir a forma de sinos na circulação. O excesso de membrana está presente nas hemoglobinopatias C e S e também na betatalassemias. O desbalanço entre colesterol e lecitina na membrana plasmática dos eritrócitos também pode causar alteração membrana, sendo a principal causa de leptocitose nas icterícias obstrutivas. Os leptócitos recebem também a denominação *target cell* (célula-alvo), isso porque quando essas células são distendidas em lâminas e coradas, o corante tende a impregnar-se no centro e na periferia da célula fazendo com que esta assuma um aspecto de alvo.

Ovalócitos ou eliptócitos

Referem-se a eritrócitos ovalados, pouco alongados. Eritrócitos podem assumir essa forma quando há alguma alteração em proteínas do citoesqueleto. Na ovalocitose, não se verifica anemia, dado que a sobrevida dos ovalócitos é de cerca de 120 dias, igualmente ao eritrócito estruturalmente normal. A ovalocitose é uma alteração genética de proteínas envolvidas no citoesqueleto, portanto na homozigose ou na dupla heterozigose a anemia pode estar presente.

Outros achados não relacionados com a forma

Eritrócitos aglutinados. Essa condição ocorre, em geral, quando a hemólise é causada por um anticorpo contra os eritrócitos. Isso faz com que as células passem a formar agrupamentos denominados crioaglutininas.

Eritrócitos em *rouleaux*. Designam a organização dos eritrócitos em rolos ou colunas, formando pilhas de células (Figura 33.5). Essa situação ocorre em razão da perda do potencial zeta da célula. O potencial zeta é a carga residual que os eritrócitos apresentam pela presença dos grupos carboxil dos ácidos siálicos nas membranas da célula. Normalmente, não há *rouleaux*, o qual ocorre em alta concentração de globulinas anormais, mieloma múltiplo e macroglobulinemia

Inclusões nos eritrócitos

Corpúsculos de Howell-Jolly

Aparecem como se fossem um botão azul-escuro junto à membrana do eritrócito, por fragmento nuclear ou DNA condensado, e podem ser observados em indivíduos esplenectomizados e nas anemias hemolíticas graves.

Eritrócitos com pontilhados basófilos

Na betatalassemia, pode-se observar vários pontos roxos no interior do eritrócito decorrentes da precipitação dos ribossomos ricos em RNA. Outras condições em que essas inclusões estão presentes são a intoxicação por chumbo e a anemia hemolítica por deficiência de pirimidina-5-nucleotidase.

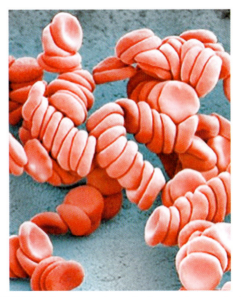

Figura 33.5 Eritrócitos em *rouleaux*, fenômeno decorrente da perda do potencial zeta das células.

Anéis de Cabot

São formações decorrentes de restos de fusos mitóticos e apresentam a forma de um número oito no interior de eritrócito. Às vezes, observados em anemias hemolíticas graves.

Índices hematimétricos

Fornecem dados relativos às mensurações feitas nos eritrócitos, como peso e concentração da hemoglobina e medidas de peso, espessura e diâmetro dos eritrócitos. Esses dados podem ser obtidos por meio de citometria de fluxo, uma técnica usada para contar e analisar as características físicas e moleculares de partículas microscópicas como células do sangue. Para tanto, a amostra de sangue a ser observada é constituída por uma suspensão de células ou de partículas, as quais, incluídas na corrente em fluxo laminar de um líquido condutor, serão forçadas a passar uma a uma pela "câmara de fluxo". Um feixe de luz (normalmente *laser*) de comprimento de onda preestabelecido é direcionado à câmara de fluxo. Sempre que o raio *laser* incide sobre uma célula, a radiação sofrerá desvios que são transcritos pelo citômetro em sinais eletrônicos, que, por sua vez, são identificados pelos sensores. Um desses sensores é denominado *Forward Angle Light Scatter* (FS), porque está situado no sentido da direção do feixe luminoso (Figura 33.6). Outro sensor localiza-se a 90° dessa direção e, por essa razão, é chamado de ortogonal ou *Side Scatter* (SS). O sensor FS fornece informações referentes ao tamanho da célula, com base na difração e refração da luz, enquanto o sensor SS, que mede a luz dispersada, avalia a granulosidade intracelular, dada pela presença de núcleo, cromossomas, mitocôndrias e outras organelas ou partículas citoplasmáticas. Os parâmetros passíveis de serem medidos pela técnica de citometria de fluxo incluem volume, diâmetro celular, complexidade morfológica das células e pigmentos, como a hemoglobina. Assim, os dados oriundos dos variados sensores do citômetro originam os fundamentos para a elaboração do histograma eritrocitário: volume corpuscular médio (VCM); concentração de hemoglobina corpuscular média (HCM); concentração de hemoglobina corpuscular média (CHCM); e amplitude de distribuição eritrocitária (RDW, do inglês *red cell distribution width*), que não é propriamente um índice hematimétrico, mas uma média eletrônica calculada com base no desvio-padrão do tamanho dos eritrócitos e do VCM com faixa de variação entre 11,5 e 14,5%. Esses índices são úteis na classificação dos eritrócitos em células normocíticas, macrocíticas e microcíticas e, por essa razão, são utilizados no diagnóstico diferencial de anemias.

Volume corpuscular médio (VCM)

Trata-se do índice que avalia o volume dos eritrócitos e, por consequência, o seu tamanho. É o parâmetro hematimétrico mais utilizado no acompanhamento da eficácia terapêutica contra a anemia. Sua unidade de medida é dada em fentolitros (fℓ = 10^{-15} ℓ). As células podem, então, ser classificadas, se pequenas, como *microcíticas* (< 80 fℓ, para adultos), se grandes, *macrocíticas* (> 96 fℓ, para adultos), e, se apresentam tamanho dentro de suas faixas de referência, *normocíticas* (80 a 96 fℓ). O VCM correlaciona-se inversamente com a contagem de eritrócitos, de modo que resultados de hemograma que expressam resultados com alta contagem de eritrócitos tendem a apresentar valores mais baixos de VCM. O excesso de EDTA em amostras de sangue também pode causar redução dos valores de VCM por esse tipo de anticoagulante promover perda de água por parte dos eritrócitos. A *anisocitose* é a denominação que indica alteração no tamanho dos eritrócitos. As anemias microcíticas mais comuns são a ferropriva e as síndromes talassêmicas. As anemias macrocíticas mais comuns são as anemias megaloblástica e perniciosa e podem ainda estar associadas a reticulocitose, tabagismo ou carência de vitamina B_{12} e ácido fólico. O VCM é obtido de acordo com o seguinte cálculo:

$$\text{VCM (f}\ell\text{)} = \frac{\text{Ht (\%)} \times 10}{\text{Eritrócitos } (10^{12}/\ell)}$$

Em que: Ht representa o hematócrito.

Hemoglobina corpuscular média (HCM)

Esse índice corresponde à média de hemoglobina por eritrócito que se reflete em sua coloração de modo que valores abaixo dos valores de referência indicam hipocromia, e valores superiores, hipercromia. Na verdade, é uma medida do peso médio de hemoglobina por eritrócito, que é expresso em picogramas (pg = 10^{-12} g). Esse índice é obtido quando o aparelho divide a quantidade de hemoglobina pelo número de eritrócitos em um dado volume de sangue. No entanto, acredita-se que a HCM é um valor dispensável no hemograma, estando em discussão a sua real utilidade nele, uma vez que eritrócitos de tamanho maior apresentam quantidades maiores de

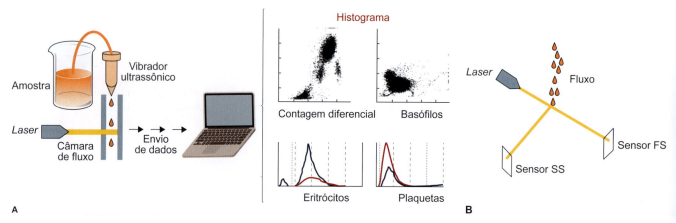

Figura 33.6 A. Princípio geral de funcionamento de um equipamento de citometria de fluxo. **B.** Disposição dos sensores que originam os índices hematimétricos e, consequentemente, fornecem as bases para a construção de histogramas.

hemoglobina, enquanto eritrócitos menores, quantidades menores de hemoglobina. Assim, a HCM aparece no hemograma apenas porque os profissionais da área médica habituaram a vê-lo. De qualquer maneira, a HCM pode ser obtido por meio do seguinte cálculo:

$$\text{HCM (pg)} = \frac{\text{Hb (gd}\ell) \times 10}{\text{Eritrócitos } (10^{12}/\ell)}$$

Em que: Hb é hemoglobina.

Concentração de hemoglobina corpuscular média (CHCM)

Refere-se à concentração de hemoglobina encontrada em um volume de 100 mℓ de sangue. A CHCM mede, na verdade, o grau de saturação de hemoglobina nos eritrócitos e, por isso, constitui o melhor índice para o diagnóstico de hipocromia. Quando a síntese de hemoglobina nos eritrócitos está comprometida, como na carência de ferro, ocorre redução do volume eritrocítico, já que a quantidade de hemoglobina é menor. No entanto, nessa condição, a concentração da hemoglobina permanece estável, pois a concentração é proporcional ao volume da célula. Somente em situações em que a deficiência de hemoglobina ocorre por longo período inicia-se a insaturação hemoglobínica nos eritrócitos, ou seja, o volume eritrocitário, em que deveria haver hemoglobina, passa a ser ocupado por água e outros compostos. A CHCM é considerada o índice-chave para o acompanhamento da terapêutica utilizando ferro, uma vez que as duas determinações hematológicas mais precisas (hemoglobina e hematócrito) são usadas em seu cálculo. É expresso em decilitros (dℓ = 10^{-1} ℓ). O intervalo de referência é de 32 a 36 g/dℓ. Como a coloração do eritrócito depende da quantidade de hemoglobina, elas são chamadas de hipocrômicas (< 32), hipercrômicas (> 36) e eritrócitos normocrômicos (no intervalo de normalidade). É importante observar que na esferocitose o CHCM geralmente é elevado.

$$\text{CHCM (gd}\ell) = \frac{\text{Hb (gd}\ell) \times 100}{\text{Ht (\%)}}$$

Amplitude de distribuição eritrocitária (RDW)

Trata-se de um índice que indica a anisocitose (variação de tamanho dos eritrócitos). Na verdade, é uma medida eletrônica dos volumes dos eritrócitos que representa a porcentagem de variação dos volumes obtidos, mostrando o grau de heterogeneidade das células no tocante ao seu volume. Após a contagem realizada pelos equipamentos contadores de células, os eritrócitos são agrupados por tamanho e distribuídos em uma curva que fornece um índice de dispersão da anisocitose, denominado também *coeficiente de distribuição do volume dos glóbulos*. Este índice constitui um parâmetro importante para avaliar o grau de variação do "tamanho" dos eritrócitos presentes na amostra. Assim, valores de RDW na faixa da normalidade indicam homogeneidade do tamanho das células, e valores elevados sinalizam eritrócitos heterogêneos quanto ao seu tamanho. Quanto maior o valor de RDW, maior será a variação no tamanho dos eritrócitos sugerindo anormalidades. O valor de RDW é expresso em porcentagem e varia de 11 a 16% dependendo do tipo de equipamento utilizado. O RDW é bastante útil na diferenciação das anemias ferropriva e talassêmica. De fato, na anemia ferropriva o valor de RDW encontra-se abaixo de $5,10^{-9}/\ell$, enquanto, na anemia talassêmica, mostra resultados de RDW acima desse valor.

RDW e VCM se correlacionam e devem ser interpretados em conjunto

O VCM é o resultado da média de todos os tamanhos dos eritrócitos analisados e, consequentemente, só apresentará valor menor que 80 fℓ e maior que 96 fℓ quando já existir determinada população de células menores ou maiores, respectivamente. Desse modo, há casos que já apresentam eritrócitos menores ou maiores, mas em que a quantidade das células ainda não foi suficiente para alterar o VCM. Deve-se também analisar a relação entre o histograma e o RDW, tanto numérica quanto visualmente. O RDW estará sempre representado na base do histograma, e, quanto mais alargada a base, maior a variação no "tamanho" dos eritrócitos e, consequentemente, um RDW mais elevado. Se a base for estreita, significará uma menor variação no "tamanho" das células, com menores valores para RDW. Conclui-se, assim, que o histograma eritrocitário e o RDW devam ser interpretados em conjunto, pois eles se complementam.

Nem todos os laboratórios fornecem o seu resultado no hemograma. Na maioria das vezes, é expresso em porcentagem e seu valor de referência é de 11 a 14%. No entanto, discute-se que a expressão do resultado em porcentagem não está correta, uma vez que, embora o RDW seja calculado como a porcentagem da média, ele constitui um coeficiente, de modo que não deve vir acompanhado do símbolo de porcentagem (%) e essa interpretação deve ser compartilhada. O RDW é extremamente útil na diferenciação de anemias, por exemplo, quando há microcitose, um aumento de RDW indica anemia ferropênica, descartando a talassemia *minor*, na qual o RDW estaria normal ou levemente aumentado (já que a anisocitose é homogênea). A relação entre o RDW e o VCM é expressa em sua fórmula de cálculo:

$$\text{RDW} = \frac{\text{Desvio-padrão do tamanho dos eritrócitos} \times 100}{\text{VCM}}$$

O RDW apresenta-se aumentado nas seguintes condições: deficiência de ferro na dieta, anemia perniciosa, hemoglobina anormal (S ou S-C ou H), betatalassemia, reticulocitose acentuada, fragmentação dos eritrócitos, hemorragia aguda, anemia falciforme, alcoolismo. A principal informação que pode ser obtida do valor de RDW auxilia no estabelecimento do diagnóstico diferencial das anemias por síntese deficiente de hemoglobina. O aumento do valor de RDW mostra maior variação no tamanho da população de eritrócitos. Não há causa conhecida que conduza à redução dos valores de RDW.

Hemossedimentação (VHS)

Dois métodos têm sido vulgarmente utilizados para a determinação da VHS: o de Wintrobe e o de Westergren, sendo este último o método de referência aconselhado pelo International Council for Standardization in Haematology (ICSH), especialmente por sua maior sensibilidade com as variações clínicas. A técnica de Westergren consiste em acondicionar 1,6 mℓ de sangue mais 0,4 mℓ de anticoagulante (citrato de sódio com concentração de 3,8%) em um tubo transparente com diâmetro interno de 2,5 mm e graduado em milímetros (pipeta de Westergren). A marca zero da graduação fica na extremidade superior, exatamente a 200 mm da ponta da pipeta.[5] A pipeta deve permanecer em posição exatamente vertical por 60 min e, depois desse tempo, faz-se a leitura pela altura da coluna de plasma na interface de separação com os eritrócitos sedimentados, sendo o resultado expresso em milímetros por hora (mm/h). Já o método de Wintrobe utiliza um tubo de hematócrito, preenchido com amostra de sangue venoso coletado em oxalato. Os valores de referência diferem daqueles de Westergren porque o tubo de Wintrobe tem metade do comprimento e graduações diferentes do utilizado no método de Westergren.[5] Em essência, a hemossedimentação envolve o movimento de precipitação dos eritrócitos em vista das forças que se opõem a essa sedimentação, como proteínas plasmáticas.

Além das proteínas plasmáticas, a forma e o volume dos eritrócitos interferem na velocidade de hemossedimentação. Fatores que reduzem a sedimentação eritrocítica incluem a rigidez e as alterações morfológicas celulares.[4] Diversos fatores podem ainda aumentar a velocidade de sedimentação dos eritrócitos, como hemodiluição e a eventual presença de proteínas plasmáticas assimétricas e de alto peso molecular que se ligam à membrana celular, o que reduz o potencial zeta e facilita a formação do *rouleaux*, fenômeno no qual os eritrócitos se agregam formando colunas. Normalmente, a formação em *rouleaux* é limitada pela carga negativa dos eritrócitos, que se repelem e não se agregam. Essa força repulsiva eletrostática, chamada potencial zeta, decorre do grupo carboxil do ácido siálico (ácido N-acetilneuramínico) presente na superfície dos eritrócitos e se estende por até 15 nm, ou seja, aproximadamente o diâmetro de dois eritrócitos.[6]

O efeito repulsivo dessa carga de superfície é modificado pelas proteínas plasmáticas circundantes. Todas as proteínas plasmáticas afetam o coeficiente dielétrico do plasma, no entanto macromoléculas como o fibrinogênio e as gamaglobulinas exercem influência desproporcionalmente grande[6], de modo que o aumento plasmático desses componentes diminui o potencial zeta entre os eritrócitos, possibilitando maior formação em *rouleaux*, conduzindo à maior velocidade de hemossedimentação. As principais macromoléculas que contribuem para o aumento da VHS em ordem decrescente são o fibrinogênio, a α-globulina e a gamaglobulina, enquanto as que mais contribuem para o retardamento da VHS são a albumina e a lecitina, porém, não há correlação absoluta entre a VHS e algumas das frações proteicas do plasma.[6] É por essa razão que a VHS aparece discretamente aumentada no diabetes melito, já que a glicação da hemoglobina colabora para alterações do potencial zeta. Normalmente, os eritrócitos não formam *rouleaux* porque se sedimentam lentamente. Assim, a presença de *rouleaux* em uma amostra de sangue já é indicativo de VHS anormal. Os valores de VHS podem sofrer alterações em condições fisiológicas, como a gestação; nesse caso, possivelmente em razão do aumento da volemia e de fibrinogênio no plasma. O aumento na VHS inicia-se por volta da 16ª semana de gestação e tem seu pico na 1ª semana do puerpério, sendo o valor máximo esperado de 40 a 50 mm/h. Além disso, sabe-se que o VHS é influenciado por níveis de hematócrito, hemoglobina, saturação de transferrina e ferro sérico. Embora inespecífico, o teste de VHS é extremamente útil na identificação de processos inflamatórios, sendo, portanto, muito solicitado na reumatologia para a identificação de condições artríticas e lúpus eritematoso. Entretanto, valores de VHS podem apresentar-se normais em indivíduos anêmicos portadores de condições infecciosas e inflamatórias. De fato, em condições relacionadas diretamente com os eritrócitos podem não refletir aumento da VHS (Tabela 33.2). Contudo, a VHS aumenta sempre em que há processos inflamatórios, já que, nessa condição, há maior agregação eritrocítica e alterações plasmáticas que alteram de modo significativo o potencial zeta, o que favorece a velocidade de sedimentação dessas células.

Identificação de anemias

A anemia em si não constitui um diagnóstico, mas sim um sintoma de algum processo patológico. É importante a realização do diagnóstico diferencial no sentido de determinar a causa da anemia que inicialmente levanta suspeita em razão do baixo hematócrito ou baixos níveis de hemoglobina. Nesse caso, uma segunda amostra de sangue deve ser coletada a fim de confirmar se realmente existe o quadro de anemia, já que pacientes em internação, muitas vezes, tendem a receber líquidos intravenosos, como soro, provocando hemodiluição, o que se reflete em baixo hematócrito indicando uma possível anemia.

Outra causa de falsa anemia é de origem iatrogênica. De fato, em ambiente hospitalar a coleta de várias amostras de sangue do paciente é prática comum, sobretudo daqueles em que o diagnóstico é de difícil estabelecimento. Em unidades de tratamento intensivo, podem ser coletados mais de 50 mℓ de sangue por dia de pacientes em tratamento. A gestação também pode causar uma falsa anemia, mas o mecanismo se dá por hemodiluição, ou seja, a volemia aumenta e, por conta disso, instala-se uma falsa anemia. A anemia pode ser classificada considerando a patologia subjacente; assim, têm-se quatro mecanismos principais:

- Anemias carenciais: decorrentes de elementos necessários à formação da hemoglobina ou à maturação dos eritrócitos, como vitamina B_{12}, ácido fólico e ferro

Tabela 33.2 Condições que promovem alterações da VHS.

Condições fisiopatológicas em que há aumento da VHS	Condições fisiopatológicas em que não há aumento da VHS	Condições fisiopatológicas em que há redução da VHS
Alcoolismo	Policitemia vera	Hemoglobinopatias
Artrites reumatoides	Deficiência de piruvato cinase	Desnutrição grave
Artrite gotosa	Parasitoses intestinais	Hipofibrinogenemia
Espondilite anquilosante	Anemia falciforme	Hepatopatias graves
Lúpus eritematoso sistêmico	Infecções das vias respiratórias superiores	Esferocitose
Carcinomas, linfomas, neoplasias	Esferocitose hereditária	–
Colagenoses	Úlcera péptica	–
Diabetes melito	–	–

- Anemias decorrentes de disfunções medulares: estas podem ser causadas por:
  - Hipoplasia medula óssea (p. ex., decorrentes de produtos químicos que interfiram na capacidade mitótica da medula)
  - Mielofibrose (substituição da medula óssea por tecido fibroso)
  - Supressão da capacidade da função medular sem a presença de hipoplasia verdadeira (presente em determinadas condições, como doenças reumatoides envolvendo o colágeno, hipotireoidismo e neoplasias malignas disseminadas em que não há substituição extensa do tecido medula óssea)
- Anemias por depleção: ocorrem principalmente por problemas hemorrágicos crônicos ou agudos, hiperatividade esplênica relacionada com o aumento da hemocaterese e outros processos em que há perda ou destruição de eritrócitos. Sangramentos do trato gastrintestinal decorrentes de úlceras gástricas são exemplos de anemias por depleção
- Anemias decorrentes de hemólise: ocorre anemia em situações em que há extensa hemólise, como na malária – nesse caso, a anemia é diagnosticada por meio da contagem de reticulócitos e dosagem de lactato desidrogenase (LDH), já que a hemólise promove extravasamento dessa enzima e sinaliza para a medula aumentar a síntese de células causando reticulocitose.

Classificação das anemias segundo a morfologia eritrocitária

A classificação das anemias segundo a morfologia dos eritrócitos implica, na maioria das vezes, a realização do esfregaço sanguíneo da amostra que se quer analisar, embora se possam utilizar os índices hematimétricos analisando, sobretudo, o VCM, já que o tamanho dos eritrócitos reflete esse índice hematimétrico. Em um adulto, o VCM fica entre 80 e 100 fℓ. Portanto, é possível classificar como anemia normocítica aquelas que estão dentro do valor de normalidade do VCM, microcíticas abaixo de 80 fℓ e macrocíticas acima de 100 fℓ:

- Microcíticas: anemia ferropriva (a mais comum de todas), hemoglobinopatias (talassemia, hemoglobinopatia C, hemoglobinopatia E), secundárias a algumas doenças crônicas, anemia sideroblástica
- Macrocíticas: anemia megaloblástica, anemia perniciosa, alcoolismo, em decorrência do uso de certos medicamentos (metotrexato, zidovudina)
- Normocíticas: por perda de sangue, anemia aplásica, anemia falciforme, secundárias a doenças crônicas.

Com os termos normocítica, microcítica e macrocítica, podem advir os termos normocrômica ou hipocrômica referindo-se à concentração de hemoglobinas do eritrócito. A Tabela 33.3 agrupa esses termos e fornece as bases da sua interpretação.

Exames laboratoriais utilizados no diagnóstico diferencial de anemias

O hemograma é o principal exame a ser realizado quando há suspeita de anemia, devendo-se avaliar o número de eritrócitos (hematócrito), o VCM, a HCM e a CHCM. A normalidade varia de acordo com sexo, idade e etnia. A morfologia dos eritrócitos, ou estudo da sua forma, ajuda a diagnosticar alguns tipos de anemias. Algumas formas só aparecem em alguns tipos de anemia.

A contagem de reticulócitos é usada para avaliar a produção de eritrócitos. Expresso em porcentagem, o valor normal é de até 2%. Há um aumento quando ocorre uma anemia hemolítica ou após perda de sangue. Reticulócitos são eritrócitos imaturos e apresentam resíduos de RNA em seu interior, que se tornam visíveis ao microscópio óptico usando-se corantes especiais. Quando se desconhece a causa da anemia, outros exames são utilizados para auxiliar nos diagnósticos. A dosagem de ferritina é importante no diagnóstico da anemia ferropriva, assim como do ferro sérico. A eletroforese de hemoglobina é usada para detectar o tipo de hemoglobinopatia que tem causa genética. A deficiência de glicose-6-fosfato desidrogenase (G6PD), uma enzima, é detectada pelo teste de resistência globular osmótica (RGO) e auxilia no diagnóstico de algumas anemias hemolíticas (esferocitose, eliptocitose). O teste de Coombs é usado para detectar se a anemia é um defeito extracorpuscular adquirido. Já o teste de Ham serve para detectar anemia causada pela hemoglobinúria paroxística noturna. Níveis de lactato desidrogenase (LDH) aumentados aparecem quando há eritrócitos lisados, portanto em casos de hemólise. A seguir, abordam-se esses métodos em separado e sua interpretação.

Reticulócitos

O reticulócito é o estágio celular anterior ao eritrócito, denominado, por esse motivo, eritrócito jovem. Uma das principais diferenças entre um reticulócito e um eritrócito é a presença

Tabela 33.3 Classificação das anemias segundo a análise morfológica dos eritrócitos.

Normocítica – eritrócitos apresentam-se com morfologia normal	Normocítica hipocrômica: eritrócitos apresentam-se com morfologia normal, porém com baixos níveis de hemoglobina
	Normocítica normocrômica: eritrócitos apresentam-se com morfologia normal e níveis de hemoglobina dentro da faixa de referência (p. ex., hemorragias agudas, anemia hemolítica, hiperesplenismo)
Microcítica – eritrócitos apresentam-se com tamanho reduzido	Microcítica hipocrômica: eritrócitos apresentam-se com tamanho reduzido e baixos níveis de hemoglobina (p. ex., talassemias e deficiências crônicas de ferro)
	Microcítica normocrômica: eritrócitos apresentam-se com tamanho reduzido e níveis de hemoglobina em sua faixa normal de referência hemoglobina (p. ex., diversos casos de doenças sistêmicas crônicas)
Macrocíticas – eritrócitos apresentam-se com tamanho aumentado	Microcítica normocrômica: eritrócitos apresentam-se aumentados, porém com níveis de hemoglobina em seus valores de referência (p.ex., carência de vitamina B_{12} ou ácido fólico, alcoolismo crônico, reticulocitose)
	Macrocítica hipocrômica: eritrócitos apresentam-se aumentados, porém com níveis de hemoglobina reduzidos quando comparados a seus valores de referência (p. ex., casos em que a carência de ferro acompanha a macrocitose)

de restos nucleares (granulações de RNA dos ribossomos) somente nos reticulócitos. A contagem de reticulócitos é importante porque fornece informações relativas à função medular. De fato, a ausência de reticulocitose em um tratamento para reverter um quadro de anemia indica que este não está surtindo efeito, sugerindo alteração da conduta clínica. Pode servir ainda como indicador de anemia hemolítica. O valor de reticulócitos deve ser ajustado segundo um fator de correção obtido multiplicando-se a porcentagem de reticulócitos pelo hematócrito do paciente e dividindo-se pela meia-vida dos reticulócitos (meia-vida esta relacionada com o hematócrito). Essas relações estão expressas na fórmula a seguir. O valor encontrado deve ser relacionado com o tempo de vida médio do reticulócito determinado pela Tabela 33.4.

$$\text{Fator de correção} = \frac{\% \text{ de reticulócitos} \times \text{Hematócrito}}{45}$$

Dosagem de glicose-6-fosfato desidrogenase

A deficiência de glicose-6-fosfato desidrogenase (G6PD) é uma doença ligada ao cromossomo X bastante frequente (0,5 a 26% da população é afetada), caracterizada por hemólise induzida por medicamentos, sendo prevalente nas regiões tropicais e subtropicais, onde confere proteção contra a malária. A G6PD é expressa em todos os tecidos, mas a sua deficiência manifesta-se essencialmente nos eritrócitos. O *locus* da G6PD localiza-se no braço "q" do cromossomo X (Xq28). Os indivíduos afetados são predominantemente do sexo masculino, já que as mulheres, por terem dois cromossomos X, podem apresentar o gene íntegro que antagoniza os efeitos da expressão do gene alterado.

A G6PD catalisa a primeira reação da via das pentoses fosfato na qual a glicose-6-fosfato é oxidada em 6-fosfogluconolactona com a redução concomitante de NADP a NADPH. Portanto, é essencial na proteção do eritrócito contra a ação de oxidantes por manter a glutationa no estado reduzido.[7] De todas as variantes de G6PD com atividade deficiente, as que mostram maior importância pela sua frequência são: a variante africana (G6PD-A), amplamente disseminada na África e entre afrodescendentes de todo o mundo; e a variante mediterrânea (G6PD Mediterrânea), mais comumente encontrada em italianos, gregos, judeus orientais, árabes e persas.[7] No Brasil, cerca de 95 a 99% dos indivíduos deficientes em G6PD apresentam a variante africana (G6PD-A).[7] Os eritrócitos obtêm ATP por meio de uma via fermentativa que converte a glicose em duas moléculas de piruvato. Essa via denomina-se glicólise ou via de Embden-Meyerhof (Figura 33.7). Paralelamente à glicólise, os eritrócitos utilizam outra via para síntese de ATP: a via das pentoses fosfato, a qual leva à produção de três compostos, a ribose-5-fosfato, o CO_2 e o NADPH. A ribose-5-fosfato é a pentose constituinte dos nucleotídeos, que comporão os ácidos nucleicos, e de muitas coenzimas, como ATP, NADH, FADH2 e coenzima A. A G6PD catalisa o primeiro passo da via das pentoses fosfato, uma via alternativa de oxidação de glicose-6-fosfato.

O NADPH atua como coenzima doadora de hidrogênio em sínteses redutoras e em reações para proteção contra compostos oxidantes, de modo que a via das pentoses fosfato é, em verdade, uma proteção do eritrócito contra oxidações biológicas (Figura 33.7). A deficiência de G6PD faz com que os eritrócitos percam sua proteção antioxidante entrando em hemólise, provocando anemia aguda ante alguns medicamentos, como antimaláricos, ácido acetilsalicílico e analgésicos (p. ex., fenacetina). Assim, um aspecto importante no tratamento é evitar os agentes causadores de hemólise: medicamentos oxidativos e favas, por exemplo. Uma lista de medicamentos oxidativos deve ser disponibilizada ao indivíduo para que ele possa prevenir sua ingestão. O portador da deficiência de G6PD pode apresentar, além de anemia aguda com presença de corpúsculos de Heinz e, consequentemente, eritrócitos com aspecto de "células mordidas", reticulocitose em decorrência da anemia hemolítica. O diagnóstico biológico é feito com base na determinação da atividade da G6PD em eritrócitos e comparação à atividade de outras enzimas eritrocitárias, a piruvato cinase ou hexocinase (enzimas envolvidas na via glicolítica). O teste deve ser feito na ausência de hemólise para evitar interferências decorrentes de contagens elevadas de reticulócitos. As deficiências moleculares subjacentes incluem, sobretudo, mutações pontuais na sequência codificante, levando a substituições de aminoácidos; não são conhecidas mutações que levem à perda de função do gene. A análise molecular possibilita a identificação das mutações causais e a escolha de uma estratégia terapêutica adequada com base na previsão da gravidade das manifestações clínicas. Existem outros testes para identificação de deficiência de G6PD, como o teste de Brewer, em que ocorre redução da metaemoglobina. Trata-se de um método simples que utiliza reagentes de fácil aquisição. Apesar de ser um método qualitativo, oferece resultados satisfatórios e tem sido utilizado amplamente em triagem populacional inclusive, na detecção da hiperbilirrubinemia neonatal.[7,8]

Termos relevantes para análise adequada do eritrograma

Da análise do eritrograma surgem alguns termos que devem ser bem definidos para uma análise completa do quadro hematológico. Alguns serão listados na Tabela 33.5 por sua praticidade.

Hemoglobinopatias

Prova de falcização ou teste de hemoglobina S (HbS)

Anemia falciforme

Trata-se de uma hemoglobinopatia, ou seja, uma das condições que acometem a hemoglobina. A hemoglobina é uma proteína composta por quatro subunidades: duas alfa, com 141 resíduos de aminoácidos cada uma, e duas beta, com 146 resíduos cada uma (Figura 33.8). Anemia falciforme, portanto, é o nome dado a uma morbidade hereditária na qual os eritrócitos assumem a forma de uma foice, mas recebem a designação hematológica de drepanócitos.

Tabela 33.4 Relação entre o hematócrito e o tempo de vida dos reticulócitos em dias.

Hematócrito	Tempo de vida dos reticulócitos (dias)
> 40%	1,0
30 a 40%	1,5
20 a 30%	2,0
< 20%	2,5

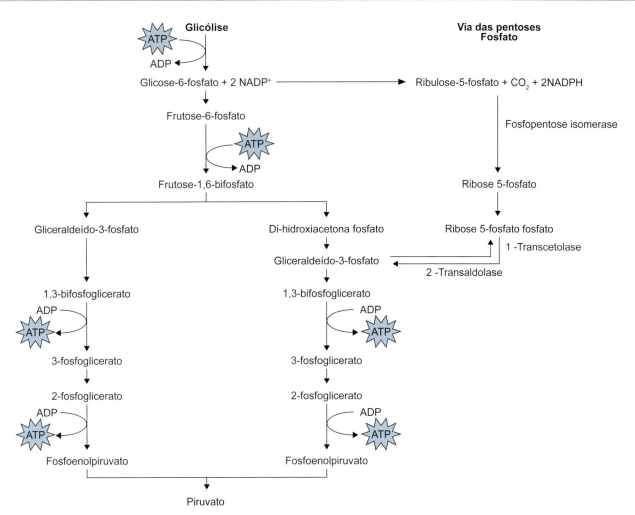

Figura 33.7 Via glicolítica em via das pentoses fosfato. A via das pentoses fosfato é utilizada sobretudo por eritrócitos senis. Constitui uma proteção contra oxidações biológicas.

Tabela 33.5 Termos do eritograma.

Acantocitose	Condição na qual os eritrócitos encontram-se deformados, contraídos, apresentando múltiplas projeções espiculadas. Essas células podem ser observadas em duas situações clínicas principais: em pacientes com abetalipoproteinemia e na anemia da hepatopatia grave (*spurcell anemia*)
Anisocitose	Significa a diferença entre o tamanho dos eritrócitos em um esfregaço sanguíneo, e será tanto mais intensa quanto mais intenso for o esgotamento da medula óssea ou o grau da anemia
Coagulação intravascular disseminada	Depleção dos fatores da coagulação por causa da coagulação excessiva
Distúrbios hereditários das plaquetas	As plaquetas não se aderem entre si para formar um tampão
Doença de von Willebrand	As plaquetas não se fixam aos orifícios das paredes vasculares
Hemofilia	Ausência do fator da coagulação VIII ou do fator da coagulação IX
Hipercromia	Indica eritrócitos com maior teor de hemoglobina tendo, portanto, maior coloração
Hipocromia	Indica eritrócitos com menor teor de hemoglobina tendo, portanto, menor coloração
Normocitose	Eritrócitos com aspecto normal
Poiquilocitose	Significa a diferença entre a forma dos eritrócitos em um esfregaço sanguíneo, que será tanto mais intensa quanto mais grave o processo anêmico ou maior o esgotamento da medula óssea
Policitemia secundária	Um excesso de eritrócitos causado por outros problemas, excetuando-se a policitemia vera, é denominado policitemia secundária
Policitemia vera	Trata-se de um distúrbio das células sanguíneas precursoras que acarreta um excesso de eritrócitos
Trombocitemia	Designa a quantidade elevada de megacariócitos (células produtoras de plaquetas) que conduz a uma quantidade elevada de plaquetas. Pode ser decorrente de leucemia, policitemia vera ou metaplasia mieloide
Trombocitopenia	Concentração muito baixa de plaquetas no sangue; contém aproximadamente 150.000 a 350.000 plaquetas por microlitro. As causas podem ser diversas, como diminuição da produção de plaquetas, aumento da destruição de plaquetas, hiperesplenismo, doenças autoimunes, quimioterapia e radioterapia, múltiplas transfusões etc.

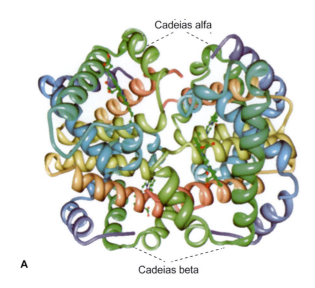
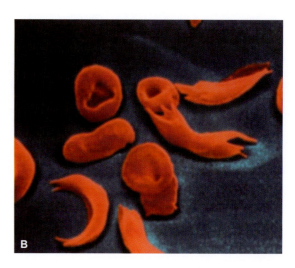

Figura 33.8 A. Molécula de hemoglobina com suas quatro subunidades. **B.** Eritrócitos falciformes (drepanócitos).

Ocorre com maior ou menor gravidade de acordo com o caso, o que causa deficiência do transporte de gases nos indivíduos que apresentam a doença. É comum em afrodescendentes de modo que o conhecimento sobre a origem étnica do paciente pode ser de grande valia na análise genética de indivíduos acometidos por algum tipo de hemoglobinopatia. A formação da hemoglobina S (HbS) é determinada por um par genético que sofre alteração nos portadores da doença. Neles, há a presença de ao menos um gene mutante, que leva o organismo a produzir a hemoglobina S. Essa hemoglobina apresenta, em sua estrutura primária, uma troca do sexto resíduo de aminoácido (um resíduo de ácido glutâmico é substituído por resíduo de valina).

Essa troca é consequência da substituição de um único nucleotídeo na sequência de DNA. Em vez do nucleotídeo adenina na posição 20 da cadeia de DNA, na sequência anormal encontra-se o nucleotídeo timina que, por sua vez, altera a sequência de códons de GAG para GTG.

A alteração conformacional ocorre porque o grupo radical da valina não contém carga elétrica, enquanto o ácido glutâmico tem carga negativa quando em um ambiente de pH 7,4 (esse valor de pH é o fisiológico e, nele, o grupo carboxila perde um hidrogênio) e encontra-se na face externa da molécula. Assim, a substituição do resíduo de ácido glutâmico por valina cria um ponto hidrofóbico de ligação na superfície externa da cadeia beta, alterando a conformação final da proteína. Essa molécula de hemoglobina é capaz de transportar o oxigênio, mas, quando este passa para os tecidos, as moléculas da sua hemoglobina se aglutinam em formas gelatinosas de polímeros, também chamadas tactoides, que acabam por alterar a estrutura do eritrócito, tornando-os frágeis em razão das alterações na sua membrana.

Quando recebem novamente o oxigênio, podem ou não recuperar seu formato original. Após algum tempo, por não suportar bem as modificações físicas, a hemoglobina pode manter a forma gelatinosa de modo permanente e, consequentemente, o formato de foice do eritrócito. Nessa forma, sua vida útil torna-se menor, o que pode vir a causar anemia hemolítica. O gene causador da anemia falciforme tem uma relação de codominância com o gene normal. Assim, há indivíduos portadores de uma forma branda e de uma forma grave da mesma doença. O teste de falcização tem como objetivo diagnosticar anemia falciforme. O método baseia-se na redução da tensão de O_2 induzindo à formação de agregados cristalinos, já que a hemoglobina S na ausência de O_2 torna-se insolúvel quando comparada à hemoglobina íntegra. Para o teste, uma gota de sangue obtida por meio de punção digital é colocada em uma lâmina e recoberta com uma lamínula. As bordas da lamínula são vedadas com petrolato e, após cerca de 6 h, pode-se fazer a observação em microscópio óptico. Outra maneira de realizar o teste é adicionar ao sangue da lâmina metabissulfito de sódio na concentração de 2% antes de cobri-lo com a lamínula. Como o metabissulfito é um poderoso redutor, a reação é acelerada possibilitando a observação no intervalo de 15 a 60 min. Contudo, atualmente os *kits* para testes de falcização são bastante eficazes e seu método consiste em desoxigenar a hemoglobina S que, por tornar-se insolúvel, precipita-se em determinados meios.

Os testes de lamínula ou os *kits* não são totalmente específicos para hemoglobina S, visto que produzem falcização para outras hemoglobinas, como a hemoglobina F, (HbF forma fetal da hemoglobina); por essa razão, o teste deve ser feito em bebês somente 4 a 6 meses após o nascimento, período em que a hemoglobina F passa a ser substituída pela hemoglobina A (HbA forma presente no adulto). O diagnóstico definitivo da anemia falciforme pode ser obtido por meio da eletroforese de hemoglobina. Nesse teste; produz-se uma separação das frações HbS, HbA e outras formas de hemoglobina que porventura estejam presentes na amostra. A eletroforese de hemoglobina possibilita a identificação de diversos tipos de hemoglobina, que podem identificar uma doença hemolítica. Por exemplo, se HbA2 for de 4 a 5,8% da hemoglobina total, então existe a implicação de talassemia menor. Se HbA2 estiver abaixo de 2%, isso sugere uma doença de hemoglobina H. A talassemia menor é também sugerida se HbF for 2 a 5% da hemoglobina total, e talassemia maior se HbF compreender 10 a 90%. Se o total da hemoglobina for HbF, sugere persistência hereditária homozigota de hemoglobina fetal. Se HbF compreender 15% do total de hemoglobina, sugere HbS homozigota.

Hemoglobina C

A hemoglobina C (HbC) é uma variante originada pela substituição do ácido glutâmico por lisina na posição 6 da cadeia beta da globina da hemoglobina, conduzindo a um leve distúrbio hemolítico. Os portadores dessa condição são homozigotos (CC) para o gene da hemoglobina C (HbC). Estima-se que o gene esteja presente em cerca de 3% dos afro-americanos, não sendo, portanto, uma doença comum. A origem da hemoglobina C, tal como da hemoglobina S, é africana e sua propagação foi ampla na região do Mediterrâneo e das Américas por meio do tráfico de escravos, em diferentes períodos da história da humanidade.[9] Esse processo de distribuição do gene da globina beta possibilitou sua interação com outras hemoglobinas variantes e talassemias, e é amplamente observado na população brasileira. De fato, apresenta prevalência entre 15 e 30% nos povos de origem africana e sua frequência é bastante variável na população brasileira, dependendo da região analisada. Os portadores da doença apresentam leptocitose (leptócitos, eritrócitos em forma de alvo), mas não desenvolvem anemia. A troca do aminoácido confere características estruturais e funcionais próprias à molécula, facilitando a sua identificação por metodologias de rotina diagnóstica.

A eletroforese é o método de rotina mais frequentemente utilizado na identificação de portadores desse tipo de hemoglobinopatia (Figura 33.9), embora existam outros mais sofisticados, como a cromatografia líquida de alta pressão (HPLC).

Enzimologia clínica

As enzimas são definidas como proteínas com atividade catalítica e estão presentes em todos os tipos celulares. Essencialmente, o ambiente onde as enzimas atuam é o meio intracelular, de modo que sua concentração no plasma tende a ser baixa, podendo aumentar em condições em que há lesão celular. Nesse caso, as enzimas inicialmente compartimentalizadas no meio intracelular ganham o plasma em decorrência da lise celular ou mesmo do aumento da permeabilidade celular. Uma segunda causa do aumento plasmático de enzimas é a síntese elevada por parte das células com consequente exportação do excesso de enzimas para o plasma. O doseamento de enzimas plasmáticas constitui uma importante ferramenta no diagnóstico, prognóstico e acompanhamento terapêutico em diversas morbidades, sobretudo as hepáticas, cardiovasculares, ósseas, pancreáticas e musculares. Possibilita ainda conhecer a extensão e a gravidade de determinado processo patológico ou mesmo o diagnóstico diferencial entre duas morbidades, possibilitando, assim, maior eficácia no tratamento. De fato, cerca de 20 a 25% dos exames laboratoriais realizados envolvem dosagens enzimáticas, por isso conhecer as enzimas clinicamente importantes e suas relações com processos fisiopatológicos é condição indispensável para o clínico moderno.

Mecanismo de ação enzimática

A plena compreensão dos mecanismos de catálise enzimática é importante para o entendimento de algumas particularidades relacionadas com os exames laboratoriais envolvendo dosagens enzimáticas. Aborda-se aqui, de maneira sucinta, como se dá esse processo.

A enzima é uma proteína que apresenta uma região específica em que ocorre a catálise. Essa porção da molécula enzimática é chamada de sítio catalítico ou sítio ativo, enquanto a substância que sofre a ação enzimática denomina-se substrato. A ação enzimática compreende a interação da enzima com seu substrato formando, assim, um complexo enzima-substrato; posteriormente, por um breve instante, ocorre a catálise e o substrato é prontamente convertido em produto ainda ligado à enzima (complexo enzima-produto). Finalmente, a enzima desliga-se de seu produto, regenerada para a próxima reação. A equação da reação de catálise enzimática pode ser assim escrita:

$$E + S \leftrightarrow ES \leftrightarrow EP \leftrightarrow E + P$$

Em que: E é a enzima; S, o substrato; ES, o complexo enzima-substrato; P, o produto; e EP, o complexo enzima-produto.

Uma característica que pode ser mensurável nas enzimas é sua velocidade de ação, que depende de vários fatores, como pH do meio, concentração de inibidores, concentração de substratos, temperatura etc. Algumas enzimas necessitam de cofatores para exercerem sua atividade. Cofatores são substâncias que não apresentam natureza proteica, mas que estão intimamente associadas às enzimas, e, sem eles, a ação enzimática não ocorre. Os cofatores podem ser vitaminas, minerais metais ou mesmo coenzimas, como o NADH e o NAPDH.

Distribuição de enzimas órgão-específica

Há para certas enzimas diferenças marcantes de atividade entre diferentes tecidos e órgãos. Por exemplo, enquanto a creatinina cinase (CPK) ocorre principalmente no tecido muscular esquelético, a alanina-transaminase (AST) se dá sobretudo no fígado. Já a lactato-desidrogenase (LDH) apresenta ampla distribuição entre tecidos, ou seja, de baixa especificidade.

Isoenzimas

São enzimas com funções idênticas, mas que apresentam pequenas diferenças estruturais. São reconhecidas imunologicamente e identificáveis por meio de sua decomposição em subunidades. São mais específicas para tecidos, órgãos e organelas de uma só espécie de ser vivo. Por exemplo, existem três isoformas de CPK:

- MM, específica para musculatura esquelética
- MB, mais específica para coração
- BB, específica para o tecido nervoso.

As isoenzimas podem ser detectadas isoladamente em alguns casos, o que aumenta muito a sua especificidade e, portanto, utilidade no diagnóstico de certas doenças.

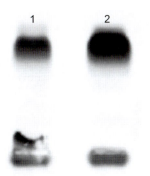

Figura 33.9 Padrão eletroforético de uma amostra de hemoglobina C (1) e hemoglobina normal (2) em acetato de celulose. Fonte: Bonini-Domingos et al., 2003.[9]

Métodos de análise

Os mais utilizados na rotina do laboratório de bioquímica clínica são:

- Método de ponto final: mede a atividade de uma enzima com base apenas nos pontos inicial e final da reação. Não se considera o que acontece durante a reação. Por isso, é menos preciso. Exemplo: determinação da atividade da amilase sérica pelo método do iodo
- Método cinético: considera a reação enzimática em vários pontos, sendo, portanto, muito mais preciso e sensível. Exemplo: todos os métodos em UV (340 nm).

Os métodos em UV utilizando o sistema NAD^+/$NADH + H^+$ são os mais empregados na prática. Foram descritos por Warburg e baseiam-se na verificação de que essa coenzima reduzida ($NADH+H^+$) absorve luz em 340 nm, enquanto a sua forma oxidada (NAD^+) não absorve luz nesse comprimento de onda. Assim, o sistema é utilizado como indicador da velocidade de reações enzimáticas que utilizam essa coenzima ou que estão acopladas a outras reações enzimáticas que as utilizam. As principais enzimas dosadas em laboratórios de diagnóstico clínico e suas siglas estão apresentadas na Tabela 33.6.

De maneira geral, as enzimas são medidas por meio dos resultados de sua atividade de catálise, os quais são expressos em termos da quantidade da atividade presente em determinado volume ou massa da amostra. A unidade da atividade é a medida da velocidade em que a reação se realiza, por exemplo, a quantidade de substrato consumido ou quantidade de produto formado em determinada unidade de tempo. De acordo com a comissão de enzimas da União Internacional de Bioquímica (IUB), uma unidade de uma enzima (unidade internacional [UI]) é a quantidade de enzima que catalisa a transformação de um micromol de substrato por minuto nas condições-padrão por ela recomendadas. Portanto, a unidade catalítica não se refere à quantidade ou ao peso da enzima, uma vez que ainda não se é possível purificar a grande maioria das enzimas. Em fluidos biológicos, a atividade catalítica das enzimas é referida para 1 mℓ ou para 1 ℓ e, por essa razão, são expressas em µm/mℓ ou UI/ℓ, numericamente equivalentes (mU/mℓ = U/ℓ). Atualmente, recomenda-se a designação internacional, ou seja, U/ℓ ou simplesmente U.

1 unidade internacional (UI) = 1 micromol/minuto/litro (µmol/min/ℓ)

Mais recentemente, a IUB e a União Internacional de Química Pura e Aplicada (IUPAC) têm recomendado que a unidade catalítica deve ser expressa em mols/s, dando a essa nova unidade o nome de Katal. Assim, a dosagem enzimática deveria ser expressa em Katal/litro (Kat/ℓ) e a justificativa é baseada no Sistema Internacional (SI) de medidas, que preconiza o mol como unidade de substrato transformado e os segundos como unidade de tempo. No entanto, essa recomendação não tem sido adotada universalmente.

1 Kat = 1 mol/segundo/litro (1 mol/s/ℓ)

Coleta da amostra para análise

Para a obtenção de resultados confiáveis na determinação de qualquer enzima, é necessário que coleta, manuseio e transporte sejam feitos de modo correto, ou seja, de acordo com as recomendações específicas para cada dosagem. São algumas condições na coleta que podem refletir em resultados alterados:

- Utilização de anticoagulantes – o soro é o material de escolha para as dosagens enzimáticas no sangue. Assim, a utilização de anticoagulantes pode provocar erros de inibição enzimática. Exemplos: oxalato, citrato e EDTA inibem a amilase; o oxalato inibe a aminotransferase
- Hemólise – não se devem utilizar amostras hemolisadas para dosagens enzimáticas porque o conteúdo citosólico dos eritrócitos contaminará a amostra, causando alterações nas dosagens. Exemplos: liberação de fosfatase ácida, que existe em grande quantidade no interior dos eritrócitos, ou inibição das lipases pela presença da hemoglobina
- Estase venosa – garroteamento demorado ou muito apertado provoca sensibilização de membranas biológicas em razão de hipoxia com liberação de fosfatases ácidas do interior dos eritrócitos e aminotransferases
- Coagulação – a separação do soro e do plasma deve ser feita o mais rápido possível porque a coagulação provoca desintegração de eritrócitos e plaquetas podendo contaminar a amostra com suas enzimas
- Lipemia – soro e/ou plasma muito turvos (lipemia intensa) podem provocar turbidez na reação enzimática e, consequentemente, um erro fotométrico.

Tabela 33.6 Principais enzimas dosadas em laboratório clínico.

Nome	Abreviatura	Condições em que há aumento no plasma
Amilase	AMS	Pancreatite aguda
Lipase	LP	
Aldolase	ALD	Doenças musculares
Creatinina fosfotransferase	CPK	
Lactato desidrogenase	LD	
Alanina aminotransferase ou transaminase glutâmico pirúvica	ALT/TGP/GPT	Doenças hepáticas
Lactato desidrogenase	LD	
γ-glutamiltransferase	GGT	
γ-glutamitranspeptidase	GGTP	
5´nucleotidase	5´NT	
Colinesterase	CHE	Exposição a inseticidas organofosforados
Creatinina cinase	CK	Infarto do miocárdio
Desidrogenase láctica	LDH	
Fosfatase ácida	ACP/FAC/PACP	Câncer da próstata com metástase
Fosfatase alcalina	ALP/FALC	Doenças hepáticas e doenças ósseas
γ-glutamiltransferase	GGT	Colestase
γ-glutamiltransferase transpeptidase	GGTP	

Conservação das amostras

As dosagens enzimáticas devem ser feitas o mais breve possível para evitar perdas da atividade enzimática. Quando for necessária uma conservação, esta deve ser realizada por um período curto e a 4°C. A Tabela 33.7 mostra a perda média da atividade de algumas enzimas quando o soro é conservado a 4°C e a 25°C. O congelamento da amostra deve ser evitado, uma vez que a cristalização da água presente no soro causa alterações irreversíveis das ligações de hidrogênio das enzimas e, consequentemente, sua desnaturação.

Fosfatase alcalina

- Abreviaturas utilizadas: ALP/FALC
- Nome sistemático (IUB): fosfoidrolase monoéster ortofosfórica
- Nome usual: fosfatase alcalina
- pH ótimo: 8,5 a 10,3.

A fosfatase alcalina compreende um grupo de enzimas fosfoidrolases que apresentam atividade máxima em pH alcalino, próximo de 10,0. Localizada predominantemente em superfícies de troca (epitélio intestinal, túbulos renais, barreira hematencefálica e placenta). Em organismos eucariotos, encontra-se ligada à face externa da membrana plasmática por meio de uma âncora de glicosilfosfatidilinositol, sendo, portanto, uma ectoenzima. Está intimamente relacionada com a mineralização óssea (normal ou ectópica), embora a totalidade das suas funções fisiológicas permaneça ainda pouco conhecida. Cada um dos tecidos supracitados apresenta uma isoenzima, de modo que a fosfatase alcalina dosada no plasma é resultado da presença de diferentes isoenzimas originadas em diferentes órgãos, com predomínio das frações ósseas e hepáticas.

O estudo das frações de ALP é útil no diagnóstico diferencial de morbidades envolvendo o tecido ósseo que se relacionam com o fígado. A separação da forma hepática daquela encontrada nos ossos pode ser feita por meio do calor; enquanto a isoenzima hepática (ALP1) é termoestável, a sua isoforma óssea (ALP2) é termossensível. A ALP1 é secretada pelas células de Kupffer (macrófagos modificados com aspecto fusiforme presentes nos sinusoides hepáticos) e também pelas células da mucosa do trato biliar. Já a ALP2 encontrada no tecido ósseo é sintetizada e secretada pelos osteoblastos. Por essa razão, qualquer alteração envolvendo o metabolismo desses dois tecidos refletirá em aumento plasmático da fosfatase alcalina. Contudo, algumas condições fisiológicas podem causar aumento das isoformas de ALP no plasma, como a gestação, sobretudo no terceiro trimestre (produção placentária), adolescência (pelo alto metabolismo ósseo) e menopausa. Os recém-nascidos também tendem a apresentar valores mais altos de ALP em razão do crescimento ósseo. As condições fisiopatológicas em que os níveis plasmáticos de ALP estão aumentados são, por exemplo, as hepatopatias, principalmente aquelas envolvidas na obstrução do trato biliar (litíase), carcinoma da cabeça do pâncreas que acaba por interferir no fluxo biliar. Os carcinomas hepáticos, primário e secundário, também refletem aumento de ALP plasmática. As morbidades envolvendo o tecido ósseo também podem ser rastreadas por meio do exame de fosfatase alcalina plasmática. De fato, maior aumento dos níveis séricos da fosfatase alcalina é encontrado na doença de Paget, um distúrbio crônico do esqueleto no qual algumas áreas ósseas apresentam um crescimento anormal, aumentam de tamanho e tornam-se mais frágeis.

O distúrbio pode afetar qualquer osso, sendo os mais comumente atingidos os da pelve, o fêmur, os ossos do crânio, a tíbia, as vértebras, as clavículas e o úmero. Assim, na doença de Paget, a velocidade da reabsorção e da construção ósseas (ações osteolíticas e osteoblásticas) estão aumentadas, causando a reabsorção progressiva de ossos e posterior reconstrução de um osso desorganizado. Nessa condição, os valores de fosfatase alcalina alcançam 10 a 25 vezes o normal. Níveis moderadamente elevados podem ser encontrados na osteomalacia, em alguns tumores ósseos e nos hiperparatireoidismos primário e secundário. As fraturas levam a um aumento transitório e, na osteoporose, os valores são normais. Nas neoplasias, os níveis da fosfatase alcalina são úteis para avaliar a presença de metástases envolvendo fígado e osso; valores muito elevados são vistos em pacientes com lesões osteoblásticas, como as encontradas no carcinoma de próstata com metástase óssea. Outras causas de fofatase alcalina elevada incluem hiperparatireoidismo, hipernefromas, alcoolismo, colangites, câncer de pâncreas, câncer hepático, sarcoidose e hepatites. Níveis reduzidos de ALP plasmática estão presentes no hipotireoidismo, na anemia perniciosa, na desnutrição, na doença celíaca e na hipofosfatemia. Finalmente, a dieta pode ainda promover aumento da ALP plasmática.

De fato, níveis aumentados de ALP no soro podem ser verificados após a ingestão de dietas hiperlipídicas, sobretudo em indivíduos pertencentes ao grupo sanguíneo O ou B. Esse aumento pode ser atribuído à fração ALP do trato gastrintestinal. Por essa razão, deve-se orientar o indivíduo quanto a não ingerir dietas hiperlipídicas no dia que antecede o teste. Deve-se atentar para o fato de a amostra ser coletada no período da manhã após jejum de 8 h, salvo orientações médicas dosando-a em soro ou plasma. O anticoagulante a ser empregado deve ser a heparina, uma vez que fluoreto, oxalato, citrato e EDTA interferem nos resultados do teste. Durante a coleta de sangue, a hemólise deve ser evitada, já que a liberação de fosfatase alcalina eritrocitária interfere no resultado do teste.

Fosfatase ácida (FAC) e antígeno prostático específico (PSA)

- Abreviaturas utilizadas: FAC; fosfatase ácida prostática (PAP)
- Nome sistemático (IUB): fosfo-hidrolase monoéster ortofosfórica
- Nome usual: fosfatase ácida
- pH ótimo: 4,8 a 6,0.

Tabela 33.7 Relação atividade enzimática, temperatura e tempo de conservação.

Enzima	Temperatura (°C)	1 dia	2 dias	3 dias	5 dias	7 dias
AST/TGO	4°C	2%	5%	8%	10%	12%
	25°C	2%	6%	10%	11%	13%
ALT/TGP	4°C	2%	5%	10%	14%	20%
	25°C	8%	12%	17%	19%	39%
Amilase	4°C	0%	0%	0%	0%	0%
	25°C	0%	0%	0%	0%	0%
Aldolase	4°C	0%	0%	0%	8%	12%
	25°C	0%	0%	0%	15%	20%

Antígeno prostático específico

- Abreviatura utilizada: PSA
- pH ótimo: 7,3.

A fosfatase ácida apresenta ampla distribuição tecidual, estando presente nos eritrócitos, nas plaquetas, no fígado e na medula óssea, mas a próstata é o tecido que apresenta os níveis mais elevados. Uma vez que a glândula prostática é responsável pelos níveis mais elevados dessa enzima, o propósito de seu doseamento é a determinação de processos tumorais prostáticos ou, ainda, o acompanhamento de sua terapêutica. A função prostática é avaliada, portanto, pelo doseamento de fosfatase alcalina e também do antígeno prostático específico (PSA, do inglês *prostate-specific antigen*). O antígeno prostático específico, isolado e identificado por Wang et al.[10], é secretado no líquido seminal e tem atividade similar à da tripsina e quimiotripsina, com a função de dissolver o coágulo seminal. É uma glicoproteína monomérica com peso molecular de 34,0, produzida somente pelo tecido prostático normal, hiperplasiado ou maligno. O doseamento do PSA é extremamente importante no acompanhamento da função prostática porque, ao contrário dos demais marcadores tumorais, ele é específico para a próstata por ser produzido apenas pelas células epiteliais da glândula. O tecido prostático canceroso produz cerca de 10 vezes mais PSA do que o tecido não tumoral. O doseamento do PSA no plasma associado ao toque retal constitui um método altamente sensível e específico na detecção de processos tumorais prostáticos. A presença de PSA no soro após uma prostatectomia radical indica presença de resíduos de tecido prostático ou metástases. Consequentemente, aumentos gradativos dos níveis séricos de PSA revelam a recorrência da doença. Deve-se destacar que a hiperplasia benigna prostática também conduz a aumentos dos níveis plasmáticos de PSA, de modo que os valores de PSA devem ser interpretados à luz de exames complementares para determinar a natureza da alteração prostática.

Gamaglutamil transferase (gama-GT)

- Abreviaturas utilizadas: GGT/γ-GT/GGTP/γ-GTP
- Nome sistemático (IUB): γ-glutamil transferase
- Nome usual: γ-glutamil transferase/γ-glutamil transpeptidase
- pH ótimo: 8,0 a 8,5.

A γ-glutamil transferase (γ-GT), outrora denominada γ-glutamil transpeptidase, está presente nas membranas celulares e nas frações microssômicas e catalisa a transferência do ácido glutâmico de um peptídeo para outro, ligando-o sempre ao grupo gamacarboxílico. Essa enzima parece facilitar também a transferência transmembranar do ácido glutâmico. Está presente em ordem decrescente de abundância no túbulo proximal renal, no fígado, no pâncreas e no intestino. Os níveis plasmáticos de γ-GT são oriundos principalmente de origem hepática. Sua meia-vida é de cerca de 7 a 10 dias, contudo ocorre aumento para aproximadamente 28 dias nas lesões hepáticas ligadas à ingestão de álcool de modo inveterado e, por essa razão, a dosagem eventual dessa enzima pode ser utilizada na comprovação do uso de álcool pelo paciente. Nos indivíduos que ingerem álcool eventualmente, não há alterações dos níveis plasmáticos de γ-GT.

Os homens tendem a apresentar níveis de γ-GT aproximadamente 50% mais elevados quando comparados a mulheres, sendo que tais níveis aumentam de maneira diretamente proporcional à massa corporal, ao consumo de álcool, ao tabagismo e à carga de atividade física. Em recém-nascidos, os níveis de γ-GT estão aumentados assumindo os valores de um adulto em um intervalo de aproximadamente 16 semanas.

Por meio de técnicas de biologia molecular, foi possível elucidar a sequência de nucleotídeos da γ-GT e identificar três principais formas de γ-GT circulantes que, aparentemente, não são isoenzimas. Um tipo de alto peso molecular aparece nos soros normais, na obstrução biliar e, com mais frequência, nos casos de neoplasia hepática. A segunda forma tem um peso molecular intermediário e apresenta duas frações: uma detectável em hepatopatias e a outra, em obstruções das vias biliares. A terceira tem um baixo peso molecular e ainda não teve sua função definida. No entanto, esses testes não estão disponíveis para uso clínico, pois o método ainda não apresenta sensibilidade e especificidade adequadas.

A determinação da atividade da γ-GT é útil, sobretudo, na avaliação de hepatopatias agudas e crônicas, estando a atividade enzimática elevada nos quadros de colestase intra ou extra-hepáticas. Os níveis de γ-GT também se elevam na doença hepática alcoólica aguda ou crônica, nas neoplasias primárias ou metastáticas, na cirrose, na icterícia e na pancreatite. Apesar de ser um marcador bastante sensível de doença hepatobiliar, é pouco específica, estando aumentada em outras doenças, como o diabetes melito e a insuficiência renal. A γ-GT pode aumentar em 5 a 10 dias após o infarto agudo do miocárdio, seja como resultado de granulação tecidual e cura, seja como uma indicação dos efeitos da insuficiência cardíaca sobre o fígado. Além disso, alguns medicamentos conduzem à sua elevação, s como barbitúricos, difenildantoína e antidepressivos tricíclicos. Em razão de a γ-GT não estar aumentada em condições em que a ALP encontra-se elevada, ou seja, gravidez, doenças do tecido ósseo, adolescência e infância, é empregada no diagnóstico diferencial de doenças hepáticas e não hepáticas. Sua dosagem exige jejum de 8 h, à exceção da ingestão de água. De fato, um indivíduo que apresenta níveis normais de γ-GT e paralelamente altos níveis de ALP tem fortes indicativos de doença óssea. Em contrapartida, altos níveis de γ-GT acompanhados de níveis elevados de ALP indicam certamente doença hepática. O paciente deve ser orientado a não ingerir bebidas alcoólicas 24 h antes do exame.

Alanina-aminotransferase (ALT)

- Abreviaturas utilizadas: ALT/GPT/TGP
- Nome sistemático (IUB): alanina-aminotransferase
- Nome usual: alanina-aminotransferase/transaminase glutâmico pirúvica
- pH ótimo: 7,4.

O termo transaminase glutâmico pirúvica tem dado espaço ao termo alanina-aminotransferase, uma vez que a tendência da nomenclatura para enzimas é atribuir nomes relacionados com a função da enzima. Contudo, alguns exames laboratoriais ainda trazem termos que estão caindo em desuso, como é o caso da transaminase glutâmico pirúvica. Trata-se de uma enzima pertencente à classe das aminotransferases (anteriormente chamadas de transaminases), enzimas envolvidas na desaminação de aminoácidos, primeiro passo para o ciclo da ureia, que ocorre no fígado. Todos os aminoácidos, com exceção da lisina e da treonina, participam do processo de transaminação em algum ponto de sua metabolização. Cada aminotransferase é específica para um ou no máximo oito doadores de grupos amino. O aceptor do grupo amino é sempre o alfacetoglutarato. As duas mais importantes reações de aminotransferases são catalisadas pela aspartato-aminotransferase e pela alanina-aminotransferase (Figura 33.10).

A ALT é uma enzima encontrada predominantemente no fígado e em concentração moderada nos rins e em menores quantidades no músculo cardíaco e nos músculos esqueléticos. Cerca de 90% da ALT encontrada no fígado está presente no citosol dos hepatócitos, enquanto 10% de ALT pode sê-lo na mitocôndria dessas células. Assim, é fácil entender que qualquer lesão impingida sobre o parênquima hepático liberará grande quantidade de ALT no plasma. Contudo, lesões significativas nos músculos esqueléticos, no coração e nos rins podem provocar aumento sérico de ALT. De fato, a rabdomiólise pode causar elevações séricas das ALT encontradas somente na hepatite.

Em geral, as causas mais comuns de elevação sérica de ALT ocorrem por disfunção hepática. Assim, a ALT, além de sensível, é bastante específica para o diagnóstico da doença hepatocelular. Convém ressaltar que lesões nos rins, no coração e nos músculos esqueléticos também desencadeiam liberação de ALT para a corrente sanguínea. Assim, diante de um quadro clínico de miosite ou de rabdomiólise grave, os valores de ALT podem elevar-se tanto quanto na virose hepática aguda. Os valores aumentados de ALT são mais comuns nas seguintes morbidades: hepatite, cirrose, necrose hepática, tumor hepático, medicamentos, hepatotóxicas, icterícia obstrutiva, miosite e pancreatite. Na hepatite de origem viral, os valores séricos de ALT e AST são aproximadamente iguais, enquanto nos casos de cirrose hepática induzida por álcool, obstrução dos ductos biliares extra-hepáticos e tumor metastático do fígado os níveis de ALT encontram-se menores que os de AST. A relação AST/ALT (índice DeRitis) tem sido empregada algumas vezes para auxiliar no diagnóstico diferencial das hepatopatias. Na hepatite viral aguda, a relação AST/ALT é sempre menor que 1,0, enquanto nas outras doenças hepatocelulares (cirrose, hepatite crônica etc.) é sempre maior que 1,0. Para a avaliação da ALT, deve-se utilizar soro ou plasma coletado com EDTA ou heparina, não se devendo empregar amostras hemolisadas. A atividade enzimática na amostra é estável por 4 dias entre 2 e 8°C e por 2 semanas quando conservadas a 10°C negativos. O paciente deve ser orientado quanto às seguintes observações: injeções intramusculares anteriores ao teste podem elevar os valores de ALT; medicações também podem desencadear elevação dessa enzima, como anticoncepcionais orais, paracetamol, alopurinol, ácido aminosalicílico, ácido nalidíxico, ampicilina, azatriopina, carbamazepina, clofibrato, cefalosporinas, codeína, clorpropamida, clordiazepóxido, fenilbutazona, fenitoína, indometacina, metildopa, salicilatos, propranolol, quinidina, tetraciclinas, verapamil.

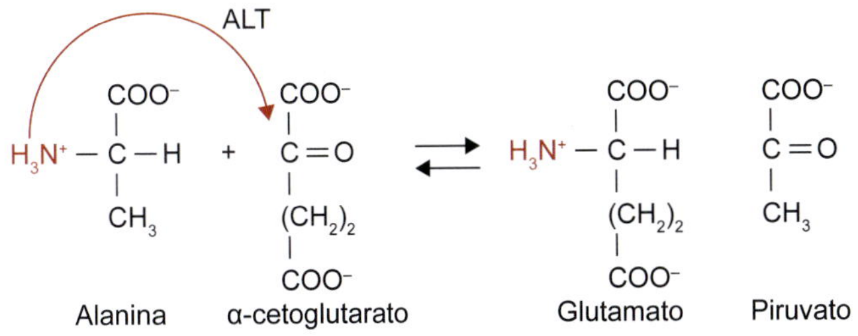

Aspartato aminotransferase (AST)
- Abreviaturas utilizadas: AST/GOT/TGO/SGOT
- Nome sistemático (IUB): aspartato aminotransferase
- Nome usual: aspartato aminotransferase/transaminase glutâmico-oxalacética (nome antigo)
- pH ótimo: 7,4.

A aspartato aminotransferase (AST), outrora denominada transaminase glutâmica oxalacética (TGO, GOT ou SGOT), pertence à família das aminotransferases, tal qual a ALT, e realiza reação similar a esta, sendo o substrato da AST a ter seu grupo amina transferido o ácido aspártico. É encontrada em altas concentrações no músculo cardíaco, no fígado e no músculo esquelético, e em menor grau no fígado, nos rins e nos eritrócitos (Figura 33.11). Os hepatócitos apresentam cerca de 40% da concentração de AST presente no citosol e cerca de 60% no meio intramitocondrial. Por essa distribuição hepática, fatores que causem lesão do parênquima hepático aumentarão grandemente os níveis séricos de AST. De fato, é importante marcador da lesão hepatocelular aguda; cerca de 8 h após qualquer lesão hepática aguda, a AST aumenta chegando a seu pico no intervalo de 24 a 36 h. Após esse período, tende a voltar a níveis fisiologicamente normais no período de 3 a 6 dias.

A hepatite viral desencadeia aumentos séricos de mais de 10 vezes os níveis fisiológicos, retornando a seus valores de referência no intervalo de 1 a 2 semanas. Valores plasmáticos

Figura 33.10 A alanina aminotransferase (ALT) catalisa a transferência do grupo amina da alanina ao alfacetoglutarato, resultando na formação de piruvato e glutamato. A reação é facilmente reversível, entretanto, durante o catabolismo dos aminoácidos, a enzima (assim como a maioria das aminotransferases) atua na direção da síntese do glutamato. Assim, o glutamato age, na verdade, como um coletor de nitrogênio da alanina.

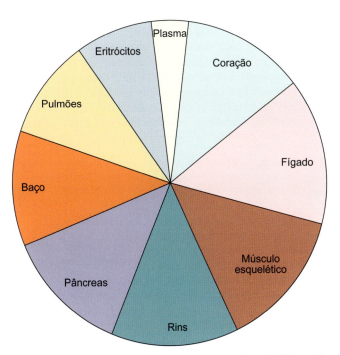

Figura 33.11 Proporção de aspartato aminotransferase (AST) nos diferentes tecidos.

de AST de 10 a 20 vezes maiores que suas faixas de referência podem ser úteis no diagnóstico diferencial para hepatites e lesões do parênquima hepático de outras fontes. As obstruções extra-hepáticas só provocam elevações plasmáticas de AST, se houver lesão parenquimal hepática e, ainda assim, os aumentos no plasma são discretos. No entanto, obstruções extra-hepáticas agudas podem levar a aumentos séricos de AST o que lembra as infecções por hepatite (valores de mais de 10 vezes a faixa de referência). Na cirrose inativa, os valores de AST não se alteram; em contrapartida, na cirrose alcoólica ativa os valores de AST se elevam moderadamente.

Na hepatite viral crônica ativa, os níveis de AST também se encontram moderadamente elevados. Várias outras morbidades podem desencadear elevações séricas da AST, como infarto agudo do miocárdio, disfunções hepáticas desencadeadas por uso de medicamentos, lesão aguda do tecido muscular esquelético, choque, pancreatite aguda, *delirium tremens*, inflamações da musculatura esquelética. Comumente, a dosagem de AST é realizada com a ALT, e a relação AST/ALT pode ser determinada para auxiliar no diagnóstico diferencial das doenças. A relação AST/ALT é sempre maior do que 1,0 em portadores de cirrose alcoólica, hepatites crônicas, congestão hepática e tumor metastático do fígado. Já nos casos de hepatite viral aguda e mononucleose infecciosa, essa relação tende a ser menor que 1,0. A lesão da musculatura cardíaca pode ser determinada por meio da dosagem de AST em conjunto com outras enzimas marcadoras, como creatinina cinase do músculo cardíaco (CK-MB) e desidrogenase láctica (LDH). De fato, os níveis séricos de AST aumentam no período de 6 a 10 h após um episódio de infarto agudo do miocárdio, atingindo um valor máximo em 12 a 48 h e retornando a níveis fisiologicamente normais em 3 a 4 dias. No entanto, deve-se ressaltar que, embora a AST seja utilizada na quantificação da lesão em um infarto, ela é muito menos específica do que a CK-MB. Nos casos de pericardite, angina e cardite reumática, não há aumentos nos níveis de AST. Para a dosagem sérica, deve-se utilizar soro ou plasma coletado com EDTA ou heparina, e não amostras hemolisadas. A atividade enzimática da amostra é estável por 4 dias entre 2 e 8°C e por 2 semanas a −10°C. O paciente deve ser orientado quanto aos fatores interferentes anteriores ao teste que podem elevar os níveis de AST, como aplicações de injeção intramuscular, anticoncepcionais orais, anti-hipertensivos, agentes colinérgicos, anticoagulantes tipo cumarina, medicamentos hepatotóxicos, eritromicina, metildopa, opiáceos, preparações digitálicas, salicilatos e verapamil.

Creatinina cinase (CK)

- Abreviaturas utilizadas: CK CPK
- Nome sistemático (IUB): adenosina trifosfato creatina N-fosfotransferase
- Nome usual: creatinina cinase
- pH ótimo: 6,8 na condição em que ocorre formação de ATP a partir da creatinofosfato e 9,0 no sentido de fosforilação da creatina.

A creatinina cinase (CK) é encontrada na musculatura cardíaca, esquelética e no tecido cerebral, de modo que lesões neste órgão provocam aumento sérico de CK. Diversas condições fisiopatológicas promovem aumentos séricos de cerca de até 100% acima da faixa de referência. Constitui um importante marcador da lesão cardíaca e muscular esquelética, mas não mostra alterações em lesões hepáticas. De fato, os níveis de CK encontram-se sempre elevados na miosite, no infarto agudo do miocárdio, após exercício intenso e no *delirium tremens*. Até mesmo as injeções intramusculares aumentam quase sempre os níveis de CK, o que é um importante fator a ser observado na coleta de amostras. O músculo esquelético constitui a maior fonte sérica de CK, por isso indivíduos que apresentam pequena massa muscular esquelética podem apresentar níveis menores de CK sérica quando comparados àqueles cuja massa muscular apresenta proporções médias. Em contrapartida, naqueles com grande massa muscular esquelética os níveis de CK tendem a ser maiores. A CK é uma enzima que apresenta três isoenzimas que podem ser separadas em três frações principais denominadas CK-BB (CK1), CK-MB (CK2) e CK-MM (CK3). Atualmente, os laboratórios de análises clínicas disponibilizam métodos adequados para a determinação das isoformas da CK.

Isoenzima CK-BB

Está presente sobretudo no cérebro e nos pulmões, e níveis elevados dessa isoenzima são bastante incomuns, exceto em situações como pós-embolia pulmonar e em alguns indivíduos portadores de carcinoma de próstata e pulmão.

Isoenzima CK-MM

Essa isoforma da CK compreende em torno de 95% da CK muscular esquelética e de 70 a 75% da CK presente no coração (CK-MB). Níveis elevados de CK-MM no plasma indicam lesão muscular esquelética, dado que a massa do tecido muscular esquelético é imensamente maior que a do coração. De fato, a presença da fração MM de CK no plasma sugere lesão das fibras musculares, com lesão dos miofilamentos, do sarcolema e de organelas subcelulares. As condições que podem levar ao aumento da CK-MM são lesão ou hipoxia do músculo esquelético, exercício físico intenso, convulsões, traumatismos musculares, inflamações, distrofias musculares ou injeções intramusculares.

Isoenzima CK-MB

A CK-MB é uma forma híbrida da CK em que estão presentes as cadeias M e B, que, por sua vez, estão predominantemente no músculo cardíaco. A sua presença no soro indica lesão no miocárdio, como a isquemia cardíaca e a miocardite e, por essa razão, a sua determinação é bastante específica para o diagnóstico do infarto do miocárdio, estando aumentada no plasma em 60 a 100% dos indivíduos infartados. Seu aumento plasmático acontece em um intervalo de 3 a 6 h após a ocorrência do infarto, atingindo o pico máximo em 12 a 24 h e retornando aos níveis de referência dentro de 24 a 48 h. O grau de elevação plasmática da CK-MB não indica com precisão a extensão do infarto. A dosagem de CK deve ser realizada em soro ou plasma coletado com EDTA ou heparina. É necessário ainda evitar a exposição à luz solar intensa. A atividade enzimática permanece estável por 24 h entre 15 e 25°C e 7 dias entre 2 e 8°C. Não usar amostras hemolisadas. Diversos são os fatores que podem interferir no teste de CK, como injeções intramusculares, exercícios intensos ou moderados, cirurgia recente, fármacos como ampicilina, anfotericina B, álcool, alguns analgésicos, ácido acetilsalicílico, captopril, colchicina, clofibrato, dexametazona, decadron, furosemida, lazix, lovastatina, lítio, lidocaína, morfina, propranolol e succinilcolina.

Desidrogenase láctica

- Abreviaturas utilizadas: LDH/LD
- Nome sistemático (IUB): L-lactato NAD-oxidorredutase
- Nome usual: lactato desidrogenase láctica
- pH ótimo: 8,8 a 9,8 no sentido da formação de ácido pirúvico e 7,4 a 7,8 no sentido da formação de ácido láctico.

A desidrogenase láctica compõe um grupo de isoenzimas que formam o nível total de LDH dosado no plasma. A LDH está presente em uma grande variedade de tecidos, como coração, rins, eritrócitos, cérebro, pulmões e tecido linfoide, sugerindo que seus valores sejam altos em uma variedade grande de morbidades clínicas. Em razão dessa diversidade de distribuição tissular, a LDH total não é um indicador preciso nem de doenças cardíacas nem de doenças hepáticas. Entretanto, quando dosada em conjunto com outras enzimas ou quando fracionada em isoenzimas, torna-se extremamente eficiente no diagnóstico preciso dessas patologias.

Isoenzimas da LDH

A origem principal das frações de LDH é a seguinte:

- LDH1: coração, eritrócitos e rins
- LDH2: coração e sistema reticuloendotelial
- LDH3: pulmões e outros tecidos
- LDH4: placenta e pâncreas
- LDH5: fígado e músculos esqueléticos.

Diversos métodos podem ser empregados na separação das isoformas da LDH, sendo a eletroforese e o teste de desnaturação por calor os mais comumente realizados. Na desnaturação induzida por calor, o aumento da temperatura até 60°C por cerca de 30 min desnatura três frações de LDH, restando intactas as frações 1 e 2 de origem cardíaca, já que são termoestáveis. Já a eletroforese identifica as frações LDH1 e LDH2 (frações cardíacas), que são mais rápidas ante o ânodo, o polo positivo, enquanto a LDH5 (hepática) é mais lenta, permanecendo próxima ao ponto de aplicação. Além desses dois métodos, os laboratórios de análises clínicas dispõem de métodos imunológicos específicos para a dosagem da LDH1. Deve-se realizar a dosagem em soro em um período que compreende 1 h após a coleta. A refrigeração ou congelamento de amostras pode desnaturar as enzimas, e amostras hemolisadas devem ser descartadas, já que podem provocar aumento falso-positivo de LDH. Os medicamentos que podem causar aumento de LDH são álcool, ácido acetilsalicílico, clofibrato, fluoretos e narcóticos. O ácido ascórbico pode provocar redução nos valores de LDH e, por essa razão, os pacientes devem ser orientados a não ingerir grandes doses de ascorbato em períodos que antecedem o teste.

Aplicações clínicas do fracionamento da LDH

Como visto anteriormente, a dosagem fracionada de LDH fornece informações importantes sobre a natureza da lesão tissular. Por exemplo, no infarto agudo do miocárdio ocorrem elevação da LDH1 e discreto aumento de LDH2 nas primeiras horas subsequentes ao infarto, atingindo o pico no intervalo de 42 a 72 h e retornando aos níveis de referência em cerca de 10 a 14 dias. Uma relação LDH1/LDH2 maior que 1 é uma indicação bastante forte de infarto do miocárdio. Nas doenças hepáticas, como cirroses, icterícias e hepatites agudas, ocorre aumento discreto da fração LDH4 e pronunciado na fração LDH5. Nas doenças relacionadas com o sistema nervoso, como meningites e tumores malignos, as isoformas LDH2 e LDH3 sofrem aumentos. Na anemia megaloblástica, há aumento exclusivo de LDH1, enquanto na anemia aplásica (condição em que a medula óssea produz quantidade insuficiente dos três diferentes tipos de células sanguíneas existentes: eritrócitos, leucócitos e plaquetas) todas as frações de LDH mostram-se elevadas no plasma em decorrência da presença dessas frações nos eritrócitos e leucócitos.

LDH total

As condições mais comuns em que os níveis de LDH total estão aumentados no plasma são infarto do miocárdio, infartos pulmonares, hepatites, cirroses, distrofias musculares, anemias, tumores e acidentes vasculares encefálicos.

Lipidograma

Compreende a dosagem de lipídios plasmáticos com diversos propósitos, como avaliar o risco cardiovascular. Uma vez que os lipídios são elementos altamente hidrofóbicos, a natureza desenvolveu carreadores capazes de transportá-los no plasma, as lipoproteínas. Embora uma fração lipídica seja transportada pelas porções hidrofóbicas da albumina plasmática, são as lipoproteínas os grandes transportadores de lipídios no plasma. De fato, cerca de 80% do colesterol plasmático é carreado pelo LDL-colesterol (Figura 33.12). Assim, quando se mensuram os níveis de lipídios plasmáticos, na verdade está se dosando a concentração de lipoproteínas plasmáticas. A capacidade das lipoproteínas de transportar colesterol no plasma decorre de sua estrutura capaz de interagir com elementos hidrofílicos (o plasma) e hidrofóbicos (os lipídios). Uma lipoproteína é estruturalmente formada de uma monocamada externa de fosfolipídios cujas cabeças hidrofílicas interagem bem com o plasma,

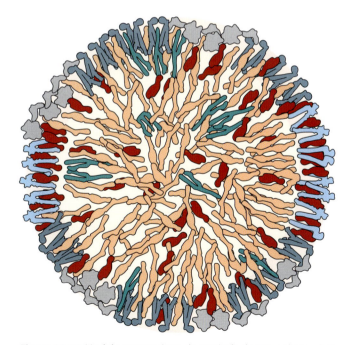

Figura 33.12 Modelo esquemático da partícula de LDL-colesterol. O doseamento de LDL é importante para mensurar o risco cardiovascular. Em azul-escuro, estão representadas as moléculas de fosfatidilcolina; em azul-claro, as esfingomielinas; em amarelo-escuro, os ésteres de colesterol; em vermelho, o colesterol; em verde, os triacilgliceróis; e, em cinza, a apolipoptoteína B-100.

enquanto suas caudas hidrofóbicas interagem com os lipídios situados no cerne da lipoproteína (Figura 33.13). As lipopartículas contam ainda com as apoproteínas ou apolipoproteínas, proteínas incorporadas na monocamada de fosfolipídios cujas funções principais são promover a solubilidade plasmática da lipoproteína e interagir com receptores celulares. As lipoproteínas apresentam distintas apolipoproteínas (Tabela 33.8). As gorduras da dieta são hidrolisadas pelas enzimas pancreáticas e absorvidas pelos enterócitos, que reesterificam ácidos graxos à molécula de glicerol formando triacilgliceróis.

Os triacilgliceróis são empacotados no interior dos quilomícrons, que, por sua vez, são exportados dos enterócitos para a linfa. Já o fígado sintetiza o VLDL colesterol, lipopartícula rica em triacilgliceróis, colesterol e ésteres de colesterol. Nos tecidos periféricos, a lipoproteína lipase ativada pela apolipoproteína CII presente no VLDL hidrolisa triacilgliceróis para captá-los. O remanescente do VLDL é captado pelo fígado e enriquecido com ésteres de colesterol convertendo-se em LDL-colesterol. Outra forma de conversão do VLDL em LDL-colesterol é por meio do HDL-colesterol. O HDL dispõe de uma proteína denominada lecitina-colesterol-aciltransferase (L-CAT). O HDL-colesterol tem sido associado à função antiaterogênica, uma vez que percorre as artérias captando colesterol e transportando-o ao fígado. Contudo, altos níveis de HDL podem ser aterogênicos, já que estão envolvidos na conversão do VLDL em LDL pela lecitina colesterol aciltransferase (LCAT) – uma enzima que catalisa a transferência de um ácido graxo da coenzima A para o grupo hidroxila do carbono 3 do colesterol, transformando o colesterol em uma substância mais hidrofóbica ainda, o éster de colesterol. Os ésteres de colesterol são, então, armazenados no citoplasma das células na forma de vesículas.

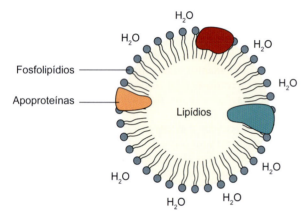

Figura 33.13 Modelo estrutural de uma lipoproteína. O cerne da lipoproteína é ocupado por lipídios, sendo que os mais hidrofóbicos deslocam para a periferia da lipoproteína os lipídios menos hidrofóbicos. As principais lipoproteínas e suas respectivas apoproteínas são os fosfolipídios e as apoproteínas.

Tabela 33.8 Principais apoproteínas presentes nas lipoproteínas, suas características e funções.

Principais apoproteínas	Peso molecular	Local de síntese	Funções
AI	28.000	Intestino, fígado	Ativa a LCAT
AII	17.000	Intestino, fígado	Função estrutural e possível inibidora da LCAT
B-100	549.000	Fígado	Reconhecimento por parte do receptor de LDL. Altas concentrações séricas de apo B100 estão associadas a um aumento do risco de cardiopatias
B-48	264.000	Intestino	Encontrada em baixa concentração no plasma
CI	6.600	Fígado	Ativa a LCAT
CII	8.850	Fígado	Ativa a LPL
CII	8.800	Fígado	Inibe a LPL
E	34.000	Fígado, intestino e macrófago	Liga-se ao receptor de LDL e provavelmente a um outro receptor específico
D	–	–	É a menos conhecida das apoproteínas. Pode estar envolvida na transferência de colesterol esterificado entre as lipoproteínas VLDL, LDL e HDL

Dosagem do colesterol total

O colesterol é o principal esterol do organismo, estando presente em todas as células como um componente estrutural das membranas e das lipoproteínas (HDL, VLDL e, principalmente, LDL). É também o precursor na formação dos hormônios esteroides pelas gônadas e pelo córtex adrenal. Cerca de 70 a 75% do colesterol plasmático encontra-se na forma de éster e 25 a 30% existe como colesterol livre. Os ésteres de colesterol são moléculas de colesterol esterificadas por um ácido graxo no carbono 3 do anel A (Figura 33.14).

Além do colesterol absorvido a cada dia pelo trato gastrintestinal, denominado colesterol exógeno, grande quantidade, designada como colesterol endógeno, é sintetizada no organismo. A molécula de colesterol apresenta forte caráter hidrofóbico e, por isso, o colesterol e os demais lipídios são transportados por meio das lipoproteínas plasmáticas. A dosagem de colesterol tem como objetivo a prevenção da doença arterial coronariana (DAC) e de suas implicações. De fato, a redução de 1% no valor do colesterol total diminui a prevalência de DAC em aproximadamente 2%. A determinação do colesterol total implica a mensuração de lipoproteínas que estão envolvidas no transporte de colesterol, como LDL-colesterol, VLDL-colesterol, HDL-colesterol e IDL-colesterol.

Os profissionais da área da saúde devem estar conscientes para a correta solicitação e interpretação dos valores de colesterol expressos nos exames laboratoriais. Rotineiramente, são solicitadas as dosagens de colesterol total e suas frações, ou seja, LDL, HDL e IDL. Contudo, os laboratórios de análises clínicas não dosam cada uma das frações do colesterol, sendo algumas delas obtidas por meio de cálculos matemáticos. A equação de Friedewald possibilita encontrar valores com base nas seguintes relações:

$$LDL = Colesterol\ total - (HDL + VLDL)$$

Em que: VLDL é o valor de triacilgliceróis/5.

É importante ressaltar que o cálculo do VLDL só é possível se os valores dos triacilgliceróis não forem maiores que 400 mg/dℓ. Em algumas circunstâncias, o clínico dispõe somente dos valores de colesterol total. No entanto, mesmo na ausência dos valores referentes às frações de colesterol, condutas clínicas podem ser tomadas, já que sendo o LDL o maior carreador de colesterol no organismo humano (cerca

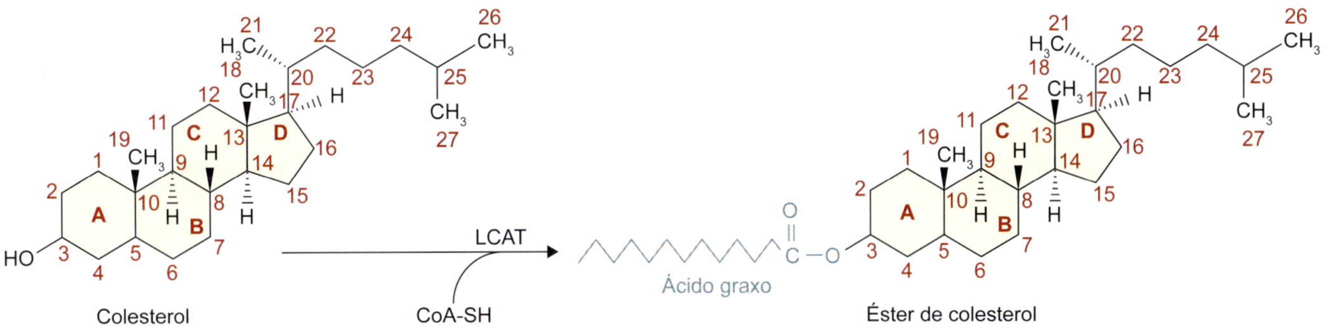

Figura 33.14 Estrutura de uma molécula de colesterol e de um éster de colesterol. Os ésteres de colesterol é a forma predominante do colesterol no organismo humano. A presença do ácido graxo no carbono 3 do anel A do colesterol torna os ésteres de colesterol mais hidrofóbicos que o próprio colesterol. A LCAT realiza a transferência de um ácido graxo da coenzima A para o grupo hidroxila do carbono 3 do colesterol.

de 80% do colesterol é carreado pelo LDL) pode-se inferir que os valores dessa lipoproteína estarão elevados. O cálculo de Friedewald apresenta algumas limitações, por exemplo, não pode ser aplicado em amostras que contenham quilomícrons ou triglicerídeos maiores que 400 mg/dℓ. Por essa razão, é importante que o paciente seja orientado a manter um jejum de 2 a 14 h, uma vez que os níveis de triacilgliceróis variam significativamente com a dieta. Além disso, existem grupos em que não é possível utilizar a fórmula de Friedewald pela dificuldade em realizar jejum prolongado, como pacientes geriátricos, diabéticos, pediátricos e usuários de vários medicamentos. O cálculo também não pode ser utilizado por indivíduos portadores de disbetalipoproteinemia (hiperlipoproteinemia do tipo III), visto que, nessa condição, o β-VLDL apresenta mais colesterol que o próprio LDL. Nesse caso, a divisão dos triacilgliceróis pelo fator 5 (TG/5) subestima a proporção de colesterol presente no VLDL, o que se reflete em um valor de LDL superestimado.

Para a dosagem de colesterol, deve-se coletar a amostra de sangue pela manhã após jejum 12 h, salvo orientações médicas. Utiliza-se soro ou plasma, sendo que anticoagulantes como heparina, oxalato, fluoreto ou EDTA não interferem no teste.

LDL-colesterol

As lipoproteínas de baixa densidade (LDL, do inglês *low density lipoproteins*) são as principais proteínas de transporte do colesterol no organismo. São as partículas mais aterogênicas do sangue, pois contêm cerca de dois terços de todo o colesterol plasmático. São formadas na circulação a partir das VLDL (lipoproteínas de muito baixa densidade) e, provavelmente, pela degradação dos quilomícrons. A determinação da fração do colesterol ligado à LDL é útil na avaliação do risco de doença coronariana e os níveis aumentados de LDL constituem um importante fator de risco para o desenvolvimento da doença coronariana. A taxa de colesterol LDL é, portanto, um fator de risco direto com a doença arterial coronariana (DAC), isto é, quanto maior o seu nível no plasma, maior é a probabilidade de o indivíduo desenvolver aterosclerose e condições decorrentes, como hipertensão arterial, trombose e aneurisma etc. Valores aumentados de LDL são encontrados no diabetes melito, no hipotireoidismo, nas hepatopatias, na doença de Cushing, na hiperlipoproteinemia do tipo II, na síndrome nefrótica, na gravidez e no mieloma múltiplo quando por uso de medicamentos como esteroides anabólicos, anticoncepcionais orais, catecolaminas, corticosteroides glicogênicos, anti-hipertensivos betabloqueadores e carbamazepina.

Para o teste de LDL, o paciente deve ser orientado a coletar amostras de sangue pela manhã após jejum de 12 h para evitar a interferência da lipemia pós-prandial, que geralmente está presente em amostras obtidas sem jejum. Deve-se atentar para os fatores que podem interferir no teste de LDL-colesterol, por exemplo, valores de triacilgliceróis acima de 1.000 mg/dℓ. A hemólise (hemoglobina acima de 500 mg/dℓ) e a bilirrubina (acima de 10 mg/dℓ) também podem interferir.

LDL e gênese da placa de ateroma

A aterosclerose é uma doença progressiva que se caracteriza pela constrição do lúmen das artérias grandes e médias, em virtude do espessamento local da camada íntima em resposta imunoinflamatória dessa camada da artéria à lesão que, por sua vez, é ocasionada por fatores extrínsecos, como a hipercolesterolemia.

A hipercolesterolemia é uma condição em que há excesso de LDL-colesterol disponível no plasma decorrente de dietas inadequadas ou ineficiência hepática em remover o LDL do plasma. A lesão aterosclerótica inicia-se com a oxidação do LDL por radicais livres. De fato, a oxidação do LDL-colesterol é o primeiro passo na gênese da placa de ateroma. Na condição oxidada, o LDL é denominado LDL-ox e passa, então, a migrar da luz do vaso para a camada íntima da artéria, induzindo uma resposta por parte dos macrófagos que penetram na camada íntima da artéria com o propósito de fagocitar os LDL-ox.

Contudo, os LDL-ox não são capazes de desencadear uma resposta interna nos macrófagos que cesse a fagocitose. Desse modo, os macrófagos vão se tornando imensamente grandes e repletos de LDL-colesterol dentro da camada íntima da artéria, sendo, portanto, denominados células espumosas (do inglês *foam cells*). Nesse momento, a camada íntima da artéria vai sofrendo modificação pela lesão promovida pelo metabolismo alterado dos macrófagos. A camada íntima lesada passa então a produzir mais radicais livres oxidando outros LDL vizinhos, o que agrava o quadro de formação da placa de ateroma. Com o decorrer do tempo, fibroblastos e fibras musculares lisas vão se aderindo à placa de ateroma que pode até mesmo se calcificar e, posteriormente, soltar-se, causando um trombo. O desenvolvimento da placa de ateroma reduz o diâmetro da luz do vaso, alterando, assim, o perfil de fluxo sanguíneo nessa região do vaso, provocando um fluxo de sangue turbilhonado. Esse padrão alterado de fluxo sanguíneo também passa a lesar o endotélio por um efeito denominado *shear stress*, ou cisalhamento, definido como o atrito do sangue contra as paredes do vaso. Embora qualquer artéria possa ser afetada, os principais alvos são a aorta, as artérias coronarianas e cerebrais. A aterosclerose coronariana induz a cardiopatia isquêmica e, quando as lesões arteriais são complicadas por trombose, conduz ao infarto do miocárdio. Os acidentes isquêmicos cerebrais podem ocorrer em virtude das alterações hemodinâmicas ao fluxo cerebral, causadas pela estenose decorrente da placa ateromatosa, isto é, hipofluxo, ou em razão de episódios embólicos causados pela presença de placa de ateroma no segmento carotídeo.

HDL-colesterol

A HDL (do inglês *high density lipoprotein*) é uma lipoproteína constituída por cerca de 50% de proteína, especialmente Apo A I e II, e pouca quantidade de apo C e E, 20% de colesterol, 30% de triglicerídeos e traços de fosfolipídio. A HDL pode ser separada em duas subclasses principais: HDL2 e HDL3, que diferem em tamanho, densidade e composição, especialmente em relação ao tipo de apoproteínas. Cumprem o importante papel de carrear o colesterol dos órgãos periféricos até o fígado, diretamente ou transferindo ésteres de colesterol para outras lipoproteínas, especialmente as VLDL. Essa atividade de remoção de colesterol dos leitos vasculares em direção ao fígado para posterior metabolização é designada função *scavenger*. É atribuído à fração HDL2 o papel antiaterogênico, pois, de fato, os estudos de Framinghan demonstraram que os níveis de colesterol HDL são inversamente proporcionais à prevalência de doença arterial coronariana. As concentrações do colesterol total e do colesterol HDL dependem de metabolismos distintos e não se deve fazer qualquer tentativa de buscar correlação entre seus níveis de concentração. Para a dosagem de LDL, deve-se orientar o paciente a permanecer em jejum de 12 h e coletar o sangue pela manhã, salvo orientações médicas.

Função antiaterogênica da HDL

A HDL é sintetizada no fígado (HDL nascente). Logo que é sintetizada, a HDL tem um formato discoide apresentando grande quantidade de proteínas e pouco colesterol e ésteres de colesterol. A HDL ainda apresenta na sua porção externa a LCAT (lecitina colesterol aciltransferase), que catalisa a formação de ésteres de colesterol a partir da lecitina (fosfatidilcolina) e colesterol. Depois de liberada na corrente sanguínea, a HDL nascente capta os ésteres de colesterol de outras lipoproteínas circulantes, os quilomícrons e as VLDL. Após a remoção de seus triacilgliceróis pela lipase lipoproteica, tornam-se ricas em colesterol e fosfatidilcolina. A LCAT presente na superfície da partícula de HDL nascente realiza a esterificação da molécula de colesterol com fosfatidilcolina. Esses ésteres, por sua vez, são incorporados pela HDL nascente, isto é, nesse momento, a HDL, que apresentava configuração de um disco chato, adquire um formato esferoidal e passa a ser chamada de HDL madura. Essa lipoproteína rica em colesterol retorna ao fígado, onde o colesterol é descarregado. Parte desse colesterol é convertido em sais biliares, que, por sua vez, se perdem em parte nas fezes.

VLDL-colesterol

As lipoproteínas de muito baixa densidade (VLDL, do inglês *very low density lipoproteins*) têm diâmetro de 30 a 90 nm (no máximo 1/10 dos quilomícrons), são mais densas e com maior proporção de proteína. São sintetizadas basicamente no fígado para exportação de triacilgliceróis para os tecidos, especialmente o tecido adiposo. Ao passar pelos capilares, boa parte dos triacilgliceróis é retirada pela enzima lipase lipoproteica, de modo que a partícula fica menor, mais densa e mais rica em colesterol. Essa forma intermediária é conhecida como IDL (*intermediate density lipoprotein*). A obtenção dos valores de VLDL é feita por meio da equação de Friedewald, de modo que não há necessidade de dosar o VLDL plasmático.

$$VLDL = Triacilgliceróis/5$$

Por exemplo: se os níveis plasmáticos de triacilgliceróis forem 135 mg/dℓ:

$$VLDL = 135 \text{ mg/d}\ell/5$$
$$VLDL = 27 \text{ mg/d}\ell$$

É importante ressaltar que o cálculo de Friedewald só é possível se os níveis de triacilgliceróis não ultrapassarem 400 mg/dℓ.

Triacilgliceróis

São formados pela esterificação do glicerol a três ácidos graxos, constituindo-se em uma das gorduras de interesse na avaliação do metabolismo lipídico. Os triacilgliceróis são sintetizados no fígado e no intestino e, posteriormente, empacotados em lipoproteínas denominadas quilomícrons, as maiores partículas lipoproteicas, podendo apresentar diâmetro de 1 μm e cerca de 99% de lipídios. Os triacilgliceróis compõem a forma mais importante de armazenamento e transporte de ácidos graxos; constituem as principais frações dos quilomícrons, das VLDL e pequena parte (< 10%) das LDL presentes no plasma sanguíneo. A dosagem de triacilgliceróis pode ser realizada com as seguintes finalidades: avaliar o metabolismo lipídico; calcular o VLDL-colesterol (com base na equação de Friedewald); calcular o risco de pancreatite; avaliar eventual hipertrigliceridemia secundária ao uso de fármacos anti-hipertensivos; acompanhar a eficiência de tratamentos que visam a reduzir os níveis de triacilgliceróis. Considerando que há grande variação biológica (cerca de 20%), é importante que o raciocínio clínico não se baseie em dosagens isoladas. Variações na dieta, na atividade física e o uso de bebidas alcoólicas são causas mais frequentes de grandes variações nos níveis plasmáticos de triacilgliceróis. A hipertrigliceridemia tem sido associada ao risco cardiovascular ainda que os níveis de colesterol LDL se mostrem dentro das faixas aceitáveis. O aumento dos níveis plasmático de triacilgliceróis tende a aumentar a viscosidade do sangue, o que favorece a formação de grumos e trombos no plasma, precipitando a formação de tromboêmbolos e a gênese da aterosclerose.

Os níveis de triacilgliceróis plasmáticos variam com o sexo e a idade, mas, sobretudo, com a dieta e, por essa razão, os pacientes devem ser orientados a permanecer em jejum por 12 a 14 h, abstendo-se de álcool durante 3 dias antes do exame. Quando possível e sob orientação médica, suspender os medicamentos que podem afetar os níveis lipídios plasmáticos. Além disso, fatores intraindividuais muitas vezes dificultam a interpretação de um único resultado desse constituinte. Algumas substâncias podem atuar como fatores interferentes, causando aumento dos níveis de triacilgliceróis, como anticoncepcionais orais, estrogênios, progestina, corticosteroides, betabloqueadores, diuréticos tiazídicos, colestiramina. Enquanto ácido ascórbico, clofibrato, fenformina e metformina conduzem a resultados falsamente reduzidos.

Resumo

Hemograma

O hemograma compreende o conjunto de avaliações dos tipos celulares presentes no sangue, com o intuito de fornecer informações bioquímicas e morfológicas que permitam maior precisão no diagnóstico e prognóstico em grande número de condições patológicas. Atualmente, o hemograma é o exame laboratorial mais solicitado pelos clínicos em razão de seu valor informativo (Tabela R33.1) e também há uma grande gama de instrumentos automatizados, que possibilitam alta sensibilidade e precisão na quantificação das células sanguíneas, bem como na contagem diferencial de leucócitos.

Contudo, algumas amostras de sangue analisadas pelos contadores automatizados de células ainda requerem avaliação em microscópio óptico por parte dos técnicos, já que alguns aparelhos não são capazes de identificar alterações morfológicas de significância clínica (Figura R33.1). Contudo, essa situação tende a mudar com a nova geração de aparelhos contadores mais sofisticados e de maior precisão.

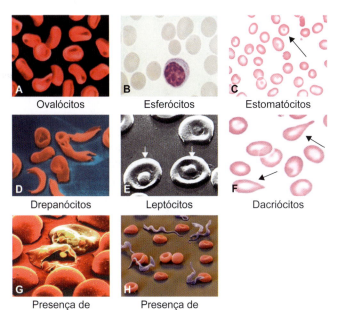

Figura R33.1 A a H. Algumas alterações celulares no hemograma não identificadas por diversos contadores automatizados.

Tabela R33.1 Exemplo de hemograma.

Eritrograma	Valores de referência*
Eritrócitos	4,5 a 6 milhões/mm³
Hemoglobina	13 a 20 g/dℓ
Hematócrito	36 a 52%
VCM	80 a 100 fℓ
Índices hematimétricos	
HCM	26 a 34 pg
CHCM	31 a 37 g/dℓ
RDW	10 a 16
Plaquetograma	**Valores de referência***
Resultado da leitura	130 a 400 mil/mm³
VPM	6,0 a 10,0 fℓ
PCT	0,2 a 0,5%
PDW	8,0 a 18%
Leucograma	**Valores de referência***
Leucócitos totais	4,0 a 10,0 mil/mm³
Bastonetes	0,0 a 7,0%; 0 a 700/mm³
Linfócitos	20 a 35%; 800 a 3.500/mm³
Monócitos	4,0 a 8,0%; 100 a 800/mm³
Eosinófilos	1,0 a 4,0%; 100 a 400/mm³
Basófilos	0,0 a 1,0; 0 a 200/mm³

*Os valores de referência podem ser revisados em função de novas diretrizes adotadas.

Volume corpuscular médio (VCM)

Índice que avalia o volume dos eritrócitos e, por consequência, o seu tamanho. Sua unidade de medida é dada em fentolitros (fℓ = 10^{-15} ℓ). As células podem ser classificadas como microcíticas (< 80 fℓ, para adultos), macrocíticas (> 96 fℓ, para adultos) ou normocíticas (80 a 96 fℓ). O VCM correlaciona-se inversamente coma contagem de eritrócitos, por isso os resultados de hemograma, que expressam a alta contagem de eritrócitos, tendem a apresentar valores mais baixos de VCM.

Hemoglobina corpuscular média (HCM)

Corresponde à média de hemoglobina por eritrócito que se reflete em sua coloração, de modo que valores abaixo dos valores de referência indicam hipocromia e superiores, hipercromia. Na verdade, é uma medida do peso médio de hemoglobina por eritrócito, que é expressa em picogramas (pg = 10^{-12} g). É obtida quando o aparelho divide a quantidade de hemoglobina pelo número de eritrócitos em um dado volume de sangue. Assim, a HCM é um valor dispensável no hemograma, já que alguns autores atribuem absoluta inutilidade à HCM, uma vez que eritrócitos de maior tamanho apresentam maiores quantidades de hemoglobina, enquanto eritrócitos menores quantidades menores de hemoglobina.

Concentração de hemoglobina corpuscular média (CHCM)

Refere-se à concentração de hemoglobina encontrada em um volume de 100 mℓ de sangue. A CHCM mede o grau de saturação de hemoglobina nos eritrócitos e, por essa razão, é o melhor índice para o diagnóstico de hipocromia. Considerada o índice-chave para o acompanhamento da terapêutica com ferro, pois as duas determinações hematológicas mais precisas (hemoglobina e hematócrito) são usadas em seu cálculo. É expressa em decilitros (dℓ 10^{-1} ℓ).

Amplitude de distribuição eritrocitária (RDW, do inglês red cell distribution width)

É um índice que indica a anisocitose (variação de tamanho dos eritrócitos). Trata-se de uma medida eletrônica dos volumes dos eritrócitos que representa a porcentagem de variação dos volumes obtidos. Após a contagem realizada pelos equipamentos contadores de células, os eritrócitos são agrupados por tamanho e distribuídos em uma curva, que fornece um índice de dispersão da anisocitose, denominado também coeficiente de distribuição do volume dos glóbulos. Esse índice é um parâmetro importante para avaliar o grau de variação do tamanho dos eritrócitos da amostra. Assim, valores de RDW na faixa da normalidade indicam homogeneidade do tamanho das células, e valores elevados sinalizam eritrócitos heterogêneos em tamanho. Dessa forma, quanto maior o valor de RDW, maior será a variação no tamanho dos eritrócitos, o que sugere anormalidades.

Interpretação conjunta de RDW e VCM

O VCM é o resultado da média de todos os tamanhos dos eritrócitos analisados e, consequentemente, só apresentará valor abaixo de 80 fℓ e acima de 96 fℓ quando já existir determinada população de células menores ou maiores, respectivamente. Desse modo, há casos que já apresentam eritrócitos menores ou maiores, mas nos quais a quantidade das células ainda não foi suficiente para alterar o VCM. Deve-se também analisar a relação entre o histograma e o RDW, tanto numérica quanto visualmente. O RDW sempre é representado na base do histograma, e quanto mais alargada a base, maior variação no tamanho dos eritrócitos e, em consequência, haverá RDW mais elevado. Se a base for estreita, significará uma menor variação no tamanho das células, com menores valores para RDW. Portanto, é possível concluir que o histograma eritrocitário e o RDW devem ser interpretados em conjunto, pois eles se complementam.

Enzimologia clínica

Atualmente, os exames laboratoriais para determinar concentrações ou mesmo a presença de determinadas enzimas no plasma ou em outros fluidos biológicos representam cerca de 20 a 25% do total de exames realizados em laboratórios de diagnósticos clínicos. A enzimologia clínica baseia-se em um único e simples princípio: a maioria das enzimas encontradas no soro não tem atividade neste meio. Entretanto, na doença, ocorre lesão de tecido com aumento da permeabilidade ou mesmo morte celular, e o extravasamento de seu conteúdo para a corrente sanguínea altera a atividade enzimática no sangue diagnóstico (ver Tabela 33.7). Após a liberação das enzimas para o sangue, ocorre uma queda gradual de sua atividade, causada pela destruição da molécula proteica por proteólise.

Isoenzimas

Enzimas com funções idênticas, mas com pequenas diferenças estruturais. São reconhecidas imunologicamente e identificáveis por meio de sua decomposição em subunidades. São mais específicas para tecidos, órgãos e organelas de uma só espécie de ser vivo. Por exemplo:

- CPK: três isoenzimas – MM específica para musculatura esquelética; MB mais específica para coração; e BB específica para tecido nervoso. As isoenzimas podem se detectadas isoladamente em alguns casos, o que aumenta muito a sua especificidade e, portanto utilidade no diagnóstico de certas doenças. Há, para certas enzimas, diferenças marcantes de atividade entre diferentes tecidos e órgãos. Por exemplo:
  - Creatinina cinase (CPK): ocorre principalmente no músculo estriado
  - Alanina-transaminase (ALT): ocorre principalmente no fígado
  - Lactato-desidrogenase (LDH): tem ampla distribuição entre tecidos – baixa especificidade.

Principais enzimas dosadas em laboratório de análises clínicas

- Amilase: cliva ligações glicosídicas α-1,4 do amido
- Lipase: classe de enzimas que hidrolisa lipídios, como estearase dos ésteres de colesterol
- Aldolase (ALD): enzima glicolítica. Converte frutose-6-P*i* em gliceraldeído-P*i* + Di-hidroxiacetona-P*i*
- Creatinina fosfotransferase (CPK): catalisa a formação da creatina fosfato e sua transformação em creatinina, principalmente nas células musculares e no tecido cerebral
- Lactato desidrogenase (LD): enzima da classe das oxidorreductases que catalisa a redução do piruvato para o lactato, usando o NADH como doador de elétrons. A reação é o passo final na glicólise (fibras brancas). A reação reversa é o primeiro passo na combustão do lactato (coração, fibras vermelhas), ou sua conversão para glicose (fígado). A enzima se dá no citoplasma de praticamente todas as células, existindo assim diversas isoformas
- Alanina amino-transferase (ALT) ou transaminase glutâmico pirúvica (TGP): cataliza a transferência do grupo amina da alanina ao alfacetoglutarato, resultando na formação de piruvato e glutamato
- γ-glutamiltransferase (GGT): participa na transferência de aminoácidos por meio das membranas celulares e, possivelmente, do metabolismo da glutationa. As concentrações mais altas de GGT encontram-se nas membranas celulares e túbulos renais, porém a enzima também aparece no fígado, no epitélio do trato biliar, no pâncreas, nos linfócitos, no cérebro e nos testículos
- 5´nucleotidase (5´NT): são enzimas que catalizam a hidrólise do fosfato esterificado na posição 5' da ribose ou desoxirribose dos nucleotídeos. É uma enzima encontrada em uma grande variedade de espécies em diferentes localizações celulares. Um 5'-ribonucleotídeo + H₂O ↔ um ribonucleosídeo + P
- Colinesterase: existente principalmente nos eritrócitos, nas sinapses (terminações nervosas) e nos músculos esqueléticos. Cataliza a clivagem (destruição) do neurotransmissor acetilcolina, restante na fenda sináptica em colina e ácido acético, reação necessária para permitir que o neurônio colinérgico retorne a seu estado de repouso após a ativação, evitando assim uma transmissão excessiva de acetilcolina, o que produziria uma sobre-estimulação do músculo e, como consequência, debilidade e cansaço.

Lipidograma

Perfil lipídico

Antigamente conhecido como lipidograma, é uma série de exame laboratorial para determinar dosagens de colesterol total, HDL, LDL e triglicerídeos. Lipídios são substâncias de origem orgânica, caracterizadas pela insolubidade em água, solubilidade em benzeno, éter e clorofórmio. No plasma, os lipídios em maior quantidade são o colesterol, os triglicerídeos e os fosfolipídios e seu aumento no plasma gera uma condição chamada hiperlipidemia (Figura R33.2; Tabela R33.2). Em menores quantidades, ainda existem os ácidos graxos livres, os glicolipídios, os hormônios e as vitaminas de origem lipídica. Para evitar dados incorretos, o paciente deve ser orientado a ficar em jejum de 12 a 14 h, manter o metabolismo normal por 2 semanas, evitando exercícios físicos e dieta fora do habitual. Três dias antes do exame não pode ingerir bebidas alcoólicas. A recuperação de traumas, cirurgias, infecções por bactérias e doenças crônicas debilitantes, durante pelo menos 2 meses, impede a realização do exame. Em gestantes, só pode ser feito 3 meses após o parto.

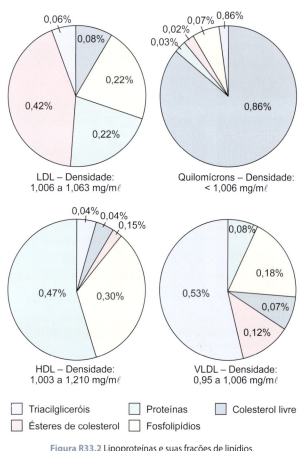

Figura R33.2 Lipoproteínas e suas frações de lipídios.

Tabela R33.2 Tipos de hiperlipidemias, suas possíveis causas e formas de tratamento.

Tipo	Em excesso	Possíveis causas	Significância clínica	Opções de tratamento
Hipercolesterolemia poligênica	LDL	Nutricional e genética (↓ receptores)	↓ do *clearance* do LDL plasmático	Dieta; sequestrantes de ácidos biliares; inibidores de HMG
Hipercolesterolemia familiar	LDL	Genética (homoz/heteroz) – defeito na transcrição do receptor	↓ do *clearance* do LDL plasmático	Sequestrantes de ácidos biliares; inibidores de HMG etc. (associados)
Hipertrigliceridemia dieta induzida	VLDL	Excessivo consumo calórico ou de álcool	↑ da secreção de VLDL pelo fígado	Dieta; fibratos; ácido nicotínico
Hipertrigliceridemia primária e secundária	VLDL	Associada a outros problemas, como obesidade e diabetes	↑ da síntese de TG e VLDL, com queda na HDL	Controlar a glicemia; perder peso; modificar dieta; inibidores da HMG
Hiperlipidemia mista	QM/LDL	Genética (↓ ou ausência de receptores para LDL) ou dieta	↑ do QM e do LDL plasmático	Dieta; inibidores da HMG; resinas etc. (uso conjunto)
Hipertrigliceridemia	QM	Deficiência genética de lipoproteína lipase	↓ do *clearance* de TG plasmático	Resinas; ácido fíbrico; niacina etc. (uso conjunto)

Fatores de risco para diferença arterial coronariana

- Hipercolesterolemia: ingestão inadequada de gorduras
- Sexo masculino: homens acima dos 45 anos (mulheres acima dos 55, sobretudo na ausência de reposição hormonal)
- Hipertensão arterial: a sobrecarga vascular promove lesão endotelial
- Dieta inadequada: alimentos refinados e ricos em lipídios em detrimento de fibras alimentares
- Sedentarismo: reduz a cinética de processamento das lipoproteínas, diminuindo o *clearance* plasmático
- Hereditariedade: verificar morte súbita ou infarto do miocárdio antes dos 55 anos de idade em parentes masculinos de primeiro grau (p. ex., pai). Os mesmos parâmetros para parentes do sexo feminino antes de 65 anos de idade
- Tabagismo: redução de óxido nítrico (vasodilatador) e aumento da oxidação de LDL
- Sobrepeso: maior propensão à hipertensão arterial e ao diabetes melito, que potencializam cardiopatias.

Consequências da hiperlipidemia

- Infarto do miocárdio: uma obstrução na rede de vasos que conduz sangue ao coração desencadeia a angina, indicativo de um infarto
- Aneurisma: a obstrução da luz do vaso pode desencadear o aneurisma que culminará em um AVE
- AVE: o cérebro é rico em arteríolas frágeis que, quando obstruídas, ainda que parcialmente, podem se romper, dando origem a um derramamento de sangue no cérebro.

Marcadores bioquímicos do infarto do miocárdio

O infarto agudo do miocárdio (IAM) ocorre quando as artérias que suprem de sangue a massa muscular cardíaca sofrem obstrução repentina, em geral em decorrência de trombos. O coração deixa de receber o aporte de oxigênio e nutrientes de que necessita e o tecido entra em isquemia e, posteriormente, em necrose, caracterizando o infarto. Esses trombos têm origem mais comum a partir de placas ateromatosas que se rompem e passam a migrar pelo sistema vascular. A aterosclerose é uma doença progressiva, que se caracteriza pela constrição do lúmen das artérias grandes e médias, em virtude do espessamento local da camada íntima em resposta imunoinflamatória dessa camada da artéria à lesão, que, por sua vez, é ocasionada por fatores extrínsecos, como a hipercolesterolemia.

Infarto agudo do miocárdio (IAM)

Os fatores de risco para infarto agudo do miocárdio podem ser divididos em dois grupos:

- Fatores que podem ser mudados:
  - Hipercolesterolemia: aumenta a chance de dano vascular por parte do LDL, culminando na formação de placas de ateromas ou trombos
  - Hipertensão arterial: promove ergarçamento das paredes arteriais, induzindo lesões vasculares e enriquecimento das artérias
  - Tabagismo: a fumaça do cigarro é extremamente deletéria para o organismo, promovendo forte constrição das artérias e oxidando o LDL por meio de radicais livres
  - Sobrepeso: o excesso de peso predispõe ao desenvolvimento do diabetes melito e da hipetensão arterial e, além disso, aumenta a demanda cardíaca
  - Sedentarismo: a atividade física traz benefícios para a função cardiovascular, prevenindo a hipertensão arterial, o sobrepeso e o diabetes melito
  - Diabetes melito: os produtos de glicação que ocorrem no diabetes melito atuam de modo deletério em diversos tecidos, incluindo o endotélio vascular
- Fatores que não podem ser alterados:
  - Idade: homens acima de 45 anos apresentam maior risco cardiovascular quando comparados a indivíduos do sexo masculino de menor faixa etária. Mulheres acima de 55 anos (ou após a menopausa) também mostram risco cardiovascular aumentado quando comparadas a mulheres mais jovens
  - Predisposição genética: se houver na família casos de parentes próximos, como pai ou irmão com histórico de doença cardiovascular antes de 55 anos de idade, o risco torna-se bastante importante.

Creatinina cinase (CK e CK-MB)

A confirmação do diagnóstico do infarto do miocárdio ocorre quando os níveis plasmáticos de CK-MB atingem 5 a 10% dos níveis de creatinina cinase total (CK-total). Valores de CK-MB duas vezes maiores que as taxas de referência indicam claramente IAM. Na prática clínica, são utilizadas as troponinas e a CK-MB nas 12 primeiras horas para diagnóstico e avaliação de pacientes com suspeita de síndromes coronarianas agudas, e o acompanhamento da curva de CK-MB nos paciente com diagnóstico de infarto.

Lactato desidrogenase (LDH)

Outro marcador importante do IAM é a enzima lactato desidrogenase (LDH), também denominada desidrogenase láctica. A LDH apresenta cinco isoformas separáveis por eletroforese, sendo a sua distribuição no organismo:

- LDH1 e LDH2: presentes no tecido cardíaco e nos eritrócitos
- LDH3: baço, pulmões, placenta e pâncreas
- LDH4 e LDH5: musculatura esquelética e fígado.

A isoforma LDH_1 é a que tem maior especificidade para a confirmação do IAM sendo utilizada no diagnóstico diferencial. A inversão da razão $LDH_1 > LDH_2$ é típica do IAM (apesar de ocorrer também em amostras hemolisadas).

Proteínas musculares

Para confirmar o diagnóstico de IAM, também é possível determinar a presença de proteínas musculares no plasma, como a mioglobina:

- Mioglobina: a lesão do músculo esquelético ou cardíaco promove o extravasamento da mioglobina para o plasma. Embora seja um indicador sensível para a detecção do IAM, não é específica. No infarto, a mioglobina é encontrada mais precocemente no plasma do que as enzimas creatininas cinases, incluindo a isoforma CK-MB. A mioglobina eleva-se no plasma no intervalo de 1 a 3 h após o IAM e sua quantidade está relacionada com a extensão do infarto
- Troponinas: ao contrário da CK-MB, a troponina I cardíaca é altamente específica para o tecido miocárdico, não é detectável no sangue de pessoas sadias, mostra um aumento proporcionalmente bem acima dos valores-limite, nos casos de IAM, e pode permanecer elevada por 7 a 10 dias após o episódio agudo.[11] Uma das grandes vantagens da dosagem de troponina, em vez de CK-MB, é que ela atinge valores-pico até mais de 40 vezes o limite de detecção, enquanto a CK-MB se restringe a 6 a 9 vezes. A liberação da troponina I no plasma correlaciona-se com a extensão do infarto do miocárdio
- Aspartato aminotransferase (AST) ou transaminase glutâmico-oxalacética (GOT ou TGO): embora essa enzima aumente após cerca de 12 a 48 h após o IAM, ela não é específica, e elevações falso-positivas podem ocorrer, sobretudo na presença de hepatopatias. Dessa forma, seus resultados devem ser interpretados à luz de outros marcadores anteriormente descritos.

Exercícios

1. Observe as afirmações pertinentes à coleta de sangue. Calcule a soma dos valores numéricos dentro dos parênteses apenas das afirmativas corretas:
    a) (25) A coleta de sangue a vácuo é a mais indicada em recém-nascidos, em razão da manutenção da amostra em um sistema fechado e asséptico.
    b) (32) O garrote deve ser colocado no braço do paciente, 15 min antes da coleta por venopunção. A colocação deve ser feita próxima ao local da punção (cerca de 10 cm).
    c) (11) Qualquer veia, após ser examinada, poderá ser puncionada, independentemente da sua localização (braço, dobra do braço, antebraço e dorso da mão).
    d) (7) A venopunção a vácuo possibilita o armazenamento da amostra em um sistema fechado e asséptico. Normalmente, a coleta é realizada pela veia basílica.
    e) (80) O garroteamento deve ser retirado logo após a venopunção, uma vez que pode alterar parâmetros como plaquetas e fatores de coagulação.
    f) (24) O vácuo presente no tubo de coleta pode alterar a membrana dos eritrócitos, predispondo à hemólise e, por essa razão, os tubos devem ser preenchidos com substâncias anticoagulantes.

2. Um agente anticoagulante utilizado em amostras de sangue, cujo mecanismo de ação envolve a inibição das enzimas da via glicolítica nos eritrócitos, o que torna possível a dosagem de glicose. A qual substância se refere esta afirmação?
   a) EDTA como agente anticoagulante.
   b) Citrato, muito utilizado para processos que envolvem transfusão de sangue.
   c) Fluoreto, pois tem a propriedade de atuar como inibidor enzimático.
   d) Oxalato de lítio, pois é um potente inibidor das enzimas da via glicolítica.
   e) Citratos, porque são capazes de atuar tanto como inibidores enzimáticos quanto como sequestradores de cálcio.

3. Associe as letras (A, B, C, D e E) às respectivas características das células:
   A. Equinócitos.
   B. Dacriócitos.
   C. Eliptócitos.
   D. Leptócitos.
   E. Drepanócitos
   ( ) Essas células têm o aspecto de foice e são decorrentes da presença de hemoglobina S (HbS).
   ( ) Eritrócitos com forma de elipse, estão presentes em pouca quantidade em qualquer forma de anemia.
   ( ) Também são chamadas de *target cell*, na circulação assumem a forma de sinos.
   ( ) Os eritrócito apresentam a membrana com projeções que se assemelham a rodas denteadas.
   ( ) Eritrócitos em forma de lágrima.

4. Os dados da tabela, a seguir, são oriundos de uma amostra de sangue obtida de um paciente de um hospital universitário. Avalie esses dados e responda:
   a) O que é o hematócrito?
   b) O que é o VCM e o que esse parâmetro avalia?
   c) O que é a CHCM e qual a sua utilidade na avaliação do exame de sangue?

		Valores de referência
Eritrócitos	5,2 milhões/mm³	4,6 a 6,2 milhões/mm³
Hemoglobina	16,2 g/dℓ	14 a 17 g/dℓ
Hematócrito	45,1%	40 a 54%
VCM	86,7 fℓ	80 a 95 fℓ
HCM	31,2 pg	27 a 32 pg
CHCM	35,9 g/dℓ	32 a 36 g/dℓ
RDW	12,6%	11,5 a 14,5%

5. A anemia falciforme é uma forma de hemoglobinopatia na qual está presente a hemoglobina S. Explique as alterações bioquímicas que culminam na forma em foice do eritrócito.

6. Um paciente realizou exames de sangue e obteve os resultados apresentados na tabela a seguir. Seu médico necessita dos valores de LDL e VLDL para mensurar o risco cardiovascular. Utilize os resultados do exame para obter os valores de LDL e VLDL.

Paciente: Sr. Campos da Paz		Idade: 47 anos
Material: Sangue		Método: Automatizado
Colesterol total	158 mg/dℓ	< 200 mg/dℓ
Hemoglobina	16,2 g/dℓ	14 a 17 g/dℓ
HDL	36 mg/dℓ	> 60 mg/dℓ
Hematócrito	45,1%	40 a 54%
Triacilgliceróis (triglicerídeos)	165 mg/dℓ	< 150 mg/dℓ
Glicemia de jejum	83 mg/dℓ	70 a 99 mg/dℓ

7. Um paciente procurou pelo serviço de clínica geral de um hospital universitário relatando os seguintes sintomas: fraqueza muscular, perda de apetite, fadiga, emagrecimento, dores ósseas, obstipação, dor abdominal e náuseas. Após diversos exames médicos, a equipe emitiu o diagnóstico de hiperparatireoidismo. Nessa condição, espera-se o aumento dos níveis plasmáticos de qual das seguintes enzimas? Por quê?
   a) Amilase.
   b) Lipase.
   c) Fosfatase alcalina (ALP$_2$).
   d) Desidrogenase láctica (LDL).
   e) Creatinina cinase (CK).

8. Um homem de 47 anos faz uso de um medicamento hepatotóxico e a equipe médica deseja acompanhar o impacto desse medicamento sobre a integridade do fígado. Além de outros parâmetros, a equipe médica pode pedir o doseamento das enzimas:
   a) ALT/AST.
   b) CK-MM/CK-MB.
   c) CK-BB/LDH.
   d) PSA/CK.
   e) Amilase/CK-MM.

9. Atua na inibição das enzimas da via glicolítica nos eritrócitos, tornando possível a dosagem de glicose. O pH situa-se entre 6,5 e 7,0 e uma gota dessa mistura é suficiente para impedir a coagulação de 5 mℓ de sangue preservando as plaquetas. A qual substância se refere esta afirmação?
   a) EDTA.
   b) Heparina.
   c) Mistura de citrato e oxalato.
   d) Mistura de hepatina e EDTA.
   e) Fluoreto.

10. Observe os resultados do lipidograma apresentado na tabela a seguir. Explique de que maneira os três parâmetros baixos (HDL, LDL e triglicerídeos) têm relação com o risco cardiovascular.

Material: sangue	Método: glicerol fosfato oxidase
Triglicerídeos	235 mg/dℓ
Valor de referência	Acima de 19 anos
	Normal: menor que 150 mg/dℓ
	Limítrofe: 150 a 199mg/dℓ
	Elevado: 200 a 499mg/dℓ
	Muito elevado: maior que 500 mg/dℓ
LDL-colesterol	150 mg/dℓ
Valor de referência	Acima de 19 anos
	Ótimo: menor que 100 mg/dℓ
	Subótimo: 100 a 129 mg/dℓ
	Limítrofe: 130 a 159 mg/dℓ
	Elevado: 160 a 189 mg/dℓ
	Muito elevado: maior que 189 mg/dℓ
VLDL-colesterol	47 md/dℓ
Valor de referência	Acima de 19 anos
	Desejável: inferior a 30 mg/dℓ
HDL-colesterol	36 mg/dℓ
Valor de referência	Maiores de 20 anos
	Desejável: maior ou igual a 40 mg/dℓ

Fonte: Sociedade Brasileira de Cardiologia, 2013.

Respostas

1. Soma: 98.
2. Alternativa correta: *c*.
3. E, C, D, A, B.

4 a) O hemematócrito indica a porção do volume de sangue ocupada por eritrócitos. A redução do hematócrito pode indicar depressão da eritropoese, anemias ou hemorragias, por exemplo, enquanto o aumento do hematócrito pode indicar condições de hipoxia, como na doença pulmonar obstrutiva crônica, ou alterações medulares que levem ao aumento da síntese de eritrócitos, como na policitemia vera.
   b) O VCM compõe um dos índices hematimétricos, isto é, os parâmetros que fornecem dados pertinentes às medidas eritrocitárias, como peso, diâmetro e espessura. O VCM é o volume corpuscular médio. Trata-se do parâmetro hematimétrico mais utilizado no acompanhamento da eficácia terapêutica contra a anemia e sua unidade de medida é dada em fentolitros (f$\ell = 10^{-15}\,\ell$).
   c) A concentração de hemoglobina corpuscular média (CHCM) é outro parâmetro hematimétrico e reflete a concentração de hemoglobina encontrada em um volume de 100 mℓ de sangue. A CHCM é o melhor índice para o diagnóstico da hipocromia e é essencial para o acompanhamento da terapêutica que utiliza ferro.
5. A hemoglobina S apresenta em sua estrutura primária uma alteração no sexto resíduo de aminoácido (o ácido glutâmico é substituído pelo resíduo de valina). A alteração conformacional ocorre porque o grupo radical da valina não tem carga elétrica e cria um ponto hidrofóbico de ligação na superfície externa da cadeia beta, alterando a conformação final da proteína. Quando essa forma de hemoglobina transfere oxigênio para os tecidos, sofre aglutinação, dando origem a formas gelatinosas de polímeros, também chamadas tactoides, que acabam por alterar a estrutura do eritrócito, o qual adquire a forma de foice, tornando-os frágeis e propensos à hemólise.
6. Os valores de VLDL podem ser obtidos dividindo-se o valor de triglicerídeos por 5, isto é: VLDL = Tg/5.
   O cálculo do VLDL só é possível se os valores para triacilgliceróis não forem maiores que 400 mg/dℓ. Os valores de LDL colesterol podem ser obtidos por meio da fórmula de Friedewald, isto é, LDL = colesterol total − (HDL + VLDL).
7. Alternativa correta: *c*.
8. Alternativa correta: *a*.
9. Alternativa correta: *e*.
10. Hipercolesterolemia e níveis plasmáticos elevados de LDL-colesterol são fatores de risco para a doença cardiovascular, uma vez que as partículas de LDL, ao sofrerem oxidação, convertem-se em uma forma chamada LDL-oxidado (LDL-ox). Nessa condição, as partículas de LDL, ao invadirem a camada íntima da artéria, desencadeiam respostas imunoinflamatórias mediadas por citocinas. Essas moléculas sinalizadoras atraem macrófagos, que iniciam a fagocitose das partículas de LDL, convertendo-se em células espumosas e morrendo na cama íntima da artéria. Esse ciclo se repete para outros macrófagos, o que, a seu curso, agrava a lesão arterial e aumenta a resposta inflamatória, atraindo progressivamente mais macrófagos, repetindo o ciclo e agravando a lesão. A hipertrigleceridemia associada à hipercolesterolemia potencializa o efeito de formação de placas de ateroma, uma vez que os níveis aumentados de triglicerídeos elevam a viscosidade do sangue, aumentando a chance de agregação plaquetária.

Referências bibliográficas

1. Saraiva FRS. Dicionário latino-português. 9. ed. Rio de Janeiro: Livraria Garnier; 1993.
2. Coutinho IL. Pontos de gramática histórica. 5. ed. Rio de Janeiro: Livraria Acadêmica; 1962. p. 235.
3. Rezende JM. Linguagem Médica. 3. ed. Goiânia: AB Editora e Distribuidora de Livros Ltda.
4. Netter FH. Atlas de Anatomia Humana. 2. ed. Porto Alegre: Artmed; 2000.
5. Santos VM, Cunha SFC, Cunha DF. Velocidade de hemossedimentação das hemácias: utilidades e limitações. Rev Ass Med Brasil. 2000;46(3):232-36.
6. Lanzara GA, Provenza JR, Bonfiglioli R. Velocidade de hemossedimentação (VHS) de segunda hora: qual o seu valor? Rev Bras Reumatol. 2001;41(4).
7. Figueira CR, Maurício L, Maia RD, Queiroz SMV, Araújo MGM, Miranda RGC, Medeiros TMD. Deficiência de glicose-6-fosfato desidrogenase: dados de prevalência em pacientes atendidos no Hospital Universitário Onofre Lopes, Natal – RN. RBAC. 2006;38(1):57-59.
8. Sanpavat S, Kittikalayawong A, Nuchprayoon I, Ungbumnet W. The value of methemoglobin reduction test as a screening test for neonatal glucose- 6-phosphate dehydrogenase deficiency. J Med Assoc Thai. 2001;84(Suppl 1):S91-S98.
9. Bonini-Domingos CR, Bonini-Domingos AC, Chinelato AR, Zamaro PJA, Calderan PHO. Interação entre Hb C [beta6(A3) Glu>Lys] e IVS II-654 (C>T) beta-talassemia no Brasil. Rev Bras Hematol Hemoter. 2003;25(2):115-21.
10. Wang LA, Valenzuela GP, Murphy TM, Chu Purification of a human prostate specific antigen. Invest Urol. 1979;17:159-63.
11. Godoy MF, Braile DM, Neto JP. A troponina como marcador de injúria celular miocárdica. Arq Bras. Cardiol. 1998;71(4):629-33.

Bibliografia

American Diabetes Association. Diabetes Care: Standards of Medical Care for Patients With Diabetes Mellitus. Diabetes Care. 2002;25(Suppl1):s33-s49.
American Diabetes Association. Standards of Medical Care in Diabetes. Diabetes Care. 2005;28(Suppl 1).
Argeri NL, Lopardo HA. Análisis de orina – fundamentos y práctica. Buenos Aires: Editorial Médica Panamericana S.A.; 1993.
Bain BJ. Células sanguíneas. 2. ed. Porto Alegre: Artes Médicas; 1997.
Bodas MA, Delgado L, Gouveia MC, Martins MG, Nova IM, Barros H. IgA anti-transglutaminase tecidular. Avaliação de um novo imunoensaio enzimático no diagnóstico e evolução clínica da doença celíaca. Rev Port Imunoalergol. 2001.
Brown RS, Bellisario RL, Botero D, Fournier L, Abrams CA, Cowger ML et al. Incidence of transient congenital hypothyroidism due to maternal thyrotropin receptor-blocking antibodies in over one million babies. J Clin Endocrinol Metab. 1996;81:1147-51.
Burtis CA, Ashwood ER. Tietz Textbook Clinical Chemistry. Philadelphia: W.B. Saunders Co.; 1994. p. 830-39.
Caraveo-Enriquez VE, Tavano-Colaizzi L et al. Ginecol Obstet Mex. 2002;70:112-7.
Carr SR. Screening for gestational diabetes mellitus: a perspective in 1998. Diabetes Care. 1998;21(Suppl1):B14-18.
Carvalhal GF, Rocha LCA, Monti PC. Urocultura e exame comum de urina: considerações sobre sua colheita e interpretação. Revista da AMRIGS, Porto Alegre. 2006;50(1):59-62.
Colombeli ASS, Falkenberg M. Comparação de bulas de duas marcas de tiras reagentes utilizadas no exame químico de urina. J Bras Patol Med Lab. 2006;42(2):85-93.
Comitê de Enzimas da Sociedade Escandinava de Clínica Química (SSC). Scand J Clin Lab Invest. 1976;36-119.
Conn M, Goodman M. Endocrinology. Oxford Univ. Press; 1998. p. 601.
De La Rosa MM, Roque RR. Fasting oral glucose challenge test as a predictor of gestational diabetes mellitus. Philipp J Obstet Gynecol. 1998;22(1):123-27.
Devlin TM. Manual de bioquímica com correlações clínicas. São Paulo: Blücher; 2003.
Di Dio R, Barbério JC, Prandal MG, Menezes AMS. Procedimentos hormonais. 4. ed. São Paulo: CRIESP; 1996.
Failace R, Pranke P. Avaliação dos critérios de liberação direta dos resultados de hemogramas através de contadores eletrônicos. Rev Bras Hematol Hemoter. 2004;26(3):159-66.
Ferreira AW, Ávila SLM. Diagnóstico laboratorial. Rio de Janeiro: Guanabara Koogan; 1996.
Frick P. Blood and Bone Marrow Morphology Blood. Coagulation. 1990. p. 1-11; 59-63.

Fuke H, Yagi H, Takegoshi C, Kondo T. A sensitive automated colorimetric method for the determination of serum gamma-glutamyl transpeptidase. Clin Chim Acta. 1976;69:43-51.

Gorla Jr. JA, Fagundes DJ, Parra OM, Zaia CTB, Bandeira COP. Fatores hepatotróficos e regeneração hepática. Parte II: fatores de crescimento. Acta Cir Bras. 2004;16(4).

Graff SL. Analisis de orina – atlas color. Buenos Aires: Editorial Médica Panamericana S.A.; 1987.

Grossman A. Clinical endocrinology. 2. ed. Oxford: Blackwell; 1998. 1120 p.

Harber MH, Corwin HL. Urinalysis. Clin Lab Med. 1988;8(3):415-620.

Harber MH. Urinary sediment: a textbook atlas. Chicago: American Society of Clinical Pathology Press; 1981.

Hoffbrand AV, Petit JE, Moss PAH. Essential haematology. 4. ed. Oxford: Blackwell Science; 2002.

Hoffbrand AV, Petit JE. Hematologia clínica ilustrada. São Paulo: Manole; 1988.

Ilana L, Baratella CC, Maschieto A, Salvino C, Darini ALC. Diagnóstico bacteriológico das infecções do trato urinário – Uma revisão técnica. Medicina, Ribeirão Preto. 2001;34:70-8.

Köhler H, Wandel E, Brunck B. Acanthocyturia – A characteristic marker for glomerular bleeding. Kidney International. 1991;40:115-20.

Laun IC. Revista Asociacion Latinoamericana de Diabetes. 2001;9(3):83-8.

Lima OA, Soares JB, Greco JB, Galizzi C. Métodos de Laboratório Aplicados à Clínica; 1992. p. 2; 21-98.

Lopes HJJ. Enzimas no laboratório clínico-aplicações diagnósticas. Belo Horizonte: Analisa Diagnóstica; 2000.

Lorenzi TF et al. Manual de Hematologia. Propedêutica e clínica. 3. ed. São Paulo: Médica Científica; 2003.

McDonald GA, Paul J, Cruickshank B. Atlas de hematologia. Madrid: Médica Panamericana; 1995.

Macdonald IA. A review of recent evidence relating to sugars, insulin resistance and diabetes. Eur J Nutr. 2016;55(Suppl 2):17-23.

Motta VT. Bioquímica clínica. Princípios e interpretações. 5. ed. Porto Alegre: Editora Médica Missau; 2000.

Mundim FD. Testes de diagnósticos. Série incrivelmente fácil. Rio de Janeiro: Guanabara Koogan; 2005.

Murray PR et al. Manual of clinical microbiology. 7 ed. Washington: ASM Press; 1999.

Naoum FA, Naoum PC. Hematologia laboratorial. Leucócitos. São José do Rio Preto: Academia de Ciência e Tecnologia; 2006.

Naoum PC, Naoum FA. Hematologia laboratorial. Eritrócitos. São José do Rio Preto: Academia de Ciência e Tecnologia; 2005.

Nguyen GK. Urine cytology in renal glomerular disease and value of G1 cell in the diagnosis of glomerular bleeding. Diagn Cytopathol. 2003;29(2):67-73.

Olshaker JS, Jerrard DA. The erythrocyte sedimentation rate. J Emerg Med. 1997;15:869-74.

Olszewer E. Manual de avaliação clínica e funcional com aplicabilidade funcional. Ícone; 2004.

Protein Data Bank (PDB). Disponível em: http://www.rcsb.org/pdb/home/home.do.

Raper S, Kothary P, Ishoo E, Dikin M, Kokudo N, Hashimoto M, DeMatteo RP. Divergent mechanisms of insulin-like growth factor I and II on rat hepatocyte proliferation. Regul Pept. 1995;58(1-2):55-62.

Ringsrud KM, Linné JJ. Urinalysis and body fluids. St. Louis: Mosby-Year Book, Inc.; 1995.

Rotunno LRA. Hormônio do crescimento e IGFs. [Monografia]. Londrina: Universidade Estadual de Londrina; 1998.

Sacher AR, Mcpherson A, Widmann R. Interpretação clínica dos exames laboratoriais metha Ltda. 11. ed. Laboratórios Fleury. Manual de exames Fleury.

Sakata S, Matsuda M, Ogawa T, Takuno H, Matsui I, Sarui H et al. Prevalence of thyroid hormone autoantibodies in healthy subjects. Clin Endocrinol. 1994;41:365-70.

San-Gil F, Schier GM, Moses RG, Gan IET. Clin Chem. 1985;31(12):2005-06.

Sannazzaro CAC, Coelho LT. Nefropatia diabética e proteinúria. Laes & Haes. 1999;120:146-52.

Sato AF, Svidzinski AE, Consolaro MEL, Boer CG. Nitrito urinário e infecção do trato urinário por cocos Gram-positivos. J Bras Patol Med Lab. 2005;41(6):397-40.

Schmidt MI, Duncan BB, Reichelt AJ, Branchtein L et al. Diabetes Care. 2001;24(7): 1151-55.

Service FJ. Hipoglycemia. Med Clinics North Am. 1995;79:1-8.

Skov OP, Boesby S, Kirkegaard P, Therkelsen K, Almdal T, Poulsen SS, Nexo E. Influence of epidermal growth factor on liver regeneration after partial hepatectomy in rats. Hepatology. 1998;8(5):992-96.

Stern HJ. Lactic acidosis in paediatrics: clinical and laboratory evaluation. Ann Clin Biochem. 1994;31:410-9.

Stiene-Martin EA, Steininger CAL, Koepke JA. Clinical hematology. 2. ed. Philadelphia: Lippincott; 1998.

Strasinger SK. Urinálises e fluidos biológicos. 3. ed. Porto Alegre: Editorial Premier Ltda; 1998.

Surita RJS, Bottini PV, Alves MAVFR. Erytrhocytes morphology in diagnosing the origin of hematuria. Kidney International. 1994;46(6):1749.

Surita RJS, Bottini PV, Ribeiro-Alves MAVFR. Hematúrias: avaliação da utilidade da observação da morfologia dos eritrócitos urinários. Rev Bras Nefrol. 1994;26(Suppl):37.

Surita RJS. Utilidade da morfologia dos eritrócitos urinários no diagnóstico clínico das hematúrias. [Tese de mestrado]. Campinas: Faculdade de Ciências Médicas da Universidade Estadual de Campinas; 1995.

Szkudlinski MW, Fremont V, Ronin C, Weintraub BD. Physiol Rev. 2002;82:473-502.

Tomita M, Kitamoto Y, Nakayama M, Sato T. A new morphological classification of urinary erythrocytes for differential diagnosis of glomerular hematuria. Clinical Nephrology. 1992;37(2):84-9.

Vanderpump MP, Tunbridge WM, French JM, Appleton D, Bates D, Clark F et al. The incidence of thyroid disorders in the community: a twenty-year follow-up of the Whickham Survey. Clin Endocrinol (Oxf). 1995;43:55-68.

Bioquímica Clínica | Provas e Marcadores Específicos

Marcadores bioquímicos do infarto do miocárdio

O coração localiza-se no tórax, atrás do osso externo, levemente rotacionado para a esquerda e ocupa o espaço entre os dois pulmões, chamado de mediastino médio. Apresenta forma cônica, com seu ápice repousando sobre o diafragma, enquanto sua base se volta para a região cefálica. Na base do coração, localizam-se os grandes vasos (tronco pulmonar, veias cava inferior e superior e arco da artéria aorta). O coração fornece a energia de propulsão para conduzir o sangue a todas as células do organismo contraindo-se cerca de 115.000 vezes/dia e impulsionando cerca de 7.500 ℓ de sangue, podendo ainda regular seu débito pelas necessidades do organismo. Está dividido em quatro câmaras: dois átrios e dois ventrículos, sendo que os átrios atuam apenas como bombas de escorva. O átrio direito comunica-se com o ventrículo direito por meio da valva tricúspide, enquanto o átrio esquerdo o faz com o ventrículo esquerdo por meio da valva bicúspide ou mitral. Já o ventrículo direito se comunica com a artéria pulmonar por meio da valva pulmonar e o esquerdo com a artéria aorta pela valva aórtica (Figura 34.1). Histologicamente, o músculo cardíaco apresenta células unidas, as junções GAP, que são regiões de baixa resistência elétrica. O músculo cardíaco apresenta as seguintes propriedades:

- Automatismo (cronotropismo): capacidade de o coração gerar seus próprios estímulos elétricos, independentemente de influências extrínsecas ao órgão. Por exemplo, nodo sinoatrial
- Condutibilidade (dromotropismo): diz respeito à condução do processo de ativação elétrica por todo o miocárdio, em uma sequência sistematicamente estabelecida. Por exemplo, feixes internodais, feixes de His, sistema de Purkinje
- Excitabilidade (batmotropismo): capacidade do miocárdio de reagir quando estimulado, reação esta que se estende por todo o órgão
- Contratilidade (inotropismo): propriedade que o coração tem de se contrair ativamente como um todo único
- Distensibilidade (lusitropismo): capacidade de relaxamento global do coração, uma vez cessada sua estimulação elétrica.

Os vasos que deixam o coração são chamados de artérias, enquanto aqueles que chegam ao músculo cardíaco são as veias. A morfologia entre artérias e veias é similar, contudo as veias dispõem de válvulas que promovem o fluxo unidirecional do sangue, o que não existe nas artérias. As artérias, por sua vez, apresentam maior quantidade de elastina, enquanto as veias têm uma proporção menor dessa proteína, já que não estão sujeitas às altas pressões que sofrem as artérias.

Infarto agudo do miocárdio (IAM)

Ocorre quando as artérias que suprem de sangue a massa muscular cardíaca sofrem obstrução repentina, em geral, em decorrência de trombos. O coração deixa de receber o aporte de oxigênio e nutrientes de que necessita e o tecido entra em isquemia e, posteriormente, em necrose, caracterizando o infarto. Tais trombos têm sua origem mais comum em placas ateromatosas que se rompem e passam a migrar pelo sistema

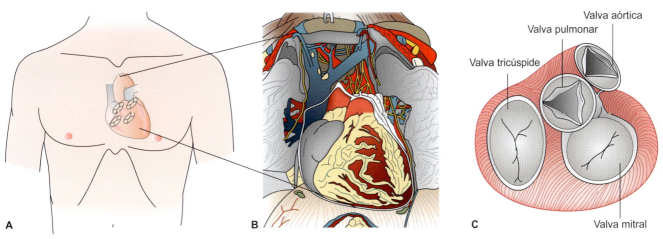

Figura 34.1 A. Localização do coração na caixa torácica. **B.** Coração *in situ* com o ápice repousando sobre o diafragma. **C.** Valvas cardíacas. Fonte: Netter, 1998.[1]

vascular. Assim, a aterosclerose compõe o substrato mais importante para o IAM. A aterosclerose é uma doença progressiva que se caracteriza pela constrição do lúmen das artérias grandes e médias, em virtude do espessamento local da camada íntima em resposta imunoinflamatória dessa camada da artéria à lesão, que, por sua vez, é ocasionada por fatores extrínsecos, como a hipercolesterolemia (Figura 34.2).

Os fatores de risco para IAM podem ser divididos em dois grupos:

- Fatores que podem ser mudados:
  - Hipercolesterolemia: aumenta a chance de dano vascular por parte do LDL, iniciando uma cadeia de eventos que culminará na formação de placas de ateromas ou trombos
  - Hipertensão arterial: ao longo do tempo, promove esgarçamento das paredes arteriais induzindo lesões vasculares e enrijecimento das artérias. A lesão vascular decorrente da hipertensão arterial também conduz à formação de placas ateromatosas. Além disso, o risco de acidentes vasculares encefálicos (AVE) é diretamente proporcional aos níveis de pressão arterial. De fato, indivíduos hipertensos apresentam cerca de 4 a 6 vezes maior chance de apresentar AVE quando comparados aos não hipertensos
  - Tabagismo: a fumaça do cigarro é extremamente deletéria para o organismo, promovendo forte constrição das artérias, reduzindo, assim, o aporte de sangue para os tecidos. Além disso, ela apresenta uma quantidade maciça de radicais livres que atuam oxidando o LDL-colesterol, um dos primeiros passos para o desenvolvimento da placa de ateroma
  - Sobrepeso: o excesso de peso predispõe ao desenvolvimento do diabetes melito e da hipertensão arterial, além de aumentar a demanda cardíaca
  - Sedentarismo: a atividade física traz benefícios para a função cardiovascular, prevenindo a hipertensão arterial, o sobrepeso e o diabetes melito
  - Diabetes melito: diversos estudos mostram que o diabetes melito é um importante fator de risco para o desenvolvimento da doença cardiovascular independentemente de outros fatores de risco. De fato, o diabetes melito aumenta em pelo menos duas vezes as chances de doença coronariana e AVE. Os produtos de glicação que ocorrem no diabetes melito atuam de modo deletério em diversos tecidos, incluindo o endotélio vascular

- Fatores que não podem ser alterados: os fatores de risco para a doença cardiovascular que não podem ser alterados são aqueles sobre os quais o indivíduo não tem controle, ou seja, não pode mudar seu curso. Entre esses, destacam-se:
  - Idade: homens acima de 45 anos apresentam maior risco cardiovascular quando comparados a indivíduos do sexo masculino de menor faixa etária. Mulheres acima de 55 anos (ou após a menopausa) também mostram risco cardiovascular aumentado quando comparadas a mulheres mais jovens
  - Predisposição genética: se houver na família casos de parentes próximos, como pai ou irmão, com histórico de doença cardiovascular antes de 55 anos de idade, o risco torna-se bastante relevante. Se a mãe ou uma irmã for diagnosticada com doença cardiovascular antes de 65 anos de idade o risco de desenvolvimento da doença também se torna relevante. Os marcadores bioquímicos de necrose miocárdica têm dupla função na avaliação do IAM: efeito diagnóstico e também na avaliação prognóstica. A isquemia desencadeia alterações teciduais resultando na perda da integridade da membrana celular dos cardiomiócitos, permitindo a saída de macromoléculas para o meio extracelular, que podem ser bioquimicamente dosadas constituindo-se importantes marcadores da lesão miocárdica. Entre as mais importantes, estão a creatinina cinase (CK), as troponinas T e I, a mioglobina, o aspartato aminotransferase (AST) ou a transaminase glutâmico-oxalacética (GOT ou TGO), e a desidrogenase láctica (LDH).

Creatinina cinase (CK e CK-MB)

A confirmação do IAM pode ser feita por meio da dosagem das enzimas marcadoras, como é o caso da creatinina cinase do músculo cardíaco (CK-MB), uma isoforma da creatinina cinase existente em grande quantidade na massa miocárdica. A confirmação do diagnóstico do infarto ocorre quando os níveis plasmáticos de CK-MB atingem 5 a 10% dos níveis de creatinina cinase total (CK-total). Valores de CK-MB 2 vezes maior que as taxas de referência indicam claramente infarto agudo do miocárdio. O princípio por trás da dosagem desse marcador reside no fato de que a enzima se encontra contida no interior das células cardíacas, de modo que sua presença no plasma em quantidades acima dos valores de referência indica lesão celular. Na prática clínica, são utilizadas as troponinas e a CK-MB nas 12 primeiras horas para diagnóstico e avaliação

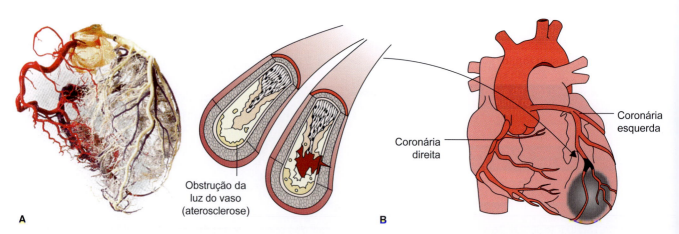

Figura 34.2 A. Rede vascular do miocárdio. B. Área infartada decorrente de obstrução vascular (aterosclerose). Fonte: Netter, 1998.[1]

de pacientes com suspeita de síndromes coronarianas agudas e realizado o acompanhamento da curva de CK-MB nos pacientes com diagnóstico de infarto.

Lactato desidrogenase

Outro importante marcador do IAM é a enzima lactato desidrogenase (LDH), também denominada desidrogenase láctica. É uma enzima amplamente distribuída entre diversos tecidos e órgãos (rins, coração, musculoesquelético, cérebro, fígado e pulmões). Logo, tem baixa especificidade e baixo valor diagnóstico no IAM. Atua nos tecidos reduzindo o piruvato a lactato, no final da glicólise anaeróbica. A LDH apresenta cinco isoformas (Tabela 34.1) separáveis por eletroforese, dando-se sua distribuição no organismo da seguinte maneira:

- LDH1 e LDH2: tecido cardíaco e eritrócitos
- LDH3: baço, pulmões, placenta e pâncreas
- LDH4 e LDH5: musculatura esquelética e fígado.

Os níveis plasmáticos de LDH total podem sofrer aumento em diversas condições, mas a isoforma LDH1 é a que tem maior especificidade para a confirmação do IAM e é utilizada no diagnóstico diferencial do IAM. A inversão da razão LDH1 > LDH2 é típica do IAM (apesar de ocorrer também em amostras hemolisadas).

Proteínas musculares

Além da dosagem das enzimas supracitadas pode-se ainda determinar a presença de proteínas musculares no plasma, como a mioglobina, no sentido de confirmar o diagnóstico de IAM. As proteínas presentes em músculos esqueléticos lisos e mesmo no coração são aquelas envolvidas na contração muscular, ou seja, a troponina, a tropomiosina, a actina, além da mioglobina, uma proteína fixadora do oxigênio muscular. Algumas dessas proteínas podem ser úteis na determinação e quantificação de lesões cardíacas.

Mioglobina

Proteína globular que contém 153 resíduos de aminoácidos na cadeia e apresentao heme como grupo prostético no centro da molécula. Com um peso molecular de 16.700 dáltons, ela é o principal pigmento carregador de oxigênio dos tecidos musculares. A mioglobina assemelha-se à hemoglobina com exceção do fato que de que é incapaz de liberar o oxigênio tal qual a hemoglobina o faz, a não ser que a tensão seja extremamente baixa. A lesão do músculo esquelético ou cardíaco promove o extravasamento da mioglobina para o plasma. Embora seja um indicador sensível para a detecção do IAM, não é específica. De fato, lesões da musculatura esquelética conduzem a aumentos da mioglobina plasmática. No infarto, a mioglobina é encontrada mais precocemente no plasma que as enzimas CK, incluindo a isoforma CK-MB. A mioglobina eleva-se no plasma no intervalo de 1 a 3 h após o IAM e sua quantidade no plasma relaciona-se com a extensão do infarto. Outras condições em que ocorre aumento dos níveis plasmáticos de mioglobina são: rabdomiólise, distrofia muscular progressiva, injeções intramusculares, insuficiência renal, artrite reumatoide e miastenia grave, exercícios extenuantes, entre outras.

Troponinas

Outra proteína a ser dosada no plasma na confirmação do IAM é a troponina. As troponinas formam um complexo que regula a interação cálcio-dependente da miosina com a actina. São constituídas de três diferentes proteínas (troponinas I, C e T) existentes tanto no músculo esquelético quanto no cardíaco e codificadas por diferentes genes.[2] A troponina C é idêntica tanto no músculo esquelético quanto no cardíaco, mas os genes codificadores das troponinas I e T, cardíaca e esquelética, são diferentes, o que possibilitou que anticorpos monoclonais de reatividade cruzada extremamente baixa pudessem ser desenvolvidos facilitando o diagnóstico do IAM.

Em pacientes com IAM, a elevação da atividade da creatinina fosfocinase acima dos valores normais é raramente encontrada de 4 a 6 h após o início da dor, fazendo com que o diagnóstico precoce dependa fortemente de alterações eletrocardiográficas típicas. Isso se torna um problema pelo fato de que o eletrocardiograma (ECG) é inconclusivo em até 40% dos pacientes.[2] A troponina I cardíaca não se expressa no músculo esquelético humano durante o desenvolvimento fetal, após trauma ou durante sua regeneração. Ao contrário da CK-MB, a troponina I cardíaca é altamente específica para o tecido miocárdico, não é detectável no sangue de pessoas sadias, mostra um aumento proporcionalmente bem maior acima dos valores-limite, nos casos de IAM, e pode permanecer elevada por 7 a 10 dias após o episódio agudo.[2] Testes demonstraram[2,3] que a troponina é mais eficiente que a CK-MB em indicar lesão miocárdica. De fato, o primeiro sinal de elevação das concentrações de troponina em pacientes com IAM ocorre já com 3,5 h de evolução, em 50% dos casos, sendo necessárias 4,75 h, em média, para se obter a mesma taxa de comprometimento com a CK-MB.[2] Com 7 h de evolução, 95% dos pacientes apresentavam alteração da troponina, fato só igualado com a CK-MB após 12 h de início dos sintomas. Uma das grandes vantagens da dosagem de troponina em vez de CK-MB é que aquela atinge valores-pico de até mais de 40 vezes o limite de detecção, enquanto esta se restringe a 6 a 9 vezes. A liberação da troponina I no plasma correlaciona-se com a extensão do infarto do miocárdio.

Aspartato aminotransferase (AST) ou transaminase glutâmico-oxalacética (GOT ou TGO)

Embora essa enzima aumente aproximadamente de 12 a 48 h após o IAM, ela não é específica e elevações falso-positivas podem ocorrer sobretudo na presença de hepatopatias. Dessa maneira, seu papel como indicador do IAM é bastante restrito, de modo que, quando dosada para essa finalidade, deve ser interpretada à luz de outros marcadores anteriormente descritos.

Tabela 34.1 Isoformas da lactato desidrogenase e as condições patológicas em que sofrem aumento plasmático.

Condição	LDH1	LDH2	LDH3	LDH4	LDH5
Anemia hemolítica	■	■			
Anemia megaloblástica	■	■			
Distrofia muscular	■	■			
Hepatite tóxica				■	■
Hepatite viral				■	■
Infarto do miocárdio	■	■			
Infarto pulmonar				■	
Pancreatite			■		

Provas bioquímicas da função endócrina

Muitas endocrinopatias podem ser diagnosticadas por meio de dosagens plasmáticas ou urinárias dos níveis hormonais em condições basais. Contudo, a larga faixa de normalidade para alguns hormônios pode fazer com que a dosagem isolada de determinado hormônio impeça a clara distinção entre a condição patológica e não patológica tornando, assim, imprecisa a interpretação de valores individuais. Além disso, pequenos níveis de disfunção endócrina podem estar compensados em condições basais. Por exemplo, os níveis séricos de cortisol podem estar normais em pacientes com insuficiência adrenocortical parcial em decorrência do aumento de secreção compensatória de corticotrofina (ACTH). No diagnóstico de alterações parciais dos mecanismos de controle endócrinos, podem-se utilizar três tipos de testes funcionais: dosagens hormonais seriadas; dosagens de pares hormonais; e testes de reserva endócrina e retroalimentação endócrina. Todos os três são de máxima importância no diagnóstico, mas podem sofrer a influência de inúmeros fatores que tornariam sua interpretação bastante complexa.

Dosagens hormonais seriadas

Em algumas circunstâncias, a variação de secreção hormonal reflete processos pouco compreendidos de exacerbação ou de remissão de patologias. Por exemplo, em alguns casos para diagnóstico confirmatório de hiperparatireoidismo podem ser necessárias dosagens seriadas dos níveis de cálcio e PTH (paratormônio) por períodos prolongados. O mesmo padrão de remissão/exacerbação pode estar presente no hipercortisolismo (síndrome de Cushing). A variação na secreção hormonal pode existir ainda no seu padrão rítmico de secreção circadiano, infradiano ou ultradiano. De fato, a perda do ritmo circadiano de secreção de cortisol pode indicar sinal precoce de síndrome de Cushing. No entanto, sua ausência não demonstra necessariamente uma doença endócrina primária. Na verdade, alterações desse ritmo circadiano indicam a necessidade de testes diagnósticos adicionais, já que o ritmo circadiano da secreção hormonal pode ser alterado por inúmeros fatores, como distúrbios do sono, medicamentos, doenças de fundo psicológico e estresse.

Dosagem de pares hormonais

Como o sistema endócrino funciona basicamente em razão de respostas de retroalimentação (*feedback*), o doseamento de pares hormonais possibilita uma avaliação mais adequada dos níveis individuais. Por exemplo, uma vez que a faixa de normalidade do T4 é ampla, os níveis de determinado paciente poderiam cair para a metade e ainda permanecerem na faixa considerada normal. Nesse caso, uma concentração de T4 próxima aos limites mínimos normais, associada a elevados níveis de TSH, indica o estágio inicial de uma falência tireoidiana compensada. Nota-se que, primeiro, dosa-se o hormônio trófico (TSH) e, posteriormente, o hormônio liberado pela respectiva glândula-alvo, o T4 tireoidiano. Baixos níveis de ambos os pares hormonais apontam deficiência do hormônio trófico, por exemplo, na insuficiência hipofisária os níveis de TSH e hormônios tireoidianos estão em níveis abaixo da normalidade indicando falência adeno-hipofisária para a secreção de TSH. Em contrapartida, altos níveis do hormônio-alvo associados a baixos níveis séricos do hormônio trófico sugerem secreção autônoma do órgão-alvo como ocorre, por exemplo, em tumores glandulares, os adenomas hiperfuncionantes. Elevados níveis de ambos os pares hormonais são compatíveis com os mecanismos de várias doenças. A secreção autônoma de um hormônio trófico pode ser tópica ou ectópica. Por exemplo, a síndrome de Cushing pode resultar da secreção hipofisária de ACTH ou da secreção de ACTH por tumores pulmonares. Outra possibilidade é a secreção de fatores liberados de tumores em órgãos periféricos, causando hipersecreção de hormônios hipofisários, como a acromegalia resultante da secreção ectópica de fatores liberadores do hormônio de crescimento (Figura 34.3). Contudo, essa elevação combinada do hormônio trófico e do hormônio da glândula-alvo pode ser decorrente da resistência à ação do hormônio da glândula-alvo. Essa resistência pode ser herdada (como nos casos de defeito de receptor de andrógenos que causam resistência à ação do hormônio e resultam em níveis elevados de LH e de testosterona) ou adquirida (como no caso de resistência insulínica da obesidade, que pode levar a hiperinsulinismo e hiperglicemia). Elevação de TSH e T4 pode indicar tanto secreção autônoma de TSH quanto resistência à ação do T4. Contudo, doenças em estágio inicial podem tornar necessárias informações adicionais por meio de testes dinâmicos.

Testes dinâmicos da função endócrina

Os testes dinâmicos baseiam-se em estímulo ou em supressão da produção hormonal. Nesse caso, um agente estimulador da secreção hormonal é administrado e a resposta secretória da glândula-alvo avaliada.

Testes de estímulo

São utilizados na suspeita de hipofunção endócrina para avaliar a capacidade de reserva de síntese e secreção hormonal. Esses testes são realizados de duas maneiras:

- Administração de um hormônio trófico para testar a capacidade do órgão-alvo de aumentar a produção hormonal. Esse hormônio pode ser um fator liberador hipotalâmico,

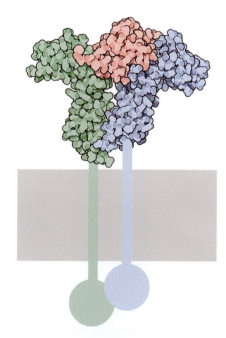

Figura 34.3 Hormônio do crescimento (em rosa) interagindo com seu respectivo receptor. Código PDB: 3HHR.

como o TRH, ou um hormônio hipofisário, como o ACTH. Nesses casos, a capacidade do órgão-alvo é avaliada pela mensuração dos níveis hormonais séricos – nos exemplos citados, o TSH e o cortisol
- Estimulação da secreção de um hormônio trófico endógeno ou fator estimulador e medição do efeito desses estímulos antiestrogênicos em nível hipotalâmico, diminuindo a retroalimentação negativa e causando um aumento na secreção de gonadotrofinas que pode ser seguido por ovulação e/ou aumento na formação de esteroides gonadais.

Testes de supressão

São utilizados em casos de suspeita de hiperfunção endócrina. Como nos testes de estímulo, são utilizados hormônios exógenos ou fatores reguladores conhecidos para avaliar a inibição da produção hormonal endógena, por exemplo, a administração de glicocorticosteroide (dexametasona) a pacientes com suspeita de síndrome de Cushing para avaliar a capacidade de inibição da secreção do ACTH e, portanto, da síntese adrenal de cortisol (Tabela 34.2). A falência da supressão nesses testes indica a presença de secreção autônoma do hormônio da glândula-alvo ou de hormônios tróficos (hipofisários ou de sítios ectópicos) que não estão sob retrorregulação normal, situação presente em adenomas por exemplo. A seguir, serão apresentados alguns testes da função endócrina bastante presentes na clínica.

Provas da função endócrina pancreática

O pâncreas é uma glândula mista situada na junção gastroduodenal, logo abaixo do estômago. Produz dois tipos de secreção: exócrina, com função digestiva contendo um componente aquoso (secreção hidrelática) e outro proteico (secreção ecbólica); e endócrina, que contém os hormônios insulina (células β) e glucagon (células α), de fundamental importância no metabolismo dos macronutrientes, sobretudo os carboidratos. O pâncreas exócrino constitui cerca de 90% do tecido do órgão, de modo que a porção endócrina é bastante restrita (cerca de 10% da massa total do pâncreas). A porção endócrina pancreática está diretamente envolvida na manutenção da glicemia plasmática por meio da secreção de insulina e do glucagon. Entendem-se por glicemia os níveis plasmáticos de glicose circulante que, por sua vez, estão diretamente relacionados com a secreção de insulina por parte do pâncreas. Condições de hiperglicemia ou hipoglicemia são fortes indicadores de diabetes melito. De fato, consideram-se intolerância à glicose ou glicemia de jejum inapropriada os valores plasmáticos de glicose entre 100 e 125 mg/dℓ^4 obtidos no jejum (i. e., um período de 8 h de ingestão alimentar). Nesses casos, indica-se a realização do teste oral de tolerância à glicose com medidas no jejum e 2 h após a sobrecarga oral de glicose. Porém, para a confirmação do diagnóstico de diabetes melito, deverá ser constatada glicemia de jejum igual ou superior a 126 mg/dℓ^4 em duas ocasiões de mensuração: glicemia igual ou superior a 200 mg/dℓ^4 após 2 h no teste de sobrecarga oral de glicose; e glicemia igual ou superior a 200 mg/dℓ^4 coletada em qualquer horário desde que na presença de sintomas de diabetes, como polidipsia, poliúria, entre outros sintomas presentes no diabetes melito. A glicemia encontra-se aumentada em pacientes portadores de diabetes melito, resistência à insulina, hemocromatose, pancreatite aguda e crônica induzida por medicamentos. A glicemia encontra-se diminuída na hiperinsulinemia, alteração de tolerância à glicose, doenças malignas, altas doses de salicilatos, disfunção hepática etc.

Fatores interferentes

Resultados falsamente elevados. Valores falsamente elevados podem se dar quando da ingestão de paracetamol, ácido acetilsalicílico, ácido ascórbico, ácido nalidíxico (quimioterápico), ácido nicotínico (niacina), epinefrina, benzodiazepínicos, cafeína, carbonato de lítio, cimetidina, clonidina (anti-hipertensivo), cortisona, dopamina, esteroides anabólicos, estrogênios, etanol, fenitoína, furosemida, levodopa e tiazidas.

Resultados falsamente reduzidos. A redução da glicemia pode ocorrer quando da ingestão de alopurinol (ácido úrico), anfetaminas, bloqueadores β-adrenérgicos (anti-hipertensivos), clofibrato, fenacitina (analgésico), hipoglicemiantes orais, insulina, isoniazida (tuberculostático), *Canabis*, nitrazepam e propranolol (em diabéticos).

Teste oral de tolerância à glicose ou curva glicêmica

O teste oral de tolerância à glicose (TOTG) é um dos testes de rotina laboratorial que tem como objetivo a identificação de possíveis casos de diabetes melito ou de condições pré-diabéticas. O TOTG baseia-se na resposta insulínica à administração de uma dose conhecida de carboidratos (75 g de dextrose) em estado de jejum de aproximadamente 10 a 12 h, mas não superior a 16 h.

Após a ingestão da dextrose, os níveis plasmáticos de glicose são dosados em intervalos de aproximadamente 30 min durante 2 h, sendo possível obter uma curva de resposta insulínica à administração da dose de dextrose. Em indivíduos não diabéticos, após 2 h os níveis de glicose tendem a retornar a valores considerados normais, originando um padrão de curva que se inicia com um pico nos primeiros 15 a 30 min seguido de um declínio suave até alcançar os valores glicêmicos normais; enquanto, no indivíduo diabético, a curva se mantém em valores elevados originando um platô (Figura 34.4). De fato, diversas dosagens mostram que os níveis normais plasmáticos de glicose, 2 h após uma dose provocativa de 75 g de dextrose, via oral, devem ser menores que 126 mg/dℓ.

Valores entre 126 e 200 mg/dℓ são classificados como tolerância alterada ou intolerância à glicose, relacionada com uma alteração da homeostase pancreática em relação à secreção de insulina. São considerados diabéticos os pacientes com valores maiores ou iguais a 200 mg/dℓ, 2 h após a dose provocativa de dextrose oral. A utilização de fármacos por parte do paciente

Tabela 34.2 Testes mais frequentes da supressão da resposta hormonal.

Órgão/sistema	Estímulo	Resposta
Hipotálamo-hipófise	Glicose	GH
	Dexametasona	ACTH (cortisol)
Tireoide	T4	Captação de iodo radioativo
Adrenal	Dexametasona	Corisol
	Salina	Renina e aldosterona
	Clonidina	Noradrenalina plasmática
Ilhotas pancreáticas	Jejum	Glicose e insulina

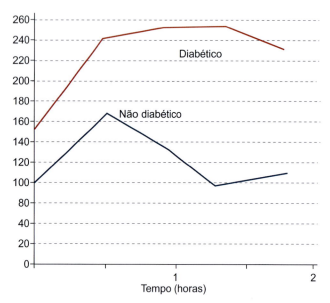

Figura 34.4 Modelo de curvas glicêmicas de um indivíduo diabético e não diabético. Nota-se o platô formado na curva do paciente diabético no intervalo que compreende 30 a 190 min.

deve ser considerada quando se realiza o TOTG, assim como outras condições metabólicas, como síndrome de Cushing (hipercortisolismo) e hipotireoidismo. Além disso, os valores tendem a crescer com a idade (10 mg/dℓ por cada década de vida após a idade de 40 anos). Desse modo, concentrações acima de 200 mg/dℓ podem ser encontradas em indivíduos idosos que não apresentam diabetes melito.

Hemoglobina glicada

O termo hemoglobina glicosilada é rotineiramente utilizado para referir-se à reação que ocorre de modo espontâneo quando a glicose reage com a hemoglobina para formar um complexo proteína-carboidrato. No entanto, a Joint Commission on Biochemical Nomenclature recomenda a utilização do termo hemoglobina glicada para reações que ocorram entre carboidratos e produtos não glicídicos (hemoglobina, uma proteína), reservando o termo glicosilação para reações que envolvam somente ligações entre carboidratos. A reação de glicação da hemoglobina ocorre no aminoácido valina N-terminal da cadeia beta da hemoglobina, sendo essa reação lenta, não dissociável e não enzimática (Figura 34.5). Em exames laboratoriais, os resultados de hemoglobina glicada frequentemente são indicados por HbA1c ou somente A$_{1C}$ e os dados expressos em porcentagem. O princípio envolvido na dosagem de A$_{1C}$ parte do fato de a hemoglobina apresentar níveis estáveis na corrente sanguínea em condições fisiológicas, podendo-se, portanto, admitir que a glicação da hemoglobina reflita a quantidade de glicose disponível para a reação.

Portanto, indivíduos com níveis glicêmicos elevados, em especial por longos períodos, apresentarão maior proporção da sua hemoglobina glicada, em razão de seus níveis glicêmicos elevados, disponibilizando, assim, grandes quantidades de glicose para que ocorra a reação de glicação. Uma vez que a molécula de hemoglobina esteja essencialmente confinada ao eritrócito, o qual tem um tempo de vida médio de 16 semanas (cerca de 120 dias) na circulação, a quantificação da A$_{1C}$ reflete a glicemia no intervalo que compreende 6 a 8 semanas anteriores à dosagem. No entanto, resultados falsos surgem se porventura o paciente apresentar qualquer doença que encurte a vida do eritrócito, como anemia hemolítica, esferocitose congênita, hemorragia aguda ou crônica e anemia falciforme. Diversos estudos demonstraram que a contribuição da glicose no plasma para glicar a hemoglobina depende também de um intervalo de tempo.

Cerca de 50% do valor de hemoglobina glicada expressa os níveis glicêmicos dos últimos 30 dias, enquanto a glicemia dos últimos 2 a 4 meses contribui somente com 25% do valor total. Isso explica por que os níveis de hemoglobina glicada podem aumentar ou diminuir relativamente rápido quando ocorrem grandes mudanças na glicemia, não sendo necessário esperar 120 dias para detectar uma mudança significativa. Portanto, esse parâmetro não reflete simplesmente a glicemia média dos últimos meses, mas, sim, uma "média ponderada" desses níveis glicêmicos (Figura 34.6).

A dosagem de hemoglobina glicada não necessita de jejum para coleta de sangue e deve ser solicitada por profissionais da área da saúde que acompanham pacientes diabéticos pelo menos 2 vezes ao ano. Não deve ser solicitada para identificação de pacientes diabéticos, uma vez que para essa finalidade existem testes menos onerosos e que cumprem perfeitamente esse propósito. Como mencionado anteriormente, os resultados são expressos em porcentagem, sendo considerados normoglicêmicos os pacientes que apresentam níveis abaixo de 7%. O aumento de 1% nos níveis de hemoglobina glicada a partir de 7% corresponde a cerca de 50 a 65 mg/dℓ de glicose plasmática (Tabela 34.3).

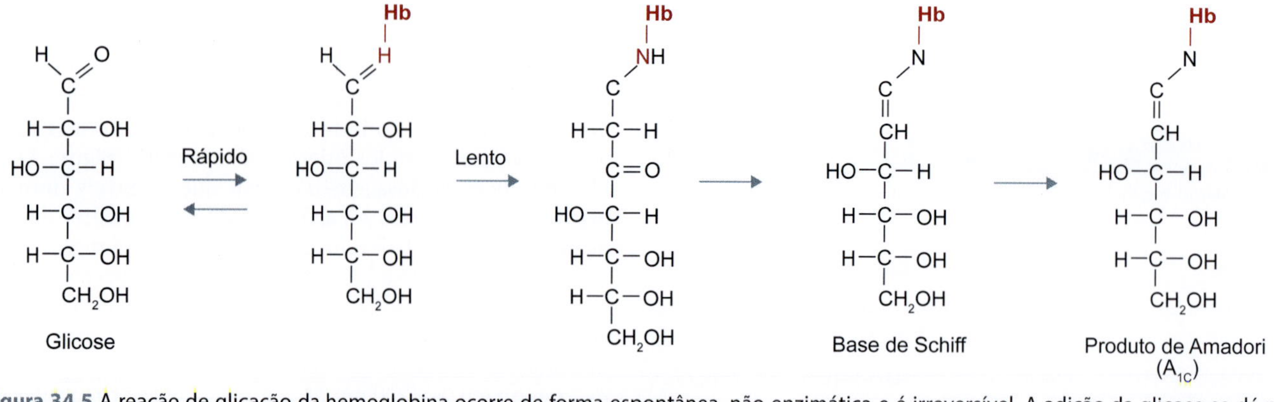

Figura 34.5 A reação de glicação da hemoglobina ocorre de forma espontânea, não enzimática e é irreversível. A adição da glicose se dá no aminoácido valina N-terminal da cadeia beta da hemoglobina. Hb: hemoglobina.

Figura 34.6 Reflexo dos níveis glicêmicos mais antigos e mais recentes sobre os valores de hemoglobina glicada.

Tabela 34.3 Correlação entre os valores plasmáticos de glicose em mg/dℓ e os níveis de A_{1C} em porcentagem.

Glicose (mg/dℓ)	A_{1C} (%)	Observações
345	12	Intervenção necessária
310	11	
275	10	
240	9	
205	8	
170	7	Ponto a ser atingido
135	6	Faixa da normalidade
100	5	
65	4	

Fonte: American Diabetes Association, 2002.[5]

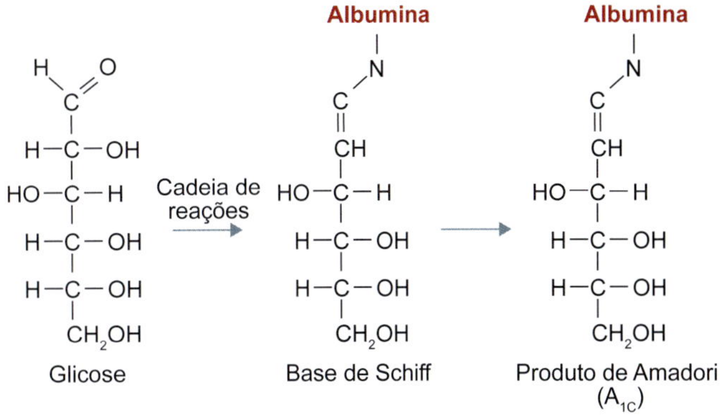

Figura 34.7 Mecanismo de glicação de proteínas plasmáticas, como a albumina. Ocorre a formação de uma cetoamina estável, denominada genericamente de frutosamina.

Frutosamina glicada

Quando a glicose se une às proteínas, o produto final é uma cetoamina estável, denominada genericamente de glicoproteína ou frutosamina. Frutosamina é uma designação genérica atribuída a todas as proteínas glicadas (glicoproteínas). Assim, a dosagem de frutosamina glicada nada mais é que a determinação da quantidade de albumina glicada, já que se constitui a maior massa proteica plasmática depois da hemoglobina. Igualmente também às hemoglobinas glicosiladas, a reação de formação depende da concentração da glicose no sangue e do tempo de interação com as proteínas plasmáticas (sobretudo a albumina).

A dosagem de frutosamina glicada é realizada em circunstâncias em que a dosagem de hemoglobina glicada não pode ser feita, por exemplo, nos pacientes diabéticos anêmicos ou portadores de hemoglobinopatias, como talassemias, ou em casos de hemorragias agudas ou crônicas. Pode ainda ser útil para a avaliação de alterações do controle de diabetes em intervalos menores, para julgar a eficácia de mudança terapêutica, assim como no acompanhamento de gestantes com diabetes. O mecanismo de formação da proteína glicada é semelhante ao da hemoglobina glicada (Figura 34.7), havendo somente diferenças na cinética de formação e na meia-vida. A meia-vida das proteínas varia entre 1 e 3 semanas, ao contrário da hemoglobina, cuja meia-vida é de 120 dias. É de se esperar, portanto, que, enquanto o valor da hemoglobina glicada reflete o controle de glicemia das 4 a 6 semanas anteriores ao teste, a frutosamina representa o valor médio de glicemia de 2 a 3 semanas anteriores. Assim, por ser mais sensível que o teste de hemoglobina glicada e apresentar meia-vida menor, é capaz de detectar as alterações da glicemia mais rapidamente que a A_{1C}. Quando se observa a perda do controle glicêmico, a resposta da frutosamina, com elevação de valores, ocorre praticamente concomitante à hiperglicemia, retornando, entretanto, aos valores de referência 3 semanas após a resposta ao tratamento. Ao contrário da dosagem de hemoglobina glicada, a frutosamina necessita de jejum de 8 h, salvo orientações médicas.

A frutosamina possibilita classificar os pacientes diabéticos em três grupos distintos: controle satisfatório até 3,2 mmol/ℓ; controle medíocre até 3,7 mmol/ℓ; e controle inadequado maior que 3,7 mmol/ℓ. O teste não sofre interferências de medicamentos (com exceção do ácido ascórbico), alimentação, glicemia do momento e não se observam diferenças significativas entre homens e mulheres. No entanto, valores de bilirrubina plasmática acima de 3,5 mg/dℓ produzem interferências positivas. A determinação de frutosamina não é indicada em pacientes que apresentam perdas elevadas de albumina e/ou doenças que aumentam o catabolismo proteico.

O teste não deve ser usado para rastreio de intolerâncias latentes à glicose, em virtude de sua pequena sensibilidade em relação ao teste oral de tolerância à glicose.

Fitas reagentes na mensuração da glicemia urinária

A técnica com fitas reagentes que fazem uma medida semi-quantitativa da glicose na urina é de fácil realização e de baixo custo. Vários fatores, entretanto, limitam sua utilização como método para avaliação de controle glicêmico. A glicosúria só se torna positiva quando a sua concentração sérica é superior a 180 mg/dℓ em pacientes com função renal normal e com valores ainda mais elevados em pacientes com nefropatia diabética. A medida da concentração de glicose obtida por meio das fitas na urina é alterada pelo volume, reflete o valor médio correspondente ao período do intervalo de coleta e não dá uma ideia dos níveis plasmáticos de glicose no momento da realização do teste. Apesar dessas limitações, a medida de glicosúria deve ser indicada para pacientes em uso de insulina que não têm condições de realizar medida de glicose capilar antes das refeições e ao se deitar. A realização do teste após as refeições possibilitaria um controle metabólico mais adequado e tem sido recomendada para pacientes com diabetes melito tipo 2.

Dosagem do peptídeo C

A síntese da insulina inicia-se como uma molécula de pré-proinsulina de cadeia única formada por quatro peptídeos: um sinalizador (23 resíduos de aminoácidos); um conectante que une a cadeia alfa à cadeia beta (peptídeo C com 33 resíduos de aminoácidos); e as próprias cadeias alfa e beta. Provavelmente, a função do peptídeo C seja alinhar as cadeias alfa e beta de modo a tornar mais favorável o estabelecimento das pontes dissulfeto. A síntese prossegue com a proinsulina, sendo encaminhada até o aparelho de Golgi, onde são removidos dois aminoácidos básicos dispostos nas extremidades do peptídeo C por meio de proteólise. A insulina pré-formada e o peptídeo C são empacotados em vesículas do aparelho de Golgi, que sofrem maturação durante seu trânsito no citosol da célula beta, fase em que ocorre excisão do peptídeo C por enzimas presentes no interior dos grânulos. A insulina e o peptídeo C são liberados no plasma em quantidades equimolares, o que torna a dosagem do peptídeo C clinicamente importante na mensuração da capacidade pancreática de síntese de insulina.

Embora o peptídeo C seja liberado em quantidades equimolares às da insulina, seus níveis plasmáticos não são exatamente iguais aos da insulina em virtude das diferenças da meia-vida de cada um desses peptídeos e de suas velocidades de catabolismo. No entanto, os valores de peptídeo C correlacionam-se de forma adequada com os valores de insulina, ou seja, se os valores de peptídeo C dosados estão reduzidos é provável que os níveis de insulina encontrem-se baixos também. A dosagem do peptídeo C pode ser feita empregando-se testes de estímulo de secreção. Nesse caso, pode-se utilizar métodos que obtenham respostas à ingestão de determinada substância-padrão (p. ex., Sustacal®) ou à injeção intravenosa de glucagon. O método mais utilizado é a medida plasmática do peptídeo C obtida após a administração intravenosa de 1 mg de glucagon. Diabéticos do tipo 1 apresentam valores médios de peptídeo C de 0,35 ng/ml no basal e de 0,5 ng/ml após estímulo; e os pacientes tipo 2 mostram valores médios de 2,1 ng/ml no tempo zero e de 3,3 ng/ml após estímulo.

Como ponto de corte para classificar os pacientes, deve ser considerado que valores de peptídeo C acima de 0,9 ng/ml no basal e acima de 1,8 ng/ml após a injeção de glucagon evidenciam reserva de insulina compatível com diabetes tipo 2 e valores inferiores confirmam o diagnóstico de diabetes tipo 1. A técnica utilizada para medida do peptídeo C é a quimiluminescência disponível nos laboratórios de análises clínicas.

Testes e valores para o diagnóstico de diabetes gestacional

As causas da intolerância à glicose no período gestacional (diabetes melito gestacional [DMG]) permanecem desconhecidas, embora diversos pesquisadores considerem o DMG uma etapa do diabetes não insulinodependente (diabetes do tipo 2), pelas semelhanças clínicas existentes entre ambos. De fato, os fatores de risco entre o DMG e o diabetes do tipo 2 incluem:

- Idade acima de 25 anos
- Obesidade ou ganho excessivo de peso na gravidez atual
- Excessiva deposição de gordura na região do abdome do tronco na gravidez atual
- História familiar de diabetes em parentes de primeiro grau
- Crescimento fetal excessivo, hipertensão ou pré-eclampsia na gravidez atual
- Antecedentes obstétricos de morte fetal ou neonatal e de macrossomia (peso excessivo do bebê).

Acredita-se que os genes do diabetes gestacional e do diabetes tipo 2 são semelhantes. Em ambos, o que ocorre não é a deficiência acentuada na produção da insulina, mas uma resistência à ação dessa substância. Na gestante, até mesmo graus discretos de intolerância podem afetar o desenvolvimento fetal. Além disso, o diabetes gestacional aumenta as chances de a mulher desenvolver o diabetes tipo 2 no futuro.

No sentido de identificar as pacientes portadoras de DMG, testes de rastreamento devem ser realizados, sobretudo no período que compreende a 24ª e 28ª semana de gestação, já que é nesse intervalo que ocorre maior incidência de desenvolvimento de DMG. No entanto, logo na primeira consulta pré-natal, independente da idade gestacional, é realizado o teste de sobrecarga de glicose, que consiste na administração de 50 g de glicose anidra em solução a 20%, independentemente do horário da última refeição, e dosagem da glicemia capilar após 60 min. O ponto de corte para essa glicemia pós-sobrecarga varia de acordo com a referência adotada; por exemplo, a Sociedade Brasileira de Diabetes lança anualmente diretrizes com o objetivo de acompanhar os novos conhecimentos científicos na área de diabetologia, pois, assim, os valores de ponto de corte para a glicemia podem ser revistos. Contudo, pode-se considerar que valores iguais ou superiores a 140 mg/dl exigem confirmação diagnóstica com testes de sobrecarga clássicos, como o teste de O'Sullivan, um tipo de teste de rastreamento que deve ser confirmado com o de tolerância à glicose clássico (TOTG), entretanto valores glicêmicos iguais ou superiores a 185 mg/dl podem ser considerados diagnósticos de DG.

Um dos testes orais de sobrecarga à glicose inclui a administração de 100 g de glicose anidra[6,7] ou 75 g de glicose anidra em solução a 20% (OMS), sendo os seguintes valores glicêmicos estipulados para interpretação do teste aos 0, 60, 120 e 180 min, respectivamente, 105, 190, 165 e 145 mg/dl[6] ou 95, 180, 155 e 140 mg/dl.[7] Dois pontos iguais ou superiores a esses valores indicam o diagnóstico de diabetes gestacional.

Provas da função tireoidiana

A glândula tireoide pesa em torno de 15 a 20 g e é a primeira glândula a surgir no embrião por volta da 3ª semana. Está posicionada envolvendo a traqueia abaixo da cartilagem cricoide e apresenta dois lobos ligados por um istmo. A função tireoidiana pode ser avaliada bioquimicamente por meio da dosagem de seus hormônios triodotironina (T3), tiroxina (T4) e também por meio de seu hormônio trófico, o TSH, hormônio tireóideo estimulante (Figura 34.8) A secreção hipofisária de TSH regula a secreção de T4 e T3 que, por sua vez, exercem *feedback* negativo no tireótrofo hipofisário com uma relação logaritmo-linear (Figura 34.9). Dessa maneira, pequenas alterações nas concentrações dos hormônios tireoidianos livres resultam em grandes alterações nas concentrações séricas de TSH, tornando este o melhor indicador de alterações discretas da produção tireoidiana.

Hormônio estimulante da tireoide (TSH)

A secreção do TSH é pulsátil e apresenta um ritmo circadiano com os pulsos de secreção ocorrendo entre 22 h e 4 h da madrugada, sendo seus níveis médios entre 1,3 e 1,4 mUI/l, com limites inferiores entre 0,3 e 0,5 mUI/l e limites superiores entre 3,9 e 5,5 mUI/l. Variações na concentração sérica de TSH podem ser atribuídas a essa secreção pulsátil e a liberação noturna do TSH (Figura 34.10). Os ensaios de primeira geração do TSH tornaram possível apenas o diagnóstico de hipotireoidismo. Com a utilização dos ensaios de TSH de segunda geração (sensibilidade funcional de 0,1 a 0,2 mUI/l) e de terceira geração (sensibilidade funcional de 0,01 a 0,02 mUI/l),

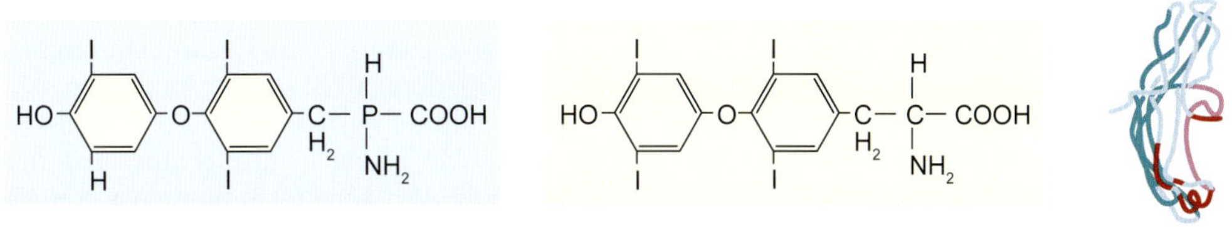

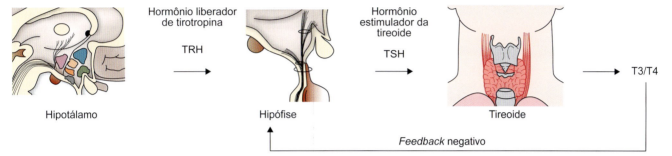

Figura 34.8 Estrutura química dos hormônios tireoidianos T3 e T4 e do TSH, o hormônio trófico da glândula tireoide secretado pela adeno-hipófise.

Figura 34.9 Controle da secreção de hormônios envolvidos com a secreção de hormônios tireoidianos TRH, TSH e T3/T4. A função tireoidiana é modulada por hormônios hipotalâmicos e adeno-hipofisários, assim a tireoide pertence ao eixo hipotálamo-hipofisário. Fonte: Sobotta, 2013.[8]

foi possível a sua utilização também na detecção do hipertireoidismo, tornando-se a dosagem do TSH o teste mais útil na avaliação da função tireoidiana. A determinação de TSH é útil em diferentes circunstâncias, pois possibilita diferenciar o hipotireoidismo de origem hipofisária daquele produzido por enfermidade tireoidiana primária. No primeiro caso, T4 e T3 estarão diminuídos, assim como o TSH. Já no segundo caso, o TSH estará elevado. É útil também no monitoramento do tratamento envolvendo administração de doses substitutivas de T4 e, ainda, no acompanhamento de aumentos discretos de TSH com T4 e T3 normais em pacientes que recebem I^{131} como tratamento de hipertireoidismo em que há grande possibilidade de desenvolver hipotireoidismo clínico. No recém-nascido, a dosagem de TSH e de T4 é empregada no diagnóstico do cretinismo. A dosagem de TSH é considerada um ensaio de primeira linha para o diagnóstico de patologias funcionais da tireoide, uma vez que é o primeiro hormônio a se alterar nos casos de hipotireoidismo primário. O método de dosagem se dá por meio de ensaio imunofluorométrico e seus valores de referência são:

- 1ª semana de vida: até 15 mUI/ℓ
- 1 semana a 11 meses: 0,8 a 6,3 mUI/ℓ
- 1 a 5 anos: 0,7 a 6 mUI/ℓ
- 6 a 10 anos: 0,6 a 5,4 mUI/ℓ
- 11 a 15 anos: 0,5 a 4,9 mUI/ℓ
- 16 a 20 anos: 0,5 a 4,4 mUI/ℓ
- Acima de 20 anos: 0,45 a 4,5 mUI/ℓ.

Dosagem de tiroxina (T4)

A tiroxina (T4) é o principal hormônio secretado pela glândula tireoide, já que cerca de 80% da triiodotironina (T3) plasmática é derivada da conversão do T4 em T3, processo este que ocorre nas células-alvo por meio da enzima 5' deiodinase. Os hormônios tireoidianos circulam na corrente sanguínea quase

A

	1	APDVQDCPECTLQENPFFSQPGAPILQCMG	30
	31	CCSFRAYPTPLRSKKTMLVQKNVTSESTCC	60
B	61	VAKSYNRVTVMGGFKVENHTACHCSTCYYHKS	92
	1	FCIPTEYTMHIERRECAYCLTINTTICAGY	30
	31	CMTRDINGKLFLPKYALSQDVCTYRDFIYR	60
	61	TVEIPGCPLHVAPYFSYPVALSCKCGKCNT	90
C	91	DYSDCIHEAIKTNYCTKPQKSYLVGFSV	118

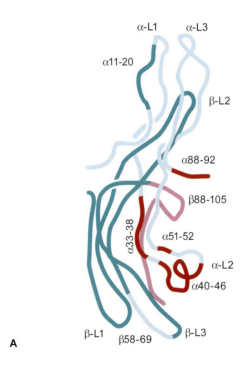

Figura 34.10 A. Estrutura espacial do TSH mostrando os domínios importantes para a bioatividade da molécula. B e C. Sequência de aminoácidos da estrutura primária das subunidades α e β, respectivamente. Fonte: Szkudlinski *et al.*, 2002.[9]

totalmente ligados às proteínas plasmáticas, apenas 0,02% do T4 e 0,2% do T3 circulam na forma livre. As concentrações de T4 e T3 livres são mais relevantes do que as do hormônio total, pois o hormônio livre é o hormônio biologicamente ativo. Além disso, as várias alterações nas proteínas plasmáticas transportadoras (adquiridas ou herdadas) alteram as concentrações séricas do T4 e do T3 total, independentemente do *status* tireoidiano.

O T4 livre não é suscetível às alterações nas proteínas transportadoras de hormônio tireoidiano e apresenta uma variação intraindividual muito pequena. A dosagem de T3 total ou livre é útil para definir a etiologia do hipertireoidismo – na doença de Graves (DG), a relação T3/T4 está elevada; já no hipertireoidismo induzido por amiodarona, o T3 está paradoxalmente normal; e, no hipertireoidismo em áreas com deficiência de iodo, os níveis de T4 estão baixos –, para monitorar resposta aguda da tireotoxicose por DG e para detectar recorrência do hipertireoidismo após cessação de medicamento antitireoidiano. No entanto, o T3 tem pouca acurácia para o diagnóstico de hipotireoidismo. A conversão aumentada de T4 para T3 mantém concentração sérica de T3 nos limites normais até o hipotireoidismo se tornar grave. Os níveis de T4 podem apresentar-se aumentados em diversas situações, como aumento das proteínas ligadoras séricas, na utilização de medicamentos cardíacos (p. ex., amiodarona e propranolol) ou ainda de meios de radiocontraste contendo iodo. Já níveis reduzidos de T4 podem ocorrer na deficiência grave de iodo, na desnutrição, no período pós-operatório (em decorrência do estresse), na terapia com iodo radioativo, na tireoidectomia e na tireoidite de Hashimoto. Os valores de referência para o T4 são:

- 1ª semana de vida: valor médio de 15 µg/dℓ
- Até o 1º mês: 8,2 a 16,6 µg/dℓ (105 a 213 nmol/ℓ)
- 1 a 12 meses: 7,2 a 15,6 µg/dℓ (92 a 201 nmol/ℓ)
- 1 a 5 anos: 7,3 a 15 µg/dℓ (94 a 193 nmol/ℓ)
- 5 a 12 anos: 6,4 a 13,3 µg/dℓ (82 a 171 nmol/ℓ)
- Acima de 12 anos: 4,5 a 12 µg/dℓ (58 a 154 nmol/ℓ).

A amiodarona é um potente antiarrítmico da classe III utilizado no tratamento de arritmias ventriculares, taquicardia paroxística supraventricular e fibrilação e *flutter* atrial. Apresenta efeitos eletrofisiológicos nas células miocárdicas em razão de pelo menos dois mecanismos importantes:

- Redução da conversão periférica T4 para T3 por inibir a 5'-deiodinase tipo I, resultando no aumento dos níveis séricos de T4 e de rT3, e redução (cerca de 20 a 25%) dos níveis séricos de T3 (que é o hormônio ativo). Adicionalmente, a amiodarona inibe a entrada de T4 e T3 nos tecidos periféricos
- Indução de estado de hipotireoidismo, por meio do seu principal metabólito, a desetilamiodarona, que inibe a ligação do T3 com seu receptor nuclear. A inibição é competitiva no subtipo alfa1 e não competitiva no subtipo beta1 do receptor de T3. Em virtude de seu mecanismo inibitório sobre a 5'-deiodinase tipo I, pacientes tratados com amiodarona tendem a apresentar níveis séricos de T4 (total e livre) 40% mais elevados em relação aos valores pré-tratamento, após 1 a 4 meses de administração do medicamento.

Triiodotironina (T3)

A molécula do T3 (triiodotironina) apresenta a mesma estrutura do T4, diferindo apenas no fato de que o T4 apresenta quatro iodos, enquanto o T3, três iodos nos resíduos de tirosina e sua concentração é cerca de 1/70 daquela do T4. Tal qual ocorre com o T4, o T3 também circula ligado a proteínas carregadoras (TBG e albumina). Apenas 1/3 do T3 total é produzido pela tireoide; os 2/3 restantes o são a partir da conversão do T4 em T3 nos tecidos periféricos, e a conversão aumentada de T4 para T3 mantém a concentração sérica de T3 nos limites normais até o hipotireoidismo se tornar grave. De fato, o T3 só está reduzido em pacientes gravemente hipotireóideos, já que se apresenta normal em cerca de 30% dos indivíduos hipotireóideos. Alguns medicamentos também interferem nos resultados de hormônios tireoidianos, como é o caso do ácido acetilsalicílico, uma medicação frequentemente utilizada. O ácido acetilsalicílico é capaz de alterar os parâmetros de função tireoidiana. Ele compete com os hormônios tireoidianos na ligação com as proteínas transportadoras (TBG principalmente), levando a um aumento de T3 e T4 livres. Já a difenilidantoína tem uma ação dupla sobre os hormônios tireoidianos. Além de competir pela ligação com a TBG, acelera o metabolismo hepático de T4 e T3, levando a uma diminuição dos seus níveis séricos sem, entretanto, alterar os níveis de TSH. O fenobarbital também aumenta o metabolismo hepático dos hormônios tireoidianos e a eliminação fecal de T4, podendo seus efeitos terem importância clínica quando utilizados em conjunto com difenilidantoína e carbamazepina.

Provas da função adrenal

As glândulas adrenais situam-se acima de cada rim, apresentam a forma aproximada de uma pirâmide pesando cerca de 4 g, são extensamente irrigadas de sangue e, funcionalmente, são duas entidades distintas, formadas por uma porção cortical que compõe cerca de 80 a 90% de toda a glândula e uma porção medula que responde por 10 a 20%. As glândulas adrenais estão estreitamente relacionadas com a manutenção da vida, uma vez que regulam o equilíbrio de eletrólitos e de carboidratos. A porção cortical é responsável pela secreção de hormônios esteroides que podem ser divididos em três categorias principais: mineralocorticoides, envolvidos com eletrólitos como sódio e potássio; glicocorticoides, que apresentam ações sobre o metabolismo energético com efeitos anti-inflamatórios também; e androgênios, que apresentam efeitos similares aos hormônios gonadais masculinos. A região cortical está sob controle do eixo hipotálamo-hipófise por meio do hormônio gonadotrópico (ACTH). A região medular das adrenais tem origem ectodérmica e é, na verdade, uma extensão do sistema nervoso autonômico simpático, secretando adrenalina em resposta à estimulação simpática. Em suma, a medula potencializa o efeito do sistema nervoso autonômico simpático.

Córtex adrenal

É dividido em três porções, cada uma histologicamente distinta uma da outra. A zona mais externa é formada por células glomerulosas e, por essa razão, chamada de *zona glomerulosa*, abaixo dela encontra-se uma camada de células dispostas em feixes de cordões paralelos uns aos outros compondo a *zona fasciculada*, a maior porção do córtex, responsável pela secreção de hormônios glicocorticoides. A camada cortical mais interna é formada por uma rede de células emaranhadas e denominada *zona reticular*, secretando hormônios androgênios (Figura 34.11).

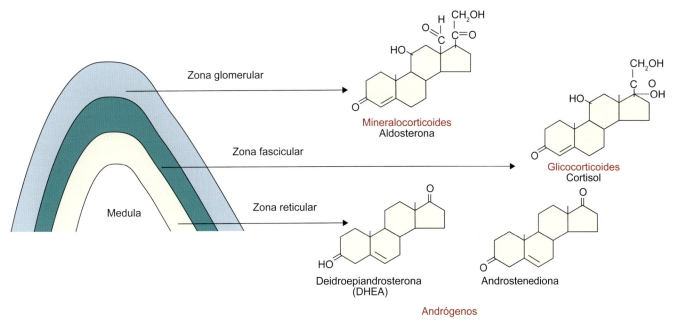

Figura 34.11 Corte da glândula adrenal mostrando suas porções funcionais e os hormônios secretados pela porção cortical. A medula das adrenais não é propriamente uma glândula, mas, sim, uma extensão do sistema nervoso simpático, e seu produto de secreção é a adrenalina.

Dosagem de cortisol

O cortisol é o principal glicocorticoide secretado pela zona fasciculada do córtex das glândulas adrenais. A determinação do cortisol é indicada no diagnóstico da síndrome de Cushing, uma condição decorrente da exposição a excesso de glicocorticoides na circulação sanguínea. A hipercortisolemia pode ser oriunda de origem iatrogênica ou da elevação na produção de corticoides adrenais. Os casos podem ser divididos em dependente ou independente do ACTH ou pseudo-Cushing. A secreção ectópica de ACTH é responsável por 12% dos casos e está mais frequentemente associada ao carcinoma pulmonar de pequenas células e aos tumores carcinoides, não sendo geralmente suprimida por glicocorticoides exógenos. A síndrome do CRH ectópico é muito rara (menor que 1%). Os adenomas adrenais (10% dos casos de Cushing) produzem principalmente cortisol, enquanto os carcinomas (8%) produzem mais andrógenos, resultando em virilização (no caso de pacientes do sexo feminino).

Hiperplasias micronodulares e macronodulares bilaterais são outras causas de síndrome de Cushing ACTH independente. Os sinais clínicos na síndrome de Cushing incluem obesidade centrípeta (concentrada na região abdominal), rosto em "lua cheia", concentração de tecido adiposo na região cervical dando o aspecto conhecido como "costas de búfalo", presença de acnes, estrias abdominais, hirsutismo (no caso de mulheres) e dores na coluna vertebral. A situação em que há carência de glicocorticoides é designada doença de Addison. Em países desenvolvidos, estima-se que 80 a 90% dos casos de doença de Addison sejam causados por autoanticorpos dirigidos contra as células adrenais contendo 21-hidroxilase, enzima envolvida na síntese de cortisol e aldosterona. No Brasil, a condição autoimune é responsável por cerca de 50% dos casos, contudo, não há dados estatísticos mais precisos. A doença de Addison pode ser uma manifestação de uma síndrome poliendócrina autoimune, ou seja, quando há outras reações autoimunes contra outros órgãos. Assim, pode estar associada a hipotireoidismo, diabetes melito tipo 1, vitiligo, alopecia e doença celíaca, entre outras morbidades em que o sistema imune esteja envolvido. A dosagem de cortisol necessita de jejum de 12 h e o sangue deve ser coletado em horário adequado (8 h/16 h ou 24 h) após 30 a 60 min de repouso com veia cateterizada. O horário é importante, dado que o cortisol apresenta padrão de secreção estritamente regulado por horários. Por exemplo, às 8 h da manhã os valores de referência são aproximadamente 5 a 28 μg/dℓ. Valores aumentados sugerem síndrome de Cushing (adenoma hipofisário), último trimestre da gravidez, obesidade, alcoolismo, depressão, estresse, anorexia nervosa, síndrome do ACTH ectópico, uso de estrogênios e de fenitoína. Já valores reduzidos sugerem hipotireoidismo central, cirrose hepática, uso de L-dopa, alterações na distribuição adiposa, parada de crescimento em crianças, irregularidades menstruais, hipertensão, hipercolesterolemia, hipertrigliceridemia, carbonato de lítio e metapirona e, finalmente, doença de Addison.

Teste com supressão com dexametasona

A dexametasona é um medicamento da família dos corticosteroides com potência de cerca de 30 vezes maior que a do cortisol, um esteroide adrenal fisiológico. O teste de supressão consiste na administração de pequenas doses de dexametasona no sentido de promover a suspensão da secreção do hormônio trófico adrenal, o ACTH adeno-hipofisário. Antes do teste, deve-se realizar duas coletas de amostras consecutivas de urina de 24 h para estabelecer um valor basal. O mecanismo fisiológico do teste baseia-se na redução de cerca de 50% da secreção de 17-OH-corticosteroides urinários ante a administração de dexametasona em indivíduos com função adrenal íntegra. Em contrapartida, portadores de síndrome de Cushing não mostram esse padrão de resposta. Nesse caso, a resposta não será a supressão da excreção urinária de 17-OH-corticosteroides, mas sua liberação normal, mostrando ausência de supressão e, portanto, ruptura dos mecanismos fisiológicos de controle. Os adenomas ou carcinomas adrenais produtores de cortisol raramente estão associados à redução dos níveis urinários de 17-OH-corticosteroides, mostrando que tumores adrenais sintetizam e liberam seus hormônios de forma independente da regulação fisiológica.

Hormônio do crescimento

O hormônio do crescimento (GH, do inglês *growth hormone*) é um hormônio de natureza peptídica (Figura 34.12), produzido pelas células somatotróficas da adeno-hipófise sob estímulo de peptídeos liberados pelos núcleos neurossecretores do hipotálamo. O hormônio da liberação do hormônio do crescimento (GHRH), proveniente do núcleo arqueado hipotalâmico, e a grelina promovem a secreção de GH, enquanto a somatostatina, oriunda do núcleo paraventricular, a inibe. O GH é essencial para o crescimento e desenvolvimento das cartilagens e ossos, sendo sua ação indireta, já que o fígado sofre estimulação pelo GH para produzir proteínas chamadas somatomedinas, que são, na verdade, fatores de crescimento. Além de orquestrar o crescimento até que a estatura seja alcançada, o GH está relacionado com a modulação de vias metabólicas, como mobilização de ácidos graxos livres, aumento da captação de aminoácidos por parte do tecido muscular esquelético e inibição do metabolismo da glicose no tecido adiposo e muscular. A maior parte da secreção fisiologicamente importante do GH acontece em forma de pulsos que ocorrem várias vezes ao dia em picos que podem variar de 5 a 30 ng/mℓ. Os picos geralmente duram de 10 a 30 min e, então, retornam aos níveis basais. O maior e também o mais provável desses picos de GH acontece por volta de 1 h após o sono. A quantidade e o padrão de secreção do GH mudam ao longo de toda a vida. Os níveis basais são máximos durante a infância. A amplitude e a frequência de picos são máximas durante o estirão puberal. As crianças e os adolescentes sadios têm uma média de oito picos a cada 24 h; os adultos, cinco picos em média. Os níveis basais, a frequência e a amplitude dos picos caem ao longo da vida adulta.

A secreção de GH é influenciada por várias substâncias e condições – como fatores neurogênicos, substâncias neurotransmissoras (dopamina, serotonina, noradrenalina) –, por exercícios físicos e por situações de estresse (traumatismo, cirurgia, infecções) sempre por meio da interação com o nível hipotalâmico. A determinação de GH é indicada na investigação de pacientes que apresentam baixa estatura e atraso do crescimento em relação à idade cronológica, nos estados de hipersomatotrofismo de causa tumoral, como o gigantismo (crescimento intenso em jovens) ou acromegalia (GH elevado em adultos). Valores elevados de GH podem indicar condições como acromegalia, anorexia nervosa, cirurgia, estados de sono profundo, gigantismo, hiperpituitarismo, inanição, hipoglicemia em jejum, lactentes; enquanto valores reduzidos sugerem deficiência congênita do hormônio de crescimento, degeneração hipotalâmica, fibrose ou calcificação da hipófise, hiperglicemia, hipodesenvolvimento, hipoplasia hipofisária congênita, lesão (da hipófise ou do hipotálamo) e nanismo. Níveis baixos ou indetectáveis são de utilidade relativa no diagnóstico da baixa estatura. Deve-se, assim, recorrer aos testes funcionais para o estudo de sua secreção.

Somatomedina C (IGF-I)

Os fatores de crescimento constituem uma família de peptídicos com importantes ações sobre o crescimento dos tecidos. O termo "fator" se refere a substâncias que exercem ações similares às de um hormônio, mas ainda não caracterizadas como um composto químico distinto. Em pacientes com deficiência de GH (nanismo hipofisário), as somatomedinas ou IGF (do inglês *insulin-like growth factors*) encontram-se muito abaixo dos níveis considerados normais. IGF são polipeptídeos de grande semelhança estrutural com a proinsulina, com atividade insulínica *in vitro* e ações sobre o crescimento dos tecidos, entre eles o fígado. Há dois tipos: o IGF-I (ou somatomedina C); e o IGF-II.[10]

Apesar da semelhança estrutural, exercem funções metabólicas distintas das mediadas pela insulina, agindo provavelmente em diferentes vias de sinalizadoras e por mecanismos diferentes.[11] Ambos os fatores, IGF-I e IGF-II, são sintetizados pelo fígado sob estímulo do GH, sendo a secreção de IGF-II muito menos afetada pelo GH do que a de IGF-I. De fato,

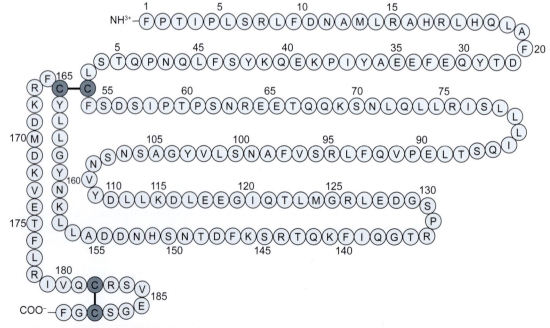

Figura 34.12 Estrutura do hormônio do crescimento humano (GH). O GH é uma cadeia peptídica única de 191 resíduos de aminoácidos apresentando duas pontes dissulfeto formadas pelos resíduos de cisteínas (em destaque).

muitas das ações atribuídas originalmente ao GH são mediadas, em parte, pelo IGF-I. A concentração plasmática de somatomedina C (IGF-I) constitui um índice sensível de nutrição de um indivíduo, o que deve ser levado em conta quando se utiliza sua dosagem para o diagnóstico da baixa estatura. A somatomedina C tem se revelado um excelente marcador na acromegalia, tanto no diagnóstico quanto no monitoramento terapêutico. É de grande utilidade no diagnóstico do nanismo de Laron, em que existe uma resistência periférica à ação do GH, com consequente baixa concentração de somatomedina C. Para a dosagem de somatomedinas, é necessário jejum de 12 h, já que a maior parte das IGF circula ligada a uma família de proteínas denominada IGFBP (do inglês *insulin-like growth factor-binding proteins*) cuja concentração diminui no período pós-prandial.

Uroanálises

Os rins humanos são capazes de filtrar mais de 1.700 mℓ de sangue por dia produzindo um líquido altamente elaborado denominado urina. Ao fazê-lo, o rim excreta os produtos da degradação do metabolismo, regula com precisão a concentração de água e sais minerais, mantém o equilíbrio ácido do plasma e atua como órgão endócrino secretando hormônios como eritropoetina e renina. No adulto, cada rim pesa cerca de 150 g. No ponto em que o ureter penetra no rim, no nível do hilo, ele sofre dilatação em uma cavidade em forma de funil, a pelve, da qual se originam dois ou três pontos principais, os cálices maiores, que, por sua vez, subdividem-se em três ou quatro cálices menores. Em uma superfície de corte, o rim é constituído de córtex e medula, apresentando o córtex aproximadamente 1,2 a 1,5 cm de espessura. A medula consiste em pirâmides renais cujos ápices são denominados papilas, estando cada uma relacionada com um cálice. O rim é um dos órgãos mais ricamente irrigados por vasos sanguíneos e, apesar de ambos os rins constituírem 0,5% do peso corporal, eles recebem 25% do débito cardíaco. Dessa quantidade, o córtex é, sem dúvida alguma, o mais ricamente vascularizado, porquanto recebe 90% da circulação renal total (Figura 34.13).

Glomérulos

O primeiro passo para a formação da urina se dá com a ultrafiltração do plasma por meio dos capilares glomerulares. O termo ultrafiltração refere-se ao movimento passivo de um líquido essencialmente livre de proteínas dos capilares glomerulares para o espaço de Bowman. Para entender o processo de ultrafiltração, deve-se compreender a anatomia glomerular.

O glomérulo consiste em uma rede de capilares abastecida pela arteríola aferente e drenada pela arteríola eferente. Os capilares glomerulares são cobertos por células epiteliais denominadas podócitos e que formam a camada visceral da cápsula de Bowman. As células endoteliais dos capilares glomerulares são cobertas por podócitos. Assim, a membrana basal, o endotélio capilar e os pés dos podócitos formam o que se denomina barreira de filtração. Os glomérulos, milhares em cada rim, são formados, portanto, por pequenos enovelados de capilares que apresentam fenestras de 700 Å, e são livremente permeáveis à água, a pequenos solutos, como sódio, ureia e glicose, e mesmo a pequenas moléculas de proteínas. Como as fenestrações são relativamente grandes (700 Å), o endotélio só atua como barreira de filtração para células. A membrana basal consiste em três camadas, lâmina rara interna, lâmina densa e lâmina rara externa, e é especializada na filtração de proteínas plasmáticas.

Os podócitos apresentam um corpo celular do qual partem diversos prolongamentos primários que dão origem aos prolongamentos secundários. Os podócitos localizam-se sobre a membrana basal, contudo a maior parte do corpo celular e dos prolongamentos primários não se apoia na membrana basal. O contato com a membrana basal é feito pelos prolongamentos secundários dos podócitos e, entre eles, existem espaços denominados fendas de filtração. Cada fenda de filtração está ocupada por um diafragma fino que apresenta poros com dimensões de 40 × 140 Å. Essas fendas impedem a filtração de proteínas que porventura passam pelo endotélio e pela membrana basal. Visto que as células epiteliais, a membrana basal e as fendas de filtração contêm glicoproteínas carregadas negativamente, algumas moléculas são retidas em virtude de

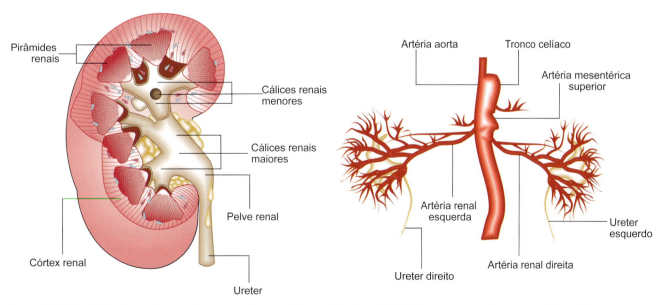

Figura 34.13 A e B. Secção renal expondo suas estruturas anatômicas (lâmina n° 321B). Vasos que se ramificam a partir da artéria aorta no interior do rim no sentido de promover a perfusão renal de sangue (**B**). Fonte: adaptada de Netter, 1998.[1]

seu tamanho e sua carga elétrica. O volume de filtrado a cada minuto corresponde a, aproximadamente, 125 mℓ. Esse filtrado acumula-se, então, no interior de uma cápsula que envolve os capilares glomerulares (cápsula de Bowman). A cápsula de Bowman é formada por duas membranas: uma interna, que envolve intimamente os capilares glomerulares; e uma externa, separada da interna.

Néfron

A unidade funcional do rim é o néfron e cada rim contém cerca de 1 milhão de néfrons, tubos ocos compostos por uma camada única de células com propriedades absortivas. O néfron é composto por um corpúsculo renal (glomérulo), um tubo proximal, uma alça de Henle, um tubo distal e um sistema de tubos coletores (Figura 34.14). O glomérulo renal é composto por capilares glomerulares e pela cápsula de Bowman. Inicialmente, o tubo proximal forma várias espirais seguidas por uma peça reta que desce em direção à medula. O segmento a seguir é a alça de Henle, que é composta pela parte reta do tubo proximal, pelo ramo fino descendente (que termina em forma de grampo de cabelo), pelo ramo fino ascendente (somente em néfrons com longas alças de Henle) e pelo ramo grosso ascendente. Perto do término do ramo grosso ascendente, o néfron passa entre as arteríolas eferente e aferente que abastecem o glomérulo renal do mesmo néfron. Esse curto segmento do ramo grosso ascendente é a mácula densa. O tubo distal continua desde a mácula densa até o córtex, onde dois ou mais néfrons se unem para formar um tubo coletor cortical. O tubo coletor cortical entra na medula e torna-se tubo coletor medular externo e, em seguida, tubo coletor medular interno. Cada segmento do néfron é composto por células singularmente adequadas para desempenhar funções específicas de transporte. As células do tubo proximal têm membrana apical extensivamente ampliada (o lado urinário da célula) chamada de borda em escova, presente apenas no tubo proximal.

A membrana basolateral (o lado sanguíneo da célula) é muito invaginada. Essas invaginações contêm muitas mitocôndrias. Em contraste, o ramo fino descendente e o ramo fino ascendente da alça de Henle têm superfícies basolaterais e apicais pouco desenvolvidas, com raras mitocôndrias. As células do ramo grosso ascendente e do tubo distal têm abundantes mitocôndrias e extenso pregueamento da membrana basolateral. O tubo coletor é composto por dois tipos de células: as principais e as intercaladas. As células principais têm membrana basolateral moderadamente pregueada contendo poucas mitocôndrias, enquanto as células intercaladas têm alta densidade de mitocôndrias. Os néfrons podem ser subdivididos nos tipos justamedular e superficial. O glomérulo de cada néfron superficial está localizado na região externa do córtex. Sua alça de Henle é curta e sua arteríola eferente ramifica-se em capilares peritubulares que circundam os segmentos tubulares dos seus próprios néfrons e dos néfrons adjacentes. Essa rede capilar transporta oxigênio e nutrientes importantes para os segmentos tubulares, entrega substâncias para os tubos para secreção (isto é, o movimento de uma substância do sangue para o líquido tubular) e serve como caminho para o retorno da água e solutos reabsorvidos ao sistema circulatório. Poucas espécies, incluindo a humana, também apresentam néfrons superficiais muito curtos cujas alças de Henle nunca entram na medula.

Túbulo contornado (contorcido) proximal

Ao passar pelo interior desse segmento, cerca de 100% da glicose é reabsorvida (transporte ativo) pela parede tubular, retornando, portanto, ao sangue que circula no interior dos capilares peritubulares, externamente aos túbulos. Ocorre também, nesse segmento, reabsorção de 100% dos aminoácidos e das proteínas que porventura tenham passado pela parede dos capilares glomerulares. Nesse mesmo segmento, ainda são reabsorvidas aproximadamente 70% das moléculas de Na^+ e de Cl^- (estes últimos por atração iônica, acompanhando os cátions). A reabsorção de NaCl faz com que um considerável volume de água, por mecanismo de osmose, seja também reabsorvido. Dessa maneira, em um volume já bastante reduzido, o filtrado deixa o túbulo contornado proximal e alcança o segmento seguinte, a alça de Henle.

Alça de Henle

Divide-se em dois ramos: um descendente e um ascendente. No ramo descendente, a membrana é bastante permeável à água e ao sal NaCl. Já o mesmo não ocorre com relação à membrana do ramo ascendente, que é impermeável à água e, além disso, apresenta um sistema de transporte ativo que promove um bombeamento constante de íons sódio do interior para o exterior da alça, carregando consigo íons cloreto (por atração iônica). Em decorrência dessas características, enquanto o filtrado glomerular flui pelo ramo ascendente da alça de Henle, uma grande quantidade de íons sódio é bombeada ativamente do interior para o exterior da alça, carregando consigo íons cloreto. Esse fenômeno provoca um acúmulo de NaCl no interstício medular renal que, então, se torna hiperconcentrado em NaCl, com uma osmolaridade um tanto elevada quando comparada aos outros compartimentos corporais.

Essa osmolaridade elevada faz com que uma considerável quantidade de água constantemente flua do interior para o exterior do ramo descendente da alça de Henle (lembrando-se que esse segmento é permeável à água e ao NaCl), enquanto, ao mesmo tempo, NaCl flui em sentido contrário, no mesmo ramo. Portanto, o seguinte fluxo de íons e de água se verifica pela parede da alça de Henle: no ramo descendente da alça de Henle, o NaCl flui, por difusão simples, do exterior para o interior da alça, enquanto a água, por osmose, flui em sentido contrário (do interior para o exterior da alça). No ramo ascendente da alça de Henle, o NaCl flui, por transporte ativo, do interior para o exterior da alça.

Túbulo contornado distal

Nesse segmento, ocorre um bombeamento constante de íons sódio do interior para o exterior do túbulo. Tal bombeamento se deve a uma bomba de sódio e potássio que, ao mesmo tempo que transporta ativamente sódio do interior para o exterior do túbulo, faz o contrário com íons potássio. Essa bomba de sódio e potássio é mais eficiente ao sódio do que ao potássio, de maneira que bombeia muito mais sódio do interior para o exterior do túbulo do que o faz com relação ao potássio em sentido contrário. O transporte de íons sódio do interior para o exterior do túbulo atrai íons cloreto (por atração iônica). Sódio com cloreto forma o sal que, por sua vez, atrai água. Portanto, no túbulo contornado distal do néfron, observa-se um fluxo de sal e água do lúmen tubular para o interstício circunvizinho.

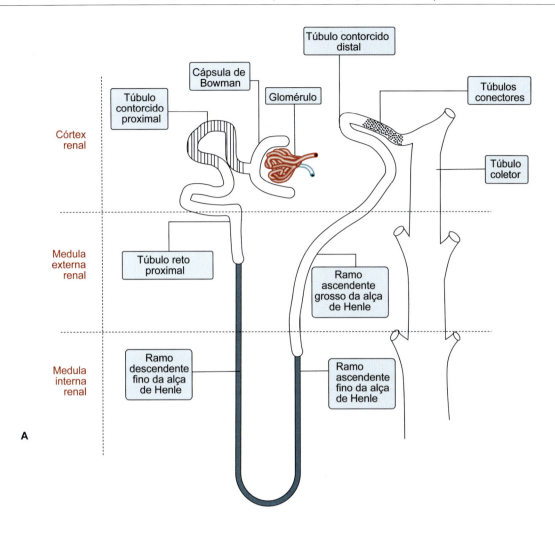

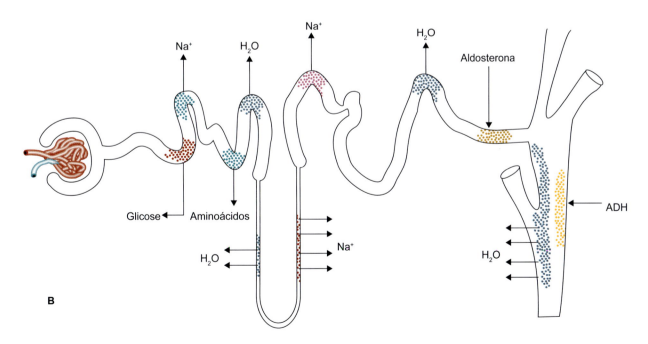

Figura 34.14 A. Estrutura de um néfron e suas porções anatômicas. **B.** Locais de absorção de substâncias ao longo dos túbulos do néfron. Notam-se os locais de ação da aldosterona e do ADH. Esses hormônios potencializam a reabsorção de sódio e água, respectivamente.

A quantidade de NaCl + água reabsorvida no túbulo distal depende bastante do nível plasmático do hormônio aldosterona, secretado pelas glândulas suprarrenais. Quanto maior o nível de aldosterona, maiores serão a reabsorção de NaCl + H_2O e a excreção de potássio. O transporte de água, acompanhando o sal, depende também de outro hormônio: ADH (hormônio antidiurético), secretado pela neuro-hipófise. Na presença do ADH, a membrana do túbulo distal se torna bastante permeável à água, possibilitando sua reabsorção. Já na sua ausência, uma quantidade muito pequena de água acompanha o sal, em decorrência de uma acentuada redução na permeabilidade a ela nesse segmento.

Ducto coletor

Nesse segmento, ocorre também reabsorção de NaCl acompanhado de água, como ocorre no túbulo contornado distal. Do mesmo modo como no segmento anterior, a reabsorção de sal depende muito do nível do hormônio aldosterona e a reabsorção de água, do nível do ADH.

Ureia

Aparece como consequência do catabolismo proteico, mais precisamente a partir da remoção do grupo amina dos aminoácidos (desaminação). A desaminação dos aminoácidos é um passo bioquímico que ocorre no fígado com a geração primariamente de amônia que, subsequentemente, é convertida em ureia (Figura 34.15). A ureia constitui 45% do nitrogênio não proteico no sangue. Após a síntese hepática, a ureia é transportada pelo plasma até os rins, onde é filtrada pelos glomérulos. O aumento da concentração de ureia no sangue causa a hiperuremia, cujos sinais e sintomas incluem acidemia, náuseas e vômito, progredindo para o torpor e coma. Fatores que podem promover modificações na concentração da ureia sanguínea incluem dieta rica em proteínas, febre, estresse e último trimestre de gravidez. A uremia pode apresentar diversas etiologias, podendo ser pré-renal, renal e pós-renal.

Na situação pré-renal, a hiperuremia pode ser detectada pelo aumento da ureia plasmática sem a concomitante elevação da creatinina sanguínea. A doença renal aguda ou crônica é uma condição clínica importante em que há aumento da ureia no plasma em decorrência de sua menor excreção glomerular dada a insuficiência renal. A insuficiência renal é resultante de lesões nos vasos sanguíneos renais, glomérulos, túbulos ou interstício; essas agressões podem ser tóxicas, imunológicas, iatrogênicas ou idiopáticas. A hiperuremia pós-renal é resultante da obstrução do trato urinário com a reabsorção da ureia pela circulação. Outra situação que pode se destacar é a hipouremia na presença de hepatopatia grave. O fígado lesado é incapaz de sintetizar ureia a partir da amônia resultando em hiperamonemia, que, por sua vez, causa encefalopatia hepática. Os valores de referência da ureia no soro são: 15 a 40 mg/dℓ.

Creatinina

Produzida como resultado da desidratação não enzimática da creatina muscular. A creatina, por sua vez, é sintetizada no fígado, nos rins e no pâncreas e é transportada para as células musculares e o cérebro, onde é fosforilada a creatinina fosfato (substância que atua como reservatório de energia). A quantidade de creatinina excretada diariamente é proporcional à massa muscular e é afetada por dieta, idade, sexo ou exercício e corresponde a 2% das reservas corpóreas da creatinina fosfato. A mulher excreta menos creatinina do que o homem por causa de menor massa muscular.

A creatinina é filtrada principalmente nos rins, embora uma pequena quantidade seja secretada ativamente. Existe uma reabsorção tubular da creatinina, mas ela é compensada pelo forte grau equivalente de secreção tubular. O comprometimento da filtração renal eleva os níveis plasmáticos de creatinina. Esse parâmetro é usado como um indicador da função renal. O aumento da creatinina plasmática pode, portanto, decorrer de causas pré-renais, renais ou pós-renais, constatando-se que nas causas pré-renais aumentos significativos na necrose muscular esquelética ou atrofia, ou seja, traumas, distrofias musculares progressivamente rápidas, poliomelite, esclerose amiotrófica, amiotonia congênita, dermatomiosite, miastenia grave e fome. São ainda encontrados insuficiência cardíaca congestiva, choque, depleção de sais e água associada ao vômito, diarreia ou fístulas gastrintestinais, diabetes melito não controlado, uso excessivo de diuréticos, diabetes insípido, sudorese excessiva com deficiência de ingestão de sais, hipertireoidismo, acidose diabética e puerpério. Nas causas renais, são encontradas lesões do glomérulo, nos túbulos, nos vasos sanguíneos ou no tecido intersticial renal. As causas pós-renais são frequentes na hipertrofia prostática, nas compressões extrínsecas dos ureteres, nos cálculos, nas anormalidades congênitas que comprimem ou bloqueiam os ureteres. A concentração da creatinina sérica é monitorada após transplante renal, pois um aumento, mesmo pequeno, pode indicar a rejeição do órgão. Teores diminuídos de creatinina não apresentam significado clínico importante. Para a dosagem de creatinina, deve-se evitar prática de exercício físico em um período que compreende 8 h antes da dosagem. Evitar ainda a ingestão de carne vermelha em excesso 24 h antes. Os valores de referência para a creatinina são: para homens, 0,8 a 1,3 mg/dℓ; para mulheres, 0,6 a 1,0 mg/dℓ; na urina, 81 a 256 mg/dℓ (homens) e 56 a 175 mg/dℓ (mulheres).

Urina

Formada de modo contínuo pelos rins, compõe-se de ureia, creatinina, substâncias orgânicas e inorgânicas dissolvidas em água. A concentração dos compostos presentes na urina está

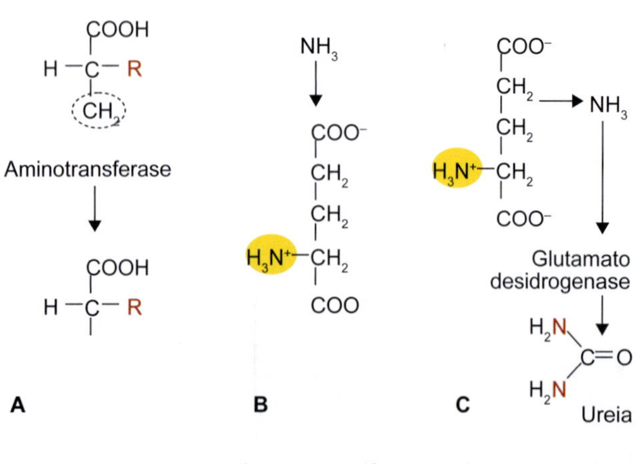

Figura 34.15 Remoção dos grupos alfa amino dos aminoácidos até a formação de ureia. Nota-se que as enzimas aminotransferases medeiam esse importante passo metabólico. **A.** O primeiro passo no catabolismo de todos os aminoácidos envolve a remoção dos grupos α-amino. **B.** Os tecidos detoxificam a amônia, convertendo-a em glutamato para transportá-la ao fígado. **C.** A desaminação da glutamina no fígado libera amônia que é, então, convertida em ureia.

sujeita a grandes variações em razão da dieta da condição hídrica do indivíduo, da utilização de fármacos, das alterações hormonais, dos exercícios físicos e até mesmo do uso de vitaminas. A ureia, substância decorrente do metabolismo dos aminoácidos no fígado representa quase a metade de todos os corpos sólidos dissolvidos na urina. De fato, a urina é o fluido biológico em que há a maior concentração de ureia. Esses parâmetros sofrem diversas variações em condições fisiológicas, de modo que se torna difícil o estabelecimento de parâmetros considerados "estritamente normais" (Tabela 34.4). Um adulto saudável pode produzir entre 0,5 e 2 ℓ de urina por dia. O volume mínimo de urina necessário para remover do organismo todos os produtos residuais é em torno de 0,5 ℓ. O volume urinário sofre interferências da ingestão de líquidos, vômitos, diarreias e transpiração e é regulado pelos hormônios, sendo os principais o hormônio antidiurético (ADH) e a aldosterona (Figura 34.16).

Alterações dos parâmetros físico-químicos da urina, como odor fétido, turvação, presença de bactérias, alterações do pH, presença de proteínas, podem fornecer pistas sobre disfunções em diferentes segmentos do trato urinário ou ainda alterações metabólicas gerais, como o diabetes melito, em que a presença de glicose na urina é o indicador quase absoluto dessa condição.

Coleta e manipulação das amostras de urina

A urina é um fluido biológico perigoso, o que exige cuidados de segurança. As amostras sempre devem ser manipuladas com a utilização de luvas cirúrgicas e, nos processos que envolvem centrifugação, é necessário se certificar de que a tampa da centrífuga está devidamente fechada. O descarte da urina pode ser feito em via comum de água e o recipiente em que a amostra foi acondicionada é classificado como lixo com risco biológico. Há três regras importantes a serem seguidas em relação aos cuidados com a amostra de urina: a amostra deve ser coletada em recipiente limpo e seco, priorizando os recipientes descartáveis pela menor possibilidade de contaminação decorrente de lavagem incorreta (Figura 34.17); o recipiente contendo a amostra deve ser devidamente etiquetado com o nome do paciente, data e hora da coleta e outras informações que possam ser relevantes; as amostras devem se analisadas no período de 1 h. A amostra que não puder ser analisada no período de 1 h deverá ser refrigerada ou receber conservante químico adequado. A Tabela 34.5 traz uma sinopse dos tipos de amostras, a que propósito se destinam e comenta algumas observações pertinentes a cada tipo. As amostras de urina devem fornecer dados importantes em relação ao estado metabólico do organismo e, por essa razão, é preciso observar se o indivíduo faz uso de medicamentos e quais são os componentes de sua dieta, já que esses fatores interferem na composição da urina.

Tabela 34.4 Valores normais dos elementos que compõem a urina.

Componentes	Quantidade
Sódio	2 a 4 g ou 100 a 200 mEq
Potássio	1,5 a 2,0 g ou 50 a 70 mEq
Magnésio	0,1 a 0,2 g ou 8 a 16 mEq
Cálcio	0,1 a 0,3 g ou 2,5 a 7,5 mEq
Ferro	0,2 mg
Amônia	0,4 a 1,0 gN
H+	0,08 a 0,15 gN
Ácido úrico	0,04 a 0,08 gN
Aminoácidos	0,08 a 0,15 gN
Ácido hipúrico	0,04 a 0,08 gN
Cloreto	100 a 250 mEq
Bicarbonato	0 a 50 mEq
Fosfato	0,7 a 1,6 gP ou 20 a 50 mmol
Sulfato inorgânico	06 a 1,8 gS ou 40 a 120 mEq
Sulfato orgânico	0,06 a 0,2 gS
Ureia	6,0 a 18,0 gN
Creatinina	0,3 a 0,8 gN
Peptídeos	0,3 a 0,7 gN

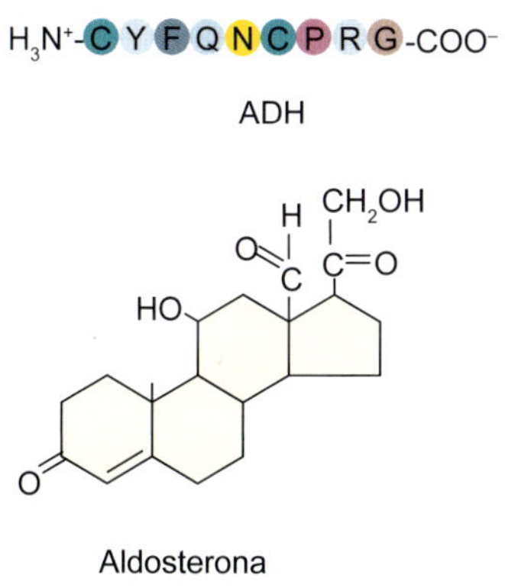

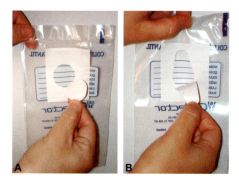

Figura 34.16 Principais hormônios envolvidos no controle da diurese. Aldosterona, um mineralocorticoide secretado pela zona glomerular das adrenais, e ADH, hormônio antidiurético também conhecido como vasopressina, um nonapeptídeo secretado pela neuro-hipófise.

Figura 34.17 Coletores de urina. **A** e **B.** Saco plástico para coleta de urina em crianças do sexo masculino e feminino, respectivamente. **C.** Frasco para coleta de urina em adultos de 100 mℓ (VCUETTE® Greiner bio-one).

Tabela 34.5 Tipos mais comuns de amostras de urina solicitadas na clínica.

Tipo de amostra	Propósito	Observações pertinentes
Aleatória	Urina tipo I e de rotina	As amostras obtidas aleatoriamente podem produzir resultados falsos em virtude da dieta recente e ingestão de líquidos
Primeira da manhã	Urina tipo I ou de rotina, confirmação de gravidez, proteinúria ortostática	É a amostra ideal para o exame de rotina ou do tipo I. Pode exigir que o paciente se desloque até o laboratório. Também avalia proteinúria ortostática. No caso de o próprio paciente coletar a amostra em casa, ele deve ser instruído a entregá-la no laboratório no intervalo de 1 h
Em jejum (segunda da manhã)	Monitoramento do diabetes melito (glicosúria)	Essa amostra é diferente da primeira da manhã porque é a segunda micção após o paciente ter despertado é coletada em jejum
2 h (pós-prandial)	Monitoramento do diabetes, glicosúria	É aconselhável que o paciente urine antes da refeição para que uma amostra de urina 2 h depois possa ser obtida. A amostra servirá para a realização da glicosúria com o objetivo de monitorar a eficácia da terapia insulínica em portadores de diabetes melito
Teste oral de tolerância à glicose (TOTG)	Segue o padrão das amostras de sangue observado no teste oral de tolerância à glicose feito com o sangue	Observa-se o jejum e coleta-se a amostra; após a carga oral de glicose, coletam-se amostras nos tempos 30, 60, 90 e 120 min para determinação urinária de glicose e corpos cetônicos. Após realizada a carga de glicose, as amostras são coletadas se possível 4, 5 e 6 h após a ingestão de glicose
24 h	Testes bioquímicos quantitativos	A concentração de substâncias na urina pode variar por fatores como dieta, exercícios físicos ou metabolismo, e a coleta de urina de 24 h pode ser bastante útil. A coleta segue o seguinte protocolo: 1º dia – o paciente descarta a primeira urina da manhã e coleta as amostras nas próximas 24 h 2º dia – o paciente coleta a primeira urina da manhã e junta com a urina coletada nas 24 h do primeiro dia. Se a amostra tiver sido coletada em dois recipientes, deve-se unir os conteúdos
Coleta por meio de cateter	Cultura de bactérias	Insere-se um cateter pela uretra até a bexiga urinária cuja finalidade é obter amostra estéril para urocultura. Pode-se ainda avaliar a função de cada rim em separado coletando-se amostras dos ureteres direito ou esquerdo
Coleta estéril de jato médio	Cultura de bactérias	Constitui-se em uma alternativa bem menos traumática para aurocultura. Contudo, deve-se orientar o paciente para a assepsia da região genitália no momento da coleta. Nos homens não circuncidados, a região do prepúcio deve ser limpa e, nas mulheres, é preciso dar ênfase à separação dos lábios vaginais. A higienização deve se refeita com soluções sépticas fracas, como benzalcônio/álcool
Aspiração suprapúbica	Coleta de urina da bexiga urinária para cultura de bactérias	Constitui um método traumático de coleta da urina. Nesse caso, uma agulha é introduzida na região suprapúbica, alcançando a bexiga urinária. Esse método também pode ser utilizado para análise citológica
Prova de Valentine	Infecções prostáticas	Nesse caso, a urina liberada antes do jato médio não é descartada, mas armazenada em frasco estéril. O jato médio é coletado em outro recipiente. Após essas duas fases de coleta, a próstata é massageada pelo clínico com o objetivo de fazer com que suas secreções possam ser coletadas na próxima urina. Faz-se cultura quantitativa em todas as amostras, sendo a segunda e a terceira submetidas a exames de microscopia. A segunda amostra é usada para detectar contaminações da bexiga ou dos rins. Se os resultados da segunda amostra forem positivos, descarta-se a terceira amostra. Se isso não ocorrer, a terceira amostra é analisada em microscópio buscando-se encontrar leucócitos e bactérias

Conservação das amostras de urina

O método de conservação de urina mais utilizado e também mais prático é o da refrigeração. A refrigeração evita a decomposição bacteriana da urina por aproximadamente 8 h, contudo pode ocorrer aumento da densidade urinária alterando, assim, um dos parâmetros urinários a serem analisados. Desse modo, ao serem realizados os testes faz-se necessário deixar a amostra em temperatura ambiente para que essa medição possa ser feita com exatidão. Amostras que permanecerão por mais de 8 h refrigeradas ou serão transportadas por longas distâncias devem receber produtos químicos adequados aos tipos de testes que, posteriormente, serão realizados. O conservante a ser utilizado deve ajustar-se às necessidades das análises solicitadas. A Tabela 34.6 mostra alguns tipos de conservantes, suas vantagens e desvantagens.

A não conservação adequada das amostras de urina torna os resultados duvidosos. Amostras mantidas em temperatura ambiente por mais de 60 min podem apresentar aumentos da população bacteriana em razão da disponibilidade de substratos para o seu crescimento e das condições adequadas de temperatura (Figura 34.18). O aumento bacteriano leva às seguintes alterações na amostra:

- Alterações no valor de pH, já que determinadas bactérias apresentam a enzima urease, que converte ureia em amônia, composto altamente alcalino
- O aumento de pH promove a ruptura de possíveis eritrócitos na amostra, assim como a desintegração de cilindros
- Aumento da concentração de nitratos na amostra, já que algumas bactérias que crescem na amostra têm a propriedade de reduzir nitrito em nitrato
- Redução dos níveis de glicose que podem estar presentes na amostra (sobretudo nos pacientes diabéticos), visto que as bactérias utilizam glicose como substrato para obtenção de energia (glicólise)
- A grande população de bactérias e a dissolução de substâncias pelo aumento de pH decorrente do metabolismo bacteriano promovem aumento da turvação da amostra.

Outras alterações na amostra de urina não conservada não decorrem dos efeitos do metabolismo bacteriano; são elas:

- Alterações da coloração da amostra por oxidação ou redução de compostos nela presentes
- Redução dos níveis de cetonas, visto que são substâncias voláteis
- Diminuição da concentração de bilirrubina por fotoexposição
- Diminuição do urobilinogênio por sua oxidação e conversão em urobilina.

Exame de urina tipo I ou EAS

A urina tipo I ou EAS (elementos anormais de sedimentação) compreende a realização de três etapas distintas: análise física; análise química; e análise microscópica do sedimento (Figura 34.19). O exame de urina do tipo 1 é um dos mais solicitados por clínicos por três razões simples: a coleta de urina é fácil e rápida; a urina fornece informações sobre importantes alterações metabólicas; e a obtenção de grande quantidade de informações clínicas necessita de testes laboratoriais simples de serem realizados.

Tabela 34.6 Principais conservantes utilizados em amostras de urina, suas vantagens e desvantagens na utilização.

Conservante	Principais vantagens	Principais desvantagens	Comentários
Refrigeração	Não interfere nos testes bioquímicos	Aumenta a densidade da amostra e promove precipitação de uratos e fosfatos	Impede o crescimento bacteriano por um período de 24 h
Timol	Bom conservante de glicose e sedimentos	Interfere no teste de precipitação de proteínas por ácidos para determinação de proteínas. Em grande quantidade, interfere na dosagem de glicose pelo método de ortotoluidina	O timol é um antisséptico fenólico com atividade antibacteriana e antifúngica, sendo o mais potente dos fenóis
Ácido bórico	Atua como bom conservante de proteínas e elementos figurados	Em grande quantidade, pode provocar precipitação de cristais. Promove alterações do valor de pH. Interfere ainda na análise de medicamentos e de hormônios	Mantém o pH em aproximadamente 6,0 (bacteriostático, não bactericida) a 18 g/ℓ. Pode ser usado para transporte de cultura
Formalina (formaldeído)	Excelente conservante de sedimentos	Interfere no teste de Benedict, o qual é utilizado para identificação de glicose na amostra. Causa formação de sedimentos em forma de grumos	Pode ser utilizada para higienização de recipientes para coleta de amostras quando da realização de contagem celular, já que atua como bom conservante de células e cilindros
Fenol	Não interfere nas análises de rotina	Não modifica o odor da amostra	É um conservante econômico, podendo-se utilizar uma gota para cada 25 mℓ da amostra
Comprimidos conservantes	Os comprimidos são de uso prático e apresentam um ou mais dos conservantes discutidos nesta tabela	Deve-se conhecer quais os conservantes que constituem o comprimido para saber se não interferirá em algum parâmetro que se deseja mensurar	De fácil transporte
Tolueno	Bom conservante, uma vez que não interfere nos testes bioquímicos de rotina	Por ser apolar, ocupa a superfície da amostra e adere aos materiais utilizados na manipulação da mostra	Eficiente em inibir o crescimento de bactérias e fungos
Fluoreto de sódio	Inibe as enzimas da via glicolítica e constitui um bom conservante quando se necessita avaliar a presença de medicamentos na amostra	Impede a identificação de glicose, sangue e leucócitos por meio de testes de tiras reagentes	Não interfere nos testes com hexocinase para a detecção de glicose. Pode-se usar benzoato de sódio em vez de fluoreto de sódio nos testes com tiras reativas

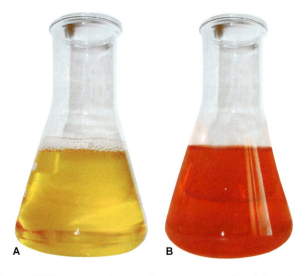

Figura 34.18 Amostras de urina. **A.** No momento da coleta, coloração amarelo-citrino. **B.** Mal conservada, início da decomposição bacteriana.

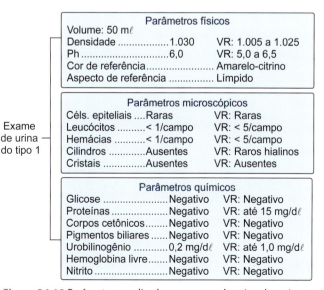

Figura 34.19 Parâmetros analisados no exame de urina de rotina ou urina tipo 1.

Fitas reagentes na avaliação de parâmetros urinários

Em urinálise, há mais de 10 parâmetros a serem analisados (aspecto, coloração, densidade, nitritos, pH, sangue, corpos cetônicos, bilirrubina, urobilinogênio, glicose, leucócitos e proteínas). Atualmente, a alta demanda em hospitais reflete-se no laboratório de análises clínicas, de modo que as fitas reagentes (*dipstick* ou urofitas) possibilitam a interpretação quase imediata desses parâmetros com altíssimo grau de confiabilidade. De fato, os testes por meio de fitas reagentes são úteis para o rastreamento de pacientes assintomáticos, pacientes com sintomas ou em risco elevado de infecção do trato urinário, como gestantes.[12]

As fitas apresentam células impregnadas com substâncias químicas capazes de reagir mudando sua coloração na presença da substância a que se destina identificar (Figura 34.20). Atualmente, dispõe-se de instrumentos que executam a leitura das fitas reagentes, melhorando, assim, o grau de precisão em sua interpretação ao eliminar parte do elemento subjetivo inerente à leitura das mudanças de cor pelo olho humano.[13]

Certos procedimentos metodológicos devem ser adotados no sentido de realizar de maneira confiável o teste. Para tanto, segue-se a sequência:

- Homogeneizaçãoda amostra de urina a ser analisada
- Mergulho completo de todas as áreas reagentes da tira de urina da amostra, que deve ser retirada em seguida
- Com um papel absorvente, retira-se o excesso de urina da tira
- A fita é depositada na posição horizontal para que ocorram as reações de modo adequado. Não se deve colocar a fita na posição horizontal, pois os reagentes presentes em cada célula contaminarão a célula subsequente (Figura 34.21)
- A leitura da tira é feita comparando-se as áreas reagentes à escala de cores correspondente no rótulo do frasco.

Os resultados são mais confiáveis quando o teste é realizado até 2 h após a coleta da amostra.

Princípios químicos para a leitura adequada

Urobilinogênio

Sua identificação baseia-se na reação de diazotização de sal 4-metoxibenzeno diazônio e urobilinogênio urinário em meio ácido forte. A urina deve ser fresca, pois a bilirrubina é um composto instável à luz que provoca sua oxidação e conversão em biliverdina, apresentando resultado falso-positivo. O glicuronídeo de bilirrubina também se hidrolisa rapidamente em contato com a luz, produzindo bilirrubina livre, que é menos reativa nos testes de diazotização. Mudança de cor: de rosa-claro para rosa-escuro.

Glicose

Esse teste é baseado em uma reação de enzima sequencial na qual, primeiro, a enzima glicose oxidase catalisa a formação de ácido glucônico e peróxido de hidrogênio. As fitas diferem somente em relação ao cromógeno utilizado. Subsequentemente, uma segunda enzima, peroxidase, catalisa a reação de peróxido de hidrogênio com iodeto de potássio cromógeno. O teste de glicose oxidase é específico para a glicose, não reage com lactose, galactose, frutose ou metabólicos redutores de medicamentos. A coloração adquirida varia de azul até marrom-esverdeado e de marrom até marrom-escuro. Algumas substâncias podem agir como fatores interferentes, como ácido ascórbico, ácido acetilsalicílico, levodopa, e agentes de limpeza fortemente oxidantes utilizados nos frascos de urina causam leitura falso-positiva porque interferem nas reações enzimáticas. A alta densidade específica diminui o desenvolvimento da cor na fita. A confirmação de glicose na urina é feita pelo método de Benedict no qual ocorre redução do cobre.

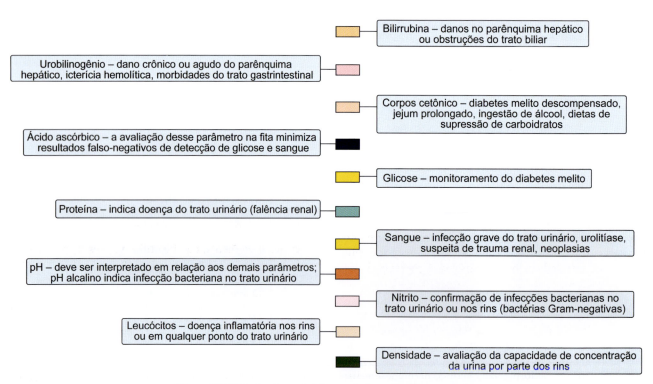

Figura 34.20 Parâmetros urinários avaliados pelas fitas reagentes.

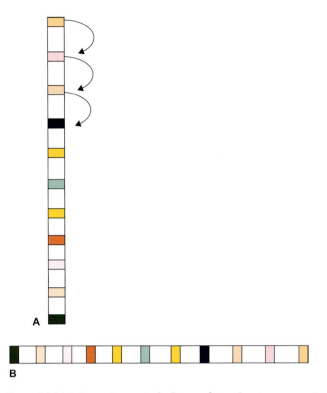

Figura 34.21 A. Forma incorreta de dispor a fita após esta ser exposta à amostra de urina. A posição vertical faz com que os reagentes impregnados contaminem a célula subsequente (como indicado pelas setas) interferindo no teste e, consequentemente, na leitura da fita. **B.** Forma correta de colocar a fita após esta ser exposta à amostra de urina, posição na qual não há contaminação de reagentes.

Corpos cetônicos

O teste com fita utiliza a reação do nitroprussiato de sódio que reagirá com o ácido acetoacético e a acetona em meio alcalino produzindo coloração variada de marrom, quando nenhuma reação acontece, até violeta para reação positiva. O teste não detecta o beta-hidroxibutirato. O resultado positivo pode ser confirmado pelo teste de Imbert. Reações falso-negativas podem ocorrer em virtude de medicamentos anti-hipertensivos.

Bilirrubina

Trata-se de um produto da decomposição da hemoglobina, formado nas células reticuloendoteliais do baço, do fígado e da medula óssea, e transportado para o sangue por proteínas. A bilirrubina não conjugada no sangue não é capaz de atravessar a barreira glomerular nos rins. Quando a bilirrubina é conjugada no fígado, com o ácido glicurônico, formando o glicuronídeo de bilirrubina, ela se torna hidrossolúvel e é capaz de atravessar os glomérulos renais na urina. A urina do adulto contém em torno de 0,02 mg de bilirrubina por decilitro, que não é detectada pelos testes usuais. A presença de bilirrubina conjugada na urina sugere obstrução do fluxo biliar; a urina é escura e pode apresentar uma espuma amarela. A bilirrubinúria está associada a um nível sérico de bilirrubina (conjugada) elevado, icterícia e fezes sem cor (descoradas pela ausência de pigmentos derivados da bilirrubina). Tal qual o urobilinogênio, a reação baseia-se na ligação da bilirrubina a um sal diazônico 2,4-diclorobenzeno em meio de ácido forte. A cor muda do marrom-claro a marrom.

Proteínas

A urina normal contém quantidades muito pequenas de proteínas, em geral, menos de 10 mg/dℓ ou 150 mg por 24 h. Essa excreção consiste principalmente de proteínas séricas de baixo peso molecular (albumina) e proteínas produzidas no trato urogenital (Tamm-Horsfall). O método da fita reagente utiliza o princípio do "erro dos indicadores pelas proteínas" e, dependendo do fabricante, a área para determinação de proteínas na tira contém tetrabromofenol ou tetraclorofenol e um tampão ácido para manter o pH em nível constante. O teste com fita reagente é sensível à albumina, e o teste de precipitação ácida é sensível a todas as proteínas indicando a presença tanto de globulinas quanto de albumina, portanto, quando o resultado da fita for positivo, deve ser confirmado com o método ácido sulfossalicílico (método de turvação). A fita identifica positivamente a presença de proteínas quando sua cor muda de amarelo para o verde e, então, azul. Deve-se observar que pessoas saudáveis podem apresentar proteinúria após exercícios extenuantes ou em caso de desidratação. Gestantes podem apresentar proteinúria nos últimos meses, podendo indicar condição de pré-eclampsia.

Nitrito

O teste é baseado na reação de ácido p-arsanílico e nitrito (que é derivado do nitrato na presença da bactéria) na urina para formar um diazônio composto, que, por sua vez, se liga com N-(1-naftil) etilenodiamino em um meio ácido. A coloração é rosa. Qualquer intensidade de coloração rosa é considerada positiva. A base bioquímica do teste é a capacidade que tem certas bactérias de reduzir o nitrato, constituinte normal da urina, em nitrito, que normalmente não aparece na urina. Para a determinação de nitrito, a urina deve permanecer na bexiga por pelo menos 4 h, para que a população vesical converta o nitrato urinário em nitrito, e o tratamento com antibiótico deve ser suspenso pelo menos 3 dias antes do teste. Para evitar reações falso-positivas de amostras contaminadas, a sensibilidade do teste é padronizada para corresponder aos critérios da cultura bacteriana que exigem que uma amostra positiva de urina contenha 100.000 organismos/mℓ. Resultados positivos devem ser acompanhados de uma bacterioscopia por coloração de Gram. Os agentes interferentes incluem leveduras e bactérias Gram-positivas que não reduzem o nitrato, tempo de contato entre o nitrato e as bactérias, presença de ácido ascórbico, uso de antibióticos e amostras não recentes (bactérias contaminantes produzirão nitrito).

pH

As fitas reagentes utilizam um sistema de triplo indicador de pH, de modo que abarcam valores que variam de 5,0 a 9,0, e os indicadores mais empregados são:

- Vermelho de metila, que identifica valores de pH de 6,0 a 7,0. Esse corante sofre alterações de vermelho para amarelo
- Azul de bromotimol, que identifica valores de pH na faixa de 6,0 a 7,6 alterando sua coloração de amarelo para azul
- Fenolftaleína, ideal para identificar valores de pH que se encontram na faixa de 7,8 a 10,0. Esse corante muda de incolor para vermelho.

Deve-se destacar que a urina humana não alcança valores de pH acima de 9,0. Leituras acima desse valor são consideradas erros laboratoriais.

Sangue/hemoglobina

A reação é baseada na atividade da peroxidase de hemoglobina livre e da mioglobina sobre o peróxido de hidrogênio existente no meio. A célula da fita é impregnada com peróxido, tampão e cromógeno reduzido, que pode ser o tetrametilbenzidina ou a ortotoluidina. Na reação, ocorre a liberação de oxigênio que oxidará o agente cromógeno, que, por sua vez, formará a coloração característica verde/azul.

Assim, a sequência da reação é:

$$H_2O_2 + \text{Cromógeno reduzido} \xrightarrow{\text{Peroxidase da hemoglobina}} \text{Cromógeno oxidado (verde/azul)} + H_2O$$

Densidade

A medida da densidade por meio de tiras reagentes fundamenta-se na reação entre um polieletrólito, normalmente o éter-metilvinil-anidrido maleico, e o azul de bromotimol, um indicador ácido-base. Essas duas substâncias reagem com os solutos iônicos presentes na amostra de urina. O polieletrólito sofrerá ionização na mesma proporção da concentração de solutos dissolvidos na amostra, o que muda a sua constante de dissociação, ou seja, seu pK_a. Assim, haverá a formação de prótons de hidrogênio com consequente redução dos valores de pH que, por sua vez, serão identificados pelo azul de bromotimol. A coloração varia de azul-escuro na urina da concentração iônica baixa até verde e verde-amarelado em urinas de concentração iônica aumentada.

Leucócito

A identificação de leucócitos por parte das fitas reagentes emprega as enzimas esterases presentes nos leucócitos. Assim, as enzimas hidrolisam o éster do ácido indoxilcarbônico, formando indoxil, que, por sua vez, reage com o sal de diazônio originando uma cor púrpura.

Aspectos físicos da urina

A urina deve apresentar aspecto transparente, contudo pode sofrer alterações em decorrência de condições fisiopatológicas ou mau acondicionamento da amostra. Alguns laboratórios de análises clínicas normalmente só mencionam o aspecto da urina se alguma anormalidade for encontrada, enquanto outros se referem à urina transparente quando o aspecto urinário é considerado normal. A alteração da transparência urinária é referida como aspecto turvo, podendo a turbidez ser decorrente de cristalúria, presença de bactérias, leucócitos, células epiteliais, pus (sugerindo infecção) ou mesmo presença de filamentos mucosos. Nesse caso, deve-se dar maior atenção à coleta de amostras de urinas em mulheres no período fértil.

Coloração da urina

A coloração da urina em indivíduos saudáveis apresenta tom amarelado, descrito como "amarelo-citrino". Esse tom de amarelo pode variar de amarelo-citrino (amarelo-palha) até amarelo-escuro (quase âmbar) em virtude do estado metabólico, como no jejum, por exemplo, nível de hidratação, alimentos ingeridos na dieta ingestão de medicamentos e, evidentemente, estados patológicos. A coloração amarelo-citrino da urina é decorrente do pigmento urobilinogênio, um intermediário metabólico que pode ser produzido em menor ou maior quantidade pelo estado metabólico, como o jejum (Figura 34.22).

Isso explica a razão pela qual a primeira urina da manhã geralmente apresenta coloração em tom de amarelo mais intenso do que a observada no decorrer do dia. O urobilinogênio oxida-se em urobilina cerca de 30 min após a micção, de modo que a observação da coloração urinária deve ser feita o quanto antes. A coloração da urina pode fornecer importantes dados relacionados com o metabolismo ou mesmo processos patológicos instalados. A cor vermelha da urina pode indicar hematúria decorrente de laceração de qualquer parte

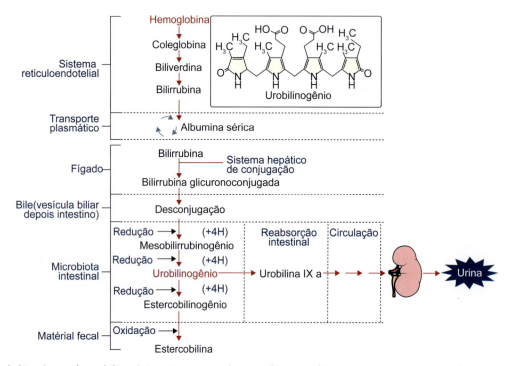

Figura 34.22 Via de biossíntese do urobilinogênio, cuja estrutura é mostrada no quadro acima. Nota-se que o urobilinogênio é um pigmento que surge da metabolização do grupo heme da hemoglobina. Uma fração de urobilinogênio é convertida em estercobilina, substância que dá a cor acastanhada às fezes.

do trato urinário, comum, por exemplo, após o paciente expelir concreções renais.

O tom vermelho da urina pode ainda decorrer de doenças do grupo das porfirias, um repertório de distúrbios herdados envolvendo falhas enzimáticas no processo de síntese do heme. Os pigmentos presentes nos alimentos, como beterraba, podem também tornar a urina vermelha, assim como a ingestão de medicamentos anticoagulantes, como o ácido acetilsalicílico, a levodopa (um antiparkinsoniano), os anti-inflamatórios não esteroides e não hormonais (usados no tratamento da artrite ou para analgesia). A sulfassalazina (p. ex., utilizada no tratamento da espondilite anquilosante) torna a urina alaranjada; já os laxantes tendem a tornar a urina rósea-acastanhada. Em condições de infecção do trato urinário por pseudômonas, a urina aparecerá verde (Figura 34.23). Outra condição que pode levar a urina a assumir essa coloração é a ingestão de indometacina (um potente inibidor não seletivo da COX, que também pode inibir a fosfolipase A e C, usado principalmente como um agente anti-inflamatório). A hepatite leva à excreção de uma urina preta e é um dos fortes indicativos dessa doença. Uma sinopse das possíveis causas de alterações da coloração urinária encontra-se na Tabela 34.7.

Odor da urina

O odor da urina de uma pessoa saudável é referido como *sui generis*, termo indicado como "característico". A urina recém-eliminada deve grande parte de seu odor aos ácidos voláteis. No entanto, o odor urinário pode variar em virtude de infecções, tornando-se nesse caso, fétido. No diabetes descompensado, a urina pode apresentar odor de frutas em decorrência da presença de cetonas.

Na fenilcetonúria – deficiência de fenilalanina hidroxilase que impede a hidroxilação de fenilalanina em tirosina –, o odor urinário assemelha-se a um cheiro de mofo. Na doença do xarope de bordo, um erro inato do metabolismo que leva ao acúmulo tecidual de leucina, isoleucina e valina e seus

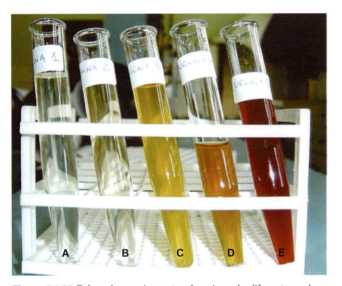

Figura 34.23 Tubos de ensaio contendo urinas de diferentes colorações. **A** e **B.** Urina extremamente diluída, decorrente muitas vezes da alta ingestão de líquidos. **C.** Urina considerada de coloração normal, amarelo-citrino. **D.** Urina de cor laranja que pode ser decorrente de pigmentos presentes nos alimentos ou da ingestão de medicamentos. **E.** Urina vermelha; nesse caso, decorrente de laceração do ureter como consequência do processo de expelimento de uma concreção renal.

Tabela 34.7 Coloração urinária e possíveis causas envolvidas.

Coloração	Possíveis causas
Amarelo-citrino	Urina considerada normal
Incolor	Urina bastante diluída
Amarelo-escura	Muito concentrada, bilirrubinúria
Vermelha a marrom	Hematúria, hemoglobinúria, mioglobinúria
Marrom-avermelhada a marrom	Mioglobinúria, hemoglobinúria, meta-hemoglobina
Esverdeada	Presença de bilirrubinúria

α-cetoácidos, a urina apresenta odor de açúcar queimado, identificado em recém-nascidos. A dieta pode também interferir no odor urinário. De fato, a ingestão de aspargos (*Asparagus officinalis*) produz um odor característico. A substância que provoca odor não existe originalmente no vegetal e é resultado do metabolismo de alguns de seus componentes que contêm enxofre. Apenas 40% dos indivíduos produzem esse metabólito e têm o cheiro da urina afetado. Curiosamente, nem todos conseguem perceber o odor – cerca de 60% são insensíveis a ele. Não parece haver correlação entre a capacidade de produzir o metabólito e de percebê-lo.

pH urinário

Os rins podem excretar diariamente cerca de 50 mEq de íons hidrogênio (H^+) e reabsorver 5.000 mEq de íon bicarbonato (HCO_3^-). Os rins eliminam material não volátil que os pulmões não têm capacidade de eliminar. A eliminação renal é, de início, mais lenta, torna-se efetiva após algumas horas e demora alguns dias para compensar as alterações existentes. A eliminação de bases e seus cátions é feita exclusivamente pelos rins. A acidez da urina é decorrente da capacidade das células tubulares em trocar íons H^+ por Na^+ do filtrado glomerular. Em geral, a primeira urina da manhã apresenta pH mais ácido quando comparada à urina coletada no decorrer do dia, em razão da acidose respiratória do sono. De fato, amostras coletadas em diferentes intervalos do dia podem ter seu valor de pH variando de 4,0 a 8,0; contudo, amostras de urina em indivíduos sadios ou doentes jamais alcançam pH 9,0. Essa grande faixa de variação torna difícil estabelecer um pH urinário normal. Porém, amostras de urina com pH extremamente alcalino (p. ex., 9,0) devem ser descartadas, uma vez que foram mal conservadas e sofreram metabolização bacteriana. A mensuração do pH urinário e sua correta interpretação podem ser úteis na detecção de desequilíbrios do metabolismo ácido-base, cujo ajuste efetuado pelos pulmões e pelos rins.

O pH urinário determina ainda a presença de cristais urinários durante o exame de sedimentoscopia. De fato, cristais de oxalato de cálcio, ácido úrico e urato amorfo estão presentes sobretudo em urinas ácidas, enquanto cristais de fosfato amorfo, fosfato triplo e carbonato de cálcio tendem a estar presentes em urinas cujo pH é alcalino. A alcalinização da urina ocorre principalmente quando há infecções geniturinárias por bactérias do gênero Proteus (Gram-negativas), mas pode acontecer também em virtude de doenças renais nas quais o mecanismo de acidificação renal falha, como é o caso da síndrome da acidose renal. O pH da urina varia, sobretudo, em decorrência da dieta, que pode ser seguida quando se deseja manter o pH em determinados valores para fins de tratamento. A ingestão de altas quantidades de vegetais e frutas favorece a formação de urina alcalina. Já dietas ricas em proteínas favorecem a formação de fosfatos e sulfatos, que contribuem para a acidificação da urina. Outras condições em que há redução do pH urinário são o diabetes melito e os distúrbios respiratórios.

Densidade urinária

Trata-se de um parâmetro que aponta para o desempenho da função tubular renal e varia com a quantidade de solutos presentes na urina, sobretudo sódio e ureia, o que torna a medida de densidade um bom parâmetro para a avaliação do estado de hidratação do indivíduo. A densidade de uma substância consiste no volume que determinada massa dessa substância ocupa. Pode ser obtida com base na fórmula:

$$\text{Densidade} = \frac{\text{Peso molecular}}{\text{Volume}}$$

Convencionou-se que a densidade da água a 37°C na pressão atmosférica ao nível do mar é de 1.000 mg/ℓ. Assim, soluções como a urina têm suas respectivas densidades avaliadas em relação à densidade da água, sendo influenciada pelo número de partículas de soluto por unidade de volume, e, principalmente, pelo peso de cada partícula. A densidade urinária pode ter variação normal entre 1.005 e 1.030 mg/ℓ, mas muda segundo o estado de hidratação. Quando a densidade urinária se encontra na faixa de referência, isoestenúria (1.010 a 1.015 mg/ℓ) próxima à do plasma (aproximadamente 1.010 mg/ℓ) indica situação compatível com a condição de necrose tubular aguda. Na insuficiência renal aguda, a densidade, geralmente, se encontra acima dos valores de referência, ou seja, hiperestenúria (> 1.020 mg/ℓ). A densidade é ainda fortemente influenciada por substâncias como dextranas, proteínas, soluções de contraste radiológico, manitol e glicose. Essas substâncias podem passar mais facilmente para a urina quando há lesão renal, alterando os valores de densidade urinária. A densidade urinária é um teste não específico e não fisiológico da reabsorção de água.

Quando a urina apresenta densidade abaixo dos valores de referência, ou seja, hipoestenúria (< 1.005 mg/ℓ), pode-se suspeitar de diabetes insípido, uma condição em que há alterações na secreção neuro-hipofisária de hormônio antidiurético (ADH). O ADH agindo nos rins é um dos principais responsáveis pelo mecanismo de concentração da urina. O aumento da densidade urinária pode ser decorrente da presença de glicose na amostra, o que indica a ocorrência do diabetes melito; já a redução da densidade urinária pode indicar falência da capacidade de concentração da urina por parte das ultraestruturas renais, o que aponta doença renal. Atualmente, a mensuração da densidade urinária é feita em fitas reagentes impregnadas com o corante azul de bromotimol. As fitas utilizam as alterações iônicas da amostra, que, por sua vez, provocam alterações de pH e refletem em modificações do corante presente na fita. A medição da densidade urinária por meio de fitas provou-se ser mais eficaz que o medidor de sólidos totais, um aparelho similar ao refratômetro, contudo sua exatidão é prejudicada pela presença de proteínas na amostra. De fato, o erro estimado para as medições realizadas com fitas reagentes encontra-se na faixa de 90%. As fitas reagentes podem sofrer alterações moderadas pela presença de proteínas e variações de pH, mas não são alteradas pela glicose existente na amostra e nem por contrastes radiológicos.

Osmolaridade urinária

A osmolaridade é um parâmetro mais preciso que a densidade para avaliar a concentração urinária. É definida como o número de partículas do soluto por unidade de volume do solvente. O teste de osmolaridade urinária é frequentemente utilizado para acompanhamento da evolução de doenças renais e no estabelecimento do diagnóstico diferencial entre hiper e hiponatremia. A osmolaridade urinária pode ser calculada multiplicando-se por 33 os dois últimos algarismos da densidade urinária, por exemplo:

$$\text{Densidade} = 1{,}018 \rightarrow 18 \times 33 = 594 \text{ mOsm}/\ell$$

A urina de 24 h apresenta valores de osmolaridade de 300 a 900 mOsm/ℓ, enquanto a osmolaridade plasmática deve permanecer sempre em valores próximos de 300 mOsm/ℓ. A razão entre a osmolaridade urinária e a plasmática é de 3:1, respectivamente. A realização do teste de osmolaridade da urina implica coletar amostras durante um período de 24 h. Assim, a primeira urina da manhã é descartada e as demais são coletadas e mantidas em um frasco sob refrigeração. Em alguns casos, uma dieta rica em proteínas é indicada ao paciente. A osmolaridade urinária encontra-se aumentada em condições de insuficiência cardíaca congestiva, doença de Addison, síndrome da secreção inapropriada de hormônio antidiurético (SIADH), entre outras condições. Em contrapartida, a urina hiposmótica ocorre no diabetes insípido, na polidipsia primária, na insuficiência renal aguda e na hipercalcemia, entre outras.

Corpos cetônicos urinários

Em condições normais, a presença de corpos cetônicos na urina é desprezível, já que as cetonas acetona (2%), ácido β-hidroxibutírico (78%) e ácido acetoacético (20%) são formadas no fígado e completamente metabolizadas. A presença de grandes quantidades de corpos cetônicos na urina indica diabetes melito, visto que nessa condição a glicose não está sendo utilizada como primeiro substrato para síntese de energia. Desse modo, uma vez que a glicose não pode ser oxidada até ATP, o organismo lança mão da oxidação de proteínas e ácidos graxos para essa finalidade (obtenção de energia). A oxidação dos ácidos graxos ocorre na matriz mitocondrial por uma via denominada betaoxidação (porque os ácidos graxos iniciam sua oxidação a partir do carbono beta). A betaoxidação é capaz de originar acetil-CoA, que alimenta o ciclo de Krebs para a síntese de ATP. No entanto, o subproduto da oxidação dos ácidos graxos são os corpos cetônicos, que em grande quantidade extravasam na urina (cetonúria) e, por serem voláteis, podem ser percebidos no hálito e no suor do diabético descompensado. De fato, o teste de cetonas urinárias fornece dados para o diagnóstico precoce da cetoacidose e, consequentemente, do coma diabético. Outra condição em que os corpos cetônicos podem aparecer na urina em grande quantidade é no jejum prolongado. De fato, o jejum prolongado "simula" as condições do diabetes melito descompensado, ou seja, força a rota metabólica de obtenção de energia para oxidação de lipídios que, como já visto, é a fonte dos corpos cetônicos (Figura 34.24).

Nitrito urinário

A urina normal não contém nitrito, mas sim nitrato, portanto o nitrito excretado pelo trato urinário está exclusivamente relacionado com a presença de bactérias. Em laboratório de análises clínicas, a presença de nitrito na urina pode ser

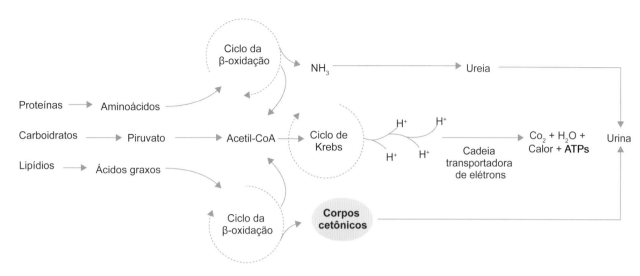

Figura 34.24 Panorama das vias metabólicas dos três macronutrientes. Nota-se que a oxidação dos ácidos graxos produz corpos cetônicos que são excretados na urina, mas que, por serem voláteis, podem ser liberados também no hálito e no suor.

identificada por meio de tiras reagentes. O teste das tiras reagentes para bacteriúria (teste de Griess) fundamenta-se na medida indireta de bactérias portadoras da enzima nitrato redutase, que é capaz de reduzir nitrato a nitrito. Para a maior parte das bactérias Gram-negativas, incluindo *E. coli*, a redução de nitrito a nitrato ocorre em 99 a 100% dos casos.

Já para os cocos Gram-positivos, isso não está bem estabelecido, dependendo muito da espécie bacteriana. As vantagens em utilizar o nitrito urinário como método de rastreamento de infecções bacterianas no trato urinário são o baixo custo, a rapidez com que os resultados tornam-se disponíveis e sua habilidade para categorizar os pacientes em dois grupos distintos, nitrito positivo ou negativo.[13] As mulheres representaram 85% dos pacientes com infecções do trato urinário e compreendem problemas que vão desde cistite até infecções urinárias recorrentes, que se dão principalmente em jovens sexualmente ativas. Esse tipo de infecção é 10 a 20 vezes mais frequente em mulheres do que em homens. Tal fato se deve à formação anatômica da genitália externa, ao curto comprimento da uretra feminina, à ausência de propriedades antimicrobianas (como as encontradas no líquido prostático), além do fato de que a proximidade anatômica entre vagina e ânus, associada ao alto grau de umidade local, origina um ambiente de fácil acesso dos microrganismos ao trato urinário feminino.[14] Esse somatório de fatores favorece a ascensão das enterobactérias que colonizam o introito vaginal para o interior da bexiga.[15]

Hemoglobinúria/hematúria

A presença de hemoglobina na urina é denominada hemoglobinúria e difere do termo hematúria, que indica a presença de eritrócitos na urina. O termo hematúria deve ser utilizado quando a contagem de eritrócitos exceder cinco células por campo na análise microscópica do sedimento urinário, que deve ser confirmada em pelo menos duas amostras de urina. A hemoglobinúria pode decorrer de lesões em qualquer ponto do trato urinário com consequente sangramento. Se o sangramento for pronunciado, a hematúria será detectada de imediato, contudo microlesões renais, por exemplo, podem desencadear hemoglobinúria. A hematúria pode ser identificada pelo exame do sedimento urinário em microscopia óptica. No entanto, em condições em que os eritrócitos sofrem lise pode-se buscar a presença de hemoglobina. Atualmente, dispõe-se de vários métodos para a identificação de hemoglobina em amostras de urina. De fato, as fitas reagentes impregnadas com ortotoluidina são capazes de identificar 0,04 mg/100 mℓ de hemoglobina na amostra.

Sedimentoscopia

O exame de urina de rotina, ou uroanálise, é composto habitualmente por três etapas: o exame físico; o exame químico; e a microscopia do sedimento. Cada um deles tem seu valor, sendo os dois primeiros de execução mais simples e o último considerado moderadamente complexo. Em outros países, não se realiza a sedimentoscopia desde que o exame físico mostre uma urina límpida e de coloração normal e o exame químico por meio de tiras reagentes não apresente anormalidades. No Brasil, esse procedimento praticamente não é adotado e a grande maioria dos laboratórios clínicos executa sempre as três etapas.

Células epiteliais

Sua presença é comum em razão da descamação do epitélio de revestimento do trato geniturinário (Figura 34.25). Pode-se identificar três tipos diferentes de células epiteliais nas amostras de urina:

- Pavimentosas: o tipo mais frequente e menos significativo clinicamente. São oriundas das porções inferiores da uretra masculina e feminina, assim como do revestimento vaginal
- Transicionais oriundas da pelve renal, da bexiga urinária e da porção superior da uretra: assim como as anteriores, essas células raramente apresentam relevância clínica
- Oriundas dos túbulos renais: de grande significância clínica, já que sua presença em grande quantidade em amostras de urina indica necrose tubular. Por exemplo, as células bolhosas são células tubulares que apresentam vacúolos não preenchidos por lipídios, indicando morte celular que foi precedida por tumefação do retículo endoplasmático. As células tubulares com presença de lipídios recebem o nome de corpos adiposos ovais e são formadas quando, durante a necrose tubular, ocorreu a passagem de lipídios, que, por sua vez, foram absorvidos por essas células.

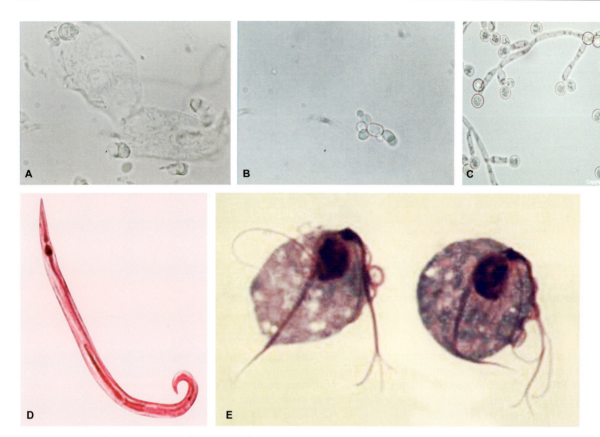

Figura 34.25 A análise microscópica de amostras de urina pode apresentar células epiteliais, que é um achado normal, ou microrganismos, indicando estados patológicos. **A.** Células epiteliais são frequentes na urina, já que fazem parte do revestimento do sistema urogenital. Contudo, a presença de células do túbulo renal indica lesão tubular. **B.** A presença de bactérias em amostras de urina indica infecção. **C.** As leveduras só estão presentes em amostras de urina em circunstâncias de contaminação. A figura mostra a *Candida albicans*, encontrada em amostras de urina de alguns pacientes diabéticos e, mais frequentemente, em mulheres. Parasitos que podem estar presentes em amostras urinárias cuja origem é a contaminação fecal: (**D**) *Enterobius vermicularis* e (**E**) *Trichomonas vaginalis*.

Bactérias

A urina normal não deve conter bactérias. Sua presença indica infecção em qualquer segmento do trato geniturinário ou contaminação por secreção vaginal. Amostras mal preservadas favorecem o desenvolvimento de bactérias e, por essa razão, deve-se garantir que a preservação ocorra de maneira adequada.

Leveduras

A urina normal não deve conter leveduras. Pode ser comum no paciente diabético a contaminação por *Candida albicans* pela contaminação via genitália. A *Candida albicans* está entre os muitos organismos que vivem na boca e no trato digestório humano. Sob circunstâncias normais, pode ser encontrada em 80% da população humana sem que isso implique em quaisquer efeitos prejudiciais à saúde, embora o excesso resulte em candidíase quando presente na mucosa oral ou vaginal.

Parasitas

A urina normal não deve apresentar parasitas. Pode ocorrer contaminação por *Trichomonas vaginalis*, a partir de secreção vaginal, ou *Enterobius vermicularis* ou, ainda, a presença de ovos de oxiúros, indicando que a urina sofreu contaminação fecal, já que estes dois últimos microrganismos são parasitos intestinais e estão presentes na matéria fecal (Figura 34.25).

Espermatozoides

Aparecem em decorrência da relação sexual ou da ejaculação.

Filamentos de muco

Não são considerados clinicamente importantes. Encontram-se aumentados em quadros irritativos do sistema geniturinário.

Cristais

A presença de cristais urinários é comum e raramente apresenta relevância clínica. Contudo, devem ser identificados, já que, em alguns casos, existe relação estreita entre a cristalúria e a formação de concreções renais. A identificação de cristais anormais na urina é útil no diagnóstico de erros inatos do metabolismo, doenças hepáticas e outras condições. A formação dos cristais ocorre quando sais urinários precipitam-se em virtude de alterações de pH, temperatura ou, ainda, condições de concentração do filtrado glomerular. Os cristais podem ser formados nos túbulos dos néfrons e, menos comumente, na bexiga urinária, mas estão presentes com maior frequência em urinas concentradas.

Os cristais mais comuns em urinas ácidas são os uratos formados de ácido úrico, uratos amorfos e uratos de sódio, e podem apresentar formas geométricas variadas que vão desde losangos até formas similares a agulhas. Esses cristais encontram-se elevados em pacientes submetidos à quimioterapia e, às vezes, nos portadores de gota úrica. Já a urina alcalina predispõe à formação de cristais de fosfato, fosfato triplo, fosfato amorfo e fosfato de cálcio. Esses cristais têm formas prismáticas, mas podem também aparecer em formas de planos ou mesmo agulhas. Outros cristais presentes na urina alcalina incluem os de biurato de amônio e carbonato de cálcio. Há ainda um grupo de cristais que eventualmente podem ser encontrados na urina, chamados cristais anormais. Estes são formados por cistina, colesterol, bilirrubina, leucina e tirosina, principalmente. A maioria desses cristais anormais pode estar presente em urinas ácidas ou neutras e relacionada com as seguintes condições metabólicas:

- Presença de cristais de cistina – indica cistinúria e estão relacionados com erros metabólicos nos quais há impedimento da reabsorção da cistina por parte do túbulo contorcido proximal. A cistinúria apresenta forte tendência à formação de concreções renais
- Cristais de colesterol – são bastante raros, mas podem estar presentes sobretudo em amostras refrigeradas
- Cristais de leucina e de bilirrubina – estão presentes principalmente nas hepatopatias graves.

Eritrócitos

A presença de mais de um eritrócito por campo indica lesão da glomerular ou mesmo nos vasos pertencentes ao sistema urogenital. De fato, os eritrócitos não têm acesso ao filtrado dos néfrons. O número de eritrócitos serve como indicador da extensão da lesão tecidual. Deve-se ainda considerar a possibilidade de contaminação por sangue menstrual, no caso de amostras de indivíduos do sexo feminino.

Leucócitos

Em amostras de urina de indivíduos saudáveis, em geral, são encontrados menos de cinco leucócitos por campo. Para indicar a presença de leucócitos na urina, utiliza-se o termo piúria e essas células podem chegar à urina quando há lesões glomerulares ou por meio de diapedese, ou seja, migram para locais de inflamação ou infecção por meio de movimentos ameboides.

Cilindros

São formados no túbulo contorcido distal e no túbulo coletor e, por esse motivo, fornecem dados das condições estruturais dos néfrons, já que suas formas indicam com precisão as formas dos túbulos. Normalmente, os cilindros são bastante arredondados e apresentam lados paralelos, contudo cilindros "envelhecidos" podem apresentar-se enrugados (Figura 34.26). A largura do cilindro dependerá de sua origem tubular ou mesmo das condições em que foi formado, por exemplo, cilindros largos podem indicar estase urinária. Cilindros formados na alça ascendente de Henle recebem o nome de cilindroides, visto que apresentam extremidades afiladas. Os cilindros podem ainda incorporar materiais que indicam diferentes quadros clínicos. A Tabela 34.8 fornece alguns significados clínicos para os diferentes cilindros encontrados em amostras de urina. O principal elemento presente nos cilindros é a proteína de Tamm-Horsfall, uma proteína liberada pelas células tubulares de revestimento cuja função é proteger contra infecções. Em condições de estase urinária ou na presença de grandes quantidades de sódio e cálcio, a proteína de Tamm-Horsfall adquire textura de geleia e inicia a formação dos cilindros hialinos.

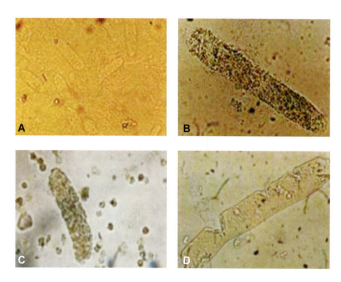

Figura 34.26 Os cilindros formam-se no interior do túbulo contorcido distal e ducto coletor e têm matriz primariamente composta de mucoproteínas de Tamm-Horsfall, sendo sua aparência influenciada pelos elementos presentes no filtrado durante a sua formação. **A.** Cilindro hialino. **B.** Cilindro hialino granuloso. **C.** Cilindro hialino granuloso com leucócitos. **D.** Cilindro céreo.

Tabela 34.8 Tipos de cilindros encontrados em amostras de urina e sua interpretação sugestiva.

Cilindro	Material incorporado ao cilindro	Interpretação clínica sugestiva
Cilindros granulares	Lisossomos de células dos túbulos, agregados de proteínas e cilindros leucocitários que sofreram degeneração	Pielonefrite, glomerulonefrite, exercícios físicos
Cilindro adiposo	Lipídios e corpos adiposos ovais (células tubulares preenchidas com lipídios)	Síndrome nefrótica
Cilindro céreo	Forma-se em decorrência da degeneração dos cilindros granulares. Está associado à doença renal crônica	Estase urinária
Cilindros de células tubulares	Células dos túbulos que se mantiveram ligadas a proteínas de Tamm-Horsfall (proteínas produzidas pelos túbulos dos néfrons)	Lesões tubulares
Cilindros bacterianos	Bactérias aderidas a proteínas de Tamm-Horsfall	Pielonefrite
Cilindros leucocitários	Leucócitos aderidos à proteína de Tamm-Horsfall	Pielonefrite, nefrite intersticial aguda
Cilindros* hialinos	Proteínas de Tamm-Horsfall aderida a fibrilas	Glomerulonefrite, pielonefrite, doença renal crônica
Cilindros hemáticos	Eritrócitos aderidos à proteína de Tamm-Horsfall	Atividade física extenuante, doença renal grave

*Esses cilindros são normais quando encontrados em amostras na quantidade de 0 a 2 campos de pequeno aumento (até 40 vezes).

Bioclínica

Termos relevantes em urinálise

Anúria. Volume inferior a 50 mℓ em 24 h. Ocorre em obstrução das vias excretoras urinárias, lesão renal grave ou diminuição do fluxo sanguíneo para os rins (insuficiência renal aguda).

Cetonúria. Extravasamento de corpos cetônicos na urina, em geral em decorrência do diabetes melito descompensado ou dietas em que ocorre supressão da ingestão de carboidratos.

Estase urinária. Redução ou parada completa do fluxo urinário pelas vias de excreção.

Glomerulonefrite. Glomerulonefrite ou simplesmente nefrite, refere-se à inflamação dos glomérulos. Normalmente, a inflamação se origina de um fenômeno imunológico quando, por exemplo, uma substância estranha, antígeno, tem acesso à circulação sanguínea desencadeando a formação de complexos antígeno-anticorpo que pode causar inflamações. Quando o glomérulo é o tecido atingido, a lesão inflamatória chama-se glomerulonefrite. As causas mais comuns de glomerulonefrites são infecções provocadas por qualquer vírus ou bactéria que forme o complexo antígeno-anticorpo e o precipite no rim.

Hiperestenúria. Designa o aumento da densidade urinária, tendo como possíveis causas desidratação, proteinúria, glicosúria e contraste radiológico.

Hematúria. Presença de sangue na urina.

Hipoestenúria. É a diminuição da densidade urinária cujas possíveis causas são colagenopatias, pielonefrite, desnutrição proteica, diuréticos, diabetes insípido.

Isoestenúria. Valores de densidade urinária em suas faixas de referência, 1.005 a 1.030 mg/ℓ.

Oligúria. Diminuição do volume urinário. Ocorre em estados de desidratação do organismo, vômitos, diarreias, transpiração, queimaduras graves, nefrose, fase de formação de edemas.

Pielonefrite. É uma infecção do trato urinário ascendente que atinge a "pielo" (pelve) do rim. Afeta quase todas as estruturas renais, incluindo túbulos, sistema coletor e interstício. Só o glomérulo é exceção, pelo menos até uma fase avançada. Existem duas formas de pielonefrite: a aguda, causada por uma infecção bacteriana; e a crônica, na qual infecções de repetição se conjugam com a reação do sistema imunitário a essas infecções para produzir o quadro de lesões.

Proteína de Tamm-Horsfall. Mucoproteínas produzidas e secretadas continuamente pelas células que compõem o túbulo distal e a alça de Henle. Apresenta importância clínica em função de ser o principal componente formado dos cilindros urinários.

Piúria. Indica a presença de leucócitos na urina.

Poliúria. Aumento do volume urinário. Ocorre em diabetes melito, diabetes insípido, esclerose renal, rim amiloide, glomerulonefrite, uso de diuréticos, cafeína ou álcool, que reduzem a secreção do hormônio antidiurético.

Exame de fezes e provas da função gastrintestinal

As fezes são o produto final do processamento dos alimentos por parte do trato gastrintestinal (TGI) e, por isso, seus exames macroscópico, microscópico e bioquímico fornecem uma gama valiosa de informações relacionadas com o TGI e o metabolismo orgânico como um todo. Nos exames de fezes, é possível identificar distúrbios hepatobílio-pancreáticos, sangramentos no TGI alto e baixo, parasitas intestinais, más absorções, disbioses, entre outras.

O TGI humano tem a função de reduzir os nutrientes presentes na dieta até estruturas moleculares capazes de serem absorvidas pela mucosa do intestino delgado. Para tanto, lança mão de processos mecânicos (mastigação e movimentos peristálticos) e químicos (enzimas digestivas, detergentes e sucos ácidos e básicos). As fezes constituem o elemento final do processamento dos nutrientes da dieta e nelas estão presentes materiais não digeríveis, pigmentos biliares, massa bacteriana e uma porcentagem de água. Esses elementos presentes nas fezes fornecem as características do material fecal de um indivíduo saudável, coloração acastanhada, forma cilíndrica do material fecal, cheiro *sui generis* dado pela microbiota intestinal e consistência pastosa. Alterações desses parâmetros e outros a serem abordados subsequentemente indicam alterações na homeostase do processo digestório ou metabólico como um todo. A Tabela 34.9 traz uma sinopse dos principais testes envolvendo material fecal.

Coleta de amostras

Muitas vezes, é feita pelo próprio paciente em frascos apropriados, em geral, fornecidos pelo laboratório. O paciente deve ser orientado a não misturar a amostra de fezes com urina ou substâncias utilizadas na higiene pessoal. As mulheres em período menstrual devem evitar a contaminação da amostra com sangue menstrual. A coleta pode ser feita no dia do exame ou no dia anterior a ele, desde que o recipiente seja armazenado na porta da geladeira por até 12 h. As amostras fecais apresentam grande variação. Amostras coletadas ao acaso são indicadas para testes qualitativos para a detecção de sangue e exame microscópico para a detecção de leucócitos e materiais não digeridos, como fibras alimentares. Já para avaliações quantitativas, deve-se coletar amostras com tempo predeterminado no sentido de avaliar a produção fecal diária. Assim, a amostra mais representativa para esse fim é a de 3 dias.

Coloração e consistência das fezes

A coloração das fezes "normais" deve se acastanhada, uma cor dada pela presença de pigmentos biliares metabolizados, chamados estercobilina. Uma fração da bile lançada no duodeno e que age na emulsificação das gorduras da dieta não sofre reabsorção êntero-hepática (Figura 34.27), de modo que é arrastada para as fezes e sofre metabolização por parte da microbiota colônica convertendo-se em estercobiolina.

A estercobilina é o elemento que dá cor acastanhada às fezes, porém essa coloração pode sofrer alterações em virtude da dieta. A coloração vermelha das fezes pode indicar a ingestão de gelatina vermelha, cereais vermelhos, suco de tomate, beterraba e medicamentos vermelhos. A cor negra pode ser decorrente da ingestão de bismuto, um contraste utilizado no TGI, cinzas de cigarro, carvão e suco de uva. Já a coloração esverdeada pode aparecer pela ingestão de gelatina verde, espinafre, diarreia, leite materno (especialmente durante os primeiros meses de vida), enquanto a coloração branca pode se dar em razão da ingestão de hidróxido de alumínio (antiácidos) ou mesmo excesso de leite. Outra condição em que as fezes podem aparecer esbranquiçadas é na obstrução do ducto colédoco. Nesse caso, além de esbranquiçadas, as fezes aparecem brilhantes pela presença de gorduras que não foram absorvidas pelo intestino justamente pela ausência de bile. Alterações da coloração das fezes podem ocorrer por distúrbios graves do TGI ou mesmo desequilíbrios metabólicos. Por exemplo, sangramentos do TGI baixo tendem a converter as fezes em tom avermelhado, enquanto sangramentos no TGI

Tabela 34.9 Exames de fezes mais solicitados na rotina clínica e suas particularidades.

Tipo de exame	Preparo do paciente	Acondicionamento da amostra	Possíveis elementos interferentes	Observações pertinentes
Coprocultura	Coletar a amostra em recipiente adequado para transporte (meio de Cary-Blair). Enviar ao laboratório em um intervalo de 24 h após a coleta	Fezes em tubo apropriado em meio de transporte Cary-Blair	Utilização de laxativos e medicamentos antibióticos	A ponta do *swab* deve ser introduzida nas fezes recém-excretadas e acondicionada ao meio de Cary-Blair. Não se deve fazer uso de laxantes para evacuação nem refrigerar a amostra
Protoparasitológico	Evacuar em um recipiente limpo e seco e, posteriormente, transferir uma amostra de fezes recém-evacuadas para o frasco coletor de modo a não ultrapassar a metade do frasco	Utilizar frascos de polipropileno de 80 mℓ com tampa de rosca	Medicamentos laxativos, contrastes radiológicos utilizados no dia que antecede o teste. Contaminação com urina	Não utilizar agentes laxativos. Evitar a contaminação com água, uma vez que as amostras podem ser contaminadas por produtos químicos presentes na água. Recomenda-se coletar três amostras de fezes em 3 dias diferentes. Conservar a amostra refrigerada e não congelada. O material deve ser coletado ainda que se apresente mucoso, pustulento ou sanguinolento
Pesquisa de sangue oculto	Durante 3 dias abster-se da ingestão de carnes e derivados, bem como alimentos com alta atividade de peroxidase. Em casos de sangramentos gengivais, nasais ou hemorroidais, a coleta deve ser suspensa	Utilizar frascos de polipropileno de 80 mℓ com tampa de rosca	Carnes e alimentos com alta atividade de peroxidase, como beterraba, espinafre, rabanete, nabo, brócolis, maçã, banana, couve-flor e melão	Não utilizar ácido acetilsalicílico, anti-inflamatórios não esteroidais, vitamina C e sulfato ferroso. Não se deve coletar amostras 3 dias após a menstruação. O paciente deve ser orientado a anotar os medicamentos ingeridos nos últimos 2 dias

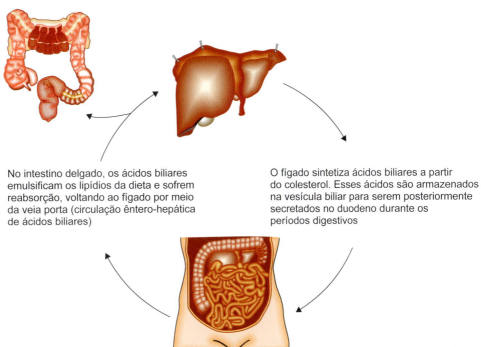

Figura 34.27 Circulação êntero-hepática de ácidos biliares.

alto como varizes de esôfago ou úlceras gástricas sangrantes aparecem nas fezes convertendo-as em um tom negro. Isso acontece porque os ácidos gástricos tendem a calcinar o sangue. Uma sinopse das características macroscópicas das fezes está presente na Figura 34.28.

Sangue oculto fecal

O sangue fecal pode estar presente de forma oculta, ou seja, um sangue não visível a olho desarmado, mas ainda assim incorporado ao material fecal. Esse sangue é denominado sangue oculto. O teste de sangue oculto nas fezes é atualmente utilizado com grande ênfase na detecção precoce de casos de cânceres do cólon e do reto, o que proporciona um índice de sobrevida acima de 80%. Todas as substâncias utilizadas no teste de detecção de sangue fecal oculto agem da mesma maneira, mas sua sensibilidade as difere. A benzidina é a substância mais sensível, seguida da ortotoluidina e, posteriormente, do guaiacol. Contudo, a benzidina não é mais utilizada por seu potencial efeito carcinogênico, enquanto a ortotoluidina é extremamente sensível, de modo que o guaiacol é o reagente rotineiramente empregado, estando presente na maioria dos *kits* reagentes. Esses três reagentes utilizam a atividade de

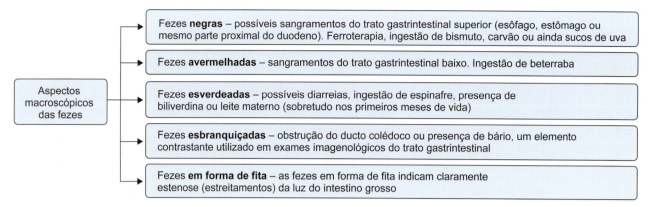

Figura 34.28 Características macroscópicas das fezes e suas possíveis causas.

pseudoperoxidase da molécula de hemoglobina, que atua sobre o peróxido de hidrogênio desencadeando a oxidação de um composto cromógeno (ortotoluidina, guaiacol ou benzidina), originando uma coloração azul.

$$Hb \xrightarrow{Pseudoperoxidase} H_2O_2 \xrightarrow{Reagente\ cromógeno} Azul$$

Nos exames de fezes, substâncias menos sensíveis são preferencialmente empregadas, nesse caso o guaiacol. Isso ocorre porque a utilização de uma substância altamente sensível na detecção de sangue fecal pode levar a diagnósticos falso-positivos para uma série de morbidades, incluindo cânceres do trato digestório. Um simples sangramento de gengiva ao escovar os dentes, por exemplo, pode ser eficientemente detectado nas fezes se um reagente muito sensível for empregado. Assim, inversamente ao que ocorre com exames de sangue, por exemplo, em que a maior sensibilidade dos reagentes é fator preponderante para sua utilização, nos exames de fezes emprega-se o reagente menos sensível. O teste de sangue oculto fecal necessita de certa observância dietética, uma vez que a atividade de pseudoperoxidase pode ser verificada em certos vegetais ou mesmo na microbiota intestinal, o que reforça a utilização do regente menos sensível. A ingestão de carnes vermelhas também não é recomendada no dia que antecede o teste por ser um alimento rico em hemoglobina.

A indústria farmacêutica está constantemente desenvolvendo novos métodos de detecção de substâncias, a fim de tornar os testes mais acessíveis, práticos e rápidos. Nesse sentido, desenvolveu-se um tipo de prova imunológica específica para a hemoglobina humana. Contudo, tal teste não é empregado em exames de rotina, uma vez que é extremamente sensível. Já o HemoQuant (SmithKline Diagnostics, Sunnyvale, CA) é um método industrializado que conta com uma prova fluorométrica capaz de detectar hemoglobina e compostos porfirínicos. Esse teste é mais preciso, visto que a hemoglobina pode sofrer degradação por meio da microbiota intestinal em compostos porfirínicos, de modo que testes que identificam somente a presença de hemoglobina podem apresentar resultados falso-negativos. Esse método é capaz de detectar quantidades extremamente pequenas de compostos porfirínicos nas fezes (cerca de 2 mg/g). Outra recomendação pertinente para a realização das provas de sangue oculto, além das dietéticas já mencionadas, é a não ingestão de anti-inflamatórios, sobretudo os inibidores inespecíficos da COX (ciclo-oxigenase), como ácido acetilsalicílico e diclofenaco, já que esses medicamentos podem proporcionar pequenas lacerações no TGI, que, por sua vez, pode sangrar de forma discreta, interferindo nos resultados dos exames.

Detecção de gordura fecal

A presença de gordura nas fezes é chamada de esteatorreia e pode decorrer de vários fatores, como ausência de lipases pancreáticas e obstruções do ducto colédoco, que, por sua vez, acarretam ausências de ácidos biliares capazes de emulsificar os lipídios da dieta, entre outros. Quando as gorduras não são adequadamente absorvidas, as fezes tornam-se claras, volumosas e fétidas. As fezes podem aderir à parede do vaso sanitário ou flutuar e são difíceis de serem levadas pela descarga. Qualquer condição que interfere na absorção de gorduras (p. ex., redução do fluxo biliar, doença celíaca ou espru tropical) pode causar esteatorreia.

Para o teste de presença de gorduras fecais, é necessária a coleta de amostras de pelo menos 3 dias. Durante esse período, a ingestão de gorduras da dieta por parte do paciente deve ser normal. Na rotina laboratorial, o método comumente utilizado para a detecção de gorduras fecais é o de Van der Kammer. Nesse processo, os lipídios são convertidos em ácidos graxos e, posteriormente, sofrem titulação com NaOH até a neutralização da amostra. O resultado é expresso como gramas de gorduras ou de ácidos graxos em 24 h, estando os valores de referência relacionados com a ingestão dietética de gorduras e oscilando entre 4 e 6% da quantidade por meio da dieta. Esse teste avalia quantitativamente a presença de gorduras nas fezes. Contudo, pode-se realizar em associação a um exame que avalia qualitativamente a presença de gorduras nas fezes.

O exame qualitativo de gorduras fecais busca determinar a presença de outros lipídios por meio de corantes. O acompanhamento qualitativo de lipídios fecais é rotineiramente utilizado para o acompanhamento de disfunções absortivas do TGI. No método qualitativo, as fezes são homogeneizadas com água na proporção de 1:2 e, posteriormente, uma gota de álcool etílico 95% é adicionada sobre a lâmina. A esse preparado acrescentam-se duas gotas do corante Sudan III saturado em álcool etílico a 95%, a coloração adquirida é cor de laranja. Outros corantes podem ser utilizados, como Sudan IV óleo vermelho O, sendo o Sudan III, no entanto, o mais empregado. A lâmina é misturada, coberta e examinada em grande aumento. A avaliação da lâmina é feita contando-se a quantidade de gotas de lipídios, a contagem de 60 gotas por campo indica esteatorreia. Esses lipídios examinados ao microscópio consistem de gorduras neutras (triacilgliceróis e sais de ácidos graxos) e apresentam grande afinidade pelo Sudan III. As gorduras fecais podem ainda ser lisadas de modo a obter o conteúdo total de gorduras presentes no material fecal, e não só a quantidade de gorduras neutras. Nesse processo, as fezes emulsificadas são misturadas com uma gota de ácido acético 36% e duas gotas de Sudan III saturado. A lâmina deve ser coberta e aquecida até a ebulição para, posteriormente, ser examinada em grande aumento. O número de gotículas cor de laranja deve ser contado, 100 gotículas por campo com tamanho de 4 micrômetros indica normalidade. No entanto, o mesmo número de inclusões com tamanho variando de 1 a 8 micrômetros pode ser considerado elevado. Finalmente, lâminas que apresentam cerca de 100 inclusões lipídicas, com tamanho variando entre 6, 7 e 5 micrômeros, são consideradas elevadas. O colesterol pode ser verificado pela presença de cristais, facilmente reconhecíveis na lâmina.

Teste para a confirmação de má absorção intestinal

A má absorção intestinal pode ocorrer em virtude de algum distúrbio que interfere na digestão de nutrientes, como acloridria, e quantidades ou tipos inadequados de enzimas gástricas, pancreáticas e entéricas, ou, ainda, por obstruções do ducto pancreático. Outras causas de má absorção incluem morbidades que interferem diretamente na absorção de nutrientes, como as lesões no revestimento intestinal, tais quais as que ocorrem nas infecções, utilização de medicamentos, como neomicina e álcool, doença celíaca, doença de Crohn e doença de Whipple. Além dos exames quantitativos de gordura fecal, diversos outros testes podem ser realizados no sentido de determinar a má absorção. Esses testes serão analisados a seguir.

Teste de Schilling

Tem como propósito detectar a deficiência de absorção da vitamina B_{12} (cianocobalamina), sendo útil na distinção entre anemia perniciosa de deficiências absortivas desse nutriente envolvendo o íleo distal, local onde a vitamina B_{12} sofre absorção. Para a realização do teste de Schilling, é necessário jejum de 12 h, já que a vitamina B_{12} pode estar presente nos nutrientes da dieta. O jejum tem ainda como propósito evitar interferências no esvaziamento gástrico ou ainda ligação de proteínas da dieta à vitamina B_{12}. O paciente deve estar há 30 dias sem uso de vitamina B_{12}. Uma dose de vitamina B_{12} com marcador radioativo (cobalto) é administrada via oral e, cerca de 1 h após a administração da dose, aplica-se intramuscularmente uma ampola de vitamina B_{12}. Essa dose intramuscular objetiva saturar os sítios de ligação de vitamina B_{12} presentes nos tecidos, o que permite que uma fração da vitamina B_{12} marcada seja absorvida pelo epitélio intestinal e, posteriormente, excretada na urina. A urina de 24 h deve ser coletada desde o momento da ingestão da cápsula e seu volume deve ser medido. Uma amostra de urina com volume de cerca de 20 mℓ deve ser enviada ao laboratório de radioisótopos para mensuração dos níveis de vitamina B_{12} radioativa excretada. Após 15 dias, repetir o procedimento coletando antes uma amostra de urina que atuará como padrão. Em pessoas normais, no mínimo 8% da vitamina B_{12} radioativa pode ser detectada na urina. Resultados falsamente baixos podem ser produzidos por maior tempo de detenção da urina na bexiga urinária, micção incompleta ou perda de urina já emitida. Resultados falso-negativos constituem um problema menor do que os falso-positivos. Os resultados falso-positivos podem ser decorrentes de realização prévia de exames envolvendo medicina nuclear.

Teste de D-xilose

Além dos testes quantitativos de gordura fecal, o teste de D-xilose pode ser realizado e compõe a prova mais significativa para a confirmação do diagnóstico de má absorção. A D-xilose é uma ose isômera da D-glicose de modo que os processos absortivos são extremamente similares para as duas oses. Estando o paciente em jejum de 8 h (já que os nutrientes da dieta lentificam a absorção intestinal da D-xilose que ocorre no jejuno), dissolver 1 parte de D-xilose em 10 partes de água seguindo-se a ingestão de 250 mℓ de água. Após a administração dessa dose de D-xilose, o paciente dever permanecer 5 h sem ingerir alimentos, período em que os níveis de D-xilose devem retornar a valores de jejum em indivíduos sem alterações absortivas. A excreção da D-xilose ocorre pela via urinária, sendo aproximadamente 95% da quantidade administrada excretada nas primeiras 5 h e o restante nas 24 h posteriores. A quantificação da D-xilose urinária fornece subsídios para o diagnóstico de má absorção. Os níveis de D-xilose urinária em indivíduos não portadores de má absorção devem ser superiores a 5 g/5 h.

Teste do APT

Trata-se de um teste para distinguir o sangue materno do fetal presente no estômago ou nas fezes de um recém-nascido. De fato, em certas circunstâncias as fezes ou os vômitos de bebês recém-nascidos são sanguinolentos. Esse sangue pode decorrer da deglutição de sangue materno durante o trabalho de parto. Para a realização do teste do APT, o hemolisado do conteúdo gástrico deve ser emulsificado em água, com o objetivo de liberar hemoglobina, centrifugado e, posteriormente, adiciona-se uma solução fracamente alcalina (NaOH a 1%) ao sobrenadante. Se a hemoglobina presente na amostra for fetal, ou seja, hemoglobina F (resistente à álcali), a solução permanecerá avermelhada. Contudo, se a hemoglobina da amostra for hemoglobina maternal (hemoglobina A), entrará em reação com a álcali, sendo degradada e provocando a formação de uma coloração marrom após cerca de 2 min de exposição ao reagente. Se a mãe for portadora de alguma hemoglobinopatia como a talassemia maior, a forma mais grave das talassemias, os resultados podem ser falsos pela grande presença de hemoglobinas do tipo F. Quanto às amostras de material fecal, é imperativo que a análise seja realizada em material fresco por preservar a hemoglobina da degradação natural. Fezes anteriormente sanguinolentas, que se converteram em fezes negras, indicam que a degradação da hemoglobina já aconteceu.

Detecção de tripsina fecal

A tripsina é uma enzima proteolítica pancreática produzida na forma de zimogênio que, ao atingir o duodeno, se transforma em tripsina ativa pela ação da enterocinase. A ausência de tripsina no material fecal pode levantar a suspeita de fibrose cística, também conhecida como mucoviscidose. Trata-se de uma doença genética autossômica (não ligada ao cromossomo X) recessiva (quando são necessárias mutações nos 2 cromossomas do par afetado para se manifestar), causada por um distúrbio nas secreções de algumas glândulas, sobretudo as glândulas exócrinas. O cromossomo afetado é o 7, sendo este responsável pela produção de uma proteína canal envolvida na condutância do cloreto e sódio por meio das membranas celulares (CFTR – regulador de condutância transmembranar de fibrose cística). E, tal como a proteína, o próprio canal de cloreto sofrerá uma mutação resultando em transporte anormal de íons Cl⁻ pelos ductos das glândulas, resultando em permeabilidade diminuída ao cloreto, fazendo com que o muco glandular torne-se 30 a 60 vezes mais viscoso. A água, por sua vez, como segue o movimento do sódio de volta ao interior da célula, provocará um ressecamento do fluido extracelular que se encontra no interior do ducto da glândula exócrina. A consequência para o pâncreas é secreção ecbólica e hidrelática diminuídas. É uma situação grave que pode também afetar outras glândulas secretoras, causando danos a outros órgãos como o fígado, os pulmões e o sistema reprodutor.

A ausência de tripsina no material fecal pode ser identificada misturando-se pequena quantidade de fezes frescas em água e adicionando-se à superfície um papel radiográfico. O papel radiográfico é impregnado com gelatina (proteína), assim, se a área onde a pepsina foi colocada tornar-se transparente, indica a presença de pepsina, uma vez que esta digeriu a gelatina. O teste deve ser realizado no intervalo de 30 min após a excreção fecal, uma vez que a atividade da tripsina diminui progressivamente com o passar do tempo e está sujeita ainda à falcização, uma vez que a microbiota fecal também apresenta atividade proteolítica. Indivíduos portadores de fibrose cística ou outras deficiências pancreáticas em que a secreção ecbólica pancreática está prejudicada apresentarão amostras incapazes de digerir a gelatina do papel radiográfico.

Carboidratos

A presença de carboidratos nas fezes pode ser detectada por meio de sua capacidade redutora. Isso ocorre porque, quando o carbono de uma ose, como a glicose, apresenta a hidroxila livre (ou seja, não está formando ligação glicosídica com outra ose), o carboidrato apresenta poder redutor quando aquecido. Essa característica é utilizada, frequentemente, em reações de identificação. O elemento que sofre redução na identificação de carboidratos nas fezes é o cobre. Detectar a excreção fecal de carboidratos nas fezes é bastante relevante na avaliação da diarreia em lactentes. A excreção fecal de açúcares pode ser acompanhada também pelo pH. As fezes frescas apresentam pH neutro ou ligeiramente alcalino (7,0 a 8,0); já as fezes que apresentam carboidratos mostram pH na faixa ácida (menores que 5,5). Isso ocorre porque a microbiota intestinal passa a fermentar os açúcares produzindo ácidos, como o láctico. A prova de redução do cobre é feita com tabletes de Clinitest glicose redutase capazes de mensurar substâncias como frutose, pentoses e formalina. O protocolo do teste orienta que as fezes sejam emulsificadas com água na razão de uma parte de material fecal para duas partes de água. Na verdade, esse teste é genérico para substâncias redutoras e, como os açúcares são uma dessas substâncias, ele é capaz de identificar a sua presença nas fezes. A positividade ao Clinitest deve ser elemento balizador para outros testes mais específicos.

Bioclínica

Avaliação da enteropatia induzida por glúten

Na enteropatia induzida por glúten, incluem-se o espru e a doença celíaca (espru não tropical). Trata-se de uma doença do intestino delgado, com graus variáveis de atrofia das vilosidades da mucosa absortiva intestinal, causando prejuízo na absorção dos nutrientes, vitaminas, sais minerais e água. Atualmente, aceita-se que a doença pode permanecer latente ou com sintomas mínimos e ocasionais durante longos períodos da vida. O glúten é uma proteína presente no trigo, na cevada, no centeio, na aveia, no triticale, no malte e no painço e em todos os seus derivados, como farinha, farelos, germe etc. Ele é formado quando se adiciona água à farinha e seus dois componentes (gliadina e glutenina) se aglomeram para formar a massa. Conforme a massa é trabalhada, o glúten confere elasticidade, plasticidade e adesividade, possibilitando o crescimento do pão, sua maciez e boa textura. A gliadina é a fração proteica do glúten responsável pelo dano estrutural à mucosa intestinal. As causas, entre outras em estudo, poderiam ser: predisposição genética, falta de enzima digestiva e formação de anticorpos. São queixas ou constatações frequentes: fezes fétidas, claras, volumosas, sobrenadantes, com ou sem gotas de gordura; distensão abdominal por gases, cólicas, náuseas e vômitos; alterações na pele; anemia por deficiente absorção do ferro e da vitamina B_{12} (sobretudo se o íleo estiver afetado), entre outras. É interessante a observação de que sintomas da infância podem desaparecer na adolescência, para reaparecer na maturidade ou mesmo na senescência. A doença celíaca é observada sobretudo em europeus, apresentando baixa frequência entre afro-americanos e rara em asiáticos. É mais presente entre indivíduos que apresentam deficiência de IgA (cerca de 10 a 15 vezes). Em 95% dos casos, são observadas as imunoglobulinas antigliadina (IgG-AAG), o componente tóxico do glúten e a IgA-AAG em 75% desses pacientes. Uma ou as duas dessas classes de anticorpos está presente em cerca de 45 a 85% dos pacientes que apresentam dermatite herpetiforme, uma complicação epitelial decorrente da doença celíaca. Outra classe de imunoglobulinas que se mostram elevadas na doença celíaca são as imunoglobulinas endomisiais (EMyA).

O diagnóstico de doença celíaca é com frequência complexo, levando por vezes à necessidade de ainda recorrer a provocações digestivas com o glúten e subsequente avaliação histológica, o principal critério para uma afirmação da doença.[16] A presença de IgA específica para a gliadina, a reticulina e o endomísio na altura da apresentação inicial, e o seu desaparecimento quando o doente faz uma dieta sem glúten reforçam o diagnóstico. Apesar de o diagnóstico definitivo necessitar de comprovação histológica, os anticorpos IgA específicos são eficientes no rastreio da doença, dadas suas elevadas sensibilidade e especificidade, que podem atingir os 100%, em particular os IgA-antiendomísio (EMA). As dosagens de imunoglobulinas são justificadas pela base imunológica, sustentada pela evidência de associação a determinados haplótipos do HLA (DQ2 e DQ8), ao isolamento de linfócitos T infiltrados nas lesões intestinais e que proliferam in vitro em resposta à gliadina quando apresentada por células HLA-DQ2/8 e à associação da doença a anticorpos IgA-antigliadina e antiendomísio séricos.[16]

Mais recentemente, a transglutaminase tecidular (TGt) foi identificada como o autoantígeno mais bem reconhecido pelos anticorpos antiendomísio, bem como descobriu-se que esta enzima está envolvida na desamidação da gliadina. Dessa ação enzimática, resultam peptídeos carregados negativamente que se associam melhor às moléculas HLA-DQ2 e DQ-8 e que têm maior capacidade de estimular in vitro linfócitos T específicos da gliadina. De fato, sabe-se atualmente que a transglutaminase é uma enzima que se liga eletivamente à gliadina, cooperando na sua degradação e apresentação aos linfócitos T auxiliares específicos da gliadina, presentes na mucosa intestinal desses doentes.[16] A ativação local desses linfócitos T, em face da ingestão contínua de gliadina, poderá levar à cooperação imunológica com linfócitos B que reconhecem a TGt nos complexos gliadina-TGt. Desse modo, linfócitos T antigliadina contribuem para a quebra da tolerância imunológica B no nível das mucosas que, como sabido, se associa à produção de anticorpos IgA.[16]

Resumo

Marcadores bioquímicos do infarto do miocárdio

O infarto agudo do miocárdio (IAM) ocorre quando as artérias que suprem de sangue a massa muscular cardíaca sofrem obstrução repentina, em geral em decorrência de trombos. O coração deixa de receber o aporte de oxigênio e os nutrientes de que necessita e o tecido entra em isquemia e, posteriormente, em necrose, caracterizando o infarto. Esses trombos têm origem mais comum em placas ateromatosas que se rompem e passam a migrar pelo sistema vascular. A aterosclerose é uma doença progressiva, que se caracteriza pela constrição do lúmen das artérias grandes e médias, em virtude do espessamento local da camada íntima em resposta imunoinflamatória dessa camada da artéria à lesão, que, por sua vez, é ocasionada por fatores extrínsecos, como a hipercolesterolemia.

Fatores de risco para IAM

Podem ser divididos em dois grupos:

- Fatores que podem ser mudados:
  - Hipercolesterolemia: aumenta a chance de dano vascular por parte do LDL culminando na formação de placas de ateromas ou trombos
  - Hipertensão arterial: promove esgarçamento das paredes arteriais induzindo lesões vasculares e enrijecimento das artérias
  - Tabagismo: a fumaça do cigarro é extremamente deletéria para o organismo, promovendo forte constrição das artérias e oxidando o LDL por meio de radicais livres
  - Sobrepeso: o excesso de peso predispõe ao desenvolvimento do diabetes melito e de hipertensão arterial, além de aumentar a demanda cardíaca
  - Sedentarismo: a atividade física traz benefícios para a função cardiovascular, prevenindo a hipertensão arterial, o sobrepeso e o diabetes melito
  - Diabetes melito: os produtos da glicação que ocorrem no diabetes melito atuam de modo deletério em diversos tecidos, incluindo o endotélio vascular
- Fatores que não podem ser alterados:
  - Idade: homens acima de 45 anos apresentam maior risco cardiovascular quando comparados a indivíduos do sexo masculino de menor faixa etária. Mulheres acima de 55 anos (ou após a menopausa) também mostram risco cardiovascular aumentado, quando comparadas a mulheres mais jovens
  - Predisposição genética: se houver casos de parentes próximos, como pai ou irmão com histórico de doença cardiovascular antes de 55 anos de idade, o risco torna-se bastante importante

Creatinina cinase (CK e CK-MB)

A confirmação do diagnóstico do infarto do miocárdio ocorre quando os níveis plasmáticos de CK-MB atingem 5 a 10% dos níveis de creatinina cinase total (CK-total). Valores de CK-MB 2 vezes maiores do que as taxas de referência indicam claramente IAM. Na prática clínica, são utilizadas as troponinas e a CK-MB nas 12 primeiras horas para diagnóstico; também devem ser realizadas a avaliação de pacientes com suspeita de síndromes coronariana agudas e o acompanhamento da curva de CK-MB nos pacientes com diagnóstico de infarto.

Lactato desidrogenase

Outro marcador importante do IAM é a enzima lactato desidrogenase (LDH), também denominada desidrogenase láctica. A LDH apresenta cinco isoformas separáveis por eletroforese, sendo sua distribuição no organismo:

- LDH1 e LDH2: presentes no tecido cardíaco e nos eritrócitos
- LDH3: baço, pulmões, placenta e pâncreas
- LDH4e LDH5: musculatura esquelética e fígado

A isoforma LDH1 tem maior especificidade para a confirmação do IAM e é utilizada no diagnóstico diferencial. A inversão da razão LDH1 > LDH2 é típica do IAM (apesar de ocorrer também em amostras hemolisadas).

Proteínas musculares

É possível também determinar a presença de proteínas musculares no plasma, como a mioglobina, para confirmar o diagnóstico de IAM:

- Mioglobina: a lesão do músculo esquelético ou cardíaco promove o extravasamento da mioglobina para o plasma. Embora seja um indicador sensível para a detecção do IAM, não é específico. No infarto, a mioglobina é encontrada mais precocemente no plasma do que as enzimas creatininas cinases, incluindo a isoforma CK-MB. A mioglobina eleva-se no plasma no intervalo de 1 a 3 h após o IAM e sua quantidade relaciona-se com a extensão do infarto
- Troponinas: ao contrário da CK-MB, a troponina I cardíaca é altamente específica para o tecido miocárdico, não é detectável no sangue de indivíduos sadios, mostra um aumento proporcionalmente acima dos valores-limite nos casos de IAM e pode permanecer elevada por 7 a 10 dias após o episódio agudo.[2] Uma das grandes vantagens do uso da dosagem de troponina, em vez de CK-MB, é que ela atinge valores de pico até mais de 40 vezes o limite de detecção, enquanto a CK-MB se restringe a apenas 6 a 9 vezes. A liberação da troponina I no plasma correlaciona-se com a extensão do infarto do miocárdio
- Aspartato aminotransferase (AST) ou transaminase glutâmico-oxalacética (GOT ou TGO): embora essa enzima aumente cerca de 12 a 48 h após o IAM, não é específica e elevações falso-positivas podem ocorrer, sobretudo na presença de hepatopatias. Desse modo, seus resultados devem ser interpretados à luz de outros marcadores

Provas bioquímicas da função endócrina

No diagnóstico de alterações parciais dos mecanismos de controle endócrinos, é possível utilizar três tipos de testes funcionais: dosagens hormonais seriadas; dosagens de pares hormonais; e testes de reserva endócrina e retroalimentação. Todos são de máxima importância para o diagnóstico, mas podem sofrer a influência de inúmeros fatores que tornariam sua interpretação bastante complexa:

- Dosagens hormonais seriadas: em algumas circunstâncias, a variação da secreção hormonal reflete processos pouco compreendidos de exacerbação ou de remissão de patologias. Por exemplo, em alguns casos, para o diagnóstico confirmatório de hiperparatireoidismo, podem ser necessárias dosagens seriadas dos níveis de cálcio e PTH (paratormônio) por períodos prolongados
- Dosagem de pares hormonais: como o sistema endócrino funciona basicamente em razão de respostas de retroalimentação (*feedback*), o doseamento de pares hormonais permite uma avaliação mais adequada dos níveis individuais. Elevados níveis de ambos os pares hormonais são compatíveis com os mecanismos de várias doenças
- Testes dinâmicos da função endócrina: baseiam-se em estímulo ou supressão da produção hormonal, de modo que um agente estimulador da secreção hormonal é administrado e a resposta secretória da glândula-alvo avaliada
- Testes de estímulo: são utilizados na suspeita de hipofunção endócrina para avaliar a capacidade de reserva de síntese e secreção hormonal. Esses testes são realizados de duas maneiras: administração de um hormônio trófico para testar a capacidade de o órgão-alvo aumentar a produção hormonal; estimulação da secreção de um hormônio trófico endógeno ou fator estimulador e medição do efeito desses estímulos
- Testes de supressão: são utilizados em casos de suspeita de hiperfunção endócrina. A falência da supressão nesses testes indica a presença de secreção autônoma do hormônio da glândula-alvo ou de hormônios tróficos (hipofisários ou de sítios ectópicos) que não estão sob retrorregulação normal, situação presente em adenomas, por exemplo

Provas da função endócrina pancreática

A porção endócrina pancreática está diretamente envolvida na manutenção da glicemia plasmática por meio da secreção de insulina e do glucagon. Condições de hiperglicemia ou hipoglicemia são fortes indicadores de diabetes melito. A confirmação do diagnóstico de diabetes melito envolve a constatação da glicemia de jejum igual ou superior a 126 mg/dℓ em duas ocasiões de mensuração, ou glicemia igual ou superior a 200 mg/dℓ após 2 h no teste de sobrecarga oral de glicose, ou glicemia igual ou superior a 200 mg/dℓ coletada em qualquer horário desde que haja sintomas de diabetes, como polidipsia, poliúria, entre outros.

Teste oral de tolerância à glicose ou curva glicêmica

O teste oral de tolerância à glicose (TOTG) baseia-se na resposta insulínica à administração de uma dose de carboidratos (75 g de dextrose) em jejum de aproximadamente 10 a 12 h, mas não superior a 16 h. Após a ingestão oral da dextrose, os níveis plasmáticos de glicose são dosados em intervalos de cerca 30 min, a fim de obter uma curva do tipo dose-resposta. Em indivíduos euglicêmicos, os níveis plasmáticos de glicose tendem a retornar a valores de referência em no máximo 2 h, enquanto em indivíduos resistentes à insulina ou diabéticos esses níveis permanecem elevados por períodos que ultrapassam 2 h.

Hemoglobina glicada

A reação de glicação da hemoglobina ocorre no aminoácido valina N-terminal da cadeia beta da hemoglobina. Em exames laboratoriais, os resultados da hemoglobina glicada frequentemente são indicados por HbA1 c ou somente A_{1C}, e os dados expressos em porcentagem. O princípio envolvido na dosagem de A_{1C} parte do fato de a hemoglobina apresentar níveis estáveis na corrente sanguínea em condições fisiológicas, podendo-se, portanto, admitir que a glicação da hemoglobina reflete a quantidade de glicose disponível para a reação. Uma vez que a molécula de hemoglobina (Figura R34.1) está essencialmente confinada ao eritrócito, o qual tem um tempo de vida médio de 16 semanas (cerca de 120 dias) na circulação, a quantificação da A_{1C} reflete a glicemia no intervalo que compreende 6 a 8 semanas anteriores à dosagem. O teste tem como propósito acompanhar o tratamento proposto para o diabetes, não sendo utilizado rotineiramente como teste de diagnóstico.

Provas da função adrenal

A porção cortical das glândulas suprarrenais apresenta três regiões distintas: zona glomerular, responsável pela síntese e secreção de mineralocorticoides, sendo o mais relevante deles a aldosterona; zona fascicular, responsável pela secreção de glicocorticoides, como o cortisol; e zona reticular, cujas funções são a síntese e a secreção de hormônios androgênios, sendo o mais importante deles o DHEA. A secreção de cortisol pode ser determinada pelo teste de supressão com dexametasona. O mecanismo do teste baseia-se na redução de cerca de 50% da secreção de 17-OH-corticosteroides urinários com a administração de dexametasona em indivíduos com função adrenal íntegra.

Uroanálises

A urina é um material biologicamente perigoso, o que exige observância de precauções universais. As análises devem sempre ser feitas com luvas cirúrgicas, e as amostras nunca devem ser centrifugadas sem tampa. O descarte da urina pode ser feito em uma pia, seguido por grande quantidade de água. O recipiente em que a amostra foi condicionada é classificado como lixo com risco biológico. Há três regras importantes quanto aos cuidados com a amostra de urina:

- A amostra deve ser coletada em recipiente limpo e seco, priorizando os recipientes descartáveis (Figura R34.2) pela menor possibilidade de contaminação decorrente de lavagem incorreta
- O recipiente da amostra deve ser devidamente etiquetado com o nome do paciente, data e hora da coleta e outras informações que possam ser relevantes
- As amostras devem ser analisadas no período de 1 h. Aquelas que não puderem ser analisadas dentro desse período devem ser refrigeradas ou receber os conservantes químicos adequados.

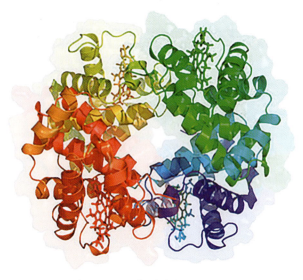

Figura R34.1 Molécula de hemoglobina.

Figura R34.2 Coletores de urina. A e B. Sacos plásticos para coleta de urina em crianças do sexo masculino e feminino, respectivamente.

Provas da função tireoidiana

A dosagem de TSH é considerada um ensaio de primeira linha para o diagnóstico de patologias funcionais da tireoide, uma vez que é o primeiro hormônio a se alterar nos casos de hipotireoidismo primário. De fato, a determinação de TSH é útil em diferentes circunstâncias, pois permite diferenciar o hipotireoidismo de origem hipofisária daquele produzido por enfermidade tireoidiana primária. No primeiro caso, T4 e T3 estarão diminuídos, assim como o TSH. Já no segundo caso, o TSH estará elevado. Os hormônios tireoidianos circulam na corrente sanguínea quase totalmente ligados às proteínas plasmáticas; apenas 0,02% do T4 e 0,2% do T3 circulam na forma livre. As concentrações de T4 e T3 livre são mais relevantes do que as do hormônio total, porque o hormônio livre é biologicamente ativo. Os níveis de T4 podem apresentar-se aumentados em diversas situações, como: aumento das proteínas ligadoras séricas; uso de medicamentos cardíacos (p. ex., amiodarona e propranolol); ou utilização de meios de radiocontraste contendo iodo. Já níveis reduzidos de T4 podem ocorrer na deficiência grave de iodo, na desnutrição, no período pós-operatório (em virtude do estresse), na terapia com iodo radioativo, na tireoidectomia e na tireoidite de Hashimoto. O T3 só está reduzido em pacientes gravemente hipotireóideos, apresentando, contudo, pouca acurácia, já que aparenta estar normal em cerca de 30% dos indivíduos hipotireóideos. A dosagem de T3 total ou livre é útil para definir a etiologia do hipertireoidismo; já na doença de Graves, por exemplo, a relação T3/T4 está elevada.

Conservação das amostras de urina

O método de conservação mais utilizado é a refrigeração, capaz de evitar a decomposição bacteriana da urina por aproximadamente 8 h, embora também possa aumentar a densidade urinária medida por meio do urodensímetro. Portanto, é necessário deixar a amostra em temperatura ambiente para que essa medição possa ser feita com exatidão. Amostras que permanecerão por tempo maior que 8 h ou serão transportadas por longas distâncias devem receber produtos químicos adequados. O conservante a ser utilizado deve ajustar-se às necessidades das análises solicitadas.

As amostras de urina mantidas em temperatura ambiente por mais de 1 h podem apresentar as seguintes alterações (Tabelas R34.1 e R34.2):

- Aumento do pH, decorrente da degradação da ureia e sua conversão em NH_3 por bactérias produtoras de urease
- Redução da glicose na amostra, em decorrência da glicólise por parte de bactérias
- Redução dos níveis de cetonas, uma vez que essas substâncias podem sofrer volatilização
- Diminuição da bilirrubina, por exposição à luz
- Diminuição do urobilinogênio, por sua oxidação e conversão em urobilina
- Bactérias reduzem nitrito a nitrato e este pode aumentar sobremaneira na amostra
- Aumento da população bacteriana, pela disponibilidade de substrato para o seu crescimento
- Aumento da turvação da amostra, decorrente da maior população bacteriana e da precipitação de materiais amorfos
- Ruptura de eritrócitos e desintegração dos cilindros, em virtude do aumento do pH da amostra
- Alterações da coloração da amostra, por oxidação ou redução de seus compostos.

Tabela R34.1 Amostras de urina: aspecto, presença ou ausência de nitrito e coloração.

Aspecto da amostra	Interpretação
Transparente	Normal
Ligeiramente turva	Cristaúria, bacteriúria, leucocitúria, células epiteliais, hematúria, filamentos de muco
Nitrito	**Interpretação**
Ausente	Normal
Presente	Infecção bacteriana, especialmente após Gram-negativo (especialmente E. coli)
Cor	**Interpretação**
Incolor	Normal
Verde	Recente ingestão de líquidos
Avermelhada	Presença de sangue/contaminação menstrual
Marrom-escura	Eritrócito oxidado, uso de metildopa e metronidazol
Âmbar-alaranjada	Consumo de cenoura, vitamina A, medicamentos

Tabela R34.2 Parâmetros avaliados na urina 1.

Caracteres físicos	Parâmetros	Valores de referência
Volume	50 mℓ	
Densidade	1.030	1.005 a 1.025
Ph	6.0	5.0 a 6.5
Cor	Amarelo-citrino	
Aspecto	Límpido	Límpido
Análise química		
Glicose	Negativa	Negativa
Proteínas	Negativas	Negativas
Corpos cetônicos	Negativos	Negativos
Pigmentos biliares	Negativos	Negativos
Urobilinogênio	0,2 mg/dℓ	Até 1 mg/dℓ
Hemoglobina livre	Negativa	Negativa
Nitrito	Negativo	Negativo
Análise microscópica		
Células epiteliais	Raras	Raras
Leucócitos	< 1/campo	< 5/campo
Hemácias	< 1/campo	< 5/campo
Cilindros	Ausentes	Raros hialinos
Cristais	Ausentes	Ausentes

Corpos cetônicos urinários

Os corpos cetônicos surgem na urina a partir das seguintes situações: quando a ingestão de carboidratos da dieta é insuficiente, em estados de desnutrição ou quando os carboidratos não podem ser aproveitados como fonte de energia, como ocorre no diabetes melito.

Normalmente, a presença de corpos cetônicos na urina ocorre em quantidades desiguais, sendo 78% de ácido beta-hidróxibutírico, 20% de ácido acetoacético e 2% de acetona. A principal ocorrência de corpos cetônicos na urina é no diabetes melito descompensado, uma vez que, nessa condição, a carência de insulina impede a internalização da glicose nas células para que esta seja oxidada e o ATP produzido.

Exame de fezes e provas da função gastrintestinal

Coleta de amostra fecal

É feita em recipiente adequado, em geral fornecido pelo laboratório. O paciente deve ser orientado a impedir que as fezes se misturem com a urina ou mesmo com outras substâncias utilizadas na higiene pessoal. A coleta pode ser feita no dia do exame ou na véspera, desde que o recipiente seja armazenado na porta da geladeira por até 12 h. Pode-se avaliar as condições do trato gastrintestinal, bem como diagnosticar diversas morbidades em virtude dos exames laboratoriais (Tabela R34.3). As amostras fecais coletadas ao acaso são adequadas para realização de provas qualitativas para a detecção de sangue e exame microscópico para a detecção de leucócitos e matéria não digerida, como as fibras alimentares. No entanto, para uma avaliação quantitativa, é necessária a obtenção de amostras com tempo determinado, para avaliar a produção diária. Em vista da variabilidade dos hábitos intestinais, a amostra mais representativa com tempo marcado é a de 3 dias.

Tabela R34.3 Identificação bioquímica – provas de identificação rápida.

Gênero	Gás em glicose	Lactose	Manita	Mobilidade	Indol	Citrato	H_2O	Urease	DA	LDC
Escherichia	+/–	+/–	+	+/–	+	–	–	–	–	+
Aerobacter	+	+/–	+	+	–	+	–	–	–	+
Klebsiella	+	+/–	+	–	–	+	–	+	–	+
Hafnia	+	–	+	+	–	+	–	–	–	+
Citrobacter	+	+/–	+	+	–	+	+	–	–	–
Arizona	+	+/–	+	+	–	+	+	–	–	+
Salmonella	+	–	+	+	–	+	+/–	–	–	+
Shigella	–	–	+/–	–	+/–	–	–	–	–	–
Providence	+/–	–	+/–	+	+	+	–	–	+	–
Proteus	+/–	–	–	+	+	–	+	+	–	–

Sangue oculto

A presença de mais de 2 mℓ de sangue por 150 g de material fecal indica uma condição patológica. Como o sangue pode não ser visível e, portanto, estar oculto no material fecal, deve-se proceder à investigação da presença de hemoglobina, que indica a presença do sangue. Esse teste é útil para diagnosticar processos tumorais no TGI, como os cânceres de cólon do intestino.

Coprocultura

É o exame bacteriológico das fezes, geralmente humanas, muito utilizado em casos de gastrenterite adulta. A classificação das bactérias que podem provocar diarreia pode ser resumida em invasoras e toxigênicas. Após a coleta, é realizado o plantio do material em um meio de enriquecimento ou um meio seletivo.

- Bactérias invasoras: são bactérias colonizadoras do tubo gastrintestinal. Podem produzir toxinas e evoluir atingindo outros locais. Exemplos: Shigella, Salmonella, Yersinia enterocolitica, Campylobacter jejuni e alguns sorotipos de Escherichia coli
- Bactérias toxigênicas: libera uma toxina para dissolver alimentos para sua nutrição, provocando, assim, atividade patogênica no indivíduo. São exemplos de bactérias que produzem toxinas Clostridium difficile, Clostridium perfringens, Vibrio parahemoliticus, Sthapylococcus aureus e Escherichia coli.

Parâmetros mais frequentes no exame de fezes

Os parâmetros mais frequentemente observados no exame de fezes são a coloração, a consistência e o aspecto.

A coloração normal das fezes é decorrente da metabolização de bile não absorvida pelo trato gastrintestinal. Essa bile é convertida em um composto denominado estercobilina, que fornece a coloração característica das fezes. A coloração fecal pode ainda sofrer alterações em decorrência da ingestão de alimentos pigmentados ou mesmo pela ingestão de fármacos. São causas mais comuns das cores fecais:

- Vermelho: sangue, gelatina vermelha, cereais vermelhos, suco de tomate, beterraba e medicamentos vermelhos
- Negro: sangue do estômago, ferro, bismuto, cinzas de cigarro, carvão, suco de uva
- Verde: gelatina verde, ferro, espinafre, diarreia, leite materno (especialmente durante os primeiros meses de vida)
- Branco-amarelado: hidróxido de alumínio (antiácidos), excesso de leite, hepatite.

Sangramentos no TGI

A presença de sangue também pode alterar a coloração das fezes. Sangramentos no trato gastrintestinal alto, como o esôfago, o estômago e o duodeno, podem aparecer nas fezes com uma coloração negra, semelhante à borra de café – isso ocorre porque esse sangue demora cerca de 3 dias para aparecer nas fezes e, durante esse intervalo, a hemoglobina sofre metabolização pelas enzimas do trato gastrintestinal humano. Em contrapartida, sangramentos do trato gastrintestinal baixo levam menos tempo para aparecer nas fezes e mantêm assim sua coloração normal, vermelha.

Fezes esbranquiçadas

Podem ser excretadas, por exemplo, pela ingestão de bário, um corante utilizado em exames imagenológicos rotineiro do TGI. Outra condição em que as fezes esbranquiçadas podem aparecer é a obstrução do ducto colédoco, decorrente de litíase biliar.

Aparência do material fecal reflete condições do TGI

O material fecal pode ainda apresentar consistência aquosa, o que indica diarreia. Consistência extremamente dura (fezes desidratadas e secas) indica constipação intestinal. Fezes em forma de fita, por exemplo, relacionam-se com obstruções nos intestinos e indicam obstrução da passagem normal pelo material fecal no tubo digestório.

Exercícios

1. Homem, 56 anos, deu entrada no hospital universitário com queixa de "dores no peito" e desconforto gástrico. De imediato, a equipe médica mediu a pressão arterial e identificou hipertensão (180 × 140 mmHg). Além de outras medidas, foi solicitado o doseamento plasmático de substâncias, para confirmar a hipótese diagnóstica de infarto do miocárdio. Assinale abaixo as substâncias a serem dosadas nesse teste:
   a) Amilase, CK-MM, LDH2, LDH3.
   b) CK-MM, troponinas e hemoglobina.
   c) Mioglobina, troponina, CK-MB, LDH1 e LDH2.
   d) Troponina, AST, PSA e hemoglobina.
   e) ALT, gama-GT, fosfatase alcalina e LDH.

2. Estudante universitária, 21 anos, sofre perda dos sentidos em sala de aula. Os amigos a encaminharam para o hospital universitário, e a equipe médica realizou uma bateria de exames, incluindo a mensuração da glicemia capilar em jejum, que apresentou resultado de 55 mg/dℓ. Subsequentemente, a equipe decidiu realizar também uma curva glicêmica. Explique o que é o teste de curva glicêmica e qual a sua finalidade.

3. Mulher, 37 anos, diagnosticada com diabetes melito há cerca de 15 anos, faz acompanhamento com um endocrinologista especialista em diabetologia. O especialista solicita o doseamento plasmático de hemoglobina glicada. Explique:
   a) O que é a hemoglobina glicada?
   b) Por que o especialista solicitou esse exame laboratorial, e não a curva glicêmica?
   c) O especialista poderia solicitar o teste de frutosamina glicada? Em que circunstância?

4. Uma amostra de urina foi coletada de um paciente do sexo feminino em que há suspeita de infecção urinária por bactérias Gram-negativas. Assinale a alternativa que expressa corretamente as alterações encontradas nessa amostra que podem corroborar com a hipótese diagnóstica de infecção urinária:
   a) Presença de sangue e corpos cetônicos.
   b) Presença de nitrito e pH alcalino.
   c) pH menor que 3,0 e presença de glicose.
   d) Presença de glicose e microalbuminúria.
   e) Presença de sangue e glicose.

5. Processos tumorais nos tireotrófos adeno-hipofisários podem causar alterações no eixo de regulação formado por hipotálamo-hipófise-tireoide. Assinale a alternativa que expressa as alterações esperadas para essa situação:
   a) Redução dos níveis de T3/T4, aumento dos níveis de TRH e redução dos níveis de TSH.
   b) Redução dos níveis plasmáticos de TRH, de TSH e de T3/T4.
   c) Aumento dos níveis plasmáticos de T3/T4, de TRH e de TSH.
   d) Redução dos níveis de TRH, aumento dos níveis plasmáticos de TSH e aumento dos níveis de T3/T4.
   e) Redução dos níveis plasmáticos de T3/T4 e sem aumento dos níveis de TRH e TSH.

6. Leia com atenção as afirmativas a seguir e calcule a soma dos valores nos parênteses apenas das afirmativas corretas:
   a) (12) Os adenomas ou carcinomas adrenais produtores de cortisol respondem à redução dos níveis urinários de 17-OH-corticosteroides quando submetidos ao teste de supressão com dexametasona.
   b) (35) Tumores do córtex adrenal secretores de cortisol respondem somente a doses elevadas de ACTH.
   c) (70) Os adenomas ou carcinomas adrenais produtores de cortisol raramente estão associados à redução dos níveis urinários de 17-OH-corticosteroides.
   d) (50) O teste com supressão com dexametasona causa redução de cerca de 50% da secreção de 17-OH-corticosteroides urinários em indivíduos com função adrenal íntegra.
   e) (20) Os adenomas ou carcinomas adrenais produtores de cortisol respondem ao controle mediado por CRH, mas não por ACTH. Em testes de supressão com dexametasona, verifica-se redução de 50% dos níveis urinários de 17-OH-corticosteroides.

7. Assinale a alternativa que expressa corretamente os componentes presentes em amostras de urina de um indivíduo saudável:
   a) Creatinina, água, glicose, potássio e urobilina.
   b) Magnésio, fosfato, aminoácidos e células epiteliais.
   c) Nitrito, aminoácidos, potássio e urobilinogênio.
   d) Potássio, células epiteliais, glicose e albumina.
   e) Nitrato, células epiteliais, urobilinogênio e sódio.

8. Mulher, 37 anos, foi atendida no setor de clínicas do hospital universitário, com queixa de dificuldades para urinar. Foi realizado o exame de urina (EAS), que mostrou a presença de corpos cetônicos. Explique a causa dessas substâncias na urina.

9. Relacione as letras com os respectivos termos pertinentes aos exames laboratoriais de urina:
   A. Piúria.
   B. Oligúria.
   C. Isostenúria.
   D. Anúria.
   E. Hiperestenúria.

( ) Valores de densidade urinária nas faixas de referência 1.005 a 1.030 mg/ℓ.
( ) Designa o aumento da densidade urinária.
( ) Diminuição do volume urinário.
( ) Indica a presença de leucócitos na urina.
( ) Volume inferior a 50 mℓ em 24 h.

10. Paciente do sexo masculino, 54 anos, foi atendido no hospital universitário com queixa de diarreia. Exames subsequentes levaram a equipe médica a diagnosticar a presença de concreções biliares obstruindo o ducto colédoco e a concluir que isso justifica as diarreias relatadas pelo paciente. Explique por que essa conclusão é coerente com o caso analisado.

Respostas

1. Alternativa correta: *c*.
2. A finalidade da realização da curva glicêmica é verificar a resposta insulínica diante de uma concentração conhecida de dextrose. O indivíduo é orientado a ingerir 75 g de dextrose, por via oral (VO), no tempo zero. Em seguida, a glicemia é mensurada nos tempos 30, 60, 90 e 120 min. Em indivíduos não diabéticos, após 2 h, os níveis glicêmicos tendem a retornar aos valores de referência. Já no indivíduo diabético, a curva glicêmica se mantém em valores elevados, gerando um platô. Valores entre 126 e 200 mg/dℓ são classificados como tolerância alterada ou intolerância à glicose(relacionada a uma alteração da homeostase pancreática em relação à secreção de insulina). São considerados diabéticos os pacientes com valores maiores ou iguais a 200 mg/dℓ em 2 h após a dose provocativa de dextrose oral.
3. a) Em indivíduos com níveis glicêmicos elevados (diabéticos) a hemoglobina pode reagir com o resíduo de valina N-terminal da cadeia beta da molécula de hemoglobina, a reação é forma lenta, não enzimática e irreversível formando a hemoglobina glicada (A_{1C}). O valor de hemoglobina glicada é expresso em porcentagem e reflete a quantidade de glicose disponível para a reação. A hemoglobina glicada não expressa simplesmente a glicemia média dos últimos meses, mas sim uma média ponderada desses níveis glicêmicos. O teste deve ser solicitado não mais que 1 vez a cada 6 meses.
   b) O especialista solicitou o doseamento de hemoglobina glicada para acompanhar o tratamento proposto para o diabetes melito. A determinação da curva glicêmica tem como objetivo o diagnóstico da doença, e não o seu acompanhamento.
   c) A dosagem de frutosamina glicada é a determinação da quantidade de albumina glicada, sendo realizada em circunstâncias em que a dosagem de hemoglobina glicada não pode ser feita, como em pacientes diabéticos anêmicos ou portadores de hemoglobinopatias (p. ex., talassemias) ou em casos de hemorragias agudas ou crônicas. Pode ainda ser útil para a avaliação de alterações do controle de diabetes em intervalos menores, para julgar a eficácia de mudança terapêutica, assim como no acompanhamento de gestantes com diabetes.
4. Alternativa correta: *b*.
5. Alternativa correta: *d*.
6. Soma: 70.
7. Alternativa correta: *e*.
8. Em condições normais, a presença de corpos cetônicos (acetona, ácido β-hidroxibutírico e ácido acetoacético) na urina é desprezível. Essas substâncias são subprodutos da metabolização de lipídios e podem estar presentes na urina em duas situações: no diabetes melito não devidamente tratado e em jejum prolongado, pois elas alteram as rotas metabólicas de obtenção de energia, levando o organismo a oxidar ácidos graxos. O produto da oxidação de ácidos graxos são os corpos cetônicos.
9. C; E; B; A; D.
10. As concreções biliares que obstruem o ducto colédoco impedem a plena emulsificação das gorduras da dieta, gerando uma condição chamada esteatorreia (gordura nas fezes). As gorduras não plenamente emulsificadas também não sofrem digestão adequada e não são absorvidas, seguindo pelo trato digestivo até o reto. Quando cerca de 25% do reto se enche de conteúdo fecal, os esfíncteres anal interno e externo relaxam, e ocorre a eliminação de fezes esbranquiçadas e ricas em gordura.

Referências bibliográficas

1. Netter FH. Atlas de anatomia humana. Série Atlas Visuais. Trad. Jacques Vissoky. Porto Alegre: Ática; 1998.
2. Godoy MF, Braile DM, Neto JP. A troponina como marcador de injúria celular miocárdica. Arq Bras Cardiol. 1998;71(4):629-33.
3. dos Santos ES, Baltar VT, Pereira MP, Minuzzo L, Timerman A, Avezum A. Comparison between cardiac troponin i and CK-MB mass in acute coronary syndrome without ST elevation. Arq Bras Cardiol. 2011;96(3):179-87.
4. American Diabetes Association. Standards of medical care in diabetes. Diabetes Care. 2005;28(Suppl 1).
5. American Diabetes Association. Diabetes care: standards of medical care for patients with diabetes mellitus. Diabetes Care. 2002;25(Suppl 1):s33-s49.
6. O'Sullivan JB, Mahan CM. Criteria for the oral glucose tolerance test in pregnancy. Diabetes. 1964; 13:278-85.
7. Carpenter MW, Coustan DR. Criteria for screening tests for gestational diabetes. Am J Obstet Gynecol. 1982;144:768-73.
8. Sobotta J. Atlas de Anatomia Humana. 3 volumes. 23. ed.; 2013.
9. Szkudlinski MW, Fremont V, Ronin C, Weintraub BD. Thyroid-stimulating hormone and thyroid-stimulating hormone receptor structure-function relationships. Physiol Rev. 2002;82:473-502.
10. Gorla Jr. JA, Fagundes DJ, Parra OM, Zaia CTB, Bandeira COP. Fatores hepatotróficos e regeneração hepática. Parte II: Fatores de crescimento. Acta Cir Bras. 2004;16(4).
11. Raper S, Kothary P, Ishoo E, Dikin M, Kokudo N, Hashimoto M, DeMatteo RP. Divergent mechanisms of insulin-like growth factor I and II on rat hepatocyte proliferation. Regul Pept. 1995;58(1-2):55-62.
12. Carvalhal GF, Rocha LCA, Monti PC. Urocultura e exame comum de urina: considerações sobre sua colheita e interpretação. Revista da AMRIGS. 2006;50(1):59-62.
13. Colombeli ASS, Falkenberg M. Comparação de bulas de duas marcas de tiras reagentes utilizadas no exame químico de urina. J Bras Patol Med Lab. 2006;42(2):85-93.
14. Ilana L, Baratella CC, Maschieto A, Salvino C, Darini ALC. Diagnóstico bacteriológico das infecções do trato urinário – Uma revisão técnica. Medicina, Ribeirão Preto. 2001;34:70-8.
15. Sato AF, Svidzinski AE, Consolaro MEL, Boer CG. Nitrito urinário e infecção do trato urinário por cocos Gram-positivos. J Bras Patol Med Lab. 2005;41(6):397-40.
16. Bodas MA, Delgado L, Gouveia MC, Martins MG, Nova IM, Barros H. IgA anti-transglutaminase tecidular. Avaliação de um novo imuno-ensaio enzimático no diagnóstico e evolução clínica da doença celíaca. Rev Port Imunoalergol. 2001. Disponível em: http://www.spaic.pt/client_files/rpia_artigos/iga-anti-transglutaminase-tecidular-avaliacao-de-um-novo-imuno-ensaio-enzimatico-no-diagnostico-e-evolucao-clinica-da-doenca-celiaca.pdf.

Bibliografia

American Diabetes Association. Diabetes care: standards of medical care for patients with diabetes mellitus. Diabetes Care. 2002; 25(Suppl1):s33-s49.
American Diabetes Association. Standards of medical care in diabetes. Diabetes Care. 2005;28(Suppl 1).
Argeri NL, Lopardo HA. Análisis de orina – fundamentos y práctica. Buenos Aires: Editorial Médica Panamericana S.A.; 1993.
Bain BJ. Células sanguíneas. 2. ed. Porto Alegre: Artes Médicas; 1997.
Bodas MA, Delgado L, Gouveia MC, Martins MG, Nova IM, Barros H. IgA anti-transglutaminase tecidular. Avaliação de um novo imunoensaio enzimático no diagnóstico e evolução clínica da doença celíaca. Rev Port Imunoalergol. 2001.
Bonini-Domingos CR, Bonini-Domingos AC, Chinelato AR, Zamaro PJA, Calderan PHO. Interação entre Hb C [beta6(A3) Glu>Lys] e IVS II-654 (C>T) beta-talassemia no Brasil. Rev Bras Hematol Hemoter. 2003;25(2):115-21.

Brown RS, Bellisario RL, Botero D, Fournier L, Abrams CA, Cowger ML et al. Incidence of transient congenital hypothyroidism due to maternal thyrotropin receptor-blocking antibodies in over one million babies.J Clin Endocrinol Metab. 1996;81:1147-51.

Burtis CA, Ashwood ER. Tietz Textbook Clinical Chemistry. Philadelphia: W.B. Saunders Co.; 1994. p. 830-39.

Caraveo-Enriquez VE, Tavano-Colaizzi L et al. Evaluation of breakfast as a screening test for detecting gestational diabetes. Ginecol Obstet Mex. 2002;70:112-7.

Carr SR. Screening for gestational diabetes mellitus: a perspective in 1998. Diabetes Care. 1998;21(Suppl1):B14-18.

Carvalhal GF, Rocha LCA, Monti PC. Urocultura e exame comum de urina: considerações sobre sua colheita e interpretação. Revista da AMRIGS, Porto Alegre, 2006;50(1):59-62.

Colombeli ASS, Falkenberg M. Comparação de bulas de duas marcas de tiras reagentes utilizadas no exame químico de urina. J Bras Patol Med Lab. 2006;42(2):85-93.

Comitê de Enzimas da Sociedade Escandinava de Clínica Química (SSC). Scand J Clin Lab Invest. 1976;36-119.

Conn M, Goodman M. Endocrinology. Oxford Univ. Press; 1998. p. 601.

De La Rosa MM, Roque RR. Fasting oral glucose challenge test as a predictor of gestational diabetes mellitus. Philipp J Obstet Gynecol. 1998;22(4):123-27.

Devlin TM. Manual de bioquímica com correlações clínicas. São Paulo: Blücher; 2003.

Di Dio R, Barbério JC, Prandal MG, Menezes AMS. Procedimentos hormonais. 4. ed. São Paulo: CRIESP; 1996.

Failace R, Pranke P. Avaliação dos critérios de liberação direta dos resultados de hemogramas através de contadores eletrônicos. Rev Bras Hematol Hemoter. 2004;26(3):159-66.

Ferreira AW, Ávila SLM. Diagnóstico laboratorial. Rio de Janeiro: Guanabara Koogan; 1996.

Figueira CR, Maurício L, Maia RD, Queiroz SMV, Araújo MGM, Miranda RGC, Medeiros TMD. Deficiência de glicose-6-fosfato desidrogenase: dados de prevalência em pacientes atendidos no Hospital Universitário Onofre Lopes, Natal – RN. RBAC. 2006;38(1):57-59.

Frick P. Blood and Bone Marrow Morphology Blood. Coagulation. 1990. p. 1-11; 59-63.

Fuke H, Yagi H, Takegoshi C, Kondo T. A sensitive automated colorimetric method for the determination of serum gamma-glutamyl transpeptidase. Clin Chim Acta. 1976;69:43-51.

Graff SL. Analisis de orina – atlas color. Buenos Aires: Editorial Médica Panamericana S.A.; 1987.

Grossman A. Clinical endocrinology. 2. ed. Oxford: Blackwell; 1998. 1120 p.

Harber MH, Corwin HL. Urinalysis. Clin Lab Med. 1988;8(3):415-620.

Harber MH. Urinary sediment: a textbook atlas. Chicago: American Society of Clinical Pathology Press; 1981.

Hoffbrand AV, Petit JE, Moss PAH. Essential haematology. 4. ed. Oxford: Blackwell Science; 2002.

Hoffbrand AV, Petit JE. Hematologia clínica ilustrada. São Paulo: Manole; 1988.

Ilana L, Baratella CC, Maschieto A, Salvino C, Darini ALC. Diagnóstico bacteriológico das infecções do trato urinário – Uma revisão técnica. Medicina, Ribeirão Preto, 2001;34:70-78.

Köhler H, Wandel E, Brunck B. Acanthocyturia – A characteristic marker for glomerular bleeding. Kidney International. 1991;40:115-20.

Lanzara GA, Provenza JR, Bonfiglioli R. Velocidade de hemossedimentação (VHS) de segunda hora: qual o seu valor? Rev Bras Reumatol. 2001;41(4).

Laun IC. Revista Asociacion Latinoamericana de Diabetes. 2001; 9(3):83-8.

Lima OA, Soares JB, Greco JB, Galizzi C. Métodos de laboratório aplicados à clínica; 1992. p. 2; 21-98.

Lopes HJJ. Enzimas no laboratório clínico – aplicações diagnósticas. Belo Horizonte: Analisa Diagnóstica; 2000.

Lorenzi TF et al. Manual de Hematologia. Propedêutica e clínica. 3. ed. São Paulo: Médica Científica; 2003.

McDonald GA, Paul J, Cruickshank B. Atlas de hematologia. Madrid: Médica Panamericana; 1995.

Motta VT. Bioquímica clínica. Princípios e interpretações. 5. ed. Porto Alegre: Editora Médica Missau; 2000.

Mundim FD. Testes de diagnósticos. Série incrivelmente fácil. Rio de Janeiro: Guanabara Koogan; 2005.

Murray PR et al. Manual of clinical microbiology. 7. ed. Washington: ASM Press; 1999.

Naoum FA, Naoum PC. Hematologia laboratorial. Leucócitos. São José do Rio Preto: Academia de Ciência e Tecnologia; 2006.

Naoum PC, Naoum FA. Hematologia laboratorial. Eritrócitos. São José do Rio Preto: Academia de Ciência e Tecnologia; 2005.

Nguyen GK. Urine cytology in renal glomerular disease and value of G1 cell in the diagnosis of glomerular bleeding. Diagn Cytopathol. 2003;29(2):67-73.

Olshaker JS, Jerrard DA. The erythrocyte sedimentation rate.J Emerg Med. 1997;15:869-74.

Olszewer E. Manual de avaliação clínica e funcional com aplicabilidade funcional. Ícone; 2004.

Protein Data Bank (PDB). Disponível em: http://www.rcsb.org/pdb/home/home.do.

Raper S, Kothary P, Ishoo E, Dikin M, Kokudo N, Hashimoto M, DeMatteo RP. Divergent mechanisms of insulin-like growth factor I and II on rat hepatocyte proliferation. Regul Pept. 1995;58(1-2):55-62.

Ringsrud KM, Linné JJ. Urinalysis and body fluids. St. Louis: Mosby-Year Book, Inc.; 1995.

Rotunno LRA. Hormônio do crescimento e IGFs. [Monografia]. Londrina: Universidade Estadual de Londrina; 1998.

Sacher AR, Mcpherson A, Widmann R. Interpretação clínica dos exames laboratoriais metha Ltda. 11. ed. Laboratórios Fleury. Manual de exames Fleury.

Sakata S, Matsuda M, Ogawa T, Takuno H, Matsui I, Sarui H et al.Prevalence of thyroid hormone autoantibodies in healthy subjects. Clin Endocrinol. 1994;41:365-70.

San-Gil F, Schier GM, Moses RG, Gan IET. Clin Chem. 1985;31(12):2005-06.

Sannazzaro CAC, Coelho LT. Nefropatia diabética e proteinúria. Laes & Haes. 1999;120:146-52.

Sanpavat S, Kittikalayawong A, Nuchprayoon I, Ungbumnet W. The value of methemoglobin reduction test as a screening test for neonatal glucose- 6-phosphate dehydrogenase deficiency.J Med Assoc Thai. 2001;84(Suppl 1):S91-S98.

Santos VM, Cunha SFC, Cunha DF. Velocidade de hemossedimentação das hemácias: utilidades e limitações. Rev Ass Med Brasil. 2000;46(3):232-36.

Sato AF, Svidzinski AE, Consolaro MEL, Boer CG. Nitrito urinário e infecção do trato urinário por cocos Gram-positivos. J Bras Patol Med Lab. 2005;41(6):397-40.

Schmidt MI, Duncan BB, Reichelt AJ, Branchtein L et al. Diabetes Care. 2001;24(7): 1151-55.

Service FJ. Hipoglycemia. Med Clinics North Am. 1995;79:1-8.

Skov OP, Boesby S, Kirkegaard P, Therkelsen K, Almdal T, Poulsen SS, Nexo E. Influence of epidermal growth factor on liver regeneration after partial hepatectomy in rats. Hepatology. 1998;8(5):992-96.

Stern HJ. Lactic acidosis in paediatrics: clinical and laboratory evaluation. Ann Clin Biochem. 1994;31:410-19.

Stiene-Martin EA, Steininger CAL, Koepke JA.Clinical hematology. 2. ed. Philadelphia: Lippincott; 1998.

Strasinger SK. Urinálises e fluidos biológicos. 3. ed. Porto Alegre: Premier Ltda; 1998.

Surita RJS, Bottini PV, Alves MAVFR. Erytrhocytes morphology in diagnosing the origin of hematuria.Kidney International. 1994;46(6):1749.

Surita RJS, Bottini PV, Ribeiro-Alves MAVFR. Hematúrias: avaliação da utilidade da observação da morfologia dos eritrócitos urinários. Rev Bras Nefrol. 1994;26(Suppl):37.

Surita RJS. Utilidade da morfologia dos eritrócitos urinários no diagnóstico clínico das hematúrias. [Tese de Mestrado]. Campinas: Faculdade de Ciências Médicas da Universidade Estadual de Campinas; 1995.

Tomita M, Kitamoto Y, Nakayama M, Sato T. A new morphological classification of urinary erythrocytes for differential diagnosis of glomerular hematuria.Clinical Nephrology. 1992;37(2):84-9.

Vanderpump MP, Tunbridge WM, French JM, Appleton D, Bates D, Clark F et al. The incidence of thyroid disorders in the community: a twenty-year follow-up of the Whickham Survey. Clin Endocrinol (Oxf). 1995;43:55-68.

Índice Alfabético

A

Absorção
- de ácidos biliares, 427
- de carboidratos, 420
- intestinal
- - de aminoácidos, 424
- - dos lipídios da dieta, 427
Acantócitos, 546
Acantocitose, 553
Acetaldeído desidrogenase, 519
Acetil fosfato, 179
Acetil-CoA, 180, 201, 233, 323
- carboxilase, 197
- conversão do piruvato em, 235
- origem do, 233
- transferência do acil graxo para o, 286
Acetilação, 515
Acetilcoenzima A, 180, 201, 233, 323
Acetoacetato, 290
Acetoacetil-CoA, 290
Acetona, 290
Acidemia láctica, 398
Ácido(s), 3
- a-amino-β-cetoadípico, 500
- araquidônico, 349, 352
- arginino succínico, 25
- ascórbico, 272, 493
- aspártico, 29, 30, 35
- biliares, 427
- - absorção de, 427
- carbônico, 6
- cianídrico, 269
- cisteinossulfínico, 25
- cólico, 427
- d-aminolevulínico, 501
- fólico, 490
- glutâmico, 29, 30, 35, 485
- graxos, 93, 322
- - ativação dos, 285
- - ciclo-oxigenase de, 352
- - da série ômega, 96
- - - efeitos cardioprotetores, 96
- - essencialidade, 96
- - insaturados, 95
- - nível de saturação dos, 94
- - nomenclatura, 96
- - oxidação dos 288, 398
- - saturados, 94
- hialurônico, 139
- homogentísico, 406
- lático, acúmulo de, 9
- linoleico, 349
- linolênico, 349
- nicotínico, 487
- - como agente hipolipidêmico, 488
- pantotênico, 489
- retinoico, 478
- úrico, 344
- urônicos, 82
Acidose
- metabólica, 9
- respiratória, 10

Acidúria orgânica, 398
Acilação, 35
Acoplamento antígeno-anticorpo, 148
Açúcares
- alcoóis, 83
- redutores, 80
Adenilatociclase, 451
Adenilciclase, 451
Adenininafosforribosil transferase, 341
Adeno-hipófise, 440, 467
Adenosina monofosfato cíclico (AMPc), 350, 451
- estimulador da expressão gênica, 452
- intracelular, 314
Adenosina-3',5'monofosfato cíclico, 179
Adenosina-5'-difosfato, 179
Adenosina-5'-monofosfato, 181
Adenosina-5'-trifosfato Mg^{+2} (ATP), 179
Adenosinadesaminase, 341
Adipócitos, 283
Adrenalina, 34, 284, 440, 444
Adrenoleucodistrofia, 399
Agentes
- anticoagulantes, 545
- desnaturantes não enzimáticos, 66
Agitação mecânica, 66
Água, 1
- aspectos físico-químicos da, 1
- em forma de cristal, 2
Alanina, 29, 198
Alanina-aminotransferase (ALT), 297, 558
Alanina-transaminase, 169
Alça de Henle, 584
Álcali, 4
Alcalose
- metabólica, 10
- respiratória, 10
Alcaptonúria, 406
Álcool
- dano hepático induzido pelo, 302
- desidrogenase, 518
- ingestão associada a outras agressões hepáticas, 522
Aldolase, 213
Aldoses, 75
Aldosterona, 440
Aldotióis, 83
Alergia alimentar, 429
Alfa-hélice, 51
Alfagalactosidase, 102
Alfaqueratina, 63
Amido, 417
Amilopectina, 417
Amilose, 417
Aminoácidos, 25, 28
- absorção intestinal de, 424
- acídicos, 30
- alifáticos, 30, 31
- aromáticos, 30
- básicos, 31
- como substratos para síntese de glicose, 322
- destino dos esqueletos carbônicos dos, 303
- estrutura e propriedades gerais, 25
- incomuns, 39

- não proteicos, 33
- neutros, 30
- no fígado, 197
- - metabolismo dos, 197
- precursores de substâncias, 34
- presença em cometas, 32
- que promovem ruptura da organização em alfa-hélice, 51
- raros, 33
- reatividade química dos, 37
- remoção do nitrogênio dos, 297
- simbologia e nomenclatura, 27
- titulação de, 27
Aminoaçúcares, 82
Aminotransferases, 299
- mecanismo de ação das, 298
Amiodarona, 580
Amônia, 37
Amostras
- conservação das, 557
- de sangue EDTA (ácido etilenodiamino tetra-acético) com fluoreto, 545
- de urina, conservação das, 588
Amplitude de distribuição eritrocitária (RDW), 549
Anabolismo, 193
Anéis de Cabot, 548
Anemia(s)
- carenciais, 550
- decorrentes
- - de disfunções medulares, 551
- - de hemólise, 551
- falciforme
- - forma homozigota da, 390
- - hemoglobina S e, 390
- falciforme, 552
- ferropriva, 551
- hemolítica, 334
- identificação de, 550
- macrocíticas, 551
- megaloblástica, 492, 551
- microcíticas 551
- perniciosa, 492, 551
- por depleção, 551
- segundo a morfologia eritrocitária, 551
Anisocitose, 553
Antagonista do receptor de leucotrienos, 351
Anti-inflamatórios não esteroidais, 352
Anticoagulantes, 556
Anticorpos, 145
Antígeno(s), 146
- prostático específico (PSA), 557, 558
Antioxidantes exógenos, 272
Anúria, 598
Aparato enzimático antioxidante, 271
Apoproteínas (Apo), 113, 114
- AI, 114
- AII, 115
- B, 115
- C, 116
- D, 116
- E, 116
Apolipoproteínas, 113, 114

610 Bioquímica Clínica

Aquaporinas, 363
Arginase, 303
Arginilsuccinato liase, 301
Arginina, 29, 31
Arginino-succinato
- liase, 303
- sintetase, 303
Arsenato, 227
Artrite reumatoide, 145
Ascaris suum, 262
Asparagina, 29, 31
Aspartame, 39
Aspartato-aminotransferase (AST), 297, 559, 573
Aterosclerose, 563
- lipoproteínas e, 120
Ativação dos ácidos graxos, 285
Atividade física, 542
ATP (adenosina trifosfato), 178
- deixa a matriz mitocondrial, 276
- gasto de, 206
- produção de, 206
- sintase, 273, 274, 275
- síntese de, 272, 533
Autoimunidade, 145
Automatismo, 571
Azometina, 478

B
Bactérias, 596
Bafômetro, 521
Barreira hematencefálica, 466
Base de Schiff, 478
Bases, 4
- púricas, degradação das, 344
Batmotropismo, 571
Beribéri, 486
Bifosfoglicerato, 179
2-3-bifosfoglicerato (2,3-BPG), 391
Bilirrubina, 591
Bio-hidrogenação, 106
Bioenergética, 175
Bioquímica clínica básica, 541
Biotina, 492
- carência de, 493
Bolsa
- de Fabricius, 145
- de Rathke, 464
Bomba(s)
- ATP-dependentes, 369
- da classe P, 369
- Na /K ATPase-dependente, 370
Bordetella pertussis, 450

C
Cadeia
- de glicogênio, elongação da, 312
- respiratória, 255, 259
Calciferol, 479
Cálcio
- ATPase-dependente, 374
- inositol trifosfato (IP3) e, 452
Calcitonina, 440
Canais
- iônicos, 375
- - filtro de seletividade dos, 375
- - voltagem-dependentes, 378
Câncer
- de mama, 85
- do colo do intestino grosso, 85
Candida albicans, 596
Captação
- de bile pelo fígado, 506
- de oxigênio pela hemoglobina, 385

Captadores de elétrons NAD^+ e FAD, 257
Carbamil-fosfato sintetase, 303
- II, 344
Carboidratos
- absorção de, 420
- ciclização dos, 78
- classificação, 74
- - por átomos de carbonos, 77
- da dieta, 417
- estereoquímica dos, 76
- formas de representação, 77
- funções na natureza energética, 73
- má absorção de, 421
- não digeríveis, 84
- nas fezes, 602
- síntese dos, 73
Carotenoides, 272, 477
Catabolismo, 193
- do grupo heme, 506
- vias catabólicas, 191
Catalase, 487
Catálise
- ácido-base, 161
- constante de, 164
- covalente, 161
- eficiência de, 165
- enzimática, mecanismos químicos de, 161
- por íons metálicos, 162
Catecolaminas, 201
Células
- beta das ilhotas de Langerhans, 194
- epiteliais, 595
- espumosas, 563
Celulose, 84, 417
Centros de reação, 529
Ceramida, 101
Cerebrosídeos, 101
Cetoacidose, 292
- diabética, 9
α-cetoglutarato, 240, 241
Cetonúria, 598
Cetoses, 75, 292
Chaperonas, 58
- da família hsp60, 59
Chaperoninas, 59
Cianobactérias, 213
Ciclo(s)
- da alanina, 326
- da betaoxidação, 286
- da ureia, 398
- - e do ácido cítrico, relação entre os, 301
- da vitamina K, 485
- de Calvin, 534
- - etapas, 536
- de Cori, 326
- de Krebs, 198, 201, 233, 266, 292
- do ácido
- - cítrico, 233, 245
- - - balanço do, 244
- - - etapas do, 239
- - - perfil anfibólico do, 247
- - - tricarboxílico, 233
- - - análise termodinâmica do, 245
- do glioxilato, 249
- do nucleotídeopurina, 341
Cilindros, 597
Cílios, 21
Cinase A, 284
Cinética
- de Michaelis-Menten, 163
- inibição e controle da função enzimática, 163
Cirrose hepática, 522
Cistationina βsintase, deficiência
- homozigótica de, 42
- heterozigótica de, 42

Cisteína, 29, 31
Citocromo(s), 263
- C, 67
- - oxidase, 264
Citrato, 545
Citrulina, 25, 299
Cloreto, 1
Clorofila(s)
- da antena, 529
- luz e, 528
Cloroplastos, 527
Coagulação, 556
- intravascular disseminada, 553
Cobalamina, 491
Cobertura celular, 18
Coenzima Q10, 262
Colágeno(s), 127
- de cadeia curta, 131
- degradação do, 63
- do tipo
- - I, 128
- - II, 128, 129
- - III, 129
- - V, 129
- estrutura do, 63
- fibrilares, 128
- não fibrilares, 129
- tipos de, 63, 127
Colapso hidrofóbico, 58
Colchicina, 345
Colecistocinina, 440, 441
Cólera, 450
Colesterol, 15, 17, 102, 442, 445
- excreção, 105
- funções, 104
- regulação da síntese, 104
- síntese de, 103
- total, dosagem do, 562
Colesterolemia plasmática, 86
Coleta de amostra(s), 541, 598
- colheita de, 541
- de fezes, 598
- de sangue
- - a vácuo, 544
- - particularidades da, 544
- de urina, 587
- para análise, 556
Colipase, 427
Complexo
- BCKD, 405
- da antena, 529
- da piruvato desidrogenase, 245
- do citocromo *b6f*, 531
- IV, 264
- piruvato desidrogenase, 236
Compostos xenobióticos, biotransformação de, 513
Condutibilidade, 571
Constipação intestinal, 85
Contratilidade, 571
Controle alostérico, 194
Coproporfiria hereditária, 505
Coqueluche, 450
Corpos cetônicos, 290, 591
- como fonte energética, 291
- síntese dos, 290
- urinários, 594
Córtex adrenal, 580
Cortisol, 355, 440, 444, 445, 581
- dosagem de, 581
Creatinina, 586
-cinase, 560, 572
- fosfato, 179
Creatinocinase, 169

Crenócitos, 546
Cristais
- de bilirrubina, 597
- de cistina, 597
- de colesterol, 597
- de leucina, 597
- urinários, 596
Cronotropismo, 571
Curare, 378
Curva glicêmica, 575
Curvaturas beta, 55

D

D-frutose, 208
D-glicose, 208
D-manose, 208
Dacriócitos, 546
Dano hepático induzido pelo álcool, 302
Defeitos enzimáticos, 399
Demetilação, 514
Densidade urinária, 594
Desidroepiandrosterona, 440
Desidrogenase láctica, 227, 561
Desintoxicação, 513
Desnaturação
- enzimática, 160
- proteica não enzimática, 64, 65
Desoxiaçúcares, 82
Desoxiemoglobina, 389
Dessensibilização, 448
Destoxificação, 513
Detergente, 66
Dexametasona, 581
Di-hidroxiacetona fosfato, 213
Diabetes
- gestacional, diagnóstico de, 578
- melito, 86, 572
- - tratamento com fibras
- - - insolúveis, 86
- - - solúveis, 86
- - tipo 1, 145
Diacilglicerol (DAG), 450
Diagrama de Ramachandran, 48
Diarreia crônica, 422
Dieta, carboidratos da, 417
Difusão
- facilitada, 363
- simples, 359
Diglicuronato de bilirrubina, 507
Dihidroorotatodesidrogenase, 343
Dióxido de carbono (CO_2), 391
Dislipidemias, 119
Dispersante, 2
Dissacarídeos, 81, 417
- digestão dos, 419
Dissolvente, 2
Dissulfiram, 519
Distensibilidade, 571
Distorção na alfa-hélice, 53
Distribuição
- das cadeias laterais nas porfirinas, 499
- de enzimas órgão-específica, 169, 555
Distúrbios
- de armazenamento, degradação e secreção de proteínas, 397
- do ciclo da ureia, 303
- do equilíbrio ácido-base, 9
- do metabolismo intermediário, 397
- do transporte de proteínas, 397
- hereditários das plaquetas, 553
- relacionados com a síntese de proteínas, 397
Diverticulose, 85
DNA mitocondrial, 256

Doença(s)
- cardiovasculares, 41
- celíaca, 422, 602
- crônico-degenerativas, 85
- da urina de xarope de bordo, 397, 403
- da vaca louca, 62
- de Addison, 581
- de Fabry, 102, 399
- de Gaucher, 103, 399
- de Graves, 145, 447
- de Kwashiorkor, 361
- de Paget, 557
- de Tay-Sachs, 101, 102
- de von Willebrand, 553
- metabólicas, 401
- - congênitas, 397
- por depósito de cristal de urato monossódico, 522
Dosagem(ns)
- de cortisol, 581
- de glicose-6-fosfato desidrogenase, 552
- de pares hormonais, 574
- de tiroxina (T4), 579
- do colesterol total, 562
- do peptídeo C, 577
- hormonais seriadas, 574
Drepanócitos, 546
Dromotropismo, 571
Ducto coletor, 586

E

Efeito(s)
- Bohr, 388
- Haldane, 389
Eicosanoides, 349
- mecanismo de ação dos, 355
- síntese de, 349
Eixo hipotálamo-hipófise, 463
Elastina, 63, 131, 132
Eliptócitos, 547
Eminência média, 466
Emulsificação dos lipídios da dieta, 427
Enantiômeros, 26, 76
Encefalopatia espongiforme bovina, 61
Endocitose mediada por receptor, 117
Energia livre, 157
- de Gibbs, 176
- variação de, 175
Enovelamento proteico, 57
Entalpia, 176
Enterobius vermicularis, 596
Enteropatia induzida por glúten, 602
Entropia, 176
Enzima(s), 155
- alostéricas, 165
- alterações na quantidade de, 166
- com os erros inatos do metabolismo, 399
- constitutivas e induzíveis em vias metabólicas, 194
- desidrogenase alcoólica hepática, 168
- HMG-CoA-redutase, 104
- lactase
- - biossíntese da, 430
- - estrutura e biossíntese da, 430
- mecanismo de ação enzimática, 555
- nomenclatura e classificação, 155
- RuBisCO, 535
Enzimologia clínica, 169, 555
Epímeros, 76
Equinócitos, 546
Eritograma, 553
Eritrócitos, 597
- com corpos de Heinz, 547
- crenados, 547

- falciformes, 546
- policromáticos, 547
Eritrograma, 546
Eritropoetina, 440
Erros inatos do metabolismo, 397
- aspectos genéticos e incidência dos, 401
- classificação dos, 397
- clinicamente relevantes, 403
- diagnóstico dos, 401
Escorbuto, 493
Esferócitos, 547
Esfíncter de Oddi, 427
Esfingoglicolipídios, 101
Esfingolipídios, 100
Esfingomielinas, 100
Especificidade, 541
- enzimática, 159
Espermatozoides, 596
Espru, 602
- não tropical, 602
- tropical, 600
Esquizócitos, 547
Estase
- urinária, 598
- venosa, 556
Estearase dos ésteres de colesterol, 427
Esteatose hepática, 522
Estercobilina, 598
Estereocílios, 21
Ésteres de colesterol, 104
Esteroides, 102
- derivados da tirosina, 454
Estomatócitos, 546
Estradiol, 440
Estresse oxidativo, 332
Etanol, 516, 517
- consumo no Brasil e no mundo, 516
- ingestão crônica de, 522
- velocidade e rota de metabolização do, 520
Etilismo, 542
Etilômetro, 521
Exame(s)
- de fezes, 598
- de urina tipo I ou EAS, 589
- laboratoriais
- - especificidade e sensibilidade em, 541
- - fatores pré-analíticos, 542
- - no diagnóstico diferencial de anemias, 551
Excitabilidade, 571
Exercício, glicólise no músculo esquelético em, 226
Expressão gênica, 194
Exsanguineotransfusão, 508

F

Fator
- de necrose tumoral alfa (TNF-α), 353
- inibidor de prolactina, 440
Fenilalanina, 29, 30
- deficiência de, 593
Fenilcetonúria, 334, 408, 593
- clássica, 409
- leve, 409
- materna, 409
Fermentação alcoólica, 208
Fezes, coloração e consistência das, 598
Fibra(s) alimentares, 84, 417
- efeitos fisiológicos das, 85
- insolúveis, 86, 87
- oxitalânicas, 131
- solúveis, 86
- total (FAT), 84
Fibrilina, 131, 132
Fibrilina-1, 133

Fibronectina, 134
Fígado, 291
- metabolismo dos aminoácidos no, 197
- no período pós-prandial, 195
- rotas metabólicas no, 520
Filamentos de muco, 596
Filoquinona, 484
Fluoracetato de sódio, 240
Folha(s) beta(s)
- antiparalelas, 54
- paralelas, 54
- pregueada, 53
Forças de van der Waals, 50
Fosfatase ácida (FAC), 557
Fosfatase alcalina, 557
Fosfatidilinositol, 93
- em inositol trifosfato (IP3), 450
Fosfoenolpiruvato, 179
Fosfofrutocinase, 195, 211, 212
Fosfoglicerato 2-fosfoglicerato (2-PG), 217
Fosfogliceratomutase, 217
Fosfoglicerídios, 99
Fosfoglico mutase, atuação da, 310
Fosfoglicoisomerase, 210
Fosfoglicose isomerase, 210
Fosfolipase
- A2, 427
- C, 450
Fosfolipídios, 15, 16
Fosforilação, 166
- forma alostérica e, 313
- oxidativa, 255, 257, 266
- - controle da, 276
- - estequiometria da, 267
- - inibidores da, 268
Fosforólise do glicogênio, 308
5fosforribosil1pirofosfato, 339
Fosforribosiltransferase, 341
Fotofosforilação, 533
- cíclica, 534
Fotoisomerização, 509
Fotorrespiração, 534
Fotossíntese, 527
- como sítio de ação, 533
- fase clara da, 529
Fotossistemas, 529
Fototerapia, 508, 509
Frutosamina glicada, 577
Frutose na via glicolítica, 222
Frutose-1,6-bifosfato aldolase, 213
Frutose-1-Pi, 180
Frutose-2,6-bifosfato, 195
Fugu, 378
Fumarato, 244, 299
- redutase, 262
- síntese do, 243
Função enzimática, aspectos termodinâmicos da, 157

G

Galactose, 410
- na via glicolítica, 222
Galactosemia, 410, 411
- do tipo 2, 411
- do tipo 3, 411
Gamaglutamil transferase, 558
Gangliosídeos, 101
Gás carbônico, 1
Gastrina, 440
Gelo, 2
Gene FBN1, 133
Gênero sexual, 542
Gestação, 543

Glândula
- hipófise, 463
- tireoide, 578
Glicação, 35
Glicemia urinária, fitas reagentes na mensuração da, 577
Gliceraldeído, 75
- -3-fosfato, 213
- -3-fosfatodesidrogenase, 215
Glicerofosfolipídios, 99
Glicerol, 83, 198
- destino do, 285
- -fosfato, 197
- -3-Pi, 181
Glicídios, 73
Glicina, 26, 29
Glicocálice, 18
Glicocálix, 18
Glicocorticosteroide(s), 440
- ação anti-inflamatória dos, 355
Glicogênese, 307, 310
Glicogênio
- degradação do, 313
- - lisossomal, 310
- fosforilase, 313, 314
- hepático, 308
- ramificação da molécula do, 313
- remodelamento da molécula de, 310
- sintase, 314
- síntese e degradação do, 313
Glicogenólise, 307
- hepática e muscular esquelética, 308
Glicolipídios, 15, 17
Glicólise, 205, 206, 256
- avaliação do rendimento energético da, 220
- fase I, 206
- fase II, 206
- inibidores da, 227
- no músculo esquelético em exercício, 226
Gliconeogênese, 198, 321
Gliconeogênicos, 322
Glicosaminoglicanos, 136
Glicose, 205
- -1-Pi, 180
- -6 fosfato, 180, 195, 198, 308, 310
- -6-fosfatase, 310
- forma ativada de, 312
- na urina, 590
- principais precursores de, 321
- síntese a partir do lactato, 321
Glicose-6-fosfato desidrogenase
- deficiência de, 220, 334, 552
- dosagem de, 552
Glicuronidação, 514
Glomerulonefrite, 598
Glomérulos, 583
Glucagon, 194, 198, 440
GLUT-1, 206, 365
GLUT-2, 206, 421
GLUT-3, 206
GLUT-4, 206
GLUT-5, 206, 421
Glutamato, 301
- desidrogenase, versatilidade da, 298
Glutamina, 29, 31, 343
Glutaminafosforribosilaminotransferase, 339
Glutationa
- conjugação com, 515
- peroxidase, 487
- redutase, 487
Gomas, 85, 417
Gonadotrofina coriônica, 440
Gordura(s)
- fecal, detecção de, 600
- trans, 105

Gota, 522
- úrica, 345
Gráfico de Lineweaver-Burk, 165
Grampo β, 55
Grupo prostético enzimático, 156

H

Hematócrito, 545
Hematúria, 595, 598
Heme, tecidos que sintetizam o, 499
Hemiceluloses, 84, 417
Hemofilia, 553
Hemoglobina
- C, 393, 555
- corpuscular média (HCM), 548
- - concentração de, 549
- glicada, 576
- não transporta somente oxigênio, 388
- S e anemia falciforme, 390
Hemoglobinopatias, 392, 552
Hemoglobinúria, 595
Hemograma, 543
Hemólise, 543, 556
Hemorragias, 485
Hemossedimentação, 549
Heparina, 137, 545
- e sulfato de heparano, 139
Herbicidas, 533
Hexocinase, 208, 210
Hialuronato, 137
Hidrogenação industrial, 106
Hidrogênio, 1
Hidrolases, 156
- de ésteres de glicerol, 427
Hidrólise, 514
- do ATP, 181
1,25 di-hidroxicolecalciferol, 441
Hidroxilação, 514
Hidroxilisina, 127
Hidroxiprolina, 127
Hiperamonemia, 302
Hiperbilirrubinemia, 507
- abordagens terapêuticas na, 508
Hipercapnia, 10
Hipercolesterolemia, 86, 563, 572
- familiar, 120
- pura, 119
Hipercortisolemia, 581
Hipercromia, 553
Hiperestenúria, 598
Hiperfenilalaninemia, 408
- permanente, 409
- transitória, 409
Hiperhomocisteinemia, 41
Hiperlipidemia mista, 119
Hipertensão arterial, 572
Hipertireoidismo, 447
Hipertrigliceridemia pura, 119
Hipocromia, 553
Hipoestenúria, 598
Hipófise, 463
Hipolactasia, 421, 430
- prevalência da, 429
Hipoplasia medula óssea, 551
Hipotálamo, 466
- endócrino, 463
Hipótese da "chave-fechadura", 159
Hipoxantinaguaninafosforribosiltransferase, 341
Histidina, 29, 31, 35
Homem de La Braña, 432
Homocisteína, 25, 40
Homosserina, 25
Hormônio(s)
- adrenocorticotrófico, 440, 443

- antidiurético (ADH), 1, 363
- apolares, 453
- armazenamento e secreção de, 442
- catabólicos, 201
- classificação dos, 441
- de crescimento, 440, 468, 582
- de FSH, 440, 471
- de LH, 440, 471
- esteroidais, mecanismo de ação dos, 453
- esteroides, 442, 443
- estimulante
- - da tireoide, 440, 578
- - do folículo, 440
- - dos peptídeos MSH, 440
- glicoproteicos, 471
- gonadotrópico, 580
- hidrofóbicos, 453
- hipofisiotróficos, 465, 466, 467
- lactogênico placentário, 440
- liberador
- - de corticotrofina, 440
- - de peptídeo GnRH, 440
- - do hormônio do crescimento, 469
- luteinizante, 440
- mecanismo de ação hormonal, 449
- peptídicos, 442
- proteicos, 442
- secreção de, 442
- síntese de, 442
- somatotróficos, 468
- substâncias que agem como, 441
- tireóideo estimulante, 366
- tireoidianos, 201, 445

I

Icterícia, 507
- do neonato, 508
- hemolítica, 507
- hepatocelular, 508
- obstrutiva, 508
IgA, 148
IgE, 150
IgG, 148
IgM, 150
Iminoácidos, 30
Imunidade adquirida, 145
Imunoglobulinas, 145
- classes das, 148
- estrutura das, 146
Índices hematimétricos, 548
Infarto agudo do miocárdio (IAM), 227, 571
- marcadores bioquímicos do, 571
Inibição
- competitiva, 168
- enzimática, 167
- - pelo produto, 168
- irreversível, 168
- não competitiva, 168
Inositol-trifosfato/cálcio (IP3/Ca+2), 350
Inosina monofosfato, 340
Inositol trifosfato (IP3) e cálcio, 452
Inotropismo, 571
Insuficiência(s)
- cardíaca, 372
- renais, 9
Insulina, 194, 440
Interação(ões)
- agonista-receptor, 448
- eletrostáticas, 51
- entre hemoglobina e oxigênio, 385
- hidrofóbicas, 50
Intermediários anfibólicos, 192
Intolerância
- à glicose no período gestacional, 578

- à lactose, 81, 421, 429, 432
- - aspectos fisiopatológicos da, 432
- - congênita à, 432
- - tratamento contra a, 433
- alimentar, 429
Inulina, 417
Iodeto, transportador de, 366
Ionização da água, 2
Isocitrato, 240
- desidrogenase, 240
Isoenzima(s), 169, 555
- CK-BB, 560
- CK-MB, 560
- CK-MM, 560
Isoestenúria, 598
Isoleucina, 29, 30
Isomaltase, 419
Isomerases, 156
Isômeros, 76
Isoprostanos, 354

J

Jejum, 194, 198, 542

K

Kernicterus, 508

L

L-arginina, 299
L-citrulina, 299
L-ornitina, 299
Laços, 55
Lactase, 419
- deficiência de, 81
Lactato, 198
- desidrogenase, 169, 226, 227, 573
Lactose, tolerância à, 432
Laminina, 134
Lançadeira
- de glicerol-fosfato, 222
- de malato-aspartato, 222, 266
Lecitina
- colesterol aciltransferase (LCAT), 104, 115
- retinol aciltransferase (LRAT), 478
Leis da termodinâmica, 175
Leptina, 99
Leptócitos, 547
Leptocitose, 393
Leucina, 29, 30, 322
Leucinose, 403
Leucócito, 592, 597
Leucotrienos, 350
- cisteínicos, 351
Leveduras, 596
Liases, 156
Ligação(ões)
- dos ácidos graxos à carnitina, 286
- glicosídicas, 80
- iônicas, 51
- peptídica, 45
- - caráter rígido da, 45
- - conformações termodinamicamente favoráveis para, 48
- - forma *cis* da, 47
Ligases, 156
Linfócitos
- B, 145
- T, 145
Lipase
- lipoproteica, 117
- pancreática, 427
Lipemia, 556

Lipídios, 15, 93, 283
- absorção intestinal dos, 427
- digestão de, 426
- função(ões)
- - biológicas dos, 93
- - de reserva dos, 283
- mobilização dos, 284
- síntese hepática de, 195
- sintetizados no fígado, 197
Lipidograma, 561
Lipoproteínas, 113
- carreadoras de colesterol, 117
- - de alta densidade, 114
- - função antiaterogênica da, 564
- -colesterol, 564
- de baixa densidade, 114, 563
- - -colesterol, 563
- - e gênese da placa de ateroma, 563
- - fracionamento da, 561
- - isoenzimas da, 561
- - total, 561
- de densidade intermediária, 114
- de muito baixa densidade, 114, 564
- e aterosclerose, 120
- plasmáticas, classes de, 113
Líquido(s)
- extracelular, 3, 359
- intracelular, 3, 359
Lisina, 29, 31, 127, 322
Lizossomal, armazenamento, 398
Lúpus eritematoso sistêmico, 145
Lusitropismo, 571
Luz, 543
- e clorofila, 528

M

Má absorção, 422
Malária, 334
Malato, 244
Maltase, 419
- ácida, 310
Mandioca-brava, 269
Manitol, 83
Mapa metabólico, 189
Matriz extracelular, 127
Medicamentos, 543
Melanina, síntese de, 440
Melanócitos, 440
Membrana
- basolateral, 424
- plasmática, 15
- - ancoramento das proteínas na, 20
- - assimetria da, 18
- - composição química da, 15
- - especializações da, 20
- - fluidez da, 18
- - transportes pela, 359
Menadiona, 484
Menaquinona, 484
Metabolismo, 116, 189
- controle do, 194
- da tiamina, 485
- da vitamina
- - D, 454, 480
- - E, 482
- - K, 484
- do álcool etílico, 516
- do tecido adiposo, 197
- - no jejum, 198
- dos aminoácidos, 398
- - no fígado, 197
- dos carboidratos, 398
- hepático
- - do etanol, 515

- - do glicogênio no jejum, 198
- perfil anabólico e catabólico do, 190
- vias metabólicas, 189
Metilação, 514
Metilenotetrahidrofolato redutase (MTHFR), deficiência heterozigótica de, 42
Metionina, 29, 31
Método(s)
- de análise, 556
- de Benedict, 80
Metotrexato, 341, 551
Micelas de gorduras, formação de, 427
Microcristas, 21
Microvilos, 20
Microvilosidades, 20
Mielofibrose, 551
Mioglobina, 385, 573
Miristilação, 36
Mistura racêmica, 26
Mitocôndria, 255
Modelo(s)
- chave-fechadura, 160
- de encaixe induzido, 160
- de organização enzimática em vias metabólicas, 191
Modificações
- covalentes, 166, 194
- em aminoácidos com funções regulatórias, 36
- pós-traducionais da molécula de colágeno, 131
- químicas na estrutura de aminoácidos, 34
Monofosfato de adenosina (AMP), 340
Monossacarídeos, 417
- substâncias derivadas de, 82
Montelucaste de sódio, 351
Motivo(s)
- α-α, 55
- β-meandro, 56
- em chave grega, 56
- em β-barris, 56
- moleculares, 55
Movimento *flip-flop*, 16
Mucilagens, 85, 417
Mucopolissacaridose do tipo I, 399
Mutarrotação em açúcares, 80

N
NADH
- desidrogenase, 259
- ubiquinona oxidorredutase, 259
NADPH, 331
Nanismo hipofisário, 582
Nefrite, 598
Néfron, 584
Neurônios
- magnocelulares, 465
- neurossecretores, 464
Niacina, 487
Nicotinamida, 487, 488
Nitrito, 591
- urinário, 594
Nixtamalização, 488
Noradrenalina, 34, 284, 440
Normocíticas, 551
Normocitose, 553
Nucleação-condensação, 58
Núcleo(s)
- geniculado lateral, 465
- hipotalâmicos, 464
- PSI, 531

O
Ocitocina, 440
Ocronose, 406

Óleo de Lorenzo, 399
Oligossacarídeos, 417
Oligúria, 598
Opsina, 478
Ornitina, 25
Ornitina-carbamoiltransferase, deficiência de, 397
Ornitina-transcarbamilase, 303
Oses, 73
Osmolaridade, 362
- urinária, 594
Osmorregulação, 362
Osmose, 360
Osteogênese imperfeita, 128, 130
Osteomalacia, 482
Ovalócitos, 547
Oxalacetato, 239, 322, 323
- regeneração do, 244
Oxalato, 545
Oxidação, 514
- do etanol produz ATP, 518
- dos ácidos graxos, 288, 398
- em peroxissomos, 292
- hepática do etanol, 518
Óxido nítrico, 39
Oxigênio, 387
- toxicidade do, 269
Oxirredutases, 156

P
Palmitoil-S-ACP, 197
Pâncreas, 575
Pancreozimina, 440
Pantotenato, 489
Paradoxo de Levinthal, 57, 58
Parasitas, 596
Paratormônio, 440
Patch-clamp, 377
Pectinas, 84, 417
Pelagra, 488
Pentoses fosfato, via das, 331
Pepsina, 422
Peptídeo
- C, dosagem do, 577
- mecanismo mnemônico da estrutura do, 45
Peptídeo natriurético, 440
Perilipina, 201, 284
Período pós-prandial, 194, 195, 308
Peroxissomo(s), 398
- betaoxidação em, 292
- oxidação em, 292
- PPAR, 350
pH, 4, 66
- afinidade da hemoglobina e, 391
- interfere na função enzimática, 160
- urinário, 591, 593
Pielonefrite, 598
Piridoxina, 489
Pirimidinas, 339
- síntese das, 339
- vias de recuperação das, 343
Pirofosfato, 179
Piruvato
- carboxilase, 247
- cinase, 195, 218
Piúria, 598
Placa de ateroma, 563
Poiquilocitoses, 553
Policitemia
- secundária, 553
- vera, 553
Polimorfismo genético, 432
Polipeptídeos, 45

Polissacarídeos, 417
- digestão dos, 417
- estruturais, 84
- não estruturais, 85
Poliúria, 598
Pontes de hidrogênio, 50
Pontes dissulfeto, 50
Porfiria(s), 499, 506
- aguda intermitente, 505
- cutânea tardia, 504
- delta-aminolevulínico ácido desidratase, 505
- e alterações genéticas do metabolismo do heme, 502
- eritropoiéticas congênitas, 504
- hepática(s), 397
- - agudas, 505
- hepatoeritropoiética, 505
- por deficiência de ALA desidratase, 505
- variegata, 505
Porfobilinogênio, 501
Potássio, 1
Potencial redox, 257
Prenilação, 35
Pressão
- coloidosmótica, 361
- oncótica, 361
Primeira lei da termodinâmica, 175
Princípio da seleção clonal, 150
Príon(s), 61
- infectante (PrPsc), 62
- não infectante (PrPc), 62
Pró-hormônios, 442
Pró-opiomelanocortina, 470
Progesterona, 440
Prolactina, 440, 468
Prolina, 26, 29, 30, 127
Prostaglandinas, 350
Proteassomas, 60
Proteína(s), 56
- arquitetura das, 48
- -alvo ubiquitinada, 167
- cinase ativada por mitógenos, 344
- classificação das, 66
- - defesa, 66
- - energética, 66
- - enzimática, 66
- - estrutural ou plástica, 66
- - hormonal, 66
- - transportadoras, 66
- de banda três, 367
- de choque térmico ou hsp, 59
- de membrana, 183
- de Rieske, 257
- de Tamm-Horsfall, 598
- desacopladora, 98, 269
- destruidores de, 60
- digestão de, 422
- estrutura
- - quaternária das, 56
- - secundária das 51
- - supersecundárias, 55
- - terciária das, 56
- evolução das moléculas de, 66
- extrínsecas, 19
- ferro-enxofre, 257
- fluorescentes, 63
- forças não covalentes, 50
- G, 284, 449, 451
- - classificação das, 449
- Gq, 449
- Gs, 449
- integrais, 19
- intrínsecas, 19
- musculares, 573

- na urina, 591
- periféricas, 19
- priônicas, 62
- transportadoras, 205
Proteoglicanos, 136
Protoporfiria eritropoiética, 504
Protoporfirina IX, 502
Prova(s)
- bioquímicas da função endócrina, 574
- da função
- - adrenal, 580
- - endócrina pancreática, 575
- - gastrintestinal, 598
- - tireoidiana, 578
- de falcização, 552
Pulmões, 6
Purinas, 339
- síntese das, 339
- vias de recuperação das, 341
Púrpura de Ruhemann, 37

Q

Quilomícrons, 113, 116
- síntese dos, 429

R

Radical livre, 482
Reação(ões)
- acopladas, 178
- anaplerótica, 247
- da fase I, 514
- da fase II, 514
- da glicólise, 205
- da p-nitroanilina, 403
- de Benedict, 403
- de catálise, 157
- de cianeto nitroprussiato, 403
- de dinitrofenilhidrazina, 403
- de Erlich, 403
- de Haber-Weiss, 271
- de Maillard, 84
- de nitrosonaftol, 403
- de oxidação irreversíveis, 331
- de transaminação, 297
- do brometo de cetila-trimetil-amônio (CTMA), 403
- do ciclo da ureia, 298
- do cloreto férrico, 403
- enzimática, 158
- fora da matriz mitocondrial, 299
- na matriz mitocondrial, 299
- não oxidativas da via das pentoses fosfato, 332
- no interior do enterócito, 427
- xantoproteica, 38
Receptor(es)
- ação hormonal, 445
- de canais iônicos, 446
- de EGF, 445
- ionotrópicos, 446
- ligados a proteínas cinases, 446
- metabotrópicos, 446
- para esteroides, 446
Regra do N-terminal, 167
Regulação
- alostérica de enzimas, 324
- da atividade
- - da piruvato desidrogenase, 239
- - enzimática, 166
- da fosfofrutocinase-1, 225
- da função enzimática, 165
- da gliconeogênese, 324
- da hexocinase, 225
- da osmolaridade plasmática, 362

- da síntese
- - da lipase lipoproteica, 117
- - das purinas, 340
- - de corpos cetônicos, 291
- - "de novo" das pirimidinas, 344
- - enzimática, 326
- da via das pentoses fosfato, 333
- do ciclo
- - da ureia, 302
- - do ácido cítrico, 247
- dos níveis plasmáticos, 444
Reserva energética, 74
Reticulócitos, 551
Retinoides, 477
- na bioquímica da visão, 478
Retinol, 477
Riboflavina, 486
- deficiência em, 487
- fontes, 487
Ribulose-1,5-bifosfatocarboxilase/oxigenase, 535
Rinite alérgica, 351
Rins no equilíbrio acidobásico, 7
Risco cardiovascular, 40

S

S-adenosil metionina, 180
Sacarase, 419
Sacarase-isomaltase, deficiência de, 422
Sacarídeos, 73
Sacarose, 81, 417
Sais inorgânicos, 66
Sangue oculto fecal, 599
Saturação, 377
Secretina, 440
Sedentarismo, 572
Sedimentoscopia, 595
Segundos mensageiros, vias de, 451
Seletividade iônica, 376
Sensibilidade, 541
Serina, 29, 30
Simportador de iodeto, 366
Sinal
- de Gorlin, 408
- de Meténier, 406
Síndrome
- de Cushing, 574
- - ACTH independente, 581
- de Ehlers-Danlos, 128, 130, 406, 408
- de Lesch-Nyhan, 342
- de Marfan, 133
- de Sjögren, 145
- do CRH ectópico, 581
- do intestino irritável, 85, 422
Sistema
- citocromo P450, 513
- de transporte
- - facilitado, 363
- - na borda em escova, 424
- elástico, 131
- endócrino
- - e sistema nervoso, 439
- - aspectos bioquímicos do, 439
- enzimático, citocromo P450, 519
- hepático de oxidação do etanol (MEOS), 517, 519
- imune, 145
- límbico, 466
- NAD-NADH, 193
- Nervoso
- - autonômico, 466
- - motor, 466
- transportador Na$^+$ dependente, 424, 426
Sítio ativo enzimático, 157
Sódio, 1

Solução-tampão, 5
Solvatação, 361
Solvente(s)
- orgânicos, 66
- universal, 2
Somatomedina C, 582
Somatostatina, 440
Somatotrofina, 440
- coriônica, 441
Sorbitol, 83
Succinato, 250
- síntese do, 242
Succinato-Q oxidorredutase, 261
Succinil-CoA, 241
Sulfatação, 514
Sulfato
- de condroitina, 137, 138
- de dermatano, 137, 139
- de heparano, 137
- - heparina e, 139
- de queratano, 137, 139
Superóxido dismutase, 271

T

Tabagismo, 542, 572
Tampão bicarbonato/ácido carbônico, 6
Target cells, 547
Tecido adiposo, 283
- branco, 98
- marrom, 98
- metabolismo do, 197
- - no jejum, 198
- multilocular, 283
- no jejum, 198
- subcutâneo, 99
- visceral, 99
Tecido ósseo, função tamponante do, 6
Temperatura, 543
- afinidade da hemoglobina e, 392
- e reação enzimática, 160
Tensão superficial da água, 2
Teoria da seleção clonal, 150
Termodinâmica, 157, 175
Termogenina, 98
Teste(s)
- com supressão com dexametasona, 581
- de D-xilose, 601
- de estímulo, 574
- de falcização, 392, 554
- de glicose oxidase, 590
- de hemoglobina S (HbS), 552
- de Hopkins-Cole, 38
- de lamínula, 554
- de Millon, 38
- de ninidrina, 37
- de Sakaguchi, 38
- de Schilling, 601
- de supressão, 575
- dinâmicos da função endócrina, 574
- do APT, 601
- do sulfeto de chumbo, 38
- oral de tolerância à glicose, 575
- para a confirmação de má absorção intestinal, 601
Testosterona, 441
Tetraidrofolato (FH4), 341
Tetraiodotironina (T4), 34
Tetrodotoxina, 378, 379
Tiamina, 485
- deficiência de, 486
- fontes de, 486
Tioaminoácidos, 31
Tireoidite de Hashimoto, 145
Tirosina, 29, 30, 34, 445

Tiroxina (T4), 441, 579
- dosagem de, 579
α-tocoferol, 272 482
Tonicidade das soluções, 361, 362
Tosse convulsa, 450
Toxina
- do cólera, 450
- pertussis, 450
Transaminase glutâmico-oxalacética, 573
Transferases, 156
Transferência de elétrons, mecanismo de, 222
Transglutaminase tecidular, 602
Transportadores, 364
- antiportadores, 364
- bombas ATP-dependentes, 364
- canais iônicos, 364
- simportadores, 364
- uniportadores, 364
Transporte(s)
- ativo, 368, 424
- - primário, 368
- de di e tripeptídeos, 426
- de gases, bioquímica do, 385
- de glicose até as células, 205
- de hormônios no plasma, 443
- de solutos polares pela membrana plasmática, 363
- facilitado, 426
- mediado por bombas, 368
- pela membrana plasmática, 359
Trato gastrintestinal, 373
Trealase, 419
Treonina, 29, 31
Triacilgliceróis, 97, 98, 201, 564
- como reservas de energia, 98
Trichomonas vaginalis, 596
Trifosfato de guanosina (GMP), 340
Triiodotironina (T3), 34, 441, 580
Tripsina, 601
- fecal, detecção de, 601
Triptofano, 29, 30, 35
Trombocitemia, 553

Trombocitopenia, 553
Tromboxanos, 350
Troponinas, 573
Túbulo contornado
- distal, 584
- proximal, 584

U

Ubiquinona, 262
- Q, 263
Unidade hipotálamo-hipófise, 463
Ureia, 586
Uridina difosfoglicose, 180
Urina, 586
- aspectos físicos da, 592
- coloração da, 592
- fitas reagentes na avaliação de parâmetros urinários, 590
- odor da, 593
Urinálise, 598
Uroanálises, 583
Urobilinas, 507
Urobilinogênio, 590
Uroporfirinogênio, 501

V

Valina, 29
Variante(s)
- da fenilcetonúria, 409
- Duarte, 411
Vascularização da hipófise, 466
Vasopressina, 441, 465
Vastatinas, 104
Via glicolítica
- controle da, 223
- - no fígado, 226
- - nos músculos esqueléticos, 226
- etapas da, 208
Vitaminas, 477
- A, 477, 478
- - carência de, 479
- - fontes, 479

- B, 489
- B_1, 485
- B_5, 489
- B_9, 490
- B_{12}, 491
- C, 493
- D, 479, 481
- - ativação na epiderme exposta à luz solar, 481
- - deficiência de, 482
- - fontes de, 482
- E, 482
- - carência de, 484
- - deficiência de, 484
- - fontes de, 484
- - funções, 482
- G, 486
- H, 492
- hidrossolúveis, 485
- K, 484
- - carência de, 485
- - fontes de, 485
- lipossolúveis, 477
- M, 490
VLDL-colesterol, 564
Voltas reversas, 55
Volume
- corpuscular médio (VCM), 548
- de líquido corporal, 3

X

Xantina, 344
- oxidase, 345
Xenobióticos, 513
Xilitol, 83

Z

Zona
- fasciculada, 580
- glomerulosa, 580
- reticular, 580